Gh. Reza Sinambari • St

Ingenieurakustik

Physikalische Grundlagen, Anwendungsbeispiele und Übungen

6., Überarbeitete Auflage

Gh. Reza Sinambari
Weisenheim am Berg, Deutschland

Stefan Sentpali
Hochschule München
München, Deutschland

ISBN 978-3-658-27288-3 ISBN 978-3-658-27289-0 (eBook)
https://doi.org/10.1007/978-3-658-27289-0

Die Deutsche Nationalbibliothek verzeichnet diese Publikation in der Deutschen Nationalbibliografie; detaillierte bibliografische Daten sind im Internet über http://dnb.d-nb.de abrufbar.

Springer Vieweg

Verantwortlich im Verlag: Thomas Zipsner

Springer Vieweg ist ein Imprint der eingetragenen Gesellschaft Springer Fachmedien Wiesbaden GmbH und ist ein Teil von Springer Nature.
Die Anschrift der Gesellschaft ist: Abraham-Lincoln-Str. 46, 65189 Wiesbaden, Germany

Ingenieurakustik

Vorwort

Die 1. Auflage des Buches ***Ingenieurakustik*** erschien 1984. Mit jeder neu erschienenen Auflage wurde das Buch aktualisiert, durch neueste Erkenntnisse erweitert und auf den aktuellen Stand der Technik gebracht. In der 6. Auflage, die wieder unter demselben unverändert aktuellen Titel erscheint, wird diese Tradition fortgesetzt. Um den Benutzern die Anwendung der theoretischen Grundlagen und den Umgang mit mathematischen Formeln zu erleichtern, wurde in der 6. Auflage, zusätzlich zu den Beispielen, am Ende jedes Kapitel Übungen mit Lösungen aufgenommen. Die Lösungen zu den kapitelspezifischen Übungen sind so aufbereitet, dass sie als Vorlage für Excel-Tabellen benutzt werden können. Damit eignet sich das Buch besonders als Studienbuch für Vorlesungen an Hochschulen und Universitäten.

Die Kap. 5 und 11 der 5. Auflage wurden zusammengefasst, ergänzt und anwenderfreundlich aufbereitet. Daraus ist ein umfangreicheres Kapitel zum Thema „Technische Geräusche“ mit starkem Bezug zur Praxis entstanden.

Der Titel ***Ingenieurakustik*** lässt ein breites Spektrum an Themen zur Schallentstehung, -weiterleitung und -abstrahlung sowie zur Geräuschminderung erwarten, erhebt aber keinen Anspruch auf Vollständigkeit. Das Buch richtet sich vor allem an alle Ingenieurinnen und Ingenieure aus Entwicklung, Konstruktion, Fertigung, Messtechnik und Vertrieb, die sich mit dem Thema Lärmminderung, Entwicklung und Vermarktung von geräuscharmen Produkten beschäftigen. Angesprochen sind auch Fachkräfte, die sich mit der Beurteilung von Maschinenlärm und der Einhaltung akustischer Vorgaben befassen. Darüber hinaus ist das Buch ein wichtiges Hilfsmittel für Studierende und wissenschaftliche Mitarbeiter an Hochschulen und Technischen Universitäten beim Umgang mit der komplexen Materie der Technischen Akustik.

Für das Korrekturlesen des Buches bedanken sich die Autoren herzlich bei Herrn Dipl.-Ing. Andreas Sinambari, Fa. IBS, Ingenieurbüro für Schall- und Schwingungstechnik GmbH, in Frankenthal. Dank gebührt auch den Mitarbeitern der Arbeitsgruppe Akustik der Hochschule München für Anregungen und Verbesserungsvorschläge. Dem Lektorat, namentlich Herrn Thomas Zipsner und Frau Imke Zander, sei gedankt für das gründliche Korrekturlesen und die angenehme Zusammenarbeit.

Weisenheim a. B., Deutschland
Hochschule München
München, Deutschland
Juli 2019

Gh. Reza Sinambari
Stefan Sentpali

Verzeichnis der Formelgrößen

Symbol	Bedeutung	Einheiten und dB-Kennzeichnung
A	Fläche, Querschnittsfläche	m^2
A A	Dämpfungsterm Realteil der Kenngröße K_Z	dB –
$\overline{A}$	äquivalente Absorptionsfläche eines Raumes	m^2
A_{atm}	Dämpfung aufgrund von Luftabsorption	dB
A_{bar}	Dämpfung aufgrund von Abschirmung	dB
A_{div}	Dämpfung aufgrund geom. Ausbreitung	dB
A_{fol}	Dämpfung aufgrund von Bewuchs	dB
A_{gr}	Dämpfung aufgrund des Bodeneffekts	dB
A_{hous}	Dämpfung aufgrund von Bebauung	dB
A_{misc}	Dämpfung aufgrund anderer Effekte	dB
A_{site}	Dämpfung aufgrund von Installationen auf Industriegeländen	dB
A_m	Bodendämpfung im Mittelbereich	dB
A_r	Bodendämpfung im Empfängerbereich	dB
A_S	Bodendämpfung im Quellbereich	dB
A_Q	Abstrahlfläche, Fläche einer Flächenschallquelle	m^2
A_S	Durchtrittsfläche, Kanalquerschnittsfläche	m^2
A_K	Kugeloberfläche	m^2
A_W	schallabstrahlende Wandfläche	m^2
$\overline{A}_{ges}$	Gesamtabsorptionsfläche	m^2
$\overline{A}_R$	Ersatzschluckfläche eines Raumes	m^2
A_0	Bezugsfläche	m^2
a	Beschleunigung	m/s^2
B B	Imaginärteil der Kenngröße K_Z barometrischer Druck	– mbar

(Fortsetzung)

Symbol	Bedeutung	Einheiten und dB-Kennzeichnung
B	Biegesteifigkeit, elektromagnetische Induktion	Nm^2, Tesla T = V·s/m^2
B'	Biegesteifigkeit einer Platte	Nm
B_0	Konstante	m^3/s
b	Breite	m
b	relative Bandbreite	–
b	Pegelabnahme	dB
b	Schlauchbogenabschnitt	m
C_d	Diffusitätsterm	dB
C_{met}	Meteorologische Korrektur	dB
c	Schallgeschwindigkeit	m/s
c_B	Biegewellengeschwindigkeit	m/s
c_{De}	Dehnwellengeschwindigkeit	m/s
c_{Fl}	Schallgeschwindigkeit einer Flüssigkeit	m/s
c_G	Gruppengeschwindigkeit	m/s
$C_{S,i}$	Spektrums-Anpassungswert der Teilfläche i	dB
D_C	Richtwirkungskorrektur	dB
D_Ω	Raumwinkelmaß	dB
D_D	Bewuchsdämpfungsmaß	dB
D(f)	Einfügungsdämmmaß	dB
D_{Fr}	Pegelminderung durch Freifeldeinflüsse	dB
D_G	Bebauungsdämpfungsmaß	dB
D_I	Richtwirkungsmaß	dB
D_i	Rohrinnendurchmesser	m
D_I	Richtwirkungsmaß	dB
$D_{n,e,w,i}$	Norm- Schallpegeldifferenz der Teilfläche i	dB
D_z	Abschirmmaß	dB
d	Durchmesser, Abstand, Breite	m
d	Dämpfungskoeffizient	kg/s, Ns/m
d	Transmissionsfaktor	–
d_f, d_s, d_b	Schallausbreitungsweg	m
E	Elastizitätsmodul	N/m^2
E	Empfindungsstärke	–
e	Dämmschichtdicke, Wandabstand	m
e	Schallwegverlängerung	m
F F(f) $F_n(f)$	Kraft Fourier- Spektrum der Kraftfunktion Teilamplitude des Kraftspektrums	N Ns N
F'_M	Maxwellsche Wechselkraft pro Fläche	N/m^2

(Fortsetzung)

Symbol	Bedeutung	Einheiten und dB-Kennzeichnung
F_{pI}	Druck-Intensitätsindex	dB
F_V	Vorspannkraft	N
f	Frequenz	Hz
f_D	Durchlassfrequenz	Hz
f_{Gr}	untere Grenzfrequenz, ab der in einem Hallraum ausreichende Diffusität herrscht	Hz
f_g	Koinzidenzfrequenz, Grenzfrequenz	Hz
$f_{gn,\,p}$	Grenzfrequenz in Rohrleitungen der n,p-Mode	Hz
f_{Hieb}	Frequenz der Hiebtöne	Hz
f_m	Bandmittenfrequenz	Hz
f_n	Eigenfrequenzen	Hz
f_0	Eigenfrequenz, Grundwelle	Hz
f_R	Ringdehnfrequenz	Hz
f_{Spalt}	Frequenz Spalttöne	Hz
G	Schub- oder Gleitmodul	N/m^2
G	Bodenfaktor	–
H	Admittanzmatrix	–
h_S	akustisch wirksame Schirmhöhe	m
h	Höhe, Materialstärke, Dicke	m
h	Admittanz	m/(Ns)
I	Intensität	N/(ms), W/m^2
IL	Einfügedämpfung – Insertion Loss	dB
J_b	Flächenträgheitsmoment	m^4
J_d	Torsionsträgheitsmoment	m^4
i	Trägheitsradius	m
J_S	Stoß- oder Impulsstärke	Ns, kgm/s
J_n	Besselfunktion	–
$j = \sqrt{-1}$	imaginäre Einheit	–
K	Korrekturpegel	dB
K	Proportionalitätsfaktor	–
K_D K_D	Korrekturpegel zur Berücksichtigung des Schallfeldcharakters im Rohr Proportionalitätsfaktor für die Dipolquellen	dB –
K_{Fl}	Kompressionsmodul	N/m^2
K_f	frequenzabhängige Pegelgröße	dB
K_I	Pegelzuschlag bei impulshaltigen Geräuschen	dB
K_{met}	Korrekturfaktor für Witterungseinflüsse	–
K_R	Zuschlag erhöhter Störwirkung	dB
K_{QF}, K_{QL}	Korrekturmaß der Flächen- und Linienschallquelle	dB

(Fortsetzung)

Symbol	Bedeutung	Einheiten und dB-Kennzeichnung
K_T	Pegelzuschlag bei tonhaltigen Geräuschen	dB
K_m, K_v	Korrekturpegel	dB
K_α	Korrekturpegel zur Berücksichtigung der nichtlinearen Schallleistungsabnahme im Rohr	dB
K_Ω K_Z	Raumwinkelmaß Kenngröße	dB –
K_0	Korrekturpegel für Abweichung zwischen der Impedanz des Schallfeldes und der Bezugsimpedanz	dB
K_{00}	Korrekturpegel zur Berücksichtigung des barometrischen Drucks	dB
K_{01}	Korrekturpegel (Waterhouse Term)	dB
K_1	Fremdgeräuschkorrekturpegel	dB
K_2	Umgebungskorrekturpegel	dB
K_3	punktbezogene Umgebungskorrekturpegel	dB
$k = \frac{\omega}{c} = \frac{2\pi}{\lambda}$	Wellenzahl	m^{-1}
k_S	Transversalwellenzahl	m^{-1}
k_{De}	Dehnwellenzahl	m^{-1}
k_B	Biegewellenzahl	m^{-1}
k_F, k_1, k_2, k_L	Federsteifigkeit	N/m
k	Versuchskonstante	–
L	Pegel	dB
L_A	A-bewerteter Schalldruckpegel	dB(A)
L_{AIeq}	A-bewerteter, energieäquivalenter Schalldruckpegel	dB(A)
L_{Am}	A-bewerteter Mittelungspegel	dB(A)
$L_{AT}(DW)$	A-bewerteter äquivalenter Dauerschalldruckpegel bei Mitwind	dB(A)
L_N	Lautstärkepegel	phon
L_{NZD}	Lautstärkepegel im diffusen Feld	phon
L_{NZF}	Lautstärkepegel im Freifeld	phon
L_H	Schalldruckpegel im Hallraum	dB
L_I	Schallintensitätspegel	dB
L_N	Lautstärkepegel	dB
L_p	Schalldruckpegel	dB
$L_{p,in}$	Innenpegel	dB
$L_{pi,m}$	Innerer Schalldruckpegel	dB
L_s	Schalldruckpegel im Aufpunkt R	dB
L_S	Messflächenmaß der Hüllfläche, Messflächenmaß der körperschallabstrahlenden Fläche	dB
L_W	Schallleistungspegel	dB
L_{WA}	A-Schallleistungspegel	dB(A)

(Fortsetzung)

Symbol	Bedeutung	Einheiten und dB-Kennzeichnung
L_{WK}	Körperschallleistungspegel	dB
L_{WL}	Luftschallleistungspegel	dB
L_W'	auf die Länge bezogener Schallleistungspegel	dB
L_W''	auf die Fläche bezogener Schallleistungspegel	dB
L_{Wa}	äußerer Schallleistungspegel	dB
L_{Wi}	innerer Schallleistungspegel, Schallleistungspegel des i-ten Frequenzbandes	dB
L_a	Beschleunigungspegel	dB
$L_{eq} = L_{Afm}$	energieäquivalenter Dauerschalldruckpegel	dB(A)
L_{AFTeq}	Wirkpegel nach dem Taktmaximalwert-Speicherverfahren	dB(A)
L_{AT} (DW)	energieäquivalenter A-bewerteter Dauerschalldruckpegel bei Mitwind am Immissionsort	dB(A)
L_{AT} (LT)	A-bewerteter Langzeit-Mittlungspegel im langfristigen Mittel am Immissionsort	dB(A)
L_r	Beurteilungspegel	dB(A)
L_p	Schalldruckpegel	dB
L_{pA}	Emissions-Schalldruckpegel	dB(A)
L_v	Schnellepegel	dB
L_x	Wegpegel	dB
$\overline{L}_p'$	energetisch gemittelter Schalldruckpegel (fremdgeräuschkontaminiert)	dB
$\overline{L}_p''$	energetisch gemittelter Fremdgeräuschpegel	dB
l	Länge	m
$l*$	wirksame Länge unter Berücksichtigung der Mündungskorrektur	m
M	Molmasse	kg/kmol
M_b	Biegemoment	Nm
Ma	Mach-Zahl	–
m	Masse	kg
m	Querschnittsverhältnis	–
m'	auf die Länge bezogene Masse	kg/m
m''	auf die Fläche bezogene Masse	kg/m^2
m_b	dynamische Masse	kg
N, N_G	Lautheit,Teillautheit	sone
N	Anzahl	–
N	Lautheit, Lautheitsindex	sone
N	NOYS-Zahl	Noys
N_t	gesamte Noisiness	Noys

(Fortsetzung)

Symbol	Bedeutung	Einheiten und dB-Kennzeichnung
NR	Noise-Rating-Zahl	–
n	Faktor, Anzahl, Molanteil, Drehzahl	–, 1/min
$\vec{n}$	Normalenvektor	–
p	Schalldruck, Druck	N/m^2
P, P_w, P_{akust}	Schallleistung	W
P_{mech}	mechanische Leistung	W
P_{el}	elektrische Leistung	W
P_0	Bezugsschallleistung der Hörschwelle	W
P'	auf die Länge bezogene Schallleistung	W/m
P_K, P_L	Körperschall- und Luftschallleistung	W
$P_{ges.}$	Gesamtschallleistung	W
P_Q	Quell-Schallleistung	W
PNL	Perceived Noise Level	PNdB
p_{Sta}	statischer Druck	N/m^2
Q	Querkraft	N
Q	Resonanzschärfe, -güte	–
q	Halbierungsparameter	dB
R	Radius	m
$\overline{R}$	Raumkonstante	m^2
R	physikalische Reizgröße	–
R_0	Schwellwert der Reizgröße	–
R_d	Durchgangsdämmmaß	dB
Re R_m	Reynoldszahl Universelle Gaskonstante	– Nm/kmol K
R_R	Schalldämmmaß dünnwandiger Rohre im mittleren Frequenzbereich	dB
R_S	spezifischer Strömungswiderstand	Ns/m^3
R_W	bewertetes Schalldämm-Maß	dB
r	Radius, Entfernung	m
r	Reflexionsfaktor, Volumenanteil	–
r_H	Hallradius	m
r_S	längenbezogener Strömungswiderstand	Ns/m^4
St	Strouhal-Zahl	–
S	Hüllfläche, Messfläche	m^2
$S_0 = 1$	Bezugsfläche	m^2
s	Weg, Auslenkung	m
s	Strukturfaktor	–
s_m	Entfernung	m

(Fortsetzung)

Symbol	Bedeutung	Einheiten und dB-Kennzeichnung
$S_\perp$	senkrechter Abstand	m
T	absolute Temperatur	K
T	Schichtdauer	s
T	Zeitintervall, Nachhallzeit	s
T	Transfermatrix	–
TL	Durchgangsdämpfung – Transmission Loss	dB
T_S	Sabinesche Nachhallzeit eines Raumes	s
T_{St}	Stoßzeit	s
T_r	Beurteilungszeit	s, h
t	Zeit	s
t	Matrixelement	–
U	Umfang	m
U	Drehzahl	1/min
u	Geschwindigkeit	m/s
u	Verschiebung in x-Richtung	m
u	Schallfluss	m^3/s
V	Überhöhungsfaktor	–
V	Volumen	m^3
v	Schallschnelle, Geschwindigkeit	m/s
v_r	Radialgeschwindigkeit	m/s
v, v_S	Schwingschnelle, Körperschallschnelle	m/s
W	Schallenergie	Nm
W_K	kinetische Energie	Nm
W_P	Potenzielle Energie	Nm
w w(f)	Energiedichte spektrale Leistungsdichte	Nm/m^3 N^2s
X'_{AS}	Kenngröße	dB(A)
x, y, z	kartesische Koordinaten	m
Y	Charakteristische Impedanz (flächenbezogen)	$kg/(m^4\ s)$
y	Amplitude einer physikalischen Größe	–
y_i	Massenverhältnis	–
$\hat{y}_n$	Amplitude der n-te Eigenfunktion	m
Z	Akustische Impedanz	Ns/m^3
Z	Mechanische Impedanz	Ns/m, kg/s
Z_0	Schallkennimpedanz der Luft = 400 Ns/m^3	Ns/m^3
Z_a	Wellenwiderstand eines Absorbers	Ns/m^3
Z_e	Eingangsimpedanz, Mechanische Impedanz	Ns/m, kg/s
$Z_{e,\infty}$	mech. Eingangsimpedanz halbunendlicher Stab	Ns/m

(Fortsetzung)

Symbol	Bedeutung	Einheiten und dB-Kennzeichnung
Z_D	Eingangsimpedanz idealer Dämpfers, Dämpferimpedanz	Ns/m, kg/s
Z_F	Eingangsimpedanz ideale Feder, Federimpedanz	Ns/m, kg/s
Z_m	Eingangsimpedanz einer kompakten Masse, Massenimpedanz	Ns/m, kg/s
Z_S	Feldimpedanz	Ns/m^3
Z_W	Impedanz einer Wand	Ns/m^3
Z_τ	Trennimpedanz einer Wand	Ns/m^3
Z_{1n}	normierte (spezifische) Impedanz eines Absorbers an der Dämmstoffoberfläche	–
z	Schirmwert	m
z	Anzahl der Blattelemente	–
Θ'	längenbezogenes Massenträgheitsmoment	m kg
Λ	Lautstärkewahrnehmung	–
Λ	Logarithmisches Dekrement	–
Δ	Laplace-Operator	–
ΔL_K	Korrekturpegel	dB
ΔL_S	Pegeländerung bei Nutschränkung	dB
ΔL_b	Pegeländerung bei Luftspaltbreitenänderung	dB
ΔK	Körperschallreduzierung durch Isolierung	–
Δr	Mikrofonabstand	m
$\Delta\varphi$	Phasendifferenz	rad, °
ϕ	Potenzialfunktion, Geschwindigkeitspotenzial	m^2/s
ϕ'	Auf die Länge bezogene Geschwindigkeitspotenzial	m^3/s
Ω	Raumwinkel	rad
Γ_a	Ausbreitungskonstante	m^{-1}
α	Schallabsorptionsgrad, Schluckgrad	–
α	Rohrdämpfung	dB/m
α	Amplitudenfrequenzgang, Versuchskonstante	–
$\alpha^* = \alpha/20 \lg e$	Dämpfungszahl	–
α_D	Dämpfungskoeffizient, Bewuchs und Bebauung	dB/m
α_L	Dämpfungskoeffizient in der Luft	dB/m
$\alpha_L{}^* = \alpha_L/20 \lg e$	Dämpfungszahl in der Luft	m^{-1}
α_n	Eigenwerte	–
β	Kompressibilitätszahl	m^2/N
β	Versuchskonstante	–
β_n	Anregungsfaktor	–
$\gamma_{n,p}$	Eigenwerte	–
δ	Dissipationsgrad	–
δ	Volumendilatation	–

(Fortsetzung)

Symbol	Bedeutung	Einheiten und dB-Kennzeichnung
δ	Abklingkonstante	1/s
δ_{pol}	Querfeldunterdrückung	dB
η	Frequenzverhältnis	–
η	Verlustfaktor	–
φ	Phasenwinkel	rad
φ	Verlustwinkel	°
φ_n	Eigenfunktion des Raumes	–
κ	Isentropenexponent	–
λ	Wellenlänge	m
λ_B	Biegewellenlänge	m
μ	Querkontraktionszahl, Massenverhältnis	–
ρ	Dichte	kg/m^3
ρ	Reflexionsgrad	–
σ	Spannung	N/m^2
σ	Abstrahlgrad	–
σ	Porosität	–
σ	Standardabweichung	–
σ'	Abstrahlmaß	dB
τ ϑ ϑ	Transmissionsgrad Dämpfungsgrad Winkel	– – rad
$\omega = 2{\cdot}\pi{\cdot}f$	Kreisfrequenz	rad/s
ω_R	Ringdehnkreisfrequenz	rad/s
ω_0	Eigenkreisfrequenz	rad/s
ξ	Verschiebung, Auslenkung	M
ψ	Eigenfunktion, Flächenverhältnis	–
ζ_{akust}	akustischer Wirkungsgrad	–
Indizes		
A, B, C, D	A-, B-, C-, D-Bewertung	
D	Diffusfeld	
H	Schallfeld (diffus), Hallraum	
Hieb	Hiebton	
I	Intensität, Impuls	
L	Luft, Leitung	
Okt	Oktav	
Pl	Platte	
Tz	Terz	
abs	absorbiert	
eq	energieäquivalent, äquivalent	

(Fortsetzung)

Symbol	Bedeutung	Einheiten und dB-Kennzeichnung
e	einfallende Welle	
krit	kritisch	
m	Mitten-	
max	maximal	
min	minimal	
0	Bezugsgröße	
r	reflektierte Welle	
Σ	Summe	
Sonderzeichen		
$\hat{a}$	Amplitude der Größe a	
$\tilde{a}$	Effektivwert der Größe a	
$\bar{a}$	Mittelwert der Größe a	
$\underline{a}$	komplexe Größe a	
$\vec{a}$	Vektor a	

Inhaltsverzeichnis

1 Einleitung

Bei der akustischen Auslegung von Maschinen, Anlagen und Fahrzeugen geht es im Wesentlichen darum, die Geräuschentstehung und Geräuschabstrahlung zu reduzieren und/oder den Geräuschen einen Klang zu verleihen, der einen dem Charakter der Geräuschquelle entsprechenden Höreindruck vermittelt. Dabei sind in zunehmenden Maße Vorschriften und Grenzwerte zu beachten, da der Mensch ganz erheblich durch Lärm geschädigt werden kann. Das Interesse an der Akustik hat in den letzten Jahren ständig zugenommen, wie auch die Rangliste von Kaufkriterien eines Automobilherstellers zeigt (Abb. 1.1).

Da ist der Pumpenhersteller, der Aufträge an die Konkurrenz verliert, weil seine Produkte „zu laut" sind. Dabei strahlt nicht einmal die Pumpe selbst den Hauptanteil der Geräusche ab, sondern die angeschlossenen Leitungen und Apparate. Im Bereich der Automobilindustrie müssen die Zulieferer geräuschoptimierte Produkte entwickeln, bevor das Fahrzeug existiert. Man benötigt also u. U. fahrzeugunabhängige Prüfstände, um das Produkt vorab akustisch testen zu können. Der Aufwand wird also immer größer, um zuverlässig das gewünschte Bauteil oder Subsystem liefern zu können. Dazu gehört auch, dass die Komponenten in der Serie die verlangten akustischen Kriterien einhalten, was eine akustische Qualitätskontrolle in der Fertigung erfordert. Als Beispiel seien an dieser Stelle die elektrische Sitzverstellung durch elektrische Stellmotoren von Fahrzeugen der Mittel- und Oberklasse genannt. Der Kunde würde ein „billig" klingendes Geräusch nicht akzeptieren. Bei bestimmten Vorgängen muss das Betätigungsgeräusch aber auch hörbar sein, da sonst der Eindruck entsteht, die Funktion ist gestört. Hier wird das Arbeitsgebiet der Psychoakustik mit der Analyse von akustischen Wertigkeiten tangiert.

Geräusche kommen selten isoliert vor, d. h. man hat es meistens mit Überlagerungen zu tun. Als Beispiel sei der Freizeitlärm genannt, der oft von Verkehrslärm überlagert ist. Letzterer unterliegt übrigens besonderen Vorschriften, die regional auch unterschiedlich sind. Man denke in diesem Zusammenhang an Fluglärm und z. B. Nachtflugverbote,

G. R. Sinambari, S. Sentpali, *Ingenieurakustik*,
https://doi.org/10.1007/978-3-658-27289-0_1

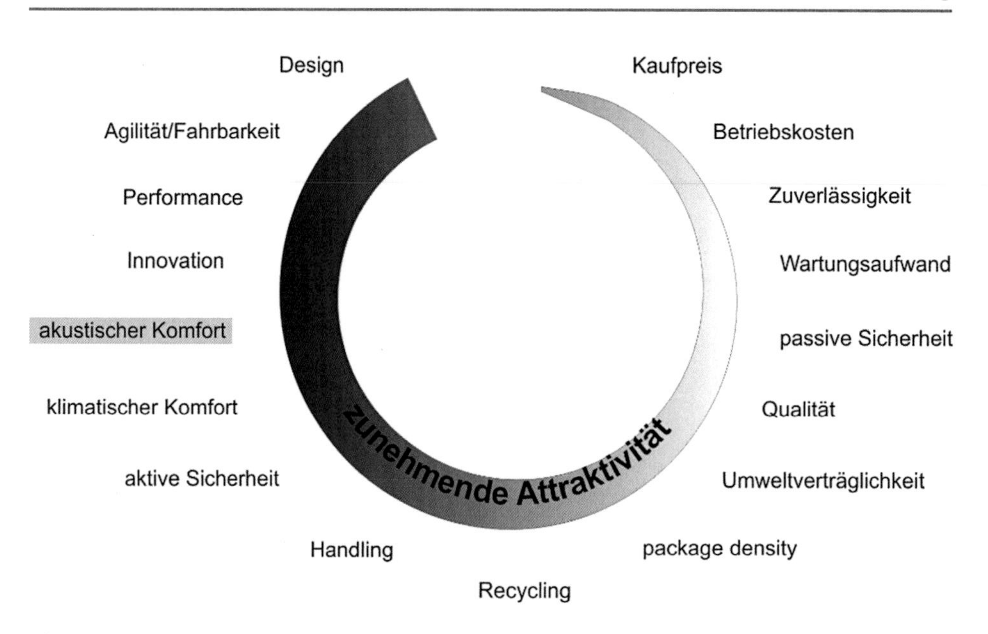

Abb. 1.1 Kriterien beim Fahrzeugkauf

während der Straßenverkehrslärm dagegen wenig eingeschränkt ist. Hier werden häufig Geschwindigkeitsbeschränkungen eingeführt, woraus schon zu erkennen ist, dass die Betriebsdingungen für die Schallentstehung eine wichtige Rolle spielen. Eine Maschine erzeugt in der Regel bei Volllast mehr Geräusch als bei Teillast. So können z. B. Windenergieanlagen bei Überschreitung von Lärmgrenzwerten nachts mit geräuschreduzierten Leistungskurven betrieben werden, was natürlich Einbußen bei der Stromproduktion bedeutet.

Bei einem Beispiel aus der Praxis konnten die Genehmigungsauflagen für ein Kraftwerk nicht erfüllt werden, weil in dem betroffenen Gebiet, das in unmittelbarer Nachbarschaft ein Wohnviertel aufweist, die zulässigen Schallimmissionsrichtwerte erheblich überschritten wurden. In diesem Fall kam es durch den nachträglichen Einbau eines Wärmetauschers im Abgassystem zu einer Resonanzanregung eines weiter entfernten Bauteils der Anlage, was zu tonalen Geräuschanteilen mit entsprechender Belästigung führte. Durch schall- und schwingungstechnische Untersuchungen wurden die Ursache und die Mechanismen der Schallentstehung ermittelt und darauf aufbauend das Geräuschproblem durch einfache strömungstechnische Maßnahmen behoben.[1] Abb. 1.2 zeigt die gemessenen Schallleistungspegel vor und nach der Maßnahme. Man erkennt deutlich die Verbesserung an den geringeren Pegeln mit Maßnahmen. Aber nicht nur die großen

[1]**Sinambari, Gh. R.; Thorn, U.:** Strömungsinduzierte Schallentstehung in Rohrbündelwärmetauschern. Zeitschrift für Lärmbekämpfung 47, 2000, Nr. 1.

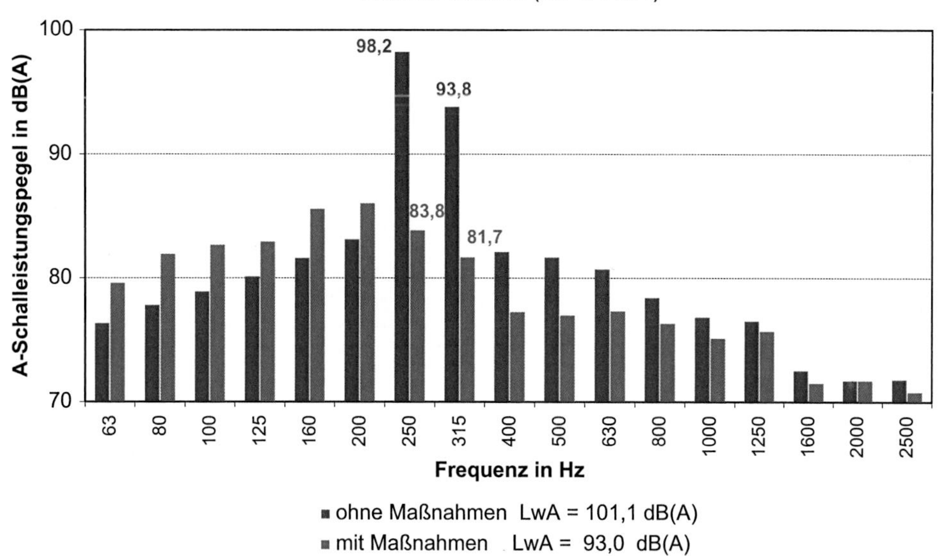

Abb. 1.2 Gemessene, frequenzbewertete Schallleistungspegel eines Kraftwerks vor und nach der Durchführung von Geräuschminderungsmaßnahmen

Maschinen machen lästige Geräusche, sondern auch die kleinen, weil sie oft zu hochfrequenten Geräuschen führen, die für das menschliche Ohr besonders unangenehm sind.

Bei den meisten technischen Abläufen und Prozessen entstehen Geräusche, die für den Vorgang charakteristisch sind. Damit eröffnen sich viele Möglichkeiten, Prozesse akustisch zu überwachen und zu steuern. In den vergangenen Jahren hat sich in diesem Bereich ein neues Geschäftsfeld etabliert, das aufgabenspezifisch akustische Qualitäts- und Produktüberwachungssysteme entwickelt bzw. bereitstellt. Dabei werden z. B. gespeicherte Referenzgeräusche, die den Normalzustand wiedergeben, mit den aktuellen Betriebsgeräuschen verglichen. Bei Abweichungen können geeignete Maßnahmen ergriffen werden.

Die Akustik nimmt als Disziplin eine Sonderstellung ein, da es ausschließlich um das menschliche Gehör geht. Die Geräuschreduzierung einer Maschine senkt in der Regel nicht den Verbrauch und verbessert nicht den Wirkungsgrad. Es geht lediglich darum, dass der Mensch nicht geschädigt wird oder einen bestimmten Höreindruck gewinnt. Dabei kommt den Bedingungen am Arbeitsplatz eine besondere Bedeutung zu. Der Arbeitgeber ist verpflichtet, den Arbeitsplatz u. a. so einzurichten, dass Gehörschäden vermieden werden. Eine Verletzung der Sorgfaltspflicht ist mit erheblichen Regressforderungen verbunden. An dieser Stelle sei darauf hingewiesen, dass Lärmschutz, vor allem wenn er an bestehenden Maschinen und Anlagen vorgenommen werden soll, immer mit großen Kosten verbunden ist. Besonders kostspielig sind Fälle, bei denen Geräuschgrenzwerte garantiert werden, für die vorher keine fundierte Prognose bzw. akustische Überprüfung vorgenommen wurde. Dabei ist zwischen primären und sekundären Schallschutzmaßnahmen zu unterscheiden. Primär bedeutet dabei, dass die Geräuschentwicklung an der Entstehungsstelle reduziert wird, am besten also gar nicht erst entsteht. Sekundär bedeutet, dass man verhindert, dass der Schall das menschliche Ohr erreicht. Die Einwirkung von Geräuschen auf den Menschen hängt dabei von verschiedenen Faktoren ab wie Art und Eigenschaften der Geräusche, Ort und Zeitpunkt der Geräuschemissionen, Verfassung der Betroffenen, Gewöhnung und Sensibilisierung.

Die Anforderungen an moderne Maschinen und Anlagen sind sehr vielfältig. Neben Funktionalität, Haltbar- und Bezahlbarkeit müssen Emissionen vermindert werden. Aus Sicht der Akustik bedeutet dies, dass man an bereits bestehenden Maschinen und Anlagen, u. a. auf Grund verschärfter Vorschriften, Geräusch- und Schwingungsminderungsmaßnahmen vornehmen muss. Bei der Neuentwicklung von Produkten gewinnt verständlicherweise die Frage der geringeren Geräusch- und Schwingungsemissionen, die heute auch verstärkt ein Qualitätsmerkmal darstellt, immer mehr an Bedeutung.

Ein großes Problem entsteht in der Praxis häufig dadurch, dass der Ingenieur vom Studium her keine oder nur unzulängliche Kenntnisse der Akustik mitbringt. Zwar gibt es mittlerweile eigene Studiengänge der Akustik, wie den **Master Ingenieurakustik**,[2] jedoch ist die Studierendenzahl gemessen am Bedarf noch zu kein. Der Konstrukteur ist in der Regel nicht auf die akustischen Aspekte bei der Entwicklung einer Maschine oder Anlage vorbereitet. Schalltechnische Begriffe, Bezeichnungen und Berechnungsweisen sind ihm nicht vertraut. Akustische Vorgänge sind sehr komplex, und das Denken in Frequenzgängen und Logarithmenfunktionen fehlt. Der Konstrukteur ist gewohnt, in Kraft- und Leistungsflüssen zu denken. So liegt die Schallabstrahlungsleistung einer 1000 kW-Maschine in der Größenordnung von 1 W. Bildet man daraus den **Akustischen Wirkungsgrad,** der das Verhältnis von abgestrahlter Schallleistung zur Maschinenleistung darstellt, ergibt sich eine sehr kleine Größe, nämlich 10^{-6}. Die Geräuschentwicklung ist dagegen gewaltig (1 W $\equiv$ 120 dB).

Je komplexer eine Konstruktion ist, desto komplexer ist auch die Lärmsituation. Die Folgerung beim Konstruieren ist ein methodisches Vorgehen mit abstrahierenden Ordnungsprinzipien. In der Lehre wird dieses Gebiet unter dem Begriff *Lärmarm Konstruieren* zusammengefasst. Präzise Funktionen verlangen meist enge Toleranzen, was sich meistens auch günstig auf die Geräuschreduzierung auswirkt. Kostengünstige Fertigung erfordert dagegen eher grobe Toleranzen, was häufig Lärmprobleme mit sich bringt.

Ein Hauptziel der experimentellen Akustik ist die Ortung von Schallquellen. Unter dem Schlagwort „**Akustische Kamera**“ oder „**beamforming**“ sind inzwischen eine ganze Reihe praxisgerechter Messsysteme entstanden, die dem Entwickler die Arbeit erleichtern.

[2]Berufsbegleitender **Masterstudiengang der Ingenieurakustik** an der HAW München und Mittweida: www.hm.edu/allgemein/studienangebote/wissenschaftliche_weiterbildung/master/ingenieurakustik

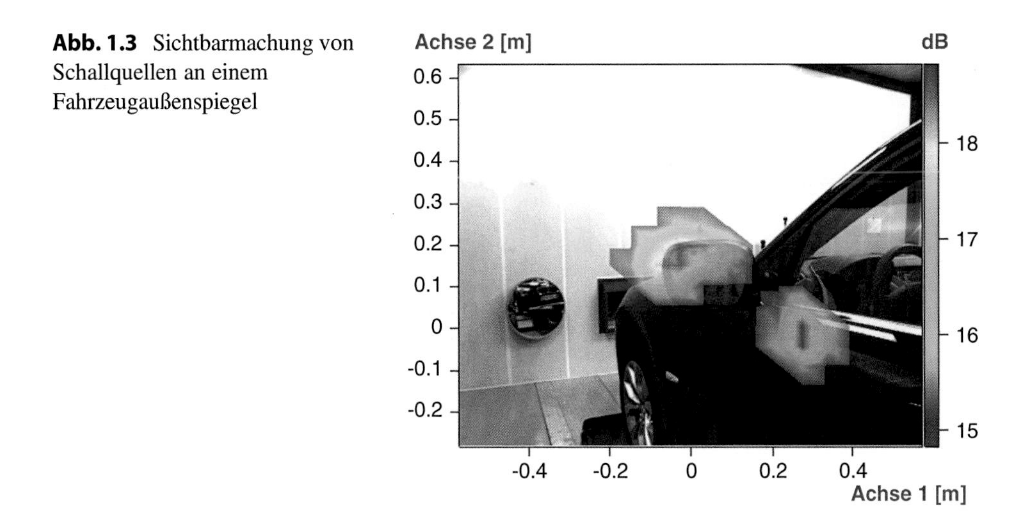

Abb. 1.3 Sichtbarmachung von Schallquellen an einem Fahrzeugaußenspiegel

Hauptbestandteil solcher Systeme ist eine ausgeklügelte Software, die aus den Mikrofonsignalen eines Mikrofonarrays die gewünschten Informationen herausfiltert. Abb. 1.3 zeigt die Geräuschabstrahlung eines Fahrzeugaußenspiegels während der Spiegelverstellung durch elektrische Stellmotoren. Erkennbar sind die Hauptschallquelle und die Schallspiegelung an der Tür. In Abb. 1.4 ist die örtliche Geräuschentstehung durch das Gleiten der Fensterscheibe in den Führungen einer Fahrzeugtür erkennbar.

Maschinen und Anlagen müssen heute nicht nur technischen, wirtschaftlichen und ökologischen Forderungen genügen, sondern auch Sicherheit und Gesundheitsschutz gewährleisten. Insbesondere die **Geräuschemission** einer Maschine im Sinne der **EG-Maschinenrichtlinie** ist hierbei vor dem Hintergrund immer schärferer gesetzlicher Grenzwerte ein wichtiger Aspekt.

Die Geräuschreduzierung bzw. -optimierung einer Maschine bzw. Anlage lässt sich am sinnvollsten durch primäre Maßnahmen realisieren. Dazu ist es allerdings notwendig, die Mechanismen bei der Entstehung, Übertragung und Abstrahlung des Geräusches zu verstehen. Hierbei ist zu berücksichtigen, dass eine Geräuschreduzierung nur dann erreicht werden kann, wenn man die lautesten bzw. pegelbestimmenden Quellen geräuscharm gestaltet. Lauteste Quellen können z. B. sein:

- Einzelmaschinen innerhalb einer Anlage, die den Gesamtpegel bestimmen,
- bestimmte Arbeitsabläufe einer Fertigung,
- Bauteile einer Maschine mit dem größten Schallleistungspegel,
- einzelne Frequenzbereiche, die den Gesamtpegel bestimmen.

Der Gesamtpegel kann je nach Aufgabenstellung sehr verschiedenartig sein, z. B.:

- A-Gesamtschallleistungspegel,
- A-Gesamtschalldruckpegel, Arbeitsplatz- oder Nachbarschaftslärm,

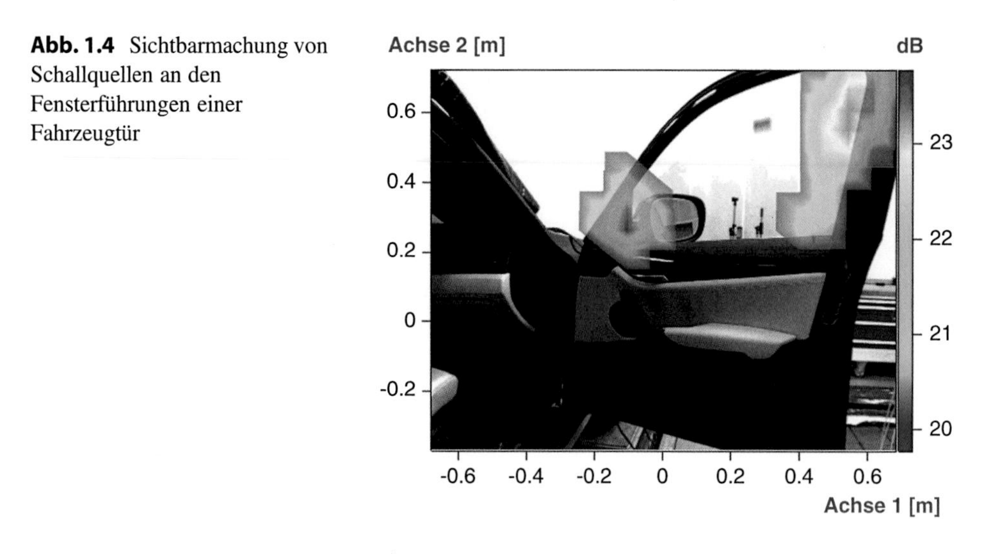

Abb. 1.4 Sichtbarmachung von Schallquellen an den Fensterführungen einer Fahrzeugtür

- Beurteilungspegel,
- Garantiewerte.

Aus den oben genannten Ausführungen folgt, dass man bei der Entwicklung geräuscharmer Produkte vorher einige Fragen klären muss. Bei der Erarbeitung von geeigneten Lärmminderungsmaßnahmen sollte man durch entsprechende Untersuchungen, z. B. mit Hilfe einer schalltechnischen Schwachstellenanalyse, die Schallentstehung beschreiben und die Hauptgeräuschquellen ermitteln.[3]

Das vorliegende Fachbuch stellt die akustischen und schwingungstechnischen Grundlagen bereit, die für eine praxisnahe Bearbeitung technischer Entwicklungsaufgaben aus dem Bereich Geräuschminderung und Entwicklung geräuscharmer Produkte benötigt werden. Es ist aber auch als Nachschlagewerk zu verstehen, das einen schnellen Zugriff auf Daten wie Eigenfrequenzen, Dämpfungen und Dämmmaßen ermöglicht.

[3]**Sinambari, Gh. R.**: Konstruktionsakustik, primäre und sekundäre Lärmminderung, Springer Vieweg, 2017.

Theoretische Grundlagen des Schallfeldes 2

2.1 Einleitung

In einem unendlich ausgedehnten gasförmigen Medium, z. B. Luft, mit dem Druck p_0, der Dichte ρ_0 und der Temperatur T_0 im Ruhezustand pflanzt sich eine örtlich begrenzte, zeitlich veränderliche Störung des Gleichgewichtes in freien Wellen fort. Da Gase nur sehr kleine Schubkräfte übertragen können und auch keine freien Oberflächen besitzen, erfolgt diese Fortpflanzung nur in Form von Längswellen. Dabei schwingen örtlich die Gasteilchen in der Fortpflanzungsrichtung hin und her, wobei gegenüber dem Ruhedruck p_0 sehr kleine Druckschwankungen auftreten. Diese Druckschwankungen werden vom menschlichen Ohr empfangen und können als Schall wahrgenommen werden. In Anlehnung an das menschliche Hörvermögen wird in der Technik der akustische Frequenzbereich von 16 Hz bis 20 kHz festgelegt. Schall kann sich aber auch in Flüssigkeiten und festen Körpern fortpflanzen. In diesen Fällen spricht man dann von Flüssigkeits- bzw. Körperschall. Die Schallausbreitung in Flüssigkeiten erfolgt in ähnlicher Weise wie bei Gasen in Längswellen. Bei festen Körpern können erheblich größere Schubspannungen übertragen werden, wodurch andere Wellenformen auftreten.

2.2 Schallfeldgrößen und Schallfelder

Kommt es in einem Raum zu einem Schallereignis, so führen die Gasteilchen Schwingungen aus, die zu dem sog. Schalldruck oder auch Schallwechseldruck p führen. Die Geschwindigkeit, mit der die Teilchen hin und her schwingen, wird Schallschnelle v genannt. Beide Größen sind Schallfeldgrößen des sog. Schallfeldes, in dem sich die Störung ausbreitet. Der Wechseldruck ist eine skalare Größe. Im Gegensatz dazu hat die Schnelle als kinematische Feldgröße Vektorcharakter. Beide Größen sind von der Zeit und

G. R. Sinambari, S. Sentpali, *Ingenieurakustik*,
https://doi.org/10.1007/978-3-658-27289-0_2

vom Ort abhängig. Das Schallfeld ist ausreichend beschrieben, wenn man an jeder Stelle des Mediums zu jedem Zeitpunkt den Wechseldruck und die Schnelle für die drei Raumrichtungen kennt. Ein räumliches Wellenfeld liegt vor, wenn die Ausbreitung in allen Richtungen, ein ebenes Wellenfeld, wenn sie nur in einer Richtung erfolgt, und die Feldgrößen in Ebenen senkrecht dazu konstant sind.

2.2.1 Lineares Wellenfeld

Ein lineares Wellenfeld baut sich in einem unendlich langen Rohr nach einer Störung auf, wenn der Durchmesser d klein gegen die Wellenlänge der sich im Rohr fortpflanzenden Störungen ist. Die Schwingung sei als klein angenommen, so dass auch die Feldgrößen p und v, wobei Letztere nur in Richtung der Rohrachse wirkt, kleine Größen darstellen. Sie sind von der Zeit t und der Ortskoordinate x auf der Rohrachse abhängig. Ein Wellenvorgang liegt nur dann vor, wenn eine zeitliche Änderung einer Feldgröße mit der räumlichen Änderung einer anderen Feldgröße gekoppelt ist. Im Folgenden soll nun ein Zusammenhang zwischen der zeitlichen und örtlichen Abhängigkeit der Feldgrößen hergeleitet werden. Hierbei ist zu berücksichtigen, dass mit der Druckänderung auch eine Dichteänderung verbunden ist. Für die Berechnung stehen folgende Grundgleichungen zur Verfügung: die Newtonsche Bewegungsgleichung, die den Wechseldruck mit der Schnelle verknüpft, die Kontinuitäts- oder Massenerhaltungsgleichung, die den Zusammenhang zwischen der Schnelle und der Dichteänderung herstellt, und die Gleichungen für isentrope Zustandsänderungen idealer Gase, die die Abhängigkeit zwischen einer Dichte- und einer Druckänderung liefern.

Die Newtonsche Gleichung lautet für ein Volumenelement mit der Breite dx in der Eulerschen Form (Abb. 2.1)

$$\rho \frac{\mathrm{dv}}{\mathrm{dt}} = -\frac{\partial \mathrm{p}}{\partial \mathrm{x}}. \tag{2.1}$$

Hierin ist die Totalbeschleunigung

$$\frac{dv}{dt} = \frac{\partial v}{\partial t} + v \frac{\partial v}{\partial x}. \tag{2.2}$$

Der konvektive Anteil $v \cdot \frac{\partial v}{\partial x}$, der bei stationären Rohrströmungen maßgebend ist, kann hier wegen der kleinen Größe von v vernachlässigt werden, so dass die Totalbeschleunigung sich nur aus dem instationären Anteil $\frac{\partial v}{\partial t}$ zusammensetzt.

Da nur kleine Dichteänderungen angenommen werden, kann für die Dichte die des Ruhezustandes angesetzt werden. Damit erhält man dann für die Newtonsche Gleichung

Abb. 2.1 Zustandsänderung an einem Volumenelement im Rohr

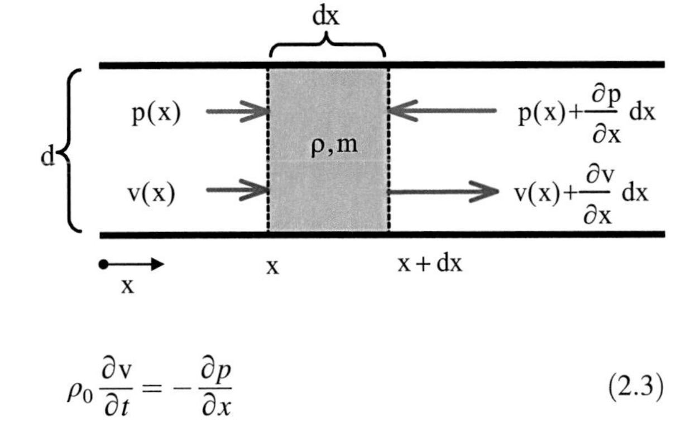

$$\rho_0 \frac{\partial \mathrm{v}}{\partial t} = -\frac{\partial p}{\partial x} \tag{2.3}$$

Sie ist eine erste Bestimmungsgleichung für die Feldgrößen p und v.

Zur Erfüllung der Kontinuitätsgleichung am Element dx mit dem Volumen ΔV muss dessen Masse dm = $\rho.\Delta$V konstant gehalten werden.

Durch logarithmisches Differenzieren folgt zunächst

$$\frac{\partial \rho}{\rho} = -\frac{\partial(\Delta V)}{\Delta V} = -\delta. \tag{2.4}$$

Hierin wird die relative Volumenänderung auch als Volumendilatation δ bezeichnet. Die Berechnung von δ lässt sich mit Hilfe von Abb. 2.2 durchführen. Es zeigt die Verschiebungen des Elementes dx bei gleichzeitiger Volumenänderung. Danach ist

$$\delta = \left(\overline{dx} - dx\right)/dx.$$

Mit

$$\overline{dx} = dx + \left(\mathrm{v} + \frac{\partial \mathrm{v}}{\partial x} dx\right) dt - vdt$$

wird $\delta = \frac{\partial v}{\partial x} \cdot dt$ und somit

$$\frac{\partial \rho}{\rho} = -\frac{\partial \mathrm{v}}{\partial x} dt$$

bzw.

$$\frac{\partial \rho}{\rho_0} = -\frac{\partial \mathrm{v}}{\partial x} dt \tag{2.5}$$

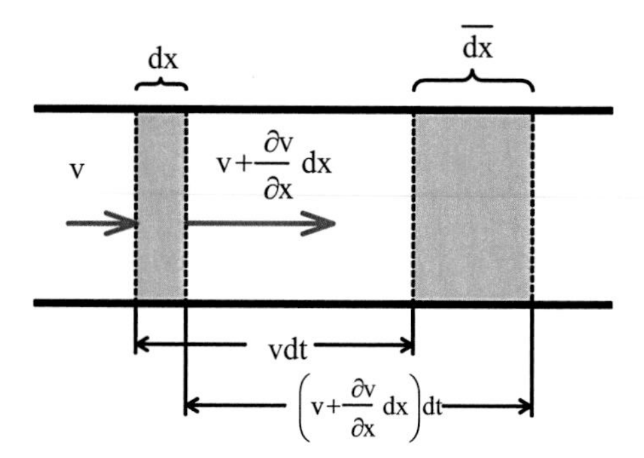

Abb. 2.2 Volumendilatation

Setzt man für die isentrope Verdichtung idealer Gase die Gleichung $p_{ges} \cdot \rho^{-\kappa} = konst.$ an, so erhält man durch logarithmisches Differenzieren

$$\frac{\partial \rho}{\rho} = \frac{1}{\kappa} \frac{\partial p}{p_{ges}} \tag{2.6}$$

Hierin ist p_{ges} die Summe aus dem Ruhedruck p_o und dem Wechseldruck p. Wegen des kleinen Betrages von p kann $p_{ges} = p_o$ gesetzt werden. Mit $\rho \approx \rho_0$ erhält man

$$\frac{\partial \rho}{\rho_0} = \frac{1}{\kappa} \frac{\partial p}{p_0}$$

$$\frac{\partial p}{\partial \rho} = \kappa \frac{p_0}{\rho_0} = c_0^2 \tag{2.7}$$

Die rechte Seite von Gl. (2.7) wird durch c_0^2 zusammengefasst, eine Größe, deren physikalische Bedeutung später noch erläutert wird. Formal ist diese Größe c_0^2 dem Verhältnis Druckänderung/Dichteänderung gleich und hat die Einheit einer Geschwindigkeit im Quadrat.

Unter der Voraussetzung, dass die Strömungsgeschwindigkeiten erheblich kleiner als die Schallgeschwindigkeit sind, kann der Ruhezustand durch den örtlichen Zustand ersetzt werden, d. h. der Index 0 entfällt.

Mit Gl. (2.7) folgt aus Gl. (2.5)

$$\rho \frac{\partial v}{\partial x} = -\frac{1}{c^2} \frac{\partial p}{\partial t} \tag{2.8}$$

Sie stellt die zweite Bestimmungsgleichung für p und v dar. Die Gl. (2.3) und (2.8) sind zwei gekoppelte partielle Differenzialgleichungen zur Berechnung von v = v(x, t) und p = p(x, t). Durch Differenziation von Gl. (2.3) nach x und Gl. (2.8) nach t erhält man die Wellengleichung für p = p(x, t)

$$\frac{\partial^2 p}{\partial x^2} = \frac{1}{c^2}\frac{\partial^2 p}{\partial t^2} \tag{2.9}$$

Entsprechend erhält man durch Differenzieren von Gl. (2.3) nach t und Gl. (2.8) nach x die Wellengleichung für v = v(x, t)

$$\frac{\partial^2 \mathrm{v}}{\partial x^2} = \frac{1}{c^2}\frac{\partial^2 \mathrm{v}}{\partial t^2} \tag{2.10}$$

Zur Weiterbehandlung dieser beiden Differenzialgleichungen gleichen Typs wird zweckmäßigerweise das Geschwindigkeitspotenzial $\phi = \phi(x, t)$ als übergeordnete Funktion eingeführt, deren Gradient ganz allgemein der Schnellevektor $\vec{\mathrm{v}}$ des Feldes ist. Im vorliegenden Falle des linearen Feldes ist

$$\mathrm{v} = \frac{\partial \phi}{\partial x} \tag{2.11}$$

Der Zusammenhang zwischen p und ϕ ist durch die Gl. (2.3) gegeben.

$$\begin{aligned} \frac{\partial p}{\partial x} &= -\rho \frac{\partial^2 \phi}{\partial x \partial t} \\ p &= -\rho \frac{\partial \phi}{\partial t} \end{aligned} \tag{2.12}$$

Mit den Gl. (2.11) und (2.12) folgt aus Gl. (2.8)

$$\frac{\partial^2 \phi}{\partial x^2} = \frac{1}{c^2}\frac{\partial^2 \phi}{\partial t^2} \tag{2.13}$$

Die Gl. (2.13) stellt die Wellengleichung des linearen Wellenfeldes für das Geschwindigkeitspotential ϕ dar.

2.2.2 Ebenes Wellenfeld

Entfällt die Rohrwand, so erfolgt die Schallausbreitung im Freien. Man gelangt zur räumlichen Schallausbreitung, wenn man das Geschwindigkeitspotenzial

$\phi = \phi(x, y, z, t)$ mit dem Laplace-Operator $\Delta = \frac{\partial^2}{\partial x^2} + \frac{\partial^2}{\partial y^2} + \frac{\partial^2}{\partial z^2}$ anstelle $\frac{\partial^2}{\partial x^2}$ nach Gl. (2.13) verbindet.

Wegen des Vektorcharakters der Schnelle $\vec{v}$ ergeben sich anstelle der Gl. (2.3) und (2.8) die folgenden Gleichungen

$$\rho \frac{\partial \vec{v}}{\partial t} = -grad\ p \tag{2.14}$$

$$\rho\ div\ \vec{v} = -\frac{1}{c^2}\frac{\partial p}{\partial t} \tag{2.15}$$

Aus den Gl. (2.14) und (2.15) erhält man die räumliche Wellengleichung für das Geschwindigkeitspotential

$$\Delta\phi = \frac{1}{c^2}\frac{\partial^2 \phi}{\partial t^2} \tag{2.16}$$

Für den Wechseldruck $p = p(x, y, z, t)$ lautet die Wellengleichung entsprechend

$$\Delta p = \frac{1}{c^2}\frac{\partial^2 p}{\partial t^2} \tag{2.17}$$

Die ungehinderte Schallausbreitung im freien Raum kann für den Sonderfall der ebenen, nach einer Störung in einer bestimmten Richtung x verlaufenden Welle unmittelbar auf die einachsige Ausbreitung im Rohr zurückgeführt werden. Die Wellengleichungen für ϕ, p, v bleiben die gleichen, die Schallwellen sind jetzt ebene, in der x-Richtung fortschreitende Längswellen (Abb. 2.3). Die Feldgrößen p und v bleiben invariant gegen die Raumkoordinaten y und z.

Im Folgenden wird eine Lösung für die in der Akustik sehr wichtige lineare und ebene Ausbreitung des Schalls gesucht. Dabei wird von den partiellen Differenzialgleichungen des Geschwindigkeitspotenzials (Gl. (2.13)) ausgegangen. Da für den in x-Richtung

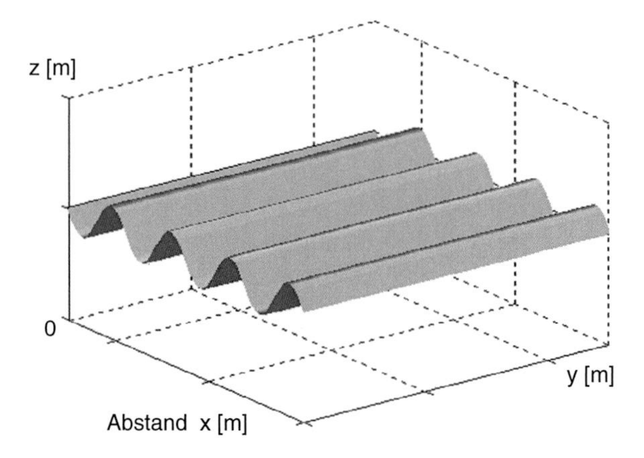

Abb. 2.3 Ebenes Wellenfeld

unendlich ausgedehnten Raum keine Randbedingungen zu erfüllen sind, wird hier der allgemeine Ansatz für eine freie fortschreitende und ebene Welle mit einer beliebigen Kreisfrequenz ω eingeführt [1]:

$$\phi = \widehat{\phi} \cdot \cos\left(\omega\, t \pm \frac{\omega}{c} x\right). \tag{2.18}$$

mit c nach Gl. (2.7).

Das Minuszeichen in Gl. (2.18) bedeutet Fortschreiten der Welle in positiver, das Pluszeichen Fortschreiten in negativer x-Richtung.

Durch Einsetzen der Gl. (2.18) in Gl. (2.13) kann leicht nachgewiesen werden, dass dieser Ansatz zulässig ist. Mit Hilfe der Gl. (2.11) und (2.12) lässt sich der Lösungsansatz für ϕ auch auf die Schnelle v und auf den Wechseldruck p übertragen.

$$\mathrm{v} = \widehat{\mathrm{v}} \cdot \sin\left(\omega\, t \pm \frac{\omega}{c} x\right) \tag{2.19}$$

$$p = \widehat{p} \cdot \sin\left(\omega\, t \pm \frac{\omega}{c} x\right) \tag{2.20}$$

Hierin sind $\widehat{p} = \widehat{\phi} \cdot \rho \cdot \omega$ die Amplitude des Wechseldrucks und $\widehat{\mathrm{v}} = \widehat{\phi} \cdot \omega / c$ die Amplitude der Schnelle. Man erkennt hieraus, dass sich eine Störung des Schallfeldes auch in den Feldgrößen p und v in fortschreitenden ebenen Wellen ausbreiten kann. Beide Wellen sind genau in Phase.

Zur weiteren Einsicht in das Wellenfeld gelangt man, wenn man in den Gl. (2.19) und (2.20) nacheinander x und t konstant hält.

$$x = \text{konst.}$$

Es wird eine am Ort x des Schallfeldes stattfindende Schwingung beschrieben. Sie besitzt die Amplitude p bzw. v, die Kreisfrequenz ω, den Phasenwinkel $\varphi = \omega\, x/c$ bzw. die Zeit der Phasenverschiebung $t_\varphi = \varphi/\omega = x/c$ für den Ort x. Daraus gewinnt man sofort die Phasengeschwindigkeit oder die Ausbreitungsgeschwindigkeit der Störung. Sie ist gleich x/t_φ. Setzt man hierin t_φ ein, so erhält man die Größe c. Diese stellt also physikalisch die Schallgeschwindigkeit des Mediums dar. Andererseits wurde das Quadrat von c als Abkürzung für den Ausdruck $\kappa \cdot p/\rho$ nach Gl. (2.7) eingeführt. Damit ist also die Schallgeschwindigkeit eines gasförmigen Mediums

$$c = \sqrt{\kappa \frac{p}{\rho}} \tag{2.21}$$

$$t = \text{konst.}$$

Das Momentanbild der Ausbreitungswelle für p und v ist eine geometrische Sinuskurve über x mit der Periodenlänge $\lambda = \dfrac{2\pi\, c}{\omega}$. Ersetzt man hierin noch ω durch $2\pi f$, so wird die wichtige Wellenbeziehung

$$c = \lambda \cdot f \tag{2.22}$$

gewonnen. Sie verknüpft Schallgeschwindigkeit, Wellenlänge und Frequenz in der Weise, dass im Schallfeld das Produkt Wellenlänge mal Frequenz gleich der Schallgeschwindigkeit ist und somit stets konstant bleibt.

Im Folgenden werden die bisher gewonnenen Ergebnisse für die fortschreitenden Wellen in Zeiger- bzw. komplexer Schreibweise (unterstrichene Größen!) angegeben.

$$\underline{\phi} = -\widehat{\phi} \cdot e^{j\,(\omega\,\mathrm{t} \pm \mathrm{k}\,\mathrm{x})} \tag{2.23}$$

$$\underline{v} = \frac{\partial \underline{\phi}}{\partial x} = \pm jk\widehat{\phi} \cdot e^{j\,(\omega\,\mathrm{t} \pm \mathrm{k}\,\mathrm{x})} = \pm jk\underline{\phi} \tag{2.24}$$

$$\underline{p} = -\rho \frac{\partial \underline{\phi}}{\partial\,\mathrm{t}} = \pm j\rho\omega\widehat{\phi} \cdot e^{j\,(\omega\,\mathrm{t} \pm \mathrm{k}\,\mathrm{x})} = \pm j\rho\omega\,\underline{\phi} \tag{2.25}$$

Zusätzlich lässt sich eine geometrische Phasenverschiebung berücksichtigen. So kann beispielsweise für die Schnelle einer um $\pm\lambda_x$ phasenverschobenen Welle folgende Gleichung angegeben werden

$$\underline{\mathrm{v}} = \widehat{\mathrm{v}} \cdot e^{\pm \mathrm{j}\,\mathrm{k}\,\mathrm{x}} \cdot e^{\pm k \cdot \lambda_x} \cdot e^{\mathrm{j}\,\omega\,\mathrm{t}} \tag{2.26}$$

In den Gl. (2.23) bis (2.26) ist k die sog. Wellenzahl:

$$k = \frac{\omega}{c} = \frac{2\,\pi}{\lambda} \tag{2.27}$$

Das Minuszeichen in den Gl. (2.23) bis (2.26) bedeutet wieder Fortschreiten der Welle in positiver, das Pluszeichen Fortschreiten in negativer x-Richtung.

Zu einer weiteren möglichen Lösung gelangt man im ebenen Wellenfeld für den Fall der gedämpften Ausbreitung. Setzt man exponentielle Dämpfung voraus und führt den Dämpfungskoeffizienten α_L ein, so erhält man

$$\underline{\mathrm{v}} = \widehat{\mathrm{v}} \cdot e^{\mathrm{j}\,(\omega\,\mathrm{t} \pm \mathrm{k}\,\mathrm{x})} \cdot e^{-\alpha_L \cdot x} \tag{2.28}$$

$$\underline{p} = \widehat{\mathrm{p}} \cdot e^{\mathrm{j}\,(\omega\,\mathrm{t} \pm \mathrm{k}\,\mathrm{x})} \cdot e^{-\alpha_L \cdot x} \tag{2.29}$$

Überlagert man eine in positiver und eine in negativer Richtung fortschreitende ebene Welle gleicher Wellenlängen und annähernd gleicher Amplituden, so erhält man als Überlagerungsergebnis eine stehende Welle.

Im Falle der Phasengleichheit ergibt sich mit Hilfe der Gl. (2.24) folgende Beziehung für die Schnelle der überlagerten Welle

$$\begin{aligned}\sum \underline{\mathrm{v}} &= 2\widehat{\mathrm{v}} \cdot \frac{e^{+\mathrm{j\,k\,x}} + e^{-\mathrm{j\,k\,x}}}{2} \cdot \mathrm{e}^{\mathrm{j}\,\omega\,\mathrm{t}} = 2\widehat{\mathrm{v}} \cdot \cosh\left(\mathrm{j\,k\,x}\right) \cdot \mathrm{e}^{\mathrm{j}\,\omega\,\mathrm{t}} \\ &= 2\widehat{\mathrm{v}} \cdot \cos\left(\mathrm{k\,x}\right) \cdot \mathrm{e}^{\mathrm{j}\,\omega\,\mathrm{t}}\end{aligned} \tag{2.30}$$

Das Ergebnis der Überlagerung (Abb. 2.4) ist also eine stehende Welle mit Knoten und Bäuchen, wobei die Knoten- bzw. Bauchabstände gerade λ/2 betragen. Die Amplitude der stehenden Welle ist doppelt so groß wie die der einfachen fortschreitenden Welle.

Im Falle der Überlagerung mit einer Phasenverschiebung von λ/2 erhält man ebenfalls eine stehende Welle mit adäquaten Eigenschaften:

$$\begin{aligned}\sum \underline{\mathrm{v}} &= 2\widehat{\mathrm{v}} \cdot \frac{e^{-\mathrm{j\,k\,x}} + e^{+\mathrm{j\,k\,(x+\lambda/2)}}}{2} \cdot \mathrm{e}^{\mathrm{j}\,\omega\,\mathrm{t}} = -2\widehat{\mathrm{v}} \cdot \frac{e^{+\mathrm{j\,k\,x}} - e^{-\mathrm{j\,k\,x}}}{2} \cdot \mathrm{e}^{\mathrm{j}\,\omega\,\mathrm{t}} \\ \sum \underline{\mathrm{v}} &= -2\widehat{\mathrm{v}} \cdot \sinh\left(\mathrm{j\,k\,x}\right) \cdot \mathrm{e}^{\mathrm{j}\,\omega\,\mathrm{t}} = 2\widehat{\mathrm{v}} \cdot \sin\left(\mathrm{k\,x}\right) \cdot \mathrm{e}^{\mathrm{j}\,(\omega\,\mathrm{t}-\pi/2)}\end{aligned} \tag{2.31}$$

Die überlagerte Welle der Gl. (2.31) ist in Abb. 2.5 dargestellt. Für die stehende Welle einer allgemeinen Größe s = s(x, t) (Abb. 2.6) lassen sich folgende Beziehungen mit $k = \frac{2\pi}{\lambda}$ und $\lambda = 2 \cdot l$ angeben:

$$s = \widehat{s} \cdot \sin\left(\frac{\pi}{l}x\right) \cdot \sin\left(\omega\,\mathrm{t}\right) \tag{2.32}$$

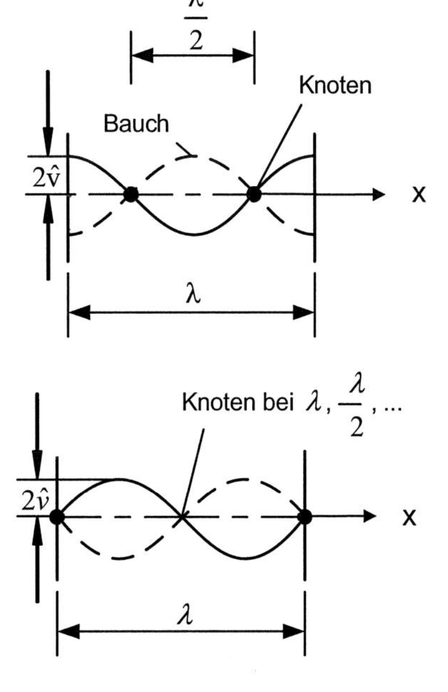

Abb. 2.4 Überlagerung zweier Wellen bei Phasengleichheit

Abb. 2.5 Überlagerung zweier Wellen mit der Phasenverschiebung λ/2

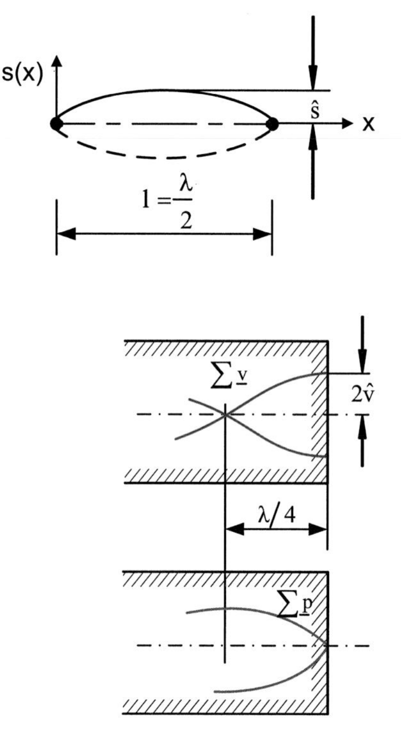

Abb. 2.6 Stehende Welle

Abb. 2.7 Reflexion einer Welle an einer schallweichen Begrenzung

Solche Überlagerungen positiv und negativ fortschreitender Wellen der Phasenlage 0 und $\lambda/2$ können infolge Reflektionen beim Auftreffen auf die Grenze zweier Medien mit unterschiedlicher Schallgeschwindigkeit zustande kommen.

Erfolgt die Reflexion an einer vollkommen nachgiebigen (schallweichen) Grenze, z. B. an der Grenze zwischen Wasser und Luft, so entsteht bei der Überlagerung für die Schnelle eine stehende Welle mit dem Phasensprung 0. An der Grenze wird die Schnelleamplitude verdoppelt, der Wechseldruck dagegen beträgt 0. Das bedeutet, dass an der Übergangsstelle ein Schnellebauch und ein Druckknoten vorliegen. An der Stelle $\lambda/4$ von der Grenze entfernt stellen sich ein Schnelleknoten und ein Druckbauch ein (Abb. 2.7).

Erfolgt dagegen die Reflektion an einer vollkommen unnachgiebigen (schallharten) Wand, so entsteht für die Schnelle eine stehende Welle mit dem Phasensprung $\lambda/2$, wobei sich die Verhältnisse gegenüber denen in Abb. 2.6 umkehren. An der Wand liegen ein Schnelleknoten und ein Druckbauch, im Abstand $\lambda/4$ von der Wand ein Schnellebauch und ein Druckknoten vor (Abb. 2.8).

Für die Reflexion an wirklichen Wänden gelten im Gegensatz zu den theoretischen Ergebnissen bei der Überlagerung folgende Einschränkungen:

Beim Auftreffen der Wellen auf tatsächliche Wände dissipiert ein Teil der Energie, wodurch die Amplituden der reflektierten Wellen geringere Werte annehmen. Dadurch bedingt sind die Amplituden der Wellenbäuche auch nicht mehr doppelt so groß, und in den Wellenknoten gehen die Amplituden nicht ganz auf null zurück. Die Lage der Knoten und Bäuche ist nicht genau im $\lambda/4$-Punkt vor der Wand bzw. direkt an der Wand zu finden.

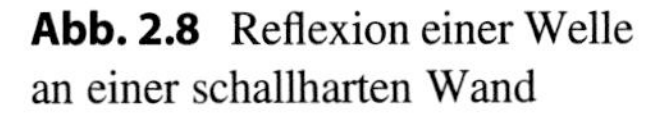

Abb. 2.8 Reflexion einer Welle an einer schallharten Wand

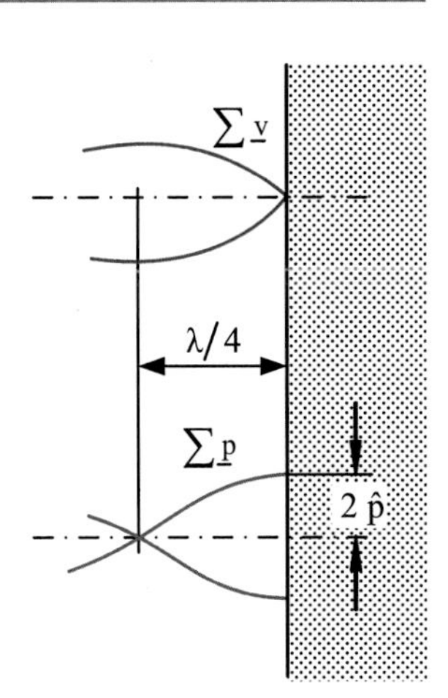

Abb. 2.9 Schnitt durch eine Kugelwelle [2]

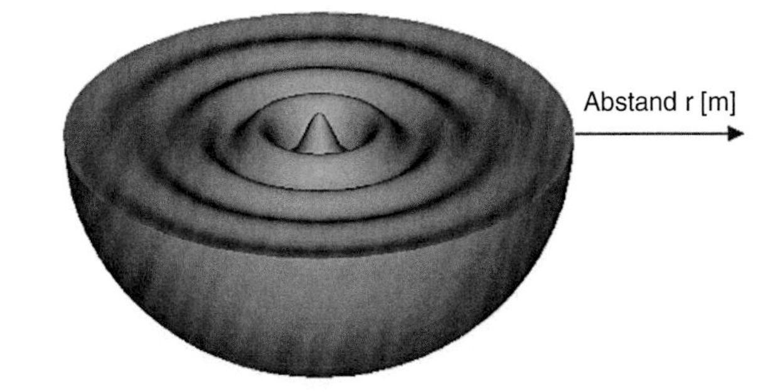

2.2.3 Kugelwellenfeld

Neben den ebenen Wellen sind vor allem noch die Kugelwellen von Interesse (Abb. 2.9). Sie entstehen durch radialsymmetrisches Oszillieren der Oberfläche einer Kugel in einem sonst ungestörten, unendlich ausgedehnten Medium. Die Ausdehnung der Kugel wird als klein gegen die abgestrahlten Wellenlängen vorausgesetzt.

Zur Lösung des Problems der Ausbreitung der Störung wird die kartesische Wellengleichung (2.16) des allgemeinen räumlichen Wellenfeldes in Kugelkoordinaten r, φ und ϑ transformiert.

Für den kugelsymmetrischen Fall reduziert sich der Laplace-Operator auf

$$\Delta = \frac{\partial^2}{\partial \mathrm{r}^2} + \frac{2}{r}\frac{\partial}{\partial \mathrm{r}} \tag{2.33}$$

Damit erhält man die Wellengleichung für das Geschwindigkeitspotenzial in folgender Form [1]:

$$\frac{\partial^2 (r \cdot \phi)}{\partial \mathrm{r}^2} = \frac{1}{c^2}\frac{\partial^2 (r \cdot \phi)}{\partial \mathrm{t}^2} \tag{2.34}$$

Eine dem ebenen Wellenfeld entsprechende periodische Lösung in komplexer Schreibweise lautet

$$\underline{\phi} = -\frac{\widehat{\phi}'}{r} \cdot e^{\mathrm{j\,k\,r}} \cdot e^{\mathrm{j}\,\omega\,\mathrm{t}} \tag{2.35}$$

Hierbei ist Φ' auf die Länge bezogene Geschwindigkeitspotenzial mit der Einheit m³/s. Sie erfüllt, wie man durch Einsetzen nachweisen kann, die zugehörige Differentialgleichung (2.34). Aus dem Geschwindigkeitspotenzial $\underline{\phi}$ gewinnt man die Feldgrößen $\underline{p} = \underline{p}\,(r, \mathrm{t})$ und:

$$\underline{p} = -\rho \frac{\partial \underline{\phi}}{\partial\,\mathrm{t}} = j\widehat{\phi}'\,\frac{\omega\rho}{r} \cdot e^{-j\,\mathrm{k\,r}} \cdot e^{j\,\omega\,\mathrm{t}} \tag{2.36}$$

$$\underline{\mathrm{v}} = \frac{\partial \underline{\phi}}{\partial\,\mathrm{r}} = \frac{\widehat{\phi}'}{r^2}(1 + j\,\mathrm{k\,r}) \cdot e^{-j\,\mathrm{k\,r}} \cdot e^{j\,\omega\,\mathrm{t}} \tag{2.37}$$

Die Gleichungen beschreiben ein in radialer Richtung sich ausbreitendes divergentes Kugelwellenfeld. Druck und Schnelle haben jeweils auf Kugelflächen um das Zentrum konstante Amplituden und gleiche Phasenlagen. Jedoch sind Druck und Schnelle zueinander grundsätzlich nicht mehr in Phase. Die Ausbreitungsgeschwindigkeit ist wieder die Wellengeschwindigkeit c.

Laut Gl. (2.36) ist der Wechseldruck eine rein imaginäre Größe. Die Schnelle v besitzt für kleine Werte r/λ, bei denen also der Abstand klein gegen die Wellenlänge ist, einen überwiegend reellen Teil, d. h., die Schnelle liegt in der Phase hinter dem Druck. Für extrem kleine Werte r/λ ergibt sich eine Phasenverschiebung von 90°.

Für größer werdende Werte von r/λ, bei denen also der Abstand größer wird gegenüber der Wellenlänge, nimmt der imaginäre Anteil der Schnelle nach Gl. (2.37) zu. Ist r/λ sehr viel größer als 1, ist auch die Schnelle rein imaginär. Für diesen Fall gelten folgende Gleichungen

$$\underline{p} = j\widehat{\phi}'\,\frac{\omega}{r}\rho \cdot e^{-j\,\mathrm{k\,r}} \cdot e^{j\,\omega\,\mathrm{t}} = j \cdot \widehat{p}(r) \cdot e^{-j\,\mathrm{k\,r}} \cdot e^{j\,\omega\,\mathrm{t}} \tag{2.38}$$

$$\underline{\mathrm{v}} \approx j\widehat{\phi}'\,\frac{\omega}{r}\,\frac{1}{c} \cdot e^{-j\,\mathrm{k\,r}} \cdot e^{j\,\omega\,\mathrm{t}} = j \cdot \widehat{v}(r) \cdot e^{-j\,\mathrm{k\,r}} \cdot e^{j\,\omega\,\mathrm{t}} \tag{2.39}$$

Hiermit sind Druck und Schnelle in Phase. Damit liegt ein quasi-ebenes Wellenfeld vor. Die Amplituden der beiden Größen sind proportional 1/r.

Der Phasenwinkel φ zwischen Schalldruck und Schallschnelle lässt sich allgemein wie folgt angeben:

$$\varphi = \arctan \frac{\text{Im } (\underline{p}/\underline{v})}{\text{Re } (\underline{p}/\underline{v})} = \frac{\pi}{2} - \arctan (k \cdot r) = \frac{\pi}{2} - \arctan (2\pi \frac{r}{\lambda}) \qquad (2.40)$$

mit

$$\frac{\underline{p}}{\underline{v}} = \frac{\widehat{p}}{\widehat{v}} \cdot \frac{j}{1 + jkr} = \frac{\widehat{p}}{\widehat{v}} \cdot \frac{1}{\sqrt{1 + k^2 r^2}} \cdot e^{j\phi} \text{ (s. Abschn. 2.4.1)}$$

Hieraus folgt, dass der Übergang von $\varphi = 90°$ zu annähernder Phasengleichheit $\varphi \approx 0$ sich auf verhältnismäßig kurzem Abstand vollzieht.

$r = 0 \quad \varphi = 90\,°$
$r = \lambda \quad \varphi \approx 9\,°$
$r = 3\lambda \quad \varphi \approx 3\,°$

Für die praktische Anwendung bedeutet dies, dass man bei einer Entfernung von einer Wellenlänge $r \approx \lambda$ das Schallfeld als quasi eben betrachten kann, d. h. Schalldruck und Schallschnelle sind annähernd in Phase. Für Industrielärm und Geräusche, deren dominierende Frequenzen im Bereich von $f > 300$ Hz liegen, ergibt sich bereits bei einer Entfernung $r \approx 1m$ die Phasengleichheit, was auch in vielen Messvorschriften und Normen, z. B. DIN EN ISO 3744 [3], als Messabstand für Schalldruckmessungen vorgeschrieben bzw. empfohlen wird.

2.3 Geschwindigkeit der Schallausbreitung

Bei den bisher behandelten Schallfeldern wurde die Fortpflanzungsgeschwindigkeit bzw. Phasengeschwindigkeit einer Störung eingeführt. Diese Geschwindigkeit besitzt für gasförmige, flüssige und feste Medien eine außerordentliche Bedeutung. Sie ist für das jeweilige Medium charakteristisch und wesentlich von dessen elastischen Eigenschaften abhängig.

2.3.1 Ausbreitung in Gasen

In Gasen breitet sich der Schall nur in reinen Längswellen, den sog. Dilatationswellen, aus. Für die zugehörige Schallgeschwindigkeit wurde bereits die Gl. (2.7) $c = \sqrt{\kappa p/\rho}$ gefunden. Mit Hilfe der thermischen Zustandsgleichung für ideale Gase $p/\rho = R \cdot T$ gewinnt man daraus

$$c_{Gas} = \sqrt{\kappa_{Gas}\,\mathrm{R}_{\mathrm{Gas}}} \cdot \sqrt{T} \qquad (2.41)$$

DieSchallgeschwindigkeit in einem bestimmten Gas hängt also nur noch von der absoluten Temperatur T ab, sofern die Störung klein ist und isentrop verläuft. Der Einfluss des Mediums wird durch dessen Gaskonstante R_{Gas} und Isentropenexponent κ_{Gas} berücksichtigt. Für Gasgemische, z. B. Rauchgas, lassen sich R_{Gas} und κ_{Gas} wie folgt bestimmen [4]:

$$R_{Gas} = \sum\nolimits_i y_i \cdot R_i \tag{2.42}$$

$$\kappa_{Gas} = \frac{C_{p,Gas}}{C_{v,Gas}} = \frac{\sum y_i \cdot C_{pi}}{\sum y_i \cdot C_{vi}} = 1 + \frac{\sum y_i \cdot R_i}{\sum \frac{y_i \cdot R_i}{\kappa_i - 1}} = 1 + \frac{1}{\sum \frac{r}{\kappa_i - 1}} \tag{2.43}$$

mit

$y_i = \frac{m_i}{m_{ges}} = \frac{\dot{m}_i}{\dot{m}_{ges}}$ Massenmischungsverhältnis (Konzentration) des i-ten Gases
$R_i = \frac{R_m}{M_i}$ Gaskonstante des i-ten Gases
$R_m = 8314{,}51\ \frac{Nm}{kmol \cdot K}$ universelle Gaskonstante
M_i in $\frac{\text{kg}}{\text{kmol}}$ Molmasse des i-ten Gases
$r_i = \frac{V_i}{V_{Gas}}$ Volumenanteil des i-ten Gases

Der Zusammenhang zwischen Massenanteil und Volumenanteil ist wie folgt definiert [4]:

$$r_i = \frac{V_i}{V_{Gas}} = \frac{n_i \cdot R_m \cdot T}{p_{Gas} \cdot V_{Gas}} = \frac{p_i}{p_{Gas}} = \frac{n_i}{n_{Gas}} = yi \cdot \frac{m_{Gas}}{M_i \cdot n_{Gas}} = yi \cdot \frac{M_{Gas}}{M_i}$$

mit

$$n_{Gas} = \sum n_i; \qquad n_i = \frac{m_i}{M_i}; \qquad M_{Gas} = \frac{R_m}{R_{Gas}}$$

$p_i = r_i \cdot p_{Gas}$ Partialdruck
r_i, n_i Volumen-, Molanteil

Beispiel

Rauchgas; $\vartheta = 295$ °C; $m_{Gas} = 32950$ kg/h

Komponente	Massenstrom m_i [kg/h]	Massenanteil $y_i = m_i/m_{ges}$	Molmasse M_i [kg/kmol]	R_i [Nm/kg·K]	κ_i –	n_i	r_i –
H2O	10.200	0,31	18	461,9	1,33	566,7	0,427
O2	2.400	0,07	32	259,8	1,4	75,0	0,056
N2	17.200	0,52	28	296,9	1,4	614,3	0,463
CO2	3.150	0,10	44	189,0	1,33	71,6	0,054
Summe	32.950	1	–	–	–	1.328	1

Tab. 2.1 Schallgeschwindigkeit in einigen Gasen

Gas		Schallgeschwindigkeit bei 0 °C c in m/s	Gas	Schallgeschwindigkeit bei 0 °C c in m/s
Ammoniak		415	Luft	332
Äthylen		322	Methan	427
Azetylen		330	Propylen	252
Chlor		209	Sauerstoff	312
Erdgas	Niederlande	399	Schwefeldioxid	210
	GUS-Staaten	405	Stickoxid	324
Gichtgas		337	Stickstoff	335
Helium		964	Wasserstoff	1258
Kohlendioxid		260	Wasserdampf bei 100 °C	478
Kohlenoxid		336	–	–

Somit berechnen sich die Gaskonstante, der Isentropenexponent und die Schallgeschwindigkeit für das Rauchgas in diesem Beispiel zu:

$$R_{Gas} = 335\ \frac{\mathrm{Nm}}{\mathrm{kg\ K}};\ \kappa_{\mathrm{Gas}} = 1{,}36;\ \mathrm{M_{Gas}} = 24{,}8\ \frac{\mathrm{kg}}{\mathrm{kmol}};\ \mathrm{c_{Gas}} = 509\ \frac{m}{s}$$

In der Tab. 2.1 sind die Schallgeschwindigkeiten bei 0 °C für einige Gase zusammengestellt [5].

2.3.2 Ausbreitung in Flüssigkeiten

Flüssigkeiten haben mit Gasen gemeinsam, dass sie nur sehr kleine Schubkräfte im Vergleich zu festen Körpern übertragen können. Damit treten in Flüssigkeiten bei Störungen nur reine Längs- oder Dilatationswellen auf. Die charakteristischen Feldgrößen des Flüssigkeitsschalls (Hydroschall) sind wieder Wechseldruck p und Schnelle v.

Für die Ermittlung der Schallgeschwindigkeit in Flüssigkeiten kann von der Gl. (2.7) $c^2 = \partial p / \partial \rho$ ausgegangen werden. Die Größe $\partial p / \partial \rho$ kommt in einer kompressiblen Flüssigkeit dadurch zustande, dass sich durch eine kleine Druckänderung ∂p das Ausgangsvolumen V_0 der Flüssigkeit um ∂V und damit ihre Dichte um $\partial \rho$ ändern. Die Volumenänderung und die relative Volumenänderung sind durch die folgenden Gleichungen gegeben

$$\partial V = -\beta_{Fl} \cdot V_0 \cdot \partial p \tag{2.44}$$

$$\frac{\partial\, V}{V_0} = -\beta_{Fl} \cdot \partial p \tag{2.45}$$

Hierin ist β_{Fl} die Kompressibilitätszahl der Flüssigkeit. Sie beträgt z. B. für Wasser

$$\beta_W = 4{,}8 \cdot 10^{-10}\ \frac{m^2}{N}$$

Die Bedingung für die Massenerhaltung eines geschlossenen Volumens $\rho \cdot V = \text{konst.}$ führt nach logarithmischem Differenzieren zu

$$\frac{\partial\, V}{V_0} = -\frac{\partial \rho}{\partial \rho_0} \tag{2.46}$$

Mit Gl. (2.45) ergibt sich

$$\frac{\partial \rho}{\rho_0} = \beta_{Fl} \cdot \partial\, p \tag{2.47}$$

oder

$$\frac{\partial\, p}{\partial \rho} = \frac{1}{\beta_{Fl} \cdot \rho_0} \tag{2.48}$$

Damit erhält man für die Schallgeschwindigkeit einer Flüssigkeit

$$c_{Fl} = \sqrt{\frac{1}{\beta_{Fl} \cdot \rho_0}} \tag{2.49}$$

Führt man hierin anstelle der Kompressibilitätszahl den reziproken Wert, den sog. Kompressionsmodul

$$K_{Fl} = \frac{1}{\beta_{Fl}} \tag{2.50}$$

ein, so gewinnt man für die Schallgeschwindigkeit die allgemeine Beziehung

$$c_{Fl} = \sqrt{\frac{K_{Fl}}{\rho_0}} \tag{2.51}$$

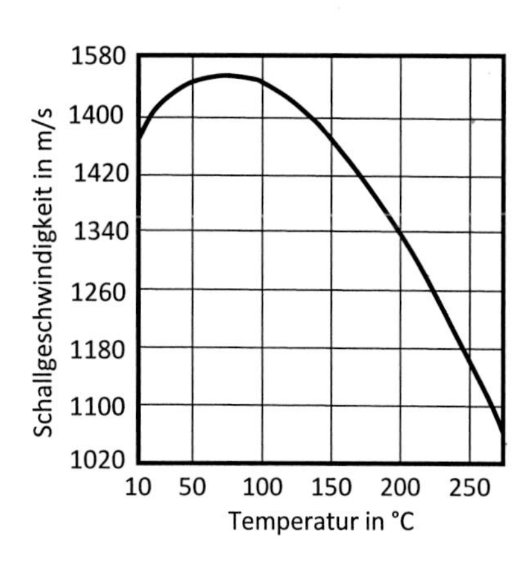

Abb. 2.10 Temperaturabhängigkeit der Schallgeschwindigkeit in Wasser

Tab. 2.2 Schallgeschwindigkeit in einigen Flüssigkeiten

Flüssigkeit	Bezugstemperatur °C	Schallgeschwindigkeitc *m/s*	Dichteρ 10^3 kg/m^3
Erdöl	20	1300 ... 1520	1,04 ... 0,7
Hydrauliköl, luftfrei	20	1280	0,9
Hydrauliköl mit Lufteinschluss	20	1050	0,9
Quecksilber	20	1451	13,55
Meerwasser (3,2 % Salz)	10	1481	1,02
Wasser, destilliert	10	1449	0,99

Für Wasser mit $K_W = 0{,}208 \cdot 10^{10}$ N/m^2 und $\rho_W = 1000$ kg/m^3 ergibt sich für die Schallgeschwindigkeit $c_W \approx 1440$ m/s. Die Temperaturabhängigkeit der Schallgeschwindigkeit von Wasser ist in Abb. 2.10 dargestellt [5].

In der Tab. 2.2 sind die Schallgeschwindigkeiten von verschiedenen Flüssigkeiten bei einem Druck von 1 bar dargestellt [5].

Rückwirkend lässt sich die Beziehung (2.51) für die Schallgeschwindigkeit von Flüssigkeiten auch auf Gase übertragen, wenn man den entsprechenden Kompressionsmodul $K = \kappa \cdot \rho_0$ für Gase einführt. Für Luft hat K den Wert $1{,}41 \cdot 10^5$ N/m^2 bei einem Druck $p_0 = 1$ bar und ist damit wesentlich kleiner als der entsprechende Wert von Wasser.

2.3.3 Ausbreitung in festen Körpern (Körperschall)

Störungen pflanzen sich auch in festen Körpern mit endlicher Geschwindigkeit fort. Feste Körper setzen jedoch nicht nur elastischen Längsverformungen einen Widerstand entgegen, sondern auch Schub-, Biege- und Torsionsverformungen. Demzufolge können bei der Ausbreitung von Störungen neben Längswellen auch Schub-, Biege- und Torsionswellen auftreten. Daraus folgt, dass die Schallausbreitung in festen Körpern wesentlich schwieriger zu erfassen ist als in Gasen und Flüssigkeiten. Zwar kann im einfachsten Fall der oben eingeführte Kompressionsmodul K durch den E-Modul und den Gleitmodul G des Werkstoffs ersetzt werden. Damit lässt sich aber nur ein Bereich der Schallausbreitung in festen Körpern abdecken. Hinzu kommt, dass formal neben der Feldgröße der Schnelle an die Stelle des skalaren Wechseldruckes Spannungszustände treten, die ähnlich wie die Schnelle Vektorcharakter haben. Im Folgenden werden die wesentlichen Schallgeschwindigkeiten phänomenologisch behandelt [6, 7].

Dehnwellen

Unter Dehnwellen versteht man quasi-longitudinale Wellen ähnlich den Längswellen, wie sie in Gasen und Flüssigkeiten auftreten. Ersetzt man in Gl. (2.51) für die Schallgeschwindigkeit den Kompressionsmodul K durch den Elastizitätsmodul E, so erhält man die Schallgeschwindigkeit, Tab. 2.3.

$$c_{De} = \sqrt{\frac{E}{\rho}} \tag{2.52}$$

Sie ist die Fortpflanzungsgeschwindigkeit bzw. Dehnwellengeschwindigkeit der longitudinalen Dehnwellen. Sie hat für Stahl mit einem E-Modul $E = 21 \cdot 10^{10}$ N/m^2 und $\rho = 7850\ kg/m^3$ den Wert $c_{De} = 5172$ m/s. Das Auftreten von Dehnwellen setzt voraus, dass die Körperabmessungen in den beiden Querrichtungen klein gegenüber der betrachteten Wellenlänge sind. Es handelt sich dann also um stabartige Strukturen, die längs angeregt werden. Bei diesen können sich auch gleichzeitig Querkontraktionen ohne Zwang einstellen, und somit auch sekundär Transversalwellen angeregt werden (Abb. 2.11). Die quasi longitudinalen Wellen können auch noch an plattenförmigen Strukturen mit sekundären Transversalwellen an der Plattenoberfläche auftreten. Allerdings wird durch die Dehnungsbehinderung in der Plattenebene der Kompressionsmodul vergrößert.

$$K_{Pl} = \frac{1}{1-\mu^2} \cdot E \tag{2.53}$$

Hierbei ist μ die Querkontraktionszahl. Die Dehnwellengeschwindigkeit plattenförmiger Strukturen ergibt sich dann mit Gl. (2.53)

$$c_{De_{Pl}} = \frac{1}{\sqrt{1-\mu^2}} \cdot \sqrt{\frac{E}{\rho}} \tag{2.54}$$

Tab. 2.3 Herleitung einiger Wellengeschwindigkeiten in festen Körper

<table>
<tr><td>Seil 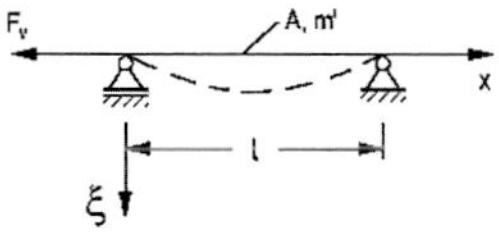</td><td>Längsstab (Torsionsstab[a]) 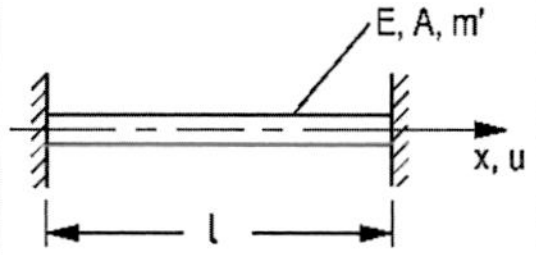</td><td>Biegestab
E, J_b, m' 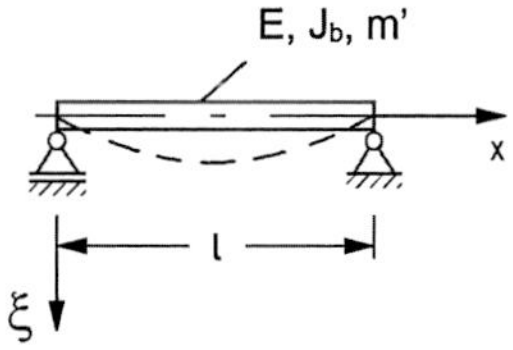</td></tr>
<tr><td colspan="3">Partielle Differenzialgleichungen für die Ermittlung der Verschiebung bzw. Auslenkung u und ξ in Abhängigkeit vom Ort x und der Zeit t.</td></tr>
<tr><td>$F_v \cdot \xi'' = m' \cdot \ddot{\xi}$</td><td>$E \cdot A \cdot u'' = m' \cdot \ddot{u}$</td><td>$E \cdot J_b \cdot \xi''''m'\ddot{\xi}$</td></tr>
<tr><td colspan="3">Der Bernoullische Lösungsansatz u = u(x) · sin ωt und ξ = ξ(x) · sin ωt für stehende Wellen führt zu gewöhnlichen Differenzialgleichungen für u(x) und ξ(x):</td></tr>
<tr><td>$\xi''(x) + k^2 \cdot \xi(x) = 0$mit
$k_S{}^2 = \frac{m' \cdot \omega^2}{F_v}$</td><td>$u''(x) + k^2 \cdot u(x) = 0$
$k_{De}{}^2 = \frac{m'}{E \cdot A}\omega^2$</td><td>$\xi''''(x) - k^4 \cdot \xi(x) = 0$
$k_B{}^4 = \frac{m'}{E \cdot J_b}\omega^2$</td></tr>
<tr><td colspan="3">Ihre Lösungen lauten zusammen mit den zu erfüllenden Randbedingungen:</td></tr>
<tr><td>$u(x) = a \cdot \sin(k \cdot x)$
$+b \cdot \cos(k \cdot x)$
$\xi(0) = 0, \xi(l) = 0$</td><td>$u(x) = a \cdot \sin(k \cdot x)$
$+b \cdot \cos(k \cdot x)$
$u(0) = 0, u(l) = 0$</td><td>$\xi(x) = a \cdot \sin(k \cdot x) + b \cdot \cos(k \cdot x)$
$+c \cdot \sinh(k \cdot x) + d \cdot \cosh(k \cdot x)$
$\xi(0) = 0, \quad \xi(l) = 0,$
$\xi''(0) = 0, \quad \xi''(l) = 0$</td></tr>
<tr><td colspan="3">Da es sich bei den Differenzialgleichungen um homogene Systeme mit homogenen Randbedingungen handelt, ergeben sich stets Eigenwertprobleme mit spezifischen Eigenwerten und Eigenfunktionen. Die Berechnung der Integrationskonstanten aus den Randbedingungen führt zur Frequenzgleichung der Eigenwerte ω_i und der zugehörigen Eigenfunktion u(x) und ξ(x). Letztere lassen sich in den gewählten Beispielen unter Berücksichtigung der gegebenen Randbedingungen direkt angeben:</td></tr>
<tr><td>$\xi(x) = C \cdot \sin(k \cdot x)$</td><td>$u(x) = C \cdot \sin(k \cdot x)$</td><td>$\xi(x) = C \cdot \sin(k \cdot x)$</td></tr>
<tr><td colspan="3">Die Eigenfunktionen gehören zu den stehenden Wellen u(x, t) bzw. ξ(x, t) = C · sin(k·x)· sin(ωt). Darin ist der Faktor k die Wellenzahl k = ω / c nach Gl. (2.27), in der c die Phasengeschwindigkeit der hin- und rücklaufenden Welle darstellt. Man erhält dann ganz allgemein die Körperschallgeschwindigkeit c = ω / k:</td></tr>
<tr><td>$c_S = \frac{\omega}{k_S} = \frac{\omega}{\omega}\sqrt{\frac{F_v}{m'}} = \sqrt{\frac{\sigma}{\rho}}$
$c_S \neq f(\omega)$
Gl. (2.65)</td><td>$c_{De} = \frac{\omega}{k_{De}} = \frac{\omega}{\omega}\sqrt{\frac{E \cdot A}{m'}} = \sqrt{\frac{E}{\rho}}$
$c_{De} \neq f(\omega)$
Gl. (2.52)</td><td>$c_B = \frac{\omega}{k_B} = \frac{\omega}{\sqrt{\omega}}\sqrt[4]{\frac{E \cdot J_b}{m'}} = \sqrt{\omega} \cdot \sqrt[4]{\frac{E \cdot J_b}{m'}}$
$c_B = f(\omega)$
entspricht Gl. (2.59) bis (2.62)</td></tr>
<tr><td colspan="3">Die Erfüllung der Randbedingungen ξ(l) = 0 bzw. u(l) = 0 der Eigenfunktionen liefert noch die einfache Frequenzgleichung $k \cdot l = n \cdot \pi$ und erlaubt für die gewählten Beispiele die Berechnung der Eigenwerte. Mit den o. a. Ausdrücken für k erhält man dann folgende Gleichungen für diese Eigenwerte bzw. Eigenkreisfrequenzen ω_n:</td></tr>
<tr><td>$\omega_n = \frac{n\,\pi}{l}\sqrt{\frac{F_v}{m'}}$</td><td>$\omega_n = \frac{n\,\pi}{l}\sqrt{\frac{E \cdot A}{m'}}$</td><td>$\omega_n = \frac{n^2\,\pi^2}{l^2}\sqrt{\frac{E \cdot J_b}{m'}}$</td></tr>
<tr><td>$\omega_n = \frac{n\,\pi}{l}\sqrt{\frac{\sigma}{\rho}}$</td><td>$\omega_n = \frac{n\,\pi}{l}\sqrt{\frac{E}{\rho}}$</td><td>$\omega_n = \frac{n^2\,\pi^2}{l^2}\sqrt{\frac{E}{\rho}} \cdot i$</td></tr>
<tr><td>$f_n = \frac{n}{2\,l}\sqrt{\frac{\sigma}{\rho}}$</td><td>$f_n = \frac{n}{2\,l}\sqrt{\frac{E}{\rho}}$</td><td>$f_n = \frac{n^2}{l^2}\frac{\pi}{2}\sqrt{\frac{E}{\rho}} \cdot i; \; i = \sqrt{\frac{J_b}{A}}$</td></tr>
</table>

[a]Die Rechnung für den Torsionsstab verläuft analog.

Abb. 2.11 Dehnwellen

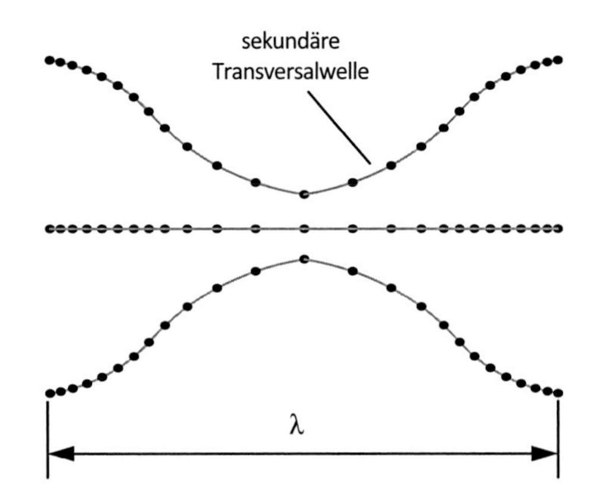

Für plattenförmige Strukturen aus Stahl errechnet sich mit $\mu = 0{,}3$ die Dehnwellengeschwindigkeit $c_{De_{Pl}} = 5422\ \mathrm{m/s}$.

Dichtewellen

Ist die räumliche Ausdehnung der Struktur in allen drei Richtungen wesentlich größer als die zu betrachtende Wellenlänge λ, so werden bei Längserregung reine Längs- oder Dilatationswellen, auch Dichtewellen genannt, hervorgerufen. Ihrer Erscheinung nach sind sie vergleichbar mit den Längswellen in Gasen und Flüssigkeiten. Der in der Regel größere Kompressionsmodul errechnet sich wie folgt:

$$K_{Di} = \frac{1-\mu}{(1+\mu)(1-2\mu)} \cdot E \tag{2.55}$$

Damit ist die Fortpflanzungsgeschwindigkeit der reinen longitudinalen Dichtewellen kugeliger Strukturen, auch Dichtewellen-Geschwindigkeit genannt,

$$c_{Di} = \sqrt{\frac{1-\mu}{(1+\mu)(1-2\mu)}} \cdot \sqrt{\frac{E}{\rho}} \tag{2.56}$$

Für Stahl beträgt die Dichtewellengeschwindigkeit $c_{Di} = 5970$ m/s und ist damit gegenüber der Fortpflanzungsgeschwindigkeit in stabartigen Strukturen um ca. 16 % größer.

Die Schwingungsform der Dichtewellen ist in Abb. 2.12 dargestellt.

Schubwellen

In kubischen Strukturen können bei entsprechender Querkrafterregung auch reine transversale Schubwellen auftreten. Ihre Fortpflanzungsgeschwindigkeit wird durch den Kompressionsmodul K_Q bestimmt, der dem Gleitmodul

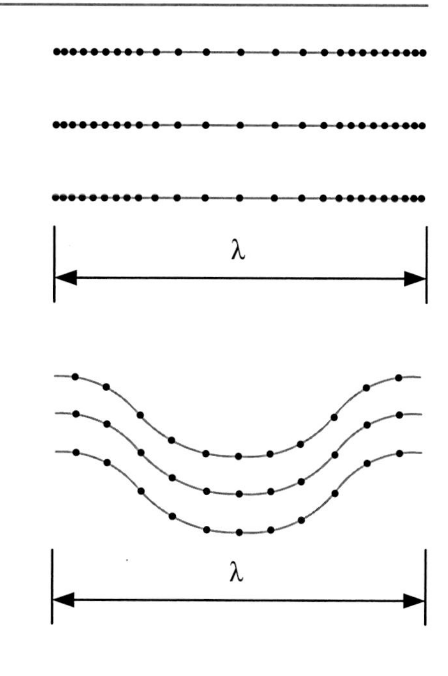

Abb. 2.12 Dichtewellen

Abb. 2.13 Schubwellen

$$G = \frac{E}{2(1+\mu)}$$

des Werkstoffs gleichzusetzen ist. Es ist dann die Schubwellengeschwindigkeit kubischer Strukturen

$$c_Q = \sqrt{\frac{G}{\rho}} \tag{2.57}$$

Für Stahl mit $G = 8{,}1 \cdot 10^{10}$ N/m^2 beträgt $c_Q = 3212$ m/s. Abb. 2.13 zeigt die Wellenform der Schubwelle.

Torsionswellen

Als Sonderfall der Schubwellen können in stabartigen Körpern auch Torsionswellen auftreten, bei denen die Wellen zirkular gerichtet sind. Die zugehörige Torsionswellengeschwindigkeit ist durch folgende Gleichung gegeben:

$$c_T = \sqrt{\frac{G \cdot J_d}{\Theta'}} \tag{2.58}$$

Hierin ist $G \cdot J_d$ die Drillsteifigkeit und J_d das Torsionsträgheitsmoment des Stabes. Θ' ist das Massenträgheitsmoment um die Längsachse bezogen auf die Länge des Körpers. Im Sonderfall des kreisförmigen Stabquerschnitts ist $c_T = c_Q$ nach Gl. (2.57).

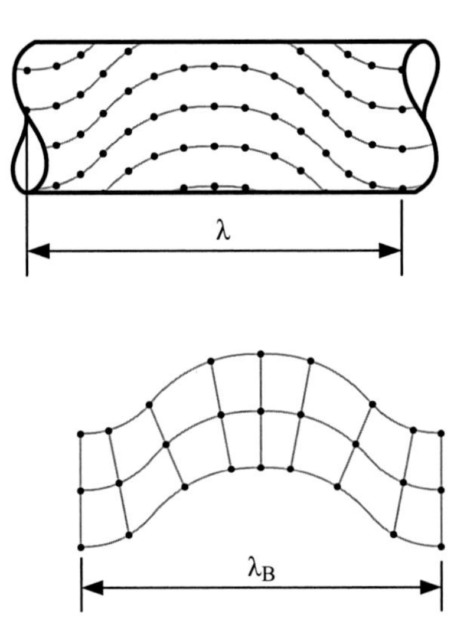

Abb. 2.14 Torsionswellen

Abb. 2.15 Biegewellen

Die Wellenform der Torsionswellen ist in Abb. 2.14 dargestellt.

Biegewellen

Von den bisher genannten Wellenformen sind die Biegewellen die kompliziertesten, jedoch für die Ausbreitung und Abstrahlung von Körperschall die wichtigsten. Es sind Wellen mit transversalen Auslenkungen der Struktur bei gleichzeitigem Schrägstellen der Körperquerschnitte gegeneinander (Abb. 2.15). Für stabartige Körper beträgt die Ausbreitungsgeschwindigkeit der Biegewellen, Tab. 2.3.

$$c_B = \sqrt{2\pi f} \cdot \sqrt[4]{\frac{B}{m'}} \tag{2.59}$$

$$c_B = \sqrt{2\pi} \cdot \sqrt{c_{De}} \cdot \sqrt{i} \cdot \sqrt{f} \tag{2.60}$$

Hierin ist $m' = \rho \cdot A$ die Masse pro Länge, $B = E \cdot J_b$ die Biegesteifigkeit und J_b das Flächenträgheitsmoment des Stabes. $i = \sqrt{J_b/A}$ ist der Trägheitsradius des Biegequerschnitts und $c_{De} = \sqrt{E/\rho}$ die Dehnwellengeschwindigkeit. c_B ist die Phasengeschwindigkeit bzw. Ausbreitungsgeschwindigkeit einer fortschreitenden freien Biegewelle.

Für Platten gilt analog

$$c_B = \sqrt{2\pi f} \cdot \sqrt[4]{\frac{B'}{m''}} \tag{2.61}$$

$$c_B = 1{,}35 \cdot \sqrt{c_{De_{Pl}} \cdot h} \cdot \sqrt{f} \tag{2.62}$$

Hierin ist $m'' = \rho \cdot h$ die Masse der Platte pro Fläche,

$$B' = \frac{E \cdot h^3}{12(1-\mu^2)} \tag{2.63}$$

die Biegesteifigkeit der Platte pro Breite, h die Plattendicke und $c_{De_{Pl}}$ die Dehnwellengeschwindigkeit der Platte nach Gl. (2.54). Die Wellenlänge der Biegewelle lässt sich wie folgt berechnen:

$$\lambda_B = \frac{c_B}{f} = 1{,}35 \cdot \sqrt{\frac{c_{De_{Pl}} \cdot h}{f}} \tag{2.64}$$

Man erkennt, dass in den Gl. (2.59) bis (2.62) im Gegensatz zu den bisherigen Ausbreitungsgeschwindigkeiten der Wellen und auch zu den Schallgeschwindigkeiten in Gasen und Flüssigkeiten die Biegewellengeschwindigkeit von der Frequenz f abhängt und mit steigender Frequenz größer wird. Man nennt dieses Phänomen die Frequenzdispersion des Körperschalls. Ihr kommt praktische Bedeutung bei der Schallausbreitung, -abstrahlung und -dämmung zu.

Bei der Schallausbreitung in festen Körpern sind grundsätzlich alle bisher aufgeführten Wellenarten möglich. Für die Schallabstrahlung in das umgebende Medium ist jedoch eine Bewegung senkrecht zur Oberfläche erforderlich. Die dazu gehörende transversale Bewegung tritt bereits bei den Dehnwellen auf, jedoch noch wesentlich ausgeprägter bei den Biegewellen. Daher sind Letztere von besonderer Bedeutung. Außerdem ist zu berücksichtigen, dass Längswellen auch in Biegewellen übergehen können, wenn sie z. B. an Ecken von Körpern umgelenkt werden.

Transversalwellen biegeweicher Körper

Vorgespannte, schlaffe und biegeweiche Körper, wie z. B. Seile, Saiten und Riemen, können mit Transversalwellen schwingen (Abb. 2.16).

Setzt man in Gl. (2.52) für die Dehnwellengeschwindigkeit c_{De} anstelle des E-Moduls die Vorspannung $\sigma = F_V/A$ ein, so erhält man als Transversalwellengeschwindigkeit

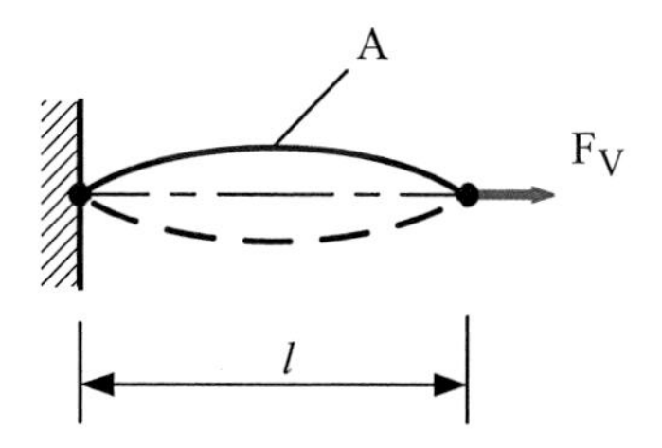

Abb. 2.16 Transversalwelle eines biegeweichen Körpers

$$c_s = \sqrt{\frac{\sigma}{\rho}} = \sqrt{\frac{F_V}{m'}} \tag{2.65}$$

In der Tab. 2.3 ist die Herleitung einiger Wellengeschwindigkeiten in festen Körper, die für den Körperschall maßgebend sind, zusammengestellt. Die Ermittlung der Eigenfrequenzen und Eigenformen geschieht zweckmäßigerweise an Stehenden Wellen, die durch die Überlagerung von zwei fortschreitenden Wellenzügen entstehen, wobei sich der eine in positiver, der andere in negativer Richtung ausbreitet. Wegen des ähnlichen Rechenganges wird die Herleitung parallel für ein Seil, einen Längsstab (Torsion) und einen Biegestab durchgeführt.

2.3.3.1 Gruppengeschwindigkeit

Die Geschwindigkeit bei der Körperschallausbreitung, die aus der Überlagerung von mehreren Teilwellen bzw. Teilfrequenzen entsteht, bezeichnet man als Gruppengeschwindigkeit c_G, die durch die Frequenzdispersion der Biegewellen bei der Körperschallausbreitung entstehen kann.

Handelt es sich bei den Biegewellen nur um eine Sinuswelle, $\xi = \widehat{\xi} \cdot \sin(\omega\, t - k \cdot x)$, so ist ihre Ausbreitungsgeschwindigkeit gleich der in der Tab. 2.3 hergeleiteten Phasengeschwindigkeit c_B. Handelt es sich dagegen um eine Wellenform, die gemäß einer *Fourier Analyse* in mehrere sinusförmige Teilwellen verschiedener Teilfrequenzen zerlegt werden kann, so wird deren Ausbreitungsgeschwindigkeit auch unterschiedlich, sodass die Ausgangswelle sich beim Fortschreiten verzerren muss.

Von praktischer Bedeutung ist hierbei der Sonderfall, bei dem die Teilwellen nur wenig unterschiedliche Frequenzen besitzen, wodurch auch die Phasengeschwindigkeiten sich nur wenig unterscheiden.

Ein weiterer Sonderfall ist der, bei dem sich nur zwei Wellen

$$\xi_1 = \widehat{\xi} \cdot \sin(\omega_1\, t - k_1 \cdot x) \tag{2.66}$$

$$\xi_2 = \widehat{\xi} \cdot \sin(\omega_2\, t - k_2 \cdot x) \tag{2.67}$$

ausbreiten. Hierbei gilt

$$\xi_2 = \xi_1 - \Delta\xi \tag{2.68}$$

$$k_2 = k_1 - \Delta k \tag{2.69}$$

wobei $\Delta\xi$ und Δk kleine Größen sind. Überlagert man diese beiden Wellen, so erhält man eine Schwebung entsprechend folgender Beziehung:

$$\xi_1 + \xi_2 = 2 \cdot \widehat{\xi} \cdot \sin\left(\frac{\omega_1 + \omega_2}{2} t - \frac{k_1 + k_2}{2} x\right) \cdot \cos\left(\frac{\omega_1 - \omega_2}{2} t - \frac{k_1 - k_2}{2} x\right) \tag{2.70}$$

mit

$\sin\left(\frac{\omega_1+\omega_2}{2}t-\frac{k_1+k_2}{2}x\right)$ Trägerwelle $\cos\left(\frac{\omega_1-\omega_2}{2}t-\frac{k_1-k_2}{2}x\right)$ Modulationswelle

Charakteristisch für die Ausbreitung ist nicht die Trägerwelle, sondern die Modulationswelle. Ihre Amplitude besitzt eine Fortpflanzungsgeschwindigkeit, die den wichtigen Energietransport des Ausbreitungsvorganges kennzeichnet. Diese Geschwindigkeit wird die Gruppengeschwindigkeit c_G genannt. Sie hat die Größe $c_G = \omega / \kappa_{Mod.\ Welle}$.

Hierfür lässt sich auch schreiben:

$$c_G = \frac{\omega_1 - \omega_2}{k_1 - k_2} = \frac{\Delta\omega}{\Delta k} \approx \frac{d\omega}{d\,k} \tag{2.71}$$

Mit $k_1 = \omega_1/c_{B_1}$ und $k_2 = \omega_2/c_{B_2}$ folgt zunächst

$$d\,k \approx \Delta k = k_1 \cdot \left(1 - \frac{\omega_2}{\omega_1}\frac{c_{B_1}}{c_{B_2}}\right) \tag{2.72}$$

Wegen der Frequenzdispersion gilt weiterhin

$$\frac{c_{B_1}}{c_{B_2}} = \sqrt{\frac{\omega_1}{\omega_2}} \tag{2.73}$$

$$d\,k \approx k_1 \cdot \left(1 - \sqrt{\frac{\omega_2}{\omega_1}}\right) \approx \frac{1}{2} \cdot k_1 \frac{d\omega}{\omega_1} \tag{2.74}$$

$$\frac{d\omega}{d\,k} \equiv c_G = 2 \cdot \frac{\omega_1}{k_1} = 2 \cdot c_{B_1} \tag{2.75}$$

Das bedeutet, dass die Gruppengeschwindigkeit der beiden Wellen gerade doppelt so groß ist wie die Phasengeschwindigkeit.

Dieses Ergebnis lässt sich auch auf Modulationswellen mehrerer und beliebig vieler benachbarter Biegewellen übertragen.

Da es in der Technik häufig zu breitbandigen akustischen Einwirkungen kommt, wie auch bei einer Stoßanregung, so ist bei dispergierenden Wellen die Ausbreitungsgeschwindigkeit gleich der Gruppengeschwindigkeit c_G, also gleich 2-mal der Biegewellengeschwindigkeit c_B. Dagegen ist für wellenförmige Ausbreitung, deren Ausbreitungsgeschwindigkeit frequenzunabhängig ist, die Gruppengeschwindigkeit gleich der Phasengeschwindigkeit [6].

2.3.4 Überlagerung von zwei harmonischen Schwingungen

Die resultierenden Schwingungen, die sich aus der Überlagerung von harmonischen Schwingungen ergeben, können je nach Amplitude, Richtung, Frequenz und Phasenlage sehr unterschiedlich sein; die dazugehörigen Schwingungsformen sind auch sehr vielfältig [6, 8, 9]. Am Beispiel der Überlagerung zweier ebener Wellen, s. Abschn. 2.2.2 (harmonische Schwingungen in die gleiche Richtung), sollen einige wesentliche Zusammenhänge erläutert werden. Solche Schwingungen können u. a. an einem Punkt der Struktur, die durch zwei verschiedenen Erregerquellen angeregt wird, auftreten z. B. auf Decken, auf denen zwei Maschinen aufgestellt sind.

$$y_1 = \widehat{y}_1 \cdot \cos(\omega_1 t + \varphi_1) \tag{2.76}$$

$$y_2 = \widehat{y}_2 \cdot \cos(\omega_2 t + \varphi_2) \tag{2.77}$$

Hierbei ist y allgemein die Amplitude einer physikalischen Größe, z. B. Schwingweg, Schalldruck, Schallschnelle, etc. In Abhängigkeit der einzelnen Größen –Amplitude $\widehat{y}$, Kreisfrequenz ω und Phasenwinkel φ – lässt sich die resultierende Schwingung $y_{res.}$ wie folgt bestimmen:

a) $\widehat{y}_1 \neq \widehat{y}_2$; $\omega_1 \neq \omega_2$; $\varphi_1 \neq \varphi_2$

In diesem Fall erhält man die resultierende Schwingung für die Zeit t durch Addition der Amplituden nach Gl. (2.78):

$$y_{res} = \widehat{y}_1 \cdot \cos(\omega_1 t + \varphi_1) + \widehat{y}_2 \cdot \cos(\omega_2 t + \varphi_2) \tag{2.78}$$

In Abb. 2.17 sind die Gl. (2.76), (2.77) und (2.78) für den Schwingweg mit folgenden Werten grafisch dargestellt:

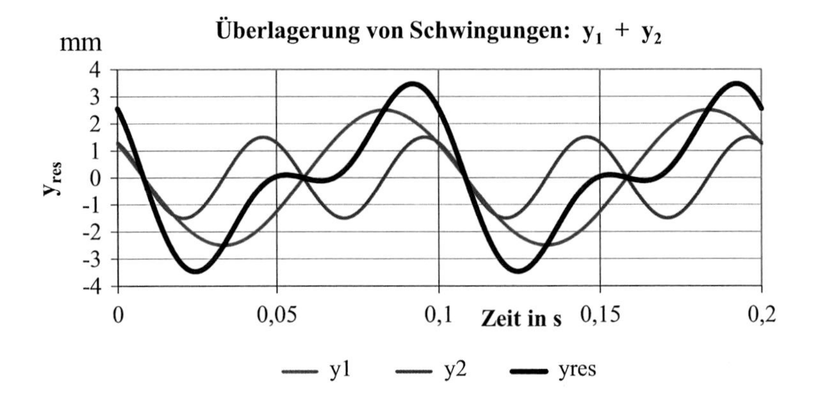

Abb. 2.17 Überlagerung von zwei beliebigen Schwingungen

$\widehat{y}_1 = 1{,}5$ mm; $f_1 = 10$ Hz, $\omega_1 = 2 \cdot \pi \cdot f_1 = 62{,}8$ 1/s; $\varphi_1 = 60° = 1{,}05$ rad
$\widehat{y}_2 = 2{,}5$ mm; $f_2 = 20$ Hz, $\omega_1 = 2 \cdot \pi \cdot f_2 = 125{,}7$ 1/s; $\varphi_2 = 30° = 0{,}52$ rad

b) $\boldsymbol{\widehat{y}_1 \neq \widehat{y}_2;\quad \omega_1 = \omega_2;\quad \varphi_1 \neq \varphi_2}$

Bei gleicher Frequenz, $\omega_1 = \omega_2$, lässt sich die resultierende Schwingung $y_{res.}$ durch geometrische Addition nach Abb. 2.18 bestimmen.

$$y_{res.} = \sqrt{\widehat{y}_1^{\,2} + \widehat{y}_2^{\,2} + 2 \cdot \widehat{y}_1 \cdot \widehat{y}_1 \cdot \cos(\varphi_1 - \varphi_2)} \tag{2.79}$$

$$\tan(\varphi_{res.}) = \frac{\widehat{y}_1 \cdot \sin\varphi_1 + \widehat{y}_2 \cdot \sin\varphi_2}{\widehat{y}_1 \cdot \cos\varphi_1 + \widehat{y}_2 \cdot \cos\varphi_2} \tag{2.80}$$

Bei Phasengleichheit $\varphi_1 = \varphi_2$ ist die resultierende Amplitude am größten. Dann gilt:

$$y_{res.} = \sqrt{\widehat{y}_1^{\,2} + \widehat{y}_2^{\,2} + 2 \cdot \widehat{y}_1 \cdot \widehat{y}_1} = \widehat{y}_1 + \widehat{y}_2 \tag{2.81}$$

Bei einer Phasendifferenz von 180° $\varphi_1 - \varphi_2 = 180°$ ist die resultierende Amplitude am kleinsten. In diesem Fall gilt:

$$y_{res.} = \sqrt{\widehat{y}_1^{\,2} + \widehat{y}_2^{\,2} - 2 \cdot \widehat{y}_1 \cdot \widehat{y}_1} = \widehat{y}_1 - \widehat{y}_2 \tag{2.82}$$

c) $\boldsymbol{\widehat{y}_1 = \widehat{y}_2;\quad \omega_1 = \omega_2;\quad \varphi_1 - \varphi_2 = (2n - 1) \cdot \pi}$

Wenn die Amplituden und Frequenzen der beiden Schwingungen gleich sind und die Phasendifferenz die vielfache von $\pi = 180°$ ist, lässt sich die resultierende Schwingung wie folgt bestimmen:

$$y_{res.} = \widehat{y} \cdot [\cos(\omega \cdot t + \varphi_1) + \cos(\omega \cdot t + \varphi_1 - (2n - 1) \cdot \pi] \tag{2.83}$$

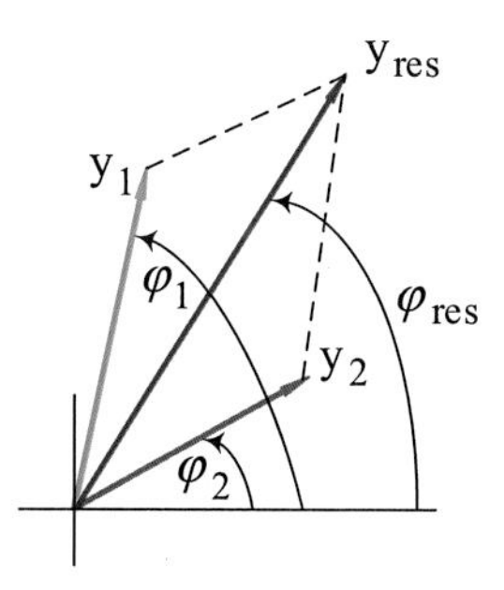

Abb. 2.18 Geometrische Addition von zwei Schwingungen

bzw.

$$y_{res.} = 2 \cdot \widehat{y} \cdot \left[\cos(\omega \cdot t + \varphi_1 + \frac{(2n-1) \cdot \pi}{2})\right] \cdot \cos\left(\frac{(2n-1) \cdot \pi}{2}\right) \tag{2.84}$$

$$\cos\left(\frac{(2n-1) \cdot \pi}{2}\right) = 0 \text{ für n} = 1, 2, 3, 4, \ldots$$

Hieraus folgt, dass für n = alle natürlichen Zahlen die resultierende Amplitude verschwindet:

$$y_{res} = 0$$

Solche Schwingungsüberlagerungen führen zur Auslöschung der Schwingungen und bilden die Grundlage der aktiven Schall- und Schwingungsminderung (Antischallsysteme ANC) [10, 11]. In Abb. 2.19 sind die Gl. (2.76), (2.77) und (2.84) für den Schalldruck mit folgenden Werten grafisch dargestellt:

$\widehat{y}_1 = \widehat{y}_2 = \widehat{p} = 2{,}5\ \mathrm{N/m^2}$; $f_1 = f_2 = 10\ \mathrm{Hz}$, $\omega_1 = \omega_2 = 2 \cdot \pi \cdot f = 62{,}8\ 1/\mathrm{s}$; $\varphi_1 - \varphi_2 = (2n-1) \cdot \pi$

d) $\widehat{y}_1 = \widehat{y}_2 = \widehat{y}$; $\omega_1 \approx \omega_2$; $\varphi_1 = \varphi_2 = \varphi$

Bei gleicher Amplitude und Phasenlage und annähernd gleicher Frequenz beider Schwingungen, wie sie z. B. bei simultaner Anregung durch zwei gleiche Erregerquellen, z. B. Maschinen, auftreten können, ergibt sich die resultierende Amplitude:

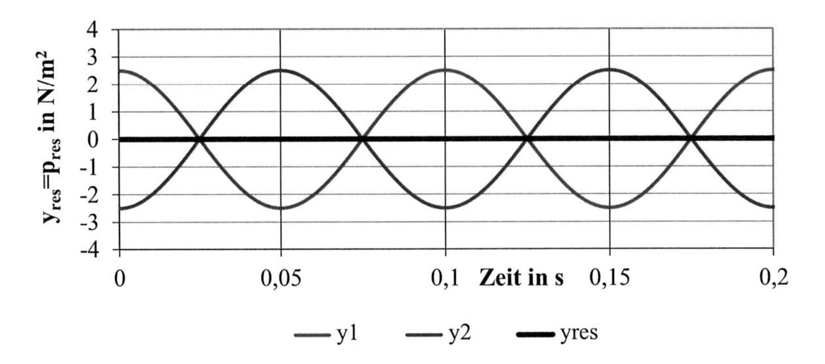

Abb. 2.19 Überlagerung zweier Schalldruckwellen bei der Auslöschung

$$y_{res} = \widehat{y} \cdot (\cos(\omega_1 t + \varphi) + \cos(\omega_2 t + \varphi)) \tag{2.85}$$

$$y_{res} = 2 \cdot \widehat{y} \cdot \cos\left(\frac{\omega_1 + \omega_2}{2} \cdot t + \varphi\right) \cdot \cos\left(\frac{\omega_1 - \omega_2}{2} \cdot t\right) \tag{2.86}$$

Mit

$$\frac{\omega_1 + \omega_2}{2} = \omega_1 + \frac{\Delta\omega}{2} = 2\pi \cdot f_{neu} \tag{2.87}$$

$$\frac{\omega_1 - \omega_2}{2} = \pi \cdot (f_1 - f_2) = \pi \cdot f_S \; \omega_1 > \omega_2 \tag{2.88}$$

folgt aus der Gl. (2.86):

$$y_{res} = 2 \cdot \widehat{y} \cdot \cos(2 \cdot \pi \cdot f_{neu} \cdot t + \varphi) \cdot \cos(\pi \cdot f_S \cdot t) \tag{2.89}$$

Die resultierende Schwingung nach Gl. (2.89) schwingt mit der neuen Frequenz $f_{neu} \approx f_1$. Die Amplitude ändert sich mit der Schwebungsfrequenz f_S. In Abb. 2.20 sind die Gl. (2.76), (2.77) und (2.89) für den Schwingweg mit folgenden Werten grafisch dargestellt:

$\widehat{y}_1 = \widehat{y}_2 = 2{,}5$ mm; $f_1 = 10$ Hz, $f_2 = 10{,}2$ Hz; $\varphi_1 = \varphi_2 = 0$; $f_{neu} = 10{,}1$ Hz; $f_S = 0{,}2$ Hz

e) $\boldsymbol{\widehat{y}_1 = \widehat{y}_2 = \widehat{y};\quad \omega_1 = \omega_2;\quad \varphi_1 = -\varphi_2 = 2 \cdot \pi \cdot \frac{x}{\lambda}}$

Solche Schwingungsüberlagerungen treten in der Regel bei Schall- und Schwingungsreflexionen auf, wenn sich die einfallenden und reflektierten Schwingungen (Wellen) überlagern.

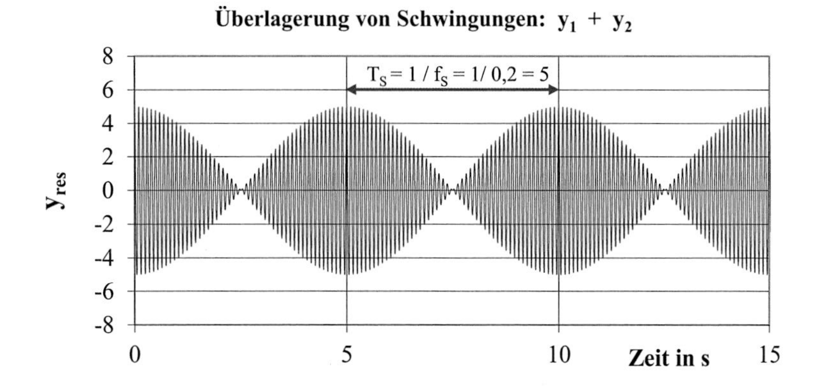

Abb. 2.20 Überlagerung zweier Schwingungen bei der Schwebung

$$y_{res} = \widehat{y} \cdot \left[\cos\left(\omega t + 2\pi \frac{x}{\lambda}\right) + \cos\left(\omega t - 2\pi \frac{x}{\lambda}\right)\right] \quad (2.90)$$

bzw.

$$y_{res} = 2 \cdot \widehat{y} \cdot \left[\cos(\omega t) \cdot \cos\left(2\pi \frac{x}{\lambda}\right)\right] \quad (2.91)$$

Entspricht die Entfernung x, z. B. der Abstand zwischen zwei reflektierenden Hindernissen, dem Vielfachen der halben Wellenlänge:

$$x = n \cdot \frac{\lambda}{2} \quad \mathrm{n} = 1{,}2, 3, 4, \ldots \quad (2.92)$$

dann ist die resultierende Schwingung eine sog. stehende Welle, die jeweils bei der Vielfachen λ/2 von dem reflektierenden Hindernis ihren Höchstwert hat. Siehe hierzu auch Abschn. 2.2.2, Gl. (2.31) und (2.32).

$$y_{res} = 2 \cdot \widehat{y} \cdot [\cos(\omega t) \cdot \cos(n \cdot \pi)] = \pm 2 \cdot \widehat{y} \quad (2.93)$$

Hierbei erreicht die resultierende Amplitude bei einem Abstand λ/2 von einem Hindernis, unabhängig von der Zeit, ihr Maximum. In Abb. 2.21 ist exemplarisch die Gl. (2.91) als stehende Welle für den Schalldruck in Anhängigkeit von x/λ dargestellt.

$$\widehat{y}_1 = \widehat{y}_2 = \widehat{p} = 1\ N/m^2; \quad \mathrm{f}_1 = \mathrm{f}_2 = 50\ \mathrm{Hz}; \quad \varphi_1 = -\varphi_2 = 2\pi \cdot x/\lambda$$

Hieraus ist deutlich zu erkennen, dass an den Orten $x = n \cdot \lambda/2$ der Betrag des resultierenden Schalldrucks am höchsten ist.

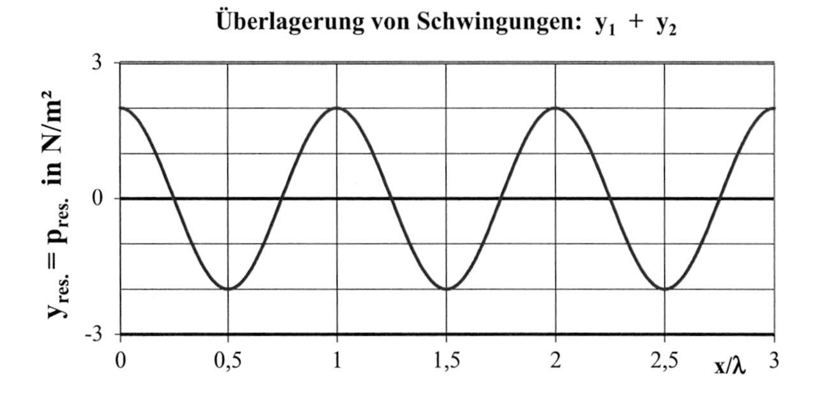

Abb. 2.21 Stehende Welle in Abhängigkeit des Verhältnisses x/λ

2.4 Impedanz

Die Impedanz ist allgemein in einer elastischen Struktur das Verhältnis einer anfachenden Ursache (Kraft, Druck, Moment) zu einer Geschwindigkeit (Schnelle), die sich am System einstellt. Dabei unterscheidet man zwischen einer akustischen und einer mechanischen Impedanz.

2.4.1 Akustische Impedanz

In der Akustik werden die beiden Feldgrößen Druck und Schnelle mit Hilfe der Impedanz miteinander verknüpft. Allgemein ist die Feldimpedanz $\underline{Z}$ als das Verhältnis Druck zu Schnelle definiert.

$$\underline{Z} = \frac{\underline{p}}{\underline{\mathrm{v}}} \tag{2.94}$$

Die Impedanz ist im Allgemeinen eine komplexe Größe. Die Gl. (2.94) kann physikalisch wie folgt gedeutet werden: In der Schreibweise $\underline{\mathrm{v}} = \underline{p}/\underline{Z}$ erkennt man, in welcher Form durch eine Druckerregung die Schallschnelle nach Größe und Phasenlage indiziert wird. Reelles $\underline{Z}$ bedeutet, dass die Schnelle mit dem Wechseldruck in Phase ist, ein großer Betrag von $\underline{Z}$ bedeutet, dass das Medium dem Aufbau eines Schallfeldes durch eine Druckerregung großen Widerstand entgegensetzt.

In der Schreibweise $\underline{p} = \underline{\mathrm{v}} \cdot \underline{Z}$ erkennt man, in welcher Weise durch eine Geschwindigkeitserregung der Wechseldruck nach Größe und Phase indiziert wird. Reelles $\underline{Z}$ bedeutet wiederum, dass der Wechseldruck mit der Schnelle in Phase ist, ein großer Betrag von $\underline{Z}$ bedeutet jetzt, dass das Medium den Aufbau eines Schallfeldes durch eine Geschwindigkeitserregung wesentlich fördert.

Schallkennimpedanz Z in einem ebenen Wellenfeld

Im ebenen, unendlich ausgedehnten Wellenfeld sind die Schallfeldgrößen p und v wie folgt definiert (siehe hierzu Gl. (2.24) und (2.25)):

$$p = j\widehat{\phi} \cdot \rho\omega \cdot e^{-jkx} \cdot e^{j\omega t} = j\widehat{p} \cdot e^{-jkx} \cdot e^{j\omega t}$$

$$\mathrm{v} = j\widehat{\phi} \cdot k \cdot e^{-jkx} \cdot e^{j\omega t} = j\widehat{\mathrm{v}} \cdot e^{-jkx} \cdot e^{j\omega t}$$

Setzt man diese beiden Größen in die Gl. (2.94) ein, so ergibt sich für die Feldimpedanz:

$$\underline{Z} = \frac{\widehat{\mathrm{p}}}{\widehat{\mathrm{v}}} = \frac{\rho\,\omega}{\mathrm{k}} = \mathrm{Z} \tag{2.95}$$

Die akustische Feldimpedanz ist in einem ebenen Wellenfeld reell, sie wird auch als Schallkennimpedanz, Wellenwiderstand oder auch Schallkennwiderstand Z bezeichnet:

$$Z = \rho \cdot c \tag{2.96}$$

Hierin ist ρ die Dichte, c die Schallgeschwindigkeit des Mediums. Z wird in Ns/m^3 oder auch in Rayl entsprechend in g /s cm^2 angegeben, wobei 1 Rayl = 10 Ns/m^3 ist. Für Luft beträgt Z ≈ 420 Ns/m^3 bei Zimmertemperatur. Als Bezugsgröße ist sie einheitlich mit $Z_0 = 400$ Ns/m^3 eingeführt. Die akustische Impedanz des Wassers ist wesentlich größer als die von Luft, sie beträgt $Z_{Wasser} = 1{,}45 \cdot 10^6$ Ns/m^3.

Ein formaler Vorteil liegt bei der Verwendung der Schallkennimpedanz Z auch darin, dass man in einem Schallfeld mittels Z_0 die Amplitude der Schnelle sehr einfach durch die Amplitude des Wechseldruckes und umgekehrt den Wechseldruck durch die Schnelle ersetzen kann.

Schallkennimpedanz in einem Kugelwellenfeld

Im Kugelwellenfeld eines gasförmigen Mediums wurden für den Schallwechseldruck p und die Schallschnelle v folgende Beziehungen gefunden (siehe hierzu Gl. (2.36) und (2.37)):

$$\underline{p} = j\widehat{\tilde{\Phi}}\frac{\omega\rho}{r} \cdot e^{-jkr} \cdot e^{j\omega t}$$

$$\underline{v} = \frac{\widehat{\tilde{\Phi}}}{r^2}(1 + jkr) \cdot e^{-jkr} \cdot e^{j\omega t}$$

Beide Feldgrößen $\underline{p}$ und $\underline{v}$ sind hier nicht in Phase, so dass die Feldimpedanz $\underline{Z}$ des Kugelwellenfeldes nicht mehr reell ist. Es ist:

$$\underline{Z} = \frac{\underline{p}}{\underline{v}} = (\rho \cdot c) \cdot \frac{jkr}{1 + jkr} mit\ k = \frac{2\pi}{\lambda} \tag{2.97}$$

$$\underline{Z} = Z\,\frac{j2\pi\,\frac{r}{\lambda}}{1 + j2\pi\,\frac{r}{\lambda}} = Z\,\frac{2\pi\frac{r}{\lambda}}{\sqrt{1 + \left(2\pi\frac{r}{\lambda}\right)^2}} \cdot e^{j\varphi}. \tag{2.98}$$

$$mit\ \varphi = \arctan\frac{1}{2\pi\frac{r}{\lambda}} = \frac{\pi}{2} - \arctan\left(2\pi\frac{r}{\lambda}\right)$$

Für große Werte von r/λ >> 1 (r ist groß gegen die Wellenlänge λ), also für ein quasiebenes Wellenfeld, siehe Abschn. 2.2.3, geht die Feldimpedanz $\underline{Z}$ in den reellen Grenzwert der Kennimpedanz Z = ρ·c des ebenen Wellenfelds über.

Für kleine Werte von r/λ << 1 (r klein gegen die Wellenlänge λ) geht die Feldimpedanz in den rein imaginären Grenzwert über:

$$\underline{Z} \approx Z \cdot j2\pi\frac{r}{\lambda} \tag{2.99}$$

Gl. (2.99) besagt, dass der Phasenwinkel zwischen Schalldruck und Schallschnelle 90° beträgt und dass der Betrag der Feldimpedanz gegenüber Z um den Faktor 2π r/λ reduziert ist (siehe auch Abschn. 2.2.1). Dies führt dazu, dass Messungen im Nahfeld (r << λ) der Quelle bedingt durch die stets vorhandene Phasendifferenz zwischen Schall-druck und Schallschnelle nicht eindeutig definiert und immer mit Fehlern behaftet sind. Bedingt durch geringere Impedanzen im Nahfeld können auch sehr hohe Schalldrücke gemessen werden, die allerdings akustisch nicht relevant sind (siehe hierzu auch Abschn. 2.6).

Die physikalische Bedeutung der akustischen Impedanz, Widerstand gegen den Aufbau des Schallfeldes durch akustische Druckschwankungen, lässt sich in Analogie zur Elektrotechnik durch Parallelschaltung eines reellen Widerstandes (ρ c) und einer komplexen Induktivität (j ω ρ r) veranschaulichen (siehe Abb. 2.22).

Durch Umformen der Gl. (2.97) erhält man:

$$\frac{1}{\underline{Z}} = \frac{1}{\rho c} + \frac{1}{j\omega\rho r} = \frac{1}{\rho c} + \frac{1}{jkr \cdot \rho c} \tag{2.100}$$

Gl. (2.100) besagt, dass sich der Gesamtwiderstand aus einem reellen, entfernungsunabhängigen Widerstand (ρ·c) und einer komplexen, entfernungsabhängigen Induktivität (Scheinwiderstand: j ω·ρ·r) zusammensetzt. Je nach Entfernung kann die Impedanz entweder rein reell (r >> λ) oder rein imaginär (r << λ) sein. Reelle Impedanz besagt, dass ein Schallfeld aufgebaut werden kann. Imaginäre Impedanz besagt, dass der Aufbau des Schallfeldes an dieser Stelle nicht möglich ist (Blindleistung!).

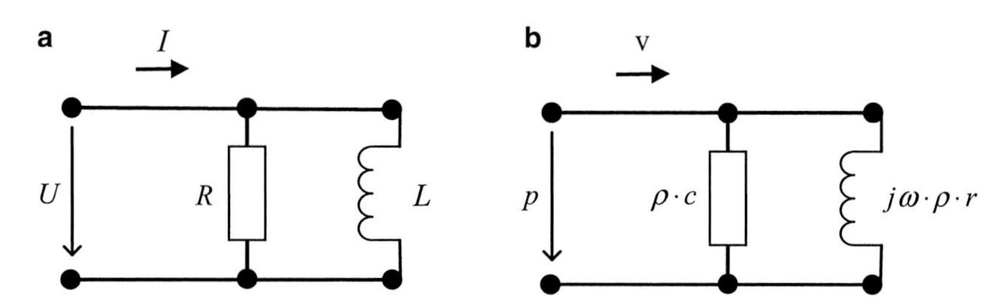

Abb. 2.22 Elektrisches ErsatzschaltAbb. der akustischen Impedanz in einem Kugelwellenfeld. **a**) Parallelschaltung des ohmschen Widerstands R und der Induktivität L. **b**) ErsatzschaltAbb. für akustische Impedanz in Analogie zur Elektrotechnik

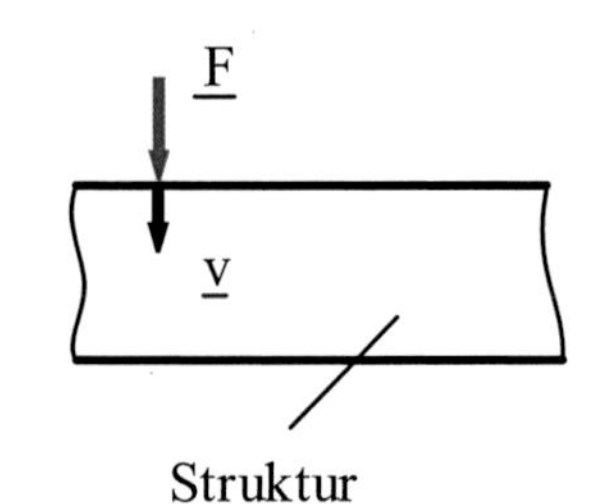

Abb. 2.23 Punktförmige Kraftanregung einer Struktur

2.4.2 Mechanische Impedanz

Die mechanische Impedanz ist der Widerstand, den eine elastische Struktur den wirkenden Kräften entgegensetzt. Sind $\underline{F}$ die erregende Kraft (periodische Erregung) und $\underline{v}$ die Systemschnelle an der gleichen Stelle und sind beide gleichgerichtet, dann stellt die Kraft, bezogen auf die Schnelle, die so genannte Eingangsimpedanz dar (Abb. 2.23)

$$\underline{Z_e} = \frac{\underline{F}}{\underline{v}}. \tag{2.101}$$

Hierbei ist eine punktförmige Krafterregung vorausgesetzt, d. h., dass die Abmessungen der Angriffsfläche von $\underline{F}$ als klein gegen die erzeugten Wellenlängen des Körperschalls angenommen werden.

Die mechanische Eingangsimpedanz $\underline{Z_e}$ ist in der Regel komplex und hat die Einheit Ns/m, bzw. kg/s, Physikalisch besagt $\underline{Z_e}$ in welcher Stärke bei einer Krafterregung in der Struktur Körperschall erzeugt wird. Eine große Eingangsimpedanz führt demnach bei einer Krafterregung nur zu geringem Körperschall in der Struktur. Im Folgenden werden für einige Sonderfälle die mechanischen Eingangsimpedanzen angegeben.

2.4.2.1 Mechanische Impedanzen idealisierter Bauteile

a) **Gedämpfter Einmassenschwinger**

Die idealisierte Eingangsimpedanz, z. B. an der Koppelstelle von Maschinen, lässt sich für viele Bauteile am Beispiel eines gedämpften Einmassenschwingers, Abb. 2.24, veranschaulichen. Die Bewegungsgleichung des im Abb. 2.24 angegebenen gedämpften Einmassenschwingers lässt sich mit Hilfe der Newtonschen Grundgleichung $\sum F = m \cdot a$ (Summe aller äußeren Kräfte ist gleich die Masse mal Beschleunigung) wie folgt angeben:

$$\underline{F} - \underline{x} \cdot k_F - d \cdot \underline{\dot{x}} = m \cdot \underline{\ddot{x}}$$

bzw. (2.102)

$$m \cdot \underline{\ddot{x}} + \underline{x} \cdot k_F + d \cdot \underline{\dot{x}} = \underline{F}$$

mit:

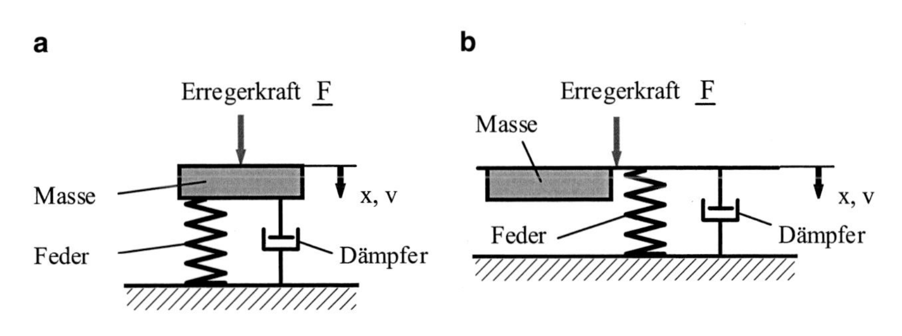

Abb. 2.24 **a**) nicht korrekte, aber übliche Darstellungsform. **b**) korrekte Darstellung eines gedämpften Einmassenschwingers

$\underline{x} \cdot k_F$	Federkraft (k_F = Federsteifigkeit in N/m)
$d \cdot \dot{\underline{x}}$	geschwindigkeitsproportionale Dämpfungskraft (d = Dämpfungskoeffizient in Ns/m = kg/s)
$m \cdot \ddot{\underline{x}} = m \cdot a$	Beschleunigungskraft
$\dot{x} = \frac{d\underline{x}}{dt} = \underline{v} = \frac{\ddot{\underline{x}}}{j\omega}$	Geschwindigkeit, Schwingungsschnelle
$a = \ddot{\underline{x}} = \frac{d^2\underline{x}}{dt^2} = \dot{\underline{x}} \cdot j\omega$	Beschleunigung, Schwingbeschleunigung
$\underline{F} = \widehat{F} \cdot e^{j\,\omega\,t}$	periodische Erregerkraft bei der Kreisfrequenz $\omega = 2\pi$ f

Da die Struktur durch die Kraft $\underline{F}$ erzwungen zu Schwingungen angeregt wird, d. h. die Struktur schwingt ebenfalls mit der Kreisfrequenz ω, ergibt sich für den Schwingweg $\underline{x}$:

$$\underline{x} = \widehat{x} \cdot e^{j\omega t} = \frac{\dot{\underline{x}}}{j\omega}$$

Mit Gl. (2.101) folgt dann aus Gl. (2.102):

$$\underline{Z_e} = \frac{\underline{F}}{\underline{v}} = \frac{\underline{F}}{\dot{\underline{x}}} = jm\omega + d + \frac{k_F}{j\omega} \tag{2.103}$$

Hieraus folgt, dass sich die Eingangsimpedanz aus drei Anteilen zusammensetzt:

• ***Massenimpedanz*** $\underline{Z_m}$:

$$\underline{Z_m} = j\,m\,\omega \tag{2.104}$$

Die Impedanz einer Punktmasse ist eine rein imaginäre Größe, d. h. die Schwinggeschwindigkeit (Schnelle) der Masse ist um 90° gegenüber der anregenden Kraft phasenverschoben. Der Betrag der Impedanz ist proportional der Masse m und der anfachenden Kreisfrequenz ω.

• ***Dämpferimpedanz*** Z_D:

$$Z_D = d \tag{2.105}$$

Die Impedanz eines geschwindigkeitsproportionalen Dämpfers ist eine reelle Größe, d. h. die Schwinggeschwindigkeit des Dämpfers ist mit der anregenden Kraft in Phase. Der Betrag der Impedanz ist gleich der Dämpfungskonstanten b.

- ***Federimpedanz*** $\underline{Z}_F$:

$$\underline{Z}_F = \frac{k_F}{j\omega} \tag{2.106}$$

Die Impedanz einer Feder ist wiederum rein imaginär, d. h. die Schwinggeschwindigkeit ist um $-90°$ gegenüber der anregenden Kraft phasenverschoben. Ihr Betrag ist proportional der Federsteifigkeit k_F und umgekehrt proportional der anfachenden Kreisfrequenz ω.

Die Eingangsimpedanz des gedämpften Einmassenschwingers, die sich aus den drei Grundimpedanzen entsprechend Gl. (2.103) zusammensetzt, kann je nach Eigenschaft der Einzelelemente Masse, Dämpfer und Feder sehr unterschiedliche Werte annehmen.

b) **Längsanregung einer elastischen Stabstruktur** (Abb. 2.25)

Durch Längsanregung eines Stabes werden wie im ebenen Wellenfeld lineare Längswellen erzeugt. In Analogie zu dessen Kennimpedanz $Z = p/v = \rho \cdot c$ (siehe Gl. (2.96)) kann die Eingangsimpedanz nach Gl. (2.101) entsprechend ermittelt werden. Hierbei wird für die Dichte des ebenen Wellenfeldes die Dichte ρ und für die Schallgeschwindigkeit c die Dehnwellengeschwindigkeit $c_{De} = \sqrt{E/\rho}$ der Struktur eingesetzt.

Der Wechseldruck p kann durch den Koeffizienten F/A ersetzt werden. Somit folgt

$$Z_e = \rho \cdot \sqrt{\frac{E}{\rho}} \cdot A = \sqrt{E \cdot \rho} \cdot A \tag{2.107}$$

Die Eingangsimpedanz des Stabes bei Längsanregung ist somit eine reelle Größe, deren Betrag unabhängig von der anfachenden Kreisfrequenz ist.

c) **Biegeanregung einer elastischen, stabförmigen Struktur**

Die Eingangsimpedanz lässt sich verhältnismäßig leicht errechnen, wenn der Stab als unendlich ausgedehnt angenommen wird. Es treten hierbei zwei Fälle auf:

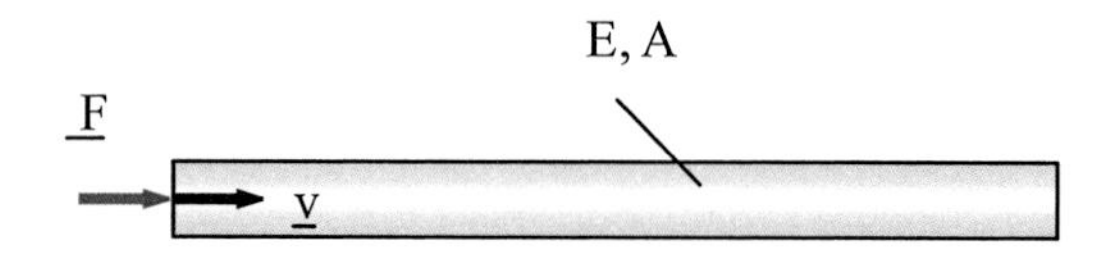

Abb. 2.25 Anregung eines elastischen Stabes

I) einseitige Einspannung mit punktförmiger Anfachung am freien Ende (Abb. 2.26),
II) beidseitige Einspannung mit punktförmiger Anfachung in der Stabmitte (Abb. 2.27).

Die Ermittlung der mechanischen Impedanz führt in beiden Fällen zu der Lösung der partiellen Differenzialgleichung des Biegestabes [6], s. auch Tab. 2.3:

$$EI_b \frac{\partial^4 \underline{\xi}}{\partial x^4} = -m' \frac{\partial^2 \underline{\xi}}{\partial t^2} \tag{2.108}$$

Statt der Verschiebung $\underline{\xi}(x, t)$ ist jedoch für Z_e die Schnelle $\underline{v} = \partial \underline{\xi} / \partial t$ in Querrichtung maßgebend. Mit Hilfe des Bernoullischen Lösungsansatzes für die Verschiebung $\underline{\xi}(x, t)$ und die Schnelle $\underline{v}(x, t)$

$$\underline{\xi}(x, t) = \underline{\xi}(x) \cdot e^{j \omega t} \tag{2.109}$$

$$\underline{v}(x, t) = j \omega \underline{\xi}(x) \cdot e^{j \omega t} \tag{2.110}$$

folgt aus der Gl. (2.108) die homogene Differenzialgleichung für die Schnelle $\underline{v}(x)$ in komplexer Schreibweise:

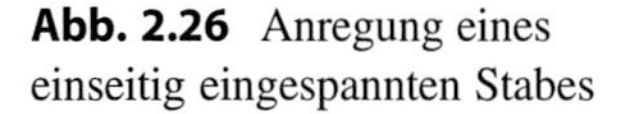

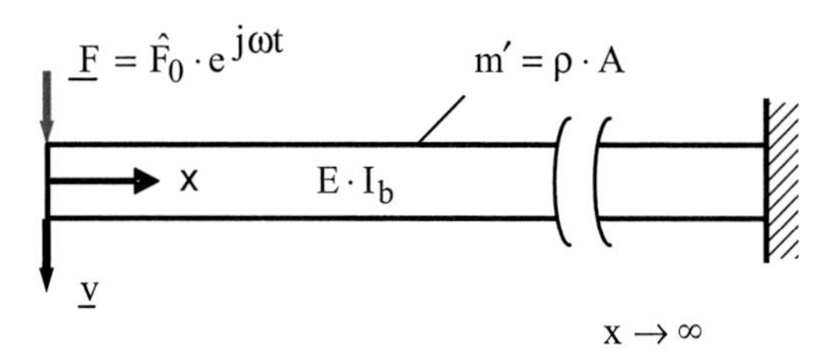

Abb. 2.26 Anregung eines einseitig eingespannten Stabes

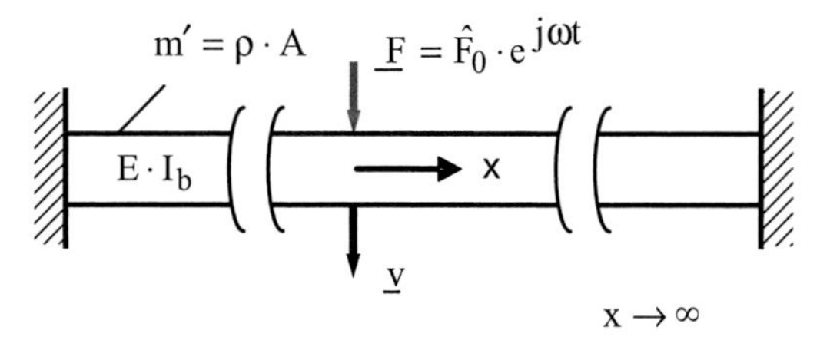

Abb. 2.27 Anregung eines Stabes bei beidseitiger Einspannung

$$\frac{\partial^4 \underline{v}(x)}{\partial x^4} - k^4 \, \underline{v}(x) = 0 \tag{2.111}$$

Hierin sind:

$$\underline{v}(x) = \underline{\xi}(x) \cdot j\omega \tag{2.112}$$

$$k^4 = \frac{m'}{EI_b}\omega^2 = \left(\frac{\omega}{c_B}\right)^4 \tag{2.113}$$

Der allgemeine Lösungsansatz der Differenzialgleichung (2.111) für die Schnelle unter der Berücksichtigung, dass an der Einspannung ($x \to \infty$) die Verschiebung ξ und die Schnelle v gleich Null sind, lautet:

$$\underline{v}(x) = \underline{v_1} \cdot e^{-j\,k\,x} + \underline{v_2} \cdot e^{-k\,x} \tag{2.114}$$

Hierbei werden die Konstanten $\underline{v_1}, \underline{v_2}$ aus den Randbedingungen ermittelt. Für den Fall I) lauten die Randbedingungen für Biegemoment $\underline{M_b}$ und Querkraft $\underline{Q}$ an der Stelle x = 0:

$$1.(\underline{M_b}(x))_{x=0} = E \cdot J_b \left(\frac{\partial^2 \underline{\xi}(x)}{\partial x^2}\right)_{x=0} = 0 \to \mathrm{v}_1 = \mathrm{v}_2 \tag{2.115}$$

und

$$2.(\underline{Q}(x))_{x=0} = E \cdot J_b \left(\frac{\partial^3 \underline{\xi}(x)}{\partial x^3}\right)_{x=0} = \underline{F} \to \mathrm{v}_1 = \frac{\underline{F} \cdot \omega}{E \cdot J_b \cdot k^3 \cdot (1+j)} \tag{2.116}$$

Mit den Gl. (2.112), (2.115) und (2.116) ergibt sich für v(x) nach (2.114):

$$\underline{v}(x) = \underline{F} \cdot \frac{\omega}{E \cdot J_b \cdot k^3 \cdot (1+j)} \cdot (e^{-jk \cdot x} + e^{-k \cdot x}) \tag{2.117}$$

Für die Schnelle an der Anregungsstelle (x = 0) ergibt sich dann:

$$\underline{v}(0) = \frac{2\,\underline{F}\,\omega}{EJ_b k^3 (1+j)} \tag{2.118}$$

Hieraus lässt sich dann die mechanische Eingangsimpedanz für einen einseitig eingespannten Stab wie folgt berechnen:

$$\underline{Z_e} = \frac{EJ_b k^3(1+j)}{2\omega} = \frac{1+j}{2} m' c_B \tag{2.119}$$

c_B ist die Phasengeschwindigkeit der Biegewelle des Stabes entsprechend der Gl. (2.59). Für den Fall II) denkt man sich den Stab bei $\underline{F}$ aufgeschnitten und betrachtet nur die rechte Hälfte von x = 0 bis $x \to \infty$. Für diese Stabhälfte sind die Randbedingungen für Querkraft $\underline{Q}$ und Balkenneigung φ an der Stelle x = 0:

$$1.\quad (\underline{Q}(x))_{x=0} = E \cdot J_b \cdot \frac{1}{j\omega} \cdot \left(\frac{\partial^3 \underline{v}(x)}{\partial x^3}\right)_{x=0} = \frac{\underline{F}}{2} \to \mathrm{v}_1 = \frac{\underline{F} \cdot \omega}{4 \cdot E \cdot J_b \cdot k^3} \tag{2.120}$$

$$2.\quad (\varphi(x))_{x=0} = \left(\frac{\partial \underline{\xi}(x)}{\partial x}\right)_{x=0} = 0 \to \mathrm{v}_2 = -j \cdot \mathrm{v}_1 \tag{2.121}$$

Mit der Gl. (2.112), (2.120) und (2.121) ergibt sich für v(x) nach (2.114):

$$\underline{v}(x) = \underline{F} \cdot \frac{\omega}{4 \cdot E \cdot J_b \cdot k^3} \cdot \left(e^{-jk \cdot x} - je^{-k \cdot x}\right) \tag{2.122}$$

Für die Schnelle an der Anregungsstelle (x = 0) folgt:

$$\underline{v}(0) = \underline{F} \cdot \frac{\omega}{4 \cdot E \cdot J_b \cdot k^3} \cdot (1-j) \tag{2.123}$$

Die mechanische Eingangsimpedanz bei beidseitiger Einspannung des Stabes ergibt sich dann:

$$\underline{Z_e} = \frac{2EJ_b k^3(1+j)}{\omega} = (1+j) \cdot 2m' c_B \tag{2.124}$$

Man erkennt, dass die Eingangsimpedanz des Falles II) viermal größer ist als die des Falles I). In beiden Fällen ist die Impedanz komplex. Die Phasenverschiebung zwischen Erregung der Kraft und der Schnelle beträgt hier π/4. In beiden Fällen ist die Impedanz proportional der Phasengeschwindigkeit der Biegewelle c_B des Stabes und somit proportional der Wurzel aus der anfachenden Kreisfrequenz ω (siehe hierzu Gl. (2.60)). Der Betrag der mechanischen Eingangsimpedanzen eines Stabes nach Abb. 2.27 erhält man dann:

$$|Z_e| = 2 \cdot \sqrt{2} \cdot \sqrt{2 \cdot \pi} \cdot \rho \cdot A \cdot \sqrt[4]{\frac{E \cdot J_b}{\rho \cdot A}} \cdot \sqrt{f} \approx 7{,}1 \cdot \rho \cdot A \cdot \sqrt{c_{De} \cdot i} \cdot \sqrt{f} \tag{2.125}$$

Hierbei sind A der Stabquerschnitt, J_b das Flächenträgheitsmoment, i der Trägheitsradius und c_{De} die Phasengeschwindigkeit der Dehnwelle des Stabes (siehe Gl. (2.52)).

d) **Biegeanregung einer elastischen Plattenstruktur**

Für die akustische Untersuchung der Körperschallausbreitung ist die Eingangsimpedanz plattenartiger Strukturen von besonderer Bedeutung. Der Rechengang ist grundsätzlich der gleiche wie bei den Stabstrukturen, jedoch ist der mathematische Aufwand wegen der zweidimensionalen Plattenstruktur und der damit verbundenen schwierigen Elastomechanik erheblich größer. Es werden daher nur die Ergebnisse für unendlich ausgedehnte dünne Platten angegeben. Darüber hinaus wird hier auf die entsprechende Literatur [1, 6] hingewiesen. Es werden zwei Fälle betrachtet:

I) punktförmige Krafterregung in der Plattenmitte (Abb. 2.28),
II) punktförmige Krafterregung am Rande der Platte (Abb. 2.29).

Hierbei sind: $m'' = \rho \cdot h$ Masse der Platte, bezogen auf die Fläche, und B' die Biegesteife der Platte, bezogen auf die Breite (siehe Gl. 2.63). Die mechanischen Eingangsimpedanzen lauten dann:

$$\text{I)}\ Z_e = 8\sqrt{B' \cdot \rho \cdot h} \approx 2{,}3\, c_{De_{Pl}} \cdot \rho \cdot h^2 \tag{2.126}$$

$$\text{II)}\ Z_e = 3{,}5\sqrt{B' \cdot \rho \cdot h} \approx c_{De_{Pl}} \cdot \rho \cdot h^2 \tag{2.127}$$

$c_{De_{Pl}}$ ist die Dehnwellengeschwindigkeit der Platte (siehe Gl. 2.54).

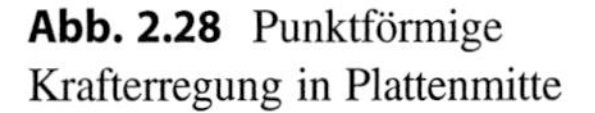

Abb. 2.28 Punktförmige Krafterregung in Plattenmitte

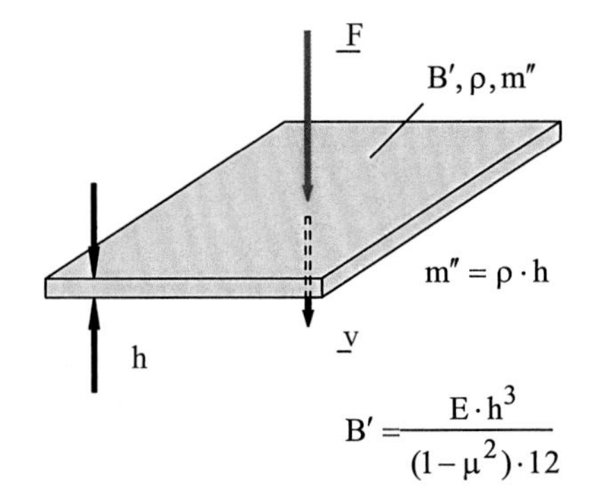

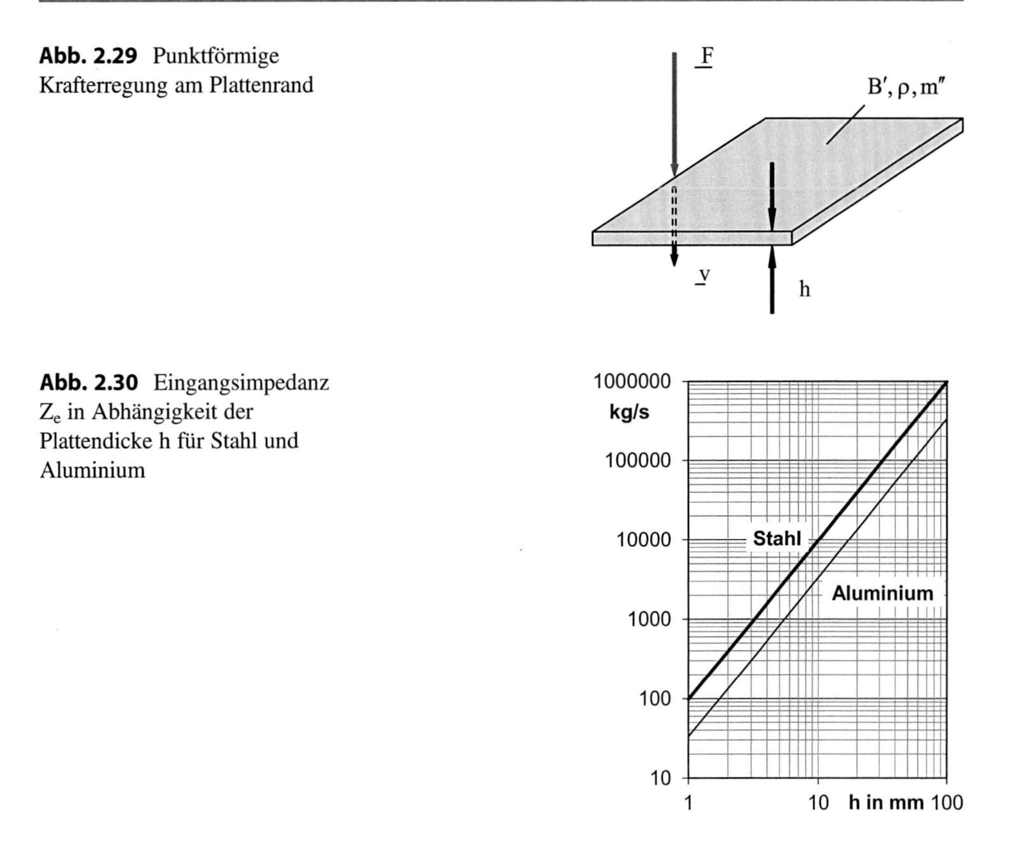

Abb. 2.29 Punktförmige Krafterregung am Plattenrand

Abb. 2.30 Eingangsimpedanz Z_e in Abhängigkeit der Plattendicke h für Stahl und Aluminium

Die beiden Eingangsimpedanzen sind reell und verhältnismäßig einfach aufgebaut. Sie sind hier nicht mehr von der anfachenden Kreisfrequenz ω, sondern nur noch vom Werkstoff und der Plattendicke h abhängig. So ist z. B. für Stahl und Anfachung in der Plattenmitte $Z_e \approx 97 \cdot h^2$ in kg/s, wobei h in mm einzusetzen ist. In Abb. 2.30 ist Z_e als Funktion von h für Stahl und Aluminium aufgetragen.

e) **Graphische Darstellung der idealisierten Impedanzverläufe**

Zur Veranschaulichung der physikalischen Bedeutung der mechanischen Impedanz wird nachfolgend das Verhältnis $|Z|/\omega$ in Abhängigkeit der Frequenz dargestellt. Dieses Verhältnis hat die Dimension einer Masse und wird sinnvollerweise als mitbewegte bzw. dynamische Masse bezeichnet:

$$m_b = \frac{|Z|}{\omega} = \frac{Betrag\ der\ mech.\text{Impedanz}}{Kreisfrequenz}\ kg \tag{2.128}$$

m_b mitbewegte bzw. dynamische Masse

Die dynamische Masse m_b charakterisiert den Widerstand einer Struktur gegenüber äußeren Erregerkräften. Im Gegensatz zur Masse der Strukturen, die eine Konstante darstellt, ist die dyn. Masse sehr stark frequenzabhängig. Eine Ausnahme ist hierbei die kompakte Masse, siehe Gl. (2.104), bei der die dyn. Masse denselben Wert hat wie die Masse der Struktur. Damit man die Impedanzverläufe besser miteinander vergleichen kann, sind in Tab. 2.4 die Beträge der idealisierten Impedanzen, die dazugehörigen dyn. Massen, der Werkstoff sowie die jeweiligen geometrischen Abmessungen zusammengestellt. Die Abmessungen sind so gewählt, dass alle idealisierten Bauteile bei einer Frequenz von 10 Hz eine dyn. Masse von 10 kg aufweisen.

- kompakte Masse

$$m_b = m \tag{2.129}$$

- ideale Feder

$$m_b = \frac{k_F}{\omega^2} \tag{2.130}$$

- idealer Dämpfer

$$m_b = \frac{d}{\omega} \tag{2.131}$$

Tab. 2.4 Beträge der idealisierten Impedanzen, der dazugehörigen dynamischen Massen sowie die geometrischen Abmessungen der idealen Bauteile

kompakte Masse	ideale Feder	idealer Dämpfer	Idealer Stab[2]	Idealer Balken[3]	Ideale Platte[4]
–	–	–	Stahl	Stahl	Stahl
Struktur-masse [kg]	Federkonst . k_F [N/m]	d [kg/s]	∅ [mm]	∅ [mm]	h [mm]
10	39478,42	628,32	4,44	27,59	2,53
|Z| in kg/s					
628,32	628,32	628,32	628,32	628,32	628,32
dyn. Masse in kg					
10	10	10	10	10	10

- idealer Stab[1]

$$m_b = \frac{\sqrt{E \cdot \rho} \cdot A}{\omega} \tag{2.132}$$

- idealer Balken[2]

$$m_b = \frac{2\sqrt{2} \cdot \rho \cdot A \cdot \sqrt[4]{\frac{EJ_b}{\rho \cdot A}}}{\sqrt{\omega}} \tag{2.133}$$

- ideale Platte[3]

$$m_b = \frac{8 \cdot \sqrt{\frac{E \cdot h^3}{12(1-\mu^2)}} \cdot \rho \cdot h}{\omega} \tag{2.134}$$

Frequenz f = 10 Hz

$$\rho_{\text{Stahl}} = 7850\,\text{kg/m}^3;\; E_{\text{Stahl}} = 2{,}1 \cdot 10^{11}\,\text{N/m}^2;\; \mu_{\text{Stahl}} \approx 0{,}3$$

In Abb. 2.31 sind die kontinuierlichen Verläufe der dyn. Massen von idealisierten Bauteilen in Abhängigkeit von der Frequenz dargestellt.

Hieraus folgt, dass der Widerstand der Strukturen gegen anregende Wechselkräfte mit zunehmender Frequenz immer kleiner wird. Nur bei der kompakten Masse (z. B. Ambos) ist dies nicht der Fall. Die abnehmenden dynamischen Massen der anderen Strukturen sind ein Grund dafür, dass man diese Strukturen mit zunehmender Frequenz leichter zu Schwingungen anregen kann. Relativ schwere Maschinenstrukturen lassen sich daher je nach Anfachungsfrequenz mehr oder weniger leicht zu Schwingungen anregen.

Weiterhin folgt aus Abb. 2.31, dass man mit Hilfe einer kompakten Masse an der krafteinleitenden Stelle die dyn. Masse wesentlich erhöhen kann, vor allem, wenn die Strukturen geringe dyn. Massen aufweisen (Erhöhung der Eingangsimpedanz).

[1]längsangeregte elastische Stabstruktur (siehe Abb. 2.25).

[2]beidseitig eingespannt mit Anfachung in der Balkenmitte (siehe Abb. 2.27).

[3]punktförmige Krafterregung in der Plattenmitte (siehe Abb. 2.28).

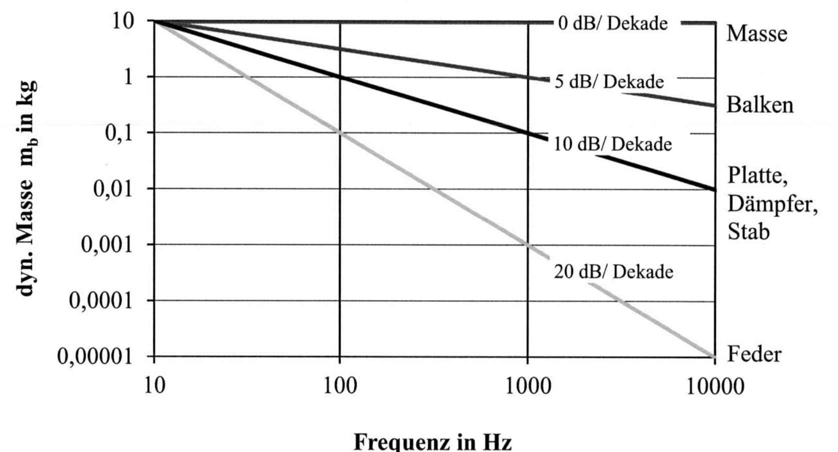

Abb. 2.31 Dynamische Masse idealisierter Bauteile

2.4.2.2 MechanischeEingangsimpedanz realer Bauteile

Die mechanische Eingangsimpedanz realer Bauteile unterscheidet sich von der Impedanz idealer Bauteile wesentlich. Die Impedanz realer Bauteile hat im Gegensatz zu derer idealer Bauteile keinen kontinuierlich stetigen Verlauf über die Frequenz. Impedanzverläufe realer Bauteile weisen Einbrüche (Resonanzstellen) und Überhöhungen (Antiresonanzstellen) auf, die durch das Eigenschwingungsverhalten der Bauteile verursacht werden [12, 13].

In Abb. 2.32 ist der Impedanzverlauf realer Bauteile schematisch dargestellt. Der gesamte Frequenzbereich lässt sich in drei Bereiche unterteilen:

- **Frequenzbereich I:** Unterhalb der 1. Eigenfrequenz des Bauteils.

In diesem Frequenzbereich verhalten sich die Bauteile je nach ihrer Einspannung als freie Masse oder als Feder.

- **Frequenzbereich II:** Zwischen der 1. und 5. bis 8. Eigenfrequenz des Bauteils.

In diesem Frequenzbereich können durch Resonanzanregungen, je nach Dämpfung des Systems, erhebliche Einbrüche im Impedanzverlauf auftreten, d. h. es können bei gleicher Krafterregung sehr hohe Schwingungsamplituden entstehen. Dämpfungsmaßnahmen können nur in diesem Frequenzbereich wirksam werden.

- **Frequenzbereich III:** Oberhalb der 5. bis 8. Eigenfrequenz des Bauteils.

Je nach Einspannbedingungen können hier die Impedanzverläufe Platten- oder Balkencharakter annehmen.

In Abb. 2.33 ist die gemessene Eingangsimpedanz einer Platte, Krafterregung in der Plattenmitte nach Abb. 2.28, dargestellt. Als Vergleich ist der idealisierte Verläufe nach

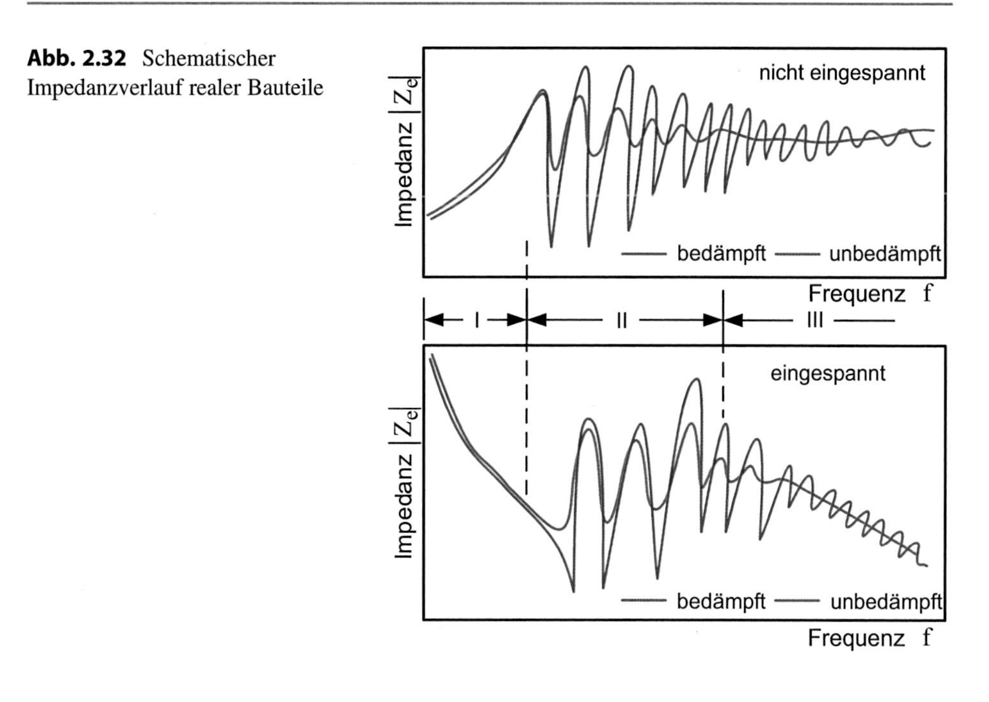

Abb. 2.32 Schematischer Impedanzverlauf realer Bauteile

Gl. (2.126) und (2.134) eingezeichnet. Hieraus folgt, dass der idealisierte Verlauf nur eine sehr grobe Näherung darstellt.

Für die Lärm- und Schwingungsentwicklung sind oft die niedrigen Impedanzen, wie sie bei Resonanzstellen auftreten und dort zu Resonanzzuständen führen können, maßgebend. Die Impedanzeinbrüche realer Bauteile, die neben den Einspannbedingungen und der Bauteilgeometrie auch von der vorhandenen Systemdämpfung abhängig sind, lassen sich nur genau durch Messungen ermitteln [14]. Da in vielen Fällen, z. B. während der Planungsphase, eine messtechnische Ermittlung der Impedanz nicht möglich ist, wird nachfolgend eine vereinfachte Modellvorstellung [15] für die Abschätzung der mechanischen Eingangsimpedanz behandelt.

λ/4-Modell zur Abschätzung der mechanischen Eingangsimpedanz [15]

Der Betrag der mechanischen Eingangsimpedanz realer Bauteile lässt sich ohne Berücksichtigung von Resonanzeinbrüchen nach Gl. (2.128) wie folgt abschätzen:

$$|Z| \approx \omega \cdot m_b$$

Hierbei ist m_b die mitbewegte bzw. dynamische Masse der Strukturstelle, deren Eingangsimpedanz bestimmt werden soll. m_b entspricht hier der Masse innerhalb einer gedachten Kugel an der Krafteinleitungsstelle mit dem Radius λ/4, wobei λ die maß-

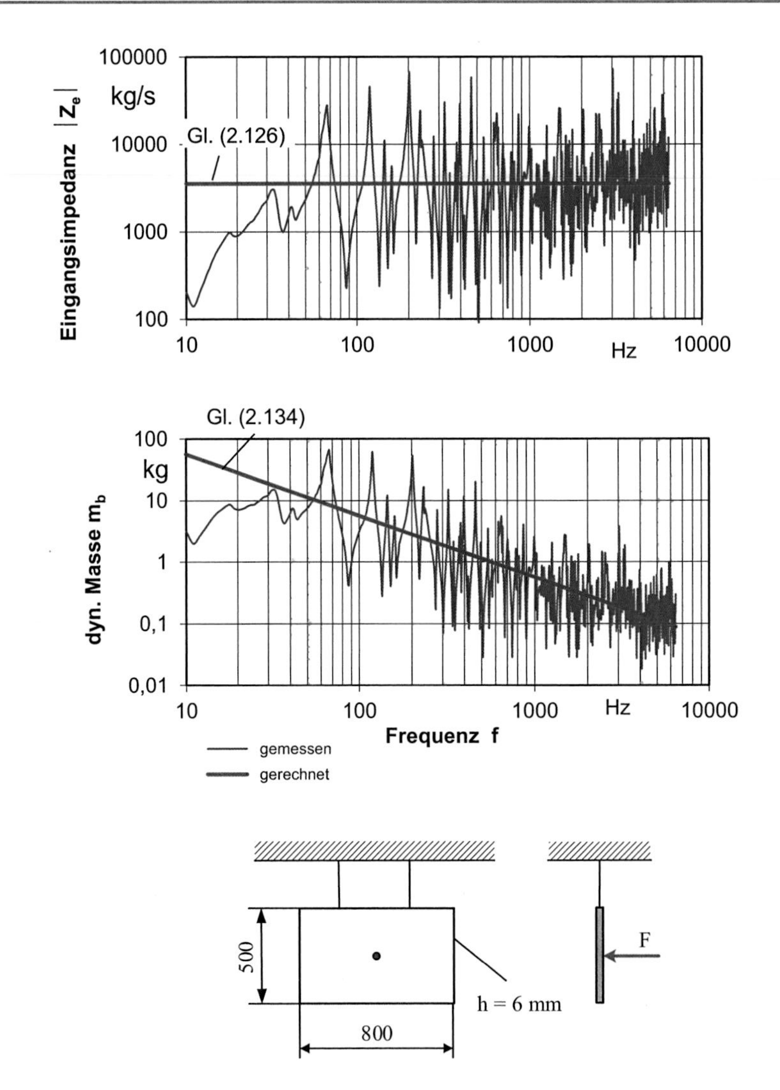

Abb. 2.33 Gemessener und gerechneter Betrag der Eingangsimpedanz und dynamische Masse einer frei aufgehängten (nicht eingespannt!) und in der Mitte erregten Stahlplatte (Platte: L = 800 mm; B = 500 mm; h = 6 mm)

gebliche Biege- oder Schubwellenlänge ist. In den meisten Fällen entspricht λ der Biegewellenlänge $\lambda_B = c_B/f$ (siehe Gl. (2.64)).

Bei massiven Fundamenten, dem elastischen Halbraum und der Längsanregung von stabartigen Strukturen entspricht λ der Schubwellenlänge $\lambda_S = c_Q/f$ (siehe Gl. (2.57)). Das $\lambda/4$-Modell gilt genau genommen in guter Näherung für dünne Platten [16], eignet sich aber auch besonders gut für die Abschätzung der Größenordnung der Impedanzen bzw. dyn. Massen anderer Strukturen.

Beispiel

Abschätzen der mechanischen Eingangsimpedanz einer h = 5 mm dicken Stahlplatte bei f = 10, 100, 1000 und 10.000 Hz.

$$\lambda_B = \frac{c_B}{f} = \sqrt{2\pi} \cdot \sqrt[4]{\frac{B'}{m''}} \cdot \frac{1}{\sqrt{f}}$$

$$B' = \frac{E \cdot h^3}{12(1-\mu^2)}; m'' = \rho \cdot h$$

mit $E_{Stahl} = 2{,}1 \cdot 10^{11}\ N/m^2$; $\mu = 0{,}3$; $\rho_{Stahl} = 7850\ kg/m^3$ folgt:

$\lambda_B = 3{,}14 \cdot \frac{\sqrt{h}}{\sqrt{f}}$ m (h in mm; f in Hz)

Die Masse innerhalb der gedachten Kugel mit dem Radius $\lambda_B/4$ entspricht bei der Platte der Masse der Kreisscheibe mit dem Radius $\lambda_B/4$, d. h.

$m_b = \pi \cdot \left(\frac{\lambda_B}{4}\right)^2 \cdot h \cdot \rho \approx 15{,}16 \cdot \frac{h^2}{f}\ kg$ (h in mm; f in Hz)

f	10	100	1000	10.000	Hz
m_b	37,9	3,8	0,38	0,04	kg

Die nach dem λ/4-Modell ermittelten Werte für die dyn. Massen entsprechen den geraden Linien in Abb. 2.33 und sind nur für grobe Abschätzungen und den relativen Vergleich von verschiedenen Bauteilen untereinander geeignet. Wie aus Abb. 2.33 leicht zu erkennen ist, ist es nicht möglich, mit Hilfe des λ/4-Modells die Einbrüche im Verlauf der dyn. Masse bzw. Impedanz zu bestimmen. Mit anderen Worten können mit Hilfe dieser Modellvorstellung die Impedanzen nur näherungsweise für die Frequenzbereiche, in denen keine ausgeprägten Eigenfrequenzen vorkommen, bestimmt werden (Frequenzbereich I und III in Abb. 2.32).

2.5 Elastische Entkopplung, Schwingungs- und Körperschallisolierung

Die Aufgabe der elastischen Entkopplung ist die Verringerung der übertragenen Wechselkräfte auf tragende Strukturen, z. B. Fundamente. Die Wirkungsweise von elastischen Entkopplungen wird wesentlich durch die übertragende Frequenz f beeinflusst. Hierbei sind zwei Fälle zu unterscheiden:

I) Schwingungsisolierung niedriger Frequenzen, f < ca. 100 Hz
II) Körperschallisolierung höherer Frequenzen, f > ca. 100 Hz

Zur Veranschaulichung der Zusammenhänge werden nachfolgend zwei Anwendungsbeispiele gerechnet:

a) Kraftanregung einer Struktur bei starrer Ankopplung (Abb. 2.34),
b) Kraftanregung einer Struktur bei elastischer Ankopplung (Abb. 2.35).

$\underline{F}_{2n}$, $\underline{F}_{2v}$ Übertragene komplexe Wechselkräfte auf das Fundament nach bzw. vor der Isolierung

$\underline{v}_{2n}$, $\underline{v}_{2v}$ Komplexe Schwinggeschwindigkeiten (Schnelle) der Fundamente nach bzw. vor der Isolierung

In beiden Fällen wird die Struktur erzwungen durch eine periodische Kraft

$$\underline{F_1} = \widehat{F} \cdot e^{j\,\omega\,t} \tag{2.135}$$

angeregt.

Von Interesse sind in beiden Fällen die Kraft und die Schnelle an der Stelle der Krafteinleitung in die Struktur.

Fall a) starre Ankopplung:

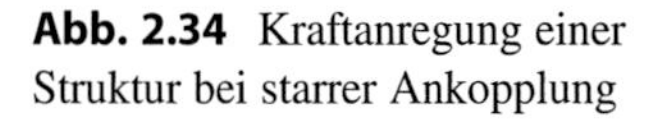
Abb. 2.34 Kraftanregung einer Struktur bei starrer Ankopplung

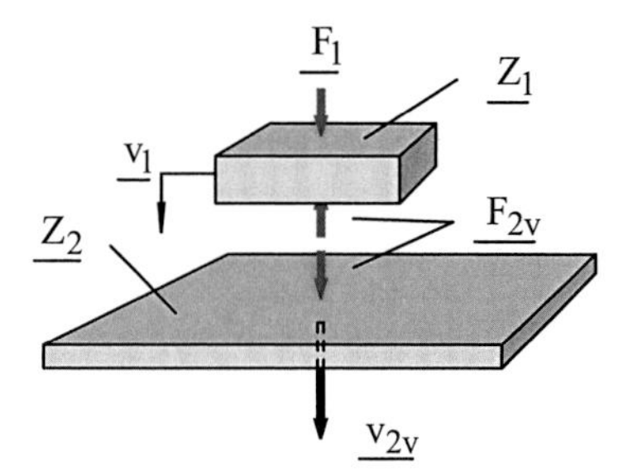

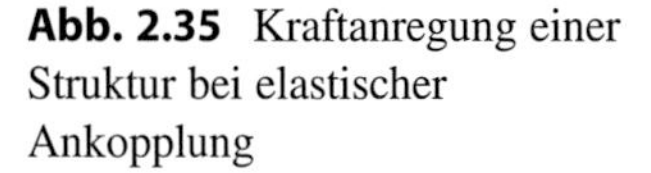
Abb. 2.35 Kraftanregung einer Struktur bei elastischer Ankopplung

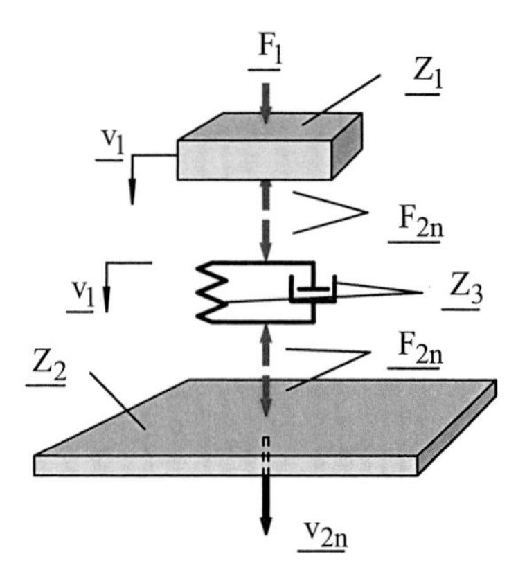

$$1.\ \frac{\underline{F_1} - \underline{F_{2v}}}{\underline{v_1}} = \underline{Z_1} \tag{2.136}$$

$$2.\ \frac{\underline{F_{2v}}}{\underline{v_{2v}}} = \underline{Z_2} \tag{2.137}$$

Unter der Voraussetzung $\underline{v_1} = \underline{v_{2v}}$ (starre Ankopplung) folgt dann für die Kraft $\underline{F_{2v}}$ und die Schnelle $\underline{v_{2v}}$:

$$\underline{F_{2v}} = \underline{F_1} \cdot \frac{1}{1 + \frac{\underline{Z_1}}{\underline{Z_2}}} = \underline{F_1} \cdot \frac{\underline{Z_2}}{\underline{Z_1} + \underline{Z_2}} \tag{2.138}$$

$$\underline{v_{2v}} = \frac{\underline{F_1}}{\underline{Z_2}} \cdot \frac{1}{1 + \frac{\underline{Z_1}}{\underline{Z_2}}} = \frac{\underline{F_1}}{\underline{Z_1} + \underline{Z_2}} \tag{2.139}$$

Stellt man diese beiden Größen als Zeiger dar und berücksichtigt dabei, dass die Amplituden auch komplex sind (phasenverschoben), so folgt:

$$\left.\begin{aligned} \underline{F_{2v}} &= \left|F_{2v}\right| \cdot e^{j(\omega t + \varphi_F)} \\ \underline{v_{2v}} &= \left|v_{2v}\right| \cdot e^{j(\omega t + \varphi_v)} \end{aligned}\right\} \tag{2.140}$$

Hierin sind:

$\lvert F_{2v}\rvert$, $\lvert v_{2v}\rvert$	die Beträge von Kraft und Schnelle,
$\lvert F_{2v}\rvert \cdot e^{j\phi_F}$; $\lvert v_{2v}\rvert \cdot e^{j\phi_v}$	die komplexen Amplituden von Kraft und Schnelle.

Fall b) elastische Ankopplung:

$$\left.\begin{aligned} &1.\ \frac{\underline{F_1} - \underline{F_{2n}}}{\underline{v_1}} = \underline{Z_1} \\ &2.\ \frac{\underline{F_{2n}}}{\underline{v_1} - \underline{v_{2n}}} = \underline{Z_3} \\ &3.\ \frac{\underline{F_{2n}}}{\underline{v_{2n}}} = \underline{Z_2} \end{aligned}\right\} \tag{2.141}$$

$(\underline{v_1} - \underline{v_{2n}})$ Relativgeschwindigkeit zwischen Federanfang und -ende

Aus den hier angegebenen Beziehungen folgt dann für die Kraft $\underline{F_{2n}}$ und die Schnelle $\underline{v_{2n}}$:

$$\underline{F}_{2n} = \underline{F}_1 \cdot \frac{1}{1 + \frac{\underline{Z}_1}{\underline{Z}_2} + \frac{\underline{Z}_1}{\underline{Z}_3}} \tag{2.142}$$

$$\underline{v}_{2n} = \frac{\underline{F}_1}{\underline{Z}_2} \cdot \frac{1}{1 + \frac{\underline{Z}_1}{\underline{Z}_2} + \frac{\underline{Z}_1}{\underline{Z}_3}} \tag{2.143}$$

Elastische Entkopplung

Für die Schwingungs- bzw. Körperschallisolierung ist in erster Linie der Betrag des so genannten Amplitudenfrequenzganges der Fußbodenkraft bei Krafterregung $|\alpha|$ von Interesse [17]. Der Amplitudenfrequenzgang, der auch als Vergrößerungsfunktion bezeichnet wird, kann in Abhängigkeit des Frequenzverhältnisses $\eta = f/f_0$ „$\alpha(\eta)$" oder der Frequenz f „α (f)" angegeben werden.

$$|\alpha| = \left|\frac{F_{2,\text{elastisch}}}{F_{2,\text{starr}}}\right| = \left|\frac{\underline{F}_{2n}}{\underline{F}_{2v}}\right| = \left|\frac{\underline{v}_{2n}}{\underline{v}_{2v}}\right| \tag{2.144}$$

Mit Hilfe der Gl. (2.102) und (2.105) folgt:

$$\alpha = \frac{\underline{F}_{2n}}{\underline{F}_{2v}} = \frac{1 + \underline{Z}_1/\underline{Z}_2}{1 + \underline{Z}_1/\underline{Z}_2 + \underline{Z}_1/\underline{Z}_3} \tag{2.145}$$

mit:

α Amplitudenfrequenzgang der Fußbodenkraft bei Krafterregung
$\underline{Z}_1$ Komplexe Eingangsimpedanz des Erregers (Maschine),
$\underline{Z}_2$ Komplexe Eingangsimpedanz der Struktur (Fundament),
$\underline{Z}_3$ Komplexe Eingangsimpedanz des elastischen Elements.

Um die Wirkung der Struktur- bzw. Fundamentimpedanz besser erkennen zu können, wird die Gl. (2.145) umgeformt und eine neue Kenngröße K_Z eingeführt [18]:

$$\underline{K}_Z = 1 + \frac{\underline{Z}_1}{\underline{Z}_2} = A + jB \tag{2.146}$$

$$|\alpha| = \left|\frac{\underline{K}_Z}{\underline{K}_Z + \frac{\underline{Z}_1}{\underline{Z}_3}}\right| = \left|\frac{\underline{K}_Z \cdot \underline{Z}_3}{\underline{K}_Z \cdot \underline{Z}_3 + \underline{Z}_1}\right| = \left|\frac{\underline{Z}_3}{\underline{Z}_3 + \frac{\underline{Z}_1}{\underline{K}_Z}}\right| \tag{2.147}$$

Die Gl. (2.147) stellt die allgemeine Beziehung für die Schwingungs- und Körperschallisolierung dar. Hieraus ist der Einfluss der Strukturimpedanz Z_2 deutlich zu erkennen. Für die Schwingungs- und Körperschallübertragung ist, neben Z_3, vor allem die Größe $\underline{K_Z}$ bzw. das Verhältnis

$$\frac{Z_1}{Z_2} = \frac{\text{Maschinen} - \text{bzw. Erregerimpedanz}}{\text{Struktur} - \text{bzw. Fundamentimpedanz}}$$

maßgebend.

2.5.1 Schwingungsisolierung

In Abb. 2.36 ist schematisch das Modell für die Schwingungsisolierung unter Berücksichtigung der Strukturimpedanz dargestellt.

Mit

$$\underline{Z}_1 = j \cdot m_1 \cdot \omega \tag{2.148}$$

Z_1 Maschinenimpedanz als kompakte Masse in kg/s

$$\underline{Z}_2 = \text{j}m_2 \cdot \omega + d_2 + \frac{k_2}{\text{j}\omega} \tag{2.149}$$

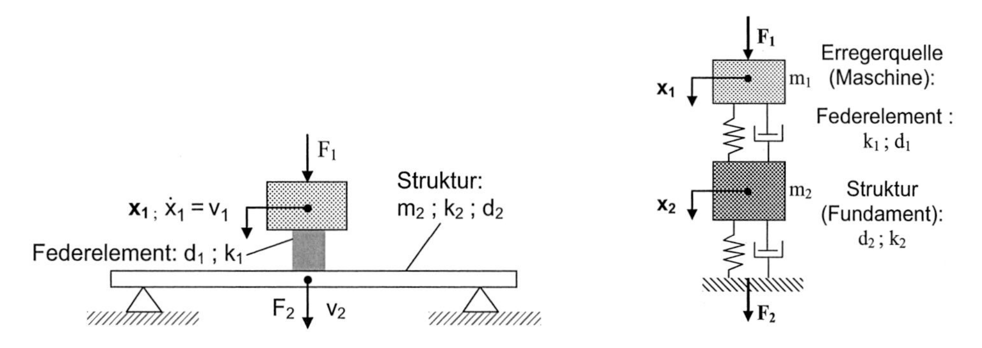

Abb. 2.36 Das Modell für die Schwingungsisolierung als Zwei-Massen-Schwinger

k_2	Federsteifigkeit des Fundaments
Z_2	Anschluss- bzw. Fundamentimpedanz in kg/s
$d_2 = 2 \cdot \vartheta_2 \cdot m_2 \cdot \omega_{20}$	Dämpfungskoeffizient des Fundaments in kg/s, [17]
ϑ_2	Dämpfungsgrad des Fundaments

$$\omega_{20} = \sqrt{\frac{k_2}{m_2}} = 2 \cdot \pi \cdot f_{2\,0} \tag{2.150}$$

ω_{20}, f_{20} 1. Eigenkreisfrequenz bzw. 1. Eigenfrequenz der Struktur ohne Erregermasse

$$\underline{Z}_3 = \frac{k_1}{j\omega} + d_1 \tag{2.151}$$

Z_3	Federimpedanz eines massenlosen Federelements in kg/s
k_1	Federsteifigkeit der Isolierung in N/m
$d_1 = 2 \cdot m_1 . \omega_{10} \cdot \vartheta_1$	Dämpfungskoeffizient der Isolierung in kg/s, [17]
ϑ_1	Dämpfungsgrad der Isolierung
$\omega_{10} = 2 \cdot \pi \cdot f_{10}$	Eigenkreisfrequenz der Isolierung in 1/s

folgt aus Gl. (2.147):

$$\alpha = \frac{\underline{K_Z} \cdot \frac{k}{j \cdot \omega} + \underline{K_Z} \cdot 2 \cdot \omega_{10} \cdot m_1 \cdot \vartheta_1}{\underline{K_Z} \cdot \frac{k_1}{j \cdot \omega} + \underline{K_Z} \cdot 2 \cdot \omega_{10} \cdot m_1 \cdot \vartheta_1 + j \cdot m_1 \cdot \omega} = \frac{1 + j \frac{2 \cdot \omega_{10} \cdot m_1 \cdot \vartheta_1 \cdot \omega}{k_1}}{1 + j \frac{2 \cdot \omega_{10} \cdot m_1 \cdot \vartheta_1 \cdot \omega}{k_1} - \frac{m_1 \cdot \omega^2}{\underline{K_Z} \cdot k_1}} \tag{2.152}$$

Mit dem Frequenzverhältnis η_1

$$\eta_1 = \frac{\omega}{\omega_{10}} = \frac{f}{f_{10}} \tag{2.153}$$

$$\omega_{10} = 2\pi \cdot f_{10} = \sqrt{\frac{k_1}{m_1}} \text{ bzw. } k_1 = m_1 \cdot \omega_{10}{}^2 \tag{2.154}$$

folgt aus Gl. (2.152):

$$\alpha = \frac{1 + 2\mathrm{j} \cdot \vartheta_1 \cdot \eta_1}{1 - \frac{\eta_1}{\underline{K_Z}} + 2\mathrm{j} \cdot \vartheta_1 \cdot \eta_1} \tag{2.155}$$

mit $\underline{K_Z}$ nach Gl. (2.146). Die Gl. (2.155) stellt die allgemeine Beziehung für die Schwingungsisolierung unter Berücksichtigung der Anschluss- bzw. Fundamentimpedanz dar.

2.5.1.1 Unnachgiebiges Fundament ($Z_2 = \infty$)

Ein Sonderfall liegt vor, wenn die Anschlussimpedanz im Vergleich zur Maschinenimpedanz große Werte annimmt. Im Grenzfall $Z_2 = \infty$ ist $|\underline{K_Z}| = 1$. Mit $|\underline{K_Z}| = 1$ erhält man den Betrag des Amplitudenfrequenzgangs der Fußbodenkraft bei Krafterregung für die klassische Schwingungsisolierung, wie sie u. a. in der VDI 2062 [17] angegeben ist:

$$|\alpha(\eta_1)| = |\alpha(f)| = \sqrt{\frac{1 + 4\vartheta_1{}^2\eta_1{}^2}{\left(1 - \eta_1{}^2\right)^2 + 4\vartheta_1{}^2\eta_1{}^2}} = \sqrt{\frac{1 + 4\vartheta_1{}^2\left(\frac{f}{f_{10}}\right)^2}{\left(1 - \left(\frac{f}{f_{10}}\right)^2\right)^2 + 4\vartheta_1{}^2\left(\frac{f}{f_{10}}\right)^2}} \quad (2.156)$$

Hierbei wird η_1 nach Gl. (2.153), ω_{10}, bzw. f_{10}; nach Gl. (2.154) und Dämpfungsgrad ϑ_1 der Isolierung nach Gl. (2.157) berechnet [17].

$$\vartheta_1 = \frac{d_1}{2 \cdot m_1 \cdot \omega_{10}} \quad (2.157)$$

Bei der klassischen Schwingungsisolierung wird vorausgesetzt, dass das Fundament vollkommen unnachgiebig ist ($Z_2 = \infty$). Weiterhin wird angenommen, dass die Impedanz der Erregerquelle, bzw. die Maschinenimpedanz, Massencharakter hat und die elastische Zwischenschicht ein massenloses gedämpftes Federelement nach Gl. (2.151) darstellt.

In Abb. 2.37 ist die Gl. (2.156) für verschiedene Dämpfungsgrade grafisch dargestellt. Hieraus ist deutlich zu erkennen, dass die Schwingungsisolierung ($|\alpha(\eta_1)| < 1$!) sich erst ab $\eta_1 > \sqrt{2} = 1{,}41$ einstellt und die Dämpfung nur im Bereich von ca. $0{,}5 < \eta_1 < 1{,}41$ wirksam ist. Im Bereich von $\eta > 1{,}41$ wirkt sich die Dämpfung negativ auf die Schwingungsisolierung aus. Grundsätzlich sind für die Schwingungsisolierung, $\eta > 1{,}41$, Federelemente mit geringer Dämpfung, z. B. Stahlfedern, besser geeignet als Elemente mit höherer Dämpfung.

Da man aber in der Regel zum Erreichen der Betriebsdrehzahl die Eigenfrequenz der Federelemente (elastische Schicht!) durchfahren muss, d. h. beim Hochfahren bzw. Herunterfahren der Maschine den Resonanzbereich $\eta_1 = 1$ ($f = f_{10}$!) durchfährt, werden in der Praxis vorzugsweise Gummi- oder bedämpfte Federelemente verwendet. Bei den Elementen mit einer Dämpfung $D < 0{,}1$, s. Diagramm im Abb. 2.37, wird sich die Wirkung der Schwingungsisolierung nur geringfügig verschlechtern.

Im Bereich $\eta < 1{,}41$ werden durch die elastische Entkopplung im Vergleich zur starren Ankopplung ($|\alpha(\eta_1)| = 1$!) die Strukturschwingungen erhöht, d. h. es wird eine negative Schwingungsisolierung erreicht. Die Dämpfung ist nur im Resonanzbereich wirksam. Der Einfluss der Dämpfung im Bereich $\eta < 0{,}5$ ist vernachlässigbar klein.

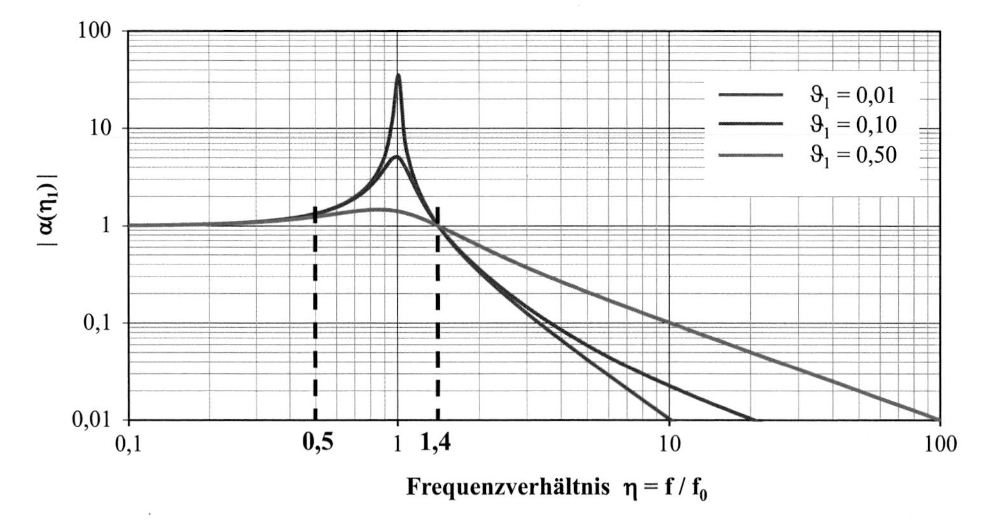

Abb. 2.37 Betrag des Amplitudenfrequenzganges der Fußbodenkraft bei Krafterregung, klassische Schwingungsisolierung in Abhängigkeit des Frequenzverhältnisses η_1 für verschiedene Dämpfungsgrade

2.5.1.2 Strukturen mit endlicher Fundament- bzw. Anschlussimpedanz ($Z_2 < \infty$)

a) $k_1 < k_2$

Bei realen Strukturen, wie sie in der Regel in der Praxis vorkommen, hat die Fundament- bzw. Anschlussimpedanz „Z_2“ endliche Werte, d. h. die $\underline{K_Z} > 1$, s. Gl. (2.147). Für die Berücksichtigung der Fundament- bzw. Anschlussimpedanz muss in der Gl. (2.155) der Einfluss der komplexen Kenngröße $\underline{K_Z}$ berücksichtigt werden. Mit Gl. (2.146) folgt aus der Gl. (2.155):

$$\alpha = \frac{1 + 2j \cdot \vartheta_1 \cdot \eta_1}{1 - \frac{\eta_1}{A+jB} + 2j \cdot \vartheta_1 \cdot \eta_1} = \frac{1 + 2j\vartheta_1 \cdot \eta_1}{\left(1 - \frac{\eta_1{}^2 \cdot A}{A^2+B^2}\right) + j\left(2\vartheta_1 \cdot \eta_1 + \frac{\eta_1{}^2 \cdot B}{A^2+B^2}\right)} \tag{2.158}$$

Den Betrag des Amplitudenfrequenzgangs der Fußbodenkraft bei Krafterregung erhält man dann:

$$|\alpha(\eta_1)| = |\alpha(f)| = \sqrt{\frac{1 + 4 \cdot \vartheta_1{}^2 \cdot \eta_1{}^2}{\left(1 - \frac{\eta_1{}^2 \cdot A}{(A^2+B^2)}\right)^2 + \left(2 \cdot \vartheta_1 \cdot \eta_1 + \frac{\eta_1{}^2 \cdot B}{(A^2+B^2)}\right)^2}} \tag{2.159}$$

Setzt man in die Gl. (2.159) den Imaginärteil der Kenngröße K_Z nach Gl. (2.146) gleich Null ($B = \text{Im}\{K_Z\} = 0$) und den Realteil der Kenngröße K_Z nach Gl. (2.146) gleich 1 (A =

$\mathrm{Re}\{K_Z\} = 1$), wie man es bei der klassischen Schwingungsisolierung voraussetzt, dann folgt aus der Gl. (2.159) die Gl. (2.156).

Für die Berechnung der Größen A und B wird die Gl. (2.146) umgeformt. Mit den Gl. (2.148) bis (2.150) folgt aus der Gl. (2.146):

$$\underline{K_Z} = 1 + \frac{\underline{Z_1}}{\underline{Z_2}} = A + jB = 1 + \frac{jm_1\omega}{jm_2 \cdot \omega + 2 \cdot \vartheta_2 \cdot \omega_{20} \cdot m_2 + \frac{k}{j\omega}}$$
$$= 1 + \frac{1}{\frac{m}{m_1} - \frac{k_2}{m_1\omega^2} - j\frac{2 \cdot \vartheta_2 \cdot \omega_{20} \cdot m_2}{m_1\omega}} \quad (2.160)$$

Mit

$$\mu = \frac{m_1}{m_2} \quad (2.161)$$

$$\eta_2 = \frac{\omega}{\omega_0} = \frac{f}{f_{20}} \quad (2.162)$$

Und $k_2 = {\omega_{20}}^2 \cdot m_2$ nach Gl. (2.150) folgt nach einigen Umformungen aus der Gl. (2.160):

$$A = \left(1 + \frac{\mu \cdot {\eta_2}^2 \cdot ({\eta_2}^2 - 1)}{(1 - {\eta_2}^2)^2 + 4 \cdot {\vartheta_2}^2 \cdot {\eta_2}^2}\right) \quad (2.163)$$

$$B = \left(\frac{\mu \cdot 2\vartheta_2 \cdot {\eta_2}^3}{(1 - {\eta_2}^2)^2 + 4 \cdot {\vartheta_2}^2 \cdot {\eta_2}^2}\right) \quad (2.164)$$

Hiermit besteht nun die Möglichkeit, die Schwingungsisolierung nach Gl. (2.159) unter Berücksichtigung der dynamischen Eigenschaften des Federelements und der Struktur bzw. des Fundaments analytisch zu berechnen.

Die Eigenfrequenz der Isolierung (f_{10}) lässt sich nach Gl. (2.154), basierend auf Herstellerangaben, aus der Federsteifigkeit des Federelements und der wirksamen Masse m_1 (Massenanteil der Maschine, die auf das Federelement einwirkt) berechnen. Die 1. Eigenfrequenz der Struktur (f_{20}), z. B. Balken, Platte, ... sowie die Steifigkeit der Struktur (k_2) kann man je nach Randeinspannung aus den dynamischen Eigenschaften und der Geometrie der Struktur bestimmen [19–24], s. auch Abschn. 3.2.

Bei Kenntnis von f_{20} und k_2 kann m_2 nach Gl. (2.150) berechnet werden. Die Masse m_2 lässt sich auch in guter Näherung durch die reduzierte Masse ersetzen. Die reduzierte Masse, die als kompakte Masse im Koppelpunkt des Federelements eingesetzt wird, wird aus der Bedingung hergeleitet, dass die Eigenfrequenz des ursprünglichen Systems mit der Eigenfrequenz des Ersatzsystems mit der reduzierten Masse übereinstimmt [25]. Die

1. Eigenfrequenz f_{20} und die Strukturdämpfung ϑ_2 lassen sich auch durch Messungen, z. B. durch Anschlagversuche, bestimmen.

Die gekoppelten Eigenfrequenzen des Zwei-Massen-Schwingers erhält man durch das Nullsetzen der Koeffizientendeterminante der Differentialgleichungen des Kräftegleichgewichts des im Abb. 2.36 angegebenen Modells:

$$\left.\begin{aligned} m_1 \cdot \ddot{x}_1 + d_1(\dot{x}_1 - \dot{x}_2) + k_1(x_1 - x_2) = F_1 \cdot e^{j\omega t} \\ m_2 \cdot \ddot{x}_2 - d_1(\dot{x}_1 - \dot{x}_2) + d_2\dot{x}_2 + x_2(k_1 + k_2) - k_1 x_1 = F_2 \cdot e^{j\omega t} \end{aligned}\right\} \quad (2.165)$$

Für die Ermittlung der Eigenfrequenzen kann man in gute Näherung den Einfluss der Dämpfung vernachlässigen.

Mit

$d_1 = d_2 = 0$ und der Lösungsansätze:

$$x_1 = \widehat{x_1} \cdot e^{j\omega \cdot t} \text{ und } x_2 = \widehat{x_2} \cdot e^{j\omega \cdot t} \quad (2.166)$$

folgt aus (2.165) durch das Nullsetzen der Koeffizientendeterminante:

$$\omega^4 - \omega^2 \cdot \left(\frac{k_1 + k_2}{m_2} + \frac{k_1}{m_1}\right) + \frac{k_1 \cdot k_2}{m_1 \cdot m_2} = 0$$

bzw.

$$f^4 - f^2 \cdot \left[(1 + \mu) \cdot {f_{10}}^2 + {f_{20}}^2\right] + {f_{10}}^2 \cdot {f_{20}}^2 = 0 \quad (2.167)$$

Mit

$$\left.\begin{aligned} k_1 = {\omega_{10}}^2 \cdot m_1 = 4\pi^2 \cdot {f_{10}}^2 \cdot m_1 \\ k_2 = {\omega_{20}}^2 \cdot m_2 = 4\pi^2 \cdot {f_{20}}^2 \cdot m_2 \end{aligned}\right\} \quad (2.168)$$

nach Gl. (2.150) und (2.154) und $\mu = \frac{m_1}{m_2}$ nach Gl. (2.161) erhält man aus (2.167) die gekoppelten Eigenfrequenzen des Zwei-Massen-Schwingers:

$$f_1 = \sqrt{0{,}5 \cdot \left[(1 + \mu) \cdot {f_{10}}^2 + {f_{20}}^2\right] - 0{,}5 \cdot \sqrt{\left[(1 + \mu) \cdot {f_{10}}^2 + {f_{20}}^2\right]^2 - 4 \cdot {f_{10}}^2 \cdot {f_{20}}^2}} \quad (2.169)$$

$$f_2 = \sqrt{0{,}5 \cdot \left[(1 + \mu) \cdot {f_{10}}^2 + {f_{20}}^2\right] + 0{,}5 \cdot \sqrt{\left[(1 + \mu) \cdot {f_{10}}^2 + {f_{20}}^2\right]^2 - 4 \cdot {f_{10}}^2 \cdot {f_{20}}^2}} \quad (2.170)$$

Hierbei ist f_1 die erste Eigenfrequenz des Zwei-Massen-Schwingers und ist kleiner als die beiden Eigenfrequenzen f_{10} und f_{20}:

$$f_1 < f_{10} \text{ bzw. } f_1 < f_{20}$$

Entsprechend ist f_2 die zweite Eigenfrequenz des Zwei-Massen-Schwingers und ist größer als die beiden Eigenfrequenzen f_{10} und f_{20}:

$$f_2 > f_{10} \text{ bzw. } f_2 > f_{20}$$

b) $\mathbf{k_1 > k_2}$

Wenn die Steifigkeit des Federelements größer ist als die Steifigkeit der Struktur bzw. des Fundaments, wirkt das Isolierelement vorwiegend als Koppelelement zwischen Erregermasse und Struktur- bzw. Fundamentmasse und weniger als Federelement. In solchen Fällen kann in erster Näherung die Schwingungsisolierung durch einen Einmassenschwinger modelliert werden. Die Eigenfrequenz der so modellierten Schwingungsisolierung entspricht dann der höheren Frequenz des gekoppelten Systems f_2 nach Gl. (2.170) und die Dämpfung entspricht der Systemdämpfung des gekoppelten Systems. Der Amplitudenfrequenzgang lässt sich dann analog zu Gl. (2.156) wie folgt berechnen:

$$|\alpha(\eta_s)| = |\alpha(f)| \approx \sqrt{\frac{1 + 4\vartheta_s{}^2\eta_s{}^2}{(1 - \eta_s{}^2)^2 + 4\vartheta_s{}^2\eta_s{}^2}} \tag{2.171}$$

ϑ_S Dämpfungsgrad des gekoppelten Systems (Systemdämpfung).

$$\eta_s = \frac{f}{f_2} \tag{2.172}$$

2.5.1.3 Rechnerische und experimentelle Überprüfung der Ergebnisse

Zur Überprüfung der Ergebnisse wurden experimentelle Untersuchungen mit verschiedenen Federelementen und unterschiedlichen Anschlussimpedanzen durchgeführt [18]. In den Abb. 2.38 und 2.39 sind die Versuchsaufbauten bei geringer und hoher Anschlussimpedanz dargestellt. Die Schwingungsanregung erfolgte über einen Schwingerreger mit Hilfe von rosa Rauschen. Die Montagehalterung ist während der Messung nicht mit dem eigentlichen Versuchsaufbau verbunden und dient nur zur Justierung bzw. Halterung der Masse während der Montage. Die Änderung der Erregermasse m_1 wurde mit Hilfe von zwei Massen von je 10,36 kg realisiert. Für die Schwingungsisolierung wurden eine Stahlfeder ($k_1 = 25.000$ N/m) und ein Gummielement ($k_1 \approx 300.000$ N/m) verwendet.

Bei den Messungen wurden die Kräfte- und Schwingbeschleunigungen vor und nach der Isolierung simultan gemessen. Die für die Berechnung erforderlichen Einzeldämpfungen, ϑ_1 und ϑ_2, wurden orientiert an den Messergebnissen geschätzt. Die Systemdämpfung ϑ_S wurde durch Messungen ermittelt.

a) **Geringe Anschlussimpedanz**

Nachfolgend wird die Berechnung exemplarisch für die Schwingungsisolierung einer Erregermasse $m_1 = 10{,}36$ kg mit Hilfe einer Stahlfeder und eines Gummielements durchgeführt.

Stahlfeder

$k_1 = 25.000$ N/m, $f_{10} = \frac{1}{2\cdot\pi}\cdot\sqrt{\frac{k_1}{m_1}} = 7{,}8\ Hz$
$E_{St} = 2{,}1\cdot10^{11}$ N/m^2

Stahlplatte, modelliert als Balken

$J_b = \frac{b\cdot h^3}{12} = \frac{0{,}5\cdot0{,}006^3}{12} = 9{,}00\cdot10^{-9}\ m^4$; $A = 0{,}5\cdot0{,}006 = 0{,}003$ m^2
$k_2 = \frac{48\cdot E\cdot J_b}{l^3} = \frac{48\cdot2{,}1\cdot10^{11}\cdot9{,}0\cdot10^{-9}}{0{,}90^3} = 124444\ N/m$ (gelenkig gelagerter Balken [26])

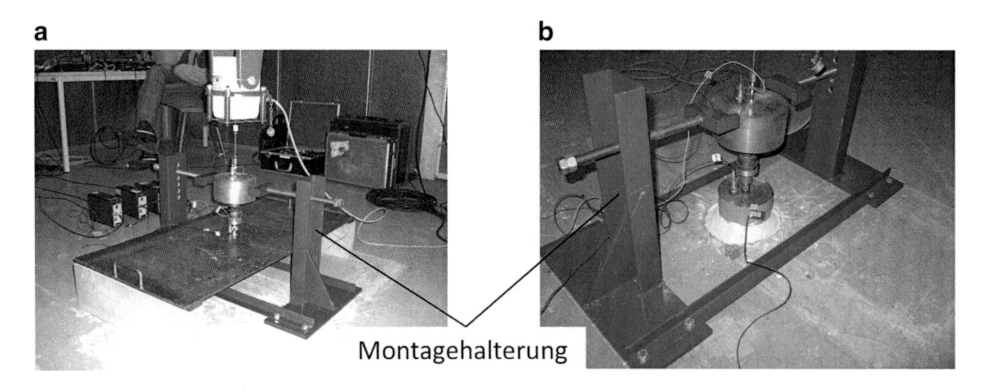

Abb. 2.38 **a**) Versuchsaufbau für die Körperschallisolierung bei geringer Anschlussimpedanz (Stahlplatte: (1000×500×6 mm). **b**) Versuchsaufbau für die Körperschallisolierung bei hoher Anschlussimpedanz (Impedanzmasse auf Bodenplatte)

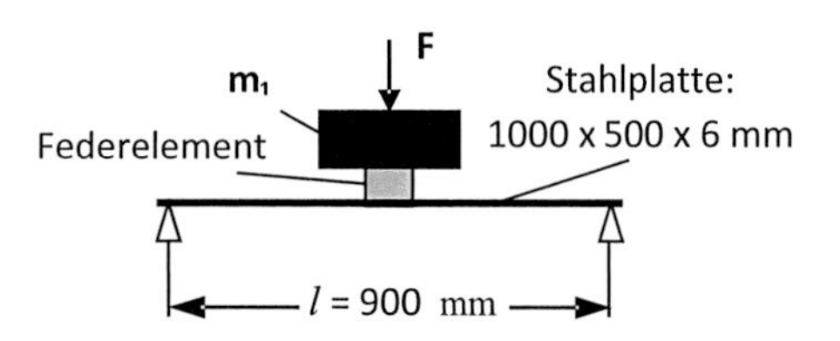

Abb. 2.39 Modell des in Abb. 2.38 angegebenen Versuchsaufbaus

Berechnung von $m_2 = m_{red.}$

Die 1. Eigenfrequenz eines massenbehafteten, gelenkig gelagerten Balkens lässt sich wie folgt berechnen, s. Gl. (3.6), Abschn. 3.2:

$$f_{20} = \frac{\pi^2}{l^2 \cdot 2\pi} \cdot \sqrt{\frac{E \cdot J_b}{\rho \cdot A}} = \frac{1}{2\pi} \sqrt{\frac{E \cdot J_b \cdot \pi^4}{m_{Pl} \cdot l^3}}$$

Die 1. Eigenfrequenz erhält man auch nach Gl. (2.150):

$$f_{20} = \frac{1}{2\pi} \cdot \sqrt{\frac{k_2}{m_2}} = \frac{1}{2\pi} \cdot \sqrt{\frac{48 \cdot E \cdot J_b}{m_2 \cdot l^3}}$$

Da die Eigenfrequenz f_{20} in beiden Fällen gleich ist, lässt sich m_2 wie folgt bestimmen:

$$\frac{E \cdot J_b \cdot \pi^4}{m_{Pl} \cdot l^3} = \frac{48 \cdot E \cdot J_b}{m_2 \cdot l^3} \rightarrow m_2 = m_{red.} = m_{Pl} \cdot \frac{48}{\pi^4} \approx 0{,}5 \cdot m_{Pl}$$

$$m_2 = 0{,}5 \cdot m_{Platte} = 0{,}5 \cdot 0{,}90 \cdot 0{,}5 \cdot 0{,}006 \cdot 7850 = 10{,}6\ kg$$

$$f_{20} = \frac{1}{2 \cdot \pi} \cdot \sqrt{\frac{k_2}{m_2}} \approx 17{,}2\ Hz$$

$$\mu = m_1/m_2 = 10{,}36/10{,}6 = 0{,}98$$

Alternativ kann die wirksame Masse m_2 auch in guter Näherung nach Gl. (2.150) mit Hilfe der 1. Eigenfrequenz und Federsteifigkeit der Struktur bestimmt werden. Die 1. Eigenfrequenz der Platte als gelenkig gelagerter Balken lässt sich wie folgt berechnen, s. Gl. (36):

$$f_{20} = \frac{\pi}{2 \cdot l^2} \cdot \sqrt{\frac{E \cdot J_b}{\rho \cdot A}} \approx 17{,}4\ \mathrm{Hz}$$

$$\mathrm{m}_2 = \mathrm{k}_2/(2 \cdot \pi \cdot \mathrm{f}_{20})^2 \approx 124.444/(2 \cdot \pi \cdot 17{,}4)^2 = 10{,}4\ \mathrm{kg}$$

Die gekoppelten Eigenfrequenzen f_1 und f_2 erhält man nach den Gl. (2.169) und (2.170): $f_1 = 7{,}0$ Hz; $f_2 = 19{,}2$ Hz

Analog erhält man die entsprechenden Daten für das Gummielement. In Tab. 2.5 sind die gerechneten Daten für verschiedene Parameter, für die auch Messergebnisse vorliegen, sowie die geschätzten Dämpfungen ϑ_1, ϑ_2 und die gemessene Systemdämpfung ϑ_S zusammengestellt.

Tab. 2.5 Auslegungsdaten für die Schwingungsisolierung mit geringer Anschlussimpedanz

Stahlfeder: k1 = 25.000 N/m	Gummielement: k1 ≈ 300.000 N/m
$m_1 = 10{,}36$ kg	$m_1 = 10{,}36$ kg
$f_{10} = 7{,}8$ Hz	$f_{10} = 27{,}1$ Hz
$\vartheta_S = 0{,}05$	$\vartheta_S = 0{,}06$
$\vartheta_1 \approx 0{,}03$	$\vartheta_1 \approx 0{,}06$
$\vartheta_2 \approx 0{,}01$	$\vartheta_2 \approx 0{,}01$
$f_{20} = 17{,}2$	$f_{20} = 17{,}2$
$f_1 = 7{,}0$ Hz	$f_1 = 11{,}6$ Hz
$f_2 = 19{,}2$ Hz	$f_2 = 40{,}2$ Hz

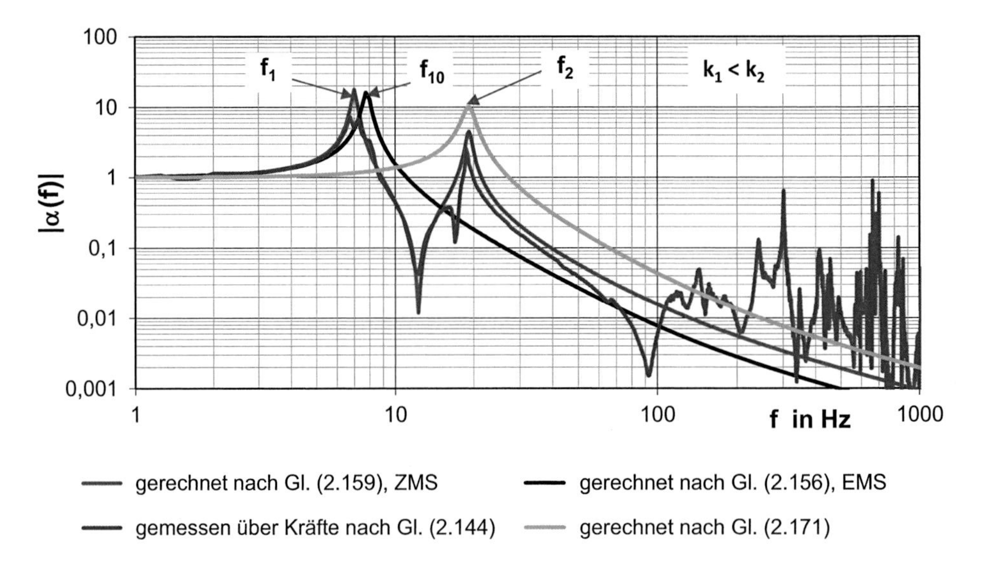

Abb. 2.40 Beträge der Amplitudenfrequenzgänge der Fußbodenkraft in Abhängigkeit der Frequenz einer Stahlfeder

Mit Hilfe der Frequenz f_{20} lassen sich das Frequenzverhältnis η_2 nach Gl. (2.162) sowie die Größen A und B nach den Gl. (2.163) und (2.164), in Abhängigkeit der Frequenz f, bestimmen. Mit den so ermittelten Daten kann man dann den Betrag des Amplitudenfrequenzganges nach Gl. (2.159) berechnen.

In Abb. 2.40 sind die berechneten Beträge der Amplitudenfrequenzgänge der Fußbodenkraft für die Stahlfeder nach Gl. (2.159), Zwei-Massen-Schwinger (ZMS), in Abhängigkeit der Frequenz bei geringer Anschlussimpedanz, dargestellt. In Abb. 2.41 sind die entsprechenden Werte für das Gummielement dargestellt.

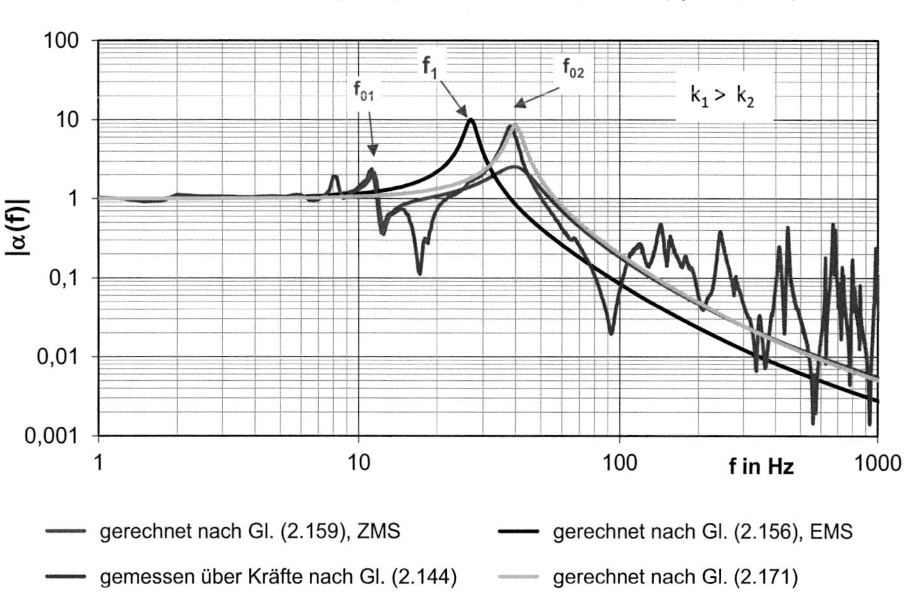

Abb. 2.41 Beträge der Amplitudenfrequenzgänge der Fußbodenkraft in Abhängigkeit der Frequenz eines Gummielements

Als Vergleich sind auch die gemessenen Beträge der Amplitudenfrequenzgänge der Fußbodenkraft nach Gl. (2.144), die gerechneten Werte nach Gl. (2.156), klassische Schwingungsisolierung ($Z_2 = \infty$), und nach Gl. (2.171) mit eingezeichnet.

Die Ergebnisse bestätigen eindeutig, dass die Annahme $Z_2 = \infty$ (klassische Schwingungsisolierung) bei Strukturen mit geringer Anschlussimpedanz zu gravierenden Unterschieden bzw. Fehlern führen würde. Weiterhin ist aus den Diagrammen zu erkennen, dass bei der Schwingungsisolierung mit geringer Anschlussimpedanz die maßgebenden Frequenzen die gekoppelten Eigenfrequenzen f_1 und f_2 sind und nicht die Frequenz f_{10}, die man bei der klassischen Schwingungsisolierung zu Grunde legt. Darüber hinaus zeigen die Ergebnisse, dass die angegebenen Beziehungen für die Schwingungsisolierung, Gl. (2.156) und (2.159), nur für niedrige Frequenzen, ca. $f < 100$ Hz, gültig sind.

Bei geringer Anschlussimpedanz liefert die Modellierung durch den Zweimassenschwinger dann gute Ergebnisse, wenn die Isolierwirkung durch das Federelement, d. h. durch die Phasendifferenz zwischen Ober- und Unterkante der Feder, erreicht wird. Dies tritt ein, wenn die Steifigkeit des Federelements kleiner ist als die Steifigkeit der Struktur bzw. des Fundaments ($k_1 < k_2$). Hierbei ist die Eigenfrequenz der Isolierung kleiner als die tiefste Eigenfrequenz der Struktur bzw. des Fundaments.

Wenn die Steifigkeit des Federelements größer ist als die Steifigkeit der Struktur (k1 > k2), d. h. die Eigenfrequenz der Isolierung ist größer als die tiefste Eigenfrequenz der Struktur bzw. des Fundaments ($f_{10} > f_{20}$), dann schwingt das schwingungsfähige

System (Maschine + Fundament) in erster Näherung als Einmassenschwinger (EMS) mit der größeren Frequenz des gekoppelten Systems f_2. Die Berechnung nach Gl. (2.171) liefert dann genauere Ergebnisse.

b) **hohe Anschlussimpedanz**

In Abb. 2.42 ist das Model des Versuchsaufbaus nach Abb. 2.38b dargestellt. In den Abb. 2.43 und 2.44 sind die gerechneten Amplitudenfrequenzgänge der Fußbodenkraft für die Stahlfeder und das Gummielement, nach Gl. (2.156) bei hoher Anschlussimpedanz zusammen mit entsprechenden gemessenen Werten dargestellt.

Die Ergebnisse bestätigen, dass man bei hoher Anschlussimpedanz die Schwingungsisolierung im Bereich niedriger Frequenzen, ca. f < 100 Hz, sehr gut mit Hilfe der Gl. (2.156) (klassische Schwingungsisolierung) auslegen bzw. berechnen kann. Eine hohe Anschlussimpedanz liegt vor, wenn die dynamische Masse der Struktur bzw. des Fundaments um mindestens Faktor 10 größer ist als die wirksame Masse, die auf die Federele-

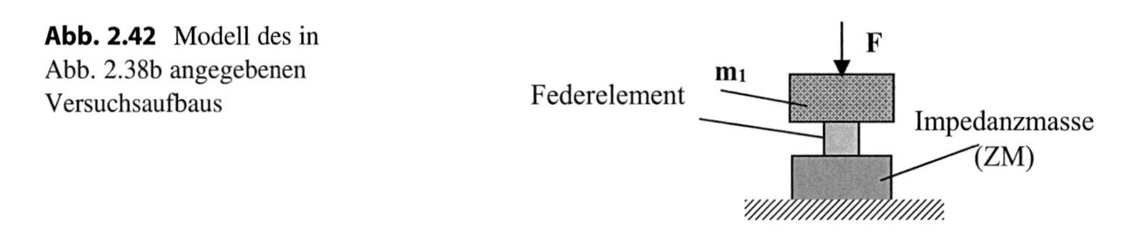

Abb. 2.42 Modell des in Abb. 2.38b angegebenen Versuchsaufbaus

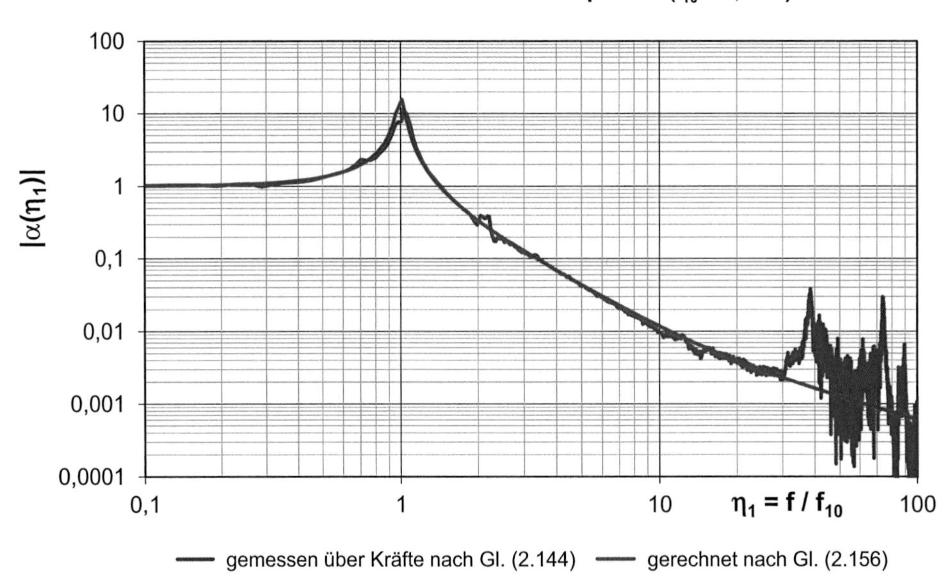

Abb. 2.43 Beträge der Amplitudenfrequenzgänge der Fußbodenkraft in Abhängigkeit des Frequenzverhältnisses η_1 einer Stahlfeder

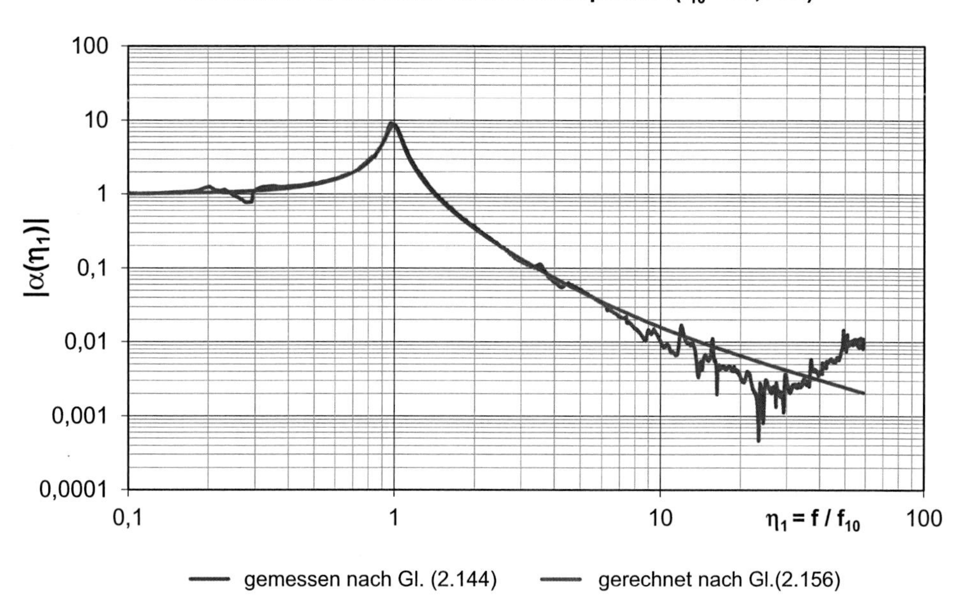

Abb. 2.44 Beträge der Amplitudenfrequenzgänge der Fußbodenkraft in Abhängigkeit des Frequenzverhältnisses η_1 eines Gummielements

mente einwirkt. Die wirksame Masse entspricht in etwa der Maschinenmasse geteilt durch die Anzahl der Federelemente, sofern die Federelemente symmetrisch zum Schwerpunkt der Maschine angeordnet sind.

2.5.2 Körperschallisolierung

Für die Körperschallisolierung ist die Annahme, dass $\underline{Z_2} = \infty$ ist, nicht zulässig. Die Annahme der idealisierten Verläufe für die Eingangsimpedanz von Bauteilen, z. B. Balken, Platten, elastischer Halbraum, gilt für den praktischen Einsatz nur als sehr grobe Nährung, da der Einfluss der Resonanzen (Einbrüche in den Impedanzverläufen) nicht berücksichtigt wird. Diese Resonanzstellen hängen im Wesentlichen von den geometrischen Abmessungen der Bauteile und deren Randeinspannungen (Eigenschwingungsverhalten) ab, die je nach Dämpfung zu erheblicher Verringerung der Impedanzen führen können. Die theoretische Berechnung von realen Impedanzverläufen, z. B. mit Hilfe der FEM-Methode, ist zwar grundsätzlich möglich, aber sehr aufwändig und daher für die praktische Auslegung einer Körperschallisolierung ungeeignet. Das in Abschn. 2.5.1 angegebene Verfahren für die Schwingungsisolierung kann daher nicht für die Körperschallisolierung übernommen werden, weil dort nur die Wirkung der 1. und 2. Eigenfrequenz der Struktur bzw. des Fundaments berücksichtigt wurde. Die Strukturen besitzen bei höheren Frequenzen neben einer geringeren Impedanz auch zahlreiche Eigenfrequenzen. Die Körperschallübertragung –

Schwingungsübertragung bei höheren Frequenzen – unter Berücksichtigung der Fundament- bzw. Anschlussimpedanz ist Gegenstand zahlreicher Untersuchungen [6, 14, 25, 27–29]. Für die Körperschallisolierung sind neben der Fundament- bzw. Anschlussimpedanz auch die dynamischen Eigenschaften der Isolier- bzw. Federelemente maßgebend.

Im hochfrequenten Bereich unterscheidet sich das dynamische Verhalten und der Wirkmechanismus der Federelemente von dem dynamischen Verhalten bei niedrigeren Frequenzen ($f < 100$ Hz), da bei den höheren Frequenzen nur sehr geringe Schwingwege zurückgelegt werden. Bei der Körperschallübertragung wird die Isolierwirkung nicht wie bei der Schwingungsisolierung durch Phasendifferenz zwischen Ober- und Unterkante des Federelements, sondern in erster Linie durch Elastizitäts- und Impedanzunterschiede an der Koppelstelle erreicht.

Der Betrag des Amplitudenfrequenzganges der Fußbodenkraft bei Krafterregung $|\alpha|$ nach Gl. (2.147) wird für die Körperschallisolierung wie folgt umgeformt [18]:

$$|\alpha| = \left|\frac{\underline{Z}_3}{\underline{Z}_3 + \frac{\underline{Z}_1}{\underline{K}_Z}}\right| = \left|\frac{\underline{Z}_3}{\underline{Z}_3 + \frac{\underline{Z}_1}{\frac{\underline{Z}_1}{\underline{Z}_2}}}\right| \tag{2.173}$$

Die in Gl. (2.173) angegebenen Impedanzen sind für den besseren Vergleich als dynamische Masse $m_b = |Z| / \omega$, s. Gl. (2.128) angegeben:

$$\underline{Z}_1 = \frac{\underline{F}_1 - \underline{F}_2}{\underline{v}_1} = jm_{b1} \cdot \omega \tag{2.174}$$

$$m_{b1} = \frac{|\underline{Z}_1|}{\omega} \approx m_1 \tag{2.175}$$

$$|\underline{Z}_2| = \left|\frac{\underline{F}_2}{\underline{v}_2}\right| = m_{b2} \cdot \omega \tag{2.176}$$

$$m_{b2} = \frac{|\underline{Z}_2|}{\omega} = \left|\frac{F}{a_e}\right| \tag{2.177}$$

Die Impedanz bzw. die dynamische Masse der Struktur ist grundsätzlich komplex. Für die Körperschallisolierung ist in erster Linie der Betrag der Impedanz bzw. der dynamischen Masse von Interesse. Die dynamische Masse lässt sich am besten durch Messungen unter realen Einspann- bzw. Einbaubedingungen, z. B. durch Anschlagversuche, ermitteln:

F Erregerkraft, die mit Hilfe eines Schwingerregers oder eines Impulshammers in die Struktur eingeleitet wird
a_e Schwingbeschleunigung an der Einleitungsstelle, verursacht durch die Erregerkraft F

Im Gegensatz zur Schwingungsisolierung, bei der man die Masse der Federelemente vernachlässigt, kann man bei der Körperschallisolierung ($f > 100$ Hz) den Einfluss der

Federmasse nicht vernachlässigen. Dies liegt daran, dass die dynamische Masse der Federelemente mit dem Quadrat der Frequenz abnimmt. Physikalisch gesehen kann die dynamische Masse des Federelements aber nicht Null, zumindest nicht wesentlich kleiner als die tatsächliche Masse des Federelements, werden. Unter Berücksichtigung der Federmasse m_F lässt sich die Impedanz des Federelements durch folgenden Ansatz angeben:

$$\left.\begin{array}{l} \underline{Z_3} = \dfrac{\underline{F_{2n}}}{\underline{v_1} - \underline{v_2}} = j m_F \cdot \omega + d_1 - j\dfrac{k_1}{\omega} \\ \text{bzw.} \\ Z_3 = 2 \cdot m_1 \cdot \omega_{10} \cdot \vartheta_1 + j \cdot \left(m_F \cdot \omega - \dfrac{m_1 \cdot \omega_{10}{}^2}{\omega} \right) \end{array}\right\} \tag{2.178}$$

Mit (2.153) und (2.154) lässt sich die dynamische Masse des Federelements wie folgt bestimmen [18]:

$$m_{b3} = \frac{|\underline{Z_3}|}{\omega} = \frac{m_1}{{\eta_1}^2} \sqrt{4{\vartheta_1}^2{\eta_1}^2 + \left(1 + \frac{m_F}{m_1} \cdot {\eta_1}^2\right)^2} \tag{2.179}$$

Für die Körperschallisolierung kann man in Gl. (2.147) in guter Näherung die Kenngröße $\underline{K_Z}$ durch deren Betrag $|\underline{K_Z}|$ ersetzen:

$$|\alpha| = \left| \frac{\underline{Z_3}}{\underline{Z_3} + \frac{\underline{Z_1}}{|\underline{K_Z}|}} \right| \tag{2.180}$$

Mit den Gl. (2.174) und (2.178) erhält man nach einigen Umformungen den Amplitudenfrequenzgang der Fußbodenkraft bei Krafterregung in Anhängigkeit der Frequenz f bzw. des Frequenzverhältnisses η:

$$|\alpha(f)| = \sqrt{\frac{\left(1 - \frac{m}{m_1} \cdot \left(\frac{f}{f_{10}}\right)^2\right)^2 + 4{\vartheta_1}^2 \cdot \left(\frac{f}{f_{10}}\right)^2}{\left(1 - \frac{m_F}{m_1} \cdot \left(\frac{f}{f_{10}}\right)^2 - \frac{1}{|\underline{K_Z}|} \cdot \left(\frac{f}{f_{10}}\right)^2\right)^2 + 4{\vartheta_1}^2 \cdot \left(\frac{f}{f_{10}}\right)^2}} \tag{2.181}$$

$$|\alpha(\eta_1)| = \sqrt{\frac{\left(1 - \frac{m}{m_1} \cdot {\eta_1}^2\right)^2 + 4{\vartheta_1}^2 \cdot {\eta_1}^2}{\left(1 - \frac{m_F}{m_1} \cdot {\eta_1}^2 - \frac{1}{|\underline{K_Z}|} \cdot {\eta_1}^2\right)^2 + 4{\vartheta_1}^2 \cdot {\eta_1}^2}} \tag{2.182}$$

Die Gl. (2.181) und (2.182) stellen einen erweiterten Ansatz für die Körperschallisolierung dar. Für $m_F = 0$ und $|\underline{K_Z}| = 1$, wie man es bei der klassischen Schwingungsisolierung voraussetzt, folgt aus Gl. (2.181) und (2.182) die Gl. (2.156). Der Betrag von $|K_Z|$ lässt sich am besten durch Messungen der dynamischen Masse m_{b2} der Struktur bzw. des Fundaments nach Gl. (2.177) bestimmen:

$$|\underline{K_Z}| = \left|1 + \frac{\underline{Z_1}}{\underline{Z_2}}\right| \approx 1 + \frac{m_1}{m_{b2}} \tag{2.183}$$

Für Bauteile wie Platten, Balken etc. lässt sich für idealisierte Randeinspannungen m_{b2} auch theoretisch bestimmen. Für plattenartige Strukturen, z. B. Decken, lässt sich m_{b2} nach Gl. (2.134) bestimmen:

$$m_{b2} = \frac{4}{\pi} \cdot \sqrt{\frac{E \cdot \rho}{12 \cdot (1 - \mu^2)}} \cdot \frac{h^2}{f} \text{ kg} \tag{2.184}$$

mit

E Elastizitätsmodul der Struktur in N/m^2
ρ Dichte der Struktur in kg/m^3
μ Querkontraktionszahl
h Plattendicke in m
f Frequenz in Hz

Mit Hilfe der Gl. (2.184) wäre grundsätzlich eine analytische Berechnung des Amplitudenfrequenzgangs nach Gl. (2.181) und (2.182) möglich. Der Nachteil hierbei besteht darin, dass man die Impedanzeinbrüche bei den Eigenfrequenzen nicht berücksichtigen kann.

Kennt man die Fundamentschwingungen bei starrer Ankopplung der Maschine (v_{vorher}), so lassen sich mit Hilfe des Betrags des Amplitudenfrequenzganges $|\alpha(f)|$ die zu erwartenden Fundamentschwingungen nach der Isolierung der Maschine ($v_{nachher}$) nach Gl. (2.144), bzw. der Isolierwirkungsgrad I(f) nach [17], bestimmen:

$$\left.\begin{aligned} v_{nachher} &= v_{vorher} \cdot |\alpha(f)| \\ I(f) &= \frac{v_{vorher} - v_{nachher}}{v_{vorher}} = 1 - |\alpha(f)| \end{aligned}\right\} \tag{2.185}$$

Bei der Körperschallübertragung wird üblicherweise anstelle des Betrags des Amplitudenfrequenzgangs $|\alpha(f)|$ das Einfügungsdämmmaß D(f) in dB angegeben [12]. Setzt man in den Gl. (2.145) und (2.110) anstelle der Impedanzen ihre Kehrwerte, die so genannten Admittanzen bzw. Beweglichkeiten ein, lässt sich das Einfügungsdämmmaß D(f) wie folgt bestimmen [18]:

$$\left.\begin{aligned} & D(f) = 10 \cdot lg \left| \frac{h_1 + h_2 + h_3}{h_1 + h_2} \right|^2 = 20 \cdot lg \frac{1}{|\alpha(f)|} \text{ dB} \\ & \text{mit} \\ & h_1 = \frac{1}{Z_1}; \quad h_2 = \frac{1}{Z_2}; \quad h_3 = \frac{1}{Z_3} \end{aligned}\right\} \tag{2.186}$$

In den Abb. 2.45 und 2.46 sind die gemessenen und gerechneten Beträge der Amplitudenfrequenzgänge $|\alpha(f)|$ der Fußbodenkraft bei geringer Anschlussimpedanz (s. Abb. 2.38) für eine Stahlfeder und ein Gummielement dargestellt. Die für die Berechnung des Betrages $|\underline{K_Z}|$ nach Gl. (2.183) erforderliche dynamische Masse m_{b2} wurde sowohl durch die Messung nach Gl. (2.177) als auch theoretisch nach Gl. (2.184) ermittelt.

Hieraus folgt, dass man die gerechneten Werte nach Gl. (2.181) als gute Näherung für die Körperschallisolierung, f > 100 Hz, verwenden kann. Weiterhin ist zu erkennen, dass die Beziehungen für die klassische Schwingungsisolierung nach Gl. (2.156) für die Körperschallisolierung überhaupt nicht angewendet werden können. Im Vergleich zur klassischen Schwingungsisolierung liefert die Näherungsberechnung nach Gl. (2.181) eine wesentliche Verbesserung.

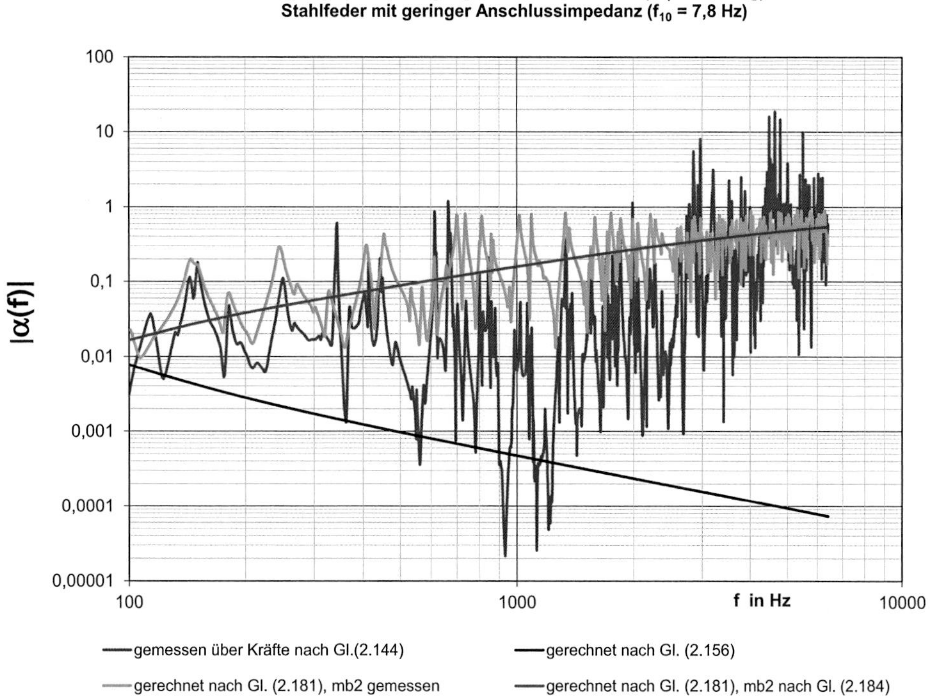

Abb. 2.45 Amplitudenfrequenzgänge $|\alpha(f)|$ der Fußbodenkraft einer Stahlfeder bei geringer Anschlussimpedanz, $m_F = 0{,}098$ kg

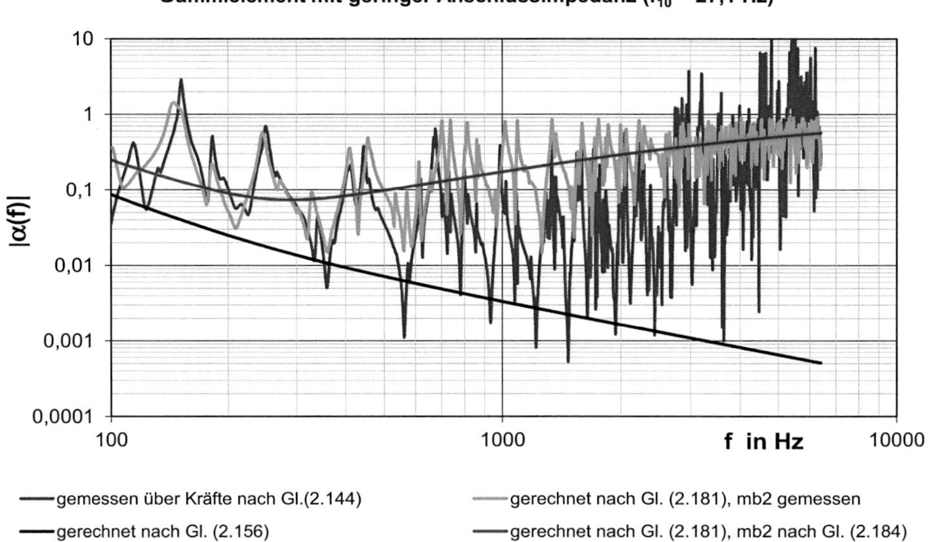

Abb. 2.46 Amplitudenfrequenzgänge |α(f)| der Fußbodenkraft eines Gummielements bei geringer Anschlussimpedanz, $m_F = 0{,}11$ kg

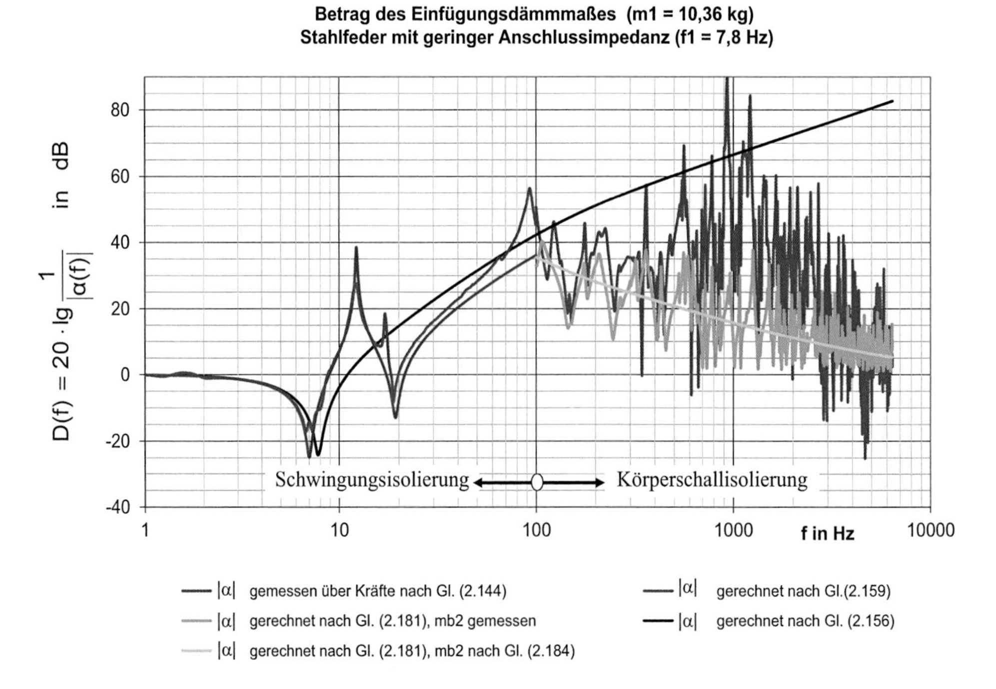

Abb. 2.47 Einfügungsdämmmaß nach Gl. (1.186) einer Stahlfeder bei geringer Anschlussimpedanz, $m_F = 0{,}098$ kg

In Abb. 2.47 sind die in Abb. 2.45 angegebenen Ergebnisse für die Stahlfeder mit geringer Anschlussimpedanz als Einfügungsdämmmaß D(f) nach Gl. (2.186), zusammen mit den Ergebnissen für den Bereich der Schwingungsisolierung (Abb. 2.40), dargestellt.

Die Unterschiede im hochfrequenten Bereich werden in erster Linie durch das Eigenschwingungsverhalten der Federelemente verursacht, weitere Untersuchungsergebnisse und Erläuterungen sind in [18, 30] zusammengestellt.

In nachfolgender Tab. 2.6 sind zur besseren Übersicht die wesentlichen Ergebnisse der Schwingungs- und Körperschallisolierung zusammengestellt.

Tab. 2.6 Übersicht über die wesentlichen Ergebnisse der Schwingungs- und Körperschallisolierung

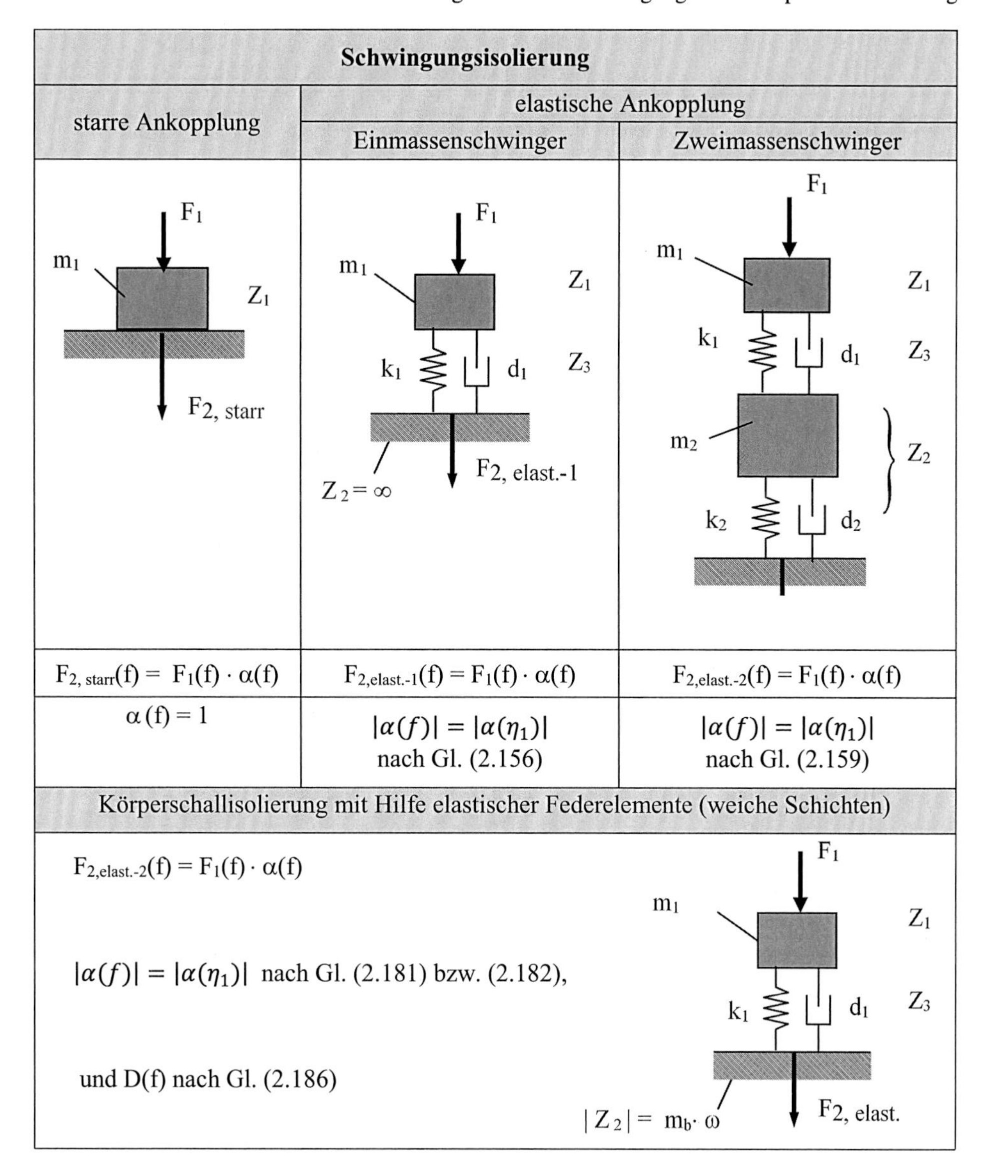

Schwingungsisolierung		
starre Ankopplung	elastische Ankopplung: Einmassenschwinger	elastische Ankopplung: Zweimassenschwinger
$F_{2,\,starr}(f) = F_1(f) \cdot \alpha(f)$	$F_{2,elast.\text{-}1}(f) = F_1(f) \cdot \alpha(f)$	$F_{2,elast.\text{-}2}(f) = F_1(f) \cdot \alpha(f)$
$\alpha(f) = 1$	$\lvert\alpha(f)\rvert = \lvert\alpha(\eta_1)\rvert$ nach Gl. (2.156)	$\lvert\alpha(f)\rvert = \lvert\alpha(\eta_1)\rvert$ nach Gl. (2.159)
Körperschallisolierung mit Hilfe elastischer Federelemente (weiche Schichten)		
$F_{2,elast.\text{-}2}(f) = F_1(f) \cdot \alpha(f)$ $\lvert\alpha(f)\rvert = \lvert\alpha(\eta_1)\rvert$ nach Gl. (2.181) bzw. (2.182), und D(f) nach Gl. (2.186)		

2.5.3 Messtechnische Ermittlung der Impedanzen

Das Prinzip der messtechnischen Ermittlung der Impedanz besteht darin, dass man an den interessierenden Stellen Wechselkräfte, z. B. mit Hilfe eines Impulshammers oder Schwingerregers, einleitet und dabei sowohl die Wechselkraft als auch die hierdurch an der Einleitungsstelle entstehende Schnelle zeitgleich misst. Das Verhältnis von Kraft F zu Schnelle v ist dann die mechanische Eingangsimpedanz Z. Kraft und Schnelle müssen dabei in gleicher Richtung gemessen werden. Aus messtechnischen Gründen ist es günstiger, statt der Schnelle die Beschleunigung zu messen. Damit erhält man dann die durch die Kreisfrequenz ω dividierte Impedanz Z ($Z/\omega = m_b$ = dynamische Masse). In Abb. 2.48 ist der für die Bestimmung der Impedanz notwendige Messaufbau dargestellt. Das der anregenden Kraft proportionale elektrische Signal, gemessen mit Hilfe eines Kraftaufnehmers, wird in einem Ladungsverstärker verstärkt und einem 2-Kanal-Analysator zur Frequenzanalyse zugeführt. Ebenso wird das beschleunigungsproportionale Signal mit Hilfe eines Beschleunigungsaufnehmers gemessen, in einem Ladungsverstärker verstärkt und dem 2-Kanal-Analysator zur Frequenzanalyse zugeführt. Die Verarbeitung der beiden frequenzabhängigen Messdaten zur Impedanz bzw. dynamischen Masse m_b erfolgt anschließend im FFT-Analysator.

Aufgrund der starken Frequenzabhängigkeit des Impedanzverlaufs ist eine Anregung der mechanischen Struktur im konstruktionsakustisch interessanten Frequenzbereich (ca. 100 Hz bis ca. 5 kHz) notwendig. Als gebräuchlichstes Verfahren zur Strukturanregung werden heute Verfahren mit sinusförmiger, rauschartiger oder Stoß-Anregung

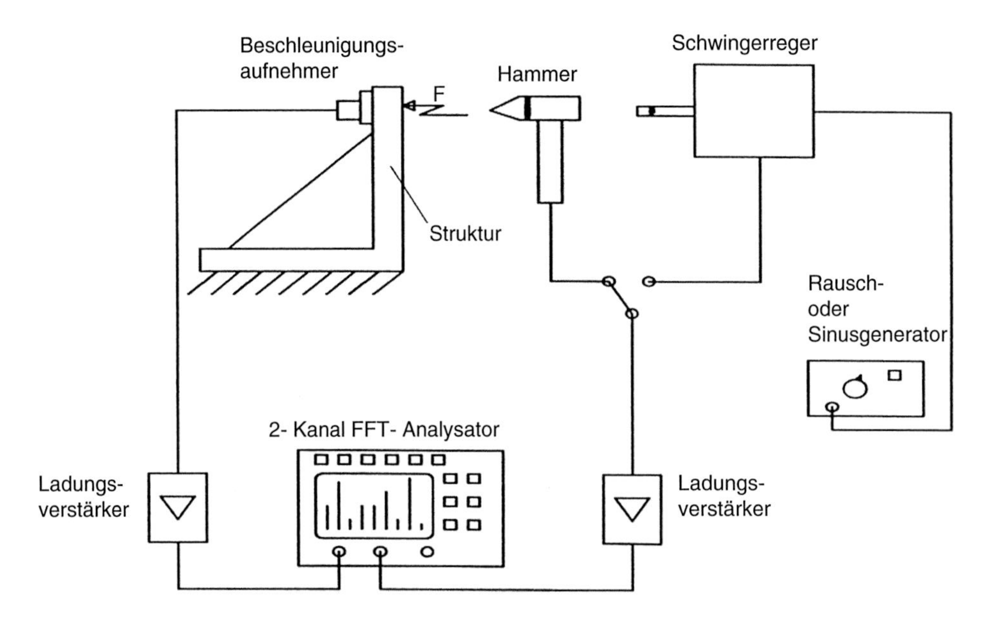

Abb. 2.48 Messaufbau zur Bestimmung der mechanischen Impedanz

eingesetzt. Der Vorteil der beiden letzten Verfahren liegt in der breitbandigen Anregung der Struktur. Man unterscheidet servohydraulische Schwingerreger (hohe Kräfte bei tiefen Frequenzen), piezoelektrische bzw. elektrodynamische Schwingerreger und Anregungen mit dem Hammer (höhere Kräfte auch bei höheren Frequenzen).

In Abb. 2.49 ist die gerechnete und gemessene dynamische Masse einer 6 mm Stahlplatte dargestellt.

Die im Abb. 2.49 dargestellte dynamische Masse wurde entsprechend dem Versuchsaufbau nach Abb. 2.48 gemessen. Die gerechneten Werte stellen nur als Mittelwert eine gute Näherung dar. Die relativ gute Übereinstimmung über den gesamten Frequenzbereich liegt vor allem an der einfachen Struktur mit idealisierten Einspannbedingungen (frei aufliegende ebene Platte nach Abb. 2.38). Die Einbrüche im Frequenzverlauf entsprechen den Eigenfrequenzen der Platte. Die gemessene 1. Eigenfrequenz $f_{20} = 16{,}8$ Hz stimmt sehr gut mit dem gerechneten Wert $f_{20} \approx 17{,}2$ Hz überein, s. Abschn. 2.5.1.3 a). Die Lage der Eigenfrequenzen ist vom Material und von den Einspannbedingungen abhängig. Die Höhe der dynamischen Masse bei den Einbrüchen ist von der Struktur- bzw. Systemdämpfung abhängig. In Abb. 2.50 ist die gemessene dynamische Masse eines Antriebsfundaments (IPE 450), das über einen elektrodynamischen Schwingerreger breitbandig angeregt wurde, unter realen Einspannbedingungen dargestellt [31]. Wie aus dem Diagramm zu erkennen ist, kann man die Eingangsimpedanz bzw. dynamische Masse komplexer Bauteile unter realen Einspannbedingungen je nach Frequenzbereich durch ideale

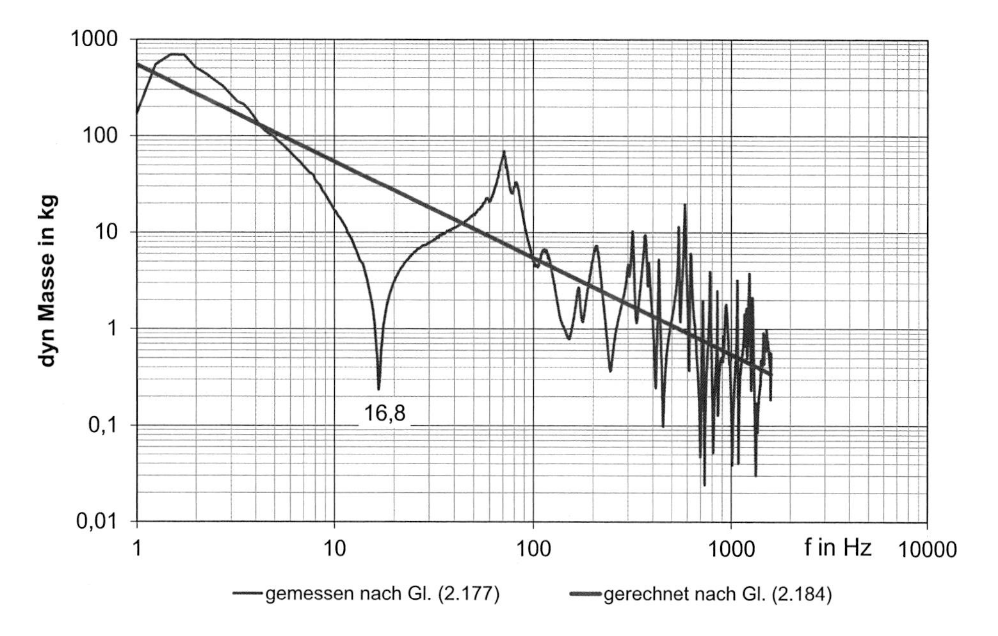

Abb. 2.49 Dynamische Masse der in Abb. 2.38 dargestellten Stahlplatte

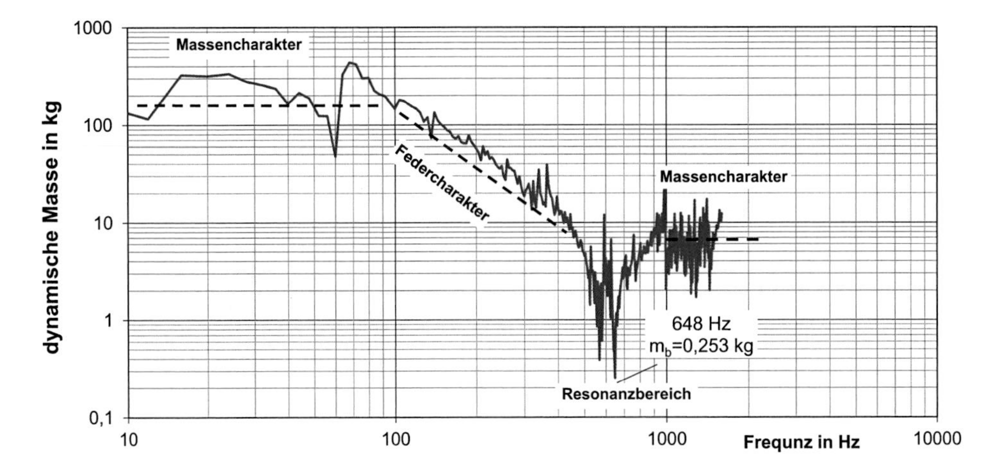

Abb. 2.50 Gemessene Eingangsimpedanz eines Antriebsfundaments (IPE 450) am Getriebekoppelpunkt

Bauteile wie z. B. Masse, Feder, Balken usw. annähern. Die genaue Lage der Frequenzeinbrüche lässt sich allerdings nur durch Messungen genau bestimmen. Hierbei hat man auch die Möglichkeit, die dazugehörige Systemdämpfung, maßgebend für die Höhe der Impedanzeinbrüche, messtechnisch zu ermitteln. Besonders kritisch sind hierbei die Impedanzeinbrüche, da der Widerstand der Strukturen gegen anregende Wechselkräfte am niedrigsten ist. Im vorliegenden Fall hat ein relativ massiver Träger, IPE 450, eine dynamische Masse von $m_b \approx 0{,}25$ kg bei 648 Hz als Schwingwiderstand. Der gleiche Träger hat bei den Frequenzen unter 100 Hz eine dynamische Masse (Schwingwiderstand) von ca. 300 kg. Es ist daher leicht nachzuvollziehen, dass man relativ massive Bauteile, z. B. Stahlträger IPE 450, je nach anregender Frequenz mit geringen Wechselkräften zu erheblichen Körperschallschwingungen bzw. Geräuschentwicklung anregen kann [32].

Es wird noch darauf hingewiesen, dass die Reduzierung der Körperschallübertragung durch eine elastische Zwischenschicht nicht ausschließlich auf den oben beschriebenen Wirkmechanismen basiert. Vor allem bei ebener Wellenausbreitung, z. B. Längsanregung einer Stabstruktur, wird ein Teil der Körperschallenergie an der elastischen Zwischenschicht, bedingt durch unterschiedliche Dichte und unterschiedliches Elastizitätsmodul, reflektiert. Die durch Reflexion erreichte Körperschallminderung bezeichnet man als Körperschalldämmung. Auf die Zusammenhänge der Schalldämmung wird im Abschn. 8.3 näher eingegangen. Es sei hier nur erwähnt, dass für die Körperschalldämmung die auf die Fläche bezogene mechanische Eingangsimpedanz – das Produkt aus Dichte (ρ_Z) mal Schallgeschwindigkeit (c_z) der elastischen Zwischenschicht ($\rho_Z \cdot c_Z$)– verantwortlich ist, s. Gl. (2.107).

Obwohl es nicht ohne Weiteres möglich ist, eine genaue Trennung der beiden hier beschriebenen Wirkmechanismen anzugeben, lässt sich zusammenfassend feststellen, dass vor allem bei den höheren Frequenzen ($\lambda_K < l_Z$) die Reduzierung der

Körperschallübertragung durch Körperschalldämmung erfolgt. Dabei stellen λ_K die maßgebende Wellenlänge der Körperschallschwingungen und l_Z die wirksame Länge der elastischen Zwischenschicht, in der Regel die Schichtdicke, dar.

Neben elastischen Federelementen mit geringen Impedanzen (weiche Schichten) sind auch hohe Impedanzen, z. B. hohe Punktimpedanzen (große Massen an den Koppelstellen), für die Reduzierung der Körperschallübertragung geeignet. Um Verwechslungen mit der Schwingungsisolierung zu vermeiden, ist es sinnvoller, die Körperschallisolierung allgemein durch die so genannte „**Trennimpedanz**" zu kennzeichnen. Diese Trennimpedanz soll dann, je nach vorliegender Struktur $\underline{Z}_2$, sehr hoch oder sehr niedrig gewählt werden (vgl. auch „Anpassungsgesetz" in Abschn. 8.2). In der Praxis ist es oft notwendig, eine Kombination der beiden Impedanzen, d. h. weiche Entkopplung bei gleichzeitiger Erhöhung der Impedanzen an der Koppelstelle, zu wählen.

Zur Verdeutlichung des Körperschallproblems, das oft nicht erkannt oder übersehen wird, wird auf folgende grundsätzliche Zusammenhänge hingewiesen:

In der Praxis ist es oft notwendig, dass Maschinen (Pumpen, Motoren, Getriebe, usw.) auf Strukturen, z. B. Stahlgerüste, Gebäude, Gestelle, Karosserien, u. Ä. montiert werden. Die Gesamtschallabstrahlung wird oft je nach Maschinenart und deren Ankopplung von der Körperschallabstrahlung der Struktur maßgebend beeinflusst. Die Luftschallabstrahlung solcher Quellen, die vor allem im Nahbereich als störend empfunden wird (subjektive Wahrnehmung), kann u. a. durch geeignete Kapselung reduziert werden. Je nach Art und Höhe der Körperschallabstrahlung kommt es nicht selten vor, dass durch die Kapselung wenig oder keine Verbesserung erzielt wird, vor allem, wenn die Gesamtschallabstrahlung der Anlage verringert werden soll. Auch wenn das Körperschallproblem vor der Kapselung nur eine untergeordnete Rolle spielt, d. h. der Luftschallleistungspegel mindestens 10 dB größer als die abgestrahlte Körperschallleistung ist, wird oft die Gesamtschallabstrahlung nach der Kapselung nur noch von der Körperschallabstrahlung bestimmt.

2.5.4 Eingeleitete mechanische Leistung

Von Interesse ist noch die mittlere mechanische Leistung P, die während einer Periode T durch die Wirkung einer punktförmig angreifenden, periodischen Kraft $\underline{F}$ und einer entsprechenden Schnelle $\underline{v}$ in die Struktur eingeleitet wird. Dies ist nicht zu verwechseln mit der abgestrahlten Schallleistung, s. Kap. 3 [33]. Die mechanische Leistung errechnet sich dann [6]:

$$P = \frac{1}{T} \int_0^T \mathrm{Re}\{\underline{F}\} \cdot \mathrm{Re}\{\underline{v}\} dt. \tag{2.187}$$

Mit

$$\underline{F} = |\underline{F}| \cdot e^{j(\omega t + \varphi_F)} \tag{2.188}$$

$$\underline{v} = |\underline{v}| \cdot e^{j(\omega t + \varphi_v)} \tag{2.189}$$

für die Kraft $\underline{F}$ und die Schnelle $\underline{v}$, s. auch Gl. (2.140), folgt aus Gl. (2.187):

$$P = \frac{1}{T} \int_0^T |\underline{F}| \cdot |\underline{v}| \cdot \cos\ (\omega t + \varphi_F) \cdot \cos\ (\omega t + \varphi_v)\ dt, \tag{2.190}$$

Mit

$$\begin{aligned}\cos(\omega t + \varphi_F) &= \cos\omega t \cdot \cos\varphi_F - \sin\omega t \cdot \sin\varphi_F\ ;\cos(\omega t + \varphi_v) \\ &= \cos\omega t \cdot \cos\varphi_v - \sin\omega t \cdot \sin\varphi_v\end{aligned}$$

und

$$\begin{aligned}&\cos\ (\omega t + \varphi_F) \cdot \cos\ (\omega t + \varphi_v) = \cos^2\omega t \cdot \cos\ \varphi_F \cdot \cos\ \varphi_v + \sin^2\omega t \cdot \sin\ \varphi_F \cdot \sin\ \varphi_v \\ &- \sin\ \omega t \cdot \cos\ \omega t(\sin\ \varphi_F \cdot \cos\ \varphi_v + \cos\ \varphi_F \cdot \sin\ \varphi_v)\end{aligned}$$

folgt aus (2.190):

$$P = |\underline{F}| \cdot |\underline{v}| \cdot \frac{1}{T} \cdot \left[\begin{array}{r}(\cos\ \varphi_F \cdot \cos\ \varphi_v) \int_0^T \cos^2\omega t\ dt \\ +(\sin\ \varphi_F \cdot \sin\ \varphi_v) \int_0^T \sin^2\omega t\ dt - \frac{1}{2}\sin\ (\varphi_F + \varphi_v) \int_0^T \sin^2\ \omega t\ dt\end{array}\right] \tag{2.191}$$

Berücksichtigt man, dass der letzte Integralwert Null ist, so ergibt sich aus den Integralwerten der ersten zwei Integrale:

$$P = |\underline{F}| \cdot |\underline{v}| \cdot \frac{1}{T} \cdot \left[(\cos\ \varphi_F \cdot \cos\ \varphi_v) \frac{\pi}{\omega} + (\sin\ \varphi_F \cdot \sin\ \varphi_v) \frac{\pi}{\omega}\right] \tag{2.192}$$

Mit $\omega = 2\pi \cdot f = \frac{2\pi}{T}$ erhält man die eingeleitete mechanische Leistung:

$$P = \frac{1}{2} |\underline{F}| \cdot |\underline{v}| \cdot \cos(\varphi_F - \varphi_v) \tag{2.193}$$

Man erhält das gleiche Ergebnis, wenn die Leistung nach folgender Formel berechnet wird [6]:

$$P = \frac{1}{2}\,\mathrm{Re}\{\underline{F}\cdot\underline{v}*\} \tag{2.194}$$

Hierbei ist $\underline{v}*$ der konjugiert komplexe Vektor von $\underline{v}$ nach Gl. (2.189):

$$\underline{v}* = |\underline{v}|\cdot e^{-j\,(\omega\,t+\varphi_v)} \tag{2.195}$$

Mit der Gl. (2.94) für die Impedanz erhält man dann:

$$\underline{v}* = \frac{\underline{F}*}{\underline{Z}*}$$

$\underline{Z}*$ ist die konjugiert komplexe Impedanz zu $\underline{Z}$.

$$P = \frac{1}{2}\,\mathrm{Re}\left\{\frac{\underline{F}\cdot\underline{F}*}{\underline{Z}*}\right\}$$

Mit $\underline{F}\cdot\underline{F}* = \left|\widehat{F}\right|^2$ *und* $\mathrm{Re}\left\{\frac{1}{\underline{Z}*}\right\} = \mathrm{Re}\left\{\frac{1}{\underline{Z}}\right\}$ folgt die für die Akustik wichtige Beziehung:

$$P = \frac{1}{2}\,|\underline{F}|^2\cdot\mathrm{Re}\left\{\frac{1}{\underline{Z_e}}\right\} \tag{2.196}$$

Hierbei sind:

$\lvert\underline{F}\rvert$	Betrag der Kraftanregung,
$\mathrm{Re}\left\{\frac{1}{\underline{Z}}\right\}$	Realteil der Admittanz bzw. Realteil des reziproken Wertes der Eingangsimpedanz der Struktur, für die die eingeleitete mechanische Leistung berechnet werden soll.

Die Gl. (2.196) lässt sich auch in Abhängigkeit der Schwinggeschwindigkeit bzw. Schallschnelle darstellen. Mit Hilfe der Gl. (2.188) und (2.189) ergibt sich für den Realteil der Eingangsimpedanz:

$$\mathrm{Re}\{\underline{Ze}\} = \mathrm{Re}\left\{\frac{|\underline{F}|\cdot e^{j(\omega t+\varphi_F)}}{|\underline{v}|\cdot e^{j(\omega t+\varphi_v)}}\right\} = \frac{|\underline{F}|}{|\underline{v}|}\cdot\cos(\varphi_F-\varphi_v) \tag{2.197}$$

bzw.

$$\cos(\varphi_F-\varphi_v) = \mathrm{Re}\{\underline{Ze}\}\cdot|\underline{v}|\cdot\frac{1}{|\underline{F}|} \tag{2.198}$$

Mit Gl. (2.198) folgt aus (2.193):

$$P = \frac{1}{2}\,|\underline{\mathrm{v}}|^2 \cdot \mathrm{Re}\,\{\underline{Z}_e\} \tag{2.199}$$

Mit Hilfe der Gl. (2.199) lässt sich die eingeleitete mechanische Leistung P einfach experimentell ermitteln, da oft die messtechnische Ermittlung der Kräfte im Kraftfluss nicht ohne Weiteres möglich ist.

Die nach den Gl. (2.196) und (2.199) berechnete mechanische Leistung ist primär für die Schwingungen der Strukturen verantwortlich.

Als Beispiel wird nachfolgend die eingeleitete mechanische Leistung in eine ideale Platte durch eine periodische Kraft, die an der Mitte der Platte angreift (Abb. 2.28), angegeben. Mit der Gl. (2.126) folgt aus den Gl. (2.196) und (2.199):

$$P = \frac{1}{16}\,\frac{|\underline{F}|^2}{\sqrt{B' \cdot \rho \cdot h}} = 4 \cdot |\underline{\mathrm{v}}|^2 \cdot \sqrt{B' \cdot \rho \cdot h} \tag{2.200}$$

Die eingeleitete mechanische Leistung in eine reale Struktur weist, im Gegensatz zu idealisierten Bauteilen, keinen kontinuierlichen Verlauf auf, der vor allem durch die Eingangsimpedanzverläufe realer Bauteile verursacht wird. Die Einbrüche in den Impedanzverläufen führen zu einer Erhöhung der eingeleiteten mechanischen Leistung und damit auch zu einer überhöhten Körperschallanregung bzw. Schallabstrahlung.

Die Wirksamkeit einer elastischen Zwischenschicht lässt sich am besten durch das Verhältnis der eingeleiteten mechanischen Leistung nach ($P_{K,n}$) und vor ($P_{K,v}$) der Entkopplung darstellen. Mit den Gl. (2.196) bzw. (2.199) folgt aus (2.144) für die erreichte Reduzierung „ΔK(f)“ des Körperschalls durch Isolierung bzw. „Trennimpedanz“ bei der Frequenz f:

$$|\Delta\mathrm{K}(f)| = \frac{P_{\mathrm{K.n}}(f)}{P_{\mathrm{K,v}}(f)} = \left|\frac{\underline{F_{2\mathrm{n}}(f)}}{\underline{F_{2\mathrm{v}}(f)}}\right|^2 = \left|\frac{\underline{\mathrm{v}_{2\mathrm{n}}(f)}}{\underline{\mathrm{v}_{2\mathrm{v}}(f)}}\right|^2 = |\alpha(f)|^2 \tag{2.201}$$

Das Einfügungsdämmmaß D(f), s. Gl. (2.186), in dB lässt sich auch aus dem Verhältnis der eingeleiteten mechanischen Leistung vor ($P_{K,v}$) und nach ($P_{K,n}$) der Entkopplung angeben:

$$D(f) = 10 \cdot lg\frac{P_{\mathrm{K.v}}(f)}{P_{\mathrm{K,n}}(f)} = 10 \cdot lg\left|\frac{\underline{F_{2\mathrm{v}}(f)}}{\underline{F_{2\mathrm{n}}(f)}}\right|^2 = 20 \cdot lg\frac{1}{|\alpha(f)|} \tag{2.202}$$

2.6 Energetische Größen des Schallfeldes

Im Schallfeld wird mit den fortschreitenden Wellen laufend mechanische Energie von der Erregerquelle abtransportiert. Der Transport erfolgt in Richtung der Schallschnelle, die Transportgeschwindigkeit ist gleich der Schallgeschwindigkeit. Sinnvoll ist sicherlich die Frage nach der pro Fläche und Zeit transportierten, mittleren Energie. Diese ist gleichbedeutend mit der auf die Fläche bezogenen mittleren Leistung, der so genannten Intensität I mit der Einheit W/m^2.

Entsprechend dem Leistungsvermögen $P = p \cdot \dot{V} = p \cdot \mathrm{v} \cdot A$ eines strömenden Mediums mit dem Druck p, der Geschwindigkeit v und dem Querschnitt A ist die augenblickliche Leistung pro Fläche I(t) in einem Punkt des Wellenfeldes gleich p(t) · v(t) in W/m^2. Hieraus gewinnt man durch Mittelwertbildung (Integration über die Periode T) die mittlere Intensität:

$$\vec{I} = \frac{1}{T} \int_0^T p \cdot \vec{\mathrm{v}} dt \tag{2.203}$$

Die Intensität ist eine Funktion des Ortes im Wellenfeld und weist in die Richtung der zugehörigen Schnelle. Durch Integration der Intensität über eine bestimmte Fläche (Durchtrittsfläche A) lässt sich dann die Schallleistung P berechnen, die durch die Fläche A tritt.

$$P = \int_A I \cdot \cos\varphi \, dA \tag{2.204}$$

Hierbei ist φ der Winkel zwischen der Schnelle $\vec{\mathrm{v}}$ und der Flächennormale $\vec{n}$ des Flächenelementes dA (Abb. 2.51). Legt man eine geschlossene Fläche A um die Geräuschquelle des Schallfeldes, so erhält man mit dieser Methode, unter der Annahme freier Schallausbreitung und Vernachlässigung der Dämpfungsverluste, die von der Geräuschquelle abgestrahlte Schalleistung P_Q:

$$P_Q = \oint_A I \cdot \cos\varphi \cdot dA \tag{2.205}$$

Eine andere energetische Größe des Schallfeldes ist die Energiedichte w. Sie ist im Allgemeinen ebenfalls eine Funktion des Ortes und lässt sich wie folgt berechnen:

$$w = \frac{dW}{dV} = \frac{dP \cdot dt}{dA \cdot ds} = \frac{I}{\frac{ds}{dt}} \tag{2.206}$$

Hierbei ist ds die Energietransportstrecke nach Ablauf der Zeit dt, d. h., $ds/dt = c$ ist die Schallgeschwindigkeit. Somit ist

$$w = \frac{I}{c} \tag{2.207}$$

Offensichtlich hat die Intensität für energetische Aussagen des Schallfeldes eine zentrale Bedeutung. Im Folgenden soll daher die Gl. (2.203) für das ebene Wellenfeld und das Kugelwellenfeld unter der Berücksichtigung der Feldgrößen p und v weiter umgeformt werden.

2.6.1 Ebenes Wellenfeld

Setzt man in die Gl. (2.203) für p und v die Ausdrücke entsprechend den Gl. (2.19) und (2.20) der ebenen Welle ein, so erhält man mit $T = 2\pi/\omega$

$$I = \frac{\widehat{p} \cdot \widehat{\mathrm{v}}}{2} \tag{2.208}$$

Die Amplituden des Wechseldruckes $\widehat{p}$ und der Schnelle $\widehat{\mathrm{v}}$ lassen sich durch die in der Akustik wichtigen Effektivwerte ersetzen. Der Effektivwert einer periodischen Größe der Periodendauer T, z. B. p (t), ist wie folgt definiert:

$$\widetilde{p} = \sqrt{\frac{1}{T} \int_0^T p^2(t)\, dt} \tag{2.209}$$

Für einen harmonischen Zeitverlauf folgt:

$$\widetilde{p} = \sqrt{\frac{1}{T} \int_0^T \widehat{p}^2 \sin^2(\omega\, t)\, dt} = \frac{\widehat{p}}{\sqrt{2}} \tag{2.210}$$

und für die Schnelle ergibt sich analog:

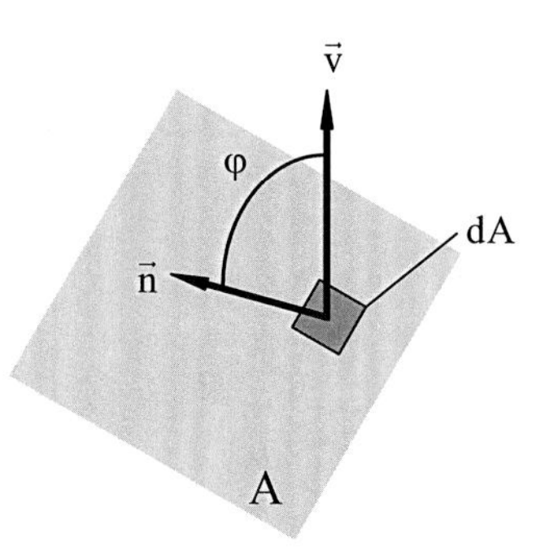

Abb. 2.51 Geometrische Verhältnisse im Schallfeld zur Ermittlung der Schallleistung

$$\widetilde{\mathrm{v}} = \frac{\widehat{\mathrm{v}}}{\sqrt{2}} \tag{2.211}$$

Somit folgt aus der Gl. (2.208):

$$I = \widetilde{p} \cdot \widetilde{\mathrm{v}} \tag{2.212}$$

Schließlich lässt sich mit Hilfe der Schallkennimpedanz Z (siehe Gl. (2.96)) des ebenen Schallfeldes der Effektivwert des Schalldruckes durch den Effektivwert der Schnelle und umgekehrt ersetzen:

$$I = \widetilde{\mathrm{v}}^2 \cdot Z \tag{2.213}$$

$$I = \frac{\widehat{p}^2}{Z} \tag{2.214}$$

Wie aus den Gleichungen ersichtlich, ist die Intensität im ebenen Wellenfeld unabhängig vom Ort. Die Schallleistung, die im Falle ebener, fortschreitender Wellen durch eine Fläche A tritt, hat die Größe:

$$P_A = \int_A \frac{\widetilde{p}^2}{Z} \cdot \cos\varphi \, dA \tag{2.215}$$

Hierbei ist φ der Winkel zwischen der Flächennormalen und der Schallausbreitungsrichtung (Abb. 2.51).

2.6.2 Kugelwellenfeld

Im Gegensatz zum ebenen Wellenfeld ist die Intensität des Kugelwellenfeldes eine Funktion vom Ort:

$$I(r) = \frac{1}{T} \int_0^T p(r,t) \cdot \mathrm{v}(r,t) dt \tag{2.216}$$

Für großes r bzw. r/λ >> 1 sind Wechseldruck und Schnelle entsprechend den Gl. (2.38) und (2.39) definiert. Mit Hilfe dieser Gleichungen ergibt sich dann wegen der gleichen Phasenlage von p und v, ähnlich wie bei dem ebenen Wellenfeld:

$$I(r) = \frac{1}{2}\,\hat{p}(r)\,\hat{v}(r) = \frac{\hat{\Phi}'^2 \cdot \omega^2 \cdot \rho}{2 \cdot r^2 \cdot c} \tag{2.217}$$

Mit

$$\hat{p}(r) = \frac{\hat{\Phi}'}{r}\rho \cdot \omega(\text{siehe Gl.}(2.38)) \tag{2.218}$$

folgt hieraus

$$I(r) = \frac{\tilde{p}(r)^2}{Z}$$

Für großes r bzw. r/λ nimmt die Intensität des Kugelwellenfeldes mit $1/r^2$ ab, ist aber am Radius r selbst konstant. Die Schallleistung, die im Falle fortschreitender Kugelwellen bei großem r (quasi-ebenes Wellenfeld) durch eine Fläche A tritt, hat die Größe:

$$P_A = \int_A \frac{\tilde{p}(r)^2}{Z} \cdot \cos\varphi \cdot dA \tag{2.219}$$

Strahlt eine Schallquelle ein Kugelwellenfeld ab und legt man um die Quelle in großem Abstand eine geschlossene Fläche, so erhält man bei freier Schallausbreitung (keine Reflexion) und Vernachlässigung der Dämpfung für die abgestrahlte Schallleistung

$$P_Q = \oint_A \frac{\tilde{p}(r)^2}{Z} \cdot \cos\varphi \cdot dA \tag{2.220}$$

Ist r konstant, erfolgt also die Integration über eine Kugeloberfläche mit dem Radius r, ergibt sich

$$P_Q = \frac{\tilde{p}(r)^2}{Z} \cdot 4\pi\, r^2 = \mathrm{I}(r) \cdot 4\pi\, r^2. \tag{2.221}$$

Für kleines r bzw. r/λ << 1 nähert sich der Phasenwinkel zwischen p und v dem Wert 90°, d. h. auch, dass bei der Integration zur Ermittlung der Intensität die Größe I(r) sehr klein wird. Eine genaue Klärung dieses Sachverhaltes erfolgt später im Zusammenhang mit dem Problem des Kugelstrahlers 0. Ordnung (siehe Abschn. 3.3.1).

2.7 Zeitliche und spektrale Darstellung von Schallfeldgrößen

Luftschall entsteht mittelbar als Folge von Schwingungsbewegungen fester und flüssiger Medien, durch die die angrenzende Luft zum Mitschwingen angeregt wird. Luftschall kann aber auch unmittelbar durch beschleunigte Bewegungen bestimmter Bereiche der Luft selbst hervorgerufen werden. Die Beschleunigungen können periodisch sein, im einfachsten Fall harmonisch, sie können aber auch stochastisch, pulsartig oder auch intermittierend sein. Die durch die Beschleunigungen in der Luft hervorgerufenen Druckschwankungen pflanzen sich, wie gezeigt, wellenförmig fort, im Sonderfall in ebenen Wellen oder in Kugelwellen. Wesentliche physikalische Größen des sich aufbauenden Luftschallfeldes sind der Schallwechseldruck p und die Schallschnelle v mit den Effektivwerten $\tilde{p}$ und $\tilde{v}$, der Frequenz f, der Wellenlänge λ und der Ausbreitungsgeschwindigkeit c, ferner die Feldimpedanz Z bzw. die Schallkennimpedanz, die Intensität I und die Energiedichte w. Dieses durch seine physikalischen Kenngrößen beschriebene Luftschallfeld lässt sich weiter differenzieren. Die Differenzierung ist möglich, wenn man dazu den zeitlichen Verlauf p(t) des Schallwechseldruckes durch das zugehörige Frequenzspektrum der Amplituden darstellt.

Der zeitliche Verlauf p(t) lässt sich in der Regel unter Verwendung von Kondensatormikrophonen messtechnisch ermitteln. Es sind elektrische Wandler, die das p(t)-Signal in analoge, elektrische Spannungen umwandeln. Letztere werden allerdings nach einer ersten Verstärkung je nach Bedarf noch weiter umgeformt.

Bei der Darstellung des Amplituden-Frequenzspektrums ist der sehr große akustische Frequenzbereich von 16. . .16.000 Hz zu beachten. In der Regel teilt man diesen Bereich logarithmisch auf. Man erreicht so eine Verdichtung des Frequenzbereiches mit einer gleichmäßigen Auflösung zugunsten einer größeren Übersichtlichkeit. Diese Darstellungsweise wird in Anlehnung an das menschliche Hörvermögen gewählt. Das Ergebnis einer ersten, etwas gröberen Einteilung ist die sog. Oktavleiter (Abb. 2.52).

Die logarithmische Einheit ist der Oktavschritt, der eine Frequenzverdoppelung darstellt. Damit ergeben sich für den ganzen Hörbereich 10 Oktavschritte auf der Oktavleiter.

Die Eckfrequenzen f_1 und $f_2 = 2 \cdot f_1$ bestimmen die jeweilige Oktave (Abb. 2.53a). Sie lässt sich auch durch ihre Mittenfrequenz $f_{m_{Okt}}$, die den Oktavschritt geometrisch in zwei gleiche Teile teilt, kennzeichnen. Es ist also:

$$\frac{f_{m_{Okt}}}{f_1} = \frac{f_2}{f_{m_{Okt}}}$$

Hieraus folgt:

$$f_{\mathrm{m,Okt}} = \sqrt{f_{1,\mathrm{Okt}} \cdot f_{2,\mathrm{Okt}}} = \sqrt{2} \cdot f_{1,\mathrm{Okt}} = \frac{1}{\sqrt{2}} \cdot f_{2,\mathrm{Okt}} \tag{2.222}$$

Die relative Bandbreite von Oktaven ist konstant und beträgt:

$$\frac{\Delta \mathrm{f_{Okt}}}{f_{\mathrm{m,Okt}}} = \frac{f_{2,\mathrm{Okt}} - f_{1,\mathrm{Okt}}}{f_{\mathrm{m,Okt}}} = \frac{1}{\sqrt{2}} \approx 0{,}71 \tag{2.223}$$

Eine feinere Unterteilung führt auf der logarithmischen Frequenzleiter zum Terzschritt (Abb. 2.53b). Letzterer unterteilt die Oktave logarithmisch in drei gleiche Teile:

$$\frac{f_2}{f_1} = \frac{f_3}{f_2} = \frac{f_4}{f_3} \Rightarrow f_{2,\mathrm{Tz}} = \sqrt[3]{2} \cdot f_{1,\mathrm{Tz}}, \tag{2.224}$$

und für die Terzmittenfrequenz folgt:

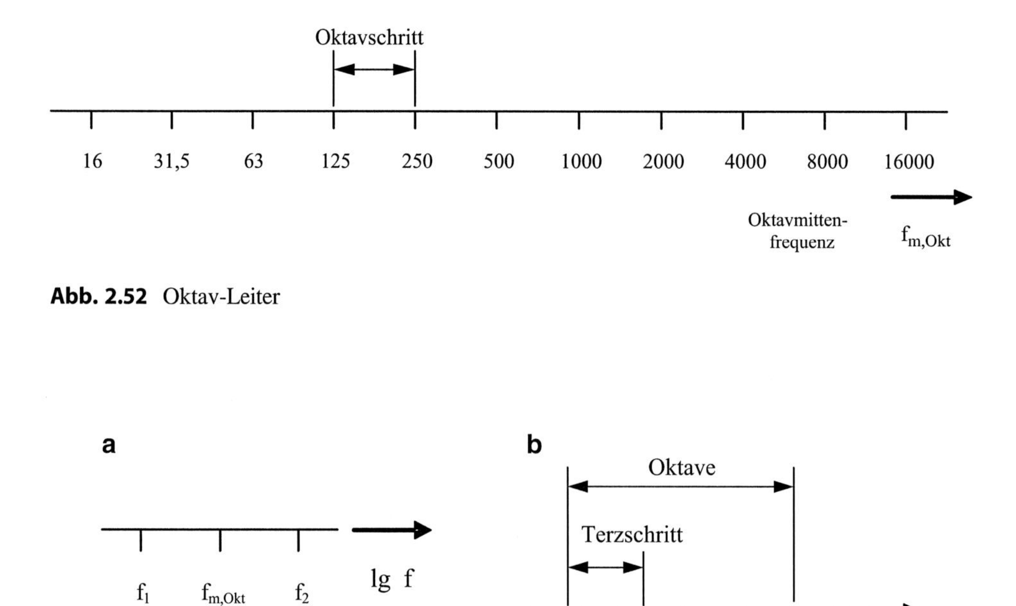

Abb. 2.52 Oktav-Leiter

Abb. 2.53 **a** Frequenzleiter mit den Eckfrequenzen und der Mittenfrequenz; **b** Terzschritte in einer Oktave

$$f_m = \sqrt[6]{2} \cdot f_{1,Tz} \tag{2.225}$$

Die relative Bandbreite von Terzen ist konstant und beträgt:

$$\frac{\Delta f_{\mathrm{Tz}}}{f_{\mathrm{m,Tz}}} = \frac{f_{2,\mathrm{Tz}} - f_{1,\mathrm{Tz}}}{f_{\mathrm{m,Tz}}} = \frac{\sqrt[3]{2} - 1}{\sqrt[6]{2}} \approx 0{,}23 \tag{2.226}$$

2.7.1 Periodischer Zeitverlauf

Im einfachsten Fall ist der Verlauf einer physikalischen Größe, z. B. der Schalldruck oder die Wechselkraft, über der Zeit harmonisch (Abb. 2.54). Diesem Verlauf entspricht die reine Sinusfunktion oder der physikalische Ton. Der Ton ist charakterisiert durch die Amplitude p und die Frequenz $f_0 = 1 / T_0$. Die Amplitude bestimmt die Lautstärke und die Frequenz die Tonhöhe.

Der beliebige periodische Zeitverlauf (Abb. 2.55) gehört dagegen akustisch zu den einfachen oder musikalischen Klängen, so genannt, weil diese Schallart vor allem von Musikinstrumenten erzeugt wird.

Man kann aus dem vorliegenden periodischen Zeitdiagramm durch Fourier-Analyse harmonische Teilschwingungen gewinnen. Sie bestehen aus der Grundschwingung f_0 und den Oberschwingungen f_1, f_2, usw. mit den Amplituden $\widehat{p}_0, \widehat{p}_1, \widehat{p}_2$.... Die tiefste Frequenz f_0 bestimmt die Klanghöhe, das Zusammenwirken von $\widehat{p}_0, \widehat{p}_1, \widehat{p}_2$ die Klangstärke. Der hierfür maßgebende Effektivwert, entsprechend der Gl. (2.210), hat die Größe

$$\widetilde{p} = \frac{1}{\sqrt{2}} \sqrt{\widehat{p}_0^2 + \widehat{p}_1^2 + \widehat{p}_2^2 + \ldots} \tag{2.227}$$

Die Darstellung des Ergebnisses dieser Fourier-Analyse im sog. Amplituden-Frequenzspektrum führt zu einem diskreten Spektrum bzw. Linienspektrum, das im Falle eines Einzeltones aus nur einer Linie besteht, s. Abb. 2.55.

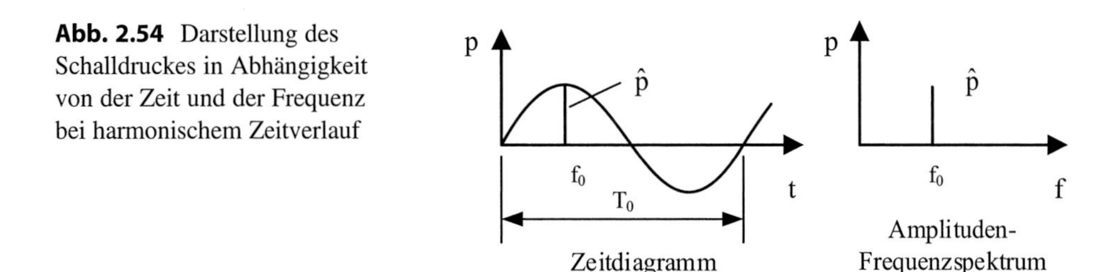

Abb. 2.54 Darstellung des Schalldruckes in Abhängigkeit von der Zeit und der Frequenz bei harmonischem Zeitverlauf

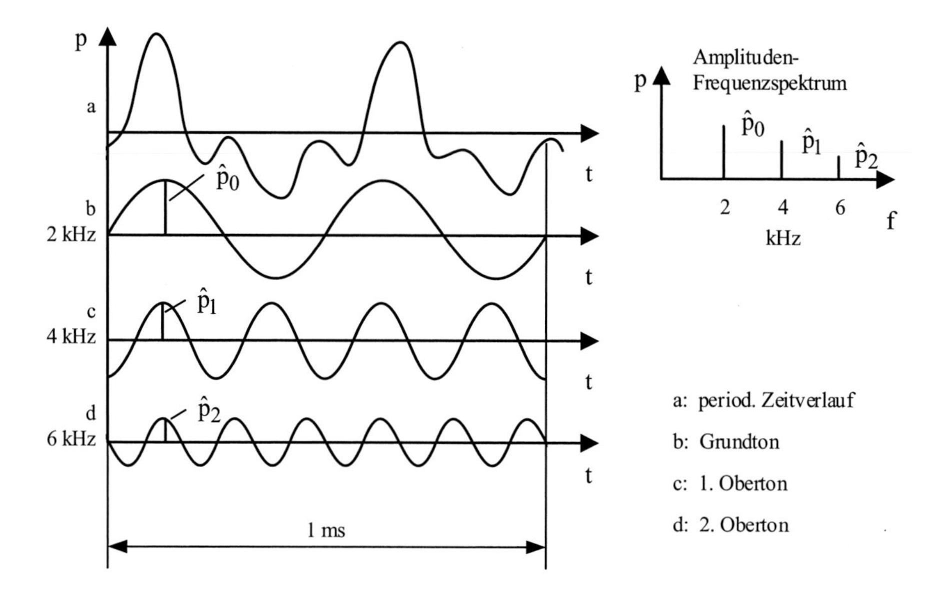

Abb. 2.55 Zeitverlauf und Frequenzspektrum einer periodischen Funktion [7]

2.7.2 Regelloser, stochastischer Zeitverlauf, allgemeines Rauschen

Es handelt sich hier um einen regellosen, stochastischen Zeitverlauf, z. B. Reibungsvorgänge. In Abb. 2.56 ist schematisch das Zeitdiagramm einer physikalischen Größe, z. B. den Schalldruck p(t), dargestellt, in dem keine Perioden zu erkennen sind. Das zugehörige Frequenzspektrum ist, im Gegensatz zum Linienspektrum periodischer Vorgänge, ein kontinuierliches Spektrum. Das Frequenzspektrum ist breitbandig verteilt. Das bedeutet, es können keine Amplituden wie beim diskreten Spektrum angegeben werden, sondern es muss eine auf die Frequenz bezogene Amplitudendichte p'(f) aufgetragen werden.

Bei der Darstellung solcher stochastisch stationären Zeitverläufe p(t) können verschiedene Wege beschritten werden:

a) ***Einwert-Messverfahren***

Man stellt für die Beobachtungszeit T den linearen zeitlichen Mittelwert einer physikalischen Größe, z. B. den Schalldruck $\overline{p}$ und die zugehörige Streuung oder Standardabweichung σ fest. Beide Größen kennzeichnen bei annähernder Gaußscher Verteilung der Abweichungen den stochastischen Vorgang sehr gut. Dabei ist allgemein definiert:

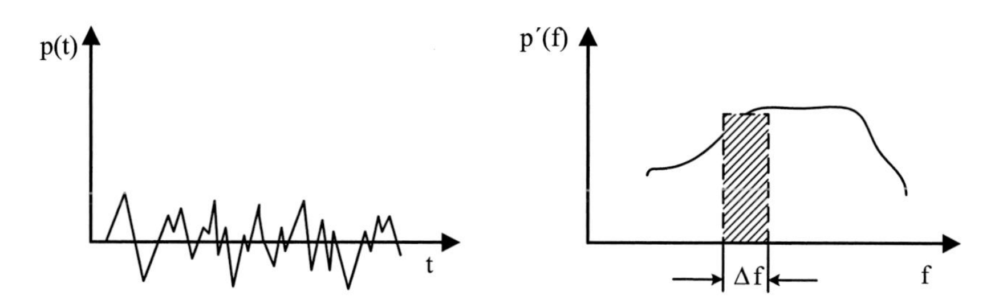

Abb. 2.56 Regelloser, stochastischer Vorgang im Zeit- und Frequenzdiagramm

$$\overline{p} = \frac{1}{T} \int_0^T p(t)\, dt \tag{2.228}$$

$$\sigma = \pm\sqrt{\frac{1}{T} \int_0^T (p(t) - \overline{p})^2 dt} \tag{2.229}$$

Darüber hinaus gehören zu dem gleichen zeitlichen Verlauf der Effektivwert nach Gl. (2.227)

$$\widetilde{p} = \sqrt{\frac{1}{T} \int_0^T p^2(t) \cdot dt} \tag{2.230}$$

und der quadratische Mittelwert

$$\overline{p}^2 = \frac{1}{T} \int_0^T p(t)^2\, dt. \tag{2.231}$$

Man erkennt daraus, dass die Standardabweichung σ mit dem Effektivwert übereinstimmen kann, wenn der zugehörige Mittelwert $\overline{p}$ zu Null wird. Diese Voraussetzung ist aber beim Luftschall gegeben, da ja nur der Schallwechseldruck, der dem statischen Luftdruck überlagert ist, gemessen wird.

Man kann daher auch ein stochastisches Schallereignis durch den Effektivwert $\widetilde{p}$ des Schallwechseldruckes kennzeichnen. Der Effektivwert $\widetilde{p}$ der stochastischen Zeitfunktion sowie der Effektivwert $\widetilde{p}$ einer periodischen Zeitfunktion können aus dem eingangs genannten elektrischen Signal des Kondensatormikrophons durch eine zusätzliche, elektrische Schaltung analog gewonnen werden. Ein Effektivwert-Detektor quadriert, bildet einen zeitlichen Mittelwert und radiziert, gemäß Abb. 2.57 [34].

Schließlich lässt sich der Effektivwert $\widetilde{p}$ elektrisch noch weiter verarbeiten, z. B. logarithmieren. An einem Zeigerinstrument oder Schreibgerät kann dies dann zur Anzeige gebracht werden. Die Anzeige ist das Ergebnis eines Einwert-Messverfahrens, dessen vereinfachtes Blockschaltbild (Schallpegelmesser) in Abb. 2.58 dargestellt ist, s. auch Kap. 4.

Die Mittelwertbildung erfordert natürlich einen gewissen Zeitausschnitt aus der Zeitfunktion (Integrationszeit T). Innerhalb dieser Zeit ist keine weitere zeitliche Auflösung für p(t) möglich. Der quadratische Mittelwert wird mit einer Zeitkonstanten τ der R-C-Schaltung gebildet, die für eine Stellung „Fast" (schnell) 125 ms und für eine Stellung „Slow" (langsam) 1000 ms beträgt. Die Stellung „Fast" erlaubt, nicht zu stark schwankenden Zeitabläufen zu folgen. Die Stellung „Slow" besitzt eine trägere Empfindlichkeit und liefert bei schnelleren Zeitänderungen, die man in der Stellung „Fast" nicht mehr korrekt ablesen kann, wenigstens einen brauchbaren Mittelwert (besonders geeignet zur Ermittlung von Schallleistungen). Die Anforderungen an Schallpegelmesser sind in den Normen DIN EN61672-1 und DIN 45657 festgelegt [35, 36].

b) ***Mehrwert-Messverfahren (spektrales Analysierverfahren)***

Das spektrale Analysierverfahren (Mehrwert-Messverfahren) besitzt sicherlich eine größere Aussagekraft, und gerade im Bereich der Akustik ist die spektrale Betrachtungsweise im Hinblick auf die Physiologie des Hörvorganges besonders nützlich.

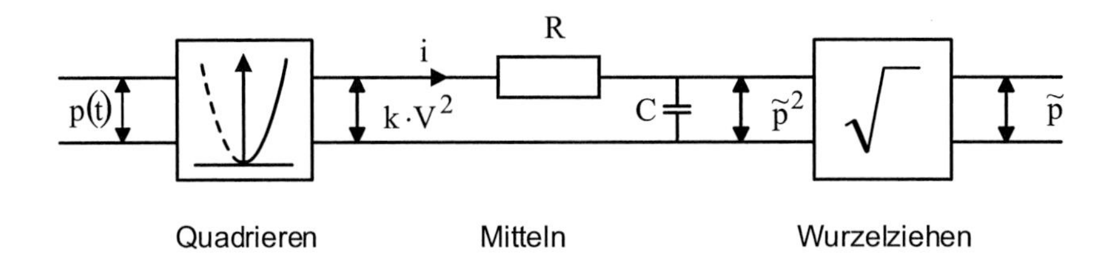

Abb. 2.57 Schematische Darstellung eines Effektivwert-Detektors. $\tau = 125$ ms für dynamische Gesamteigenschaft F (Fast). $\tau = 1000$ ms für dynamische Gesamteigenschaft S (Slow). $\tau = 35$ ms für dynamische Gesamteigenschaft I (Impuls)

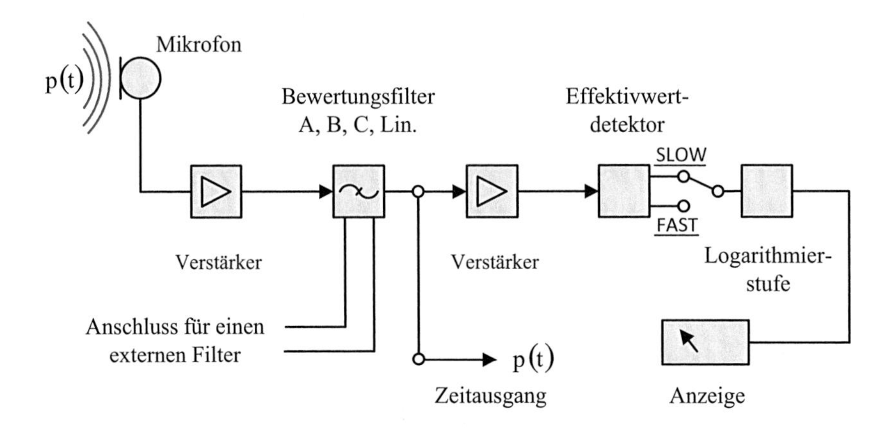

Abb. 2.58 Vereinfachtes Schaltbild eines Schallpegelmessers

Aber auch bei der Bekämpfung des Lärmes, beispielsweise einer zu lauten Maschine, kann das Spektrum Auskünfte darüber geben, welche Frequenzbereiche besonders herausragen und welche Störquellen an der Maschine dafür verantwortlich zu machen sind. Zur Durchführung der Analyse muss das Geräusch über einen längeren Zeitraum stationär sein. Im anderen Falle ist eine Registrierung mit einem Analog-Magnetbandgerät oder einem DAT-Rekorder zweckmäßig. Für die praktische und schnelle Handhabung sind Analysierverfahren entwickelt worden, bei denen der zu untersuchende breitbandige Vorgang einer größeren Anzahl fest eingebauter Filter gleichzeitig zugeführt wird. Es werden ganze Frequenzbereiche ausgelöscht und nur die schmalen anwählbaren Frequenzbereiche Δf der einzelnen Filter durchgelassen. Diese Bereiche können eine absolute oder eine relative Breite besitzen. Für praktische Messungen sind vor allem die Analysiergeräte mit konstanter relativer Bandbreite von Vorteil. Dabei versteht man unter der relativen Bandbreite eines Filters die Größe, s. Gl. (2.223) und (2.226):

$$b = \frac{f_2 - f_1}{f_m} \cdot 100\,\%$$

Hierbei sind f_1 und f_2 die beiden Eckfrequenzen des Filters und $f_m = \sqrt{f_1 \cdot f_2}$ seine Mittenfrequenz. Oktavbänder besitzen gemäß Definition eine konstante relative Bandbreite nach Gl. (2.232).

$$b_{Okt} = \frac{2 \cdot f_1 - f_1}{\sqrt{2} \cdot f_1} \cdot 100\,\% = 70{,}7\% \qquad (2.232)$$

Die in Abb. 2.52 aufgetragene Oktavleiter entspricht dieser Oktavfilterung, die angeschriebenen Frequenzen sind dann die Mittenfrequenzen $f_{m_{Okt}}$ der Oktavbänder.

Terzbänder besitzen gemäß Definition eine konstante relative Bandbreite $b_{Tz} = 23{,}2\,\%$ der Terz-Mittenfrequenz, s. Gl. (2.226). Weiterhin sind noch für schmalbandige Analysen konstante relative Bandbreiten von $b_S = 3$ bis $6\,\%$ üblich. Die zugehörigen Terz- bzw. Schmalbandleitern sind durch die entsprechenden Mittenfrequenzen $f_{m_{Tz}}$ bzw. f_{m_s} gekennzeichnet. Bei der Darstellung wird nun anstelle des Gesamtschalldrucks das Schalldruckspektrum in Oktav-, Terz- oder Schmalbändern dargestellt. Dabei wird anstelle der Amplitudendichte p' bzw. der Intensitätsdichte I' der aus der jeweiligen Bandbreite resultierende Effektivwert ermittelt und über der dazugehörigen Mittenfrequenz ($f_{m_{Okt}}$, $f_{m_{Tz}}$, f_{m_s}) aufgetragen.

Ebenso lässt sich auch die Schalleistung als Schalleistungsspektrum, speziell als Oktav- und Terzspektrum, darstellen.

Zwischen dem Gesamtwert und dem Frequenzspektrum besteht noch ein einfacher Zusammenhang. Da bei der Frequenzanalyse immer nur die jeweiligen Filterbandbreiten durchgelassen werden, muss die Summe aller Intensitätsanteile gleich der Gesamtintensität sein, d. h.:

$$I_{ges} = \sum_{i=1}^{n} I_i \approx \sum_{i=1}^{n} \tilde{p}_i^2 \tag{2.233}$$

I_i, p_i Intensität bzw. Schalldruck der i-ten Filter

In den Tab. 2.7 und 2.8 sind die entsprechende Mitten- und Eckfrequenzen für Terz- und Oktavfilter angegeben [37].

Liegt in einem bestimmten Frequenzbereich Rauschen konstanter Leistungsdichte vor, so unterscheiden sich die zugehörigen Spektren gerade um das Verhältnis ihrer Bandbreiten. Für Oktav- und Terzspektren entspricht dies einem konstanten Verhältnis von 70,7 : 23,2. Mit Hilfe von Oktav-, Terz- und Schmalbandfiltern lassen sich auch periodische Funktionen, beispielsweise Einzeltöne, analysieren. Die Amplitude einer der Teilschwingungen f_i erscheint in allen drei Spektren mit dem gleichen Wert (Abb. 2.59 und 2.60).

In diesem Zusammenhang erscheint es zweckmäßig, von einem zu analysierenden Geräusch gleichzeitig eine Oktav- und eine Terzanalyse durchzuführen. Es lassen sich dann besonders deutlich die tonalen Anteile von den breitbandigen Frequenzbereichen unterscheiden.

Ein wichtiger Sonderfall des allgemeinen Rauschens stellt das so genannte *weiße Rauschen* dar. Bei diesem ist über der linearen Frequenzleiter im ganzen Frequenzbereich

Tab. 2.7 Mitten- und Eckfrequenzen vonTerzfiltern

f_m	**16**	**20**	**25**	**31,5**	**40**	**50**	**63**	**80**	[Hz]
$f_o = f_2$	17,8	22,4	28,8	35,5	44,7	56,2	70,7	89,1	[Hz]
$f_u = f_1$	14,1	17,8	22,4	28,8	35,5	44,7	56,2	70,7	[Hz]
f_m	**100**	**125**	**160**	**200**	**250**	**315**	**400**	**500**	[Hz]
$f_o = f_2$	112	141	178	224	282	355	447	562	[Hz]
$f_u = f_1$	89,1	112	141	178	224	282	355	447	[Hz]
f_m	**630**	**800**	**1000**	**1250**	**1600**	**2000**	**2500**	**3150**	[Hz]
$f_o = f_2$	708	891	1122	1413	1778	2239	2818	3548	[Hz]
$f_u = f_1$	562	708	891	1122	1413	1778	2239	2818	[Hz]
f_m	**4000**	**5000**	**6300**	**8000**	**10.000**	**12.500**	**16.000**	**20.000**	[Hz]
$f_o = f_2$	4467	5623	7079	8913	11.220	14.130	17.780	22.390	[Hz]
$f_u = f_1$	3548	4467	5623	7079	8913	11.220	14.130	17.780	[Hz]

Tab. 2.8 Mitten- und Eckfrequenzen vonOktavfiltern

f_m	**16**	**31,5**	**63**	**125**	**250**	**500**	[Hz]
$f_o = f_2$	22	44	88	177	355	710	[Hz]
$f_u = f_1$	11	22	44	88	177	355	[Hz]
f_m	**1000**	**2000**	**4000**	**8000**	**16.000**		[Hz]
$f_o = f_2$	1420	2840	5680	11.360	22.720		[Hz]
$f_u = f_1$	710	1420	2840	5680	11.360		[Hz]

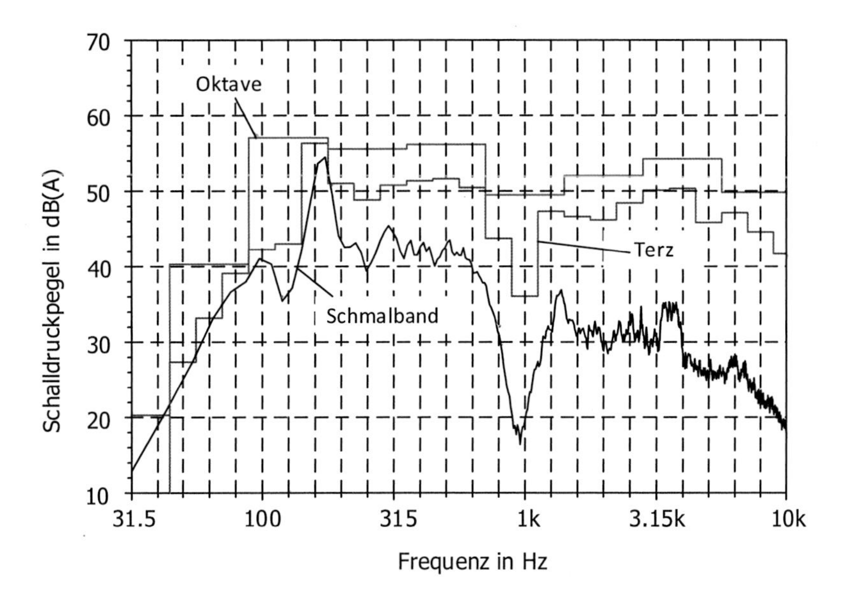

Abb. 2.59 Verschiedene Frequenzanalysen eines Geräusches mit schmalbandigen Komponenten

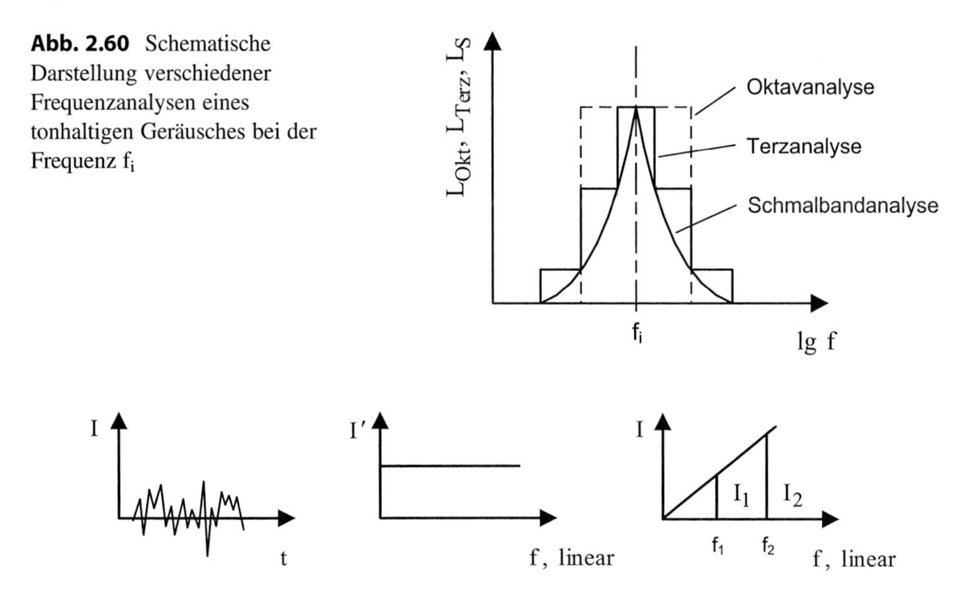

Abb. 2.60 Schematische Darstellung verschiedener Frequenzanalysen eines tonhaltigen Geräusches bei der Frequenz f_i

Abb. 2.61 Weißes Rauschen im Zeit- und Frequenzdiagramm

die Intensitätsdichte I′ konstant, d. h., die Intensität selbst wächst linear mit der Frequenz f (Abb. 2.61). Entsprechende Geräte sind die Rauschgeneratoren, mit denen solche Spektren elektronisch erzeugt werden.

Das weiße Rauschen dient vor allem als definiertes und reproduzierbares Standardgeräusch bei akustischen Untersuchungen. Es werden dabei aus dem weißen Rauschen meistens Oktav- bzw. Terzbänder herausgefiltert und abgestrahlt. Bei konstanter Intensitätsdichte I′ nimmt dann der Pegel bei der Oktavfilterung um 3 dB je Oktave (entspricht 10·lg 2), bei der Terzfilterung um 1 dB je Terz (1/3·10·lg 2) zu. Will man also mittels eines Rauschgenerators bei fest eingestellter Intensitätsdichte Terzbänder mit gleichen Pegeln abstrahlen, muss eine Pegeldämpfung von 3 dB/Oktave zugeschaltet werden. Ein derartig abnehmendes Spektrum nennt man auch*rosa Rauschen*.

2.7.3 Kurzzeitige Messgrößenänderungen, Impulswirkung

Es handelt sich hierbei um kurzzeitige, instationäre Vorgänge mit transientem oder stoßartigem zeitlichem Verlauf [19, 38, 39].

Durch die Untersuchung dieser Vorgänge mit Hilfe der Fourier-Analyse lässt sich zeigen, dass zu impulsartigen Zeitverläufen ebenfalls ein kontinuierliches Frequenzspektrum gehört. Hierzu wird die Fouriersche Reihenentwicklung der diskreten Frequenzen und Amplituden durch den Grenzübergang für T von $-\infty$ *bis* $+\infty$ in das sog.Fourier-Integral F(f), eine Funktion von f, überführt. Es ist:

$$F(f) = \int_{-\infty}^{+\infty} \mathrm{F}(t) \cdot e^{-\mathrm{j}\,2\pi\,\mathrm{f}\,\mathrm{t}}\,\mathrm{dt} \tag{2.234}$$

Hierbei ist z. B. F(t) die Zeitfunktion eines Kraftimpulsvorganges und f die betrachtete Frequenz.

In der Gl. (2.234) ist F(f) das Fourier-Spektrum der Kraftfunktion oder die Spektralfunktion des Stoßes. Der Betrag der Spektralfunktion |F(f)| gibt die Amplitudendichte der gemessenen Zeitfunktion des Stoßes über dem ganzen Frequenzbereich an. Die Darstellung liefert das sog. Impulsspektrum. Das Quadrat des Absolutbetrages, also $|F(f)|^2$, führt zur spektralen Leistungsdichte w(f), die unmittelbar mit dem Effektivwert verknüpft ist. Die spektrale Leistungsdichte ist wie folgt definiert [38, 40]:

$$w(f) = \lim_{T\to\infty} \frac{1}{2} \cdot \frac{|F(f)|^2}{T} \tag{2.235}$$

Der Effektivwert F_{eff} der Zeitfunktion F(t) lässt sich dann wie folgt berechnen:

$$F_{\mathrm{eff}}{}^2 = \lim_{T\to\infty} \frac{1}{T} \int_0^T F(t)^2 \cdot \mathrm{dt} = \lim_{T\to\infty} \frac{1}{2\mathrm{T}} \int_0^\infty |F(f)|^2 \cdot \mathrm{df} = \int_0^\infty w(f) \cdot \mathrm{df} \tag{2.236}$$

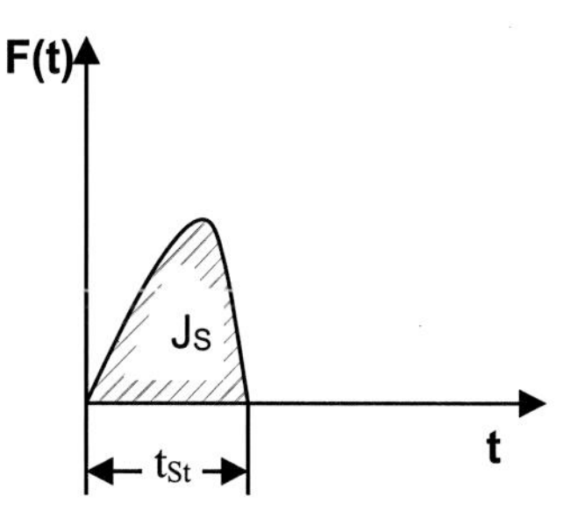

Abb. 2.62 Darstellung eines Stoßvorganges

mit

$$|F(f)| = \left| \int_0^{t_{St}} \mathrm{F}(t) \cdot e^{-\mathrm{j}2\pi\ \mathrm{f\ t}} \cdot \mathrm{dt} \right| \tag{2.237}$$

Bei der praktischen Schmalbandanalyse besitzen die Filter eine endliche Bandbreite Δf. Das Quadrat des Effektivwertes $F_{eff,\ \Delta f}{}^2$ bei der Filtermittenfrequenz f_m ist dann wie folgt definiert:

$$F_{\mathrm{eff},\Delta\mathrm{f}}{}^2 = \Delta\mathrm{f} \cdot \overline{w(f)} \tag{2.238}$$

Die in Gl. (2.238) angegebene Leistungsdichte $\overline{w(f)}$ stellt einen Mittelwert über das Frequenzband Δf dar.

Für Stoß- und Schlagvorgänge ist die Zeitfunktion nur von 0 bis t_{St} definiert (Abb. 2.62) Der Stoß- oder Impulsstärke entspricht das Flächenintegral nach Gl. (2.196):

$$J_S = \int_0^{t_{St}} F(t)\, dt. \tag{2.239}$$

Zur weiteren Erörterung nicht periodischer Vorgänge mit Impulscharakter werden einige Beispiele derStoßerregung behandelt.

Rechteckimpuls

$$|F(f)| = \left| \int_{-\frac{t_{St}}{2}}^{+\frac{t_{St}}{2}} F_{\max} \cdot e^{-\mathrm{j}2\pi\ \mathrm{f\ t}}\, \mathrm{dt} \right| \tag{2.240}$$

Mit $J_S = F_{max} \cdot t_{St}$ erhält man mit Gl. (2.240) die Spektralfunktion für Rechteckimpuls:

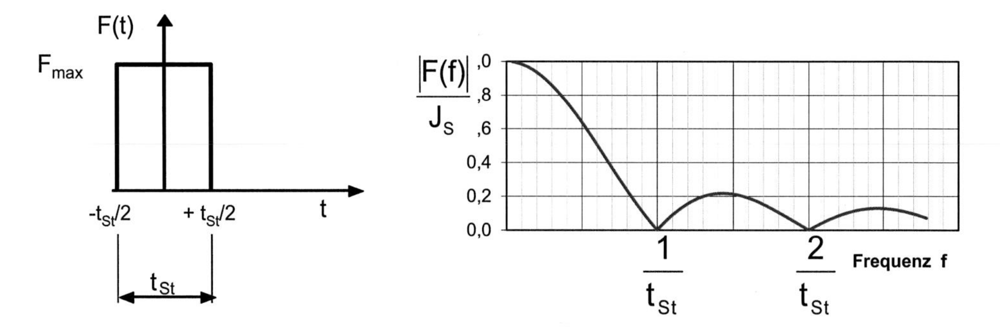

Abb. 2.63 Rechteckimpuls im Zeit- und Frequenzdiagramm

$$|F(f)| = J_S \left| \frac{\sin(\pi \cdot f \cdot t_{St})}{\pi \cdot f \cdot t_{St}} \right| \tag{2.241}$$

In Abb. 2.63 ist das Zeit- und Frequenzdiagramm des Rechteckimpulses dargestellt.

Nadelimpuls (Diracstoß)

Der Nadelimpuls geht aus dem Rechteckimpuls hervor, Abb. 2.64.

$$|F(f)| = J_S = konst. \tag{2.242}$$

Mit

$$t_{St} \Rightarrow 0$$

$$F_{max} \Rightarrow \infty$$

$$J_S = F_{max} \cdot t_{St} = endlich!$$

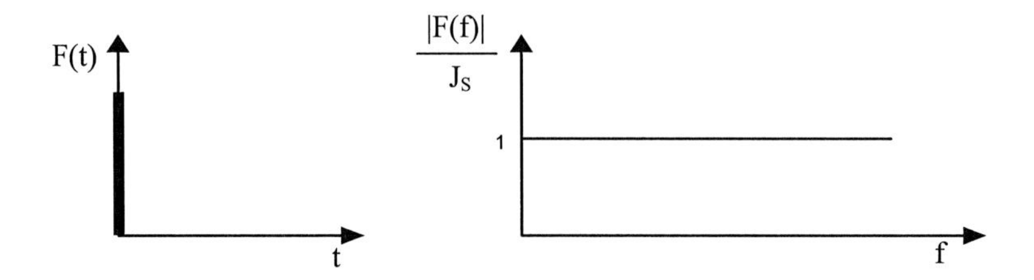

Abb. 2.64 Nadelimpuls im Zeit- und Frequenzdiagramm

Halbkosinusimpuls

Mit $F(t) = F_{max} \cdot \cos\left(\frac{\pi \cdot t}{t_{St}}\right)$ erhält man mit Gl. (2.239) die Impulsstärke:

$$J_S = \frac{2}{\pi} \cdot F_{max} \cdot t_{St}$$

Die Spektralfunktion ergibt sich dann mit Gl. (2.237):

$$|F(f)| = J_S \cdot \left| \frac{\cos(\pi \cdot f \cdot t_{St})}{1 - 4 \cdot f^2 \cdot t_{St}^2} \right| \tag{2.243}$$

In Abb. 2.65 ist das Zeit- und Frequenzdiagramm des Halbkosinusimpulses dargestellt.

Hieraus folgt, dass je kürzer bei einem Schlag oder Stoß die Einwirkungszeit t_{St} ist, umso breitbandiger ist die spektrale Verteilung der Anregung. Setzt man gleiche Impulsstärke J_S voraus, dann wird auch die Amplitude der Kraftanregung umso stärker sein, je kürzer die Einwirkungszeit t_{St} ist.

Zum besseren Verständnis ist im Abb. 2.66 das Frequenzdiagramm eines Rechteck- und eines Halbkosinusimpulses für $F_{max} = 10.000$ N und $t_{St} = 0{,}001$ s vergleichend gegenübergestellt. Im Abb. 2.67 ist das gleiche Frequenzdiagramm, auf die Impulsstärke J_S normiert, dargestellt.

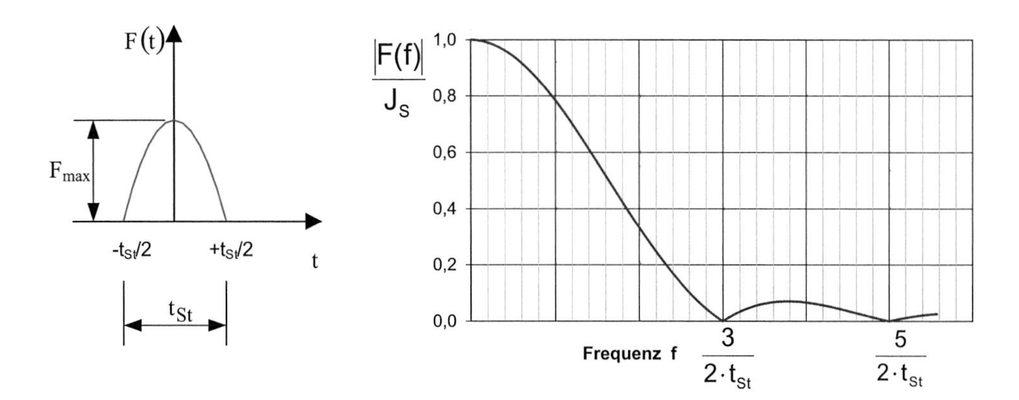

Abb. 2.65 Halbkosinusimpuls im Zeit- und Frequenzdiagramm

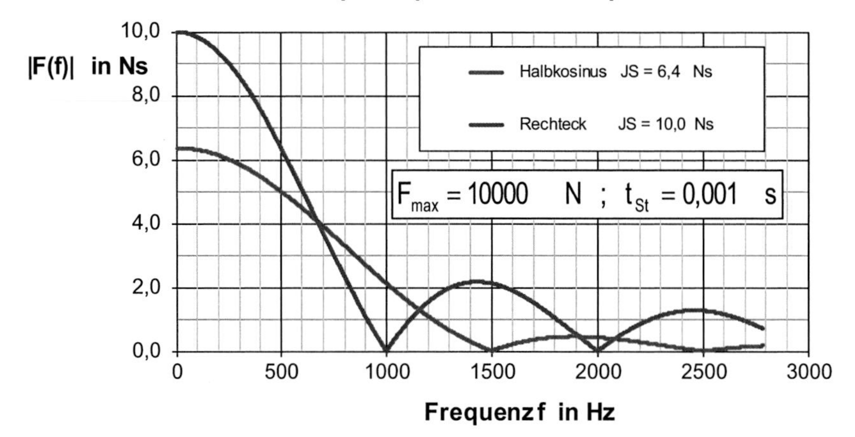

Abb. 2.66 Frequenzdiagramm eines Rechteck- und Halbkosinusimpulses

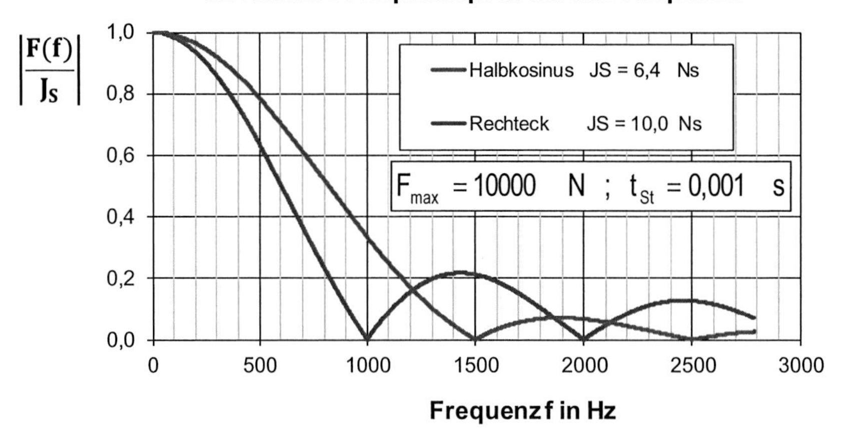

Abb. 2.67 Normiertes Frequenzdiagramm eines Rechteck- und Halbkosinusimpulses

Intermittierende Impulsvorgänge mit periodischer Folge

Falls die impulsartigen Schwankungen sich in kürzeren Zeitintervallen T wiederholen, handelt es sich um intermittierende Vorgänge. In Abb. 2.68 sind allgemein die zeitlichen und spektralen Verläufe intermittierender Vorgänge dargestellt.

Beispiele hierfür sind u. a. Pressen, Stanzautomaten, Zahneingriff eines Getriebes oder Pulsation eines Kolbenkompressors. Die zugehörigen Frequenzspektren sind grundsätzlich Linienspektren, der Abstand der einzelnen Amplituden hat die konstante Größe $\Delta f = 1/T$. Für rotierenden Maschinen mit rotierenden Rädern, die aus Schaufeln, Blätter oder Zähne aufgebaut sind, lässt sich T wie folgt berechnen:

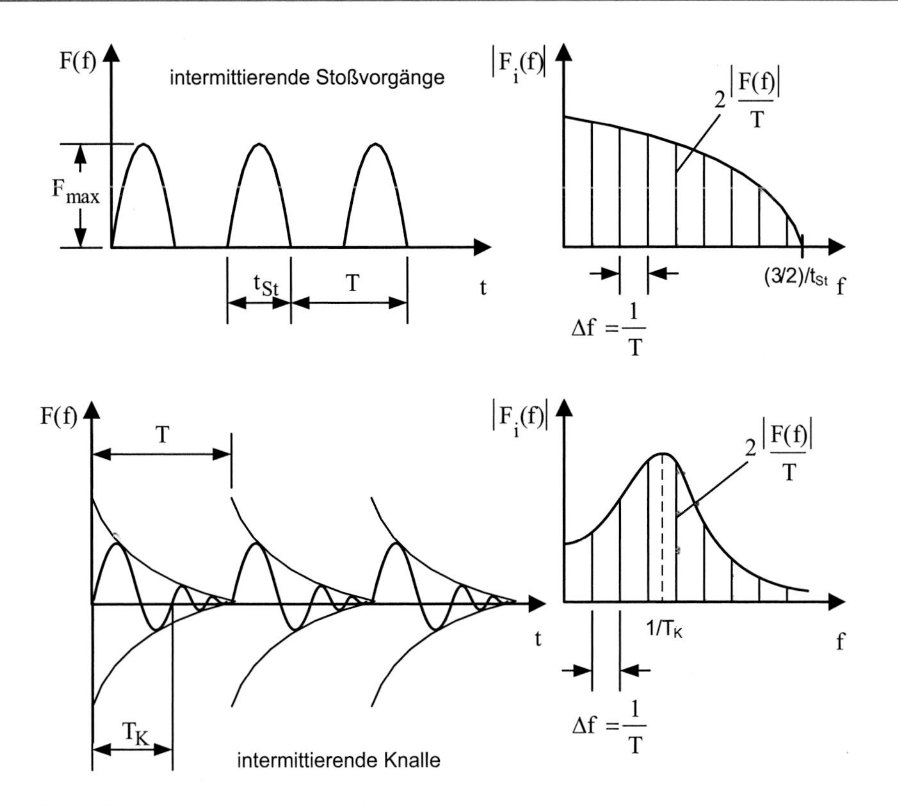

Abb. 2.68 Zeitlicher und spektraler Verlauf intermittierender Vorgänge

$$T = \frac{60}{n \cdot z}\ \text{s} \tag{2.244}$$

n Drehzahl in 1/min

z Anzahl der Schaufeln, Blattelemente oder Zähne auf dem Umfang

Nachfolgend werden am Beispiel von intermittierenden Halbkosinusimpulsen (Abb. 2.69) die Zusammenhänge erläutert.

Das Spektrum $|F(f)|$ des Einzelimpulses bestimmt die Hüllkurve des Linienspektrums, die Teilamplituden $F_i(f)$ haben die Größe [1, 40]:

$$|F_i(f)| = \frac{2}{T}\left|\int_0^T F(t) \cdot e^{-j2\pi \cdot f_i \cdot t}\, dt\right| = 2 \cdot \frac{|F(f)|}{T} \tag{2.245}$$

Mit den Gl. (2.243) folgt aus (2.245):

$$|F_i(f)| = 2 \cdot \frac{|F(f)|}{T} = \frac{2 \cdot J_S}{T} \cdot \left|\frac{\cos(\pi \cdot f_i \cdot t_{St})}{1 - 4 \cdot f_i^2 \cdot t_{St}^2}\right| \tag{2.246}$$

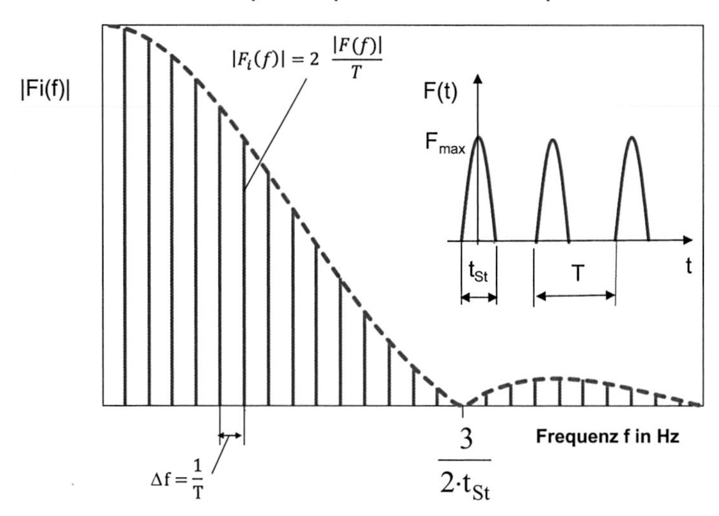

Abb. 2.69 Zeitlicher und spektraler Verlauf intermittierender Halbkosinusimpulse

Mit

$$f_i = \frac{i+1}{T}\,\text{Hz}\; i = 0,1,2,3\ldots.. \tag{2.247}$$

Für $i = 0$ ergibt sich, je nach Anwendungsfall, Stoß-, Zahn-, oder Pulsationsfrequenz. Für $i > 1$ erhält man der Harmonischen der Stoß-, Zahn-, oder Pulsationsfrequenz f_i.

Man erkennt auch hier, dass sich mit kleinerer Stoßdauer t_{St} des Einzelstoßes der Frequenzbereich nach rechts zu höheren Frequenzen ausweitet (Abb. 2.69).

Das Quadrat des Stoßkraftanteils $|F_{\Delta f}|^2$ einer bestimmten Bandbreite Δf des Spektrums lässt sich dann wie folgt berechnen:

$$|F_{\Delta f}|^2 = \sum |F_i(f)|^2 = N \cdot |F_i(f)|^2 \tag{2.248}$$

Die durch den Stoß erzeugte Schnelle $v_i(f)$ der Struktur bei der Frequenz f erhält man durch die Division der Kraftamplitude $|F(f)|$, nach Gl. (2.249), durch die Eingangsimpedanz der Erregerstelle $Z_e(f)$:

$$|v_i(f)| = \left|\frac{F_i(f)}{Z_e(f)}\right| \tag{2.249}$$

Beispiel

Ein mechanisches Hammerwerk der Schlagfrequenz $f_0 = 1/T$, schlägt mit der Masse m des Einzelhammers mit der Aufschlaggeschwindigkeit v_H auf eine harte Oberfläche. Gesucht ist u. a. der Effektivwert des Schlagkraftanteils $F_{eff,\,Terz}$, der auf eine Terz-

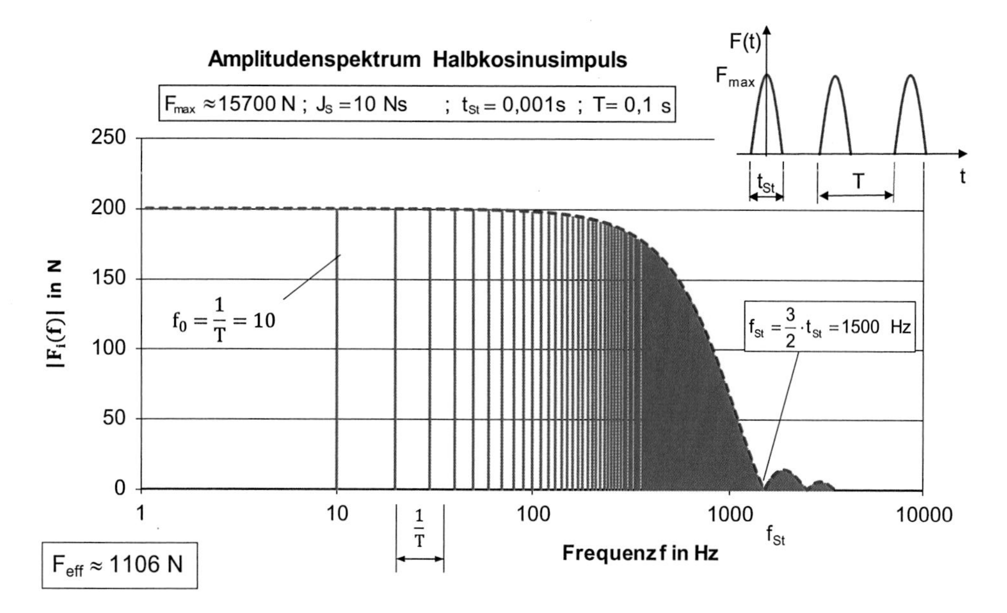

Abb. 2.70 Linienspektrum von intermittierenden Halbkosinusimpulsen nach der Gl. (2.245)

bandbreite entfällt. Hierbei wird angenommen, dass es sich um einen idealen Stoß mit einer Folge von Halbkosinusimpulsen handelt, s. Abb. 2.70.

$$\mathrm{m} = 10\,\mathrm{kg}; \mathrm{v_H} = 1{,}0\,\mathrm{m/s}; \mathrm{t_{St}} = 0{,}001\,\mathrm{s};\ \mathrm{T} = 0{,}1\,\mathrm{s}; \mathrm{f_0} = 1/\mathrm{T} = 10\,\mathrm{Hz}$$

$$J_S = \int_0^{t_{St}} F(t)\,\mathrm{d}t = \frac{2}{\pi} \cdot F_{\max} \cdot t_{St} \approx m \cdot v_H = 10\mathrm{Ns}$$

$$F_{\max} = \frac{J_s \cdot \pi}{2 \cdot t_{St}} \approx \frac{m \cdot v_H \cdot \pi}{2 \cdot t_{St}} \approx 15.700N$$

Mit den Gl. (2.210) und (2.248) erhält man dann den Effektivwert des Schlagkraftanteils $\widetilde{F}_{Okt}$:

$$\mathrm{F_{eff,Terz}} \approx \frac{\sqrt{\sum |\mathrm{F_i(f)}|^2}}{\sqrt{2}} \approx \frac{\sqrt{\mathrm{N} \cdot |\mathrm{F_i(f)}|^2}}{\sqrt{2}} \approx |\mathrm{F_i(f)}| \cdot \sqrt{\frac{\mathrm{N}}{2}} \tag{2.250}$$

Dabei ist N die Anzahl der Teilamplituden innerhalb der Terzbandbreite $\Delta \mathrm{f_{Terz}}$. Hierbei wurde angenommen, dass die Teilamplituden in einem Terzband annährend konstant sind.

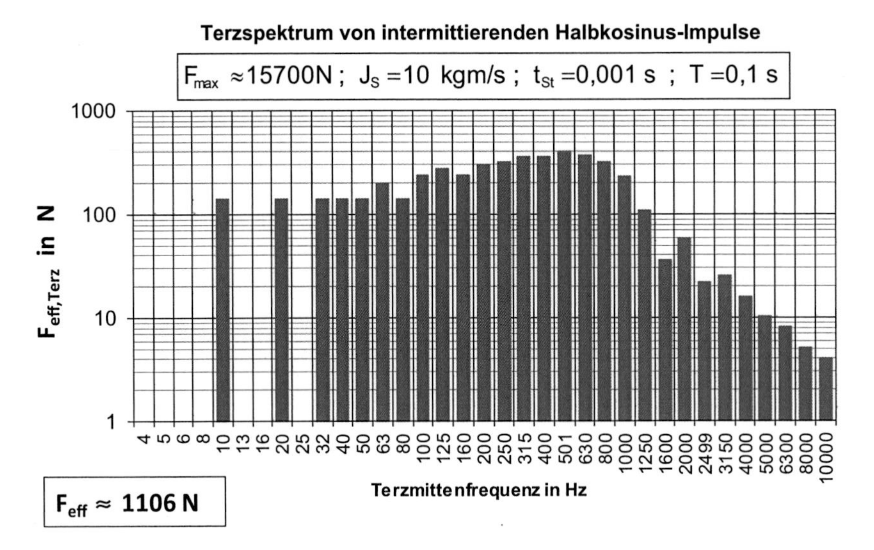

Abb. 2.71 Terzspektrum von intermittierenden Halbkosinusimpulsen nach der Gl. (2.250)

Mit

$\Delta f_{Terz} = f_{m,Terz} \cdot \frac{\sqrt[3]{2}-1}{\sqrt[6]{2}} \approx 0{,}23 \cdot f_{m,Terz}$, s. Gl. (2.226) und $N \approx \frac{\Delta f_{Terz}}{f_0}$

In Abb. 2.70 ist das Linienspektrum von intermittierenden Halbkosinusimpulsen nach der Gl. (2.246) grafisch dargestellt.

Wie bereits erwähnt ist das Frequenzspektrum von intermittierenden Impulsen grundsätzlich ein Linienspektrum, das durch die Grundfrequenz $f_0 = 1/T$ und ihre Harmonischen

$$f_i = (i+1) \cdot f_0 \; (i = 0, 1, 2, 3, 4, \ldots)$$

bestimmt wird.

Bezüglich der Resonanzanregung ist zu erwähnen, dass etwa die ersten 5 Frequenzen (Grundfrequenz und die ersten vier Harmonischen) als kritisch einzustufen sind. Mit zunehmender Frequenz nimmt die Amplitudendichte zu und das Spektrum hat eher einen breitbandigen Charakter. Dadurch bedingt ist auch die Wahrscheinlichkeit der Resonanzanregung geringer.

In Abb. 2.71 ist der Effektivwert des Terzspektrums von intermittierenden Halbkosinusimpulsen nach der Gl. (2.250) dargestellt.

2.7.4 AllgemeineGeräusche, Lärm

Die große Gruppe der allgemeinen Geräusche, wie sie vor allem in unserer technischen Umwelt auftreten, hat primär Rauschcharakter und ist demzufolge durch ein breitbandiges Spektrum gekennzeichnet. Das Frequenzverhalten lässt sich daher in die Gruppe der bisher

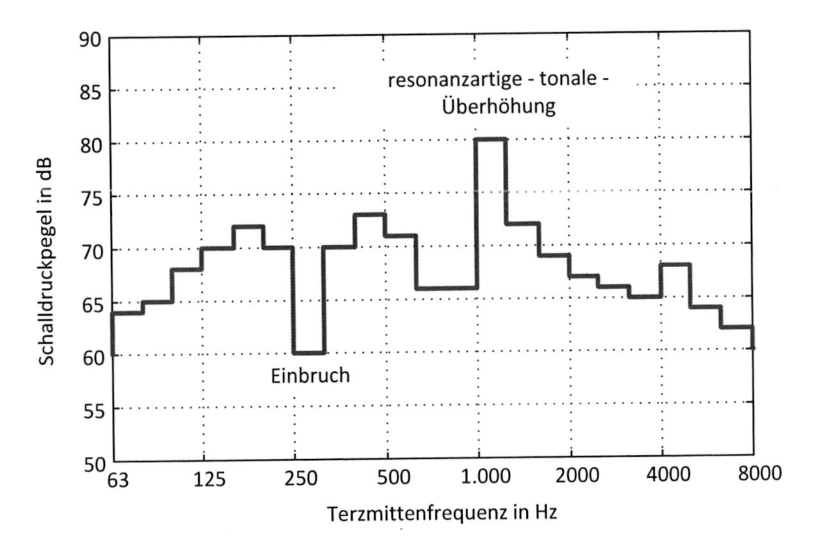

Abb. 2.72 Terzspektrum eines allgemeinen, technischen Geräusches

behandelten Spektren einordnen. Gleichzeitig können auch schmalbandige tonale Geräuschanteile mit resonanzartigen Überhöhungen abgestrahlt werden (Abb. 2.72). In dem zugehörigen Terzspektrum ragen dann aus dem sonst gleichmäßigen Verlauf schmale Terzbänder merklich heraus und übertreffen die beiden Nachbarterzen um mindestens 5 dB. Meist sind solche schmalbandigen Anteile störend, vor allem wenn sie in höheren Frequenzbereichen liegen. Umgekehrt können durch Abschwächung im Spektrum auch Einbrüche entstehen. Durch die Frequenzanalyse kann man u. a. die Ursache der Entstehung ermitteln.

Geräusche der hier beschriebenen Art sind im Allgemeinen unerwünscht. Man spricht bei ihnen von Lärm, wenn die Geräuschstärke störend wird.

2.8 Schallpegelgrößen

Der Bereich der in der praktischen Akustik auftretenden Intensitäten in W/m^2 ist mit ca. 12 Zehnerpotenzen außerordentlich groß. Entsprechend groß ist auch der Bereich der Schallwechseldrücke (Abb. 2.73). Diese Tatsache stellt einen der Gründe dar, die Intensität und den Druck zu logarithmieren. Das Ergebnis dieser Logarithmierung ist der *Schallpegel* L.

Allgemein ist der Pegel L als der 10-fache Logarithmus des Verhältnisses zweier Leistungsgrößen definiert (z. B. Leistung, Intensität) oder der 20-fache Logarithmus des Verhältnisses zweier Feldgrößen (Kraft, Spannung, Druck, Schnelle), die der Leistung proportional sind. Der Nenner des Verhältnisses stellt die sog. Bezugsgröße dar, die noch

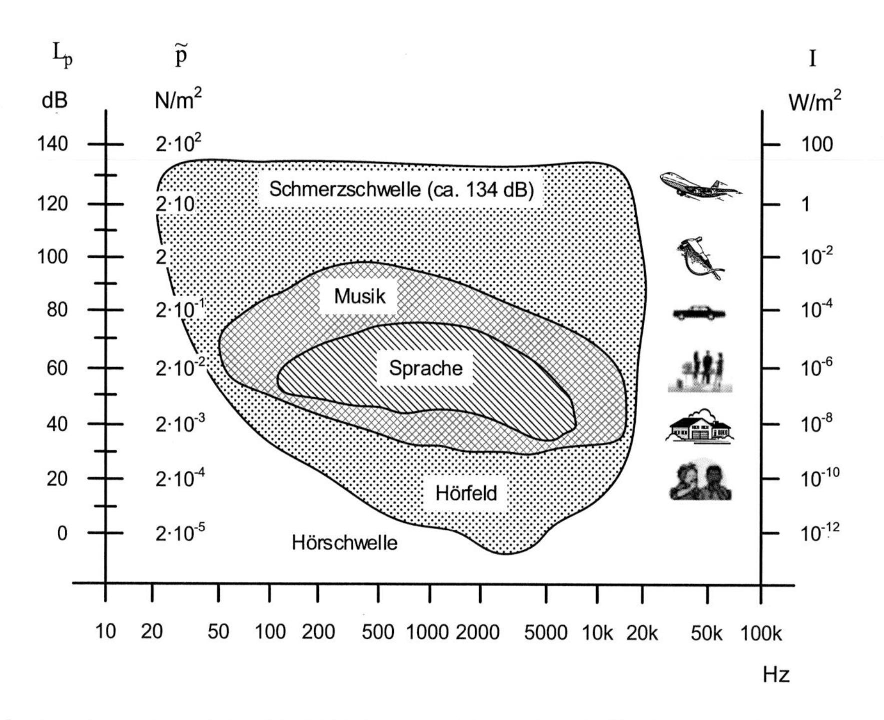

Abb. 2.73 Bereiche der Intensität, Effektivwert des Wechseldrucks $\widetilde{p}$ und des Schalldruckpegels L_p in der praktischen Akustik

zu definieren ist. Entsprechend seiner Definition ist der Pegel dimensionslos und wird in Dezibel, dB, angegeben.

In der Akustik sind u. a. derSchalldruckpegel L_p, der Schallschnellepegel L_v, der Schallintensitätspegel L_I, der Schallleistungspegel L_W und schließlich der Körperschall-Beschleunigungspegel L_a eingeführt. Im Einzelnen ist

$$L_p = 10 lg \frac{\widetilde{p}^2}{p_0^2} = 20 lg \frac{\widetilde{p}}{p_0} \, dB \qquad (2.251)$$

Hierin ist $\widetilde{p}$ der Effektivwert des Schalldruckes und p_0 der Bezugsschalldruck. Letzterer hat die definierte Größe 20 μPa = $2 \cdot 10^{-5}$ Pa und stellt den effektiven Schalldruck der menschlichen Hörschwelle bei 1000 Hz dar. Weiter ist

$$L_v = 10 lg \frac{\widetilde{v}^2}{v_0^2} = 20 lg \frac{\widetilde{v}}{v_0} dB \qquad (2.252)$$

Hierin ist $\tilde{v}$ der Effektivwert der Schallschnelle und v_0 die Bezugsschnelle. Letztere hat die definierte Größe 50 nm/s = $5 \cdot 10^{-8}$ m/s.

Weiter ist

$$L_I = 10lg\frac{I}{I_0}\ dB \tag{2.253}$$

Hierin ist I die Schallintensität und I_0 die Bezugsintensität mit der definierten Größe 1 pW / m^2 = 10^{-12} W/m^2.

Handelt es sich um ein ebenes Feld fortschreitender Schallwellen oder um das Fernfeld von Kugelschallwellen, so gelten die Gl. (2.213) und (2.213). Damit erhält man für die Bezugsimpedanz $Z_0 = p_0 / v_0 = 400$ Ns / m^2. Bei Verwendung der oben eingeführten Bezugsgrößen I_0, p_0, v_0 und Z_0 sind in ebenen und quasi-ebenen Schallfeldern die drei Pegelgrößen L_I, L_p und L_v einander gleich.

Im Falle, dass die Impedanz des ebenen Schallfeldes, $Z = \rho{\cdot}c$, nicht gleich der Bezugsimpedanz Z_0 ist, können die Pegelgrößen mit Hilfe eines Korrekturgliedes K_0 korrigiert werden, d. h.:

$$K_0 = -10lg\frac{Z}{Z_0}\ \mathrm{dB} \tag{2.254}$$

$$L_I = L_p + K_0\ \mathrm{dB} \tag{2.255}$$

$$L_I = L_v - K_0\ \mathrm{dB} \tag{2.256}$$

$$L_p = L_v - 2 \cdot K_0\ \mathrm{dB} \tag{2.257}$$

Für Luft lässt sich K_0 wie folgt berechnen:

$$K_0 = -10lg\frac{\rho \cdot c}{400}\ dB \tag{2.258}$$

Hierin sind $\rho{\cdot}c$ die Kennimpedanz der umgebenden Luft in Ns/m^3. Für praktische Anwendungen, vor allem bei der Schallausbreitung im Freien, kann $K_0 = 0$ gesetzt werden.

Der Beschleunigungspegel ist definiert als

$$L_a = 10lg\frac{\tilde{a}^2}{a_0^2} = 20lg\frac{\tilde{a}}{a_0}\ dB \tag{2.259}$$

Hierin ist $\tilde{a}$ der Effektivwert der Körperschallbeschleunigung und a_0 die Bezugsbeschleunigung. Sie ist frei wählbar und wird von Fall zu Fall definiert. Üblicherweise wird $a_0 = 10^{-6}$ m/s^2 gewählt. So entspricht z. B. 1 m/s^2 effektiv 120 dB.

Bei Körperschallproblemen wird in der Regel direkt der Beschleunigungspegel gemessen. Für die Feststellung des dadurch angeregten Luftschalls benötigt man aber den

Schnellepegel L_v. Er lässt sich aus dem gemessenen Beschleunigungspegel L_a wie folgt berechnen:

$$L_v = L_a + 20lg\frac{a_0}{v_0\,\omega}\,dB = L_a + 20lg\frac{a_0}{v_0} - 20lgf - 16\,dB \quad (2.260)$$

Schließlich ist der Schallleistungspegel definiert als

$$L_W = 10lg\frac{P}{P_0}\,dB \quad (2.261)$$

Hierin ist P_0 die Bezugsschalleistung mit der definierten Größe $P_0 = 1\ pW = 10^{-12}\ W$. Die Schallleistung bzw. der Schallleistungspegel charakterisieren besonders gut die Schallquelle und ihre Schallemission. Beide Größen sind invariant gegenüber den akustischen Eigenschaften der Umgebung der Schallquelle und gegenüber der Art der Ausbreitung der Schallenergie. Zwischen dem Schallleistungspegel L_W und dem Schalldruckpegel L_p besteht ein enger Zusammenhang, auf den noch besonders eingegangen wird (siehe Kap. 9).

2.8.1 Zusammenhang zwischen einer Schallintensitäts- bzw. Schalldruckänderung und einer Pegeländerung

Gegeben seien z. B. die Intensität I und der Wechseldruck p. Die zugehörigen Pegelgrößen sind:

$$L_I = 10lg\frac{I}{I_0}\,dB$$

$$L_p = 20lg\frac{\widetilde{p}}{p_0} = 10lg\left(\frac{\widetilde{p}}{p_0}\right)^2\,dB$$

Umgekehrt sei eine allgemeine Pegelgröße L gegeben. Die zugehörigen Größen lassen sich wie folgt berechnen:

$$I = I_0 \cdot 10^{\frac{L_I}{10}}$$

$$\widetilde{p}^2 = p_0^2 \cdot 10^{\frac{L_p}{10}}$$

$$\widetilde{p} = p_0 \cdot 10^{\frac{L_p}{20}}$$

Multipliziert man die Leistungsgröße I bzw. die Feldgröße $\widetilde{p}$ mit dem Faktor $n^{\pm 1}$, so lässt sich die zugehörige Pegeländerung ΔL (additiv) wie folgt berechnen:

Beispiele

a) Die Schallleistung P einer Geräuschquelle wird auf das Hundertfache verstärkt. Um wie viel erhöht sich ihr Leistungspegel L_W?

$$\Delta L_W = +10lg(100) = +20\ dB.$$

b) Die Verstärkung einer Spannung U ist 10^5-fach. Wie viel dB beträgt die Verstärkung?

$$\Delta L_U = +20lg(10^5) = +100\ dB.$$

Leistungsgrößen:		Feldgrößen:
Ausgang:		Ausgang:
$L_I = 10lg\frac{I}{I_0}\ dB$		$L_p = 20lg\frac{\tilde{p}}{p_0}\ dB$
$L_I + \Delta L = 10lg\frac{n^{\pm 1} \cdot I}{I_0}\ dB$		$L_p + \Delta L = 20lg\frac{n^{\pm 1} \cdot \tilde{p}}{p_0}\ dB$
$\Delta L = \pm\ 10\ \lg n\ \ dB$		$\Delta L = \pm\ 10\ \lg n\ \ dB$
n	ΔLin dB	ΔLin dB
2 Verdopplung 1/2 Halbierung	± 3	± 6
3 Verdreifachung 1/3 Drittelung	± 4,75	± 9,5
10, 1/10	± 10	± 20
100, 1/100	± 20	± 40
1000, 1/1000	± 30	± 60

Beispiele

a) Die Dämpfung einer Leistungsgröße beträgt 40 dB, wie vielfach ist diese Größe kleiner geworden?

$$n = 10^{\frac{-40}{10}} = \frac{1}{10.000}$$

b) Eine Spannungsverstärkung beträgt 60 dB, wie vielfach ist die Spannung größer geworden?

$$n = 10^{\frac{60}{20}} = 1000$$

Addiert man zu einem Pegel L den Wert $\pm \Delta L$, so wird die Leistungsgröße I, bzw. die Feldgröße p um den Faktor n vervielfacht. Der Faktor n lässt sich wie folgt berechnen:

Leistungsgrößen:		Feldgrößen:	
Ausgang:		Ausgang:	
$L_I = 10lg\frac{I}{I_0}\ dB$		$L_p = 20lg\frac{\tilde{p}}{p_0}\ dB$	
$L_I \pm \Delta L = 10lg\frac{n \cdot I}{I_0}\ dB$		$L_p \pm \Delta L = 20lg\frac{n \cdot \tilde{p}}{p_0}\ dB$	
$n = 10^{\pm\frac{\Delta L}{10}}$		$n = 10^{\pm\frac{\Delta L}{20}}$	
ΔLin dB	n	ΔLin dB	n
± 1	1,256 0,795	± 2	1,256 0,795
± 2	1,585 0,630	± 4	1,585 0,630
± 3	2 0,5	± 6	2 0,5
± 10	10 1 / 10	± 20	10 1 / 10
± 20	100 1 / 100	± 40	100 1 / 100
± 30	1000 1 / 1000	± 60	1000 1/ 1000

2.8.2 Pegeladdition,Summenpegel

Die Aufgabe ist hier die Addition mehrerer Pegelgrößen L_i, z. B. die Addition mehrerer Schalldruckpegelkomponenten L_p, in einem bestimmten Punkt eines zusammengesetzten Schallfeldes. Bei der Bildung des Summenpegels L_Σ dürfen jedoch die Einzelpegel L_i nicht einfach algebraisch addiert werden, vielmehr sind die zugehörigen Leistungsgrößen aufzusummieren zu $\sum \tilde{p}_i^2$, $\sum I_i$, $\sum \tilde{v}_i^2$ und $\sum \tilde{a}_i^2$. Es ist dann:

$$L_\Sigma = 10lg\frac{\Sigma\widetilde{p_i}^2}{p_0^2} = 10lg\frac{\Sigma I_i}{I_0} = 10lg\Sigma\ 10^{\frac{L_i}{10}}\ dB \tag{2.262}$$

Beispiele

a) Addition zweier Pegel L_1, L_2 in dB.

Es ist

$$L_\Sigma = L_{1+2} = 10lg\left(10^{\frac{L_1}{10}} + 10^{\frac{L_2}{10}}\right) dB$$
$$= 10lg\left[10^{\frac{L_1}{10}}\left(1 + \frac{1}{10^{\frac{L_1-L_2}{10}}}\right)\right] = L_1 + 10lg\left(1 + 10^{-0,1\cdot(L_1-L_2)}\right) dB \quad (2.263)$$

Es lässt sich also schreiben:

$$L_{1+2} = L_1 + \Delta L_K \quad (2.264)$$

$$\Delta L_K = 10lg\left(1 + \frac{1}{10^{\frac{L_1-L_2}{10}}}\right) = 10lg\left(1 + 10^{-0,1\cdot(L_1-L_2)}\right)dB \quad (2.265)$$

Hierbei ist ΔL_K der Korrekturpegel, der die Erhöhung von L_1 in dB angibt. Für $L_1 > L_2$ ist ΔL_K in Abb. 2.74 graphisch und numerisch dargestellt und kann zur vereinfachten Durchführung einer Pegeladdition verwendet werden.

Folgerung:

Bei der Pegeladdition zweier Einzelpegel ist die maximale Erhöhung 3 dB. Sie wird erreicht, wenn beide Pegel gleich groß sind. Bei steigender Differenz der zu addierenden Pegel wird die Erhöhung des größeren der beiden Pegel immer geringer, bei einem Unterschied von 10 dB beträgt die Zunahme nur noch 0,4 dB und kann dann meist vernachlässigt werden.

b) Bei der Addition n gleicher Pegel L lässt sich die allgemeine Pegelsumme (Gl. (2.262)) vereinfachen in

$$L_\Sigma = 10lg\left(n \cdot 10^{\frac{L}{10}}\right) = L + 10 \cdot lgn\ dB \quad (2.266)$$

Der Korrekturpegel ΔL_K ist hier $10\cdot lg$ n. Für n = 2 ist $\Delta L_K = 3$ dB, für n = 10 ist $\Delta L_K = 10$ dB.

c) Addition mehrerer, voneinander verschiedener Pegel L_i.

Den Summenpegel erhält man nach Gl. (2.262) z. B. mit Hilfe eines geeigneten Taschenrechners.

Beispiel

$$L_i = 68;70,5;72,5;77;75,5;71,5;68,5\ dB$$

$$L_\sum = 10 \cdot lg\left(10^{6,8} + 10^{7,05} + 10^{7,25} + 10^{7,7} + 10^{7,55} + 10^{7,15} + 10^{6,85}\right) = 81,5\ dB$$

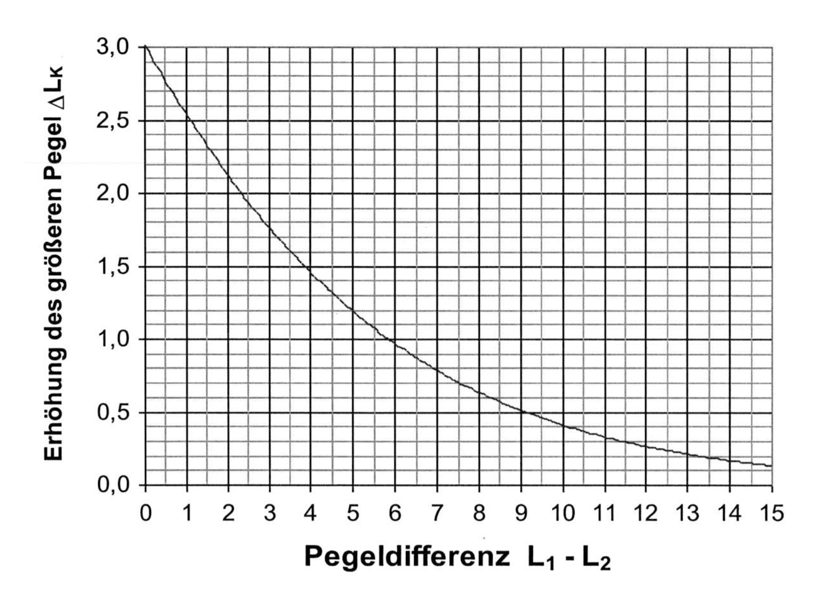

Abb. 2.74 Korrekturpegel ΔL_K in Abhängigkeit von der Pegeldifferenz $L_1 - L_2$ ($L_1 > L_2$)

2.8.3 Störpegel

Das Problem des Störpegels tritt in Erscheinung, wenn ein Pegel L_M durch Messung festgestellt werden soll, und dabei ein gleichzeitig und ständig wirkender Stör- oder Fremdpegel L_F, der nicht zu eliminieren ist, mit eingeht. Man misst zunächst den aus den Pegeln L_M und L_F sich einstellenden Gesamtpegel L_G als Summenpegel L_{M+F} anstelle des Pegels L_M allein. Die Größe von L_M in dB lässt sich aber aus den getrennt ermittelten Pegeln L_G und L_F (Letzterer ohne L_M) durch Differenzbildung bestimmen.

Die Pegeldifferenz wird analog zur Pegeladdition (siehe Abschn. 2.8.2) durchgeführt:

$$L_M = L_{G-F} = 10 \cdot lg\left(10^{\frac{L_G}{10}} - 10^{\frac{L_F}{10}}\right) = L_G - \Delta L_K \tag{2.267}$$

$$\Delta L_K = -10 \cdot lg\left(1 - \frac{1}{10^{\frac{L_G - L_F}{10}}}\right) = -10 \cdot lg\left(1 - 10^{-0,1 \cdot (L_G - L_F)}\right) \text{dB} \tag{2.268}$$

In Abb. 2.75 ist die Gl. (2.268) für praktische Anwendung graphisch dargestellt. Man erkennt hieraus, dass für $L_G - L_F \geq 10$ dB der Einfluss des Fremdpegels vernachlässigbar wird, d. h., L_G ist praktisch gleich L_M.

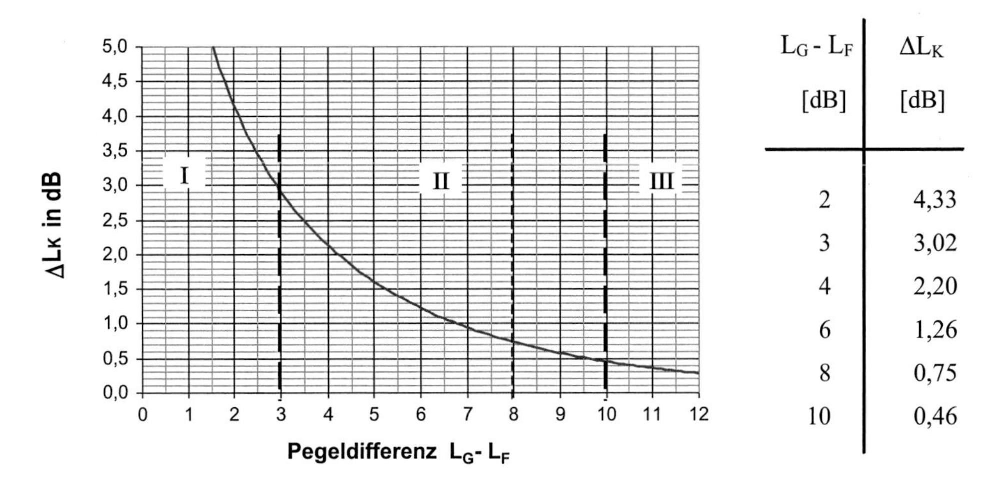

L_G - L_F [dB]	ΔL_K [dB]
2	4,33
3	3,02
4	2,20
6	1,26
8	0,75
10	0,46

Abb. 2.75 Korrekturpegel in Abhängigkeit vom Störpegelabstand. I Störpegel zu hoch, keine sinnvolle Messung möglich. II Einfluss des Störpegels kann mit Hilfe des Korrekturpegels berücksichtigt werden. III Einfluss des Störpegels kann vernachlässigt werden

Dagegen übertrifft für $L_G - L_F < 3$ dB der Fremdpegel L_F bereits den zu messenden Pegel L_M, so dass die hier praktizierte Berechnung von L_M aus einer Messung des Summenpegels nur sehr ungenau möglich ist. In [3] wird der Korrekturpegel mit K_1 bezeichnet.

2.8.4 Mittelwertbildung von verschiedenen, zeitlich konstanten Pegeln

Es mögen n gleichwertige Zahlengrößen L_i eines Pegels vorliegen, z. B. n Schalldruckpegelwerte L_p einer Rundummessung an einer Geräuschquelle. Die Zahlenwerte L_i sind im Allgemeinen nicht gleich. Resultieren die Unterschiede aus den üblichen stationären Streuungen, so ist es erlaubt, sie zu einem Mittelwert zusammenzufassen. Die korrekte Mittelwertbildung erfolgt entsprechend der Pegeladdition (siehe Abschn. 2.8.2) durch Mittelung der Leistungsgrößen, d. h., es wird die sog. energetische oder leistungsmäßige Pegelmittelung durchgeführt. Es ist also:

$$\left.\begin{aligned} \overline{L} &= 10lg\,\frac{\frac{1}{n}\sum I_i}{I_0} = 10lg\,\frac{\frac{1}{n}\sum \tilde{p}_i^2}{p_0^2}\,dB \\ &= 10lg\sum 10^{\frac{L_i}{10}} - 10lgn = L_\Sigma - 10lgn\,dB \\ &= 10lg\left(\frac{1}{n}\cdot\sum 10^{L_i/10}\right)dB \end{aligned}\right\} \tag{2.269}$$

Damit ist die energetische Mittelwertbildung auf den Summenpegel L_Σ zurückgeführt. Den Mittelwert $\overline{L}$ gewinnt man, indem man von dem Summenpegel 10 lg n in dB abzieht.

Beispiel

Für die sieben Pegelwerte des Beispiels von S. 76 wird der zugehörige Mittelwert zu $\overline{L} = 81{,}5 - 10 \lg 7 = 73{,}04$ dB errechnet.

Für zwei Pegelwerte ist, wie man aus der Gl. (2.269) leicht erkennt, der energetische Mittelwert höchstens um 3 dB kleiner als der größere der beiden Einzelpegel.

Das einfachste Verfahren zur Mittelung wäre natürlich die Feststellung des linearen oder arithmetischen Mittelwertes L_m der n Pegel L_i. Es ist:

$$L_m = \frac{1}{n} \sum L_i. \tag{2.270}$$

Dieses Verfahren ist grundsätzlich falsch und daher nur näherungsweise anwendbar. Im vorherigen Beispiel ist $L_m = 71{,}9$ dB < 73,04 dB. Der Fehler bleibt bei der linearen Mittelung unter 1 dB, wenn der Unterschied zwischen den am weitesten auseinander liegenden Pegeln L_i kleiner als 5 dB ist.

2.8.5 Mittelwertbildung zeitabhängiger Pegel

Bei der bisherigen Mittelwertbildung existierten alle Einzelpegel L_i gleichzeitig und änderten nicht ihre Größe während der Bestimmungszeit bzw. Messzeit. Es gibt aber auch Fälle, bei denen ein Pegel seine Größe während der Messzeit ändert, sei es regelmäßig, sei es unregelmäßig oder gar impulsartig. Auch in einem solchen Falle kann es nützlich sein, einen Mittelwert des Schallereignisses zu kennen. Es handelt sich dann um einen zeitlichen, über die Messzeit T konstant angenommenen Mittelwert, der die gleiche Wirkung hervorrufen soll, wie der zeitlich schwankende Pegel. Dieser Mittelwert wird dann als energieäquivalenter Pegel L_{eq} bezeichnet. L_{eq} ist wie folgt definiert [36, 38, 41]:

$$L_{eq} = 10lg \left[\frac{1}{T} \int_0^T 10^{\frac{L(t)}{10}} dt \right] dB \tag{2.271}$$

Beispiele

a) Während des Messvorganges T wirken in einzelnen Zeitabschnitten T_i verschieden große, abschnittsweise konstante Pegel L_i , insgesamt n Pegel L_i (Abb. 2.76). Zur Feststellung des Mittelungspegels L_{eq} gleicher Wirkung müssen nunmehr die Zeiten T_i mit berücksichtigt werden. Hält man dabei an der Energieäquivalenz fest, d. h., setzt man die quadratischen Größen des äquivalenten Pegels gleich dem Mittelwert für die gesamte Messzeit T, so wird [34]:

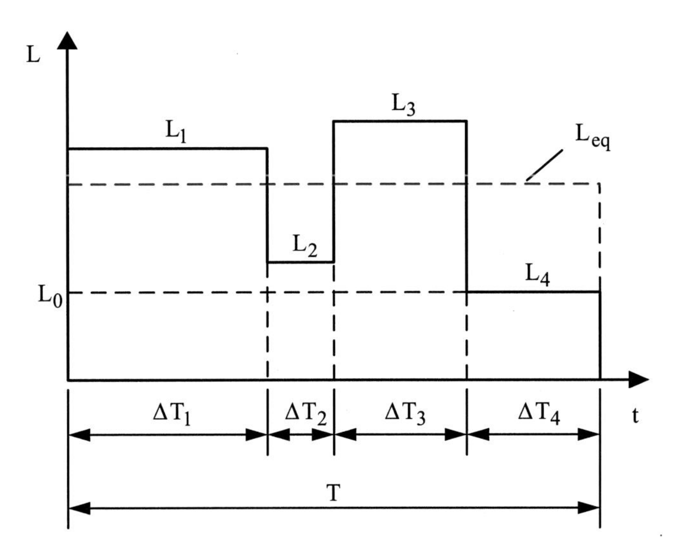

Abb. 2.76 Mittelwertbildung bei zeitlicher Änderung der Pegel

$$L_{eq} = 10lg\left[\frac{1}{T}\sum\left(10^{\frac{L_i}{10}}\cdot \Delta T_i\right)\right]\ dB \tag{2.272}$$

bzw.

$$L_{eq} = 10lg\left[\frac{1}{T}\frac{1}{I_0}\sum I_i\cdot \Delta T_i\right] = 10lg\left[\frac{1}{T}\frac{1}{p_0^2}\sum \widetilde{p}_i^2\cdot \Delta T_i\right]\ dB \tag{2.273}$$

Die Gl. (2.273) beschreibt den physikalischen Zusammenhang bezüglich der Einwirkung von verschiedenen Vorgängen (Energien!), die unterschiedlich lang wirksam sind. Für die praktische Anwendung wird in der Regel nur die Gl. (2.272) herangezogen.

$L_1 = 90$ dB, $L_2 = 80$ dB, $L_3 = 93$ dB, $L_4 = 78$ dB,
$\Delta T_1 = 3$ h, $\Delta T_2 = 1$ h, $\Delta T_3 = 2$ h, $\Delta T_4 = 2$ h,

$$T = \sum \Delta Ti = 8\,h$$

$$L_{eq} = 10\cdot lg\left[\frac{1}{T}\sum\left(10^{\frac{L_i}{10}}\cdot \Delta T_i\right)\right]$$

$$= 10\cdot lg\left[\frac{1}{8}\cdot\left(10^{9,0}\cdot 3 + 10^{8,0}\cdot 1 + 10^{9,3}\cdot 2 + 10^{7,8}\cdot 2\right)\right] = 89{,}6$$

Bei einer größeren Anzahl von Teilabschnitten erhält man L_{eq} durch numerische Rechnungen mit Hilfe von geeigneten Rechenprogrammen. Hierzu existieren auch integrierende Schallpegelmessgeräte, die die Mittelungen gerätetechnisch für eine frei wählbare Integrationszeit, z. B. 8 h, automatisch durchführen [36]. Für die Zeitabschnitte ΔT_i besteht auch die Möglichkeit, wesentlich kleinere Werte, z. B. 1 s „Slow", zu wählen.

b) Während einer kurzen Zeit steigt der Pegel rasch auf einen Maximalwert an und fällt ähnlich schnell wieder auf den Ausgangswert zurück. Findet dieser Vorgang während der Messzeit nur einige Male oder gar nur einmal statt, so wird man die Funktionskurve des Pegels L(t) durch eine flächengleiche Treppenkurve ersetzen (Abb. 2.77) und im Übrigen gemäß dem Beispiel a) weiter verfahren.

Schwankt jedoch während einer längeren Messzeit der Pegel sehr oft, so wird zur Ermittlung von L_{eq} ein Klassiergerät eingesetzt. Die Darstellung der Treppenkurve wird dann entweder durch Maximalwertzählung oder durch eine Stichprobenzählung erreicht.

Bei dem meist angewendeten Verfahren der Maximalwertzählung, auch Taktmaximalwert-Speicherverfahren genannt, werden die Messzeiten in Takte von 1 bis 5 s Dauer unterteilt (Abb. 2.78) und bei jedem Takt der Maximalpegel festgestellt, der einer bestimmten Pegelklasse zugeordnet wird, und die Häufigkeit aufaddiert.

Bei der energetischen Mittelung wird analog zur Gl. (2.272) der energieäquivalente Pegel L_{Teq} des Taktmaximalwertverfahrens wie folgt berechnet:

$$L_{Teq} = L_0 + 10lg\left[\frac{1}{N}\sum\left(10^{\frac{\Delta L_i}{10}}\cdot N_i\right)\right]dB \qquad (2.274)$$

L_0 die niedrigste Pegelklasse, z. B. 85 dB nach Abb. 2.79
ΔL_i Abstand der Pegelklassenmitte von L_0
N_i Anzahl der einzelnen Pegelklassen
N Gesamtzahl der Zählungen

Solche Mittelungen werden sinnvollerweise gerätetechnisch vorgenommen. Hierbei können u. a. verschiedene Pegelklassen in % der betrachteten Messzeit angegeben werden. Solche Pegelangaben werden auch als Perzentile bezeichnet:

Die wichtigsten Perzentile sind:

Pegel		Anteil während der Messzeit	Charakterisierung
$L_{0,1}$	%	0,1	seltene Maxima
L_1	%	1	häufige Maxima
L_{50}	%	50	mittlere Pegel
L_{95}	%	95	Grundgeräuschpegel

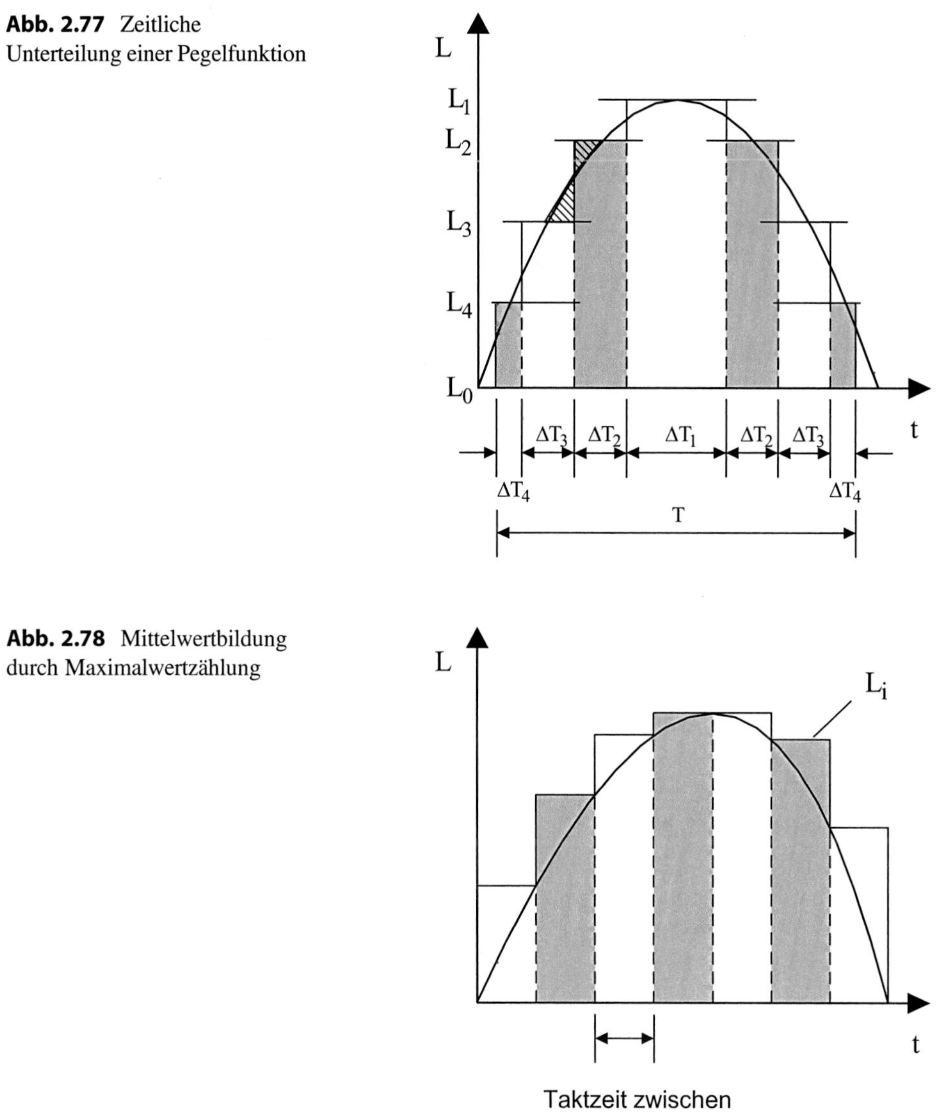

Abb. 2.77 Zeitliche Unterteilung einer Pegelfunktion

Abb. 2.78 Mittelwertbildung durch Maximalwertzählung

c) Als Anwendungsbeispiel soll der Mittelungspegel L_{eq} der in Abb. 2.79 dargestellten, über der Zeit schwankenden Pegel ermittelt werden. In diesem Abb. sind die unterste Pegelklasse 5 mit $L_0 = 85$ dB und die Klassen 6 bis 10 eingetragen. Die Klassenbreite beträgt 2,5 dB, die Taktzeit 1 s (Tab. 2.9).

$$L_0 = 85\text{ dB}$$

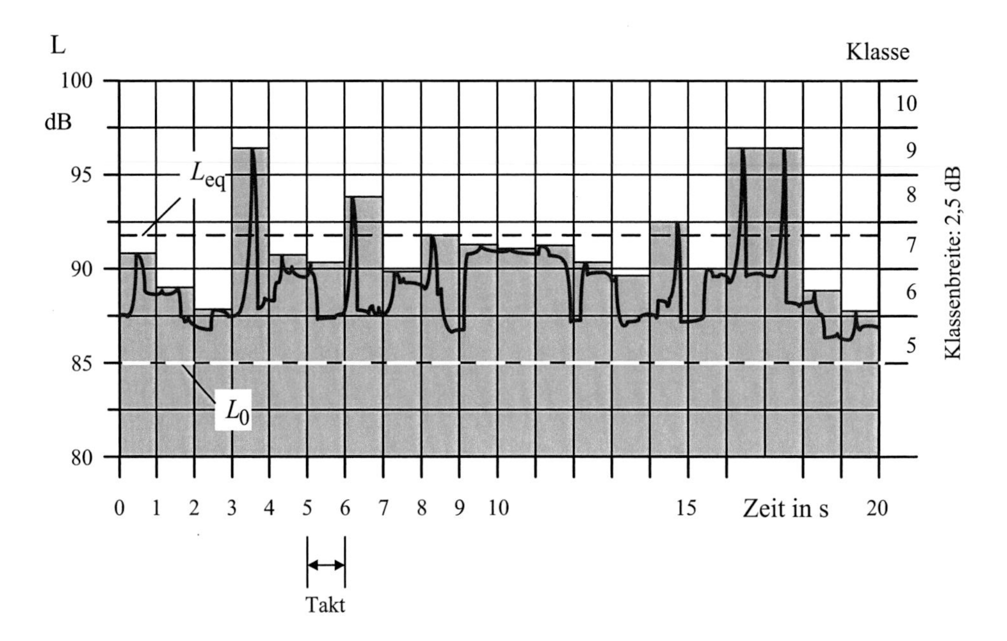

Abb. 2.79 Zeitlicher Verlauf eines schwankenden Pegels (Beispiel)

Tab. 2.9 Zusammenstellung der Ergebnisse für das Beispiel in Abb. 2.79

Pegelklassen Nr.	Pegel ΔL_i in dB	N_i	$10^{\Delta L_i/10} \cdot N_i$
9	11,25	3	40,01
8	8,75	1	7,50
7	6,25	9	37,95
6	3,75	7	16,60
5	1,25	0	0
		N = 20	102,06

$$L_{Teq} = L_0 + 10lg\left[\frac{1}{N}\sum\left(10^{\frac{\Delta L_i}{10}} \cdot N_i\right)\right] = 85 + 10 \cdot lg\left(\frac{1}{20} \cdot 102{,}06\right) = 92{,}1 \text{ dB}$$

Zum Abschluss der zeitlichen Mittelwertbildung sei noch auf eine Erweiterungsmöglichkeit dieses Begriffes hingewiesen, die sich in dem sog. Halbierungsparameter q ausdrückt. Danach ruft ein Pegel L, der T Sekunden lang wirkt, die gleiche Wirkung hervor, wie der Pegel L + q, der nur T/2 Sekunden lang wirkt. Im Falle der Energieäquivalenz beträgt der Halbierungsparameter gerade gleich 3 dB, siehe Gl. (2.272). Hat also beispielsweise ein Pegel von 60 dB eine Einwirkdauer von 12 s, so kann er bei unveränderter akustischer Wirkung bei 6 s Dauer 63 dB und bis 3 s Dauer 66 dB betragen. Mit q erhält man den allgemeineren zeitlichen Mittelwert [34, 38, 42]:

$$L_{eq_q} = 10 \cdot \frac{q}{3}\, lg \left[\frac{1}{T} \sum 10^{\left(\frac{3 \cdot L_i}{q \cdot 10}\right)} \cdot \Delta T_i\right] dB \quad (2.275)$$

Für q > 3 wird $L_{eq_q} < L_{eq}$,
für q < 3 wird $L_{eq_q} > L_{eq}$,
für q = 3 ist $L_{eq_q} = L_{eq}$.

2.8.6 Frequenzbewerteter Schallpegel

Aus der Notwendigkeit heraus, die Lautstärke von Schallereignissen an verschiedenen Orten zu verschiedenen Zeiten vergleichen zu müssen, wurden objektive Messverfahren entwickelt. An solche Messverfahren muss die Forderung gestellt werden, dass sie einfach sind und zu Ergebnissen führen, die reproduzierbar sind und sich in einem einzigen Zahlenwert ausdrücken lassen. Optimal wäre ein solches Einwert-Messverfahren, wenn sein Ergebnis der subjektiven Lautstärkewahrnehmung voll entspräche. Aus Gründen der einfachen Handhabung ist man aber auf weniger komplizierte Messverfahren angewiesen.

In den Normen DIN 45657 [36] und DIN EN 61672 [43] sind die Anforderungen an Präzisionsschallpegelmesser zusammengestellt. Der an einem Messgerät abgelesene Messwert ist ein frequenzbewerteter Schallpegel des Schallwechseldrucks, bezogen auf $2 \cdot 10^{-5}$ N/m^2 (entspricht 20 μPa). Die Bewertung erfolgt nach bestimmten Frequenzkurven, wie sie in den oben genannten Normen in Tabellenform festgelegt sind. Dabei handelt es sich um die Bewertungskurven A, B und C, die in Abb. 2.80 qualitativ zusammen mit der Bewertungskurve D [36, 43] dargestellt sind.

Im Messinstrument wird die Bewertung so realisiert, dass es zu einer frequenzabhängigen Pegeländerung der Anzeige kommt. Die Bewertungskurven geben annähernd den Frequenzgang des Ohres für schmalbandige Geräusche wieder, die Kurve A im Bereich weniger lauter, die Kurven B und C, heute kaum noch gebräuchlich, in den Bereichen lauter und sehr lauter Geräusche. Die Kurve D gilt für Flugzeuggeräusche und hat ebenfalls keine Bedeutung mehr. Die zugehörigen Messgrößen werden als A-bewerteter Schalldruckpegel L_A in dB oder dB(A) angezeigt oder als B-, C-, D-bewerteter Schalldruckpegel L_B, L_C, L_D. In den aktuellen DIN-Normen wird die A-Bewertung nur noch durch die Indizierung A bei der Pegelgröße gekennzeichnet (L_A= 60 dB), was zu Verwechslungen mit der linearen Pegelbezeichnung führen kann. Auf internationaler Ebene ist verabredet, dass zur objektiven Feststellung der Lautstärke eines Geräusches nur noch der A-bewertete Schallpegel L_A gemessen wird. Durch weitere Indizierung der Pegelwerte wird die Zuordnung zu den physikalischen Messgrößen gekennzeichnet, z. B:

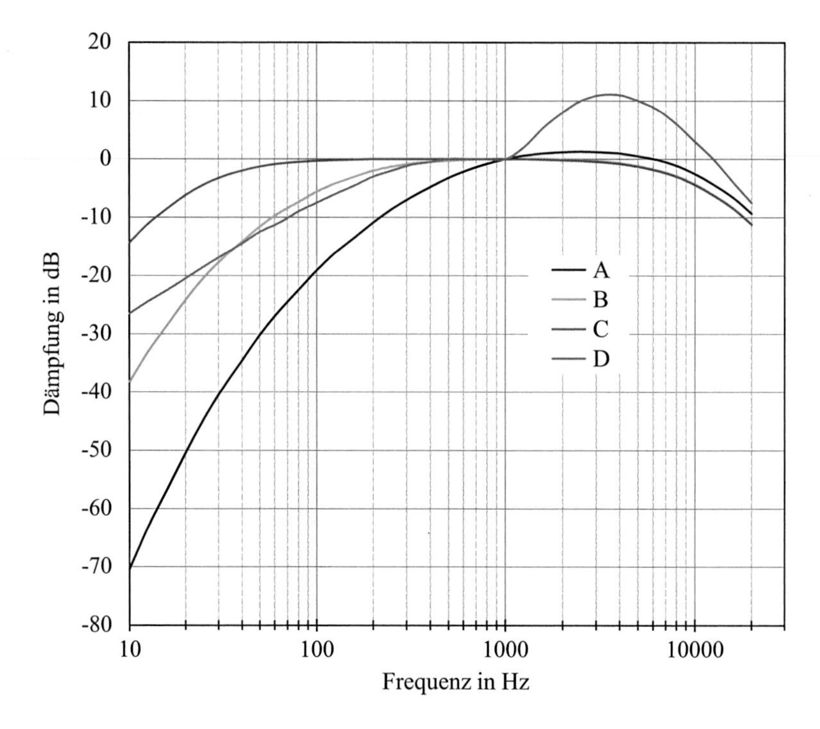

Abb. 2.80 Bewertungskurven A, B, C, D

L_{pA} A-bewertete Schalldruckpegel in dB(A)
L_{vA} A-bewertete Schnellepegel in dB(A)
L_{WA} A-bewertete Schallleistungspegel in dB(A)

Obwohl zwischen der subjektiven Wahrnehmung und das objektive Messgröße (A-bewertete Schallpegel), je nach Geräuschart, zum Teil größere Unterschiede auftreten können, verzichtet man bewusst auf eine bessere Anpassung des Messverfahrens an den Frequenzgang des Ohres zugunsten einer einfacheren Handhabung. Angesichts dieser gezielten Vereinfachung der Schallpegelmessung ist, je nach Anwendungsfall, zu prüfen, inwieweit der Bewertungspegel L_A noch für die Beurteilung der subjektiven Lautstärke herangezogen werden kann.

Im Bereich des Immissionsschutzes lassen sich für bestimmte Geräuscharten prüfbare Grenzwerte angeben und überwachen, die an bestimmten Orten und in bestimmten Zeitabschnitten nicht überschritten werden dürfen. Ist hierbei der frequenzbewertete Schallpegel L_A, wie es oft der Fall sein wird, mit einer Schwankungsdauer > 1 s über die Zeit veränderlich, so lässt sich mit dem Schallpegelmesser ein mittlerer Schalldruckpegel $L_A(t)$ registrieren. Im Bereich der deutschen Normung können mit dem Taktmaximalpegel-Verfahren [44]. in Takten von 3 s bzw. 5 s für den ganzen Takt geltende maximale Schalldruckpegel $L_{AFT}(t)$ mit der Frequenzbewertung A und der Anzeigedynamik „Fast"[4] ermittelt werden. Aus diesen zeitabhängigen Pegelwerten kann man für den betrachteten Zeitraum T einen konstanten Mittelungspegel L_m berechnen. Entsprechend ergeben sich dann die Pegel L_{AFm}, L_{ASm} bzw. L_{AFTeq}. Die Mittelungspegel $L_{AFm} = L_{ASm}$ werden auch energieäquivalenter Dauerschallpegel L_{eq}, der Mittelungspegel L_{AFTeq} auch Wirkpegel genannt. Liegen beispielsweise für den Zeitraum T unterschiedliche, konstante Pegel L_{A_i} vor, die zu kleineren Zwischenzeiten ΔT_i gehören, so ist

$$L_{\mathrm{Am}} = L_{\mathrm{AFm}} = L_{\mathrm{ASm}} = 10 \cdot lg\left(\frac{1}{T}\sum\nolimits_i 10^{0,1 \cdot L_{A_i}} \cdot \Delta \mathrm{T}_i\right) \mathrm{dB}(A) \tag{2.276}$$

Im Fall des Taktmaximalpegel-Verfahrens gilt mit Gl. (2.272):

$$L_{\mathrm{Am}} = L_{\mathrm{AFTeq}} = L_{\mathrm{A0}} + 10 \cdot lg\left(\frac{1}{N}\sum\nolimits_i 10^{0,1 \cdot \Delta L_{A_i}} \cdot N_i\right) \mathrm{dB}(A) \tag{2.277}$$

Die Berechnung des Mittelwertes erfolgt hierbei in der gleichen Weise, wie im Abschn. 2.8.5 angegeben.

Will man aus einer vorliegenden Oktav- oder Terzanalyse eines Geräusches den A-bewerteten Schallpegel ermitteln, muss unter Berücksichtigung der frequenzabhängigen Dämpfungspegel (Tab. 2.10) der A-Bewertung von den Oktav- bzw. Terzpegeln der Summenpegel gebildet werden. Es ist

Tab. 2.10 Dämpfungspegel der A-Bewertung in Abhängigkeit von der Mittenfrequenz [36]

Mittenfrequenzen f_m	50	63	80	100	125	160	200	250	315	400	500	630	800	1000	1250
Dämpfungswerte ΔL_{Tz}	–30,2	–26,2	–22,5	–19,1	–16,1	–13,4	–10,9	–8,6	–6,6	–4,8	–3,2	–1,9	–0,8	0	0,6
Dämpfungswerte ΔL_{Okt}		–26,2			–16,1			–8,6			–3,2			0	
Mittenfrequenzen f_m	1600	2000	2500	3150	4000	5000	6300	8000	10000	Hz					
Dämpfungswerte ΔL_{Tz}	1,0	1,2	1,3	1,2	1,0	0,5	–0,1	–1,2	–2,5	dB					
Dämpfungswerte ΔL_{Okt}		1,2			1,0			–1,1		dB					

[4] Je nach Art der Schallmessung wird die Zeitkonstante für die Effektivwertbildung entsprechend der internationalen Normung mit 125 ms (*F*AST) oder 1 s (*S*LOW) gewählt.

$$L_A = L_{\Sigma_A} = 10 \cdot lg\Sigma 10^{\frac{L_{Okt}+\Delta L_{Okt}}{10}} \quad (2.278)$$

$$L_A = L_{\Sigma_A} = 10 \cdot lg\Sigma 10^{\frac{L_{T_z}+\Delta L_{T_z}}{10}} \quad (2.279)$$

In der gleichen Weise, wie der Schalldruckpegel L_p frequenzbewertet wird, lässt sich auch der Schallleistungspegel L_w frequenzbewertet darstellen. Das Ergebnis ist der A-bewertete Schallleistungspegel oder der A-Leistungspegel L_{WA}. Diese Größe ist besonders geeignet, die Geräuschemission einer Schallquelle, z. B. die einer Maschine, zu beurteilen. Die Grundlage für die Bestimmung des A-Leistungspegels ist der A-bewertete Schalldruckpegel L_A. In dem Maße, wie der A-Schalldruckpegel zur Beurteilung der Geräuschimmission herangezogen wird, kann der A-Schallleistungspegel zur Beurteilung der Geräuschemission verwendet werden. Liegt ein Schallleistungsspektrum $L_{W_{Okt}}$, $L_{W_{Tz}}$ vor, so kann daraus in der gleichen Weise, wie oben angegeben, der A-bewertete Schallleistungspegel gewonnen werden.

2.8.6.1 Beurteilungspegel

Eine umfassendere, objektive Beurteilung der Geräuschbelästigung am Immissionsort sollte den A-bewerteten Schalldruckpegel als wesentliche Größe berücksichtigen, darüber hinaus aber zusätzliche Besonderheiten in der spektralen Verteilung, vor allem, wenn schmalbandige Anteile und kurzzeitige impulsartige Pegelanstiege auftreten.

Eine solche Beurteilung ist problematisch, insbesondere wenn sie durch eine Einwertgröße erfolgen soll. Im Bereich des Immissionsschutzes ist hierfür der sog. Beurteilungspegel L_r (Noise Rating Level) eingeführt worden. Er ermöglicht es, die Lärmbelästigung durch eine Pegelgröße und meist für einen definierten Zeitraum T_r zu charakterisieren. Grundlage für die zahlenmäßige Festlegung dieses Beurteilungspegels ist der A-bewertete energieäquivalente Dauerschalldruckpegel L_{Aeq} am Immissionsort. Jedoch stellt er nicht für alle Fälle eine ausreichende akustische Kenngröße dar. Dies lässt sich mit Hilfe der Abb. 2.81 verdeutlichen, in dem für einen bestimmten Zeitraum T_r einmal ein Dauergeräusch mit einem konstanten Pegel $L_{p_{max}}$, zum anderen ein intermittierendes Geräusch mit n gleichem Maximalpegel $L_{p_{max}}$ dargestellt ist. Beide Geräusche besitzen den gleichen Mittelungspegel L_{Aeq}, wenn $\Delta T_i = n \cdot \Delta t_i$ ist. Trotzdem bewirkt das intermittierende Geräusch eine stärkere Lästigkeit. Der A-bewertete Schalldruckpegel muss daher zur Berücksichtigung zusätzlicher Belästigungseinflüsse durch weitere Zuschläge erhöht werden.

Nach einer Umfrage des Umweltbundesamtes aus dem Jahr 2004 fühlen sich viele Menschen in Deutschland durch Geräusche gestört, wobei die Rangfolge von mäßig bis erheblich reicht. Die Hauptursachen sind in Abb. 2.82 mit der relativen Häufigkeit aufgeführt.

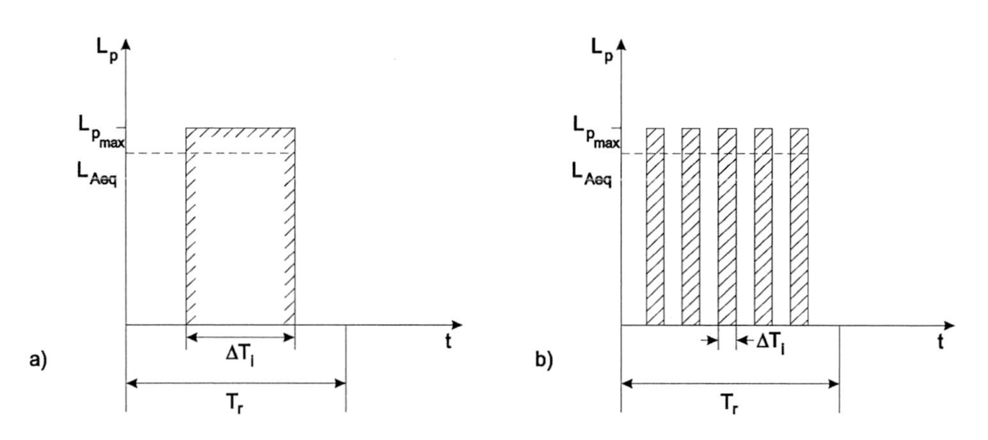

Abb. 2.81 Beurteilungspegel von einem Einzelgeräusch und periodisch intermittierenden Geräuschen mit gleichem Maximalpegel

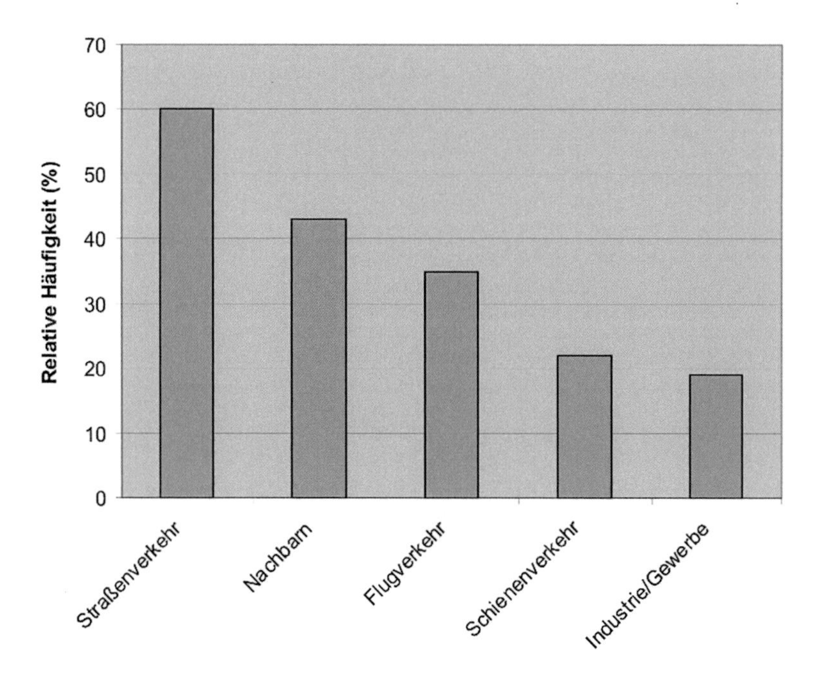

Abb. 2.82 Hauptlärmquellen und Anteil der sich gestört fühlenden Bevölkerung im Jahr 2004 in Deutschland (Differenz zu 100 % fühlt sich nicht gestört)

Zur Beurteilung der Belästigung wird u. a. zwischen Arbeitslärm (Lärmeinwirkung auf Menschen am Arbeitsplatz) und Nachbarschaftslärm (Lärmeinwirkungen auf Menschen im Wohnbereich) unterschieden. Für charakteristische Geräuschgruppen existieren spezielle Beurteilungspegel, die im Folgenden an einigen Beispielen erläutert werden.

a) ***Arbeitslärm***

Für den Arbeitslärm ist der Tages-Lärmexpositionspegel (bisher in der „UVV Lärm" BGV B3 als Beurteilungspegel bezeichnet) wie folgt definiert:

$$L_{EX,8h} = L_{Aeq,Te} + 10 \cdot lg\,(T_e/T_0) \tag{2.280}$$

mit:

$L_{EX,8h}$ Tages-Lärmexpositionspegel in dB(A), bezogen auf 20 µPa. Der über die Zeit gemittelte Lärmexpositionspegel für einen nominalen Achtstundentag.

$$L_{Aeq,Te} = 10 \cdot lg\left[\frac{1}{T_e}\sum\nolimits_{i=1}^{n}\left(T_i \cdot 10^{0,1 \cdot L_{Aeq,T_i}}\right)\right] \tag{2.281}$$

$L_{Aeq,Ti}$ Energieäquivalenter Dauerschalldruckpegel in dB(A), der über die Teilzeit T_i in h einwirkt

T_e Effektive Einwirkzeit während eines Arbeitstages in h

T_0 Beurteilungszeit (= 8 h)

Unter begründeten Umständen kann für Tätigkeiten, bei denen die Lärmexposition von einem Arbeitstag zum anderen erheblich schwankt, zur Bewertung der Lärmpegel, denen die Arbeitnehmer ausgesetzt sind, anstatt des Tages-Lärmexpositionspegel der Wochen-Lärmexpositionspegel verwendet werden:

$$\overline{L}_{EX,8h} = 10 \cdot lg\left[\frac{1}{5} \cdot \sum\nolimits_{i=1}^{n} 10^{0,1(L_{EX,8h})_i}\right] \tag{2.282}$$

mit:

$\overline{L}_{EX,8h}$ Wochen-Lärmexpositionspegel in dB(A). Der über die Zeit gemittelte Tages-Lärmexpositionspegel für eine nominale Woche mit fünf Achtstundentagen.

$L_{EX,8h,\,i}$ Tages-Lärmexpositionspegel in dB(A) für den i-ten Achtstundentag der insgesamt n Arbeitstage der betreffenden Woche.

Zur Beurteilung des Lärms am Arbeitsplatz wird der Immissionspegel am Arbeitsplatz des Betroffenen im Bereich seiner Ohren, ersatzweise bei stehenden Personen ab Standfläche in ca. 1,60 m Höhe, bei sitzenden Personen in ca. 0,8 m Höhe ab Sitzfläche gemessen. Eine Beurteilung des Arbeitslärms am Arbeitsplatz hinsichtlich Gehörschäden erfolgt gemäß *LärmVibrationsArbSchV* bzw. unter Berücksichtigung unterschiedlicher Tätigkeiten gemäß *VDI 2058, Blatt 2 bzw. Blatt 3* [45].

b) ***Nachbarschaftslärm***

Nachbarschaftslärm ist in der Regel nach TA-Lärm zu beurteilen. Nach der TA-Lärm [46] lässt sich der Beurteilungspegel L_r wie folgt bestimmen:

$$L_r = 10 \cdot lg\left[\frac{1}{T_r} \cdot \sum_{j=1}^{N} T_j \cdot 10^{0,1 \cdot \left(L_{\mathrm{Aeq,j}} - C_{\mathrm{met}} + K_{\mathrm{T,j}} + K_{\mathrm{I,j}} + K_{\mathrm{R,j}}\right)}\right] \qquad (2.283)$$

$T_r = \sum_{j=1}^{N} T_j = 16\,h$	Beurteilungszeit für den Tag: 06:00–22:00 Uhr
$T_r = 1\ oder\ 8\,h$	Beurteilungszeit für die Nacht: 22:00–06:00 Uhr Maßgebend für die Beurteilung der Nacht ist die volle Nachtstunde (z. B. 1:00 bis 2:00 Uhr) mit dem höchsten Beurteilungspegel.
T_j	Teilzeit j
N	Anzahl der Teilzeiten
$L_{\mathrm{Aeq,\,j}}$	A-bewerteter energieäquivalenter Dauerschalldruckpegel für die Teilzeit T_j
$K_{\mathrm{I,\,j}}$; $K_{\mathrm{T,\,j}}$	Zuschläge für Impuls- und Tonhaltigkeit. Sie lassen sich analog, wie beim Arbeitslärm beschrieben, bestimmen. Der Zuschlag für Impulshaltigkeit wird gemäß neuer TA-Lärm aus der Differenz des A-bewerteten 5 s Taktmaximal-Mittlungspegel $L_{\mathrm{AFTeq,j}}$ und des A-bewerteten energieäquivalenten Dauerschalldruckpegels $L_{\mathrm{Aeq,j}}$ für die jeweilige Taktzeit T_j bestimmt [46].
$K_{\mathrm{R,\,j}} = 6$ dB	Zuschlag für Tageszeiten mit erhöhter Empfindlichkeit. 1. an Werktagen: 06:00–07:00 Uhr, 20:00–22:00 Uhr 2. an Sonn- und Feiertagen 06:00–09:00 Uhr, 13:00–15:00 Uhr, 20:00–22:00 Uhr Von der Berücksichtigung des Zuschlages kann abgesehen werden, soweit dies wegen der besonderen örtlichen Verhältnisse unter Berücksichtigung des Schutzes vor schädlichen Umwelteinwirkungen erforderlich ist.
C_{met}	Meteorologische Korrektur nach DIN ISO 9613-2 [47]. C_{met} lässt sich nach einer elementaren Analyse der örtlichen Wetterstatistiken mit einer Genauigkeit von ± 1 dB bestimmen und kann Werte von 0 bis 5 dB annehmen. Teilweise sind derzeit bundeslandspezifische Regelungen für die Ermittlung von C_{met} in Kraft.

$$C_{met} = L_{AT}(DW) - L_{AT}(LT)\ \mathrm{dB} \qquad (2.284)$$

L_{AT} (DW) energieäquivalenter A-bewerteter Dauerschalldruckpegel bei Mitwind am Immissionsort. Der Immissionspegel L_{AT} (DW) lässt sich aus der Summe der Oktavpegel aller relevanten Quellen bestimmen:

$$L_{AT}(\mathrm{DW}) = 10 \cdot lg\left[\sum\nolimits_{i=1}^{n}\left(\sum\nolimits_{k=1}^{8} 10^{0,1\cdot\left(L_{\mathrm{Aeq,ik}}\right)}\right)\right] \quad (2.285)$$

n Anzahl der Einzelquellen
k ein Index, der die acht Oktavbandmittenfrequenzen von 63 Hz bis 8 kHz angibt.
$L_{Aeq,\,i\,k}$ energieäquivalenter A- Schalldruckpegel der i-ten Quelle im k-ten Oktavband am Immissionsort.
L_{AT} (LT) A-bewerteter Langzeit-Mittelungspegel im langfristigen Mittel. Das Zeitintervall beträgt mehrere Monate oder ein Jahr [47].

Bei Kenntnis von C_{met} kann auch L_{AT} (LT) aus L_{AT} (DW) abgeschätzt werden:

$$L_{AT}(LT) = L_{AT}(DW) - C_{met}\,dB \quad (2.286)$$

Die messtechnische Ermittlung der Schallimmission erfolgt in der Regel nach DIN 45645-1 [44]. Zur Beurteilung des Lärms in der Nachbarschaft wird der einfallende Schall am maßgeblichen Immissionsort gemessen, worunter [46].

I. bei bebauten Flächen 0,5 m außerhalb vor der Mitte des geöffneten Fensters des vom Geräusch am stärksten betroffenen Schutz bedürftigen Raumes nach [46],
II. bei unbebauten oder bebauten Flächen, die keine schutzbedürftigen Räume enthalten, der am stärksten betroffenen Rand der Fläche, wo nach dem Bau- und Planungsrecht Gebäude mit schutzbedürftigen Räumen erstellt werden dürfen,
III. bei mit der zu beurteilenden Anlage baulich verbundenen schutzbedürftigen Räumen, bei Körperschallübertragung sowie bei der Einwirkung tieffrequenter Geräusche des am stärksten betroffenen schutzbedürftigen Raumes verstanden wird. Es können auch Ersatzmessorte gemäß den Bestimmungen der DIN 45645-1 [44] gewählt werden. Bzgl. I. kann z. B. ersatzweise stattdessen neben dem Gebäude möglichst in Höhe des Fensters des am stärksten betroffenen schutzbedürftigen Raumes gemessen werden, insbesondere, wenn die Bewohner nicht informiert oder nicht gestört werden sollen.

2.9 Übungen

Übung 2.9.1

Bestimmen Sie die Schallgeschwindigkeit in folgenden Medien:

a) **Gase**
   a1) Rauchgas (Massenanteil: Wasserdampf 32 %; Sauerstoff 8 %; Stickstoff 48 %; Kohlendioxid 12 %; Temperatur: 320 °C
   $\vartheta = 320\,°C$; $\kappa_{H2O} = 1{,}33$; $\kappa_{O2} = 1{,}4$; $\kappa_{N2} = 1{,}4$; $\kappa_{CO2} = 1{,}33$
   a2) Berechnen Sie die Volumenanteile (r_i) der einzelnen Gaskomponenten des Rauchgases.
b) **Flüssigkeiten**
   b1) Wasser bei 50 °C: $K_{Wasser} = 2{,}1 \cdot 10^9$ N/m²; $\rho_{Wasser} = 950$ kg/m³
   b2) Hydrauliköl bei 50 °C: $K_{Öl} = 1{,}61 \cdot 10^9$ N/m²; $\rho_{Öl} = 890$ kg/m³
c) **Feste Körper**
   c1) Stahlplatte: $E_{Stahl} = 2{,}1 \cdot 10^{11}$ N/m²; $\rho_{Stahl} = 7850$ kg/m³; $\mu_{Stahl} = 0{,}3$
   c2) Betonplatte: $E_{Beton} = 2{,}6 \cdot 10^{10}$ N/m²; $\rho_{Beton} = 2600$ kg/m³; $\mu_{Stahl} = 0{,}3$
   c3) Bestimmen Sie für die Stahlplatte, Fall c1), für die Plattendicke $h_1 = 1$ mm und $h_2 = 10$ mm die Biegewellengeschwindigkeit und die Biegewellenlänge bei 1000 Hz.

Übung 2.9.2
In einer Fertigungshalle stehen zwei baugleich elektrische Antriebe die synchron arbeiten. Während des Betriebs treten geringfügige Drehzahlunterschiede auf:

$n_1 = 1500$ 1/min
$n_2 = 1545$ 1/min

a) Unter der Voraussetzung, dass die elektrischen Antriebe annähernd gleiche Restunwucht haben, beschreiben Sie das Schwingungsverhalten in der Fertigungshalle.
b) Skizzieren Sie näherungsweise den Schwingungsverlauf in der Fertigungshalle!
c) Welche Maßnahmen zur Schwingungsreduzierung kämen in Frage?

Übung 2.9.3
Eine Maschine ($m_{Maschine} = 8000$ kg) soll auf 6 Federelemente schwingungsisoliert aufgestellt werden. Die Maschine soll im 1. OG einer Fabrikhalle (Betondecke: 200 mm) aufgestellt werden.

Betriebsdrehzahlbereich der Maschine: 750–1800 1/min

Von dem Hersteller der Maschine wurden folgende Gummi-Federelemente vorgeschlagen:

Federsteifigkeit ≤ 1200 N/mm (k_1)
Dämpfungsgrad ≥ 3 % (ϑ_1)

Für die sichere Aufstellung wurden an dem geplanten Aufstellungsort der Maschine durch Messungen die Eigenfrequenzen und dynamische Masse der Bodenplatte (15 m × 7 m) gemessen:

$f_{20} = 16{,}6$ Hz (niedrigste Eigenfrequenz der Bodenplatte!)

$m_{dyn.} \approx 1200$ kg (m_2)
Dämpfungsgrad $\approx 0{,}01$ (ϑ_2)

a) Ermitteln Sie die zu erwartende Schwingungsisolierung unter der Annahme, dass die Impedanz der Betonplatte wesentlich größer ist als die Impedanz der Maschine $(Z_2 \gg Z_1)$, für die Drehzahlen 750 und 1800 1/min.
b) Ermitteln Sie die zu erwartende tatsächliche Schwingungsisolierung unter den realen Bedingungen und bestimmen Sie die Drehzahlen, bei denen überhöhten Schwingungen auftreten können.

Hinweis: Einfachheitshalber soll angenommen werden, dass die dynamische Masse der Bodenplatte für alle Frequenzen konstant ist $(m_2 \approx m_{dyn} \approx 1200$ kg).

c) Zeichnen Sie die Beträge der Amplitudenfrequenzgängen der Fußbodenkraft, nach a) und b), in Abhängigkeit der Drehzahl (100–2000 1/min) in einem Diagramm, mit Hilfe einer Excel-Tabelle, und bewerten Sie die Ergebnisse.

Übung 2.9.4

a) Ermitteln Sie die Erregerfrequenzen einer gut ausgewuchtete Zahnradpumpe ($n = 1350$ 1/min, Zähnezahl $z = 11$). Es wird angenommen, dass das Aufeinanderschlagen der Zähne, Rechteckimpulse verursacht. Die Stoßzeiten der einzelnen Impulse betragen (Erfahrungswert) ca. 10 % der Zeitdauer der Impulsfolge.
b) Skizzieren Sie den zeitlichen und spektralen Verlauf der Impulse der Zahnradpumpe und erläutern Sie die Ergebnisse.

Hinweis: Die spektrale Verteilung soll dimensionslos dargestellt werden $\frac{|F_i(f)| \cdot T}{2 \cdot J_S} = f(f)$.

Übung 2.9.5

Der Schalldruckpegel in der Nachbarschaft einer Fima, verursacht durch einen auf dem Dach der Firma befindlichen Ventilator, soll messtechnisch ermittelt werden. Hierzu wurde an einem Immissionsort der Schalldruckpegel sowohl bei Betrieb des Ventilators als auch beim ausgeschalteten Ventilator gemessen.

In der Tabelle sind die Messwerte zusammengestellt:

f_m	63	125	250	500	1000	2000	4000	8000	16.000	Hz
$L_{p,\ \text{Ventilator eingeschaltet}}$	67	71	68	77	78	72	70	68	56	dB
$L_{p,\ \text{Ventilator ausgeschaltet}}$	65	67	59	74	75	61	63	60	52	dB

Bestimmen Sie die Oktav- und den Gesamtschalldruckpegel, die tatsächlich durch den Ventilator verursacht werden.

Übung 2.9.6

a) Die durchschnittliche Geräuschbelastung eines Mitarbeiters in einer Firma während der Schicht beträgt:

3 h $L_{pA} = 83$ dB(A) allgemeine Tätigkeiten
1,5 h $L_{pA} = 88$ dB(A) Tätigkeiten an der Maschine A
1 h $L_{pA} = 65$ dB(A) Pause
1,5 h $L_{pA} = 89$ dB(A) Tätigkeiten an der Maschine B

Bestimmen Sie den Tages-Lärmexpositionspegel des Mitarbeiters!

b) Die durchschnittliche Geräuschbelastung an einem Wohnhaus (allgemeines Wohngebiet), verursacht durch eine Firma, beträgt:

06:00–07:00 Uhr $L_{pA} = 43$ dB(A) $K_T = 0$; $K_I = 0$
07:00–11:00 Uhr $L_{pA} = 55$ dB(A) $K_T = 3$; $K_I = 0$
11:00–13:00 Uhr $L_{pA} = 50$ dB(A) $K_T = 3$; $K_I = 0$
13:00–18:00 Uhr $L_{pA} = 54$ dB(A) $K_T = 3$; $K_I = 3$
18:00–20:00 Uhr $L_{pA} = 48$ dB(A) $K_T = 3$; $K_I = 0$
20:00–22:00 Uhr $L_{pA} = 44$ dB(A) $K_T = 3$; $K_I = 0$
22:00–24:00 Uhr $L_{pA} = 39$ dB(A) $K_T = 0$; $K_I = 0$
24:00–06:00 Uhr $L_{pA} = 38$ dB(A) $K_T = 0$; $K_I = 0$

Überprüfen Sie, ob die Immissionsrichtwerte nach TA-Lärm eingehalten werden. Immissionsrichtwerte für allgemeines Wohngebiet:

$L_{r,zul,Tag} = 55$ dB(A); $L_{r,zul,Nacht} = 40$ dB(A)

Literatur

1. Skudrzyk, E.: Die Grundlagen der Akustik. Springer, Wien (1954)
2. Bartz, H.C.: Beurteilung und Bewertung der Geräuschentwicklung einer handelsüblichen Handkettensäge und Ausarbeitung und Überprüfung konstruktiver Lärmminderungsmaßnahmen. Diplomarbeit FH, Bingen (1997)
3. DIN EN ISO 3744: Akustik – Bestimmung der Schallleistungspegel von Geräuschquellen aus Schalldruckmessungen; Hüllflächenverfahren der Genauigkeitsklasse 2 für ein im wesentlichen freies Schallfeld über einer reflektierenden Ebene, 02/2011
4. Baehr, H.D.: Thermodynamik, 12. Aufl. Springer, Berlin (2005)
5. VDI 3733: VDI Richtlinie, Geräusche bei Rohrleitungen. Beuth Verlag (1966)
6. Cremer, L., Heckl, M.: Körperschall, 2. Aufl. Springer, Berlin (1996), Möser, M.; Kropp, W: 3. Aufl. (2009)
7. Kurtze, G., Schmidt, H., Westphal, W.: Physik und Technik der Lärmbekämpfung, 2. Aufl. G. Braun, Karlsruhe (1975)
8. Hering, E., Martin, R., Stohrer, M.: Physik für Ingenieure, 7. Aufl. Springer, Berlin/Heidelberg/New York (1999)
9. Magnus, K., Popp, K.: Schwingungen, 7. Aufl. B.G. Teubner, Stuttgart/Leipzig/Wiesbaden (2005)
10. Sinambari, G.R., Thorn, U., Kunz, F.: Erhöhung des wirksamen Frequenzbereichs aktiver Schalldämpfer durch Querschnittsunterteilung. Zeitschrift für Lärmbekämpfung Z. Lärmbekämpf., 47, Nr. 4 (2000)
11. Sinambari, G.R., Kunz, F., Siegel, L., Thorn, U.: Aktive Schalldämpfer für Kanäle mit großen Durchmessern. Konstruktion 4 (2000)
12. DIN EN ISO 11688-2: Akustik – Richtlinien für die Gestaltung lärmarmer Maschinen und Geräte – Teil 2: Einführung in die Physik der Lärmminderung durch konstruktive Maßnahmen (2001)
13. VDI 3720, Bl. 1: Konstruktion lärmarmer Maschinen und Anlagen, Konstruktionsaufgaben und -methodik. Beuth Verlag, Berlin (2014)
14. Thorn, U.: Vorausbestimmung der Schall- und Körperschallreduzierung durch Einfügen von mechanischen Impedanzen bei realen Strukturen. Dipl. Arbeit FH, Bingen (1995)
15. Heckl, M.: Eine einfache Methode zur Abschätzung der mechanischen Impedanz. Tagungsband zur DAGA 80, S. 827–830. VDE (1980)
16. Sinambari, G.R.: Körperschallisolierung unter Berücksichtigung der mechanischen Eingangsimpedanz. Fachveranstaltung im Haus der Technik, Essen (2007)
17. VDI- 2062, Bl. 1: Schwingungsisolierung, Begriffe und Methoden (2011)
18. Sinambari, G.R.: Ein erweiterter Ansatz zur Schwingungs- und Körperschallisolierung: Teil 1: Z. Lärmbekämpfung, Bd. 6, 2011, Nr. 2. Teil 2: Z. Lärmbekämpfung, Bd. 6, Nr. 3 (2011)
19. Morse, P.M., Ingard, K.U.: Theoretical Acoustics. Princeton University Press, Princeton (1986)
20. Müller, H.A.: Die Konstruktion lärmarmer Maschinen und ihre Grundlagen. VDI-Bericht Nr. 389 (1981)
21. Dresig, H., Holzweißig, F.: Maschinendynamik, 10. Aufl. Springer, Heidelberg/Dordrecht/London/New York (2011)
22. Timoshenko, S.: Theory of plates and shells. Mcgraw-Hill College, New York (1964)
23. Müller, F.P.: Baudynamik, Betonkalender, Teil II. Ernst & Sohn, Berlin (1978)
24. Cremer, L.: Vorlesung über Technische Akustik, 2. Aufl. Springer, Berlin/Heidelberg/New York (1975)
25. Kramer, H.: Angewandte Baudynamik. Ernst & Sohn, Berlin (2007)
26. Dubbel: Taschenbuch für den Maschinenbau, 21. Aufl. Springer, Berlin/Heidelberg/New York (2005)

27. Henn, H., Sinambari, G.R., Fallen, M.: Ingenieurakustik, 1. Aufl. Friedr. Vieweg & Sohn, Wiesbaden/Braunschweig (1984)
28. Neumann, T.: Untersuchung der Schwingungseinwirkung starr gekoppelter Maschinen auf verschiedene Fundamentierungen und dadurch entstehender Rückwirkungen auf die Lagerebene. Diplomarbeit, FH, Bingen (2007)
29. Cremer, L., Möser, M.: Technische Akustik, 5. Aufl. (2003), Möser, M.: 9. Aufl. (2012)
30. Sinambari, G.R.: Geräuschreduzierung durch Körperschallisolierung, 38. Jahrestagung. DAGA (2012)
31. Bartsch, H.-W., Sinambari, G.R.: Akustische Schwachstellenanalyse eines Antriebsfun daments. HDT- Fachveranstaltung E-H035-09-002-0 (2000)
32. IBS GmbH, Frankenthal: Akustische Optimierung von Antriebsfundamenten. Nicht veröffentlichter Untersuchungsbericht Nr. 99.1.318e. Auftraggeber: RWE Power AG, Köln (2000)
33. Sinambari, G.R.: Konstruktionsakustik, primäre und sekundäre Lärmminderung. Springer Vieweg, Wiesbaden (2017)
34. Heckl, M., Müller, H.A.: Taschenbuch der Technischen Akustik, 2. Aufl. Springer, Berlin (1994)
35. DIN EN 61672-1: Elektroakustik – Schallpegelmesser, Teil 1 (2003)
36. DIN 45657: Schallpegelmesser – Zusatzanforderungen für besondere Messaufgaben, 03/2005 (Entwurf: 04/2013)
37. DIN EN 61260: Elektroakustik – Bandfilter für Oktaven und Bruchteile von Oktaven (2003)
38. Kraak, W., Weißing, H.: Schallpegelmesstechnik. VEB, Berlin (1970)
39. Reichard, W.: Grundlagen der Technischen Akustik. Akademische Verlagsgesellschaft, Leipzig (1968)
40. Randall, R.B.: Frequency Analysis. Application of B & K Equipment 3. Aufl. K. Larsen & Son, Denmark (1979)
41. DIN 45641: Mitteilung von Schallpegeln. Beuth Verlag, Berlin (1990)
42. A. v. Lüpke: Der Bewertungsfaktor bei der Beurteilung von Geräuscheinwirkungen. Lärmbekämpfung 11 (1967)
43. DIN EN 61672-1: Schallpegelmesser Teil 1: Anforderungen (2003) (Entwurf, 2010)
44. DIN 45645: Ermittlung von Beurteilungspegeln aus Messungen – Teil 1: Geräuschimmissionen in der Nachbarschaft, 1996 – Teil 2: Ermittlung des Beurteilungspegels am Arbeitsplatz bei Tätigkeiten unterhalb des Pegelbereiches der Gehörgefährdung (2012)
45. VDI 2058 Blatt 2: Beurteilung von Lärm hinsichtlich Gehörgefährdung, 1988; Blatt 3: Beurteilung von Lärm am Arbeitsplatz unter Berücksichtigung unterschiedlicher Tätigkeiten (1999) (Entwurf, 04/2013)
46. Technische Anleitung zum Schutz gegen Lärm – TA Lärm: Sechste Allgemeine Verwaltungsvorschrift zum Bundes-Immissionsschutzgesetz vom 26.08.1998, S. 503. GMBl (1998)
47. DIN ISO 9613-2: Akustik – Dämpfung des Schalls bei der Ausbreitung im Freien – Teil 2: Allgemeines Berechnungsverfahren (ISO 9613-2:1996) (1999)

Entstehung und Abstrahlung von Schall

3

3.1 Schallentstehungsmechanismen

Für das Erarbeiten von primären, konstruktiven Lärmminderungsmaßnahmen ist die Kenntnis der Schallentstehungsmechanismen entscheidend. Nachfolgend werden nur die wesentlichen Zusammenhänge bei der Schallentstehung zusammengestellt. Die Mechanismen der Schallentstehung lassen sich in folgende Grundsätze zusammenfassen:

- Schall entsteht überall dort, wo die Energieübertragung bzw. Energieumwandlung zeitlich begrenzt abläuft.
- Die umgesetzte Energie ist ein Maß für die Amplitude des erzeugten Schalles – „Schallstärke".
- Die Zeit, in der die Energie umgesetzt wird, ist ein Maß für den Frequenzinhalt des erzeugten Schalles – „Tonlage"

Die Schallentstehung lässt sich in zwei Arten unterteilen [1]:

a) **Primärer Luftschall**

Primäre bzw. direkte Schallentstehung wird in erster Linie durch Strömungsvorgänge verursacht, wobei die Luftteilchen direkt zu Schwingungen angeregt werden. Hierzu muss zwischen Strömungsgebiet und Umgebung eine direkte Verbindung, z. B. Öffnungen, stehen. Beispiele hierfür sind: Ventilator, Freistrahlgeräusche, Blas-instrumente.

G. R. Sinambari, S. Sentpali, *Ingenieurakustik*,
https://doi.org/10.1007/978-3-658-27289-0_3

b) **Sekundärer Luft- oder Körperschall**

Sekundäre bzw. indirekte Schallentstehung erfolgt durch Körperschallabstrahlung von Strukturen, die durch Wechselkräfte zu Schwingungen angeregt werden. Die Wechselkräfte können hierbei sowohl mechanisch als auch strömungstechnisch erzeugt werden. Beispiele hierfür sind: Getriebe, Transformator, Gehäuseabstrahlung von Ventilatoren und Pumpen, Streichinstrumente.

Bei Maschinengeräuschen treten in der Regel beide Schallentstehungsarten gemeinsam auf, sodass die Gesamtgeräuschentwicklung (Gesamtschallleistung „$P_{ges.}$") sich auch stets als Summe der beiden Anteile (Luft- und Körperschallleistung, P_L und P_K'', bzw. deren Pegel bzw. L_{WL} und L_{WK}) darstellt. In Abb. 3.1 sind schematisch die Schallentstehungsmechanismen dargestellt [2]:

Mit

$$L_{W,ges.} = 10 \cdot lg\left[\sum 10^{L_{WL,i}/10} + \sum 10^{L_{WK,j}/10}\right] \text{dB} \tag{3.1}$$

$$L_{WL} = 10 \cdot lg \sum 10^{L_{WL,i}/10}; \; L_{WL,i} = 10 \cdot lg \frac{P_{L,i}}{P_0} \text{ dB} \tag{3.2}$$

$$L_{WK} = 10 \cdot lg \sum 10^{L_{WK,j}/10}; \; L_{WK,j} = 10 \cdot lg \frac{P_{K,j}}{P_0} \text{ dB} \tag{3.3}$$

Hierbei sind:

P_L, $P_{L,i}$	Gesamt- und Teilluftschallleistung
P_K, $P_{K,j}$	Gesamt- und Teilkörperschallleistung
$L_{Wges.}$	Gesamtschallleistungspegel
L_{WL}, $L_{WL,i}$	Gesamt- und Teilluftschallleistungspegel
L_{WK}, $L_{WK,j}$	Gesamt- und Teilkörperschallleistungspegel
i	Index für Luftschallquellen, Öffnungen
j	Index für Körperschallquellen., Strukturflächen

Obwohl vom Empfänger, Ohr und/oder Mikrofon, die Gesamtgeräuschentwicklung stets als Luftschall wahrgenommen wird, ist die Unterscheidung nach direkter bzw. indirekter Schallentstehung, vor allem wegen zu erarbeitenden Lärmminderungsmaßnahmen, von entscheidender Bedeutung „Lärmarm Konstruieren". Hierzu muss man an der betreffenden Maschine bzw. Anlage eine schalltechnische Schwachstellenanalyse durchführen. Dabei sollen u. a. die Gesamt- und Teilschallleistungspegel bestimmt und die luft- und körperschallbedingte Geräuschentwicklung ermittelt werden [3–5]. Dadurch besteht die Möglichkeit, die Hauptgeräuschquellen zu lokalisieren und geeignete primäre und/oder sekundäre Maßnahmen zur Geräuschreduzierung zu erarbeiten [4–8].

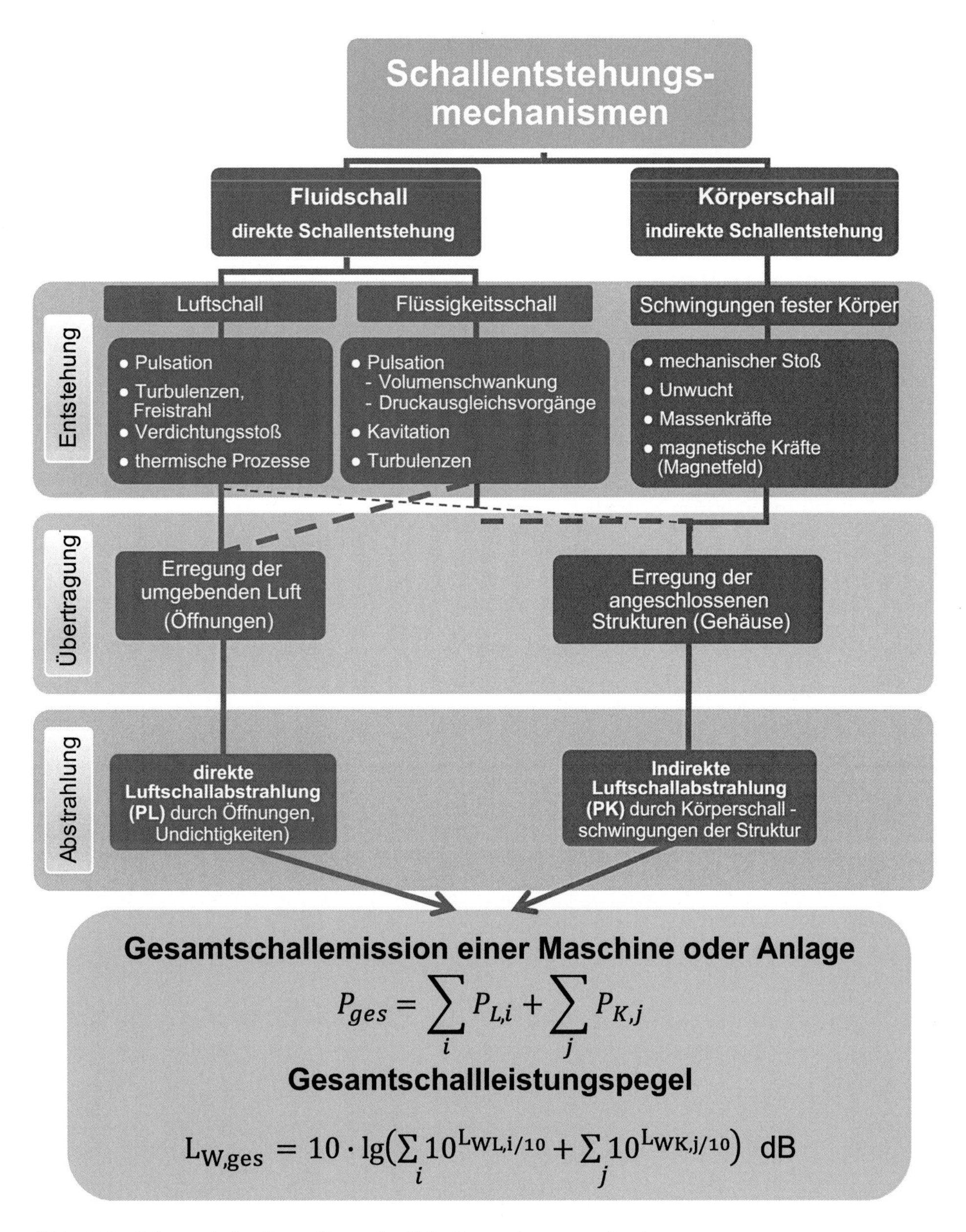

Abb. 3.1 Schematische Darstellung der Schallentstehungsmechanismen

Im Kap. 5 werden die physikalischen Zusammenhänge bei der Schallentstehung einiger technischer Geräusche behandelt. Nachfolgend werden an Hand einfacher Schallsender verschiedene Mechanismen bei der Schallentstehung und -abstrahlung erläutert.

3.2 Schallentstehung bei einfachen Schallsendern

Im Folgenden soll am Beispiel leicht durchschaubarer Schallsender, die einfache mechanische Schwingungen ausführen, die Schallentstehung besprochen werden. Die Schallsender stellen einfache Kontinua dar, die zu Eigenschwingungen (stehenden Wellen) angeregt werden können und dann in der umgebenden Luft Schallwellen gleicher Frequenzen erzeugen. Oft sind solche Sender zusammen mit geeigneten Resonanzböden wesentlicher Bestandteil von Musikinstrumenten. Bekannte Beispiele hierfür sind schwingende Saiten, Stäbe, Zungen, Membranen, Platten, Luftsäulen und Sirenen. Eine wichtige Rolle spielen bei allen Schwingungen die Eigenfrequenzen f_n, für die im Folgenden eine Zusammenstellung gegeben wird.

3.2.1 Linienhafte Kontinua (vgl. Tab. 2.3)

3.2.1.1 Schwingende Saiten

Stehende Transversalwelle schlaffer Körper (Abb. 3.2). Hierbei ist:

$$f_n = \frac{n+1}{2l}\sqrt{\frac{\sigma}{\rho}} = \frac{n+1}{2l}\sqrt{\frac{F_V}{A\cdot\rho}} \tag{3.4}$$

F_V Vorspannkraft;
A Querschnittsfläche;
n 0, 1, 2, 3, ...;
n 0 Grundwelle;
n 1, 2, 3, ... Oberwellen (1. Harmonische, höhere Harmonische).

3.2.1.2 Schwingende Stäbe, Zungen

α) stehende Dehnwellen (Abb. 3.3)

Für die Dehneigenfrequenz f_{n_D} folgt:

Fälle a und c

$$f_{n_D} = \frac{n+1}{2l}\sqrt{\frac{E}{\rho}} \tag{3.5}$$

Fall b

$$f_{n_D} = \frac{2n+1}{4l}\sqrt{\frac{E}{\rho}} \tag{3.6}$$

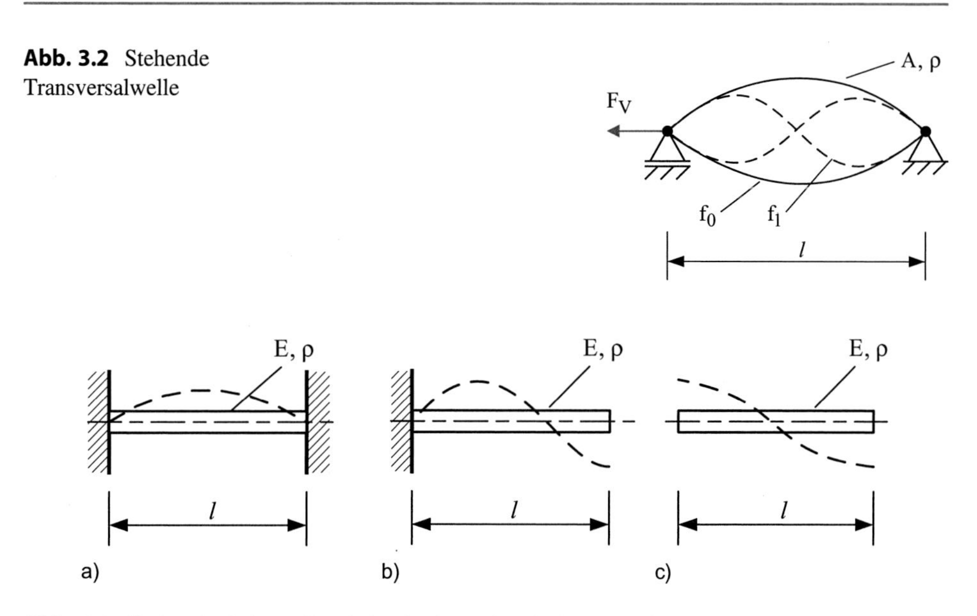

Abb. 3.2 Stehende Transversalwelle

Abb. 3.3 Stehende Dehnwellen bei schwingenden Stäben **a** beidseitig eingespannt **b** einseitig eingespannt **c** beidseitig freie Enden

n = 0, 1, 2, 3, …;
n = 0 Grundwelle;
n = 1, 2, 3, … Oberwellen, Harmonische.

β) stehende Torsionswellen (Abb. 3.4)

Analog zu den stehenden Dehnwellen folgt für die stehende Torsionswelle, speziell an Stäben mit kreisrundem Querschnitt:

Fälle a und c

$$f_{n_T} = \frac{n+1}{2l}\sqrt{\frac{G}{\rho}} \tag{3.7}$$

Fall b

$$f_{n_T} = \frac{2n+1}{4l}\sqrt{\frac{G}{\rho}} \tag{3.8}$$

n = 0, 1, 2, 3, …;
n = 0 Grundwelle;
n = 1, 2, 3, … Oberwellen, Harmonische.

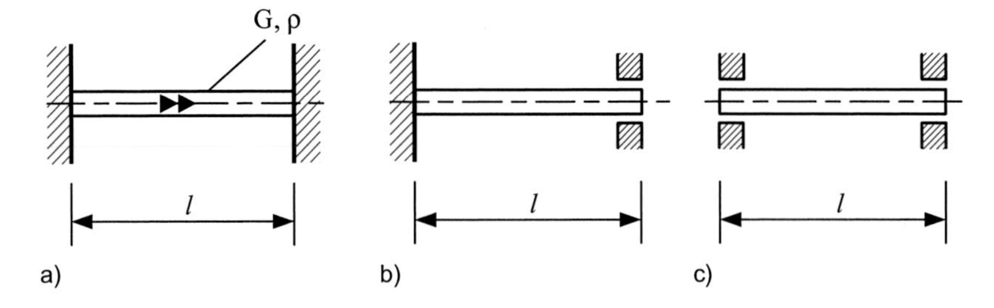

Abb. 3.4 Stehende Torsionswellen bei schwingenden Stäben **a** beidseitig eingespannt **b** ein Ende eingespannt, ein Ende frei **c** beidseitig freie Enden

γ) stehende Biegewellen (Abb. 3.5)

Diese Art von Wellen entsteht bei biegesteifen Stäben als stehende Transversalwellen. Die Biegewelleneigenfrequenz f_{n_B} lässt sich ganz allgemein für alle 4 Fälle wie folgt berechnen [9]:

$$f_{n_B} = \frac{\alpha_n^2}{l^2} \frac{1}{2\pi} \sqrt{\frac{E \cdot J_b}{\rho \cdot A}} \tag{3.9}$$

Die α_n-Werte, auch Eigenwerte genannt, sind von den Randbedingungen abhängig und können aus Tab. 3.1 entnommen werden. Man erkennt noch, dass im Falle stehender Transversalwellen biegesteifer Strukturen die Oberwellen nicht mehr harmonisch sind, mit Ausnahme der beidseitig gelenkigen Lagerung.

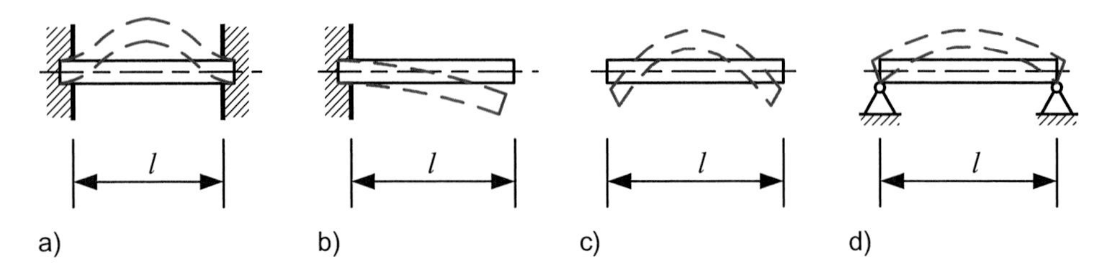

Abb. 3.5 Stehende Biegewellen bei Stäben **a** beidseitig eingespannt **b** einseitig eingespannt **c** beidseitig freie Enden **d** beidseitig gelenkige Lagerung

Tab. 3.1 α_n-Werte in den Fällen a bis d (Abb. 3.5) für die Grundwelle und drei Oberwellen

α_n	Fälle a und c	Fall b	Fall d $\alpha_n = (n + 1)\pi$		
α_0	4,730	1,875	π	Grundwelle	
α_1	7,853	4,694	2π	1. Oberwelle	
α_2	10,996	7,855	3π	2. Oberwelle	
α_3	14,137	10,996	4π	3. Oberwelle	$n = 0, 1, 2, 3, \ldots$

Abb. 3.6 Kreisring

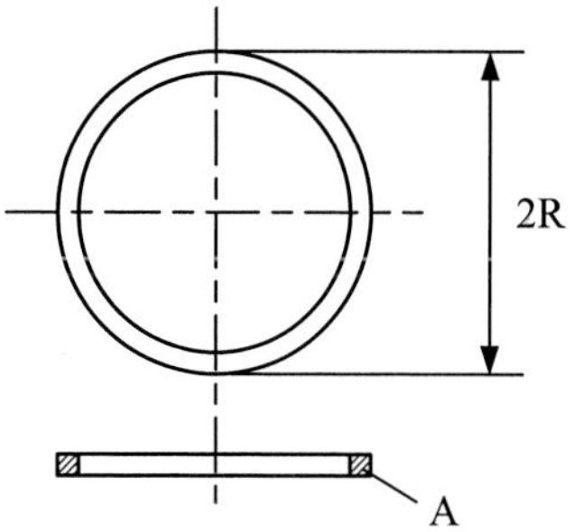

3.2.1.3 Schwingende Ringe, Rohre

α) Dehnwellen (Abb. 3.6)

Charakteristisch für die stehende Dehnwelle in einem Ring ist die sogenannte Ringdehnfrequenz. Eine solche Eigenfrequenz stellt sich dann ein, wenn der Ringumfang eines geschlossenen Ringes gerade einer Wellenlänge λ_{D_e} der Dehnwelle entspricht. Mit $\lambda_{D_e} = c_{D_e}/f_R$ folgt für die Ringdehnfrequenz f_R:

$$f_R = \frac{c_{D_e}}{2 \cdot \pi \cdot R} \tag{3.10}$$

Mit $c_{D_e} = \sqrt{E/\rho}$ für Ringe und $c_{D_e} = \sqrt{\frac{E}{\rho \cdot (1-\mu^2)}}$ für Rohre

Die Ringdehnfrequenz f_R spielt im Zusammenhang mit dem Problem der Dämmung der Rohrwand eine wichtige Rolle [10].

β) Biegewellen

Die Biegeeigenfrequenzen von Ringen und Rohren unter Berücksichtigung der tangentialen, radialen und axialen Verformungen lassen sich nicht mit einfachen Formeln angeben [11, 12].

Die nachfolgend angegebenen Beziehungen gelten nur für grobe Abschätzungen von Biegeeigenfrequenzen in Umfangsrichtung von dünnwandigen Ringen und Rohren ($R \gg h$).

Die Ermittlung der Eigenfrequenzen stehender Biegewellen an Kreisringen (in Ringebene) lässt sich in guter Näherung mit dem Verfahren von Rayleigh durchführen. Bei diesem Verfahren wird zunächst die zur jeweiligen Eigenfrequenz f_n gehörige Eigenfunktion $y_n(\varphi)$ unter Berücksichtigung der Randbedingungen gewählt. Hiermit wird dann für die zu bestimmende Eigenfrequenz f_n die kinetische Energie (W_{K_n}) bzw. die potentielle Energie (W_{Pn}) der stehenden Welle ermittelt. Durch Gleichsetzen der beiden Energien erhält man schließlich die gesuchte Eigenfrequenz f_n. Im Folgenden werden für den in Abb. 3.7 dargestellten Ring die Eigenfrequenzen nach dem hier besprochenen Verfahren berechnet.

Für die Eigenfunktion $y_n(\varphi)$, zugehörig zu den Eigenfrequenzen, wird entsprechend den Schwingungsformen in Abb. 3.7 in erster Näherung folgende Kosinus-Funktion gewählt:

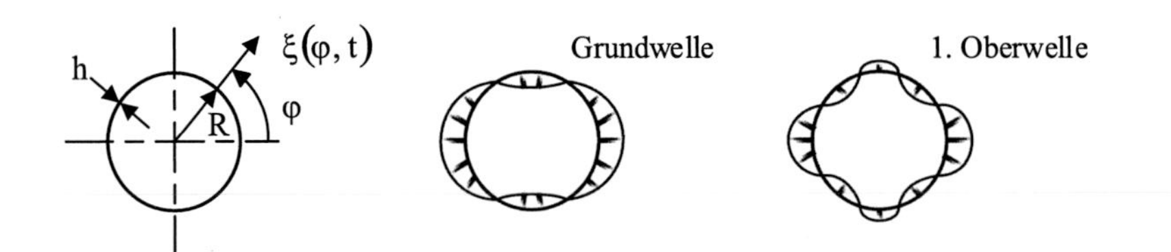

Abb. 3.7 Biegewellen des Kreisringes

$$y_n(\varphi) = \widehat{y}_n \cos(2(n+1)\varphi) \tag{3.11}$$

n = 0 Grundwelle;
n = 1, 2, ... Oberwellen;
$\widehat{y}_n$ Amplitude der n-ten Eigenfunktion.

Mit Hilfe des Bernoulli-Ansatzes ergibt sich für die Verschiebung $\xi_n(\varphi, t)$:

$$\xi_n(\varphi, t) = y_n(\varphi)\sin(\omega_n t) \tag{3.12}$$

$\xi_n(\varphi, t)$ Verschiebung bei der Zeit t und an der Stelle φ für die n-te Eigenfrequenz
$\omega_n = 2\,\pi\, f_n$ n-te Eigenkreisfrequenz.

Die kinetische bzw. potenzielle Energie der stehenden Welle bei der n-ten Eigenfrequenz eines biegesteifen Ringes nach Abb. 3.7 lassen sich bei Vernachlässigung der Reibung in guter Näherung wie folgt berechnen [13, 14]:

$$W_{K_n} = \frac{1}{2}\int\limits_m \dot{\xi}^2_{n_{max}} \cdot dm = \frac{1}{2}\cdot\rho\cdot A\cdot R\cdot\int_0^{2\cdot\pi} \dot{\xi}^2_{n_{max}}\cdot d\varphi \quad mit\ \dot{\xi}_n = \frac{d\xi_n}{dt} \tag{3.13}$$

$$W_{P_n} = \frac{1}{2}\int_0^{2\pi} \frac{M^2_{b_n}}{E\cdot J_b}\, R\, d\varphi \tag{3.14}$$

$$M_{b_n} = \left[\frac{\partial^2 y_n(\varphi)}{\partial\varphi^2} + y_n(\varphi)\right]\frac{E\cdot J_b}{R^2} \tag{3.15}$$

Mit der Gl. (3.12) erhält man aus (3.13) die kinetische Energie der n-ten Eigenfrequenz:

$$W_{K_n} = \frac{1}{2}\rho\cdot A\cdot R\cdot\omega_n^2\int_0^{2\pi} y_n^2(\varphi)\, d\varphi \tag{3.16}$$

Mit den Gl. (3.11) und (3.12) folgt aus Gl. (3.14):

$$W_{P_n} = \frac{1}{2} \frac{\left[-4(n+1)^2 + 1\right]^2}{R^3} E \cdot J_b \int_0^{2\pi} y_n^2(\varphi)\, d\varphi \tag{3.17}$$

Durch Gleichsetzen von W_{K_n} und W_{P_n} gewinnt man eine Beziehung für die Eigenfrequenzen $f_n = \omega_n/2\pi$:

$$f_n = \frac{4(n+1)^2 - 1}{2\pi} \cdot \frac{c_{D_e}}{R} \cdot \frac{i_B}{R} \tag{3.18}$$

$n = 0$	Grundwelle;
$n = 1, 2, 3, \ldots$	Oberwellen;
$c_{De} = \sqrt{\frac{E}{\rho}}$	Dehnwellengeschwindigkeit für Ringe;
$c_{De} = \sqrt{\frac{E}{\rho \cdot (1-\mu^2)}}$	Dehnwellengeschwindigkeit für Rohre;
$i_B = \sqrt{\frac{J_b}{A}}$	Trägheitsradius des Ring- bzw. Rohrquerschnittes in Umfangrichtung (s. Abb. 3.6)

Für die Biegeeigenfrequenzen in Umfangsrichtung sind das Trägheitsmoment und die Fläche der Rohrwand und nicht das Gesamtträgheitsmoment und die Gesamtfläche des Rohrquerschnitts verantwortlich.

Dadurch bedingt haben dünnwandige Rohre mit großem Radius ($R > 1$ m) trotz hohem Trägheitsmoment relativ niedrige Biegeeigenfrequenzen in Umfangsrichtung [12].

Ist die Wanddicke $h =$ konst., so folgt aus der Gl. (3.18):

$$f_n = \frac{4(n+1)^2 - 1}{2\pi\sqrt{12}} \cdot \frac{c_{D_e}}{R} \cdot \frac{h}{R} \tag{3.19}$$

Wie aus den Gl. (3.18) und (3.19) leicht zu erkennen ist, sind die stehenden Transversalwellen biegesteifer Ringe und Rohre, ähnlich wie bei den eingespannten Stäben, nicht mehr harmonisch.

Für die Biegewellen in axialer Richtung sind das Gesamtträgheitsmoment und die Gesamtfläche des Rohrquerschnittes maßgebend. Die Eigenfrequenzen lassen sich nach Gl. (3.9) berechnen.

3.2.1.4 Schwingende Gassäulen (Flüssigkeitssäulen)

Es handelt sich hierbei um die sog. stehenden Hohlraumwellen. Das sind Gas- oder Flüssigkeitsschwingungen in Rohren mit verhältnismäßig starren Wänden (Abb. 3.8). Aus der Gl. (2.22) folgt für die stehende Welle

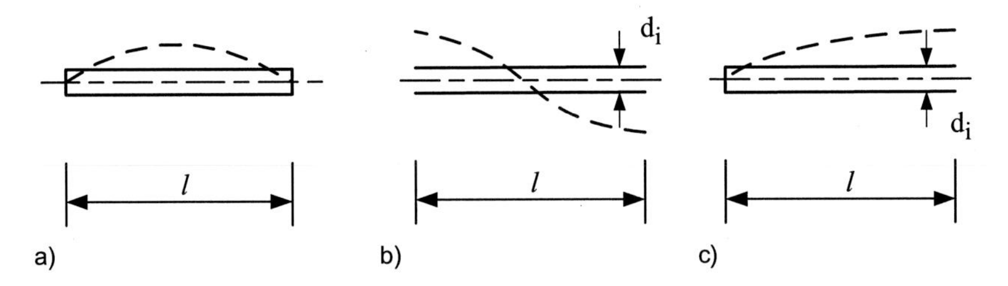

Abb. 3.8 Schwingende Gassäule. **a**) beidseitig harter Abschluss. **b**) beidseitig weicher Abschluss. **c**) je ein harter und ein weicher Abschluss

$$f_n = \frac{c}{\lambda_n} \tag{3.20}$$

Hierin bedeutet λ_n die den Randbedingungen angepasste Wellenlänge der stehenden Welle und c die Schallgeschwindigkeit des Mediums.

Die Frequenzen bzw. Wellenlängen der stehenden Wellen lassen sich dann für verschiedene Randbedingungen wie folgt berechnen:

Fall a)

$$\begin{aligned} \lambda_n &= \frac{2 \cdot l}{n+1} \\ f_n &= \frac{n+1}{2 \cdot l} \cdot c \end{aligned} \tag{3.21}$$

Fall b)

$$\begin{aligned} \lambda_n &= \frac{2 \cdot l^*}{n+1} \\ f_n &= \frac{n+1}{2 \cdot l^*} \cdot c \\ l^* &= l + 0{,}8 \cdot d_i \end{aligned} \tag{3.22}$$

Fall c)

$$\begin{aligned} \lambda_n &= \frac{4 \cdot l^*}{2 \cdot (n+1) - 1} \\ f_n &= \frac{2 \cdot (n+1) - 1}{4 \cdot l^*} \cdot c \\ l^* &= l + 0{,}4 \cdot d_i \end{aligned} \tag{3.23}$$

n = 0 Grundwelle;

n = 1, 2, 3, ... Oberwellen, Harmonische.

Bei den offenen Rohren ist die wirksame Länge l^* um die Mündungskorrektur länger als die tatsächliche Länge des Rohres. Hierbei wird das Mitschwingen der Luft an der Mündung berücksichtigt [10].

3.2.2 Flächenhafte Kontinua

3.2.2.1 Schwingende Membranen

Es handelt sich um stehende Wellen an dünnen, vollkommen schlaffen Häuten, die allseitig und gleichmäßig unter der Membranspannung σ gespannt sind. Das Problem stellt somit das zweidimensionale Gegenstück zu den schwingenden Saiten dar (s. Abschn. 3.2.1). Demnach muss die partielle Differenzialgleichung zweiter Ordnung in x und t für schwingende Saiten

$$\frac{\partial^2 \xi}{dx^2} = \frac{1}{c^2} \cdot \frac{\partial^2 \xi}{dt^2} \tag{3.24}$$

in eine partielle Differenzialgleichung in x, y und t umgeschrieben werden. Dies gelingt, indem man die partielle Ableitung $\partial^2\xi/dx^2$ durch den Laplace-Operator $\Delta\xi$ ersetzt. Man erhält dann:

$$\Delta\xi = \frac{\partial^2 \xi}{dx^2} + \frac{\partial^2 \xi}{dy^2} = \frac{1}{c^2} \cdot \frac{\partial^2 \xi}{dt^2} \tag{3.25}$$

mit

ξ Verschiebung senkrecht zur Ebene der Membran;

$$c = \sqrt{\frac{\sigma}{\rho}} \tag{3.26}$$

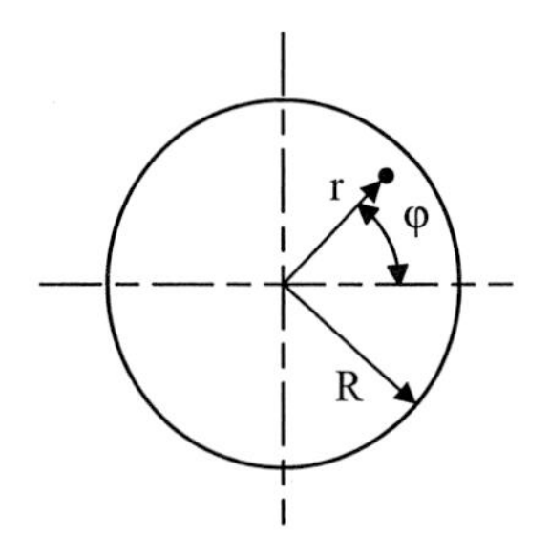

Abb. 3.9 Kreisförmige Membran

Für den wichtigen Sonderfall der kreisförmigen Membran (Abb. 3.9) wird der Laplace-Operator $\Delta\xi$ in Polarkoordinaten r und φ dargestellt. Man erhält:

$$\frac{\partial^2 \xi}{dr^2} + \frac{1}{r}\frac{\partial^2 \xi}{d\varphi^2} + \frac{1}{r}\frac{\partial \xi}{dr} = \frac{1}{c^2} \cdot \frac{\partial^2 \xi}{dt^2} \tag{3.27}$$

Die Lösung dieser Differenzialgleichung $\xi = \xi(r, \varphi, t)$ gelingt durch den Bernoulli-Ansatz $\xi = \psi(r, \varphi) \cdot \ sin\ \omega t$.

Beschränkt man sich des Weiteren auf vollständige Kreissymmetrie und lässt ξ unabhängig von φ, so folgt aus Gl. (3.27):

$$\frac{d^2\psi(r)}{dr^2} + \frac{1}{r}\frac{d\psi(r)}{dr} + \frac{\omega^2}{\sigma/\rho}\ \psi(r) = 0 \tag{3.28}$$

also eine gewöhnliche und homogene Differenzialgleichung für ψ(r), mit den homogenen Randbedingungen $\psi(R) = 0$, $\psi'(0) = 0$ und $\psi(0) =$ endlich. Mit Hilfe dieser Randbedingungen lässt sich die Lösung dieser Differenzialgleichung durch die Zylinderfunktionen J_n angeben [9, 15]

$$\psi(r) = K \cdot J_n(r)., \quad K = \text{konst.}$$

Die Erfüllung der zweiten Randbedingung $\psi(R) = 0$ liefert für kreisförmige Knotenlinien die Eigenwerte der Schwingungen kreisförmiger Membranen (Abb. 3.10). Diese Frequenzen $f_{0,m}$ sind proportional den Nullstellen $y_{0,m}$ der Besselschen Funktionen J_0 (r).

$$f_{0,m} = \frac{\gamma_{0,m}}{2\pi}\frac{1}{R}\sqrt{\frac{\sigma}{\rho}} \tag{3.29}$$

m = 0, 1, 2, 3, ... stellt auch die Anzahl der kreisförmigen Knotenlinien auf der Membran dar.

Eine andere Gruppe von Eigenfunktionen gewinnt man, wenn gewisse Radien zu Knotenlinien werden (Abb. 3.11). ψ ist jetzt eine Funktion von r und φ. Die Lösung dieses Problems führt ebenfalls zur Zylinderfunktion J_n (r). Die Eigenfrequenzen $f_{n,0}$ entsprechen der ersten Nullstelle $\gamma_{n,0}$ aller Zylinderfunktionen J_n (r)

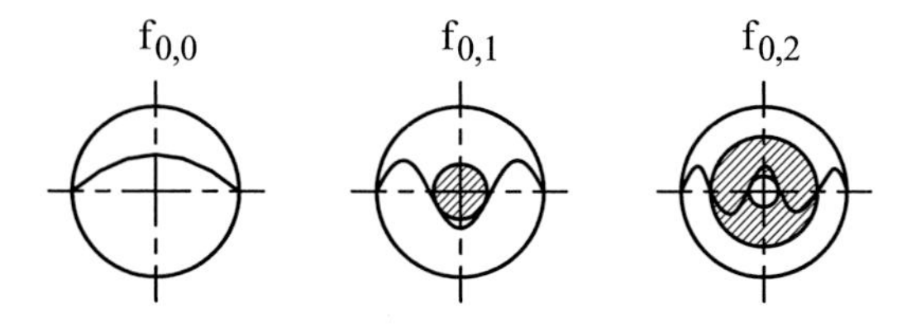

Abb. 3.10 Kreisförmige Membranen (die Knotenlinien sind konzentrische Kreise)

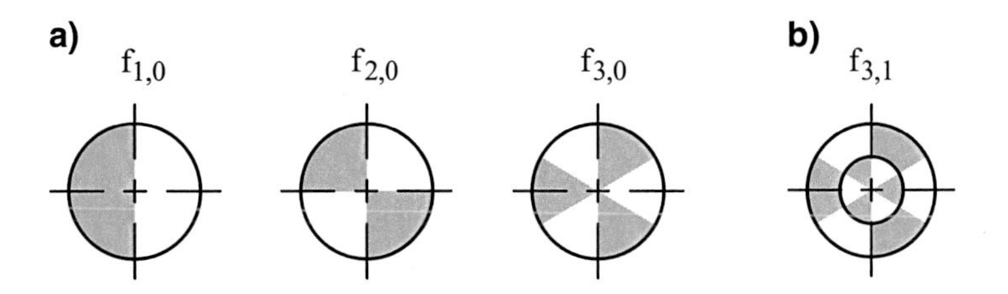

Abb. 3.11 **a)** Kreisförmige Membranen (die Knotenlinien sind Geraden durch den Mittelpunkt). **b)** Kreisförmige Membran mit einer kreisförmigen und drei geradlinigen Knotenlinien ($\gamma_{31} = 9{,}76$)

Tab. 3.2 Nullstellen $\gamma_{n,m}$ der Besselfunktionen J_n

m	$J_0 = 0$	$J_1 = 0$	$J_2 = 0$	$J_3 = 0$	
0	2,40	3,83	5,14	6,38	} $f_{n,0}$
1	5,52	7,02	8,42	9,76	
2	8,65	10,17	11,62	13,02	
3	11,79	13,32	14,80	16,22	
	$\underbrace{\qquad}_{f_{0,m}}$				

$$f_{n,0} = \frac{\gamma_{n,0}}{2\pi} \frac{1}{R} \sqrt{\frac{\sigma}{\rho}} \tag{3.30}$$

n = 0, 1, 2, 3 ... gibt auch die Anzahl der geradlinigen Knotenlinien an.

Schließlich stellen Eigenfunktionen $\psi = (r, \varphi)$, bei denen sowohl kreisförmige als auch geradlinige Knotenlinien auftreten, ganz allgemeine Lösungen dar:

$$f_{n,m} = \frac{\gamma_{n,m}}{2\pi} \frac{1}{R} \sqrt{\frac{\sigma}{\rho}} \tag{3.31}$$

Hierbei sind n = 0, 1, 2, 3, ... die Anzahl der geradlinigen (Abb. 3.11a) und m = 0, 1, 2, 3, ... die Anzahl der kreisförmigen Knotenlinien (Abb. 3.11b). Die Koeffizienten $\gamma_{n,m}$ sind aus der Tab. 3.2 zu entnehmen. Wie daraus leicht zu erkennen ist, sind die Oberwellen nicht harmonisch.

3.2.2.2 Schwingende Platten

Es handelt sich um stehende Biegewellen an verhältnismäßig dünnen, aber biegesteifen Platten mit der konstanten Biegesteifigkeit B′. Das Problem stellt jetzt das zweidimensionale Gegenstück zu den schwingenden Biegestäben dar. Es muss auch hier die partielle Differenzialgleichung 4. Ordnung in x und t der schwingenden Biegestäbe [16]

Abb. 3.12 Schwingende Platte, momentenfrei aufliegend

$$E \cdot J_b \cdot \frac{\partial^4 \xi}{\partial x^4} + m' \cdot \frac{\partial^2 \xi}{\partial t^2} = 0 \tag{3.32}$$

in eine partielle Differenzialgleichung in x, y und t umgeschrieben werden. Dies gelingt, indem man die partielle Ableitung $\partial^4\xi/\partial x^4$ durch den doppelten Laplace-Operator $\Delta\Delta\xi$ ersetzt. Man erhält dann sinngemäß als maßgebende Differenzialgleichung für die Plattenschwingungen:

$$B'\Delta\Delta\xi + m'' \cdot \frac{\partial^2 \xi}{\partial t^2} = 0 \tag{3.33}$$

Hierbei ist $m'' = \rho \cdot h$ die Massenbelegung und B' die Biegesteifigkeit der Platte

$$B' = \frac{E \cdot h^3}{12 \cdot (1 - \mu^2)} \tag{3.34}$$

Ein wichtiger Sonderfall ist eine allseitig momentenfrei aufliegende Rechteckplatte (Abb. 3.12) mit den Randbedingungen:

$$\xi = 0 \quad \text{für} \quad x = 0; y = 0$$

$x = l_x; \quad y = l_y.$

Für die Lösung der partiellen Differenzialgleichung wird wiederum der Bernoulli-Ansatz $\xi = \psi(r, \varphi) \cdot \sin \omega t$ angewendet. Durch Einsetzen erhält man eine Differenzialgleichung für die Eigenfunktionen $\psi(x, y)$:

$$\Delta\Delta\psi(x, y) - \frac{m''\omega^2}{B'}\psi(x, y) = 0 \tag{3.35}$$

Ein Lösungsansatz, der auch gleichzeitig die Randbedingungen erfüllt, lautet [16]:

$$\psi_n = K_n \sin\left[(n_1 + 1)\pi\frac{x}{l_x}\right] \cdot \sin\left[(n_2 + 1)\pi\frac{y}{l_y}\right] \tag{3.36}$$

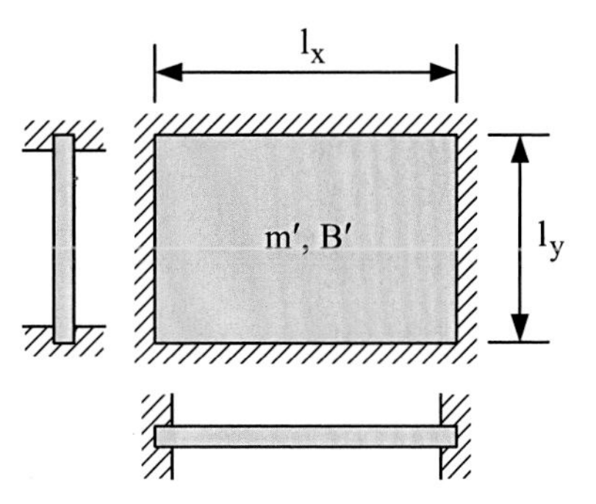

Abb. 3.13 Schwingende Platte, rundum fest eingespannt

Durch Einsetzen in die Differenzialgleichung (3.35) erhält man dann eine Bedingungsgleichung für die Eigenwerte. Die Eigenkreisfrequenz ω_n bzw. Eigenfrequenz f_n einer Rechteckplatte nach Abb. 3.12 lässt sich wie folgt berechnen:

$$\omega_n = \sqrt{\frac{B'}{m''}}\left[\left(\frac{(n_1+1)\pi}{l_x}\right)^2 + \left(\frac{(n_2+1)\pi}{l_y}\right)^2\right] \quad (3.37)$$

$$f_n = \frac{\pi}{2}\cdot\sqrt{\frac{B'}{m''}}\left[\left(\frac{n_1+1}{l_x}\right)^2 + \left(\frac{n_2+1}{l_y}\right)^2\right] \quad (3.38)$$

$n_1, n_2 = 0$ Grundschwingung;
$n_1, n_2 = 1, 2, 3, \ldots$ Oberschwingungen (nicht harmonisch).

Für den Fall der allseitig eingespannten Rechteckplatte (Abb. 3.13) ist der Rechenaufwand wesentlich größer. Es werden daher ohne Nachweis die ersten zwei Eigenfrequenzen angegeben [17]:

$$f_1 = 1{,}57\cdot\sqrt{\frac{B'}{m''}\frac{1}{l_x^2}}\cdot\sqrt{5{,}14 + 3{,}13\cdot\left(\frac{l_x}{l_y}\right)^2 + 5{,}14\cdot\left(\frac{l_x}{l_y}\right)^4}$$

$$f_2 = 1{,}57\cdot\sqrt{\frac{B'}{m''}\frac{1}{l_x^2}}\cdot\sqrt{39{,}06 + 11{,}65\cdot\left(\frac{l_x}{l_y}\right)^2 + 5{,}14\cdot\left(\frac{l_x}{l_y}\right)^4} \quad (3.39)$$

$$\boldsymbol{l_x \geq l_y}$$

3.3 Abstrahlung von Körperschall, Abstrahlgrad

In welchem Umfang und in welcher Stärke die mit den Schnelleamplituden $\hat{v}_s$ schwingenden Saiten, Stäbe, Zungen, Membranen, Platten oder Wände auch Schall in die umgebende Luft abstrahlen, bedarf einer weiteren Untersuchung. Hierzu muss man sich grundsätzlich mit dem Mechanismus der Schallabstrahlung auseinandersetzen und den Zusammenhang zwischen den Körperschallschwingungen und der abgestrahlten Schallleistung (Abstrahlung von Körperschall) herstellen.

Im einfachsten Falle besitzt die Intensität (s. Gl. (2.213)) der Abstrahlung die Größe $I_S = \tilde{v}_S^2 \cdot Z$. Dabei ist $\tilde{v}_S^2$ das Quadrat des Effektivwertes der Schnelle der abstrahlenden Fläche senkrecht zu ihrer Oberfläche. $\tilde{v}_S^2$ ist gleich dem Quadrat des Effektivwertes der Schnelle der angrenzenden Luft. Z ist die Schallkennimpedanz der Luft, wobei vorausgesetzt wird, dass Schalldruck und Schnelle in Phase sind. Ein solcher Zustand stellt sich beispielsweise bei einer oszillierenden, ebenen und nicht verformbaren Fläche A ein, deren Abmessungen wesentlich größer als die indizierten Schallwellenlängen sind. Alle Flächenteile schwingen konphas mit der gleichen effektiven Schnelle $\tilde{v}$. Die abgestrahlte Schallleistung dieser Fläche ist dann

$$P_{K,th} = \tilde{v}^2 \cdot Z \cdot S \tag{3.40}$$

In den meisten Fällen ist die abgestrahlte Körperschallleistung P_K einer schwingenden Fläche A kleiner als die Größe nach der Gl. (3.40). P_K lässt sich dann wie folgt angeben [16]:

$$P_K = \overline{\tilde{v}^2} \cdot Z \cdot S \cdot \sigma \tag{3.41}$$

$$\overline{\tilde{v}^2} = \frac{1}{S} \int_S \tilde{v}^2 dS = \frac{1}{S} \sum\nolimits_{i=1}^{n} \overline{\tilde{v}_i^2} \cdot S_i \tag{3.42}$$

Hierin sind:

- $\tilde{v}^2$ Quadrat des Effektivwertes der Schnelle auf dem Flächenelement dS,
- $\overline{\tilde{v}_i^2}$ Quadrat des Effektivwertes der Schnelle als Mittelwert für die Teilfläche S_i,
- S Abstrahlfläche bzw. Gesamtfläche des schallabstrahlenden Körpers,
- $\overline{\tilde{v}^2}$ mittleres Quadrat des Effektivwertes der Schnelle auf der abstrahlenden Fläche S,
- σ der sog. Abstrahlgrad der Fläche S,

Bei größeren Strukturen (größeren Maschinengehäusen), bei denen die abgestrahlte Schallleistung in erster Linie durch die Schallabstrahlung der Teilflächen erfolgt, die ein unterschiedliches Abstrahlverhalten (Abstrahlgrad) aufweisen, ist es sinnvoll, die Körperschallleistung als Summe der Teil-Körperschallleistungen $P_{K,i}$ zu bestimmen:

$$P_K = \sum_i P_{K,i} = Z \cdot \int_S \tilde{v}^2 \cdot \sigma \cdot dS = Z \cdot \sum_{i=1}^{n} \overline{\tilde{v}_i^2} \cdot \sigma_i \cdot S_i \tag{3.43}$$

σi Abstrahlgrad der Teilfläche S_i.

σ = 1 besagt, dass die Strukturschwingungen zu 100 % abgestrahlt werden. σ = 0 bedeutet, dass die Strukturschwingungen keinen Einfluss auf die Schallabstrahlung ausüben.

Der Abstrahlgrad σ wird üblicherweise logarithmisch dargestellt. Er geht dann über in das sogenannte Abstrahlmaß σ′.

$$\sigma' = 10 \lg \sigma \ \text{dB} \tag{3.44}$$

σ = 1 entspricht dann σ′ = 0 und σ = 0 entspricht σ′ = − ∞ .

Für die praktische Anwendung wird die Gl. (3.43) sinnvollerweise als Körperschallleistungspegel angegeben:

$$L_{W_K} = 10 lg \frac{P_K}{P_0} = 10 lg \frac{Z \cdot \sum_{i=1}^{n} \overline{\tilde{v}_i^2} \cdot \sigma_i \cdot S_i}{P_0} \ \text{dB} \tag{3.45}$$

Mit

$$P_0 = Z_0 \cdot v_0^2 \cdot S_0 = 10^{-12}\ W$$

ergibt sich aus Gl. (3.45) die Teil-Körperschallleistung:

$$\begin{aligned} L_{WK,i} &= 10 \cdot lg \frac{\overline{\tilde{v}_i^2}}{v_0^2} + 10 \cdot lg \frac{S_i}{S_0} + 10 \cdot lg \frac{Z}{Z_0} + 10 \cdot lg \sigma_i \\ &= L_{v_i} + L_{S_i} + \sigma_i' - K_0 \ \text{dB} \end{aligned} \tag{3.46}$$

$$L_{W_K} = 10 \cdot lg \sum_{i=1}^{n} 10^{L_{W_{K,i}}/10} dB \tag{3.47}$$

Hierin sind:

$S_0 = 1\ m^2$	Bezugsfläche,
$K_0 = -10 \cdot lg \frac{Z}{Z_0}$ dB	Korrekturglied, wegen der Ungenauigkeit bei der Abschätzung des Abstrahlgrades kann für die Körperschallabstrahlung in guter Näherung $K_0 = 0$ gesetzt werden.
$v_0 = 5 \cdot 10^{-8}$ m/s	Bezugsschnelle.

Aus Gl. (3.47) folgt, dass Teilflächen mit höheren Teil-Körperschallleistungspegeln für die Gesamtschallabstrahlung einer Maschine verantwortlich sind (leistungsmäßige Pegeladdition!).

Wie aus den Gl. (3.46) und (3.47) ersichtlich, lässt sich der Körperschallleistungspegel einer Maschine nur durch Addition der Teil-Körperschallleistungspegel angeben.

Die messtechnische Ermittlung der Teil-Körperschallleistungspegel erfolgt üblicherweise durch Messung der Beschleunigungspegel:

$$L_{W_{K,i}} \approx L_{v_i} + L_{S_i} + \sigma_i' \text{ dB}$$

$$L_{v_i} = 10 \cdot lg \frac{\overline{\tilde{v}_i^2}}{v_0^2} = 20 \cdot lg \frac{\overline{\tilde{v}_i}}{v_0} = 20 \cdot lg \frac{\overline{\tilde{a}_i} \cdot a_0}{v_0 \cdot a_0 \cdot \omega} = L_{a_i} + 20 \cdot lg \frac{a_0}{v_0 \cdot \omega} \text{ dB} \tag{3.48}$$

mit

$L_{a_i} = 20 \cdot lg \frac{\overline{\tilde{a}_i}}{a_0}$ dB — Beschleunigungspegel auf der Teilfläche S_i

$\overline{\tilde{a}_i}$ — Effektivwert der Schwingbeschleunigung als Mittelwert für die Teilabstrahlfläche S_i

a_0 — Bezugsbeschleunigung (beliebig wählbar), z. B. $a_0 = 10^{-6}$ m/s^2

Mit Gl. (3.48) folgt aus Gl. (3.46):

$$L_{W_{K,i}} \approx L_{a_i} + L_{S_i} + \sigma_i' + 20 lg \frac{a_0}{v_0 \cdot \omega} \text{ dB} \tag{3.49}$$

Bei der messtechnischen Ermittlung der Körperschallleistung nach Gl. (3.46) und (3.49) kann der Einfluss von unterschiedlichem Luftdruck und abweichender Temperatur vernachlässigt werden, da einerseits die Messungen in der Regel in der Atmosphäre bzw. in luftgefüllten Räumen vorgenommen werden und andererseits die Angabe von σ' mit größerer Unsicherheit verbunden ist, d. h. $K_0 = 0$. Die Genauigkeit der Gl. (3.49) wird daher in erster Linie durch das Abstrahlmaß σ' bestimmt. Den Gesamtkörperschallleistungspegel erhält man dann nach Gl. (3.47).

Beide Beziehungen für $L_{W_{K,i}}$ (Gl. (3.46) und (3.49)) sind in Frequenzbändern anzugeben. Hierbei ist vor allem auf die Frequenzabhängigkeit von σ bzw. σ' zu achten. Die Beziehungen sind auch geeignet, bei bekanntem L_{W_K} das Abstrahlmaß σ' zu ermitteln.

$$\sigma' \approx L_{W_K} - L_v - L_S \text{ dB} \tag{3.50}$$

$$\sigma' \approx L_{W_K} - L_a - L_S - 20 lg \frac{a_0}{v_0 \cdot \omega} \text{ dB} \tag{3.51}$$

Die für die Schallabstrahlung maßgebliche Körperschallschnelle v lässt sich verhältnismäßig einfach messen. Man misst hierzu vorzugsweise die Körperschallbeschleunigung a, deren Messung in der modernen Messtechnik besonders gut entwickelt ist. Durch elektrische Integration gewinnt man die Körperschallschnelle v und, falls erforderlich, durch einen weiteren Integrationsschritt auch den Schwingweg x. Letzterer ist direkt verknüpft mit der Beanspruchung der Struktur infolge Körperschalleinwirkung. Den Effektivwert der Körperschallschnelle $\tilde{v}$ erhält man anschließend mit Hilfe eines Effektivwert-Detektors (siehe Abb. 2.58). Es lassen sich natürlich auch die Frequenzspektren der drei genannten Messgrößen darstellen. Sehr nützlich ist es, dabei zu verfolgen, wie die Frequenzspektren, z. B. die Terz- oder Oktavspektren, durch die Integrationsschritte beeinflusst werden. Da bei der Integration einer harmonischen Zeitfunktion im Nenner die Frequenz erscheint, wird mit jedem Integrationsschritt im Frequenzspektrum der Einfluss höherer Frequenzanteile herabgesetzt.

Geht man daher von dem durch Messung ermittelten Beschleunigungsspektrum des Körperschalls aus, so folgt daraus, dass im Spektrum des abgestrahlten Luftschalls (ohne Berücksichtigung von σ) und erst recht im Spektrum der Strukturbeanspruchung (Schwingwege) die tieferen Frequenzbereiche hervorgehoben werden. Drückt man alles in Pegeln aus, so lässt sich zeigen, dass bei Halbierung bzw. Verdoppelung der Frequenz, also bei einem Oktavschritt, Folgendes gilt:

$$\Delta L_{v_{Okt}} = \Delta L_{a_{Okt}} \pm 6 \text{ dB} \tag{3.52}$$

$$\Delta L_{x_{Okt}} = \Delta L_{a_{Okt}} \pm 12 \text{ dB} \tag{3.53}$$

Hierbei bedeuten $\Delta L_{a_{Okt}}, \Delta L_{vv_{Okt}}, \Delta L_{x_{Okt}}$ die jeweilige Änderung der Beschleunigungs-, Schnelle- und Wegpegel bei einem Oktavschritt. Das Vorzeichen (+) gilt für den Übergang zu niedrigeren und (–) zu höheren Oktaven.

Nimmt man einen im logarithmischen Frequenzspektrum konstanten Beschleunigungspegel an ($\Delta L_a = 0$), so kann $L_{v_{Okt}}$ bzw. $L_{x_{Okt}}$ relativ einfach mit Hilfe des in Abb. 3.14

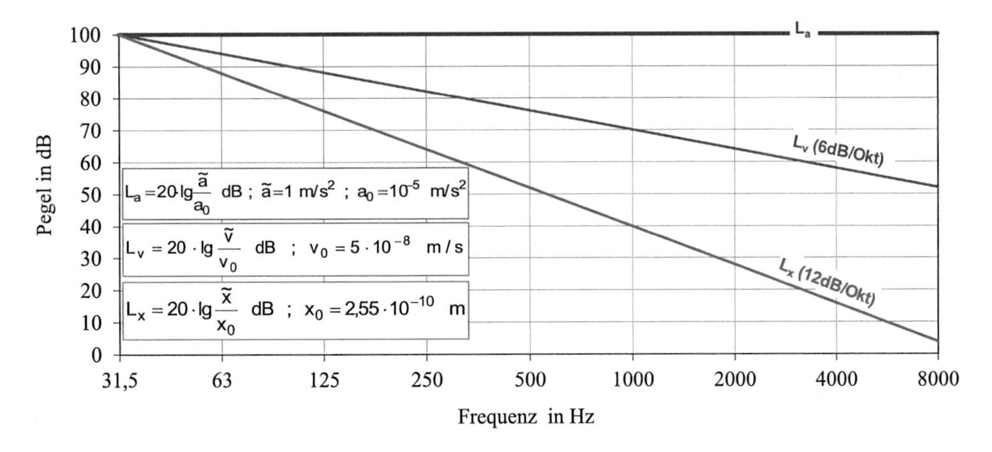

Abb. 3.14 Frequenzgang der Schnelle- und Schwingwegpegel bei konstantem Beschleunigungspegel

Abb. 3.15 Kugelstrahler 0. Ordnung

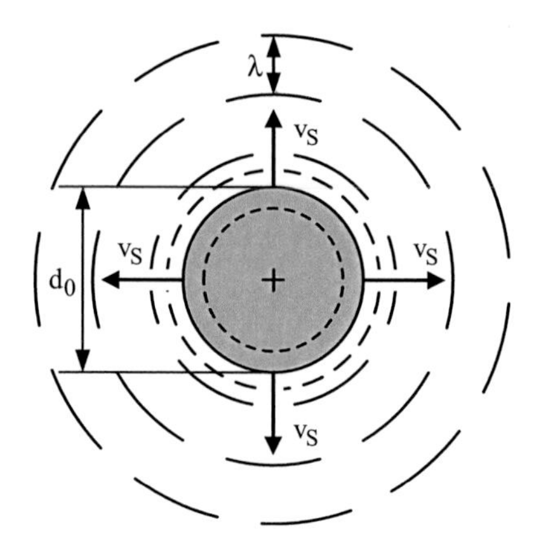

dargestellten Diagramms berechnet werden. Hierbei wurden die frei wählbaren Bezugswerte für die Beschleunigung ($a_0 = 10^{-5}$ m/s²) und den Schwingweg ($x_0 = 2{,}55 \cdot 10^{-10}$ m) so gewählt, dass alle drei Pegelwerte bei 31,5 Hz 100 dB betragen.

Zum besseren Verständnis des Abstrahlverhaltens (Abstrahlgrad) werden im Folgenden einige idealisierte Strahler, sog. Elementarstrahler, behandelt und die von ihnen abgestrahlte Körperschallleistung P_K einschließlich des zugehörigen Abstrahlgrads ermittelt. Hierbei wird vorausgesetzt, dass der Effektivwert der Schnelle $\tilde{v}$ des Strahlers bekannt ist.

3.3.1 Kugelstrahler 0-ter Ordnung

Der Kugelstrahler 0-ter Ordnung besitzt im Idealfall eine gedrungene, kompakte Form mit verhältnismäßig dicken Wänden. Das Volumen dieser Schallquelle verändere sich pulsierend, wie etwa bei einem Verbrennungsmotor. Im Idealfall ist es der Kugelstrahler 0-ter Ordnung, der einfachste Elementarstrahler. Bei ihm pulsiert die Oberfläche einer Kugel konphas nach außen und innen mit der Körperschallschnelle v_S. Der Volumenmittelpunkt M behält seine Lage bei. Der Strahler sendet in das umgebende Medium, z. B. Luft, aus Gründen der Symmetrie ideale Kugelwellen ohne irgendeine Richtcharakteristik (Abb. 3.15) aus, mit dem Wechseldruck p und der Schnelle v nach den Gl. (2.36) und (2.37).

Setzt man in der Gl. (2.37) $r = d_0/2$, so ergibt sich für die Amplitude $\widehat{\phi'}$:

$$\widehat{\phi'} = \widehat{v}_S \frac{d_0^2}{4} \frac{1}{1 + j\frac{\pi\, d_0}{\lambda}} \cdot e^{+\frac{jkd_0}{2}} \tag{3.54}$$

$k = \frac{2\pi}{\lambda}$ Wellenzahl des abgestrahlten Schalls bei der zugehörigen Wellenlänge λ

$\widehat{v}_S$ Amplitude der Schnelle auf der Kugeloberfläche.

Mit der Gl. (3.54) und $\omega = 2\pi \cdot c/\lambda$ folgt aus den Gln. (2.36) und (2.37):

$$\underline{p}(r,t) = j\widehat{v}_S \, \frac{\frac{d_0}{2}}{r} \, \frac{\frac{\pi \, d_0}{\lambda}}{1 + j\frac{\pi \, d_0}{\lambda}} \, (\rho \, c) \cdot e^{-jk(r-\frac{d_0}{2})} \cdot e^{j \, \omega \, t} \tag{3.55}$$

$$\underline{v}(r,t) = \widehat{v}_S \, \frac{\frac{d_0}{2}}{r} \, \frac{1}{1 + j\frac{\pi \, d_0}{\lambda}} \left(\frac{\frac{d_0}{2}}{r} + j\frac{\pi \, d_0}{\lambda} \right) \cdot e^{-jk(r-\frac{d_0}{2})} \cdot e^{j \, \omega \, t} \tag{3.56}$$

Für r = $d_0/2$ (Kugeloberfläche) ergibt sich dann:

$$\underline{p}_S = \widehat{p}_S \cdot e^{j \, \omega \, t} \tag{3.57}$$

$$\underline{v}_S = \widehat{v}_S \cdot e^{j \, \omega \, t} \tag{3.58}$$

$$\widehat{p}_S = j\widehat{v}_S \, \frac{\frac{\pi \, d_0}{\lambda}}{1 + j\frac{\pi \, d_0}{\lambda}} \, (\rho \, c) \tag{3.59}$$

Die Feldimpedanz an der Kugeloberfläche lässt sich dann wie folgt berechnen (s. Gl. (2.94)):

$$\underline{Z}_S = \frac{\underline{p}_S}{\underline{v}_S} = j \, (\rho \, c) \, \frac{\frac{\pi \, d_0}{\lambda}}{1 + j\frac{\pi \, d_0}{\lambda}} \tag{3.60}$$

Für die Körperschallleistung P_K der Schallabstrahlung an der Kugeloberfläche folgt analog den Gl. (2.187):

$$P_K = S_S \cdot I_S = S_S \cdot \frac{1}{T} \int_0^T \mathrm{Re}\{\underline{p}\} \cdot \mathrm{Re}\{\underline{v}\} \, dt = S_S \cdot \frac{1}{2} \mathrm{Re}\{\underline{p} \cdot \underline{v}^*\} \tag{3.61}$$

$S_S = \pi \cdot d_0^2$ Kugeloberfläche;
I_S Intensität der Schallabstrahlung an der Kugeloberfläche;
$\underline{v}^*$ konjugiert komplexer Vektor der Schnelle $\underline{v}$.

Entsprechend der Gl. (2.196) folgt aus der Gl. (3.61):

$$P_K = \frac{1}{2} \, S_S \cdot |\widehat{p}_S|^2 \cdot \mathrm{Re} \left\{ \frac{1}{\underline{Z}_S} \right\} \tag{3.62}$$

Mit den Gl. (3.59) und (3.60) ergibt sich für $|\widehat{p}_S|^2$ und den Realteil Re $\left\{ \frac{1}{\underline{Z}_S} \right\}$

$$|\widehat{p}_S|^2 = \widehat{v}_S^2(\rho\, c)^2 \, \frac{\left(\frac{\pi\, d_0}{\lambda}\right)^2}{1 + \left(\frac{\pi\, d_0}{\lambda}\right)^2} \tag{3.63}$$

$$\text{Re}\left\{\frac{1}{\underline{Z}_S}\right\} = \frac{1}{\rho\, c} \tag{3.64}$$

Mit $\tilde{v}_S^2 = \frac{1}{2}\widehat{v}_S^2$ folgt dann schließlich [16]:

$$P_K = \pi\, d_0^2\, \tilde{v}_S^2\, (\rho\, c) \, \frac{\left(\frac{\pi\, d_0}{\lambda}\right)^2}{1 + \left(\frac{\pi\, d_0}{\lambda}\right)^2} \tag{3.65}$$

$$\sigma' = 10lg\sigma = 10lg \, \frac{\left(\frac{\pi\, d_0}{\lambda}\right)^2}{1 + \left(\frac{\pi\, d_0}{\lambda}\right)^2} = 10lg \, \frac{(d_0\, f)^2}{\left(\frac{c}{\pi}\right)^2 + (d_0\, f)^2} \tag{3.66}$$

c Schallgeschwindigkeit in dem umgebenden Medium des Kugelstrahlers.

Man erkennt, dass bei einem Kugelstrahler 0-ter Ordnung der Parameter $\pi\, d_0/\lambda$, also das Verhältnis Kugelumfang zur abgestrahlten Wellenlänge, eine wesentliche Rolle spielt. Zum besseren Verständnis werden zweckmäßigerweise die beiden Grenzfälle $\pi\, d_0/\lambda << 1$ und $\pi\, d_0/\lambda >> 1$ gesondert herausgestellt.

$\pi\, d_0/\lambda << 1$:

Diese Voraussetzung gilt für Kugelstrahler, die im Vergleich zu ihrem Umfang größere Wellenlängen abstrahlen. Es ist näherungsweise:

$$\underline{p}(r) \approx j\, \widehat{v}_S\, (\rho\, c)\, \frac{d_0}{2r}\, \frac{\pi\, d_0}{\lambda} \cdot e^{-j\,k\,r} \cdot e^{j\,\omega\,t} \tag{3.67}$$

$$\underline{p}_S = \widehat{p}_S \cdot e^{j\,\omega\,t} \quad mit \quad \widehat{p}_S \approx j\, \widehat{v}_S \cdot (\rho\, \text{c}) \cdot \frac{\pi\, d_0}{\lambda} \tag{3.68}$$

$$\underline{v}(r) \approx \widehat{v}_S \left(\frac{d_0}{2r}\right)^2 \left(1 + j\frac{\frac{\pi\, d_0}{\lambda}}{\frac{d_0}{2r}}\right) \cdot e^{-j\,k\,r} \cdot e^{j\,\omega\,t} \tag{3.69}$$

$$\underline{v}_S = \widehat{v}_S \cdot e^{j\,\omega\,t} \tag{3.70}$$

$$I_S \approx \tilde{v}_S^2\,(\rho\,c)\,\left(\frac{\pi\,d_0}{\lambda}\right)^2 \tag{3.71}$$

$$P_K \approx 4\frac{\pi\,d_0^2}{4}\tilde{v}_S^2 \cdot (\rho\,c) \cdot \left(\frac{\pi\,d_0}{\lambda}\right)^2 \tag{3.72}$$

$$\sigma' \approx 20 \cdot lg\frac{\pi\,d_0}{\lambda} \tag{3.73}$$

Man erkennt vor allem, dass in diesem Fall die Schallintensität und die Schallleistung mit $(\pi\,d_0/\lambda)^2$ abnehmen und das Abstrahlmaß entsprechend klein wird.

$$\boldsymbol{\pi\,d_0/\lambda >> 1:}$$

Diese Beziehung gilt für Kugelstrahler, die im Vergleich zu ihrem Umfang kleinere Wellenlängen abstrahlen. Es ist näherungsweise:

$$\widehat{p}_S \approx \widehat{v}_S\,(\rho\,c) \tag{3.74}$$

$$I_S \approx \tilde{v}_S^2\,(\rho\,c) \tag{3.75}$$

$$P_K \approx 4\,\frac{\pi\,d_0^2}{4}\,\tilde{v}_S^2\,(\rho\,c) \tag{3.76}$$

$$\sigma' \approx 0 \quad bzw. \quad \sigma \approx 1 \tag{3.77}$$

Dies bedeutet, dass näherungsweise der Zustand eines ebenen Wellenfeldes (s. Gl. (2.213)) bereits an der Kugeloberfläche vorliegt. Hieraus folgt, dass bei einer kompakten schallabstrahlenden Maschine mit pulsierender Oberfläche der Abstrahlgrad $\sigma \approx 1$ ist, wenn die abgestrahlte Wellenlänge λ kleiner als die mittlere Größe d_0 der Maschine ist. Zum besseren Verständnis wird hier das Abstrahlmaß σ' des Kugelstrahlers 0-ter Ordnung nach Gl. (3.66) in Abb. 3.16 für die Schallabstrahlung in der Luft über einen größeren $\pi\,d_0/\lambda$ -Bereich aufgetragen. Es zeigt sich nochmals, dass unterhalb $\pi\,d_0/\lambda = 1$ das Abstrahlmaß σ' stark abfällt (um 20 dB je Dekade) und ab $\pi\,d_0/\lambda \geq 3$ $\sigma' = 0$ bzw. $\sigma = 1$ wird.

In Abb. 3.17 ist das Abstrahlmaß σ' für $d_0 = 100$ mm und $d_0 = 1000$ mm in Abhängigkeit von der Frequenz dargestellt. Hierbei erkennt man, dass bei gleicher Frequenz das Abstrahlmaß σ' mit kleiner werdendem Durchmesser stark abfällt, vor allem im unteren Frequenzbereich. Das bedeutet, dass bei gleicher Körperschallschnelle der kleinere Kugelstrahler besonders wenig Schall abstrahlt, da er nicht nur die kleinere Oberfläche, sondern auch den niedrigeren Abstrahlgrad besitzt.

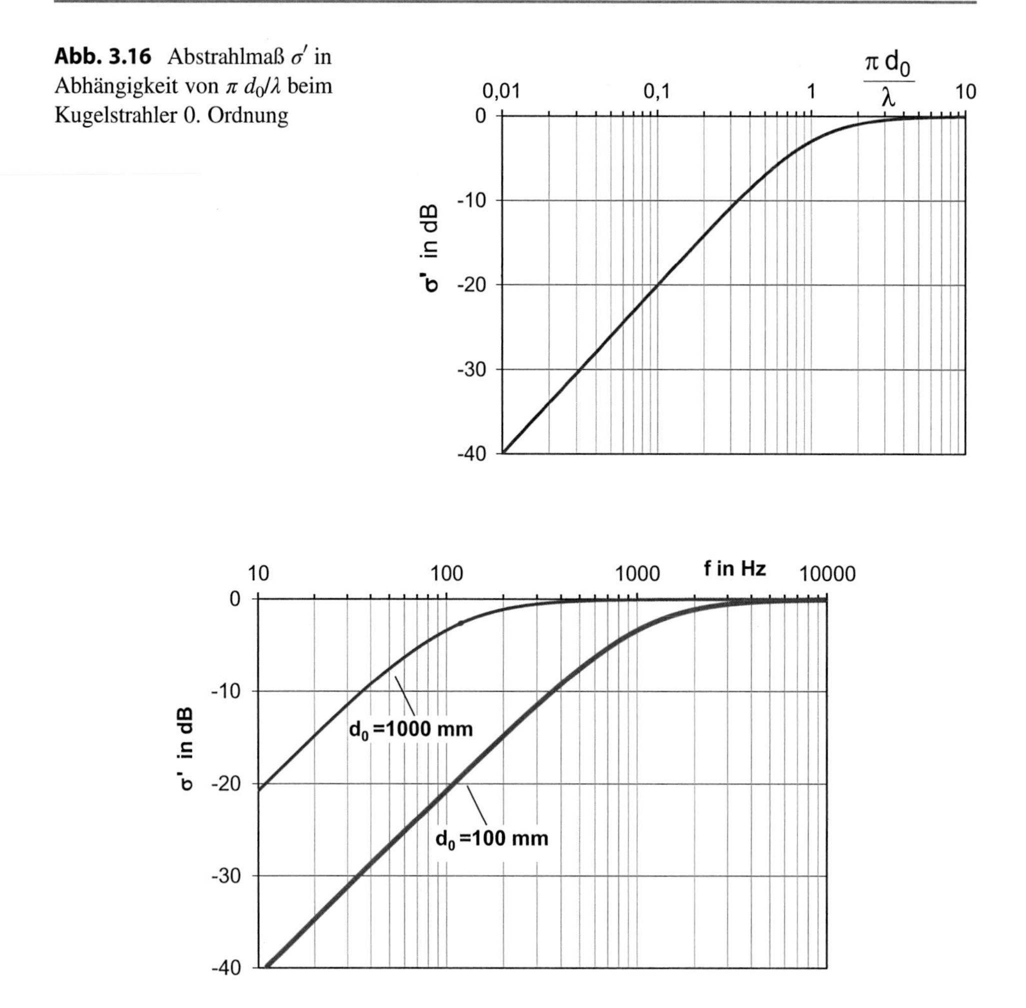

Abb. 3.16 Abstrahlmaß σ' in Abhängigkeit von $\pi\, d_0/\lambda$ beim Kugelstrahler 0. Ordnung

Abb. 3.17 Abstrahlmaß σ' in Abhängigkeit von der Pulsationsfrequenz des Kugelstrahlers 0. Ordnung für zwei verschiedene Kugeldurchmesser

Der Kugelstrahler 0-ter Ordnung kann auch mit einem verhältnismäßig kleinen d_0 bei Einbau in einer Wand verwirklicht werden (Abb. 3.18). Er strahlt dann in den Halbraum vor der Wand das gleiche Schallbild wie im Falle der freien Kugel ab. Es bleiben alle akustischen Größen gleich, lediglich die in den Halbraum abgestrahlte Schallleistung P_K ist nur noch die Hälfte der Schallleistung nach Gl. (3.72)

$$P_K \approx 2\frac{\pi \cdot d_0^2}{4}\tilde{v}_S^2\,(\rho\, c)\left(\frac{\pi\, d_0}{\lambda}\right)^2 \tag{3.78}$$

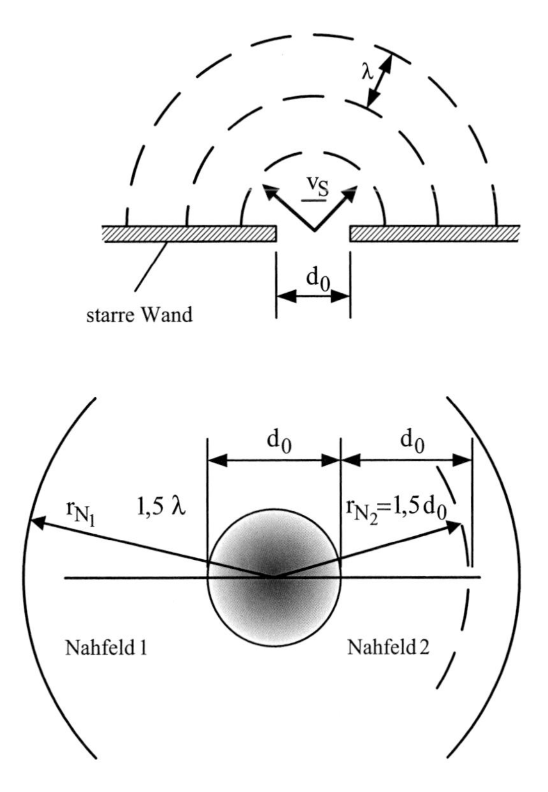

Abb. 3.18 Kugelstrahler 0. Ordnung in Wand eingebaut ($\pi\, d_0/\lambda < 1$)

Abb. 3.19 Nahfeld des Kugelstrahlers 0. Ordnung

Nahfeld des Kugelstrahlers 0-ter Ordnung

Wie schon im Abschn. 2.2.3 festgestellt wurde, sind in einem Kugelwellenfeld die Schnelle $\underline{v}(r)$ und der Wechseldruck $\underline{p}(r)$ nicht in Phase. Der Phasenunterschied ist an der Kugeloberfläche am größten. Er geht dort für kleine Werte von $\pi\, d_0/\lambda$ gegen 90 °, wird jedoch, wie im Abschn. 2.2.3 gezeigt, mit wachsendem Abstand von der Kugel rasch abgebaut. Daher ist es sinnvoll, um den pulsierenden Kugelstrahler ein kugelförmiges Nahfeld zu legen, außerhalb dessen in guter Näherung ein quasi-ebenes Schallfeld angenommen werden kann. Die Abschätzung der Ausdehnung des Nahfeldes führt bei einer noch zugelassenen Phasendifferenz von ca. 6 ° zu einem Radius des Nahfeldes $r_N = 1{,}5\,\lambda$ (Abb. 3.19).

Diese Grenze $r_N = 1{,}5 \cdot \lambda$ hat jedoch nur für kleinere und mittlere Werte von $\pi\ d_0/\lambda$ Bedeutung. Für größere Werte rückt, wie bereits festgestellt, das Fernfeld immer näher an die Kugeloberfläche heran. In diesem Fall, oder allgemeiner ausgedrückt für größere Schallquellen und höhere Frequenzen, wird das Nahfeld nicht mehr durch die Wellenlänge λ, sondern durch die Abmessung d_0 der Schallquelle selbst charakterisiert.

Dies kommt daher, dass die unmittelbare Nachbarschaft der Schallquelle immer mehr ein quasi ebenes Schallfeld darstellt, bei dem Störungen durch Interferenzeffekte auftreten können. Letztere klingen in einem Abstand von der Oberfläche der Schallquelle ab, der etwa gleich der Größe d_0 der Schallquelle ist. Daraus folgt aber, dass für größere $\pi\ d_0/\lambda$-Werte ein Nahfeld r_N einzuführen ist, für das $r_N = 1{,}5 \cdot d_0$ ist.

Für den praktischen Gebrauch werden Schallquellen von annähernd kubischer Konfiguration mit einem Kugelstrahler verglichen, dessen Durchmesser gleich der größten Abmessung der Schallquelle ist. Hierfür werden zwei Werte für r_N berechnet, nämlich $r_{N_1} = 1{,}5 \cdot \lambda$ und $r_{N_2} = 1{,}5 \cdot d_0$. Der größere von beiden Radien bestimmt dann das zu berücksichtigende Nahfeld der Schallquelle.

3.3.2 Kugelstrahler 1. Ordnung

Die Schallquelle sei wiederum gedrungen und kompakt. Sie werde jetzt durch die Wirkung von äußeren Wechselkräften als Ganzes hin und her geschoben, ohne dass sich ihr Volumen ändert, wie beispielsweise bei einer hydrostatischen Pumpe, bei der freie Wechselkräfte infolge Volumenstromschwankungen wirksam werden. Im Idealfall ist der Kugelstrahler 1. Ordnung ein weiterer Elementarstrahler. Bei ihm bewegt sich eine starre Kugel ohne Formänderung unter der Wirkung periodischer Kräfte senkrecht zu einem Knotenkreis hin und her. Die Punkte dieses Knotenkreises führen keine Radialbewegung mehr aus, d. h. sie können auch keine Energie abstrahlen. Die gegenüberliegenden Oberflächenpunkte in einer Ebene senkrecht zum Knotenkreis werden gegenphasig bewegt. Daraus folgt, dass die Schallabstrahlung nicht mehr kugelsymmetrisch, aber doch noch rotationssymmetrisch zur Strahlerachse erfolgt und im Wesentlichen senkrecht zum Knotenkreis gerichtet ist (Richtcharakteristik). Außerdem kommt es im Bereich des Knotenkreises über den Druckstau auf der einen und den Sog auf der anderen Seite zum sog. akustischen Kurzschluss, wodurch dann auch weniger Schall abgestrahlt wird. Ein Kugelstrahler 1. Ordnung strahlt daher bei gleicher Körperschallschnelle eine geringere Schallleistung als ein Kugelstrahler 0. Ordnung ab. Diese Körperschallleistung wird an einer Kugel vom Durchmesser d_0 ermittelt, die als Ganzes mit der Geschwindigkeit $\underline{v}_S = \widehat{v}_S \cdot e^{j\,\omega\,t}$ auf der Strahlerachse hin und her schwingt. Meist ist die allgemeine Körperschallschnelle $\underline{v}_{Sn}$ normal zur Kugeloberfläche eine Funktion des Breitenwinkels ϑ (Abb. 3.20) und gleich

$$\underline{v}_{S_n}(\vartheta, t) = \widehat{v}_{S_n} \cdot e^{j\,\omega\,t} \tag{3.79}$$

Die Körperschallschnelle $\underline{v}_{S_n}$ ist ihrerseits gleich der Schnelle des Schallfeldes an dieser Stelle, das von der oszillierenden Kugel abgestrahlt wird. Zu dieser Schnelle gehört der Schalldruck:

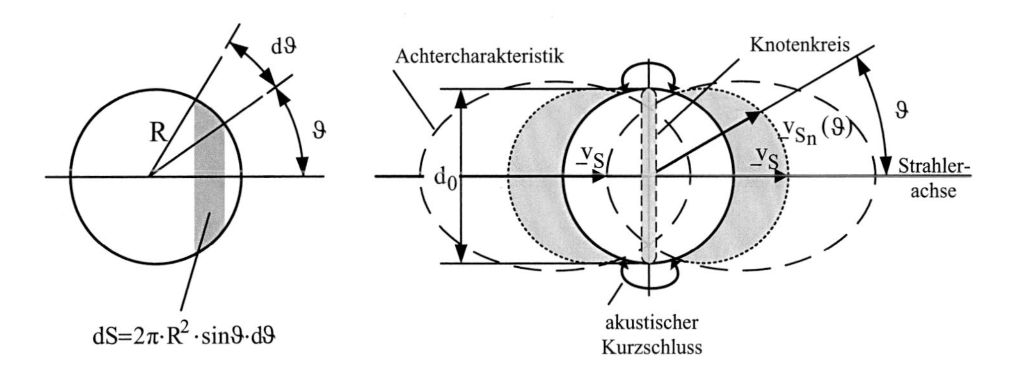

Abb. 3.20 Kugelstrahler 1. Ordnung

$$\underline{p}_S = \widehat{p}_S(\vartheta) \cdot e^{j\,\omega\,t} \tag{3.80}$$

In Anlehnung an Gl. (3.61) lässt sich die Intensität der Schallabstrahlung wie folgt berechnen:

$$I_S(\vartheta) = \frac{1}{2}\mathrm{Re}\{\widehat{p}_S(\vartheta) \cdot \widehat{\mathrm{v}}^*_{S_n}(\vartheta)\} \tag{3.81}$$

$\widehat{\mathrm{v}}^*_{S_n}$ ist die Normalkomponente der konjugiert komplexen Amplitude der Schnelle $\widehat{\mathrm{v}}_{S_n}$. Die gesamte abgestrahlte Körperschallleistung hat die Größe:

$$P_K = \int_S I_S(\vartheta)\,dS \tag{3.82}$$

Schallschnelle und Schalldruck werden in bekannter Weise durch Differenzieren des Geschwindigkeitspotenzials $\underline{\phi}$ des Schallfeldes gewonnen.

$$\underline{\phi} = \widehat{\phi} \cdot e^{j\,\omega\,t} \tag{3.83}$$

Die Ortsfunktion $\widehat{\phi}$ ihrerseits gehorcht der partiellen Differenzialgleichung

$$\Delta\widehat{\phi} + k^2\widehat{\phi} = 0 \tag{3.84}$$

mit $k = \frac{\omega}{c}$.

Zweckmäßigerweise wird die Differenzialgleichung (3.84) in den Kugelkoordinaten r, φ, ϑ ausgedrückt [15, 18]:

$$r^2 \frac{\partial^2 \widehat{\phi}}{\partial r^2} + 2r \frac{\partial \widehat{\phi}}{\partial r} + \frac{1}{\sin\vartheta} \frac{\partial}{\partial \vartheta} (\sin\vartheta \frac{\partial \widehat{\phi}}{\partial \vartheta}) + \frac{1}{\sin^2\vartheta} \frac{\partial^2 \widehat{\phi}}{\partial \phi^2} + k^2 r^2 \widehat{\phi} = 0 \quad (3.85)$$

In einem weiteren Separationsansatz

$$\widehat{\phi} = \widehat{\phi}(r) \cdot \widehat{\psi}(\varphi, \vartheta) \quad (3.86)$$

werden Abstand und Richtung getrennt, wodurch man zwei unabhängige Differentialgleichungen für $\widehat{\phi}(r)$ und $\widehat{\psi}(\varphi, \vartheta)$ gewinnt, die einfacher zu lösen sind. Vor allem erhält man für $r \cdot \widehat{\phi}(r)$ die gewöhnliche Differenzialgleichung

$$\frac{d^2[r \cdot \widehat{\phi}(r)]}{d(kr)^2} - \frac{2}{(kr)^2}[r \cdot \widehat{\phi}(r)] + [r \cdot \widehat{\phi}(r)] = 0 \quad (3.87)$$

Die Lösung dieser Gleichung für die nach außen abgestrahlte, divergierende Welle lautet [19]:

$$[r \cdot \widehat{\phi}(r)] = B_0 \, (1 + \frac{1}{jkr}) \cdot e^{-j\,k\,r} \quad (3.88)$$

Hierbei ist B_0 ein konstanter Faktor. Die Richtigkeit dieses Ansatzes kann durch Einsetzen in die Gl. (3.87) überprüft werden. Unter der Berücksichtigung, dass die Richtungsfunktion $\widehat{\psi}(\varphi, \vartheta)$ nur noch von ϑ abhängig ist, d. h. $\widehat{\psi}(\varphi, \vartheta) = \widehat{\psi}(\vartheta)$, ergibt sich mit den Gl. (3.83), (3.85) und (3.88) für das Geschwindigkeitspotenzial:

$$\underline{\phi} = \frac{1}{r} \, (1 + \frac{1}{jkr}) \cdot B_0 \cdot \widehat{\psi}(\vartheta) \cdot e^{j(\omega\, t - k\, r)} \quad (3.89)$$

Hierin ist der Faktor $B_0 \cdot \widehat{\psi}(\vartheta)$ noch unbekannt. Die Radialkomponente der Schnelle $\underline{v}_{r_n}$ lässt sich wie folgt berechnen:

$$\underline{v}_{r_n}(\vartheta, t) = -\frac{\partial \varphi}{\partial\, r} = \frac{B_0 \cdot \widehat{\psi}(\vartheta)}{r^2} \cdot \left[2 + jkr + \frac{2}{jkr}\right] \cdot e^{j(\omega\, t - k\, r)} \quad (3.90)$$

Speziell an der Kugeloberfläche ist:

$$\underline{v}_{S_n}(\vartheta, t) = \frac{B_0 \cdot \widehat{\psi}(\vartheta)}{R^2} \cdot \left[2 + jkR + \frac{2}{jkR}\right] \cdot e^{j(\omega\, t - k\, R)} \quad (3.91)$$

Andererseits ist $\underline{v}_{S_n}(\vartheta, t)$ aus der Oszillation der Kugel (nach Gl. (3.79)) bekannt. Durch Gleichsetzen der beiden Geschwindigkeiten wird der unbekannte Faktor $B_0 \cdot \widehat{\psi}(\vartheta)$ gefunden:

$$B_0 \cdot \widehat{\psi}(\vartheta) = \widehat{\mathrm{v}}_{S_n}(\vartheta) \cdot \frac{R^2}{[2 + jkR + \frac{2}{jkR}]} \cdot e^{j\,k\,R} \tag{3.92}$$

Das Geschwindigkeitspotenzial des abgestrahlten Schallfeldes erhält man nach Einsetzen der Gl. (3.92) in Gl. (3.89):

$$\underline{\phi}(r, \vartheta, t) = \frac{1}{r}\left(1 + \frac{1}{jkr}\right) \cdot \frac{R^2}{[2 + jkR + \frac{2}{jkR}]} \cdot \widehat{\mathrm{v}}_{S_n}(\vartheta) \cdot e^{j\,(\omega\,t - k\,r + k\,R)} \tag{3.93}$$

Aus dem Geschwindigkeitspotenzial kann dann der Schallwechseldruck $\underline{p}_S$ an der Kugeloberfläche ermittelt werden. In einem beliebigen Schallfeldpunkt ist:

$$\underline{p}(r, \vartheta, t) = \rho \frac{\partial \underline{\phi}}{\partial\, t} = j\,\omega\,\rho\,\underline{\phi}\,(r, \vartheta, t) \tag{3.94}$$

Für die Kugeloberfläche erhält man:

$$\underline{p}_S(\vartheta, t) = j\,\omega\,\rho \cdot \frac{(1 + \frac{1}{jkR})}{[2 + jkR + \frac{2}{jkR}]} \cdot R \cdot \widehat{\mathrm{v}}_{S_n}(\vartheta) \cdot e^{j\,\omega\,t} \tag{3.95}$$

Mit der Gl. (3.95) folgt aus der Gl. (3.80):

$$\widehat{p}_S(\vartheta) = j\,\widehat{\mathrm{v}}_{S_n}(\vartheta)\,R\,\omega\,\rho \cdot \frac{(1 + \frac{1}{jkR})}{[2 + jkR + \frac{2}{jkR}]} \tag{3.96}$$

Mit Hilfe der Gl. (3.81) erhält man dann für die Intensität der Schallabstrahlung bei dem Winkel ϑ

$$I_S(\vartheta) = \frac{1}{2}\,\widehat{\mathrm{v}}_{S_n}(\vartheta)^2\,(\rho \cdot c) \cdot \frac{k^4 R^4}{4 + k^4 R^4} \tag{3.97}$$

$$k \cdot R = \frac{\pi \cdot d_0}{\lambda}$$

Die gesamte abgestrahlte Körperschallleistung erhält man durch Integration entsprechend der Gl. (3.82):

$$P_K = \int_{S_K} I_S(\vartheta)\, dS \;=\; \frac{1}{2}\,(\rho \cdot c) \cdot \frac{k^4 R^4}{4 + k^4 R^4} \int_{A_K} \widehat{v}_{S_n}(\vartheta)^2\, dS \tag{3.98}$$

Mit $\widehat{v}_{S_n}(\vartheta) = \widehat{v}_S \cdot \cos\vartheta$ und $d\,S = 2\pi \cdot R^2 \cdot\, \sin\vartheta \cdot d\,\vartheta$ (siehe Abb. 3.20) und $\widehat{v}_S = 2\widetilde{v}_S$ ergibt sich schließlich:

$$P_K = S_K\, \widetilde{v}_S^2\, (\rho\, c)\, \frac{1}{3} \cdot \frac{\left(\frac{\pi\, d_0}{\lambda}\right)^4}{\left(4 + \frac{\pi\, d_0}{\lambda}\right)^4} \tag{3.99}$$

$S_K = \pi \cdot d_0^2$ Kugeloberfläche bzw. Abstrahlfläche

$\widetilde{v}_S$ Effektivwert der Schwinggeschwindigkeit der oszillierenden Kugel auf der Strahlachse (siehe Abb. 3.20).

Aus der Beziehung (3.99) ergibt sich unmittelbar das Abstrahlmaß σ' für den Kugelstrahler 1. Ordnung

$$\sigma' = 10 \cdot lg \frac{\left(\frac{\pi \cdot d_0}{\lambda}\right)^4}{4 + \left(\frac{\pi \cdot d_0}{\lambda}\right)^4} - 4{,}8 = 10 \cdot lg \frac{(d_0 \cdot f)^4}{4 \cdot \left(\frac{c}{\pi}\right)^4 + (d_0 \cdot f)^4} - 4{,}8 \tag{3.100}$$

Auch hier ist der Parameter $\pi \cdot d_0/\lambda$ die wesentliche Größe. Für die beiden Grenzfälle $\pi\, d_0/\lambda << 1$ und $\pi\, d_0/\lambda >> 1$ erhält man:

$\boldsymbol{\pi\, d_0/\lambda << 1}$ **:**

$$P_K \approx \;(\rho\, \mathrm{c})\, 4 \frac{\pi \cdot d_0^2}{4}\, \widetilde{v}_S^2\, \frac{1}{12} \left(\frac{\pi\, d_0}{\lambda}\right)^4 \tag{3.101}$$

$$\sigma' \approx 40 lg \left(\frac{\pi\, d_0}{\lambda}\right) - 10{,}8\ \mathrm{dB} \tag{3.102}$$

Man erkennt, dass für $\pi\, d_0/\lambda << 1$ das Abstrahlmaß σ' noch wesentlich stärker abfällt als beim Kugelstrahler 0. Ordnung. Der Abfall beträgt hier 40 dB pro Dekade.

$\boldsymbol{\pi\, d_0/\lambda >> 1}$ **:**

$$P_K \approx \;(\rho\, \mathrm{c})\, 4 \frac{\pi \cdot d_0^2}{4}\, \widetilde{v}_S^2\, \frac{1}{3} \tag{3.103}$$

$$\sigma' \approx \; -4{,}8\ \mathrm{dB} \tag{3.104}$$

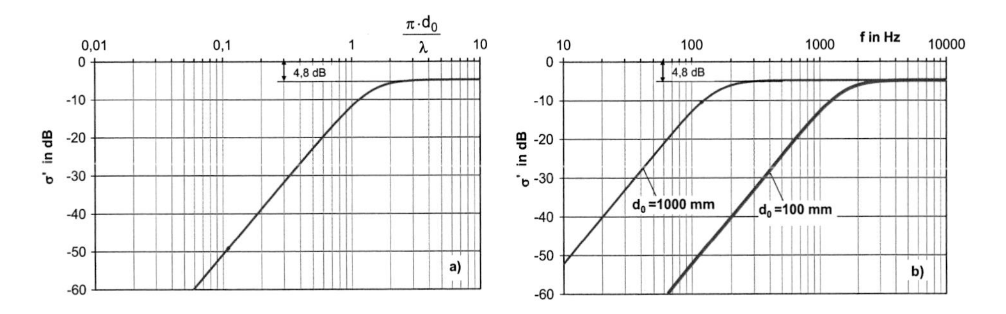

Abb. 3.21 Abstrahlmaß σ' des Kugelstrahlers 1. Ordnung. **a)** in Abhängigkeit von $\pi \cdot d_0/\lambda$. **b)** als Funktion von der Frequenz für zwei Durchmesser

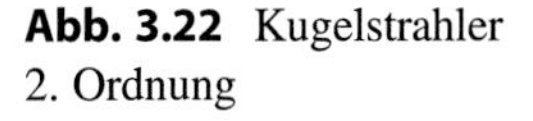

Abb. 3.22 Kugelstrahler 2. Ordnung

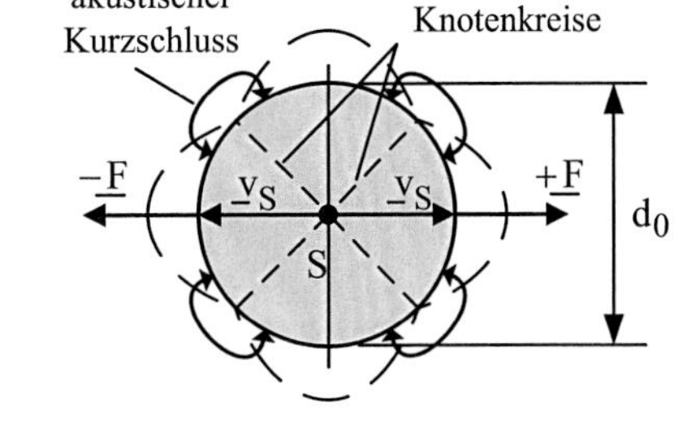

Das Abstrahlmaß strebt dem konstanten Wert – 4,8 dB zu, wo beim Strahler 0. Ordnung noch 0 dB erreicht werden konnte. Im Abb. 3.21 ist das Abstrahlmaß σ' nach Gl. (3.100) sowohl in Abhängigkeit der dimensionslosen Größe $\pi \cdot d_0/\lambda$ (Abb. 3.21a) als auch über der Oszillationsfrequenz des Kugelstrahlers (Abb. 3.21b) mit d_0 als Parameter aufgetragen. Hieraus erkennt man einmal die beiden Grenzfälle und zum anderen, dass der kleinere Strahler weniger Schall emittiert und zwar vor allem im unteren Frequenzbereich.

3.3.3 Kugelstrahler 2. Ordnung

Die Oberfläche kleinerer, kompakter Schallquellen kann durch entgegengesetzt gerichtete innere Wechselkräfte zu Biegeschwingungen angeregt werden, die sich in periodischen, elliptischen Verformungen äußert und zu entsprechender Schallabstrahlung führt, wie beispielsweise bei rotierenden, elektrischen Maschinen. Im Idealfall ist der Kugelstrahler 2. Ordnung ein weiterer Elementarstrahler. Als Strahler 2. Ordnung besitzt er, passend zu den zugehörigen elliptischen Schwingungsformen der Kugel (Abb. 3.22), zwei Knotenkreise. (Der Strahler 1. Ordnung hat einen, der Strahler 0. Ordnung keinen Knotenkreis).

Die Schwingungsform des Strahlers 2. Ordnung zeichnet sich dadurch aus, dass einmal eine Deformation der Kugel ohne Volumenänderung stattfindet, und zum anderen, dass der Schwerpunkt S_M der Kugel seine Lage nicht ändert. Das bedeutet auch, dass Wechselkräfte wirksam sind, die sich jedoch kompensieren, wie es beispielsweise bei sich zeitlich ändernden Schubwirkungen der Fall sein kann. Die zwei vorhandenen Knotenkreise bedeuten, dass beim Strahler 2. Ordnung stets zwei Druckbereiche an zwei Unterdruckbereiche angrenzen, so dass hier der akustische Kurzschluss noch wirksamer wird als beim Strahler 1. Ordnung. Infolgedessen besitzt der Strahler 2. Ordnung eine entsprechend kleinere Abstrahlung.

Eine quantitative Ermittlung der Schallleistung des Strahlers 2. Ordnung, die ähnlich wie beim Strahler 1. Ordnung verläuft, allerdings mit noch größerem Aufwand [19], wird hier nicht mehr durchgeführt. Stattdessen wird ohne Ableitung das Abstrahlmaß σ', bezogen auf den Effektivwert der Schnelle $\tilde{v}_S$ (Höchstwert der Normalkomponenten an der Kugeloberfläche, siehe Abb. 3.22) und auf die Kugeloberfläche $S_K = \pi \cdot d_0^2$, für folgende Grenzfälle angegeben:

$$\boldsymbol{\pi\, d_0/\lambda << 1:}$$

$$\sigma' \approx 60 lg \left(\frac{\pi\, d_0}{\lambda}\right) - 26{,}1\ d\,B \tag{3.105}$$

$$\underline{\boldsymbol{\pi\, d_0/\lambda >> 1:}}$$

$$\sigma' \approx -7{,}0\ \text{dB} \tag{3.106}$$

Im Abb. 3.23 ist analog zum Strahler 1. Ordnung das Abstrahlmaß σ' sowohl in Abhängigkeit der dimensionslosen Größe $\pi \cdot d_0/\lambda$ (Abb. 3.23a) als auch über der Oszilla-

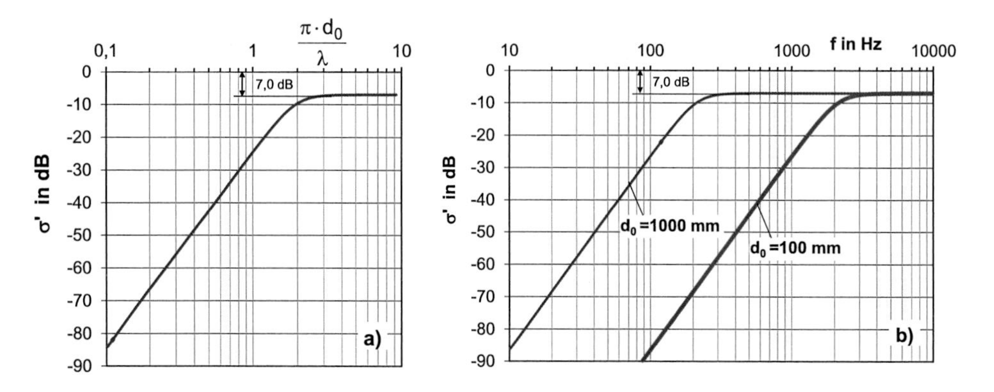

Abb. 3.23 Abstrahlmaß σ' des Kugelstrahlers 2. Ordnung. **a)** in Abhängigkeit von $\pi \cdot d_0/\lambda$. **b)** als Funktion der Frequenz für zwei Durchmesser

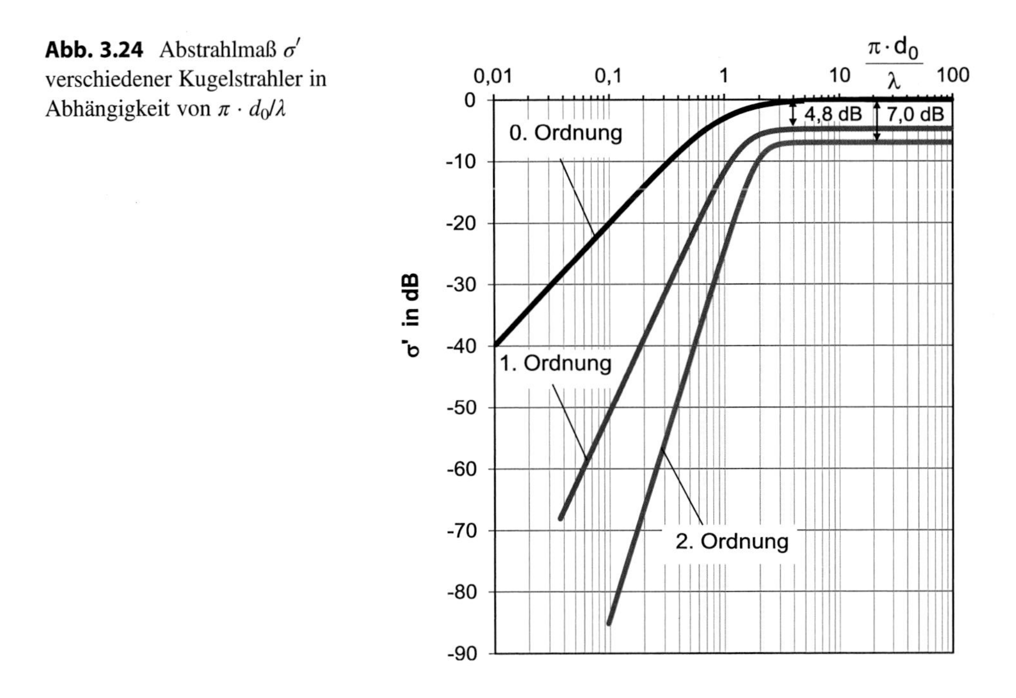

Abb. 3.24 Abstrahlmaß σ' verschiedener Kugelstrahler in Abhängigkeit von $\pi \cdot d_0/\lambda$

tionsfrequenz des Kugelstrahlers (Abb. 3.23b) dargestellt. Man erkennt, dass der Strahler 2. Ordnung im Vergleich zu den bisher behandelten Kugelstrahlern das kleinste Abstrahlmaß besitzt und auch bei größeren Werten von $\pi \cdot d_0/\lambda$, bzw. hohen Frequenzen, um 7 dB (10 lg 1/5) unter dem des Strahlers 0. Ordnung liegt.

Zum Vergleich wird in Abb. 3.24 das Abstrahlmaß der drei behandelten Elementarstrahler in Abhängigkeit der dimensionslosen Parameter $\pi \cdot d_0/\lambda$ dargestellt. Hieraus folgt, dass der Strahler mit der geringsten Ordnungszahl, besonders bei kleineren Werten von $\pi \cdot d_0/\lambda$, also tiefen Frequenzen, die besseren Abstrahleigenschaften besitzt.

3.3.4 Kolbenstrahler

Ein der praktischen Schallabstrahlung besonders angepasster Elementarstrahler ist der sog. *Kolbenstrahler,* der sich technisch gut realisieren lässt. Bei einem solchen Kolbenstrahler schwingt der „Kolben", das sind im Allgemeinen starre, flächenhafte GeAbb.e, hin und her. Es können auch elastisch deformierbare Membranen und Platten einbezogen werden, wenn es sich um konphase Schwingungen dieser Elemente handelt. Solche Schwingungen treten bei Anregung der Grundschwingung auf.

Die exakte Lösung des Problems der Schallabstrahlung des Kolbenstrahlers erfordert etwas größeren mathematischen Aufwand. Jedoch lässt sich eine brauchbare Näherungslösung angeben, wenn man am Kolbenstrahler die beiden Fälle $\pi \cdot d_K/\lambda < 1$ und

Abb. 3.25 Idealisierte Darstellung eines Kolbenstrahlers

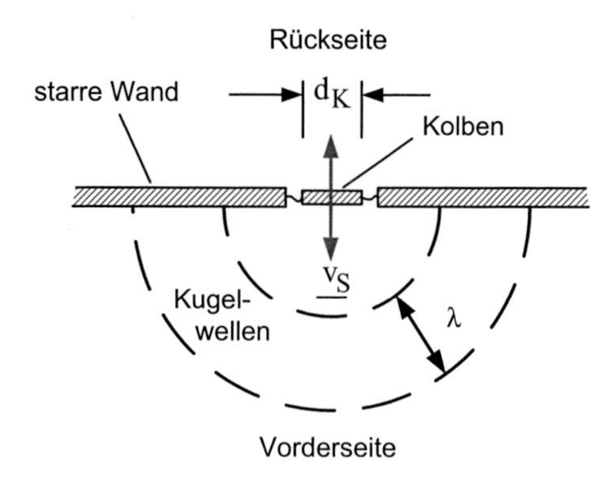

$\pi \cdot d_K/\lambda >> 1$ herausstellt. Hierin sind d_K ein mittlerer Durchmesser der Kolbenfläche $d_K = \sqrt{4\, S_K/\pi}$ bei beliebiger Kolbenfläche A_K und λ die abgestrahlte Wellenlänge.

a) $\boldsymbol{\pi \cdot d_K/\lambda < 1}$:

Hierbei muss man noch weiter unterscheiden und dabei berücksichtigen, ob Vorder- und Rückseite des oszillierenden Kolbens akustisch voneinander abgeschirmt oder kurzgeschlossen sind.

α) akustische Abschirmung

Die Schallabstrahlung in den vorderen Halbraum wird durch die akustischen Vorgänge im hinteren Halbraum nicht beeinflusst. Dies wird erreicht, wenn der Kolben in einer sehr großen starren Wand eingebaut ist (Abb. 3.25), oder wenn seine Rückseite schalldicht gegen die Vorderseite abgeschlossen wird, wie dies beispielsweise bei dem eingebauten, dynamischen Lautsprecher mit Konusmembran der Fall ist (Abb. 3.26).

Unabhängig von der Gestalt des Kolbens nimmt das Schallfeld unter der genannten Voraussetzung sehr rasch Kugelfeldcharakter an. Der Kolbenstrahler wird zum Kugelstrahler 0. Ordnung, der in den vorderen Halbraum Kugelwellen ohne Richtwirkung abstrahlt.

Man kann daher der Ermittlung der abgestrahlten Körperschallleistung die Beziehung

$$P_K \approx \; 2\, d_0^2\, \frac{\pi}{4}\; \widetilde{v}_S^2\, (\rho\, c) \left(\frac{\pi \cdot d_0}{\lambda}\right)^2 \qquad (3.107)$$

zugrunde legen (vgl. hierzu Gl. (3.78)). Dies entspricht der abgestrahlten Schallleistung eines Kugelstrahlers 0. Ordnung in den Halbraum.

Darüber hinaus sind die abstrahlenden Flächen beider Strahler gleichzusetzen. Aus der entsprechenden Beziehung $2 \cdot d_0^2 \cdot \pi/4 = d_K^2 \cdot \pi/4$ findet man den äquivalenten Kugel-

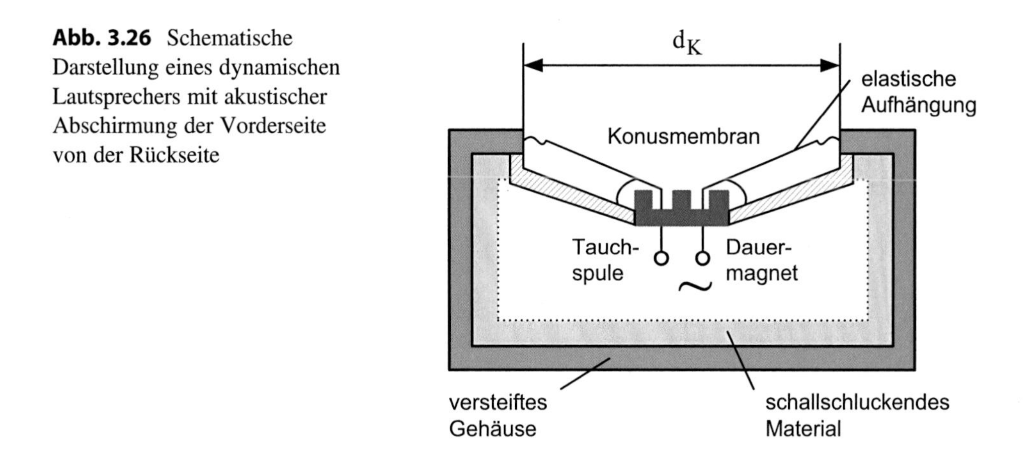

Abb. 3.26 Schematische Darstellung eines dynamischen Lautsprechers mit akustischer Abschirmung der Vorderseite von der Rückseite

strahlerdurchmesser $d_0 = d_K/\sqrt{2}$. Setzt man diesen äquivalenten Durchmesser in die Gl. (3.107) ein, so erhält man die abgestrahlte Körperschallleistung des Kolbenstrahlers:

$$P_K \approx \; d_K^2 \, \frac{\pi}{4} \; \tilde{\mathrm{v}}_S^2 \, (\rho \, \mathrm{c}) \, \frac{1}{2} \left(\frac{\pi \cdot d_K}{\lambda} \right)^2 \tag{3.108}$$

$$d_K = \sqrt{\frac{4 \cdot S_K}{\pi}} = \sqrt{2} \cdot d_0$$

und den zugehörigen Abstrahlgrad

$$\sigma \approx \; \frac{1}{2} \left(\frac{\pi \cdot d_K}{\lambda} \right)^2; \quad \sigma' \approx 20lg \left(\frac{\pi \cdot d_K}{\lambda} \right) - 3 \; dB \tag{3.109}$$

Soweit konphas schwingende Membranen und ringsum aufliegende elastische Platten einbezogen sind, tritt an die Stelle von $\tilde{v}_S^2$ die Größe $\overline{\tilde{v}_S^2}$, das ist der quadratische Mittelwert des Effektivwertes der Schnelle über die Plattenfläche.

Die exakte Durchrechnung des Kolbenstrahlers liefert für die abgestrahlte Körperschallleistung:

$$P_K \approx \frac{d_K^2 \cdot \pi}{4} \; \tilde{\mathrm{v}}_S^2 \; (\rho \, \mathrm{c}) \left[1 - \frac{J_1 \, (2 \, \frac{\pi \cdot d_K}{\lambda})}{\frac{\pi \cdot d_K}{\lambda}} \right] \tag{3.110}$$

Hierbei ist J_1 die Zylinderfunktion 1. Art mit dem Argument $2 \cdot \pi \cdot d_K/\lambda$. Sie lässt sich in folgende Reihe für $2 \cdot \pi \cdot d_K/\lambda$ entwickeln [15]:

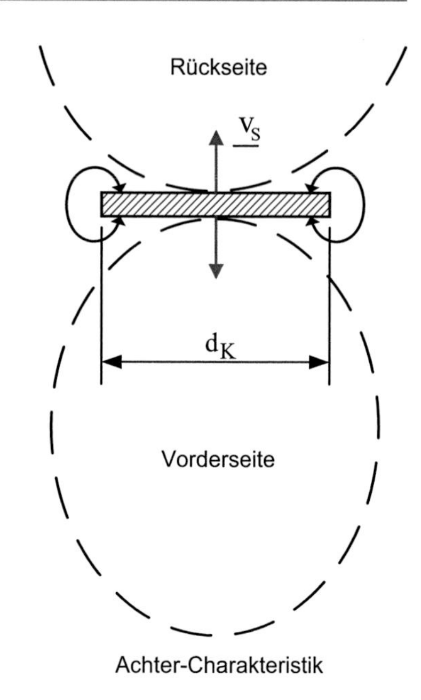

Abb. 3.27 Nicht abgeschirmter Kolbenstrahler

$$J_1\left(2\,\frac{\pi\cdot d_K}{\lambda}\right) = \frac{\pi\cdot d_K}{\lambda}\left[1-\frac{\left(\frac{\pi\cdot d_K}{\lambda}\right)^2}{2}+\frac{\left(\frac{\pi\cdot d_K}{\lambda}\right)^4}{12}-\ldots\right] \tag{3.111}$$

Bricht man nach dem zweiten Glied ab, so erhält man Gl. (3.108), die mit der Näherung für kleine Werte von $\pi \cdot d_K/\lambda$ gefunden wurde.

Man erkennt, dass der akustisch abgeschirmte Kolbenstrahler, bei dem die Größe $\pi \cdot d_K/\lambda$ klein ist, ein schlechteres Abstrahlmaß besitzt als der Kugelstrahler 0. Ordnung. Das bedeutet auch, dass tiefe Frequenzen schlecht abgestrahlt werden, und zwar umso schlechter, je kleiner die abstrahlende Fläche des Kolbenstrahlers ist.

Man kann also tieffrequenten Geräuschen, die durch den Kolbenstrahler verursacht werden, wirksam begegnen, wenn man die abstrahlende Kolbenfläche klein macht. Verkleinert man z. B. die Fläche um den Faktor 2, wird die abgestrahlte Schallleistung um den Faktor 4 kleiner.

β) Akustischer Kurzschluss

Die Rückseite des oszillierenden Kolbens ($2 \cdot \pi \cdot d_K/\lambda < 1$) ist nicht mehr abgeschirmt, der Kolben schwingt folglich frei. Das bedeutet, dass in diesem Falle der Kolbenstrahler näherungsweise durch einen Kugelstrahler 1. Ordnung ersetzt werden kann, mit der typischen Richtcharakteristik (Achter-Charakteristik) in der Abstrahlung (Abb. 3.27). Bedingt durch den akustischen Kurzschluss ist die Abstrahlung im Vergleich zur Abstrahlung bei akustischer Abschirmung bedeutend schlechter.

Man erhält die abgestrahlte Körperschallleistung, indem man in der Gl. (3.101) den Durchmesser d_0 wiederum durch $d_K/\sqrt{2}$ ersetzt. Es wird dann:

$$P_K \approx \ (\rho\, c)\ \frac{1}{2} \cdot \frac{\pi \cdot d_K^2}{4}\ \tilde{v}_S^2\ \frac{1}{12} \left(\frac{\pi\, d_K}{\lambda}\right)^4 \tag{3.112}$$

Setzt man die Abstrahlfläche gleich der Kolbenfläche $S_K = \pi \cdot d_K^2/4$, so folgt für den Abstrahlgrad σ:

$$\sigma \approx \ \frac{1}{24} \left(\frac{\pi \cdot d_K}{\lambda}\right)^4; \ \sigma' \approx 40lg \left(\frac{\pi \cdot d_K}{\lambda}\right) - 13{,}8\ dB \tag{3.113}$$

b) $\boldsymbol{\pi \cdot d_K/\lambda >> 1}$:

Der Kolbenstrahler wird unter dieser Voraussetzung und unter der eingangs getroffenen Annahme, dass er als vollkommen starres Gebilde oszilliert oder als elastische Fläche konphas schwingt, zum Flächenstrahler mit optimaler Abstrahlung (siehe hierzu Erklärungen am Beginn des Abschn. 3.2). Die abgestrahlte Körperschallleistung hat die Größe

$$P_K = S_K \cdot \tilde{v}_s^2 \cdot (\rho \cdot c) \tag{3.114}$$

Hierbei hat der Abstrahlgrad σ die Größe 1.

Zu den gleichen Ergebnissen kommt man auch, wenn man bei der Gl. (3.110) den Grenzübergang $\pi \cdot d_K/\lambda \rightarrow \infty$ durchführt. Der Flächenstrahler besitzt eine besonders ausgeprägte Richtwirkung in der Flächenmitte und eine geringere seitliche Abstrahlung in den Randzonen (Abb. 3.28). Falls der Flächenstrahler frei oszilliert, spielt der sich einstellende akustische Kurzschluss an den Randzonen wegen $\pi \cdot d_K/\lambda > > 1$ praktisch keine Rolle. Aus einem stark abstrahlenden Flächenstrahler kann man einen schlecht abstrahlenden Dipolstrahler machen, wenn man die Fläche ausreichend perforiert und somit die ganze Fläche akustisch kurzschließt.

3.3.5 Biegeelastische, unendlich große Platte bei Körperschallanregung

Ein Großteil der Körperschallanregung erfolgt an flächenbegrenzten (plattenförmigen) Maschinengehäusen mit Wänden und Decken oder an Platten selbst. Es handelt sich dabei stets um biegeelastische Platten. Die dabei von einer Platte abgestrahlte Körperschallleistung hat die Größe:

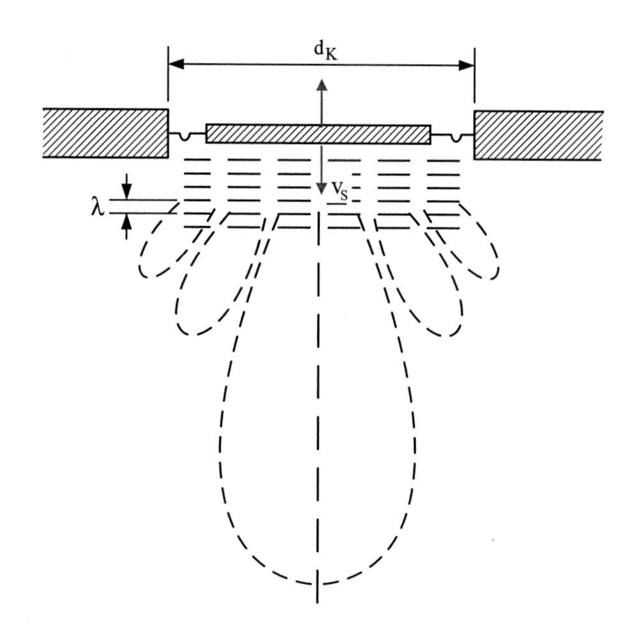

Abb. 3.28 Richtcharakteristik eines Kolbenstrahlers bei $\pi \cdot d_K/\lambda >> 1$

$$P_K = S_{Pl} \cdot \overline{v_S^2} \cdot Z \cdot \sigma \tag{3.115}$$

S_{Pl} Fläche der Platte als Abstrahlfläche

Bei dem bereits behandelten Kolbenstrahler sind biegeelastische Platten nur in dem Sonderfall, bei dem eine (endliche) Platte als Ganzes konphas schwingt, miterfasst.

Ein solcher Schwingungszustand stellt sich z. B. bei breitbandiger Anregung einer Platte ein, wenn die zur Grundfrequenz f_{B_0} der Biegeeigenschwingungen gehörende Schallwelle in der Luft eine Wellenlänge λ besitzt, die mehrfach größer als die Plattenabmessungen ist. Hierbei handelt es sich also um die Schallabstrahlung verhältnismäßig kleiner Platten mit niedriger Grundfrequenz f_{B_0}. Diese Platten stellen dann in guter Näherung Kolbenstrahler mit $\pi \cdot d_K/\lambda < 1$ dar. Sie sind je nach akustischer Abschirmung als Strahler 0. und 1. Ordnung einzuordnen. Das Maximum der Abstrahlung liegt im Bereich der Biegeeigenfrequenz f_{B_0}. Der Abstrahlgrad ist wegen $\pi \cdot d_K/\lambda < 1$ grundsätzlich klein, jedoch kann $\overline{v_S^2}$ wegen Resonanzerscheinungen größer werden.

In den meisten Fällen schwingen körperschallangeregte, biegeelastische Platten, insbesondere wenn sie größer sind, nicht konphas. Der Abstrahlmechanismus ist daher, wie es im Folgenden gezeigt wird, wesentlich anders. Eine unendlich groß gedachte Platte werde durch eine örtlich begrenzte Körperschallerregung (Kraft- oder Geschwindigkeitserregung) mit der Frequenz f in Schwingungen versetzt. Es breiten sich dann auf der Platte *freie* Biegewellen der Frequenz f und Wellenlänge λ_B aus. In diesem Falle gelten die bekannten Beziehungen für die Fortpflanzungsgeschwindigkeit der Biegewellen und ihre Wellenlänge (siehe Gl. (2.61) bis (2.64)).

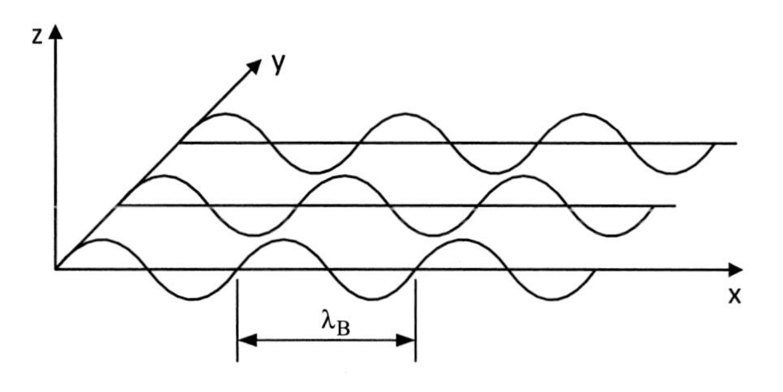

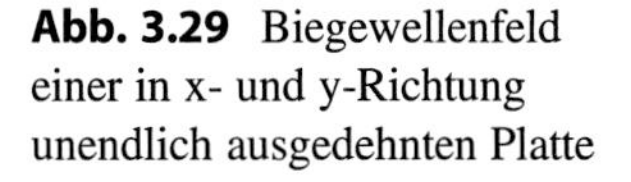
Abb. 3.29 Biegewellenfeld einer in x- und y-Richtung unendlich ausgedehnten Platte

$$c_B = \sqrt{2\pi f} \cdot \sqrt[4]{\frac{B'}{m''}}$$

$$\lambda_B = \frac{c_B}{f} = 2\pi \cdot \sqrt[4]{\frac{B'}{m''}} \cdot \frac{1}{\sqrt{f}}$$

An der unendlich ausgedehnten Platte muss man grundsätzlich zwischen einer örtlichen Körperschallerregung und einer über die ganze Platte herrschenden Luftschallerregung unterscheiden. Im ersten Falle erscheinen auf der Platte freie, im zweiten Falle vor allem erzwungene, fortschreitende Biegewellen. Die freien Biegewellen treten nun in bestimmter Weise in Wechselwirkung mit den abgestrahlten Luftschallwellen gleicher Frequenz. Dieser Mechanismus wird zweckmäßigerweise an dem weiteren Strahlermodell, der unendlich ausgedehnten, biegeelastischen Platte, behandelt und führt zu dem von Cremer beschriebenen *Koinzidenzeffekt* [20]. Auf einer solchen in x- und y-Richtung unendlich ausgedehnten Platte mit der Biegesteifigkeit B' und der Massenbelegung $m'' = \rho \cdot h$ wird das Vorhandensein eines harmonischen und fortschreitenden, freien Biegewellenfeldes der Schnelle $\widetilde{v}_S$ vorausgesetzt. Für dieses ebene Feld gilt dann (siehe Gl. (2.24)):

$$\widetilde{v}_S(x,t) = \widehat{v}_S \cdot e^{-j\frac{2\pi}{\lambda_B}x} \cdot e^{j\omega t} \tag{3.116}$$

$$\omega = 2\pi \cdot f = 2 \cdot \pi \cdot c_B/\lambda_B$$

$\widehat{v}_S$ Amplitude der Schnelle in z-Richtung,
λ_B Wellenlänge der Biegewelle (siehe Abb. 3.29).

Dieses Biegewellenfeld induziere im angrenzenden Luftraum ein ebenes, harmonisches Wellenfeld allgemeiner Ausbreitungsrichtung x, z, jedoch mit der gleichen x-Abhängigkeit wie das Biegewellenfeld mit gleicher Frequenz.

Für den Schallwechseldruck dieses Luftwellenfeldes gilt dann:

$$\underline{p}(x,z,t) = \widehat{p}_S \cdot e^{-j\left(\frac{2\pi}{\lambda_B}x \pm \frac{2\pi}{\lambda_Z}z\right)} \cdot e^{j\,\omega\,t} \tag{3.117}$$

Hierin sind die Größen $\widehat{p}_S$ und λ_Z noch unbekannt. Zu ihrer Berechnung stehen zur Verfügung:

1. die Wellengleichung des Luftschalls in der Schreibweise für den Wechseldruck p (siehe Gl. (2.17))

$$\Delta p = \frac{1}{c^2}\frac{\partial^2 p}{\partial\, t^2}$$

2. die Erfüllung der Randbedingung derart, dass die Schnelle des Luftfeldes in z-Richtung an der Stelle z = 0 gleich der Schnelle der Oberfläche ist, d. h.

$$\underline{v}(z=0) = \underline{v}_S$$

Hierbei ist noch zu beachten, dass die Luftschallschnelle mit dem Wechseldruck durch die Gl. (2.3) verknüpft ist. Für die z-Richtung folgt daraus:

$$\rho\,\frac{\partial \underline{v}_Z(x,z,t)}{\partial\, t} = -\frac{\partial \underline{p}\,(x,z,t)}{\partial\, z} \tag{3.118}$$

Mit dem harmonischen Lösungsansatz

$$p\,(x,z,t) = p\,(x,z)\cdot e^{j\,\omega\,t}$$

ergibt sich dann für den Wechseldruck p (x, z):

$$\frac{\partial^2 \underline{p}(x,z)}{\partial\, x^2} + \frac{\partial^2 \underline{p}(x,z)}{\partial\, z^2} + \left(\frac{2\cdot\pi}{\lambda}\right)^2 \cdot \underline{p}(x,z) \;= 0 \tag{3.119}$$

$$\underline{v}_z(x,z) = -\frac{1}{j\rho\omega}\cdot\frac{\partial \underline{p}(x,z)}{\partial\, z} \tag{3.120}$$

Mit dem Lösungsansatz für den Wechseldruck

$$\underline{p}(x,z) = \widehat{p}_S \cdot e^{-j\left(\frac{2\pi}{\lambda_B}x \pm \frac{2\pi}{\lambda_Z}z\right)} \tag{3.121}$$

erhält man aus der Gl. (3.119) die Unbekannte λ_Z in der Form:

$$\frac{1}{\lambda_Z^2} = \frac{1}{\lambda^2} - \frac{1}{\lambda_B^2} \tag{3.122}$$

bzw.

$$(\lambda_Z/\lambda)^2 = \frac{1}{1-(\lambda/\lambda_B)^2}$$

Mit Hilfe des Ansatzes (3.121) ergibt sich aus der Gl. (3.120):

$$\underline{v}_z(x,z) = \widehat{p}_S \frac{2\pi}{\lambda_z} \frac{1}{\rho\omega} \cdot e^{-j\left(\frac{2\pi}{\lambda_B}x \pm \frac{2\pi}{\lambda_Z}z\right)} \tag{3.123}$$

und für z = 0:

$$\underline{v}(z=0) = \widehat{p}_S \frac{2\pi}{\lambda_z} \frac{1}{\rho\omega} \cdot e^{-j\frac{2\pi}{\lambda_B}x} \tag{3.124}$$

Die Erfüllung der Randbedingung $\underline{v}(z=0) = \underline{v}_S$ erlaubt schließlich die Berechnung der zweiten Unbekannten $\widehat{p}_S$:

$$\widehat{p}_S = \widehat{v}_S \frac{\lambda_z}{\lambda} (\rho \cdot c) \tag{3.125}$$

Mit den Gl. (3.122) und (3.125) ergibt sich dann für den Schallwechseldruck $\underline{p}(x,z)$ des indizierten Luftschallfeldes allgemein [16]:

$$\underline{p}(x,z) = \frac{\widehat{v}_S(\rho \cdot c)}{\sqrt{1-\left(\frac{\lambda}{\lambda_B}\right)^2}} \cdot e^{-j\frac{2\pi}{\lambda_B}x} \cdot e^{\pm j2\pi\sqrt{1-\left(\frac{\lambda}{\lambda_B}\right)^2}\,\frac{z}{\lambda}} \tag{3.126}$$

und für z = 0:

$$\underline{p}(x,0) = \frac{\widehat{v}_S(\rho \cdot c)}{\sqrt{1-\left(\frac{\lambda}{\lambda_B}\right)^2}} \cdot e^{-j\frac{2\pi}{\lambda_B}x} \tag{3.127}$$

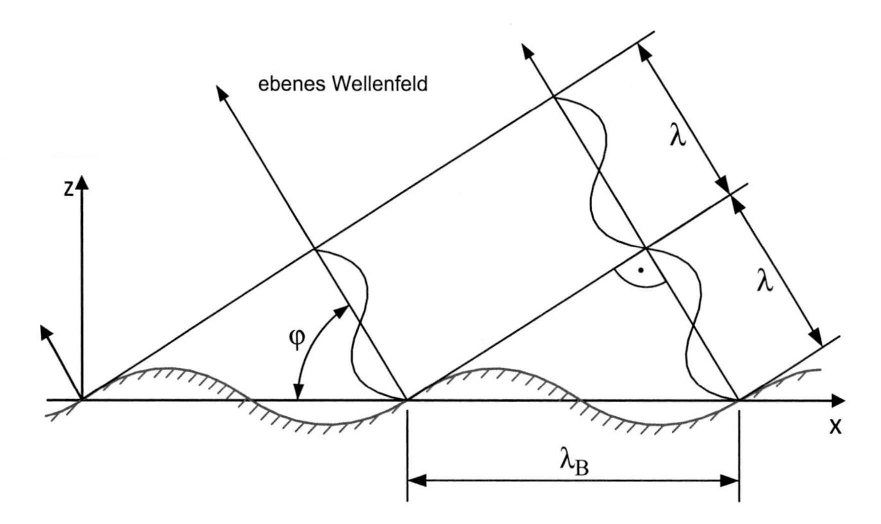

Abb. 3.30 Luftwellenfeld der Wellenlänge λ vor einer zu Biegeschwingungen angeregten, unendlich ausgedehnten Platte ($\lambda < \lambda_B$)

Aus den Gl. (3.123) und (3.126) lassen sich folgende Grenzfälle für die Schallabstrahlung von unendlich ausgedehnten biegeelastischen Platten deuten:

a) $\underline{\lambda < \lambda_B}$

Hierbei ist die Wellenlänge λ der abgestrahlten Luftwellen kleiner als die Wellenlänge der fortschreitenden Biegewellen. In diesem Fall baut sich vor der biegewellenangeregten Platte ein ebenes fortschreitendes Luftwellenfeld auf (Schalldruck und Schallschnelle sind in Phase). Dabei stellt sich für die Luftschallabstrahlung eine bestimmte Richtung ein. Der zugehörige Winkel gegen die Fläche sei φ (siehe Abb. 3.30). Bei gleicher Abhängigkeit der Schalldruckverteilung von x, wie sie für die Schnelle der Biegewellen zutrifft, ergibt sich für diesen Winkel

$$\cos\phi = \frac{\lambda}{\lambda_B} \tag{3.128}$$

Da an der Oberfläche der Platte Druck und Schnelle für $\lambda < \lambda_B$ in Phase sind, lässt sich die Intensität einer Körperschallabstrahlung aus den Gl. (3.124) und (3.125) wie folgt berechnen:

$$I_S = \frac{1}{2}\,\mathrm{Re}\{\widehat{p}_S \widehat{\mathrm{v}}_S^*\} \quad = \quad \frac{\widehat{\mathrm{v}}_S^2(\rho \cdot c)}{\sqrt{1 - \left(\frac{\lambda}{\lambda_B}\right)^2}} \tag{3.129}$$

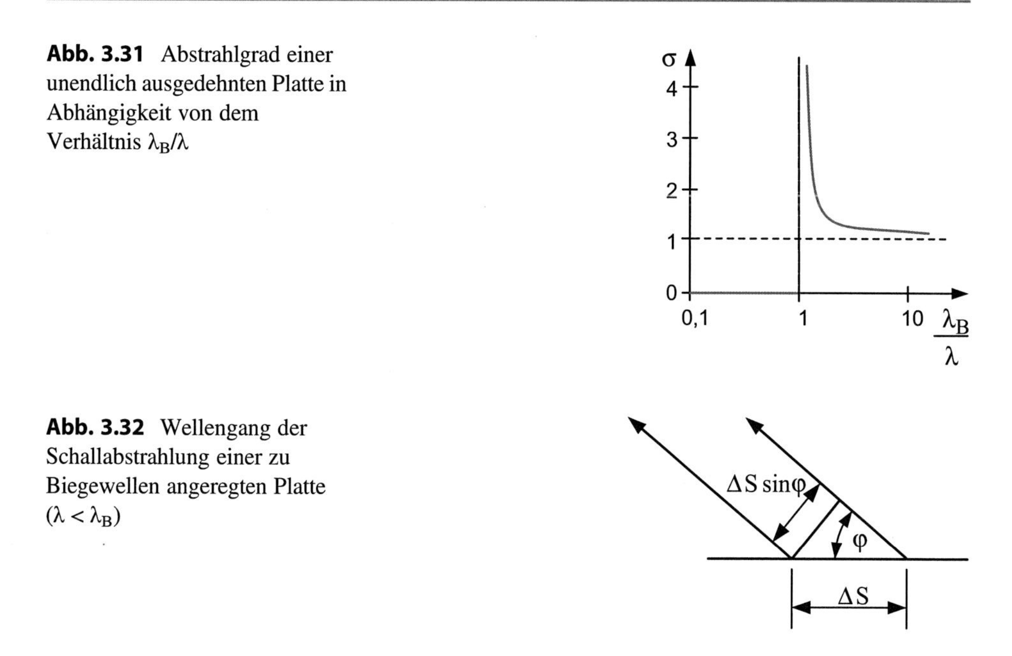

Abb. 3.31 Abstrahlgrad einer unendlich ausgedehnten Platte in Abhängigkeit von dem Verhältnis λ_B/λ

Abb. 3.32 Wellengang der Schallabstrahlung einer zu Biegewellen angeregten Platte ($\lambda < \lambda_B$)

Hierbei ist die konjugiert komplexe Amplitude der Schnelle $\hat{v}_S^*$ gleich der Schnelleamplitude $\hat{v}_S$ (siehe Gl. (3.123) und (3.122)). Aus Gl. (3.129) ergibt sich unmittelbar der Abstrahlgrad der Platte für $\lambda < \lambda_B$:

$$\sigma = \frac{1}{\sqrt{1 - \left(\frac{\lambda}{\lambda_B}\right)^2}} \tag{3.130}$$

In Abb. 3.31 ist der Abstrahlgrad σ in Abhängigkeit von dem Verhältnis λ_B/λ dargestellt. Man erkennt, dass der Abstrahlgrad σ für $\lambda_B > \lambda$ größer 1 ist, mit steigendem λ_B aber sehr rasch gegen 1 geht.

Interessiert man sich noch für den Schalldruck, der sich im Falle $\lambda < \lambda_B$ unmittelbar vor der schallabstrahlenden Platte aufbaut, so ist die zuvor beschriebene Richtwirkung der Schallabstrahlung zu berücksichtigen. Es werden im Falle $\lambda < \lambda_B$ ebene Wellen unter dem Winkel φ abgestrahlt, zu dem der Wellenquerschnitt $\Delta S \cdot \sin \phi$ (Abb. 3.32) und damit der Schalldruckpegel L_p (φ) gehören.

$$L_p(\phi) = L_v + 10 lg \frac{1}{\sin\phi} - 2\, K_0 \;\; dB \tag{3.131}$$

mit

$$K_0 = -10lg\,\frac{\rho \cdot c}{\rho_0 \cdot c_0}\;dB$$

Somit weist der Schalldruckpegel höhere Werte als der Schnellepegel auf. Erfolgt die Abstrahlung im Bereich $\lambda < \lambda_B$ breitbandig, so ist über alle Winkel φ zwischen 0 und 90 ° zu mitteln. Dann ist:

$$\overline{\sin\varphi} = \frac{2}{\pi}\int_0^{\frac{\pi}{2}} \sin\varphi\, d\varphi \;= \frac{2}{\pi}$$

Mit $\rho \cdot c \approx \rho_0 \cdot c_0$ folgt aus Gl. (3.131):

$$L_{\bar{p}} = L_v + 10lg\frac{\pi}{2}\;dB$$

$$= L_v + 2\;dB \qquad (3.132)$$

Der weitere Verlauf der Druckverteilung vor der schallabstrahlenden Platte hängt von den akustischen Eigenschaften des Raumes um die Platte ab (Freifeld, Diffusfeld).

b) $\underline{\lambda > \lambda_B}$

Hierbei kommt es nicht mehr zur Abstrahlung eines ebenen, fortschreitenden Luftwellenfeldes. In diesem Falle erhält man aus Gl. (3.126) für den Schalldruck:

$$\widehat{p}(x,z) = -j(\rho \cdot c)\frac{\widehat{v}_S}{\sqrt{\left(\frac{\lambda}{\lambda_B}\right)^2 - 1}} \cdot e^{-2\pi\sqrt{\left(\frac{\lambda}{\lambda_B}\right)^2-1}\;\frac{z}{\lambda}} \cdot e^{-j\,\frac{2\pi}{\lambda_B}\,x} \qquad (3.133)$$

und an der Oberfläche (z = 0):

$$\widehat{p}(x,z) = -j(\rho \cdot c)\frac{\widehat{v}_S}{\sqrt{\left(\frac{\lambda}{\lambda_B}\right)^2 - 1}} \cdot e^{-j\,\frac{2\pi}{\lambda_B}\,x} \qquad (3.134)$$

Vor der Platte baut sich also ein Nahfeld auf mit parallel zur Platte verlaufender Welle, deren Wechseldruck mit größer werdendem z sehr rasch abfällt. Es ist:

$$L_p(z) = L_p(0) - 54{,}6 \cdot \frac{z}{\lambda} \cdot \sqrt{\left(\frac{\lambda}{\lambda_B}\right)^2 - 1}\;dB \qquad (3.135)$$

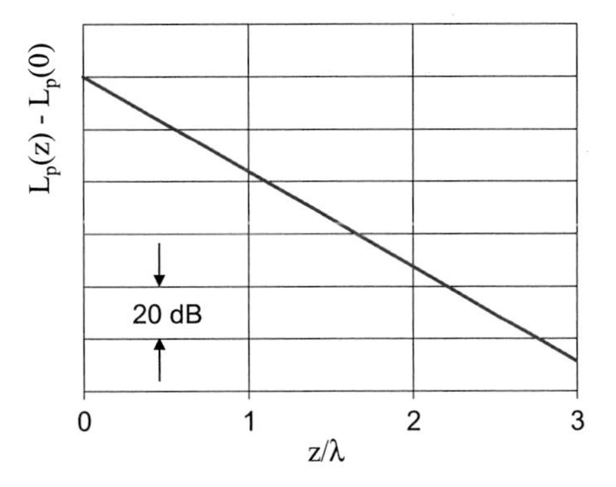

Abb. 3.33 Pegelabnahme im Nahfeldbereich einer unendlich ausgedehnten Platte ($\lambda = 1{,}2 \cdot \lambda_B$)

Im Abb. 3.33 ist die Gl. (3.135) mit dem Steigungsmaß $-54{,}6\ \sqrt{(\lambda/\lambda_B)^2 - 1} = konst.$ über z/λ dargestellt. Man erkennt, dass der Schalldruck mit steigendem z sehr rasch abfällt. Der Abfall beträgt z. B. für $\lambda = 1{,}2\ \lambda_B$ und für $z = 0{,}5\ \lambda$ ca. 18 dB.

Da an der Oberfläche Druck und Schnelle um 90 ° phasenverschoben sind (Faktor j in den Gl. (3.133) und (3.134)), gehen die Intensität I_K der Abstrahlung und somit der Abstrahlgrad σ gegen 0. Die Singularität $\sigma \rightarrow \infty\ für\ \lambda \rightarrow \lambda_B$ und der Grenzwert $\sigma \rightarrow 0$ für $\lambda \gg \lambda_B$ stellen beide nur theoretische Grenzwerte dar. Der wirkliche Verlauf von σ über λ_B/λ weist dagegen keine Singularitäten mehr auf. Hierfür ist vor allem die innere Dämpfung des Plattenwerkstoffes verantwortlich.

Sie führt zu einem Verlauf des Abstrahlmaßes σ', wie er in Abb. 3.34 skizziert ist. Für die üblichen Plattenwerkstoffe ist das Abstrahlmaß σ' im Bereich $\lambda > \lambda_B$ um ca. 30 dB niedriger als der Bereich $\lambda < \lambda_B$.

3.3.6 Koinzidenzeffekt

Es erhebt sich nunmehr die zentrale Frage, in welcher Beziehung die Luftschallwellenlänge λ und die Biegewellenlänge der Platte λ_B zu einander stehen. Zur Beantwortung dieser Frage wird zweckmäßig der Grenzfall $\lambda = \lambda_B$ und damit auch $\varphi = 0$ untersucht. Physikalisch bedeutet dieser Fall, dass dann auch die indizierten Längswellen der Luft über der Platte parallel zu den Biegewellen fortschreiten und dass die beiden Fortpflanzungsgeschwindigkeiten gleich sind, d. h. $c_B = c$. Diese Übereinstimmung hinsichtlich der Wellenlängen sowie der Ausbreitungsgeschwindigkeiten nennt man Koinzidenz zwischen Biege- und Luftwellen [16, 20]. Die transversale Biegewelle senkrecht zur Plattenoberfläche erzeugt in der angrenzenden Luft genau passende Druckschwankungen und indiziert so die synchron mitlaufende Luftwelle (Abb. 3.35).

Nun stellt aber die Fortpflanzungsgeschwindigkeit in der Luft im vorliegenden Fall eine Konstante dar (siehe Gl. (2.21)), während die Biegewelle eine Funktion der Frequenz ist (siehe Gl. (2.61)). Daraus folgt, dass der Fall $\lambda = \lambda_B$, also die Koinzidenz, sich nur bei einer

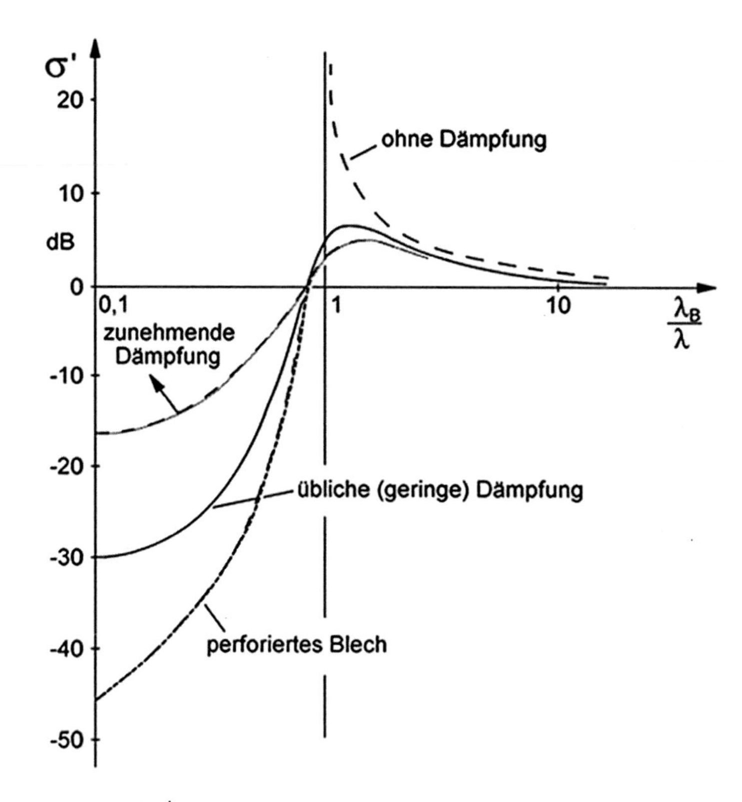

Abb. 3.34 Abstrahlmaß σ' von unendlich ausgedehnten Platten in Abhängigkeit von λ_B/λ

ganz bestimmten Frequenz, der sog. Koinzidenzfrequenz f_g, einstellen kann. Diese Frequenz lässt sich wie folgt berechnen:

$$c = \sqrt{\kappa \frac{p_0}{\rho_0}} = \sqrt{2\pi} \cdot \sqrt[4]{\frac{B'}{m''}} \sqrt{f_g}$$

$$f_g = \frac{1}{2\pi} c^2 \sqrt{\frac{m''}{B'}} \tag{3.136}$$

Mit der Gl. (3.136) für f_g folgt aus der Gl. (2.61) für die Fortpflanzungsgeschwindigkeit der Biegewellen c_B:

$$c_B = c \frac{\sqrt{f}}{\sqrt{f_g}} \tag{3.137}$$

Die Gl. (3.137) besagt, dass die Fortpflanzungsgeschwindigkeit der Biegewellen mit $\sqrt{f}$ ansteigt und gleichzeitig die Biegewellenlänge mit $1/\sqrt{f}$ kleiner wird. Da die Schall-

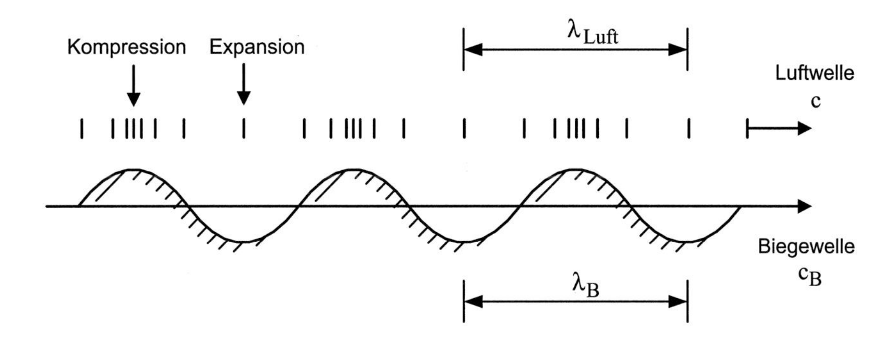

Abb. 3.35 Anregung von Luftwellen durch Biegewellen einer Platte ($\lambda_{Luft} = \lambda_B$)

geschwindigkeit der Luft keine Funktion der Frequenz darstellt, nimmt die Wellenlänge λ der Luft mit l/f ab. Die Luftwellenlänge nimmt daher mit steigender Frequenz stärker ab als die Biegewellenlänge. Daraus folgt aber, dass sich für f > f_g auch noch ein Koinzidenzzustand einstellen kann, wenn die Schallabstrahlung, wie bereits gezeigt, schräg unter dem Winkel φ erfolgt:

$$\cos\phi = \frac{\lambda}{\lambda_B} = \frac{c}{c_B} = \frac{c}{\sqrt{2\pi} \cdot \sqrt[4]{\frac{B'}{m''}}\sqrt{f}} = \frac{\sqrt{f_g}}{\sqrt{f}} \leq 1 \qquad (3.138)$$

Zusammenfassend lässt sich feststellen, dass für die Frequenzen f > f_g eine Schallabstrahlung in ebenen, fortschreitenden Wellen unter dem spitzen Winkel φ gegen die Plattenfläche erfolgt. Der Winkel φ geht um so mehr gegen 90 °, je höher die Frequenz wird:

f = 2 f_g (φ = 45 °),
f = 3 f_g (φ = 55 °),
f = 4 f_g (φ = 60 °).

Für f = f_g erfolgt die Fortpflanzung parallel zur Plattenoberfläche φ = 0.

Bei f > f_g ist der Abstrahlgrad σ ≈ 1. Für den praktischen Gebrauch wird die Koinzidenzfrequenz noch einmal umgeformt. Aus der Gl. (3.136) ergeben sich mit

$$m'' = \rho \cdot h$$

und

$$B' = \frac{E \cdot h^3}{12 \cdot (1 - \mu^2)}$$

die Koinzidenzfrequenz f_g und die Koinzidenzkonstante ($f_g \cdot h$):

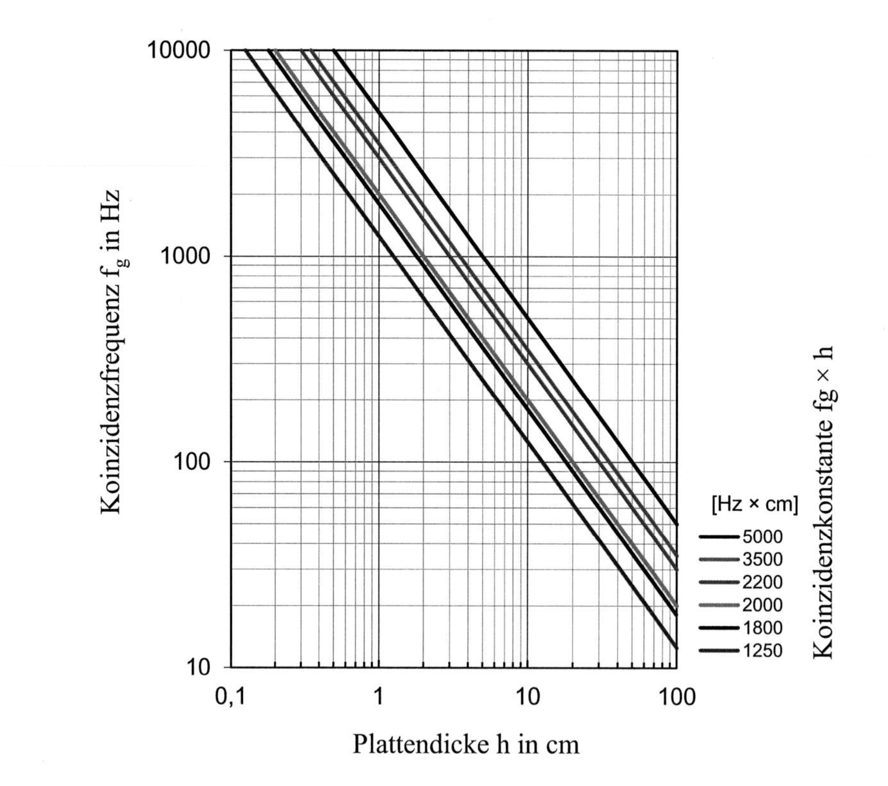

Abb. 3.36 Koinzidenzfrequenz f_g in Abhängigkeit von der Plattendicke h für verschiedene ($f_g \cdot h$)

$$f_g = 0{,}551 \frac{c^2}{c_{De_{Pl}} \cdot h}; \quad f_g h = 0{,}551 \frac{c^2}{c_{De_{Pl}}} \tag{3.139}$$

wobei $c_{De_{Pl}}$ die Dehnwellengeschwindigkeit der Platte ist, s. Gl. (2.54). Aus den Beziehungen erkennt man, dass die Konstante ($f_g \cdot h$) nur von den Schallgeschwindigkeiten der zwei Medien (in der Regel Luft und metallische Werkstoffe) abhängig ist. Die Koinzidenzfrequenz f_g wird zusätzlich noch wesentlich von der Materialdicke h beeinflusst. Sie ist umso größer, je kleiner die Wanddicke h ist.

In Abb. 3.36 und Tab. 3.3 sind die Koinzidenzkonstante $f_g \cdot h$ für verschiedene Materialien und die Koinzidenzfrequenz f_g als Funktion von Plattendicke h und Material dargestellt [21].

Beispiele

1. Stahlplatte h = 4 mm:
$f_g = 3000$ Hz (hoch)
2. Ziegelmauerwerk, h = 30 cm
$f_g = 80$ Hz (sehr niedrig).

Tab. 3.3 Koinzidenzkonstante ($f_g \cdot h$) für verschiedene Materialien

$f_g \cdot h$	Material
5000	Blei
3500	Gipsplatten
3000	Gipskarton-, Hartfaserplatten
2200	Ziegelmauerwerk
1800	Beton, Zementasbestplatten
1250	Stahl, Glas, Aluminium

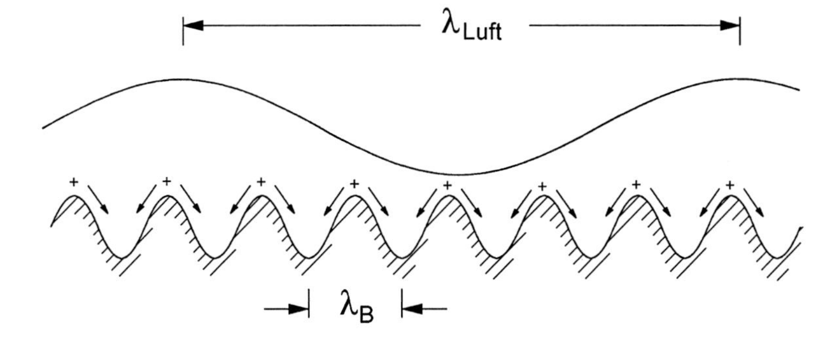

Abb. 3.37 Ausbildung des akustischen Kurzschlusses vor einer Platte ($\lambda \gg \lambda_B$)

Abb. 3.38 Ausbildung des akustischen Kurzschlusses an einem zu Biegewellen angeregten Lochblech

Für den Fall, dass $f < f_g$ ist, findet man mit den gleichen Überlegungen wie im Falle $f > f_g$, dass die Wellenlänge λ der abgestrahlten Luftwellen jetzt stärker zunimmt als die Wellenlänge λ_B der Biegewellen. Für diesen Fall $\lambda > \lambda_B$ ist aber, wie bereits gezeigt, keine Koinzidenz mehr möglich. Die Abstrahlung ist stark reduziert. Für den Fall $\lambda \gg \lambda_B$ Abb.et sich jetzt an der Plattenoberfläche ein akustischer Kurzschluss aus, der die Abstrahlung stark unterdrückt (Abb. 3.37). σ geht theoretisch gegen Null.

Ein solcher, besonders wirkungsvoller akustischer Kurzschluss lässt sich auch gezielt an einem zu Biegeschwingungen angeregten Lochblech erreichen, da sich an der Perforation ein direkter Druckausgleich zwischen Vorder- und Rückseite ausbilden kann (Abb. 3.38). Man erhält auf diese Weise aus dem Flächenstrahler einen Dipolstrahler mit entsprechend geringer Schallabstrahlung, vor allem im unteren und mittleren Frequenzbereich. Aus gleichem Grunde lässt sich durch das Anbringen zusätzlicher kleiner Öffnungen in einer körperschallabstrahlenden Wand, die sonst keine Dämmfunktion gegen Luftschall erfüllen muss, die Abstrahlung spürbar herabsetzen.

Abschließend sei noch ergänzt, dass das Verhältnis der Wellenlängen $(\lambda_B/\lambda)16$, das in diesem Abschnitt wiederholt erscheint, durch das einfache Frequenzverhältnis f/f_g ersetzt werden kann, entsprechend λ_B/λ durch $\sqrt{f/f_g}$.

Insbesondere lässt sich die Gl. (3.130) für den Abstrahlgrad σ wie folgt angeben:

$$\sigma = \frac{1}{\sqrt{1 - \frac{f_g}{f}}} \tag{3.140}$$

Diese Gleichung gilt entsprechend der Bedingung $\lambda < \lambda_B$ für den Bereich $f > f_g$.

Für die Ermittlung des Abstrahlgrades unterhalb der Grenzfrequenz ($f < f_g$) sind u. a. die Schwingungsformen (Moden) der angeregten Körperschallschwingungen erforderlich. Das heißt, neben dem mittleren Schnellequadrat auf der Platte sind noch weitere Daten, wie z. B. Phasenlage der Schwingungen an verschiedenen Stellen der Platte, notwendig [12].

Nachfolgend werden ohne Herleitung einige Abschätzformeln für den Abstrahlgrad von plattenförmigen Strukturen mit endlichen Abmessungen wiedergegeben [11, 16, 22]. Für die praktische Anwendung werden hier orientierend an den Ergebnissen in [23, 24] die Formeln etwas umgeformt und für den gesamten Frequenzbereich als Abstrahlmaß angegeben:

$$\left.\begin{aligned}
&\sigma' = 10 \cdot \lg(\sigma) \approx 0 && f \geq f_g \\
&\sigma' \approx 10 \cdot \lg\left(\frac{U \cdot c_0}{\pi^2 \cdot S \cdot f_g} \cdot \sqrt{\frac{f}{f_g}}\right) && f < \frac{f_g}{2} \\
&\sigma' \approx \sigma'^* \cdot \left(1 - \frac{\lg(2) + \lg\left(\frac{f}{f_g}\right)}{\lg(2)}\right) && \frac{f_g}{2} < f < f_g \\
&\sigma'^* \approx 10 \cdot \lg\left(\frac{U \cdot c_0}{\pi^2 \cdot S \cdot f_g \cdot \sqrt{2}}\right) &&
\end{aligned}\right\} \tag{3.141}$$

Mit

σ Abstrahlgrad
σ' Abstrahlmaß in dB
U Umfang der allseitig eingespannten Platte
S Plattenfläche als Abstrahlfläche
c_0 Schallgeschwindigkeit der umgebenden Luft
f_g Koinzidenzfrequenz ($\lambda_B = \lambda_L$)

Die Gl. (3.141) sind in Abb. 3.39 für zwei Stahlplatten verschiedener Plattendicke dargestellt. Hieraus folgt, dass bei sonst gleichen Bedingungen (Randeinspannungen, Anregungen usw.) dickere Platten stärker abstrahlen als dünnere.

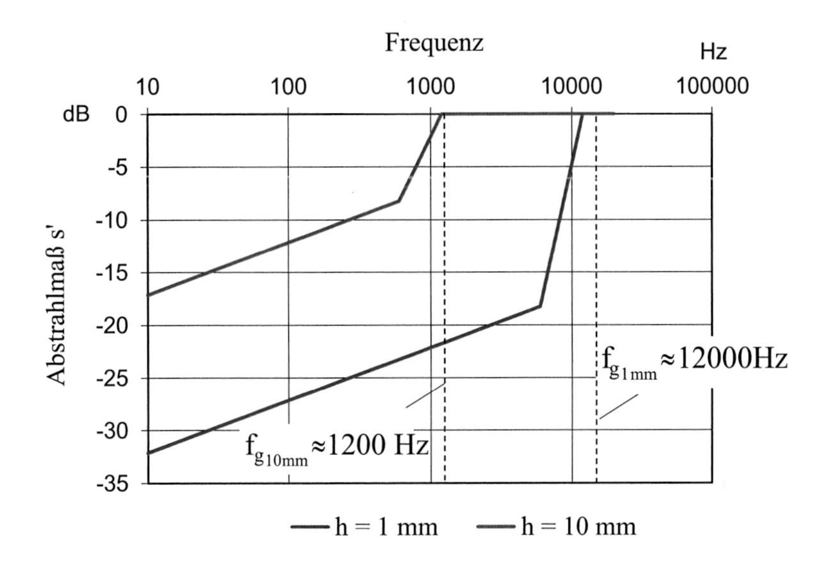

Abb. 3.39 Abstrahlmaß σ′ von zwei Stahlplatten gemäß Gl. (3.141) abgeschätzt, Platten allseitig eingespannt. Stahlplatten: 0,5 m x 0,6 m; h = 1 mm bzw. h = 10 mm

Abschließend soll noch erwähnt werden, dass Elementarstrahler, wie sie hier gezeigt wurden, nur selten in der Praxis allein vorkommen. Man kann aber in guter Näherung das Abstrahlverhalten realer Strahler, z. B. Maschinen, durch Zusammenwirken verschiedener Elementarstrahler unterschiedlicher Ordnung charakterisieren. Hierzu benötigt man neben dem Frequenzspektrum (Frequenzanalyse) der Körperschallschnelle auch die dazu gehörigen Schwingungsformen (Modalanalyse) des schwingenden Bauteils. Kennt man die Schwingungsformen bei den entsprechenden Frequenzen, die den Gesamtpegel der Körperschallschnelle wesentlich beeinflussen, dann kann man das Abstrahlverhalten (Abstrahlgrad) der Maschine näherungsweise auf geeignete Elementarstrahler oder auf das Zusammenwirken verschiedener Strahler zurückführen.

3.4 Übungen

Übung 3.4.1

Für die Beschreibung der Geräuschentwicklung einer Maschine wurden durch Messungen folgende A-bewertete Messwerte ermittelt:[1, 2]

[1] In der Regel werden in der Praxis solche Untersuchungen in Terzbändern durchgeführt. Um den Rechenaufwand zu begrenzen, soll bei der Übungsaufgabe in Oktavbändern gerechnet werden. Die Berechnungen in Terzbändern erfolgen dann analog.

[2] Solche Messungen können z. B. im Rahmen einer schalltechnischen Schwachstellenanalyse ermittelt werden [5].

1. A-Oktavspektrum des Gesamtschallleistungspegels der Maschine, $L_{W,ges.}$
2. A-Oktavspektren der Teilluftschallleistungspegel von zwei Öffnungsflächen, $L_{WL,i}$
3. A-Oktavspektren der Teilkörperschallleistungspegel von drei Plattenfeldern, $L_{WK,j}$

In der folgenden Tabelle sind die Messdaten zusammengestellt.

f_m in Hz	63	125	250	500	1000	2000	4000	8000	Summe	
L_{wges}	**69,5**	**93,5**	**75,9**	**94,3**	**84,0**	**88,9**	**94,8**	**78,5**	**99,6**	**dB(A)**
$L_{WL,Öff(1)}$	36,8	45,8	55,2	64,9	81,0	82,6	91,6	76,4	**92,6**	dB(A)
$L_{WL,Öff(2)}$	37,0	48,9	49,2	67,5	83,5	85,9	92,6	79,6	**94,0**	dB(A)
$L_{Wk,Pl(1)}$	67,0	93,6	64,3	62,6	61,1	55,4	53,0	34,2	**93,6**	dB(A)
$L_{Wk,Pl(2)}$	71,2	78,0	67,0	76,9	59,3	56,5	41,1	32,0	**81,2**	dB(A)
$L_{Wk,Pl(3)}$	72,6	80,5	71,8	96,0	68,0	59,0	45,2	40,3	**96,2**	dB(A)

a) Bestimmen Sie die Oktav- und Gesamtluftschallleistungspegel der Maschine.
b) Bestimmen Sie die Oktav- und Gesamtkörperschallleistungspegel der Maschine.
c) Berechnen Sie die Oktav- und Gesamtschallleistungspegel der Maschine aus den gemessenen Luft- und Körperschallleistungspegel.
d) Bestimmen Sie die Differenz zwischen gemessenem Gesamtschallleistungspegel und dem errechneten Gesamtschallleistungspegel nach c) und bewerten Sie die Ergebnisse.

Hinweis

Für eine schalltechnische Schwachstellenanalyse sollen die Unterschiede nach d) folgende Genauigkeiten nicht überschreiten [5]:
A-Gesamtschallleistungspegel: ± 1 dB
Teilschallleistungspegel in Frequenzbändern; ± 2–5 dB

e) Skizzieren Sie den gemessenen A-Gesamtschalleistungspegel und die berechneten A-Gesamtluft- und Körperschallleistungspegel nach a) und b) in einem Diagramm (L_{WA} über Frequenz) und bestimmen Sie die Hauptgeräuschquellen der Maschine.

Übung 3.4.2

Bestimmen Sie die kritischen Biege-Eigenfrequenzen eines IPB-240 Stahl-Trägers mit der Länge $l = 2{,}4$ m:

IPB-240: $J_b = 11260\ \text{cm}^4$; $m' = 83{,}2$ kg/m; $E = 2{,}1 \cdot 10^{11}\ \text{N/m}^2$

a) Beidseitig eingespannt
b) Beidseitig gelenkig bzw. momentenfrei gelagert
c) Nennen Sie die Anwendungsmöglichkeiten für die Ergebnisse nach a) und b).

Übung 3.4.3

Bestimmen Sie die Eigenfrequenzen einer Messstütze aus Aluminium, die in eine Gasleitung eingebaut ist und für Druck- und Temperaturmessungen vorgesehen ist. Die Messstütze mit der Länge $l = 16$ cm ist an der Rohrwand einseitig fest verschraubt.

Geometrische Daten der Messstütze: $J_b = 0{,}03\ cm^4$; $A = 0{,}18\ cm^2$
Aluminium: $\rho = 2700\ kg/m^3$; $E = 7 \cdot 10^{10}\ N/m^2$

Übung 3.4.4

Die Eigenfrequenzen bei den Rohrleitungen, stehende Hohlraumwellen und/oder Biegeschwingungen können durch Resonanzen (Übereinstimmung der Eigenfrequenzen mit den Erregerfrequenzen) zu überhöhten Schwingungen der Rohrleitungen führen.

a) Bestimmen Sie die kritischen Längen der Druckleitung einer Zahnradpumpe, beidseitig harter Abschluss, für die Grundfrequenz der Pumpe $f_0 = 247{,}5$ Hz und die ersten vier Harmonischen der Grundfrequenz, f_1, f_2, f_3, f_4, bei denen die Rohrleitungslänge gerade der halben Wellenlänge der stehende Hohlraumwelle entspricht.
   Medium: Öl, $\rho = 920\ kg/m^3$; $K_{Öl} = 2{,}1 \cdot 10^9\ N/m^2$
b) Bestimmen Sie die Biegeeigenfrequenzen der Druckleitung:
   Stahlrohr: $d_i = 16$ mm ϕ; Wanddicke: $h = 1{,}6$ mm
   $E = 2{,}1 \cdot 10^{11}\ N/m^2$; $\rho = 7850\ kg/m^3$
   Stützweiten der Einspannungen der Druckleitung beträgt jeweils $l = 1$ m.
   Hinweis: $A = (\pi/4) \cdot (d_a^2 - d_i^2)$; $J_b = (\pi/64) \cdot (d_a^4 - d_i^4)$
c) Überprüfen Sie, ob Resonanzschwingungen entstehen können.

Übung 3.4.5

Der A-Gesamtschallleistungspegel eines Großgetriebes beträgt $L_{WA} = 91{,}6$ dB(A) und wird maßgebend durch die Körperschallabstrahlung von zwei Plattenfeldern bestimmt. Zur Überprüfung und Beschreibung der Geräuschentwicklung wurden die mittleren Oktav-Beschleunigungspegel auf den Platten messtechnisch ermittelt.

Platte (1): $L_1 = 0{,}39$ m; Breite $B_1 = 0{,}36$ m
Platte (2): $L_2 = 0{,}66$ m; Breite $B_2 = 0{,}55$ m
Plattendicke: $h = 10$ mm; $E_{Stahl} = 2{,}1 \cdot 10^{11}\ N/m^2$; $\rho_{Stahl} = 7850$ kg/m; $\mu_{Stahl} = 0{,}3$

Gemessene Beschleunigungspegel bezogen auf $a_0 = 10^{-6}\ m/s^2$

f_m in Hz	63	125	250	500	1000	2000	4000	8000	
$L_{a,Okt}$ (1)	98	108	132	148	126	94	91	86	dB
$L_{a,Okt}$ (2)	102	106	149	124	109	92	88	81	dB

a) Bestimmen Sie die A-Gesamtkörperschallleistungspegel der Platten, unter der Annahme, dass die Platten allseitig eingespannt sind.
b) Ermitteln Sie die ersten zwei Eigenfrequenzen der Platten (allseitig eingespannt).
c) Überprüfen Sie, ob die überhöhten Schwingungen der Platten durch Resonanzschwingungen verursacht werden.

Das zweistufige Getriebe wird durch einen Elektromotor mit konstanter Drehzahl angetrieben:
Ritzel-Zahnrad der 1. Stufe: $z_1 = 21$; $n = 900$ 1/min
Ritzel-Zahnrad der 2. Stufe: $z_1 = 30$; $n = 500$ 1/min
(Mit Ritzel bezeichnet man das kleinere Zahnrad einer Zahnradpaarung!)

Literatur

1. Sinambari, Gh R.: Lärmarm konstruieren mit Hilfe schalltechnischer Schwachstellen-analyse. Konstruktion (10) (2001)
2. Sinambari, Gh.R.: Systematische Vorgehensweise bei der Geräuschminderung, Technische Lärmminderung bei Maschinen und Geräten – OTTI-Fachforum Regensburg (2012)
3. Sinambari, Gh.R, Kunz, F.: Primäre Lärmminderung durch akustische Schwachstellenanalyse. VDI- Bericht Nr. 1491 (1999)
4. Thorn, U., Wachsmuth, J.: Konstruktionsakustische Schwachstellenanalyse eines Straddle Carriers Typ Konecranes 54 DE und Erarbeiten von prinzipiellen Lärmminderungsmaßnahmen. VDI- Berichte 2118 (2010)
5. Sinambari, G.R.: Konstruktionsakustik, primäre und sekundäre Lärmminderung. Springer Vieweg, Wiesbaden (2017)
6. Sinambari, Gh.R., Felk, G., Thorn, U.: Konstruktionsakustische Schwachstellenanalyse an einer Verpackungsmaschine. VDI-Berichte Nr. 2052 (2008)
7. Sinambari, Gh.R.: Einflussparameter bei körperschallbedingter Geräuschentwicklung einer Maschine, 37. Jahrestagung. DAGA (2011)
8. Sinambari, Gh.R.: Geräuschreduzierung durch Körperschallisolierung, 38. Jahrestagung. DAGA (2012)
9. Timoshenko, S.: Schwingungsprobleme der Technik. Springer, Berlin (1932)
10. VDI 3733: Geräusche bei Rohrleitungen (1996)
11. Kollmann, F.G.: Maschinenakustik – Grundlagen, Messtechnik, Berechnung, Beeinflussung, 2. Aufl. Springer, Berlin/Heidelberg/New York (2000)
12. Sinambari, Gh.R., Heckl, M., Juen, G.: Modelluntersuchungen zur Abschätzung der Schallabstrahlung einer Hohlkastenbrücke und Kriterien der Anwendbarkeit auf andere Stahlkonstruktionen. VDI-Berichte Nr. 629 (1987)
13. Heckl, M., Müller, H.A.: Taschenbuch der Technischen Akustik, 2. Aufl. Springer, Berlin (1994)
14. Strutt, J.W., Lord Rayleigh: The Theory of Sound. Nachdruck, New York (1945)
15. Skudrzyk, E.: Die Grundlagen der Akustik. Springer, Wien (1954)
16. Cremer, L., Heckl, M.: Körperschall, 2. Aufl. Springer, Berlin (1996)
17. Müller, F.P.: Baudynamik, Betonkalender, Teil II. Ernst & Sohn, Berlin (1978)
18. Morse, P.M., Ingard, K.U.: Theoretical Acoustics. Princeton University Press, Princeton (1986)
19. Hoffmann, R., Jordan, H., Weis, M.: Ersatzstrahler zur Ermittlung von rotierenden elektrischen Maschinen. Lärmbekämpfung 13, 7–11(1966)

20. Cremer, L.: Die wissenschaftlichen Grundlagen der Raumakustik. 2. Aufl. 1. Teil. Hirzel, Stuttgart (1978)
21. VDI 3727 Blatt 1: Schallschutz durch Körperschalldämpfung; Physikalische Grundlagen und Abschätzungsverfahren (1984)
22. Schirmer, W. (Hrsg.): Technischer Lärmschutz. VDI, Düsseldorf (1996)
23. Gebhard, B.: Bestimmung der Schallleistung, Schallabstrahlung einer krafterregten plattenförmigen Struktur nach verschiedenen Maßverfahren und deren Bewertung. Diplomarbeit FH Bingen, FB Umweltschutz (1996)
24. Gerbig, C.: Ermittlung der Schallabstrahlung einer krafterregten kastenförmigen Struktur nach verschiedenen Maßverfahren und deren Bewertung. Diplomarbeit FH Bingen, FB Umweltschutz (1996)

4 Messtechnik

4.1 Grundlagen der Schall- und Schwingungsmesstechnik

Die primären Aufgaben der Schallmesstechnik sind:

a) Ermittlung der Lärmbelastungen, denen die Menschen in ihrem Wirkungsbereich, Arbeitsplatz- und Wohnbereich, ausgesetzt sind. Die Kenngröße hierfür ist der Schalldruck- bzw. Immissionspegel.
b) Ermittlung der Schallemission der Geräuschquellen, um die Schallentstehung zu quantifizieren. Die Kenngröße ist der Schallleistungs- bzw. Emissionspegel.

Die experimentell ermittelten Kenngrößen, in Frequenzbändern oder als A-bew. Summenpegel ermittelt, bilden die Grundlage der primären und sekundären Lärmminderung. Die Aufgabe der primären Lärmminderung ist die Reduzierung der Schallemission der Quelle. Alle anderen Maßnahmen, die darauf abzielen, die Schallimmissionen zu verringern, ohne dabei die Schallemission zu reduzieren, bezeichnet man als sekundäre Lärmminderungsmaßnahmen. Eine weitere Aufgabe der akustischen Messtechnik ist die Überprüfung und Bewertung der erreichten Lärm- und Schwingungsminderung bzw. die Überprüfung gesetzlich vorgeschriebener Werte, z. B. Immissionsrichtwerte.

Die Ermittlung von Geräuschimmissionen basiert grundsätzlich auf Schalldruckmessungen. Für die Ermittlung der Geräuschemission kommen verschiedene Messmethoden, z. B. Schalldruck-, Schallintensitäts- oder Körperschallmessungen in Frage. Nachfolgend werden die grundlegenden Messtechniken zur Ermittlung des Schalldruckpegels, des Schallintensitätspegels sowie des Körperschallschnellepegels aus Sicht des Anwenders beschrieben.

Wie man mit Hilfe der messtechnisch ermittelten Ausgangsgrößen schließlich die entsprechenden Kenngrößen für die Schallimmission (Beurteilungspegel, Tageslärm-Expositionspegel)

G. R. Sinambari, S. Sentpali, *Ingenieurakustik*,
https://doi.org/10.1007/978-3-658-27289-0_4

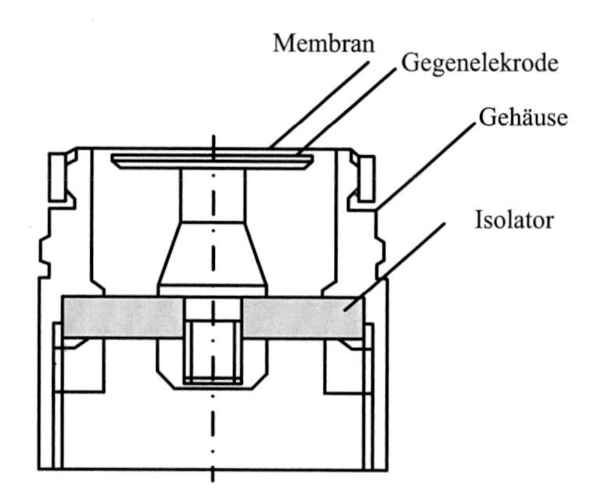

Abb. 4.1 Schematischer Aufbau eines Kondensatormikrofons [1]

und die Schallemission (Schallleistungspegel, Emissions-Schalldruckpegel am Arbeitsplatz) ermittelt, wird in Kap. 2 bzw. Kap. 9 behandelt.

4.1.1 Schalldruckmessung

In der akustischen Messtechnik sind Kondensatormikrofone als Messmikrofone weit verbreitet. In Abb. 4.1 ist der schematische Aufbau eines Kondensatormikrofons dargestellt.

In Abb. 4.2 ist die prinzipielle elektrische Schaltung eines Kondensatormikrofons einschließlich der Spannungsversorgung und Vorverstärkung angebildet. Membran und Gegenelektrode bilden einen Plattenkondensator. Das Funktionsprinzip eines Kondensatormikrofons basiert auf der Tatsache, dass die durch Schalldruckschwankungen hervorgerufenen Abstandsänderungen zwischen der sehr dünnen, beweglichen Membran und der starren Gegenelektrode nach dem Prinzip des „elektrostatischen Wandlers" eine Kapazitätsänderung und damit eine (sehr kleine) Wechselspannung hervorruft. Um einen möglichst linearen Zusammenhang zwischen anliegendem Schalldruck und erzeugter Spannung zu erreichen, wird eine konstante Polarisationsspannung (heute typischerweise 200 V) über einen großen Vorwiderstand (> 10 GΩ) an den Kondensator gelegt.

In Abb. 4.3 ist ein typisches Standard-Messmikrofon einschließlich des dazugehörigen Schutzgitters dargestellt. Da die Membran nur wenige µm dick und daher mechanisch sehr empfindlich ist, sollte nach Möglichkeit das Schutzgitter nicht abgenommen werden. Muss dies für besondere Messaufgaben dennoch geschehen, z. B. um einen Nasenkonus oder einen Sondenvorsatz aufzuschrauben, ist beim Umbau äußerste Vorsicht geboten!

Kondensatormikrofone sind sehr empfindlich und haben typischerweise bis zu hohen Frequenzen hin Kugelcharakteristik. Der nutzbare Frequenzbereich wird nach unten hin durch eine elektrische und eine mechanische Hochpassfilterung begrenzt (elektrisch durch den Vorwiderstand, mechanisch durch Kapillarbohrungen im Gehäuse, die den statischen Luftdruck vor und hinter der Membran ausgleichen sollen). Nach oben hin wird der

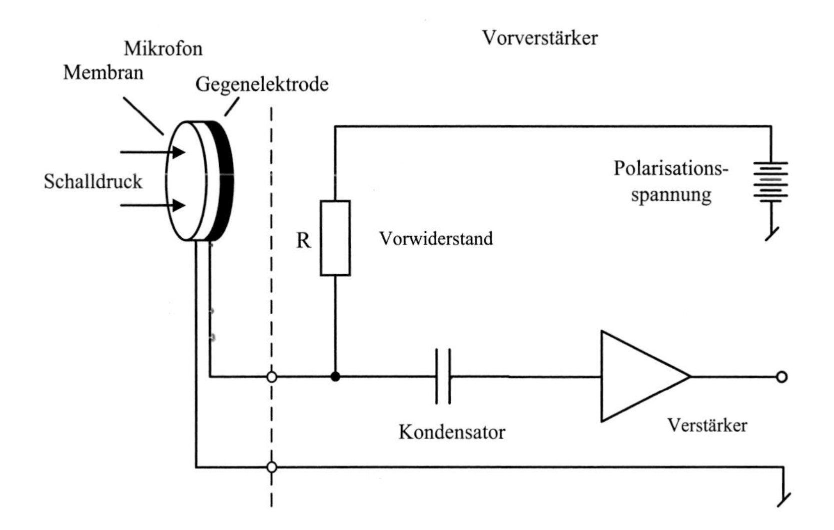

Abb. 4.2 Prinzipielle elektrische Schaltung eines Kondensatormikrofons [1]

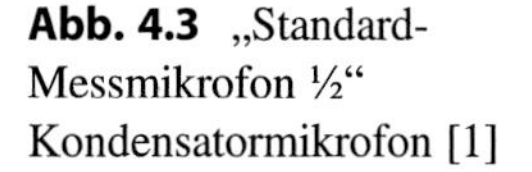

Abb. 4.3 „Standard-Messmikrofon ½" Kondensatormikrofon [1]

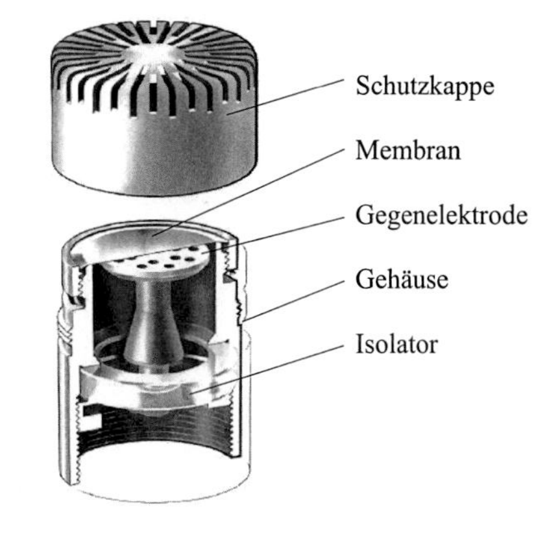

nutzbare Frequenzbereich von der mechanischen Resonanz der Membran begrenzt. Jedes Mikrofon hat einen individuellen Frequenzgang, der von den Herstellern in Form eines Kalibrierzeugnisses mitgeliefert wird und aus dem der nutzbare Frequenzbereich des Mikrofons zu erkennen ist. In Abb. 4.4 „ist das Kalibrierzeugnis eines ½"-Kondensatormikrofons dargestellt.

Auf die Polarisationsspannung kann verzichtet werden, wenn man zwischen Membran und Gegenelektrode ein Dielektrikum mit permanenter Polarisation, eine so genannte Elektretfolie, einbringt. Auf diese Weise erhält man ein dauerpolarisiertes Messmikrofon (Elektretmikrofon). Elektretmikrofone lassen sich preiswert herstellen. In dieser Bauart können auch Miniaturmikrofone mit Abmessungen von wenigen Millimetern hergestellt werden. Allerdings müssen hier dann Kompromisse hinsichtlich Empfindlichkeit und Genauigkeit eingegangen werden.

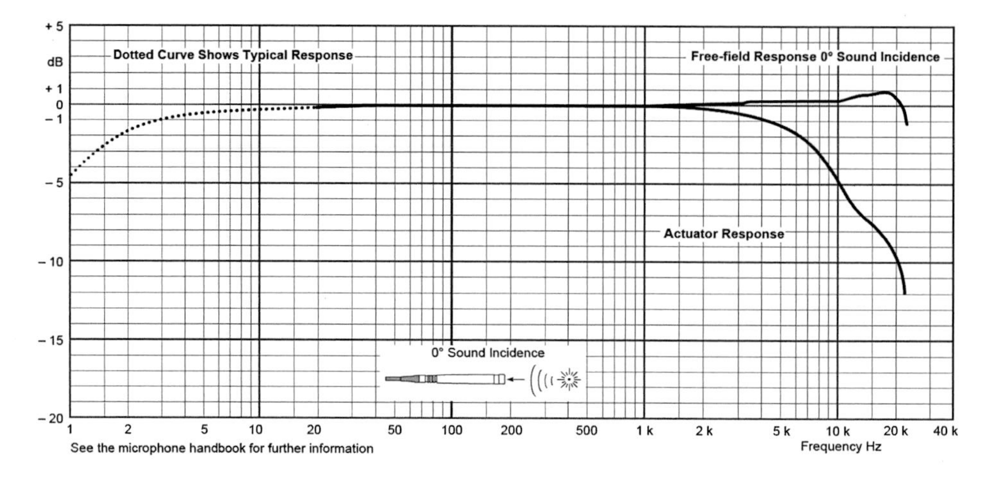

Abb. 4.4 „Kalibrierzeugnis eines ½ "-Kondensatormikrofons; Hersteller: Brüel & Kjaer

Die durch Schalldruckschwankungen erzeugten Signalspannungen der Mikrofonkapsel werden von einem Vorverstärker verstärkt und zur Weiterverarbeitung einem Schallpegelmesser oder Analysator zugeführt, der den „Summenpegel" ermittelt und anzeigt oder eine frequenzabhängige Analyse durchführt und ein „Spektrum" ausgibt. Die Signalverarbeitung in einem Handschallpegelmesser ist in Abschn. 2.6 und 2.7 bereits ausführlich beschrieben. An dieser Stelle wird daher die Funktionsweise eines Schallpegelmessers anhand des in Abb. 4.5 dargestellten Funktionsschemas nur kurz zusammengefasst.

Das vorverstärkte, dem Schalldruck proportionale Spannungssignal des Mikrofons wird im Schallpegelmesser zunächst frequenzbewertet. Je nach Art der Schallmessung wird zwischen A-, B- oder C-Bewertung gewählt. Ist keine Frequenzbewertung erforderlich, wird als Frequenzbewertung LINEAR, FLAT oder Z eingestellt.[1] Die frequenzbewerteten bzw. gefilterten Signale stehen am AC-Output des Schallpegelmessers als elektrische Wechselspannung $U_{AC}(t)$ zur Weiterverarbeitung und/oder Aufzeichnung zur Verfügung. Ältere Schallpegelmesser können mittels externer Bandpassfilter, typischerweise Terz- oder Oktavbandfilter, den Schalldruckpegel seriell in bestimmten Frequenzbändern ermitteln. Falls das Schallereignis allerdings nicht stationär ist, müssen die Bandpassfilter parallel und gleichzeitig, also in Echtzeit arbeiten. Moderne Schallpegelmesser haben heute interne, parallele Digital-Bandpassfilter, die sie zu sog. Echtzeit-Frequenzanalysatoren machen. Aus dem frequenzbewerteten und/oder gefilterteten Mikrofonsignal werden in einem nächsten Schritt im Schallpegelmesser Effektivwerte, s. Gl. 2.133, gebildet (im englischen Sprachgebrauch auch RMS-Werte genannt). Je nach Art der Schallmessung wird die Zeitkonstante für die Effektivwertbildung entsprechend der internationalen

[1] Je nach Hersteller des Schallpegelmessers sind hier unterschiedliche Bezeichnungen geläufig.

Normung mit 125 ms (FAST) oder 1 s (SLOW) gewählt. Bei älteren Schallpegelmessern kann am DC-Output ein dem Effektivwert proportionales Gleichspannungssignal $U_{DC}(t)$, z. B. zur Speisung eines Pegelschreibers, abgegriffen werden. Mit den gewonnenen Effektivwerten werden schließlich in einem weiteren Schritt die entsprechenden Schalldruckpegel gebildet und zur Anzeige gebracht. Darüber hinaus werden hier die entsprechenden Mittelwerte wie der „äquivalente Dauerschalldruckpegel" L_{eq} und der „Taktma-

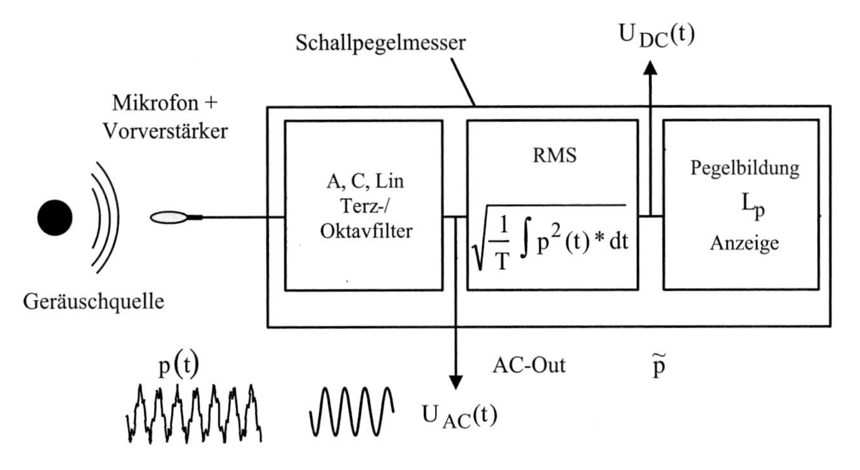

Abb. 4.5 Funktionsschema eines Schallpegelmessers

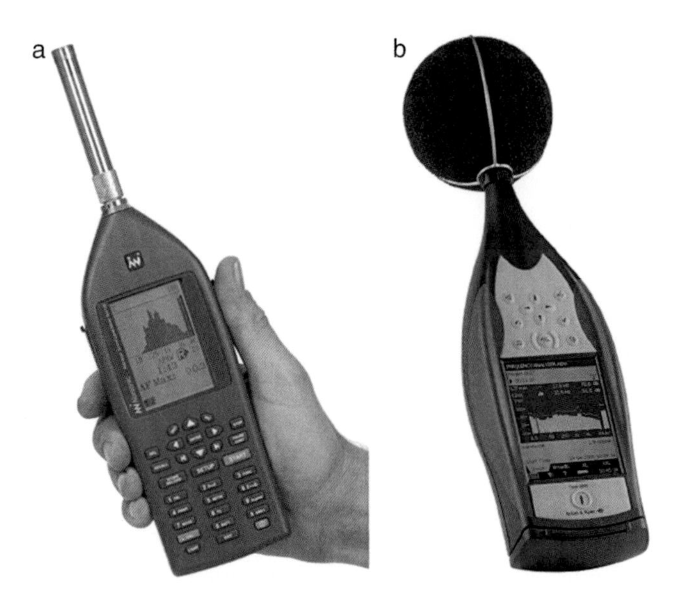

Abb. 4.6 Präzisions-Handschallpegelmesser. (**a**) Hersteller: Norsonic-Tippkemper, Typ 140. (**b**) Hersteller: Brüel & Kjaer, Typ 2250

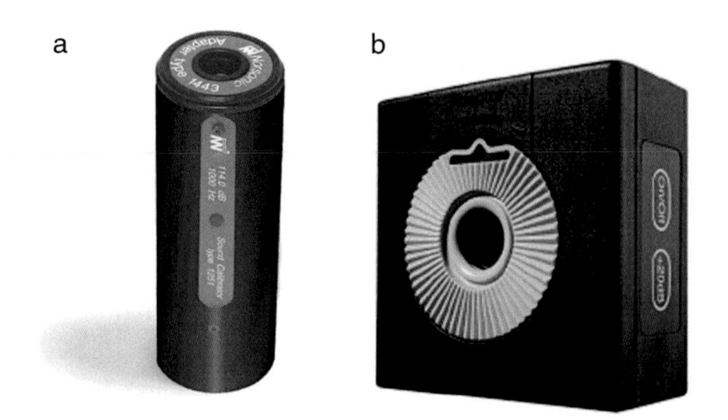

Abb. 4.7 Luftschallkalibrator. (**a**) Hersteller: Norsonic-Tippkemper, Typ 1251. (**b**) Hersteller: Brüel & Kjaer, Typ 4231

ximal-Mittelungspegel“ L_{Teq}, Maximal- und Spitzenpegel L_{max} bzw. L_{peak} sowie Pegelperzentile, z. B. der L_{95}, gebildet und angezeigt. Je nach den vorgenommenen Einstellung am Schallpegelmesser muss auf eine exakte Bezeichnung in Form von Indizes am Schalldruckpegel, z. B. L_{AF}, L_{Aeq}, L_{Cpeak}, L_{AFmax} geachtet werden. Abb. 4.6 zeigt zwei handelsübliche Präzisions-Handschallpegelmesser.

Für normgerechte Schalldruckpegelmessungen (Messung absoluter Schalldruckpegel) müssen Schallpegelmesser zusammen mit dem zugehörigen Messmikrofon regelmäßig, z. B. durch Eichämter, geeicht werden. Hierbei werden u. a. auch die Übertragungseigenschaften im gesamten Frequenzbereich überprüft. Um bei Messungen vor Ort die korrekte Funktionsweise der gesamten Messkette zu überprüfen, wird vor und nach der Messung die Messkette mit Hilfe eines Luftschallkalibrator (Abb. 4.7) bei einer vorgegebenen Frequenz (meistens 1000 Hz) mit einem definierten Pegel, z. B. 94 dB oder 114 dB, überprüft (Kalibrierung).

4.1.2 Schallintensitätsmessung

Wie in Abschn. 2.6 beschrieben, ist die Schallintensität das zeitlich gemittelte Produkt von Schalldruck und Schallschnelle:

$$\vec{I} = \int p(t) \cdot \vec{v}(t) \cdot dt \tag{4.1}$$

Der Schalldruck kann, wie im vorherigen Unterkapitel beschrieben, relativ einfach mit einem Kondensatormikrofon gemessen werden. Schwieriger ist es, die Schallschnelle zu bestimmen.

Die in der Praxis gebräuchlichste Methode für die Ermittlung der Schallschnelle bzw. der Schallintensität ist die Verwendung einer sog. Schallintensitätssonde, bei der zwei Kondensatormikrofone A und B in einem bestimmten Abstand Δr (in der Praxis meist 12 mm oder 50 mm) zueinander angeordnet sind [2]. Bei dieser auch als p-p-Sonde bezeichneten Messanordnung macht man sich folgende physikalische Zusammenhänge zu Nutze:

Entsprechend der Gl. (2.1) ist die Schallschnelle wie folgt definiert (Eulersche Gleichung):

$$\frac{\partial \mathrm{v}}{\partial t} = -\frac{1}{\rho}\frac{\partial p}{\partial x} = -\frac{1}{\rho}\frac{\partial p}{\partial r} \approx -\frac{1}{\rho}\frac{\Delta p}{\Delta r} \tag{4.2}$$

Ordnet man also zwei Mikrofone, die jeweils den Schalldruck messen, dicht nebeneinander an, kann man durch lineare Näherung den Druckgradienten Δp/Δr ermitteln und daraus wie folgt die Schallschnelle bestimmen:

$$\vec{\mathrm{v}}(t) = -\frac{1}{\rho}\int \frac{dp(t)}{dr} \cdot dt \approx -\frac{1}{\rho \cdot \Delta r}\int (p_B - p_A) \cdot dt \tag{4.3}$$

Für den Schalldruck in der Gl. (4.1) wird der Mittelwert der beiden Schalldrücke in Punkt A und B:

$$p(t) = \frac{p_A + p_B}{2} \tag{4.4}$$

eingesetzt. Mit Hilfe der Gl. (4.3) und (4.4) lässt sich dann die Schallintensität wie folgt ermitteln:

$$\vec{I} = -\frac{p_A + p_B}{2 \cdot \rho \cdot \Delta r}\int (p_B - p_A) \cdot dt \tag{4.5}$$

Die Gl. (4.5) bildet die Grundlage der Schallintensitätsmesstechnik durch Schalldruckmessungen nach dem sog. „Zweimikrofonverfahren". Der berechnete Wert der Schallintensität gilt für das akustische Zentrum der Schallintensitätssonde, d. h. die Mitte zwischen den beiden Mikrofonen. Der mittlere Schalldruck, der aus den Schalldrücken der beiden Mikrofone berechnet wird, bezieht sich ebenfalls auf diesen Punkt.

In Abb. 4.8 ist der prinzipielle Aufbau einer Schallintensitätssonde, bestehend aus zwei Mikrofonen A und B, die im Abstand Δr voneinander angeordnet sind, dargestellt.

In der Praxis werden die Mikrofonabstände durch entsprechende Distanzstücke realisiert. Für die Bestimmung der Schallintensität werden die Schalldrücke der beiden Mikrofone gemessen und zur Weiterverarbeitung einem Schallintensitätsanalysator zugeführt. Der Schallintensitätsanalysator muss über zwei Eingangskanäle verfügen, damit er beide

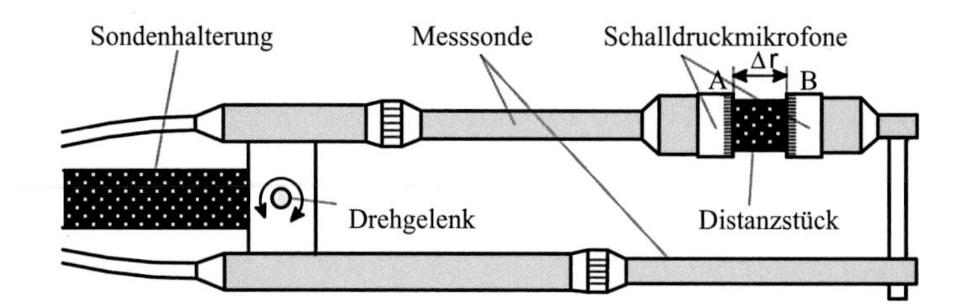

Abb. 4.8 Schallintensitätssonde [2]

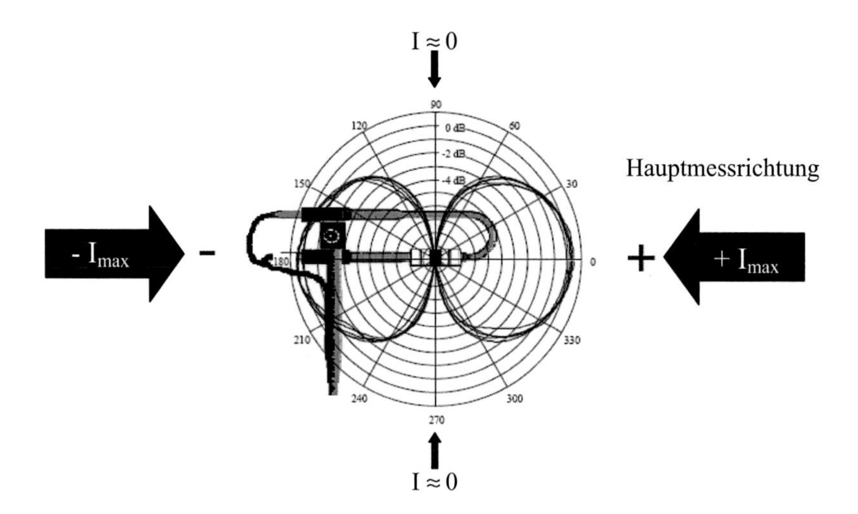

Abb. 4.9 Typische Richtcharakteristik einer Intensitätssonde (verändert nach [2])

Mikrofonsignale zeitgleich und phasengetreu messen und verarbeiten kann. Die Berechnung der Schallintensität aus den beiden Mikrofonsignalen erfolgt nach Gl. (4.5). Hierbei werden üblicherweise die beiden phasenverschobenen Mikrofonsignale zunächst in ihre Real- und Imaginärkomponenten zerlegt und anschließend als komplexe Größen weiterverarbeitet.

Da die Schallintensität eine vektorielle Größe und dadurch bedingt richtungsabhängig ist, haben Schallintensitätssonden eine ausgeprägte Richtcharakteristik, s. Abb. 4.9.

Wie aus Abb. 4.9 ersichtlich, erhält man bei einem Schalleinfall aus der Hauptmessrichtung (von vorne) eine positive Anzeige und beim Schalleinfall von hinten eine negative Anzeige. Fällt der Schall senkrecht zur Hauptmessrichtung ein, ist die Schallintensität annährend Null. Dadurch besteht die Möglichkeit, neben dem Betrag der Schallintensität $\left|\vec{I}\right|$ auch die Richtung des Schalleinfalls festzustellen.

Für die Ermittlung der Schallschnelle bzw. der Schallintensität müssen die Mikrofonsignale der beiden Mikrofone $p_A(t)$ und $p_B(t)$ zeitgleich gemessen und phasengetreu ausgewertet werden. Die Qualität und Genauigkeit der Schallintensitätsmessung hängt u. a. wesentlich von der phasengenauen Messung der beiden Schalldrücke ab. Daher kommen bei Schallintensitätsmessungen immer nur spezielle Mikrofonpaare zum Einsatz, die bezüglich ihrer Phasenlage sehr genau aufeinander abgestimmt sein müssen. Dieselben hohen Anforderungen bezüglich der sog. Phasenfehlanpassung werden auch an den nachgeschalteten Analysator gestellt.

Die Phasendifferenz $\Delta\varphi$ der beiden Schalldrucksignale kann entsprechend Gl. (2.25) ermittelt werden:

$$\text{Mit x} = \Delta\text{r und } k = \frac{\omega}{c} = \frac{2 \cdot \pi}{\lambda}$$

folgt aus Gl. (2.25):

$$\underline{p} = \hat{p} \cdot e^{j(\omega t \pm k \cdot x)} = \hat{p} \cdot e^{j\left(\omega t \pm \frac{\omega}{c} x\right)} = \hat{p} \cdot e^{j\left(\omega t \pm 2 \cdot \pi \frac{\Delta r}{\lambda}\right)} \tag{4.6}$$

Hieraus ergibt sich die Phasendifferenz $\Delta\varphi$ für den Mikrofonabstand Δr:

$$\Delta\phi = 360^\circ \cdot \frac{\Delta r}{\lambda} = 360^\circ \cdot \frac{\Delta r \cdot f}{c} \tag{4.7}$$

In Abb. 4.10 sind für die Schallausbreitung in der Luft (c = 340 m/s) Δr/λ (Abb. 4.10a) und $\Delta\varphi$ (Abb. 4.10b) nach Gl. (4.7) als Funktion der Frequenz für drei in der Praxis übliche Mikrofonabstände 12, 50 und 120 mm graphisch dargestellt.

Anhand der Darstellungen in Abb. 4.10 können die Grenzen der Intensitätsmesstechnik aufgezeigt werden. Aus technischen Gründen ergibt sich bei jedem Analysesystem eine geringe Verzögerung zwischen den beiden Mikrofonkanälen A und B, die eine geringe gerätebedingte Phasenänderung bewirkt, die sog. Phasenfehlanpassung. Je nach verwendetem Mikrofonabstand Δr ergibt sich in Abhängigkeit der Gesamt-Phasenfehlanpassung (Sonde und Analysator) des Schallintensitäts-Messsystems und der Art des Schallfeldes eine untere und obere Frequenzgrenze, innerhalb derer Schallintensitätsmessungen möglich sind.

Obere Frequenzgrenze: (Fehler durch lineare Druckgradientennäherung)
Bei höheren Frequenzen entsteht prinzipbedingt ein Fehler, da der Druckgradient $\partial p/\partial r$ nur näherungsweise durch den Differenzenquotienten Δp/Δr aus Druckdifferenz und Abstand der beiden Sondenmikrofone beschrieben wird. Abb. 4.11 veranschaulicht das Problem.

Ist die Wellenlänge λ im Vergleich zum Mikrofonabstand Δr groß, wird durch die lineare Näherung die Steigung der Schalldruckkurve mit guter Genauigkeit erfasst und der Druckgradient gut angenähert. Bei tiefen Frequenzen ist daher $\partial p / \partial r \approx \Delta p / \Delta r$ erfüllt.

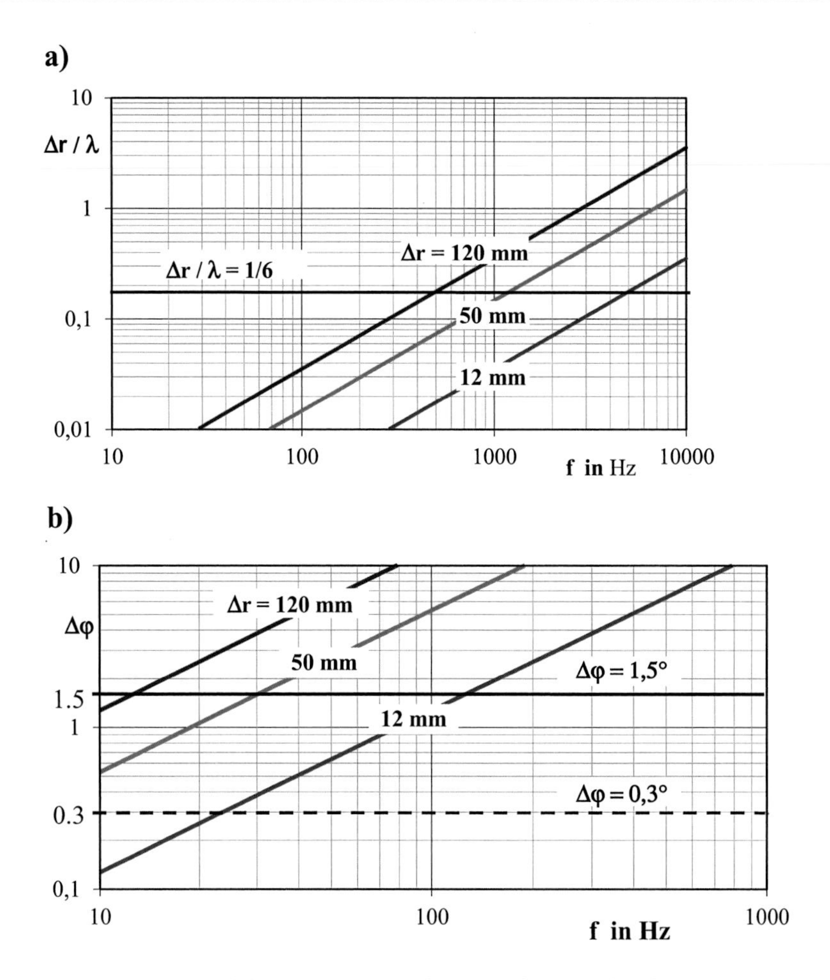

Abb. 4.10 (**a**) Δr/λ als Funktion der Frequenz für verschiedene Mikrofonabstände. (**b**) Δφ als Funktion der Frequenz für verschiedene Mikrofonabstände

Ist hingegen die Wellenlänge λ im Vergleich zum Mikrofonabstand Δr klein, wird der Druckgradient nur sehr ungenau angenähert. Bei hohen Frequenzen wird der Fehler durch die lineare Druckgradientennäherung ab einer bestimmten Frequenzgrenze nicht mehr vernachlässigbar. In der Praxis gilt: Für eine zulässige Abweichung von ≤ 1 dB muss die Wellenlänge λ mindestens Faktor 6 größer als der Mikrofonabstand Δr sein ($\Delta r/\lambda \leq 1/6$). Aus Abb. 4.10a lassen sich somit für die berechneten Mikrofonabstände folgende obere Frequenzgrenzen ermitteln:

$\Delta r = 120$ mm	$f_o \approx 470$ Hz	$f_{o,Tz}$: bis 500 Hz
$\Delta r = 50$ mm	$f_o \approx 1135$ Hz	$f_{o,Tz}$: bis 1,25 kHz
$\Delta r = 12$ mm	$f_o \approx 4720$ Hz	$f_{o,Tz}$: bis 5 kHz

Für die Messung hoher Frequenzen wird daher ein kleines Distanzstück benötigt.

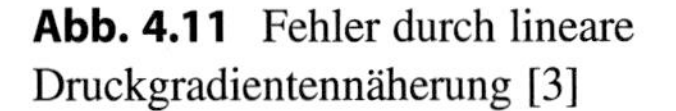
Abb. 4.11 Fehler durch lineare Druckgradientennäherung [3]

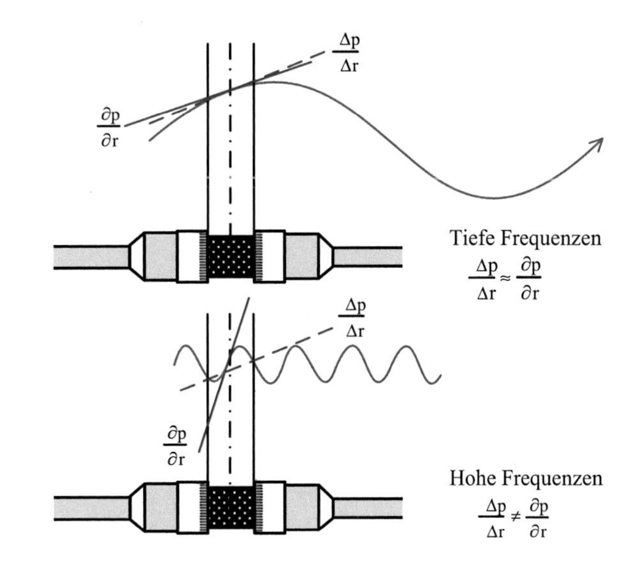

Untere Frequenzgrenze: (Fehler durch Phasenfehlanpassung)
Erst wenn die zu messende Phasendifferenz $\Delta\varphi$ größer als die Gesamt-Phasenfehlanpassung (Sonde und Analysator) des Schallintensitäts-Messsystems ist, lässt sich die Intensität sinnvoll berechnen. Bei in der Praxis verwendeten Schallintensitätsanalysatoren beträgt die Gesamt-Phasenfehlanpassung in etwa $\leq \pm$ 0,3 °. Aus Abb. 4.10b geht hervor, dass die untere Frequenzgrenze eines Schallintensitäts-Messsystems durch den kleinsten Mikrofonabstand bestimmt wird. Dies bedeutet, dass man bei einem Mikrofonabstand von $\Delta r = 12$ mm und einer Gesamt-Phasenfehlanpassung von 0,3 ° erst oberhalb von $f = 24$ Hz ein Nutzsignal erhält, das größer als das Rauschen der Messkette ist. Um einen ausreichenden Signal-Rausch-Abstand zu berücksichtigen und damit den Messfehler kleiner als 1 dB zu halten, sollte die zu messende Phasendifferenz $\Delta\varphi$ mindestens Faktor 5 größer als die Gesamt-Phasenfehlanpassung sein ($\Delta\varphi \geq$ 1,5 °). Aus Abb. 4.10b lassen sich somit für die berechneten Mikrofonabstände folgende, *unter Freifeldbedingungen gültige*, untere Frequenzgrenzen ablesen:

$\Delta r = 120$ mm	$f_u \approx 12$ Hz	$f_{u,Tz}$: ab 25 Hz
$\Delta r = 50$ mm	$f_u \approx 29$ Hz	$f_{u,Tz}$: ab 31,5 Hz
$\Delta r = 12$ mm	$f_u \approx 120$ Hz	$f_{u,Tz}$: ab 125 Hz

Für die Messung tiefer Frequenzen wird daher ein großes Distanzstück benötigt.

Trifft der Schall in einem Winkel θ auf die Sonde, reduziert sich die zu messende Phasendifferenz $\Delta\varphi$, da nicht der volle Mikrofonabstand Δr, sondern nur dessen Projektion $\Delta r \cdot \cos\theta$ wirksam wird (siehe Abb. 4.12). Daher wird eine um den Faktor $\cos\theta$ geringere Schallintensität gemessen. Da der Schalldruck im Gegensatz zur Schallschnelle eine

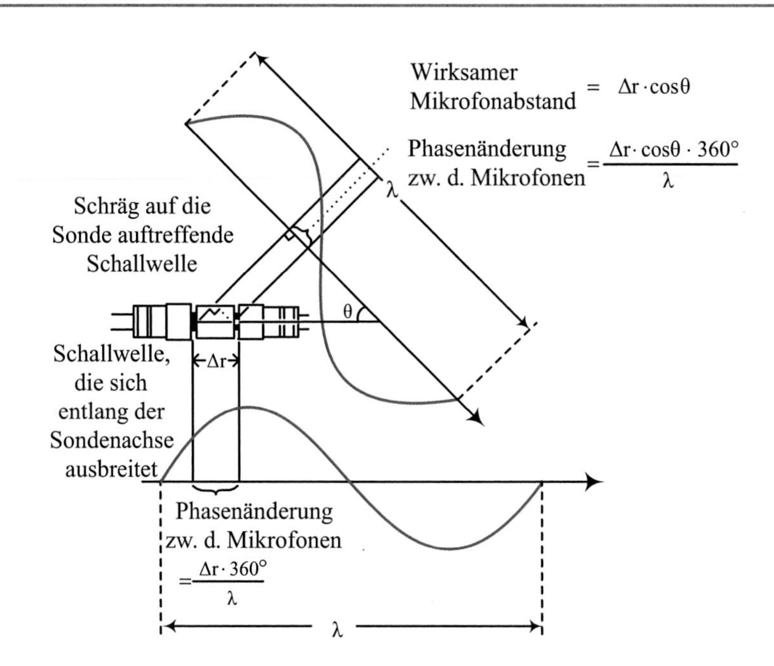

Abb. 4.12 Phasendifferenz bei schrägem Schalleinfall [3]

skalare Größe ist, entsteht in Abhängigkeit des Einfallwinkels eine Differenz zwischen Schalldruck- und Intensitätspegel.

Bei schrägem Schalleinfall oder in einem reaktiven (Nahfeld) oder diffusen Schallfeld reduziert sich daher die zu messende Phasendifferenz $\Delta\varphi$. Infolgedessen fällt die Phasenfehlanpassung dort stärker ins Gewicht. Wenn sich der Schall nicht in einem Freifeld entlang der Sondenachse ausbreitet, hat dies Einfluss auf die untere Frequenzgrenze. Der messbare Frequenzbereich wird reduziert, da die untere Frequenzgrenze sich zu höheren Frequenzen hin verschiebt.

In einem reaktiven oder diffusen Schallfeld bezeichnet man in diesem Zusammenhang die Differenz zwischen dem Schalldruck- und dem Schallintensitätspegel L_p–L_I als sog. „Druck-Intensitätsindex" F_{pI}. Der Druck-Intensitätsindex kennzeichnet die „Reaktivität" eines Schallfeldes und ist sehr wichtig zur Beurteilung der Genauigkeit einer Schallintensitätsmessung. Er beschreibt die von der Reaktivität des Schallfeldes hervorgerufene Phasenänderung zwischen den beiden Mikrofonsignalen. Der Druck-Intensitätsindex gestattet somit Rückschlüsse auf die Phasendifferenz zwischen den Mikrofonsignalen und ermöglicht damit eine Beurteilung, ob die Phasenfehlanpassung in Bezug auf die ermittelte Phasendifferenz eine ungenaue Messung bewirkt.

Auch die Phasenfehlanpassung des gesamten Schallintensitäts-Messsystems ist quantifizierbar. Sie wird durch die sog. „Querfeldunterdrückung" δ_{plo}, in der aktuellen Normung auch als „Druck-Restintensitäts-Abstand" bezeichnet, beschrieben [4]. Trifft auf beide Mikrofone senkrecht zur Sondenachse dasselbe Schallsignal, sollte im Idealfall keine Schallintensität messbar sein. Die unvermeidbare Phasenfehlanpassung bewirkt jedoch eine „Scheinintensität“, die mit einem Eigenrauschen des Messsystems vergleichbar ist. Die Differenz zwischen dem hierbei festgestellten Schalldruck- und dem (Schein)-Intensitätspegel ist definiert als Querfeldunterdrückung δ_{plo}.

Wie bereits beschrieben, sollte die zu messende Phasendifferenz $\Delta\varphi$ mindestens Faktor 5 größer als die Gesamt-Phasenfehlanpassung sein, wenn man den Schallintensitätspegel mit einer Genauigkeit von 1 dB ermitteln will. Dies entspricht der Forderung, dass der Druck-Intensitätsindex F_{pl} mindestens 7 dB über der Querfeldunterdrückung δ_{plo} liegen muss. Zieht man 7 dB von der Querfeldunterdrückung ab, erhält man die nutzbare Geräte-Dynamik für diese Genauigkeit. In der aktuellen Normung wird die Geräte-Dynamik als Arbeitsbereich L_d bezeichnet [4]:

$$L_d = \delta_{plo} - K \text{ dB} \tag{4.8}$$

K beschreibt hierbei das systematische Fehlermaß und wird je nach angestrebter Genauigkeit mit:

K = 7 dB,	Genauigkeit: ±1,0 dB
K = 10 dB,	Genauigkeit: ±0,5 dB

in Ansatz gebracht.

Die Querfeldunterdrückung δ_{plo} wird mit einem speziellen Kuppler mit Hilfe eines Schallintensitätskalibrators ermittelt (siehe Abb. 4.13).

Ist die Querfeldunterdrückung δ_{plo} bekannt, kann für jedes Distanzstück der Arbeitsbereich des Schallintensitäts-Messsystems bzw. die Geräte-Dynamik in Abhängigkeit von der Frequenz angegeben werden. In Abb. 4.14 ist der nutzbare Frequenzbereich bei einer geforderten Messgenauigkeit von 1 dB (K = 7 dB) in Abhängigkeit von Druck-Intensitätsindex F_{pl}, Mikrofonabstand Δr und Gesamt-Phasenfehlanpassung dargestellt.

In der Regel wird bei vielen praktischen Anwendungen mit dem Distanzstück $\Delta r = 12$ mm gemessen. Bei einer Gesamt-Phasenfehlanpassung des Schallintensitäts-Messsystems von $\leq 0{,}3\ °$ kann je nach Druck-Intensitätsindex F_{pl} (Reaktivität des Schallfeldes) bei einer angestrebten Genauigkeit von ±1,0 dB hiermit ein nutzbarer Frequenzbereich von:

$F_{pl} = 0$ dB	(Freifeldbedingungen)	125 Hz $\leq f_{Tz} < 5$ kHz
$F_{pl} = 3$ dB	(reaktives Schallfeld)	250 Hz $\leq f_{Tz} < 5$ kHz
$F_{pl} = 10$ dB	(reaktives Schallfeld)	1,25 kHz $\leq f_{Tz} < 5$ kHz

erreicht werden. In reaktiven Schallfeldern muss für die Messung tiefer Frequenzen daher ein größeres Distanzstück verwendet werden!

Ähnlich wie bei Schalldruckmessungen müssen die Mikrofone der Schallintensitätssonde ebenfalls vor jeder Messung kalibriert werden. Darüber hinaus muss in regelmäßigen Abständen die Querfeldunterdrückung überprüft werden. Mit Hilfe eines Luftschallkalibrators können beide Mikrofone zwar nacheinander oder mit Hilfe eines

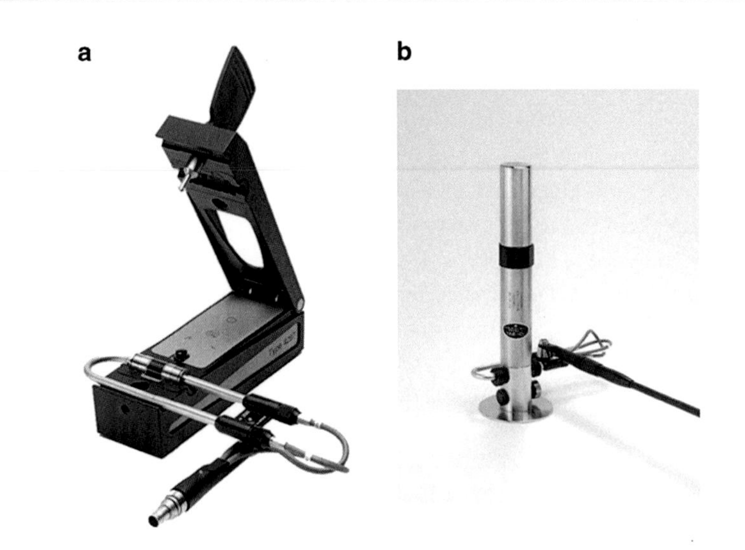

Abb. 4.13 Schallintensitätskalibratoren. (**a**) Hersteller: Brüel & Kjaer, Typ 4297. (**b**) Hersteller: Brüel & Kjaer, Typ 3541

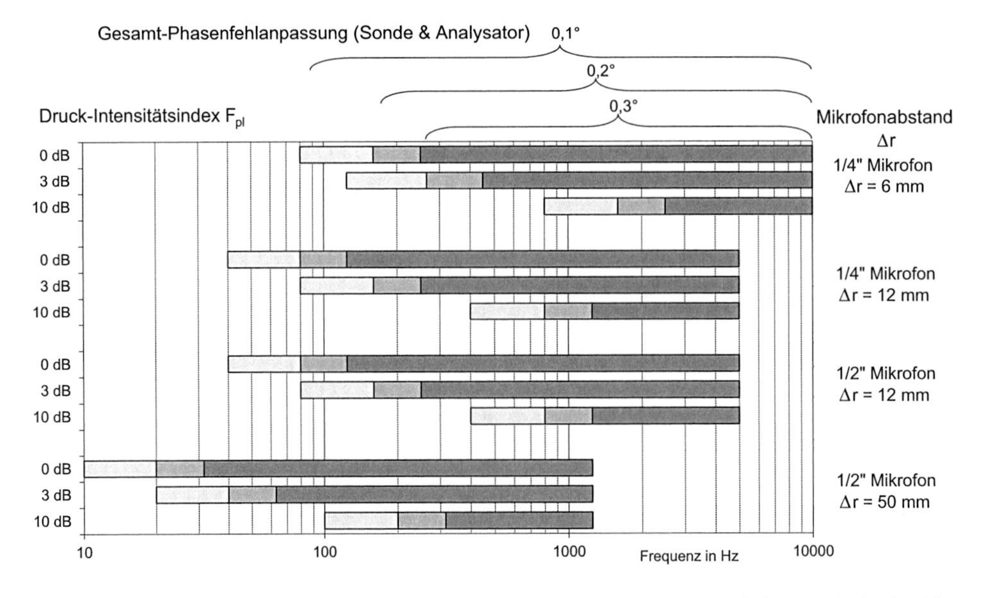

Abb. 4.14 Nutzbarer Frequenzbereich bei einer geforderten Messgenauigkeit von 1 dB in Abhängigkeit von Druck-Intensitätsindex, Mikrofonabstand und Phasenfehlanpassung (geändert nach [3])

entsprechenden Kupplers auch simultan auf Einhaltung eines entsprechenden Schalldruck-Kalibrierpegels bei einer vorgegebenen Frequenz überprüft werden, die für Schallintensitätsmessungen jedoch wesentliche Phasenlage beider Mikrofonsignale kann nur mit entsprechenden Schallintensitäts-Kalibratoren überprüft werden.

Noch kritischer als bei Schalldruckmessungen wirken sich strömungsinduzierte Druckschwankungen, z. B. in Folge von Wind oder Kühlluftströmen, an den Sondenmikrofonen bei der Schallintensitätsmessung aus. Wenn Strömungen in der Messfläche vorkommen, muss ein entsprechender Sonden-Windschirm benutzt werden. Da das Frequenzspektrum der durch Wind und Ventilatoren hervorgerufenen Turbulenzen dazu neigt, mit steigender Frequenz stark abzufallen, werden die niederfrequenten Intensitätsmessungen (üblicherweise unterhalb 200 Hz) allgemein hiervon am meisten beeinträchtigt.

Die Schallintensität einer schallabstrahlenden Fläche lässt sich z. B. auf zwei Weisen bestimmen:

a) Durch Messung an diskreten Punkten nach DIN EN ISO 9614-1 [5]
b) durch Messung mit kontinuierlicher Abtastung nach DIN EN ISO 9614-2 [4]

Die Messung nach a) ist wesentlich aufwändiger, bietet aber die Möglichkeit, die Intensitätsverteilung über den schallabstrahlenden Teilflächen zu bestimmen und grafisch, z. B. im Rahmen einer Schallintensitätskartierung, anschaulich darzustellen. Hierbei lässt sich u. a. die Geräuschverteilung über der gemessenen Teilfläche visualisieren. Dafür wird die Teilfläche in Rastermesspunkte aufgeteilt und punktuell der Betrag der Normalkomponente der Schallintensität der einzelnen Messpunkte $\left|\vec{\mathrm{I}}_{\mathrm{j}}\right|$ gemessen. Aus der Schallintensität eines jeden Rastermesspunktes lässt sich der Schallleistungspegel einer Rasterfläche bestimmen. Durch energetische Addition der Schallleistungspegel aller Rasterflächen erhält man den Schallleistungspegel der Teilfläche $\mathrm{S_j}$. In Abb. 4.15 ist schematisch eine exemplarische Messanordnung für eine Messung nach DIN EN ISO 9614-1 dargestellt.

$$L_{W,j}(f) = L_{I,j}(f) + L_{S,j}\ \mathrm{dB}; \mathrm{S_j} = \mathrm{Raster\,fläche} \tag{4.9}$$

$$L_{W,i}(f) = 10 \cdot lg\left[\sum\nolimits_{j=1}^{n} 10^{0,1 \cdot L_{W,j}(f)}\right] = 10 \cdot lg\left[\sum\nolimits_{j=1}^{n} 10^{0,1 \cdot L_{I,j}(f)}\right] + L_{S,i}\ \mathrm{dB} \tag{4.10}$$

$$\mathrm{S_i} = \text{Teilfläche „i“}$$

Hierbei wurde angenommen, dass die gemesse Schallintensität des Messpunktes in der Mitte der Rasterfläche j dem Mittelwert auf der Rasterfläche entspricht.

In Abb. 4.16 ist exemplarisch die durch Messung an diskreten Punkten ermittelte Schallintensitätskartierung der Ansaugseite eines handgehaltenen Blasgerätes dargestellt.

Das Messverfahren b) mit kontinuierlicher Abtastung nach DIN EN ISO 9614-2 [4] ist weniger zeitaufwändig als die Messung an mehreren diskreten Punkten nach DIN EN ISO 9614-1, liefert aber prinzipbedingt nur den Gesamtschallintensitäts- bzw. den Gesamtschallleistungspegel der Teilfläche $\mathrm{S_i}$.

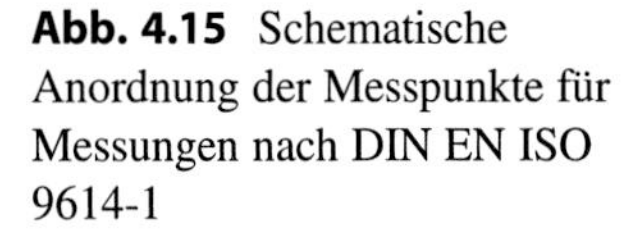
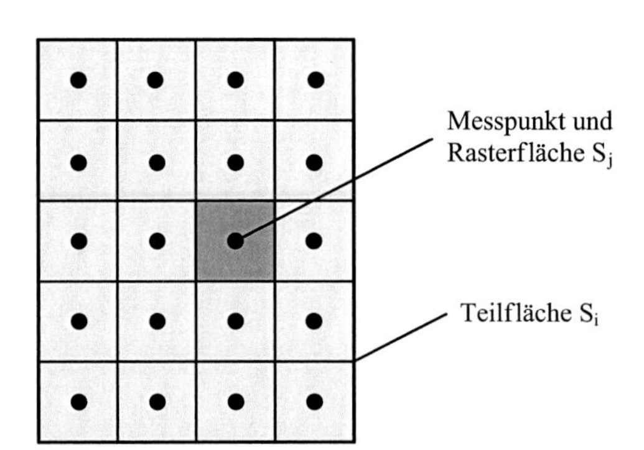

Abb. 4.15 Schematische Anordnung der Messpunkte für Messungen nach DIN EN ISO 9614-1

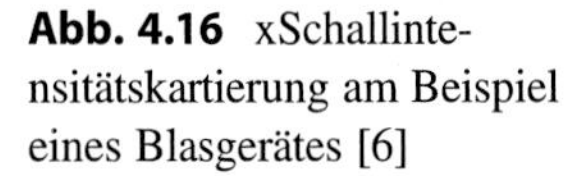
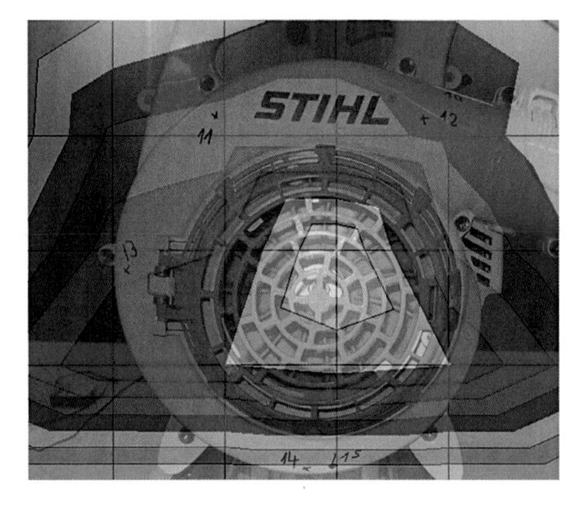

Abb. 4.16 xSchallintensitätskartierung am Beispiel eines Blasgerätes [6]

Das Messverfahren mit kontinuierlicher Abtastung wird in der Regel nur für die Bestimmung der Teil- und Gesamtschallleistung verwendet. In Abb. 4.17 ist das Messverfahren schematisch dargestellt.

Je nach angestrebter Genauigkeit müssen nacheinander zwei getrennte Abtastvorgänge durchgeführt werden. Die beiden Abtastpfade müssen möglichst senkrecht zueinander ausgerichtet sein (Drehung des Abtastmusters um 90 °, siehe Abb. 4.17).

Um die in diesem Kapitel beschriebenen Randbedingungen, unter denen das Schallintensitätsverfahren anwendbar ist, zu überprüfen, müssen im Rahmen von Messungen nach DIN EN ISO 9614-1 und DIN EN ISO 9614-2 verschiedene Kennwerte und Feldindikatoren ermittelt und auf Einhaltung geprüft werden. Auf die Einzelheiten der Messungen, wie sie in den entsprechenden o. a. Normen festgelegt sind, wird hier nicht näher eingegangen, sondern auf den vollen Wortlaut der entsprechenden Normen [4, 5] verwiesen. In [7] sind einige Anwendungsbeispiele des hier beschriebenen Verfahrens angegeben.

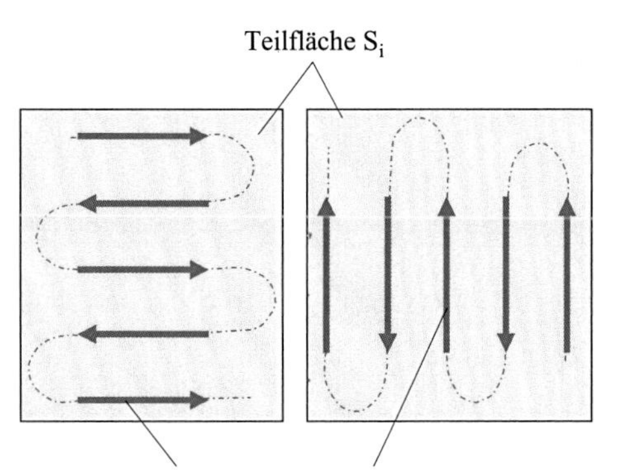

Abb. 4.17 Schematische Anordnung der Messpfade für Messungen nach DIN EN ISO 9614-2

4.1.3 Körperschallmessungen

Bei der Körperschallmessung werden vorrangig die Schwingbeschleunigungen der Strukturen gemessen. Dies erfolgt üblichwerweise durch sog. piezoelektrische Beschleunigungsaufnehmer.[2] Sie erzeugen eine elektrische Ladung, die der Schwingbeschleunigung a des Objektes, auf dem sie montiert sind, direkt proportional ist. Als vorteilhafte Eigenschaften bieten sie eine relaltiv geringe Größe, einen weiten Frequenz- sowie Dynamikbereich sowie eine lange, wartungsfreie Lebensdauer. Außerdem lassen sich aus ihrem beschleunigungsproportionalen Ausgangssignal auf relativ einfache Weise durch elektrische Integration zur Geschwindigkeit v und zum Weg s proportionale Signale ableiten:

$$\mathrm{v} = \int a(t) \cdot dt \rightarrow \mathrm{v} = \frac{a}{\omega} = \frac{a}{2\pi f} \tag{4.11}$$

$$s = \int \mathrm{v}(t) \cdot dt \rightarrow s = \frac{a}{\omega^2} = \frac{a}{(2\pi f)^2} \tag{4.12}$$

Das Wirkprinzip eines piezoelektrischen Beschleunigungsaufnehmers basiert auf der Eigenschaft eines piezoelektrischen Materials, das bei der Beanspruchung durch äußere Kräfte eine zu den einwirkenden Kräften proportionale Ladung erzeugt (siehe Abb. 4.18).

Je nach Bauart unterscheidet man bei piezoelektrischen Beschleunigungsaufnehmern zwischen einem Kompressions- und einem Scherungstyp (siehe Abb. 4.19) [8].

Werden die Aufnehmer so konstruiert, dass sie im Wesentlichen in ihrer Hauptmessrichtung auf Zug- und Druckkräfte reagieren, bezeichnet man sie als Kompressionstyp. Die bei dieser Bauart durch Schubkräfte erzeugte Ladungen, die z. B. durch horizontal wirkende Beschleunigungen verursacht werden können, fallen im Vergleich zu

[2]Es sei auch auf das berührungslose, optische Messverfahren, das Laservibrometer, hingewiesen.

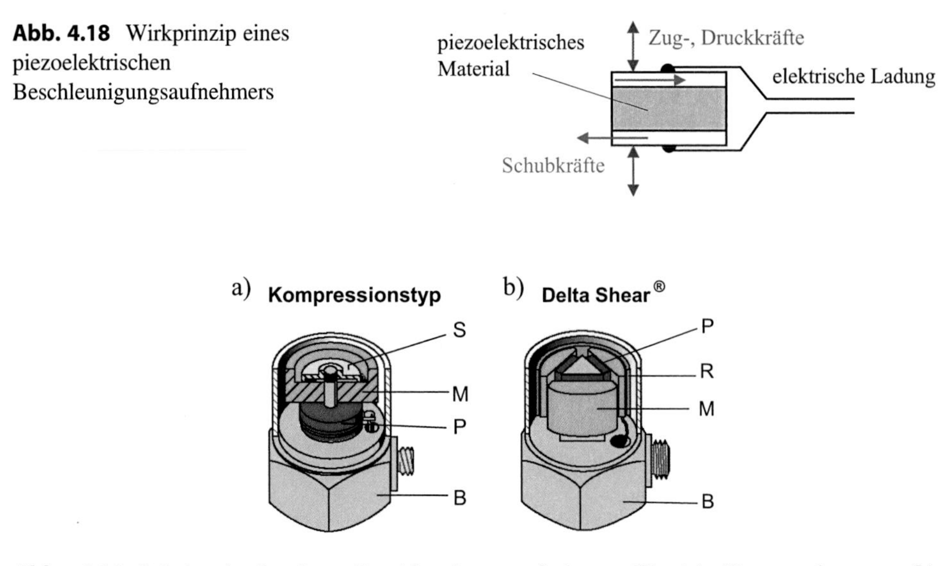

Abb. 4.18 Wirkprinzip eines piezoelektrischen Beschleunigungsaufnehmers

Abb. 4.19 Schnitt durch einen Beschleunigungsaufnehmer [8]. (**a**) Kompressionstyp. (**b**) Scherungstyp
P Piezoelektrisches Element
S Feder
R Klemmring
B Basis
M Seismische Masse

den erzeugten Ladungen in Hauptmessrichtung, hier senkrecht zur Strukturoberfläche, sehr viel niedriger aus. Beim Scherungstyp bewirkt die schwingende Masse in Hauptmessrichtung eine Scherkraft auf das piezoelektrische Element. Bei diesem Typ sind entsprechend die durch Zug- und Druckkräfte erzeugten Ladungen, die z. B. durch horizontal wirkende Beschleunigungen verursacht werden können, im Vergleich zu den erzeugten Ladungen in Hauptmessrichtung vernachlässigbar.

In Abb. 4.20 ist ein typischer Frequenzgang eines piezoelektrischen Beschleunigungsaufnehmers in Anhängigkeit des Frequenzverhältnisses (Schwingungsfrequenz zu Eigenfrequenz) des Aufnehmers dargestellt. Hierbei wird zwischen der Hauptempfindlichkeit in Richtung der Befestigungsachse (Hauptmessrichtung) sowie der Empfindlichkeit quer zur Hauptmessrichtung, der sog. Querempfindlichkeit, unterschieden. Hieraus ist zu erkennen, dass die Empfindlichkeit in der Hauptmessrichtung deutlich höher als in der Querrichtung ist. Das Übertragungsverhalten wird deutlich von der Resonanzfrequenz des Feder-Masse-Systems des Beschleunigungsaufnehmers beeinflusst. Messungen im Frequenzbereich der Aufnehmer-Eigenfrequenz liefern kein wahrheitsgetreues Abb. der tatsächlichen Schwingungen an der Messstelle, sondern verfälschen das Messergebnis. Bei Schwingungsmessungen muss daher bedacht werden, dass der nutzbare Frequenzbereich eines Beschleunigungsaufnehmers bei ca. 1/3 der Resonanz- bzw. Eigenfrequenz des Aufneh-

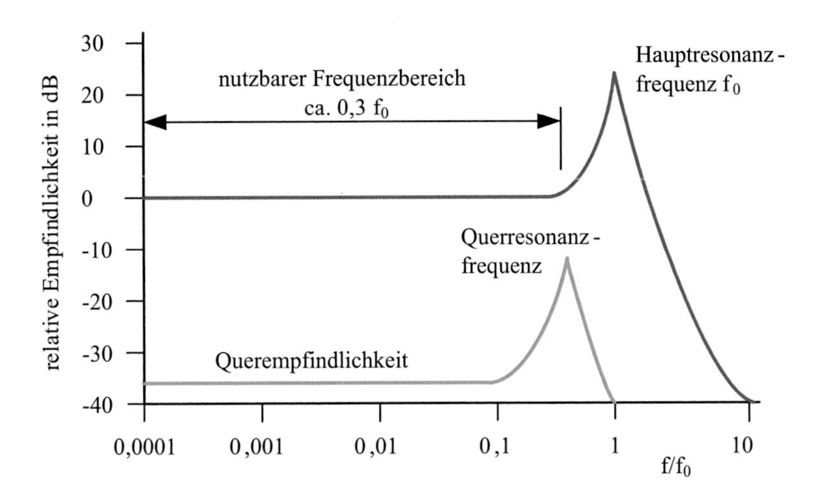

Abb. 4.20 Typischer Frequenzgang eines piezoelektrischen Beschleunigungsaufnehmers

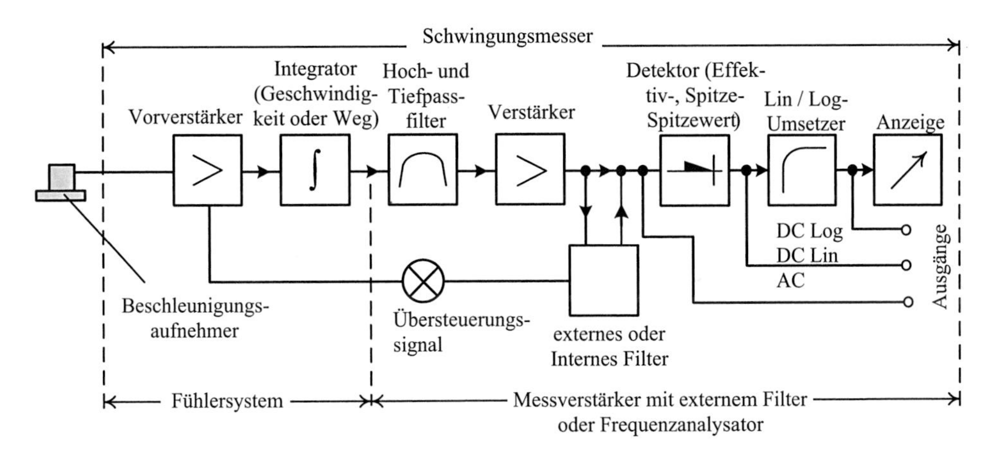

Abb. 4.21 Prinzipielles Funktionsschema eines Schwingungsmesssystems

mers endet. Wird die obere Frequenzgrenze gleich 1/3 der Resonanzfrequenz des Aufnehmers gesetzt, kann davon ausgegangen werden, dass die am Rande der Frequenzgrenze gemessenen Schwingungskomponenten mit einem Messfehler von weniger als ca. +12 % (Genauigkeit < 1 dB) erfasst wurden [8]. Angaben zur Resonanzfrequenz der Aufnehmer können i. d. R. den Kalibrierzeugnissen der Hersteller entnommen werden.

Bei einem Schwingungsmesssystem wird üblicherweise zwischen einem Aufnehmersystem und einer Analyseeinheit unterschieden. Das prinzipielle Funktionsschema eines Schwingungsmesssystems ist in Abb. 4.21 dargestellt. Das vom Beschleunigungsaufnehmer erzeugte Ladungssignal wird über ein speziell rauscharmes Ladungskabel einem sog. Ladungsverstärker zugeführt, der eine zur elektrischen Ladung am Eingang proportionale Spannung abgibt und verstärkt.

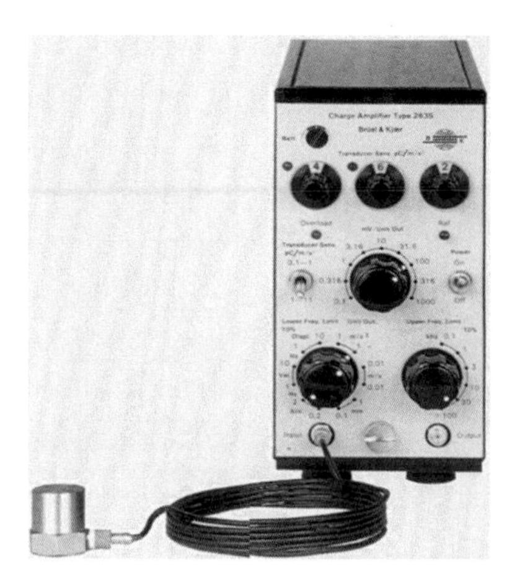

Abb. 4.22 Piezoelektrischer Beschleunigungaufnehmer, rauscharmes Ladungskabel und integrierender Ladungsverstärker [9]

Soll das beschleunigungsproportionale Signal in ein schnelleproportionales Signal gewandelt werden, muss das Beschleunigungssignal integriert werden. Die Integration erfolgt entweder analog direkt im Ladungsverstärker oder kann anschließend rechnerisch im Rechner bzw. Analysator vorgenommen werden. Um ein wegproportionales Signal zu erhalten, muss das Beschleunigungssignal entsprechend doppelt integriert werden. Um störende Signalanteile von der nachgeschalteten Analyseeinheit fernzuhalten, z. B. um den Dynamikbereich der Analyseeinheit oder des Aufzeichnungsgerätes bestmöglich ausnutzen zu können oder störende Signalanteile ausserhalb des linearen Aufnehmerfrequenzbereichs auszublenden, kann das Schwingungssignal hoch- und tiefpassgefiltert werden. In der Analyseeinheit wird das Signal z. B. über Terz- oder Oktavbandfilter bandpassgefiltert oder aber als Breitbandsignal der Detektionseinheit zugeleitet. Entsprechend der Messaufgabe werden dort der Effektivwert, der Spitzenwert oder der Spitze-Spitzewert gebildet bzw. ermittelt und zur Anzeige gebracht. Abb. 4.22 zeigt ein Aufnehmersystem, bestehend aus einem Beschleunigungsaufnehmer, einem rauscharmen Ladungskabel und einem integrierenden Ladungsverstärker.

Da bei diesem Aufnehmersystem pro Beschleunigungsaufnehmer ein Ladungsverstärker benötigt wird, werden insbesondere Vielkanalmessungen zu einem oft aufwändigen und unübersichtlichen Messaufbau. Daher sind neben den konventionellen Ladungstypen, vor allem in der Kfz- und Prüfstands-Akustik, auch Beschleunigungsaufnehmer mit integriertem Ladungsverstärker gebräuchlich, die mittels eines konstanten Gleichstroms über die Signalleitung gespeist werden. Je nach Hersteller werden sie z. B. als ICP®- oder DeltaTron®-Aufnehmer bezeichnet. Diese Aufnehmer können über relativ lange (bis zu mehreren 100 m) Kabel direkt an Aufzeichnungs- oder Analyseeinheiten mit einer entsprechend eingebauten Speisung angeschlossen werden. Nachteilig ist allerdings, dass diese Aufnehmer nur bis zu einem Temperaturbereich von ca. 125 °C eingesetzt werden können, da ihre Einsatztemperatur von der integrierten Elektronik begrenzt wird. Bei konventionellen Ladungstypen liegt sie üblicherweise bei ca. 250 °C [9].

Das in Abb. 4.22 gezeigte Aufnehmersystem hat den Vorteil, dass je nach vorliegendem Frequenzspektrum statt des Beschleunigungs- der Geschwindigkeits- oder Wegparameter erfasst und die Integration des Beschleunigungssignals analog bereits im Ladungs-verstärker durchgeführt werden kann. Damit kann die Dynamik (Differenz zwischen den kleinsten und größten messbaren Werten) der nachgeschalteten Aufzeichnungs- und Analysegeräte bestmöglich ausgenutzt werden. In der heutigen Zeit der rechnergestützten Echtzeitanalysatoren hat dieser einstige Vorteil allerdings bei Gerätedynamiken von üblicherweise > 80 dB immer weniger Gewicht. Vorteilhaft ist es aber dennoch, wenn z. B. nur die in einem vorgegebenen Frequenzbereich gemessene Schwinggeschwindigkeit zur Beurteilung von Schwingungen im Maschinenbau oder im Bauwesen interessiert.

Zur Erfassung der Strukturschwingungen müssen die Beschleunigungsaufnehmer möglichst kraftschlüssig mit der Struktur verbunden bzw. befestigt werden. Die ideale Kopplungsart ist die Verwendung eines Gewindebolzens bei einer ebenen und glatten Auflage, auf die eine dünne Fettschicht aufgetragen wird. Da die Ankopplung über einen Gewindestift das Einbringen einer Gewindebohrung in das Messobjekt erfordert, ist diese Befestigungsart in der Praxis jedoch oft nicht möglich. Es gibt allerdings mehrere alternative Ankopplungsmöglichkeiten, die in Abhängigkeit des interessierenden Frequenzbereichs angewendet werden. Hierbei ist zu beachten, dass die Ankopplung des Beschleunigungsaufnehmers ein weiteres Feder-Masse-System darstellt, das die Eigenfrequenz der Gesamtanordnung zu tieferen Frequenzen hin verschiebt. Die Eigenfrequenz dieses Systems ist sehr stark von der Steifigkeit der Ankopplung abhängig und ist umso nieriger, je weicher die Ankopplung ist. In Abb. 4.23 sind einige Befestigungsarten, die am häufigsten in der Praxis verwendet werden, zusammengestellt. Die darin angegebenen Eigenfrequenzen sollen nur zur Orientierung dienen. Sie stellen die relative Verschiebung der Eigenfrequenz der Gesamtanordnung im Vergleich zur Eigenfrequenz eines unter Eichbedingungen „ideal“ glatt und eben montierten Universal-Beschleunigungsaufnehmers (Eigenfrequenz: ca. 32 kHz) dar. Der seismische Aufnehmer in der rechten unteren Ecke der Grafik hat unter idealen Ankopplungsbedingungen allerdings nur eine Eigenfrequenz von 4,5 kHz. Man erkennt, dass bei einer Befestigung mit Klebewachs, z. B. Bienenwachs, die Eigenfrequenz nur geringfügig niedriger als der optimale Wert ausfällt. Allerdings ist diese Methode auf eine Temperatur von ca. 40 °C beschränkt. Bei einer Befestigung mittels Permanentmagnet reduziert sich die Eigenfrequenz bereits deutlich. Die niedrigste Eigenfrequenz wird bei Verwendung einer Tastsonde erreicht.

Es wird daran erinnert, dass der obere Nutzfrequenzbereich auch hier wiederum bereits bei ca. 1/3 der erniedrigten Eigenfrequenz endet. Die Befestigungsmethode muss daher der Messaufgabe entsprechend ausgewählt werden.

Wo Messungen auf tiefe Frequenzen bis etwa 1 kHz beschränkt bleiben sollen, aber gleichzeitig sehr große hochfrequente Beschleunigungen vorliegen, lassen sich die Einflüsse hochfrequenter Schwingungen mit Hilfe eines mechanischen Filters beseitigen. Anwendungsgebiete sind z. B. Messungen zur Fahrwerksabstimmung oder an Radsatzlagern von Schienenfahrzeugen. Die Filter bestehen aus einem elastischen Material, meistens Gummi, das zwischen zwei Scheiben geklebt ist. Als Schraubsockel werden sie

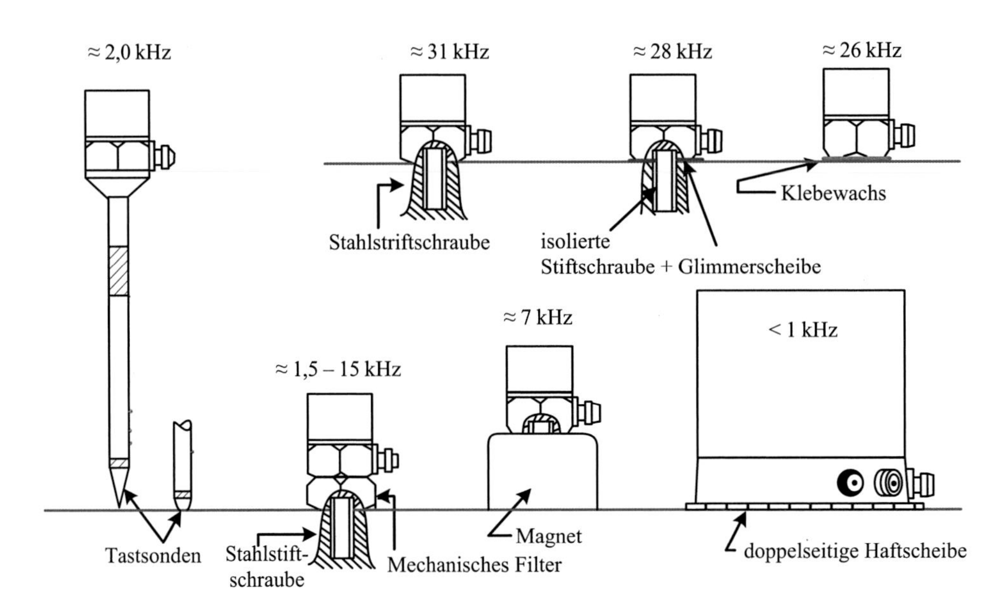

Abb. 4.23 Verschiedene Befestigungsarten von Beschleunigungsaufnehmern [10]

zwischen Struktur und Aufnehmer eingebracht. Sie haben die Aufgabe, den Durchgang störender hochfrequenter Schwingungen zu reduzieren, um eine Übersteuerung des Aufnehmers und der nachfolgenden Elektronik zu vermeiden [8].

Auf dem Markt wird eine Vielzahl von Beschleunigungsaufnehmern unterschiedlicher Empfindlichkeit für sehr unterschiedliche Anwendungen mit unterschiedlichen Massen angeboten. Die Palette reicht von Miniaturaufnehmern mit Gewichten < 1 g bis hin zu seismischen Aufnehmern von ca. 500 g. Grundsätzlich fällt die Resonanzfrequenz des Aufnehmers mit seiner Masse ab. Je leicher ein Aufnehmer ist, desto höher liegt seine Resonanzfrequenz. Will man also hohe Frequenzen messen, müssen eher kleine Aufnehmer eingesetzt werden. Auf der anderen Seite haben kleinere Aufnehmer aber eine geringere Empfindlichkeit, da eine hohe Empfindlichkeit gewöhnlich ein entsprechend großes piezoelektrisches System, also einen großen, schweren Aufnehmer erfordert. Dies führt dazu, dass man die Aufnehmer stets anwendungsorientiert einsetzen muss. Mit anderen Worten muss man je nach Frequenzspektrum und Schwingungsamplitude und der Art der Struktur, auf der die Schwingungen gemessen werden sollen, den geeigneten Beschleunigungsaufnehmer auswählen.

Je nach Bauart reagieren Beschleunigungsaufnehmer unterschiedlich auf Umwelteinflüsse, wie z. B. Temperatur, Feuchtigkeit, radioaktive Strahlung, magnetische Felder, etc. Moderne Beschleunigungsaufnehmer und Aufnehmerkabel sind so konstruiert, dass sie relativ unempfindlich auf die o. a. Umwelteinflüsse reagieren. Für spezielle Anwendungen, z. B. Schwingungsmessungen bei hohen Temperaturen, existieren spezielle Aufnehmer mit und ohne Fremdkühlung. Soll der Beschleunigungsaufnehmer z. B. auf einer Fläche mit Temperaturen > 250 °C montiert werden, können zwischen Aufnehmerbasis und Struktur ein Kühlblech und eine Glimmerscheibe gelegt werden. Dadurch lässt sich die Temperatur der Aufnehmerbasis für Oberflächentemperaturen von 350 °C bis 400 °C auf 250 °C halten. Durch Zufuhr von Kühlluft kann die Wärmeableitung noch unterstützt werden (siehe Abb. 4.24). Eine weitere Methode mit wassergekühlter Aufnehmerbasis (Fremdkühlung) ist in Abb. 4.25 dargestellt. Hiermit können Schwingungsmessungen bei Oberflächentemperaturen von bis zu 600 °C durchgeführt werden.

Ein häufiges Störsignal bei Schwingungsmessungen stellen sog. Erdschleifen dar. Erdschleifen entstehen, wenn der Beschleunigungsaufnehmer und die Messinstrumente einzeln geerdet sind. Ist eine Messkette durch den Kontakt des Beschleunigungsaufnehmers mit der zu untersuchenden Maschine und z. B. den Betrieb des Analysators am Wechselstromnetz an mehr als einer Stelle geerdet, können Erdschleifenströme über den Abschirmmantel des Aufnehmerkabels abfließen. In Abb. 4.26 ist schematisch die Bildung von Erdschleifen dargestellt.

Wenn bei einer Schwingungsmessung Erdschleifen auftreten, werden die Messsignale durch Überlagerung eines Störsignals mit der Frequenz der elektrischen Netzfrequenz verfälscht (in Europa z. B. 50 Hz, in den USA 60 Hz, DB-Bahnstrom: 16 $^{2}/_{3}$ Hz, ...). Zur Vermeidung von Erdschleifen muss stets darauf geachtet werden, dass bei den Schwingungsmessungen die Messkette nur an einer Stelle geerdet ist. Hierzu können die Beschleunigungsaufnehmer z. B. mit Hilfe eines Isolier-Gewindestiftes und einer Glimmerscheibe von der Struktur elektrisch isoliert oder die verwendeten Messgeräte komplett batteriebetrieben werden.

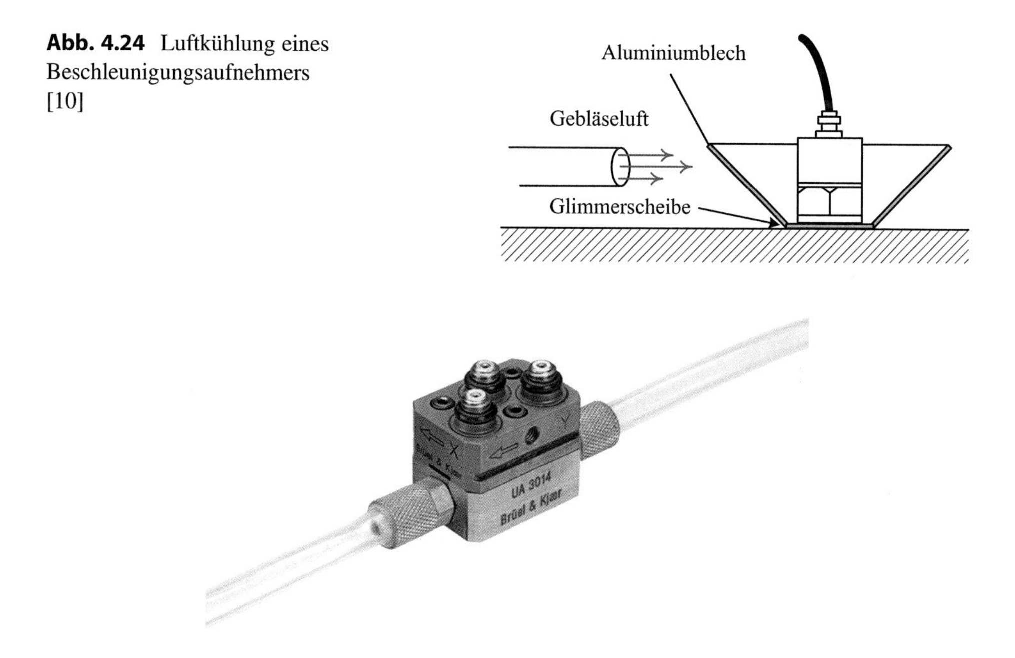

Abb. 4.24 Luftkühlung eines Beschleunigungsaufnehmers [10]

Abb. 4.25 Triaxialer Beschleunigungs-aufnehmer mit wassergekühlter Aufnehmerbasis; Hersteller: Brüel & Kjaer, Typ 4326 mit Cooling Unit UA 3014

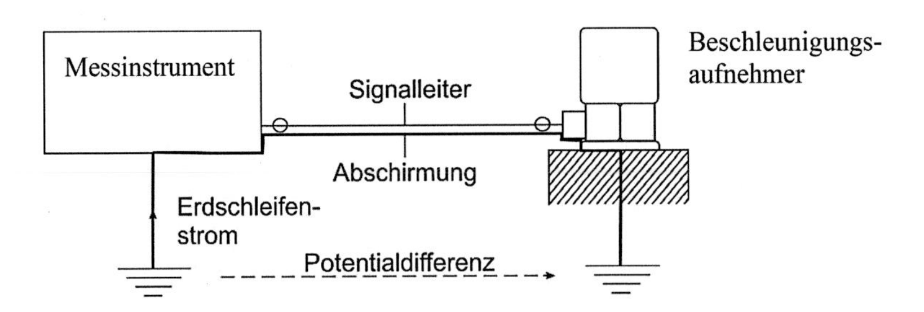

Abb. 4.26 Schematische Darstellung der Entstehung von Erdschleifen [8]

4.1.3.1 Messtechnische Bestimmung der mittleren Schnellepegel einer Struktur

Zur Bestimmung der Strukturschwingungen wird die Schwingbeschleunigung an möglichst gleichmäßig über die interessierende Fläche verteilten Rastermesspunkten gemessen (siehe Abb. 4.27). Die Anzahl der notwendigen Rastermesspunkte hängt von der gewünschten Genauigkeit des Messergebnisses für den mittleren Schnellepegel ab. Für eine Genauigkeit von < 1 dB kann man in Abhängigkeit der Strukturfläche S von folgender, erforderlicher Anzahl an Rastermesspunkten ausgehen:

Aus der an jedem Rastermesspunkt j gemessenen Beschleunigung lässt sich der entsprechende Schnellepegel wie folgt bestimmen:

$$L_{v,j} = L_{a,j} + 20 \cdot \lg \frac{a_0}{v_0 \cdot \omega} \tag{4.13}$$

mit

$v_0 = 5 \cdot 10^{-8}$ m/s
$a_0 = 10^{-6}$ m/s^2 (frei wählbar)
$\omega = 2\pi f$

Durch energetische Mittelwertbildung der Schnellepegel aller Rastermesspunkte erhält man den mittleren Schnellepegel $\overline{L_{v,i}}$ der Teilfläche S_i:

$$\overline{L_{v,i}} = 10 \cdot lg\left[\frac{1}{n} \cdot \sum\nolimits_{j=1}^{n} 10^{0,1 \cdot L_{v,j}}\right] \tag{4.14}$$

Die Messpunktanzahl ist so lange zu verdoppeln, bis der mittlere Schnellepegel $\overline{L_{v,i}}$ innerhalb einer Spanne von 1 dB konstant bleibt.

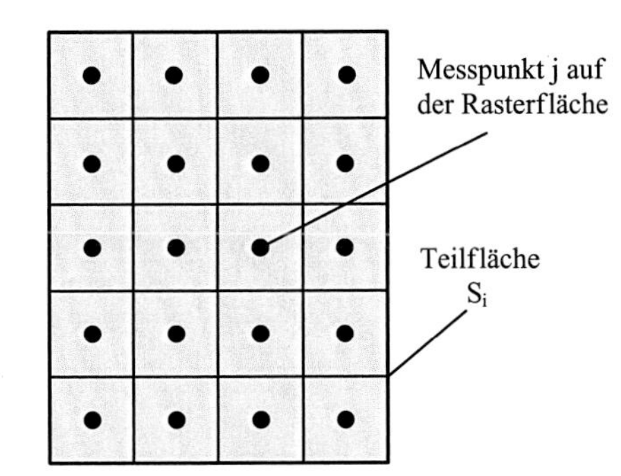

Abb. 4.27 Schematische Anordnung der Messpunkte zur Bestimmung des mittleren Schnellepegels
- bis $S = 1\ m^2$ ca. 10 Messpunkte
- bis $S = 10\ m^2$ ca. 20 Messpunkte
- ab $S > 10\ m^2$ ca. $2 \cdot S$ Messpunkte
(S in m^2)

4.1.3.2 Fehlerquellen bei der Ermittlung von Strukturschwingungen in Folge von Aufnehmerrückwirkungen und Störschwingungen

a) ***Einfluss der Masse des Beschleunigungsaufnehmers***

Nach Gl. (2.139) ergibt sich die Schallschnelle der Struktur, hervorgerufen durch eine Wechselkraft $\underline{F_1}$, in Abhängigkeit der Strukturimpedanz $\underline{Z_2}$ und der Impedanz des Beschleunigungsaufnehmers $\underline{Z_1}$wie folgt:

$$\underline{v_{2v}} = \frac{\underline{F_1}}{\underline{Z_1} + \underline{Z_2}} \quad (4.15)$$

Die Schallschnelle ohne den Beschleunigungsaufnehmer wäre dann analog:

$$\underline{v_{2v}}* = \frac{\underline{F_1}}{\underline{Z_2}} \quad (4.16)$$

Mit Hilfe der Gl. (4.15) und (4.16) lässt sich der Betrag der Schallschnelle der Struktur ohne die Rückwirkung des Beschleunigungsaufnehmers wie folgt bestimmen:

$$\underline{v_{2v}}* = \underline{v_{2v}} \cdot \left| 1 + \frac{\underline{Z_1}}{\underline{Z_2}} \right| \quad (4.17)$$

Für in der Praxis häufig vorkommende plattenartige Strukturen kann unter der Annahme, dass die Impedanz des Beschleunigungsaufnehmers $\underline{Z_1}$ als kompakte Masse betrachtet werden darf, der Einfluss der Masse des Beschleunigungsaufnehmers $m_{b,A}$ duch den Korrekturpegel K_m wie folgt angegeben werden:

$$K_m = 20 \cdot \log\left(\frac{\underline{v_{2v}*}}{\underline{v_{2v}}}\right) = 20 \cdot \log\left(1 + \frac{\underline{Z_1}}{\underline{Z_2}}\right) \approx 20 \cdot \log\sqrt{\left[1 + (\frac{m_{b,A}}{m_{b,Pl}})^2\right]} \text{ dB} \qquad (4.18)$$

mit

$m_{b,A}$ dynamische Masse des Aufnehmers = Masse des Aufnehmers m_A

$m_{b,Pl}$ dynamische Masse der Platte. Mit den Gl. (2.126) und (2.134) ist

$$m_{b,Pl} = \frac{8\sqrt{B' \cdot \rho \cdot h}}{\omega} = \frac{0{,}36 \cdot \sqrt{E \cdot \rho} \cdot h^2}{f}$$

Für die starre Ankopplung des Aufnehmers an plattenartige Strukturen lässt sich dann der Korrekturpegel K_m wie folgt bestimmen:

$$K_m \approx 20 \cdot log\sqrt{\left[1 + \left(\frac{m_{b,A}}{m_{b,Pl}}\right)^2\right]} = 20 \cdot log\left[\sqrt{1 + \left(\frac{m_A \cdot f}{0{,}36 \cdot \sqrt{E \cdot \rho} \cdot h^2}\right)^2}\right] dB \qquad (4.19)$$

Für die starre Ankopplung eines Beschleunigungsaufnehmers an eine Stahlplatte der Dicke h = 1 mm bzw. h = 5 mm ist Gl. (4.19) in Abb. 4.28 grafisch dargestellt. Hierbei ist zu erkennen, dass der Korrekturpegel K_m sehr stark von der Impedanz bzw. dyn. Masse der Struktur abhängig ist. Für $|Z_1| << |Z_2|$ bzw. $m_A << m_{b,Pl}$ kann der Einfluss des Aufnehmers auf das Messsignal vernachlässigt werden. Bei Messungen an leichten oder weichen Strukturen muss die Rückwirkung der Aufnehmermasse auf die schwingende Struktur allerdings beachtet werden!

b) ***Einfluss von Störschwingungen/Fremdkörperschall***

Ähnlich wie bei der Luftschallmessung kann man den Einfluss von Fremd- bzw. Störschwingungen berücksichtigen. Analog zur Gl. (2.268) folgt für den Korrekturpegel K_v infolge von Stör- bzw. Fremdschwingungen:

$$K_v = -10 \cdot log(1 - 10^{-0{,}1 \cdot \Delta L_v}) \text{ dB} \qquad (4.20)$$

Mit

$$\Delta L_v = \overline{L'_v} - \overline{L''_v}$$

$\overline{L'_v}$ Gemessene mittlere Schnellepegel in dB bei eingeschalteter Maschine mit Fremdschwingungen

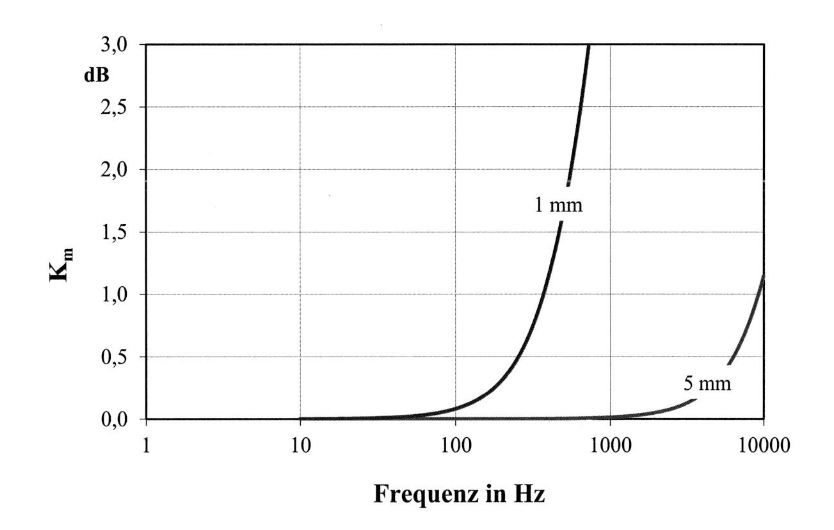

Abb. 4.28 Korrekturpegel K_m für zwei Stahlplatten der Dicken h = 1 mm und h = 5 mm

$\overline{L''_v}$ Gemessene mittlere Schnellepegel in dB bei ausgeschalteter Maschine (nur Fremdschwingungen!)

Mit Hilfe der Korrekturpegel K_m, Gl. (4.19), und K_v, Gl. (4.20) erhält man unter Anwendung der Gl. (4.14) den korrigierten mittleren Schnellepegel $\overline{L_{v,i}}$ der Teilfläche i:

$$\overline{L_{v,i}} = \overline{L'_{v,i}} - K_m - K_v \tag{4.21}$$

$\overline{L'_{v,i}}$ Gemessene mittlere Schnellepegel in dB bei Vorhandensein von Störschwingungen. Der Korrekturpegel K_m berücksichtigt den Einfluss der Aufnehmermasse.

4.2 Übungen

Übung 4.2.1

Die Schallabstrahlung einer Maschine soll durch Schallintensitätsmessungen ermittelt werden. Die Messungen sollen im Frequenzbereich 50 bis 5000 Hz durchgeführt werden. Für einen Messfehler kleiner 1 dB soll die Phasendifferenz, verursacht durch Mikrofonabstand $\Delta\varphi \geq 1{,}5°$ und die kleinste zu messende Wellenlänge um Faktor 6 größer sein als der Mikrofonabstand $\lambda \geq 6 \cdot \Delta r$, betragen. Die Schallgeschwindigkeit in der Luft beträgt c = 340 m/s.

a) Bestimmen Sie die erforderlichen Mikrofonabstände für den o. a. Frequenzbereich.
b) Beschreiben Sie das Messverfahren für
   b1) diskrete Messpunkte !
   b2) kontinuierliche Abtastung !
c) Nennen Sie die Vor- und Nachteile des jeweiligen Messverfahrens nach b).

Übung 4.2.2

Die gemessenen A-Schallintensitätspegel an insgesamt 9 diskreten Punkten (10 × 10 cm) eines Plattenfeldes (0,3 × 0,3 m) einer Maschine, sind in unten angegebene Tabelle zusammengestellt.

1	2	3
4	5	6
7	8	9

Messpunkt

f_m in Hz	63	125	250	500	1000	2000	4000	8000	
$L_{AI,1}$	46	53	56	69	66	61	58	44	dB(A)
$L_{AI,2}$	45	54	55	68	67	60	59	43	dB(A)
$L_{AI,3}$	45	52	53	68	65	62	58	46	dB(A)
$L_{AI,4}$	42	53	53	68	66	59	59	45	dB(A)
$L_{AI,5}$	48	56	54	78	76	64	61	45	dB(A)
$L_{AI,6}$	53	55	52	69	66	58	57	44	dB(A)
$L_{AI,7}$	45	51	57	68	64	58	56	52	dB(A)
$L_{AI,8}$	44	51	56	69	65	59	57	44	dB(A)
$L_{AI,9}$	43	50	55	69	63	55	54	46	dB(A)

a) Bestimmen Sie die A-Schallleistungspegel der 9 Rasterflächen der Platte.
b) Ermitteln Sie den A- Oktav- und A-Gesamtschalleistungspegel des Plattenfeldes.
c) Beschreiben Sie die Schallabstrahlung des Plattenfeldes.

Übung 4.2.3

Für die Bestimmung des Abstrahlgrads der in der Übung 4.2.2 angegebenen Stahlplatte mit der Dicke h = 4 mm wurden an den 9 Messpunkten die A-Beschleunigungspegel bei eingeschalteter Maschine ($L_{aA,i}'$) gemessen.

Am Messpunkt 5 wurden bei der ausgeschalteten Maschine die Fremd- bzw. Störbeschleunigungspegel ($L_{aA,5}''$) repräsentativ für die mittlere Störschwingungen der Platte gemessen.

In der unten angegebenen Tabelle sind die Messergebnisse zusammengestellt.

f_m in Hz	63	125	250	500	1000	2000	4000	8000	
$L_{aA',1}$	93	104	115	137	132	115	127	123	dB(A)
$L_{aA',2}$	92	103	114	136	131	114	126	122	dB(A)
$L_{aA',3}$	94	105	116	138	133	116	128	124	dB(A)
$L_{aA',4}$	91	102	113	135	130	113	125	121	dB(A)
$L_{aA',5}$	105	114	123	138	144	139	136	132	dB(A)
$L_{aA',6}$	90	108	112	134	132	112	129	120	dB(A)
$L_{aA',7}$	91	102	113	135	130	113	125	121	dB(A)
$L_{aA',8}$	89	100	111	133	128	111	123	119	dB(A)
$L_{aA',9}$	92	103	114	136	131	114	126	122	dB(A)
$L_{aA'',5}$	81	85	98	113	112	110	122	115	dB(A)

Stahlplatte: $h = 4$ mm; $L = B = 0{,}3$ m; $E = 2{,}1 \cdot 10^{11}$ N/m^2; $\rho = 7850$ kg/m^3
$a_0 = 10^{-6}$ m/s^2; $v_0 = 5 \cdot 10^{-8}$ m/s; $c_{Luft} = c_0 = 340$ m/s; $m_A = 16$ gr (Aufnehmermasse!)

a) Bestimmen Sie die abgestrahlten A-Oktav- und den A-Gesamt-körperschallleistungspegel der Platte unter der Annahme, dass $\sigma = 1$ bzw. $\sigma' = 0$ ist.

Hierbei soll der Einfluss des Störpegels und die Masse des Aufnehmers berücksichtigt werden (K_v und K_m!).

b) Ermitteln Sie das Abstrahlmaß der Stahlplatte für die Oktavmittenfrequenzen. Der tatsächlich abgestrahlte Körperschallleistungspegel entspricht den gemessenen Werten nach Übung 4.2.2- b).
c) Zeichnen Sie die messtechnisch ermittelten Abstrahlmaße nach b) zusammen mit den theoretischen Werten nach Gl. (3.141) mit Hilfe einer Excel-Tabelle in einem Diagramm: $\sigma' = f(\lg(f))$.

Literatur

1. Brüel, K. (Hrsg.): Technical Documentation. Microphone Handbook, Bd. 1. Denmark (2019)
2. Brüel, Kjaer (Hrsg.): Schallintensität in der Bauakustik. Informationsbroschüre, Dänemark (2001)
3. Brüel, Kjaer (Hrsg.): Schallintensität. Informationsbroschüre, Dänemark (1991)
4. DIN EN ISO 9614-2: Akustik – Bestimmung der Schallleistungspegel von Geräuschquellen durch Schallintensitätsmessungen; Teil 2: Messung mit kontinuierlicher Abtastung (ISO 9614-2:1996) (1996)
5. DIN EN ISO 9614-1: Akustik – Bestimmung der Schallleistungspegel von Geräuschquellen durch Schallintensitätsmessungen; Teil 1: Messungen an diskreten Punkten (ISO 9614-1:1993) (2009)
6. Untersuchung zur Geräuschabstrahlung eines Blasgerätes. Interne Dokumentation der Fa. IBS Ingenieurbüro für Schall- und Schwingungstechnik GmbH (nicht veröffentlicht) (2003)

7. Sinambari, G.R.: Konstruktionsakustik, primäre und sekundäre Lärmminderung. Springer Vieweg, Wiesbaden (2017)
8. Brüel, Kjaer (Hrsg.): Schwingungsmessung. Informationsbroschüre, Dänemark, undatiert
9. Brüel, Kjaer (Hrsg.); Schwingungsmessung und -analyse. Informationsbroschüre, Dänemark, undatiert
10. Brüel, Kjaer (Hrsg.): Datenblatt und Beschreibung BRÜEL & KJAER Messgeräte, Beschleunigungsaufnehmer. Informationsbroschüre, Dänemark, undatiert

Technische Geräusche

5

Maschinen- und Anlagen verursachen Geräusche, die häufig als störend empfunden werden und deren Geräuschpegel aus unterschiedlichen Gründen verringert werden müssen. Eine Geräuschminderung beginnt mit der Identifizierung und Analyse der Entstehungsmechanismen [1, 2]. Die Zielsetzung bei der Auslegung der Systeme und der Konstruktion von Bauelementen richtet sich nach dem menschlichen Empfinden der Geräusche und Schwingungen (siehe auch Kap. 6). Hierbei werden die fühlbaren Schwingungen im Übergangsbereich zu hörbaren Geräuschen im Frequenzbereich 50 bis 100 Hz als Vibrationen bezeichnet. Die Begrifflichkeit der *Vibration* suggeriert dem Menschen, im Gegensatz zum Begriff der *Schwingung,* die unmittelbare subjektive Hörbarkeit oder Fühlbarkeit eines dynamischen Vorgangs. Die Beschreibung erfolgt *phänomenologisch* und orientiert sich an den subjektiven Beiträgen der Produkteigenschaften, die einen nutzbaren Kundenwert darstellen (Tab. 5.1).

Eine besondere Stellung nimmt der Fahrzeugbau ein. Fahrzeuge weißen eine Vielzahl technischer Systeme auf mit unterschiedlich akustischen Anregemechanismen. Hierbei ist es sinnvoll den subjektiven Beitrag zum Fahrerlebnis des Menschen entsprechend dessen Erwartungshaltung in *Komfort – Dynamik* – und *Wertigkeit* zu unterteilen. Deutlich erkennbar ist, dass die Ausgeprägtheit alle Beitragsfelder durch Schwingungs- und Geräuschphänomene bestimmt werden. So kann eine hohe Produktwertigkeit nur durch Minderung der akustischen und eben auch der schwingungstechnischen Immissionen erreicht werden.

Die Interaktion an der Schnittstelle zwischen dem Menschen und dem Fahrzeug zeigt sich besonders in den Schwingungsphänomenen. Hierbei muss der Mensch als schwingungsfähiges System betrachtet und im kinematischen Mehrkörpersystem des Fahrzeugs integriert werden. Eine sinnvolle Unterteilung der Schwingungsphänomene erfolgt nach dem Frequenzbereich und der Ausprägung der effektiven Beschleu-

G. R. Sinambari, S. Sentpali, *Ingenieurakustik*,
https://doi.org/10.1007/978-3-658-27289-0_5

Tab. 5.1 Typische Geräusch- und Schwingungsphänomene bei Fahrzeugen

subjektiver Beitrag zu	akustische Phänomene	Schwingungsphänomene
Fahrkomfort, Solidität	Leerlaufakustik, Motorgeräusch bei Konstantfahrt, Windgeräusche, Rollgeräusche Fahrwerk	Abrollen, Karosseriezittern, Motorstuckern, Motor Start/ Stoppautomatik
Dynamik	Pegelsprung bei Volllast, Motordrehzahlhochlauf bei Beschleunigungsfahrt	Radschwingungen, Radprellen, Karosseriewanken, Lastwechselschlag
Wertigkeit, Qualität	Bedien- und Funktionsgeräusche der Fahrzeugmechatronik, Klangzeichen, Klappern und Knarzen aus Karosserie und Innenraumverkleidungen	Aufbauschwingungen, Sitzschwingungen, Vibrationen im Fußraum und Lenkrad

nigungsamplituden. Die fahrbahn- oder motorerregten Schwingungen werden durch die Eigenmode des Fahrwerks, der Aggregatlagerung und der Karosserie verstärkt (Abb. 5.1).

5.1 Indirekte Geräuschentstehung durch Körperschall

Eine wesentliche Gruppe technischer Geräusche entsteht indirekt aus dem *Körperschall*[1]. Dieser kann in allen elastischen Strukturen erzeugt und weitergeleitet werden. Er umfasst die in der Struktur auftretenden mechanischen Schwingungen, soweit ihre Frequenzen im Hörbereich liegen. Diese Schwingungen werden an bestimmten, meist örtlich begrenzten Bereichen angeregt und sowohl an der Erregerstelle als auch an weiter entfernt liegenden Stellen der Struktur abgestrahlt. Die Weiterleitung in die Struktur erfolgt meist durch Längs-, Schub-, Torsions- und Biegewellen und kann vor allem durch die Längswellen größere Wege überwinden. Während bei der Einleitung der Störung in die Struktur die Eingangsimpedanz Z_e (siehe Abschn. 2.4.2) eine wichtige Rolle spielt, hängt die Weiterleitung vor allem von der Körperschalldämmung und -dämpfung der Struktur ab. Schließlich wird an geeigneten Abschnitten der Strukturoberfläche Luftschall abgestrahlt. Maßgebend für die Stärke der abgestrahlten Körperschallleistung P_K einer schwingenden Struktur sind vor allem

- $\tilde{v}_i$ Effektivwert der Körperschallschnelle auf der i-ten Teilfläche,
- σ_i der Abstrahlgrad der Teilfläche
- A_i die Größe der abstrahlenden Teilfläche und
- $Z = \rho\, c$ die Kennimpedanz des Mediums in das abgestrahlt wird.

[1]Die Begriffsdefinition „Körperschall" erfolgte durch den Ausschuss für Einheiten und Formelgrößen bereits 1932. Mit „Körper" sind feste Körper gemeint und nicht der menschliche Körper.

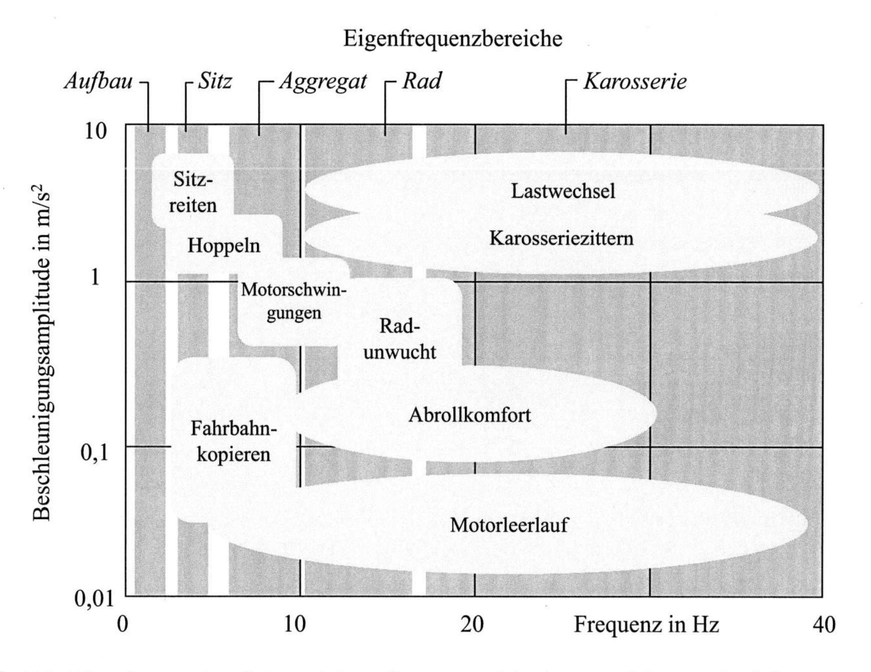

Abb. 5.1 Eigenfrequenzbereiche und Ausprägung von Schwingungsphänomen im Fahrzeug

Nach energetischer Mittelung der Körperschallschnelle auf den Teilflächen gilt (3.43)

$$P_K = \rho\, c \sum_i^n \tilde{\bar{v}}_i^2 \sigma_i\, A_i$$

Dabei lassen sich die Abstrahlmechanismen meist in etwas vereinfachter Weise durch einen der im Abschn. 3.3 dargestellten idealisierten Schallsender z. B. als Monopol annähern. So führt beispielsweise das Gehäuse eines Verbrennungsmotors oder einer Hydraulikpumpe infolge der im Inneren wirkenden Druckkräfte eine pulsierende Bewegung aus und strahlt so Luftschall ab. Der Vorgang entspricht in guter Näherung der Abstrahlung eines Schallsenders 0. Ordnung. Die Abstrahlung kann besonders effizient sein, wenn sie an Flächenelementen erfolgt, die zu Biegeschwingungen angeregt werden (siehe Abschn. 3.3.5). Die Biegeschwingungen lassen sich besonders gut durch Querkräfte anfachen. Solche Schwingungen können aber auch primär durch Längswellen eingeleitet werden. Treffen nämlich solche Längswellen auf Ecken und Kanten, die in einer Struktur immer vorhanden sind, so erfolgt dort eine Umsetzung der Längswellen in Biegewellen mit entsprechend stärkerer Abstrahlung [3]. Für die Analyse der aus den Körperschallschwingungen, ihrer Weiterleitung und Abstrahlung hervorgehenden technischen Geräusche ist daher zunächst die Anregung der mechanischen Schwingungen in elastischen Strukturen zu beschreiben. Für diese Anregung bestehen grundsätzlich zwei Möglichkeiten [4].

a) Strahlt eine solche Struktur, z. B. das Gehäuse, dauernd Geräusche ab, dann sind an ihr Wechselkräfte als Anteile der Betriebskräfte wirksam. Zusammen mit den Reaktionskräften bauen sie einen geschlossenen Kraftfluss auf. Alle in diesem Kraftfluss befindlichen elastischen Elemente werden dann unmittelbar zu Schwingungen angeregt. Es handelt sich hierbei um eine *Krafterregung*. In Abb. 5.2 erkennt man einen Kraftfluss der Gaskräfte und einen über die Aufhängung laufenden Kraftfluss der Massenkräfte.
b) Es können auch mittelbar angekoppelte, nicht im direkten Kraftfluss liegende Strukturbereiche zu Schwingungen angeregt werden. In diesem Fall handelt es sich um eine *Geschwindigkeitserregung*. In der Mechanik nennt man sie auch eine Federfußpunkterregung. In dem in Abb. 5.2 dargestellten Beispiel ist die am Gehäuseboden angekoppelte Ölwanne geschwindigkeitserregt.

Man gewinnt einen guten Einblick in die Körperschallanfachung, wenn man die Wechselkräfte beschreibt, die die Anfachung verursachen. Neben der Größe dieser Kräfte sind vor allem der Verlauf über der Zeit (Kraft-Zeit-Verlauf) und das daraus resultierende Frequenzspektrum von Interesse.

5.1.1 Stoß- und Schlaganregung

Hierbei handelt es sich um eine kurzzeitige Einwirkung von Kräften an einem örtlich sehr begrenzten Strukturbereich und einer Einwirkdauer von Bruchteilen einer Sekunde. Die Einwirkung kann einmalig sein oder sich erst nach längeren Zeitabständen wiederholen. Es

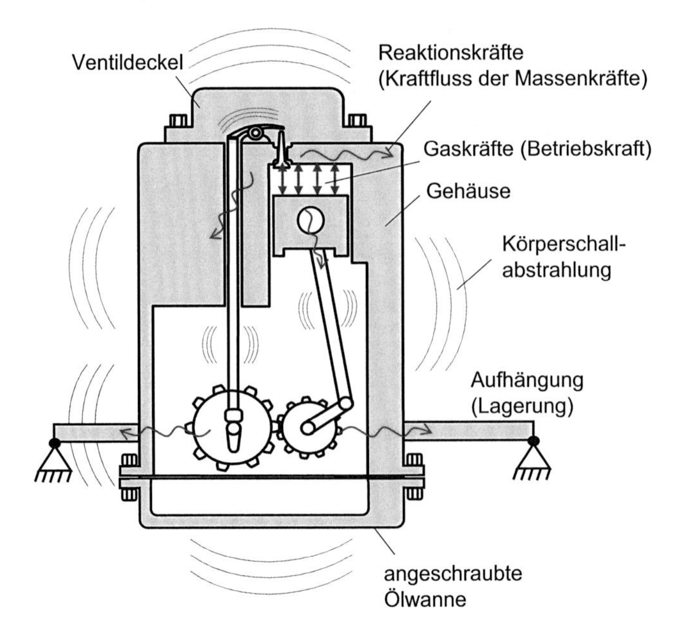

Abb. 5.2 Schematische Darstellung der Kraft- und Geschwindigkeitsanregung eines Verbrennungsmotors

kann sich aber auch um einen pulsierenden, intermittierenden Stoßvorgang handeln. Im ersten Fall ist der Einzelvorgang allein entscheidend. Der Zeitverlauf und das dazu gehörende Frequenzspektrum sind in Abb. 5.3 dargestellt. Sie entsprechen in etwa dem theoretischen Verlauf des Halbcosinus-Impulses (siehe Abschn. 2.7.3). Man erkennt eine breitbandige Anregung, die umso höhere Frequenzen enthält, je kürzer die Stoßzeit t_{St} ist. Die Amplitudendichte des Spektrums ist umso größer, je größer die Stoß - bzw. Impulsstärke J_S ist.

Im Falle eines intermittierenden halbkosinusförmigen Stoßvorgangs (siehe Abschn. 2.7.3) stellen sich in etwa der in Abb. 5.4 dargestellte Zeitverlauf und das zugehörige Impulsspektrum ein. Es ist ein Linienspektrum mit umso dichterer Folge der Linien, je länger die Zeit T der Wiederholung (Repetierzeit) zwischen den Stößen dauert [5].

Man erkennt daraus, dass hauptsächlich Amplituden bis zu $f = 1{,}5/t_{St}$ vorhanden sind, so dass auch hier die Anregung umso breitbandiger ist, je kürzer die Stoßzeit t_{St} des Einzelvorganges ist. Solche Geräusche können z. B. durch Klappern bei freiem Spiel in Führungen, durch Wälzlagerstützkräfte oder durch Zahnflankenkräfte entstehen. Es kann aber auch Körperschall infolge intermittierender Druckkräfte hydraulischen und gasdynamischen Ursprungs abgestrahlt werden.

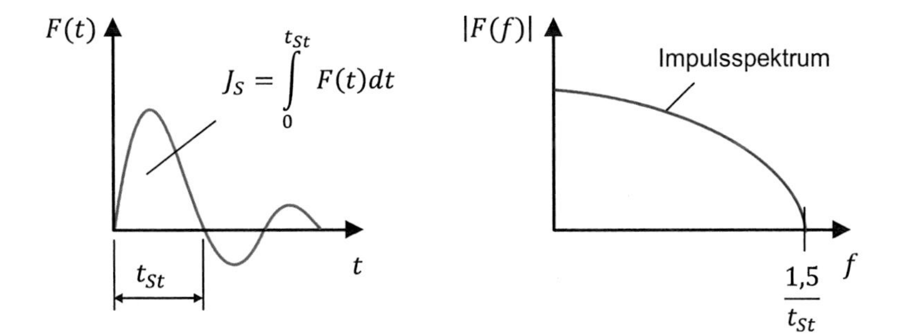

Abb. 5.3 Zeit- und Frequenzverlauf eines einzelnen Stoßes

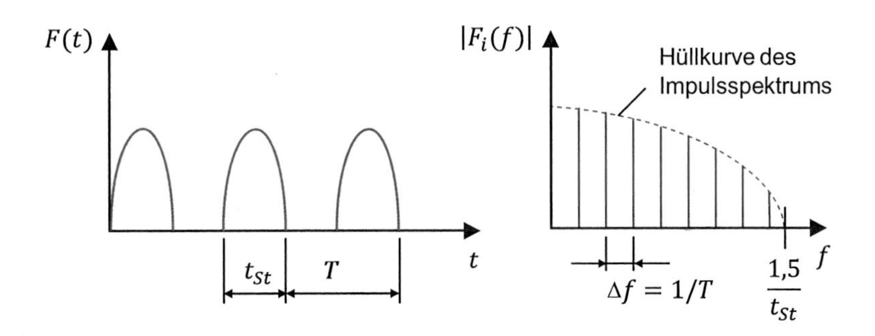

Abb. 5.4 Zeit- und Frequenzverlauf eines intermittierenden, periodischen Stoßvorganges

5.1.2 Periodische Anregung

Diese Art der Körperschallanfachung ist leichter erfassbar. Der Zeitverlauf der Kräfte ist periodisch, das zugehörige Amplituden-Frequenzspektrum ist ein Linienspektrum. Bei rein periodischer Anregung handelt es sich in erster Linie um Geräusche infolge der Wirkung von Trägheitskräften. Einmal treten diese Geräusche bei allen rotierenden Maschinenteilen auf, beispielsweise an Pumpen, Turbinen, Elektromotoren usw. Die Stärke der Kraftanregung wird dabei von der Größe der Unwuchten und von der Drehzahl der Läufersysteme bestimmt. Zum anderen kann eine periodische Körperschallanregung durch oszillierende Massen erfolgen, wie dies vor allem an allen ungleichförmig übersetzenden Getrieben geschieht. Eine moderne hochtourige Industrienähmaschine ist hierfür typisch. Die Grundfrequenz entspricht der Antriebsdrehzahl, ihr Einfluss setzt sich in Obertönen bis zu hohen Ordnungszahlen durch. Die Stärke der Wechselkraftanregung ist wiederum durch die Größe der oszillierenden Massen und die Drehzahl bestimmt.

Eine Sondergruppe stellen die magnetostriktiven Kräfte[2] dar. Die Erregung ist proportional zum Quadrat der Stromstärke, so dass bei einer Induktionsfrequenz von 50 Hz die Anregung mit der Grundfrequenz 100 Hz erfolgt. Diese Art der Körperschallanregung spielt vor allem bei Elektromotoren, Generatoren und Transformatoren eine Rolle.

5.1.3 Stochastische Anregung

Diese Art der Anregung ist wohl die häufigste. Sie ist regellos mit den Merkmalen für stochastische Zeitabläufe, wie sie im Abschn. 2.7.3 beschrieben wurden. Insbesondere ist das Frequenzspektrum der Amplitudendichte breitbandig. Stochastische Körperschallanfachung tritt auf beim Abwälzen (Abrollen) und beim Gleiten zweier Grenzflächen relativ gegeneinander, die durch äußere Kräfte zusammengedrückt werden. Bedingt durch die Rauigkeit ihrer Oberfläche ergeben sich dabei in den Grenzflächen stark wechselnde örtliche Kraftspitzen mit stochastischem Charakter und führen zu einer ebenso stochastischen Körperschallanregung der angekoppelten Struktur. Derartige Anregungen finden z. B. an Kugeln, Rollen, Nadeln von Wälzlagern, an Zahnflanken zweier im Eingriff stehender Zahnräder und an rollenden Rädern von Straßen- und Schienenfahrzeugen statt. Alle Anregungen nehmen dabei sehr stark mit der Erhöhung der Roll- und Gleitgeschwindigkeit zu, ebenso mit größerer Rauigkeit.

Ähnlicher Art ist der Mechanismus der Anregung, wie er bei der zerspanenden Materialbearbeitung wie Fräsen, Drehen, Bohren, Schleifen, Sägen oder Hobeln auftritt. Hierbei sind die lokalen, stochastisch wirkenden Kraftspitzen noch intensiver. Anregungsspektrum

[2]Bauteile, die sich in einem pulsierenden Magnetfeld befinden, z. B. ein Eisenstab, der von einer Wechselinduktion durchflutet wird, erfahren Wechselkräfte bei der Frequenz $f = n \cdot f_0$. Hierbei ist f_0 die Pulsationsfrequenz (i. d. R. 50 Hz) der Induktion und $n = 2, 4, 6$ [6].

und Geräusche selbst sind breitbandig. Die Anregung nimmt ebenfalls stark mit der Erhöhung der Bearbeitungsgeschwindigkeit zu, was meist gleichbedeutend mit einer Zunahme der Anregung durch Drehzahlerhöhung ist.

Die stochastische Körperschallanregung einer Struktur kann auch dadurch erfolgen, dass diese von einem Medium angeströmt oder umströmt wird. Dabei ist es gleichgültig, ob die Struktur, die das Hindernis bildet, stillsteht und das Medium strömt, oder ob umgekehrt sich das Hindernis in einem ruhenden Medium bewegt. Bekanntlich bildet sich auf der Rückseite der Hindernisse durch Ablöseeffekte ein System von Wirbeln. Diese wirken mit wechselnden Kräften auf das Hindernis zurück. Bei den üblicherweise vorhandenen größeren Reynoldszahlen überlagern sich jedoch diesen Wirbeln turbulente Geschwindigkeitsschwankungen, die zu einem raschen Zerfall der Wirbel führen. Es kommt zu regellosen Geschwindigkeitsschwankungen und demzufolge auch zu stochastischen Wechselkräften am Hindernis mit einer ebensolchen Körperschallanregung. Die Anregung von Körperschall durch Wirbelablösung nimmt mit größer werdender Anströmgeschwindigkeit sehr stark zu. Die Körperschallanregung der Karosserie eines Kraftfahrzeuges durch den Fahrtwind ist hierfür ein treffendes Beispiel.

Die drei behandelten Körperschallanregungen, die Schlag- und Stoßanfachung, die periodische Anfachung und die stochastische Anfachung treten nicht nur isoliert, sondern überlagert auf. Zum Beispiel können bei der Materialbearbeitung im breitbandigen Grundspektrum auch schmalbandige Anteile infolge von Unwuchteinflüssen im Antrieb auftreten. Beim Abrollen eines Rades auf Schienen, die sich auf Schwellen abstützen, ist dem breitbandigen Geräusch des Abrollvorganges ein intermittierendes Stoßgeräusch überlagert.

Zum Abschluss wird noch eine weniger leicht durchschaubare Art der Anregung vorgestellt. Sie basiert auf den Mechanismen der Selbsterregung, wie sie beispielsweise beim Quietschen von Bremsen, Kreischen von Rädern und Durchrollen enger Kurven, kurz bei allen unter einem schrillen Geräusch ablaufenden Gleitvorgängen, auftreten.

Diese Anregung, die durch Rückkopplungseffekte einer schwingungsfähigen Struktur mit einem statischen Energiespeicher zustande kommt, ist breitbandig mit Bevorzugung der höheren Frequenzbereiche. Ähnliches gilt auch für die Rattererscheinungen, wie sie an Metall und Holz verarbeitenden Maschinen auftreten können. In [7] werden am Beispiel einer Honmaschine mögliche Entstehungsmechanismen von Ratterschwingungen vorgestellt und Maßnahmen zur deren Vermeidung bzw. Reduzierung angegeben.

5.1.4 Dämpfungsberücksichtigung durch komplexe Steifigkeit

Für die Berechnung der Körperschallübertragung werden Dämpfungsmodelle benötigt. Eine deutlich einfachere und oft ausreichende mathematische Behandlung bietet die Methode der Dämpfungsberücksichtigung durch das Einführen einer komplexen Steifigkeit, anstatt der Berücksichtigung eines realen Dämpfers. Die Herleitung der komplexen Steifigkeit erfolgt anhand des linearen *Kelvin-Voigt-Modells* durch Übertragen der dissipativen Dämpfereigenschaften auf die Elastizität des Kontinuums (Abb. 5.5) [8, 9]. Das

Abb. 5.5 Kelvin-Voigt-Modell

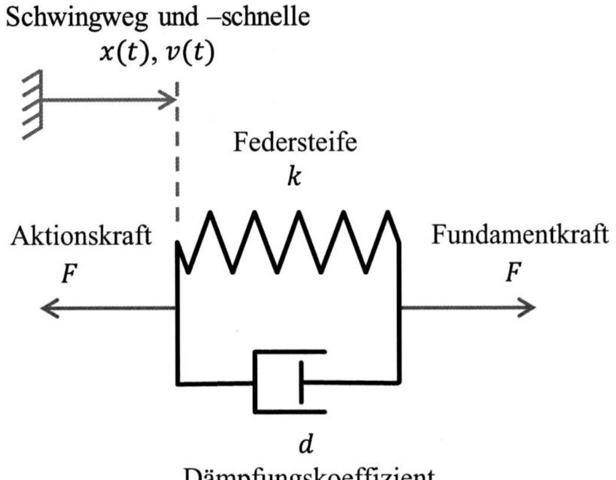

Modell besteht aus der mechanisch parallelen Verschaltung einer elastischen Feder als *Hookesches Element* und der Federsteifigkeit k mit einem viskosen Dämpfer als *Newtonsches Element* und dem Dämpfungskoeffizient d.

Mit dem Begriff der Dämpfung ist hier im akustischen Sinne immer die innere Dämpfung des Kontinuums gemeint. Je nach technischem Anwendungsfall haben sich unterschiedliche Definitionen etabliert, die alle das gleiche Phänomen beschreiben und sich ineinander umrechnen lassen (Tab. 5.2).

Als Basis der unterschiedlichen Dämpfungsbeschreibungen ist wegen seiner einfachen messtechnischen Bestimmung der *Verlustfaktor* η geeignet. Die Definition bezieht sich hierbei immer auf eine volle Schwingungsperiode und damit auf den vollen Phasenwinkel 2π. Der Verlustfaktor ist ähnlich eines Wirkungsgrades zu verstehen und gibt das Verhältnis von Verlustarbeit W_V im Sinne eines Nutzens, bezogen auf die hierfür notwendige Verformungsarbeit W_U am Kontinuum als Aufwand wieder.

Für den eindimensionalen Fall der Schallausbreitung bei Beaufschlagung mit harmonischen Schwingungen folgt nach Aufstellen des Kräftegleichgewichts am Kelvin-Voigt-Modell die komplexe Gesamtkraft $\underline{F}$ (siehe Abschn. 2.4.2.1). Unter Verwendung der Kreisfrequenz $\omega = 2 \cdot \pi \cdot f$, dem harmonischen Lösungsansatz des Ausschlags $\underline{x} = \widehat{x} \cdot e^{j\,\omega t}$ mit der Amplitude $\widehat{x}$ sowie der zeitabgeleiteten Schnelle $\underline{v} = j\omega \cdot \hat{x} \cdot e^{j\,\omega t}$ folgt

$$\underline{F} = k \cdot \underline{x} + d \cdot \underline{v} = (k + j \cdot d \cdot \omega)\,\hat{x} \cdot e^{j\,\omega \cdot t} = (k + j \cdot d \cdot \omega)\,\underline{x} \quad (5.1)$$

Der Klammerwert vor dem komplexen Ausschlag $\underline{x}$ entspricht der komplexen Steifigkeit

$$\underline{k} = (k + j \cdot d \cdot \omega) \quad (5.2)$$

Tab. 5.2 Zusammenhang der Dämpfungsbeschreibungen [10]

Dämpfungsart	Beschreibung
Verlustfaktor [-]	$\eta = \frac{W_V}{2\,\pi \cdot W_U}$
Resonanzschärfe (Güte) [-]	$Q = \frac{1}{\eta}$
Dämpfungskoeffizient [N s/m]	$d = \eta\,\sqrt{m \cdot k} = \eta \cdot m \cdot 2\pi \cdot f_0$
Lehr´scher Dämpfungsgrad [-]	$\vartheta = \frac{\eta}{2}$
Verlustwinkel [Grad]	$\phi = \frac{180}{\pi}$ arctan (η)
Abklingkonstante [1/s]	$\delta = \pi \cdot f_0 \cdot \eta$
Nachhallzeit [s]	$T_S = \frac{6{,}908}{\delta} = \frac{6{,}908}{\pi \cdot f_0 \cdot \eta}$
Logarithmisches Dekrement [-]	$\Lambda = \pi \cdot \eta$
Modale Dämpfung aus der Halbwertsbreite L_H[dB] 3dB Δf f_{unten} f_0 f_{oben} f [Hz]	$\eta = \frac{\Delta f}{f_0}$

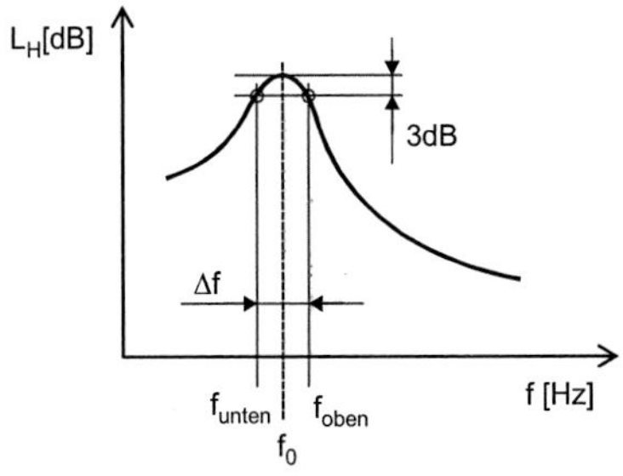

Die dissipative Verlustarbeit W_V über eine komplette Schwingungsperiode T ergibt sich aus den Realteilen der Dämpferkraft $F_d(t)$ und der Schnelle $v(t)$ zu

$$W_V = \int_0^{T=\frac{2\pi}{\omega}} F_d(t) \cdot \mathrm{v}(t)\,\mathrm{dt} \tag{5.3}$$

Die Realteile der Dämpferkraft und der Schnelle ergeben sich zu

$$\begin{aligned} F_d(t) &= \mathrm{Re}\,\{\underline{F}_d\} = -\mathrm{d} \cdot \hat{x} \cdot \sin(\omega\,\mathrm{t}) \\ \mathrm{v}(t) &= \mathrm{Re}\,\{\underline{\mathrm{v}}\} = -\omega \cdot \hat{x} \cdot \sin(\omega\,\mathrm{t}) \end{aligned} \tag{5.4}$$

und es folgt für die Verlustarbeit

$$W_V = d \cdot \hat{x}^2 \cdot \omega^2 \int_0^{\frac{2\pi}{\omega}} \sin^2(\omega\,\mathrm{t})\,\mathrm{dt} \tag{5.5}$$

Durch Substitution von ω und mittels partieller Integration ergibt sich die dissipative Verlustarbeit des Dämpfers damit zu

$$W_V = d \cdot \omega \cdot \pi \cdot \widehat{x}^2 \tag{5.6}$$

Die Formänderungsarbeit W_U wird aus dem Federpotenzial geleistet.

$$W_U = W_{\mathrm{U,Feder}} = \frac{1}{2} \cdot k \cdot \widehat{x}^2 \tag{5.7}$$

Für den Verlustfaktor η ist pro Schwingung definiert [11]

$$\eta = 2\,\vartheta = \frac{W_V}{2\pi \cdot W_U} \tag{5.8}$$

Durch Einsetzen von (5.6, 5.7) in (5.8) ergibt sich eine weitere Bestimmungsgleichung für den Verlustfaktor des Kelvin-Voigt-Modells mittels der Kreisfrequenz und dem Dämpfungskoeffizient:

$$\eta = \frac{d \cdot \omega_0}{k} \tag{5.9}$$

Somit ergibt sich für die komplexe Steife die gebräuchlichere Formulierung durch den messtechnisch einfach bestimmbaren Verlustfaktor η *zu*

$$\underline{k} = k + \mathrm{j}\,\eta\,\mathrm{k} = \mathrm{k}\,(1 + \mathrm{j}\,\eta) \tag{5.10}$$

Das Kelvin-Voigt-Modell lässt sich z. B. bei eindimensionaler Körperschallausbreitung auf einen Dehnstab mit konstantem Querschnitt A übertragen. Bezieht man die komplexe Gesamtkraft auf den Querschnitt, so ergibt sich daraus die komplexe Normalspannung im Stab zu $\underline{\sigma}$

$$\underline{\sigma} = \frac{F}{A} = \frac{k_L}{A} \cdot \underline{x} + \frac{d}{A} \cdot \underline{\mathrm{v}} \tag{5.11}$$

Die Dehnsteifigkeit $k_L$beim Stabelement ist allgemein gegeben durch

$$k_L = \frac{E \cdot A}{L} \tag{5.12}$$

Durch Einsetzen von (5.12) in (5.11) wird k_L substituiert und der Querschnitt A kürzt sich raus. Es folgt:

$$\underline{\sigma} = \frac{\underline{x}}{L} \cdot E + \frac{\underline{\mathrm{v}}}{L} \cdot \frac{d}{k_L} \cdot E \tag{5.13}$$

Für die komplexe Dehnung $\underline{\varepsilon}$ und die komplexe Dehnungsschnelle $\dot{\underline{\varepsilon}}$ gelten

$$\underline{\varepsilon} = \frac{\underline{x}}{L} \text{ bzw.} \dot{\underline{\varepsilon}} = \frac{\underline{v}}{L} \tag{5.14}$$

Durch Umstellung von (11.20) auf den Quotienten $d/k_L = \eta/\omega$ und Einsetzen in (5.13), sowie Substitution mittels (11.25), folgt für die komplexe Normalspannung $\underline{\sigma}$ bei harmonischer Schwingungsanregung

$$\underline{\sigma} = E \cdot \underline{\varepsilon} + \frac{\eta}{\omega} E \cdot \dot{\underline{\varepsilon}} \tag{5.15}$$

Die komplexe Dehnungsschnelle kann durch

$$\dot{\underline{\varepsilon}} = \mathrm{j}\,\omega \cdot \underline{\varepsilon} \tag{5.16}$$

substituiert werden und es ergibt sich für die komplexe Normalspannung im Stabquerschnitt

$$\underline{\sigma} = (E + \mathrm{j}\,\eta\,\mathrm{E})\,\underline{\varepsilon} \tag{5.17}$$

Der Klammerwert vor $\underline{\varepsilon}$ stellt analog zur komplexen Steifigkeit den komplexen Elastizitätsmodul dar.

$$\underline{E} = E(1 + \mathrm{j}\,\eta) \tag{5.18}$$

Das Kelvin-Voigt-Modell ist ein lineares Dämpfungsmodell. Alle Dämpfungsmodelle sind phänomenologischer Natur, d. h. ihre Parameter müssen aus Versuchen ermittelt werden. Durch zusätzliches Verschalten mit einem Reibelement als *Coulomb'sches Element* gelangt man zu nichtlinearem Verhalten, wie es z. B. bei Aggregatlagerungen im Fahrzeugbau notwendig ist.

5.1.5 Schallpfadmodellierung durch Übertragungsmatrizen

Bei eindimensionaler Körperschallausbreitung durch seriell hintereinander verschaltete schlanke Bauteile, wie z. B. dünne Rohre, Schlauchleitungen oder Elektrokabel, kann das Übertragungsverhalten durch Verwendung von Übertragungsmatrizen als so genannte Multipole beschrieben werden. Besonders interessant ist hierbei die Berücksichtigung der akustischen Rückwirkung der benachbarten Bauteile (Emission und Immission) durch deren Anschlussimpedanzen (Abb. 5.6).

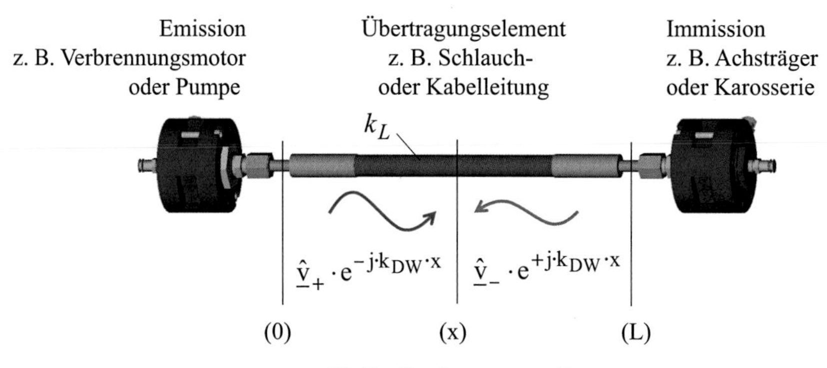

Abb. 5.6 Eindimensionale Dehnwellenüberlagerung am Beispiel eines elastischen Stabes (z. B. Schlauch- oder Kabelleitung) eingespannt zwischen den Impedanzen der Emission und Immission

Bei stabförmigen Bauteilen besteht das ebene Wellenfeld der Dehnwellen aus hin- $\underline{v}_+ = \underline{\hat{v}}_+ \cdot e^{-j \cdot k_L \cdot x}$ und zurücklaufenden $\underline{v}_- = \underline{\hat{v}}_- \cdot e^{+j \cdot k_L \cdot x}$ Wellen, die sich örtlich überlagern (siehe Abschn. 2.2.2). Das Zeitverhalten ist für die Überlagerung nicht bedeutend, da beide Wellen je Frequenz im Gleichtakt miteinander schwingen. Zum besseren Verständnis wird auch hier wieder das Zeitverhalten durch den komplexen Zeiger der Amplitude $\underline{\hat{v}}_\pm = \hat{v}_\pm \cdot e^{\mp j \cdot \omega \cdot t}$ berücksichtigt. Analoges gilt auch für die Amplitude der Kraftwelle. Die sich aus der Überlagerung einstellende Gesamtamplitude ergibt sich aus der örtlichen Phasenlage bestimmt durch die Wellenzahl der quasilongitudinalen Dehnwelle $k_L = \omega / c_{DW}$ als Verhältnis der Kreisfrequenz zur Dehnwellengeschwindigkeit. Eine Berücksichtigung der Dämpfung ist hierbei sehr einfach durch das Einführen einer komplexen Wellenzahl darstellbar. Zum Beispiel würde sich für das elastische Stabelement unter Verwendung des komplexen E-Moduls auch eine komplexe Dehnwellengeschwindigkeit und damit ebenfalls eine komplexe Wellenzahl der Dehnwelle ergeben.

$$\underline{c}_{DW} = \sqrt{\frac{\underline{E}}{\rho}} \text{ mit } \underline{E} = E(1 + \mathrm{j}\,\eta) \tag{5.19}$$

An der beliebigen Stelle x ergibt sich aus der Überlagerung für die Körperschallschnelle

$$\underline{v}(x) = \underline{v}_+ \cdot e^{-j \cdot k_L \cdot x} + \underline{v}_- \cdot e^{+j \cdot k_L \cdot x} \tag{5.20}$$

Die im Stab wirkenden Kräfte ergeben sich aus der effektiven mechanischen Eingangsimpedanz für den halbunendlichen Stab (Stab mit Anfang und unendlicher Länge). Diese wird analog der akustischen Kennimpedanz im ebenen Wellenfeld aus der Dichte ρ und der Dehnwellengeschwindigkeit c_{De} gebildet. Zur Umrechnung von der akustischen auf die mechanische Impedanz, muss diese noch mit der Querschnittsfläche A multipliziert werden und ergibt sich für den Stab zu $Z_{e,\infty} = \rho \cdot c_{De} \cdot A$ (siehe Abschn. 2.4.2, Gl. (2.107)) Die

Kraftwellen überlagern sich ebenfalls. Hierbei ist zu beachten, dass sich die zurücklaufende Welle entgegengesetzt der hinlaufenden Welle bewegt und damit das Vorzeichen der Impedanz aufgrund der entgegengerichteten Kräfte berücksichtigt werden muss [11].

$$\underline{F}(x) = Z_{e,\infty} \cdot \underline{v}_+ \cdot e^{-j\, k_L \cdot x} - Z_{e,\infty} \cdot \underline{v}_- \cdot e^{+j\, k_L \cdot x} \tag{5.21}$$

An der Schnittstelle am Anfang des Stabes zur Emissionsseite $x_0 = 0$ folgen für die komplexe Schnelle $\underline{v}_0$ und für die komplexe Kraft $\underline{F}_0$

$$\begin{aligned} \underline{v}_0 &= \underline{v}_+ + \underline{v}_- \\ \underline{F}_0 &= Z_{e,\infty} \cdot (\underline{v}_+ - \underline{v}_-) \end{aligned} \tag{5.22}$$

Durch formale Umstellungen ergibt sich

$$\begin{aligned} \underline{v}_+ &= \frac{1}{2}\left(\underline{v}_0 + \frac{\underline{F}_0}{Z_{e,\infty}}\right) \\ \underline{v}_- &= \frac{1}{2}\left(\underline{v}_0 - \frac{\underline{F}_0}{Z_{e,\infty}}\right) \end{aligned} \tag{5.23}$$

Die Verhältnisse an der Schnittstelle am Ende des Stabes zur Immission $x = L$ erhält man durch Einsetzen in die Wellenüberlagerungsgleichungen der Schnelle und der Kraft. Es ergibt sich ein gekoppeltes Gleichungssystem mit zwei emissionsseitigen Eingängen und zwei immissionsseitigen Ausgängen, die so genannte Vierpolgleichung des Stabes für die Dehnwelle.

$$\begin{aligned} \underline{v}_L &= \underline{v}_0 \cdot \cos(k_L L) - j\, \frac{\underline{F}_0}{Z_{e,\infty}} \cdot \sin(k_L L) \\ \underline{F}_L &= -j\, Z_{e,\infty} \cdot \underline{v}_0 \cdot \sin(k_L L) + \underline{F}_0 \cos(k_L L) \end{aligned} \tag{5.24}$$

Die Umkehrung ergibt

$$\begin{aligned} \underline{v}_0 &= \underline{v}_L \cdot \cos(k_L L) + j\, \frac{\underline{F}_L}{Z_{e,\infty}} \sin(k_L L) \\ \underline{F}_0 &= j\, Z_{e,\infty} \cdot \underline{v}_L \cdot \sin(k_L L) + \underline{F}_L \cos(k_L L) \end{aligned} \tag{5.25}$$

Durch diese Vierpolgleichung werden die Schnelle und die Kraft am Stabanfang mit den entsprechenden Größen am Stabende verknüpft, was natürlich für die angrenzenden Elemente der Emissions- und Immissionsseite auch gilt. Diese können ebenfalls als Vierpol-Gleichung mit entsprechenden Wellenzahlen, Eingangsimpedanzen und charakteristischen Längen beschrieben werden. Weiterhin kann auch ein Element in mehrere Teile unterteilt werden. Dadurch erhält man die Schnelle und Kraftverteilung an den nominellen Schnitten über die Elementlänge und kann so z. B. durch Integration der Schnellen die örtliche Auslenkung der einzelnen Stabelemente als Kontinuumschwingungen mit guter Näherung ermitteln. Hierbei

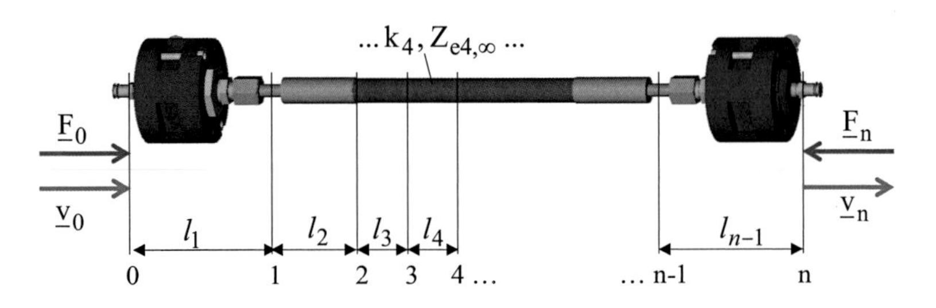

Abb. 5.7 Unterteilung eines Schwingsystems in einzelne Übertragungselemente zur Aufstellung der Übertragungsmatrizen

werden die Stabelemente mit unterschiedlichen Eingangsimpedanzen und Wellenzahlen belegt. Hierzu wird das Stabelement in einzelne Elemente mit konstanter Länge oder unterschiedlichen Längen unterteilt. Die Anzahl der Unterteilungen richtet sich nach der Anzahl der maximal erforderlichen Schwingmode bzw. der zu erwartenden Oberwellen die untersucht werden sollen. So sind z. B. zur eindeutigen Darstellung für eine $\lambda/2$- Schwingform mindestens drei Teilelemente erforderlich. Die Ein- und Ausgänge der Elemente werden durchnummeriert, wobei die Seite des Eingangs an der Schwingungsanregung mit dem Index 0 startet und das Ende des letzten Elementes als Ausgang mit n bezeichnet wird (Abb. 5.7).

Die Schnittgrößen der Kraft und Schnelle werden nachfolgend entsprechend indiziert. Die Gl. (5.25) kann auch in Matrizenform geschrieben werden.

$$\begin{pmatrix} \underline{F}_0 \\ \underline{v}_0 \end{pmatrix} = \begin{pmatrix} t_{11} & t_{12} \\ t_{21} & t_{22} \end{pmatrix} \cdot \begin{pmatrix} \underline{F}_n \\ \underline{v}_n \end{pmatrix} \tag{5.26}$$

Die Matrix mit den Elementen $t_{\mathrm{a,\ b}}$ wird Transfermatrix oder auch Kettenmatrix genannt. Die Matrixelemente der Transfermatrix der Stabteilelemente $t_{\mathrm{n,\ a,\ b}}$ der a-ten Reihe und b-ten Spalte folgen aus den Koeffizienten der Schnellen und der Kräfte des angesetzten Vierpolgleichungssystems der Dehnwelle (5.25). Für die Transfermatrix T_n eines n-ten Übertragungselementes gilt

$$T_n = \begin{pmatrix} t_{\mathrm{n},11} & t_{\mathrm{n},12} \\ t_{\mathrm{n},21} & t_{\mathrm{n},22} \end{pmatrix} = \begin{pmatrix} \cos(k_n \cdot l_n) & \mathrm{j}\, Z_{\mathrm{e},\infty} \sin(k_n \cdot l_n) \\ \mathrm{j}\, \dfrac{\sin(k_n \cdot l_n)}{Z_{\mathrm{e},\infty}} & \cos(k_n \cdot l_n) \end{pmatrix} \tag{5.27}$$

Die Kopplung der einzelnen Stabelemente erfolgt durch Verketten der einzelnen Transfermatrizen durch das Matrixprodukt zur Gesamttransfermatrix.

$$T_{\mathrm{ges}} = T_1 \cdot T_2 \cdot \ldots \cdot T_n \tag{5.28}$$

Die Gesamttransfermatrix gibt bei Vorgabe des unabhängigen Vektors am Abschluss $(\underline{F}_n, \underline{v}_n)$ den gesuchten abhängigen Vektor des Eingangs $(\underline{F}_0, \underline{v}_0)$ der Körperschalleinleitung wieder.

$$\begin{pmatrix} \underline{F}_0 \\ \underline{v}_0 \end{pmatrix} = T_{\text{ges}} \cdot \begin{pmatrix} \underline{F}_n \\ \underline{v}_n \end{pmatrix} \tag{5.29}$$

Bei „krafterregten" Systemen, z. B. durch Krafteinprägung mittels eines Shakers, sind die Kräfte bekannt. Die Eingangskraft und die Abschlusskraft werden messtechnisch erfasst, bzw. ergeben sich als „offener" Abschluss zu $F_n = 0$. Die Beaufschlagung eines Vierpols mit dem Vektor der Kräfte als Eingangsgröße und dem Vektor der Schnellen als Ausgangsgröße ergeben allgemein die Gleichung

$$\begin{pmatrix} \underline{v}_0 \\ \underline{v}_n \end{pmatrix} = H_{\text{ges}} \cdot \begin{pmatrix} \underline{F}_0 \\ \underline{F}_n \end{pmatrix} \tag{5.30}$$

Hierbei ist H_{ges}die Admittanzmatrix. Verallgemeinert gilt für das Gleichungssystem aus (5.25)

$$\begin{aligned} \underline{F}_0 &= t_{11} \cdot \underline{F}_n + t_{12} \cdot \underline{v}_n \\ \underline{v}_0 &= t_{21} \cdot \underline{F}_n + t_{22} \cdot \underline{v}_n \end{aligned}$$

Durch Umformung folgen für die Schnellen am Eingang (Anfang) und Ausgang (Ende)

$$\begin{aligned} \underline{v}_0 &= \left(\frac{t_{22}}{t_{12}}\right) \cdot \underline{F}_0 + \underbrace{\left(t_{21} - \frac{t_{11} \cdot t_{22}}{t_{12}}\right)}_{\frac{\det(T_{\text{ges}})}{t_{\text{n},12}}} \cdot \underline{F}_n \\ \underline{v}_n &= \left(\frac{1}{t_{12}}\right) \cdot \underline{F}_0 + \left(\frac{-t_{11}}{t_{12}}\right) \cdot \underline{F}_n \end{aligned} \tag{5.31}$$

und durch Koeffizientenvergleich der Kräfte ergeben sich die Elemente der Admittanzmatrix

$$H_{\text{ges}} = \begin{pmatrix} h_{11} & h_{12} \\ h_{21} & h_{22} \end{pmatrix} = \begin{pmatrix} \frac{t_{22}}{t_{12}} & \frac{\det(T_{\text{ges}})}{t_{12}} \\ \frac{1}{t_{12}} & \frac{-t_{11}}{t_{12}} \end{pmatrix} \tag{5.32}$$

Aus (5.31) ergibt sich auch, dass jedes Element der Admittanzmatrix eine spezielle Lösung der idealen Randbedingungen „frei" (free velocity) ist. Dies bedeutet, dass die

Kraft am Anfang oder Ende des Leiters Null sein muss und sich die hierzu passenden Schnellen einstellen!

$$h_{11} = \frac{\underline{v}_0}{\underline{F}_0} \text{ für } \underline{F}_n = 0 : \text{Eingangsadmittanz Anfang (freies Ende)}$$

$$h_{12} = \frac{\underline{v}_0}{\underline{F}_n} \text{ für } \underline{F}_0 = 0 : \text{Übertragungsadmittanz (freier Anfang)}$$

$$h_{21} = \frac{\underline{v}_n}{\underline{F}_0} \text{ für } \underline{F}_n = 0 : \text{Übertragungsadmittanz (freies Ende)}$$

$$h_{22} = \frac{\underline{v}_n}{\underline{F}_n} \text{ für } \underline{F}_0 = 0 : \text{Eingangsadmittanz Ende (freier Anfang)}$$

Bei symmetrischen Leitungen (keine Querschnitts- oder Steifigkeitsänderungen) ist die Reziprozität „Wechselseitigkeit" gegeben. Das heißt, Anfang und Ende sind vertauschbar und es gilt $\det(T_{ges}) = t_{21} \cdot t_{12} - t_{11} \cdot t_{22} = 1$ (siehe 5.31). Dies bedeutet auch, dass die Übertragungsadmittanzen gleich sind und es muss gelten $h_{12} = h_{21}$ (siehe 5.32).

Sind die Schnellen gegeben, z. B. bei Weganregung, werden die Kräfte aus der Impedanzmatrix ermittelt. Die Impedanzmatrix folgt aus der Inversen der Admittanzmatrix.

$$Z_{\text{ges}} = H_{\text{ges}}^{-1} \tag{5.33}$$

Durch die Vierpoldarstellung mittels Transfer-, Admittanz- und Impedanzmatrix lassen sich am Gesamtsystem bei zwei bekannten Größen immer die restlichen zwei unbekannten Größen berechnen. Sind alle vier Schnittgrößen bekannt, können auch vier unbekannte Elemente der Übertragungsmatrize berechnet werden. Dies nutzt man z. B. zur Bestimmung der komplexen Wellenzahl von Materialproben. Hier werden die Schnittkräfte und Schnellen messtechnisch ermittelt und die Elemente der Transfermatrix errechnet.

Zur Berechnung der Kraft und der Schnelle innerhalb des Gesamtsystems wird stufenweise aus den Ergebnissen der Systemvektoren des Abschlusses unter Verwendung der Einzeltransfermatrizen rückgerechnet. Allgemein gilt für die beliebige Schnittstelle i z. B. bei $i = 3$:

$$\begin{pmatrix} \underline{F}_3 \\ \underline{v}_3 \end{pmatrix} = T_4 \cdot T_5 \cdot \ldots \cdot T_n \cdot \begin{pmatrix} \underline{F}_n \\ \underline{v}_n \end{pmatrix}$$

Die modale Schwingform als frequenzspezifische örtliche Auslenkung folgt aus der Integration der Schnellen und der Abbildung der Realteile der zeitgleichen sich in Phase befindenden örtlichen Auslenkungen.

$$\begin{pmatrix} x_1 \\ \vdots \\ x_n \end{pmatrix} = \mathrm{Re}\left\{ \begin{pmatrix} \underline{v}_1 \\ \vdots \\ \underline{v}_n \end{pmatrix} \cdot \frac{1}{\mathrm{j}\,\omega} \right\} \tag{5.34}$$

Es ist sinnvoll die Körperschallübertragung durch Übertragungsfunktionen, gebildet als Quotient aus den dynamischen Größen der *Wirkung,* bezogen auf die *anregende Ursache*, darzustellen.

$$\text{Körperschallübertragungsfunktion} = \frac{\text{Wirkung}}{\text{Ursache}}$$

Systemresonanzen lassen sich dadurch als Maxima im Betragsspektrum der Übertragungsfunktion erkennen. Die Eingangsadmittanzen als Körperschallübertragungsfunktion ergeben sich somit zu:

$$\begin{pmatrix} \underline{h}_1 \\ \vdots \\ \underline{h}_n \end{pmatrix} = \begin{pmatrix} \underline{\mathrm{v}}_1 \\ \vdots \\ \underline{\mathrm{v}}_n \end{pmatrix} \cdot (\underline{F}_0)^{-1} \tag{5.35}$$

Der Amplitudenfrequenzgang der Durchgangsdämmung der Schnellen α_d lässt sich wie folgt bestimmen:

$$\begin{pmatrix} \underline{\alpha}_{\mathrm{d},1} \\ \vdots \\ \underline{\alpha}_{\mathrm{d,n}} \end{pmatrix} = \begin{pmatrix} \underline{\mathrm{v}}_1 \\ \vdots \\ \underline{\mathrm{v}}_n \end{pmatrix} \cdot (\underline{\mathrm{v}}_0)^{-1} \tag{5.36}$$

Bei Interesse anderer Wellenformen, wie z. B. Biegewellen oder Torsionswellen, müssen die entsprechenden Übertragungsmatrizen verwendet werden [11]. Sind die dynamischen Materialkenngrößen bekannt, können durch die Methode der Übertragungsmatrizen ausreichende Ergebnisse erzielt werden. Abb. 5.8 zeigt einen Vergleich des gerechneten und messtechnisch ermittelten Durchgangsdämmmaßes der Dehnwelle eines elastischen Hydraulikschlauches.

$$R_d = 20 \cdot lg \frac{\mathrm{v}_0}{\mathrm{v}_n} = 20 \cdot lg|h| = 20 \cdot lg \frac{1}{|\alpha_d|} \text{ dB} \tag{5.37}$$

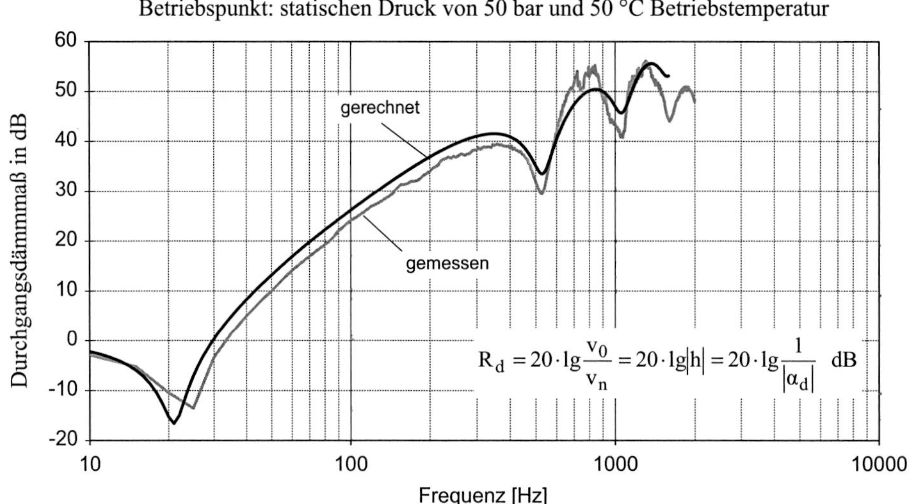

Abb. 5.8 Vergleich des berechneten mit dem gemessenen Durchgangsdämmmaß einer Hydraulikschlauchleitung bei Körperschalldehnwellenanregung [12]

5.2 Direkte Geräuschentstehung durch Fluidschall

Die Strömungsgeräusche oder der Fluidschall stellen die zweite große Gruppe der technischen Geräusche dar. Beschränkt man sich zunächst auf das Fluid Luft, so handelt es sich in den meisten Fällen um unmittelbar wirkenden Luftschall. Die Luft wird dabei durch bestimmte Mechanismen in der Luft selbst zu oszillatorischen Bewegungen veranlasst, die entsprechende Druckschwankungen zur Folge haben. Letztere breiten sich mit Schallgeschwindigkeit aus und können direkt als Luftschall wahrgenommen werden, wenn die Frequenzen im Hörbereich liegen. Die Anfachungsmechanismen solcher Geräusche lassen sich grundsätzlich auf Monopol-, Dipol- und Quadrupolstrahler zurückführen [5, 13] (siehe Abschn. 3.3.1, 3.3.2 und 3.3.3). Aufgrund dieser Tatsache können die folgenden Untergruppen von Strömungsgeräuschen dargestellt werden.

5.2.1 Aeropulsive Geräusche

Sie beruhen auf der Erzeugung von Wechseldruck in der Luft durch Verdrängung und werden demzufolge gut durch Strahler 0. Ordnung angenähert.

Zum einen sind es pulsierende Strömungsvorgänge, bei denen ein begrenztes Luftvolumen rhythmisch ausgestoßen und wieder angesaugt wird. Die dadurch hervorgerufenen Druckausgleichsvorgänge mit der unmittelbaren Umgebung bauen im Wechsel Überdruck und Unterdruck, Unterdruck und Überdruck auf. Diese Druckschwankungen pflanzen sich in der Luft mit Schallgeschwindigkeit fort, die zugehörigen Geräusche wirken knatternd und können sehr laut sein. Der Hauptanteil der abgestrahlten Schallenergie liegt im Bereich der Pulsationsfrequenz. Beispiele hierzu sind Ausstoßgeräusche am Auspuff von Verbrennungsmotoren, am Auslassventil von Kompressoren und Druckluftgeräten. Es können auch Verdrängungsvorgänge sein, bei denen Luft stoßweise ausgepresst wird wie beispielsweise aus den Profilrillen rollender Autoreifen oder aus dem gemeinsamen Zwischenraum zwischen zwei periodisch ineinandergreifende Maschinenteilen (z. B. Zahnradpaarungen).

Zum anderen handelt es sich um eine Luftverdrängung durch bewegte, speziell durch rotierende Körperelemente. Letztere schieben beim Drehen vor sich ein Überdruckfeld her und ziehen hinter sich ein Unterdruckfeld nach (hydrodynamisches Nahfeld ohne örtliche Schallabstrahlung). Für einen gegenüber dem bewegten Element ruhenden Beobachter bedeutet dies ein Druckwechselvorgang innerhalb einer Umdrehung.

Demzufolge entsteht im Falle von rotierenden Rädern, die aus Speichen, Schaufeln, Blättern aufgebaut sind, in der umgebenden Luft ein periodischer Wechseldruck, dessen maßgebende Grundfrequenz:

$$f_0 = n \cdot z \tag{5.38}$$

ist. Hierbei ist n die Anzahl der Umdrehungen pro Sekunde und z die Anzahl der Blattelemente auf dem Umfang. Das zugehörige Geräusch wird ***Drehklang*** benannt. Ein solcher Drehklang kann an rotierenden Propellern, Ventilatoren, Turbinenläufern usw. wahrgenommen werden. Abb. 5.9 zeigt eine Seitenkanalpumpe mit einer bestimmten Anzahl von Schaufeln. Jede Schaufel schiebt ein Druckfeld vor sich her. Wenn das Druckfeld auf das Ende des Seitenkanals trifft, kommt es zu einer Anregung, was in der Summe den Drehklang ergibt. In Abb. 5.10 ist eine Schmalbandanalyse des Beschleunigungs- und Schallpegels einer Seitenkanalpumpe zu sehen. Der Peak bei 435 Hz stellt die

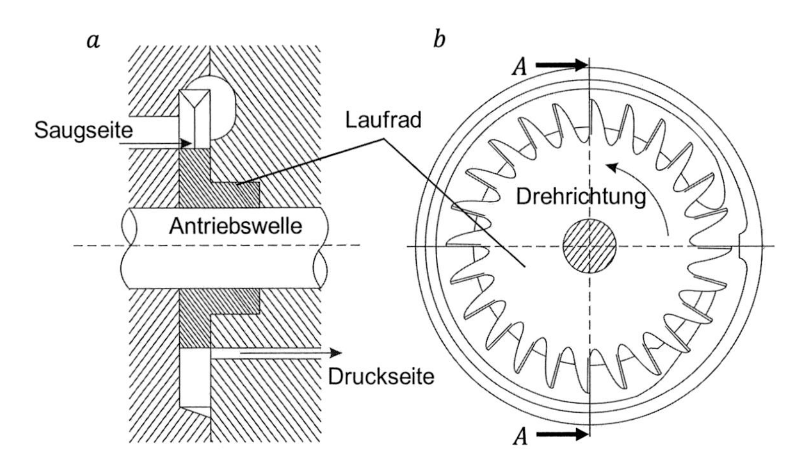

Abb. 5.9 Seitenkanalpumpe **a** im Querschnitt A-A und **b** der Seitenansicht von links

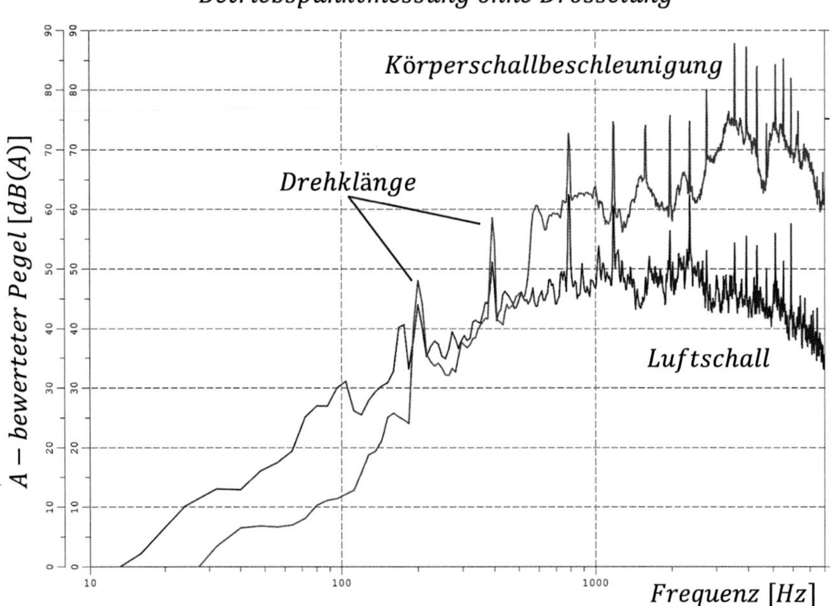

Abb. 5.10 A-bewerteter Beschleunigungs- und Schalldruckpegel einer Seitenkanalpumpe

Grundfrequenz des Drehklangs dar. Die Peaks bei den höheren Frequenzen sind Oberwellen davon.

Mit dem Drehklang sind Nachlaufgeräusche verwandt. Sie besitzen allerdings Dipolcharakter und entstehen aus der Wechselwirkung zwischen einer Nachlaufzone und einem in Bewegung befindlichen Nahfeld. Hinter einem in einer Strömung angeordneten Hindernis stellt sich bekanntlich ein Nachlauffeld ein, auch Windschatten- oder Totwassergebiet genannt, mit einer im Mittel kleineren Geschwindigkeit als die der ungestörten Strömung. Bewegt sich in unmittelbarer Nähe ein etwa gleich großer Körper quer dazu, so wird sein hydrodynamisches Nahfeld beim Durchqueren der Windschattenzone gestört. Diese Störung pflanzt sich in der umgebenden, ruhenden Luft mit Schallgeschwindigkeit fort. Rotiert daher ein Rad mit regelmäßig angeordneten Blattelementen durch den Windschatten eines angeströmten Hindernisses oder auch ein Blattelement durch den Windschatten einer Schar regelmäßig angeordneter und angeströmter Hindernisse, so entsteht der so genannte ***Sirenenklang (Drehklang)***. Er besitzt ein Linienspektrum mit diskreten Frequenzen, die ein Vielfaches der Grundfrequenz $f_n = n \cdot z$ sind. Ein solcher Sirenenklang kann sich beispielsweise an Strömungsmaschinen aus dem Zusammenwirken der feststehenden Leitschaufeln und der rotierenden Laufradschaufeln einstellen.

5.2.2 Geräuschentstehung infolge Wirbelbildung

Wie bereits erwähnt, verursachen Wirbelbildungen bei der Umströmung von Hindernissen Geräusche mit Dipolcharakter, die bei höheren Reynoldszahlen (etwa ab $Re = 10^6$) zu regellosen Geschwindigkeitsschwankungen in der Wirbelzone führen. Dadurch wird nicht nur Körperschall im Hindernis angeregt, sondern es werden in der Wirbelzone selbst Druckschwankungen indiziert. Letztere pflanzen sich wiederum in der umgebenden Luft mit Schallgeschwindigkeit fort und werden im Hörbereich als Geräusch wahrgenommen. Beispiele hierzu sind Windgeräusche an Fahrzeugen und die Geräusche von Strömungsmaschinen.

Unterhalb $Re = 10^6$ sind die Strömungsgeräusche weniger turbulent, und zwar umso weniger, je kleiner Re wird. Bei kleinen Reynoldszahlen ($Re < 400$) stellt sich die klassische Kármán'sche Wirbelstraße mit periodischer Wirbelbildung ein [6].

Die zugehörigen Geräusche, die ***Hiebtöne***, nehmen mit kleiner werdender Reynoldszahl immer mehr schmalbandigen Charakter an. Die Grundfrequenz ist gleich der Frequenz der Wirbelablösung und beträgt:

$$f_{Hieb} = St \cdot \frac{u}{d} \tag{5.39}$$

Hierin sind u die Anströmgeschwindigkeit, d die Breite des Hindernisses und St die Strouhalzahl. Die Strouhalzahl stellt im Allgemeinen eine Konstante dar, im Falle einer Hindernisumströmung ist $St \approx 0{,}2$ (Singen von Drähten im Wind).

Mit größer werdender Anströmgeschwindigkeit u_0 steigt die Frequenz der Hiebtöne linear an, die Intensität der durch Wirbelbildung abgestrahlten Schallleistung nimmt dabei mit der 5. bis 6. Potenz von u zu [14]. Das bedeutet auch, dass beispielsweise bei einer Verdoppelung der Anströmgeschwindigkeit der Schallleistungspegel um ca. 18 dB zunimmt.

Der Begriff des Hiebtones lässt sich auch auf geschlossene, rotierende Maschinenteile übertragen. In Gl. (5.39) sind dann u durch die Umfangsgeschwindigkeit ($r \cdot \omega$) im Abstand r von der Drehachse und d durch die Breite b des rotierenden Teiles zu ersetzen. Man gewinnt so für den Rotor mit Radius r zwischen $0 < r \leq R$ (R: Außenradius) ein Frequenzband der Hiebtonanregung $0 < f_{Hieb} \leq 0{,}2 \frac{R \cdot \omega}{b}$, mit Bevorzugung der höheren Frequenzen. Das zugehörige Geräusch wird im Gegensatz zum schmalbandigen Drehklang *Drehgeräusch* genannt.

Schließlich können Wirbel und damit Geräusche von Hiebtoncharakter bis zu breitbandigem Rauschen auch in Rohrleitungen und allgemeinen Strömungskanälen, wie z. B. in Rohrbündelwärmetauschern, entstehen, wenn in den Leitungen Einbauten umströmt werden [15] oder wenn sich die Strömung an plötzlichen Querschnittsänderungen und schroffen Umlenkungen ablöst [16]. Wirbelablösungen treten schließlich an in die Strömung hineinragenden scharfen Kanten, an Schneiden und an nicht bündigen Messstutzen auf. Man spricht hierbei dann von Schneiden- oder Kantentönen mit den gleichen Eigenschaften wie die der Hiebtöne.

5.2.3 Geräuschentstehung durch Freistrahlen

Beim Austritt eines Luftstrahls aus einer Öffnung (z. B. aus einer kreisförmigen Düse) in den angrenzenden, ruhenden Luftraum entsteht naturgemäß eine Grenzzone heftiger, turbulenter Vermischung zwischen zwei Luftbereichen großer unterschiedlicher Geschwindigkeiten. In den weitaus meisten Fällen bildet sich der so genannte turbulente Freistrahl aus, wie er in Abb. 5.11a dargestellt ist. Um eine ungestörte Kernzone des Strahls lagert sich in Düsennähe eine hochturbulente Mischzone, die nach einem gewissen Übergangsbereich in den voll entwickelten, turbulenten Freistrahl übergeht. Zwei Parameter spielen bei der Strahlausbildung eine wesentliche Rolle, die Reynoldszahl Re und die Machzahl Ma [17].

Für Re < Re_{krit}, wie z. B. beim Austritt aus einem schmalen Spalt, bildet sich ein laminarer Freistrahl aus (siehe Abb. 5.11b). Er zeigt das Strömungsverhalten einer voll ausgebildeten Wirbelstraße mit periodischer Wirbelablösung, ähnlich der Kármán'schen Wirbelstraße bei der laminaren Umströmung eines Hindernisses. Die zugehörigen Geräusche, die *Spalttöne*, sind schmalbandig. Die Grundfrequenz ist gleich der Frequenz der Wirbelablösung und beträgt:

$$f_{Spalt} = St \cdot \frac{u}{d_{Spalt}} \qquad (5.40)$$

Hierin sind u die Ausströmgeschwindigkeit, d die Spaltbreite und St die Strouhalzahl mit dem Wert von ca. 0,04. Mit steigender Reynoldszahl (Re > Re_{krit}) überlagern sich den Wirbeln, die in Düsennähe kleinere, Strahl abwärts größere Wirkungsdurchmesser besitzen, immer höhere Geschwindigkeitsschwankungen. Sie führen zu einem raschen Zerfall vor allem der kleineren Wirbel, die größeren Wirbel existieren etwas länger. Es kommt insbesondere in der Mischzone zu regellosen Geschwindigkeitsschwankungen und folglich

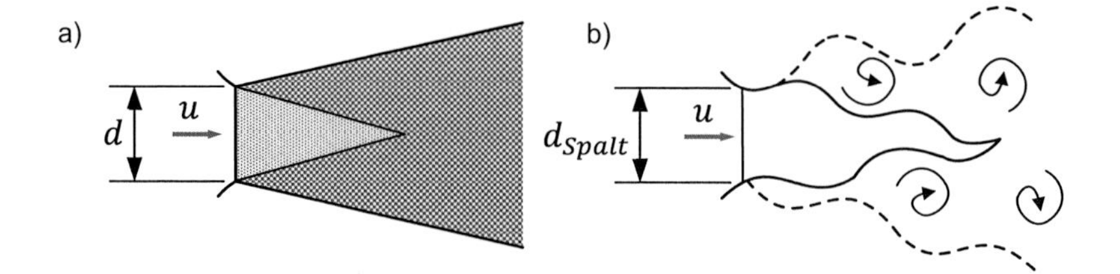

Abb. 5.11 **a** Turbulenter Freistrahl, **b** Laminarer Freistrahl

zu ebensolchen Druckschwankungen. Letztere pflanzen sich in der umgebenden Luft mit Schallgeschwindigkeit fort und werden im Hörbereich als breitbandiges Geräusch wahrgenommen. Seine hochfrequenten Anteile entstehen aus dem Zerfall der kleineren Wirbel, also im düsennahen Bereich der Mischzone, die tieffrequenten Anteile entstehen aus dem Zerfall der größeren Wirbel, also im Düsen ferneren Bereich.

In der turbulenten Mischzone herrschen große Geschwindigkeitsgradienten, so dass die Turbulenzballen in diesem Bereich hohen Schubspannungen ausgesetzt sind. Bedingt durch die Verformungen, die die Turbulenzballen in der Mischzone erfahren, kann die Abstrahlcharakteristik von Freistrahlgeräuschen am besten durch den Kugelstrahler 2. Ordnung (Quadrupol) angenähert werden. Das Strahlgeräusch, das eine ausgeprägte Richtcharakteristik besitzt (Abb. 5.12), hat sein Abstrahlmaximum bei einer Strouhalzahl $St = f \cdot d/u = 0{,}2$ bis 0,3. Aus ihr lässt sich direkt die Frequenz des Maximums berechnen, die im Allgemeinen hoch liegt. In Abb. 5.13 ist das relative Oktavspektrum der Freistrahlgeräusche dargestellt [5, 6, 13].

Das relative Oktavspektrum ist wie folgt definiert:

$$\Delta L_{W,Okt} = 10 \cdot lg \frac{P_{Oktave}}{P_{gesamt}} = L_{W,Okt} - L_{W,ges.}\ dB \tag{5.41}$$

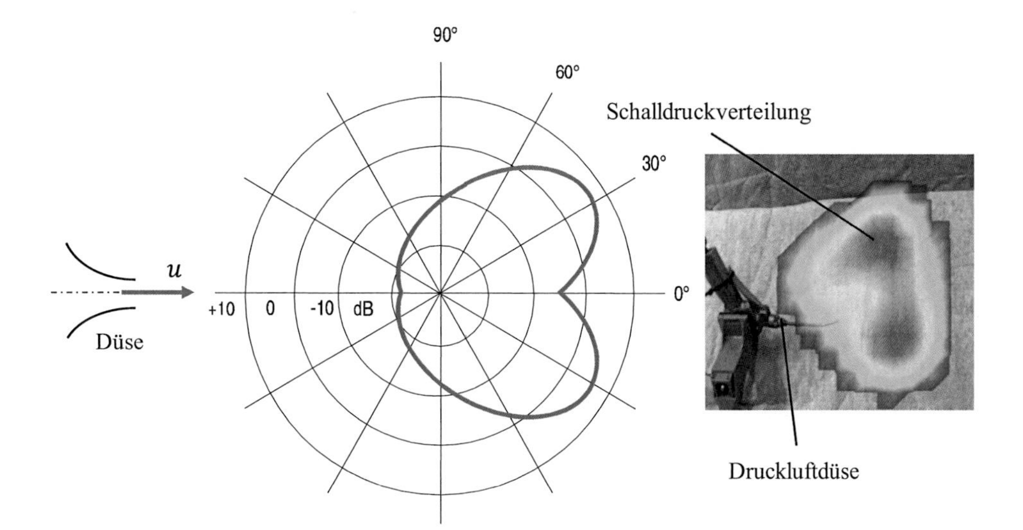

Abb. 5.12 Richtcharakteristik von turbulenten Freistrahlgeräuschen

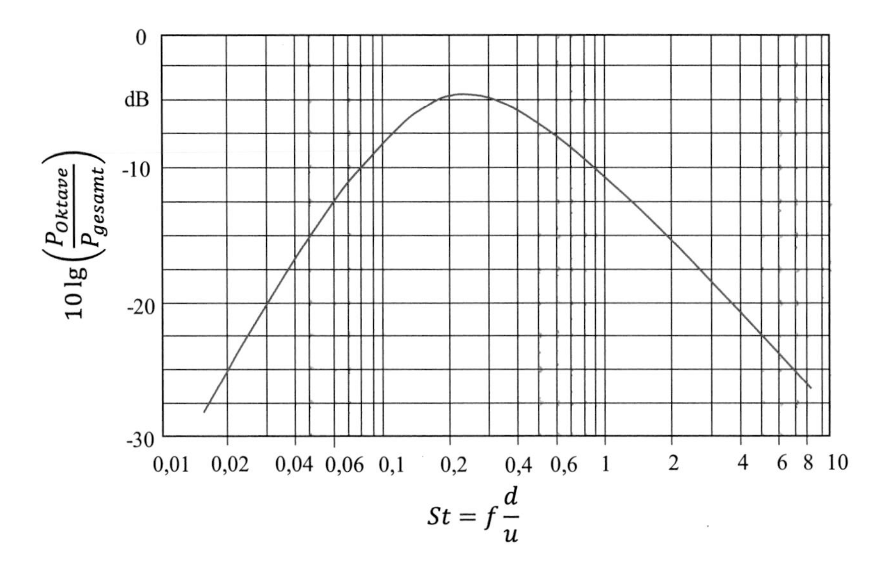

Abb. 5.13 Relatives Oktavspektrum von turbulenten Freistrahlgeräuschen

Das relative Oktavspektrum von turbulenten Freistrahlgeräuschen lässt sich auch entsprechend dem in Abb. 5.13 experimentell ermittelten Spektrum durch folgende empirische Formel berechnen:

0,01 ≤ St ≤ 0,25

$$\Delta L_{W,Okt} = -9{,}6 \cdot [lg(St_{Okt})]^3 - 45{,}8 \cdot [lg(St_{Okt})]^2 - 45{,}6 \cdot [lg(St_{Okt})] - 17{,}4\ \text{dB} \quad (5.42)$$

0,25 ≤ St ≤ 10

$$\Delta L_{W,Okt} = 3{,}1 \cdot [lg(St_{Okt})]^3 - 6{,}0 \cdot [lg(St_{Okt})]^2 - 14{,}8 \cdot [lg(St_{Okt})] - 10{,}6\ \text{dB} \quad (5.43)$$

Die Freistrahlgeräusche lassen sich bei höheren Machzahlen ($0{,}6 < Ma < 1{,}6$) am besten durch Quadrupolquellen darstellen, d. h. die Schallleistung steigt mit der 8. Potenz der Ausströmungsgeschwindigkeit ($n = 5$, Gl. 5.44). Das bedeutet auch, dass beispielsweise bei einer Verdoppelung der Austrittsgeschwindigkeit der Schallleistungspegel um 24 dB zunimmt. Bei kleineren Machzahlen können im Bereich der Düse Wirbel auftreten, die in Wechselwirkung mit der Düse Geräusche mit Dipolcharakter verursachen. Das Geräuschzentrum rückt näher an die Düse, es kommt mehr zu einem Dipoleinfluss. Das bedeutet auch, dass dann die Schallleistung nur noch proportional etwa der 6. Potenz der Ausströmungsgeschwindigkeit ist ($n = 3$, Gl. 5.44).

Die Gesamtschallleistung der Freistrahlgeräusche, mit Quadrupolcharakter bei höheren Machzahlen ($0{,}6 < Ma < 1{,}0$), lässt sich in guter Näherung wie folgt bestimmen [18, 19]:

$$P_{ges.} = K_Q \cdot \rho \cdot S \cdot u^3 \cdot Ma^n \cdot W \quad (5.44)$$

Mit

$$K_Q \approx 5 \cdot 10^{-5}$$

$$Ma = \frac{u}{c} \text{ Machzahl} \tag{5.45}$$

n = 5   0,6 < Ma < 1,0   Quadrupol

$$\rho = \frac{p_{\text{sta}}}{R \cdot T} \text{ kg/m}^3 \tag{5.46}$$

Dichte des Fluids außerhalb des Freistrahls [3]

$$c = \sqrt{\kappa \cdot R \cdot T} \text{ m/s} \tag{5.47}$$

Schallgeschwindigkeit außerhalb des Freistrahls [3]
folgt aus (5.44):

$$P_{ges.} = K_Q \cdot \frac{p_{sta}}{R \cdot T} \cdot S \cdot \frac{u^8}{(\kappa \cdot R \cdot T)^{5/2}} = K_Q \cdot \frac{p_{sta}}{(R \cdot T)^{3,5} \cdot \kappa^{2,5}} \cdot S \cdot u^8 \text{ W} \tag{5.48}$$

Der Gesamtschallleistungspegel der Freistrahlgeräusche ist dann wie folgt definiert:

$$L_{W,ges.} = 10 \cdot lg \frac{P_{ges.}}{P_0} \text{ dB}; \; P_0 = 10^{-12}\, W$$

$$L_{W,ges.} \approx -48 + 80 \cdot lg \frac{u}{u_0} + 10 \cdot lg \frac{S}{S_0} + 10 \cdot lg \frac{p_{sta}}{p_{sta,0}} - 35 \cdot lg \frac{R \cdot T}{R_0 \cdot T_0} - 25 \cdot lg \frac{\kappa}{\kappa_0}\, dB \tag{5.49}$$

Mit

$K_Q \approx 5 \cdot 10^{-5}$	Proportionalitätsfaktor der Quadrupolquellen
u	Ausströmungsgeschwindigkeit in m/s
$u_0 = 1\, m/s$	Bezugsgeschwindigkeit
$S = \frac{\pi \cdot d^2}{4}$	Austrittquerschnitt in m^2 (d = Austrittdurchmesser in m)
$S_0 = 1\, m^2$	Bezugsfläche
p_{sta}	statischer Druck des Fluids
$p_{sta,0} = 10^5\, N/m^2$	statischer Bezugsdruck

[3]Hierbei wurde angenommen, dass die mittleren Temperaturen (T) innerhalb und außerhalb des Freistrahls nicht stark voneinander abweichen.

R	spezifische Gaskonstante in Nm/kg K
$R_0 = 287\ Nm/kg\ K$	Bezugsgaskonstante
T	absolute Temperatur des Fluids in K
$T_0 = 273\ K$	Bezugstemperatur
$\kappa = c_p/c_v$	Adiabatenexponent
$\kappa_0 = 1,4$	Bezugsadiabatenexponent

Hinweis

Die Bezugswerte u_0, $p_{sta,\,0}$, R_0, T_0 und κ_0 können grundsätzlich frei gewählt werden. Durch andere Bezugswerte ändert sich nur der konstante Pegel (−48 dB) in der Gl. (5.49)! Die Konstante in Gl. (5.49) ergibt sich dann zu:

$$K = 10 \cdot lg \frac{K_Q \cdot p_0}{P_0 \cdot (R_0 \cdot T_0)^{3,5} \cdot k_0^{2,5}} = 10 \cdot lg \frac{5 \cdot 10^{-5} \cdot 10^5}{10^{-12} \cdot (287 \cdot 273)^{3,5} \cdot 1{,}4^{2,5}} = -47{,}96$$
$$\approx -48\ dB$$

Der angegebene Proportionalitätsfaktor K_Q stellt einen groben Mittelwert dar und ist von vielen Faktoren, z. B. Geschwindigkeit, Öffnungsform, Rauigkeit der Düse, Machzahl usw. abhängig. Daher empfiehlt es sich, diese Größe für bestimmte Randbedingungen und Aufgabenstellungen experimentell zu bestimmen. Die Gl. (5.49) ist für niedrige Machzahlen $Ma < 0,$ 6 nur bedingt geeignet, da neben Quadrupolquellen auch Dipol- und Monopolquellen, vor allem im Bereich der Düse, auftreten können.

Bei überkritischer Freistrahlexpansion und nicht ausgelegter Lavaldüse bzw. bei einfachen Düsenaustritten stellt sich eine verpuffungsähnliche Expansion mit nahezu regelmäßiger Bildung von Verdichtungs- und Verdünnungswellen ein. Letztere können zu intermittierenden Knallgeräuschen (Überschallknall) führen. Beispiele für Freistrahlgeräusche sind u. a. der Düsenlärm von Strahltriebwerken und der Lärm in der Expansionszone von Reduzier- und Abblasventile, [16, 17]. Beide Geräusche können sehr laut und lästig sein.

Beispiel

Gesucht sind die A-Gesamt- und A-Oktavschallleistungspegel der Ausströmungsgeräusche aus einer gut abgerundeten Düse ins Freie. Folgende Daten sind gegeben:

$$R = 287\ \mathrm{J/kg\ K};\ t = 40\,^{\circ}\mathrm{C}\ \Rightarrow T = 313\ \mathrm{K};\ \kappa = 1{,}4$$

$$p_{\mathrm{Sta}} = 1{,}05\ bar \Rightarrow p_{Sta} = 1{,}05 \cdot 10^5\ N/m^2$$

$$u = 250\ \mathrm{m/s};\ \mathrm{d} = 0{,}1\ \mathrm{m}\ \Rightarrow S = 0{,}0078\ m^2$$

$$c = \sqrt{\kappa \cdot R \cdot T} = 343{,}1\ \mathrm{m/s};\ \mathrm{Ma} = 0{,}73$$

Mit der Gl. (5.49) erhält man den Gesamtschallleistungspegel:

$$L_{W,ges.} = 120{,}9\ \mathrm{dB}$$

Mit den Gl. (5.42 bis 5.43) und Dämpfungspegel der A-Bewertung nach Tab. 2.10 lässt sich der A-Oktavschallleistungspegel, s. Tab. 5.3, berechnen:

Der A-Gesamtschallleistungspegel ergibt sich dann zu

$$L_{WA} = 10lg \sum 10^{0{,}1\ L_{WA,Okt}} = 119{,}1\ \mathrm{dB(A)}$$

5.2.4 Geräuschentstehung in turbulenten Grenzschichten

Ursache aller bisher behandelten Fluidgeräusche sind merkliche Störungen in der Strömung. Daher sind auch in ungestörten laminaren Strömungen praktisch keine Geräusche wahrnehmbar. Dies trifft jedoch nicht mehr für eine turbulente Grundströmung in einer **geraden** Rohrleitung zu. In ihr treten auch ohne solche Störungen Geräusche auf. Ort der Geräuschentstehung ist die turbulente Grenzschicht an der Wand. Daher ist mit dieser Art Fluidschall auch stets die Entstehung und Abstrahlung von Körperschall verbunden! Die Ursache für diesen Fluid- und Körperschall sind starke Druckschwankungen in der Grenzschicht, die dadurch entstehen, dass in der Grenzschicht dauernd kleine Turbulenzballen von der Größenordnung der Grenzschicht zerfallen und wieder entstehen, wodurch fortwährend Impulsstöße ausgeübt werden. Das abgestrahlte Geräusch ist grundsätzlich breitbandig. Diesmal hat jedoch das Frequenzspektrum sein Maximum bei tiefen Frequenzen und fällt dann mit steigender Frequenz kontinuierlich ab (Abb. 5.14) [20].

Die Schallleistung selbst nimmt mit steigender Strömungsgeschwindigkeit und Turbulenz (Turbulenzgrad) zu. Es kann auch zu merklicher Körperschallabstrahlung kommen, falls die Begrenzung aus leichteren Wänden gebildet wird und zusätzlich noch Diskontinuitätsstellen in der Strömung vorhanden sind.

Tab. 5.3 Ergebnisse des Beispiels

$f_{m,Okt}$	63	125	250	500	1000	2000	4000	8000	Hz
$L_{W,gas.}$	120,9								dB
St_{Okt}	0,03	0,05	0,10	0,20	0,40	0,80	1,60	3,20	l/m
$\Delta L_{W,Okt}$	−22,3	−14,5	−8,0	−4,7	−5,8	−9,2	−13,8	−19,2	dB
$\Delta_{L,Okt}$	−26,2	−16,1	−8,6	−3,2	0,0	1,2	1,0	−1,1	dB
$L_{WA,Okt}$	72,4	90,3	104,2	113,0	115,1	112,9	108,1	100,6	dB(A)

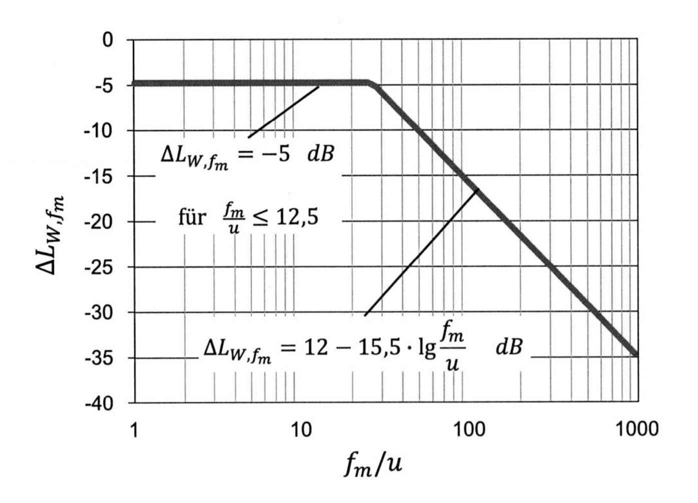

Abb. 5.14 Normiertes Oktavspektrum von turbulenten Grenzschichtgeräuschen

Die Schallleistung von Gas durchströmten geraden Rohrleitungen lässt sich wie folgt bestimmen [20]:

$$P_D = K_D \cdot \rho \cdot u^3 \cdot S \cdot Ma^3 \tag{5.50}$$

mit

$$K_D \approx (2 \ldots 12) \cdot 10^{-5}$$

und

$$c = \sqrt{\kappa \cdot R \cdot T} \Rightarrow c^3 = (\kappa \cdot R \cdot T)^{3/2};\ \rho = \frac{p_{\text{sta}}}{R \cdot T}$$

folgt aus Gl. (5.50):

$$P_D = K_D \cdot \frac{p_{sta}}{(R \cdot T)^{5/2} \cdot \kappa^{3/2}} \cdot u^6 \cdot S \tag{5.51}$$

Unter der Berücksichtigung, dass K_D auch eine Funktion der Strömungsgeschwindigkeit u ist, ergibt sich schließlich für den inneren Gesamtschallleistungspegel L_{W_i} in geraden Rohrleitungen (125 bis 8000 Hz), unter Einbeziehung von experimentellen Ergebnissen [20, 21]:

$$L_{W_i} = 10lg\frac{P_D}{P_0}dB; \quad P_0 = 10^{-12}\ W \tag{5.52}$$

bzw.:

$$L_{W_i} = K + 60lg\frac{u}{u_0} + 10lg\frac{S}{S_0} + 10lg\frac{p_{sta}}{p_{sta_0}} - 25lg\left(\frac{R \cdot T}{R_0 \cdot T_0}\right) - 15lg\left(\frac{\kappa}{\kappa_0}\right)\ \mathrm{dB} \tag{5.53}$$

$K \approx 8 - 0,16 \cdot u\ dB$

u	Strömungsgeschwindigkeit in m/s
$u_0 = 1$ m/s	Bezugsgeschwindigkeit
$S = \pi \cdot d_i^2/4$	Rohrquerschnitt in m^2 (d_i = Rohrinnendurchmesser in m)
$S_0 = 1\ m^2$	Bezugsfläche
p_{sta}	Statischer Druck in der Rohrleitung in Pa
$p_{sta_0} = 101325$ Pa	Statischer Bezugsdruck
R	spezifische Gaskonstante in J/kg K
$R_0 = 287$ J/kg K	Bezugsgaskonstante
T	absolute Temperatur in der Rohrleitung in K
$T_0 = 273$ K	Bezugstemperatur
$\kappa = c_p/c_v$	Verhältnis der spezifischen Wärmen (Adiabatenexponent)
$\kappa_0 = 1,4$	Bezugsadiabatenexponent.

Das Frequenzspektrum des nach Gl. (5.53) ermittelten Gesamtschallleistungspegels L_{W_i} lässt sich mit Hilfe des in Abb. 5.14 angegebenen relativen Oktavspektrums bestimmen.

Beispiel

Innerer A-Gesamt- und A-Oktavschallleistungspegel in einer geraden Rohrleitung, verursacht durch die Strömungsgeschwindigkeit im Rohr (Tab. 5.4):

$$R = 287\frac{J}{kg}K; \ t = 20^{\circ}C; \ \kappa = 1,4; \ p_{stat} = 10^5\ Pa; \ u = 30\frac{m}{s}; \ d_i = 0,2\ m, L_{W_i} = 76\ dB$$

Tab. 5.4 Ergebnisse der Zwischenberechnungsschritte

$f_{m,\ Okt}$	63	125	2050	500	1000	2000	4000	8000	Hz
L_{W_i}	76								dB
f_m/u	2,1	4,2	8,3	16,7	33,3	66,7	133,3	266,7	1/m
$\Delta L_{W,f_m}$	−5	−5	−5	−7	−16,3	−16,3	−20,9	−25,6	dB
ΔL_A	−26,2	−16,1	−8,6	−3,2	0	+1,2	+1,0	−1,1	dB
$L_{WA,\ Okt}$	44,8	54,9	62,4	65,8	64,4	60,9	56,1	49,3	dB(A)
	$L_{WA_i} = 10lg\sum 10^{0,1\ L_{WA,Okt}} = 70,2$								dB(A)

5.2.5 Fluidschall in Gasen und Flüssigkeiten

Strömungsgeräusche entstehen meistens in Luft als dem wichtigsten Fluid. Die hierbei gewonnenen Erkenntnisse lassen sich auf alle gasförmigen Fluide übertragen, soweit für sie adäquate Schallabstrahlungen in Frage kommen. Allerdings handelt es sich dann stets um mittelbaren Schall, der noch am Ende einer Übertragungskette eine Umsetzung in Luftschall erfährt, z. B. Schallabstrahlung eines Reduzierventils für Erdgas. In Tab. 5.5 [20] sind einige physikalische Kenngrößen der wichtigsten technischen Gase angegeben. Da die Schallgeschwindigkeit proportional zur Wurzel aus der Temperatur ist (siehe Abschn. 2.3.1 und 2.3.2), kann eine gegebene Schallgeschwindigkeit $c(T_1)$ bei gegebener Temperatur T_1, z. B. aus Datenblättern, auf eine andere Temperatur T_2 umgerechnet werden. Die Temperaturen müssen in Kelvin eingegeben werden.

$$c = \sqrt{\kappa\, R\, T} \rightarrow c(T_2) = c(T_1)\ \sqrt{T_2/T_1}$$

Ähnliches gilt auch für die Geräuschentstehung in strömenden Flüssigkeiten, allerdings mit der einschränkenden Feststellung, dass die Flüssigkeitsgeräusche vor allem auf Wirbelbildung in durchströmten Leitungssystemen zurückzuführen sind. Diese Geräusche sind, wie bereits ausgeführt, breitbandig. Es können durch Resonanzen einzelner Rohrabschnitte auch schmalbandige Anteile hinzukommen. Für die Intensität der Geräuschabstrahlung ist das Druckgefälle längs der Verwirbelungsstrecke maßgebend. In Flüssigkeiten entsteht als Folge eines Druckabfalls häufig ein Kavitationsgeräusch (siehe auch Abschn. 5.3.5). Kavitation tritt dann auf, wenn der statische Druck in der Flüssigkeit unter den von der Temperatur abhängigen Dampfdruck der Flüssigkeit absinkt. Dieser Zustand kann sich einstellen, wenn bei verhältnismäßig niedrigem Gesamtdruck hohe Strömungsgeschwindigkeiten vorhanden sind, z. B. an Engstellen von Saugleitungen. In der Flüssigkeit bilden sich hierbei kleine Dampfblasen, die dann zerfallen, wenn bei abnehmender Geschwindigkeit der statische Druck wieder ansteigt. Bei diesem Zerfall entstehen hohe Druckspitzen, die einerseits erheblichen Lärm verursachen und andererseits auch zu Beschädigungen der Rohrwand führen können [22]. Es handelt sich hierbei um ein breitbandiges, typisch prasselndes Geräusch, das in seinem Mechanismus dem des Strahlers 0. Ordnung entspricht [23].

5.2.6 Thermodynamische Geräusche

Den thermodynamischen Geräuschen liegen exotherme Vorgänge zugrunde. Bei ihnen wird sehr kurzzeitig kleineren Luftmengen Wärmeenergie zugeführt. Die Zufuhr kann kontinuierlich sein, dann handelt es sich um einen kontinuierlichen Verbrennungsvorgang.

Tab. 5.5 Physikalische Kenngrößen von Gasen bei einem Druck von 10^5 Pa [20]

Gas	Schallgeschwindigkeit bei 0 °C c m/s	Dichte bei 0 °C ρ kg/m³	Molmasse M g/mol	Spezifische Gaskonstante R J/kg K	Adiabatenexponent $\kappa = c_p/c_v$
Ammoniak	415	0,771	17,03	488	1,29
Äthylen	322	1,26	28,05	297	1,28
Azethylen	330	1,171	26,04	320	1,25
Chlor	209	3,220	70,91	117	1,37
Erdgas (Niederlande)	399	0,83	-	442	1,32
Erdgas (Rußland)	405	0,79	-	462	1,30
Gichtgas	337	1,28	-	300	1,39
Helium	964	0,179	4,00	2080	1,64
Kohlendioxid	260	1,977	44,01	189	1,31
Kohlenoxid	336	1,250	28,01	297	1,39
trockene Luft	332	1,293	28,96	287	1,41
Methan	427	0,717	16,04	519	1,29
Propylen	252	1,915	42,08	198	1,18
Sauerstoff	312	1,429	32,00	260	1,37
Schwefeldioxid	210	2,926	64,06	130	1,25
Stickoxid	324	1,340	30,01	277	1,39
Stickstoff	335	1,251	28,02	297	1,39
Wasserstoff	1258	0,090	2,02	4126	1,41
Wasserdampf 100 °C	478	0,598	18,02	462	1,33

Sie kann auch einmalig bzw. intermittierend sein, dann handelt es sich um eine Explosion bzw. um einen intermittierenden Explosionsvorgang. Die Folge von der Wärmezufuhr ist eine entsprechende Expansion des betroffenen Luftvolumens. Der weitere Ablauf erfolgt ganz ähnlich den Vorgängen, wie sie sich bei der Entstehung der aeropulsiven Geräusche abspielen. Dem Mechanismus der Geräuschentstehung kann wiederum der Strahler 0. Ordnung zugrunde gelegt werden. Die Geräusche sind breitbandig, oder es handelt sich um einfache bzw. intermittierende Explosionsgeräusche. Als Beispiele lassen sich Brennergeräusche beim Gasschweißen oder in Kesselanlagen anführen, aber auch einmalige und intermittierende Explosionsgeräusche von Luft-Gemischen, wie sie bei Fehlzündungen von Motoren oder beim Abfeuern eines Maschinengewehres zu hören sind. Die abgestrahlte Schallleistung wird vor allem von der Wärmeleistung und der Verbrennungsgeschwindigkeit bestimmt.

5.2.7 Resonanztöne

Neben dem Strömungsrauschen können in einem Rohrleitungssystem auch periodisch Fluidgeräusche infolge von Resonanzen auftreten. Sie werden in schwingungsfähigen, angekoppelten Fluidsäulen erzeugt, die in ihren Eigenfrequenzen schwingen. Passende Anfachungsmechanismen sind in einer Strömung nahezu immer vorhanden.

Die zu den Eigenfrequenzen gehörenden Eigenformen haben in der Regel longitudinale Ausschläge. Als Folge der Anregung der Eigenfrequenzen werden Einzeltöne abgestrahlt. Sie können besonders lästig werden, wenn sie hochfrequent sind. Eigenfrequenzen hängen von der Schallgeschwindigkeit des Fluids sowie von der Länge einzelner Rohrabschnitte und deren Randbedingungen ab (siehe Abschn. 3.2.1.4).

Beispiel

Grundfrequenz eines luftgefüllten Messstutzens der Länge l =17 cm (Abb. 5.15)

(einseitig geschlossen **ohne** Mündungskorrektur $l = l^*$, s. Gl. (3.23) , n = 0). Da einseitig geschlossen bilden sich stehende Wellen mit ungeradzahligen Vielfachen einer viertel Wellenlänge aus. Die Grundfrequenz der $\lambda/4$ Welle ist

$$f_0 = \frac{c}{\lambda} = \frac{c}{4 \cdot 0{,}17} = \frac{340\ m/s}{4 \cdot 0{,}17\ m} = 500\ Hz$$

Für einen realen Messstutzendurchmesser d = 10 mm muss allerdings die Mündungskorrektur berücksichtigt werden, wodurch sich die Wellenlänge der stehenden Welle verlängert und die Resonanzfrequenzen absenken. Für runde Querschnitte $l^* \approx 170 + 0{,}4 \cdot 10 = 174$ mm. Die ersten drei Eigenfrequenzen (Gl. 3.23; n = 0, 1, 2) mit Mündungskorrektur sind dann:

Abb. 5.15 Luftgefüllter Messstutzen als Resonator

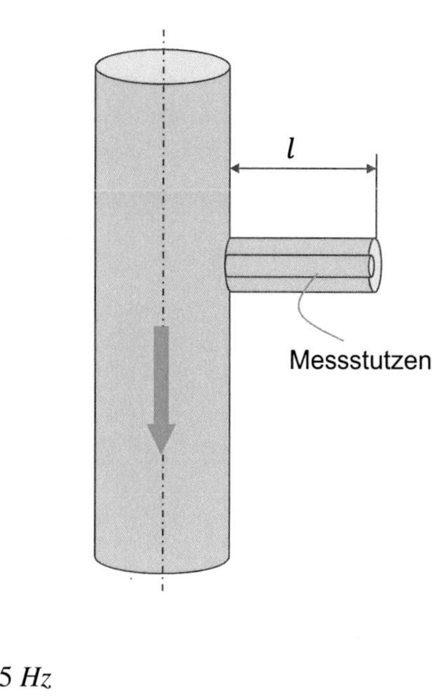

$$f_0 = \frac{c}{4 \cdot l^*} = 488{,}5\ Hz$$

$$f_1 = 3 \cdot f_0 = 1465\ Hz$$

$$f_2 = 5 \cdot f_0 = 2443\ Hz$$

5.3 Mechatroniksysteme in Fahrzeugen

Unter Mechatroniksystemen im Fahrzeugbau werden geregelte oder gesteuerte Aktuatoren verstanden, welche Fahr- oder Komfortfunktionen erfüllen. Die Elektrifizierung der Antriebs- und der Nebenaggregate zu so genannten Mechatroniksystemen nimmt stetig zu. Die Vorteile gegenüber rein mechanischen, pneumatischen oder hydraulischen Systemen liegen in der einfachen Regelbarkeit der elektrischen Aktuatoren und der Möglichkeit, durch das Vernetzen der einzelnen Systeme miteinander weitere neue Funktionen darzustellen. Besonders erfolgreich ist man hier bei den Bremssystemen. Neben der Funktion der Antiblockierbremsung kann z. B. mit der gleichen Steuereinheit auch eine Berganfahrhilfe, eine Komfortbremsung im Stadtverkehr oder eine Abstandsregelung auf der Autobahn ermöglicht werden. An mobilen Systemen im Fahrzeugbau werden an Klangbild und Lautstärke von Geräuschen sowie Vibrationsfrequenz und -stärke die unterschiedlichsten Anforderungen gestellt und infolgedessen, verschiedenste Problemlösungen schon während der Fahrzeugentwicklung erarbeitet. So sollen die als unangenehm empfundenen Geräusche möglichst leise sein, Warngeräusche hingegen laut genug, um bestimmte Sicherheitskriterien zu erfüllen. Zusätzlich werden besonders in der automobilen Mittel-

und Oberklasse Geräusche so „designed", dass sie den Kundenerwartungen entsprechen. Ähnliches gilt auch für fühlbare Vibrationen.

Die Beziehung von mechanischer Leistung P_{mech} zu akustischer Leistung P_{akust} kann näherungsweise als proportionale Beziehung mit dem akustischen Wirkungsgrad abgeschätzt werden.

$$\zeta_{\text{akust}} = \frac{P_{\text{akust}}}{P_{\text{mech}}} \tag{5.54}$$

Für die meisten Mechatroniksysteme gilt als Bereich $10^{-8} \leq \zeta_{\text{akust}} \leq 10^{-4}$. Ist der akustische Wirkungsgrad bekannt, kann aus ihm der Schallleistungspegel L_W in Dezibel dB abgeschätzt werden.

$$L_W = 10lg\left(\frac{P_{\text{akust}}}{P_0}\right) = 10lg\left(\frac{\zeta \cdot P_{\text{mech}}}{P_0}\right) = 10lg(\zeta) + 10lg\left(\frac{P_{\text{mech}}}{P_0}\right)\ \text{dB} \tag{5.55}$$

$$P_0 = 10^{-12}\ W$$

5.3.1 Schallentstehungsmechanismen und Geräuschminderung

Die Geräuschquellen von mechatronischen Systemen rühren aus deren Aufgaben her. Signifikant ist die Kopplung von Regel- und Steuerungseinheiten mit einer Kraft- und Arbeitsmaschine. Zum Beispiel wird bei einem Fensterheber der Ist-Sollvergleich durch den erhöhten Strombedarf in den Endanschlägen unten mit „Fenster offen" und oben mit „Fenster geschlossen" sensiert. Als Kraftmaschine wird ein Gleichstrommotor an ein Zahnradgetriebe geflanscht und das Zahnradgetriebe mit der angetriebenen Seilwinde übernimmt die Funktion der Arbeitsmaschine [24]. Im Wesentlichen werden von den Mechatroniksystemen folgende Funktionen erfüllt:

- Kühlung und Klimatisierung
  (Motorlüfter, Kühllüfter für Verstärkereinheiten der Mobiltelefon-, Entertainment-, bzw. Navigationsanlage, Klimakompressor)
- Weg- oder Drehzahlstellung
  (Fensterheber, Sitzverstellung, Abstand/Geschwindigkeitsregelung, Lenkung, Wankstabilisierung, Bremssystem, Fahrzeugantrieb)
- Volumenströmung
  (Wasserpumpen, Kraftstoffpumpe, Klimagebläse)

5.3.2 Elektrische Stellmotoren

Die elektrischen Antriebe und Stellmotore zeichnen sich nicht nur durch ihre unterschiedlichen Baugrößen und Gewichte von <1 kg bis ca. 15 kg, sondern auch durch ihre Vielzahl aus. Bei Oberklassefahrzeugen kann die Anzahl der verbauten Stellmotoren über hundert betragen (Abb. 5.16).

Die Geräuschquellen am Stellmotor sind mechanischen, aerodynamischen und magnetischen Ursprungs. Bei elektrischer Kommutierung, insbesondere bei einer feldorientierten Regelung, werden durch Unstetigkeiten in der Reglerauslegung auch elektronisch erzeugte Geräusche hervorgerufen. Dominant sind bei allen Motorausführungen die dynamischen Magnetfeldkräfte, welche sich im Luftspalt zwischen Rotor und Stator abstützen und als Körperschall über das Gehäuse abgestrahlt werden. Bei einfachen Stellmotoren mit geringen Leistungsbedarfen, wie z. B. der Sitzverstellung oder Lenksäulenverstellung, werden oft der Stator mit Permanentmagneten und der Rotor mit dem Wicklungspaket versehen (Abb. 5.17).

Höhere Leistungen bei geringem Raumbedarf und sehr guten Regeleigenschaften, wie es z. B. für elektrische Lenksysteme notwendig ist, werden mit permanenterregten Synchronmotoren erreicht. Hierbei wird ein umlaufendes Drehfeld durch die Wicklung im Stator erzeugt [25] (Abb. 5.18).

Durch die Induktion des Magnetfeldes wirken Wechselkräfte im Luftspalt zwischen Rotor und Stator, welche vom Gehäuse aufgenommen werden oder in Form von schwankenden Drehmomenten am Rotor vorliegen. Eine einfache Abschätzung der Schallleistung P_W kann durch empirisch gewonnene Gleichungen erfolgen [26]. Basierend auf Messreihenuntersuchungen werden hierbei die für die Schallleistung relevanten Einflussgrößen

Abb. 5.16 Stellmotoren und Antriebssysteme im Fahrzeug [24]

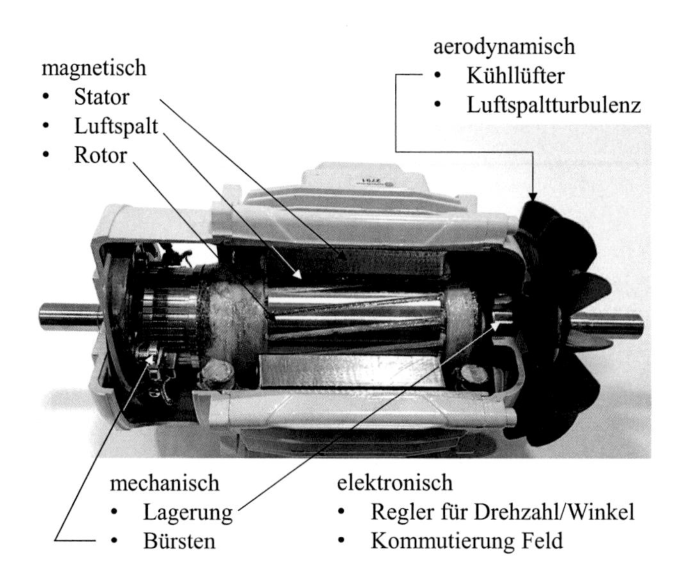

Abb. 5.17 Geräuschquellen und prinzipieller Aufbau eines Stellmotors

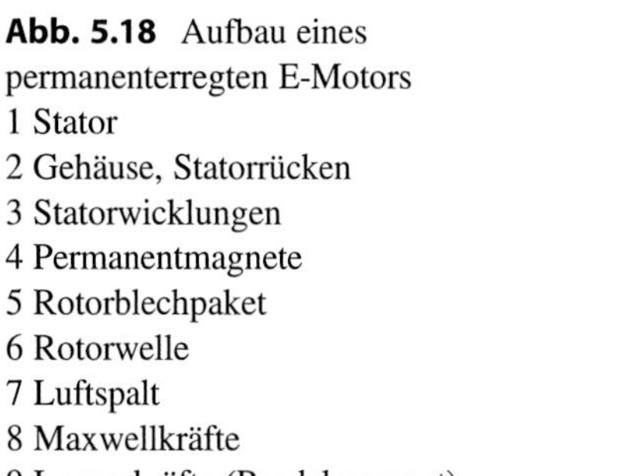

Abb. 5.18 Aufbau eines permanenterregten E-Motors
1 Stator
2 Gehäuse, Statorrücken
3 Statorwicklungen
4 Permanentmagnete
5 Rotorblechpaket
6 Rotorwelle
7 Luftspalt
8 Maxwellkräfte
9 Lorenzkräfte (Pendelmoment)

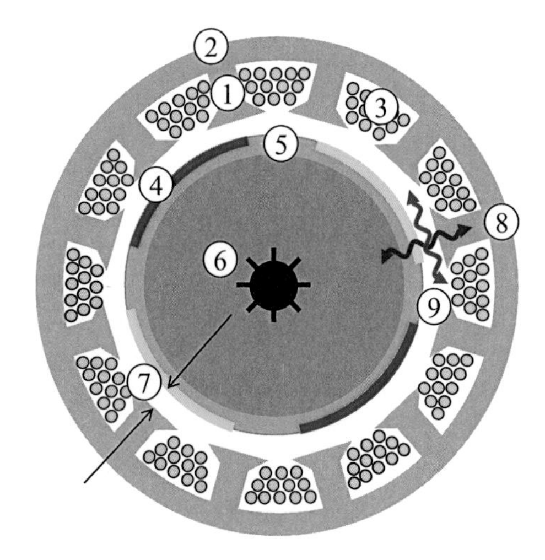

ermittelt. Die Anpassung an die gemessenen Emissionen erfolgt durch Exponentialgleichungen mit Konstanten.

$$P_W \approx k \cdot \left(\frac{U}{U_0}\right)^{\alpha} \cdot \left(\frac{P_{\text{el}}}{P_{el,0}}\right)^{\beta} W \tag{5.56}$$

Der Schallleistungspegel lässt sich dann wie folgt bestimmen:

$$L_W = 10 \cdot lg\frac{P_W}{P_0} \approx 120 + 10 \cdot \alpha \cdot lg\left(\frac{U}{U_0}\right) + 10 \cdot \beta \cdot lg\left(\frac{P_{el}}{P_{el,0}}\right) + 10lg(k)\ \mathrm{dB} \qquad (5.57)$$

U Rotordrehzahl in 1/min
P_{el} elektrische Leistung in kW
α, β, k Konstanten, empirisch gewonnen aus Versuchsreihen

$U_0 = 1/\mathrm{min}$
$P_{el,0} = 1\ \mathrm{kW}$
$P_0 = 10^{-12}\ \mathrm{W}$

Die Wechselkräfte des Luftspaltes sind verursacht durch die räumliche Verteilung am Umfang der Periodizität der Induktion und deren zeitliche Schwankung [27].

Die Schwankungen der magnetischen Induktion rufen auf der Oberfläche des Stators senkrecht stehende *Maxwell'sche Kräfte* hervor. Die wirkende Kraft pro Fläche erzeugt eine Flächenpressung, welche proportional dem Quadrat des Betrages der Induktion ist.

$$F'_M \sim B^2$$
$$F'_M\text{: Kraft pro Fläche}, B\text{: Induktion} \qquad (5.58)$$

Durch die Drehbewegung des Rotors kommt es zu einem Überstreichen der Nuten des Stators. Dieser unstetige Wechsel führt zu Impulsanregungen im Luftspaltfeld und kann durch eine Nutschrägung (Abb. 5.19) bzw. durch eine Vergrößerung des Luftspaltes verringert werden [27].

Beide Geräuschminderungsmaßnahmen führen allerdings auch zu einer elektrischen Leistungsverringerung und können wie folgt abgeschätzt werden:

- Einfluss der Nutschrägung auf die Änderung des Schallleistungspegels ΔL_S

$$\Delta L_S = 20 \cdot lg\left[\frac{\sin(i \cdot \phi)}{i \cdot \phi}\right] \qquad (5.59)$$

i Ordnungszahl der Drehzahlharmonischen
ϕ halber Schrägungswinkel der Stator- bzw.Rotornuten

Einfluss der Luftspaltbreite auf die Änderung des Schallleistungspegels ΔL_b

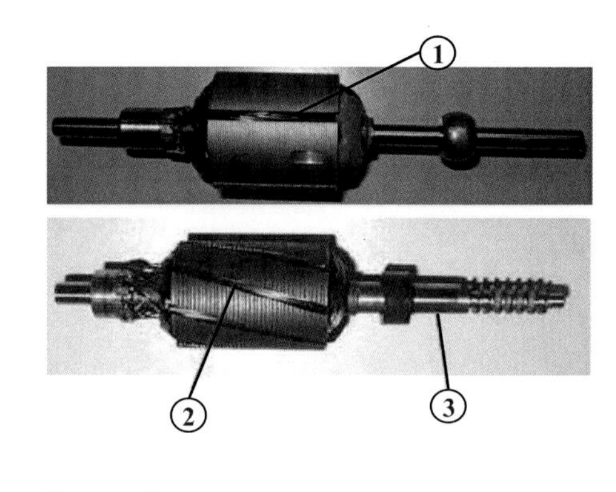

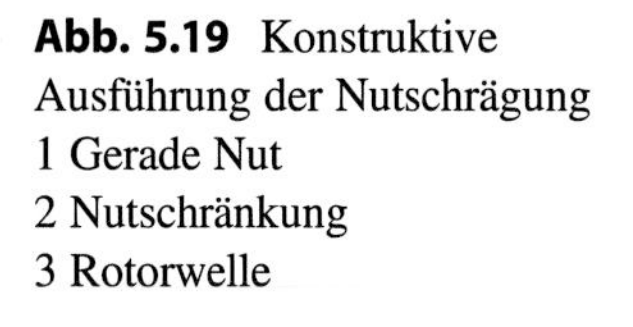

Abb. 5.19 Konstruktive Ausführung der Nutschrägung
1 Gerade Nut
2 Nutschränkung
3 Rotorwelle

$$\Delta L_b = 20 \cdot lg\left[\frac{b_{\text{nachher}}}{b_{\text{vorher}}}\right] \tag{5.60}$$

b mittlere radiale Luftspaltbreite

Weitere Wechselkräfte, die ebenfalls zur Induktion proportional sind, sind die magnetostriktiven Kräfte und die Lorentzkräfte. Die Lorentzkräfte sind Tangentialkräfte und ergeben mit dem Luftspaltradius ein Pendelmoment M_B.

$$M_B \sim |B| \; mit \text{ B Induktion} \tag{5.61}$$

Die magnetostriktiven Wechselkräfte erfährt das Blechpaket des Stators bzw. Rotors aufgrund der gleichmäßigen Durchflutung mit Induktion. Besonders deutlich ist der Einfluss der Pulsationsfrequenz der Induktion, bei dem das Eisen Schwingungen mit geradzahligen Vielfachen der doppelten Pulsationsfrequenz ausführt und pro Periode zweimal zum Anschlag kommt. Bei einer Pulsation von 50 Hz entstehen also 100 Hz, 200 Hz, 300 Hz, usw.

5.3.3 Klimaanlagen

Der Marktanteil von Fahrzeugen mit Klimaanlagen steigt ständig. So gehört die Klimaanlage ab der Fahrzeugmittelklasse meist zur Serienausstattung. Neben der Heiz- und Kühlfunktion wird auch die Luft getrocknet, wodurch eine schnelles Auftauen und Abtrocknen der Frontscheibe in kalten Tagen möglich wird. Die Geräuschemission des Kältekreislaufs beruht auf der Verdichtung, Expansion und dem Transport des Kältemittels. Bei Kolbenkompressoren mit Magnetkupplungen können beim Einschalten der Klimaanlage Impulsgeräusche aufgrund des Anziehens der Magnetkupplung oder dem Verdichten von Kondensatrückständen des Kältemittels auf der Saugseite entstehen. Die Ungleichförmigkeit der Verdichtung und damit auch der Pulsationsgeräusche im Lastbereich wird durch die konstruktive Anordnung der Zylinder und Ventilsitze, aber auch durch den ungleichförmigen Antrieb mittels Riementriebes durch einen Verbrennungsmotor bzw. Elektromotor hervorgerufen. Wird der Klimakompressor am Verbrennungsmotor befestigt, stellen die Kältemittelleitung der Druck- und Saugseite Körperschallbrücken zum Innenraum dar. Besonders die Saugleitung mit der direkten Verbindung zum im Fahrzeuginnenraum liegenden Verdampfer kann erhebliche Motorgeräusche übertragen. Hier ist auf eine spannungsfrei bogenförmige Verlegung zu achten, z. B. durch Verwendung von weichen Formschläuchen. Eine Alternative bietet das Befestigen einer Körperschallsperrmasse auf dem Saugschlauch. Hier ist allerding sicherzustellen, dass aufgrund der Volumendehnungsarbeit des Schlauchmantels die Massenbefestigung zu keiner Schlauchbeschädigung führt und die Sperrmasse gegen Anschlagen an Nachbarbauteile oder an der Motorraumwandung gesichert ist. Weiterhin wird zur Pulsationsminderung ein Volumenschalldämpfer (Muffler) verwendet. Der Druckabbau des Kältemittels erfolgt über das Expansionsventil. Ist nach der Expansion das Kältemittel mit Tröpfchen versehen, können Strömungs- und Verdampfungsgeräusche entstehen, besonders bei überkritischem Druckabbau (Abb. 5.20).

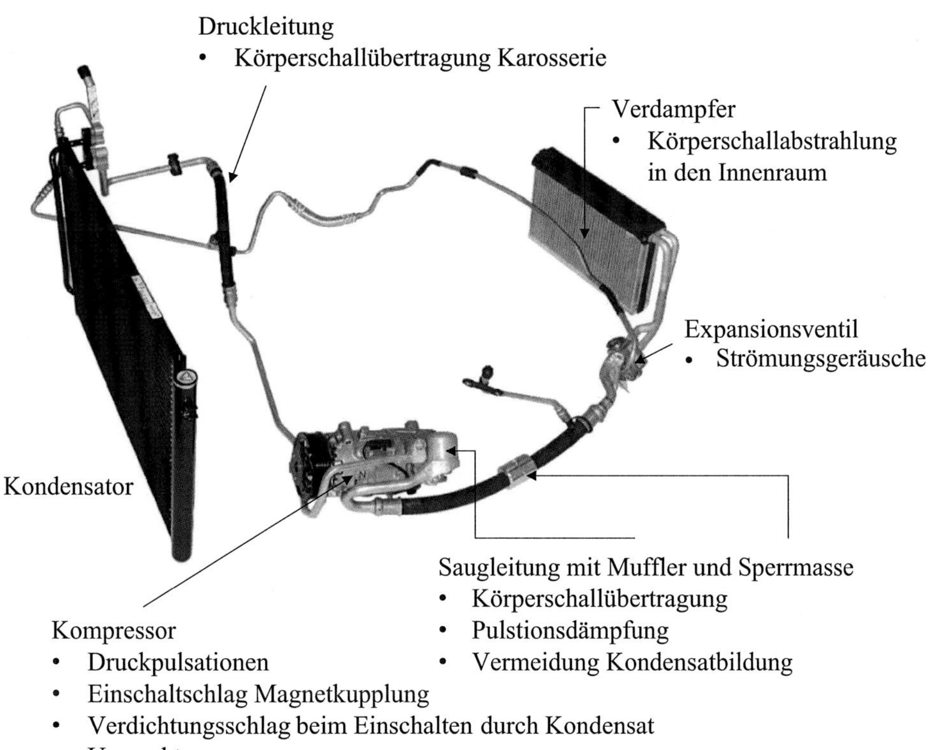

Abb. 5.20 Prinzipieller Aufbau eines Kältemittelkreislaufs und dessen Geräuschquellen [28]

Die Pulsationsgeräusche korrelieren im Wesentlichen mit der Leistungsaufnahme des Kompressors, welche auch vom Temperaturgefälle zwischen Fahrzeuginnenraum und Umgebung abhängt. Da der Fahrzeuginnenraum kontinuierlich abkühlt, verändert sich auch die Leistungsanforderung und damit die Schallemission. Dieser Umstand macht es versuchstechnisch schwer reproduzierbare Geräuschmessungen bei konstanten Betriebsparametern, wie Kompressordrehzahl oder Kältemitteldruck durchzuführen. Um den Zusammenhang zwischen der Geräuschentwicklung und den Betriebskenngrößen wie Arbeitsdruck und Verdichtungstemperatur bzw. der mechanischen Leistung des Kompressors zu erhalten, werden in mehreren Drehzahlhochläufen bei verschiedensten sich selbstständig einstellenden Druckverhältnissen Geräuschkennfelder erstellt. Den Zusammenhang zwischen Kompressorgeräusch und konstantem Verdichtungsdruck gewinnt man durch Isobarenschnitte aus dem Datenkennfeld (Abb. 5.21 a und b).

5.3.4 Gebläse und Fahrzeuglüfter

Die Strömungsgeräusche von Klimagebläsen und Motorlüfter werden nur sehr schwer vom Motorgeräusch des Fahrzeugs verdeckt und sind bei maximaler Drehzahl des Lüfterblattes störend hörbar. Hierbei sei angemerkt, dass Lüftungsgeräusche der Klimaanlage schon ab mittleren Leistungsanforderungen zu den lautesten Fahrzeuginnengeräuschen zählen. Abb. 5.22 zeigt die Gesamtschalldruck-Pegelverteilung der Lüftungsgeräusche einer Fahrzeugklimaanlage in unmittelbarer Nähe der Ausströmöffnungen bei 40 % Luftmenge.

Neben stochastischem Rauschen aufgrund der Durchströmung von Klimakanälen, Lüftungsgittern, Luftweichen oder Kühlmodulen, können auch stark tonale Ordnungen emittiert werden.

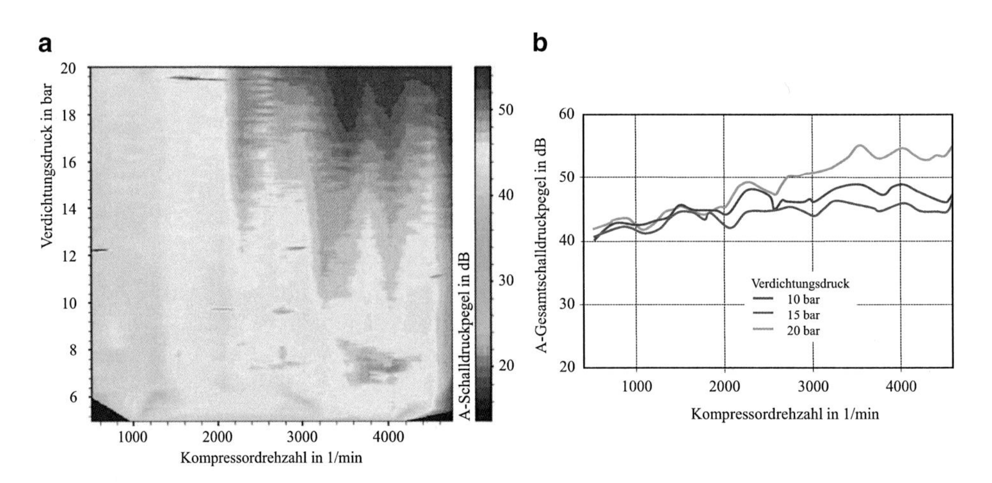

Abb. 5.21 **a** Geräuschimmissionskennfeld einer Klimaanlage im Fahrzeuginnenraum [24]. **b** Geräuschpegel bei konstanten Arbeitsdrücken (Isobarenschnitte)

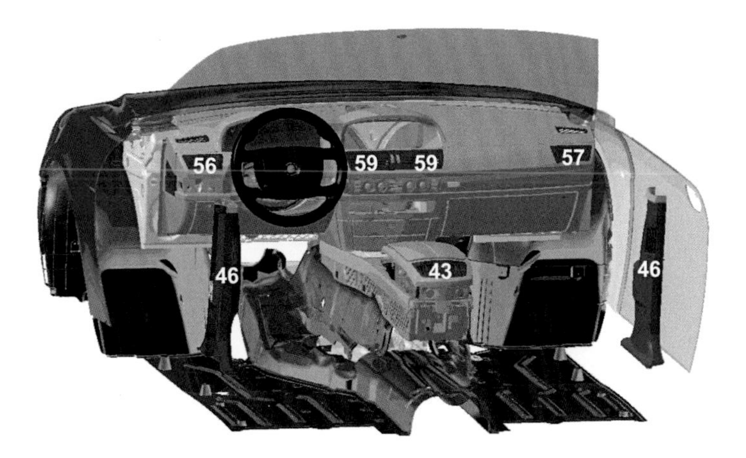

Abb. 5.22 A-Schalldruckpegel des Strömungsgeräusches an den Ausströmöffnungen im Fahrzeuginnenraum [29, 30]

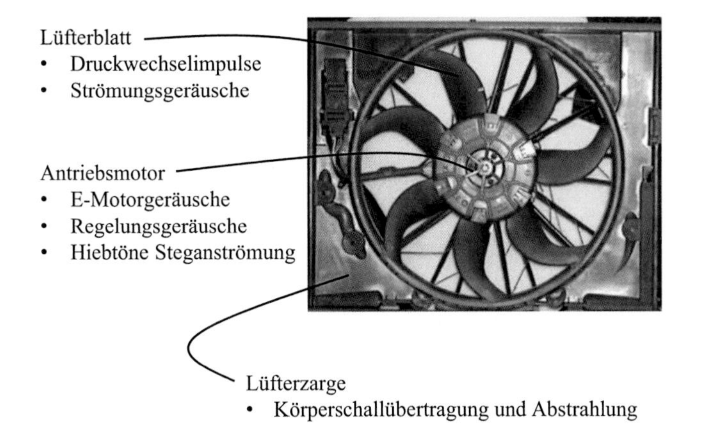

Abb. 5.23 Motorkühllüfter und dessen Geräuschquellen

Bei Motorkühllüftern wird neben den aeroakustischen Schallemissionen auch Körperschall abgestrahlt. Erzeugt wird dieser durch den dynamischen Wechseldruck der Schaufelgeometrie des Rotorblattes sowie durch Unwuchtkräfte, welche von der Lüfterzargenlagerung aufgenommen werden müssen. Geräuschquellen von Lüftern und Gebläsen sind aerodynamischen, mechanischen und elektromechanischen Ursprungs (Abb. 5.23).

Das Gesamtgeräusch bildet sich aus einer Überlagerung des Drehklanges und dessen ganzzahlig vielfachen Interferenzen mit dem Strömungsrauschen (Abb. 5.24). Als besonders subjektiv störend erweisen sich die Drehklänge des Lüfterblattes und des Elektromotors. Ursachen sind die repetierende Druckwechsel am äußeren Umfang des Lüfterblattes,

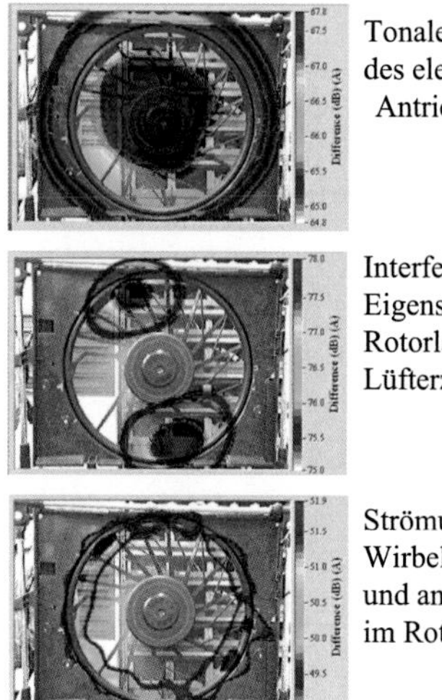

Abb. 5.24 Geräuschabstrahlung eines Motorlüfters

eine fehlende Steifigkeit der Anbindung des Antriebsmotors oder Biegeresonanzen der Zargen-Oberfläche.

Bei geregelten Lüftern kann durch Ausblenden der Resonanzdrehzahlen ein kritischer Lüfterbetrieb vermieden werden. Dies setzt drehzahlgeregelte E-Motore voraus und beschränkt sich aus technischen Gründen auf ein bis zwei Drehzahlbereiche. Hierbei sind sensorische Drehzahlerfassungen und E-Motore mit niedrigem Rastmoment, der Bestimmung der Lüfterdrehzahl aus der Ungleichförmigkeit des elektrischen Stromes bei hohem Rastmoment vorzuziehen. Angrenzende Bauteile im Strömungsnahfeldbereich, wie Leitungen oder Streben, führen aufgrund der gestörten Anströmung zu einer Erhöhung der Lüfterblattordnungen.

5.3.5 Lenksysteme

Die geregelte Lenkhilfe kann hydraulisch, elektrohydraulisch oder elektrisch erfolgen. Bei aktiven Lenksystemen mit regelbarem Übersetzungsverhältnis und hydraulischer Lenkhilfeunterstützung können hydro- und vibroakustische Phänomene auftreten, wobei die Geräuschemission meist lastabhängig ist (Abb. 5.25). Die Ausprägung von Lautstärke, Tonhöhe oder Impulsstärke wird durch die jeweiligen freien dynamischen Kräfte und deren physikalisches Erscheinungsbild bestimmt.

Bei allen drehenden Bauteilen kann ein Ordnungsverhalten zu Grunde gelegt werden. Der sich einstellende so genannte Drehklang ist tonal und setzt sich aus den Wechselkraftschwankungen pro Umdrehung z (1. Harmonische), der Drehzahl U und der Ordnungszahl n als ganzzahliges Vielfaches (Oberwelle) zusammen. Typische Ordnungs-

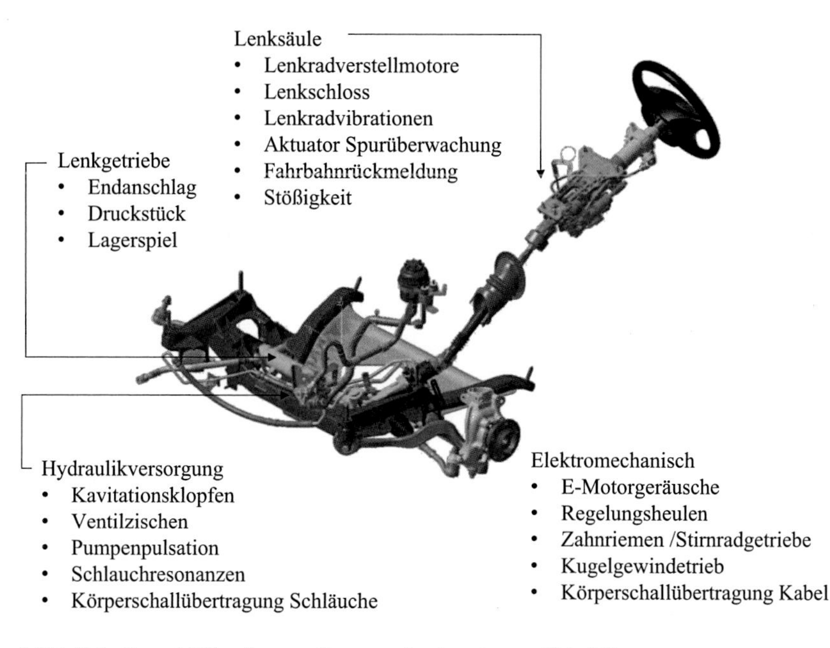

Abb. 5.25 Schall- und Vibrationsquellen von Lenksystemen [24, 31]

geräusche entstehen aus der Druckpulsation der Pumpe bei hydraulischen Lenkhilfen und aus Magnetkraftschwankungen bei elektrischen Systemen.

$$f_{\text{n,Ord.}} = z \cdot n \cdot \frac{U}{60} \text{ [Hz] mit U in } 1/\text{min} \quad (5.62)$$

Die Amplituden der Ordnungen durchlaufen bei Drehzahlveränderungen proportional alle Frequenzlagen und regen somit auch alle Bauteileigenfrequenzen an. Breitbandige Geräusche folgen aus dem Schleifen von Lagerungen, Abdeckungen oder einem überkritischen Druckabbau am hydraulischen Lenkventil.

Zeichnet man den Immissionsschalldruckpegel eines *elektrischen Lenksystems* während eines Lenkvorganges auf und zerlegt die zeitlichen Amplitudenverläufe in ihre Frequenzbestandteile, kann ein Kennfelddiagramm erstellt werden (Abb. 5.26). Durch die Zuordnung der Ordnungszahlen der Einzelaggregate und deren Übersetzungsverhältnisse zum E-Motor kann eine Zuordnung der Teilschallquellen erfolgen.

Für die Maßnahmenentwicklung in der „Lärmarmen Konstruktion" ist ein Schallflussplan notwendig (Abb. 5.27). Dieser richtet sich nach dem Kraftfluss innerhalb der Konstruktion. Luftschallerregter Körperschall kann hierbei ausgeschlossen werden. Prinzipiell kann an jeder Bauteilgrenze eine Analyse der möglichen sekundären Maßnahmen, wie

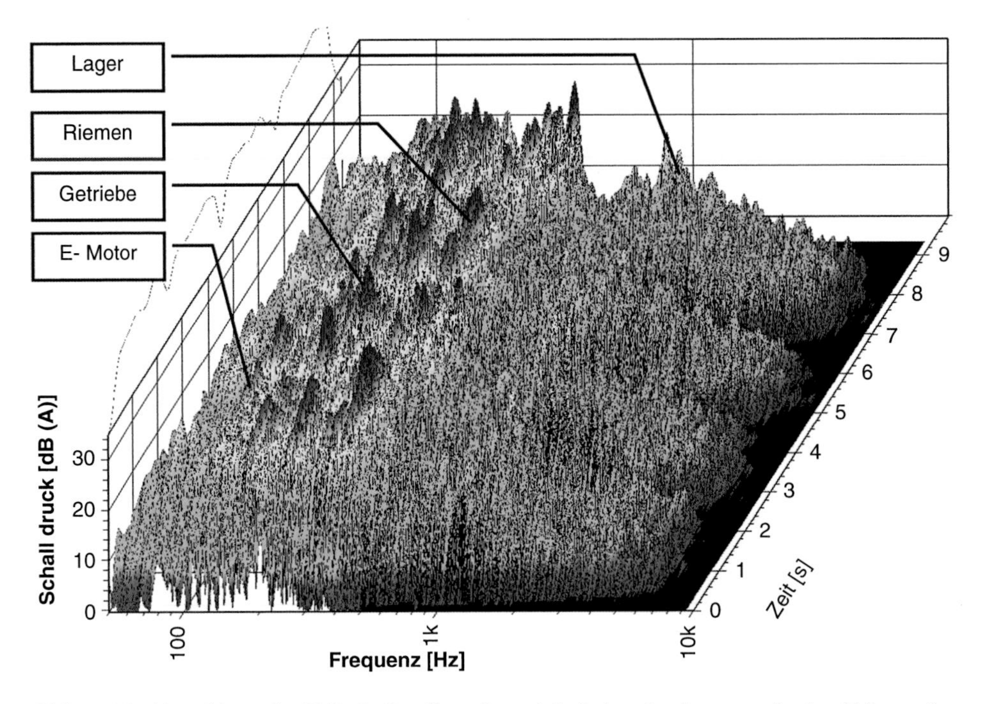

Abb. 5.26 Abstrahlung der Teilschallquellen eines elektrischen Lenksystems in den Fahrzeuginnenraum [32]

- Einbringen einer viskosen Dämpfung,
- elastischen Entkopplung oder
- Aufbringen von lokalen Impedanzmassenunterschieden

erfolgen.

Als Primärmaßnahme gelten Änderungen, die direkt eine Geräuschminderung der Anregung zur Folge haben, wie z. B. das Vermeiden von ungenauen Strommessungen, Regelungsunstetigkeiten oder Totzeiten der Regelung.

Die Geräuschursachen von *hydraulischen Systemen* sind vorwiegend hydrodynamischer Natur. Da Pumpen als Volumenschieber fungieren, ist die Ursache der Druckpulsation die dynamische Volumenstromschwankung in hydraulischen Impedanzen und setzt sich aus der kinematischen und der kompressionsbedingten Förderstrompulsation zusammen. Diese werden gebildet durch

- lokale induktive Massenträgheiten der Ölvolumina,
- kapazitives Speichervermögen aufgrund der Volumenzunahme der Dehnschlauchleitungen,
- dissipativ wirkende Drosseln und Blenden,
- charakteristische Resonanzlängen des Leitungsnetzes.

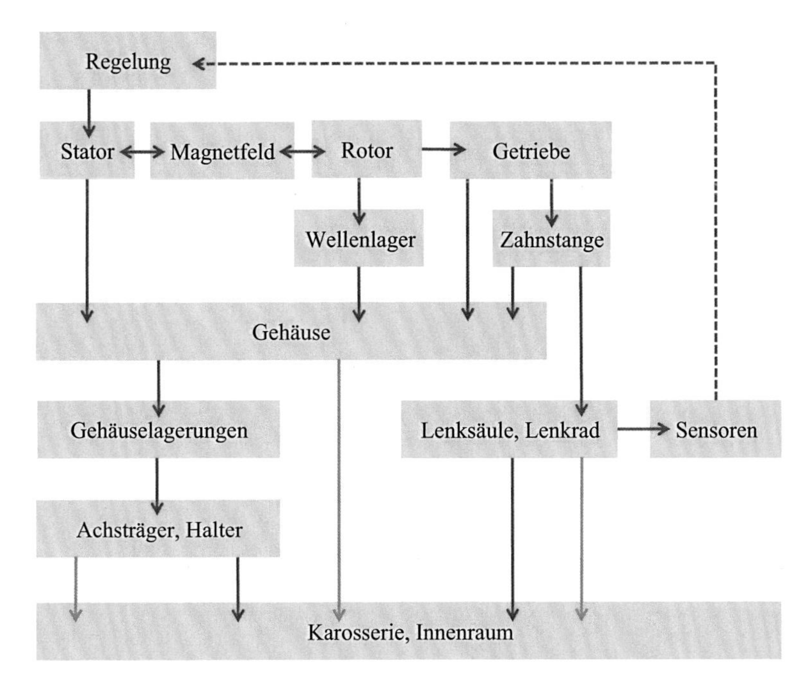

Abb. 5.27 Schallflussplan eines elektrischen Lenksystems für Luftschall (blau) und Körperschall (rot)

Aufgrund des überkritischen Druckabbaus an den Steuerkanten des Lenkventils werden neben dem Pulsationsheulen beim Parkieren u. U. auch Strömungsgeräusche hörbar. Dies kann durch Anstauen des Ölrücklaufdruckes mit Hilfe einer Blende vermieden werden. Allerdings gilt zu beachten, dass Blenden und Drosseln zu einem erhöhten Umlaufdruck und somit auch zu einer Erhöhung des Energieverbrauchs führen. Typische Phänomene bei hydraulischen Lenksystemen und entsprechende Geräuschminderungsmaßnahmen sind in Tab. 5.6 zusammengestellt.

Besondere Bedeutung hat die Abstimmung der Hochdruckleitung, das so genannte Leitungstuning der Dehnschlauchleitung zwischen der Lenkhilfepumpe (Quelle) und dem Lenkventil (Immissionsort). Hierbei korreliert die Druckpulsation am Lenkventil mit den im Fahrzeuginnenraum hörbaren Parkiergeräuschen. Konzeptbedingt werden bei sog. Mehrkammerleitungen in die einzelnen Dehnschläuche Kunststoffrohre als Resonatoren mit unterschiedlichen Längen, Drosseldurchmessern und Drosselpositionen eingebracht. Hiermit kann eine Geräuschminderung von weit über 40 dB erreicht werden. Neben der vom Öldruck, Betriebstemperatur und Schlauchlänge abhängigen Volumenzunahme der Dehnschlauchkonstruktion, ist auch die Drosselposition x und der Resonatorinnendurchmesser für die dynamische Druckpulsationsminderung entscheidend (Abb. 5.28).

Durch die Hintereinanderschaltung von Rohrleitungen und Dehnschlauchanteile entsteht ein Resonanzschalldämpfer, ähnlich eines Kammerschalldämpfers bei Abgasanlagen. Das Bandpassverhalten jedes Leitungsabschnittes hängt von der jeweilig örtlich vorherr-

Tab. 5.6 Geräuschphänomene, Ursache und Geräuschminderungsmaßnahmen an hydraulischen Lenksystemen

Phänomen	Ursache	Maßnahme
Körperschalleinleitung	Akustischer Kurzschluss der Gummipuffer des Halterkonzeptes, zu hohe statische Belastung	Gummipuffer mit hoher Weichheit in den Endlagen, spannungsfreie Montage der Leitungen, Anbindungsort mit hoher Eingangsimpedanz
Pumpenpulsationsheulen	Dynamische Volumenschwankung, saugseitige Volumenregelung mit Nullförderung	Verwendung von Mehrkammerschlauchleitungen, Erhöhung Volumenzunahme der Dehnschläuche, Abstimmung von Drosseln und Resonatoren in den Dehnschlauchleitungen
Strömungszischen	Überkritischer Druckabbau an der Steuerkante des Lenkventils	Anstauen des Rücklaufes durch Querschnittverengung mittels Blenden

schenden Schallgeschwindigkeit ab. In den Rohleitungsabschnitten wird diese überwiegend durch die Kompressibilität des Öles bestimmt. Da Fluide überwiegend nur druckelastisch sind, wird hier zur Unterscheidung vom Elastizitätsmodul der Begriff Kompressionsmodul K_{Fl} verwendet. Hierbei ist zu beachten, dass bei Hydraulikanlagen selbst bei sehr guter Entlüftung immer noch ungelöste Luftanteile von 1 % bis 3 % im Öl vorhanden sind. Der sich einstellende reduzierte Gesamtkompressionsmodul rührt von der seriellen Verschaltung der Gas- und Flüssigkeitselastizität her. Die Druckabhängigkeit des Kompressionsmoduls von Öl mit ungelöster Luft bei isothermer Zustandsänderung K_Ψ bei bekanntem Luftanteil $\Psi = V_{Luft}/V_{öl}$ und ergibt sich zu [33]:

$$K_\Psi(p) = K_{Fl} \frac{1+\Psi}{1+\Psi \frac{p \cdot K_{Fl}}{p^2}} \tag{5.63}$$

Hierbei ist p_{ref} der Referenzdruck bei dem K_{Fl} (ohne Luftanteil) bestimmt wurde. In Abb. 5.29 ist der Lufteinfluss auf den Kompressionsmodul des Lenksystemöles Pentosin dargestellt. Der Einfluss der ungelösten Luft im Öl verliert sich bei steigender Druckbelastung größer 50 bar. Da die Gaslöslichkeit von Öl unter Druck und Temperatur steigt, kann dies zur Entlüftung von Hydrauliksystemen genutzt werden. Zunächst wird hierbei durch Lastaufprägung mit Hilfe eines hydraulischen Verbrauchers die Luft im Öl gebunden. Anschließend erfolgt das Entlüften durch Abkühlung im drucklosen Öltank. Durch Unterdruck am Öltank wird dieser Vorgang beschleunigt.

Zusätzlich zum Einfluss des Luftanteils im Öl verringert sich die Dichtewellengeschwindigkeit in den Schlauchanteilen weiterhin durch die Ringdehnung der elastischen

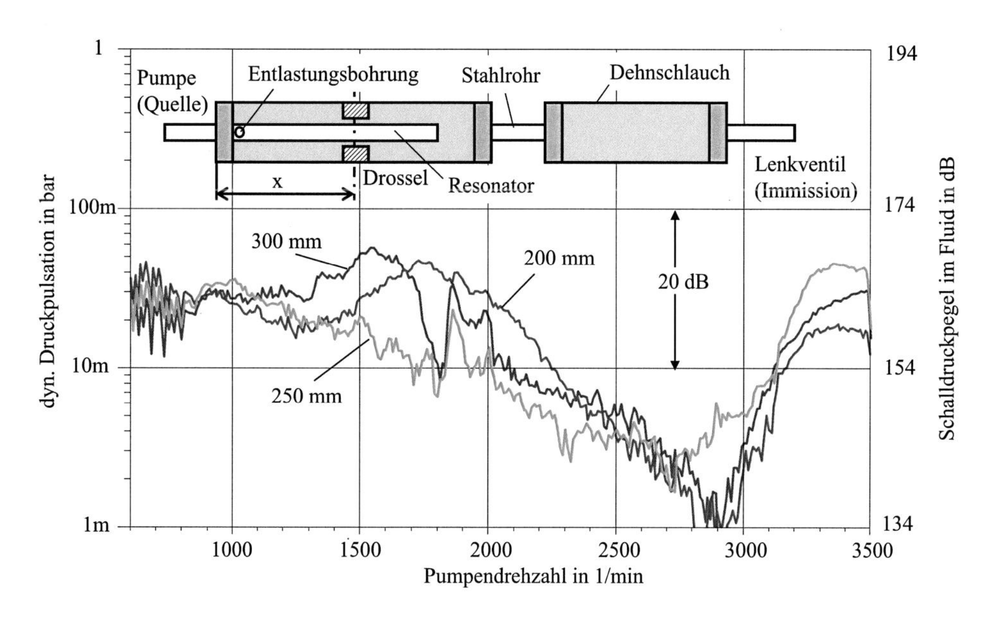

Abb. 5.28 Auswirkung der Variation der Drosselposition „x“ in der ersten Kammer einer Dehnschlauchleitung auf die Druckpulsation am Lenkgetriebeeingang

Wandung. In Abb. 5.30 ist ein typischer Aufbau eines Lenkhilfedehnschlauches gezeigt. Die Schlauchdecke ist zum mechanischen Schutz da. Das Geflecht nimmt den statischen Druck auf, während die dynamischen Druckpulsationen weitestgehend durch den Innendurchmesser d_i, der Wanddicke h und des Elastizitätsmodules der Schlauchselle bestimmt werden.

Unter Beachtung des realen, mit Luftanteil, vorherrschenden Ölkompressionsmoduls K_{Fl} (Abb. 5.28) kann die Dichtewellengeschwindigkeit der Pulsation im Fluid in der Dehnleitung c_{Fl} nach (2.51) und Beachtung der Ringdehnung nach *Korteweg* berechnet werden [12, 33].

$$c_{Fl} = \sqrt{\frac{K_{Fl}}{\rho_0\left(1 + \frac{K}{E_S} \cdot \frac{d_i}{h}\right)}} \tag{5.64}$$

Bei Kreisfahrten mit geringer Geschwindigkeit und gleichzeitigem Überfahren von Bodenwellen oder unebenen Wegen, wie z. B. Kopfsteinpflasterungen, kommt es zu impulsförmigen Weganregungen des gelenkten Rades. Diese Weganregungen übertragen sich durch die Lenkkinematik auf die Zahnstange des Lenkzylinders und damit auch in den hydraulischen Kreislauf der Lenkhilfe. Die Folge können repetierende Klappergeräusche sein, die den Fahrer stark verunsichern, da diese mögliche Fehlfunktionen oder Montagemängel suggerieren. Ursache ist ein so genanntes *hydraulisches Klappern* durch Kavitation

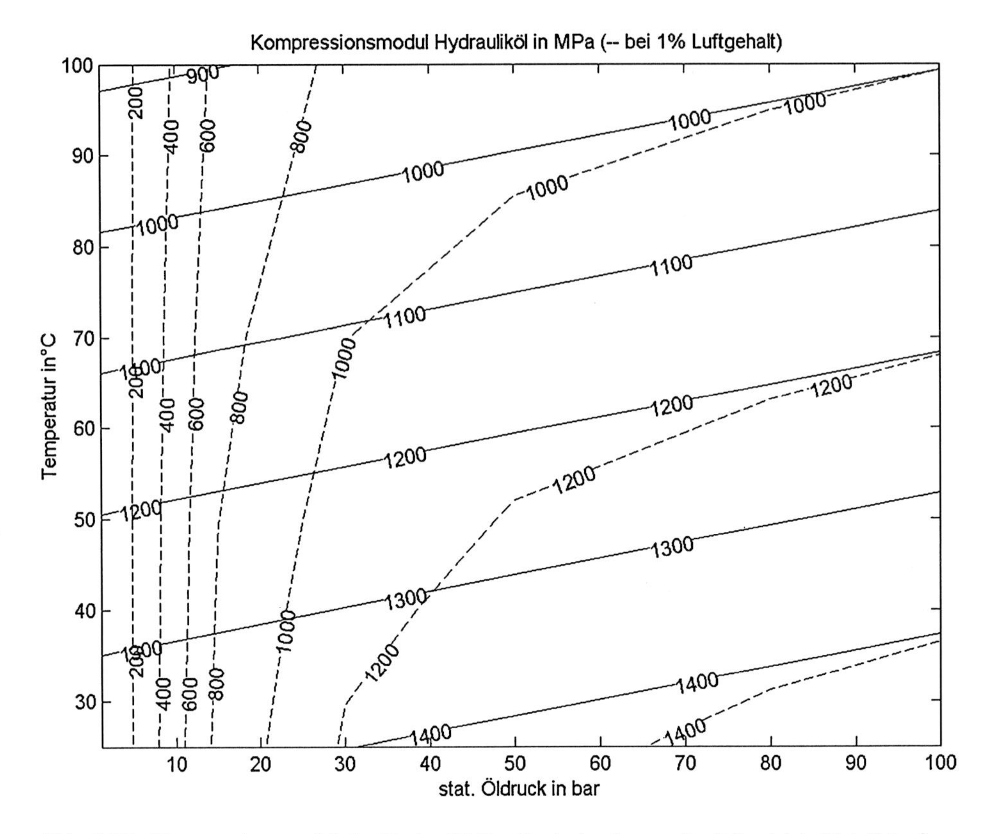

Abb. 5.29 Kompressionsmodul des Hydrauliköles Pentosin ohne und mit (gestrichelt) 1 % Luftanteil [12]

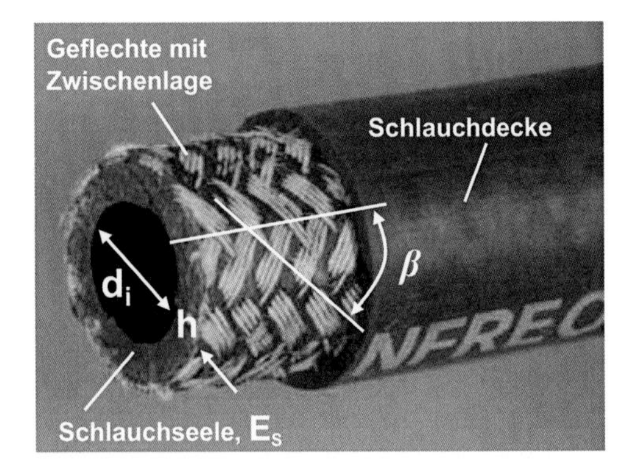

Abb. 5.30 Lenkhilfedehnschlauch mit Geflechteinlage [12]

auf der Niederdruckseite des Lenkzylinders oder im hydraulischen Rücklauf zwischen Lenkventil und Ausgleichsbehälter. Dieses hydraulische Kavitationsklopfen ist von mechanischen Klappergeräuschen subjektiv nicht zu unterscheiden. Die durch Schwellenüberfahrt erzeugten Druckimpulse in einem nicht optimierten hydraulischen Rücklauf erreichen kurzzeitige Druckspitzen von bis zu 100 bar. Der Öldruckverlauf im Rücklauf eines hydraulischen Lenksystems *ohne* und *mit* Druckanstauung durch eine Rücklaufblende und Verwendung eines weicheren Schlauchmaterials ist in Abb. 5.31 dargestellt. In den Volumenstromsenken sinkt der Druck am Lenkgetriebeausgang bis zur Dampfdruckgrenze stark ab. Die Hydraulikflüssigkeit verdampft und bei Druckanstieg kondensiert diese nach kurzer Zeit schlagartig. Dies führt zur Schwingungsanregung der Bauteile. Durch den Einbau von Blenden im Rücklauf wird durch Anstauen der Ölströmung der Rücklaufdruck erhöht, wodurch die Dampfdruckgrenze nicht erreicht und somit auch keine Kavitation ausgelöst wird.

Bei *hydraulischen Wankstabilisierungen* des Fahrwerks kann die Volumenzunahme auch durch Druckspeicher realisiert werden. Um das notwendige Speichervolumen gering zu halten, ist ein Einbau direkt am Pumpenausgang günstig. Das Speichervolumen wird elastisch über eine Gummimembran mit dahinterliegender Stickstoffgasfeder angekoppelt. Die schalldämpfende Wirkung wird zum einem durch den dargestellten Helmholtzresonator, aber auch durch die Membranschwingungen des Druckspeichers erzielt. Dies führt

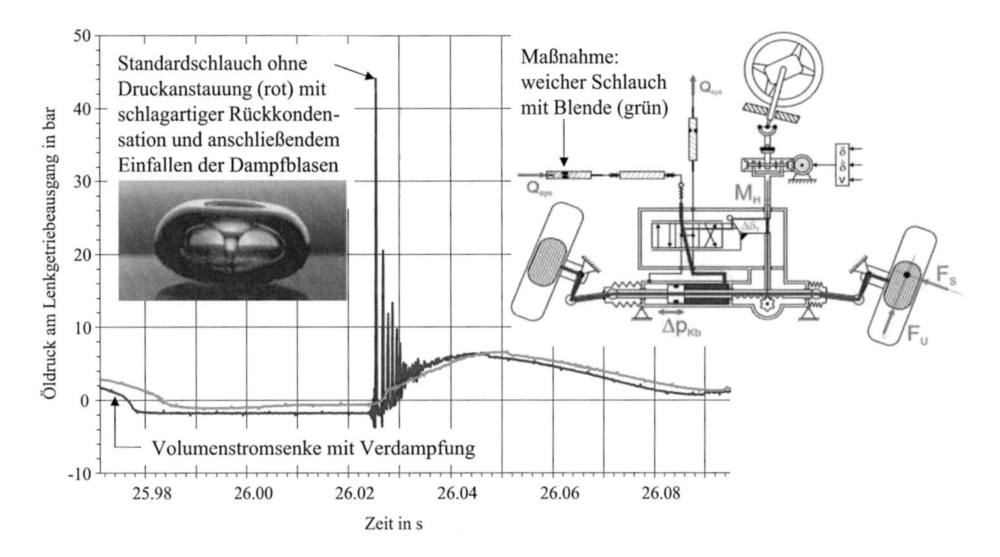

Abb. 5.31 Vermeidung des Kavitationsklopfens durch Verwendung eines weichen Rücklaufschlauches mit Druckanstauung durch eine Blende [24, 34]

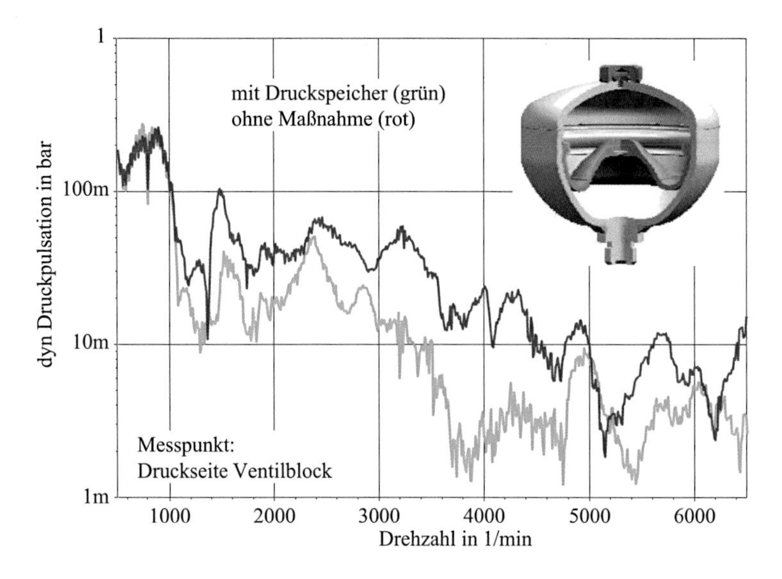

Abb. 5.32 Wirkung eines Druckspeichers mit 100 ccm Volumen auf die Druckpulsation einer hydraulischen Wankstabilisierung gemessen am Ventilblock [34]

allerdings auch zu einer Verringerung der Ansprechzeit des Regelsystems. Aufgrund dieses Totzeitverhaltens begrenzt sich entsprechend das Speichervolumen (Abb. 5.32).

Für eine *aktive Pulsationsminderung* benötigt man eine hydraulische Schallquelle, die mindestens so viel Schallleistung zu erzeugen in der Lage ist, wie durch Überlagerung ausgelöscht werden soll. Diese direkte aktive Pulsationsminderung ist bei Druckpulsationen von bis zu 10 bar aufgrund der sehr hohen notwendigen Schallleistung und der notwendigen Kompensation des statischen Druckes von über 120 bar technisch sehr aufwendig. Alternativ können ebenfalls durch dynamische Rückführung der Förderstrompulsation in den Tank die pulsationsbedingten Wechselkräfte gemindert werden [35]. Hierbei wird ein direkt gesteuertes, proportionales 2/2-Wege Schieberventil z. B. von einem Piezo-Stapelaktuator angetrieben, der einen Bypass zwischen Hochdruck- und Niederdruckanschluss der Pumpe schaltet (Abb. 5.33). Durch das Ventil wird somit dem System der dynamische Anteil des Pumpenvolumenstromes entzogen und die Druckpulsation wird damit vermieden.

5.3.6 Bremssysteme

Bremssysteme bei modernen Fahrwerken weisen eine Fülle von Komfort- und Fahrsicherheitsfunktionen auf. Zu den Komfortfunktionen gehören u. a.:

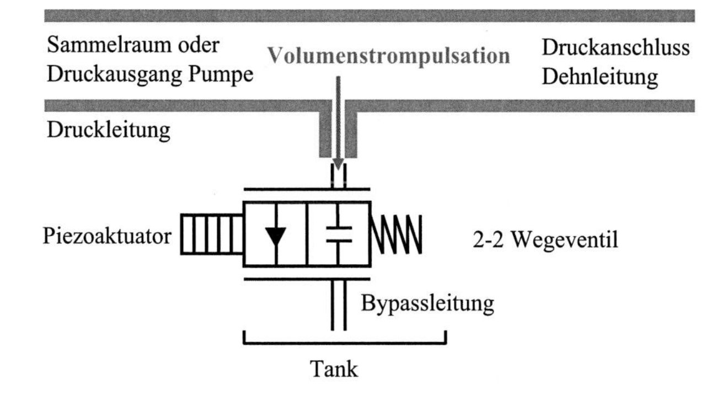

Abb. 5.33 Aktiver Bypass zur Abführung der Volumenstrompulsation in den Tank

- aktive Abstandskontrolle
- An- bzw. Abfahrhilfe am Berg
- Antiblockiersystem
- Traktionskontrolle
- Bremsstabilitätskontrolle.

Die Regelgeräusche der Sicherheitsfunktionen erzeugen beim Fahrer auf Fahrbahnen mit Niedrigreibwerten bei regennasser oder vereister Oberfläche Irritationen und Unsicherheiten. Eine moderate akustische Rückmeldung ist gewünscht, welche den Regeleingriff signalisiert, aber den Fahrer nicht zu Schreckreaktionen animiert. Akustisch besonders kritisch sind Regelungen bei geringen Drücken im Komfortbereich. Es sind nur einzelne Räder betroffen und der Fahrer erwartet keinen Regeleingriff, was sich bei schneebedeckter Fahrbahn allerdings nicht vermeiden lässt. Ursache ist der zu geringe Druckunterschied zum Blockierdruck beim Radbremsen und der zu große Druckunterschied nach dem Blockieren zum Anlaufen des Rades. Wirksame Geräuschminderungsmaßnahmen der Regelhydraulik sind der Verbau von mehrzylindrischen Kolbenpumpen mit großen Kolbenquerschnitten bei geringen Hüben und niedrigen Drehzahlen. Sekundär können auch vereinzelt Pulsationsdämpfer verbaut werden. Proportionalventile und eine Begrenzung des Druckgradienten ermöglichen im Feinsteuerbereich die Regelung von geringen Differenzdrücken und vermeiden damit hohe Pulsgeräusche. Wegen der einfacheren Messbarkeit sind Druckdifferenzregelungen günstiger als Volumenstromregelungen.

Besonders bei Automatikfahrzeugen kann es bei Komfortbremsungen bis in den Stillstand des Fahrzeuges zu Bremsenquietschen kommen. Die Anregung erfolgt beim Bremsdruckwechsel und dem wechselnden Übergang von Haft- zu Gleitreibung zwischen Bremsscheibe und Bremsbelag. Alle Bauteile der Radbremse werden hierbei zu Schwingungen angeregt und bilden ihre Eigenschwingformen aus (Abb. 5.34). Zur kritischen

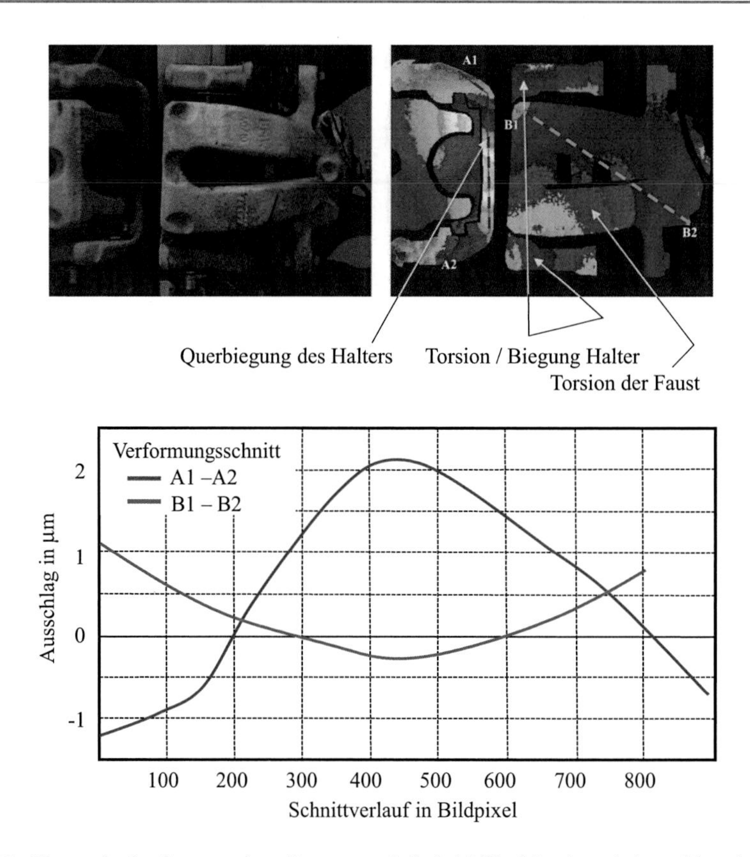

Abb. 5.34 Eigenschwingformen eines Bremssattels bei 4 kHz (oben) und Ausschlag der Verformungsschnitte (unten) [24, 34]

Schallemission kommt es, wenn sich Eigenformen des Bremssattels und der Bremsscheibe überlagern. Hochfrequente Schwingmode lassen sich wegen der geringen modalen Masse messtechnisch fehlerfrei nur berührungslos erfassen. Zum Einsatz kommen holographische Aufnahmen oder bei stationärem Verhalten auch Schwingwegerfassungen mittels Laserabtastung.

5.3.7 Körperschallübertragung durch Schlauchleitungen

Die Geräuschübertragung der Quellen im Fahrzeug geschieht neben der Luftschallübertragung aufgrund der endlichen Dämmwerte der Karosseriebauteile, Dichtungen, Scheiben und Lüftungskanäle, hauptsächlich durch Körperschallübertragung der Strukturen. Die verschiedenen Ausbreitungswege nennt man Schallpfade oder Transferpfade. Die Transfer-

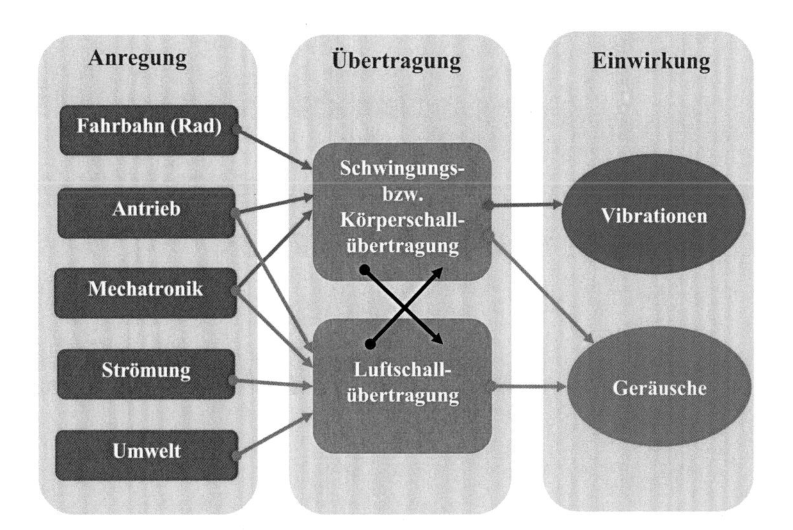

Abb. 5.35 Wirkkette der Geräuschanregung, Übertragung und Einwirkung in der Fahrzeugakustik

pfade können entweder reine Körperschallpfade, reine Luftschallpfade oder eine Mischung aus beiden sein. Zur Geräuschvermeidung durch Körperschallübertragung in den Fahrgastraum muss der vibroakustische Energiefluss von einer oder mehreren Quellen über deren relevanten Schallpfad zum Empfänger qualitativ und quantitativ beschrieben werden. Hierbei beschränkt sich die Transferpfadanalyse (TPA) nicht nur auf das Gesamtfahrzeug, sondern kann auch auf einzelne Baugruppen, welche eine Schallquelle besitzen, angewandt werden. Die Beschreibung der akustischen Eigenschaften der Schallpfade geschieht im Wesentlichen durch deren Übertragungsfunktionen. Als beschreibende Immissionsgröße gilt der Schalldruck im Innenraum des Fahrzeugs ebenso wie der Körperschall an Bauteilgrenzen von Subsystemen, z. B. der Befestigung einer Lenksäulenverstellung an der Stirnwand und des Querrohrs. Bei allen Geräuschphänomenen in der Fahrzeugakustik liegt die Wirkkette von *Anregung – Übertragung – Einwirkung* zu Grunde (Abb. 5.35, s. auch Kap. 3, Abb. 3.1).

Die Leistungs- und Medienversorgungen durch Stromkabel, Luftkanäle, Kraftstoffleitungen, Rohre und Schlauchleitungen stellen konstruktive Verbindungen zwischen den Aggregaten und der Karosserie her. Ebenfalls werden hierdurch auch Körperschallpfade zum Fahrgastraum gebildet. Hierbei werden neben dem Körperschalleintrag des Verbrennungsmotors auch die Funktionsgeräusche der Hilfsaggregate, z. B. durch Druckpulsationsübertragung von Pumpen und Kompressoren, in den Fahrzeuginnenraum übertragen. Eine besondere Bedeutung haben hierbei die Schlauchleitungen der hydraulischen Lenkung und Wank/Nickstabilisierung des Fahrwerks, der Kraftstoffversorgung und der Klimaanlage aber auch im zunehmenden Maß stromführende Elektrokabel. Zum Beispiel besteht ein typisches Schlauchleitungsnetz der Fahrzeughydraulik aus einer Pumpe als Schallquelle, hydraulischen Dehn-, Rücklauf- und Hochdruckschlauchleitungen, Halterungen mit Gummipuffern als Körperschallentkopplungselemente, Ventilblock und Zylindern als Verbraucher (Abb. 5.36).

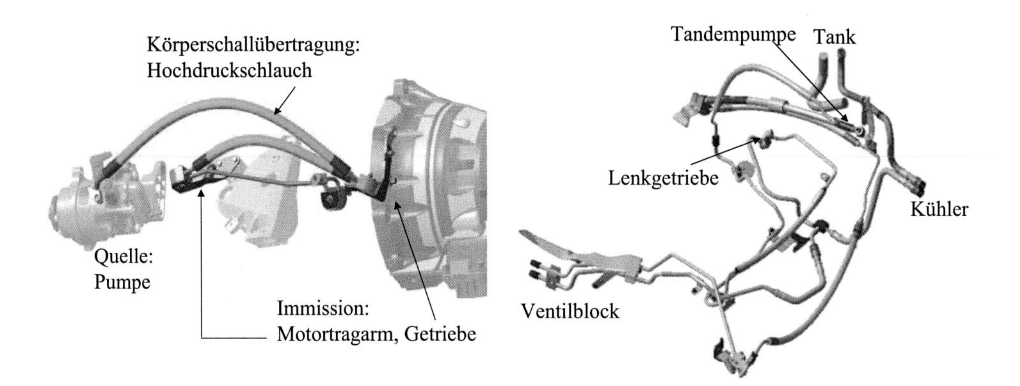

Abb. 5.36 Wirkkette der Körperschall- und Pulsationsübertragung eines Hochdruckschlauchs (li.) und Beispiel eines Leitungsnetzes der Fahrzeughydraulik (re.) [12, 36]

Zur akustischen Auslegung sind die Eigenfrequenzen der Leitungen, welche sich aus der Elastizität des Schlauchmaterials und der konstruktiven Gestaltung ergeben, wichtig. Hierbei ist zu beachten, dass das Elastizitätsverhalten nicht nur frequenzabhängig ist, sondern sich auch mit dem Betriebsdruck und der Temperatur ändert. Das Elastizitätsverhalten setzt sich zusammen aus der Formsteifigkeit, die sich aus den konstruktiven Abmaßen ergibt, und der Materialsteifigkeit, welche durch den Elastizitätsmodul beschrieben wird. Form- und Materialsteifigkeit ändern sich je nach Betriebspunkt. Der Elastizitätsmodul erhöht sich mit steigender Frequenz, was zu einer Versteifung führt und mit dem dynamischen E-Modul beschrieben werden kann. Bei Dehndruckschläuchen der hydraulischen Lenkung nimmt die Körperschall-Dehnwellengeschwindigkeit mit steigendem Druck und fallender Temperatur zu und erreicht Werte, die deutlich niedriger sind als die Schallgeschwindigkeit in Luft (Abb. 5.37).

Schlauchleitungen werden in der Regel auch genutzt, um zwischen zwei Aggregaten Winkelversätze, Höhenunterschiede oder Motorbewegungen auszugleichen. Die Biegeverlegung des Schlauches führt zu einer erhöhten Ankopplung an die drucktragende steife Geflechteinlage und damit zu einer Vorspannung. Weiterhin führt die Biegeverlegung zu einer Körperschallwellenkopplung. So können z. B. longitudinale Dehnwellen auch Biegewellen initiieren und umgekehrt (Abb. 5.38). Durch den Biegeradius R, nimmt bei zunehmendem Biegewinkel γ_i die Querkraft F_{q_i} an der Stelle (i) zu, während sich die longitudinal wirkende Kraft F_{l_i} in der Schlauchlängsrichtung verringert. Durch die Biegeverlegung des Schlauches wird an der Stelle (i) auch das Biegemoment $M_{\mathrm{b,\ zi}}$ initiiert, wodurch es zu einer Anregung der Biegewellen kommt.

Wird der Biegeradius kleiner, verringern sich am Schnittpunkt entlang des Schlauchbogens die Longitudinalkraft und die Anregungsstärke der Dehnwelle. Gleichzeitig erhöhen sich das Biegemoment $M_{\mathrm{b,\ zi}}$ und damit auch die Biegewellenanregung. Unter Verwendung der geometrischen Beziehung $\gamma_i = b_i/R$ ergibt sich folgender Zusammenhang für den Schnittpunkt an der Stelle (i)

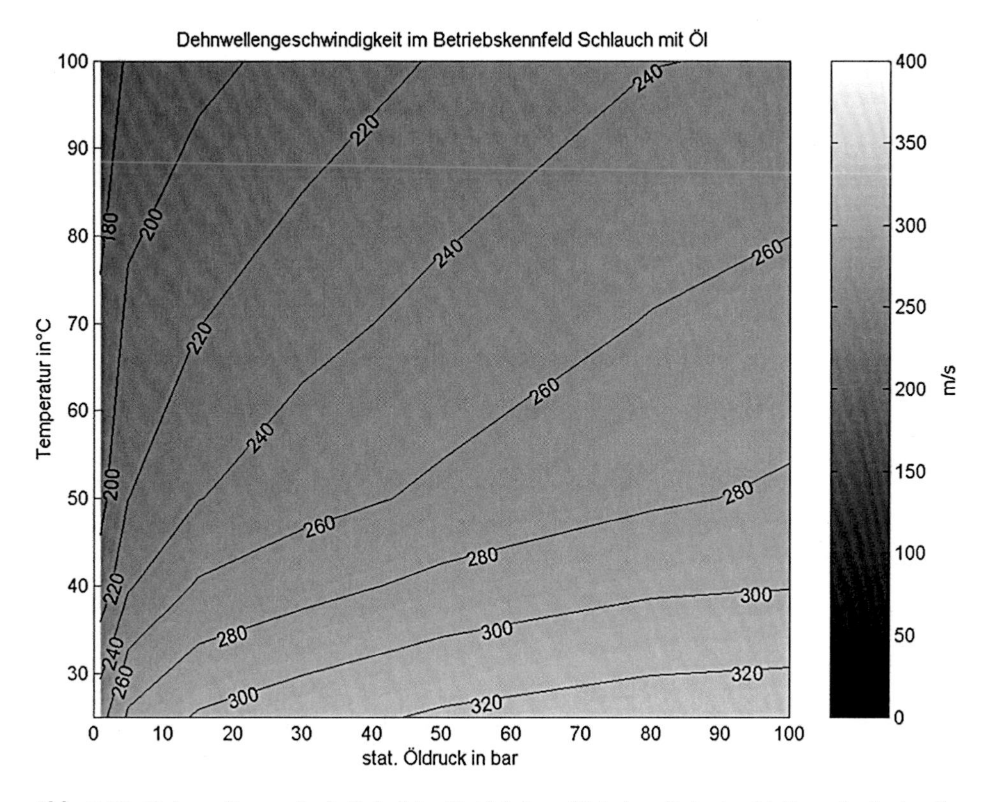

Abb. 5.37 Dehnwellengeschwindigkeit im Betriebskennfeld einer Dehndruckleitung der hydraulischen Lenkung [12]

$$\begin{pmatrix} F_{l_i} \\ F_{\mathrm{qi}} \\ M_{\mathrm{b,zi}} \end{pmatrix} = \begin{pmatrix} \cos(b_i/\mathrm{R}) \\ \sin(b_i/\mathrm{R}) \\ R(1 - \cos(b_i/\mathrm{R})) \end{pmatrix} \cdot F_{l_o} \tag{5.65}$$

Mit kleiner werdenden Biegeradien und damit größer werdenden Biegewinkeln erhöht sich die Dehnwellengeschwindigkeit. Funktional kann der Zusammenhang zum Biegeradius über versuchstechnisch ermittelte Parameter herstellt werden [12, 36].

$$c_{\mathrm{De}}(R) = \sqrt{c_{\mathrm{De},\infty}^2 + \left(\frac{a \cdot c_{\mathrm{De},0}}{\left(\frac{R}{R_0}\right)^k}\right)^2} \tag{5.66}$$

$c_{\mathrm{De},\infty} = \lim\limits_{R \to \infty} c_{\mathrm{DW}}(R)$: Dehnwellengeschwindigkeit bei gerader Verlegung

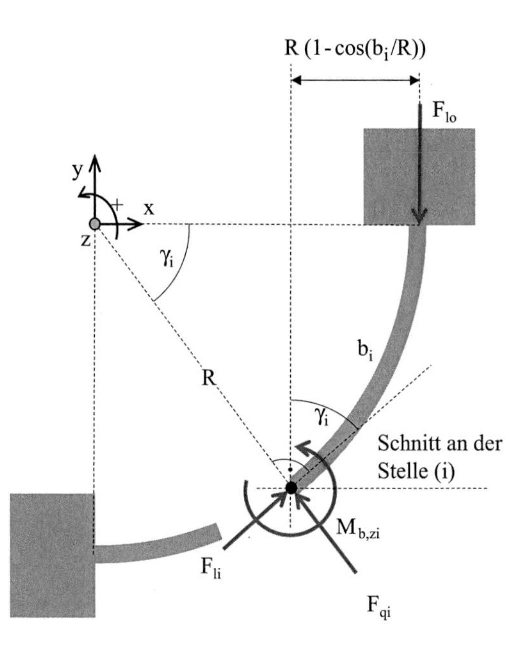

Abb. 5.38 Schnittgrößen und geometrische Beziehungen am gebogenem Schlauch

$c_{\mathrm{De},0} = 1\ \mathrm{m/s}, \mathrm{R}_0 = 1\ \mathrm{m}$: Bezugsgrößen

Die Konstanten a und k bei der Biegeverlegung sind von den elastischen Verformungseigenschaften des Schlauchmaterials im Betriebskennfeld abhängig und müssen aus Versuchen ermittelt werden (Abb. 5.39).

5.4 Übungen

Übung 5.4.1

An einem PKW Cabrio ist eine Antenne am Heck angebracht. Die Antenne hat einen Durchmesser von 5 mm. Bestimmen Sie die Frequenz des „Pfeiftons" hervorgerufen durch Strömungswirbel bei einer Geschwindigkeit von 50 km/h, 100 km/h und 150 km/h.

Übung 5.4.2

Bestimmen Sie den A-Oktav- und A-Gesamtschallleistungspegel (63 bis 8000 Hz) einer Druckluftdüse, verursacht durch die Freistrahlgeräusche.

$d = 12$ mm; $u \approx c =$ Schallgeschwindigkeit ; $p = 1{,}0$ bar; $t = 20$ °C

$R_{\mathrm{Luft}} = 287$ Nm/kgK; $\kappa = 1{,}4$

Übung 5.4.3

Bestimmen Sie die inneren A-Oktav- und A-Gesamtschallleistungspegel (63 bis 8000 Hz) in einer erdgasdurchströmten Rohrleitung, verursacht durch Strömungsgeräusche!

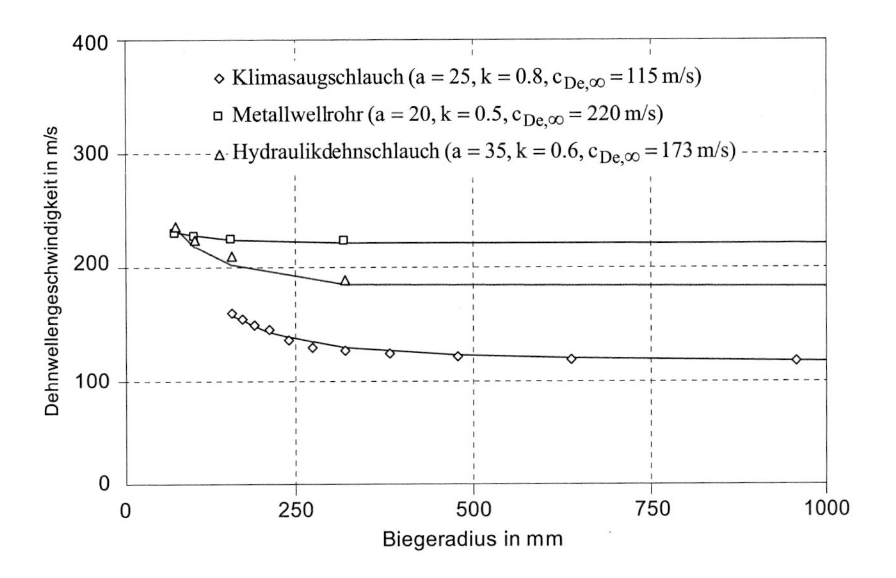

Abb. 5.39 Dehnwellengeschwindigkeit, gemessen (Punkte) und gerechnet (Linien) bei Biegeverlegung von Schläuchen typischer Fahrzeuganwendungen [12]

$\dot{V} = 25000$ m³/h	di = 550 mm ∅
p = 6,0 bar	t = 15 °C
$R_{Erdgas} = 400$ Nm/kg K	$\kappa = 1{,}33$

Übung 5.4.4

Es wurden zwei Kraftimpulse im Zeitbereich gemessen. Die Impulse sind halbcosinus- und rechteckförmig. Die Stoßzeit t_{St} (Einwirkzeit) der Impulse beträgt jeweils 5/100 s.

a) Bestimmen Sie die Impulsstärke ($J_S = 2/\pi \cdot F_{Max} \cdot t_{St}$) des Halbcosinus-Impulses bei einer maximalen Kraft von $F_{Max} = 10\ N$.
b) Bestimmen Sie die maximale Kraft eines Rechteck-Impulses ($J_s = F_{Max} \cdot t_{St}$) bei gleicher Impulsstärke wie beim Halbcosinus-Impuls aus a).
c) Die Repetierfrequenz des Rechteckimpulses beträgt 5 Hz. Skizzieren Sie den Amplitudenverlauf im Frequenzbereich.
d) Der Rechteckimpuls wird auf eine sehr große Baustahlplatte (Dicke 3 mm, Dichte 7856 kg/m^3, E-Modul 215 kN/mm^2, Querkontraktionszahl 0,28) in der Mitte punktförmig ausgeübt. Wie groß ist die Amplitude der Körperschallschnelle bei einer Frequenz von 30 Hz?
e) Wie groß ist der Körperschallbeschleunigungspegel in dB des Rechteckimpulses bei 30 Hz bei einer Bezugsgröße von $a_0 = 10^{-6}\ m/s^2$?

Übung 5.4.5

Eine Gummischlauchprobe wird an beiden Enden mit relativ großen Abschlussmasse versehen, so dass nur die freie Schlauchlänge elastisch schwingen kann. Drehbewegungen der Abschlussmassen können nicht komplett unterdrückt werden. Die erste stehende λ/2 Dehnwelle liegt im Frequenzbereich 500 Hz bis 700 Hz und die der Biegewelle im Frequenzbereich < 100 Hz.

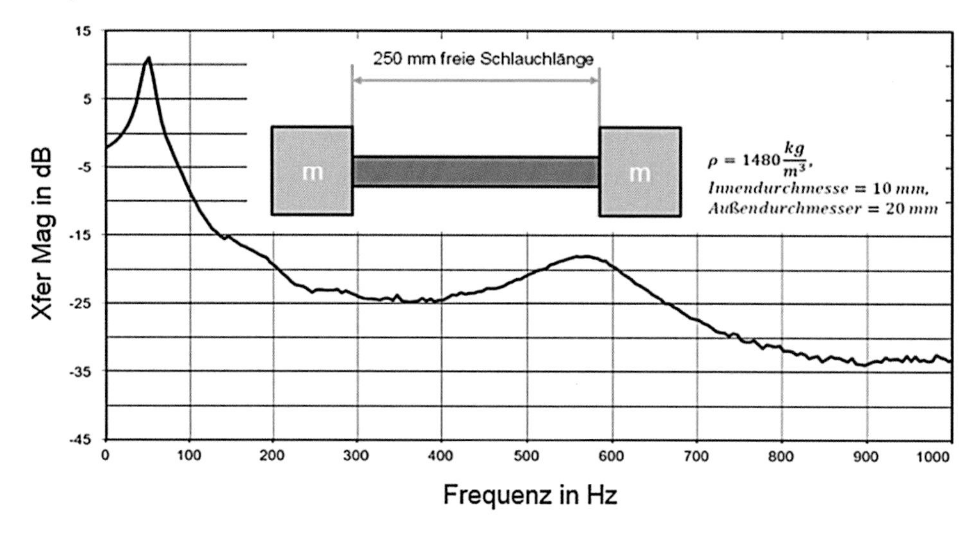

a) Bestimmen Sie die Frequenz der stehenden Dehnwelle.
b) Bestimmen Sie den Verlustfaktor.
c) Bestimmen Sie Dehnwellengeschwindigkeit im Gummischlauch.
d) Wie groß ist das dynamische Elastizitätsmodul der Dehnwelle im Oktavband 500 Hz, wenn die Schlauchdichte 1480 kg/m^3 beträgt?
e) Wie groß ist die Kennimpedanz am Schlaucheingang (Innendurchmesser 10 mm, Außendurchmesser 20 mm) und die Wellenzahl für die λ/2 Resonanzfrequenz?
f) Wie groß müssen die seitlich angebrachten Massen sein, damit eine näherungsweise „fest-fest“ Einspannung besteht. Begründen Sie die Aussage.

Übung 5.4.6

Ein frei hängender Stahl aus Baustahl mit kreisförmigem Querschnitt (Dichte $\rho = 7850\ kg/m^3$, Durchmesser $d = 20\ mm$, E-Modul $E = 2{,}1 \cdot 10^{11}\ N/m^2$, Länge $l = 0{,}5\ m$) wird von einer Seite in Längsrichtung kraftangeregt. Die Amplitudenverteilung im Frequenzspektrum ist konstant 1N (weißes Rauschen).

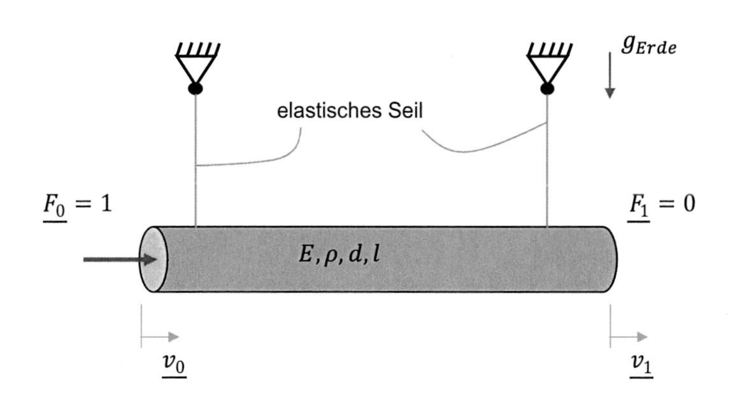

a) Bestimmen Sie die Dehnwellengeschwindigkeit im Stab.
b) Bestimmen Sie die spezifische Eingangsimpedanz in Längsrichtung.
c) Stellen Sie die Admittanzmatrix auf.
d) Bestimmen Sie die Eingangsadmittanz für die Oktavmittenfrequenzen von 125 Hz bis 8000 Hz.
e) Bestimmen Sie die Eigenfrequenz der $\lambda/2$ -Mode (1. stehende Dehnwelle).

Übung 5.4.7

In ein bestehendes hydraulisches Leitungsnetz wird ein Dehnschlauch (Innendurchmesser $d_i = 10{,}5\ mm$, Wandstärke $h = 3{,}5\ mm$ E-Modul $E_S = 100\ MPa$, Länge $l = 0{,}5\ m$) eingebaut. Es wird ein Hydrauliköl benutzt (Dichte $\rho_{Öl} = 810\ kg/m^3$, Gasanteil $\psi = 1\%$). Der Betriebspunkt liegt bei 50 bar Öldruck und einer Öltemperatur von 50 °C.

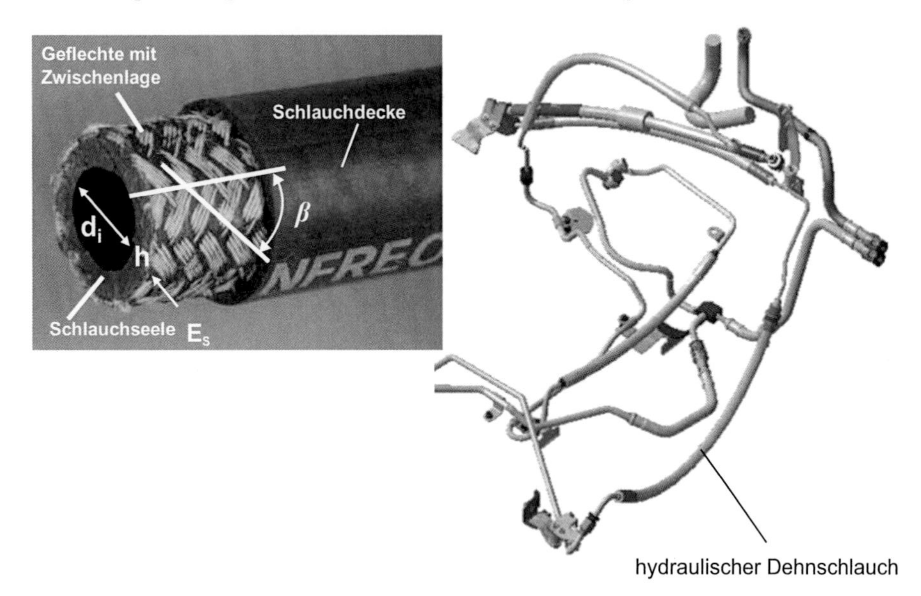

a) Bestimmen Sie die Schallgeschwindigkeit im Öl der Druckpulsation.
b) Bestimmen Sie die tiefste Frequenz der stehenden Pulsationswelle, wenn die beidseitigen Rohrleitungen als unendlich lang angesehen werden können.

Literatur

1. Sinambari, G.R., Kunz, F.: Primäre Lärmminderung durch akustische Schwachstellen-analyse. VDI-Bericht Nr. 1491 (1999)
2. VDI-3720, B 1, Entwurf: Konstruktion lärmarmer Maschinen und Anlagen, Konstruktionsaufgaben und -methodik (2014)
3. Cremer, L., Heckl, M.: Körperschall, 2. Aufl. Springer, Berlin (1996)
4. Föller, D.: Maschinenakustische Berechnungsgrundlagen für den Konstrukteur. VDI-Bericht Nr. 239 (1975)
5. Sinambari, G.R.: Konstruktionsakustik, primäre und sekundäre Lärmminderung. Springer-Vieweg, Wiesbaden (2017)
6. Heckl, M., Müller, H.A.: Taschenbuch der Technischen Akustik, 2. Aufl. Springer, Berlin (1994)
7. Sinambari, G.R., Walter, A., Thorn, U.: Entstehung und Vermeidung von Ratterschwingungen an einer Honmaschine. VDI-Berichte 2118 (2010)
8. Kollmann, F.G., Schösser, T.F., Angert, R.: Praktische Maschinenakustik. Springer, Berlin/Heidelberg (2006)
9. DIN 13 343: Linar-viskoelastische Stoffe, Begriffe, Stoffgesetze, Grundfunktionen (1994)
10. DIN 1311-2: Schwingungen und schwingungsfähige Systeme, Teil 2: Lineare, zeitinvariante schwingungsfähige Systeme mit einem Freiheitsgrad (2002)
11. Möser, M., Kropp, W.: Körperschall, 1. Aufl. Springer, Berlin/Heidelberg/New York (2010)
12. Sentpali, S.: Körperschallübertragung gerader und gebogener Schlauchleitungen im Fahrzeugbau, Dissertation, TU Kaiserslautern (2008)
13. Heckl, M.: Strömungsgeräusche. Fortschr. Ber. VDI-Z. Reihe 7, Nr. 20. VDI (1969)
14. Stübner, B.: Untersuchung aerodynamisch erzeugter Schallfelder mit Hilfe der Modellmethode. Dissertation, TH München. Beuth Verlag, Berlin (1967)
15. Sinambari, G.R., Thorn, U.: Strömungsinduzierte Schallentstehung in Rohrbündel- Wärmetauschern. Z. Lärmbekämpf. 47(1) (2000)
16. Rosenberg, H., Henn, H., Sinambari, G.R., Fallen, M., Mischler, W.: Akustische und schwingungstechnische Vorgänge bei der Gasentspannung DVGW-Schriftenreihe, Gas Nr. 32. ZfGW, Frankfurt (1982)
17. Henn, H., Rosenberg, H., Sinambari, G.R.: Akustische und gasdynamische Schwingungen in Gasdruck-Regelgeräten, ihre Entstehung und Fortpflanzung. gwf-gas/erdgas, Heft 6 (1979)
18. Sinambari, G.R., Fallen, M. et al.: Akustische und schwingungstechnische Probleme im Anlagenbau unter besonderer Berücksichtigung von Rohrleitungen und strömungsführenden Komponenten, Nr. E-35-727-134-9, HDT Essen (1999)
19. Sinambari, G.R.: Ausströmgeräusche von Düsen und Ringdüsen in angeschlossenen Rohrleitungen, ihre Entstehung, Fortpflanzung und Abstrahlung. Dissertation Universität Kaiserslautern (1981)
20. VDI 3733: Geräusche bei Rohrleitungen, Beuth Verlag, Berlin (1996)
21. U. Ackermann, K. Gertis: Messung der Schalldämpfer in Kanälen. Bauphysik 13(¾), 77–84/120–125 (1991)
22. Radek, U.: Kavitationserzeugte Druckimpulse und Materialzerstörung. Acoustica 26, 270 (1972)

23. Fitzpatrick, H.M.: Cavitation noise. 2nd Symposium on Naval Hydrodynamics. Washington, DC (1958)
24. Sentpali, S.: Mechatronische Geräusche. In: Zeller, P. (Hrsg.) Handbuch Fahrzeugakustik, S. 295–310. Springer Vieweg, Wiesbaden (2012)
25. Meins, J.: Elektromechanik. Teubner, Stuttgart (1997)
26. VDI 3736 Blatt 1: Emissionskennwerte technischer Schallquellen, Umlaufende elektrische Maschinen, Asynchronmaschinen. Beuth Verlag, Berlin (1984)
27. Heckl, M., Müller, H.A.: Taschenbuch der Technischen Akustik, 2. Aufl., S. 160–161. Springer, Berlin/Heidelberg/New York (1994)
28. Sentpali, S.: Geräuschquellen im Fahrzeug und deren akustischer Wertigkeitseindruck. Fachtagung im Haus der Technik, Essen (2008)
29. Pies, K. Sentpali, S. Fallen, M.: Parametrische Analyse des Schallfeldes am Ausströmer einer Kfz-Klimaanlage zur Bestimmung einer Mündungskorrektur. DAGA Dresden (2008)
30. Pies, K. Sentpali S.: Experimental determination of acoustic transfer matrices, reflection coefficients and source characteristics carried out on a test bench for automotive HVAC systems, 7th Int. „Styrian Noise, Vibration & Harshness Congress“, Congress Graz (2012)
31. Sentpali, S., Pies, K., Fallen, M., Ebert, F.: Ermittlung von Kennwerten zur Beschreibung der akustischen Übertragungseigenschaften biegeschlaffer Bauteile, Tagungsbeitrag der 33. Jahrestagung für Akustik DAGA, Stuttgart (2007)
32. Sentpali, S.: Akustik und Schwingungen. In: Pfeffer, P., Harrer, M. (Hrsg.) Lenkungshandbuch, S. 101–123. Springer Vieweg, Wiesbaden (2013)
33. Murrenhoff, H.: Grundlagen der Fluidtechnik Teil1: Hydraulik, Shaker, Aachen (2001)
34. Sentpali, S.: Geräuschminderung an Fahrzeuglenk- und Stabilisierungssystemen. Fachtagung im Haus der Technik, Essen (2008)
35. Goenechea, E. Sentpali, S.: Aktive Pulsations- und Geräuschminderung an hydraulischen Komponenten und Systemen im Pkw, DAGA Stuttgart (2005)
36. Sentpali, S.: Körperschallnebenwegübertragung durch Schlauchleitungen. In: Tschöke, H., Krahl, J., Munack, A. (Hrsg.) Innovative Automobiltechnik, S. 30–45. Expert, Renningen (2009)

Grundlagen des menschlichen Hörens und objektive Schallbeurteilung

6

6.1 Soziologie des Hörens

Unter der Soziologie des Hörens versteht man die gesellschaftliche Bedeutung dieser Sinneswahrnehmung. Auch die Wahrnehmung und die Deutung von Geräuschen hinsichtlich der damit verbundenen Information und der akustischen Wertigkeit sind soziologisch geprägt.

6.1.1 Hören als Sinneswahrnehmung

Der Mensch orientiert sich in der räumlichen Umwelt und in seinem sozialen Umfeld durch seine Sinneswahrnehmungen. Äußerlich sichtbar und medizinisch gut erforscht sind die Sinnesorgane der so genannten „fünf Sinne" mit ihren sensorischen Eigenschaften:

- Sehen – visuell
- Hören – auditiv
- Riechen – olfaktorisch
- Schmecken – gustatorisch
- Tastsinn – taktil, haptisch

Versteht man alle Wahrnehmungsmöglichkeiten des Menschen nach der anthroposophischen Definition der Sinneslehre von Rudolf Steiner [1] als Sinn, so ergänzen sich zu den „fünf Sinnen" sieben weitere:

- Gleichgewichts-Sinn (Lageveränderung im Gravitationsfeld, Labilität, Stabilität)
- Eigenbewegungs-Sinn (Motorik, Bewusstsein von der Lage der Gliedmaße)

G. R. Sinambari, S. Sentpali, *Ingenieurakustik*,
https://doi.org/10.1007/978-3-658-27289-0_6

- Wärme-Sinn (Temperaturveränderungen auf der Körperoberfläche)
- Ich-Sinn (Empathie, Wahrnehmung der Wesensart eines anderen Menschen)
- Gedanken-Sinn (Erfassen der Sinnhaftigkeit eines Gedankenganges, Verstehen)
- Laut-Sinn (Detektion von Lauten, Silben, Worten, Gesang)
- Lebens-Sinn (Vitalität, Hunger, Müdigkeit)

Besonders hohen Erkenntnisgewinn erlangt der Mensch aus dem Sehen und Hören. Während das Sehen als sehr nützlich für Wahrnehmungen aus der Arbeitswelt, der Freizeitbeschäftigung oder Orientierung im Straßenverkehr ist, schreibt man dem Hören einen hohen Einfluss auf die Persönlichkeitsbildung des Menschen zu. Erst gemeinsam mit Sprache entsteht eine einfache Möglichkeit mit anderen Menschen zu kommunizieren. Hierbei werden Informationen, Gedanken oder Stimmungen ausgetauscht, die es ermöglichen das Verhalten jedes Individuum in der Gesellschaft selbst zu korrigieren. Die Bewusstseinsbildung des Menschen, das sich selbst Begreifen und Verstehen als „Ich", ist unmittelbar an Kommunikation gebunden. Die hohe Wichtigkeit des „Hörens" wird deutlich mit der Tatsache, dass der Mensch immer hört, auch beim Schlafen. Das Hörvermögen ist damit gleichfalls ein empfindliches Warninstrument und ermöglicht Gefahrensituation frühzeitig zu erkennen und sogar die Unterbrechung der Schlafphase einzuleiten.

Der Verlust einzelner Sinn kann teilweise durch die noch vorhandenen Sinne kompensiert werden, allerding bei geringerer Qualität der gesamten Wahrnehmungsgüte und dem damit verbundenen geringeren Detaillierungsgrad der aktuellen Situationsbeschreibung von räumlicher Umwelt und sozialem Umfeld. Deutlich wird dies beim Lesen eines Buches. Hierbei ist es dem Leser durchaus möglich mittels textlicher Beschreibungen Höreindrücke zu rekonstruieren. Niedergeschriebener Text kann als „gespeicherte" Lautsprache bezeichnet werden. Eine gelungene gedankliche Rekonstruktion von Geräuschen, Klängen oder Tönen erfolgt durch die Auswahl der semantischen Beschreibungen und der Möglichkeit sich an frühere ähnliche Situationen mit entsprechenden Höreindrücken zu erinnern. Die Zuordnung der textlichen Hörattribute zu den entsprechenden Geräuschsituationen bedingt eine Mindestzahl von Geräuscherlebnissen und steigt mit entsprechendem Erfahrungszuwachs.

Damit ist das Hörvermögen aber auch schutzlos gegenüber Lärm. Eine Schädigung des Hörvermögens hat direkte Auswirkungen auf die Qualität und Quantität der Kommunikation. Es ist deutlich aufwendiger Sprachinformationen mit lärmgeschädigten Menschen auszutauschen. Oft führt dies, neben der anstrengenden notwendig höheren Lautstärke, auch zu einem stark vereinfachten Satzbau, nur bestehend aus Subjekt und Prädikat. Die sprachlich so bereichernden Situationsbeschreibungen durch das Objekt, werden der Verständlichkeit geopfert. Im gewissen Maße begünstigt zunehmende Taubheit auch die Vereinsamung.

Die soziologische Auswirkung des Hörens ist durch frühere Philosophen ebenfalls erkannt worden. So sind die Aussagen von Immanuel Kant (1742–1804) *„Nicht Sehen können trennt von den Dingen. Nicht Hören können trennt von den Menschen"* oder Karl

Jaspers (1883–1969) *„Dass wir miteinander reden können, macht uns zu Menschen"* auch in unserer modernen Industriewelt noch gültig. Die Möglichkeit durch Gehörtes Informationen zu transportieren, ist nicht nur auf die menschliche Kommunikation beschränkt. Bei der Leistungsbeurteilung von Maschinen wird die Geräuschemission als Qualitätsmerkmal, in Form von akustischer Wertigkeit, empfunden.

6.1.2 Akustische Wertigkeit

Die Leistungsfähigkeit und Qualität einer Maschine ist verbunden mit dem markenspezifischen Maschinengeräusch oder Klang. Die menschliche Urteilsbildung über die Wertigkeit erfolgt mittels eines Vergleichs von mit den Sinnen erlebbaren kundenwerten Eigenschaften und den erwarteten Eigenschaften. Diese Erwartungshaltung ist oft soziologisch geprägt und in der menschlichen Erinnerung als Kategorie gespeichert. So vermittelt tieffrequentes Rauschen einer Fackel Wärme, während ähnlich eines Kühlgebläses hochfrequente Zischgeräusche das Kälteempfinden unterstreichen. Eine besondere Bedeutung kommt den kundenwerten Eigenschaften von Fahrzeugen zu, da diese ein Ausdruck von Wertigkeit sind. Hierbei ist es für das Produkt wichtig, alle erwarteten Eigenschaften in ausreichendem Maße zu besitzen, jedoch lassen sich die Eigenschaften nach direkt öfter bzw. indirekt seltenerer Erlebbarkeit skalieren (Abb. 6.1). Neben der Formgebung und Fahrleitung steht die Akustik an oberster Stelle als nutzbarer Ausdruck von Qualität und Wertigkeit.

Da man als Käufer oft nicht in der Lage ist die Leistungseigenschaften objektiv zu beurteilen, ist man auf das Leistungsversprechen des Herstellers und seiner Marke angewiesen. Marken stehen somit für Orientierung in der Produktvielfalt des Marktes. Die Differenzierung der Produkte erfolgt wiederum durch die wahrnehmbaren subjektiv erlebbaren Eigenschaften – eben auch durch Geräusche und Klänge.

Nicht alle Geräuschemissionen sind für den Transport der akustischen Wertigkeit gleichermaßen geeignet. So ist die Erlebbarkeit an die Kundensituation und der emittierten Geräuschkategorie gebunden (Tab. 6.1). Als stärkster Beitragsleiter zur akustischen Wertigkeit bei Maschinen und insbesondere im Fahrzeug gelten alle Betätigungs- und Funktionsgeräusche der mechatronischen Systeme. Begründet ist dies mit der Möglichkeit diese Geräusche in allen Kundensituationen zu hören und der Tatsache, dass beim Einschalten einer Funktion eine bewusste Handlung mit entsprechend hoher Aufmerksamkeit vorliegt. Diese Aufmerksamkeit auf die direkte Handlung kann genutzt werden, um eine akustische Rückmeldung der Funktionsbereitschaft zu geben und zusätzlich auch akustische Wertigkeit zu demonstrieren. Eine Portfoliodarstellung von Beeinflussungsgrad des Fahrers und Betriebsdauer typischer Mechatroniksysteme zeigt Abb. 6.2. Langanhaltende Funktionsgeräusche, wie z. B. die Kraftstoffpumpe oder der Motorlüfter, welche durch Regelungssysteme eingeschaltet werden und vom Fahrer nur indirekt beeinflussbar sind, werden als besonders störend empfunden.

direkt
ERLEBBARKEIT
indirekt
Formgebung; Haptik
Fahrleistung
Akustik/Sound
Verbrauch
Zuverlässigkeit
Passive Sicherheit
Werterhaltung
Umweltfreundlichkeit

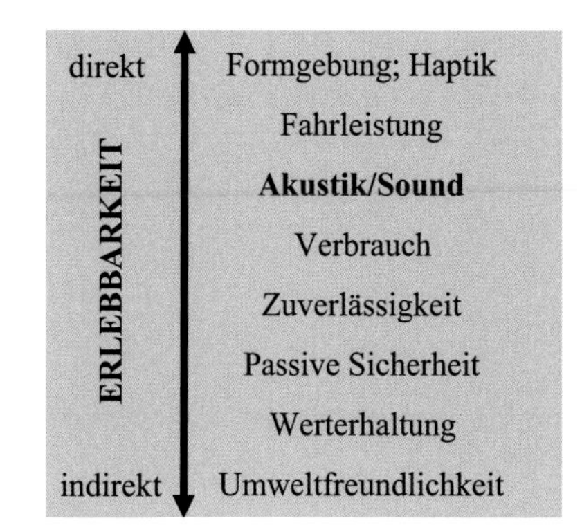

Abb. 6.1 Erlebbarkeit von kundenwerten Produkteigenschaften am Beispiel Fahrzeug

Tab. 6.1 Erlebbare Fahrzeuggeräusche in Kundensituationen und deren kundenwerter Nutzen

Frequenzgruppe	(Bark)	1	2	3	4	5	6	7	8
Mittenfrequenz	(Hz)	50	150	250	350	450	570	700	840
Bandbreite	(Hz)	100	100	100	100	110	120	140	150
Frequenzgruppe	(Bark)	9	10	11	12	13	14	15	16
Mittenfrequenz	(Hz)	1000	1170	1370	1600	1850	2150	2500	2900
Bandbreite	(Hz)	160	190	210	240	280	320	380	450
Frequenzgruppe	(Bark)	17	18	19	20	21	22	23	24
Mittenfrequenz	(Hz)	3400	4000	4800	5800	7000	8500	10500	13500
Bandbreite	(Hz)	550	700	900	1100	1300	1800	2500	3500

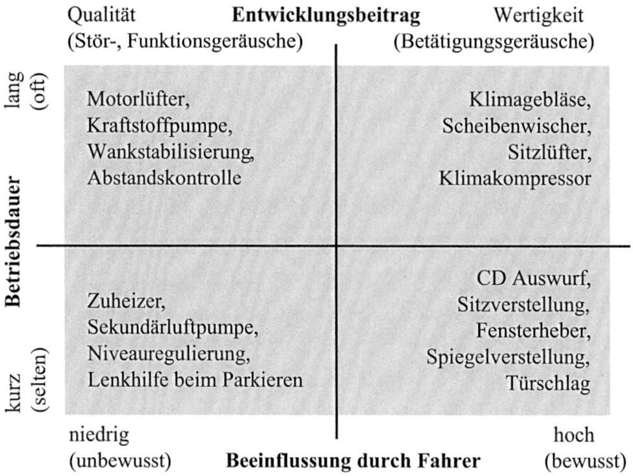

Qualität
Entwicklungsbeitrag
Wertigkeit
(Stör-, Funktionsgeräusche)
(Betätigungsgeräusche)
lang (oft)
Betriebsdauer
kurz (selten)
Motorlüfter,
Kraftstoffpumpe,
Wankstabilisierung,
Abstandskontrolle
Klimagebläse,
Scheibenwischer,
Sitzlüfter,
Klimakompressor
Zuheizer,
Sekundärluftpumpe,
Niveauregulierung,
Lenkhilfe beim Parkieren
CD Auswurf,
Sitzverstellung,
Fensterheber,
Spiegelverstellung,
Türschlag
niedrig
(unbewusst)
Beeinflussung durch Fahrer
hoch
(bewusst)

Abb. 6.2 Beeinflussungen der akustischen Wertigkeit am Beispiel der Geräuschemissionen von Fahrzeugmechatroniksystemen

Der Fahrer wird durch diese Geräuschkategorie weitestgehend überrascht und sieht sich den Immissionen, wie auch allen anderen Störgeräuschen, ausgeliefert. Die Zielsetzung bei der Entwicklung beschränkt sich darauf diese Stör- und Funktionsgeräusche kostengünstig nicht hörbar zu machen.

Alternativ bieten die Betätigungsgeräusche, wie z. B. von Stellmotoren des Fensterhebers oder das Öffnungs- und Schließgeräusch von Klappen und Türen, die Möglichkeit durch gezielte Klanggestaltung (Sound Engineering) anzuwenden.

6.2 Physiologie des Hörens

Die Physiologie des Hörens erklärt die Funktionsweise des menschlichen Ohres als auditorisches System. Um die Sinneswahrnehmung Hören zu erleben müssen folgende Aufgaben erfüllt sein [2]:

- Übertragung des hörbaren Schallstimulus zu den Rezeptoren,
- Umwandlung des Stimulus in elektrische Signale,
- Auswertung der Signale nach Schallparametern, wie Lautheit, Tonhöhe, Modulation und Klangfarbe sowie auch nach der Schallrichtung.

Beim Hören wird das menschliche Ohr mit den physikalischen Größen des Schallfeldes, der Schalldruck, beaufschlagt, wodurch der Hörvorgang eingeleitet wird. Zu einem Höreindruck kommt es jedoch nur, wenn die Frequenz und der Effektivwert des Luftschallwechseldrucks innerhalb bestimmter Grenzen liegen.

Die obere Grenze der Frequenz, die vom menschlichen Ohr noch wahrgenommen wird, liegt bei ca. 20.000 Hz. Sie wird mit steigendem Lebensalter zu tieferen Frequenzen verschoben und kann sich bei einem 60-jährigen Menschen halbiert haben auf 10.000 Hz. Die untere Frequenzgrenze liegt bei 16 bis 20 Hz. Darunter werden periodische Druckschwankungen, sofern die menschliche Fühlschwelle überschritten wird, nur noch als mechanische Erschütterungen wahrgenommen. Der hörbare Frequenzbereich ist somit zu tieferen Frequenzen durch den Infraschallbereich und zu höheren Frequenzen durch den Ultraschallbereich begrenzt. Die obere Grenze des Luftschallwechseldrucks liegt etwa bei einem Effektivwert von $\widetilde{p} = 100\ \mathrm{N/m^2}$ und einer Frequenz von 1000 Hz, was einem Grenzpegel $L_p = 134$ dB entspricht. Diese Grenze stellt die so genannte Schmerzschwelle dar, deren Überschreitung zu einer unerträglichen Belastung wird. Sie ist nur in geringem Maße von der Frequenz abhängig.

Die untere Grenze, die so genannte Hörschwelle, ist schwieriger zu erfassen. Das Ohr besitzt bei einer Frequenz von ca. 4000 Hz seine größte Empfindlichkeit mit einem Schwellwert $\widetilde{p} = 2 \cdot 10^{-5,15}\ \mathrm{N/m^2}$. Bei 2000 Hz ist der Schwellwert bereits auf $2 \cdot 10^{-5}\ \mathrm{N/m^2}$, bei 1000 Hz auf $2 \cdot 10^{-4,8}\ \mathrm{N/m^2}$ angestiegen. Die zugehörigen Pegelwerte betragen:

$L_{4000\ \mathrm{Hz}} = -3\ \mathrm{dB},$

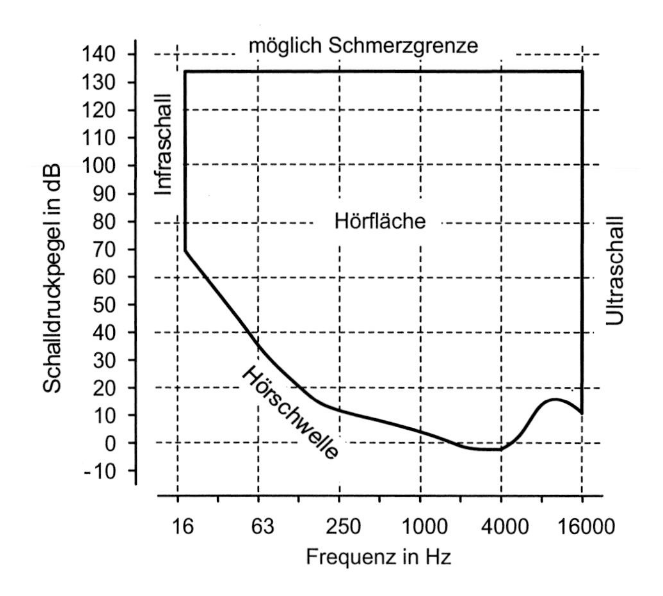

Abb. 6.3 Hörfläche des menschlichen Ohres

$L_{2000\ \text{Hz}} = 0$ dB,
$L_{1000\ \text{Hz}} = +4$ dB.

Das bedeutet, dass die Empfindlichkeit des Ohres zu niedrigeren Frequenzen hin stetig und spürbar abnimmt. Bei 63 Hz beträgt die Hörschwelle sogar schon 35 dB.

Trägt man die Grenzen der Schalldruckpegel und der Frequenzen in einem Pegel-Frequenz-Diagramm auf, so erhält man die so genannte Hörfläche, innerhalb der sich der Hörvorgang vollzieht (Abb. 6.3). Hier wird auch der sehr große Frequenzbereich des menschlichen Hörens von 16 bis 16000 Hz verdeutlicht, der logarithmisch, z. B. in 10 Oktavschritte, aufgeteilt wird.

Einen entsprechend großen Bereich überdecken auch die Wellenlängen λ des Luftschalls im Hörbereich. Gemäß der Beziehung $c = \lambda \cdot f$ erstreckt er sich bei 15 °C von $\lambda = 21{,}3$ m bei 16 Hz über 34 cm bei 1000 Hz bis zu 2,13 cm bei 16.000 Hz, was auch in Abb. 6.4 zu erkennen ist.

Zum besseren Verständnis des Hörvorgangs ist in Abb. 6.5 die Anatomie des Ohres dargestellt. Durch den Gehörgang dringen die Druckschwankungen des Schallfeldes zum Trommelfell vor und versetzen es in Schwingungen. Für Frequenzen kleiner 7 kHz gilt das Trommelfell als unendlich steif und bildet mit dem Gehörgang – mittlere Länge 25 mm – einen $\lambda/4$-Resonator im Frequenzbereich 2000 Hz bis 4000 Hz. Die maximale Empfindlichkeit liegt bei der ersten stehenden Welle bei 3430 Hz. Die zum Mittelohr gekehrte Rückseite bleibt durch die Druckschwankungen unbeaufschlagt, da die Eustachische Röhre, die eine Verbindung zum Rachenraum herstellt, die schnellen Druckschwankungen unterdrückt und, ausgenommen beim Schluckvorgang, verschlossen

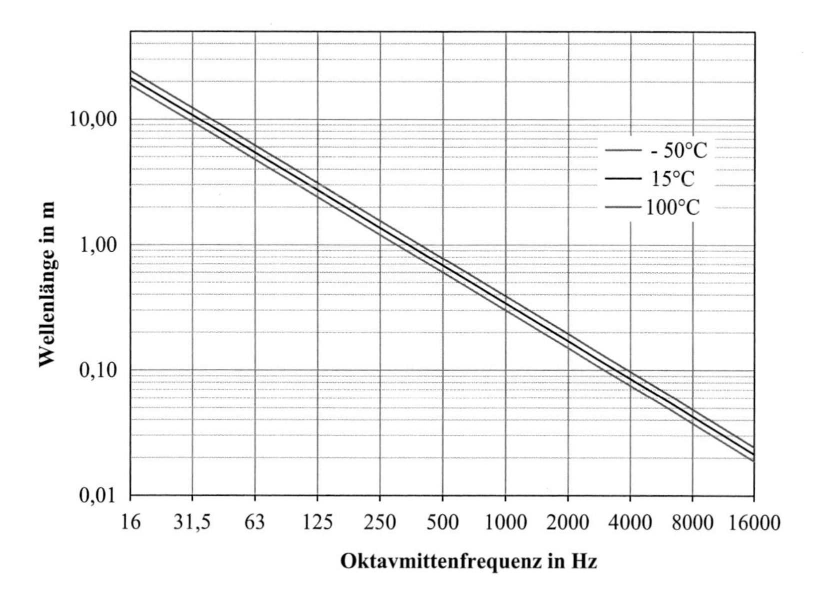

Abb. 6.4 Wellenlänge des Luftschalls bei unterschiedlichen Lufttemperaturen in Abhängigkeit von der Frequenz

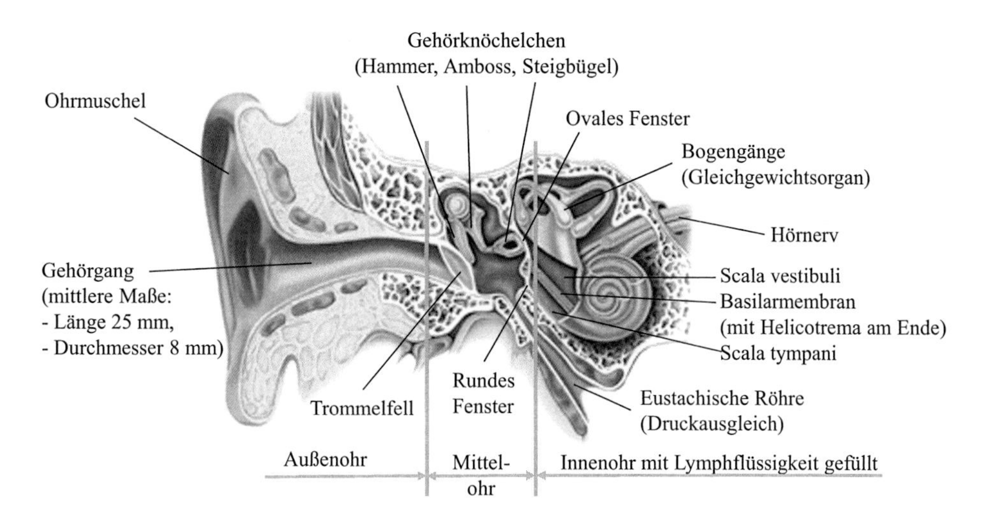

Abb. 6.5 Menschliches Ohr

ist. Die Schwingungen des Trommelfells werden durch das Hebelsystem der Gehörknöchelchen des Mittelohres, bestehend aus Hammer, Amboss und Steigbügel, auf das Innenohr bzw. auf das ovale Fenster und damit auch auf die Lymphflüssigkeit der Schnecke übertragen. Dabei bewirkt die Flächenübersetzung von schwingungswirksamem Querschnitt des Trommelfells zur Auflagefläche des Steigbügels in Verbindung mit der

Hebelübersetzung der mechanischen Übertragungselemente eine 20-fache Krafterhöhung bei Minderung der Ausschläge (Drucktransformation). Akustisch gesehen übernehmen die Gehörknöchelchen die Anpassung der niedrigeren Kennimpedanz der Luft an die wesentlich höhere Kennimpedanz der Lymphflüssigkeit. Bei einem direkten Übergang von Luftschall in Flüssigkeitsschall wäre eine erhebliche Reflexion an der Phasengrenze die Folge (vgl. hierzu Kap. 8).

Im Innenohr wird eine relativ grobe Frequenzanalyse des Schallereignisses vorgenommen. Diese Analyse erfolgt gemäß der so genannten Wanderwellenhypothese [3].

Etwas vereinfacht dargestellt, ist der Innenraum der Schnecke durch die Basilarmembran in zwei übereinander liegende Bereiche unterteilt (Scala vestibuli und Scala tympani). Beide Bereiche sind am Helicotrema miteinander verbunden. Am Ende des unteren Bereichs befindet sich das runde Fenster, das im Gegensatz zur sonst fast starren Schneckenwand sehr nachgiebig ist und somit auch ein Ausweichen der Lymphflüssigkeit ermöglicht. Ein solcher Ausweichvorgang wird eingeleitet, wenn am ovalen Fenster über den Steigbügel eine dynamische Druckwirkung auf die Lymphflüssigkeit erfolgt. Letztere antwortet dann mit einer Volumenverschiebung in beiden Richtungen, sowohl am ovalen als auch am runden Fenster. Dadurch wird aber die dazwischen liegende Anfangszone der Basilarmembran ebenfalls in beiden Richtungen ausgebaucht. Diese im Takte der Druckschwankungen des ovalen Fensters stattfindende Randstörung pflanzt sich auf der Membran in Form einer fortschreitenden Biegewelle, der Wanderwelle, in Richtung zum Membranende (Helicotrema) fort, wie in Abb. 6.6 dargestellt ist.

Die Basilarmembran ist faserstrukturiert, mit zunehmender Breite, also abnehmender Steifigkeit, zum Membranende hin (Abnahme etwa 1:100). Mit abnehmender Steife nimmt aber auch die Wellengeschwindigkeit und damit bei gleicher Frequenz die Wellenlänge ab. Hieraus und aus der Tatsache, dass der Schneckengang zum Ende hin enger wird, ergeben sich Besonderheiten der Wanderwellen. Je niedriger ihre Frequenz ist, umso weiter dringen sie auf der Basilarmembran vor. Die Amplituden der Ausbreitung nehmen zunächst zu, klingen dann aber nach einer bestimmten, für die Frequenz charakteristischen Stelle rasch ab. Hinter dieser Stelle ist die Wellenbewegung praktisch zum Erliegen gekommen. Wellen mit hoher Frequenz haben ihr Amplitudenmaximum in der Nähe des ovalen Fensters, Wellen mit niedriger Frequenz in der Nähe des Helicotremas. Daraus folgt

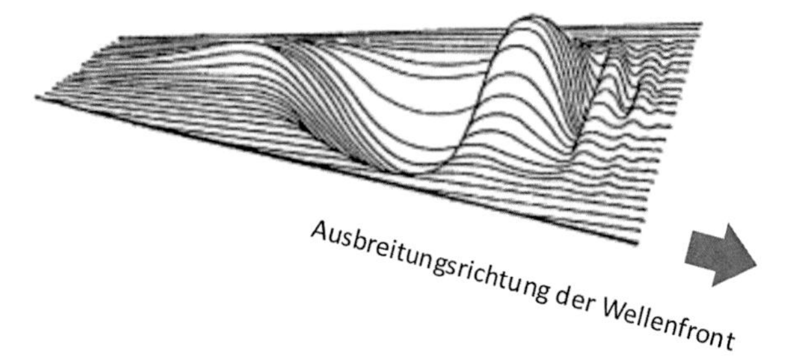

Abb. 6.6 Wanderwelle der Skalentrennwand [3]

aber eine frequenzabhängige räumliche Trennung der anregenden Wellen. Man spricht auch von Frequenzdispersion. Damit wird jede Frequenz des Schallereignisses an einem bestimmten Bereich der Basilarmembran abgebildet. Gleichzeitig trägt die Basilarmembran den eigentlichen sensorischen Umwandlungsmechanismus, das Cortische Organ. Es verkörpert sehr zahlreiche Rezeptoren oder Haarzellen, die auf der Membran das Ende je einer Nervenfaser bilden. Alle Nervenfasern sind zum Hörnerv zusammengefasst. Die Auslenkung der Basilarmembran wird in den Haarzellen in Nervenreize umgesetzt. Die Welle, d. h. die Lage und die Größe der Amplitudenmaxima, wird in ein analoges Muster von Nervenreizen (Aktionspotenziale) im Hörnerv abgebildet. Über den Hörnerv gelangt die gesamte akustische Information in die zentrale Hörbahn. Zusätzliche Schaltmechanismen, eine schärfere Separierung der Frequenzen und weitere Verknüpfungsschaltungen führen schließlich im Hörzentrum des Hirns zum bewussten Hören.

Innerhalb dieses bewussten Hörens spielt die Wahrnehmung der Lautstärke eines Geräusches und die damit eng gekoppelte Empfindlichkeit einer Geräuschbelästigung eine wesentliche Rolle. Beide Eindrücke sind maßgebliche Komponenten bei der Beurteilung einer Geräuscheinwirkung auf den Menschen.

6.3 Psychologie des Hörens

Die Psychologie des Hörens beschäftigt sich mit der sogenannten *Mensch-Maschine-Schnittstelle* und integriert hierbei die wissenschaftlichen Bereiche der Wahrnehmungspsychologie mit der Psychoakustik, welche als Teilgebiet der Psychophysik angesehen wird. Hauptaufgabe ist es, die Wirkzusammenhänge zwischen der menschlichen Empfindung von Schall und dessen physikalischen Schallfeldgrößen aufzuzeigen. Zur objektiven Beschreibung subjektiver Geräuschwahrnehmung werden, neben den Größen zur Lautheits- und Tonhöhenquantifizierung, eine Vielzahl psychoakustischer Metriken verwendet. Im Folgenden werden nur einige gebräuchliche Parameter beschrieben, die auf Zwicker [4] zurückgehen.

6.3.1 Subjektive Lautstärke und Weber-Fechnersches Gesetz

Die subjektive Wahrnehmung der Lautstärke eines Schallereignisses kann durch das Weber-Fechnersche Gesetz beschrieben werden. Dieses Gesetz gibt eine Beziehung zwischen der physikalischen Reizgröße oder Reizstärke R und der physiologischen Reizwahrnehmung oder Empfindungsstärke E an. Es besagt, dass durch den Zuwachs dR der Reizgröße die Wahrnehmung einen Zuwachs dE erfährt, der proportional zur relativen Reizänderung dR/R ist. Hinzu kommt, dass eine Reizwahrnehmung erst dann möglich ist, wenn die Reizgröße den Schwellwert R_0, bei dem E gerade gleich Null ist, überschritten hat, und dass dE erst dann spürbar wird, wenn dR/R einen bestimmten prozentualen Wert übersteigt. Es gilt also

$$dE = k\frac{dR}{R} \tag{6.1}$$

woraus durch Integration folgt

$$E = \int_0^E \mathrm{dE} = \mathrm{k}\int_{R_0}^R \frac{\mathrm{dR}}{R} \tag{6.2}$$

Die unteren Integrationsgrenzen ergeben sich bei gerade noch keiner Empfindung mit $E = 0$ und der hier vorliegenden äußeren Reizschwelle mit R_0. Die oberen Integrationsgrenzen bleiben unbestimmt und man erhält

$$E = k \cdot \ln \frac{R}{R_0} \tag{6.3}$$

Diese Beziehung stellt somit einen logarithmischen Zusammenhang zwischen der physikalischen Reizgröße R und der physiologischen Reizwahrnehmung E dar.

Im akustischen Bereich lässt sich dieses Ereignis auf die Wahrnehmung der Lautstärke eines Schallereignisses übertragen. Der physikalischen Reizgröße entspricht hierbei der Effektivwert des Schallwechseldruckes. Unter der Lautstärkewahrnehmung versteht man die Stärke Λ der im Bewusstsein wahrgenommenen Schallempfindung. Das „Weber-Fechnersche Gesetz" sagt ferner aus, dass Λ mit dem Schallpegel L_p gekoppelt ist. Allerdings ist hierbei kein einfacher Zusammenhang zwischen Λ und L_p herzustellen. Der Grund liegt darin, dass die Lautstärkewahrnehmung zusätzlich frequenzabhängig und die Physiologie der Lautstärkebildung auf der Basilarmembran bestimmten Additionsregeln unterworfen ist. Zur Feststellung der subjektiven Lautstärke ist man daher letztlich auf reproduzierbare Hörvergleiche angewiesen, die zum Lautstärkepegel L_N mit der Einheit [phon] geführt haben. Dabei wird der Lautstärkepegel L_N eines beliebig gearteten Geräusches mit einem Standardschall subjektiv verglichen. Als Standardschall gilt eine ebene Schallwelle mit der Frequenz f = 1000 Hz, deren Schalldruckpegel L_p durch $L_p = 20$ lg $(p/p_0$ angegeben wird.

Dem Zahlenwert des objektiv gemessenen und als gleich laut empfundenen Standardschalls L_p in dB entspricht dann dem Lautstärkepegel L_N des zu beurteilenden Geräusches in phon. Bei einem 1000 Hz-Ton stimmen daher die Zahlenwerte in dB und in phon überein, was dagegen für andere Frequenzen im Allgemeinen nicht mehr zutrifft.

Für den Standardschall gilt weiterhin, dass sich die Lautstärkewahrnehmung verdoppelt, wenn sein Schallpegel L_p um ca. 10 dB zunimmt. Ebenso halbiert sie sich, wenn L_p um ca. 10 dB abnimmt. Dies lässt sich auch in der Form angeben:

$$\Delta\Lambda_{1000Hz} = 2^{\pm\frac{\Delta L_P}{10}}. \tag{6.4}$$

Daraus folgt aber, dass sich ganz allgemein die Lautstärkewahrnehmung eines beliebig gearteten Geräusches verdoppelt, wenn sein Lautstärkepegel L_N um 10 phon zunimmt, oder sich halbiert, wenn er um 10 phon abnimmt. Diesen allgemeinen Zusammenhang kann man wieder wie folgt angeben:

$$\Delta\Lambda = 2^{\pm\frac{\Delta L_N}{10}} \tag{6.5}$$

Danach führt z. B. eine Erhöhung der Phonzahl um 20 phon zu einer Vervierfachung der Lautstärkewahrnehmung Λ.

Besser lässt sich die subjektive Lautstärkewahrnehmung kennzeichnen, wenn anstelle des Lautstärkepegels L_N in phon die Lautheit N in sone einführt wird, was in Abb. 6.7 dargestellt ist. Dabei ist die Lautheit N mit dem Lautstärkepegel L_N in der Weise verknüpft, dass bei 40 phon die Lautheit 1 sone beträgt und sich bei einem Zuwachs um 10 phon verdoppelt. Die Einheit Sone gibt somit das subjektive Lautheitsempfinden linear wieder, d. h. eine Vervielfachung der Lautheit in Sone entspricht einer proportionalen Änderung der wahrgenommenen Lautheit [5–7].

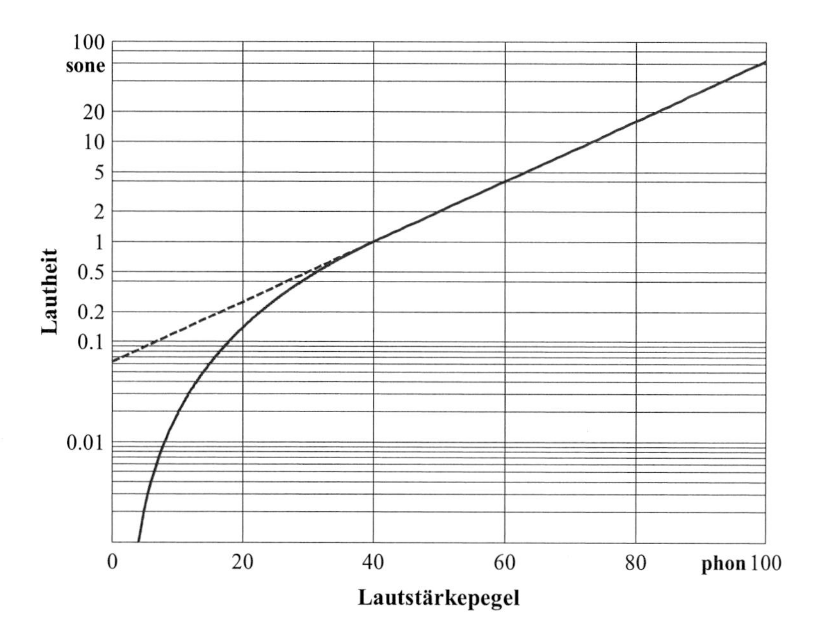

Abb. 6.7 Zusammenhang zwischen Lautheit und Lautstärkepegel

Zwischen der Lautheit N in sone und dem Lautstärkepegel L_N in phon besteht, wie in Abb. 6.7 dargestellt, der folgende Zusammenhang für Lautstärkepegel oberhalb von 40 phon, bzw. einer Lautheit größer als 1 sone:

$$N = 2^{\frac{L_N - 40}{10}} sone \tag{6.6}$$

$$L_N = 40 + \frac{10 lgN}{lg(2)} \text{phon} \tag{6.7}$$

Für N < 1 sone bzw. $L_N < 40$ phon gilt:

$$L_N \approx 40 \cdot (N + 0{,}0005)^{0{,}35} \tag{6.8}$$

Das Lautstärkeempfinden steigt somit bei steigendem Lautstärkepegel bis 40 phon stärker an als bei höheren Lautstärkepegeln größer als 40 phon.

Einen Lautstärkevergleich verschiedener Geräuschgruppen zeigt Abb. 6.8. Wie man sieht, beginnt das praktische Hören bei 20 phon. Die obere Grenze ist bei einer Schmerzgrenze von 134 phon erreicht. Bei der praktischen Durchführung von Hörvergleichen zur

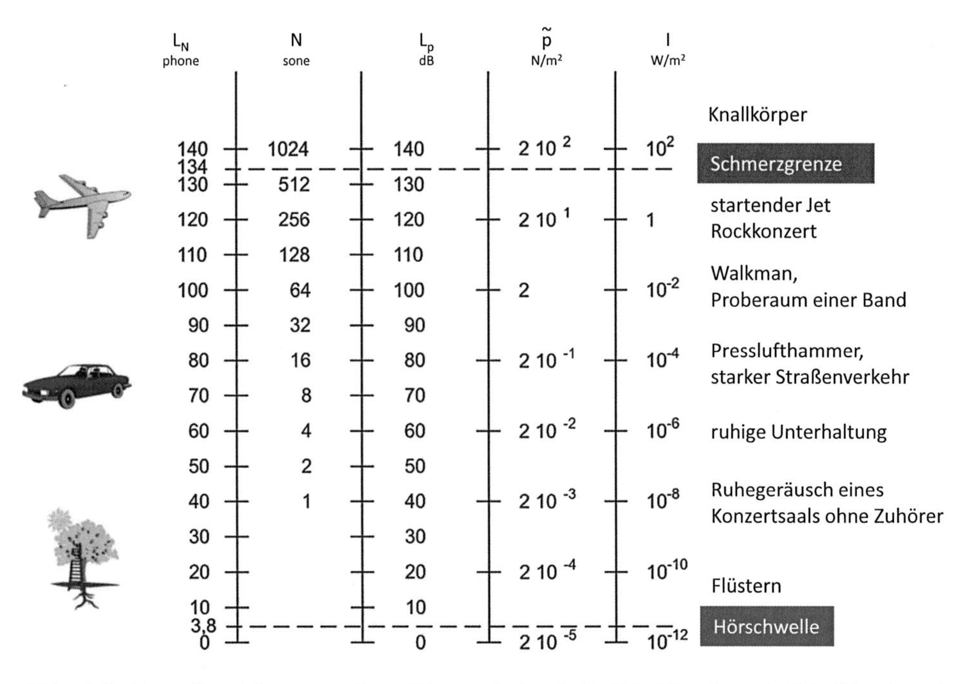

Abb. 6.8 Gegenüberstellung von Lautstärkepegel, Lautheit, Schalldruckpegel, Schalldruck und Schallintensität für 1000 Hz Standardschall

Ermittlung von Phonzahlen beliebig gearteter Geräusche bietet man Testpersonen das zu prüfende Geräusch und den Standardschall abwechselnd an. Dieses Verfahren ist in den meisten Fällen unpraktikabel. Nur in Sonderfällen einfach zu definierender und leicht reproduzierbarer Geräusche, z. B. bei Sinustönen und weißem Rauschen, sind solche Hörvergleiche sinnvoll und auch durchgeführt worden.

Fletscher und Mundson [8] haben über Kopfhörer und Robinson und Dadson [9] im Freifeld für reine Sinustöne im Hörvergleich mit dem Standardschall 1000 Hz Kurven gleichen Lautstärkepegels, die sog. Phonskala, aufgestellt. In der DIN ISO 226 [10] sind die statistisch ermittelten Normalkurven erfasst (Abb. 6.9). Charakteristisch für die Kurvenschar ist die starke Abnahme der Empfindlichkeit des Ohres zu tiefen Frequenzen hin, vor allem im niedrigen Phonzahlbereich.

Im Frequenzbereich von 2000 bis 4000 Hz erkennt man einen beachtlichen Verstärkungseffekt, insbesondere bei niedrigen Phonzahlen. Dieser Effekt ist beispielsweise wichtig für die Sprachverständlichkeit, da sich Konsonanten in diesem Frequenzbereich befinden, während Vokale wesentlich energiereicheren Signalen in tieferen Frequenzbereichen entsprechen. Unangenehm macht sich diese Empfindlichkeit vor allem bei

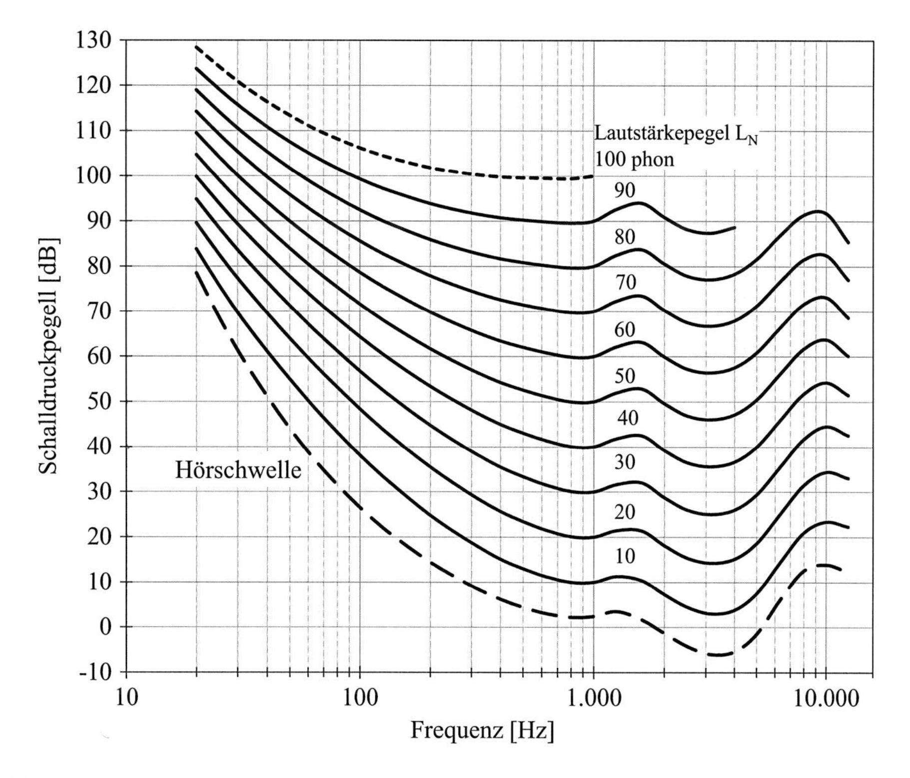

Abb. 6.9 Normalkurven gleicher Lautstärkepegel (ermittelt für reine Töne unter Freifeldbedingungen) [10]

Flugzeuggeräuschen bemerkbar. Die Phonskala ist im unteren Bereich durch die Hörschwelle, im oberen durch die Schmerzschwelle begrenzt.

Die bisher gemachten Angaben über subjektive Lautstärken basieren auf Hörvergleichen. Darüber hinaus wurden Verfahren entwickelt, die es ermöglichen, aus objektiven Messwerten auf rechnerischem Wege einen Lautstärkepegel zu ermitteln.

6.3.2 Tonhöhe

Das Tonhöhenempfinden ist im unteren Frequenzbereich linear mit der Frequenz verknüpft, so dass eine Frequenzverdoppelung auch eine Verdoppelung des Tonhöhenempfindens bedeutet (Abb. 6.10).

Allerdings gilt dieser einfache Zusammenhang zwischen Reizgröße und Reizempfindung nur im unteren Frequenzbereich (unter 1000 Hz). Im höheren Frequenzbereich steigt die empfundene Tonhöhe langsamer als die Frequenz. Verantwortlich dafür sind vor allem physiologische Vorgänge auf der Basilarmembran, auf die aber hier nicht näher eingegangen werden soll. Die Empfindungsgröße *mel* gibt die wahrgenommene Tonhöhe linear wieder.

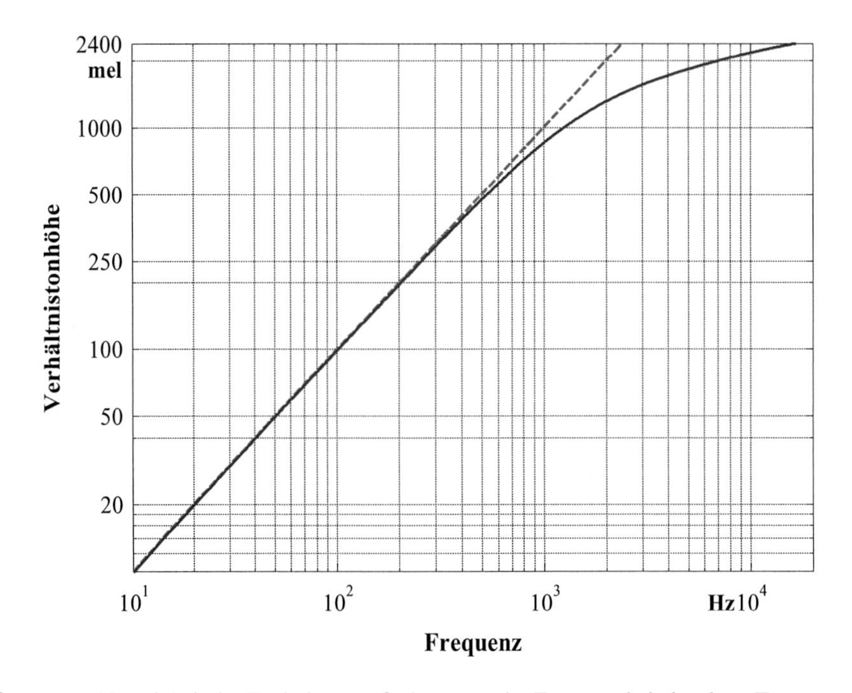

Abb. 6.10 Abhängigkeit der Tonhöhenempfindung von der Frequenz bei einzelnen Tönen

6.3.3 Rauigkeit und Schwankungsstärke

Die Amplitudenmodulation von Geräuschen führt je nach Art der Modulation zu verschiedenen Empfindungen. Wie in Abb. 6.11 dargestellt, schwankt die Hüllkurve eines modulierten harmonischen Schalldruckverlaufs mit der Modulationsfrequenz f_m, während die Stärke der Schwankung durch den Modulationsgrad $m = \widehat{p}_m / \widehat{p}_u$ ausgedrückt wird [11]. Hierbei ist $\widehat{p}_m$ der Spitzenwert des modulierenden Signals und $\widehat{p}_u$ der Spitzenwert des unmodulierten harmonischen Signals. Das modulierte Signal ergibt sich mit der unmodulierten Signalfrequenz f_u in dem Beispiel aus:

$$\widehat{p}_m = \widehat{p}_u \cdot \sin(2\pi f_u \cdot t) \cdot (1 + m \cdot \cos(2\pi f_m \cdot t)) \tag{6.9}$$

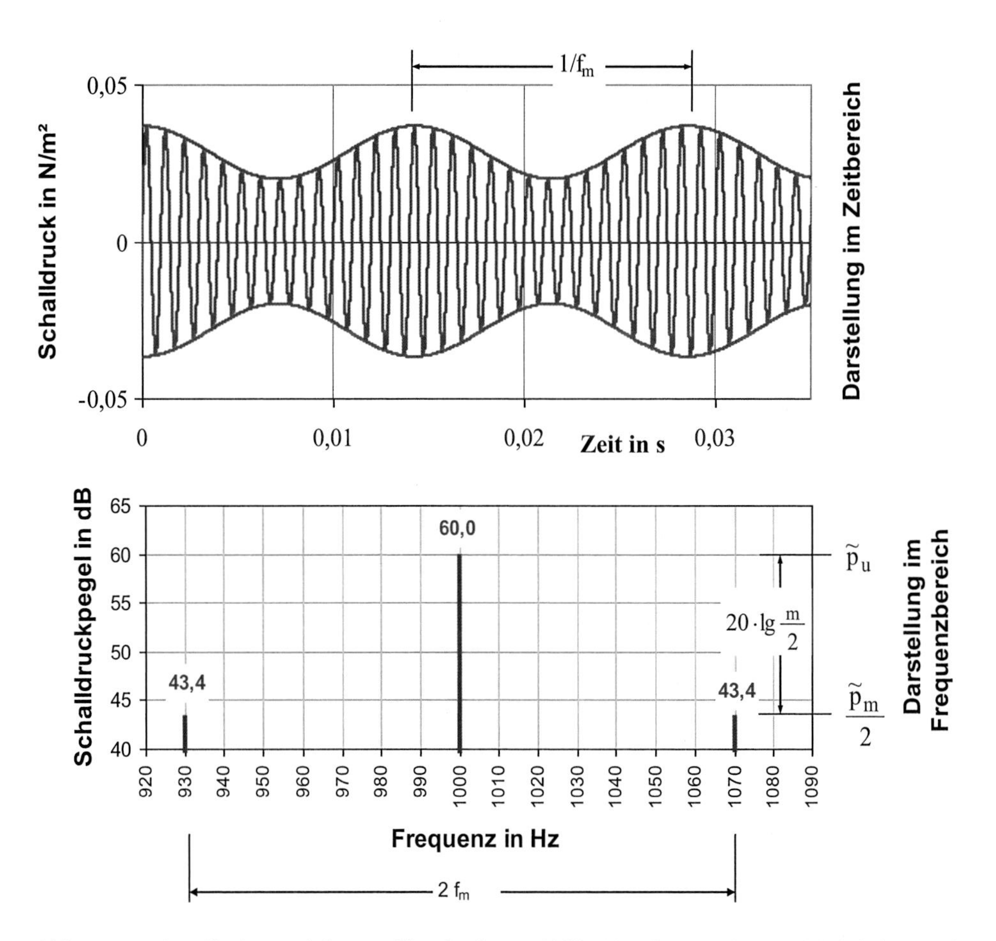

Abb. 6.11 Amplitudenmoduliertes Signal, $f_u = 1000\ Hz$, $f_m = 70\ Hz$, Modulationsgrad $m = \frac{0{,}084\ Pa}{0{,}0283\ Pa} = 0{,}3$, Effektivwert des unmodulierten $\widetilde{p}_u$ und modulierten $\widetilde{p}_m$ Schalldrucks

In der Frequenzbereichsdarstellung wird deutlich, dass hierbei drei diskrete Töne vorliegen. Der mittlere Ton hat die Frequenz der unmodulierten Schwingung. Die beiden anderen Töne liegen jeweils um f_m oberhalb bzw. unterhalb der unmodulierten Frequenz f_u.

Entscheidend für die Art des psychoakustischen Phänomens ist die Modulationsfrequenz. Bei einer tiefen Modulationsfrequenz wird die zeitliche Veränderung der Lautheit als Schwankung wahrgenommen. Moduliert man den 1 kHz Referenzton mit einem Schalldruck von 60 dB um $m = 1$ in der Amplitude, so empfindet man die Schwankungsstärke am intensivsten bei etwa 4 Hz, was der Einheit 1 *vacil* entspricht.

Mit steigender Frequenz nimmt diese Empfindung ab und geht bei ca. 15 Hz in die Empfindung der Rauigkeit über, d. h. die zeitliche Veränderung der Hüllkurve des Signals ist so schnell, dass die Intensität als zeitlich konstant wahrgenommen wird. Das Maximum der Rauigkeit von einem 1 kHz Ton liegt bei einer Modulationsfrequenz von 70 Hz, wobei bei einem Schalldruck von 60 dB 1 *asper* vorliegt. Die Einheiten *asper* und *vacil* sind proportional zu der Empfindung. Steigt die Modulationsfrequenz weiter an, so nimmt die Empfindung der Rauigkeit ab, während die Wahrnehmung von drei Einzeltönen steigt.

6.3.4 Schärfe

Der „Wohlklang“ eines Geräusches hängt von der Kombination verschiedener psychoakustischer Parameter ab. Besonderen Einfluss hierauf hat die so genannte Schärfe, die durch höherfrequente Signale erzeugt wird. Die Schärfe repräsentiert einen wesentlichen Anteil der Klangfarbenwahrnehmung und ist im Allgemeinen negativ mit der „Angenehmheit“ korreliert. Anschaulich kann die Schärfe als eine Art Schwerpunkt des Spektrums gesehen werden. Je stärker die höherfrequenten Anteile im Schall sind, desto weiter rückt der Schwerpunkt „nach rechts“, d. h. die Schärfe nimmt zu. Bei schmalbandigem Rauschen hängt sie ab von der Mittenfrequenz. Die Schärfe von Tiefpassrauschen liegt deutlich unter und von Hochpassrauschen über der Schärfe von Schmalbandrauschen [12]. Die Einheit *acum* ist wiederum eine linear abbildende Empfindungsgröße.

6.4 Objektive Lautstärke und Lästigkeit

Um Grenzwerte für Immissionsorte zu erlassen oder für Prognoseaussagen zur Geräuschwirkung auf den Menschen müssen die subjektiven Empfindungen in messbare Daten übergeführt werden. Diesen Vorgang nennt man Objektivierung der subjektiven menschlichen Geräuschempfindung.

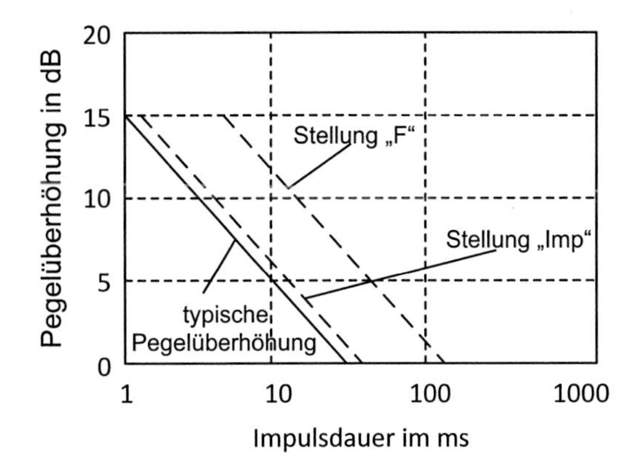

Abb. 6.12 Pegelüberhöhung in Abhängigkeit von der Impulsdauer mit Zeitbewertung nach DIN EN 61672 – 1 sind 3
S (slow): Zeitkonstante 1 s
F (fast): Zeitkonstante 125 ms
I (Impuls): Zeitkonstante Pegelanstieg 35 ms, Zeitkonstante Pegelabfall 1,5 s

6.4.1 Zeitbewerteter Schallpegel

Die Lautstärkewahrnehmung ist nicht nur von der Frequenz, sondern auch von der zeitlichen Struktur des Schallvorganges abhängig, insbesondere wenn impulsartige Geräuschschwankungen mit einer Zeitdauer kleiner 500 ms auftreten. Dabei erscheint die Lautstärke eines Impulses umso geringer, je kürzer die Impulsdauer ist. Das Ohr erreicht aufgrund seiner physiologischen Trägheit nicht mehr die volle Lautstärkeempfindung im Vergleich zu einem adäquaten Dauervorgang. Man hat festgestellt, dass bei einem Tonimpuls, der bei abnehmender Dauer gleich laut wahrgenommen werden soll, der Schallpegel des Impulses erhöht werden muss. Diese subjektiv festgestellte Pegelüberhöhung für gleich laut wahrgenommene Tonimpulse beginnt bei Impulsdauern, die kleiner 100 ms sind. Sie ist in Abb. 6.12 qualitativ dargestellt.

6.4.2 Berechnung und Beurteilung der Lautstärke breitbandiger Geräusche (Frequenzgruppenverfahren nach E. Zwicker)

Für eine feinere objektive Beurteilung allgemeiner breitbandiger Geräusche benötigt man mehr Informationen, die z. B. aus einer A-bewerteten Oktav- oder Terzanalyse gewonnen werden können. Hierauf und auf weiteren physiologischen Erkenntnissen bauen die rechnerischen Verfahren zur objektiven Ermittlung und Beurteilung der Lautstärke breitbandiger Geräusche auf. Als Ergebnis dieser Verfahren erhält man eine Größe, die den subjektiven Lautstärkepegel L_N mit guter Genauigkeit wiedergibt. Beim Hörvorgang wird im

Tab. 6.2 Frequenzgruppen des menschlichen Ohres

Frequenzgruppe (Bark)	1	2	3	4	5	6	7	8
Mittenfrequenz (Hz)	50	150	250	350	450	570	700	840
Bandbreite (Hz)	100	100	100	100	110	120	140	150
Frequenzgruppe (Bark)	9	10	11	12	13	14	15	16
Mittenfrequenz (Hz)	1000	1170	1370	1600	1850	2150	2500	2900
Bandbreite (Hz)	160	190	210	240	280	320	380	450
Frequenzgruppe (Bark)	17	18	19	20	21	22	23	24
Mittenfrequenz (Hz)	3400	4000	4800	5800	7000	8500	10.500	13.500
Bandbreite (Hz)	550	700	900	1100	1300	1800	2500	3500

Ohr, wie bereits angedeutet, das ganze Frequenzspektrum eines Geräusches auf der Basilarmembran abgebildet. Dabei erfolgt eine Zusammenfassung in einzelnen Bereichen, den sog. Frequenzgruppen. Man unterscheidet 24 solcher Gruppen, die in der Tab. 6.2 angegeben sind [12, 13].

Unter 500 Hz besitzen die Gruppen eine absolute Breite von etwa 100 Hz, darüber ungefähr die relative Breite eines Terzschrittes. Innerhalb einer solchen Frequenzgruppe findet eine Energieaddition statt, d. h., es baut sich ein Lautheitsanteil der Gruppe oder eine Teillautheit N_G auf, die nach den Regeln der Bildung des Summenpegels zustande kommt. Gleichzeitig wird diese Pegelgröße durch das Ohr frequenzabhängig bewertet. Der ganze Vorgang bedeutet, dass beispielsweise zur Verdoppelung einer Teillautheit die Pegelgröße um wesentlich mehr als 3 dB zunehmen muss, d. h., innerhalb der Gruppe ist die Empfindlichkeit des Ohres herabgesetzt.

Dagegen ist die Summenlautstärke von zwei weit auseinanderliegenden Gruppenanteilen, z. B. der Gruppen 3 und 20, bei gleicher Teillautheit N_G doppelt so groß wie die Summenlautstärke aus einem Anteil. Die Empfindlichkeit des Ohres ist jetzt wesentlich größer.

Handelt es sich allerdings um zwei benachbarte Frequenzgruppen, so ist bei der Überlagerung zusätzlich der sog. Verdeckungseffekt zu berücksichtigen. Danach wirkt der schmalbandige Geräuschanteil einer bestimmten Frequenzgruppe in die benachbarten Gruppen hinein, was sich vor allem bei höheren Frequenzen auswirkt. Die schmalbandigen Anteile dieser Nachbargruppen müssen dann selbst einen bestimmten Mindestpegel überschreiten, damit sie überhaupt wahrgenommen werden. Andernfalls sind sie verdeckt. Die Grenzen dieses Verdeckungseffektes sind als sog. Mithörschwellen definiert, die sich aus der Verschiebung der Hörschwelle infolge gleichzeitiger Mitwirkung eines Grundgeräusches ergeben. In Abb. 6.13 ist der prinzipielle Verlauf der Mithörschwelle für eine Mittenfrequenz *fm* und den Schallpegel *Lp* dargestellt. Daraus geht hervor, dass alle Frequenzkomponenten, deren Schallpegel innerhalb der Kurve liegen, verdeckt werden.

In Abb. 6.14 sind die Mithörschwellen für ein schmalbandiges Geräusch mit einer Bandbreite von 160 Hz, z. B. mit der Mittenfrequenz 1000 Hz, der verdeckenden Terz exemplarisch aufgetragen. Parameter ist der Pegel L_p des verdeckenden Terzrauschens. Man erkennt, dass beispielsweise eine Terz der Mittenfrequenz 4000 Hz bei einem Pegel

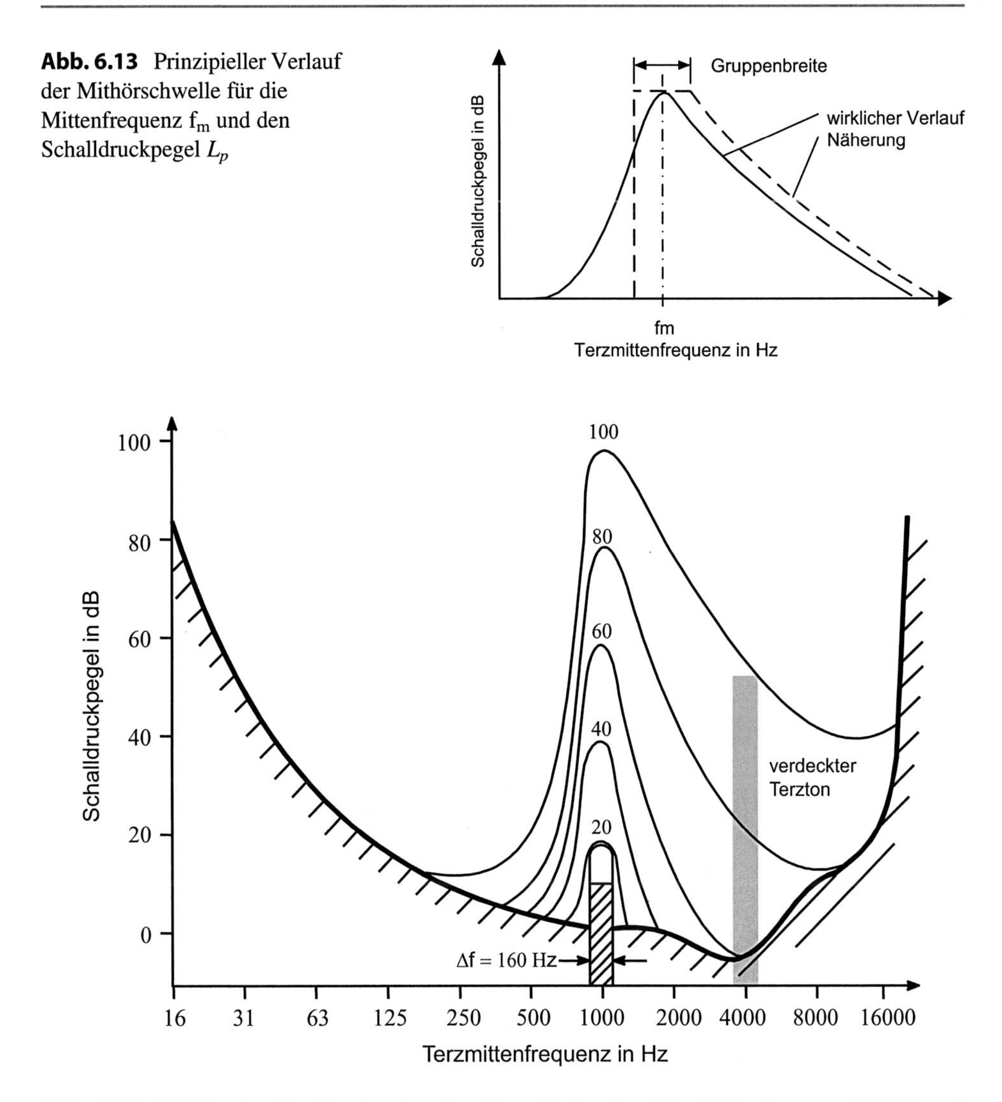

Abb. 6.13 Prinzipieller Verlauf der Mithörschwelle für die Mittenfrequenz f_m und den Schalldruckpegel L_p

Abb. 6.14 Mithörschwellen für ein schmalbandiges Geräusch mit der Mittenfrequenz 1000 Hz und einer Bandbreite von 160 Hz bei verschiedenen Pegeln des verdeckenden Geräusches

$L_{pTz} = 50\,dB$ so lange hörbar bleibt, wie der Pegel L_{pTz} der Mittenfrequenz 1000 Hz < 100 dB ist. Des Weiteren ist festzustellen, dass die Mithörschwellen mit steigendem Pegel der verdeckenden Terz weiter in die höher liegenden Frequenzgruppen eindringen, wogegen zu tieferen Frequenzen hin der Verdeckungseinfluss vernachlässigbar ist. Man bezeichnet diesen Effekt als „Auffächern" der Mithörschwelle.

Im weiteren Ablauf des physiologischen Hörvorganges werden nun die in den einzelnen Frequenzgruppen aufgebauten Teillautheiten N_G des breitbandigen Geräusches unter der Mitwirkung des oben beschriebenen Verdeckungseffektes zu einer Gesamtlautheit N_G

aufsummiert und im Bewusstsein als Lautstärke des breitbandigen Geräusches wahrgenommen. Entsprechend diesen Ausführungen sind die rechnerischen Methoden aufgebaut. Die so ermittelten Pegel kommen daher dem Lautstärkepegel L_N der subjektiven Lautstärkewahrnehmung sehr nahe. In der Praxis sind zwei Verfahren gebräuchlich.

Das Verfahren von Zwicker [4, 5], dem eine Terzanalyse zugrunde liegt, ist sehr universell einzusetzen, sowohl im diffusen (D) als auch im freien Schallfeld (F) oder auch im Falle sehr unregelmäßiger Frequenzspektren mit betont schmalbandigen Frequenzanteilen. Die gemessenen Terzpegel werden für das jeweilige Schallfeld in eines von fünf Diagrammen, die verschieden große Pegelbereiche aufweisen, eingetragen. Man wählt das Diagramm, das den höchsten gemessenen Terzpegel gerade noch enthält. Ab 315 Hz können die Pegelwerte der Terzen direkt eingetragen werden.

Darunter muss man den Summenpegel der Terzpegel mit den Terzmittenfrequenzen 50, 63 und 80 Hz, 100, 125 und 160 Hz sowie 200 mit 250 Hz anstelle der ersten drei Frequenzgruppenpegel einsetzen. Danach werden die Pegel in einer durch den Verdeckungseffekt bedingten Weise zu einem zusammenhängenden Kurvenzug, der Lautheitsverteilung, verbunden. Die Fläche unter der Lautheitsverteilung stellt die Summe der Teillautheiten dar. An der Höhe des flächengleichen Rechtecks kann man die Lautheit N_G in sone ablesen und entsprechend Gl. (6.7) als Lautstärkepegel L_{NZ} in phon angeben. Man ermittelt auf diese Weise die Lautstärkepegel L_{NZF} in phon im Freifeld und L_{NZD} in phon im diffusen Feld. Als Beispiel wird für das Strahltriebwerk eines Flugzeugs in der Landephase der Lautstärkepegel L_{NZF} nach *Zwicker* berechnet. Grundlage ist das in der Tab. 6.3 angegebene gemessene Terzspektrum. Mit diesen Werten und dem Abb. 6.15 ergibt sich schließlich eine berechnete Gesamtlautheit $N_G \approx 208$ sone(GF) und ein berechneter Lautstärkepegel $L_{NZF} \approx 117$ phon (GF).

Mit dem Schallpegelmesser wurde in diesem Beispiel ein bewerteter Schallpegel $L_A = 104\ dB(A)$ gemessen. Der große Unterschied zwischen den gemessenen A- Schallpegel und der berechneten Phonzahl ist darin begründet, dass bei der Messung mit dem Schallpegelmesser eine Energieaddition mit entsprechender Frequenzbewertung vollzogen wird, wie sie das Ohr nur in den einzelnen Frequenzgruppen durchführt. Dagegen wird die Aufsummierung der Teillautheiten zur Gesamtlautheit, die zu einer größeren Empfindlichkeit des Ohres führt, auch bei wirksamem Verdeckungseffekt im Fall der Schallpegelmessung nicht nachvollzogen.

Tab. 6.3 Schalldruckpegel eines Flugzeugs in Abhängigkeit von der Terzmittenfrequenz

	L_{G1}	L_{G2}		L_{G3}	...						
$f_{m\ Tz}$	63 80	100 125 160		200 250	315	400	500	630	800	1000	Hz
L_{Tz}	78 88 88,4	92 94 94 98.2		92 97 98,2	93	97	94	103	105	94	dB
$f_{m\ Tz}$	1250	1600	2000	2500	3150	4000	5000	6300		8000	Hz
L_{Tz}	90	90	88	84	80	74	68	64		60	dB

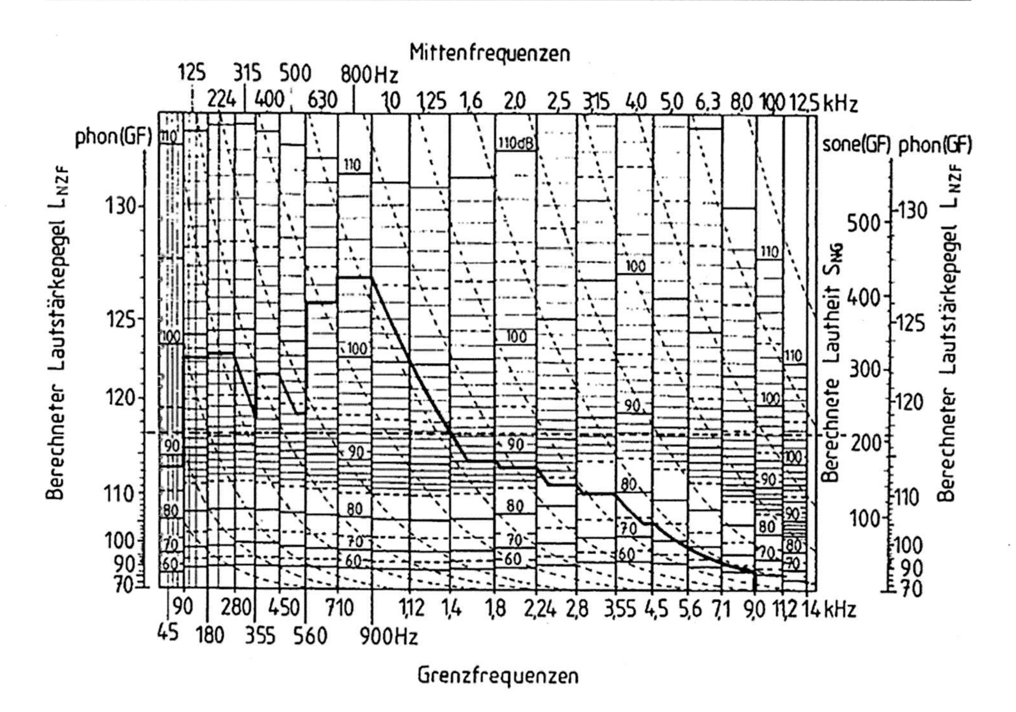

Abb. 6.15 Zwicker-Diagramm [5] zur Lautheitsbestimmung mit eingetragenem Beispiel (Anmerkung: Pegelaufwärts werden senkrechte, pegelabwärts geneigte Verbindungslinien parallel zu den gestrichelten Hilfslinien gezogen, um den Verdeckungseffekt zu berücksichtigen)

6.4.3 Beurteilung der Lästigkeit von Geräuschen

Ein Geräusch ist einmal durch seine Lautheit, zum anderen aber auch durch seine Lästigkeit charakterisiert. Beide Begriffe sind grundsätzlich auseinander zu halten. Mit der Lautheit eines Geräusches nimmt sicherlich auch seine Lästigkeit zu. Beispielsweise wird bei zwei Geräuschen mit ähnlicher Frequenzverteilung das lautere als unangenehmer empfunden. Im Gegensatz dazu kann bei zwei ganz verschiedenen Geräuschen das leisere unter Umständen lästiger wirken als das lautere. Beim Zusammenwirken zweier Geräusche kann der Lästigkeitseindruck sogar abnehmen, sofern ein lästiges Geräusch durch ein anderes, weniger lästiges Geräusch verdeckt wird.

Daraus folgt, dass zur Charakterisierung der Lästigkeit nicht nur die Lautstärke maßgeblich ist, sondern es müssen weitere physikalische und psychologische Kriterien wie die Frequenzverteilung, die Zeitdauer der Einwirkung, der Pegelverlauf über der Zeit, die seelische Verfassung des Belästigten, seine persönliche Beziehung zum Geräusch und ähnliche Effekte herangezogen werden. Man kann die Lästigkeit nicht klar definieren und noch viel weniger eine Messgröße zu ihrer Beurteilung angeben. Sinnvoll erscheint es, die Lästigkeit eines Geräusches unter ganz bestimmten Gesichtspunkten einzugrenzen. Ein solcher Gesichtspunkt ist, dass beispielsweise höhere Frequenzen lästiger sind als

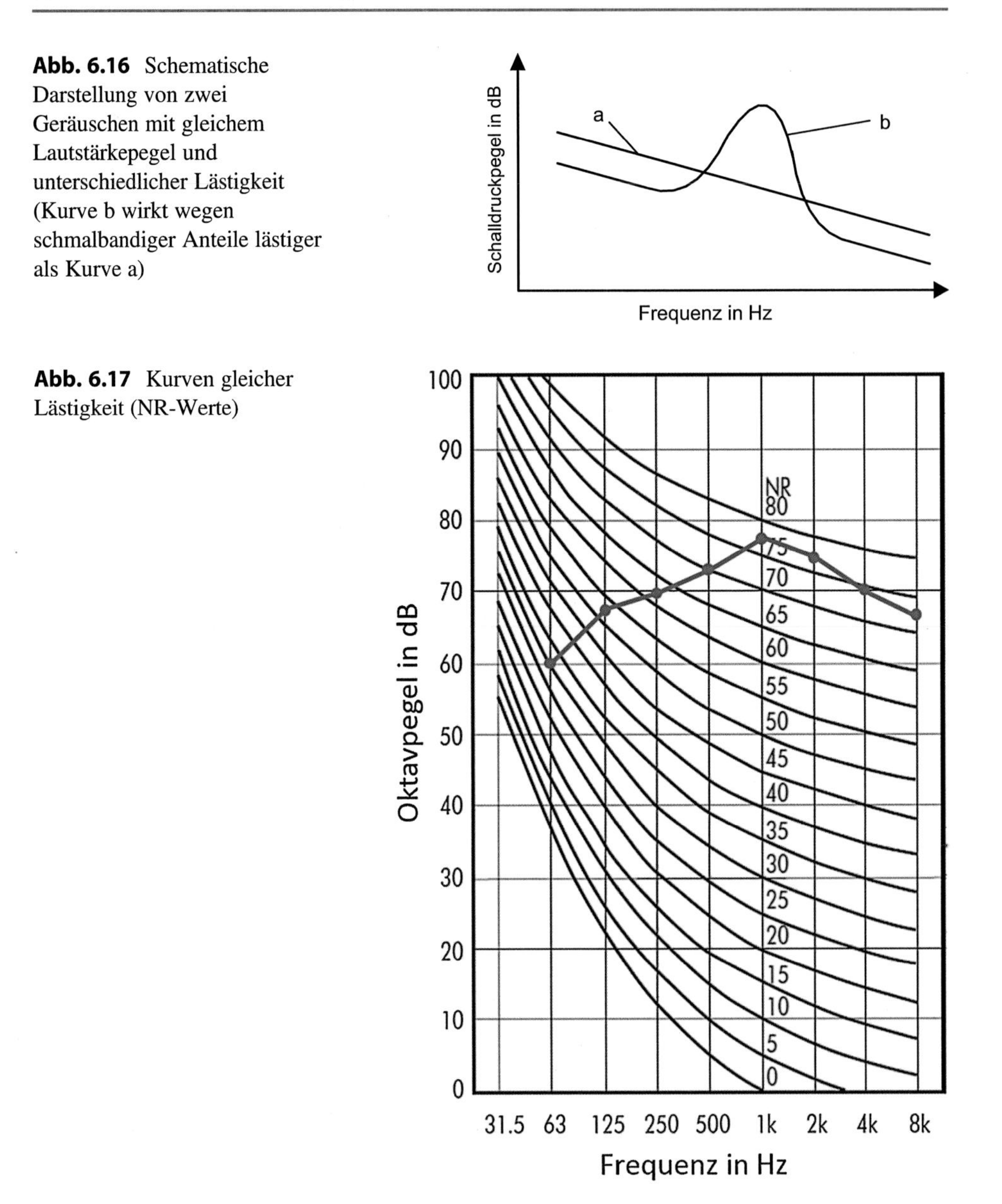

Abb. 6.16 Schematische Darstellung von zwei Geräuschen mit gleichem Lautstärkepegel und unterschiedlicher Lästigkeit (Kurve b wirkt wegen schmalbandiger Anteile lästiger als Kurve a)

Abb. 6.17 Kurven gleicher Lästigkeit (NR-Werte)

tiefere, vor allem, wenn sie schmalbandig aus dem Frequenzspektrum herausragen (Abb. 6.16). Die Geräusche a und b sind gleich laut, das Geräusch b wirkt aber allein lästiger als das Geräusch a.

6.4.4 NR-Verfahren

Ein Verfahren zur Lästigkeitsbestimmung stellt das in den USA angewandte Noise-Rating-Verfahren dar, das auch international durch die ISO-Recommendation R 1996 [14] empfohlen wird. Grundlage des Verfahrens sind die Noise-Rating-Kurven gleicher Lästigkeit. Sie werden mit Zahlenwerten versehen, die dem Pegel in dB bei 1000 Hz gleichgesetzt werden (Abb. 6.17). Als Beispiel sind die Oktavpegel eines zu beurteilenden breitbandigen Geräusches eingetragen. Man liest hierfür einen Zahlenwert NR = 78 ab. Auch für dieses Verfahren sind Grenzkurven angegeben. Ein Wert von NR = 85 sollte auf Dauer nicht überschritten werden. Darüber hinaus sind für spezielle Geräuschsituationen, z. B. für eine Geräuscheinwirkung in Büro, Schule und Werkstatt weitere NR-Kriterien angegeben, evtl. unter Berücksichtigung der Dauer des Geräusches.

6.5 Übungen

Übung 6.5.1
Ein Reinton mit unterschiedlichen Frequenzen hat einen Schalldruckpegel von L = 70 dB.

a) Wie groß sind die zugehörigen Lautstärkepegel L_N (in phon) für die Frequenzen: 63 Hz, 500 Hz, 1 kHz, 2 kHz, 4 kHz und 8 kHz?
b) Welchen Schalldruckpegel L_P müssen Reintöne der Frequenzen 125 Hz, 315 Hz, und 1250 Hz jeweils haben, um mit einem Lautstärkepegel $L_N = 90$ phon wahrgenommen zu werden?

Übung 6.5.2
Ein menschliches Gehör wird mit einem Schalldruckpegel von 90 dB bei 50 Hz tonal gereizt.

a) Wie groß ist der Lautstärkepegel?
b) Welche Lautheitsempfindung in sone wird erreicht?
c) Wie groß ist die Lautheit bei subjektiver Verdopplung dieser Empfindung?
d) Um wieviel phon nimmt der Lautstärkepegel zu und wie groß ist jetzt der Schalldruckpegel in dB?

Literatur

1. Steiner, R.: Die zwölf Sinne des Menschen in ihrer Beziehung zu Imagination – Inspiration – Intuition, 5. Aufl. Rudolf-Steiner, Dornach (2005)
2. Goldstein, E.B.: Wahrnehmungspsychologie, 7. Aufl. Spectrum, Heidelberg (2008)
3. Dunckler, E.: Hören, Stimme, Gleichgewicht (Sinnesphysiologie, 2). Urban & Schwarzenberg, München/Wien (1972)
4. Zwicker, E.: Ein Verfahren zur Berechnung der Lautstärke. Acoustica 10, 304–308 (1960)
5. DIN 45631: Berechnung des Lautstärkepegels und der Lautheit aus dem Geräuschspektrum; Verfahren nach E. Zwicker, 1991, Änderung 1: Berechnung der Lautheit zeitvarianter Geräusche 03(2010)
6. Heckl, M., Müller, H.A.: Taschenbuch der Technischen Akustik, 3. Aufl. Springer, Berlin (2004)

7. ISO 532: Acoustics – Methods for calculating loudness levels (1975)
8. Fletcher, H., Munson, W.A.: Loudness, its definition, measurement and calculation. J. Acoust. Soc. Am. 82(33) (1932)
9. Robinson, D.W., Dadson, R.S.: Threshold of hearing and equal loudness relations of pure tones, and the loudness functions. J. Acoust. Soc. Am. 29, 1284 (1957)
10. DIN ISO 226: Normalkurven gleicher Lautstärkepegel (2006)
11. Kammeyer, K.-D.: Nachrichtenübertragung, 4. Aufl. Vieweg+Teubner, Wiesbaden (2008)
12. Fastl, H., Zwicker, E.: Psychoacoustics. Springer, Heidelberg (2007)
13. Günther, B.C., Hansen, K.H., Veit, I.: Technische Akustik – Ausgewählte Kapitel: Grundlagen, akt. Probleme und Messtechnik, 8. Aufl. Expert, Rennigen-Malmsheim (2008)
14. ISO-Empfehlung R 1996–1971: Assessment of noise with respect to community response, Mai 1971 (1971)

Schallausbreitung im Freien

7

In der Umgebung einer Schallquelle baut sich ein Schallfeld mit einer bestimmten Schalldruck- bzw. Schalldruckpegelverteilung auf. Hierauf hat einmal die Schallquelle selbst Einfluss, vor allem die Größe ihrer Schallleistung und deren spektrale Verteilung, die geometrische Form der Schallquelle und eine gegebenenfalls vorhandene Richtcharakteristik. Zum anderen spielt die akustische Eigenschaft der Umgebung eine wesentliche Rolle. Dabei muss man grundsätzlich unterscheiden, ob die Schallausbreitung im Freien oder in einem geschlossenen Raum vor sich geht. In diesem Kapitel wird die Schallausbreitung im Freien behandelt. Typische Beispiele für diese Schallausbreitung sind vor allem Verkehrslärm einschließlich Fluglärm, Emissionslärm von Industrie- und Gewerbeanlagen, Baustellenlärm und Freizeitlärm (Sportstätten, Nachbarschaft).

Bei der Schallausbreitung im Freien sind die räumliche Lage von Schallquelle und Aufpunkt zueinander (Ort der Emission, Ort der Immission), deren Lage zum Boden und zu evtl. vorhandenen Wänden und Hindernissen, ferner Dämpfungseffekte in der Luft, die Behinderung der Ausbreitung durch Bewuchs, Bebauung und schließlich Witterungseinflüsse zu berücksichtigen. Hierbei wird im Wesentlichen unter Freifeldbedingungen der Zusammenhang zwischen der Emission eines Schallereignisses, repräsentiert durch den Schallleistungspegel L_W, bzw. den A-bewerteten Schallleistungspegel L_{W_A} der Schallquelle, und der Immission beim Aufpunkt, repräsentiert durch den Schalldruckpegel L_p, bzw. den A-bewerteten Schalldruckpegel L_A, ermittelt. Das Schallereignis sei stationär. Bei zeitlich schwankenden Vorgängen wird nur das zeitliche Mittel der Schallpegel herangezogen (siehe Abschn. 2.8.5).

7.1 Punktschallquelle

Zunächst wird für *eine Punktschallquelle* der Schalldruckpegel $L_P(r)$ in einem Aufpunkt A gesucht. Die Punktschallquelle besitzt die Schallleistung P_Q. Der Aufpunkt A, der im Fernfeld der Schallquelle liegen soll, hat von dieser den Abstand r. Die hierfür gewonnenen

G. R. Sinambari, S. Sentpali, *Ingenieurakustik*,
https://doi.org/10.1007/978-3-658-27289-0_7

Ergebnisse lassen sich dann auf eine reale Schallquelle, z. B. eine Maschine von kubischer Konfiguration, übertragen, wenn der Aufpunkt außerhalb des Nahfeldes, d. h. im Fernfeld der Maschine liegt. Dies trifft zu, wenn der Abstand r des Punktes A von der Schallquellenmitte größer als $1{,}5 \cdot l$ ist, wobei l die größte Abmessung der Schallquelle ist, oder wenn r größer als die größte noch zu berücksichtigende Wellenlänge λ ist.

Unter Voraussetzung einer in allen Richtungen gleichen Schallausbreitung in einen ungestörten, homogenen und verlustfreien Luftraum baut sich um die Punktschallquelle ein Kugelwellenfeld auf. In seinem Fernfeld gelten für den Wechseldruck, die Schnelle und die Impedanz die Beziehungen (2.208) und (2.214). Druck und Schnelle sind in Phase und proportional 1/r, die Impedanz ($Z = \rho \cdot c$) ist reell. Damit ergibt sich für die Intensität (s. Abschn. 2.6.2):

$$I(r) = \frac{1}{T} \int p(r,t) \cdot \mathrm{v}(r,t) dt = \frac{1}{2} \hat{p}(r) \cdot \hat{\mathrm{v}}(r) = \frac{\tilde{p}(r)^2}{Z} \tag{7.1}$$

Sie ist also proportional $(1/r)^2$ und auf der Kugelfläche r konstant. Legt man daher um die Punktschallquelle mit der Schallleistung P_Q eine solche Kugelfläche mit dem Radius r, so wird die Intensität I(r) aus der Schallleistung berechenbar. Zunächst ist

$$P_Q = \oint I(r) \cdot dS = I(r) \cdot 4\pi r^2 \tag{7.2}$$

Hieraus folgt

$$I(r) = \frac{P_Q}{4\pi r^2} \tag{7.3}$$

Dieses Ergebnis stellt die rein geometrisch bedingte Abnahme der Intensität und damit auch des Wechseldrucks im Freifeld dar.

Führt man noch den Schallleistungspegel $L_w = 10 \lg P_Q/P_0$ ein, so gewinnt man mit (7.1) und (7.2) für den Schalldruckpegel L_s des Aufpunktes R im Abstand d = r folgende Beziehungen:[1]

[1] In den gängigen Normen, Richtlinien und Beurteilungsstudien wird der Einfluss von Luftdruck und Lufttemperatur bei der Schallausbreitung im Freien vernachlässigt, bzw. durch andere Korrekturfaktoren berücksichtigt [1, 2, 6–9]. Diese Vereinfachung ist bezüglich der zu erwartenden Ungenauigkeit bei der Ermittlung anderer Pegelgrößen, z. B. L_W oder σ', sinnvoll und hat keinen nennenswerten Einfluss auf die Genauigkeit der Immissionspegelberechnung. Nachfolgend wird K_0 vollständigkeitshalber mit angegeben. Für p raktische Anwendungen, vor allem bei der Schallausbreitung im Freien, kann $K_0 = 0$ gesetzt werden.

$$L_s = L_w - 10\,lg\left(4\pi\frac{d^2}{d_0^2}\right) - K_0 dB$$

$$L_s = L_w - 20\,lg\,\frac{d}{d_0} - 11\,K_0 dB \tag{7.4}$$

Hierbei ist K_0 das Korrekturglied nach Gl. (2.258) zur Berücksichtigung des Einflusses von Druck und Dichte der Luft. Die Pegelgröße

$$A_{div} = 10\,lg\left(4\pi\frac{d^2}{d_0^2}\right) dB \tag{7.5}$$

wird als geometrische Ausbreitung A_{div} bezeichnet [3]. Die Bezugsgröße d_0 hat die Länge 1 m.

Handelt es sich um eine Körperschall abstrahlende Fläche A_Q mit dem Schnellepegel

$$L_v = 10 lg\left(\frac{\tilde{v}_Q}{v_0}\right)^2 dB$$

und dem Abstrahlmaß $\sigma' = 10$ lg σ, ergibt sich mit $P_Q = \sigma \cdot A_Q \cdot \tilde{v}^2{}_Q \cdot Z$:

$$L_s = L_v + \sigma' - 10 lg\frac{2\pi d^2}{A_Q} - 2K_0\ dB \tag{7.6}$$

Hierbei wurde vorausgesetzt, dass die gesamte Körperschallleistung der Fläche A_Q in einem Halbraum unter Freifeldbedingungen abgestrahlt wird. Die Zusammenhänge zwischen L_s und L_W bzw. L_V lassen sich auch in Oktav- oder Terzbändern angeben.

Von besonderem Interesse ist die Abnahme ΔL des Schalldruckpegels, wenn der Abstand des Aufpunktes von d_1 auf d_2 vergrößert wird. In diesem Fall ist

$$\Delta L = L_{s_1} - L_{s_2} = 20\,lg\,\frac{d_1}{d_2}\ \text{dB} \tag{7.7}$$

Man nennt diese Pegelabnahme auch Ausbreitungsdämpfung. Dieses Ergebnis bedeutet, dass bei einer Abstandsverdopplung der Schalldruckpegel um 6 dB abnimmt. Unter den genannten Voraussetzungen stellen diese 6 dB eine obere Grenze einer allein durch diese Divergenz bewirkten Pegelabnahme dar. Praktische Werte der Abnahme liegen infolge von Reflexionen unter diesem Wert. Allgemein lässt sich die Pegelreduzierung durch Abstandsänderung wie folgt angeben:

$$\Delta L = \frac{b}{6} 20 \cdot lg \frac{d_2}{d_1} \text{ dB} \tag{7.8}$$

Hierbei ist b das Steigungsmaß in dB. In Abb. 7.1 ist ΔL über (d_2/d_1) dargestellt.

Eine in allen Richtungen gleichmäßige Schallausbreitung ist durch den Bezugswinkel 4π gekennzeichnet. Erfolgt nunmehr eine Abstrahlung in einen begrenzten Winkelraum, so wirkt sich die Pegelabnahme infolge Divergenz nicht voll aus. Der Unterschied hierzu lässt sich durch ein Korrekturglied, das sog. Raumwinkelmaß D_Ω [3] ausdrücken, gekennzeichnet durch den Winkel Ω. Es ist dann

$$L_{s_\Omega} = L_{s_{4\pi}} + D_\Omega \, dB \tag{7.9}$$

mit

$$D_\Omega = 10 \, lg \frac{4\pi}{\Omega} \, dB \tag{7.10}$$

Im Sonderfall der Abstrahlung unmittelbar vor oder über einer reflektierenden Fläche, z. B. vor einer starren Wand oder über einem Betonboden mit vollständiger Reflexion erfolgt die Ausbreitung in den Halbraum, der durch die halbe Kugelfläche $2\pi r^2$ gebildet wird. Daraus folgt

$$D_\Omega = 10 \cdot lg 2 = 3 \, \text{dB oder } \Omega_{\text{Halbraum}} = 2\pi$$

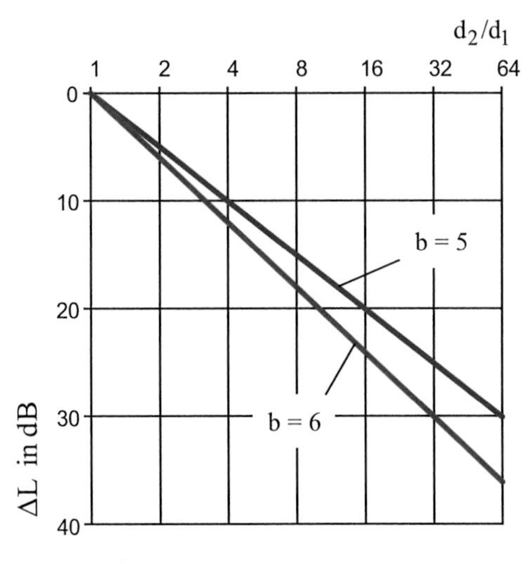

Abb. 7.1 Pegelabnahme durch Abstandsänderung unter Freifeldbedingungen

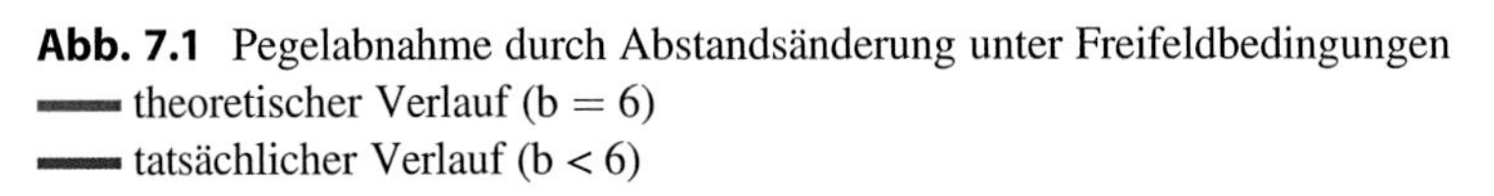
theoretischer Verlauf (b = 6)
tatsächlicher Verlauf (b < 6)

Der Pegel erhöht sich gegenüber der ungerichteten Abstrahlung um 3 dB. Im Übrigen entfällt diese Erhöhung wieder nahezu vollständig, wenn beispielsweise die Abstrahlung über einem sehr weichen und absorbierenden Boden erfolgt.

In Abb. 7.2 sind der Raumwinkel Ω und das dazugehörige Raumwinkelmaß D_Ω für verschiedene Abstrahlarten zusammengestellt. Das Raumwinkelmaß D_Ω gibt die durch die Reflexion verursachte Pegelerhöhung im Vergleich zur ungehinderten Schallabstrahlung in einem beliebigen Aufpunkt an.

Die Ergebnisse der Schallabstrahlung vor reflektierenden Flächen werden auch gewonnen, wenn man die Methode der geometrischen Spiegelung anwendet und zusätzlich zu einer reellen Schallquelle S_0 die möglichen Spiegelschallquellen S_1 hinzufügt. Wie man aus dem Abb. 7.3 erkennt, kommt für den Fall der unmittelbar über dem reflektierenden Boden abstrahlenden Schallquelle S_0 mit $h < d$ im Aufpunkt A sowohl der Direktschall als auch der Schall der Spiegelquelle S_1 an. Ihre Überlagerung kann durch die Pegeladdition beider Teilpegel durchgeführt werden, da wegen der üblichen breitbandigen Geräusche der

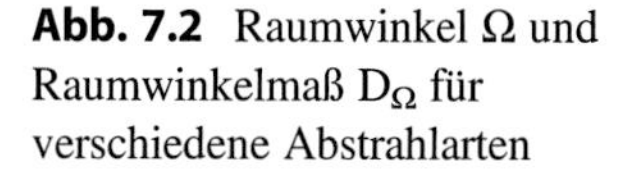

Abb. 7.2 Raumwinkel Ω und Raumwinkelmaß D_Ω für verschiedene Abstrahlarten

Abstrahlart	Ω	D_Ω in dB
S_Q	2π	+3
S_Q	π	+6
S_Q	$\frac{\pi}{2}$	+9
S_Q, φ	4φ	$+10 \cdot \lg \frac{\pi}{\varphi}$

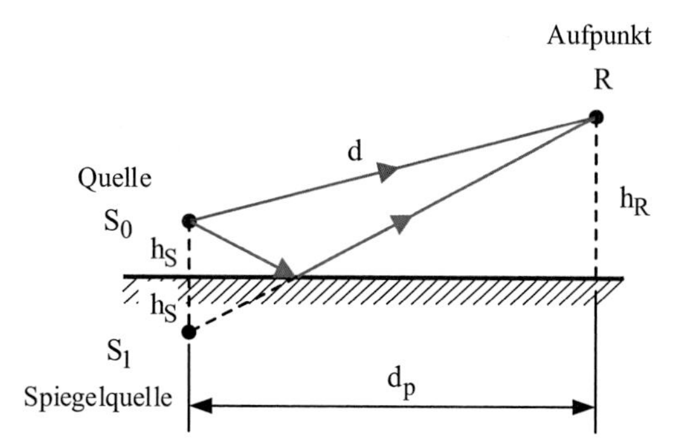

Abb. 7.3 Schallabstrahlung vor reflektierenden Flächen

Technik Inkohärenz vorausgesetzt werden darf. Da aber andererseits wegen h « d beide Schallwege ungefähr gleich lang sind und voraussetzungsgemäß die Reflexion verlustfrei sein soll, sind auch beide Schalldruckpegel ungefähr gleich groß. Dadurch erhöht sich im Aufpunkt R der Summenpegel L_{Σ} gegenüber der reflexionsfreien Schallausbreitung um 10.lg 2 = 3 dB. Berücksichtigt man unterschiedliche Höhen der Quelle (h_S) und des Aufpunktes (h_R), so kann D_{Ω} für die Reflexion an einer Fläche, z. B. dem Boden, wie folgt berechnet werden:

$$D_{\Omega} = 10 \cdot lg \left[1 + (1 - \alpha) \cdot \frac{d_p{}^2 + (h_S - h_R)^2}{d_p{}^2 + (h_S + h_R)^2} \right] \; dB \tag{7.11}$$

α Absorptionsgrad der reflektierenden Fläche
$\alpha = 0$ 100 % schallhart; Schallleistung der Spiegelquelle $P_{S_1} = P_{Q_0}$
$\alpha = 1$ 100 % schallweich; Schallleistung der Spiegelquelle $P_{S_1} = 0$

Für $\alpha = 0$ und h_S « h_R oder h_R « h_S ist $D_{\Omega} = 10 \cdot \lg 2 = 3\,\text{dB}$. Die in Abb. 7.2 angegebenen Pegelwerte gelten daher nur für schallharte Reflexion ($\alpha = 0$) und geringen Quellenabstand von der schallreflektierenden Fläche ($h_S \approx 0$). Es wird noch darauf hingewiesen, dass D_{Ω} grundsätzlich frequenzabhängig ist und bei Kenntnis des frequenzabhängigen Absorptiongrades α(f)nach Gl. (7.11) jeweils für die Frequenz f z. B. als Terz- oder Oktavpegel ($D_{\Omega,\ fm}$) berechnet werden kann.

Analog stellt sich bei Abstrahlung aus einer Raumkante oder Raumecke eine maximale Pegelerhöhung von 6 dB bzw. 9 dB ein.

Umgekehrt lässt sich mit dieser Spiegelmethode die gleiche Pegelerhöhung am Aufpunkt nachweisen, wenn der Aufpunkt R in einer solchen Raumecke liegt und eine Schallquelle von außerhalb in diese Ecke abstrahlt (h « d). Wie man Abb. 7.4 entnehmen kann, wirken in

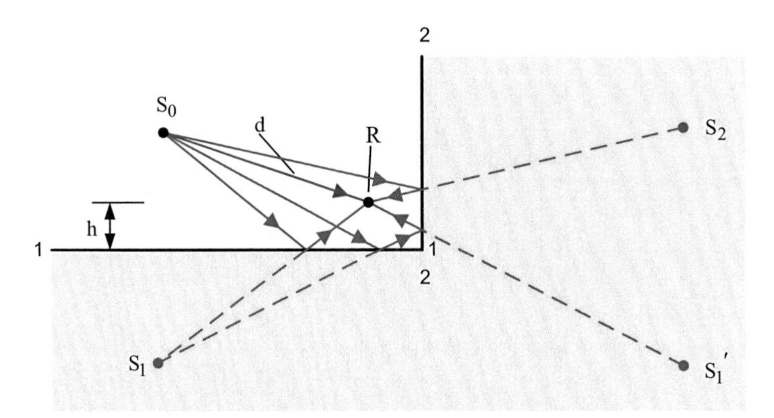

Abb. 7.4 Geometrische Darstellung der Spiegelungsmethode für die Ermittlung der Immissionspegel in einer Raumecke (h << d)

der offenen Ecke (zwei senkrecht aufeinander stehende Flächen) auf R der Direktschall S_0 und der Schall der drei Spiegelquellen S_1, S'_1 und S_2. Der Summenpegel L_{Σ} im Aufpunkt R wird durch die Reflexionen gegenüber der reflexionsfreien Ausbreitung um 10 lg 4 = 6 dB erhöht. Bei der geschlossenen Ecke wirken auf R der Direktschall und sieben Spiegelquellen (Ecken eines Quaders). Der Summenpegel wird also um 10 lg 8 = 9 dB größer.

Es soll nun die Einwirkung *mehrerer Punktschallquellen* unter den gleichen Bedingungen, wie sie bei einer Punktschallquelle vorausgesetzt wurden, auf einen Aufpunkt berechnet werden. Die einzelnen Schallquellen haben die Schallleistung $P_{S,i}$ und den Abstand d_i vom Aufpunkt R. Zunächst wird für jede Punktschallquelle einzeln der Schalldruckpegel L_{s_i}, wie bereits gezeigt, ermittelt (einschließlich evtl. vorhandener Reflexionen) und danach die Überlagerung durchgeführt. Setzt man aus den gleichen Gründen wie oben wiederum Inkohärenz der Schallquelle voraus, so ist eine leistungsmäßige Pegeladdition durchzuführen. Es ist

$$L_s = L_\Sigma = 10\,lg \sum 10^{L_{si}/10}$$

Die praktische Durchführung der Summenbildung erfolgt in der Weise, wie sie bereits im Abschn. 2.8.2 ausgeführt wurde.

Kommt es durch die Art der Schallquelle (z. B. Mündungsgeräusch) zu einer gerichteten Abstrahlung, muss das Richtwirkungsmaß D_I [3] additiv hinzugefügt werden.

7.2 Linien- und Flächenschallquellen

7.2.1 Behandlung von Linien- und Flächenschallquellen im gültigen Normenwerk

In den zurzeit gültigen Normenwerken [2, 3] wird nur das Strahlermodell der Punktschallquelle verwendet. Linienquellen wie beispielsweise Verkehrswege (Straßen, Schienen) oder schallabstrahlende Rohrleitungen müssen für die Berechnung der Schallausbreitung im Freien in adäquate Punktschallquellen aufgeteilt werden, so dass sich die Gesamtschallemission der Linienquelle mit der Gesamtlänge l als Summe von Strahlern kleinerer Länge l_i ergibt.

Führt man den auf die Strahlerlänge bezogenen Schallleistungspegel $L_{w'} = 10\,lg \times (P'/P_Q)$ ein mit $P'_0 = 10^{-12} W/m$, so gilt für den Zusammenhang zwischen dem Gesamt-Schallleistungspegel L_w und dem längenbezogenen SchallleistungspegelC

$$L_{w'}{}' = L_w - 10\,lg\left(\frac{l}{l_0}\right) \tag{7.12}$$

mit

l Länge der Linienschallquelle
l_0 Bezugslänge, $l_0 = 1$ m

Wählt man die Länge $l_i >> 0{,}5 \cdot s_{mi}$, so können die Teilstrahler l_i als Punktstrahler aufgefasst werden.

Der Schallleistungspegel eines Teilstrahlers i ergibt sich dann zu

$$L_{wi} = L_w{}' + 10\,lg\left(\frac{l_i}{l_0}\right) \quad (7.13)$$

mit

l_i Länge des Teilstrahlers i der Linienschallquelle
l_0 Bezugslänge, $l_0 = 1$m

Schließlich kann bei vorausgesetzter Inkohärenz der Einzelschallquellen am Immissionsort R der Gesamtimmissionspegel L_s durch Pegeladdition ermittelt werden. Es ist also (Abb. 7.5)

$$L_s = 10\ lg \sum 10^{L_{s_i}/10}\,\text{dB} \quad (7.14)$$

Analog wird bei Flächenquellen wie beispielsweise den Außenwänden und Dächern schallabstrahlender Fabrikationsstätten, flächenhaft ausgedehnten Industrieanlagen oder Parkplätzen vorgegangen. Hierbei wird die Gesamtfläche A_Q in kleinere Teilflächen A_i unterteilt. Führt man den auf die Strahlerfläche bezogenen Schallleistungspegel

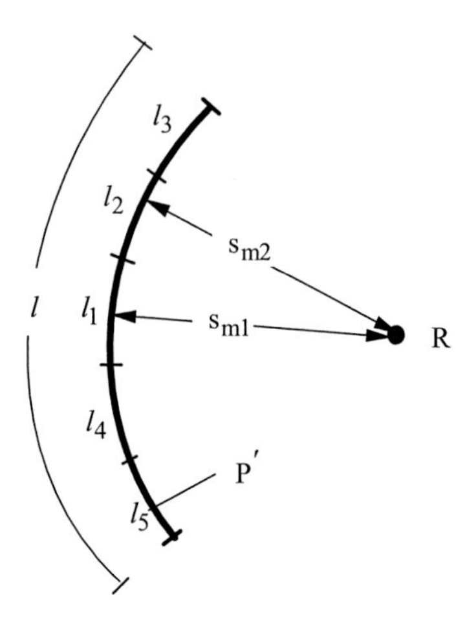

Abb. 7.5 Unterteilung eines Linienstrahlers größerer Länge

$L_W{}'' = 10 \cdot lg \frac{P''}{P_0''} dB$ ein mit $P_0{}'' = 10^{-12} W/m^2$, so gilt für den Zusammenhang zwischen dem Gesamt-Schallleistungspegel L_w und dem flächenbezogenen Schallleistungspegel $L_w{}''$

$$L_{w''} = L_w - 10\,lg\left(\frac{A_Q}{A_0}\right) \tag{7.15}$$

mit

A_Q Flächeninhalt der Flächenschallquelle
A_0 Bezugsfläche, $A_0 = 1\,m^2$

Wählt man die Kantenlängen der Teilfläche i jeweils zu $l_i \approx 0{,}5 \cdot s_{mi}$, so können die Teilstrahler A_i als Punktstrahler aufgefasst werden.

Der Schallleistungspegel eines Teilstrahlers i ergibt sich dann zu

$$L_{w\,i} = L_{w''} + 10\,lg\left(\frac{A_i}{A_0}\right) \tag{7.16}$$

mit

A_i Flächeninhalt des Teilstrahlers i der Flächenschallquelle
A_0 Bezugsfläche, $A_0 = 1\,m^2$

7.2.2 Theoretische Abschätzung von Immissionspegeln in geringer Entfernung von Linien- und Flächenschallquellen

Zur Beschreibung der Schallausbreitung im Freien können neben der Punktschallquelle zwei weitere Strahlermodelle herangezogen werden:

- der gleichmäßig belegte, inkohärente Linienstrahler,
- der gleichmäßig belegte, inkohärente Flächenstrahler.

Die physikalische Ausgangsgröße ist auf der Emissionsseite die abgestrahlte Schallleistung der beiden Strahlermodelle. Sie wird als bekannt vorausgesetzt.

a) ***Linienschallquellen***

Hierzu wird zunächst ein unendlich langer, gerader Strahler betrachtet. Unter Voraussetzung einer verlustfreien Ausbreitung der Schallenergie baut sich um die Strahlerachse ein Zylinderwellenfeld auf, in dessen Fernfeld wiederum Druck und Schnelle in Phase sind. Die Schallleistung P' pro Länge (W/m) ist dann in einfacher Weise mit der Intensität I(r) auf der Zylinderfläche in der Entfernung r von der Linienquelle verknüpft. Es ist

$$P' = I(r) \cdot 2\pi \cdot r$$

bzw.

$$L_W{}' = 10 \cdot lg\frac{P'}{P_0{}'} = 10 \cdot lg\frac{I(r)}{I_0} + 10 \cdot lg\left(\frac{2 \cdot \pi \cdot r}{\iota_0}\right) = L_I + 10 \cdot lg\left(\frac{2 \cdot \pi \cdot r}{\iota_0}\right) \quad (7.17)$$

Für den Schalldruckpegel L_s im Abstand $d_\perp$ (senkrechter Abstand von der Linienquelle) gilt:

$$L_s = L_W{}' - 10 \cdot lg\frac{d_\perp}{d_0} - 8 - K_0\, dB \quad (7.18)$$

$$\Delta L = L_{s1} - L_{s2} = 10 \cdot lg\frac{d_{\perp_2}}{d_{\perp_1}}\, dB \quad (7.19)$$

Das Ergebnis bedeutet, dass beim Linienstrahler die Pegelabnahme durch Divergenz geringer ist, sie beträgt bei Abstandsverdopplung nur noch 3 dB (statt 6 dB wie beim Kugelwellenfeld).

Erfolgt die Abstrahlung des Linienstrahlers unmittelbar über einer vollkommen reflektierenden Bodenfläche, also in den Halbraum, so erhöht sich wiederum der Druckpegel gegenüber der reflexionsfreien Abstrahlung um 3 dB (für jede zusätzliche Reflexionsfläche um weitere 3 dB). Handelt es sich um eine Linienschallquelle endlicher Länge l, so überwiegt in Schallquellennähe (außerhalb des Nahfeldes) der Einfluss der Zylinderwellen, in größerem Abstand jedoch der Einfluss der Kugelwellen.

Ist P′ die auf die Länge bezogene konstante Schallleistung, so ist die Gesamtschallleistung der endlichen Linienschallquelle $P_Q = P' \cdot l$ und der zugehörige Schallleistungspegel $L_W = 10 \lg P_Q/P_0$. Ist $L_W{}'$ gegeben, so ist $L_W = L_W{}' + 10 \cdot \lg l/l_0$ mit $l_0 = 1$m. Von besonderem Interesse ist die Größe des Schalldruckpegels in einem Aufpunkt R mit einer beliebigen Lage (Abb. 7.6). Hierbei handelt es sich um die Linienschallquelle der Länge l, die eine konstante Schallleistung pro Länge P′ in W/m aufweist. Der Aufpunkt R liegt im Abstand s_m vom Mittelpunkt M der Strecke l.

Die schallabstrahlende Strecke l lässt sich in infinitesimale Punktstrahler dx der Schallleistung $dP_Q = P' \cdot dx$ aufteilen. Diese Punktstrahlerelemente erzeugen im Aufpunkt R die Intensität:

$$I_s = \int_{-\frac{l}{2}}^{+\frac{l}{2}} \frac{P' \cdot dx}{4\pi r^2} = \frac{P'}{4\pi} \int_{-\frac{l}{2}}^{+\frac{l}{2}} \frac{dx}{s_\perp^2 + (s_S - x)^2} \quad (7.20)$$

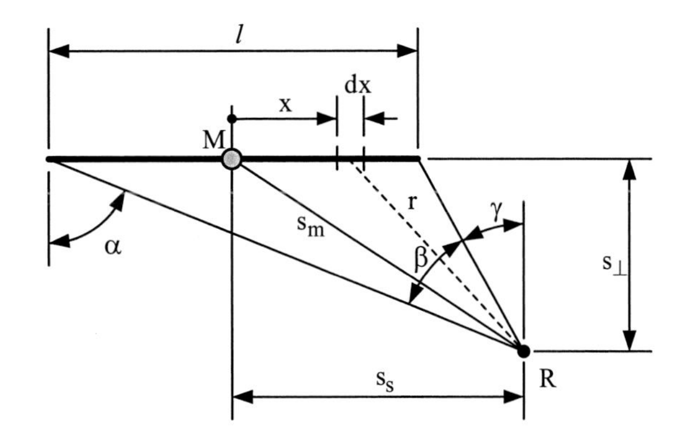

Abb. 7.6 Geometrische Lage eines beliebigen Aufpunktes R zu einem Linienstrahler der Länge *l*

$$I_s = \frac{P'}{4\pi s_\perp}\left(arctan\frac{s_S + \frac{l}{2}}{s_\perp} - arctan\frac{s_S - \frac{l}{2}}{s_\perp}\right) \tag{7.21}$$

$$I_s = \frac{P'}{4\pi s_\perp}(\alpha - \gamma) = \frac{P' \cdot \beta}{4\pi s_\perp} \tag{7.22}$$

Hierbei sind die Winkel α, γ und β im Bogenmaß einzusetzen. Bezieht man die Gl. (7.22) auf die Intensität einer in der Mitte der Strecke *l* gedachten adäquaten Punktschallquelle $P_Q = P' \cdot l$, so ergibt sich:

$$I_s = \frac{P_Q}{4\pi s_m^2} \cdot \frac{s_m^2}{l \cdot s_\perp} \cdot \beta \tag{7.23}$$

Unter der Voraussetzung, dass Schalldruck und Schallschnelle in Phase sind, kann man den Schalldruckpegel im Aufpunkt R wie folgt berechnen:

$$L_s = L_W - 20\ lg\frac{s_m}{s_0} - 11 + +D_\Omega + K_{Q_L} - K_0\ dB \tag{7.24}$$

Mit

$$K_{Q_L} = 10 \cdot lg\left(\frac{s_m^2}{l \cdot s_\perp} \cdot \beta\right) = 10 \cdot lg\left(\frac{\frac{s_m{}^2}{l^2}}{\frac{s_\perp}{l}} \cdot \beta\right) dB \tag{7.25}$$

Hierbei sind:

$L_W = L_w{}' + 10\ lg\ \frac{l}{l_0}\ dB$	Gesamtschallleistungspegel des Linienstrahlers der Länge l. ($l_0 = 1$ m),
$K_0 = -10\ lg\ \frac{\rho \cdot c}{\rho_0 c_0}\ dB$	Schallkennimpedanz,
K_{Q_L}	Schallquellenform – Korrekturmaß der Linienschallquelle.

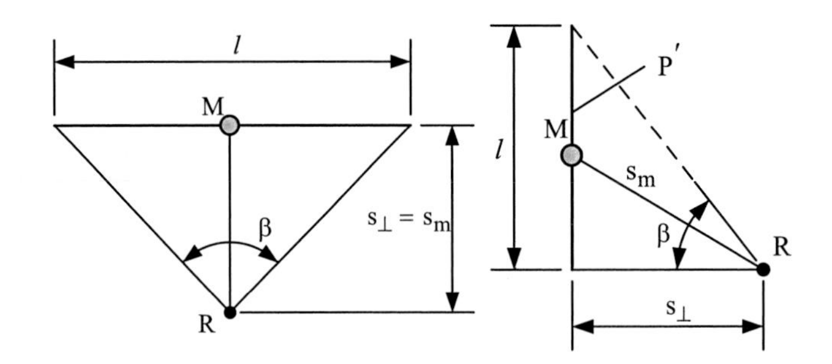

Abb. 7.7 **a** Geometrische Lage eines Aufpunktes R in der Symmetrieebene einer Linienschallquelle **b** Geometrische Zuordnung eines Aufpunktes R lotrecht zu einem Ende einer Linienschallquelle

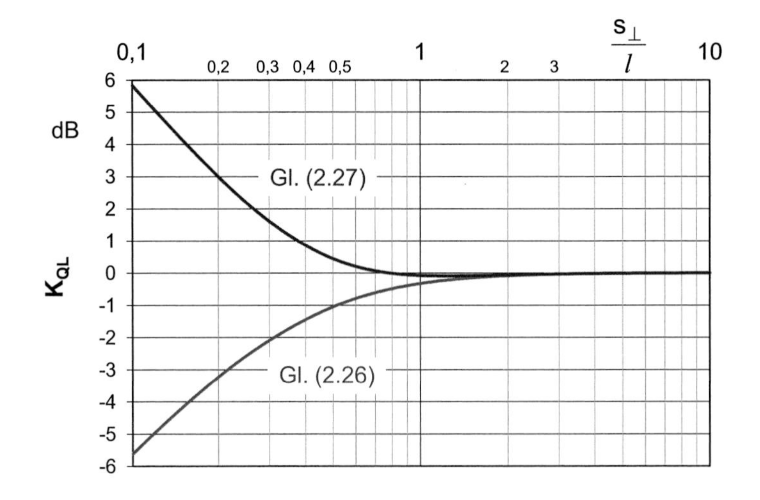

Abb. 7.8 Graphische Darstellung der Gl. (7.26) und (7.27) in Abhängigkeit $\frac{s_\perp}{l}$

Nachfolgend wird die Gl. (7.25) für zwei Grenzfälle, s. Abb. 7.7. berechnet. In Abb. 7.8 sind die Gl. (7.26), Abb. 7.7a und (7.27), Abb. 7.7b, in Abhängigkeit $\frac{s_\perp}{l}$ dargestellt.

$$K_{Q_L} = 10 \cdot lg\left(\frac{2 \cdot s_\perp}{l} \cdot arctan\frac{l}{2 \cdot s_\perp}\right) \tag{7.26}$$

$$K_{Q_L} = 10 \cdot lg\left(\frac{\frac{s_\perp^2}{l^2} + \frac{1}{4}}{\frac{s_\perp}{l}} \cdot arctan\frac{l}{s_\perp}\right) \tag{7.27}$$

Wie aus Abb. 7.8 zu erkennen, treten die größeren Korrekturwerte in der Symmetrieebene der Linienquelle auf. Darüber hinaus folgt hieraus, dass die Linienschallquelle bei einer Entfernung:

$$\frac{s_m}{l} = \frac{s_\perp}{l} \geq 2 \ bzw. \ \ l \leq 0{,}5 \cdot s_m$$

in guter Näherung als Punktschallquelle betrachtet werden kann. Der dabei auftretende Fehler ist kleiner als 0,1 dB ($K_{QL} < 0{,}1$ dB) und kann vernachlässigt werden. Bei geringerer Entfernung muss die Linienquelle solange unterteilt werden, bis für die Teillänge l_i die Bedingung $l_i \leq 0{,}5 \cdot s_{m,i}$ erfüllt ist s. Abb. 7.5.

b) ***Flächenschallquellen***

Aus dem gleichmäßig belegten, inkohärenten, rechteckigen Flächenstrahler mit der Fläche $A_Q = b \cdot l$ tritt die Schallleistung P_Q aus. Zu Letzterer gehören der Schallleistungspegel $L_W = L_I + 10 \cdot lg\,P_Q/P_0$, die aus der Fläche austretende konstante Schallintensität $I_Q = P_Q/A_Q$ und der unmittelbar vor der Strahlerfläche sich aufbauende Schallintensitätspegel $L_I = 10 \cdot lg\,(I_Q/I_0)$. Dabei gilt noch $L_W = L_I + 10 \cdot lg\,A_Q/A_0$ in dB, worin die Pegelgröße $10 \cdot lg\,A_Q/A_0$ als Flächenmaß bezeichnet wird. Gesucht wird der Schalldruckpegel L_s in einem Aufpunkt R mit den Koordinaten x_0, y_0, z_0 und dem Abstand s_m von der Flächenmitte M (Abb. 7.9).

Die schallabstrahlende Fläche lässt sich in infinitesimale Punktstrahler $dA = dx \cdot dy$ der Schallleistung $dP_Q = I_Q \cdot dx \cdot dy$ aufteilen. Diese Punktstrahlerelemente erzeugen im Aufpunkt A des Halbraumes, falls wiederum mögliche Interferenzeffekte nicht berücksichtigt werden, die Intensität I_s:

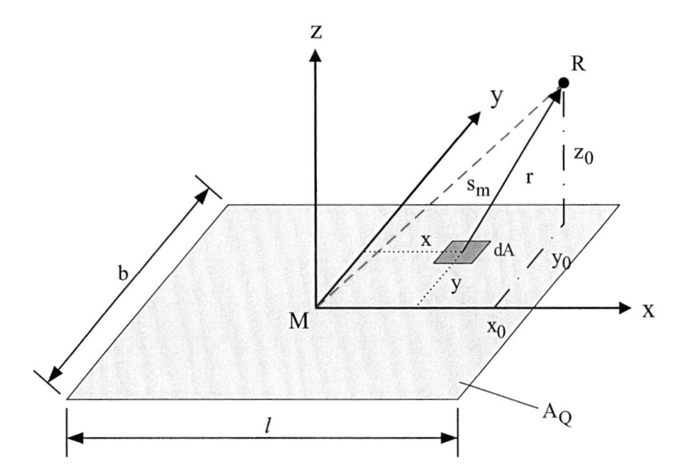

Abb. 7.9 Geometrische Lage eines beliebigen Aufpunktes R zu einem Flächenstrahler AQ

$$I_s = \frac{I_Q \cdot \mathrm{dx\,dy}}{2\pi r^2} = \frac{P_Q}{2\pi s_m^2} \cdot \frac{s_m^2}{A_Q} \int_{-\frac{b}{2}}^{+\frac{b}{2}} \left(\int_{-\frac{l}{2}}^{+\frac{l}{2}} \frac{\mathrm{dx}}{(x_0 - x)^2 + (y_0 - y)^2 + z_0^2} \right) \mathrm{dy} \tag{7.28}$$

In der Gl. (7.28) ist die Intensität I_s auf eine in die Mitte der Fläche A_Q zu verlegende, adäquate Punktschallquelle $P_Q = I_Q \cdot A_Q$ bezogen, so dass wiederum der Schalldruckpegel L_s der Flächenschallquelle durch den Schalldruckpegel dieser Punktschallquelle ausdrückbar ist.

$$L_s = \left(L_W - 20\,lg \frac{s_m}{s_0} - 11 \right) + D_\Omega + K_{Q_F} + K_0 \tag{7.29}$$

In Gl. (7.29) ist K_{Q_F} das Schallquellenform-Korrekturmaß der Fläche und hat die Größe

$$K_{Q_F} = 10\,lg \left[\frac{s_m^2}{A_Q} \cdot \int_{-\frac{b}{2}}^{+\frac{b}{2}} \left(\int_{-\frac{l}{2}}^{+\frac{l}{2}} \frac{\mathrm{dx}}{(x_0 - x)^2 + (y_0 - y)^2 + z_0^2} \right) dy \right] \tag{7.30}$$

Nachfolgend wird ähnlich wie bei der Linienquelle die Lösung der Gl. (7.30) für zwei Grenzfälle, s. Abb. 7.10. berechnet. Im Abb. 7.11 sind die Lösungen, durch numerische Integration [5], von (7.31) und (7.32) in Abhängigkeit $\frac{z_0}{l}$ dargestellt.

$$K_{QF} = 10 \cdot lg \left[2 \frac{\left(\frac{z_0}{l}\right)^2}{\frac{b}{l}} \int_0^{+\frac{b}{2}} \frac{1}{\sqrt{y^2 + z_0^2}}\, arctan \frac{\frac{l}{2}}{\sqrt{y^2 + z_0^2}} dy \right] \tag{7.31}$$

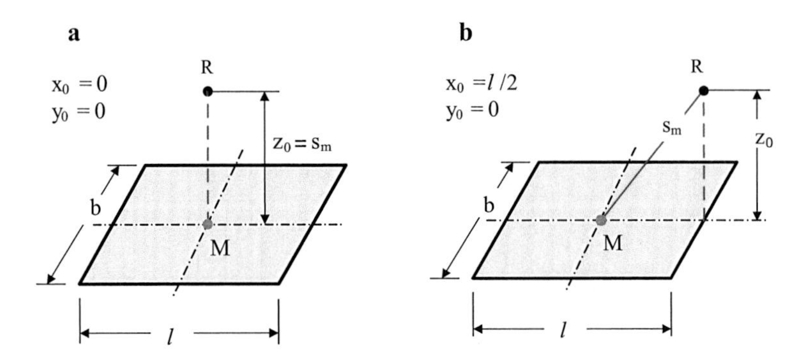

Abb. 7.10 **a** Geometrische Lage eines Aufpunktes R in der Symmetrieebene einer Flächenschallquelle **b** Geometrische Zuordnung eines Aufpunktes R lotrecht zu einem Ende einer Flächenschallquelle

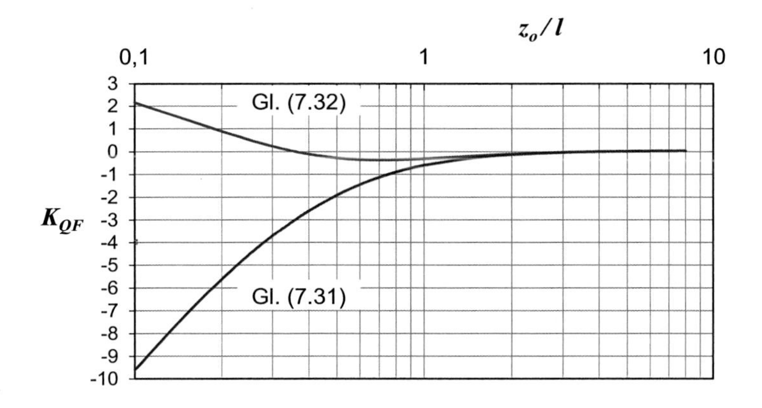

Abb. 7.11 Schallquellenform – Korrekturmaß K_{QF} in Abhängigkeit von der dimensionslosen Entfernung z_0/l für quadratische Flächenschallquellen ($b = l$)

$$K_{QF} = 10 \cdot lg\left[\frac{\left(\frac{z_0}{l}\right)^2 + \frac{1}{4}}{\frac{b}{l}} \cdot \int_{-\frac{b}{2}}^{+\frac{b}{2}} \frac{1}{\sqrt{y^2 + z_0^2}} arctan \frac{l}{\sqrt{y^2 + z_0^2}} dy\right] \tag{7.32}$$

Hieraus folgt, dass ähnlich wie bei der Linienquelle eine Flächenschallquelle bei einer Entfernung:

$$\frac{s_m}{l} \geq 2 \text{ bzw. } l \leq 0{,}5 \cdot s_m$$

in guter Näherung als Punktschallquelle betrachten kann. Der dabei auftretende Fehler ist kleiner als 0,1 dB ($K_{QF} < 0{,}\ 1$ dB) und kann vernachlässigt werden. Bei geringerer Entfernung muss die Fläche solange unterteilt werden, bis für die Teilflächen A_i die Bedingung $l_i \leq 0,\ 5 \cdot s_{m,i}$ erfüllt ist, wobei l_i die größte Abmessung der Flächenschallquelle, Diagonale bei Rechteckflächen, darstellt.

In Abb. 7.12 ist die Lösung der Gl. (7.31), ebenfalls durch numerische Integration, für verschiedene Seitenverhältnisse b/l dargestellt.

Wie aus den Abb. 7.11 und 7.12 zu erkennen, treten, ähnlich wie bei Linienquellen, die größeren Korrekturwerte (Betrag des Schallquellenform-Korrekturmaßes K_{QF}) in der Symmetrieebene der Flächenquelle auf.

Zusammenfassend lässt sich aus den theoretischen Abschätzungen feststellen:

1. Die Unterteilung der Linien- und Flächenquellen mit der Bedingung $l \leq 0{,}5\ s_m$, wie sie in aktuellen Vorschriften vorgeschrieben bzw. empfohlen wird [3], ist für die Berechnung der Linien- und Flächenquellen als Punktquelle genau genug. Die dabei auftretenden Fehler sind kleiner als 0,2 dB und somit vernachlässigbar.

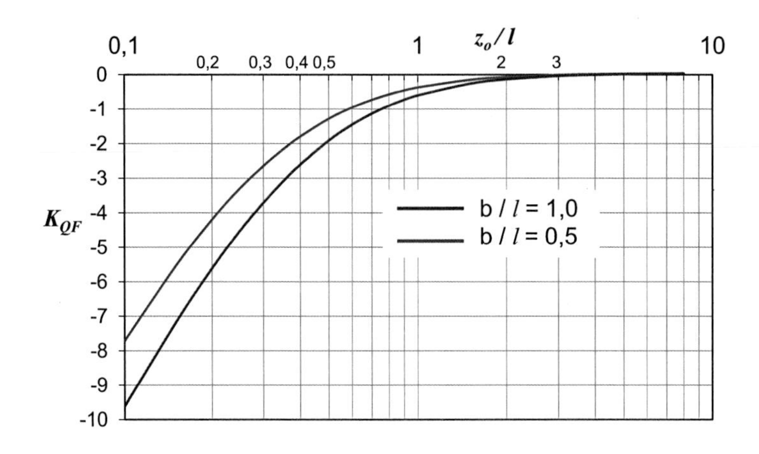

Abb. 7.12 Numerische Lösung der Gl. 7.31 für verschiedene Seitenverhältnisse b/*l*

2. Darüber hinaus wurde verdeutlicht, dass bei der Ermittlung der Immissionspegel von Linien- und Flächenquellen in geringer Entfernung, $\frac{s_m}{l} < 1$, sofern eine Unterteilung nicht vorgenommen wird und die Quellen als Punktquelle betrachtet werden, sehr große Fehler auftreten können. Bei $\frac{s_m}{l} = 0{,}1$ beträgt der Fehler bei einer Linienquelle ca. 6 dB und bei Flächenquellen ca. 10 dB.
3. Unter der Annahme von inkohärenten Linien- und Flächenschallquellen lässt sich mit Hilfe der angegebenen Berechnungsformeln Gl. (7.25) und (7.30) der Immissionspegel rechnerisch für jeden beliebigen Immissionspunkt im Nahbereich der Quelle genau bestimmen. Die Gl. (7.30) lässt sich allerdings nur durch numerische Integration lösen, da es hierfür keine geschlossene Lösung gibt.

7.3 Reflexionen bei der Schallausbreitung

Die einfache, geometrische Reflexion des Schalles an einer ebenen Fläche, beispielsweise am Boden oder in einer Raumecke, die durch senkrecht aufeinander stehende Flächen gebildet wird, wurde bereits behandelt. Der Reflexionsablauf lässt sich durch die Einführung von Spiegelschallquellen übersichtlich darstellen. Bei unvollkommener Reflexion wird pro Spiegelung der reflektierte Schall um 1 bis 2 dB reduziert. Ist beispielsweise eine über einem schallharten Boden befindliche Schallquelle zusätzlich von zwei parallelen und reflektierenden Wänden eingeschlossen, so gehen mannigfaltige Schallwege zu einem Aufpunkt R, der beispielsweise in einer Ecke gewählt wird. Bedingt durch Reflexionen wird der Immissionspegel in dieser Ecke erhöht. Wie groß die Pegelerhöhung ist, wird an dem folgenden praktischen Beispiel durchgerechnet, bei dem eine Straße durch zwei geschlossene Häuserreihen begrenzt wird.

Beispiel

Die Schallquelle stellt das 1 m über dem Boden und in der Straßenmitte befindliche Verkehrsband dar, also eine Linienschallquelle, die einen auf die Länge bezogenen Schallleistungspegel $L_w{}'$besitzt. Boden und Wände seien voll reflektierend.

Ohne Reflexion beträgt der Schalldruckpegel im Aufpunkt R (s. Gl. (7.18), $K_0 \approx 0$):

$$L_s = L_W{}' - 10\ lg\frac{s_m}{s_0} - 8\ \text{dB} \tag{7.33}$$

mit den Reflexionen dagegen ist $L_s = 10 \cdot lg \sum 10^{L_{s_i}/10}$.

Berücksichtigt man von den unendlich vielen Spiegelschallquellen nur die in Abb. 7.13 eingetragenen Schallquellen, so wird:

$$\left.\begin{aligned} L_s &\approx 10\,lg\left\{4 \cdot 10^{\frac{1}{10}\left(L_W{}'-10\,lg\frac{s_m}{s_0}-8\right)} + 4 \cdot 10^{\frac{1}{10}\left(L_W{}'-10\,lg\frac{3\cdot s_m}{s_0}-8\right)}\right\}dB \\ &= 10 \cdot lg(4) + \left(L_W{}' - 10\,lg\frac{s_m}{s_0} - 8\right) + 10 \cdot lg\left(1 + 10^{-lg(3)}\right)\ dB \\ &\approx \left(L_W{}' - 10\,lg\frac{s_m}{s_0} - 8\right) + 7{,}2dB \end{aligned}\right\} \tag{7.34}$$

Als Ergebnis kann festgehalten werden, dass die anliegende Raumecke am Aufpunkt eine Erhöhung von 6 dB bewirkt. Die übrigen Spiegelungen in Abb. 7.13 verursachen den Rest der Pegelerhöhung von ca. 1,2 dB. Unter Berücksichtigung aller möglichen Spiegelungen kann der Schalldruckpegel theoretisch um 8 dB zunehmen. Die wirkliche Erhöhung liegt, vor allem bedingt durch immer vorhandene Verluste an den Reflexionsflächen, stets darunter.

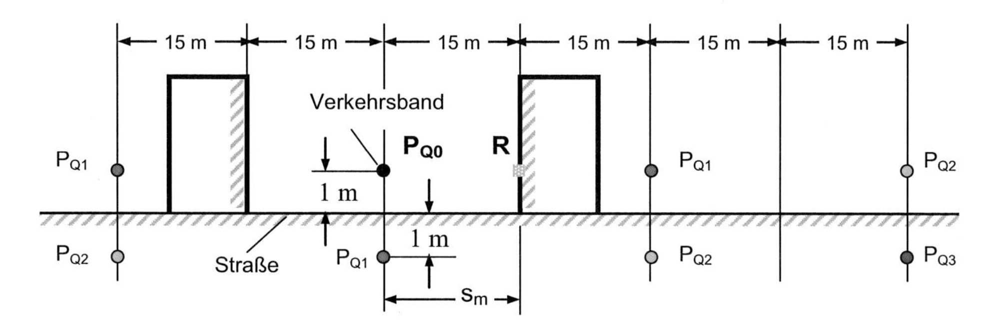

Abb. 7.13 Geometrische Darstellung der Spiegelungsmethode einer Linienschallquelle zwischen zwei voll reflektierenden Wänden (R ist der Immissionspunkt)

7.4 Zusätzliche Pegelminderungen

Neben der primären Schallpegelabnahme infolge Divergenz sind weitere Pegelminderungen bei der Schallausbreitung im Freien möglich, einmal eine Pegelabnahme durch Dämpfungseffekte in der Luft selbst, durch Bewuchs und Bebauung, durch zusätzlichen Bodeneinfluss, zum anderen durch Abschirmungseffekte. Die nachfolgend angegebenen Berechnungen der Ausbreitungsdämpfungen entsprechen den Vorgaben in [3], nach dem auch im Wesentlichen die Schallausbreitung bei den Prognoseverfahren gemäß neuer TA-Lärm [8] berechnet wird. Die zu verwendenden Gleichungen gelten für die Dämpfung von Schall, der von Punktschallquellen emittiert wird. Daher sind Linien- oder Flächenschallquellen durch mehrere Einzelschallquellen darzustellen, von denen jede Punktquellencharakter aufweist. Eine Linienquelle kann in Linienabschnitte, eine Flächenquelle in Flächenabschnitte unterteilt werden, wobei jeder Abschnitt durch eine Punktquelle in seinem Mittelpunkt dargestellt wird.

Die Berechnungen sind grundsätzlich frequenzabhängig für die Oktavbandmittenfrequenzen von 63 Hz bis 8 kHz durchzuführen.

7.4.1 Pegelminderung durch Dämpfungseffekte

a) ***Geometrische Ausbreitungsdämpfung***

Die geometrische Ausbreitung berücksichtigt die kugelförmige Schallausbreitung von einer Punktschallquelle im Freien. Für die Herleitung wird auf Abschn. 7.1 verwiesen.

Die Ausbreitungsdämpfung A_{div} ist festgelegt als

$$A_{div} = 10 \cdot lg\left(4\pi \cdot \frac{d^2}{{d_0}^2}\right) = 20 \cdot lg\left(\frac{d}{d_0}\right) + 11 \ dB \qquad (7.35)$$

mit

d	Abstand zwischen Schallquelle und Empfänger [m]
$d_0 = 1$ m	Bezugsabstand

b) ***Luftabsorption***

Grundsätzlich werden Schallwellen bei ihrer Ausbreitung in der Luft (und natürlich auch in anderen Medien) gedämpft. Spürbar wird die Dämpfung in Luft erst bei Ausbreitungswegen, die größer als 200 m sind.

Die Dämpfung hängt ab von der inneren, auf der normalen Zähigkeit strömender Medien beruhenden Reibung, von der Wärmeleitung in der Luft, vor allem aber von innermolekularen Verlusten. Im Freien bestimmen Letztere im Wesentlichen die Dämpfung des Luftschalls. Die innermolekularen Verluste beruhen auf einer Hysteresis-Wirkung am 2-atomigen Sauerstoffmolekül. Sie sind stark frequenzabhängig und nehmen mit steigender Frequenz zu, außerdem haben Temperatur und Luftfeuchtigkeit einen spürbaren Einfluss. Geringere Feuchtigkeit und Temperaturen führen zu einer größeren Dämpfung [3]. Formal lässt sich die Dämpfung einer in Luft auf dem Weg x fortschreitenden Welle durch den Dämpfungskoeffizienten α_L in dB/km ausdrücken. Dabei wird das Luftabsorptionsmaß proportional zum Abstand zwischen Quelle und Aufpunkt gesetzt:

$$A_{atm} = \alpha_L \cdot d/1000 \tag{7.36}$$

Zahlenwerte für α_L gewinnt man am besten aus Messungen. Werte für α_L sind für einen Luftzustand mit einer Temperatur von 10 °C, 20 °C und 30 °C jeweils für eine relative Feuchtigkeit von 70 % bzw. für eine Temperatur von 15 °C für verschiedene relative Feuchtigkeitswerte in [3] in Abhängigkeit von den Oktavbandmittenfrequenzen angegeben. Für die frequenzunabhängige Überschlagsrechnung zur Bestimmung des A-bewerteten Immissionspegels kann der Wert bei 500 Hz für eine Temperatur von 10 °C und eine relative Feuchte von 70 %, s. Tab. 7.1,

$$\alpha_{L,A} = 1{,}9 \approx 2\ dB(A)/km$$

verwendet werden.

Tab. 7.1 Dämpfungskoeffizient α_L und Luftabsorptionsmaß A_{atm} (1 km) in Abhängigkeit von der Oktavbandmittenfrequenz für Luft (t = 10 °C, relative Feuchtigkeit = 70 %)

$f_{m_{Okt}}$	Hz	63	125	250	500	1000	2000	4000	8000
α_L	dB/km	0,1	0,4	1,0	1,9	3,7	9,7	32,8	117
A_{atm} (1 km)	dB	0	0	1	2	4	10	33	117

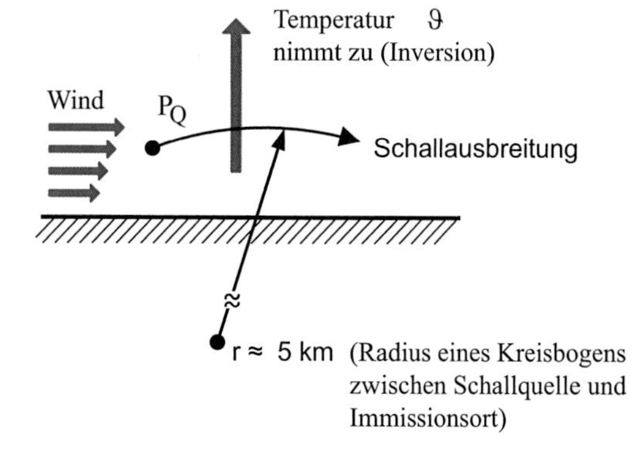

Abb. 7.14 Schallausbreitung in der Atmosphäre

a) ***Bodeneffekt***

Meteorologische Einflüsse, insbesondere Wind- und Temperaturgradienten in der Atmosphäre, machen sich erst bei größeren Schallwegen, etwa ab 200 m Entfernung von der Schallquelle bemerkbar. Insbesondere führt, wie in Abb. 7.14 dargestellt, eine Schallausbreitung mit dem Wind oder eine gut entwickelte, leichte Bodeninversion, wie sie üblicherweise nachts auftritt, zu einer Krümmung der normalerweise geradlinig verlaufenden Schallwege zum Boden hin.

Das bedeutet, dass die Strahlkrümmung die Pegelminderungen durch Bodeneinflüsse, Bewuchs, Bebauung und Abschirmungen beeinflussen kann. Je nach Entfernung kann es vorkommen, dass, bedingt durch die Krümmung der Schallstrahlen, diese so über das Hindernis (z. B. Wald oder Schallschirm) verlaufen, als wäre das Hindernis gar nicht vorhanden.

Bei Gegenwind kommt es dagegen zu einer vom Boden weg gekrümmten Ausbreitung, wodurch sich in einiger Entfernung sogar eine Schallschattenzone ausbildet [2]. Durch Interferenz des Schalles, also durch Überlagerung des von der Quelle erzeugten Direktschalles mit den am Boden reflektierten und nahezu phasenumgekehrten Schallstrahlen, können zusätzliche Pegelminderungen vor allem im bodennahen Bereich auftreten. Die Bodenbeschaffenheit und die meteorologischen Umwelteinflüsse, z. B. Luftabsorption, Windgeschwindigkeit, Temperaturgradient, Luftfeuchtigkeit usw., beeinflussen die Interferenz bzw. diese zusätzlichen Pegelminderungen, die nach [3] als Bodendämpfung A_{gr} bezeichnet werden.

Für die Bestimmung der Bodendämpfung nach [3] werden drei verschiedene Entfernungsbereiche zwischen Schallquelle und Empfänger unterschieden, Abb. 7.15:

Die akustischen Eigenschaften jedes Bodenbereichs werden durch einen Bodenfaktor G berücksichtigt:

a) Harter Boden (Straßenpflaster, Wasser, Eis, Beton und andere Bodenoberflächen geringer Porosität): G = 0
b) Poröser Boden (Böden mit Gras-, Baumbewuchs bzw. Flächen, die für Pflanzenwachstum geeignet ist): G = 1

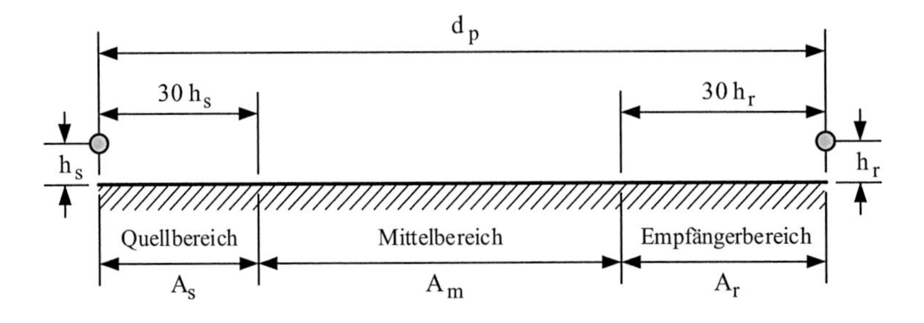

Abb. 7.15 Entfernungsbereiche für die Bestimmung der Bodendämpfung [3]

c) Mischboden (Oberfläche bestehend aus hartem und porösem Boden): 0 < G < 1, wobei G der Anteil porösen Bodens ist.

Die Bodendämpfung wird in Oktavbandbreite berechnet, indem zunächst für den Quell- Mittel- und Empfängerbereich die jeweiligen Bodendämpfungsbeiträge A_s, A_m und A_r ermittelt werden.

Die Ermittlung der Bodendämpfungsbeiträge erfolgt nach den folgenden Berechnungsformeln (Tab. 7.2):

Anschließend werden die Beiträge gemäß

$$A_{gr} = A_S + A_m + A_r \tag{7.37}$$

addiert zum Gesamt-Bodeneffekt A_{gr}.

Für die frequenzunabhängige Überschlagsrechnung zur Bestimmung des A-bewerteten Immissionspegels kann der Bodeneffekt wie folgt berechnet werden (s. Abb. 7.16):

Tab. 7.2 Berechnungsterme für die Ermittlung der Bodendämpfungsbeiträge

Frequenz	A_s oder A_r	A_m	Anmerkungen
63	−1,5	$-3q$	$a'(h) = 1{,}5 + 3{,}0e^{-0{,}12\cdot(h-5)^2}\left(1 - e^{-\frac{d_p}{50}}\right)$
125	−1,5 + G · a′(h)	$-3q(1 - G_m)$	$+ 5{,}7e^{-0{,}09\cdot h^2}\left(1 - e^{-2{,}8\cdot 10^{-6}\cdot d_p^2}\right)$
250	−1,5 + G · b′(h)		
500	−1,5 + G · c′(h)		$b'(h) = 1{,}5 + 8{,}6e^{-0{,}09h^2}\left(1 - e^{-\frac{d_p}{50}}\right)$
1000	−1,5 + G · d′(h)		
2000	−1,5 (1 − G)		$c'(h) = 1{,}5 + 14{,}0e^{-0{,}46h^2}\left(1 - e^{-\frac{d_p}{50}}\right)$
4000	−1,5 (1 − G)		
8000	−1,5 (1 − G)		$d'(h) = 1{,}5 + 5{,}0e^{-0{,}9h^2}\left(1 - e^{-\frac{d_p}{50}}\right)$

Es gilt: $q = 0$, wenn $d_p \leq 30(h_s + h_r)$; $q = 1 - \frac{30(h_s+h_r)}{d_p}$, wenn$d_p > 30(h_s + h_r)$ · d_p ist der auf die Bodenebene projizierte Abstand (in m) zwischen Schallquelle und Empfänger. Für G und h werden die für den jeweiligen Bereich gültigen Werte angesetzt, d. h. im Quellbereich ist $G = G_S$ und $h = h_S$, im Empfängerbereich ist $G = G_r$ und $h = h_r$

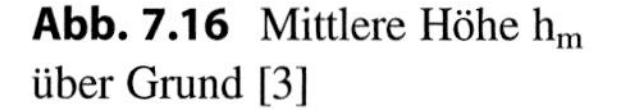

Abb. 7.16 Mittlere Höhe h_m über Grund [3]

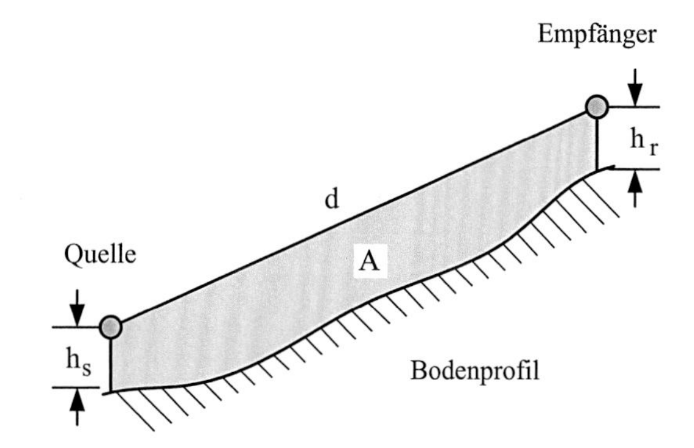

Es gilt: $h_m = \frac{A}{d}$, wobei A die grau schraffierte Fläche ist.

$$A_{gr} = 4{,}8 - \frac{2 \cdot h_m}{d} \cdot \left(17 + \frac{300}{d}\right) \text{ dB} > 0 \text{ dB} \tag{7.38}$$

Diese Näherung gilt allerdings nur, wenn der Schall sich über porösen Boden oder gemischten, jedoch überwiegend porösen Boden ausbreitet und wenn der Schall kein reiner Ton ist.

Gl. (7.38) berücksichtigt den Boden- und Meteorologieeinfluss auf den Schalldruckpegel L_s am Immissionsort. In [1] fließt der Boden- und Meteorologieeinfluss bereits in das Abstandsmaß, das dort als Differenz ΔL_S zwischen Schallleistungspegel einer Punktschallquelle und dem Mittelungspegel im Abstand s bei ungehinderter Schallausbreitung definiert ist, ein.

Hinweis
Bei der frequenzabhängigen Berechnung in Oktavbändern wird nach DIN EN ISO 9613-2 [3] die Pegelerhöhung aufgrund von Reflexionen am Boden vernachlässigt ($D_\Omega = 0$), da diese Pegelerhöhung in A_{gr} enthalten ist. Bei der Berechnung in dB(A) wird das Raumwinkelmaß D_Ω nach Gl. (7.11) mit $\alpha = 0$ berechnet.

d) ***Zusätzliche Dämpfungsarten***

Nach [3] werden diese Dämpfungsarten als zusätzliche Dämpfungsarten A_{misc} bezeichnet. A_{misc} umfasst Beiträge zur Dämpfung aufgrund von Bewuchs (A_{fol}), Industriegelände (A_{site}) und bebautem Gelände (A_{hous}). Für die Berechnung dieser zusätzlichen Beiträge zur Dämpfung kann der gekrümmte Mitwindausbreitungsweg näherungsweise durch einen Kreisbogen mit einem Radius von 5 km dargestellt werden, siehe Abb. 7.17.

Für die Berechnung von d_1 und d_2 kann der Radius des gekrümmten Weges mit 5 km angenommen werden.

d_1) ***Pegelminderung A_{fol} durch Bewuchs nach*** *[3]*

Wird die Schallausbreitung im Gelände durch einen höheren Bewuchs (Wald, höheres Gebüsch) gestört, so tritt ebenfalls eine Zusatzdämpfung A_{fol} durch Absorption und

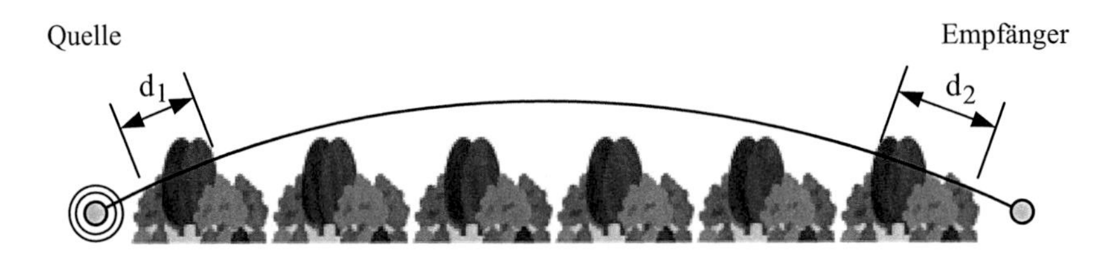

Abb. 7.17 Pegelminderung aufgrund von Schallausbreitung durch Bewuchs [3] $d_f = d_1 + d_2$

Streuung auf. Dieser Dämpfungsbeitrag tritt allerdings nur dann auf, wenn der Bewuchs so dicht ist, dass die Sicht entlang des Ausbreitungsweges vollständig blockiert ist, d. h. wenn es unmöglich ist, über eine kurze Strecke durch den Bewuchs hindurchzusehen.

A_{fol} ist in Tab. 7.3 für verschiedene Schallweglängen d_f (s. Abb. 7.17) angegeben. Bei Weglängen größer 200 m durch dichten Bewuchs sollte das Dämpfungsmaß für 200 m verwendet werden.

Für Abschätzungen kann alternativ zur Berechnung mit gekrümmtem Schallstrahl angenommen werden, dass der Weg für die Abstände d_1 und d_2 entlang von Linien im Ausbreitungswinkel von 15° zum Boden verläuft.

d_2) ***Pegelminderung A_{site} durch Industriegelände nach [3]***

Auf Industriegeländen kann Dämpfung durch Streuung an Installationen (und anderen Gegenständen) auftreten. Der Begriff Installationen umfasst diverse Rohre, Ventile, Kästen, Konstruktionselemente usw. Sofern diese Dämpfungen nicht bereits durch Abschirmungseffekte (siehe Abschn. 7.4.2) bei der Immissionspegelberechnung berücksichtigt werden, kann A_{site} für Überschlags- und Planungsrechnungen gemäß

$$A_{site} = \alpha_{site} \cdot d_s \text{ dB} \tag{7.39}$$

abgeschätzt werden. Hierin ist d_s der Ausbreitungsweg durch die Installationen in Industrieanlagen (in m), α_{site} ein von der Frequenz und der Art des Industriegeländes abhängiger Dämpfungskoeffizient in dB/m. Der Ausbreitungsweg d_s wird analog zur Schallausbreitung bei Bewuchs berechnet. Schneidet der Schallstrahl die Installationen nicht, dann ist $d_s = 0$.

Zahlenwerte für A_{site} gewinnt man am besten aus Messungen. Für Schätzungen sind Werte für A_{site} zusammen mit den zugehörigen Dämpfungskoeffizienten α_{site}, ermittelt aus A_{site}-Werten nach [3] in Tab. 7.4 in Abhängigkeit von den Oktavbandmittenfrequenzen angegeben. Auch hier sollten die ermittelten Pegelminderungen erfahrungsgemäß eine realistische Grenze von 10 dB nicht überschreiten.

***Bebauung* A_{hous}**

Ein Näherungswert für das A-bewertete Dämpfungsmaß A_{hous}, das 10 dB nicht übersteigen sollte, kann danach wie folgt geschätzt werden:

Tab. 7.3 Dämpfung aufgrund von Schallausbreitung über eine durch dichten Bewuchs verlaufende Weglänge d_f [m] [3]

$f_{m_{Okt}}$	Hz	63	125	250	500	1000	2000	4000	8000
A_{fol} $(10 \leq d_f \leq 20)$	dB	0	0	1	1	1	1	2	3
A_{fol} $(20 \leq d_f \leq 200)$	dB/m	0,02	0,03	0,04	0,05	0,06	0,08	0,09	0,12

Tab. 7.4 Dämpfungskoeffizient α_{site} und Dämpfungsmaß A_{site} (100 m) in Abhängigkeit von der Oktavbandmittenfrequenz während der Schallausbreitung durch Installationen in Industrieanlagen

$f_{m_{Okt}}$	Hz	63	125	250	500	1000	2000	4000	8000
α_{site}	dB/m	0	0,015	0,025	0,025	0,02	0,02	0,015	0,015
A_{site} (100 m)	dB	0	1,5	2,5	2,5	2	2	1,5	1,5

$$A_{hous} = A_{hous,1} + A_{hous,2} \tag{7.40}$$

mit

$$A_{hous,1} = 0{,}1 \cdot B \cdot d_b \text{ dB} \tag{7.41}$$

$$A_{hous,2} = -10 \cdot \lg\ [1-(p/100)] \text{ dB} \tag{7.42}$$

Dabei ist:

- B Bebauungsdichte; gegeben durch die Gesamtgrundfläche der Häuser, bezogen auf die gesamte Baugrundfläche,
- d_b Länge des Schallweges in m durch das bebaute Gebiet, bestimmt durch ein dem Abb. 7.17 entsprechendes Verfahren,
- p Prozentsatz der Fassadenlänge, bezogen auf die Gesamtlänge einer Straße oder Eisenbahnstrecke in Quellnähe $\leq 90\ \%$.

Der Term $A_{hous,2}$ wird nur dann berücksichtigt, wenn sich die Bebauung als eine wohldefinierte Gebäudereihe in der Nähe einer Straße, einer Eisenbahnstrecke oder eines ähnlichen Korridors darstellt. Für diesen Term dürfen allerdings keine Werte, die größer sind als das Einfügungsdämpfungsmaß eines Schirmes an derselben Stelle mit der mittleren Höhe der Gebäude, angenommen werden.

7.4.2 Pegelminderung durch Abschirmung im Freien

Werden im Freien geschlossene, massive Hindernisse, beispielsweise Häuserfronten, Mauern, Schutzwände, Erdwälle, Geländeeinschnitte von Schallwellen getroffen, so wird deren weitere Ausbreitung behindert. Auf der Rückseite der Hindernisse bildet sich ein Schallschatten aus, da an der Vorderseite Schall reflektiert und teilweise absorbiert wird. Jedoch gelangt durch den Effekt der Beugung von Wellen an den Kanten des Hindernisses Schallenergie in die Zone des Schallschattens. Dieses Beugungsphänomen ist in der Akustik wegen der wesentlich größeren Wellenlängen stärker als in der Optik ausgeprägt. Allerdings gelangt im Allgemeinen in einem Aufpunkt R der Schattenzone nur noch ein Bruchteil der auf das Hindernis auftreffenden Schallenergie. Von besonderem Interesse ist die entsprechende durch diesen Abschirmvorgang bedingte Pegelminderung, hier speziell an Hindernissen im Freien.

Man nennt die Pegelminderung das Einfügungsdämpfungsmaß und versteht darunter in einem Aufpunkt des Schallschattens den Pegelunterschied (in Frequenzbändern) zwischen den beiden Immissionspegeln ohne und mit Abschirmung. Die exakte Ermittlung ist wegen der zahlreichen Einflüsse und ihrer z. T. schwierigen Erfassung nur durch Messung möglich. Man erreicht, wenn man sich auf eine Schallausbreitung bis zu 200 m beschränkt, Pegelminderungen bis 25 dB. Darüber dominieren die meteorologischen Einflüsse. Meist benötigt man die Größe der durch Abschirmung bedingten Pegelminderung zu Planungszwecken und Prognoseaussagen. Hierzu genügt aber ein angenäherter Wert, den man auch von ähnlichen Anlagen übernehmen oder aus Messungen an vereinfachten Modellen erhalten kann. Es können auch einfachere Abschätzungen oder genauere akustische Berechnungen an charakteristischen Hindernisformen herangezogen werden. Man nennt diesen Näherungspegel das Abschirmmaß, das im Folgenden zur Diskussion steht und hier grundsätzlich unter Freifeldbedingungen ermittelt wird.

In anderen Regelwerken [1, 6, 7] werden darüber hinaus für verschiedene Geräuschsituationen (Industrie-, Straßen- und Schienenverkehrsgeräusche) weitere Näherungsformeln für die Berechnung der Abschirmung bei der direkten Ermittlung des Beurteilungspegels L_r angegeben, auf die hier jedoch nicht näher eingegangen wird.

Die Ermittlung von D_z erfolgt, unter Bezugnahme auf Abb. 7.18, zunächst an einem dünnwandigen Schallschirm unter folgenden Annahmen:

Die Schallquelle sei eine Einzelschallquelle mit verhältnismäßig kleinen Abmessungen (Punktquelle). Die Schallausbreitung erfolgt in einem Kugelwellenfeld. Die Schirmlänge l sei im Grenzfall unendlich groß, die Schirmstärke b sei klein gegen die Wellenlänge λ der gebeugten Welle. Schirm und Boden seien vollständig reflektierend, jedoch finden keine weiteren Reflexionen statt. Schallquelle S und Aufpunkt R liegen in einer Ebene, die senkrecht zum Schirm steht (d. h. $a = 0$); ihre Abstände d_{SS} und d_{SR} sind größer als λ. Der Schirm sei vollkommen schallundurchlässig und besitzt auch keine Undichtigkeitsstellen.

Maßgebend für die Größe seines Abschirmmaßes D_z ist die an der gebeugten Wellenlänge λ gemessene wirksame Schirmhöhe h_s und der Beugungswinkel φ, d. h., das Abschirmmaß wird umso größer, je größer h_s, φ und die Frequenz f werden. Das bedeutet auch, dass die Abschirmwirkung bei gegebenem Abstand s_m und gegebener Höhe von Sund R umso größer wird, je näher sich der Schirm an der Schallquelle oder am

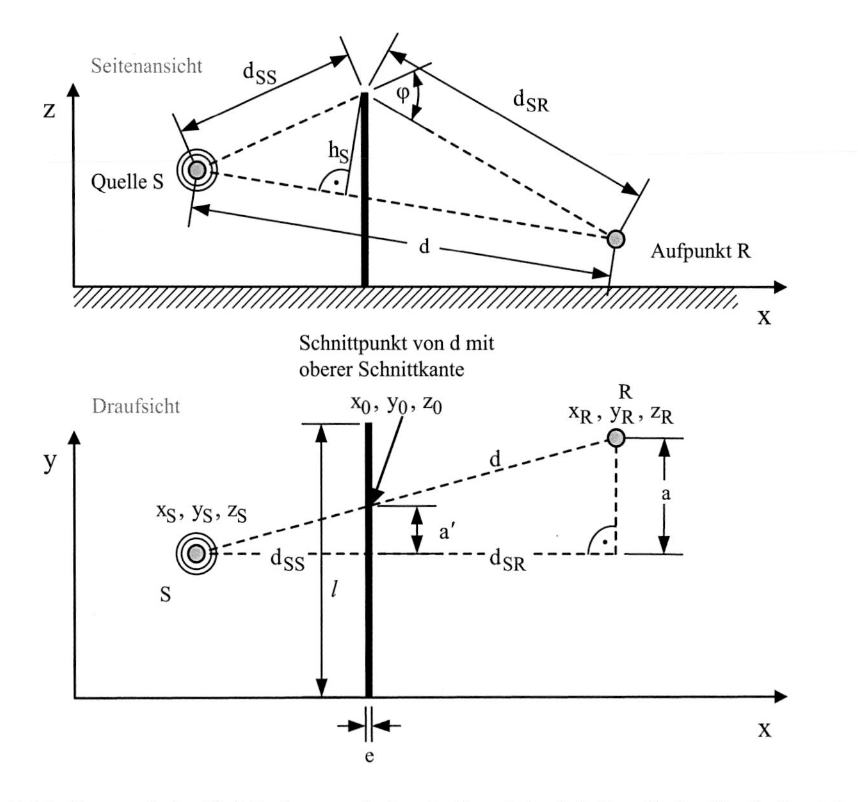

Abb. 7.18 Geometrische Verhältnisse am Aufpunkt R und der Schallquelle P_Q für die Ermittlung des Abschirmmaßes D_z

Aufpunkt befindet. Zu einer noch geeigneteren Darstellung der Abhängigkeit der Abschirmwirkung gelangt man, wenn man den Umweg des Schalls über die Schirmkante zum Aufpunkt feststellt. Man führt zunächst den hierfür maßgebenden Schirmwert z ein.

$$z = \sqrt{(d_{SS} + d_{SR})^2 + a^2} - d \tag{7.43}$$

z ist ein Maß für die Schallwegverlängerung durch das Hindernis. Die Abstände in Gl. (7.43) sind von der räumlichen Anordnung der Schallquelle S, des Aufpunktes R und der Lage und Geometrie des Hindernisses (Schallschirm) abhängig. Sie lassen sich für Schallschirme, die senkrecht zum Boden stehen, nach Gl. (7.44) aus den Quell- (x_S, y_S, z_S), Schirmoberkante- (x_0, y_0, z_0) und Aufpunkt-Koordinaten (x_R, y_R, z_R) berechnen:

$$\left.\begin{aligned} d &= \sqrt{(x_S - x_R)^2 + (y_S - y_R)^2 + (z_S - z_R)^2} \\ a &= y_R - y_S \\ a' &= a \cdot \frac{x_0 - x_S}{x_R - x_S} \\ d_{SS} &= \sqrt{(x_S - x_0)^2 + (z_S - z_0)^2} \\ d_{SR} &= \sqrt{(x_R - x_0)^2 + (z_R - z_0)^2} \\ y_0 &= y_S + a' = y_S + \frac{x_0 - x_S}{x_R - x_S} \cdot (y_R - y_S) \end{aligned}\right\} \tag{7.44}$$

Bei Mehrfachbeugung wird der Schirmwert z um die Schallwegverlängerung e, also den Abstand zwischen der ersten und der letzten wirksamen Beugungskante, erhöht (s. Abb. 7.19).

$$z = \sqrt{(d_{SS} + d_{SR} + e)^2 + a^2} - d \tag{7.45}$$

In [3, 9] wird orientiert an theoretischen Überlegungen folgende Berechnungsformel für das Abschirmmaß D_z angegeben:

$$D_z = 10 \cdot lg\left(C_1 + \frac{C_2}{\lambda} \cdot C_3 \cdot z \cdot K_{met}\right)\ dB \tag{7.46}$$

mit

$C_1 = 3$

$C_2 = 20$ bis 40 Zur vorsichtigen Abschätzung und für einfache Rechnungen sowie bei Beugung seitlich um Hindernisse herum soll $C_2 = 20$ eingesetzt werden. Für die Rechnung mit $C_2 = 40$ muss der Einfluss der Bodenreflexion, also z. B. die Wirkung von Spiegelquellen, berücksichtigt werden [3].

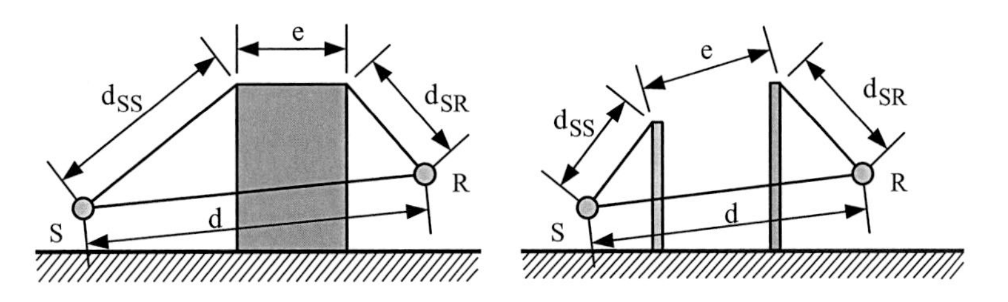

Abb. 7.19 Schallwegverlängerung e durch Mehrfachbeugung an dicken oder parallelen dünnen Schallschirmen [3]

$C_3 = 1$ bei Einfachbeugung an dünnen Schirmen und allgemein für Verkehrsgeräusche nach [3]

$$C_3 = \frac{1 + (5 \cdot \lambda/e)^2}{1/3 + (5 \cdot \lambda/e)^2} \tag{7.47}$$

bei Mehrfachbeugung an dicken oder parallelen dünnen Schirmen für $e = 5\ \lambda \geq 3$ m, s. Abb. 7.19 [3].

$\lambda = \frac{c}{f}$ Schallwellenlänge in m;
c = Schallgeschwindigkeit;
f = Frequenz
z Schirmwert in m nach Gl. (7.43) bzw. (7.45)
K_{met} Korrekturfaktor für Witterungseinflüsse [3]. K_{met} berücksichtigt den Einfluss der Strahlkrümmung. Vor allem bei größeren Entfernungen kann K_{met} sehr kleine Werte annehmen:

$$K_{met} = e^{-\frac{1}{2000}\sqrt{\frac{d_{SS} \cdot d_{SR} \cdot d}{2 \cdot z}}} \text{ für } z > 0 \tag{7.48}$$

Für die Beugung seitlich um Hindernisse herum und für $z \leq 0$ ist $K_{met} = 1$ einzusetzen.

Die praktische Höchstgrenze von $D_z \approx 25$ dB kann bei dicken Schirmen erreicht werden. Für dünne Schirme liegt die Grenze bei ca. 20 dB [3].[2]

Die Pegelminderung A_{bar} aufgrund von Abschirmung A_{bar} lässt sich nach [3] wie folgt bestimmen:

$$A_{bar} = D_z - A_{gr}\ \text{dB} \tag{7.49}$$

Mit

D_z Abschirmmaß nach Gl. (7.46)
A_{gr} Bodeneffekt nach Gl. (7.37, 7.38)

Bei Beugung um eine senkrechte Schirmkante bzw. seitlich um Hindernisse herum wird Abar wie folgt berechnet:

$$A_{bar} = D_z\ \text{dB} \tag{7.50}$$

Als zusätzlicher Einfluss auf die Abschirmung soll als erstes die Wirkung der endlichen Länge l des Schallschirmes, um dessen freie Enden ebenfalls Schall gebeugt werden kann,

[2]In [1, 6, 7] sind noch weitere Berechnungsformeln für D_z bzw. D_e je nach Geräuschsituation (Straßenverkehrs-, Schienenverkehrs- und Industriegeräusche) angegeben.

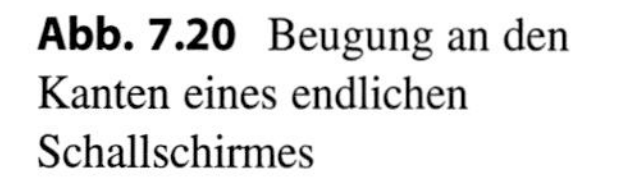
Abb. 7.20 Beugung an den Kanten eines endlichen Schallschirmes

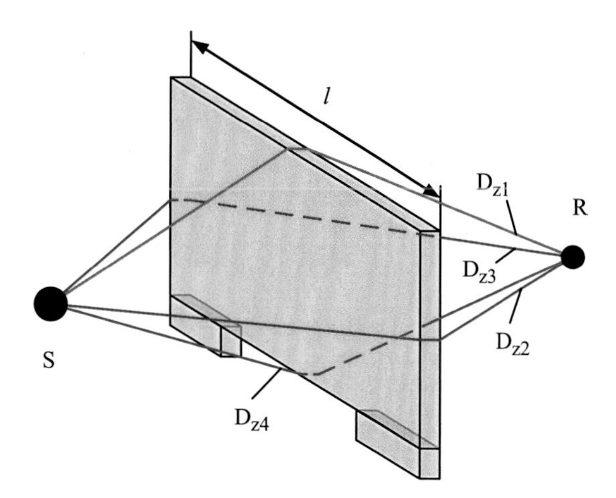

berücksichtigt werden, s. Abb. 7.20. Hierbei wird darauf hingewiesen, dass ein Hindernis nur dann als Schallschirm wirksam werden kann, wenn die horizontale Abmessung des Hindernisses senkrecht zur Verbindungslinie Quelle-Empfänger l größer ist als die Wellenlänge des zu betrachtenden Schalls $l > \lambda$ [3].

Ohne Abschirmung herrscht im Aufpunkt R der Immissionspegel L_p. Zu jedem an den Seitenkanten des Schallschirmes der Länge l gebeugten Strahl 1, 2, 3 und 4 gehört die Abschirmung A_{bar1},$A_{bar2} = D_{z2}$, $A_{bar3} = D_{z3}$ *und* $A_{bar4} = D_{z4}$. Durch das Zusammenwirken der vier Strahlen erhält man mit (7.46, 7.49, 7.50) die Gesamtintensität im Aufpunkt R:

$$\Sigma I = I_0 \left[10^{\frac{L_p - A_{bar1}}{10}} + 10^{\frac{L_p - D_{Z2}}{10}} + 10^{\frac{L_p - D_{Z3}}{10}} + 10^{\frac{L_p - D_{z4}}{10}} \right] \mathrm{W/m^2} \tag{7.51}$$

Aus dieser Summe ergibt sich der Immissionspegel $L_s = 10\,lg \frac{\Sigma I}{I_0}$ zu:

$$L_s = L_p + 10\,lg \left[10^{-\frac{A_{bar1}}{10}} + 10^{-\frac{D_{Z2}}{10}} + 10^{-\frac{D_{Z3}}{10}} + 10^{-\frac{D_{Z4}}{10}} \right] \mathrm{dB} \tag{7.52}$$

bzw.

$$L_s = L_p - \left[A_{bar1} - 10\,lg \left(1 + 10^{-\frac{D_{Z2} - A_{bar1}}{10}} + 10^{-\frac{D_{Z3} - A_{bar1}}{10}} + 10^{-\frac{D_{Z4} - A_{bar1}}{10}} \right) \right] \mathrm{dB} \tag{7.53}$$

Bezieht man die Abschirmung auf den Hauptschirmweg 1 (Schirmoberkante, Abar1), so folgt aus Gl. (7.53):

$$L_s = L_p - A_{bar1} + \Delta A_{bar} \tag{7.54}$$

mit

$$\Delta A_{bar} = 10lg\left(1 + 10^{-\frac{D_{Z2}-A_{bar1}}{10}} + 10^{-\frac{D_{Z3}-A_{bar1}}{10}} + 10^{-\frac{D_{Z4}-A_{bar1}}{10}}\right) > 0\ dB \quad (7.55)$$

In der Regel stehen die Schallschirme auf dem Boden, so dass die Beugungskante 4 (D_{z4}) nicht wirksam ist. Bei Nichtvorhandensein von D_{z4} entfällt jeweils in den Gl. (7.53, 7.55) das Glied:

$$10^{-\frac{D_{Z4}-A_{bar1}}{10}}$$

Hieraus folgt, dass vor allem durch seitliche Beugungen um die Schirmkanten herum grundsätzlich die Wirkung des Schallschirmes verringert wird. Bei Schallschirmen mit einem Schirmüberstand $\geq 4 \cdot h_s$ (h_s ist die wirksame Schirmhöhe, s. Abb. 7.20), kann der Einfluss der seitlichen Beugung in guter Näherung vernachlässigt werden (Genauigkeit ca. ± 1 dB).

Der Einfluss der endlichen Länge kommt u. a. bei der Berechnung der Abschirmung einer Linienquelle zur Anwendung. Entsprechend Abb. 7.21 ist es zweckmäßig, den Linienstrahler in einzelne Abschnitte $l_i \approx d_Q$ und damit in Einzelschallquellen P_{Qi} aufzuteilen, wobei die Aufteilung jetzt auch dem Wirkungsbereich α der Abschirmung anzupassen ist. Das Problem wird an den in Abb. 7.21 a) und b) wiedergegebenen Beispielen verdeutlicht, in denen ein sehr langer Schirm und ein kürzerer Schirm dargestellt sind. Der Immissionspegel L_s wird mit Hilfe der Gl. (7.54) unter zusätzlicher Berücksichtigung von Teilabschirmungen $D_{z,i}$ nach Gl. (7.52) bzw. (7.54) ermittelt.

Neben den Beugungseffekten findet ferner der Einfluss von Schirmwanddämmung, Schirmabsorption und die geometrische Gestaltung des Schallschutzschirmes insbesondere

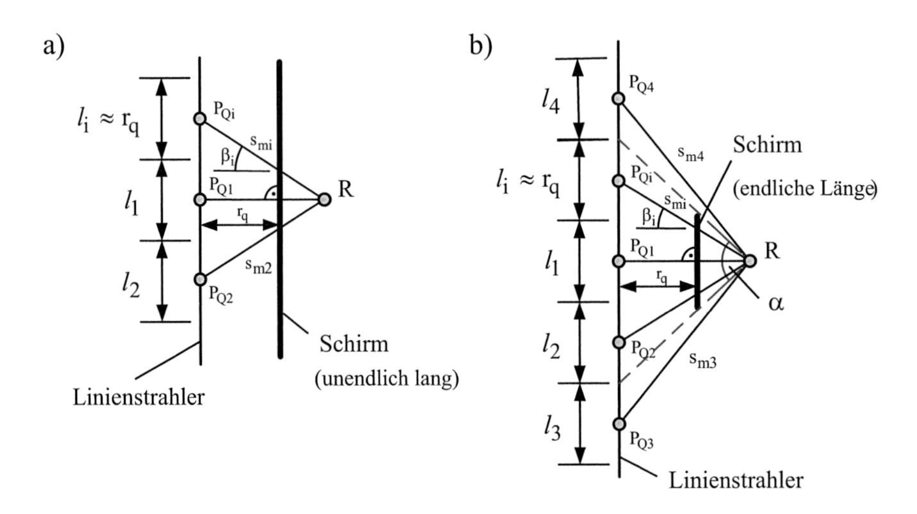

Abb. 7.21 Abschirmung eines Linienstrahlers a) α ≅ 180$^{\infty}$, unendlich langer Schirm b) α < 180$^{\infty}$, endliche Schirmlänge

bei Lärmschutzwänden und -wällen an Verkehrswegen (Straßen- und Schienenverkehr) in den einschlägigen Regelwerken Berücksichtigung [6, 7].

Die Schalldurchlässigkeit der Schirmwand infolge unzureichender Schirmdämmung ist mit dem sog. Schalldämmmaß R der Schirmwand verknüpft. Das Schalldämmmaß R ist eine Pegelgröße:

$$R = 10 \cdot \lg (P_e/P_d)$$

in der P_e die auftreffende und P_d die durchtretende Schallleistung ist (vgl. Abschn. 8.3). Aus den Gesetzen der Pegeladdition folgt, dass der durch die Schirmwand durchtretende Schall vernachlässigt werden kann, wenn die Schalldämmung das erreichbare Einfügungsdämmmaß oder das angestrebte Abschirmmaß um mehr als 10 dB übersteigt. Das bedeutet, dass die Schalldämmung $\geq$35 dB sein sollte, wenn die maximale Abschirmung erreicht werden soll. Eine solche Dämmung erhält man, wenn die Massenbelegung der Wand mehr als 20 kg/m^2 beträgt. Mit den üblichen Ausführungen werden solche Werte durchaus erreicht. Für die üblichen Abschirmungen bis ca. 15 dB ist eine flächenbezogene Masse von ca. 10 kg/m^2 ausreichend [3].

In den bisher angeführten allgemeinen Annahmen wurden i. d. R. dünnwandige, voll reflektierende Schirme vorausgesetzt. Dagegen können die Schirme auch einen davon abweichenden Querschnitt, wie in Abb. 7.22 aufgezeichnet, besitzen. Beispielsweise kann der Querschnitt keilförmig sein, im Sonderfall mit Keilwinkeln von 90° und 135°. Keilwinkel von 135° sind vor allem an Straßeneinschnitten wirksam. Die Schirmquerschnitte

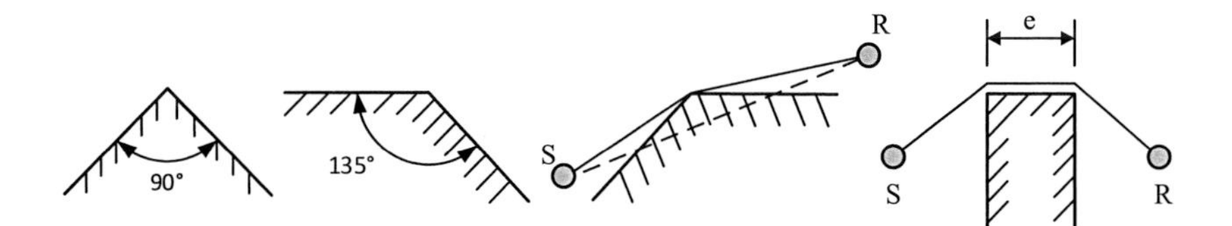

Abb. 7.22 Verschiedene Schallschirmquerschnitte

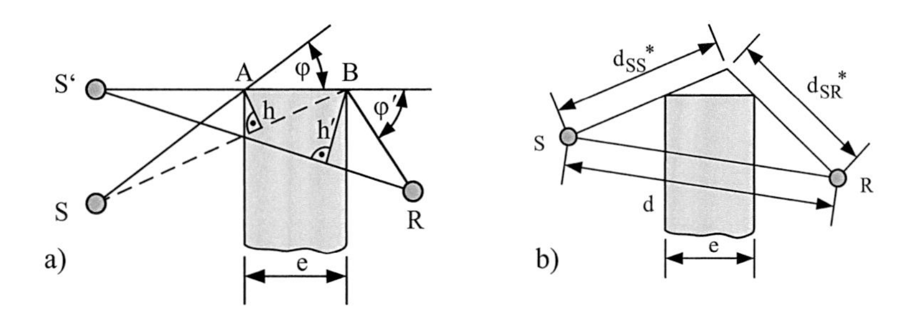

Abb. 7.23 Schallschirme mit Rechteckquerschnitt. **a**) Doppelbeugung **b**) Schallumweg

können auch rechteckig sein, mit Dicken e größer als λ. Es handelt sich meist um dickere Mauern oder gar Häuser und ganze Wohnzeilen, die abschirmend wirken.

Der zusätzliche Einfluss des Schirms mit Keilquerschnitt und reflektierender Oberfläche auf das Abschirmmaß ist klein, falls Schallquelle und Aufpunkt nicht zu nahe am Schirm liegen. Jedoch wird bei Annäherung einer der beiden Punkte an die Schirmoberfläche das Abschirmmaß spürbar reduziert. Die Abnahme nimmt mit dem Keilwinkel zu und kann bis zu 6 dB betragen. Keilförmige Schirme, deren Oberfläche absorbierend ausgebildet ist, verhalten sich dagegen praktisch wie dünnwandige Schirme. In Abb. 7.23 sind Schirme mit Rechteckquerschnitt dargestellt. Bei ihnen erfolgt eine Doppelbeugung an den beiden 90°-Kanten A und B.

Das bedeutet gegenüber den dünnwandigen Schirmen grundsätzlich eine Erhöhung der Abschirmwirkung. Das zugehörige Abschirmmaß D_z lässt sich über den Umweg des Schalls, d. h. $z = \sqrt{(d_{SS}{}^* + d_{SR}{}^*)^2 + a^2} - d$, s. Abb. 7.18 und 7.23 b), berechnen. In gleicher Weise kann bei endlicher Länge l des Hindernisses eine unerwünschte seitliche Umgehung des Schalles nach Gl. (7.54) und (7.55) berücksichtigt werden.

Einen weiteren Einfluss auf die Abschirmwirkung hat die Oberfläche des Schirmes, die reflektierend, absorbierend oder hochabsorbierend ausgebildet sein kann [6] Eine vorhandene Schirmabsorption erhöht grundsätzlich das Abschirmvermögen. Die Erhöhung ist allerdings im Allgemeinen bei dünnwandigen Schirmen vernachlässigbar. Nur im Falle, dass Schallquelle oder Aufpunkt nahe beim Schirm liegen, ergibt sich eine Erhöhung des Einfügungsdämmmaßes bis zu 6 dB, falls die benachbarte Schirmoberfläche absorbierend ausgebildet ist. Die Konstruktion solcher dünnwandiger, absorbierender Schirme ist, wie in Abb. 7.24a) zu erkennen, relativ aufwändig, da sie auch eine ausreichende Dämmung aufweisen soll. Auf einer schallharten Trägerkonstruktion aus Stahl- oder Aluminiumblech, Holz oder Stein bzw. Beton werden Mineralwolle oder andere absorbierende Materialien i. d. R. mit einer schalldurchlässigen Abdeckung, z. B. Lochblech, befestigt und in Segmenten als Schirmelemente angeboten.

Weiterhin hat die absorbierend gestaltete Oberfläche eines Schallschirmes wesentlichen Einfluss auf die Unterdrückung von Mehrfachreflexionen. Sie können sich, wie in Abb. (7.24b)

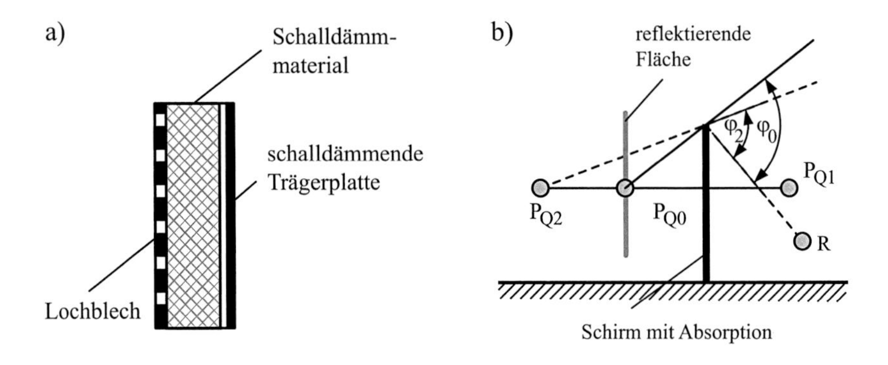

Abb. 7.24 Schallabsorbierender Schirm. **a**) Aufbau **b**) Geometrische Anordnung

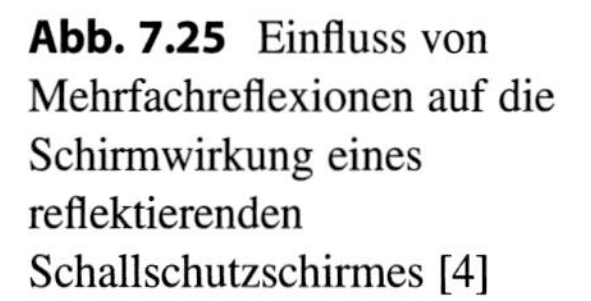

Abb. 7.25 Einfluss von Mehrfachreflexionen auf die Schirmwirkung eines reflektierenden Schallschutzschirmes [4]

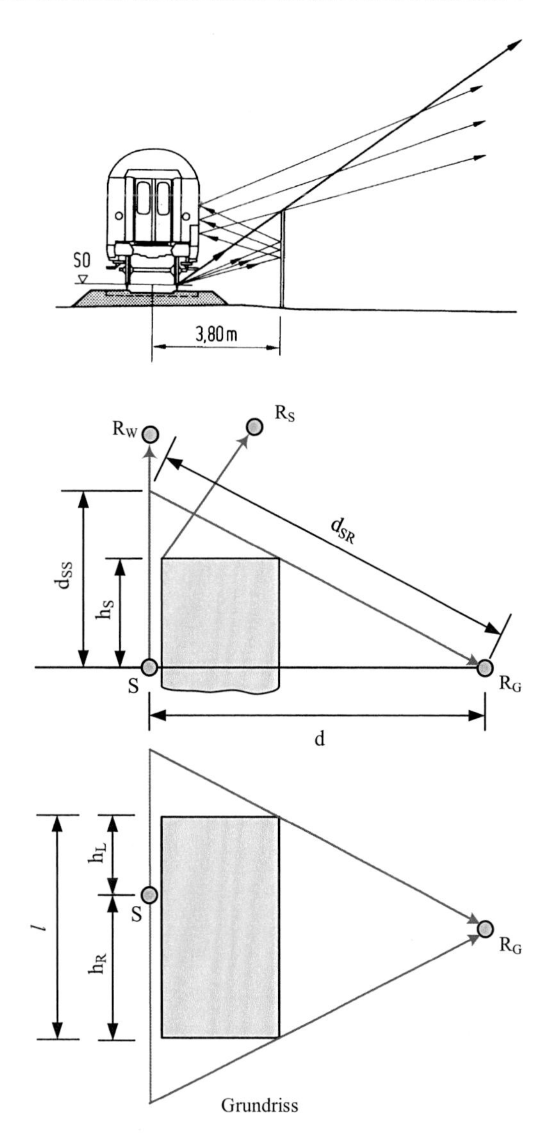

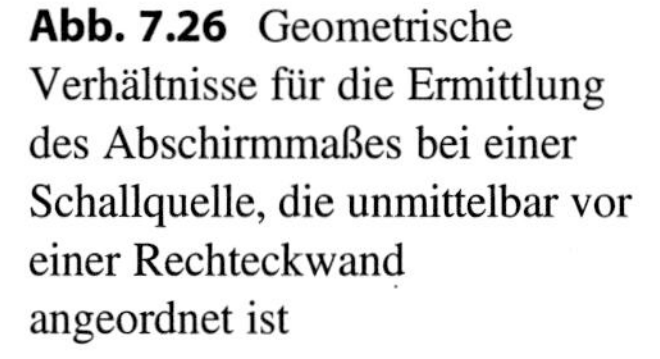

Abb. 7.26 Geometrische Verhältnisse für die Ermittlung des Abschirmmaßes bei einer Schallquelle, die unmittelbar vor einer Rechteckwand angeordnet ist

dargestellt, zwischen Schirm und einer Schallquelle einstellen, wenn der Schirm quellseitig nicht absorbierend gestaltet ist. Mehrfachreflexionen liegen beispielsweise bei vorbeifahrenden Eisenbahnzügen (Abb. 7.25) oder zwischen zwei parallelen Schirmen vor.

Praktische Bedeutung hat noch der Sonderfall, bei dem wie in Abb. 7.26 die Schallquelle unmittelbar vor einer der Rechtecкωände angeordnet ist. Liegt der Aufpunkt in der Wandebene außerhalb (Aufpunkt R_W), so ist D_z ungefähr 5 dB. Im Winkelraum, der an die Seitenwand angrenzt (Aufpunkt R_S), wird D_z entsprechend der Beugung an einem rechtwinkligen Keil berechnet. Liegt der Aufpunkt auf der Gegenseite der Schallquelle

(Aufpunkt R_G), so ist wiederum $z = \sqrt{(d_{SS} + d_{SR})^2 + a^2} - d$, wobei a = 0. Wird zudem noch der Abstand d größer als etwa 50 m, so ist in guter Näherung $z = h_s$.

7.5 Zusammenfassung und Beispiele

Die in den vorangegangenen Abschnitten dargestellten Beziehungen gestatten vor allem die Ermittlung des A-bewerteten Schalldruckpegels am Aufpunkt unter Freifeldbedingungen, wenn am Emissionsort der Schallleistungspegel bekannt ist. Der A-bewertete Schalldruckpegel ist aber, wie bereits gezeigt wurde, eine wichtige Größe zur Beurteilung des Geräusches am Immissionsort.

Bei der praktischen Durchführung der Berechnung muss vor allem auf die Frequenzabhängigkeit einzelner Pegelgrößen Rücksicht genommen werden. Es sind folgende zwei Rechengänge üblich.

In einfacheren Fällen und zu Überschlags- und Planungszwecken genügt es, vom Leistungspegel L_{W_A} auszugehen und bei den Dämpfungstermen A für die darin enthaltenen frequenzabhängigen Anteile deren Zahlenwerte für f ≈ 500 Hz einzusetzen.

Für genauere Untersuchungen geht man vom Schallleistungsspektrum $L_{W_{Okt}}$ aus und ermittelt für jedes Oktavband getrennt $L_{s_{Okt}}$. Man erhält so das Oktav-Schallpegelspektrum am Immissionsort. Dieses Spektrum besitzt bereits für sich eine Aussagekraft, es lässt sich aber auch daraus der A-bewertete Schalldruckpegel L_A berechnen.

Wirken mehrere inkohärente Schallquellen zusammen, so wird zunächst die Rechnung für jede Schallquelle getrennt durchgeführt. Für eine Überschlagsrechnung gewinnt man so die Pegel L_{A_i}, aus denen dann in der bekannten Weise der Summenpegel L_A gebildet wird.

Für den Fall, dass die Rechnung in Frequenzbändern vorgenommen wird, erhält man zunächst die Pegel $L_{s_{Okt}}$, die in den einzelnen Bändern zu $\Sigma L_{s_{Okt}}$ zusammengefasst werden. Das Ergebnis ist das Schalldruckspektrum des Gesamtgeräusches am Immissionsort. Aus diesem Spektrum kann dann wieder der A-bewertete Schalldruckpegel L_A des Gesamtgeräusches berechnet werden.

Abschließend wird der aus verschiedenen, im Freien wirkenden Lärmquellen resultierende A-bewertete Schalldruckpegel in der Nachbarschaft rechnerisch ermittelt. Die Durchführung dieser Berechnung setzt voraus, dass die Schallleistungspegel $L_{W_{A,i}}$ oder die Schallleistungsspektren $L_{W_{Okt,i}}$ der einzelnen Schallquellen i bekannt sind. Die Ermittlung der Schallleistung wird in Kap. 9 besonders behandelt.

7.5.1 Exaktes Berechnungsverfahren nach DIN EN ISO 9613-2 [3]

Die bisherigen Teilergebnisse lassen sich in folgender Beziehung zusammenfassen:

$$L_{fT}(DW) = L_W + D_C - A \text{ dB} \tag{7.56}$$

Hierbei sind:

$L_{fT}(DW)$ Am Aufpunkt auftretender äquivalenter Oktavband-Dauerschalldruckpegel bei den Bandmittenfrequenzen von 63 Hz bis 8,0 kHz bei Mitwind, separat für jede Punktquelle und jede ihrer Spiegelquellen ermittelt,
L_W Oktavband-Schallleistungspegel der Punktschallquelle in dB, re. 1 pW,
D_C Richtwirkungskorrektur in dB. Es gilt:

$$D_C = D_I + D_W - 3 \text{ dB}. \tag{7.57}$$

Mit

D_I Richtwirkungsmaß der Quelle
D_Ω Raumwinkelmaß der Quelle, nach Gl. (7.10) und (7.11).
Der Abzug von 3 dB berücksichtigt, dass in dem nach Gl. (7.37) ermittelten Bodeneffekt die Reflexionen am Boden im Bereich der Schallquelle bereits enthalten sind.
A Oktavbanddämpfung in dB, die während der Schallausbreitung von der Punktschallquelle zum Empfänger vorliegt.

Der Dämpfungsterm A in Gl. (7.56) ist gegeben durch:

$$A = A_{div} + A_{atm} + A_{gr} + A_{bar} + A_{misc} \tag{7.58}$$

Hierbei ist:

A_{div} Dämpfung aufgrund geometrischer Ausbreitung gemäß Gl. (7.35)
A_{atm} Dämpfung aufgrund von Luftabsorption gemäß Gl. (7.36)
A_{gr} Dämpfung aufgrund des Bodeneffekts gemäß Gl. (7.37)
A_{bar} Dämpfung aufgrund von Abschirmung gemäß Gl. (7.49) und (7.50)
Anmerkung: In der Summe der Dämpfungsterme, Gl. (7.58) heben sich die beiden A_{gr}-Terme auf, sofern Abschirmwirkungen zu berücksichtigen sind. Das verbleibende Abschirmmaß D_z schließt dann nach [3] den Effekt des Bodens bei eingefügtem Schirm mit ein, woraus eine konservative Abschätzung in Richtung geringerer Gesamtdämpfung resultiert, da D_z von der Herleitung her den Bodeneffekt **nicht** beinhaltet.
A_{misc} Dämpfung aufgrund verschiedener anderer Effekte (A_{fol}, A_{site}, A_{hous})

Der A-bewertete äquivalente Dauerschalldruckpegel $L_{AT}(DW)$ bei Mitwind wird durch Addition der einzelnen, für jede Punktschallquelle, für jede ihrer Spiegelquellen und für jedes Oktavband gemäß der Gl. (7.56) berechneten, zeitlich gemittelten Schalldruckquadrate bestimmt:

$$L_{AT}(DW) = 10\,lg\left\{\sum\nolimits_{i=1}^{n}\left[\sum\nolimits_{j=1}^{8} 10^{0,1\left(L_{fT}(ij)+A_{f,j}\right)}\right]\right\}\mathrm{dB(A)} \tag{7.59}$$

Hierbei ist:

n Anzahl der Beiträge i (Schallquellen und Ausbreitungswege),
j Ein Index, der die acht Oktavbandmittenfrequenzen von 63 Hz bis 8,0 kHz angibt,
$A_{f,j}$ Dämpfungspegel der A-Bewertung in Abhängigkeit von der Oktavbandmittenfrequenz (vgl. Tab. 2.10).

Der A-bewertete Langzeit-Mittlungspegel $L_{AT}(LT)$ wird wie folgt berechnet:

$$L_{AT}(LT) = L_{AT}(DW) - C_{met}\ \mathrm{dB(A)} \tag{7.60}$$

C_{met} ist hierbei die meteorologische Korrektur, die von den geometrischen Verhältnissen zwischen Quellhöhe, Aufpunkthöhe und Abstand abhängt und wie folgt ermittelt wird:

$$\left.\begin{aligned} C_{met} &= 0\ f\ddot{u}r\ d_p \leq 10(h_S + h_r) \\ C_{met} &= C_0\left[1 - 10\frac{h_S + h_r}{d_p}\right]\ f\ddot{u}r\ d_p > 10(h_S + h_r) \end{aligned}\right\} \tag{7.61}$$

mit

d_p Abstand zwischen Quelle S und Aufpunkt R, projiziert auf die horizontale Bodenebene
h_S Höhe der Quelle
h_r Höhe des Aufpunkts
C_0 Faktor, der von den örtlichen Wetterstatistiken für Windgeschwindigkeit und -richtung sowie Temperaturgradienten abhängt.

Anmerkung: Da im in Hinblick auf die Einhaltung von Immissionsgrenzwerten meist kritischeren Nachtzeitraum häufig eine ausbreitungsgünstige Wetterlage vorliegt (Temperaturinversion), wird in Handreichungen der Behörden zur TA Lärm [8] empfohlen, bei Schallausbreitungsrechnungen sicherheitshalber $C_0 = 0$ anzusetzen, insbesondere dann, wenn keine belastbaren Windstatistikdaten für den betrachteten Zeitraum vorliegen.

7.5.2 Überschlägiges Berechnungsverfahren für A-Gesamtpegel nach DIN EN ISO 9613-2 [3]

Wie in den vorangegangenen Abschnitten ausgeführt, kann eine Ausbreitungsrechnung auch überschlägig durchgeführt werden, indem statt der Oktavband-Berechnung eine Berechnung mit den A-Summenpegeln erfolgt:

$$L_{AT}(DW) = L_{WA} + D_C - A \text{ dB(A)} \tag{7.62}$$

Hierbei sind:

$L_{AT}(DW)$ Am Aufpunkt auftretender äquivalenter A-Gesamt-Dauerschalldruckpegel bei Mitwind, separat für jede Punktquelle und jede ihrer Spiegelquellen ermittelt,

L_{wA} A-Gesamt-Schallleistungspegel der Punktschallquelle in dB(A), re. 1 pW,

D_C Richtwirkungskorrektur in dB. Es gilt:

$$D_C = D_I + D_W \text{ dB}. \tag{7.63}$$

mit

D_I Richtwirkungsmaß der Quelle.

D_Ω Raumwinkelmaß der Quelle. Es wird nach Gl. (7.11) [mit $\alpha = 0$] berechnet.

A Dämpfung in dB, die während der Schallausbreitung von der Punktschallquelle zum Empfänger vorliegt.

Der Dämpfungsterm A in Gl. (7.58) ist gegeben durch:

$$A_{500\text{ Hz}} = A_{div} + A_{atm,500\text{ Hz}} + A_{gr} + A_{bar,500\text{ Hz}} + A_{misc,500\text{ Hz}} \text{ dB(A)} \tag{7.64}$$

Hierbei ist:

A_{div} Dämpfung aufgrund geometrischer Ausbreitung

$A_{atm,500\text{ Hz}}$ Dämpfung aufgrund von Luftabsorption. Hier wird der Wert für die 500-Hz-Oktave angesetzt.

A_{gr} Dämpfung aufgrund des Bodeneffekts nach Gl. (7.38)

$A_{bar,500\text{ Hz}}$ Dämpfung aufgrund von Abschirmung nach Gl. (7.49) bzw. (7.50). Hier wird der Wert für die 500-Hz-Oktave angesetzt.

$A_{misc,500\text{ Hz}}$ Dämpfung aufgrund verschiedener anderer Effekte (A_{fol}, A_{site}, A_{hous}). Hier wird der Wert für die 500-Hz-Oktave angesetzt.

Der A-bewertete Langzeit-Mittlungspegel $L_{AT}(LT)$ im langfristigen Mittel wird mit Hilfe der Gl. (7.60) berechnet, mit C_{met} gemäß Gl. (7.61).

7.5.3 Beispiele

Beispiel 1

Im Freigelände arbeitet ein Kompressor mit einem A-Schallleistungspegel $L_{wA} = 105$ dB (A). Wie in Abb. 7.27 zu erkennen ist, befindet sich in 165 m Entfernung ein Wohnblock.

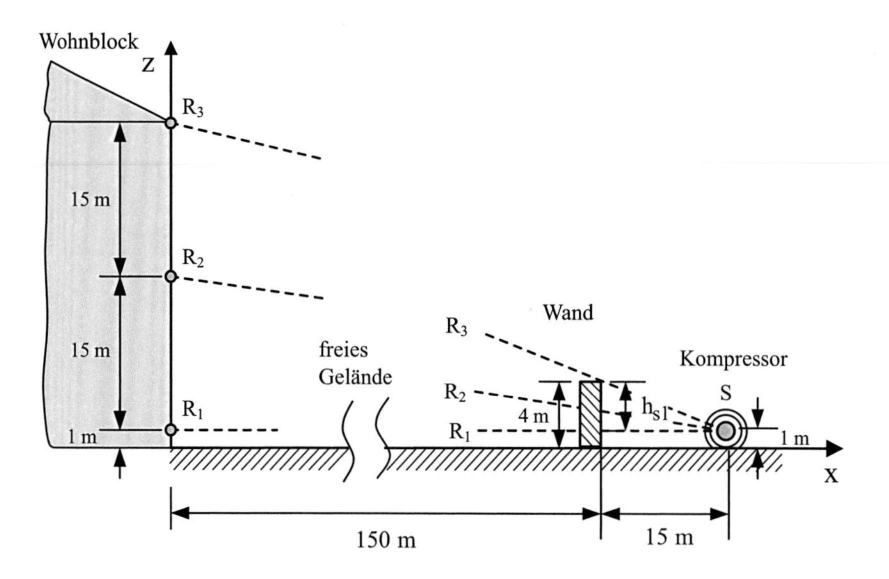

Abb. 7.27 Geometrische Zuordnung von Schallquelle S und Schallschirm (Wand) zu drei Aufpunkten R_1, R_2 und R_3 vor einem Wohnblock

An drei markanten Punkten R1, R2, R3 unmittelbar vor dem Block sind die A-bewerteten Schalldruckpegel L_A rechnerisch zu ermitteln.

a) ohne Schirmwirkung (Wand!)
b) mit Schirmwirkung (Wand!)

Die Ermittlung wird hier nach der Überschlagsmethode durchgeführt. Die Schallquelle kann als Punktschallquelle eingestuft werden. Es lässt sich dann für den A-bewerteten Pegel L_A schreiben:

$$L_A = L_{WA} + D_C - A_{div} - A_{atm,500Hz} - A_{gr} - A_{bar} - A_{misc} \text{ dB}.$$

Hierbei ist

$$L_{WA} = 105 \text{ dB(A)},$$

a) **ohne Schallschirm**

$$d_1 = 165\ m\ A_{div,1} = 20\ lg\frac{d_1}{1m} + 11 = 55{,}3\ dB$$

$$d_2 = \sqrt{165^2 + 15^2} = 165{,}7\ m\ A_{div,2} = 55{,}4\ dB$$

$$d_3 = \sqrt{165^2 + 30^2} = 167{,}7\ m\ A_{div,3} = 55{,}5\ dB$$

$$D_{C,1} = D_{I,1} + D_{\Omega,1} = 0 + 10 \cdot lg\left[1 + \cdot\frac{165^2 + (1-1)^2}{165^2 + (1+1)^2}\right] = 3\ \ dB\ f\ddot{u}r\ R_1$$

$$D_{C,2} \approx D_{c,3} = 10 \cdot lg\left[1 + \cdot\frac{167{,}7^2 + (1-31)^2}{167{,}7^2 + (1+31)^2}\right] \approx 3\ \ dB\ f\ddot{u}r\ R_2\ und\ R_3$$

$A_{atm} \approx 0{,}002 \cdot 165 \approx 0{,}3$ dB(A) für R_1, R_2 und R_3 !
Mit

$h_{m,1} = 1$ m
$h_{m,2} = 8{,}5$ m
$h_{m,2} = 16$ m

erhält man A_{gr} nach Gl. (7.38):

$A_{gr,1} = 4{,}6$ dB(A) für Punkt R_1
$A_{gr,2} = 2{,}9$ dB(A) für Punkt R_2
$A_{gr,2} = 1{,}2$ dB(A) für Punkt R_3
$A_{misc} = 0$ dB, da keine weiteren Dämpfungen im Ausbreitungsweg
$A_{bar} = 0$ dB, da keine Hindernisse berücksichtigt

Damit wird

$$L_{A1} \approx 105 + 3 - 55{,}3 - 0{,}3 - 4{,}6 = 47{,}8 \approx 48\ \ dB(A),$$

$$L_{A2} \approx 105 + 3 - 55{,}4 - 0{,}3 - 2{,}9 = 49{,}4 \approx 49\ \ dB(A),$$

$$L_{A3} \approx 105 + 3 - 55{,}5 - 0{,}3 - 1{,}2 = 51{,}0 \approx 51\ \ dB(A).$$

b) **Mit Berücksichtigung des Schallschirmes (Wand!)**
b1) ***ohne seitliche Beugung***

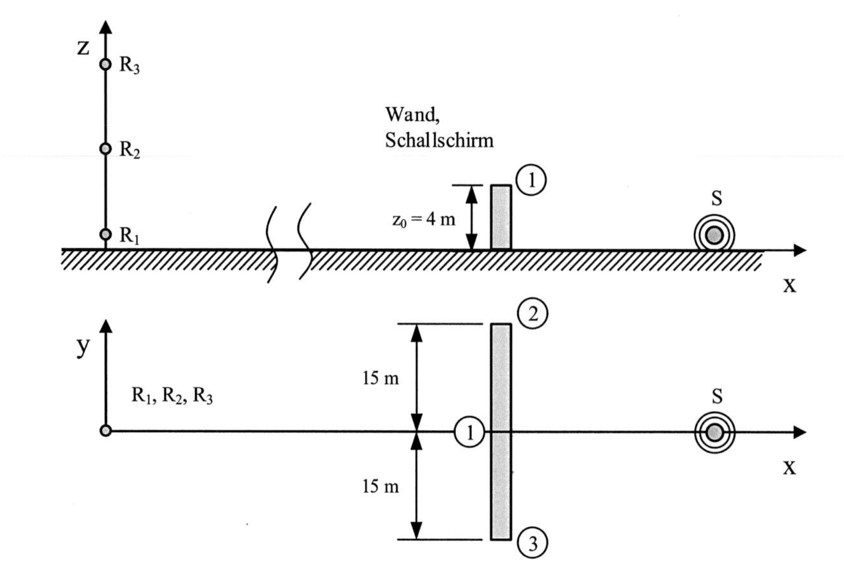

Abb. 7.28 Geometrische Abstände für die Bestimmung des Schirmwertes

In 15 m Abstand wird eine 4 m hohe und 30 m lange schallundurchlässige Wand errichtet, s. Abb. 7.28. Durch ihre Abschirmwirkung werden die oben ermittelten Pegelwerte reduziert. Maßgebend hierfür sind die Beugung über die Schirmoberkante z_1 bzw. das Abschirmmaß D_{z1}.

Den Schirmwert für die Aufpunkte R_1, R_2 und R_3 erhält man mit Hilfe der Gl. 7.43:

$$z = \sqrt{(d_{SS} + d_{SR})^2 + a^2} - d, \mathrm{a} = 0$$

Die räumlichen Entfernungen lassen sich aus den angegebenen Abständen, s. Abb. 7.27 und 7.28, berechnen:

$d_1 = 165{,}00$ m	$d_{SS1} = \sqrt{15^2 + 3^2} = 15{,}30$ m	$d_{SR1} = \sqrt{150^2 + 3^2} = 150{,}03$ m
$d_2 = 165{,}68$ m	$d_{SS2} = \sqrt{15^2 + 3^2} = 15{,}30$ m	$d_{SR2} = \sqrt{150^2 + 12^2} = 150{,}48$ m
$d_3 = 167{,}71$ m	$d_{SS3} = \sqrt{15^2 + 3^2} = 15{,}30$ m	$d_{SR3} = \sqrt{150^2 + 27^2} = 152{,}41$ m
$z_1 = 0{,}327$ m	$z_2 = 0{,}096$ m	$z_3 = 0{,}003$ m

Die Abschirmmaße erhält man dann nach Gl. (7.47):

$$D_z = 10 \cdot lg\left(C_1 + \frac{C_2}{\lambda} \cdot C_3 \cdot z \cdot K_{met}\right) dB$$

Mit

f = 500 Hz $\lambda = 340/500 = 0{,}68$ m

$C_1 = 3$	$C_2 = 20$	$C_3 = 1$

$$K_{met} = e^{-\frac{1}{2000}\sqrt{\frac{d_{SS} d_{SR} d}{2 \cdot z}}}$$

$K_{met,1} = 0{,}68$	$K_{met,2} = 0{,}49$	$K_{met,3} = 0$
$D_{z1} = 9{,}8$	$D_{z2} = 6{,}4$	$D_{z3} = 4{,}8$

Die Pegelminderung aufgrund von Abschirmung A_{bar} erhält man dann:

$A_{bar,1} = 9{,}8 - 4{,}6 = 5{,}2$	$A_{bar,2} = 6{,}4 - 2{,}9 = 3{,}5$	$A_{bar,3} = 4{,}8 - 1{,}2 = 3{,}6$

Damit wird ($L_{A,\text{ mit Schirm}} = L_{A,\text{ ohne Schirm}} - A_{bar}$!)

$$L_{A1} = 105 + 3 - 55{,}3 - 0{,}3 - 4{,}6 - 5{,}2 = 47{,}8 - 5{,}2 = 42{,}6 \text{ dB(A)},$$

$$L_{A2} = 105 + 3 - 55{,}4 - 0{,}3 - 2{,}9 - 3{,}5 = 49{,}4 - 3{,}5 = 45{,}9 \text{ dB(A)},$$

$$L_{A3} = 105 + 3 - 55{,}5 - 0{,}3 - 1{,}2 - 3{,}6 = 51{,}0 - 3{,}6 = 47{,}4 \text{ dB(A)}.$$

Da sich beim Einsetzen des Dämpfungsterms A_{bar} der Bodeneffekt aufhebt, s. Gl. (7.50), sind die Pegelminderungen um den Wert des jeweiligen Bodeneffekts niedriger, als nach der Berechnung mit den Abschirmmaßen D_z zu erwarten wäre.

b2) mit seitlicher Beugung

Die Wirkung der seitlichen Beugung wird nur beispielhaft am Immissionsort R_1 nachgewiesen. Hierzu werden die entsprechenden Schallwegverlängerungen für Schallwege 2 und 3, s. Abb. 7.28, berechnet:

$d_1 = 165{,}00$ m
$d_{2\text{-}SS} = d_{3\text{-}SS} = \sqrt{15^2 + 15^2} = 21{,}21$ m
$d_{2\text{-}SR} = d_{3\text{-}SR} = \sqrt{150^2 + 15^2} = 150{,}75$ m
$z_2 = z_3 = (150{,}75 + 21{,}21) - 165{,}0 = 6{,}96$ m
$D_{z2} = D_{z3} = 23{,}2$ dB

Nach Gl. (7.56) erhält man dann die Verminderung der Abschirmwirkung:

$$\Delta A_{bar} = 10\,lg\left(1 + 10^{-\frac{23,2-5,2}{10}} + 10^{-\frac{23,2-5,2}{10}}\right) = 0,1\ dB$$

Die Dämpfung aufgrund von Abschirmung A_{bar} erhält man dann:

$$A_{bar} = 9,8 - 0,1 - 4,6 = 5,1\ dB$$

Dies bedeutet, dass auf Grund der seitlichen Beugung bei der in Abb. 7.28 angegebenen Schirmlänge die Schirmwirkung um 0,1 dB vermindert wird.

Der Immissionspegel ergibt sich dann:

$$L_{A1} = 105 + 3 - 55,3 - 0,3 - 4,6 - 5,1 = 42,7\ dB(A)$$

Hieraus folgt, dass man den Einfluss der seitlichen Beugung vernachlässigen kann, wenn der Schirmabstand über der Geräuschquelle wesentlich größer ist als die wirksame Schirmhöhe h_s. Bei einem Schirmüberstand $= 4 \cdot h_s$ beträgt die Pegelerhöhung auf Grund der seitlichen Beugung weniger als ca. 0,2 dB. Im vorliegenden Fall ist der Schirmüberstand $= 15\ m > 4 \cdot h_s$ ($h_s = 4 - 1 = 3$ m, s. Abb. 7.28!)

Beispiel 2

Eine 25 m hohe, in Abb. 7.29 dargestellte Destillationskolonne gibt pro lfd. Meter Höhe einen A-bewerteten Schallleistungspegel $L_{WA}' = 90$ dB(A) ab. Es soll festgestellt werden, in welchem Abstand $s\perp$ senkrecht von der Kolonne der Immissionspegel L_A unter 65 dB (A) absinkt. Die Berechnungen werden wiederum nach der Überschlagsmethode durchgeführt. Die Schallquelle ist dabei als Linienschallquelle der Länge $l = 25$ m einzustufen. Sie

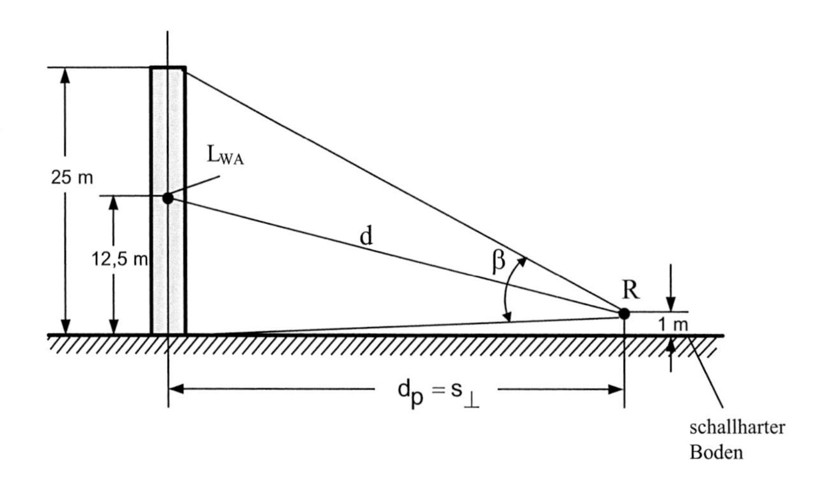

Abb. 7.29 Lage des Aufpunktes R in der Nähe einer Destillationskolonne (Beispiel 2)

kann jedoch für eine erste Überschlagsrechnung durch eine adäquate Punktschallquelle ersetzt werden. Letztere besitzt dann den A-bewerteten Schallleistungspegel

$$L_{WA} = L_{WA}' + 10 \cdot lg\frac{l}{l_0} = 90 + 10 \cdot lg\frac{25}{1} = 104{,}0\, dB$$

der in Kolonnenmitte ($h_S = 12{,}5$ m) anzusetzen ist. Der Immissionspunkt R wird in 1 m Höhe angenommen ($h_R = 1$ m).

Für diese Anordnung gilt:

$$L_A = L_{wA} + D_C - A_{div}\ \mathrm{dB}.$$

Hierbei werden die Dämpfungsterm A_{atm} und A_{gr} vernachlässigt.
Hierin ist

$$\mathrm{L_{wA}} = 104\ \mathrm{dB(A)},\ \mathrm{D_C} = 0 + 3\ \mathrm{dB} = 3\ \mathrm{dB}$$

Mit $L_A = 65$ dB(A) erhält man A_{div}:

$$\mathrm{A_{div}} = 104 - 65 + 3 = 42\ \mathrm{dB}$$

Mit

$$A_{div} = 20\, lg\left(\frac{d}{1m}\right) + 11$$

Lässt sich dann den Abstand $s_\perp$ berechnen:

$$d = 1m \cdot 10^{\frac{A_{div}-11}{20}} = 35{,}5\, m\ \mathrm{bzw.}s_\perp = d_p = \sqrt{35{,}5^2 - 12{,}5^2} = 33{,}2\, m$$

Im zweiten Berechnungsschritt soll geprüft werden, ob die Annahme der Punktschallquellencharakteristik für die Destillationskolonne korrekt war.

Eine Schallquelle kann dann als Punktschallquelle angenommen werden, wenn die maximale Ausdehnung der Schallquelle nicht mehr als die Hälfte des Abstands d beträgt bzw. der Abstand mehr als das Doppelte der maximalen Ausdehnung beträgt. Der berechnete Abstand, d = 35,4 m, ist deutlich kleiner als das Doppelte der Kolonnenhöhe, so dass im zweiten Berechnungsschritt die Kolonne in Teilschallquellen aufgeteilt werden muss.

Im vorliegenden Fall ist eine Aufteilung in zwei Teilschallquellen ausreichend, da hiermit die o. g. Bedingung erfüllt ist ($d = 35{,}5\ \mathrm{m} > 2 \cdot 12{,}5\ \mathrm{m}$) s. Abb. 7.30.

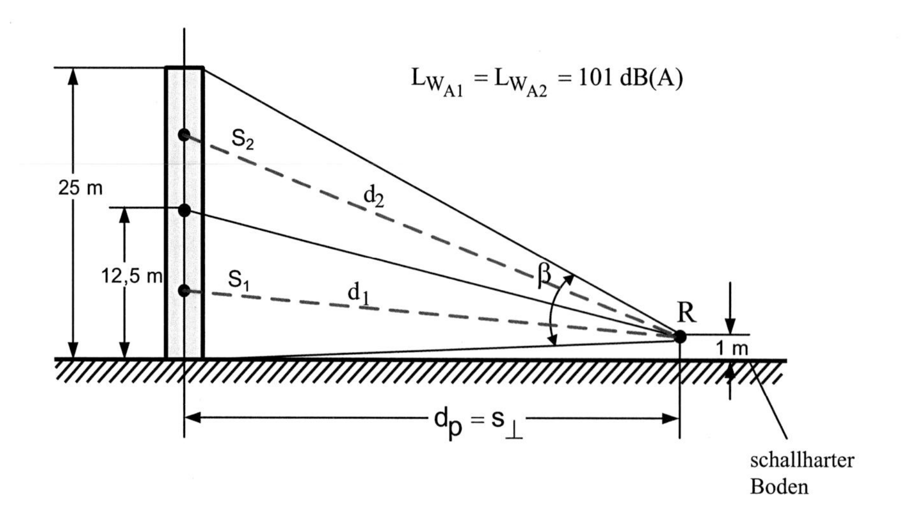

Abb. 7.30 Aufteilung der Destillationskolonne in zwei Teilschallquellen

Teilschallquelle S_1 wird in 6,25 m Höhe angesetzt, Teilschallquelle S_2 in 18,75 m Höhe. Der Schallleistungspegel beträgt jeweils $L_{wA} = 101$ dB(A).

$d_1 = \sqrt{33{,}2^2 + 6{,}25^2} = 33{,}8m$	$d2 = \sqrt{33{,}2^2 + 18{,}75^2} = 38{,}1m$
$A_{div,\ 1} = 41,6$ dB	$A_{div,\ 2} = 42,6$ dB
$L_{A1} = 101 + 3 - 41,6 = 62,4$ dB(A)	$L_{A2} = 101 + 3 - 42,6 = 61,4$ dB(A)

$$L_A = 10 \cdot lg\left(10^{62{,}4/10} + 10^{61{,}4/10}\right) = 65{,}0 \mathrm{dB(A)}$$

Hieraus folgt, dass trotz der vereinfachenden Annahme einer Punktschallquelle die Überschlagsrechnung zum richtigen Ergebnis geführt hat.

Zu gleichem Ergebnis gelangt man, wenn man den dazugehörigen Schallquellen-korrekturpegel nach Gl. 7.25 berechnet:

$$s_m = d = 35{,}5 \text{ m}$$

$$s_\perp = d_p = 33{,}2 \text{ m}$$

$$l = 25 \text{ m}$$

$$\beta = arctan(1/33{,}2) + arctan(24/33{,}2) = 0{,}66$$

$$K_{Q_L} = 10\,lg\frac{s_m^2}{l \cdot s_\perp} \cdot \beta = 0{,}01dB$$

7.6 Übungen

Übung 7.6.1

In der nachfolgenden Tabelle sind die gemessenen A-Oktavschallintensitätspegel in 1 m Abstand vor einer $l = 40$ m langen Rohrleitung mit dem Durchmesser d = 0,3 m zusammengestellt.

f_m in Hz	63	125	250	500	1000	2000	4000	8000	Summe	
$L_{pA,Okt\text{-}1m}$	63	65	71	68	76	84	69	67	85,2	dB(A)

a) Bestimmen Sie die A-Oktav- und den A-Gesamtschalleistungspegel der Rohrleitung.
b) Ab welcher Entfernung in der Symmetrieebene der Rohrleitung kann man diese Rohrleitung mit einer Genauigkeit von $\leq$0,1 dB als Punktschallquelle betrachten?
c) Ermitteln Sie die notwendige Schallisolierung der Rohrleitung in dB(A), wenn der A-Schalldruckpegel an einem Immissionsort in $s_\perp = 65$ m Entfernung von der Rohrleitung (s. Skizze) höchstens 50 dB(A) betragen darf.

Hinweis: Der Einfluss von Luftdruck und Temperatur sowie die Dämpfungseffekte sollen vernachlässigt werden.

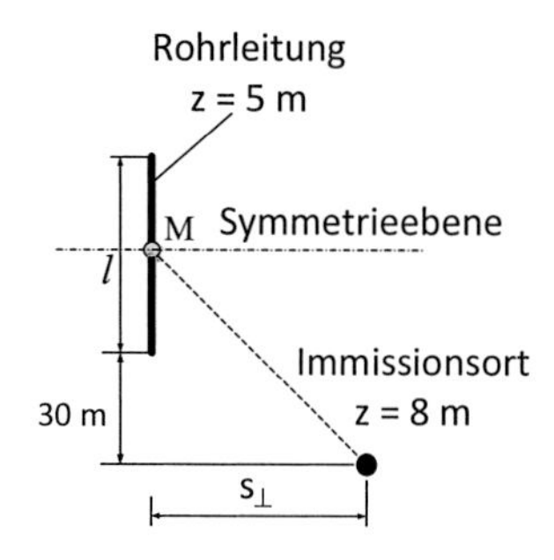

Übung 7.6.2

Für ein geplantes Gewerbegebiet (s. Lageplan) sind die auf die Fläche bezogenen A-Schallleistungspegel für den Tag und für die Nacht vorgegeben:

$$L_{WA}''\ (\text{Tag}) = 75\ dB(A);\ L_{WA}''\ (\text{Nacht}) = 55\ dB(A)$$

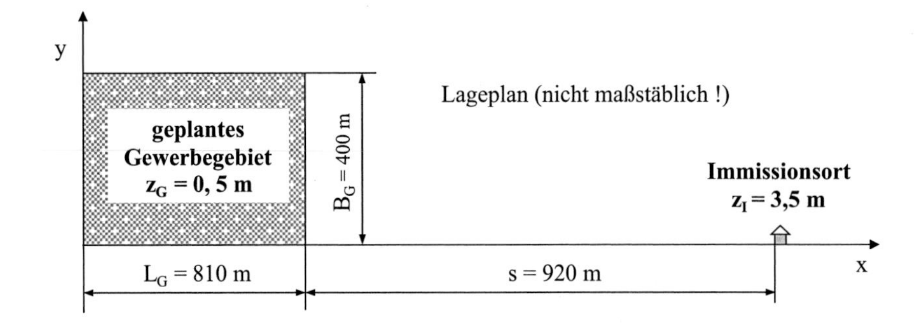

a) Überprüfen Sie, ob das Gewerbegebiet für die Berechnung des Schalldruckpegels an den angegebenen Immissionsort unterteilt werden muss.
b) Ermitteln Sie nach DIN EN ISO 9613-2, überschlägiges Berechnungsverfahren, ob an dem nächstgelegenen Immissionsort die Immissionsrichtwerte nach TA-Lärm (reines Wohngebiet) eingehalten werden:

Immissionsrichtwerte nach TA-Lärm : $L_{r,Tag,zul.} = 50$ dB(A); $L_{r,Nacht,zul.} = 35$ dB(A)

Übung 7.6.3

Die zu erwartende Lärmbelastung an einem Wohnhaus, s. Lageplan (reines Wohngebiet), verursacht durch eine Maschine, die im Freien aufgestellt werden soll und deren A-Oktavschallleistungspegel bekannt sind, soll nach DIN ISO 9613-2 berechnet und nach TA-Lärm bewertet werden. Für die Lärmminderung soll die Wirkung einer Schallschutzwand, unter der Berücksichtigung der seitlichen Beugungen, ermittelt werden. Der Bodenfaktor G = 0 (harter Boden). Dies gilt für den gesamten Bereich zwischen Maschine und Immissionsort.

Einwirkzeit der Maschine: 24 h; $K_T = 3$ dB (Tonhaltigkeit !)

Immissionsrichtwerte nach TA-Lärm: $L_{r,Tag,zul.} = 50$ dB(A); $L_{r,Nacht,zul.} = 35$ dB(A)

f_m in Hz	63	125	250	500	1000	2000	4000	8000	Summe	
$L_{WA,Okt}$	74	84	92	85	91	88	82	79	96,3	dB(A)

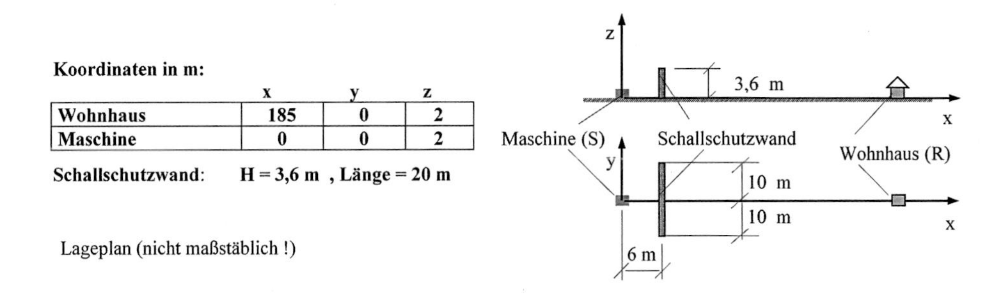

Koordinaten in m:

	x	y	z
Wohnhaus	**185**	**0**	**2**
Maschine	**0**	**0**	**2**

Schallschutzwand: **H = 3,6 m , Länge = 20 m**

a) Bestimmen Sie die A-Oktav- und den A- Gesamtschalldruckpegel am Wohnhaus für den Tag und die Nacht **ohne Schallschutzwand.**

b) Bestimmen Sie die A-Oktav- und den A- Gesamtschalldruckpegel am Wohnhaus für den Tag und die Nacht **mit Schallschutzwand**, unter der Berücksichtigung der seitlichen Beugungen.

c) Ermitteln Sie die Beurteilungspegel nach a) und b) und bewerten Sie sie nach TA-Lärm.

d) Wie groß sind die A-Oktav- und A-Gesamtpegelminderungen, die durch die Schall schutzwand erreicht wurden?

Literatur

1. DIN 18005: Schallschutz im Städtebau – Teil 1: Grundlagen und Hinweise für die Planung, 2002 – Beiblatt 1: Berechnungsverfahren; Schalltechnische Orientierungswerte für die städtebauliche Planung, 1987 – Teil 2: Lärmkarten; Kartenmäßige Darstellung von Schallimmissionen (1991)
2. DIN EN 12354-4: Bauakustik-Berechnung der akustischen Eigenschaften von Gebäuden aus den Bauteileigenschaften –Teil 4: Schallübertragung von Räumen ins Freie 04(2001)
3. DIN ISO 9613-2: Akustik – Dämpfung des Schalls bei der Ausbreitung im Freien – Teil 2: Allgemeines Berechnungsverfahren (ISO 9613-2:1990-10) (1999)
4. Heckl, M., Müller, H.A.: Taschenbuch der Technischen Akustik, 2. Aufl. Springer, Berlin (1994)
5. Papula, L.: Mathematik für Ingenieure, 1, 13. Aufl. Vieweg, Wiesbaden (2016)
6. RLS-90: Richtlinien für den Lärmschutz an Straßen – Ausgabe 1990. Allgemeines Rundschreiben Straßenbau Nr. 8/1990 – StB 11/14.86.22-01/25 Va 90 – des Bundesministers für Verkehr vom 10.04.1990 (1990)
7. Schall 03: Richtlinie zur Berechnung der Schallimmissionen von Schienenwegen – Ausgabe 1990. Rundschreiben Nr. W 2.010 Mau 9.1 der Deutschen Bundesbahn – Bundesbahn-Zentralamt, München – vom 19.03.1990 (1990)
8. Technische Anleitung zum Schutz gegen Lärm – TA Lärm: Sechste Allgemeine Verwaltungsvorschrift zum Bundes-Immissionsschutzgesetz vom 26.08.1998, S. 503. GMBl (1998)
9. VDI 2720 Blatt 1: Schallschutz durch Abschirmung im Freien (1997)

8 Schallausbreitung in geschlossenen Räumen

Im Gegensatz zur Schallausbreitung im Freien kommt es bei der Schallausbreitung in geschlossenen Räumen zu Reflexionen an den Raumbegrenzungen. Auf diese Weise verstärkt sich das Schallfeld in geschlossenen Räumen und kann daher insbesondere am Arbeitsplatz besonders lästig werden. Ein Geräusch, das in einem geschlossenen Raum von einer Schallquelle ausgehend beim Empfänger eintrifft, besitzt zwei Anteile der Ausbreitung, nämlich den Direktschall wie bei Freifeldbedingungen und den vielfach reflektierten Schall. In der Nähe der Schallquelle überwiegt der Einfluss des Direktschalls, etwas weiter entfernt der Einfluss des reflektierten Schalls. Die Verhältnisse sind in Abb. 8.1 dargestellt [1].

Unmittelbar um die Schallquelle, von der angenommen wird, dass sie den Charakter eines Kugelstrahlers 0-ter Ordnung hat, baut sich ein Nahfeld auf, das durch den Kugelradius r_N begrenzt wird. Daran schließt sich die Freifeldzone an. In ihr fällt der Schalldruckpegel um 6 dB pro Abstandsverdoppelung ab, wohingegen im Nahfeld diese Änderung wegen der vorhandenen Phasendifferenz zwischen Druck und Schnelle größer sein muss.

Die Freifeldzone geht am Kugelradius r_D in das Diffusfeld über. Es stellt für den geschlossenen Raum das dominierende charakteristische Schallfeld dar, in dem wegen der zahlreichen Reflexionen der Schalldruckpegel nahezu unabhängig vom Ort und größer sein wird, als er es unter reinen Freifeldbedingungen wäre. Werden die Raumabmessungen sehr klein und damit die Reflexionen sehr stark, bildet sich unter Umständen die Freifeldzone nicht mehr aus.

Im Folgenden werden die wesentlichen akustischen Kenngrößen des geschlossenen Raumes dargestellt. Hier sind zu nennen: der Schalldruckpegel L_p des Diffusfeldes, der Grenzradius r_D, auch Hallradius genannt, ferner der Zusammenhang zwischen dem Schallleistungspegel L_W einer Geräuschquelle und dem Absorptionsvermögen des Raumes. Darüber hinaus ist der Anteil der in die Nachbarschaft weitergeleiteten Schallenergie und die Dämmwirkung der Raumbegrenzung von Bedeutung.

G. R. Sinambari, S. Sentpali, *Ingenieurakustik*,
https://doi.org/10.1007/978-3-658-27289-0_8

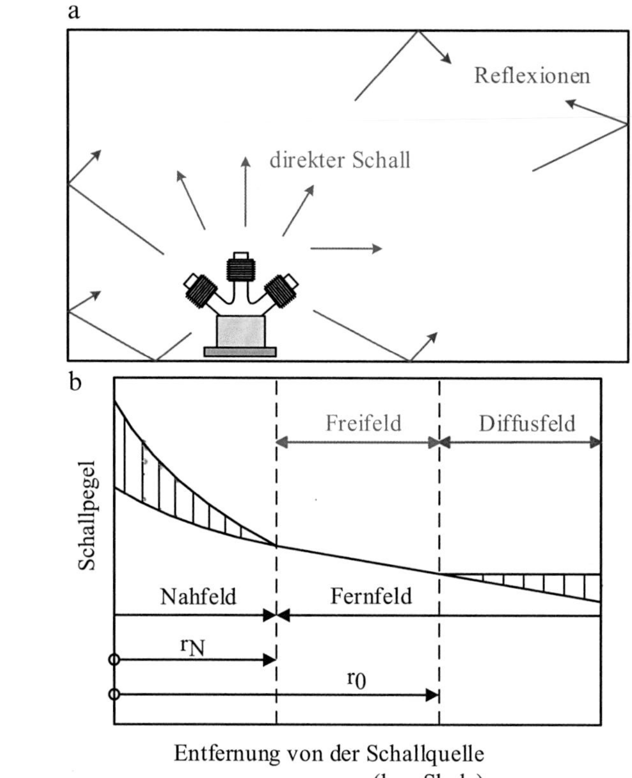

Abb. 8.1 **a** Schallausbreitung in geschlossenen Räumen. **b** Schallpegel in Abhängigkeit von der Entfernung zur Schallquelle (qualitativ)

8.1 Eigenwerte, geometrische Reflexion, diffuses Schallfeld

Eine exakte Berechnung der Schallvorgänge in geschlossenen Räumen ist, abgesehen von einigen Sonderfällen, nicht möglich und für die im Allgemeinen anstehenden Probleme auch gar nicht erforderlich. Wellentheoretisch ergibt sich für einen geschlossenen Luftraum, dass man im Falle einer periodischen Anregung mit der Frequenz f den Schalldruck p (x, y, z) mit Hilfe des Entwicklungssatzes inhomogener partieller Differentialgleichungen als Summe von Eigenfunktionen in der Form [2]:

$$p(x, y, z) = \sum_{n=1}^{\infty} \frac{\beta_n \varphi_n}{f^2 - f_n^2} \tag{8.1}$$

darstellen kann. Hierbei sind die φ_n (x, y, z) die Eigenfunktionen des Raumes, abhängig von den Randbedingungen an den Raumgrenzen, die f_n die zugehörigen Eigenwerte bzw. Eigenfrequenzen, die ebenfalls von den genannten Randbedingungen abhängen. Die β_n sind die Anregungsfaktoren. Aus der Form des Nenners erkennt man noch, dass sich die Anregungsfrequenzen f um die jeweiligen Eigenfrequenzen f_n herum stärker auswirken werden.

Die Ermittlung der Eigenfunktionen und der Eigenwerte ist im Allgemeinen schwierig und nur für einfache Konfigurationen und Randbedingungen möglich. Grundlage ist die partielle Differenzialgleichung des Geschwindigkeitspotenzials

$$\Delta\underline{\phi} = \frac{1}{c^2}\frac{\partial^2 \phi}{\partial t^2}$$

Aus dem Bernoulli-Ansatz $\underline{\varphi} = \widehat{\varphi}(x, y, z) \cdot e^{j\omega t}$ ergibt sich die partielle Differentialgleichung für die zeitunabhängige Funktion $\widehat{\varphi}(x, y, z)$:

$$\Delta\widehat{\varphi}(x, y, z) + k^2\widehat{\varphi}(x, y, z) = 0 \tag{8.2}$$

Für den quaderförmigen Raum mit den Abmessungen l_x, l_y ,l_z (Abb. 8.2) kann eine exakte Lösung angegeben werden. Für schallharte Begrenzungen ergibt sich folgender harmonischer Separationsansatz [3]

$$\widehat{\varphi} = \widehat{\varphi}_0 \left[cos\left(n_x \frac{\pi}{l_x} x\right) \cdot cos\left(n_y \frac{\pi}{l_y} y\right) \cdot cos\left(n_z \frac{\pi}{l_z} z\right) \right] \tag{8.3}$$

Durch Einsetzen in Gl. (8.2) erhält man die Frequenzgleichung für die zugehörigen Eigenwerte $\omega_n = 2\pi f_n$:

$$\frac{n_x^2\pi^2}{l_x^2} + \frac{n_y^2\pi^2}{l_y^2} + \frac{n_z^2\pi^2}{l_z^2} = \frac{\omega^2_{n_x,n_y,n_z}}{c^2} \tag{8.4}$$

oder die Eigenfrequenzen

$$f_{n_x,n_y,n_z} = \frac{c}{2}\sqrt{\left(\frac{n_x}{l_x}\right)^2 + \left(\frac{n_y}{l_y}\right)^2 + \left(\frac{n_z}{l_z}\right)^2} \quad \begin{matrix} n_x = 1,2,3,\ldots \\ ; n_y = 1,2,3,\ldots \\ n_z = 1,2,3,\ldots \end{matrix} \tag{8.5}$$

Dies sind auch die Eigenfrequenzen der stehenden Wellen des kubischen Raumes l_x, l_y, l_z. Die tiefste Eigenfrequenz hat den Wert

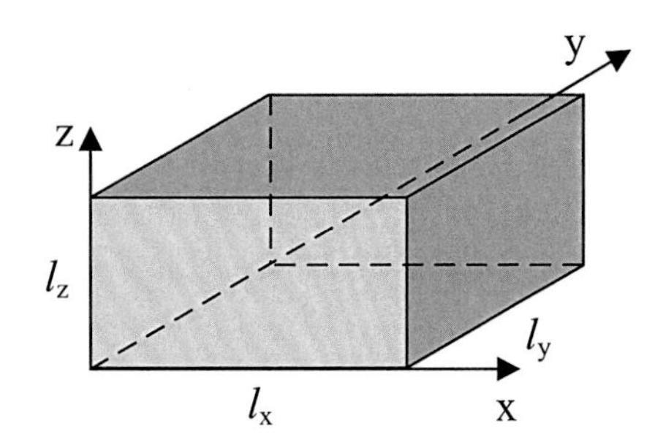

Abb. 8.2 Abmessungen eines quaderförmigen Raumes

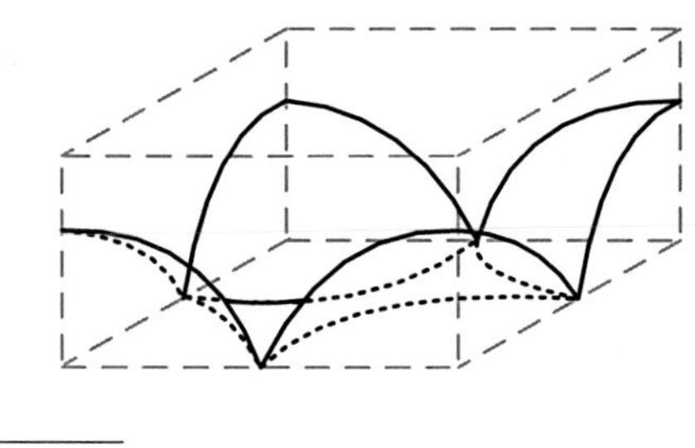

Abb. 8.3 Stehende Welle des Schalldrucks für die tiefste Eigenfrequenz eines quaderförmigen Raumes

$$f_{1,1,1} = \frac{c}{2}\sqrt{\frac{1}{l_x^2} + \frac{1}{l_y^2} + \frac{1}{l_z^2}} \tag{8.6}$$

die zugehörige stehende Welle des Schalldrucks ist in Abb. 8.3 dargestellt.

Reflektieren nur zwei gegenüberliegende Wände, so erfolgt die bekannte eindimensionale Schallausbreitung zwischen zwei schallharten Wänden mit den Eigenfrequenzen

$$f_{n_x} = \frac{c}{2}\frac{n_x}{l_x}; n_x = 1,2,3,\ldots.$$

In einem kubischen Raum mit allseits schallharten Wänden stellt sich trotz der einfachen Konfiguration eine sehr große Anzahl von Eigenwerten und Eigenfunktionen ein. Dies bedeutet aber, dass bei der zumeist breitbandigen Anregung durch technische Geräusche in jedem Raumpunkt zahlreiche Eigenfunktionen wirksam werden. Es kommt zu einer statistischen, hinsichtlich Ort und Richtung ziemlich gleichmäßigen Schallverteilung im Raum.

Zu einem ähnlichen Ergebnis kommt man, wenn man die Methoden einer geometrischen Akustik heranzieht. Dabei wird die Schallausbreitung durch Schallstrahlen dargestellt. Diese Strahlen fassen einen richtungsbegrenzten Teil der abgestrahlten Schallenergie zusammen. Die Strahlen pflanzen sich im Raum gradlinig und mit konstanter Geschwindigkeit, der Schallgeschwindigkeit des vorhandenen Mediums, fort. Wirken mehrere Schallstrahlen zusammen, so darf im Überlagerungsgebiet eine Intensitätsaddition durchgeführt werden.

An der Grenze zu einem akustisch unterschiedlichen Medium mit sprunghaft sich ändernder Impedanz werden die Schallstrahlen reflektiert. Diese Reflexion hat eine geometrische und eine energetische Komponente. Vom energetischen Standpunkt aus ist festzustellen, dass im Allgemeinen nicht alle auftretende Energie wieder zurückgeworfen wird. Grenzfälle sind in diesem Zusammenhang die vollkommene Reflexion und die vollkommene Absorption der auftreffenden Schallenergie. Bevor auf diese energetische Seite näher eingegangen wird, soll zunächst die geometrische Seite der Reflexion behandelt werden. Sie ist im Übrigen die Grundlage einer geometrischen Raumakustik.

Die geometrische Reflexion erfolgt nach dem bekannten Gesetz, wonach an einer glatten Wand der reflektierte und der einfallende Strahl mit der Wandnormalen den gleichen Winkel bilden und auch mit diesem zusammen in einer gemeinsamen Ebene liegen. Aus dieser Gesetzmäßigkeit ergibt sich die Methode, die Reflexionen der Wände durch mehrfache Spiegelungen zu beschreiben. Abb. 8.4 lässt die Verhältnisse deutlich erkennen, wobei P_{Q1} die Spiegelquelle 1. Ordnung ist, von der aus der reflektierte Strahl seinen Ausgang nimmt [4].

Abb. 8.4 Schallreflexion an einer schallharten Wand

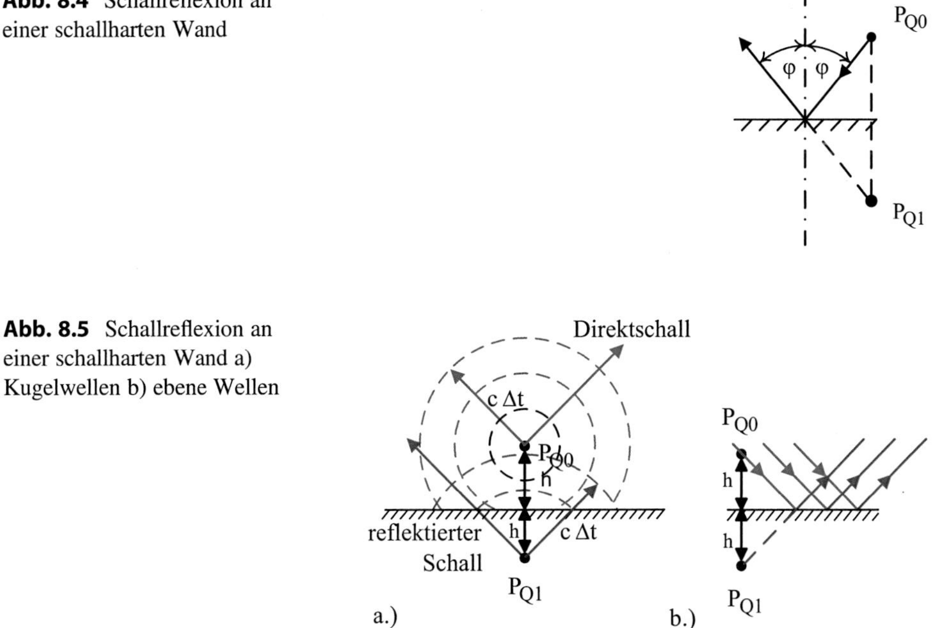

Abb. 8.5 Schallreflexion an einer schallharten Wand a) Kugelwellen b) ebene Wellen

Ist die reflektierende Wand zudem eben, so bleibt nach der Reflexion ein Kugelwellenfeld als solches erhalten (Abb. 8.5a), ebenso bleibt ein ebenes Wellenfeld eben (Abb. 8.5b). Erfolgt die Reflexion an einer nicht glatten Fläche und sind die Unebenheiten der Fläche größenordnungsmäßig mit den Wellenlängen der reflektierten Strahlen vergleichbar, so wird ein Teil der Strahlen diffus reflektiert.

An gekrümmten Flächen lässt sich die Geometrie der Reflexion mit den gleichen Methoden darstellen, so lange nur die Krümmungsradien der reflektierenden Flächen groß gegen die reflektierten Wellenlängen sind. So kann beispielsweise unter einer elliptisch geformten und reflektierenden Fläche der vom ersten Brennpunkt ausgestrahlte Schall im zweiten Brennpunkt über große Entfernungen konzentriert werden.

Wie bereits in Abschn. 2.2 gezeigt wurde, führt die Reflexion an einer schallharten oder an einer schallweichen Wand durch Interferenz vor der Wand zum Aufbau einer stehenden Welle. Diese Feststellung leitet zum Problem der Schallausbreitung in begrenzten Räumen über. Der einfachste Fall einer solchen Begrenzung ist durch zwei ebene, einander im Abstand l parallel gegenüberliegende Wände gegeben. Ein Strahl $\widehat{p} \cdot e^{-jkx} \cdot e^{j\omega t}$ einer ebenen Welle, der auf eine der beiden Wände senkrecht auftrifft, wird dann abwechselnd hin und her geworfen (Abb. 8.6). Durch Interferenz baut sich eine fortschreitende Druckwelle auf, im Falle der vollkommenen Reflexion von der Form [3]:

$$p(\mathrm{x}, \mathrm{t}) = \widehat{p}\left(e^{-\mathrm{jkx}} + e^{-\mathrm{jk}(2\mathrm{l}-x)} + e^{-\mathrm{jk}(2\mathrm{l}+x)} + e^{-\mathrm{jk}(4\mathrm{l}-x)} + e^{-\mathrm{jk}(4\mathrm{l}+x)} + \ldots\right) \mathrm{e}^{j\omega t} \quad (8.7)$$

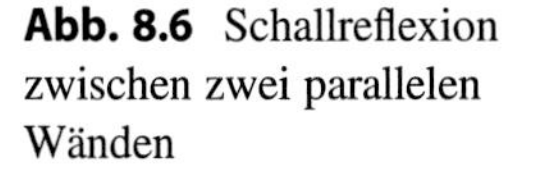

Abb. 8.6 Schallreflexion zwischen zwei parallelen Wänden

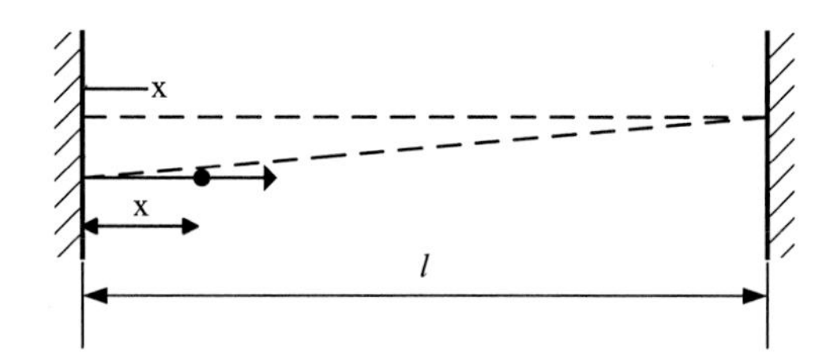

Nimmt die Wellenzahl $k = \frac{2\pi}{\lambda} \equiv \frac{\omega}{c}$ bestimmte Werte, nämlich $\frac{2\pi}{2l}, \frac{2\pi}{l}, \ldots$ an, liegen also bestimmte Eigenkreisfrequenzen ω_n vor, so geht die fortschreitende Welle in eine stehende Welle zwischen den beiden Wänden über mit

$$p(\mathrm{x,t}) = \hat{p}\left[e^{-\mathrm{j}k_n x} + m\frac{e^{+\mathrm{j}k_n x} + e^{-\mathrm{j}k_n x}}{2}\right] \cdot e^{\mathrm{j}\omega_n t} = \sum\nolimits_n \bar{p}\cos(k_n x) \cdot e^{\mathrm{j}\omega_n t} \tag{8.8}$$

$n = 1, 2, 3, \ldots$.

Hierin sind $k_n = \frac{n \cdot \pi}{l}$ die Wellenzahlen, $\omega_n = \frac{n \cdot \pi \cdot c}{l}$ die Resonanzkreisfrequenzen. Σp ist die Amplitude der stehenden Welle, die infolge der doch vorhandenen Energiedissipation bei der Reflexion endlich bleibt.

Ist der Raum nunmehr allseitig begrenzt, z. B. durch 3 Paare einander parallel gegenüberliegender Wände, zwischen denen eine Schallquelle P_{Q0} Schall abstrahlt, so gewinnt man einen sehr guten Einblick in das im geschlossenen Raum sich aufbauende Schallfeld, wenn man die Methode der gespiegelten Schallquelle anwendet. Durch eine erste Spiegelung an den 6 Begrenzungsflächen erhält man 6 Spiegelquellen P_{Q1} 1. Ordnung und durch deren Spiegelung wiederum eine Schar von Spiegelquellen P_{Q2} 2. Ordnung usw. Alle diese Quellen ordnen sich im Falle eines quaderförmigen Raumes um diesen in einem kubischen Rasterfeld an [3] (Abb. 8.7). Sie werden alle für den reflektierten Schall zu Kugelwellensendern mit der Leistung P_Q, jedoch reduziert um die dissipativen Anteile bei den Reflexionen.

Ein impulsartiges Geräusch kommt zunächst in der kürzesten Zeit als Direktschall beim Empfänger E an und dann sukzessive von den verschiedenen Spiegelquellen P_{Qi} entsprechend ihrer unterschiedlichen Entfernung von E. Sind seit Beginn der Schallausbreitung Δt Sekunden verstrichen, so gehört zu diesem Δt ein Kugelwellenradius $r = \Delta t \cdot c$. Es senden zu dieser Zeit Δt gerade diejenigen Schallquellen P_{Qi} Energie in den Raum (E), die von diesem Raum den Abstand r haben. Die anfänglichen Schallrückwürfe in E (Δt klein) sind stärker und auch noch gerichtet, während die späteren (Δt größer) infolge der größeren Entfernung der P_{Qi} schwächer werden und in E auch aus den verschiedensten Richtungen eintreffen. Diese späteren Rückwürfe im Punkt E sind praktisch unabhängig von seiner Lage im Raum (Abb. 8.8) [5].

Geht von P_{Q0} ein stationäres Geräusch aus, dann baut sich auch um jede der Spiegelschallquellen P_{Qi} ein stationäres Kugelwellenfeld auf, reduziert um die dissipativen Anteile bei den Reflexionen. Daraus folgt, dass sich allein aufgrund der geometrischen

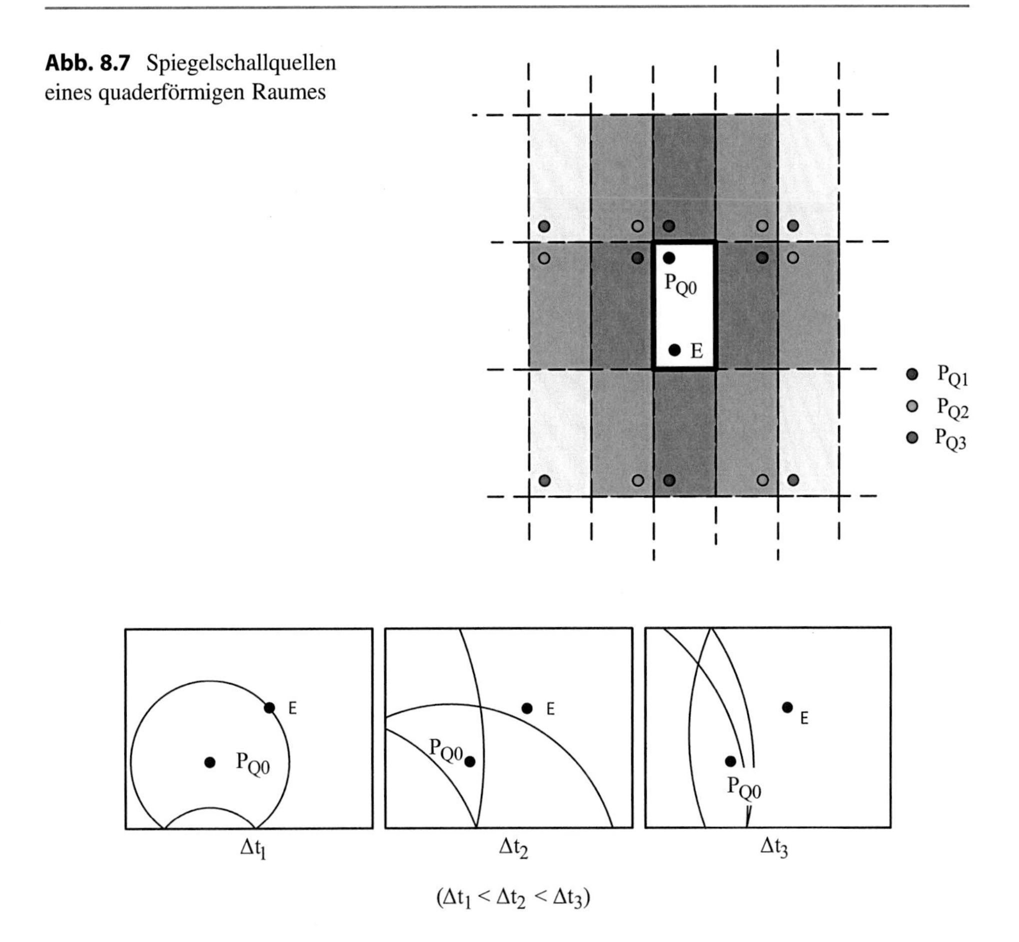

Abb. 8.7 Spiegelschallquellen eines quaderförmigen Raumes

Abb. 8.8 Aufbau eines Schallfeldes in einem geschlossenen Raum zu verschiedenen Zeitpunkten

Gesetzmäßigkeiten der Reflexion in geschlossenen Räumen ein akustischer Zustand einstellen wird, der dem eines diffusen Schallfeldes sehr nahe kommt. Dabei ist ein diffuses Schallfeld dadurch charakterisiert, dass in jedem Punkt im Mittel aus allen Raumrichtungen gleich viel Schallenergie einfällt. Dabei sollen keine festen Phasenbeziehungen zwischen den Anteilen bestehen. Die Energiedichte des Feldes ist konstant, die Intensitäten I_φ der einzelnen Strahlungsrichtungen eines Punktes überlagern sich zur räumlich konstanten Intensität I_D des diffusen Schallfeldes.

8.2 Energiebetrachtung bei der Schallreflexion, Anpassungsgesetz

Bei der Reflexion, beispielsweise an der Wand, wird ein Teil der Schallenergie zurückgeworfen, der andere Teil wird von der Wand aufgenommen. Von der absorbierten Energie wiederum wird ein Teil als Körperschall zur Erregung der Wand selbst abge-

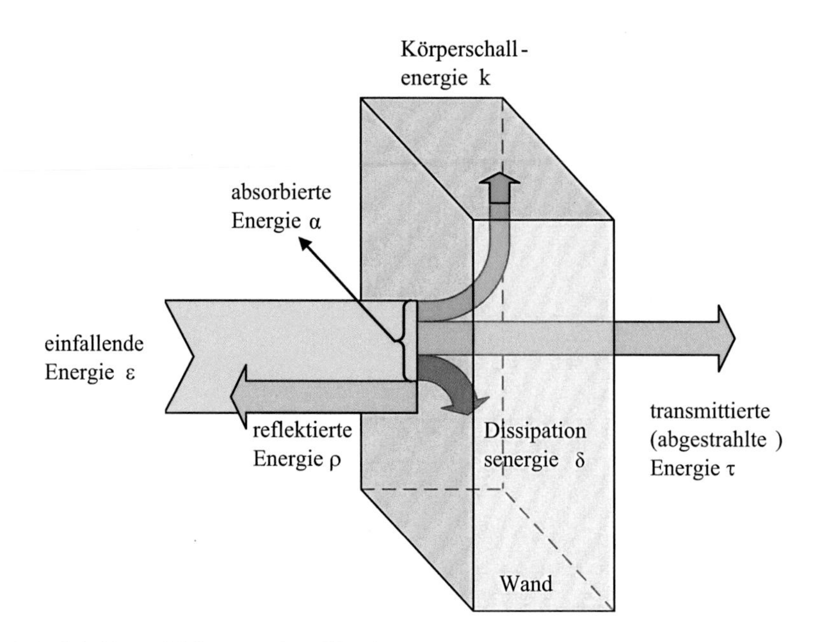

Abb. 8.9 Schallenergiebilanz an einer Wand

zweigt, ein weiterer Teil wird durch die Wand hindurchgelassen und in den jenseits der Wand liegenden Luftraum abgestrahlt. Man spricht von transmittierter Energie, die unmittelbar mit der Schalldämmung der Wand zusammenhängt. Schließlich wird der restliche Teil der absorbierten Energie in der Wand vor allem von ihrem vorderen Teil geschluckt und in Wärme umgewandelt. In diesem Fall spricht man von Energiedissipation oder Schalldämpfung in der Wand. Die Verhältnisse sind in Abb. 8.9 dargestellt. Danach ist in der Gesamtbilanz die Körperschallenergie gering und meist vernachlässigbar. Das gleiche gilt im Allgemeinen auch für die Transmissionsenergie. Trotzdem können beide Energien in den Nachbarräumen zu lästigen Schallpegeln führen.

Die Dissipationsenergie, die stark von der Art der Vorderseite der Wand abhängt, macht für den betroffenen Raum mit der einfallenden und der reflektierten Energie einen wesentlichen Anteil der Energiebilanz aus.

Zur quantitativen Behandlung dieses Problems werden an der reflektierenden Wand einige akustische Größen und Kennwerte eingeführt. Hier sind zunächst folgende Intensitäten zu nennen:

I_ε die Intensität des einfallenden Schalls,
I_ρ die Intensität des reflektierten Schalls,
I_α die Intensität des absorbierten Schalls,
I_δ die Intensität des dissipativen Schalls,
I_τ die Intensität des transmittierten Schalls und
I_κ die Intensität des Körperschalls.

Hieraus lassen sich folgende bezogene Größen ableiten [6]:

der Reflexionsgrad $\rho = I_\rho / I_\varepsilon$
der Absorptionsgrad $\alpha = I_\alpha / I_\varepsilon$
der Dissipationsgrad $\delta = I_\delta / I_\varepsilon$
der Transmissionsgrad $\tau = I_\tau / I_\varepsilon$

wobei gilt

$$\begin{aligned} &\alpha + \rho = 1 \Rightarrow \alpha = 1 - \rho \\ &\alpha \approx \delta + \tau \text{ (bei Vernachlässigung des Körperschallanteils)} \end{aligned} \tag{8.9}$$

bzw. $\alpha \approx \delta$.

Treffen ebene Schallwellen auf die Wand auf, so kommen zusätzliche Druckamplituden in Ansatz:

$\widehat{p}_e$ Druckamplitude der einfallenden Welle,
$\widehat{p}_r$ Druckamplitude der reflektierten Welle,
$\widehat{p}_a$ Druckamplitude der absorbierten Welle,
$\widehat{p}_d$ Druckamplitude der durchgelassenen (transmittierten) Welle.

Daraus lassen sich wieder bezogene Größen ableiten:

der Reflexionsfaktor $r = \widehat{p}_r / \widehat{p}_e$
der Absorptionsfaktor $a = \widehat{p}_a / \widehat{p}_e$
der Transmissionsfaktor$d = \widehat{p}_d / \widehat{p}_e$

Zunächst wird die Reflexion quantitativ untersucht. Sie ist ein reines Grenzproblem. Es darf daher vereinfachend die Reflexion an der Grenze zweier unendlich ausgedehnter, akustisch unterschiedlicher Medien 1 und 2 untersucht werden, beispielsweise an der Grenze zwischen den Halbräumen Luft und Wasser. Das bedeutet auch, dass man hierbei die Vorgänge der absorbierten Schallenergie nicht zu berücksichtigen braucht. Die Schallkennimpedanzen der beiden Medien seien $Z_1 = \rho_1 \cdot c_1$ und $Z_2 = \rho_2 \cdot c_2$.

Tab. 8.1 zeigt einige Zahlenwerte [7].

Vom Medium 1 treffe nun eine ebene Schallwelle auf die Begrenzung zum Medium 2, das vollkommen porenfrei aufgebaut sei (Abb. 8.10). Unendliche Ausdehnung beider Medien vorausgesetzt, bedeutet, dass ihre Ausdehnung wesentlich größer ist als die Wellenlänge λ der in ihnen fortschreitenden Welle. Die auftreffende Schallwelle induziert eine absorbierte Welle a und eine reflektierte Welle r. Für ihre Wechseldrücke und Schallschnelle ergeben sich folgende Gleichungen:

Tab. 8.1 Schallkennimpedanz verschiedener Materialien

Stoff	Schallkennimpedanz Z $\frac{kg}{m^2 s} = \frac{Ns}{m^3}$
Luft	$4{,}14 \cdot 10^2$
Erdgas	$3{,}07 \cdot 10^2$
Wasser	$1{,}45 \cdot 10^6$
Stahl	$39{,}0 \cdot 10^6$
Aluminium	$14{,}0 \cdot 10^6$
Kupfer	$31{,}0 \cdot 10^6$
Gummi	$0{,}04 \cdot 10^6$ bis $0{,}3 \cdot 10^6$
Kork	$0{,}12 \cdot 10^6$
Tannenholz(quer zur Faser)	$1{,}2 \cdot 10^6$
Mauerwerk	$7{,}2 \cdot 10^6$
Beton	$8{,}0 \cdot 10^6$

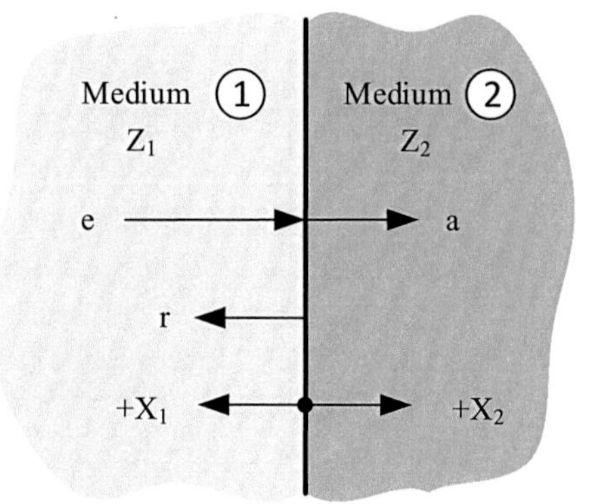

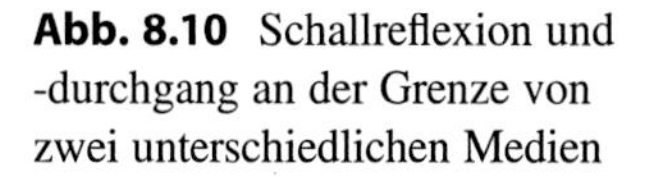
Abb. 8.10 Schallreflexion und -durchgang an der Grenze von zwei unterschiedlichen Medien

$$\begin{aligned} \underline{p_e} &= \widehat{p}_e \cdot e^{jk_1x_1} \cdot e^{j\omega t}, \\ \underline{p_r} &= \widehat{p}_r \cdot e^{-jk_1x_1} \cdot e^{j\omega t} \\ \underline{p_a} &= \widehat{p}_a \cdot e^{-jk_2x_2} \cdot e^{j\omega t} \end{aligned} \tag{8.10}$$

$$\underline{v_e} = \frac{\underline{p_e}}{Z_1}; \underline{v_r} = \frac{\underline{p_r}}{Z_1}; \underline{v_a} = \frac{\underline{p_a}}{Z_2} \tag{8.11}$$

Zunächst lassen sich die Schalldruckamplituden $\widehat{p}_r$ und $\widehat{p}_a$ durch $\widehat{p}_e$ ausdrücken. Hierzu sind an der Grenze $x_1 = x_2 = 0$ das Kräftegleichgewicht und die Kontinuitätsbedingung zu erfüllen.

$$\widehat{p}_e + \widehat{p}_r = \widehat{p}_a \tag{8.12}$$

$$\widehat{v}_e - \widehat{v}_r = \widehat{v}_a \tag{8.13}$$

$$\frac{\widehat{p}_e}{Z_1} - \frac{\widehat{p}_r}{Z_1} = \frac{\widehat{p}_a}{Z_2} \tag{8.14}$$

Mit diesen Gleichungen berechnet sich der Reflexionsfaktor r zu [8]

$$r = \frac{\widehat{p}_r}{\widehat{p}_e} = \frac{Z_2 - Z_1}{Z_2 + Z_1} = \frac{1 - \frac{Z}{Z_2}}{1 + \frac{Z_1}{Z_2}} \tag{8.15}$$

sowie der Absorptionsfaktor a zu

$$a = \frac{\widehat{p}_a}{\widehat{p}_e} = \frac{2Z_2}{Z_1 + Z_2} \tag{8.16}$$

Für die angenommenen ebenen Wellen gewinnt man hieraus die zugehörigen energetischen Größen, nämlich den Reflexionsgrad

$$\left.\begin{aligned} \rho &= \frac{I_\rho}{I_\varepsilon} = \frac{(\widehat{p}_r)^2}{(\widehat{p}_e)^2} = r^2 \\ \rho &= \left(\frac{Z_2 - Z_1}{Z_2 + Z_1}\right)^2 = \left(\frac{1 - \frac{Z_1}{Z_2}}{1 + \frac{Z_1}{Z_2}}\right)^2 \end{aligned}\right\} \tag{8.17}$$

sowie den Absorptionsgrad

$$\alpha = 1 - \rho = 1 - \left(\frac{Z_2 - Z_1}{Z_2 + Z_1}\right)^2 \tag{8.18}$$

Die für die Reflexion wichtige Beziehung (8.15) wird auch das *Anpassungsgesetz* genannt. Vom Standpunkt des Raumes 1, in dem die Schallquelle liegt, ist die gewollte Unterdrückung der Reflexion optimal, wenn r $\approx$ 0, d. h., wenn $Z_2 \approx Z_1$ ist. Das Medium 2 ist dann vollkommen angepasst. Der Reflexionsgrad ρ nähert sich in ähnlicher Weise dem Wert 0.

Selbstverständlich ist in der Anpassung $Z_2 = Z_1$ auch die Trivialität enthalten, dass das Medium sich akustisch nicht ändert. Diese Trivialität führt aber zu der einfachen Feststellung, dass in einer Öffnung einer sonst geschlossenen Wandfläche der Reflexionsgrad ρ ebenfalls gegen 0 oder der Absorptionsgrad α gegen 1 geht.

Umgekehrt liegt eine vollkommene Fehlanpassung vor, wenn r gegen 1 geht. Eine solche Fehlanpassung ist anzustreben, wenn man eine Weiterleitung von Schallenergie in das angrenzende Medium 2 verhindern will. Dies wird erreicht, wenn sich die Impedanzen Z_1 und Z_2 möglichst stark voneinander unterscheiden.

Dabei geht r $\rightarrow$ +1, wenn $Z_2 >> Z_1$ und r $\rightarrow -1$, wenn $Z_1 >> Z_2$ ist. Der Vorzeichenwechsel bei r hat für die Schallweiterleitung keine Bedeutung, was man unter Heranziehung der energetischen Kenngrößen leicht erkennt. Bei vollkommener Fehlanpassung geht der Reflexionsgrad ρ eindeutig gegen +1, der Absorptionsgrad α gegen 0. Typisch hierfür ist

1. der Übergang der Schallenergie von Luft in feste Materie, z. B. in eine Stahlwand oder Mauerwerk mit $\rho \approx 1$, $\alpha \approx 0$, was einer optimalen Dämmung von Luft- in Körperschall entspricht,
2. der Übergang der Schallenergie von Wasser in Gummiwerkstoffe mit $\rho = 0{,}975$, $\alpha = 0{,}025$, was einer optimalen Dämmung beim Übergang von Flüssigkeits- in Körperschall entspricht,
3. der Übergang der Schallenergie von fester Materie, z. B. Stahl in Gummi mit $\rho \approx 0{,}99$ und $\alpha \approx 0{,}01$, was einer optimalen Dämmung bei der Weiterleitung von Körperschall entspricht.

Dagegen wird beim Übergang der Schallenergie von Wasser in feste Materie, z. B. Beton, keine optimale Dämmung erreicht, da Z_{Wasser} und Z_{Beton} nicht allzu verschieden sind. Man erhält mit $\rho = 0{,}69$ und $\alpha = 0{,}31$ auch entsprechend ungünstigere Werte.

Der Reflexion an einer vollkommen schallharten Wand entspricht ein Grenzwert $Z_2 \rightarrow \infty$, an einer vollkommen schallweichen Wand ein Grenzwert $Z_2 \rightarrow 0$. In beiden Fällen liegt eine vollkommene Fehlanpassung vor, die Reflexion ist vollständig.

Im Fall der schallharten Wand ist r = + 1, a = + 2. Daraus folgt, dass infolge der Reflexion der Schalldruck vor der Wand gegenüber dem Druck der einfallenden Welle sich verdoppelt, wie es in der stehenden Welle vor der Wand auf Seite 9 auch der Fall ist. Bei der schallweichen Wand ist r = −1, a = 0. Daraus folgt, dass infolge Reflexion der Schalldruck vor der Wand gleich 0 wird.

Abschließend sei noch festgestellt, dass die Reflexion von Luftschall an der Begrenzung von normalen Räumen, die nicht besonders akustisch ausgestaltet sind, relativ groß und damit die Absorption gering ist.

8.3 Luftschalldämmung an ebenen Wänden endlicher Dicke, Massengesetz

Hier wird nun der Fall der Wand endlicher Dicke betrachtet. Die Wanddicke sei h, die Kennimpedanz Z_W sei $(\rho \cdot c)_W$ und die Materialstruktur porenfrei. Zusätzliche Kenngrößen der Wand sind die auf die Fläche bezogene Masse $m'' = \rho_W \cdot h$ und die Biegesteifigkeit.

$$B' = \frac{Eh^3}{(1-\mu^2)\cdot 12} \tag{8.19}$$

Die Kennimpedanz der Medien auf der Vorder- und Rückseite der Wand sei Z_1 bzw. Z_2 (Abb. 8.11). An der Vorderseite der Wand treffe vom Medium 1 ausgehend eine ebene Welle mit $\underline{p}_e$, $\underline{v}_e$ auf. An dieser Vorderseite behalten die Ergebnisse des Anpassungsgesetzes

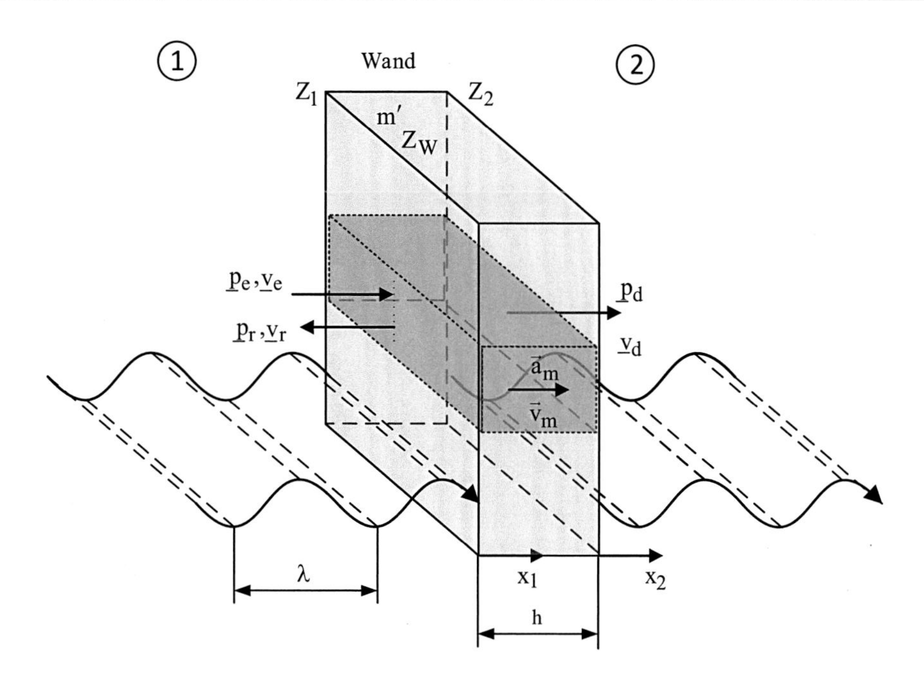

Abb. 8.11 Schallreflexion und -durchgang an einer Wand

voll ihre Gültigkeit. Dagegen spielen für diesen Wandaufbau die akustischen Vorgänge im rückseitigen Medium 2 eine zusätzliche und wesentliche Rolle. Die endlich dicke Wand und damit auch die Wandrückseite werden durch die an der Vorderseite auftreffende Welle in eine oszillierende Bewegung versetzt. Die Bewegung der Rückseite ihrerseits überträgt sich auf das Medium 2. Es wird also Schallenergie vom Medium 1 in das Medium 2 transmittiert. In diesem Abschnitt wird nun versucht, die Transmissionsenergie und die mit ihr unmittelbar verknüpfte Dämmwirkung der Wand abzuschätzen.

Zunächst wird die Wand in einem vereinfachten Modell als eine verhältnismäßig schwere und geschichtete Wand aufgefasst, deren Biegesteifigkeit zu vernachlässigen ist und deren einzelne Schichten als starre Elemente hin und her bewegt werden, etwa wie bei einer backsteingeschichteten Mauer. In diesem Fall führen Vorder- und Rückseite der Wand genau die gleiche Bewegung aus. Der Einfall der auftreffenden Wellen wird sowohl senkrecht als auch schräg angenommen.

In einer ersten Verfeinerung dieses Modells wird auch die in der Wand induzierte Körperschallenergie berücksichtigt, die, wie bereits beim Anpassungsgesetz gezeigt, grundsätzlich klein ist. Sie gehört zu einem Körperschallfeld, das sich zusätzlich zwischen Vorder- und Rückseite der Wand aufbaut und Einfluss auf die dort vorhandenen Wandschnellen nimmt.

Schließlich muss bei relativ dünnen, biegeelastischen Wänden, deren Biegesteifigkeit nunmehr gegenüber der Trägheitsmasse stärker ins Gewicht fällt, die Biegesteife berücksichtigt werden. Zunächst wird das einfache Wandmodell der geschichteten und nur mit Masse belegten Wand behandelt. An ihr lässt sich am besten das Wesentliche der Energietransmission und der Wanddämmung aufzeigen.

a) ***Senkrechter Einfall der auftreffenden Welle***

Für die auftreffende Welle gilt

$$\underline{p_e} = \widehat{p}_e \cdot e^{j(\omega t - k_1 x_1)}; \underline{v_e} = \frac{\underline{p_e}}{\underline{Z_1}} \tag{8.20}$$

für die reflektierte Welle

$$\underline{p_r} = \widehat{p}_r \cdot e^{j(\omega t + k_1 x_1)}; \underline{v_r} = \frac{\underline{p_r}}{\underline{Z_1}} \tag{8.21}$$

und die transmittierte Welle

$$\underline{p_d} = \widehat{p}_d \cdot e^{j(\omega t - k_2 \cdot x_2)}; \underline{v_d} = \frac{\underline{p_d}}{\underline{Z_2}} \tag{8.22}$$

Die Wand hat die Schnelle

$$\underline{v_m} = \widehat{v}_m \cdot e^{j\omega t} \tag{8.23}$$

Zur Berechnung der beiden Unbekannten $\widehat{p}_r$ und $\widehat{p}_d$ stehen zwei Gleichungen zur Verfügung, das Kräftegleichgewicht am System und die Kontinuitätsbedingung an den Stellen $x_1 = 0$ und $x_2 = 0$. Das Kräftegleichgewicht schließt dabei auch die auf die Fläche bezogene Trägheitskraft

$$m'' \cdot \underline{a_m} = m'' \cdot \widehat{a}_m \cdot e^{j\omega t} \tag{8.24}$$

der Wand ein. Es ist dann

$$\widehat{p}_e + \widehat{p}_r = \widehat{p}_d + m'' \widehat{a}_m$$

$$\widehat{v}_e - \widehat{v}_r = \widehat{v}_m \tag{8.25}$$

Voraussetzungsgemäß ist $\underline{v_m} = \underline{v_d}$ und daher ist auch

$$\underline{a_m} \equiv \underline{v_m} = \underline{v_d} = j\omega \cdot \underline{v_d}$$

Damit gewinnt man folgende Gleichungen

$$\widehat{p}_e + \widehat{p}_r = \widehat{p}_d + j(m'' \cdot \omega)\widehat{v}_d$$

$$1 + \frac{\widehat{p}_r}{\widehat{p}_e} = \frac{\widehat{p}_d}{\widehat{p}_e} + j\frac{m'' \cdot \omega}{Z_2}\frac{\widehat{p}_d}{\widehat{p}_e} \tag{8.26a}$$

$$\widehat{v}_e - \widehat{v}_r = \widehat{v}_d$$

$$1 - \frac{\widehat{p}_r}{\widehat{p}_e} = \frac{\widehat{p}_d}{\widehat{p}_e}\frac{Z_1}{Z_2} \tag{8.26b}$$

Hieraus kann man vor allen Dingen den Transmissionsfaktor d berechnen.

$$d = \frac{\widehat{p}_d}{\widehat{p}_e} = \frac{1}{\frac{1+\frac{Z_1}{Z_2}}{2} + j\frac{\omega \cdot m''}{2Z_2}} \tag{8.27}$$

Für $Z_1 = Z_2 = Z$, also reine Luftschalldämmung, ergibt sich

$$d = \frac{1}{1 + j\frac{\omega \cdot m''}{2Z}} \tag{8.28}$$

Wichtiger sind die daraus zu gewinnenden energetischen Größen. Zunächst gilt für den Transmissionsgrad

$$\tau = \frac{I_d}{I_e} = \left|\frac{\widehat{p}_d}{\widehat{p}_e}\right|^2 \cdot \frac{Z_1}{Z_2} = d^2 \cdot \frac{Z_1}{Z_2} = \left(1 - r^2\right) \cdot \frac{Z_1}{Z_2} \tag{8.29}$$

$$\tau = \frac{1}{\left|\frac{1+\frac{Z_1}{Z_2}}{2} + j\frac{\omega m''}{2Z_2}\right|^2} \cdot \frac{Z_1}{Z_2} \tag{8.30a}$$

$$\tau = \frac{1}{\left(\frac{1+\frac{Z_1}{Z_2}}{2}\right)^2 + \left(\frac{\omega m''}{2Z_2}\right)^2} \cdot \frac{Z_1}{Z_2} \tag{8.30b}$$

Mit dem Transmissionsgrad eng verknüpft ist der Begriff der Dämmung. Die Schalldämmung bzw. Luftschalldämmung der Wand ist groß, wenn die Transmission klein ist. Entsprechend ist die Schalldämmung oder das Schalldämmmaß R der Wand definiert. Das Schalldämmmaß lässt sich ganz allgemein wie folgt bestimmen [3]:

$$\begin{aligned} R &= 10\,lg\frac{P_e}{P_d} \\ P_d &= P_e \cdot 10^{-\frac{R}{10}} \end{aligned} \tag{8.31}$$

Mit $P_e = I_e \cdot A_W$ und $P_d = I_d \cdot A_W$ erhält man

$$R = 10lg\frac{I_e}{I_d} = 10lg\frac{1}{\tau} = 10lg\frac{1}{d^2 \cdot \frac{Z_1}{Z_2}} \tag{8.32}$$

Mit Gl. (8.30b) ergibt sich dann:

$$R = 10 \cdot log\frac{1}{\tau} = 10 \cdot lg\left[\left(\frac{1+\frac{Z}{Z_2}}{2}\right)^2 + \left(\frac{\omega \cdot m''}{2 \cdot Z_2}\right)^2\right] - 10 \cdot lg\frac{Z_1}{Z_2} \tag{8.33}$$

Entsprechend ergibt sich für $Z_1 = Z_2 = Z$

$$\tau = \frac{1}{1 + \left(\frac{\omega \cdot m''}{2 \cdot Z}\right)^2} \tag{8.34}$$

$$R = 10lg\left[1 + \left(\frac{\omega \cdot m''}{2 \cdot Z}\right)^2\right] \tag{8.35a}$$

Für $m''\omega >> Z$ gilt

$$R \approx 20 \cdot lg\frac{m'' \cdot \omega}{2 \cdot Z} \tag{8.35b}$$

Aus den Gleichungen für τ und R erkennt man vor allem, dass der Transmissionsgrad erwartungsgemäß mit steigender Massenbelegung der Wand und mit steigender Frequenz der auftreffenden Welle abnimmt und das Schalldämmmaß zunimmt. Die Zunahme für R beträgt bei reiner Luftschalldämmung etwa 6 dB pro Verdoppelung von m″ bzw. ω. Es hat daher auch nur in Ausnahmefällen Sinn, ein über den ganzen Frequenzbereich gemitteltes Schalldämmmaß anzugeben, vielmehr ist es zweckmäßig, R_f frequenzabhängig darzustellen, beispielsweise über einer Terzleiter, wie im Abb. 8.12 für $m_1''= 20$ kg/m^2 bzw. $m_2''=$ 40 kg/m^2 und Luft (Z ≈ 400 Ns/m^3) dargestellt.

Das Verhältnis der anregenden Druckdifferenz zur Schnelle an der Wand entspricht der Trennimpedanz $\underline{Z_\tau}$ der Wand. Aus Gl. (8.26a) ergibt sich dann

$$\frac{(\widehat{p}_e + \widehat{p}_r) - \widehat{p}_d}{\widehat{v}_d} = j\omega \cdot m'' \widehat{=} \frac{\underline{p}}{\underline{v}} \tag{8.36}$$

$$\underline{Z_\tau} = j\omega \cdot m'' \tag{8.37}$$

Mit $\underline{Z_\tau}$ kann das Luftschalldämmmaß auch folgendermaßen geschrieben werden:

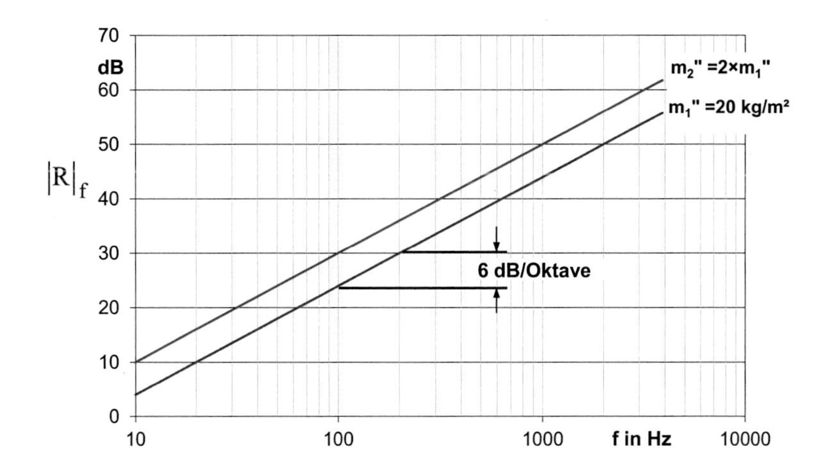

Abb. 8.12 Schalldämmmaß von ebenen Wänden mit unterschiedlicher Massenbelegung in Abhängigkeit von der Frequenz bei senkrechtem Schalleinfall

$$R = 10\,lg\left|1 + \frac{\underline{Z}_\tau}{2 \cdot Z}\right|^2$$
$$R = 10\,lg\left[1 + \left(\frac{|\underline{Z}_\tau|}{2 \cdot Z}\right)^2\right] \tag{8.38}$$

b) ***Schräger Einfall der auftreffenden Welle***

Die Welle treffe nunmehr schräg auf die Wand auf, ansonsten werden alle Voraussetzungen und Bezeichnungen von a) übernommen.

Die einfallende Welle $\underline{p}_e, \underline{v}_e$ und die reflektierte Welle $\underline{p}_r, \underline{v}_r$ bilden, bedingt durch die unterschiedlichen Impedanzen, mit der Lotrechten die Winkel φ_1 und $_{\varphi 2}$. Die transmittierte Welle $\underline{p}_d, \underline{v}_d$ verläuft in der gleichen Richtung wie die einfallende Welle weiter. Physikalisch folgt daraus, dass die Wandschichten senkrecht zur Wand weniger beschleunigt werden und damit die Wanddämmung kleiner wird. Die Gleichgewichtsbedingung lautet wiederum (Abb. 8.13)

$$\widehat{p}_e + \widehat{p}_r = \widehat{p}_d + m'' \cdot \widehat{a}_m$$

für die Kontinuitätsbedingungen erhält man allgemein:

$$\widehat{v}_e cos\varphi_1 - \widehat{v}_r cos\varphi_1 = \widehat{v}_m; \widehat{v}_m = \widehat{v}_d cos\varphi_2 \tag{8.39}$$

Mit $\underline{a}_m = \underline{\dot{v}}_m = j\omega \underline{v}_d \cdot cos\varphi_2$ wird schließlich

Abb. 8.13 Schräger Schalleinfall auf eine Wand

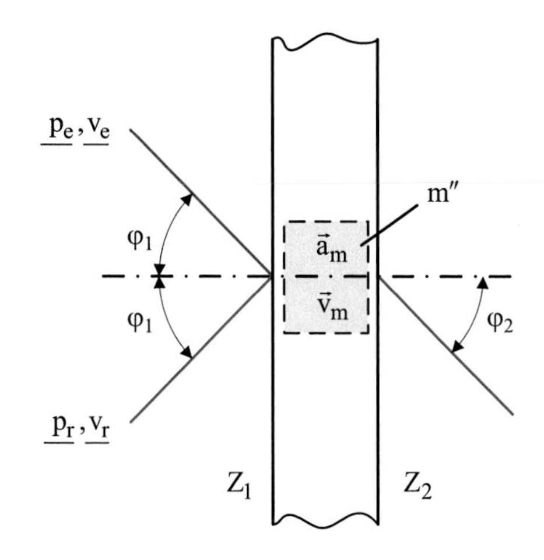

$$1+\frac{\widehat{p}_r}{\widehat{p}_e}=\frac{\widehat{p}_d}{\widehat{p}_e}+j\frac{\omega\cdot m''}{Z_2}\frac{\widehat{p}_d}{\widehat{p}_e}cos\varphi_2 \tag{8.40a}$$

$$1-\frac{\widehat{p}_r}{\widehat{p}_e}=\frac{\widehat{p}_d}{\widehat{p}_e}\frac{Z_1}{Z_2}\cdot\frac{cos\varphi_2}{cos\varphi_1} \tag{8.40b}$$

Hieraus erhält man dann in der gleichen Weise wie unter a) das Schalldämmmaß für den schrägen Einfall:

$$\begin{aligned}R_{\varphi_1,\varphi_2}&=10lg\frac{1}{\tau}\\&=10\ lg\left[\left(\frac{1+\frac{Z_1}{Z_2}\cdot\frac{cos\varphi_2}{cos\varphi_1}}{2}\right)^2+\left(\frac{\omega\cdot m''\cdot cos\varphi_2}{2\cdot Z_2}\right)^2\right]-10lg\left(\frac{Z_1}{Z_2}\cdot\frac{cos\varphi_2}{cos\varphi_1}\right)\end{aligned} \tag{8.41a}$$

Mit $Z_1 = Z_2 = Z$ und folglich $\varphi_1 = \varphi_2 = \varphi$ folgt aus Gl. (8.41a):

$$R_\phi=10lg\left[1+\left(\frac{\omega\cdot m''\cdot cos\varphi}{2\cdot Z}\right)^2\right] \tag{8.41b}$$

Mit der Trennimpedanz $\underline{Z}_\tau = j\omega m''$ der Wand folgt hieraus:

$$R_\varphi=10lg\left|1+Z_\tau\cdot\frac{cos\varphi}{2\cdot Z}\right| \tag{8.42}$$

Man erkennt, dass R wie erwartet durch den schrägen Einfall reduziert wird. Bei senkrechtem Einfall ist R am größten und nimmt mit wachsendem φ stetig ab. Der Grenzfall $\varphi = 90°$ oder streifender Einfall, für den R theoretisch gegen Null geht, hat keine Bedeutung. Für die Praxis ist besonders das diffuse Schallfeld, bei dem die Schallwellen gleichmäßig aus allen Richtungen auf die Wand auftreffen, von Interesse. Dabei ist es wünschenswert, in den einzelnen Frequenzbereichen eine über alle Einfallswinkel gemittelte Schalldämmung R_f anzugeben. Hierzu lässt sich zunächst R_φ für nicht zu kleine Dämmwerte (R > 20 dB) näherungsweise schreiben.

$$R_\varphi \approx 10lg\left(\frac{\omega \cdot m''}{2 \cdot Z}\right)^2 + 10lg\left(cos^2\varphi\right)\,dB \tag{8.43}$$

Ersetzt man den Ausdruck $10 \cdot lg\,(cos^2\varphi)$durch den Mittelwert von φ zwischen 0 und 90°, so erhält man das über alle Richtungen gemittelte Schalldämmmaß R_f. Den Mittelwert erhält man in guter Näherung [3, 9]:

$$R_f \approx 20lg\frac{\omega \cdot m''}{2 \cdot Z} - 3 = 20lg\left(\frac{2\pi \cdot f \cdot m''}{2 \cdot Z}\right) - 3\text{ dB} \tag{8.44}$$

Das Schalldämmmaß ist also für das diffuse Schallfeld gegenüber dem senkrechten Einfall um 3 dB reduziert. Ansonsten bleibt die Abhängigkeit von m″ und ω die gleiche wie unter a) festgestellt, insbesondere ist wiederum die Darstellung von R_f über einer Terzleiter zweckmäßig (Abb. 8.14). Das so gefundene Ergebnis stimmt unter bestimmten noch näher zu beschreibenden Umständen gut mit praktischen Messungen überein.

Beispiele

a) Eine 10 cm dicke, gemauerte Wand habe eine Massenbelegung $m'' = 180\text{ kg/m}^2$ und die Kennimpedanz $Z = 420\text{ Ns/m}^3$ für beidseitig angrenzende Luft.

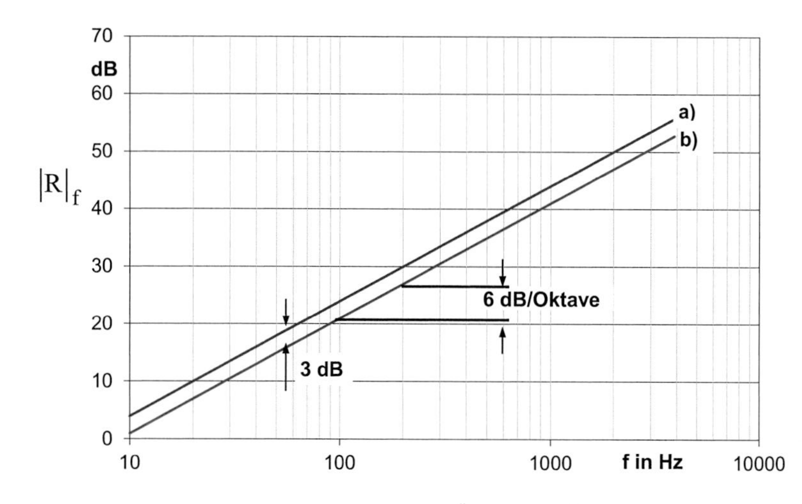

Abb. 8.14 Schalldämmmaß R_f einer ebenen Wand ($m'' = 20\ kg/m^2$). a) senkrechter Schalleinfall. b) diffuses Schallfeld

Für eine mittlere Frequenz $f_m = 500$ Hz ergibt sich

α) bei senkrechtem Schalleinfall das Schalldämmmaß

$$R_{\varphi=0} = 10lg\left(1 + \left(\frac{2\pi \cdot 500 \cdot 180}{2 \cdot 420}\right)^2\right) \approx 20lg\frac{\pi \cdot 500 \cdot 180}{420} = 56{,}6 \text{ dB}$$

und der zugehörige Transmissionsgrad

$$\tau \approx \frac{1}{\left(\frac{\pi \cdot 500 \cdot 180}{420}\right)^2} \approx 2{,}2 \cdot 10^{-6} = 10^{-\frac{R_{\varphi=0}}{10}}$$

β) für ein diffuses Schallfeld das Schalldämmmaß

$$R_f \approx 56{,}6 - 3 = 53{,}6 \text{ dB}$$

b) Ein 5 mm dickes Stahlblech habe die Massenbelegung $m'' = 40$ kg/m² mit der o. a. Kennimpedanz für beidseitig angrenzende Luft.

Damit ergibt sich für dieselbe mittlere Frequenz

α) bei senkrechtem Einfall

$$R_{\varphi=0} = 10lg\left(1 + \left(\frac{2\pi \cdot 500 \cdot 40}{2 \cdot 420}\right)^2\right) \approx 20lg\frac{\pi \cdot 500 \cdot 40}{420} = 43{,}5dB$$

$$\tau \approx \frac{1}{\left(\frac{\pi \cdot 500 \cdot 40}{420}\right)^2} \approx 4{,}5 \cdot 10^{-5}$$

β) für ein diffuses Schallfeld

$$R_f \approx 43{,}5 - 3dB = 40{,}5dB$$

An diesen Zahlenbeispielen wird zweierlei ersichtlich. Die aus einem geschlossenen Raum transmittierte Schallenergie ist bei den üblichen Raumbegrenzungen sehr klein und in der akustischen Bilanz des Raumes vernachlässigbar. Damit übereinstimmend ist erkennbar, dass die Dämmwerte der praktisch eingesetzten massiven Raumbegrenzungen verhältnismäßig hohe Pegelwerte besitzen.

c) ***Berücksichtigung des Körperschalls in der Wand***

Das zwischen Vorder- und Rückseite der Wand sich aufbauende Körperschallfeld wird mitberücksichtigt. Im Übrigen wird senkrechter Einfall der auftreffenden Welle angenommen und beidseitig mit dem Medium Luft (Z) gerechnet (Abb. 8.15). Es gilt:

$$Z_W = \rho_W \cdot c_W$$

ρ_W Dichte der Wand
c_W Schallgeschwindigkeit in der Wand

$$k_W = \frac{\omega}{c_W} = \frac{2\pi}{\lambda_W}$$

Die Annahme der starren als Ganzes beschleunigten Wand wird aufgegeben, jedoch bleibt die Biegesteifigkeit weiter unberücksichtigt. In der Wand wird eine Körperschallwelle $\underline{p_W}, \underline{v_W}$ zwischen ihrer Vorder- und Rückseite hin und her reflektiert [4].

Kräftegleichgewicht und Erfüllung der Kontinuität an der Wandvorderseite ① ergeben.

$$\begin{aligned}
&\widehat{p}_e + \widehat{p}_r = \widehat{p}_{W_1} \\
&\widehat{v}_e - \widehat{v}_r = \widehat{v}_{W_1} \\
&\widehat{p}_e - \widehat{p}_r = \widehat{p}_W \frac{Z}{Z_W} \\
&\frac{\widehat{p}_r}{\widehat{p}_e} = \frac{Z_W - Z}{Z_W + Z} \\
&\frac{\widehat{p}_W}{\widehat{p}_e} = \frac{2Z_W}{Z_W + Z}
\end{aligned} \tag{8.45}$$

Auf die Rückseite ② der Wand trifft dann die Körperschallwelle $\underline{p_{W_2}}$ auf. Für sie ist

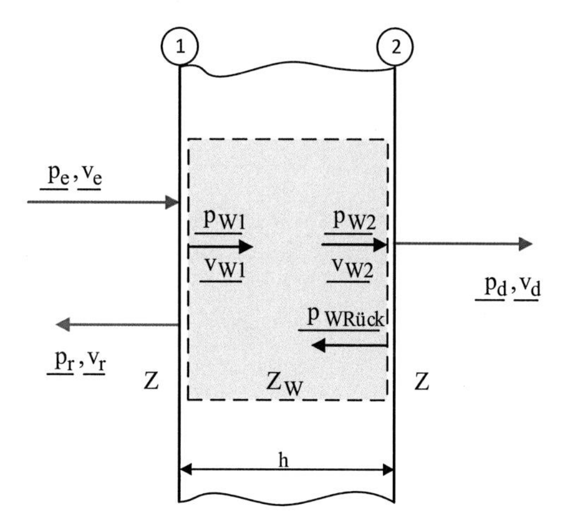

Abb. 8.15 Schallreflexion an einer Wand unter Berücksichtigung des Körperschalls in der Wand

$$\widehat{p}_{W_2} = \widehat{p}_{W_1} \cdot e^{-jk_W h} = \widehat{p}_e \frac{2Z_W}{Z_W + Z} \cdot e^{-jk_W h} \tag{8.46}$$

Sie ruft ihrerseits eine in die angrenzende Luft transmittierte erste Welle p_{d_1} sowie eine an der Rückseite reflektierte Körperschallwelle $p_{W_{Rück}}$ hervor. Ihr Zustandekommen an der Wandrückseite entspricht dem Vorgang an der Vorderseite. Man muss lediglich Z_w und Z vertauschen.

Es ist also

$$\left.\begin{aligned} \hat{p}_{d_1} &= \hat{p}_{W_2} \frac{2Z}{Z + Z_W} = \hat{p}_e \frac{4ZZ_W}{(Z + Z_W)^2} \cdot e^{-jk_W h} \\ \hat{p}_{W_{Rück}} &= \hat{p}_{W_2} \frac{Z - Z_W}{Z + Z_W} = \hat{p}_e \frac{2Z_W}{Z + Z_W} \frac{Z - Z_W}{Z + Z_W} \cdot e^{-jk_W h} \\ \hat{p}_{W_{Rück}} &= \hat{p}_{W_1} \frac{Z - Z_W}{Z + Z_W} \cdot e^{-jk_W h} \end{aligned}\right\} \tag{8.47}$$

Die an der Rückseite der Wand reflektierte Welle kommt wiederum nach Reflexion an der Vorderseite an der Rückseite an und ruft eine in die angrenzende Luft transmittierte zweite Welle p_{d_2} hervor. Hierfür gilt dann, wenn man sonstige Verluste vernachlässigt

$$\left.\begin{aligned} \hat{p}_{d_2} &= \hat{p}_{W_{Rück}} \frac{Z - Z_W}{Z + Z_W} \cdot e^{-jk_W h} \frac{2Z}{Z + Z_W} \cdot e^{-jk_W h} \\ \hat{p}_{d_2} &= \hat{p}_{d_1} \left(\frac{Z-Z_W}{Z+Z_W}\right)^2 \cdot e^{-j2k_W h} \\ \hat{p}_{d_3} &= \hat{p}_{d_2} \left(\frac{Z-Z_W}{Z+Z_W}\right)^2 \cdot e^{-j2k_W h} \end{aligned}\right\} \tag{8.48}$$

Für die transmittierte Welle erhält man dann insgesamt

$$\widehat{p}_d = \sum p_{d_i}$$

$$\widehat{p}_d = \widehat{p}_{d_1} \left[1 + \left(\frac{Z - Z_W}{Z + Z_W}\right)^2 e^{-j2k_W h} + \left(\frac{Z - Z_W}{Z + Z_W}\right)^4 e^{-j4k_W h} + \ldots\right] \tag{8.49}$$

Der Ausdruck in der eckigen Klammer stellt eine unendliche geometrische Reihe dar. Mit ihrer endlichen Summe und dem Ausdruck für $\widehat{p}_{d_1}$ erhält man schließlich [4]

$$\widehat{p}_d = \widehat{p}_e \frac{4Z \cdot Z_W}{(Z + Z_W)^2 e^{+jk_W h} - (Z - Z_W)^2 e^{-jk_W h}} \tag{8.50}$$

Drei Sonderfälle sind für $\widehat{p}_d$ erkennbar:

1. $Z = Z_W$

   Daraus folgt unmittelbar, dass

$$\widehat{p}_d = \widehat{p}_e e^{-jk_w h}$$

ist, d. h., dass eine totale Transmission vorliegt. Physikalisch bedeutet $Z = Z_W$, dass beidseitig vollkommene Anpassung mit reflexionsfreiem Eintritt in die Wand und Austritt aus der Wand gegeben ist.

2. $k_W \cdot h = n \cdot \pi$; $n = 1, 2, 3 \ldots$

   Das bedeutet zunächst formal, dass

$$e^{jk_w h} = e^{-jk_w h} = (-1)^n$$

ist, woraus weiter folgt, dass $|\widehat{p}_d| = |\widehat{p}_e|$ ist und ebenfalls eine totale Transmission vorliegt. Physikalisch bedeutet $k_W \cdot h = n \cdot \pi$, dass $\lambda_n = 2$ h/n und $f_n = (n \cdot c_W)/(2\ h)$ ist. Das heißt aber, dass bei der Wellenfrequenz f_n sich in der Wand stehende Körperschallwellen aufbauen, die zur sogenannten Dickenresonanz der Wand und damit zu einer totalen Transmission führen. Diese Frequenzen sind grundsätzlich hoch und liegen im Allgemeinen über dem in der Akustik interessierenden Frequenzbereich. So ist für eine 10 mm dicke Stahlwand die niedrigste Resonanzfrequenz

$$f_1 = \frac{5100}{2 \cdot 0{,}01} = 22500 Hz >> 16.000\ Hz$$

und für eine 25 cm dicke Betonwand

$$f_1 = \frac{3500}{2 \cdot 0{,}25} = 7000 Hz$$

3. $k_W \cdot h << 1$ (oder auch $h/\lambda << 1$)

   In der Praxis ist $k_W \cdot h = \frac{\omega}{c_W} \cdot h$ eine kleine Größe. Sie liegt für eine mittlere Frequenz f = 500 Hz und für die vorgenannten Wandbeispiele zwischen 0,006 und 0,22. Setzt man daher $k_W \cdot h$ mathematisch als kleine Größe an, so kann näherungsweise geschrieben werden

$$e^{jk_W h} \approx 1 + jk_W h; e^{-jk_W h} \approx 1 - jk_W h$$

   Hiermit folgt aus Gl. (8.50)

$$\widehat{p}_d = \widehat{p}_e \frac{4ZZ_W}{4ZZ_W + j2k_W h\left(Z^2 + Z_W^2\right)} \tag{8.51}$$

   Daraus lässt sich vor allem das Schalldämmmaß

$$R = 10lg\frac{1}{\tau} = 10lg\frac{\widehat{p}_e^2}{\widehat{p}_d^2}$$

der Wand angeben. Es ist

$$\left.\begin{aligned} R &= 10lg\left|1 + j\frac{1}{2}k_W h\frac{Z^2 + Z_W^2}{Z \cdot Z_W}\right|^2 \\ R &= 10lg\left[1 + \frac{1}{4}(k_W h)^2\left(\frac{Z}{Z_W} + \frac{Z_W}{Z}\right)^2\right] \end{aligned}\right\} \tag{8.52}$$

Dies ist die Luftschalldämmung der Wand bei senkrechtem Einfall der auftreffenden Wellen unter Berücksichtigung des Körperschalls in der Wand.

Man erkennt, dass die Dämmung der Wand einerseits mit dem Produkt Frequenz mal Wanddicke zunimmt und dass sie andererseits umso größer wird, je stärker sich die Kennimpedanzen Z und Z_W unterscheiden, d. h. je größer die Fehlanpassung ist. Dieses Ergebnis steht im Einklang mit dem Anpassungsgesetz.

Im speziellen Fall der Luftschalldämmung an einer massiven Wand liegt im Allgemeinen eine solche Fehlanpassung vor. Es ist also $Z_W >> Z$, so dass sich R weiter vereinfachen lässt zu

$$R \approx 10\ lg\left(1 + \frac{1}{4}\ k_W^2\ h^2\ \frac{Z_W^2}{Z^2}\right) \tag{8.53}$$

Mit $k_w = \omega/c_w$, $Z_w = \rho_w \cdot c_w$ und $m'' = h \cdot \rho_w$ wird daraus:

$$R \approx 10\ lg\left[1 + \left(\frac{\omega\ m''}{2\ Z}\right)^2\right] \tag{8.54}$$

Für die Dämmung ist dies die gleiche Beziehung, wie sie bereits unter Vernachlässigung des Körperschalls in der Wand gefunden wurde. Das heißt aber, dass bei Fehlanpassung der Wand und für $h/\lambda << 1$ ihre Dämmung in gleicher Weise von ω und m" abhängig ist, wie dies in Abb. 8.12 dargestellt wurde.

d) ***Berücksichtigung der Biegesteifigkeit der Wand, schräger Einfall der auftreffenden Schallwellen***

Die Wand besitze die Biegesteifigkeit

$$B' = \frac{Eh^3}{12(1 - \mu^2)}$$

Zur Diskussion steht hier eine relativ dünne Wand, so dass der Körperschalleffekt in der Wand vernachlässigt werden kann. Die Wand schwingt als Ganzes, Vorder- und Rückseite führen die gleiche Bewegung aus. Die Schnelle der Wand steht in einem einfachen Zusammenhang mit der Schnelle der angrenzenden Luft.

Auf die unendlich groß angenommene Wand treffe wiederum wie im Falle b) unter dem Winkel φ die fortschreitende, ebene Welle des Wechseldruckes $\underline{p_e}$, der Schnelle $\underline{v_e}$, der Wellenlänge λ und der Ausbreitungsgeschwindigkeit c. Zur Berücksichtigung der Biegesteifigkeit können die Bezeichnungen und Ansätze des Abschnitts b) übernommen werden. Es müssen jetzt aber an der Wand außer den Massenkräften auch biegeelastische Rückstellwirkungen berücksichtigt werden [8, 10]. Die Wand wird durch den schrägen Einfall der fortschreitenden Schallwelle im Takt der Frequenz f verformt (Abb. 8.16). Es entstehen in negativer y-Richtung fortschreitende Biegewellen mit der Wellenlänge $\lambda_{Ba} = \lambda/\sin\varphi$ und der Ausbreitungsgeschwindigkeit c_{Ba}. Letztere ist gleich der Spurgeschwindigkeit c_{Sp} der Schallwelle auf der Wand, wobei $c_{Sp} = c/\sin\varphi$ ist [4]. Für die angeregten Biegewellen der Wand ergeben sich dann die Wandschnelle

$$\underline{v_m}(y,t) = \hat{v}_m e^{j\frac{\omega}{c/\sin\varphi}\cdot y} e^{j\omega t} = \hat{v}_m \cdot e^{j\frac{\omega}{c_{Ba}}\cdot y} \cdot e^{j\omega t} \tag{8.55}$$

und die Auslenkung der Wand

$$\underline{s_m}(y,t) = \frac{\hat{v}_m}{j\omega} \cdot e^{j\frac{\omega}{c/\sin\varphi}\cdot y} \cdot e^{j\omega t} \tag{8.56}$$

sowie die Wandbeschleunigung

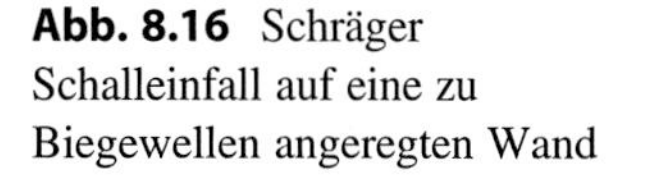
Abb. 8.16 Schräger Schalleinfall auf eine zu Biegewellen angeregten Wand

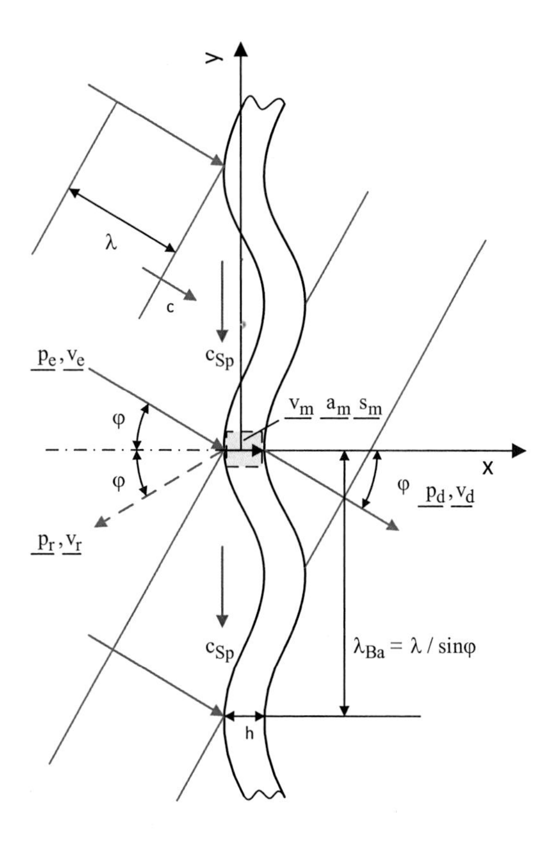

$$\underline{a_m}(y,t) = j\omega\widehat{v}_m \cdot e^{j\frac{\omega}{c/\sin\varphi}\cdot y} \cdot e^{j\omega t} \tag{8.57}$$

Als Kontinuitätsbedingung bleibt Gl. (8.39) erhalten. Die Gleichgewichtsbedingung muss, wie bereits angedeutet, erweitert werden

$$(\widehat{p}_e + \widehat{p}_r) - \widehat{p}_d + (-m''\widehat{a}_m) = \widehat{q}\,' \tag{8.58}$$

Hierin ist $\widehat{q}\,'$ die in x-Richtung wirkende Amplitude der elastischen Streckenlast bezogen auf die Wandlänge. Für diese Streckenlast kann bekanntlich

$$\underline{q}' = -\frac{d\underline{\underline{Q}}'}{dy} = -\frac{d^2\underline{\underline{M}}'_b}{d\,y^2} \tag{8.59}$$

geschrieben werden, wobei Q′ die Querkraft und M'_b das Biegemoment der Verbiegung, bezogen auf die Länge, sind. Andererseits gilt für diese Verbiegung die Differentialgleichung der Biegelinie.

$$B'\,\frac{d^2\underline{s_m}(y,t)}{d\,y^2} = -\underline{M}'_b \tag{8.60}$$

sodass schließlich

$$\underline{q}' = B'\,\frac{d^4\underline{s_m}(y,t)}{d\,y^4} = B'\,\frac{\widehat{v}_m}{j\omega}\left(\frac{j\omega}{c/\sin\varphi}\right)^4 \cdot e^{j\frac{\omega}{c/\sin\varphi}\cdot y} \cdot e^{j\omega t} \tag{8.61}$$

$$\widehat{q}\,' = B'\,\frac{\widehat{v}_m}{j}\,\frac{\omega^3}{c^4}\,\sin^4\varphi \tag{8.62}$$

wird. Mit $\widehat{a}_m = j\omega\widehat{v}_m$ wird dann die Gleichgewichtsbedingung

$$(\widehat{p}_e + \widehat{p}_r) - \widehat{p}_d = \left(j\omega m'' + B'\,\frac{\omega^3}{j}\,\frac{\sin^4\varphi}{c^4}\right)\widehat{v}_m \tag{8.63}$$

Daraus leitet sich unmittelbar die Trennimpedanz $\underline{Z_\tau}$ (siehe Gl. (8.36)) der Wand für den schrägen Schalleinfall φ ab:

$$\underline{Z_{\tau_\phi}} = \frac{(\widehat{p}_e + \widehat{p}_r) - \widehat{p}_d}{\widehat{v}_m} = j\left(\omega m'' - B'\omega^3\,\frac{\sin^4\varphi}{c^4}\right) \tag{8.64}$$

Mit Gl. (8.42) ergibt sich dann das Schalldämmmaß für den schrägen Schalleinfall

$$R_\phi = 10\ lg\left|1 + \underline{Z}_\tau \frac{coc\,\varphi}{2Z}\ \right|^2$$
$$R_\phi = 10\ lg\left|1 + j\left(\omega m'' - B'\omega^3\frac{sin^4\varphi}{2Z}\right)\frac{cos\,\varphi}{2Z}\right|^2 \tag{8.65}$$

$$R_\phi = 10\ lg\left[1 + \left(\omega m'' - B'\omega^3\frac{sin^4\varphi}{c^4}\right)^2\frac{cos^2\varphi}{(2Z)^2}\right]\ \mathrm{dB} \tag{8.66}$$

Man erkennt, dass die Trennimpedanz aus einem Masse- und einem Biegesteifeanteil besteht. Letzterer hat entgegengesetztes Vorzeichen und ist für streifenden Einfall am größten. Der Masseanteil ist proportional zur Frequenz, der Biegeanteil steigt mit der 3. Potenz der Frequenz. Daher wird es eine bestimmte Frequenz, die Grenzfrequenz ω_{g_ϕ}bzw. f_{g_ϕ}geben, für die beide Anteile beim Einfallswinkel φ gleich sind. Es ist [11]:

$$\omega_{g_\phi} = \sqrt{\frac{m''}{B'}}\cdot c^2\frac{1}{\sin^2\varphi}$$
$$f_{g_\phi} = \frac{1}{2\pi}\sqrt{\frac{m''}{B'}}\cdot c^2\frac{1}{\sin^2\varphi} \tag{8.67}$$

Für

$$f < \frac{1}{2\pi}\sqrt{\frac{m''}{B'}}\cdot c^2$$

ist in genügendem Abstand der Masseanteil für alle Einfallswinkel φ dominierend. Dann gilt für den schrägen Schalleinfall:

$$R_\phi \approx 10\ lg\left[1 + \left(\frac{\omega m''}{2Z}\right)^2 cos^2\varphi\right] \tag{8.68}$$

und für den diffusen Schalleinfall:

$$R_f \approx 20\ lg\frac{\pi f m''}{Z} - 3\ \mathrm{dB} \tag{8.69}$$

Umgekehrt wird für f > f_{g_φ} und in genügendem Abstand der Biegeanteil wesentlich. Bevor hierauf näher eingegangen wird, soll der Grenzfall, für den bei einem schrägen Einfall des Schalls die anregende Frequenz f gerade gleich f_{g_φ} nach Gl. (8.67) ist, erörtert werden.

Der Grenzfall hat zur Folge, dass die Trennimpedanz der Wand und damit auch das Schalldämmmaß R theoretisch Null werden. Dies kann physikalisch folgendermaßen erklärt werden: Wie bereits oben ausgeführt, besitzt die unter dem Winkel φ auftreffende Schallwelle auf der Wand die Spurgeschwindigkeit $c_{Sp} = c/\ sin\ \phi$. Sie ist gleich der Fortpflanzungsgeschwindigkeit c_{Ba} der in der Wand angeregten Biegewelle. Nun ist im Falle $f = f_{g_\phi}$

$$\omega m'' = B'\omega^3 \frac{sin^4\varphi}{c^4}$$

woraus folgt:

$$c_{Sp} \equiv \frac{c}{sin\varphi} = \sqrt[4]{\frac{B'}{m''}} \cdot \sqrt{\omega}$$

Damit erhält man in diesem Fall die Fortpflanzungsgeschwindigkeit der Biegewelle in der Wand:

$$c_{Ba} = \sqrt[4]{\frac{B'}{m''}} \cdot \sqrt{\omega}$$

Diese Gleichung entspricht der Fortpflanzungsgeschwindigkeit c_B einer auf der Wand sich einstellenden, freien, fortschreitenden Biegewelle (vgl. Abschn. 2.3.3). Beide Wellen, die unter dem Winkel φ auftreffende Schallwelle und die dadurch angeregte Biegewelle, sind in Koinzidenz, wenn $\omega = \omega_{g_\phi}$. Diese Frequenz wird daher Koinzidenzfrequenz genannt [4]. Sie gehört zu einem Resonanzvorgang in der Wand, bei dem die Amplituden der Wand besonders groß werden und die Dämmung der Wand theoretisch gegen Null geht. Jedoch führt ein stets vorhandener Verlustfaktor in der Wand im Falle der Koinzidenz zu einer endlichen Restdämmung.

Zu jedem Winkel φ einer schräg auftreffenden, ebenen Schallwelle gehört eine Koinzidenzfrequenz

$$f_{g_\phi} = \frac{1}{2\pi}\sqrt{\frac{m''}{B'}} \cdot c^2 \frac{1}{sin^2\varphi}$$

mit minimaler Dämmung der Wand. Für $\varphi = 90°$, also streifenden Einfall, ist diese Frequenz am kleinsten und gleich:

$$f_{g_{90}} = \frac{1}{2\pi}\sqrt{\frac{m''}{B'}} \cdot c^2 \tag{8.70}$$

Sie wird dann die Koinzidenzfrequenz f_g genannt. Sie ist die gleiche Frequenz, wie sie bei der totalen Schallabstrahlung körperschallerregter Wände ermittelt wurde (vgl. Abschn. 3.3.6). 7 Die Grenzfrequenz nimmt mit steigender Massenbelegung und kleiner werdender Steifigkeit zu. Bei Wänden aus homogenem Werkstoff wird dann die Wanddicke h zum wesentlichen Parameter für f_g, der Werkstoff selbst ist von geringerem Einfluss. Man erkennt dies sehr gut, wenn man für $f_g = 0{,}551 \cdot c^2/(c_{De_{Pl}} \cdot h)$ schreibt, eine Form, die bereits mit Gl. (3.139) abgeleitet wurde. Im Nenner erscheinen h und die Dehnwellengeschwindigkeit $c_{De_{Pl}}$ der Wand. Letztere ändert sich nur wenig für die einzelnen Werkstoffe.

Für Winkel $\varphi < 90°$ nimmt die Koinzidenzfrequenz f_{g_φ} zu, für $\varphi = 45°$ ist sie bereits $2 \cdot f_g$ und geht dann für $\varphi \to 0$ gegen unendlich (Abb. 8.17). Umgekehrt gehört zu jeder Frequenz f einer schräg auftreffenden, ebenen Welle eine ausgezeichnete Richtung φ_g, für die bei dieser Frequenz die Wanddämmung minimal wird. Es ist:

$$sin^2\varphi_g = \frac{1}{2\pi}\sqrt{\frac{m''}{B'}} \cdot \frac{c^2}{f_{g_\varphi}} \tag{8.71}$$

Mit Hilfe der Grenzfrequenz f_{g_ϕ} lässt sich wiederum für nicht zu kleine Dämmwerte das Schalldämmmaß R_φ wie folgt sehr übersichtlich darstellen [4, 12]:

$$\begin{aligned} R_\varphi &\approx 10\, lg\left[\omega m'' \frac{\cos\varphi}{2Z}\left(1 - \left(\frac{f}{f_{g_\varphi}}\right)^2\right)\right]^2 \\ R_\phi &\approx 20\, lg\left(\omega m'' \frac{\cos\varphi}{2Z}\right) + 20\, lg\left[1 - \left(\frac{f}{f_{g_\varphi}}\right)^2\right] \quad \text{für } f < f_{g_\varphi} \end{aligned} \tag{8.72a}$$

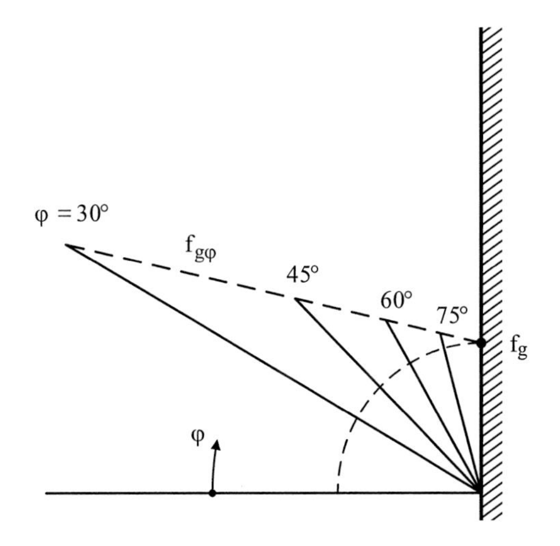

Abb. 8.17 Koinzidenzfrequenz f_{g_φ} bei verschiedenen Schalleinfallswinkeln ebener Wellen

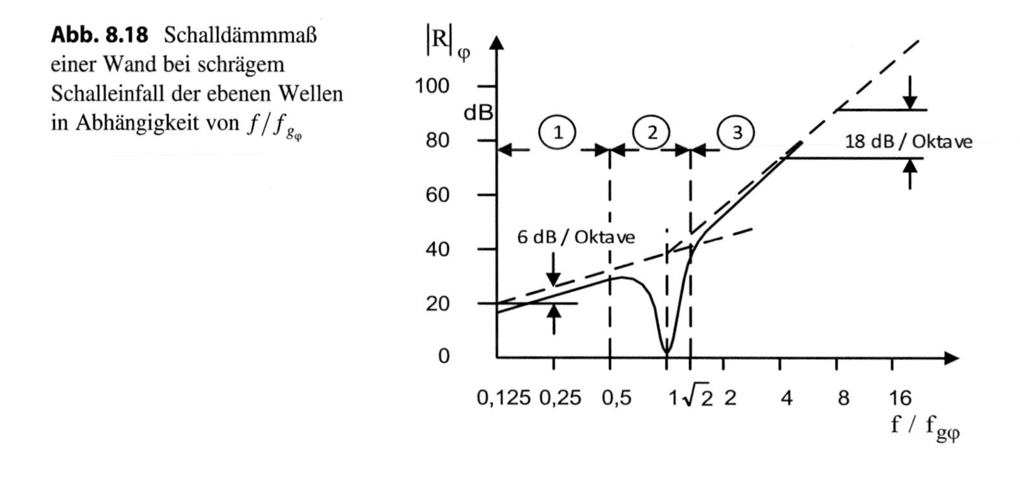

Abb. 8.18 Schalldämmmaß einer Wand bei schrägem Schalleinfall der ebenen Wellen in Abhängigkeit von f/f_{g_φ}

$$R_\varphi \approx 20\,lg\left(\omega m'' \frac{cos\varphi}{2Z}\right) + 20\,lg\left[\left(\frac{f}{f_{g_\varphi}}\right)^2 - 1\right] \text{ für } f > f_{g_\varphi} \tag{8.72b}$$

Durch letztere Schreibweise wird das Schalldämmmaß in zwei Anteile, nämlich in den Grundanteil der Massenwirkung und einen zusätzlichen, von der Biegesteifigkeit der Wand abhängenden Anteil aufgespalten.

Die Schreibweise gestattet auch, das Schalldämmmaß über dem Frequenzverhältnis graphisch darzustellen (Abb. 8.18). Aus diesem Abb. lassen sich drei Frequenzbereiche ①, ② und ③ erkennen:

Bereich ①
für $f < 0{,}5\ f_{g_\varphi}$, in dem R_φ im Wesentlichen der reinen Massenwirkung unterliegt;
Bereich ②für $0{,}5 \cdot f_{g_\varphi} < f < \sqrt{2} \cdot f_{g\varphi}$, in dem die Wanddämmung durch die Koinzidenz zwischen Schall- und Biegewellen einen erheblichen Einbruch erfährt;
Bereich ③
für $f > \sqrt{2} \cdot f_{g_\varphi}$, in dem R_φ gegenüber der reinen Massenwirkung durch die Biegesteifigkeit spürbar erhöht wird.

Nun sind aber die weitaus meisten auf eine dämmende Wand auftreffenden Schallwellen nicht einer bevorzugten Richtung φ zugeordnet, sondern sie treffen aus allen Richtungen gleichzeitig auf die Wand. Dann wird der Dämmvorgang wesentlich komplexer, zumal auch noch die Frequenzverteilung eine wesentliche Rolle spielt. Hier sollen zunächst drei Frequenzen herausgegriffen werden (Abb. 8.19). In allen Fällen wird die Frequenz f in den einzelnen Richtungen φ mit der dort vorhandenen Koinzidenzfrequenz f_{g_φ} verglichen. Man stellt fest, dass bei diffusem

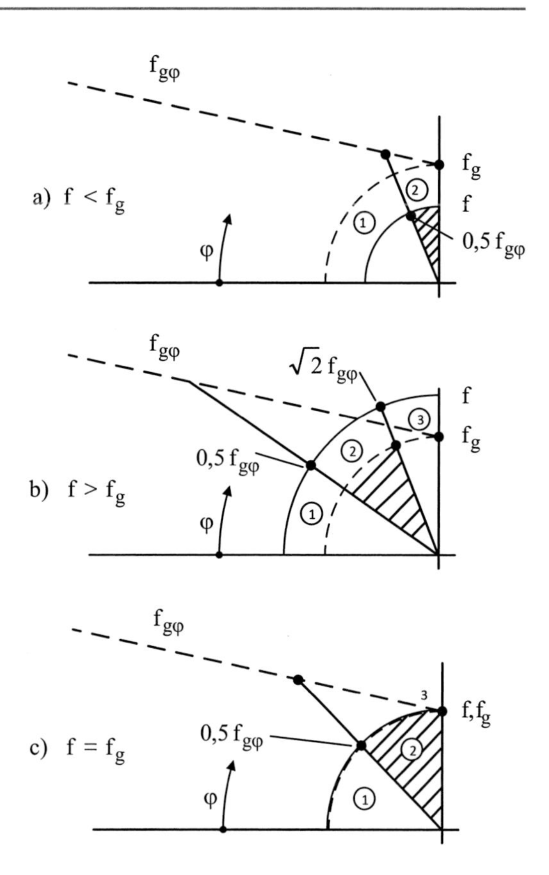

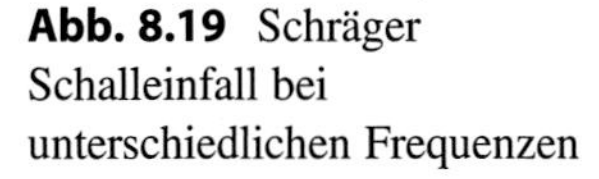
Abb. 8.19 Schräger Schalleinfall bei unterschiedlichen Frequenzen

Schalleinfall, abgesehen von einem unteren Frequenzbereich $f < 0{,}5\ f_g$, in dem der Dämmbereich ① allein wirkt, stets der Bereich ② der verminderten Dämmwirkung vorhanden ist. Ferner ist zu erkennen, dass bei hohen Frequenzen neben dem Bereich ③ auch immer noch der Bereich ① wirksam ist. Dies hat zur Folge, dass sich im Frequenzgang der Wanddämmung bei diffusem Schalleinfall im Frequenzbereich über der Grenzfrequenz eine erhebliche Verschlechterung gegenüber der erhöhten Dämmwirkung des Bereiches ③ einstellt, dass aber andererseits der Einbruch in der Dämmwirkung im Bereich von f_g nicht so ausgeprägt ist. Es erscheint nun sinnvoll, diese theoretischen Überlegungen nicht mehr weiter auszubauen, sondern stattdessen das Luftschalldämmmaß R_f einer Wand bei diffusem Schalleinfall durch Messung zu ermitteln. Hierbei werden auch weitere Einflüsse wie Wandausdehnung, Art der Wandeinspannung, Verlustfaktor der Wand und Ähnliches erfasst. Zusammenfassend kann gesagt werden, dass die Schalldämmung der Wand verbessert wird, wenn die beiden wesentlichen Parameter, die Massenbelegung m'' und die Grenzfrequenz f_g, hohe Werte aufweisen. Bei homogenem Wandmaterial sind beide Forderungen nicht gleichzeitig erfüllbar. So sind beispielsweise bei einer dicken Wand zwar m'' groß, aber gleichzeitig, wie bereits gezeigt, f_g klein.

Abb. 8.20 Biegeweiche Platte mit diskreten Zusatzmassen

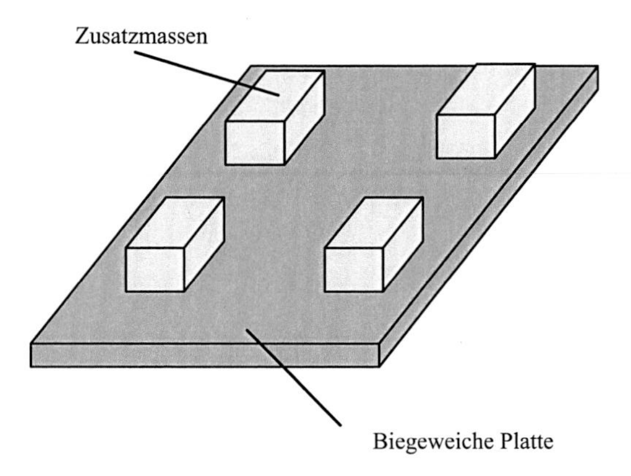

Dieser Tendenz kann man entgegenwirken, indem man Platten mit geringer Biegesteifigkeit und hohem Flächengewicht herstellt, wenn man beispielsweise auf dünnen, biegeweichen Platten diskrete Zusatzmassen aufbringt [10, 11] (Abb. 8.20). Bei normalen Wänden ist es dann günstiger, wenn man die Lage von f_g entweder sehr hoch oder sehr tief wählt. Sieht man einmal vom Werkstoff Blei ab, so lassen sich die verwendeten Wandmaterialien wie folgt einstufen:

- Hohe Grenzfrequenz: Bleche und Blechverkleidungen. Hierbei wird die Dämmwirkung in erster Linie durch Massenwirkung erreicht (s. Fall a) S. 239). Im Falle des diffusen Schallfeldes stellt sich keine nennenswerte Abminderung ein.
- Niedrige Grenzfrequenz: dickes Mauerwerk, z. B. 12 ... 25 cm dickes Ziegelmauerwerk oder Beton mit Grenzfrequenzen von 100 Hz bzw. 50 Hz. Hierbei wird die Dämmwirkung durch die Wandsteifigkeit begünstigt (s. Fall d) S. 250).
- Übergangsbereich: Hierbei haben die Wandmaterialien Grenzfrequenzen zwischen 1000 bis 2000 Hz, z. B. Gipskarton- und Sperrholzplatten, und 400 bis 600 Hz, z. B. Gasbeton. Liegen die maßgeblichen Frequenzen in diesem Bereich, so muss man mit einer schlechteren Dämmwirkung der Wand rechnen.

Im Folgenden wird das Ergebnis der Messung des Schalldämmmaßes R_f für verschiedene Wände und Grenzfrequenzen in Oktavspektren graphisch dargestellt. Gleichzeitig werden in die Diagramme die Dämmwerte

$$R_f = 20\, lg \frac{\pi f m''}{Z} - 3 \text{ dB}$$

der reinen Massenwirkung mit eingezeichnet. Es ist sinnvoll, die gemessenen Dämmwerte mit dieser Grenzkurve zu vergleichen. Durch den Vergleich wird die Güte der Dämmung offensichtlich. Wie aus Abb. 8.21 hervorgeht, werden die zuvor gemachten Aussagen voll bestätigt.

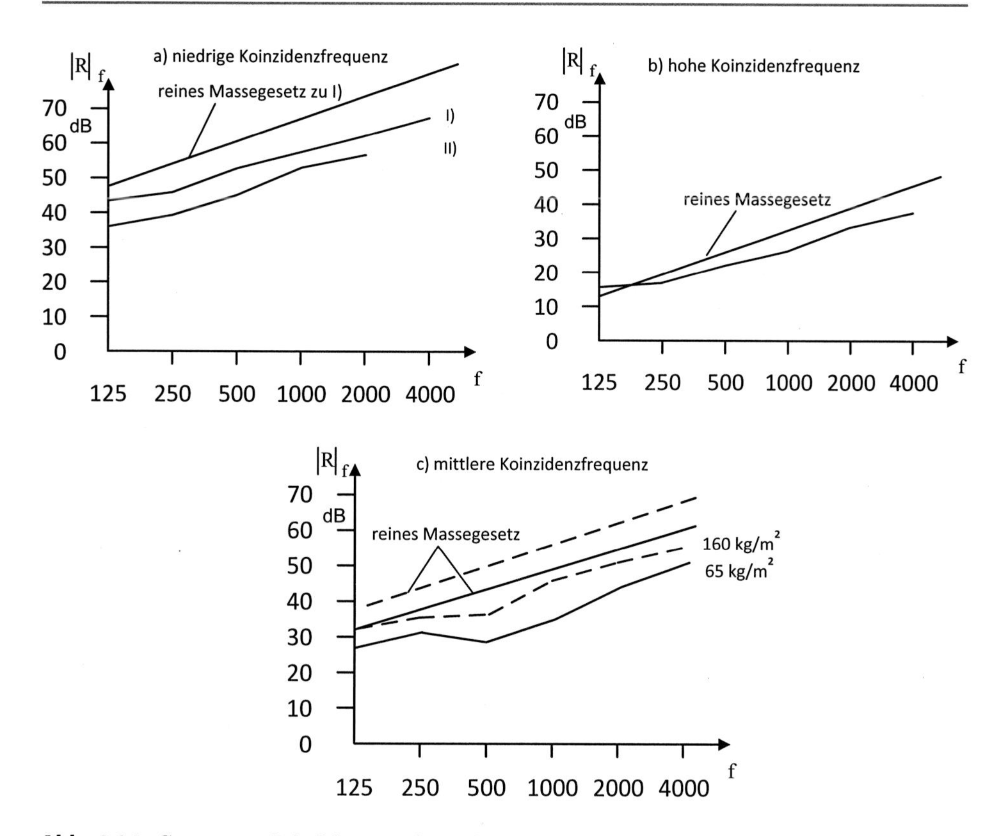

Abb. 8.21 Gemessene Schalldämmmaße R_f in Abhängigkeit von der Frequenz im Vergleich zur Grenzkurve der reinen Massenwirkung

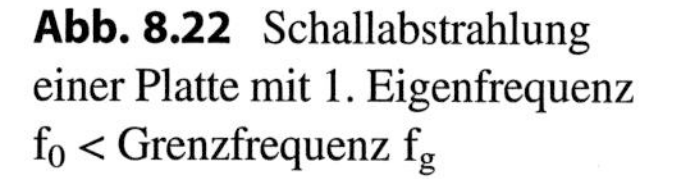

Abb. 8.22 Schallabstrahlung einer Platte mit 1. Eigenfrequenz $f_0 <$ Grenzfrequenz f_g

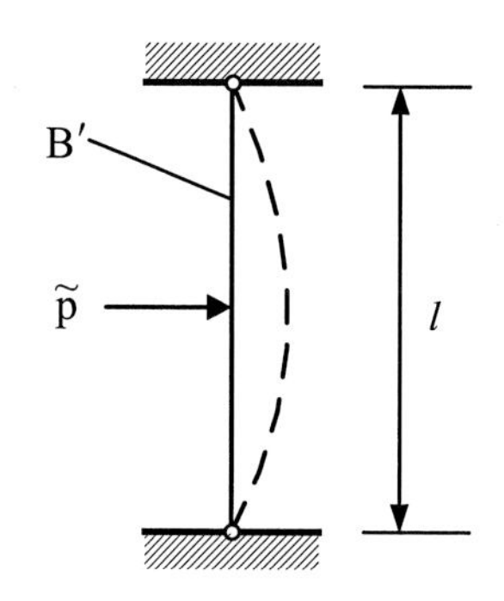

e) ***Kleine biegesteife Platten*** (Abb. 8.22)

Eine Sonderstellung nehmen verhältnismäßig kleine Platten ein, deren erste Eigenfrequenz f_0 konstruktionsbedingt im unteren Frequenzbereich, etwa zwischen 100 Hz und 500 Hz, liegt und kleiner als f_g ist. Eine solche Platte dämme ein diffuses Luftschallfeld ab. Es wird breitbandig durch den Luftschall angeregt und schwingt daher vor allem konphas mit der ersten Eigenfrequenz.

Das ganze Problem wird am besten als angeregter Schwingungsvorgang an einer Platte behandelt, wobei die Anfachung nach dem Entwicklungssatz (Entwicklung nach Eigenfunktion) dargestellt wird. Die Schallabstrahlung ihrerseits erfolgt dann entsprechend den Ausführungen auf Seite 107 im Abschnitt 3.3.1 in Form von Kugelwellen von einem Kugelstrahler 0. Ordnung ($l/\lambda << 1$).

8.4 Luftschalldämmung von Doppelwänden aus biegeweichen Schalen

Wie gezeigt, führt die unmittelbare Verdoppelung der Dicke einer Wand und damit die Verdoppelung ihrer Massenbelegung zu einer Erhöhung der Dämmung um 6 dB. Bei schweren Wänden bedeutet dies eine schlechte Ausnutzung des Materials. Kommt die Massenverdoppelung durch Hinzufügung einer zweiten Wand gleicher Dicke zustande, so müsste sich eigentlich die Luftschalldämmung gegenüber der einfachen Wand verdoppeln. Dies ist auch der Fall, nur müssen beide Wände vollkommen entkoppelt aufgestellt werden, d. h. zwischen den Wänden darf keine Körperschallbrücke vorhanden sein und der Wandabstand muss groß gegen die Wellenlänge des zu dämmenden Luftschalls sein (diffuses Schallfeld). Solche großen Abstände sind aber alleine zur Verbesserung der Dämmung nicht praktikabel. Sie betragen üblicherweise 6 bis 8 cm, so dass der Abstand e klein gegen die Wellenlänge des Schallfeldes ist.

Die Dämmwerte solcher doppelschaligen Anordnungen liegen zwar innerhalb der oben genannten Grenzen, man kann jedoch auch mit kleineren Wandgewichten eine spürbare Verbesserung der Luftschalldämmung über das Massengesetz der einfachen Wand hinaus erreichen. Beide Wände sind von biegeweicher Struktur wie beispielsweise Holzwolle-Leichtbauplatten, Gipskartonplatten und mechanisch vollkommen entkoppelt. Der Luftzwischenraum e wirkt bei nicht zu hohen Frequenzen als elastische Feder. Der gleiche mechanische Zustand ist auch gegeben, wenn beide Wandschalen mit einer Dämmschicht vollflächig fest verbunden sind (Abb. 8.23).

Das so beschriebene System stellt mechanisch ein Schwingungssystem dar mit den beiden auf die Fläche A bezogenen Massen m_1'' und m_2'' in kg/m^2, der Federkonstanten k_F in N/m und dem relativen Freiheitsgrad $u_{rel} = u_1 - u_2$.

Die Eigenkreisfrequenz dieses Systems lässt sich wie folgt berechnen

$$\omega_0 = \sqrt{\frac{k_F}{A \cdot m_W''}} \tag{8.73}$$

wobei

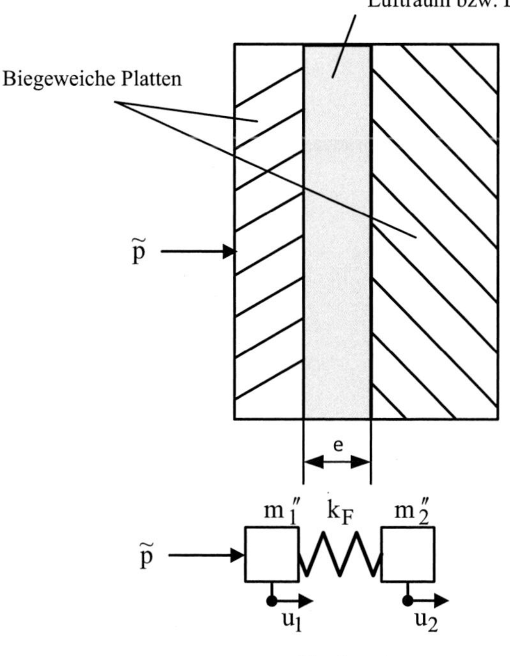

Abb. 8.23 Doppelschalige Wand mit mechanischem Ersatzsystem

$$m''_W = \frac{m''_1 \cdot m''_2}{m''_1 + m''_2} \tag{8.74}$$

ist [3, 13]. Im Falle der periodischen Anregung von m''_2 mit $p = \hat{p} \cdot sin\omega t$ ergibt sich der für die Schalldämmung maßgebende Schwingweg der Masse m''_2 (ohne Dämpfung).

$$u_2 = \frac{\hat{p}}{\omega^2} \frac{1}{m''_1 + m''_2} \frac{1}{1 - \eta^2} sin(\omega t) = \frac{\hat{p}}{\omega^2} \frac{1}{m''_1 + m''_2} \cdot Vsin(\omega t)$$

und die zugehörige Wandschnelle

$$v_2 = \frac{\hat{p}}{\omega} \cdot \frac{1}{m''_1 + m''_2} \frac{1}{1 - \eta^2} cos(\omega t) = \frac{\hat{p}}{\omega} \cdot \frac{1}{m''_1 + m''_2} \cdot Vcos(\omega t) \tag{8.75}$$

Wichtig ist darin der Überhöhungsfaktor $V = \frac{1}{(1-\eta 2)}$ mit dem Frequenzverhältnis $\eta = \omega/\omega_0$. Er bestimmt den Frequenzgang infolge der Resonanz und hat den hierfür typischen Verlauf mit $0 < \eta < 1$ im unterkritischen und $1 < \eta < \infty$ im überkritischen Bereich der Anregung (Abb. 8.24).

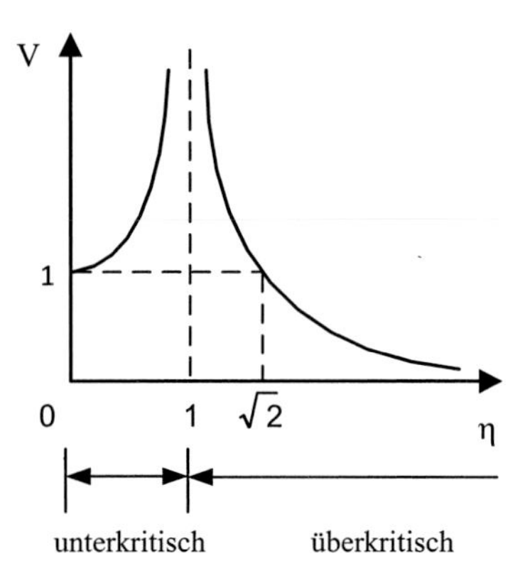

Abb. 8.24 Überhöhungsfaktor V in Abhängigkeit vom Frequenzverhältnis η

Berücksichtigt man die Dämpfung der Dämmschicht ϑ_D, so lässt sich der Überhöhungsfaktor analog zur Schwingungsisolierung, s. Gl. (2.156), in guter Näherung wie folgt berechnen:

$$V = \sqrt{\frac{1 + 4 \cdot \vartheta_D^2 \cdot \eta 2}{(1 - \eta 2)^2 + 4 \cdot \vartheta_D^2 \cdot \eta 2}} \tag{8.76}$$

Für $\eta << 1$ ist $\omega_0 >> \omega$, die Federkonstante also sehr groß, und damit wird $u_2 \approx u_1$. Das System dämmt wie eine einschalige Wand der Masse $m_1'' + m_2''$.

Für $\eta >> 1$ ist $\omega >> \omega_0$, V und damit v_2 werden sehr klein, so dass in diesem Falle eine starke Erhöhung der Dämmwirkung zu erwarten ist. Das bedeutet auch, dass bei Frequenzen, die genügend oberhalb der Eigenkreisfrequenz ω_0 der Doppelwand $\left(\eta > \sqrt{2}\right)$ liegen, die Dämmwirkung günstiger ist als die der gleich schweren, einschaligen Wand. Insbesondere wird für $\eta \rightarrow 1$, also bei Anregung im Bereich der Eigenfrequenz, die Dämmung infolge Resonanzerhöhung besonders schlecht.

Die oben angegebene Beziehung für die Wandschnelle v_2 erlaubt nunmehr eine einfache Berechnung des Schalldämmmaßes einer zweischaligen Wand für senkrechten Schalleinfall. Zunächst ist mit $\widehat{p} = 2\widehat{p}_e$ (Reflexionsfaktor $r \approx 1$)

$$\widehat{v}_2 \approx \frac{2\widehat{p}_e}{\omega} \frac{1}{m_1'' + m_2''} \cdot V$$

bzw.

$$\widehat{p}_e \approx \frac{\omega \cdot \widehat{v}_2 \cdot \left(m_1'' + m_2''\right)}{2 \cdot V}$$

und mit

$$\widehat{p}_d = Z \cdot \widehat{v}_2$$

ergibt sich dann das Schalldämmmaß R zu

$$R = 20\,lg\frac{\widehat{p}_e}{\widehat{p}_d} = 20\,lg\frac{\omega \cdot \left(m_1'' + m_2''\right)}{2 \cdot Z \cdot V}\ dB \tag{8.77}$$

Für $\vartheta_D = 0$ und $\eta \gg 1$ ist $V \approx \frac{1}{\eta^2} = \frac{\omega_0^2}{\omega^2}$. Mit der Gl. (8.73) und Gl. (8.74) folgt dann aus Gl. (8.77):

$$R \approx 20\,lg\frac{\omega^3 \cdot \left(m_1''.m_2''\right)}{2 \cdot \left(\frac{k_F}{A}\right) \cdot Z}\ dB \tag{8.78}$$

Eine wichtige Größe ist hierin die Federkonstante k_F. Sie wird für die beiden maßgebenden Fälle angegeben, nämlich für eine Luftschicht e und eine zwischengelagerte Dämmschicht.

Im Fall e der Luftfederung wird k_F aus der adiabatischen Verdichtung und der Kontinuitätsbedingung abgeleitet. Mit der Beziehung für die Schallgeschwindigkeit $c^2 = dp/d\rho$ und $d\rho = -\frac{\rho}{e}de$ folgt

$$dp = -\left(c^2\frac{\rho}{e}\right)de\ k_F \equiv A\frac{dp}{de} = +c^2\frac{\rho}{e}A \tag{8.79}$$

Im Falle der Dämmschicht e ist

$$k_F = \frac{E_{dyn}A}{e}$$

k_F/A wird die dynamische Steifigkeit s' der Dämmschicht genannt.

Die Federsteifigkeit bzw. Federkonstante k_F ist auch Ausgangsgröße für die Berechnung der Eigenfrequenz

$$f_0 = \frac{1}{2\pi}\sqrt{\frac{k_F}{A \cdot m_W''}}$$

die den Frequenzbereich einer wirkungsvollen Dämmung durch Doppelwände markiert.

Für die Luftfederung ist dann

$$f_{0_L} = \frac{1}{2\pi}\sqrt{c^2\frac{\rho}{e} \cdot \frac{1}{m_W''}} \tag{8.80}$$

Dabei muss der Raum für die Luftfederung durch Matten aus offenporigem Schluckmaterial ausgefüllt sein. Beispiele für den Aufbau doppelschaliger Wände, wie sie im Hochbau verwendet werden, sind in [14, 15] aufgeführt.

Für die Federung durch eine Dämmschicht ergibt sich

$$f_{0_D} = \frac{1}{2\pi}\sqrt{\frac{s'}{m''_W}} \tag{8.81}$$

Die Gl. (8.80) und (8.81) lassen sich noch für zwei wichtige Sonderfälle erweitern:

a) beide Schalen besitzen die gleiche Massenbelegung m″. Es ist also $m''_W = \text{m}''/2$

$$f_{0_L} = \frac{1}{2\pi}\sqrt{2c^2\frac{\rho}{e}\cdot\frac{1}{m''}} \tag{8.82}$$

$$f_{0_D} = \frac{1}{2\pi}\sqrt{2\frac{s'}{m''}} \tag{8.83}$$

b) Die Schale m''_2 wird zur Vorsatzschale einer schweren, massiven Wand, deren nicht ausreichende Schalldämmung auf diese Weise nachträglich verbessert werden soll. Es ist also $m''_2 << m''_1$. Damit ist $m''_W \approx m''_2$.

$$f_{0_L} = \frac{1}{2\pi}\sqrt{c^2\frac{\rho}{e}\cdot\frac{1}{m''_2}} \tag{8.84}$$

$$f_{0_D} = \frac{1}{2\pi}\sqrt{\frac{s'}{m''_2}} \tag{8.85}$$

Im Übrigen sollte die Vorsatzschale möglichst auf der der Schallquelle zugewandten Seite angeordnet sein, um die mögliche Weiterleitung von Körperschall zu unterbinden. Das Schalldämmmaß R ist durch die Gl. (8.77), bzw. für $\vartheta_\text{D} = 0$ und $\eta \gg 1$, durch die Gl. (8.78) gegeben. Zweckmäßigerweise spaltet man die Gl. (8.78) entsprechend dem Massengesetz auf:

$$R = 20\,lg\left[\frac{(m''_1 + m''_2)\omega}{2Z}\cdot\frac{\omega^2}{\omega_0^2}\right] \tag{8.86}$$

bzw.

$$R = \underbrace{20\,lg\left(\frac{m''_1+m''_2}{2Z}\omega\right)}_{\text{Massengesetz}} + \underbrace{40\,lg\frac{\omega}{\omega_0}}_{\Delta\text{R}} \tag{8.87}$$

Damit erhält man die Luftschalldämmung der zweischaligen Wand für Frequenzen, die einen ausreichenden Abstand von der Eigenfrequenz des Systems haben. Das Schalldämmmaß besteht hiernach aus zwei Anteilen, dem Anteil des reinen Massengesetzes, der auch alleine für Frequenzen mit ausreichendem Abstand unterhalb der Eigenfrequenz

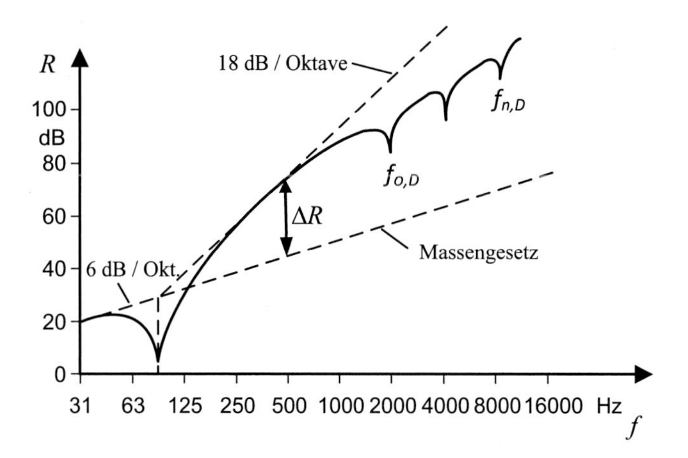

Abb. 8.25 Theoretischer Verlauf des Schalldämmmaßes einer massiven Wand bei Vorhandensein einer Vorsatzschale für

maßgebend ist, und einem Zusatz $\Delta R = 40 \lg (\omega/\omega_0)$, der bei höheren Frequenzen eine beachtliche Vergrößerung der Dämmung bringt, nämlich 12 dB pro Frequenzverdoppelung. Insgesamt ergibt sich der in Abb. 8.25 dargestellte Verlauf von R in Abhängigkeit von der Frequenz des zu dämmenden Luftschalls [4].

$$\mathrm{f}_0 = 100\,\mathrm{Hz},\quad m_1'' + m_2'' = 400 kg/m^2$$

Der gestrichelte Verlauf stellt eine obere Grenze dar, die durch verschiedene Einflüsse unterschritten wird. An erster Stelle steht der bereits zitierte Einbruch infolge Resonanzüberhöhung bei Anregung im Bereich der Eigenfrequenz f_0 des Wandsystems. Dieser Einbruch bleibt ohne Wirkung, wenn man die Eigenfrequenz entsprechend tief legt, so dass sie im praktischen Frequenzbereich nicht angeregt wird. Die Frequenz f_0 sollte daher kleiner 100 Hz sein.

Weitere Einbrüche, allerdings in höheren Frequenzbereichen, können durch Dickenresonanzen im Luftraum e hervorgerufen werden. Die zugehörigen stehenden Wellen besitzen Eigenfrequenzen (Abb. 8.26):

$$f_{n,D} = \frac{c}{2e}(n+1)\,Hz\ \mathrm{n} = 0{,}1{,}2{,}3,\ \ldots \tag{8.88}$$

Beispielsweise beträgt beim Abstand e = 6 cm die erste Eigenfrequenz $f_{0,D} = 2800$ Hz, ist also bereits relativ hoch. Es lässt sich Abhilfe dadurch schaffen, dass man in den Luftraum e die bereits erwähnten Matten aus offenporigem Material locker gelagert einbringt.

Mit einer weiteren Reduzierung der Dämmwirkung ist durch den Koinzidenzeffekt zu rechnen, der sich auch bei weniger biegesteifen Wandschalen einstellen kann. Die zugehörigen Koinzidenzfrequenzen liegen wiederum höher. Die Wirkung lässt sich ab-

Abb. 8.26 Stehende Welle der 1. Dickenresonanz einer Vorsatzschale

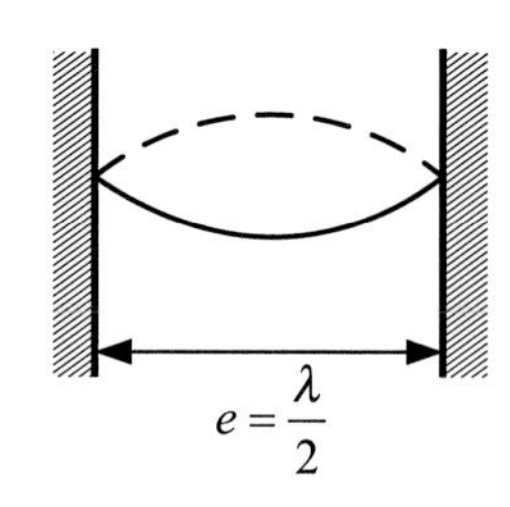

schwächen, wenn besonders biegeweiche Wände und unterschiedliche Materialien in den beiden Wandschalen verwendet werden.

Schließlich ist mit einer weiteren Herabsetzung der Dämmwirkung zu rechnen, wenn sich im Wandsystem mechanische Schallbrücken nicht vermeiden lassen oder wenn Eigenfrequenzen von Teilen des Systems mit den Maxima des anregenden Frequenzbereiches zusammenfallen.

Beispiele

a) Zwei Schalen aus Gipskartonplatten mit der Massenbelegung m″ = 15 kg/m^2 bilden einen Luftraum von 80 mm (Abb. 8.27).

$$f_{0_L} = \frac{1}{2\pi}\sqrt{2 \cdot 340^2 \frac{1{,}25}{0{,}08} \frac{1}{\cdot 15}} Hz = 78 Hz < 100 Hz.$$

Die Eigenfrequenz des Systems ist also ausreichend niedrig. Ein mittlerer Dämmwert bei f = 500 Hz hat den theoretischen Grenzwert

$$R_{500} = 20\, lg \frac{30 \cdot 2\pi \cdot 500}{2 \cdot 425} + 40\, lg \frac{500}{78} = 73{,}2 dB.$$

b) Vor einer Massivwand wird eine Schale aus Gipskartonplatten mit der Massenbelegung $m_2'' = 15$ kg/m^2 in 80 mm Abstand vorgeschaltet (Abb. 8.28).

$$f_{0_L} = \frac{1}{2\pi}\sqrt{340^2 \frac{1{,}25}{0{,}08 \cdot} \frac{1}{15}} Hz = 55 Hz < 100 Hz.$$

Die Verbesserung der Wanddämmung beträgt bei 500 Hz maximal

$$\Delta R_{500} = 40\, lg \frac{500}{55} = 38{,}3 dB.$$

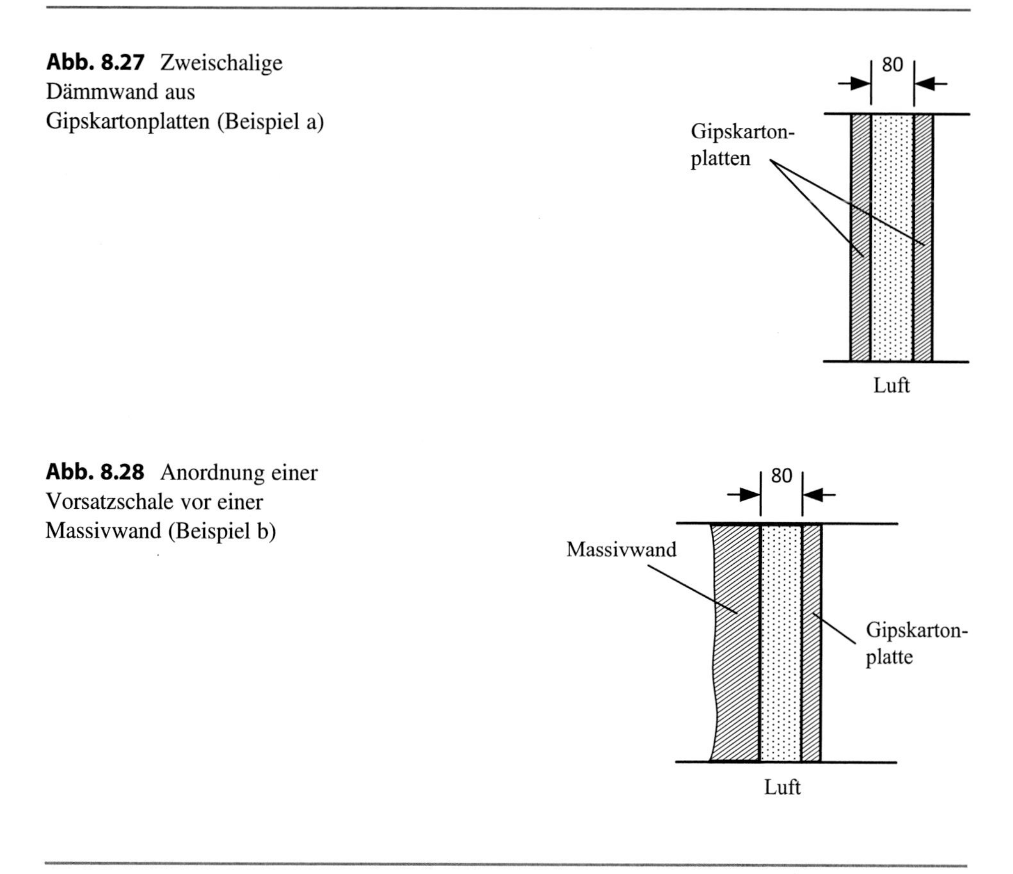

Abb. 8.27 Zweischalige Dämmwand aus Gipskartonplatten (Beispiel a)

Abb. 8.28 Anordnung einer Vorsatzschale vor einer Massivwand (Beispiel b)

8.5 Bewertetes Schalldämmmaß R_W

Die bisherigen Ausführungen haben gezeigt, dass das Schalldämmmaß stark frequenzabhängig ist. Für viele Anwendungen kann jedoch eine Gesamtbewertung, die vor allem den interessierenden Frequenzbereich von etwa 100 bis 3150 Hz (entsprechend 16 Terzen) abdeckt, erwünscht sein. Eine qualifiziertere Einzahlbewertung für Luftschalldämmung ist in dem in DIN EN ISO 717-1, [16] eingeführten bewerteten Schalldämmmaß R_W gegeben. Bei diesen Einzahlbewertungen wird das in Terz- bzw. Oktavbändern vorliegende Schalldämmmaß in einem Dämmmaß-Frequenzdiagramm mit einer zugehörigen Bezugskurve in Beziehung gebracht (Abb. 8.29).

Diese Soll- oder Bezugskurve besitzt zum einen die Eigenschaft, dass ihre Frequenzabhängigkeit etwa der A-Bewertung entspricht, zum anderen verfügen Wände, bei denen das Terzspektrum des Schalldämmmaßes mit den Werten der Sollkurve übereinstimmt, erfahrungsgemäß über eine ausreichende Luftschalldämmung. Das bewertete Schalldämmmaß R_W entspricht dem Ordinatenwert der Bezugskurve bei 500 Hz nach der Verschiebung nach dem in DIN EN ISO 717-1 festgelegten Verfahren [16]. Hiernach wird die zutreffende Bezugskurve in Schritten von 1 dB gegen die ermittelte Messwertkurve verschoben, bis die Summe der sog. „ungünstigen Abweichungen" so groß wie möglich wird, jedoch nicht mehr als 32,0 dB (Messung in 16 Terzbändern) oder 10,0 dB (Messung in 5 Oktavbändern). Eine ungünstige Abweichung ΔR bei einer bestimmten Frequenz ist gegeben, wenn das Messergebnis niedriger ist als der Bezugswert. Nur ungünstige Abweichungen werden berücksichtigt. Der Wert, in dB, der Bezugskurve bei 500 Hz nach Verschiebung nach diesem Verfahren ist dann das bewertete Schalldämmmaß R_W. Zusätzlich werden in [16] noch sog. Spektrums-Anpassungswerte ermittelt, worauf hier aber nicht mehr näher eingegangen werden soll. Die Ermittlung von Einzahlangaben für die Trittschalldämmung wird gesondert in DIN EN ISO 717-2 geregelt [17].

Beispiel

In Abb. 8.29 sind die Dämmwerte R_{Tz} einer 25 cm dicken, verputzten Vollziegelwand mit der Massenbelegung $m'' = 485\ kg/m^2$ und die dazu passende, um 3 dB verschobene Bezugskurve eingetragen. Man liest als Summe der ungünstigen Abweichungen folgende Werte ab:

$$0 + 0 + 1{,}0 + 3{,}0 + 5{,}0 + 4{,}0 + 4{,}0 + 3{,}5 + 2{,}0 + 1{,}0 + 1{,}0 + 0{,}5 + 0{,}5 + 1{,}0 + 1{,}5 + 4{,}0 = 32{,}0\ dB$$

Damit wird

$$R_W = 52 + 3 = 55\ dB.$$

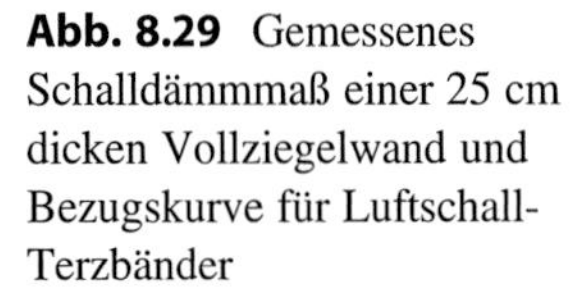

Abb. 8.29 Gemessenes Schalldämmmaß einer 25 cm dicken Vollziegelwand und Bezugskurve für Luftschall-Terzbänder

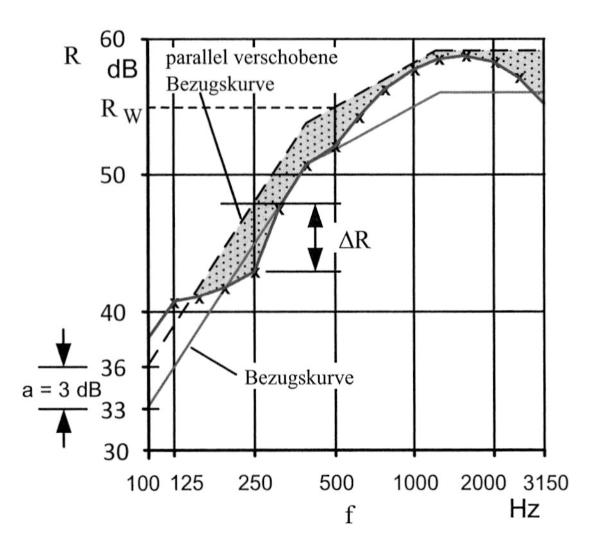

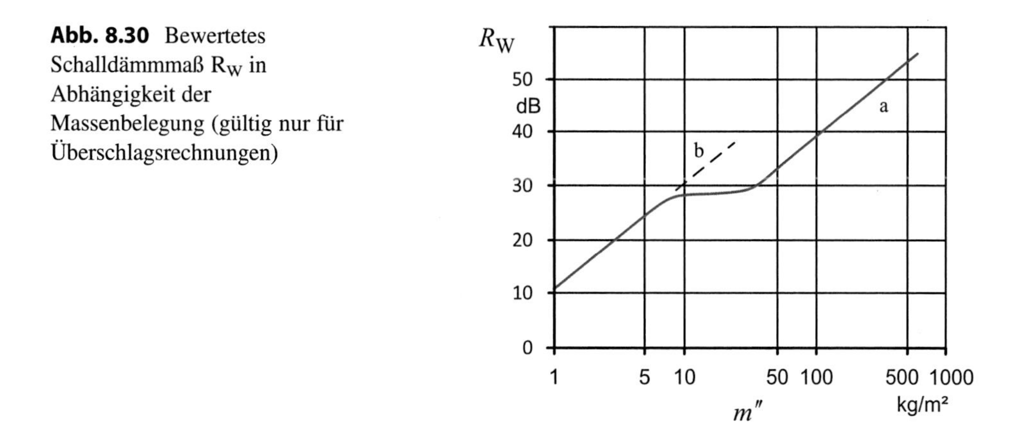

Abb. 8.30 Bewertetes Schalldämmmaß R_W in Abhängigkeit der Massenbelegung (gültig nur für Überschlagsrechnungen)

Für annähernd homogene Wandelemente kann zu Überschlagszwecken R_W Abb. 8.30, in dem R_W über der Massenbelegung m'' aufgetragen ist, entnommen werden [3, 18].

Für das soeben behandelte Beispiel der Vollziegelwand liest man bei einer Massenbelegung $m'' \approx 500\ \text{kg/m}^2$ den Dämmwert $R_W = 54$ dB ab, der mit dem bewerteten Schalldämmmaß von $R_W = 55$ dB aus dem Terzdiagramm zu vergleichen ist.

8.6 Luftschalldämpfung an ebenen Wänden, Poren und Resonanzabsorbern

Im Abschn. 8.2 wurde der Nachweis erbracht, dass im Falle der Luftschallausbreitung in einem geschlossenen, durch massive Wände begrenzten Raum nur sehr wenig Schallenergie aus diesem Raum in das Körperschallfeld der Wandbegrenzung und somit auch wenig Luftschallenergie in die Nachbarschaft abgeleitet wird. Die akustische Energiebilanz an der Raumbegrenzung wird im Wesentlichen durch die einfallende, die reflektierte und die dissipative Energie bestimmt. Daraus folgt auch, dass in einem geschlossenen Raum der Pegel des diffusen Schallfeldes niedrig gehalten werden kann, wenn von der einfallenden Energie möglichst wenig reflektiert, d. h. entsprechend viel absorbiert wird. Absorption ist aber dann gleichbedeutend mit Dissipation, der Dissipationsgrad δ ist praktisch dem Absorptionsgrad α gleichzusetzen.

8.6.1 Porenabsorber

Normale Wände besitzen eine recht schwache Dissipationswirkung, sie muss häufig nachträglich größer gemacht werden. Dabei erfolgt im Gegensatz zur freien Schallausbreitung die Umwandlung der Schallenergie in Wärme jetzt an den Grenzen des Schallfeldes.

Hier sind es Reibungseffekte der hin- und herströmenden Luft, die besonders effizient sind, wenn die Begrenzung eine porige Struktur besitzt wie beispielsweise bei Vorhängen, Polsterungen, Teppichen, Textilien aller Art, aber auch an Backsteinmauerwerk, Holzpanelen usw.

Zur gezielten Verstärkung dieses Effektes sind sogenannte Schallschluckstoffe entwickelt worden. Dies sind hochporöse Stoffe, z. B. poröse Absorptionsmaterialien auf der Basis von künstlichen Mineralfasern wie Glaswolle, Stein- oder Schlackenwolle oder auf der Basis von organischen Fasern wie Filze, Textilien, Holzfasern, oder auch auf der Basis von offenporigen Schaumstoffen. Alle Stoffe besitzen offene Poren, die regellos verlaufen und miteinander in Verbindung stehen. Meist sind sie zu Platten, den sogenannten Akustikplatten, verarbeitet. Sie können auch lose angelegt werden, müssen dann aber einen besonderen Oberflächenschutz erhalten.

Die auftreffenden Schallwellen dringen in die engen Poren des Schallschluckmaterials ein und lassen die Luft in diesen Poren hin- und herschwingen. Dadurch wird die sogenannte Zähigkeitsreibung in engen Kanälen hervorgerufen. Die Dissipationswirkung beruht also in erster Linie auf dem Strömungswiderstand des Porensystems. Kleiner Widerstand bedeutet kleine Geschwindigkeiten, also größere Poren. Großer Widerstand bedeutet große Geschwindigkeiten und kleine Poren. Nun kann aber der Widerstand auf diese Art nicht beliebig groß gemacht werden, weil dann die Schallwellen immer schwerer in das Porensystem eindringen können. Der reelle Teil der Impedanz $\underline{Z}_2$des Schallschluckmaterials geht infolge seiner hohen Porosität zwar gegen die Kennimpedanz Z_1 der Luft, bedingt durch die vorhandene Dämpfung besitzt $\underline{Z}_2$ jedoch einen großen imaginären Anteil, so dass der Reflexionsfaktor r sogar gegen 1 geht. Das heißt, dass vom Material her gesehen zur günstigeren Schallabsorption ein optimaler Strömungswiderstand gehört.

Auf Letzteren bezogen werden kleine Geschwindigkeiten und damit niedrige Frequenzen schlechter, größere Geschwindigkeiten und damit höhere Frequenzen besser geschluckt.

Die Strömung ist grundsätzlich instationär, ihr Widerstand im Absorptionsmaterial ist daher messtechnisch schwer zu erfassen. Grundsätzlich müssen verschiedene Impedanz- und Widerstands-Begriffe in diesem Zusammenhang auseinander gehalten werden (siehe Abb. 8.31) [3, 19, 20]:

Hierbei sind:

1. Die komplexe Wandimpedanz $\underline{Z}_2$ des Absorptionsmaterials für eine bestimmte Dämmstoffanordnung vor einer Wand an der Materialoberfläche. Sie kann als frequenzabhängige Kenngröße messtechnisch für den Schallübergang aus Luft in einen Dämmstoff nur für idealisierte Schalleinfalls-Bedingungen (ebenes Wellenfeld) für den senkrechten Schalleinfall gemäß DIN EN ISO 10534-1 [21] bzw. nach einem schnelleren Verfahren gemäß DIN EN ISO 10534-2 (Übertragungs-Funktions-Verfahren) [22]

Abb. 8.31 Absorberschicht vor schallharter Wand

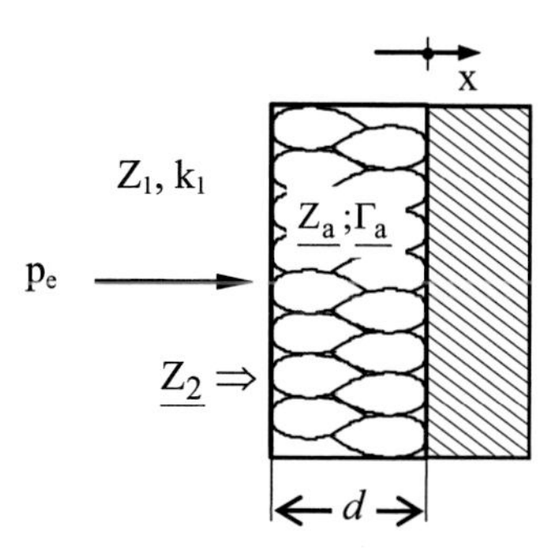

im Impedanzrohr bestimmt werden. Sie wird oft als normierte (Spezifische) Impedanz $\underline{Z}_{1n}$ angegeben und ist dann auf die Schallimpedanz Z_1 der Luft bezogen.

$$\underline{Z}_{1n} = \frac{\underline{Z}_2}{\underline{Z}_1} = \frac{\underline{Z}_2}{\rho \cdot c} = \frac{1+r}{1-r} \tag{8.89}$$

Hierbei ist r der Reflektionsfaktor nach Gl. (8.15).

Optimale Schallschluckung wird erreicht, wenn die Wandimpedanz etwa 1- bis 2-mal so groß wie die Schallkennimpedanz der Luft ist.

2. Der Wellenwiderstand $\underline{Z_a}$ des Absorbers (im Absorberinneren). Er ist ebenfalls frequenzabhängig und stellt neben der Ausbreitungskonstanten $\underline{\Gamma_a}$ eine weitere, wesentliche akustische Kenngröße des Absorbers dar. Wellenwiderstand und Ausbreitungskonstante sind i. d. R. unbekannt und nicht direkt messbar.

Versucht man den Absorptionsvorgang in einem porösen Absorber rechnerisch zu beschreiben, muss man die Wellengleichungen auf die Schallausbreitung in dem porösen Absorptionsmaterial anwenden.

Die Wellengleichungen für den Schalldruck und die Schallschnelle zur Beschreibung der Schallausbreitung in Luft im ebenen Wellenfeld wurden bereits in Abschn. 2.2.2 hergeleitet. Die komplexen Schallfeldgrößen lassen sich mit den Gl. (2.24 und 2.25) wie folgt angeben:

$$\begin{aligned} \underline{v} &= j \cdot k \cdot \widehat{\Phi} \cdot e^{j \cdot (\omega \cdot t - k \cdot x)} \\ \underline{p} &= j \cdot \rho \cdot \omega \cdot \widehat{\Phi} \cdot e^{j \cdot (\omega \cdot t - k \cdot x)} \end{aligned} \tag{8.90}$$

Mit dem Schallkennwiderstand Z_0 im ebenen Wellenfeld lässt sich die Schallschnelle wie folgt angeben:

$$\underline{v} = \frac{\underline{p}}{Z_0} = \frac{j \cdot \rho \cdot \omega \cdot \Phi}{Z_0} \cdot e^{-j \cdot k \cdot x} \cdot e^{j \cdot \omega \cdot t} \tag{8.91}$$

Demnach ist $-j \cdot k \cdot x$ der Ausbreitungsexponent und $j \cdot k$ die sog. Ausbreitungskonstante in Luft. $Z_0 = \rho \cdot c$ ist der Wellenwiderstand der Luft.

Das akustische Verhalten eines homogenen und isotropen Absorbers in einem ebenen Wellenfeld (z. B. im Impedanzrohr), lässt sich in Analogie zu den Gl. (8.90 und 8.91), durch die Angabe der akustischen Kennwerte des Absorptionsmaterials, nämlich der Ausbreitungskonstante Γ_a und des Wellenwiderstandes Z_a des Absorbers angeben [23].

Ersetzt man in Gl. (8.90) die Ausbreitungskonstante j k in Luft durch die Ausbreitungskonstante Γ_a in einem Absorptionsmaterial und berücksichtigt man in Gl. (8.91) statt des Wellenwiderstandes der Luft Z_0 den Wellenwiderstand des Absorbers Z_a, ergeben sich in Analogie zur Luftschallausbreitung im ebenen Wellenfeld die Wellengleichungen des Schalldrucks $\underline{p_a}$ und der Schallschnelle $\underline{v_a}$ für die ebene Schallausbreitung in einem Absorptionsmaterial [23]:

$$\underline{p_a} = j \cdot \rho \cdot \omega \cdot \widehat{\Phi} \cdot e^{-\Gamma_a \cdot x} \cdot e^{j \cdot \omega \cdot t} \tag{8.92}$$

$$\underline{v_a} = \frac{\underline{p_a}}{\underline{Z_a}} \tag{8.93}$$

Im Gegensatz zur Luftschallausbreitung treten bei der Schallausbreitung in Absorptionsmaterialien infolge der Luftschallabsorption Ausbreitungsdämpfungen auf, weshalb die Ausbreitungskonstante $\underline{\Gamma_a} = \Gamma'_a - j \cdot \Gamma''_a$ komplex angenommen werden muss. Ebenso wird der Wellenwiderstand des Absorbers $\underline{Z_a} = Z'_a + j \cdot Z''_a$ komplex.

Die verschiedenen Absorbertheorien für homogene Absorber, auf die hier nicht näher eingegangen werden soll, haben im Wesentlichen nur zum Ziel, die unbekannten und nicht direkt messbaren Absorberkennwerte $\underline{\Gamma_a}$ und $\underline{Z_a}$ aus den Strukturgrößen der Materialien, also z. B. dem Strömungswiderstand, der Porosität und dem Strukturfaktor der Dämmstoffe, berechenbar zu machen [3, 23].

3. Der Strömungswiderstand des Absorptionsmaterials.

Die Wandimpedanz $\underline{Z_2}$eines Absorbers kann i. d. R. nicht für realistische Schalleinfallsbedingungen, wie sie in der Praxis (z. B. in der Raumakustik) vorkommen, messtechnisch ermittelt werden. Da auch der Wellenwiderstand Z_a nicht einer direkten messtechnischen Ermittlung zugänglich ist, versucht man den Widerstand, den eine Schallwelle beim Eindringen in das Material erfährt, durch eine den Absorber kennzeichnende Strukturgröße, den sog. Strömungswiderstand, zu beschreiben.

Der Strömungswiderstand wird als „äußerer“ Widerstand entweder an einer stationären Luftströmung, ohne dass hierdurch die Aussagekraft des Messergebnisses wesentlich eingeschränkt werden würde, oder an einer Wechselströmung gemäß DIN EN 29053 ermittelt [24]. Er wird als Verhältnis des Druckunterschiedes Δp zwischen Vorder- und Rückseite des Materials und dem durch die Material-Querschnittsfläche A_S hindurchtretenden Volumenstrom q_V i. d. R. als spezifischer oder als längenbezogener Strömungswiderstand definiert. Der spezifische Strömungswiderstand R_S wird definiert als:

$$R_S = \frac{\Delta p \cdot A_S}{q_V} \ \mathrm{Ns/m^3} \tag{8.94}$$

Der längenbezogene Strömungswiderstand r_S ist definiert als:

$$r_S = \frac{R_S}{d} \ \mathrm{Ns/m^4} \tag{8.95}$$

d Dämmstoffdicke in m

Ist der Strömungswiderstand zu groß, kann die Schallwelle nicht tief genug in den Absorber eindringen, d. h. sie wird weitestgehend reflektiert. Ist er hingegen zu niedrig, durchdringt der Schall die Dämmschicht, erfährt hierbei aber keine nennenswerte Abschwächung im Sinne von Absorption und würde von einer evtl. dahinter befindlichen Fläche reflektiert. Es gibt also einen Bereich optimaler Anpassung, der sich z. B. näherungsweise auf folgenden Bereich einschränken lässt [25]:

$$5\ \mathrm{kNs/m^4} < r < 50\ \mathrm{kNs/m^4}$$

Der Strömungswiderstand eines Materials ist eine frequenzunabhängige Kenngröße, die mit rel. wenig Aufwand ermittelt werden kann. Sie zählt neben der Porosität und dem Strukturfaktor zu den sog. Strukturdaten eines Absorbers.

Porosität

Unter der Porosität σ versteht man in diesem Zusammenhang den Anteil am Gesamtvolumen V_{ges} einer Materialprobe, den das in den offenen und untereinander verbundenen Poren eingeschlossene Luftvolumen V_L einnimmt.

$$\sigma = \frac{V_L}{V_{ges}} \tag{8.96}$$

Die Anforderungen an die Porosität sind nicht allzu groß. So erreichen bereits Porositäten von $\sigma \approx 0{,}5$ gute, schallabsorbierende Wirkungen. Materialien mit guten schallabsorbierenden Eigenschaften wie z. B. künstliche Mineralfasern, offenporige Schaumstoffe und dergleichen weisen üblicherweise Porositäten $> 0{,}9$ auf.

Strukturfaktor

Der Strukturfaktor s wird in den Absorbertheorien berücksichtigt, um die Form und Art der Strömungskanäle in porösen Absorbern zu beschreiben. Der Strukturfaktor ergibt sich dabei als das Verhältnis des Gesamtvolumens V_L von Kanälen und Sackgassen zum Teilvolumen V_w der Kanäle, die an der Schallübertragung teilnehmen [25].

$$s = \frac{V_L}{V_w} \tag{8.97}$$

Abb. 8.32 zeigt ein Beispiel zweier gleich poröser Stoffe, die aber über unterschiedliche Strukturfaktoren verfügen.

Das nicht an der Schallleitung beteiligte Volumen wird in der Praxis meist durch senkrecht zur Schallausbreitungsrichtung verlaufende Kanäle oder von geschlossenen Poren gebildet.

Die Strukturfaktoren der am häufigsten in der Praxis verwendeten Absorptionsmaterialien weisen mit Ausnahme einiger Schaumstoffe Werte zwischen 1,0 und 2,0 auf und sind daher meist vernachlässigbar.

Neben dem behandelten Strukturaufbau des schallschluckenden Materials spielt vor allem noch seine Dicke d eine wesentliche Rolle. Das kommt daher, dass an der vergleichsweise harten Wand unmittelbar hinter der Schluckschicht eine Reflexion stattfindet, die mit den einfallenden Wellen interferiert. Die daraus folgende Schnelleverteilung v(x) ist dadurch gekennzeichnet, dass unmittelbar an der Wand $v = 0$ ist und bei $\lambda/4$ das Maximum auftritt (Abb. 8.33). Die Schluckschicht hätte also ihre maximale Wirkung in der Ebene $\lambda/4$, d. h., je tiefer die Frequenzen sind, umso größer müsste die Schichtdicke sein. Somit können dünne Absorberschichten nur hohe Frequenzen schlucken, wie beispielsweise Teppiche, die ab 2000 bis 4000 Hz absorbieren.

Den Materialdicken sind natürlich wirtschaftliche Grenzen gesetzt. Tiefe Frequenzen müssen, wie noch gezeigt wird, durch andere Maßnahmen geschluckt werden. Jedoch wird das Schluckvermögen von porigem Material bei tieferen Frequenzen dadurch etwas günstiger, dass sich eine kleinere Wellenlänge im schallschluckenden Material einstellt als in der freien Luft, weil die Schallgeschwindigkeit in diesem Material kleiner ist. Die effektive Dicke d des Schallschluckmaterials lässt sich noch in einfacher und wirtschaftlicher Weise erhöhen, indem

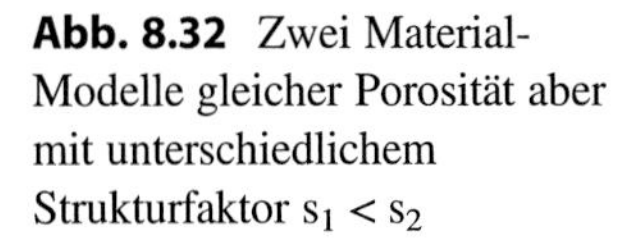

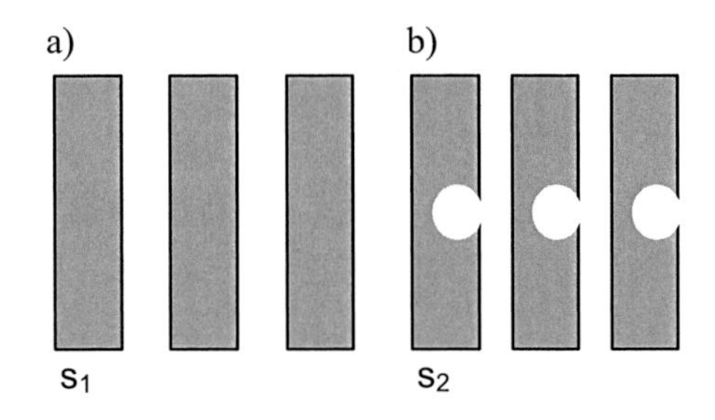

Abb. 8.32 Zwei Material-Modelle gleicher Porosität aber mit unterschiedlichem Strukturfaktor $s_1 < s_2$

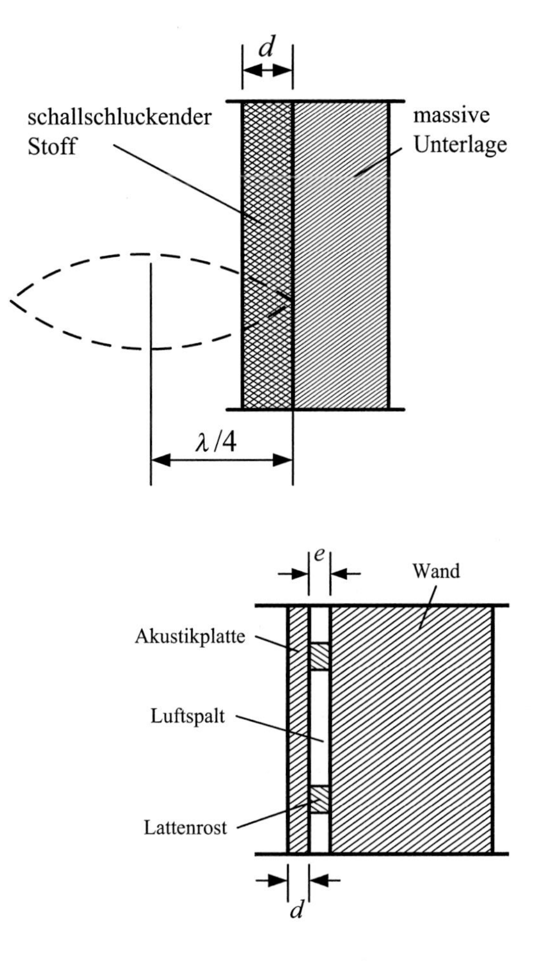

Abb. 8.33 Schallschluckender Stoff vor einer Wand

Abb. 8.34 Anordnung eines Schallschluckmaterials mit Luftspalt vor einer Wand

man das Schallschluckmaterial nicht unmittelbar an der Begrenzungswand befestigt, sondern in einem bestimmten Abstand e auf einem Lattenrost vor der Wand anordnet (Abb. 8.34).

Für einen Luftspalt von e = 2 cm und eine Dämmschichtdicke d = 2,5 cm verschiebt sich das Maximum der Schallschluckung von ca. 1000 Hz ohne Luftspalt auf ca. 700 Hz mit Luftspalt.

Die maßgebliche Größe für die Kennzeichnung des Schluckvermögens ist der Schallabsorptionsgrad α. Bei einer maximalen Absorption wird $\alpha = 1$ erreicht. Im Übrigen ist, wie gezeigt, der Absorptionsgrad eine Funktion des Materials selbst, seiner Dicke, ferner eine Funktion der Wellenlänge des Schallfeldes. In Abb. 8.35 ist der typische Frequenzgang $\alpha = \alpha(f)$ für schallschluckendes Material dargestellt [10]. Man erkennt zum einen den Abfall von α zu tiefen Frequenzen hin je nach Dicke des Materials, zum anderen den konstant hohen Betrag $\alpha \approx 1$ im höheren Frequenzbereich.

Der praktische Einsatz von Schallschluckmaterial geschieht in verschiedener Weise. Am praktikabelsten ist die Verwendung der bereits genannten Akustikplatten, mit Bindemitteln zu handelsüblichen Platten verarbeitetes Schallschluckmaterial, die in oben

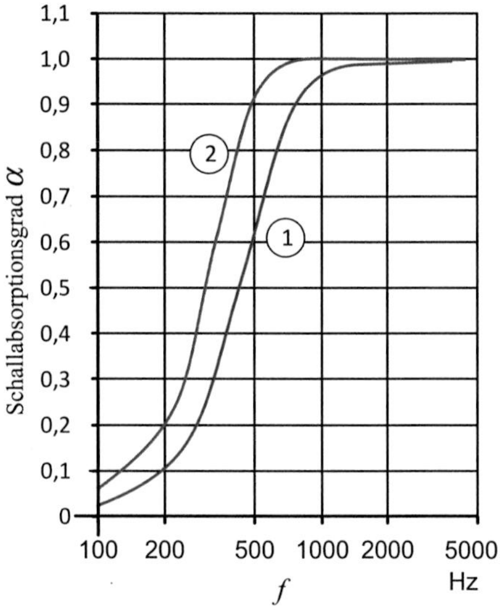

Abb. 8.35 Absorptionsgrad α einer 20 mm dicken Mineralfaserplatte. Kurve 1: ohne Wandabstand. Kurve 2: 22 mm Wandabstand

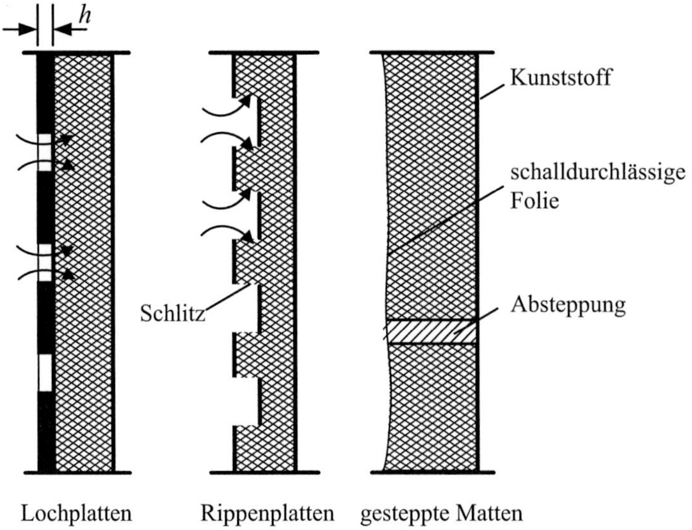

Abb. 8.36 Verschiedene Möglichkeiten der Schallschluckung

beschriebener Weise mit Abstand montiert werden. Sie werden vor allem eingesetzt, wenn die Wirkung der ohnehin vorhandenen Absorber eines Raumes nicht ausreicht.

Die Schallschluckstoffe können auch in loser Form oder in gesteppten Matten aufgelegt werden (Abb. 8.36). Dann müssen sie aber einen Oberflächenschutz, den sog. Rieselschutz erhalten. Überhaupt muss man bei Schallschluckmaterial die Oberfläche mit besonderer Sorgfalt gestalten. Es muss, wie bereits erwähnt, dafür gesorgt werden, dass die Schallenergie auch in das Schallschluckmaterial eindringen kann. Zweckmäßig ist es, eine gelochte Abdeckung (Hartfasermaterial, Holz, Blech) mit Lochdurchmessern von ca. 3 bis 5 mm zu verwenden.

Dabei muss der Lochflächenanteil mehr als 30 % der Oberfläche betragen, die wirksame Lochtiefe $h* = h + 1{,}6 \cdot r$ sollte kleiner als $\lambda/4$ und der Lochabstand kleiner als $\lambda/2$ sein. Damit können auch gerippte Oberflächen mit analogen Eigenschaften zur Anwendung kommen.

Mit durchgehenden Poren versehene Schaumstoffe können einen Oberflächenschutz entbehren. Es sind Polyäther-Schaumstoffe mit Noppen oder Pyramiden, die in einem quadratischen Muster angeordnet sind. In Tab. 8.2 [3, 6, 15] sind die Schallabsorptionsgrade α_S verschiedener normaler Raumbegrenzungsflächen und verschiedener Absorber in Abhängigkeit von der Frequenz angegeben.

8.6.2 Resonanzabsorber

Wie man aus Tab. 8.2b und auch aus Abb. 8.35 erkennen kann, ist die Schallabsorption poröser Stoffe nur bis etwa 700 Hz herunter voll wirksam. Will man diese Grenze unterschreiten, kommt man mit den porösen Schallschluckern allein nicht aus. Hier werden vor allem die sog. Resonanzabsorber eingesetzt, die in zwei Versionen angeboten werden, nämlich als Loch- oder Mittelabsorber und als Platten- oder Tiefenabsorber.

In beiden Fällen handelt es sich um selektive Feder-Masse-Systeme, die zur Resonanz angeregt werden sollen und deren optimale Wirkung dann in diesem Resonanzbereich liegt. Die Wirkung ist also recht schmalbandig und beruht darauf, dass bei der Resonanz an den Schwingern erhöhte innere Dissipation auftritt.

Grundsätzlich wirken bereits alle frei schwingenden, dünnen, biegeelastischen Platten einer Raumbegrenzung wie beispielsweise Fensterscheiben, dünne Holzplatten, Metallplatten, schallschluckend. Sie werden durch die auftreffenden Wellen zum Mitschwingen angeregt, und dabei wird Energie in Wärme umgewandelt. Nur werden diese Platten im Allgemeinen nicht in Resonanz angeregt, da ihre ersten Eigenfrequenzen tiefer als die akustischen Erregerfrequenzen liegen. Abb. 8.37 zeigt den Frequenzgang für α an solchen Platten mit einem allmählichen Anstieg zu niedrigeren Frequenzen hin.

Bei den eigentlichen Plattenabsorbern schwingen dünne, biegeweiche und luftundurchlässige Platten (Sperrholz-, Hartfaser-, Gipskartonplatten) auf einem Lattenrost montiert vor massiven Wänden oder Decken im Abstand $e < \lambda$. Bei solchen biegeweichen Platten kann man die Federwirkung k_F des Systems dem Luftpolster zwischen Platte und Wand zuordnen. Die zugehörige Masse der Wand ist $m = m'' \cdot A = \rho_w \cdot h \cdot A$. Die Eigenschwingung f_0 des Plattenabsorbers ist dann unter Vernachlässigung seiner Biegesteife

Tab. 8.2 Schallabsorptionsgrade

Material	Mittenfrequenzen Hz					
	125	250	500	1000	2000	4000
a) Schallabsorptionsgrade α_S normaler Raumbegrenzungsflächen						
Sichtbeton, glattes Mauerwerk, Wasseroberfläche (Schwimmbad)	0,01	0,01	0,02	0,02	0,03	0,04
Putz auf Mauerwerk oder Beton	0,02	0,02	0,03	0,04	0,05	0,05
Betonfußboden mit Auflagen aus Linoleum, PVC oder Gummi	0,02	0,03	0,04	0,05	0,05	0,1
Abgehängte Putz- oder Gipsplattendecke, Leichtbauweise	0,25	0,2	0,1	0,05	0,05	0,1
Decke aus Holzdielen (2,5 cm)	0,24	0,2	0,14	0,12	0,1	0,12
Holzfußboden auf Lagerhölzern (lackiert oder versiegelt)	0,2	0,15	0,14	0,1	0,05	0,05
Parkett auf Blindboden	0,2	0,15	0,1	0,1	0,05	0,1
Aufgeklebtes Parkett	0,04	0,04	0,06	0,12	0,1	0,15
Holztür	0,2	0,15	0,1	0,08	0,09	0,11
Geschlossene Fenster	0,1	0,04	0,03	0,02	0,02	0,02
Kokosläufer	0,02	0,03	0,05	0,1	0,25	0,45
Teppich (5 mm dick)	0,05	0,05	0,2	0,3	0,5	0,55
Velourteppich	0,05	0,06	0,1	0,25	0,4	0,6
Teppich (5 mm dick) mit Filzunterlage (5 mm dick)	0,07	0,2	0,55	0,65	0,8	0,7
Baumwollstoff, bündig an Wand anliegend	0,04	0,05	0,13	0,2	0,32	0,4
Naturfilz (5 mm dick)	0,09	0,12	0,18	0,3	0,55	0,6
Glatter Stoffvorhang (mittel)	0,1	0,15	0,2	0,3	0,4	0,5
Faltiger, dicker Vorhang	0,25	0,3	0,4	0,5	0,6	0,7
Kino-Leinwand	0,1	0,1	0,2	0,3	0,5	0,6
Bühne ohne Vorhang (Richtwerte)	0,2	0,2	0,25	0,3	0,4	0,5
b) Schallabsorptionsgrade α_S verschiedener Schallschlucker						
Akustikplatte (2 cm dick) auf Wand aufgeklebt	0,05	0,15	0,55	0,9	1,0	1,0
Akustikplatte (2 cm dick) mit 2 cm Wandabstand	0,1	0,2	0,85	1,0	1,0	1,0
Noppenschaumstoffplatte, Basisdicke 3 cm, Noppentiefe 7 cm, Noppenabstand 7 cm	0,25	0,65	0,83	0,85	0,93	1,0

$$f_0 = \frac{1}{2\pi}\sqrt{\frac{k_F}{Am''}} \tag{8.98}$$

Mit Gl. (8.79) erhält man

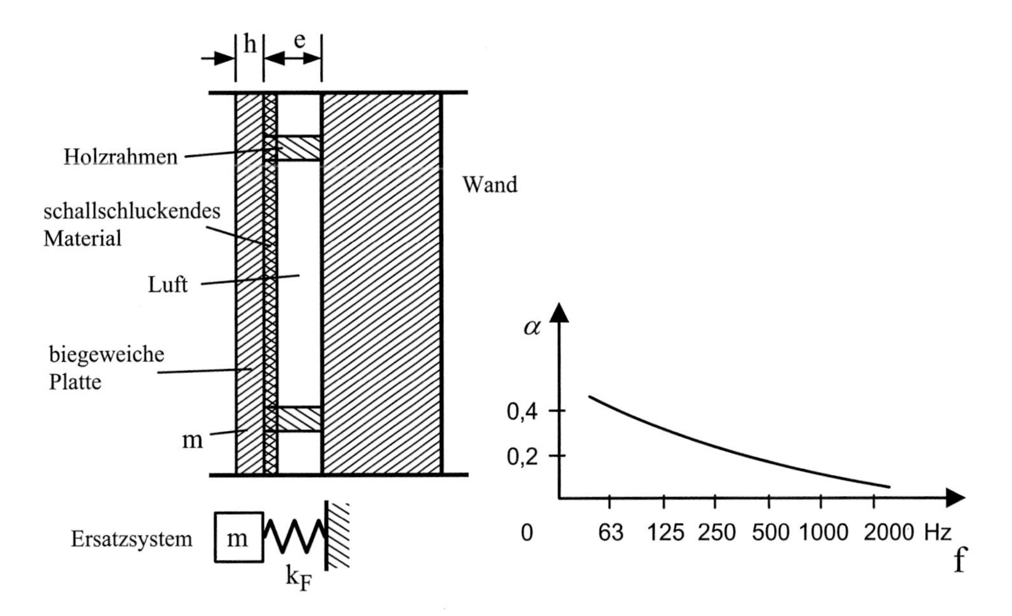

Abb. 8.37 Anordnung eines Plattenabsorbers vor einer Wand mit dem zugehörigen mittleren Absorptionsgrad in Abhängigkeit von der Frequenz

$$f_0 = \frac{1}{2\pi} \cdot c\sqrt{\frac{\rho}{\rho_W}\frac{1}{e \cdot h}} = \frac{1}{2\pi}\sqrt{\frac{Z \cdot c}{m'' \cdot e}} \tag{8.99}$$

Hierin sind Z und c die Impedanz bzw. die Schallgeschwindigkeit in Luft.

Beispiel

Für eine Sperrholzplatte mit der Massenbelegung $m'' = 5\ \text{kg/m}^2$ und dem Wandabstand $e = 4$ cm ergibt sich:

$$f_0 = 135\ \text{Hz (Tiefenabsorber)}.$$

In Abb. 8.38, Kurve a, ist der Frequenzgang eines Plattenabsorbers dargestellt. Er zeigt die typische schmalbandige Resonanzüberhöhung im Bereich der Eigenfrequenz, die bei diesem Beispiel sehr niedrig anzusetzen ist [10].

Die schmalbandige Wirkung des einfachen Plattensystems kann durch Hinterlegung der Platte mit zusätzlichem Schallschluckmaterial gemildert werden. Allerdings wird damit auch die Größe von α stärker beeinflusst. Eine Vergrößerung des Widerstandes setzt nämlich auch die Schwingamplituden und die Schnellen herab, so dass weniger Energie in Wärme umge-

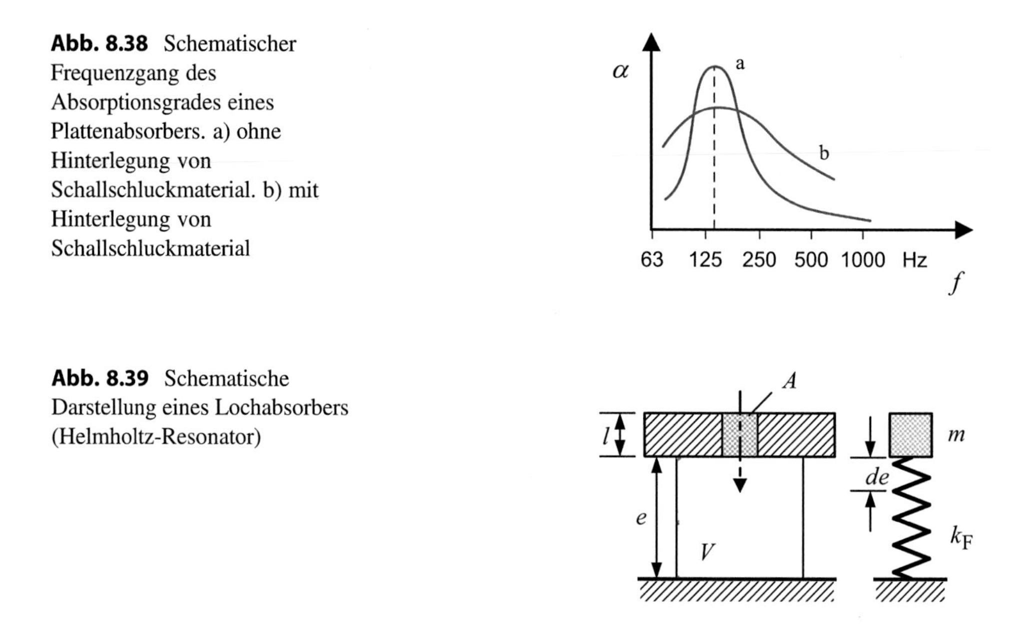

Abb. 8.38 Schematischer Frequenzgang des Absorptionsgrades eines Plattenabsorbers. a) ohne Hinterlegung von Schallschluckmaterial. b) mit Hinterlegung von Schallschluckmaterial

Abb. 8.39 Schematische Darstellung eines Lochabsorbers (Helmholtz-Resonator)

wandelt werden kann. Es ergeben sich flachere Kurven b, die aber insgesamt für den Einsatz des Absorbers wegen der größeren Wirkungsbreite günstiger sind.

Schallenergie kann bei tieferen Frequenzen auch durch Lochabsorber umgewandelt werden. Diesen Lochabsorbern liegt das Prinzip des Helmholtz-Resonators zugrunde, ein Luft-Feder-System, gebildet aus einem Luftvolumen V in Verbindung mit einer halsartigen Verengung des Querschnitts A und der Länge l (Abb. 8.39).

Die Luft im Hals bildet die Masse, das Luftvolumen V die Feder des Resonators. Die maßgebliche Eigenfrequenz ist also

$$f_0 = \frac{1}{2\pi}\sqrt{\frac{k_F}{m}} \tag{8.100}$$

Hierin ist m = A l ρ. Für die Verdichtung findet man

$$dp = -c^2 \rho \frac{dV}{V}$$

Die Rückstellkraft ist damit

$$dp \cdot A = -c^2 \cdot \rho \cdot \frac{dV}{V} \cdot A$$

Setzt man hierin dV = A ·de, so wird die Rückstellkraft

$$dp \cdot A = -c^2 \rho \frac{A^2}{V} de$$

Folglich ergibt sich für die Federkonstante

$$k_F = \frac{dp \cdot A}{de} = c^2 \rho \frac{A^2}{V}$$

Somit erhält man zunächst als (theoretische) Eigenfrequenz $f_{0_{th}}$

$$f_{0_{th}} = \frac{1}{2\pi} \sqrt{\frac{c^2 \cdot \rho \cdot A^2}{V \cdot A \cdot l \cdot \rho}} = \frac{c}{2\pi} \sqrt{\frac{A}{V \cdot l}} \tag{8.101}$$

Das Ergebnis muss noch korrigiert werden, da praktisch im Resonatorhals eine größere Luftmasse als $A \cdot l \cdot \rho$ mitschwingt. Die wirkliche, äquivalente Luftmasse ist $A \cdot l{*} \cdot \rho$, wobei für kreisförmige Löcher $l{*} \approx l + 2 \cdot 0{,}8 \cdot r$ mit dem Lochradius r ist. Für nichtkreisförmige Löcher ist $l{*}$ in [3, 25] angegeben. Gl. (8.101) geht über in:

$$f_0 \approx \frac{c}{2\pi} \sqrt{\frac{A}{Vl^*}} = \frac{c}{D} \tag{8.102}$$

Der Wurzelausdruck entspricht dem Kehrwert einer charakteristischen Länge D. Führt man die sog. „Helmholtzzahl" He = D/λ ein, so kann man die Gl. (8.102) noch wie folgt darstellen [26]:

$$He = \frac{D}{\lambda} = 2\pi \frac{f}{c} \sqrt{\frac{V \cdot l^*}{A}} \tag{8.102a}$$

Entspricht die Wellenlänge des ankommenden Luftschalles der Länge $D = 2\pi\sqrt{\frac{V \cdot l*}{A}}$ (He = 1), so stellt sich ein Resonanzzustand ein, wodurch dem Schallfeld Energie entzogen wird.

Die realen, flächenhaften Lochabsorber (Abb. 8.40) bestehen aus gelochten, dünnen Platten der Dicke h, die auf einem Lattenrost in einem festen Abstand e vor einer massiven Wand (e < λ) montiert sind. Jeder Öffnung A entspricht ein anteiliges Luftvolumen V; eine materielle Abgrenzung der einzelnen V_i ist nicht erforderlich. Vielmehr schreibt man das Verhältnis A/V unter der Wurzel in Gl. (8.102) um in ψ/e, wobei ψ das Flächenverhältnis Lochfläche zur Gesamtfläche ist. Damit erhält man

Abb. 8.40 Anordnung eines flächenhaften Lochabsorbers vor einer Wand

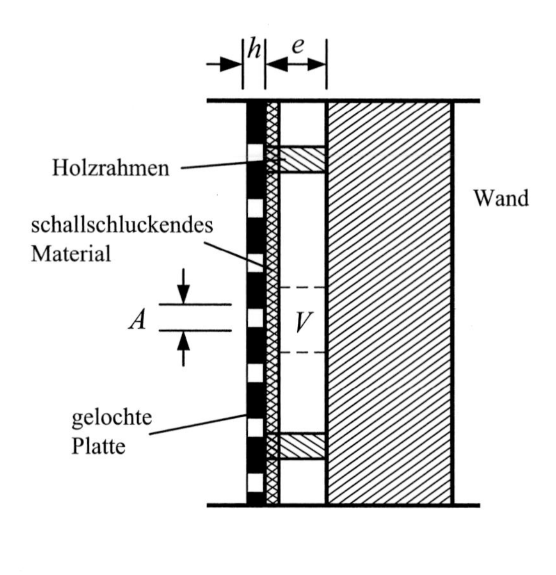

$$f_0 \approx \frac{c}{2\pi}\sqrt{\frac{\psi}{e \cdot l^*}} \tag{8.103}$$

Die Dämpfung erfolgt durch Reibungseffekte in den Löchern und kann zweckmäßigerweise wiederum durch Hinterlegung der Platte mit Schallschluckmaterial erhöht werden.

Dann muss allerdings das Flächenverhältnis ψ etwas größer gewählt werden, als es ohne Schallschluckmaterial erforderlich wäre, d. h., es wird $\psi = 20$ bis 30 % gewählt. Man gewinnt so den Mittelschlucker mit etwas größerer Wirkungsbreite gegenüber der schmalbandigen Wirkung ohne Schluckmaterial (vgl. Abb. 8.38), hat aber einen kleineren Maximalwert für α.

Beispiel

e = 5 cm, l = 5 mm, r = 2 cm; ψ = 20 %

$$f_0 = \frac{340}{2\pi}\sqrt{\frac{0{,}2}{0{,}05 \cdot 0{,}037}} Hz = 563 Hz \text{ (Mittelschlucker)}$$

Zum Abschluss soll noch kurz auf die Ermittlung der Absorptionsgrade α eingegangen werden. Die α-Zahlen, die vom Materialaufbau, von der Materialdicke und der Schallfrequenz abhängen, werden auf messtechnischem Wege gewonnen. Hierzu stehen zwei prinzipielle Verfahren zur Verfügung: Die messtechnische Ermittlung des Absorptionsgrades für den senkrechten- (α_0) und den diffusen Schalleinfall (α_S).

Für den senkrechten Schalleinfall wird der Absorptionsgrad α_0 herkömmlich im Impedanzrohr gemäß DIN EN ISO 10534-1, [21], bzw. gemäß DIN EN ISO 10534-2, [22], ermittelt.

Für den diffusen Schalleinfall wird der Absorptionsgrad α_S in einem Hallraum gemäß DIN EN 20354, [27], durch Nachhallzeit-Messungen ermittelt.

Die Messung im Impedanzrohr ist die exaktere Methode, jedoch wird dabei nur die Wirkung der senkrecht einfallenden Schallwellen erfasst. In der Praxis der Akustik interessieren aber vor allem Absorptionsgrade in mehr diffusen Schallfeldern, in denen ja alle Richtungen an der Schallausbreitung beteiligt sind. Entsprechend hierzu wird die Absorption im diffusen Schallfeld des Hallraumes gemessen. Dieser Ermittlung von α_S im Hallraum kommt daher die größere praktische Bedeutung zu, auch wenn die Genauigkeit etwas geringer ist. Die in der Tab. 8.2 aufgeführten α-Werte sind auf diese Weise gemessen worden.

Die Absorptionsgradbestimmung im Rohr eignet sich vor allen Dingen für Messungen poröser Absorber. Durch die verschiebbare, akustisch harte Kolbenscheibe am Rohrende können auch Luftspalte hinter dem Probekörper simuliert werden. Damit kann die Wirkung der Schallschluckstoffe z. B. bei abgehängten Unterdecken simuliert werden. Ferner kommt das Verfahren mit rel. kleinen Probenabmessungen aus.

Resonatoren können nur in wenigen Ausnahmefällen mit dem Impedanzmessrohr bestimmt werden, da das zur Verfügung stehende Luftvolumen nicht den Einbaubedingungen angepasst werden kann und die Wirkung der Randeinspannungen bei der Montage nicht berücksichtigt werden können. Bei oberflächenstrukturierten- und/oder resonatorbeeinflussten Materialien ist das Verfahren im Rohr nur beschränkt anwendungs-fähig, da die zu untersuchenden Prüfkörper hier nicht in der gebotenen Größe eingebaut werden können, bzw. bei größeren Probenabmessungen wegen der Aufrechterhaltung des ebenen Wellenfeldes nur eine Aussage für den unteren Frequenzbereich bei solchen Materialien mit dem Verfahren getroffen werden kann [19, 28].

Das Hallraumverfahren ermöglicht es, den Absorptionsgrad akustischer Materialien, wie sie überwiegend zur Bekleidung von Decken und Wänden genutzt werden, unter ungerichtetem Schalleinfall zu bestimmen. Dabei kann der Einfluss der in der Praxis üblichen Einbaubedingungen miterfasst werden. Weiterhin stellt das Hallraumverfahren das bislang einzige Verfahren dar, mit dem die äquivalente Schallabsorptionsfläche von Einzelobjekten (Stühle, Bürotrennwände) ermittelt werden kann, was für die Beurteilung der Halligkeit von großen Auditorien und Büroräumen von Bedeutung ist. Der Anwendungsbereich des Verfahrens wird nur dahingehend eingeschränkt, dass schwach gedämpfte Resonatoren nicht gemessen werden sollten. Von Nachteil ist, dass für das Hallraum-Verfahren eine Prüfkörperoberfläche von min. 10 bis 12 m^2 benötigt werden und das Verfahren selbst zeit- und kostenaufwendiger ist.

8.7 Gesamtabsorption eines Raumes

Das Absorptionsvermögen eines geschlossenen Raumes setzt sich zusammen aus der Absorption der begrenzenden Wände, der Decke und des Bodens mit allem, was im Raum an weiteren Bauelementen enthalten ist. Es handelt sich dabei um flächenhafte Schallschlucker, die neben den natürlichen auch ggf. zusätzlich angeordnete Poren- oder Resonanzabsorber enthalten können. Ihr Absorptionsvermögen $\overline{A}_i$ hängt vom Absorptionsgrad α_i und der Fläche A_i der einzelnen Flächenelemente ab. Dabei ist für jedes dieser Flächenelemente A_i die Absorption

$$\overline{A}_i = \alpha_i A_i \tag{8.104}$$

Die Absorption $\overline{A}_i$ hat die Einheit einer Fläche. $\overline{A}_i$ kann auch als äquivalente Ersatzfläche von A_i aufgefasst werden, für die $\alpha = 1$ ist. Für alle Flächenelemente zusammen ist

$$\overline{A}_R = \sum \alpha_i A_i \tag{8.105}$$

$\overline{A}_R$ stellt dann die gesamte Ersatzschluckfläche des Raumes dar.

Befinden sich in den Räumen Einbauten und Menschen, so ist deren Absorptionsvermögen ebenfalls zu berücksichtigen. Bei flächenhaftem Charakter der Einbauten ist deren Einfluss in Gl. (8.105) zu erfassen. Oft hat es aber wenig Sinn, die Absorption auf die Oberfläche der Elemente zu beziehen, wenn nämlich Letztere keine einfach zu bestimmende Bezugsfläche besitzen. Dann wird das Schluckvermögen des ganzen Gegenstandes, d. h. seine äquivalente Schluckfläche $\overline{A}$ angegeben. Beispielsweise hat ein sitzender Mensch bei 250 Hz eine äquivalente Absorptionsfläche $\overline{A} = 0{,}3\ \text{m}^2$. Weitere äquivalente Absorptionsflächen $\overline{A}$ sind in Tab. 8.3 aufgeführt [15].

Mit den Werten für α, A und $\overline{A}$ kann nunmehr die Gesamtabsorption $\overline{A}_{ges}$ des Raumes angegeben werden. Es ist

Tab. 8.3 Äquivalente Absorptionsfläche $\overline{A}$ von sitzenden Menschen und Stühlen in Abhängigkeit von der Frequenz

Schluckelemente	Äquivalente Schluckfläche $\overline{A}$ m² Mittenfrequenzen Hz					
	125	250	500	1000	2000	4000
Zuhörer auf Stuhl	0,15	0,3	0,45	0,45	0,45	0,45
Klappstuhl (Sperrholz)	0,02	0,02	0,02	0,04	0,04	0,03
Klappstuhl mit Kunstleder bezogen	0,1	0,13	0,15	0,15	0,11	0,07
Klappstuhl mit Velours bezogen	0,15	0,3	0,3	0,3	0,35	0,35

Tab. 8.4 Absorptionsgrade verschiedener Räume

Räumlichkeit	$\overline{\alpha}_{ges}$
Leere Räume mit glatten Wänden aus verputztem Betonmauerwerk	0,05
Teilweise möblierte Räume mit glatten Wänden	0,1
Möblierte Räume, Maschinen- und Fabrikhallen	0,15 ... 0,2
Räume mit Polstereinrichtung, Maschinen- und Fabrikhallen mit teilweise schallschluckender Auskleidung	0,3
Räume mit schallschluckender Auskleidung	0,4

$$\overline{A}_{ges} = \sum_{i=1}^{n} \alpha_i A_i + \sum_{j=1}^{m} \overline{A}_j \tag{8.106}$$

Die Gesamtabsorption wird meist frequenzabhängig in einem Oktavspektrum dargestellt. Sie kann aber auch als Mittelwert, an einer Frequenz von etwa 500 Hz orientiert, angegeben werden. In diesem Zusammenhang lassen sich dann zu Planungs- und Überschlagszwecken mittlere Schallschluckgrade $\overline{\alpha}_{ges} = \overline{A}_{ges} / \sum A_i$ ganzer Räume (Tab. 8.4) angeben.

Für die Beurteilung der Akustik eines Raumes kommt seiner Gesamtabsorption $\overline{A}_{ges}$ neben dem Raumvolumen selbst eine besondere Bedeutung zu. Wesentliche raumakustische Zusammenhänge lassen sich nur mit der Gesamtabsorption darstellen.

1. Für ein stationäres Geräusch in einem geschlossenen Raum ist es bei bekannter Schallleistung P_Q möglich, den Schalldruckpegel L_H des diffusen Schallfeldes zu berechnen.
2. Umgekehrt ist es in einem diffusen Schallfeld eines geschlossenen Raumes möglich, aus dem gemessenen Schalldruckpegel L_H über die Größe $\overline{A}_{ges}$ die Schallleistung P_Q der Schallquelle zu berechnen.
3. Die Größe des Direktfeldes einer Schallquelle im geschlossenen Raum kann rechnerisch erfasst werden.
4. Möglichkeiten und Grenzen der Schallpegelminderung durch zusätzliches Anbringen von Schallschluckmaterial können angegeben werden.
5. Die für die Raumakustik wichtige Nachhallzeit T kann zu Planungs- und Überschlagszwecken rechnerisch ermittelt werden. Diese Nachhallzeit ist für die Beurteilung des Klangeindrucks von Sprache und Musik im Raum maßgebend, d. h. für die sogenannte Hörsamkeit des Raumes.

Der hierbei maßgebliche Zusammenhang zwischen $\overline{A}_{ges}$ und T erlaubt auch, umgekehrt aus der Messung der Nachhallzeit eines Raumes seine Gesamtabsorption zu berechnen. Dieser Möglichkeit kommt aber eine besondere Bedeutung zu, weil die nach Gl. (8.106) berechnete Gesamtabsorption nicht immer sicher zu erfassen ist. Unsicherheiten und größere Streuungen der α_i-Werte, Ungenauigkeiten bei der Abschätzung der Absorption von Menschenansammlungen und aller sonstigen Schluckflächen führen dazu, dass der so berechnete Wert für $\overline{A}_{ges}$ nur als Schätzwert zu verwenden ist. Im Gegensatz dazu besitzt die Ermittlung von $\overline{A}_{ges}$durch Messung der Nachhallzeit größere Genauigkeit.

Wie bereits gezeigt, kann das ganze Schluckvermögen des Raumes allein der fiktiven Fläche $\overline{A}_{ges}$ zugeordnet werden, etwa vergleichbar mit einer offenen Fensterfläche $\overline{A}_{ges}$, deren Schluckgrad $\alpha = 1$ ist, wohingegen die übrigen Begrenzungsflächen des Raumes voll reflektierend anzunehmen sind. Man spricht dann von der äquivalenten Schallabsorptionsfläche $\overline{A}_{äq}$. Diese Vereinfachung ist erlaubt, wenn das Schallfeld diffus ist, da in diesem Falle an allen Absorptionsflächen etwa gleiche Verhältnisse herrschen.

8.8 Schalldruckpegel des diffusen Schallfeldes

In einem geschlossenen Raum erzeuge eine Schallquelle mit der konstanten Schallleistung P_Q ein stationäres und breitbandiges Geräusch. Außerhalb des Direktfeldes baut sich dann um die Schallquelle ein nahezu vollkommen diffuses Schallfeld mit konstanter Energiedichte w und Intensität I und mit einer über alle Richtungen gleichmäßig verteilten Energieausbreitung auf.

Als Erstes lässt sich für den Grenzfall des vollkommen diffusen Schallfeldes die zugehörige Intensität I_H rechnerisch ermitteln. Sie ist direkt gekoppelt an den Gleichgewichtszustand zwischen abgestrahlter Schallleistung P_Q und der an der Raumbegrenzung pro Zeit absorbierten Energie P_{abs}. Dabei darf die absorbierte Energie, wie oben ausgeführt, mit der Gesamtabsorptionsfläche des Raumes verknüpft werden. Es ist also $P_Q = P_{abs}$. Weiterhin ist $P_{abs} = \overline{A}_{ges} \cdot \overline{I}$, wobei $\overline{I}$ die Intensität vor der Absorptionsfläche ist.

Die Intensität I_H des diffusen Schallfeldes kann durch seine Energiedichte w_H und seine in alle Richtungen wirksame Ausbreitungsgeschwindigkeit c_H ausgedrückt werden. Es ist ICH $= w_H \cdot c_H$. Entsprechend ist dann in der Absorptionsfläche $\overline{I} = \overline{w} \cdot \overline{c}$, wobei jetzt $\overline{w}$ die Energiedichte in dieser Fläche und $\overline{c}$ die mittlere Ausbreitungsgeschwindigkeit senkrecht zur Absorptionsfläche ist. Setzt man dies in die Beziehung für P_{abs} ein, so erhält man für die abgestrahlte Schallleistung

$$P_Q = \overline{A}_{ges} \cdot \overline{w} \cdot \overline{c} \tag{8.107}$$

Hierin lassen sich $\overline{w}$ und $\overline{c}$ durch w_H und c_H ausdrücken. Zunächst ist $\overline{W} = W_H/2$, da die Fläche $\overline{A}_{ges}$ nur halbseitig beaufschlagt wird, und somit die Hälfte aller im diffusen Schallfeld wirksamen Ausbreitungsrichtungen entfällt. Ebenso ist $\overline{c} = c_H/2$. Denn mit $c_\varphi = c_H \cdot \cos \varphi$ wird der Mittelwert über alle $c\varphi$ ermittelt (Abb. 8.41) [4].

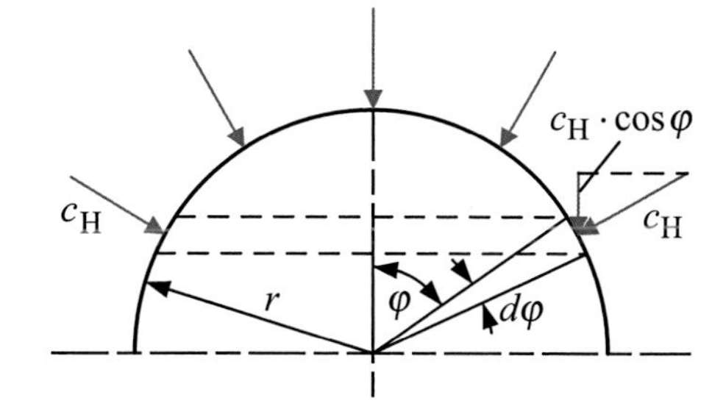

Abb. 8.41 Geometrische Verhältnisse im Schallfeld bei der Bestimmung der mittleren Ausbreitungsgeschwindigkeit $\overline{c}$

$$\overline{c} = \frac{\int_0^{\pi/2} c_H \cdot cos\varphi \cdot 2\pi r \cdot sin\varphi \cdot r \cdot d\varphi}{2\pi r^2} = \frac{c_H}{2}$$

Setzt man diese Ergebnisse für $\overline{w}$ und $\overline{c}$ in $P_Q = \overline{A}_{ges} \cdot \overline{w} \cdot \overline{c}$ ein, so erhält man

$$P_Q = \overline{A}_{ges} \frac{w_H \cdot c_H}{4} = \frac{1}{4} I_H \overline{A}_{ges} \tag{8.108}$$

$$I_H = 4 \frac{P_Q}{\overline{A}_{ges}} \tag{8.109}$$

$$W_a \cdot 10^{-6} = W_a \cdot e^{-\frac{c_H \overline{A}_{ges}}{4 \; V} T} \tag{8.110}$$

Gl. (8.108) bedarf noch einer Korrektur. Der Schluckgrad α in $\overline{A}_{ges}$ ist auf I_ε bezogen, es ist also $I_\delta = \alpha \cdot I_\varepsilon > \alpha \cdot I_\rho$. Bezieht man wie hier auf I_H, wird P_{abs} zu klein ermittelt. Man kann diesen Fehler ausgleichen, indem man für $\overline{A}_{ges}$ die Raumkonstante [6]

$$\overline{R} = \frac{1}{1 - \overline{\alpha}} \overline{A}_{ges} \tag{8.111}$$

einführt. Hierin ist $\overline{\alpha}$ der mittlere Absorptionsgrad der Raumbegrenzung, der sich aus der Beziehung

$$\overline{\alpha} = \frac{\sum \alpha_i A_i}{\sum A_i}$$

errechnet (α_i-Werte, vgl. Tab. 8.2). Jedoch ist festzustellen, dass in halligen Räumen, für die die hier verwendeten Beziehungen des Diffusfeldes nur Gültigkeit besitzen, der Unterschied zwischen $\overline{A}_{ges}$ und $\overline{R}$ wegen der kleinen $\overline{\alpha}$-Werte sehr klein ist, so dass näherungsweise gilt:

$$\overline{R} \approx \overline{A}_{ges}$$

Führt man den Schalldruckpegel $L_H = 10 \cdot \lg I_H/I_0 - K_0$ (s. Gl. 2.255) des diffusen Schallfeldes und den Schallleistungspegel $L_W = 10 \cdot \lg P_Q/P_0$ der Schallemission ein, folgt aus Gl. (8.108):

$$L_H = L_W - 10lg\frac{\overline{A}_{ges}}{A_0} + 6 - K_0\ dB \tag{8.112}$$

$$A_0 = 1\ m^2$$

Hierin ist $K_0 = -10lg\frac{Z}{Z_0}$ der Korrekturpegel für die Kennimpedanz. Mit Gl. (8.112) ist für das diffuse Schallfeld eines geschlossenen Raumes ein direkter Zusammenhang zwischen dem Schalldruckpegel L_H am Immissionsort und dem Schallleistungspegel L_W der Schallquelle gefunden. Der Zusammenhang lässt sich auch in Frequenzbändern angeben. Es ist dann beispielsweise für Oktavbänder

$$L_{H_{Okt}} = L_{W_{Okt}} - 10lg\frac{\overline{A}_{ges_{Okt}}}{A_0} + 6 - K_0\ dB \tag{8.113}$$

Aus dem Schalldruckspektrum kann der A-bewertete Schalldruckpegel L_A am Immissionsort berechnet werden. Voraussetzung hierfür ist die Kenntnis des Frequenzspektrums der $\overline{A}_{ges}$-Fläche und des Schallleistungsspektrums.

Zu Planungs- und Überschlagszwecken kann für den A-bewerteten Schalldruckpegel näherungsweise auch

$$L_{H_A} = L_{W_A} - 10lg\frac{\overline{A}_{ges_{500Hz}}}{A_0} + 6\ \mathrm{dB(A)} \tag{8.114}$$

geschrieben werden, wobei L_{W_A} der A-bewertete Schallleistungspegel am Emissionsort und $\overline{A}_{ges_{500Hz}}$eine mittlere Absorptionsfläche ist.

Für den Fall, dass eine Wandfläche A_0 durch Körperschall mit dem Schnellepegel $L_v = 10 \cdot lgv_Q^2/v_0^2$ angeregt wird und dass sich vor der Wand ein diffuses Schallfeld aufbaut, ist wegen $P_Q = \sigma \cdot Z \cdot \tilde{v}_Q^2 \cdot A_Q$ der Druckpegel des diffusen Schallfeldes

$$L_H = L_v + \sigma' - 10lg\frac{\overline{A}_{ges}}{A_Q} + 6\ \ dB \tag{8.115}$$

Auch dieser Zusammenhang lässt sich in Frequenzbändern darstellen.

Im Folgenden soll nun der Einfluss von $\overline{A}_{ges}$ auf den Schalldruckpegel L_H untersucht werden. In allen Beziehungen für den Schalldruckpegel L_H ist zu erkennen, dass die äquivalente Absorptionsfläche $\overline{A}_{ges}$ eine wesentliche Rolle spielt. Bei konstantem P_Q bzw. L_W nehmen Intensität I_H und Pegel L_H ebenso wie die Energiedichte w_H mit größer werdender Absorptionsfläche ab.

Dieser Einfluss soll noch etwas genauer dahingehend untersucht werden, wie stark man den Schalldruckpegel L_H und damit auch die Lautstärke eines Geräusches in einem geschlossenen Raum durch nachträgliches Anbringen von Schallschluckmaterial an Decken und Wänden (z. B. Akustikplatten) herabsetzen kann.

Die Ausgangsabsorptionsfläche sei $\overline{A}_1$, die Vergrößerung $\Delta\overline{A}$. Die dadurch erreichte Reduzierung des Druckpegels L_H ist

$$\Delta L = 10lg\left(1 + \frac{\Delta\overline{A}}{\overline{A}_1}\right)\ \text{dB} \tag{8.116}$$

bzw.

$$\Delta\overline{A} = \overline{A}_1 \cdot \left(10^{\frac{\Delta L}{10}} - 1\right) \tag{8.117}$$

Ist diese Reduzierung $\geq$3 dB, so wird die Lautstärke bereits spürbar herabgesetzt. Dabei bringt eine Verdopplung von $\overline{A}_1\left(\Delta\overline{A} = \overline{A}_1\right)$ gerade eine Reduzierung von 3 dB. Je nach Ausgangssituation, d. h. je nach vorhandener Ausgangsgröße $\overline{A}_1$, kann man unterschiedliche Wirkungen erreichen. Beispielsweise kann in Büroräumen mit normaler Akustik eine Herabsetzung von 3 dB, dagegen in mehr halligen Räumen eine Reduzierung bis zu 10 dB erzielt werden. In Abb. 8.42 ist ΔL in Abhängigkeit von $\Delta\overline{A}$ bei unterschiedlichen Ausgangswerten von $\overline{A}_1$ angegeben [15, 29].

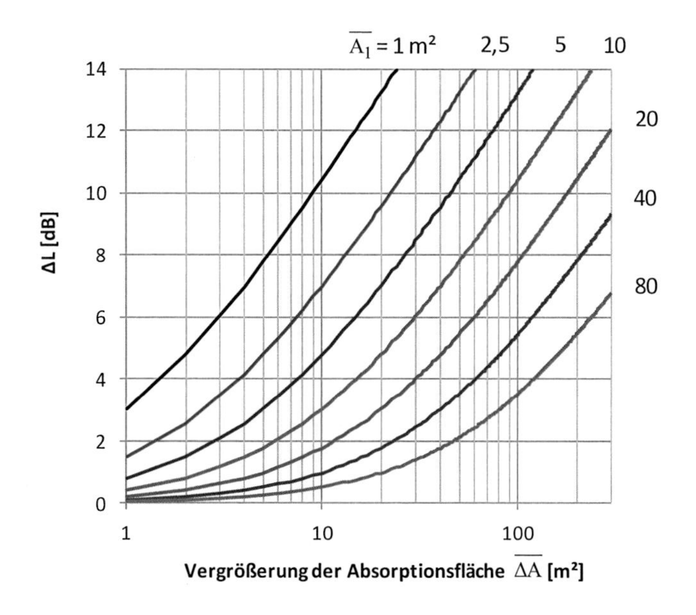

Abb. 8.42 Lärmpegeländerung ΔL in Abhängigkeit von der äquivalenten zusätzlichen Schallschluckfläche $\Delta\overline{A}$ für verschiedene Ausgangsabsorptionsflächen $\overline{A}_1$

Beispiel (Abb. 8.42)

In einem 250 m^3 großen und leeren Raum mit $\overline{A}_1 = 10m^2$ erreicht man durch Anbringen einer zusätzlichen Absorptionsfläche $\Delta\overline{A} = 50m^2$ eine Lärmminderung $\Delta L = 8\,dB$. Wäre $\overline{A}_1 = 40m^2$, betrüge ΔL bei derselben Zusatzabsorptionsfläche nur noch 3,5 dB.

Diese Pegelminderungen ΔL wirken sich aber nur in Raumpunkten des diffusen Schallfeldes aus. Dagegen ist im Bereich des Direktfeldes in der Nähe der Schallquelle, innerhalb des sog. Hallradius, durch Vergrößern von $\overline{A}_{ges}$ keine nennenswerte Wirkung zu erreichen. Hier lässt sich u. a. durch Abschirmung und Kapselung eine Pegelabsenkung herbeiführen.

8.9 Hallradius

Wie bereits ausgeführt, geht das im Abstand r_D von einem Kugelstrahler 0. Ordnung abgestrahlte Direktfeld in das Diffusfeld über. Dieser Radius wird auch Hallradius r_H genannt (Abb. 8.43). Er lässt sich für den Grenzfall berechnen, dass die Kugelwellen dem bekannten Abfall der Intensität mit der Entfernung $I(r) \sim 1/r^2$ gehorchen (siehe Gl. 1.145). Die Intensität des Diffusfeldes I_H ist für $r > r_H$ konstant und durch Gl. (8.109) gegeben. An der Übergangsstelle, d. h. für $r = r_H$ sind aber beide Intensitäten einander gleich. Es ist also $I(r_H) = I_H$ oder

$$\frac{P_Q}{4\pi r_H^2} = \frac{4P_Q}{\overline{A}_{ges}}$$

woraus folgt:

$$r_H = 0,141\sqrt{\overline{A}_{ges}} \tag{8.118}$$

Man erkennt, dass der Hallradius r_H nur von der Gesamtabsorptionsfläche $\overline{A}_{ges}$ abhängt und mit der Wurzel aus dieser zunimmt. So ist beispielsweise für $\overline{A}_{ges} = 50m^2$ der Hallradius $r_H = 1$ m und für $\overline{A}_{ges} = 200m^2$ $r_H = 2$ m. Der Hallradius r_H ist ebenso wie $\overline{A}_{ges}$ frequenzabhängig und wird auch in Frequenzbändern angegeben. Höhere Frequenzen werden stärker absorbiert, und $\overline{A}_{ges}$ und damit auch r_H nehmen entsprechend zu (Abb. 8.44).

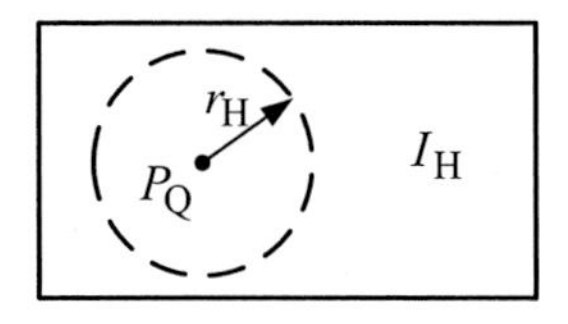

Abb. 8.43 Hallradius in einem geschlossenen Raum

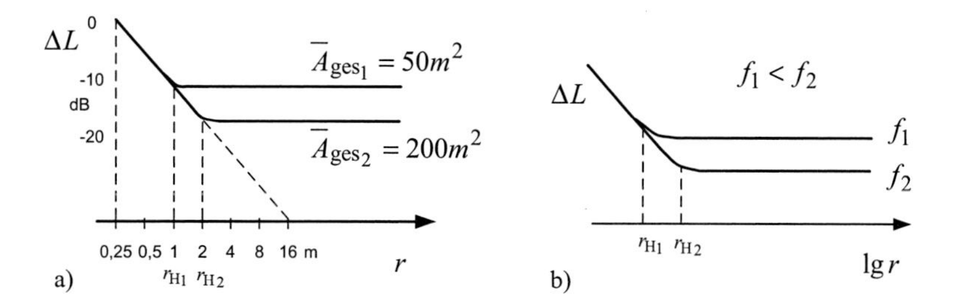

Abb. 8.44 Pegelabnahme in Abhängigkeit der Entfernung von der Schallquelle in einem geschlossenen Raum. a) bei unterschiedlicher Gesamtabsorption des Raumes. b) bei verschiedenen Frequenzen

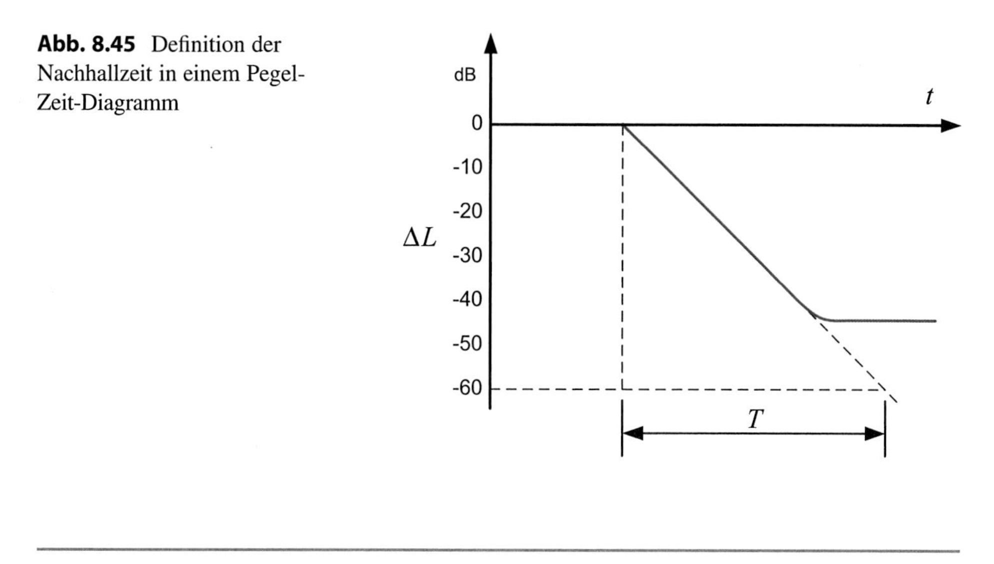

Abb. 8.45 Definition der Nachhallzeit in einem Pegel-Zeit-Diagramm

8.10 Nachhallzeit

Ein Schallereignis, das plötzlich verstummt, klingt infolge der vielfältigen Reflexionen im Raum mehr oder weniger lang nach. Die ersten, innerhalb 40 ms eintreffenden Rückwürfe wirken noch verstärkend, da sie vom Ohr zeitlich nicht vom Primärschall unterschieden werden, während die danach eintreffenden Schalleindrücke bei sinkender Intensität den Eindruck des Nachhalls vermitteln.

Registriert man den Schalldruckpegel L_p eines auf diese Weise verstummenden Geräusches über der Zeit, so ergibt sich eine fallende Gerade, wenn die Absorption etwa gleichmäßig über den Raum verteilt ist.

In Abb. 8.45 erkennt man die Nachhallzeit T. Sie ist als die Zeit definiert, die nach dem Verstummen bzw. Abschalten eines Geräusches vergeht, bis sein Pegel um 60 dB abgefallen bzw. bis seine Intensität auf den millionsten Teil ihres Ausgangswertes abgesunken ist.

Sicherlich ist die Nachhallzeit wesentlich durch die Gesamtabsorption $\overline{A}_{ges}$ bestimmt, denn geringere Absorption bedeutet mehr Reflexion und damit größere Nachhallzeit und umgekehrt. Aber auch das Raumvolumen wird in T eingehen, denn größeres V bedeutet im Mittel größere Schallwege und damit folgen die Reflexionen einander nicht so schnell wie in kleineren Räumen, d. h., insgesamt wird T ~ V und T ~ $1/\overline{A}_{ges}$sein. Schließlich wird sich bei höheren Frequenzen auch die Luftdissipation bemerkbar machen und sich verkürzend auf die Nachhallzeit auswirken.

Im Folgenden wird nun die Nachhallzeit T aufgrund einer einfachen Energiebetrachtung am diffusen Schallfeld abgeleitet. Nach Verstummen der Schallquelle nimmt die über das ganze Raumvolumen V verteilte Schallenergie W mit der Zeit stetig ab. Sie sinkt in der Zeit t von einem Anfangswert W_a auf den Wert W(t) ab. Dabei ist die Energieabnahme mit der Zeit dW/dt auch gleich der von $\overline{A}_{ges}$ in der Zeit absorbierten Schallleistung P_{abs}. Es gilt also zunächst [3, 4]

$$\frac{dW}{dt} = -P_{abs}(t)$$

Für ein stationäres Geräusch gilt

$$P_{abs} = \frac{1}{4}\overline{A}_{ges}c_H w_H$$

bzw.

$$P_{abs}(t) = \frac{1}{4}\overline{A}_{ges}c_H w(t) \tag{8.119}$$

Mit der im diffusen Schallfeld räumlich konstanten Energiedichte w(t) kann man noch den Mittelwert W(t)/V bilden. Es ist dann

$$P_{abs}(t) = +\overline{A}_{ges}\frac{1}{4}c_H\frac{W(t)}{V} \tag{8.120}$$

Hieraus gewinnt man nach Trennung der Veränderlichen durch Integration und Berücksichtigung der Anfangsbedingung W(0) = W_a zunächst

$$ln\frac{W(t)}{W_a} = -\frac{c_H}{4}\frac{\overline{A}_{ges}}{V}t \tag{8.121}$$

$$W(t) = W_a \cdot e^{-\frac{c_H}{4}\frac{\overline{A}_{ges}}{V}t} \tag{8.122}$$

Eine Pegelabnahme von 60 dB führt zu

$$W(t) = W_a \cdot 10^{-\frac{60}{10}}$$

Die dazugehörende Zeit, die Nachhallzeit T, gewinnt man dann aus der Beziehung

$$W_a \cdot 10^{-6} = W_a \cdot e^{-\frac{c_H \overline{A}_{ges}}{4} \frac{}{V} T}$$

zu

$$T = \frac{V}{\overline{A}_{ges}} \frac{4}{c_H} \cdot 13{,}82$$

woraus speziell für Luft ($c_H = 340$ m/s) die folgende Nachhallzeit berechnet wird

$$T = T_S = 0,163 \frac{V}{\overline{A}_{ges}} \tag{8.123}$$

Hierin ist T in s, V in m^3, $\overline{A}_{ges}$ in m^2 einzusetzen.

In dieser Form wird sie auch Sabinesche Nachhallzeit T_S genannt. Man findet darin die erwähnten Zusammenhänge bestätigt.

Zusätzlich lässt sich noch die Luftdissipation berücksichtigen, die sich in geschlossenen Räumen vor allem bei höheren Frequenzen bemerkbar macht. Mit dem Dämpfungskoeffizienten α_L^* der Luft nimmt die Amplitude des Wechseldrucks $\widehat{p}$ entsprechend der Gl. (1.29) auf dem Weg Δx nach dem Exponentialgesetz $p(x) = \widehat{p} \cdot e^{-\alpha_L^* \cdot \Delta x}$ ab. Die Amplitude der Schallintensität lässt sich dann wie folgt angeben:

$$I(x) = \widehat{I} \cdot e^{-2\alpha_L^* \cdot \Delta x} \tag{8.124}$$

Der Dämpfungskoeffizient α_L^* hat die Dimension 1/m. Der Zusammenhang zwischen α_L^* und α_L in dB/m nach Tab. 7.1 lässt sich wie folgt angeben:

$$\Delta L = 10lg \frac{\widehat{I}}{I(x)} = (2 \cdot 10\,(e)) \cdot \alpha_L^* \cdot \Delta x = \alpha_L \cdot \Delta x; bzw. \alpha_L^* = \frac{\alpha_L}{20\lg(e)} \frac{1}{m}$$

Führt man die Zeit t ein, so wird wegen $\Delta x = c \cdot t$

$$I(t) = \widehat{I} \cdot e^{-2\alpha_L^* \cdot c \cdot t} \tag{8.125}$$

Dieser exponentielle Abfall von I(t) mit der Zeit kann sinngemäß auf die Abnahme der Schallenergie W(t) in Abhängigkeit von der Zeit übertragen werden. Es ist also

$$W(t) = \left(W_a \cdot e^{-\frac{c_H \overline{A}_{ges}}{4 \; V} t} \right) \cdot e^{-2\alpha_L^* \cdot c_H \cdot t} \tag{8.126}$$

$$= W_a \cdot e^{-\left(\overline{A}_{ges} + 8\alpha_L^* V\right) \frac{t c_H}{V \, 4}} \tag{8.127}$$

Daraus folgt für eine Energieabnahme von 60 dB in Luft:

$$T = 0,163 \frac{V}{\overline{A}_{ges} + 8\alpha_L^* V} = \frac{T_S}{1 + \frac{8\alpha_L^* V}{\overline{A}_{ges}}} \tag{8.128}$$

Diese Beziehung für die Nachhallzeit stellt die erweiterte Sabinesche Formel dar. Man erkennt den zusätzlichen Einfluss der Luftdämpfung, der zu einer Verkürzung der Nachhallzeit führt. Die Reduzierung wird vor allem bei höheren Frequenzen spürbar, wie das folgende Beispiel gut erkennen lässt.

Beispiel

V = 1000 m^3, $\overline{A}_{ges}$=100 m^2

$$\alpha)\ f = 500Hz : \frac{T}{T_S} = \frac{1}{1 + 8 \cdot 2{,}18 \cdot 10^{-4} \cdot \frac{1000}{100}} 100\% = 98{,}2\%$$

$$\alpha_L^* = \frac{1{,}9 \cdot 10^{-3} dB/m}{20 lg\ e} = 2{,}18 \cdot 10^{-4} \frac{1}{m}.$$

$$\beta)\ f = 8000Hz : \frac{T}{T_S} = \frac{1}{1 + 8 \cdot 135 \cdot 10^{-4} \cdot \frac{1000}{100}} 100\% = 48\%$$

$$\alpha_L^* = \frac{117,1 \cdot 10^{-3} dB/m}{20 \cdot \lg(e)} = 135 \cdot 10^{-4} \frac{1}{m}.$$

Aus der Beziehung (8.121)

$$ln \frac{W(t)}{W_a} = -\frac{c_H}{4} \frac{\overline{A}_{ges}}{V} t$$

folgt noch, dass der Schalldruckpegel L_p als eine logarithmische Größe ebenfalls linear mit der Zeit abfallen muss, denn es ist

$$ln \frac{W(t)}{W_a} = ln \frac{w(t)}{w_a} = ln \frac{I(t)}{I_a} = 0{,}23 L_p(t) - 0{,}23 L_{p_a}$$

Also ist

$$L_p(t) = L_{p_a} - \frac{c_H}{4 \cdot 0{,}23} \frac{\overline{A}_{ges}}{V} t \tag{8.129}$$

Die Nachhallzeit T ist infolge ihres Zusammenhanges mit $\overline{A}_{ges}$ und α_L' in stärkerem Maße frequenzabhängig. Man gewinnt eine Art mittlere Nachhallzeit T_m, wenn man den Pegelabfall beispielsweise nach einem Knall aufzeichnet. Solche mittleren Nachhallzeiten T_m betragen für

Wohnzimmer	0,6 s	Theater	1,5 s
Hörsäle	0,8 s	Kirchen	bis 5 s.

Zweckmäßiger ist es, die Nachhallzeiten eines Raumes in Abhängigkeit von der Frequenz zu messen. Hierzu werden z. B. aus dem weißen Rauschen eines Rauschgenerators Oktav- oder Terzbänder herausgefiltert und von einem Lautsprecher in den Raum abgestrahlt.

Der Schalldruckpegel wird ebenfalls gefiltert und nach dem Abschalten des Rauschgenerators mitgeschrieben. Eine solche Aufzeichnung ist in Abb. 8.46 exemplarisch dargestellt. Der versetzte Verlauf der Abklingkurven ergibt sich aus der fortlaufenden Aufzeichnung.

Der Frequenz-Messbereich ist etwa auf den Bereich 125 Hz < f < 4000 Hz eingeschränkt.

Die dabei gemessenen Nachhallzeiten entsprechen dann annähernd der Sabineschen Nachhallzeit T_S. Unter 125 Hz ist die Diffusität des Schallfeldes nicht immer gewährleistet, so dass die Kurve $L_p(t)$ nicht mehr einer Geraden folgt. Über 4000 Hz hat T keine ausschließliche Aussagekraft für den Raum, da, wie oben gezeigt, die Dissipation der Luft wesentlich wird.

In Abb. 8.47 ist T_{Okt} für einen Raum über der Oktavleiter aufgetragen. Dabei entspricht die bei 500 Hz gemessene Nachhallzeit T_{500} etwa der mittleren Nachhallzeit T_m. Der einfache Zusammenhang zwischen der Sabineschen Nachhallzeit T_S und der Gesamtabsorption $\overline{A}_{ges}$ eines Raumes ermöglicht es, in ebenso einfacher Weise $\overline{A}_{ges}$ als Funktion von T_S darzustellen. Es ist

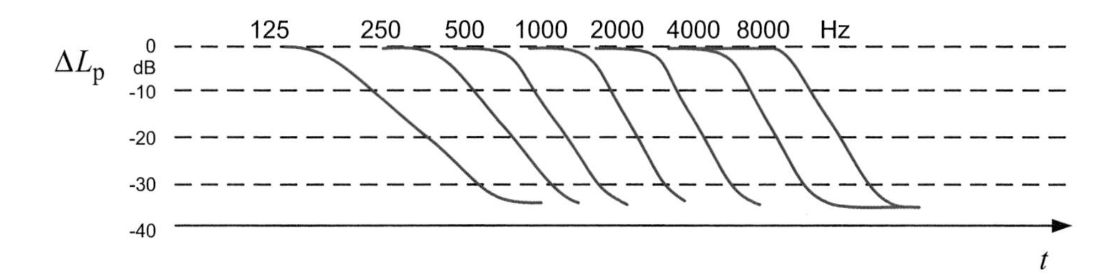

Abb. 8.46 Nachhallzeiten für verschiedene Oktavbänder

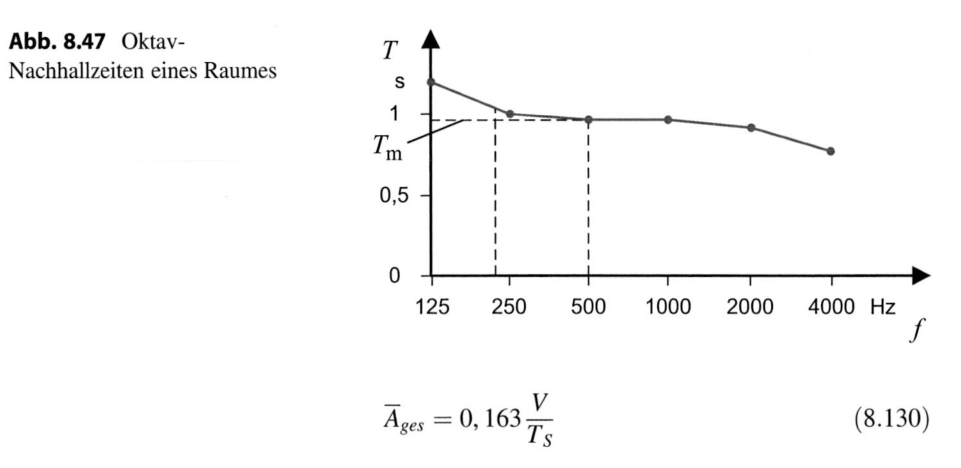

Abb. 8.47 Oktav-Nachhallzeiten eines Raumes

$$\overline{A}_{ges} = 0,163 \frac{V}{T_S} \tag{8.130}$$

Da auch die messtechnische Ermittlung der Nachhallzeit verhältnismäßig einfach ist, lässt sich die Gesamtabsorption $\overline{A}_{ges}$ leicht über die Nachhallzeit bestimmen. Hinzu kommt, dass die auf diese Weise gefundene Gesamtabsorption gegenüber der aus den α_i- und $\overline{A}_i$- Werten berechneten genauer ist, wie dies bereits in (Gl. (8.106)) ausgeführt wurde.

Werden die Nachhallzeiten für Oktav- bzw. Terzbänder ermittelt, lässt sich die Gesamtabsorption des Raumes $\overline{A}_{ges}$ frequenzabhängig für Oktav- bzw. Terzbänder darstellen. Man kann noch in allen bisherigen akustischen Beziehungen des Raumes, in denen die Größe $\overline{A}_{ges}$ enthalten ist, letztere durch T_S ersetzen. Aus folgender Aufstellung geht hervor, dass die Nachhallzeit in der Raumakustik eine besondere Bedeutung hat:

$$P_Q = \frac{1}{24{,}6} I_H \frac{V}{T_S} \tag{8.131}$$

$$I_H = 24{,}6 \frac{P_Q T_S}{V} \tag{8.132}$$

$$L_H = L_W - 10lg \frac{V}{V_0} + 10lg \frac{T_S}{T_0} - K_0 + 14\, dB \tag{8.133}$$

$$r_H = 0,057 \sqrt{\frac{V}{T_S}} \tag{8.134}$$

(V in m^3, T in s)

Alle Größen der linken Seite sind frequenzabhängig und vor allem in Oktav- und Terzbändern darstellbar.

Beispiel

Für einen Hörsaal (V = 15 m · 10 m · 3,3 m = 495 m^3; A ≈ 470 m^2), in dem eine Schreckschusspistole abgefeuert wurde, ergab sich eine mittlere, gemessene Nachhallzeit

$T_m = 0{,}85$ s

Mit $K_0 \approx 0$ erhält man dann:

$$\overline{A}_{ges} = 0,163\frac{495}{0{,}85}m^2 = 94{,}9m^2$$

$$L_H = L_W - 10lg\frac{495}{1} + 10lg\frac{0{,}85}{1} + 14d\boldsymbol{B} = L_W - 13{,}7\ \text{dB}$$

$$r_H = 0,057\sqrt{\frac{495}{0{,}85}}m = 1{,}38m$$

8.11 Hörsamkeit eines Raumes

Die Nachhallzeit spielt in der Raumakustik noch eine weitere wichtige Rolle. Sie charakterisiert auch das subjektiv wahrgenommene akustische Verhalten eines Raumes in seiner Gesamtheit oder, wie man sagt, sie beschreibt die Hörsamkeit eines Raumes im Hinblick auf die Wahrnehmung von Sprache und Musik. So klingt bei zu kurzer Nachhallzeit eines Raumes ein Schallereignis im Raum nahezu wie im Freien, Sprache und Musik erscheinen hart und stumpf, die Lautstärke nimmt mit dem Abstand sehr schnell ab. Umgekehrt sind die Höreindrücke bei zu langer Nachhallzeit verwaschen, Silben und Klänge gehen ineinander über und stören dadurch vor allem bei der Sprache. Es wird also zwischen zu kurzer und zu langer Nachhallzeit ein Optimum geben, wobei noch zu unterscheiden ist, ob gutem Musikempfang oder guter Sprachverständlichkeit der Vorzug gegeben werden soll.

Für gute Sprachverständlichkeit bei gleichzeitig niedrig gehaltenem Pegel der Nebengeräusche, existieren in kleineren bis mittelgroßen Räumen, beispielsweise in Sitzungszimmern, Versammlungsräumen, Hörsälen und ähnlichem, Optimalwerte der Nachhallzeit in Abhängigkeit vom Raumvolumen V (V liegt zwischen 125 m^3 und 500 m^3). Es sind Erfahrungswerte, die in DIN 18041 – Hörsamkeit in kleinen bis mittelgroßen Räumen [29] – als Soll-Nachhallzeiten T_{soll} über V angegeben sind. Die Werte für T_{soll} bestimmen ihrerseits die Soll-Absorptionsflächen $\overline{A}_{ges_{soll}}$ nach Gl. (8.130) Tab. 8.5.

Nun setzt sich die Gesamtabsorption eines Raumes aus zwei Komponenten zusammen, aus der Absorptionsfläche $\overline{A}_{leer}$ der leeren Räume (Absorption an der festen Begrenzung und an fest eingebauten Einrichtungen) und der Absorptionsfläche $\overline{A}_P$ der sich in den

Tab. 8.5 Soll-Nachhallzeiten, Soll-Absorptionsflächen, Personen-Absorptionsflächen in Abhängigkeit vom Raumvolumen für kleine bis mittelgroße Räume

V	m^3	125	250	500	1000
T_{soll}	s	0,6	0,7	0,8	0,9
$\overline{A}_{ges_{soll}}$	m^2	34	58	102	181
$\overline{A}_P$	m^2	12,5	25	50	100

Räumen aufhaltenden Personen. Für $\overline{A}_P$sind in DIN 18041 in Abhängigkeit vom Raumvolumen ebenfalls Richtwerte angegeben (siehe Tab. 8.5).

Sind die Personen teilweise verdeckt, müssen halbierte Werte verwendet werden.

Mit diesen Angaben und einer Nachhallzeitmessung T_{leer} im leeren Raum lässt sich eine ggf. nachträglich anzubringende Absorptionsfläche $\Delta\overline{A}$ abschätzen. Es ist

$$\Delta\overline{A} = \overline{A}_{ges_{soll}} - \left(\overline{A}_{leer} + \overline{A}_P\right) \tag{8.135}$$

wobei gilt

$$\overline{A}_{leer} = 0,163\frac{V}{T_{leer}}$$

Wie eine optimale Nachhallzeit erreicht werden kann, soll am Beispiel eines Hörsaales erläutert werden. Dieser habe einen Rauminhalt V = 500 m^3 und soll mit einer optimalen Absorptionsfläche ausgestattet werden. Seine Nachhallzeit T_{leer} wurde mit 1,4 s gemessen. Hierzu gehört die Absorptionsfläche $\overline{A}_{leer} = 58$ m^2. Daraus und mit den Werten aus Tab. 8.5 wird $\Delta\overline{A} \approx [100 - (58 + 50/2)]m^2 = 17m^2$, d. h., es ist im Hörsaal zusätzlich eine Absorptionsfläche von mindestens 17 m^2 anzubringen. Bei Verwendung handelsüblicher Akustikplatten in 2 cm Abstand von der Unterlage werden bei einem mittleren Absorptionsgrad $\alpha = 0,75$ hierzu 17/0,75 = 23 m^2 Plattenfläche benötigt. Es stellt sich nun die Frage, an welchen Stellen der Raumbegrenzung die Akustikplatten zweckmäßig anzubringen sind. Für die Beurteilung der Hörsamkeit spielt also nicht nur die Größe der Absorptionsfläche $\overline{A}_{ges}$ des Raumes eine Rolle, sondern auch ihre Verteilung an der Raumbegrenzung, und zwar vor allem die Verteilung der zusätzlichen Schluckfläche $\Delta\overline{A}$. Beim Auffinden der zweckmäßigen Verteilung kommt den bereits früher erwähnten ersten Reflexionen (vgl. Abschn. 8.2) Bedeutung zu. Diese haben zur Folge, dass der reflektierte Schall einen etwas längeren Weg zurücklegt als der direkte Schall, so dass der reflektierte Schall entsprechend später am Ohr eintrifft. Der Zeitunterschied wird Laufzeitdifferenz genannt. Diese Laufzeitdifferenz hat Einfluss auf die Sprachverständlichkeit in einem geschlossenen Raum. Bei kleinerer Laufzeitdifferenz ist der Schalleindruck verstärkt, bei größerer Zeitdifferenz wird der Schalleindruck unklar, und bei besonders ungünstigen Verteilungen der Schallschluckflächen können sogar Echos entstehen. Man spricht demzufolge von einer nützlichen und einer schädlichen Wirkung der Laufzeitdifferenz.

Die Erfahrung zeigt, dass etwa bei 50 bis 100 ms die Grenze zwischen nützlicher und schädlicher Wirkung liegt. Diese Zeit entspricht dann einem zu akzeptierenden Umweg des reflektierten Schalls von ca. 16 bis 32 m. Aus dem gleichen Grund bezeichnet man reflektierende Flächen, die beim Empfänger Laufwegdifferenzen gegenüber dem direkten Schall von mehr als 16 bis 32 m hervorrufen, als reflexionsschädliche Flächen. Ihr Einfluss muss unterbunden werden. Hierzu einige Beispiele:

a) ***Vermeidung schädlicher Rückwandreflexionen***

In längeren Räumen wird die Sprachverständlichkeit im vorderen Hörbereich durch schädliche Reflexionen an einer schallharten Rückwand wesentlich beeinträchtigt. Der Grund hierfür ist, dass die Laufzeitdifferenz zwischen reflektiertem und direktem Schall zu groß ist. Man beseitigt diesen Mangel, indem man die Rückwand in ihrem oberen Teil und einen angrenzenden Deckenstreifen mit Schallschluckmaterial abdeckt (Abb. 8.48) [15].

b) ***Vermeidung schädlicher Deckenreflexionen***

In höheren Räumen tritt im vorderen Hörbereich eine ähnliche Verschlechterung der Sprachverständlichkeit auf. Sie wird durch schädliche Reflexionen an der vorderen schallharten Decke hervorgerufen. Auch diesen Mangel kann man beseitigen, indem man die vordere Decke mit schallschluckendem Material verkleidet und darüber hinaus das Hörergestühl ansteigen lässt (Abb. 8.49).

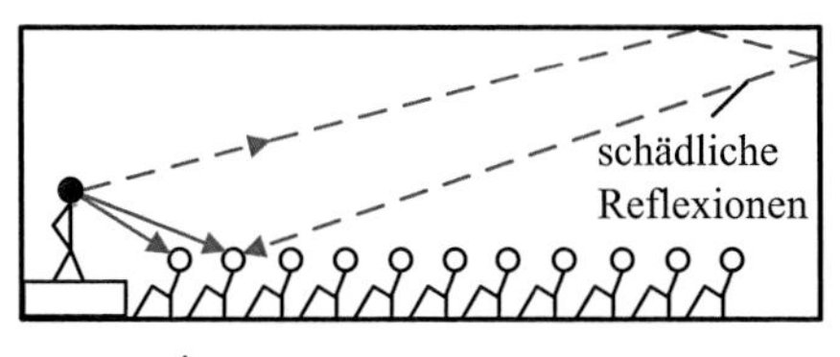

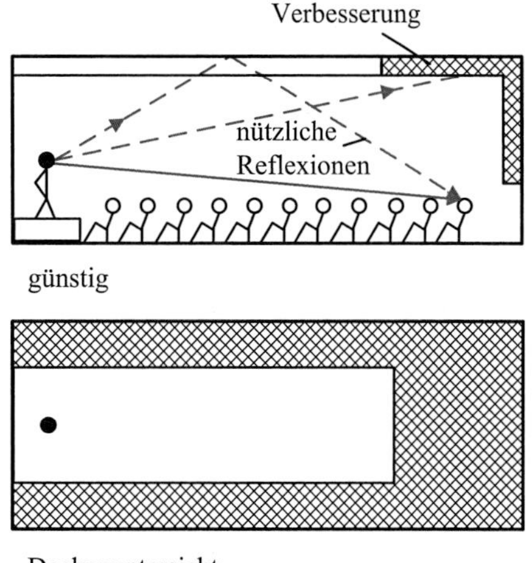

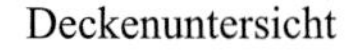

Abb. 8.48 Schädliche Reflexionen und deren Beseitigung durch Anbringung von Schallschluckern

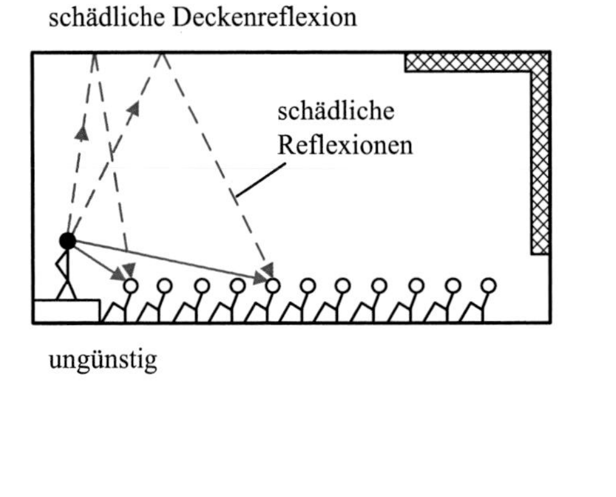

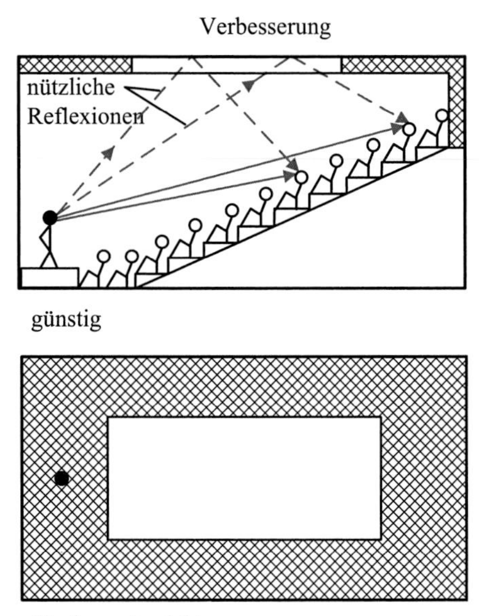

Abb. 8.49 Schädliche Deckenreflexionen und deren Vermeidung in höheren Räumen durch Anordnung von Schallschluckmaterial und ansteigende Sitzreihen

c) ***Vermeidung von Flatterecho***

Sehr ungünstige akustische Verhältnisse können auftreten, wenn ein Raum durch Paare zueinander paralleler Flächen mit verhältnismäßig schallharter Oberfläche begrenzt ist. Solche Zuordnungen können Decke-Fußboden, die beiden Seitenwände sowie Vorder- und Rückwand sein, deren Oberfläche ohne natürliches oder zusätzliches Schallschluckmaterial ausgestattet ist. Die vielfältig möglichen und streng gerichteten Reflexionen zwischen solchen parallelen Wänden können zu stehenden Schallwellen bzw. periodischen Reflexionen und damit zu dem gefürchteten Flatterecho führen [4, 10]. Man unterdrückt diese lästige Erscheinung, indem man eine der beiden parallelen Flächen wenigstens partiell schallschluckend verkleidet. Die Verkleidung kann beispielsweise auch Vorhangstoff sein (Abb. 8.50).

d) ***Nützliche Reflexionsflächen***

Neben den als schädlich erkannten Reflexionsflächen sind in den Beispielen a) bis c) auch nützliche Reflexionen festzustellen. Letztere sind vor allem dann in größeren Räumen unverzichtbar, wenn für eine gute Sprachverständlichkeit verhältnismäßig viel Schallschluckmaterial verwendet wird. Unabhängig davon erwartet man in größerer Entfernung eine ausreichende Lautstärke. Diese wird vor allem durch Reflexionen im mittleren Bereich der Decke erreicht, den man daher stets frei von schallschluckenden Elementen halten muss. Reflexionen am Mittelteil einer Seitenwand oder auch an der Vorderwand, wenn

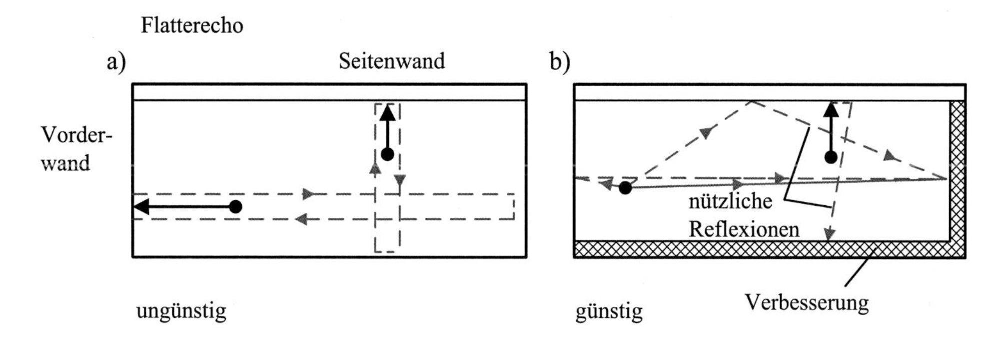

Abb. 8.50 a) Ausbildung von stehenden Schallwellen (Flatterecho) an parallelen Wänden. b) Vermeidung von Flatterecho durch Anordnung von Schallschluckmaterialien

diese auch zumeist hinter dem Sprecher liegt und damit weniger Energie reflektiert, wirken ebenfalls nützlich.

Ganz anders liegen die akustischen Verhältnisse bei dem sog. Großraumbüro. Hier sollen sich die zahlreichen Arbeitsplätze nicht gegenseitig akustisch stören, der Luftschall soll also eine geringe Ausbreitung erfahren. Die Decke wird jetzt zur schädlichen Reflexionsfläche. Daher werden an der Deckenunterseite Akustikplatten angeordnet, ebenso wird der Fußboden mit schallschluckendem Bodenbelag ausgelegt. In Sonderfällen wird der Großraum durch Stellwände und Ähnliches in kleinere Untergruppen unterteilt. Allerdings ist hierbei dafür zu sorgen, dass der Grundpegel nicht so niedrig wird, dass die Arbeitsgeräusche zu starke Pegeländerungen bewirken. In solchen Fällen haben sich elektroakustisch erzeugte Hintergrundgeräusche, z. B. Radiomusik, bewährt.

Abschließend muss noch darauf hingewiesen werden, dass neben der Größe der Nachhallzeit und der Art, wie die Absorptionsfläche $\overline{A}_{ges}$ über den Raum verteilt ist, weitere Parameter Einfluss auf die Hörsamkeit haben, wie beispielsweise die Form des Raumes, die Lage der Schallquelle im Raum und der Standort des Empfängers darin. Doch werden alle diese Einflüsse von untergeordneter Bedeutung, wenn das Schallfeld im Raum eine ausreichende Diffusität besitzt. Ausreichende Diffusität ist daher eine notwendige Voraussetzung für gute Hörsamkeit. Wird diese Voraussetzung erfüllt, steht gute Hörsamkeit meistens in Übereinstimmung mit optimaler Nachhallzeit.

8.12 Schallabstrahlung von Räumen

An der Begrenzung des Diffusfeldes eines geschlossenen Raumes kommt es auch zur Schallabstrahlung nach außen. Für diese Schallabstrahlung ist neben dem Schalldruckpegel L_H des Diffusfeldes das Dämmverhalten der Raumbegrenzung maßgeblich. Als Beispiel hierzu sei das diffuse Schallfeld in einer Fabrikhalle angeführt, deren Arbeitslärm durch Wände und Dachfläche nach außen dringt.

Zur Beurteilung einer möglichen Lärmbelästigung der Nachbarschaft kann es dann erforderlich werden, die Stärke dieser Schallabstrahlung zu kennen bzw. abzuschätzen. Sie soll zunächst an einer einfachen, ebenen Wand ermittelt werden.

Wird eine solche ebene Wandfläche A_W auf der Innenseite eines geschlossenen Raumes ① durch das diffuse Luftschallfeld der Intensität I_{H_1} angeregt, so lässt sich die an der Außenseite der Wand abgestrahlte Schallleistung bzw. deren Schallleistungspegel L_{W_a} angeben. Hierzu ist noch die Kenntnis des frequenzabhängigen Schalldämmmaßes R der Wand erforderlich.

Die Abstrahlung erfolge dann weiter im Freifeld oder Diffusfeld. Ausgang ist die auf die Wandfläche A_W auftreffende Schallleistung P_e, (Abb. 8.51). Entsprechend der Beziehung $P_{abs} = \frac{1}{4}\overline{A}_{ges} w_H c_H$ (s. Gl. (8.119)) ist. $P_e = A_W \frac{I_{H1}}{4}$. Andererseits ist das Luftschalldämmmaß $R = 10 \cdot \lg P_e/P_d$, so dass für die durch die Wand transmittierte Schallleistung geschrieben werden kann:

$$P_d = P_e \cdot 10^{-R/10} = A_W \frac{I_{H_1}}{4} 10^{-R/10} \tag{8.136}$$

Der zugehörige Schallleistungspegel ist dann

$$L_{W_a} = 10 lg \frac{P_d}{P_0} = L_{H_1} - R + 10 lg \frac{A_W}{A_0} - 6 + K_{0_1}\, dB \tag{8.137}$$

Der Korrekturpegel K_{01} für Raumdruck und -temperatur im Raum ① kann in den meisten Fällen vernachlässigt werden.

Die Gl. (8.137) lässt sich für ein beliebiges Schallfeld im Raum ① mit dem Innenpegel $L_{p,in}$ durch den sog. Diffusitätsterm C_d wie folgt verallgemeinern [18]:

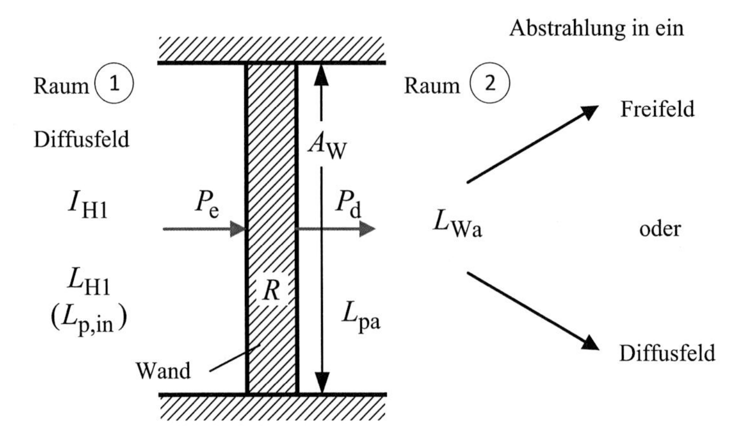

Abb. 8.51 Schallabstrahlung eines Raumes (Raum ①) nach außen (Diffus- oder Freifeld)

$$L_{W_a} = 10lg\frac{P_d}{P_0} = L_{p,in} - R' + 10lg\frac{A_W}{1m^2} + C_d dB \tag{8.138}$$

$$R' = -10 \cdot lg\left[\sum\nolimits_{i=1}^{m} \frac{A_{W,i}}{A_W} \cdot 10^{-R_i/10} + \sum\nolimits_{i=m+1}^{m+n} \frac{A_0}{A_W} \cdot 10^{-D_{n,e,i}/10}\right] dB \tag{8.139}$$

Hierbei ist

R'	das Bau-Schalldämmmaß der Wandfläche in dB
R_i	das Schalldämmmaß des Bauteils i, in dB [30]
$A_{W,i}$	die Teilfläche einer Wand der Fläche A_W in m^2
$D_{n,e,i}$	die Norm-Schallpegeldifferenz der kleinen Teilfläche i in dB [30]
A_0	die Bezugsabsorptionsfläche in m^2 ($A_0 = 10\ m^2$)
m	die Anzahl der großen Teilflächen der Wand
n	die Anzahl der kleinen Teilflächen der Wand
C_d	Diffusitätsterm. Die Pegeldifferenz zwischen dem Schalldruckpegel im Abstand von 1 m bis 2 m von der nach innen weisenden Bauteiloberfläche und Intensitätspegel des senkrecht auf dasselbe Bauteil einfallenden Schalls. Der Diffusitätsterm C_d kann in Abhängigkeit der akustischen Eigenschaften des Gebäudeinnern (Raum ①) Werte zwischen −6 dB und 0 dB annehmen. In Tab. 8.6 sind für verschiedene Räume die C_d -Werte zusammengestellt [18].

Je nach Frequenzabhängigkeit des Innenpegels $L_{p,in}$ und Schalldämmmaß R' der Wand erhält man den zugehörigen Schallleistungspegel L_{Wa}, z. B. als Terz- oder Oktavpegel.

Der A-bewerteten Schallleistungspegel $L_{Wa,A}$, als Einzahlangabe, lässt sich nach [18] wie folgt bestimmen:

$$L_{W_{aA}} = L_{pA,in} + 10lg\frac{A_W}{1m^2} - 6 - X'_{As}\ \mathrm{dB(A)} \tag{8.140}$$

Tab. 8.6 C_d-Werte für verschiedene Räume [18]

Situation	C_d [dB]
relativ kleine, gleichförmige Räume (diffuses Feld) vor reflektierender Oberfläche	−6
relativ kleine, gleichförmige Räume (diffuses Feld) vor absorbierender Oberfläche	−3
große, flache oder lange Hallen, viele Schallquellen (durchschnittliches Industriegebäude) vor reflektierender Oberfläche)	−5
Industriegebäude, wenige dominierende und gerichtet abstrahlende Schallquellen vor reflektierender Oberfläche	−3
Industriegebäude, wenige dominierende und gerichtet abstrahlende Schallquellen vor absorbierender Oberfläche	0

Hierin ist X'_{As} die Kenngröße für die A-bewertete Schallpegeldifferenz beim Durchgang durch die Wandfläche A_w. In die Berechnung der Kenngröße X'_{As} gehen das bewertete Schalldämmmaß R_W und die Spektrums-Anpassungswerte $C_{S,i}$ (vgl. Abschn. 8.5) ein. [17, 18].

$$X'_{As} = -10 \cdot lg\left[\sum_{i=1}^{m} \frac{A_{W,i}}{A_W} \cdot 10^{-(R_{W,i}+C_{S,i})/10} + \sum_{i=1}^{n} \frac{A_0}{A_W} \cdot 10^{-(D_{n,e,W,i}+C_{S,i})/10}\right] \quad (8.141)$$

Mit

$R_{W,i}$ das bewertete Schalldämmmaß der Teilfläche $A_{W,i}$ einer Wand der Fläche A_W, in dB

$C_{S,i}$ der Spektrums-Anpassungswert der Teilfläche i für das Spektrum s, in dB [18]

$D_{n,e,w,i}$ die bewertete Norm-Schallpegeldifferenz der kleinen Teilfläche i

a) ***Abstrahlung in den Halbraum*** (Abb. 8.52)

Im Halbraum dominiert in nicht zu kleinem Abstand r vom Schwerpunkt der abstrahlenden Fläche $A_W = l \cdot b$ ($l > b$) etwa ab $r \approx 0,5 \cdot l$ das Kugelwellenfeld mit dem bekannten Pegelabfall von 6 dB pro Abstandsverdopplung, d. h. die Wandfläche wirkt als Punktschallquelle. Bei kleineren Abständen muss die schallabstrahlende Wand in Teilschallquellen zerlegt werden. Alternativ lässt sich der Immissionspegel nach Abschn. 7.2.2 berechnen bzw. korrigieren. Für die r > 0,5 l gilt:

Man erhält daher für den Halbraum ($D_\Omega = 3$) die Immissionspegel:

$$L_p(r) = L_{Wa} - 20 \cdot lg\frac{r}{1m} - 11 + D_\Omega \, dB \quad (8.142)$$

Mit der Gl. (8.138) lässt sich der Immissionspegel als Funktion des Innenpegels angeben:

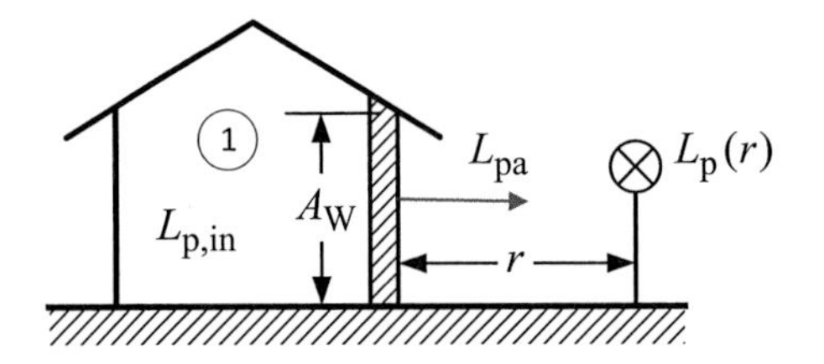

Abb. 8.52 Schallabstrahlung eines Raumes ① in einem Halbraum

$$L_p(r) = L_{p,in} - R' - 20 \cdot lg \frac{r}{\sqrt{A_W}} + C_d - 11 + D_\Omega \, dB \tag{8.143}$$

Interessiert man sich dagegen für den Schalldruckpegel L_{p_a} unmittelbar an der Außenwand, so kann man im Falle der breitbandigen Abstrahlung, bei der die wesentlichen Energieanteile über der Grenzfrequenz f_{gr} der Wand liegen, den Druckpegel L_{p_a} bei dickeren Wänden gut abschätzen.

Den Schalldruckpegel an einem Aufpunkt in Seitenmitte der Außenwand, s. Abb. 7.10a, erhält man mit Hilfe der Gl. (7.29):

$$L_{pa} = \left(L_{Wa} - 20 \cdot lg \frac{r}{1\,m} - 11\right) + D_\Omega + K_{QF} \text{ dB} \tag{8.144}$$

mit L_{Wa} nach (8.138) und K_{QF} nach Gl. (7.31) bzw. Abb. 7.10a. Den A-Schalldruckpegel $L_{pa,A}$ erhält man analog mit Hilfe des A-Schallleistungspegels L_{WaA} nach Gl. (8.140). In [18] sind noch weitere Abschätzformeln für die Bestimmung von L_{pa} angegeben. Für größere Entfernungen von der Wand ist $K_{QF} \approx 0$ und die Gl. (8.144) geht in die Gl. (8.142) bzw. (8.143) über.

In Abb. 8.53 ist der gesamte Verlauf des sich im Nah- und Fernfeld der Wand aufbauenden Schalldruckpegels $L_p(r)$ dargestellt. Hierbei wird zwischen einer Fläche von annähernd quadratischer und einer Fläche von mehr langgestreckter Form unterschieden. Im ersten Fall geht der Pegel L_{p_a} in den Pegel $L_p(r)$ des Kugelwellenfeldes über, der Übergang findet etwa bei $r = 0{,}32 \cdot \sqrt{A_W}$ statt. Im zweiten Fall baut sich in der Nähe der langgestreckten Rechteckfläche ein Zylinderwellenfeld mit einem Pegelabfall von 3 dB pro Abstandsverdopplung auf, das bei $r \approx 0{,}5 \cdot lv$ in das Kugelwellenfeld übergeht, s. Hierzu auch das Abb. 7.11. Der Übergang zwischen dem Nahfeld und dem Zylinderwellenfeld liegt näher an der Wand, etwa bei einem Abstand von 20 % der Wandhöhe.

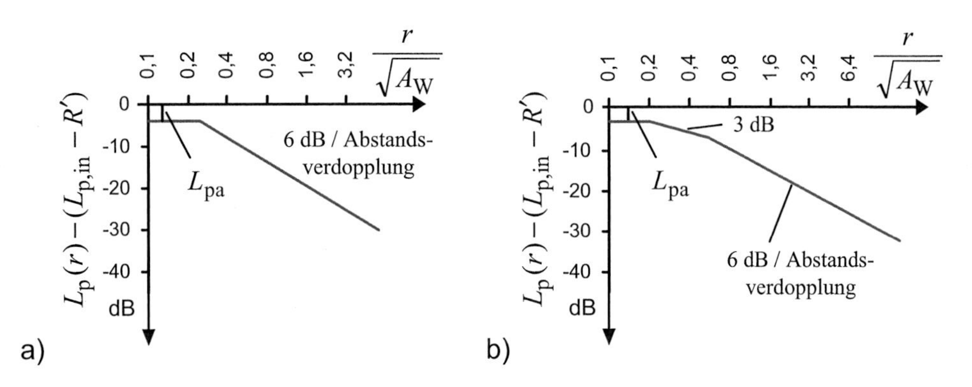

Abb. 8.53 Schalldruckpegelverteilung im Halbraum außerhalb eines Raumes mit Diffusfeldcharakter in Abhängigkeit der Entfernung von der Außenwand. a) quadratische Außenwand. b) rechteckige Außenwand

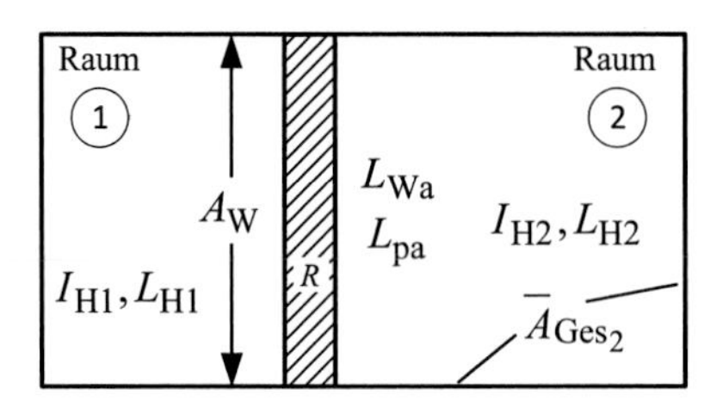

Abb. 8.54 Schallabstrahlung eines Diffusfeldes (Raum ①) in ein anderes Diffusfeld (Raum ②)

Abschließend wird darauf hingewiesen, dass man mit Hilfe der so gewonnenen Schallleistungspegel der Außenwand, Gl. (8.138) und (8.140), den Immissionspegel für jede beliebigen Punkt im Freien unter der Berücksichtigung von sämtlichen Ausbreitungsdämpfungen nach DIN EN ISO 9613-2, s. auch Abschn. 7.5.1 und 7.5.2, berechnen kann.

b) ***Abstrahlung in das Diffusfeld*** (Abb. 8.54)

Erfolgt dagegen die Abstrahlung in das Diffusfeld eines angrenzenden Raumes ② (Abb. 8.54), so baut sich in diesem Raum die Intensität I_{H_2}und der Schalldruckpegel L_{H_2} auf. Diese Größen werden durch den Schallleistungspegel L_{W_a} und die Absorptionsfläche $\overline{A}_{ges_2}$ des Raumes ② bestimmt. Für das Diffusfeld ② ist dann analog zu Gl. (8.113):

$$L_{H_2} = L_{W_a} - 10lg\frac{\overline{A}_{ges_2}}{A_0} - K_{0_2} + 6\ \text{dB} \tag{8.145}$$

Mit der Gl. (8.137) erhält man in Terzbändern:

$$L_{H_{2,Tz}} = L_{H_{1,Tz}} + 10lg\frac{A_W}{\overline{A}_{ges2,Tz}} - R_{Tz} + K_0'\ dB \tag{8.146}$$

wobei $K_0' = K_{0_1} - K_{0_2}$ ist.

Mit dem bewerteten Schalldämmmaß R_W, s. Abschn. 8.5, erhält man den A-bewerteten Immissionspegel:

$$L_{A2} \approx L_{A1} + 10lg\frac{A_W}{\overline{A}_{ges2,500Hz}} - R_W\ dB(A) \tag{8.147}$$

Hierbei wurde ein breitbandiges Schallpegelspektrum im Raum ①, ohne besondere tief- oder hochfrequente Prägung, vorausgesetzt.

Gl. (8.146) lässt sich auch nach R auflösen, so dass man erhält:

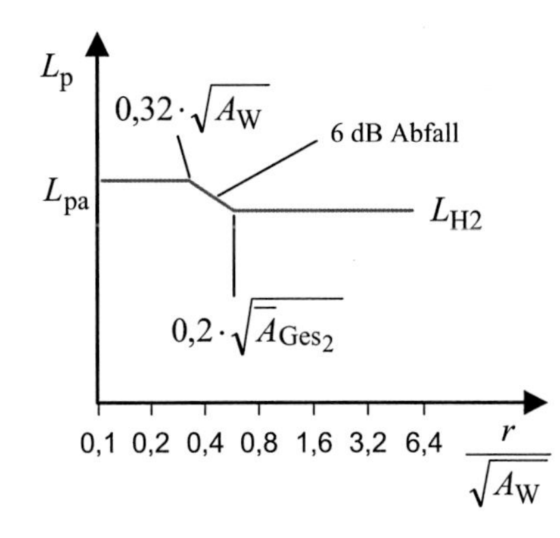

Abb. 8.55 Qualitative Verteilung des Schalldruckpegels im Raum ② (s. Abb. 8.54)

$$R_{Tz} = (L_{H1} - L_{H2})_{Tz} + 10lg\frac{A_W}{\overline{A}_{ges2,Tz}}\ dB \tag{8.148}$$

Diese Gleichung kann zur Ermittlung des Schalldämmmaßes einer Fläche A_W dienen, beispielsweise in Terzbändern. Dazu muss die Schalldruckpegeldifferenz $(L_{H_1} - L_{H_2})_{Tz}$ von Terzbändern bestimmt werden, die im Raum ① abgestrahlt und dort sowie im Raum ② gemessen werden.

Die Verteilung des Schalldruckpegels nimmt im Raum ② etwa den in Abb. 8.55 dargestellten Verlauf an.

Der Pegel L_{p_a} in Wandnähe, d. h. im Bereich des Direktfeldes gemäß Abb. 8.53, bzw. Gl. (8.144) geht in den konstanten Schalldruckpegel L_{H_2} über. Der Übergang ist bei $r = 0{,}2 \cdot \sqrt{\overline{A}_{ges_2}}$, dort also, wo der Direktfeldpegel dem Diffusfeldpegel gleich ist.

Beispiele

a) Eine Schallquelle der Leistung P_Q ist durch vier Seitenwände und eine Dachfläche aus Gasbeton mit einer Massenbelegung der Wände $m'' = 65kg/m^2$ und der Dachfläche $m'' = 160\,kg/m^2$ (Abb. 8.56) umschlossen, wobei $Z \approx Z_0$ und $K_{0_1} = K_{0_2} = 0$.

Das Schallfeld innerhalb der Umschließung sei annähernd diffus mit den Pegeln in Tab. 8.7 für den Schalldruck $L_{H_1} \equiv L_{p_1}$.

Das Schalldämmmaß $R_f \equiv R$ der Wände und Decke weist die Pegel in Tab. 8.8 auf (vgl. Abb. 8.21).

$$R_{W_{Wand}} = 36dB; R_{W_{Decke}} = 45dB$$

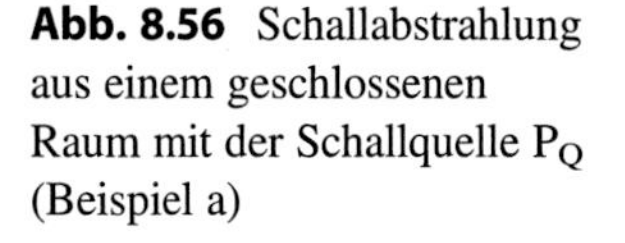

Abb. 8.56 Schallabstrahlung aus einem geschlossenen Raum mit der Schallquelle P_Q (Beispiel a)

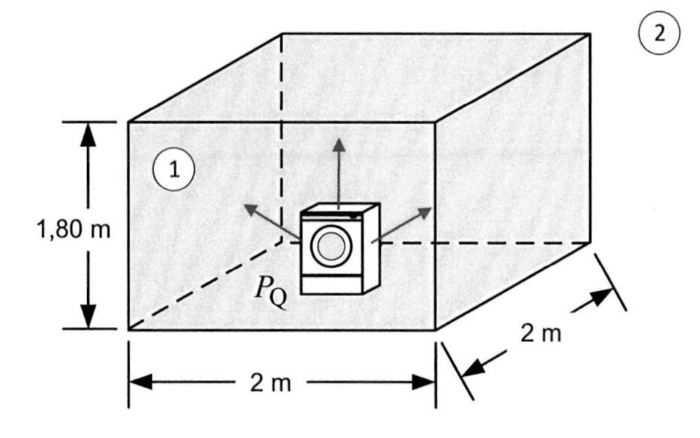

Tab. 8.7 Oktavspektrum des Schalldruckpegels im Raum ① (Beispiel a)

$f_{m_{Okt}}$	Hz	125	250	500	1000	2000	4000
$L_{H_{1_{Okt}}}$	dB	90	90	95	90	85	75

Tab. 8.8 Oktavspektrum der Schalldämmmaße für Wände und Decke

$f_{m_{Okt}}$	Hz	125	250	500	1000	2000	4000
$R_{Wand_{Okt}}$	dB	28	32	30	36	46	54
$R_{Decke_{Okt}}$	dB	33	37	38	47	53	57

Die vier Wände und die Decke dämmen nach außen gegen einen größeren Raum frei ab. Sein Volumen sei V = 1000 m^3. Gefragt wird nach dem bewerteten Schalldruckpegel L_{A_2}, der sich unter der Voraussetzung eines diffusen Schallfeldes in diesem Raum einstellt. Auf die Wirkung irgendwelcher Öffnungen in der Umschließung soll hier nicht eingegangen werden. Im Raum ② sind hierzu oktavbezogene Nachhallzeiten T_S gemessen worden, aus denen sich in bekannter Weise (Gl. (8.130)) die äquivalente, oktavbezogene Absorptionsfläche $\overline{A}_{ges}$ des Raumes berechnen lässt (Tab. 8.9).

Zunächst wird der Schallleistungspegel L_{W_a} der Abstrahlung der vier Wände und der Decke, und zwar für jede Fläche einzeln, ermittelt. Da das Emissionsspektrum im mittleren Frequenzbereich die dominanten Oktavbandpegel aufweist, kann X'_{As} zu Null gesetzt werden.

$$L_{W_{a_{Okt}}} = L_{H_{1_{Okt}}} - R_{Okt} + \underbrace{10 lg \frac{A_W}{A_0}}_{\substack{5{,}6 \text{ für die Wände} \\ 6{,}0 \text{ für die Decke}}} - 6\,dB \tag{8.149}$$

Die Ergebnisse sind in Tab. 8.10 zusammengestellt.

Mit diesen Einzelpegeln wird dann der Summenpegel $L_{\Sigma W_a}$ der Abstrahlung zusammen für alle vier Wände ($\Delta L = 10$ lg 4 = 6 dB) einschließlich Decke gebildet (Tab. 8.11).

Tab. 8.9 Oktavspektrum der Nachhallzeiten und adäquaten Absorptionsflächen

$f_{m_{Okt}}$	Hz	125	250	500	1000	2000	4000
$T_{S_{Okt}}$	s	1,5	1,2	1,1	1,1	1,0	0,8
$\overline{A}_{ges_{Okt}}$	m^2	109	136	148	148	163	204

Tab. 8.10 Oktav-Schallleistungspegel

$f_{m_{Okt}}$	Hz	125	250	500	1000	2000	4000
$L_{W_{a_{Okt}}}$ (Wand)	dB	61,6	57,6	64,6	53,6	38,6	20,6
$L_{W_{a_{Okt}}}$ (Decke)	dB	57	53	57	43	32	18

Tab. 8.11 Oktav-Summenpegel

$f_{m_{Okt}}$	Hz	125	250	500	1000	2000	4000
$L_{\sum W_{a_{Okt}}}$	dB	68	64	70,8	59,7	44,8	27,2

Tab. 8.12 Oktav-Luftschallpegel

$f_{m_{Okt}}$	Hz	125	250	500	1000	2000	4000
$L_{H_{2_{Okt}}}$	dB	53,6	48,7	55,1	44,0	28,6	10,1
$\Delta L(A - Bew.)$	dB	−16,1	−8,6	−3,2	0	+1,2	+1,0
$L_{A_{2_{Okt}}}$	dB(A)	37,5	40,1	51,9	44,0	29,8	11,1

Der Summenpegel ist Ausgang für die Abstrahlung in den Raum ②. Mit Gl. (8.147) und den Korrekturpegeln der A-Bewertung nach Tab. 6.2 erhält man den A-Luftschallpegel der Oktavbänder im Raum ② (Tab. 8.12).

Aus der letzten Zeile in Tab. 8.12 erhält man durch Bildung des Summenpegels das Endresultat

$L_{A_2} = 52{,}9$ dB(A)

b) Das wiederum durch eine Umhüllung begrenzte Schallfeld soll nunmehr in das Freifeld eines Halbraumes abstrahlen. Ist dabei der Abstand des Aufpunktes groß gegen die Abmessungen der Begrenzung, so lässt sich die Ermittlung des Schalldruckpegels im Aufpunkt in analoger Weise durchführen wie im Beispiel a).

Erfolgt dagegen die Abstrahlung durch größere Begrenzungsflächen, beispielsweise aus einer Fabrikhalle heraus, so muss man ggf. unter Berücksichtigung von Abschirmeffekten den Einfluss der Begrenzungsflächen einzeln berücksichtigen. Letztere lassen sich dabei fast immer durch eine Punktschallquelle im Flächenschwerpunkt ersetzen. Abb. 8.57 zeigt eine solche Fabrikhalle, die ihren Arbeitslärm in den Halbraum der Nachbarschaft abstrahlt. Im Aufpunkt R, der ca. 80 m von der Vorderseite der Halle entfernt ist, wird

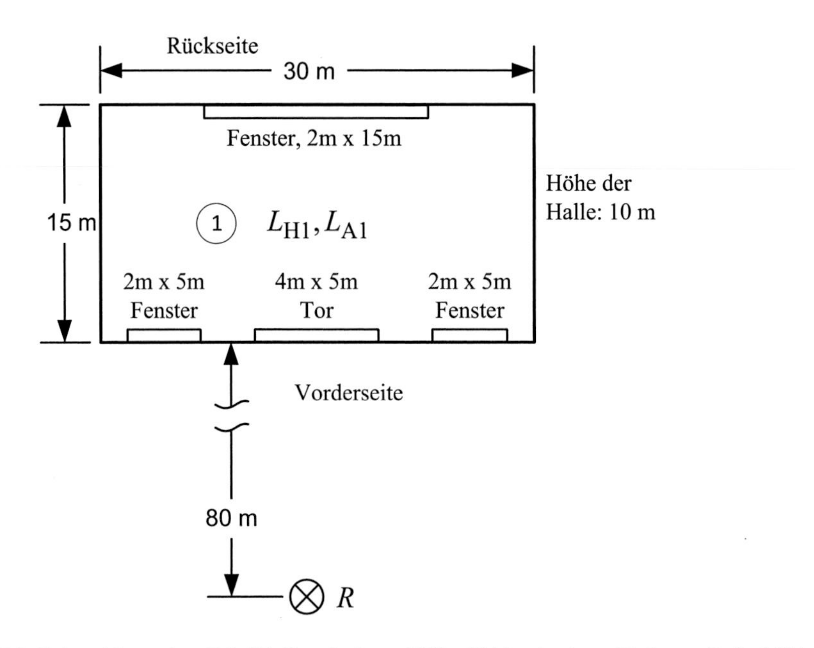

Abb. 8.57 Schallabstrahlung einer Fabrikhalle mit einem Diffusfeld L_{H_1} in einem Freiraum (Beispiel b)

der bewertete Immissionspegel L_A gesucht. Zwischen der Halle und dem Aufpunkt liegt kein weiteres Hindernis, auch finden keine zusätzlichen Reflexionen statt.

Der bewertete Schalldruckpegel in der Halle sei $L_{A_1} = 95$ dB(A). Die Beschaffenheit der Halle ist durch folgende Angaben bekannt:

- Umfassungswände in Hohlblocksteinen, verputzt, $m'' = 270\,kg/m^2$,
- Fenster, fest verglast, 3 mm einfach, $m'' = 7\,kg/m^2$,
- Tor, 3 mm Stahlblech, $m'' = 24\,kg/m^2$,
- Dach, Holzkonstruktion, versteift, $m'' = 14{,}5\,kg/m^2$.

Für die Ermittlung des A-bewerteten Schalldruckpegels L_A im Aufpunkt R wird diesmal das vereinfachte Berechnungsverfahren verwendet. Der Einfluss der einzelnen Flächen auf den Aufpunkt kann dann durch folgende Beziehung erfasst werden:

$$L_{A_i} \approx L_{A_1} - R_{W_i} - 20lg\frac{r}{\sqrt{A_{W_i}}} - 17 + D_\Omega - D_{z_{500Hz}}\ dB(A) \tag{8.150}$$

Hierbei wurde angenommen, dass das Spektrum des Innenpegels breitbandig mit dominanten Oktavpegeln im mittleren Frequenzbereich ist ($X'_{AS} \approx R_W$).

D_Ω ist das Raumwinkelmaß gegenüber der Abstrahlung in den Vollraum. Bei einer Abstrahlung von einer zur Unterlage senkrechten Fläche ist dann $D_\Omega = +\,6$ dB. Die

Tab. 8.13 Zusammenstellung der Ergebnisse von Beispiel b)

	Einheit	Vorderwand	2×Fenster in Vorderwand	Tor in Vorderwand	2×Giebelwand	Dachfläche	Rückwand	Fenster in Rückwand
Fläche Aw	m^2	260	10	20	150	450	270	30
Abstand r	m	80	80	80	87.5	87.5	95	95
$r/\sqrt{A_W}$	-	4,96	25,30	17,89	7,14	4,12	5,78	17,34
L_{A_1}	dB(A)	95,0	95,0	95,0	95,0	95,0	95,0	95,0
Bewertetes Schalldämm-Maß Rw	dB	50,0	29,0	20,0	50,0	28,0	50,0	29,0
$20\,lg(r/\sqrt{A_W}) + 17$	dB	30,9	45,1	42,1	34,1	29,3	32,2	41,8
D_Ω	dB	6,0	6,0	6,0	6,0	3,0	6,0	6,0
D_Z	dB	0,0	0,0	0,0	5,0	5,0	25,0	25,0
L_{A_i}	dB(A)	20,1	26,9	39,0	11,9	35,7	0,0	5,2

Pegelgröße D_z berücksichtigt die Abschirmwirkung von Wänden. Danach ist für die Flächen der Vorderseite D_z.= 0. Für die Giebel- und Dachfläche ist $D_z \approx 5$ dB und für die Flächen in der Rückseite ist für f = 500 Hz, z = 6,3 m, das Abschirm-Maß $D_z = 25$ dB.

Schließlich werden die Teilpegel L_{A_i} zum Summenpegel $L_\Sigma \equiv L_A$ zusammengefasst. Die Ergebnisse sind in Tab. 8.13 zusammengefasst.

Anmerkung zu Tab. 8.13

Ein Tor hat normalerweise keine nennenswerte Schalldämmung. Die bewerteten Schalldämmmaße R_W solcher Bauteile liegen auch bei höheren m'' nur zwischen 15 und 30 dB. Für normale Fenster, Türen und Tore ergeben sich typische Werte von etwa 20 dB (siehe [18]).

Die letzte Zeile von Tab. 8.13 liefert den Summenpegel $L_\Sigma \equiv L_A$= 40,9 dB(A).

Man erkennt, dass die Schallimmission im Wesentlichen durch die Dach- und Torabstrahlung bestimmt wird.

8.13 Semi-Diffusfeld, Bezugsschallquelle

Alle für den geschlossenen Raum hergeleiteten Hallraumbeziehungen setzen das Vorhandensein eines vollkommen diffusen Schallfeldes außerhalb des Hallradius voraus. Diese Voraussetzung ist nicht immer erfüllt wie beispielsweise in weiten Fabrikhallen. Es werden demzufolge reflektierter Schall des diffusen Feldes und Direktschall des Freifeldes zusammenwirken. Im Folgenden wird versucht, auch ein solches Schallfeld, das sog. Semi-Diffusfeld, zu beschreiben und insbesondere den Zusammenhang zwischen Schallleistungspegel und Schalldruckpegel herzuleiten.

Es werden also direkter und diffuser Schall separiert, d. h. in einem beliebigen Punkt des halbdiffusen Feldes ist im Abstand r von der Schallquelle P_Q die vorhandene Intensität I aus dem Direktschall I_F und dem reflektierten Schall I_H zu überlagern. Dabei gilt

$$I_F = \frac{P_Q}{2\pi r^2} (\text{Halbraum}) \tag{8.151}$$

$$I_H = \frac{4P_Q}{\overline{A}_{ges}} = \frac{4P_Q}{\overline{R}} \tag{8.152}$$

Wegen der geringeren Halligkeit des Semi-Diffusfeldes wird an die Stelle von $\overline{A}_{ges}$ die Raumkonstante $\overline{R}$ gesetzt. Damit erhält man in einem Raumpunkt im Abstand r von der Schallquelle für die Intensität

$$I(r) = \sum I = \frac{P_Q}{2\pi r^2}\left[1 + \frac{8\pi r^2}{\overline{R}}\right] \tag{8.153}$$

In Pegelschreibweise folgt hieraus

$$L_p(r) = \underbrace{\left(L_W - 20lg\frac{r}{s_0} - 8\right)}_{I} + \underbrace{10lg\left(1 + \frac{8\pi r^2}{\overline{R}}\right)}_{II} - K_0 \tag{8.154}$$

Teil I gibt den Direktschall, Teil II den reflektierten Schall an. Die Raumkonstante nach Gl. (8.111) ist wie $\overline{A}_{ges}$ grundsätzlich frequenzabhängig. Man erhält näherungsweise den A-bewerteten Schalldruckpegel $L_A(r)$, wenn man in der Beziehung für $L_p(r)$ den A-Leistungspegel L_{W_A} und die Raumkonstante $\overline{R}_{500Hz}$ einführt. Es ist dann

$$L_A(r) = \left(L_{W_A} - 20lg\frac{r}{s_0} - 8\right) + 10lg\left(1 + \frac{8\pi r^2}{\overline{R}_{500Hz}}\right) - K_0 \text{ dB(A)} \tag{8.155}$$

Genauer lässt sich $L_p(r)$ in Frequenzbändern angeben

$$L_p(r)_{Tz} = \left(L_{W_{Tz}} - 20lg\frac{r}{s_0} - 8\right) + 10lg\left(1 + \frac{8\pi r^2}{\overline{R}_{Tz}}\right) - K_0 \text{ dB} \tag{8.156}$$

Daraus lässt sich dann $L_A(r)$ berechnen. Aus den Gl. (8.155) und (8.156) erkennt man, dass im Gegensatz zum reinen Diffusfeld außerhalb des Hallradius der Immissionspegel nunmehr mit zunehmendem Abstand zur Schallquelle abnimmt. Bei einer Abstandsvergrößerung von r_1 auf r_2 erhält man

$$\Delta L_p = 20lg\frac{r_2}{r_1} - 10lg\frac{1+\frac{8\pi r_2^2}{\overline{R}}}{1+\frac{8\pi r_1^2}{\overline{R}}}\ \text{dB} \tag{8.157}$$

Nimmt man $r_1 = 1$ m an, so ergibt sich

$$\Delta L_{p_1} = 20lg\frac{r}{l} - 10lg\frac{1+\frac{8\pi r^2}{\overline{R}}}{1+\frac{8\pi}{\overline{R}}}\ \text{dB} \tag{8.158}$$

Dieser Zusammenhang ist in Abb. 8.58 dargestellt. Gegenüber dem Freifeld ist die Pegelabnahme kleiner. Sie strebt mit $r \to \infty$ folgendem Grenzwert zu:

$$10lg\left(1+\frac{\overline{R}}{8\pi}\right)$$

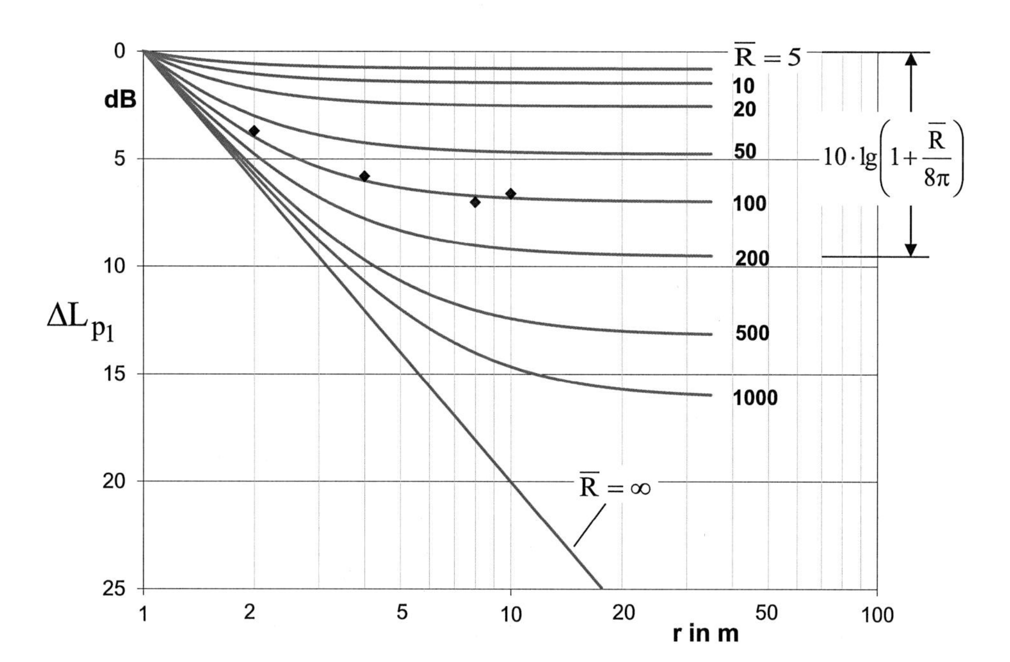

Abb. 8.58 Grafische Darstellung der Gl. (8.158) mit $\overline{R}$ als Parameter

Tab. 8.14 Absorptionsgrad $\overline{\alpha}_i$ verschiedener Materialien

Baumaterial	Absorptionsgrad $\overline{\alpha}_i$
Betonsteine, roh	0,36
Betonsteine, gestrichen	0,07
Ziegel, roh	0,04
Ziegel, gestrichen	0,02
Gipsplatte	0,07
Glasfaserplatten, 25 cm dick	0,75
gewöhnliches Fensterglas	0,16
schwere, große Glasplatte	0,04
Holz	0,09
Holzparkett auf Asphalt oder Beton	0,06
Linoleum, Asphalt, Gummi oder Korkbelag auf Beton	0,03
Metallplatte	0,03
Schallschluckplatte	0,42
schwere Vorhänge	0,65

Für $\overline{R} = 100\,m^2$ ist beispielsweise $\Delta L_{p_1} = 7$ dB. Ein besonderes Problem stellt noch die Ermittlung der Raumkonstanten $\overline{R}$ dar. Natürlich lässt sich $\overline{R}$ aus der Beziehung $\overline{R} = \overline{A}_{ges}/(1 - \overline{\alpha})$ berechnen. In Tab. 8.14 sind die $\overline{\alpha}_i$-Werte verschiedener Materialien zusammengestellt.

Die rechnerische Ermittlung aus Tab. 8.14 hat aber die bereits früher genannten Schwächen. Daher sollte man diese Größen sinnvollerweise experimentell bestimmen. Dazu verwendet man am besten eine Bezugsschallquelle, auch Vergleichsschallquelle genannt. Dabei handelt es sich um eine kalibrierte Schallquelle, die ein lautes und breitbandiges Geräusch von zeitlich konstanter Schallleistung abstrahlt, ohne eine ausgeprägte Richtcharakteristik zu besitzen. Die Standardabweichung der Schallleistungspegelschwankungen bei wiederholter Bestimmung der Schallemission darf in den einzelnen Terzbändern zwischen 100 und 160 Hz höchstens 0,4 dB, in den Terzbändern zwischen 200 und 20.000 Hz höchstens 0,2 dB betragen. Die Schallquelle soll möglichst klein sein, d. h. Abmessungen $< 0{,}5$ m.

Ein kalibriertes Schallleistungsspektrum in Terzbändern muss vorliegen und der Unterschied benachbarter Terzen soll kleiner als 3 dB sein. Als Beispiel ist eine Bezugsschallquelle zu nennen, deren Leistungsspektrum in Abb. 8.59 dargestellt ist [1]. In dem zu beurteilenden Raum wird nunmehr auf der Halbkugelfläche r um eine geräuschabstrahlende Bezugsschallquelle anstatt einer vorgegebenen Emissionsquelle der räumlich gemittelte Schalldruckpegel $\overline{L}_{p_{V_{Tz}}}$ in Terzbändern gemessen. Zwischen der zugehörigen Intensität $I_{V_{Tz}}$ und der Schallleistung $P_{V_{Tz}}$ der Bezugsschallquelle besteht folgender Zusammenhang:

$$P_{V_{Tz}} = I_{V_{Tz}} 2\pi r^2 \frac{1}{1 + \frac{8\pi r^2}{R_{Tz}}} \text{ W} \tag{8.159}$$

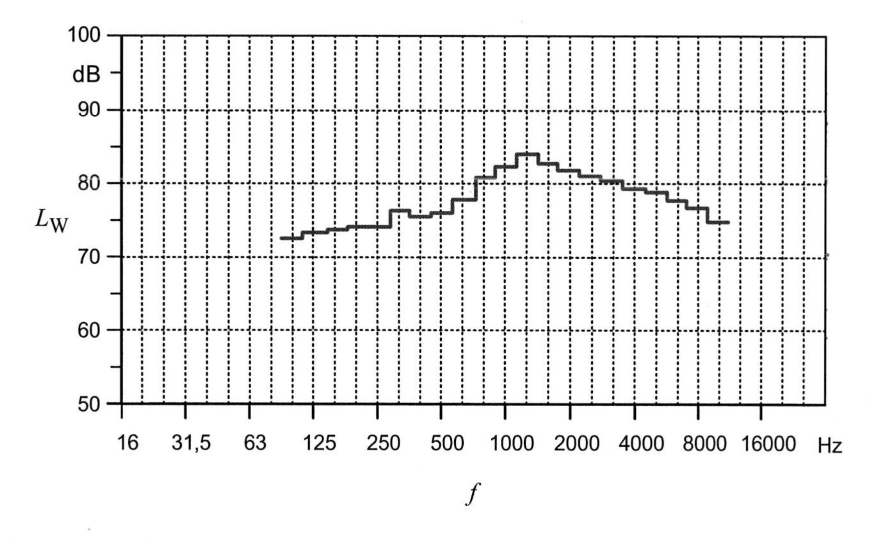

Abb. 8.59 Terz-Schallleistungspegel einer Bezugsschallquelle

Hieraus ergibt sich für die Raumkonstante

$$R_{Tz} = 8\pi r^2 \frac{1}{2\pi r^2 \frac{I_{V_{Tz}}}{P_{V_{Tz}}} - 1} \text{ m}^2 \tag{8.160}$$

oder unter Verwendung der entsprechenden Pegelgrößen

$$\overline{R}_{Tz} = 8\pi r^2 \frac{1}{\frac{2\pi r^2}{A_0}\frac{Z_0}{Z} \cdot 10^{\left(L_{pV_{Tz}} - L_{WV_{Tz}}\right)/10} - 1} \text{ m}^2 \tag{8.161}$$

Für einen stark halligen Raum mit reinem Diffusfeldcharakter entfällt die -1 im Nenner. Für $\overline{R}$, das dann in $\overline{A}_{ges}$ übergeht, erhält man dann in logarithmischer Schreibweise.

$$10lg \frac{\overline{A}_{ges_{Tz}}}{A_0} = L_{W_{V_{Tz}}} - L_{p_{V_{Tz}}} + 6 - K_0 \text{ dB} \tag{8.162}$$

Hierin ist $L_{p_{V_{Tz}}}$ noch nahezu von r unabhängig. Das heißt aber, man hat neben der Ermittlung der Nachhallzeit durch Verwendung der Bezugsschallquelle eine zweite Möglichkeit, im Diffusfeld eines geschlossenen Raumes die äquivalente Absorptionsfläche in Frequenzbändern zu ermitteln.

Der Einsatz einer Bezugsschallquelle ermöglicht es aber auch, den Immissionspegel $L_p(r)$ einer Schallquelle, deren Schallleistungspegel L_W bekannt ist, ohne Kenntnis der akustischen Eigenschaften des Raumes im Voraus zu ermitteln. Hierzu wird die Gleichung für $L_p(r)$ in die vereinfachte Form

$$L_p(r) = L_W + \Delta L \text{ dB}$$

umgeschrieben, wobei

$$\Delta L = -20lg\frac{r}{1m} - 8 + 10lg\left(1 + \frac{8\pi r^2}{\overline{R}}\right) - K_0 dB$$

eine Funktion des Abstandes r und der Raumkonstanten $\overline{R}$ ist (s. Gl. 8.157). Bringt man jetzt am Emissionsort statt der Schallquelle P_Q die Bezugsschallquelle P_V (L_{W_V}) zur Abstrahlung und misst am gleichen Immissionsort r den zugehörigen Schalldruckpegel $L_{p_V}(r)$, so gilt

$$L_{p_V}(r) = L_{W_V} + \Delta L \text{ dB}$$

wobei ΔL die gleiche Pegelgröße wie oben ist. Es ist

$$\Delta L = L_{p_V}(r) - L_{W_V} \text{ dB}$$

Man erhält für den Immissionspegel

$$L_p(r) = (L_W - L_{W_V}) + L_{p_V}(r) \text{ dB} \tag{8.163}$$

In Frequenzbändern ergibt sich

$$L_p(r)_{Tz} = \left(L_{W_{Tz}} - L_{W_{V_{Tz}}}\right) + L_{p_V}(r)_{Tz} \text{ dB} \tag{8.164}$$

Diese Methode lässt sich sowohl im Semi-Diffusfeld als auch im Diffusfeld anwenden. In Abb. 8.58 sind die Schalldruckpegel ΔL_{p_1} als Ergebnis einer Messung in einem verhältnismäßig halligen Raum im Abstand 2 m, 4 m, 8 m und 10 m von einer Bezugsschallquelle eingetragen. Mit dieser Schallquelle wurde auch durch eine Rundummessung auf einer Kugeloberfläche r = 6 m nach dem oben angegebenen Verfahren die Raumkonstante $\overline{R}_{500Hz} = 100\ m^2$ ermittelt. Man erkennt, dass die Messpunkte sich gut auf der zugehörigen $\overline{R}$-Kurve einordnen.

8.14 Akustische Messräume

In der Akustik sind vielfältige Messaufgaben durchzuführen. Sie lassen sich in zwei Gruppen aufteilen, in die sog. Feldmessungen ‚vor Ort' an den jeweils zu untersuchenden akustischen Störquellen und in die Labormessungen. Letztere werden in besonders dafür hergerichteten Räumen, die nahezu ideale akustische Eigenschaften besitzen, durchgeführt. Dabei unterscheidet man nach Räumen mit reinem Freifeldcharakter und Räumen mit reinem Diffusfeldcharakter.

8.14.1 Reflexionsarme Schallmessräume

Die Messräume mit reinem Freifeldcharakter werden als reflexionsarme Schallmessräume, gelegentlich auch als schalltote Zellen, bezeichnet. An sie werden besonders hohe akustische Anforderungen gestellt, nämlich volle Reflexionsfreiheit ab einer bestimmten Grenzfrequenz aufwärts sowie nach Möglichkeit ein Raum-Ruhepegel von 10 bis 15 dB. Die untere Grenze der Reflexionsfreiheit wird durch eine ausreichende lichte Raumgröße bei etwa kubischen Abmessungen (etwa 6× 6×4 m und größer) durch eine allseitig aufgeklebte, hochabsorbierende Auskleidung von Wänden, Decke und Fußboden mit keilförmigen Elementen aus Mineralwolle, deren Länge sich nach der unteren Grenzfrequenz richtet, oder anderen alternativen Absorptionsmaterialien erreicht. Zur Begehbarkeit des Raumes wird normalerweise ein Drahtseilnetz aufgespannt, dessen Reflexionen vernachlässigbar sind.

Der niedrige Ruhepegel wird durch eine hohe Luftschall- und Körperschalldämmung des Raumes erreicht. Hierzu sind ausreichend dicke, selbsttragende Stahlbetonwände (30 bis 40 cm dick), die noch dazu auf tieffrequent abgestimmten Schraubendruckfedern ruhen sollten (ca. 5 Hz Eigenfrequenz), zu wählen. In Abb. 8.60 ist ein reflexionsarmer Raum schematisch dargestellt.

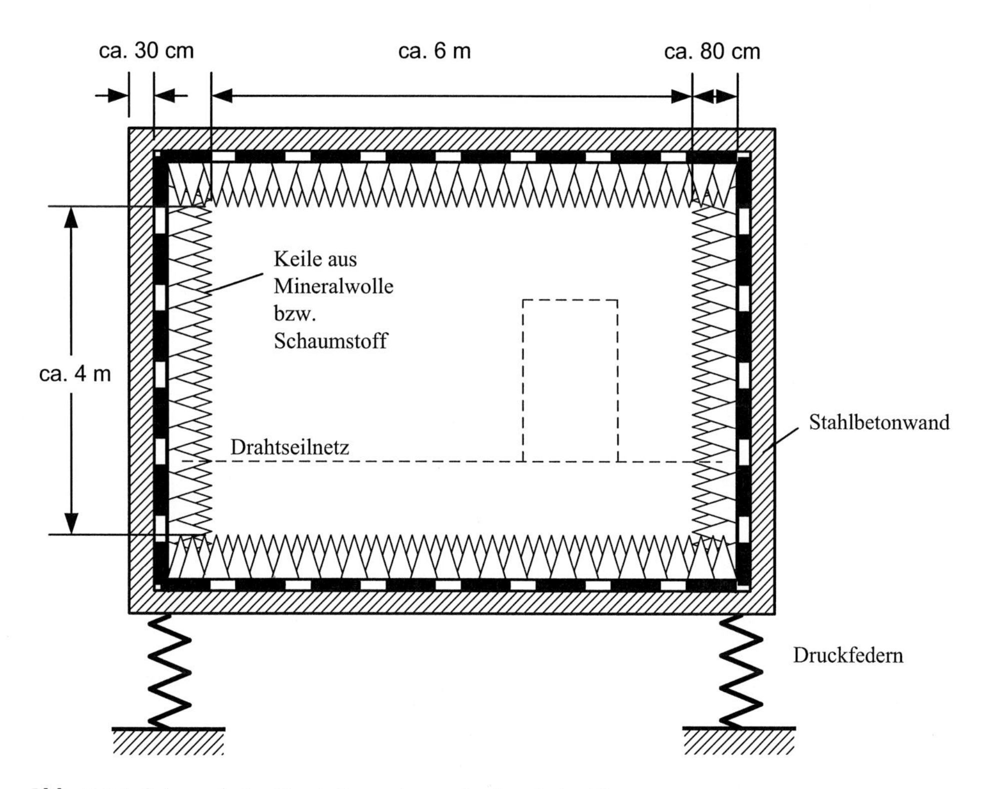

Abb. 8.60 Schematische Darstellung eines reflexionsfreien Raumes

Die akustischen Messaufgaben und Untersuchungen, die in solchen reflexionsarmen Räumen durchgeführt werden können, sind vielfältiger Natur. Die zu untersuchenden Geräusche können sowohl schmalbandig als auch breitbandig sein. Die Räume dienen u. a. zur Feststellung der Richtwirkung von Schallsendern aller Art, der Ermittlung des Einflusses verschiedener gerichteter Schallfelder an akustischen Objekten, der Lokalisierung einzelner Störherde an schallabstrahlenden Maschinen, den akustischen Untersuchungen an verhältnismäßig leisen Geräuschquellen, der Entwicklung elektro-akustischer Wandler, der Ermittlung der Schallleistung einschließlich ihrer Richtungsverteilung von mobilen Geräuschquellen. Auf letztere Möglichkeit wird im folgenden Kapitel noch genauer eingegangen.

8.14.2 Hallräume

Völlig gegensätzlich sind die Messräume mit Diffusfeldcharakter. Sie werden treffenderweise als Hallräume bezeichnet. Die an sie gestellten akustischen Anforderungen sind nicht ganz so hoch, wenn man sich auf die Untersuchung stationärer, breitbandiger Geräusche beschränkt.

Zu einer optimalen Diffusität gehört notwendigerweise eine hohe Halligkeit des Raumes mit entsprechend großen Nachhallzeiten. Zur Erzielung solcher Zeiten ist eine schallharte Raumbegrenzung erforderlich, bei der Wände, Decke und Fußboden mit hartem, porendichtem Zement einschließlich Spezialanstrich abgedeckt sind. Um auch bei tieferen Frequenzen noch ausreichende Diffusität zu erreichen, ist bei annähernd kubischen Konfigurationen des Raumes eine Mindestgröße seines Volumens einzuhalten. Sie errechnet sich aus der Beziehung [3, 27]

$$\sqrt[3]{V} > \frac{1000}{f_{Gr}} \tag{8.165}$$

aus der sich bei einer üblichen Volumengröße von ca. 200 m^3 [27] eine Grenzfrequenz $f_{Gr} = 170$ Hz ableitet. Unter dieser Frequenz sollten dann keine Messungen mehr durchgeführt werden. Darüber hinaus lässt sich die mögliche Bildung von stehenden Wellen in diesem niedrigen Frequenzbereich, die ja immer zu einer Störung der Diffusität führen, unterdrücken, wenn man die Wandflächen einschließlich Decke etwas schiefwinklig zueinander anordnet.

Schließlich wird die Diffusität des Schallfeldes durch das Anbringen von sog. Diffusoren verbessert, vor allem dann, wenn der Hallraum vorübergehend akustisch unsymmetrisch wird, beispielsweise durch den Einbau von größeren Proben aus Schallschluckmaterial. Dabei sind die Diffusoren leicht gekrümmte, steife Platten der Größe 1 bis 2 m^2 aus schallhartem Material, die im Raum statistisch verteilt werden. Die Summe

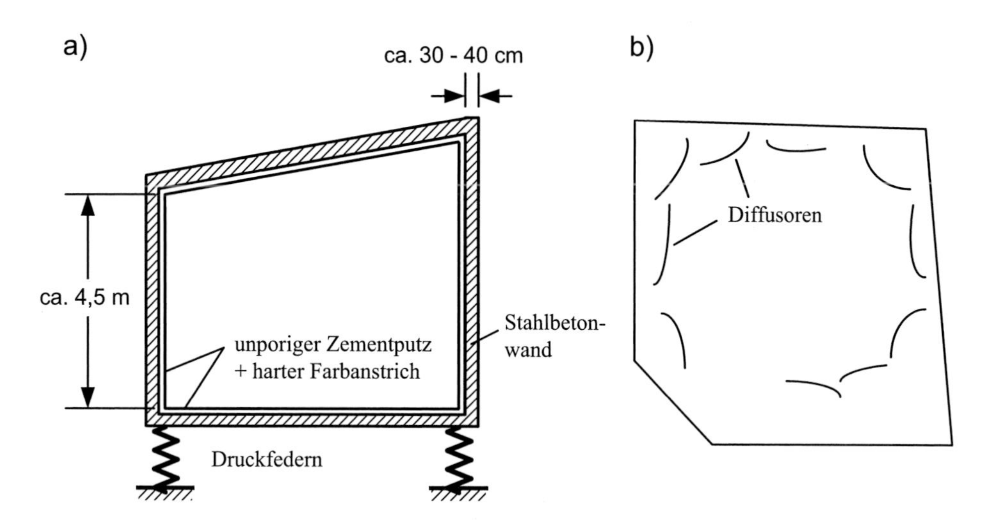

Abb. 8.61 Schematische Darstellung eines Hallraumes a) Längsschnitt b) Grundriss

aller reflektierenden Flächen kann dabei etwa 25 % der Oberfläche des Hallraumes betragen. Wie beim reflexionsarmen Raum ist auch der Hallraum ausreichend luft- und körperschallgedämmt auszuführen, wie Abb. 8.61 zeigt.

8.15 Übungen

Übung 8.15.1

Die Anwohner eines Wohnhauses beschweren sich über Geräuschbelästigung, vor allem an bestimmten Punkten in einem Raum (4,5 × 3,6 × 2,4 m). Es wird vermutet, dass ein Ventilator, der sich auf dem Dach einer gegenüber liegenden Firma befindet, hierfür verantwortlich ist. Messungen haben ergeben, dass die zulässigen Immissionsrichtwerte nicht überschritten werden.

a) Überprüfen Sie, ob Resonanzanregung für die Geräuschbelästigung in Frage kommt.
b) Empfehlen Sie Minderungsmaßnahmen, sofern die Geräuschbelästigungen durch Resonanzanregung verursacht werden.

Radialventilator: $n = 620$ 1/min ; Schaufelzahl $z = 9$
Schallgeschwindigkeit in der Luft: $c = 340$ m/s

Übung 8.15.2

Das Schalldämmmaß eines $d = 11{,}5$ cm dicken Ziegelmauerwerks soll durch eine Vorsatzschale aus Gipskarton im Abstand von $e = 50$ mm, der mit dem Dämmmaterial ausgefüllt ist, erhöht werden.

$m''_{Ziegel} = 103{,}5\ kg/m^2$; $E_{Ziegel} = 3 \cdot 10^9\ N/m^2$; $\mu_{Ziegel} = 0{,}3$; $m''_{Gipskarton} = 14{,}0\ kg/m^2$
$Z_{Luft} = \rho \cdot c = 410\ Ns/m^3$; $c_{Luft} = 340\ m/s$

Die dynamische Steifigkeit des Dämmmaterials: $s' = 4 \cdot 10^6\ N/m^3$; $\vartheta_D \approx 0{,}06$

a) Bestimmen Sie die Eigenfrequenz der zweischaligen Wand.
b) Zeichnen Sie die Schalldämmmaße des Ziegelmauerwerks mit und ohne Vorsatzschale im Frequenzbereich 10–1000 Hz mit Hilfe einer Excel-Tabelle in ein Diagramm und erläutern Sie die Wirkungsweise der Vorsatzschale.

Übung 8.15.3
Der mittlere A-Schalldruckpegel in einer Werkhalle, verursacht durch eine Maschine, soll durch raumakustische Maßnahmen um mindestens $\Delta L_A = 5$ dB(A) reduziert werden. Hierzu sollen hochabsorbierende Akustikplatten, deren Absorptionsgrade bekannt sind, verwendet werden. In der folgenden Tabelle sind die gemessenen A-Oktav-schallleistungspegel der Maschine, die mittlere Nachhallzeit in der Werkhalle sowie die Absorptionsgrade der Akustikplatten zusammengestellt.

L × B × H der Werkhalle: 16 × 8 × 5 ma) Bestimmen die Oktav-Gesamtabsorptionsfläche der Werkhalle.
b) Ermitteln Sie die zusätzlichen Absorptionsflächen für die gewünschten Pegelminderung!
Hinweis: Bedingt durch die Frequenzabhängigkeit des Absorptionsmaterials lässt sich diese Aufgabe iterativ, am besten mit Hilfe einer Excel-Tabelle, berechnen.
c) Ab welcher Entfernung von der Maschine kann die Pegelminderung nachgewiesen werden?

Übung 8.15.4
Die Anwohner eines Wohnhauses in einem allgemeinen Wohngebiet beschweren sich über die hohe Geräuschbelästigung, verursacht durch eine Fertigungshalle einer Firma, s. Lageplan. Zur Überprüfung wurden die mittleren Hallenschalldruckpegel für den Tag und die Nacht messtechnisch ermittelt. $L_{H,\ Tag} = 94$ dB(A); $L_{H,\ Nacht} = 85$ dB(A)
Immissionsrichtwerte, allgemeines Wohngebiet:
$L_{r,zul,Tag} = 55$ dB(A); $L_{r,zul,Nacht} = 40$ dB(A)

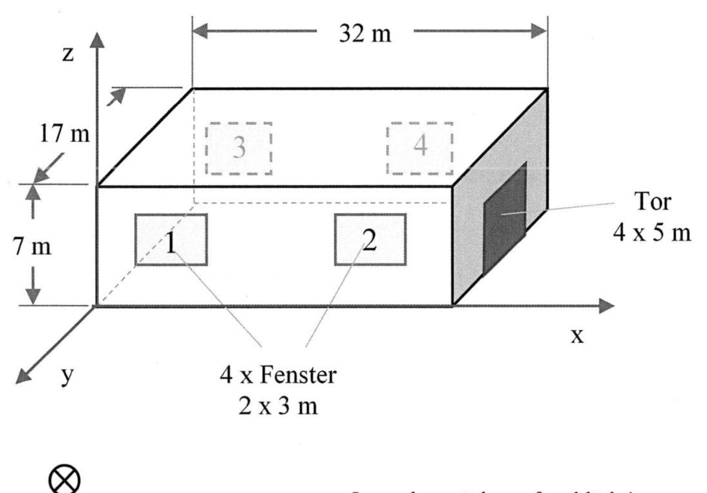

⊗
Immissionsort

Lageplan, nicht maßstäblich !

Koordinaten der Flächenschwerpunkte und bewertetes Schalldämmmaß der Teilflächen:

	x	y	z	R_W
	m	m	m	dB(A)
Immissionsort	25	84	3	-
Vorderwand	16	0	3,5	55
Seitenwand-links	0	-8,5	3,5	55
Seitenwand-rechts	32	-8,5	3,5	55
Rückwand	16	-17	3,5	55
Dach	16	-8,5	7	45
Tor, geschlossen	32	-8,5	2,5	24
Fenster 1, geschlossen	5	0	4,5	28
Fenster 2, geschlossen	27	0	4,5	28
Fenster 3, geschlossen	5	-17	4,5	28
Fenster 4, geschlossen	27	-17	4,5	28

a) Bestimmen Sie den A-Schalldruckpegel am Immissionsort nach vereinfachten Berechnungsverfahren unter der Annahme, dass alle Fenster und das Tor geschlossen sind und überprüfen Sie, ob die Immissionsrichtwerte eingehalten werden.
b) Bestimmen Sie den A-Schalldruckpegel am Immissionsort nach vereinfachten Berechnungsverfahren, unter der Annahme, dass die Fenster und das Tor offen sind ($R_W = 0$) und überprüfen Sie, ob die Immissionsrichtwerte eingehalten werden.
c) Schlagen Sie geeignete Lärmminderungsmaßnahmen vor, kurzfristig und langfristig, wenn die Grenzwerte überschritten werden.

$L_{H_1} = 98{,}2$ dB (linear); $L_{A_1} = 95{,}5$ dB(A)

Literatur

1. Günther, B.C., Hansen, K.H., Veit, I.: Technische Akustik – Ausgewählte Kapitel: Grundlagen, aktuelle Probleme und Meßtechnik, 5. Aufl.. expert, Rennigen-Malmsheim (1994)
2. Morse, P.M., Ingard, K.U.: Theoretical Acoustics. Princeton University Press, Princeton (1986)
3. Heckl, M., Müller, H.A.: Taschenbuch der Technischen Akustik, Bd. 2. Springer, Berlin (1994)
4. Cremer, L., Hubert, M.: Vorlesungen über Technische Akustik, 4. Aufl.. Springer, Berlin, Heidelberg (1990)
5. Cremer, L.: Die wissenschaftlichen Grundlagen der Raumakustik. 2. Aufl., 1. Teil. Hirzel, Stuttgart (1978)
6. Schmidt, H.: Schalltechnisches Taschenbuch: Schwingungskompendium, 5. Aufl.. VDI, Düsseldorf (1996)
7. Skudrzyk, E.: Die Grundlagen der Akustik. Springer, Wien (1954)
8. Cremer, L., Heckl, M.: Körperschall, 2. Aufl.. Springer, Berlin (1996)
9. Heckl, M.: Die Schalldämmung von homogenen Einfachwänden endlicher Größe. Acustica 20, (1968)
10. Kurtze, G., Schmidt, H., Westphal, W.: Physik und Technik der Lärmbekämpfung, 2. Aufl.. G. Braun, Karlsruhe (1975)
11. Cremer, L.: Theorie der Schalldämmung dünner Wände bei schrägem Schalleinfall. Akust. Z. 7 (1942)
12. Meyer, E., Neumann, E.G.: Physikalische und Technische Akustik, 3. Aufl.. Vieweg, Braunschweig (1979)
13. Gösele, K.: Schalldämmende Doppelwände aus biegesteifen Schalen. FBW-Blätter (1967)
14. DIN 4109: Schallschutz im Hochbau – Anforderungen und Nachweise, 1989. DIN 4109: Schallschutz im Hochbau – Anforderungen und Nachweise, Änderung A1, 2001. DIN 4109, Beiblatt 1: Schallschutz im Hochbau – Ausführungsbeispiele und Rechenverfahren, 1989. DIN 4109, Beiblatt 1/A1: Schallschutz im Hochbau – Ausführungsbeispiele und Rechenverfahren, Änderung A1, 2003. DIN 4109, Beiblatt 2: Schallschutz im Hochbau – Hinweise für Planung und Ausführung; Vorschläge für einen erhöhten Schallschutz; Empfehlungen für den Schallschutz im eigenen Wohn- oder Arbeitsbereich, 1989. DIN 4109, Berichtigung 1: Berichtigungen zu DIN 4109/11.89, DIN 4109 Bbl 1/11.89 und DIN 4109 Bbl 2/11.89, 1992
15. Hartmann, G.: Praktische Akustik, Bd. 2. Oldenbourg, München (1968)
16. DIN EN ISO 717-1: Akustik – Bewertung der Schalldämmung in Gebäuden und von Bauteilen – Teil 1: Luftschalldämmung (ISO 717-1: 2013; (Deutsche Fassung EN ISO 717-1: 2013)
17. DIN EN ISO 717-2: Akustik – Bewertung der Schalldämmung in Gebäuden und von Bauteilen – Teil 2: Trittschalldämmung (ISO 717-2: 2013); (Deutsche Fassung EN ISO 717-2: 2013)
18. DIN EN 12354-4: Bauakustik- Berechnung der akustischen Eigenschaften von Gebäuden aus den Bauteileigenschaften –Teil 4: Schallübertragung von Räumen ins Freie, 04/2001
19. Sinambari, G.R., Thorn, U.: Alternative Dämmstoffe für den sekundären Schallschutz. Tagungsbeitrag, 23. Jahrestagung Akustik DAGA 97 (1997)
20. Sinambari, G.R., Thorn, U.: Abschlussbericht zum Forschungsvorhaben „Entwicklung alternativer Dämmstoffe für den sekundären Schallschutz“. Fachhochschule Bingen, Fachbereich Umweltschutz (1997)
21. DIN EN ISO 10534-1: Akustik – Bestimmung des Schallabsorptionsgrades und der Impedanz in Impedanzrohren – Teil 1: Verfahren mit Stehwellenverhältnis (2001)
22. DIN EN ISO 10534-2: Akustik – Bestimmung des Schallabsorptionsgrades und der Impedanz in Impedanzrohren – Teil 2: Verfahren mit Übertragungsfunktion (ISO 10 534-2:1998), Deutsche Fassung EN ISO 10 534-2 (2001)
23. Mechel, F.P.: Schallabsorber, Band 1 – Äußere Schallfelder, Wechselwirkungen. Hirzel, Stuttgart (1989)

24. DIN EN 29053: Akustik; Materialien für akustische Anwendungen; Bestimmung des Strömungswiderstandes (ISO 9053:1991); (Deutsche Fassung EN 29053:1993) (1993)
25. Fasold, W., Sonntag, E., Winkler, H.: Bau- und Raumakustik. VEB-Verlag für Bauwesen, Berlin (1987)
26. Weidemann, J.: Beitrag zur Analyse der Beziehungen zwischen den akustischen und strömungstechnischen Parametern am Beispiel geometrisch ähnlicher Radialventilator-Laufräder. DLR-Forschungsbericht 71-12 (1971)
27. DIN EN ISO 354: Akustik – Messung der Schallabsorption in Hallräumen (ISO 354:2003) (2003)
28. Sinambari, G.R., Thorn, U., Lehnertz, U.: Optimiertes Messverfahren zur Absorptionsgradbestimmung von Dämmstoffen mit einer Probengröße von ca. 1 m^2. Tagungsbeitrag, 23. Jahrestagung Akustik DAGA 97 (1997)
29. DIN 18041: Hörsamkeit in kleinen bis mittelgroßen Räumen (2004)
30. DIN EN ISO 140-1: Akustik, Messung der Schalldämmung in Gebäuden und von Bauteilen, Teil 4: Messung der Luftschalldämmung zwischen Räumen in Gebäuden (ISO 140-4: 1998), Deutsche Fassung EN ISO 140-4: 1998
31. Sinambari, G.R.: Konstruktionsakustik, primäre und sekundäre Lärmminderung. Springer Vieweg (2017)

Schallleistung 9

9.1 Schallleistung, eine invariante Größe

Die von einer Schallquelle abgestrahlte Schallleistung P_Q und der zugehörige Schallleistungspegel $L_W = 10 \cdot \lg P_Q/P_0$, bezogen auf 10^{-12} W, standen bisher häufiger im Mittelpunkt der Betrachtung. Zusammenfassend lässt sich feststellen, dass die Schallleistung, d. h. die pro Zeit von einer Schallquelle in jeden Raumwinkel ihrer Umgebung abgestrahlte Schallenergie, eine akustisch invariante Kenngröße der Schallquelle darstellt, da sie unabhängig von Rückwirkungen des abgestrahlten Schallfeldes ist. Daher stellen die Schallleistung oder der Schallleistungspegel L_W die kennzeichnende Größe in der Beurteilung der Schallemission einer Geräuschquelle dar. Diese Feststellung ist vor allem auch auf Maschinen zu übertragen, die unter definierten Betriebs- und Aufstellungsbedingungen Geräusche in ihre Umgebung abstrahlen. Dabei ist es noch erforderlich, den Schallleistungspegel dem Frequenzgang des menschlichen Ohres (am Immissionsort) anzupassen, indem der Linearpegel einer A-Bewertung unterzogen wird. Das Ergebnis ist der A-bewertete oder kurz der A-Schallleistungspegel $L_{W_A} = 10 \cdot \lg P_{Q_A}/P_0$ in dB(A). Bei der Beurteilung der Geräuschemission von Maschinen stellt er die spezifische, maschineneigene Kenngröße dar, vergleichbar mit der mechanischen Leistungsabgabe der Maschine.

Die Aussagekraft des Schallleistungspegels lässt sich noch in verschiedener Weise ergänzen. Vor allem kann es nützlich sein, die spektrale Verteilung der meist breitbandigen Schallabstrahlung zu kennen, etwa in Form eines Schallleistungsspektrums, das im Allgemeinen in Oktav- oder Terzbändern ($L_{W,Okt} oder\ L_{W,Tz}$) angegeben wird. Darüber hinaus wird auch die Feststellung einer evtl. vorhandenen Richtwirkung und einer zeitlich stärkeren Schwankung der Schallabstrahlung eine genauere Beurteilung der Schallemission ermöglichen.

Sind alle diese mit der Schallleistung verknüpften akustischen Kenngrößen bekannt, lassen sich u. a. folgende Probleme lösen:

G. R. Sinambari, S. Sentpali, *Ingenieurakustik*,
https://doi.org/10.1007/978-3-658-27289-0_9

- Abschätzung der Schallimmission bei gegebenem Abstand des Aufpunktes und gegebenem akustischen Umfeld der Geräuschquelle, insbesondere bei Vorliegen von Freifeld-, Diffusfeld- oder Semi-Diffusfeldbedingungen. Zu berechnen sind dann mit den in den Kap. 6 und 7 erarbeiteten Methoden vor allem der A-bewertete Schalldruckpegel L_A, das Schalldruckspektrum ($L_{p_{Okt}} oder\ L_{p_{Tz}}$) und, falls erforderlich, der für die Schallimmission bedeutsame Beurteilungspegel L_r.
- Objektiver Vergleich der Geräuschabstrahlung von Maschinen ähnlicher, aber auch sehr unterschiedlicher Bauart.
- Abklärung der Schallimmission in größerer Entfernung beim Zusammenwirken mehrerer Geräuschquellen oder Maschinenaggregate durch Addition der Einzelschallleistungen.
- Festlegung von Schallleistungsgrenzwerten und Überprüfung ihrer Einhaltung.
- Objektive Nachprüfung der Wirksamkeit von Geräuschminderungsmaßnahmen an Maschinen.

Leider lässt sich die für die Emission so wichtige Schallleistung nicht ohne Weiteres direkt ermitteln. Man ist daher i. a. auf indirekte Methoden angewiesen, bei denen in einem einfach zu beschreibenden Schallfeld die Schalldruckpegel $L_p, L_A, L_{p_{Okt}}, L_{p_{Tz}}$ nach einem bestimmten Verfahren gemessen werden. Die zugehörigen Schallleistungspegel gewinnt man hieraus durch Rechnung. In Abschn. 9.2 und 9.3 werden einige gängige Verfahren behandelt.

Eine weitere Möglichkeit zur Ermittlung des Schallleistungspegels ist die messtechnische Bestimmung der Schallintensität. Hierbei wird die Schallintensität, wie in Kap. 4 schon ausführlich beschrieben, durch zeitgleiche Messung der Schalldrücke mit zwei Mikrofonen ermittelt, die in bestimmter Entfernung Δr, z. B. 12 mm oder 50 mm, zueinander angeordnet sind. Aus dem Mittelwert beider Mikrofonsignale erhält man den Schalldruck p und aus dem angenäherten Druckgradienten $\Delta p/\Delta r$ zwischen beiden Mikrofonen bestimmt man entsprechend Gl. (2.1) die Schallschnelle v:

$$\frac{\partial \mathrm{v}}{\partial t} = -\frac{1}{\rho}\frac{\partial p}{\partial x} \approx \frac{1}{\rho}\frac{\Delta p}{\Delta r} \quad Mit \quad \frac{\partial \mathrm{v}}{\partial t} = 2\pi f \cdot \mathrm{v}$$

folgt

$$\mathrm{v} \approx \frac{1}{2\pi f \cdot \rho} \cdot \frac{\Delta p}{\Delta r}$$

Aus dem Produkt der beiden messtechnisch ermittelten Schallfeldgrößen p und v kann man dann die Schallintensität an jedem beliebigen Punkt des Schallfeldes bestimmen. Über die Zeitdifferenz, die zwischen dem Eintreffen des Schalls an den beiden Mikrofonen besteht, lässt sich die Fließrichtung des Schalls bestimmen („von vorne“ oder „von hinten“).

Durch Multiplikation der Schallintensität mit den dazugehörigen Flächen, auf der die Schallintensität gemessen wurde, lässt sich schließlich die Schallleistung bzw. der Schallleistungspegel bestimmen.

Für die Schallleistungsbestimmung durch Messung der Schallintensität werden auf dem Markt ausgereifte Schallintensitätsmessgeräte bzw. -systeme angeboten. Der wesentliche Vorteil dieses Verfahrens liegt darin, dass man die Schallleistung bzw. den Schallleistungspegel einer Quelle beim Vorhandensein von höheren Störpegeln bestimmen kann und ein Abschalten der Quelle zur Bestimmung des Störpegeleinflusses nicht erforderlich ist. Ferner ermöglicht das Schallintensitätsverfahren die Bestimmung des Schallleistungspegels auch in Semi-Diffusfeldern ohne, wie z. B. beim Hüllflächenverfahren (siehe Abschn. 9.2), Raumeinflüsse durch Korrekturen berücksichtigen zu müssen. Darüber hinaus wird durch Messung der Schallintensität, die eine Vektorgröße ist, auch eine Lokalisierung von Hauptlärmquellen einer Geräuschquelle ermöglicht, da man die Fließrichtung des Schalls bestimmen kann. Ein Nachteil dieser Messmethode liegt derzeit im messtechnischen Aufwand, der je nach gewünschter Genauigkeit sehr hoch sein kann. Da das Messverfahren inzwischen in die europäische Normung aufgenommen und mit DIN EN ISO 9614-1 [13] und DIN EN ISO 9614-2 [14] in nationale Normung umgesetzt ist, hat sich diese Messmethode für Messungen in akustisch ungünstiger Umgebung (Störgeräuscheinfluss, hohe Nachhallzeit) inzwischen durchgesetzt. Bezüglich der Bestimmung des Schallleistungspegels durch Messung der Schallintensität wird hier nur auf die entsprechende Normung [13, 14], s. auch Kap. 4 hingewiesen.

9.2 Ermittlung des Schallleistungspegels nach dem Hüllflächenverfahren

9.2.1 Messung unter Freifeldbedingungen

Die Ermittlung der Schallleistung erfolgt durch eine Rundummessung im reflexionsfreien Raum ($\Omega = 4\,\pi$), s. Kap. 7, oder im Freien über schallharter Unterlage, d. h. im Halbraum ($\Omega = 2\,\pi$). Allerdings kann es dann erforderlich werden, durch eine Kontrollmessung die Existenz eines solchen idealen Schallfeldes nachzuweisen.

Legt man in einem solchen Freifeld in einem hinreichend großen Abstand von der Oberfläche einer Schallquelle eine geschlossene Fläche S um die Quelle, so erhält man durch Integration über diese Fläche, wie bereits in Abschn. 2.5 angegeben, für die Schallleistung der Schallquelle die Beziehung:

$$P_Q = \oint_S I \cdot \cos\varphi \quad dS \tag{9.1}$$

Im Falle eines quasi-ebenen Kugel- oder Zylinderwellenfeldes gilt dann:

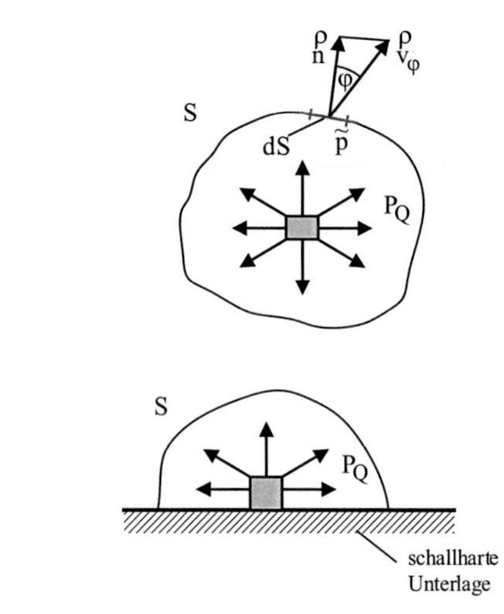

Abb. 9.1 Integrationsfläche (Hüllfläche) um eine Schallquelle für die Bestimmung der Schallleistung

$$P_Q = \oint_S \frac{\tilde{p}^2}{Z} \cdot \cos \varphi \quad dS \tag{9.2}$$

Die gleiche Beziehung gewinnt man, wenn man im Halbraum um die Schallquelle eine entsprechende Fläche legt, die an der schallharten Unterlage endet (Abb. 9.1).

Führt man das Flächenelement $d\,S_\perp$ senkrecht zur Schallausbreitungsrichtung ein, so wird

$$P_Q = \oint_S \frac{\tilde{p}^2}{Z} \; d\,S_\perp \tag{9.3}$$

Zweckmäßigerweise legt man die Integrationsfläche so, dass das Flächenelement dS direkt durch $d\,S_\perp$ ersetzt werden kann, d. h., dass cos φ möglichst nahe bei 1 liegt. Man bezeichnet die so entstandene Fläche als sog. Hüllfläche oder auch Messfläche. Unter dem Integral ist $\tilde{p}^2$ das Quadrat des Effektivwertes vom Schalldruck auf der Hüllfläche (i. a. über S veränderlich); Z = ρ · c ist die Schallkennimpedanz des Luftraumes um die Schallquelle. Mit $P_0 = \left(p_0^2/Z_0\right) \cdot S_0 = 10^{-12}\ W$ folgt aus Gl. (9.3):

$$\frac{P_Q}{P_0} = \frac{Z_0}{Z} \cdot \frac{S}{S_0} \cdot \frac{1}{S} \oint_S \frac{\tilde{p}^2}{p_0^2} \cdot d\,S_\perp \tag{9.4}$$

In logarithmischer Schreibweise ergibt sich dann:

$$10 \cdot \lg \frac{P_Q}{P_0} = 10 \cdot \lg \frac{1}{S} \oint_S \frac{\tilde{p}^2}{p_0^2} \cdot dS_\perp + 10 \cdot \lg \frac{S}{S_0} - 10 \cdot \lg \frac{Z}{Z_0} \quad dB \tag{9.5}$$

Bei endlicher Summierung über die Hüllfläche folgt aus Gl. (9.5) in guter Näherung:

$$10 \cdot \lg \frac{P_Q}{P_0} \approx 10 \cdot \lg \left[\frac{1}{S} \sum_{i=1}^{n} \frac{\widetilde{p}_i^2}{p_0^2} \cdot \Delta S_i \right] + 10 \cdot \lg \frac{S}{S_0} - 10 \cdot \lg \frac{Z}{Z_0} \quad dB \tag{9.6}$$

bzw.

$$L_W = \overline{L}_p + L_S + K_0 \quad dB \tag{9.7}$$

mit

$$\overline{L}_p = 10 \cdot \lg \left[\frac{1}{S} \sum_{i=1}^{n} \frac{\widetilde{p}_i^2}{p_0^2} \cdot \Delta S_i \right] = 10 \cdot \lg \left[\frac{1}{S} \sum_{i=1}^{n} 10^{\frac{L_{p_i}}{10}} \cdot \Delta S_i \right] \quad dB \tag{9.8}$$

Hierin sind:

$L_W = 10 \cdot \lg P_Q/P_0$ dB	($P_0 = 10^{-12}$ W)	der Schallleistungspegel,
$L_S = 10 \cdot \lg S/S_0$ dB	($S_0 = 1$ m^2)	das sog. Messflächenmaß der Hüllfläche,
$K_0 = -10 \cdot \lg Z/Z_0$ dB	($Z_0 = 400$ Ns/m^3)	das bereits eingeführte Luftdruck- und Temperatur-Korrekturglied, s. Gl. (2.258),
$\overline{L}_p$		der mittlere Messflächenschalldruckpegel,
$L_{pi} = 10 \cdot lg(\widetilde{p}_i^2/p_0^2)$		Schalldruckpegel auf der Teilfläche ΔS_i ($p_0 = 2 \cdot 10^5$ N/m^2).

Im Sonderfall n gleicher Teilflächen $\Delta S_i = S/n$ ist $\overline{L}_p$ gleich dem quadratischen Mittelwert der auf den Teilflächen ΔS_i ermittelten Pegel L_{P_i}. Für $\overline{L}_p$ folgt:

$$\overline{L}_p = L_\Sigma - 10 \cdot \lg n = 10 \cdot \lg \sum_{i=1}^{n} 10^{\frac{L_{p_i}}{10}} - 10 \cdot \lg n \quad dB \tag{9.9}$$

Unterscheiden sich als weiterer Sonderfall die Einzelpegel L_{P_i} um weniger als 5 dB, so darf in guter Näherung $\overline{L}_p$ dem arithmetischen Mittel der Pegel L_{P_i} gleichgesetzt werden, es ist dann:

$$\overline{L}_p \approx \frac{1}{n} \sum_{i=1}^{n} L_{p_i} \quad dB \tag{9.10}$$

Die Gl. (9.6) lässt sich auch wie folgt angeben:

$$L_W = 10 \cdot \lg \frac{P_Q}{P_0} = 10 \cdot \lg \sum_{i=1}^{n} 10^{\frac{L_{W_i}}{10}} \quad dB \tag{9.11}$$

$$L_{W_i} = L_{p_i} + 10 \cdot \lg \frac{S_i}{S_0} + K_0 \quad dB \tag{9.12}$$

Ersetzt man in den Gl. (9.8), (9.9), (9.10) und (9.12) den Schalldruckpegel L_{p_i} durch den A-bewerteten Teilpegel $L_{p_{A_i}}$, so erhält man entsprechend den hier beschriebenen Verfahren den sog. A-Schallleistungspegel:

$$L_{W_A} = \overline{L}_{p_A} + L_S + K_0 \quad dB(A) \tag{9.13}$$

$$L_{W_A} = 10 \cdot \lg \sum\nolimits_{i=1}^{n} 10^{\frac{L_{W_{Ai}}}{10}} \quad dB(A) \tag{9.14}$$

Hierin sind L_{p_A} der A-bewertete Messflächenschalldruckpegel, $L_{W_{A_i}}$ der A-bewertete Teilschallleistungspegel.

Werden schließlich die Teilpegel in Frequenzbändern, beispielsweise in Terzen, ermittelt, so erhält man hierfür

$$L_{W_{Tz_i}} = \overline{L}_{p_{Tz_i}} + L_{S_i} + K_0 \quad dB \tag{9.15}$$

$$L_{W_{TZ}} = 10 \cdot \lg \sum\nolimits_{i=1}^{n} 10^{\frac{L_{W_{Tzi}}}{10}} \quad dB \tag{9.16}$$

Aus diesen Gleichungen kann man natürlich auch mit Hilfe der Gl. (2.278) und (2.279) den A-Schallleistungspegel berechnen. Das Verfahren ist in Abhängigkeit von der Messumgebung und der Genauigkeit als Präzisionsverfahren (Genauigkeitsklasse 1) für reflexionsarme und halbreflexionsarme Messräume in DIN 45635-1 [1] bzw. ISO 3745 [11], für ein im Wesentlichen freies Schallfeld über einer reflektierenden Ebene in DIN EN ISO 3744 [10] (Genauigkeitsklasse 2) sowie für die Genauigkeitsklasse 3 über einer reflektierenden Ebene in DIN EN ISO 3746 [12] genormt. Im Folgenden werden einige Ergänzungen zur praktischen Durchführung des Verfahrens angefügt. Im Detail wird auf die entsprechenden Normen verwiesen [1, 10, 12, 11].

Die Hüllfläche wird i. Allg. äquidistant zur Schallquellenoberfläche gewählt, so dass für die Teilflächen in guter Näherung $cos\ \varphi_i \approx 1$ eingesetzt werden kann. Der Messabstand wird in der Regel ≥ 1 m gewählt, er kann u. a. auch kleiner (jedoch nicht kleiner als 0,15 m) gewählt werden [1], falls noch nicht die Grenze des Nahfeldes erreicht ist. Die Konfiguration dieser äquidistanten Fläche darf dann noch zu einem oberflächengleichen Quader, Zylinder oder Halbzylinder, einer Kugel oder Halbkugel vereinfacht werden, wenn die Oberfläche der Quelle selbst eine zu unregelmäßige Form hat. Dabei kann man recht großzügig sein, denn erst ein Flächenfehler von 25 % ändert das zugehörige Messflächenmaß L_S um ca. 1 dB (10·lg 1,25).

Besitzt die Schallquelle eine mehr kubische Form, beispielsweise wie ein Verbrennungsmotor, so wird man als Hüllfläche einen Quader wählen (Abb. 9.2).

Im Halbraum folgt für L_S:

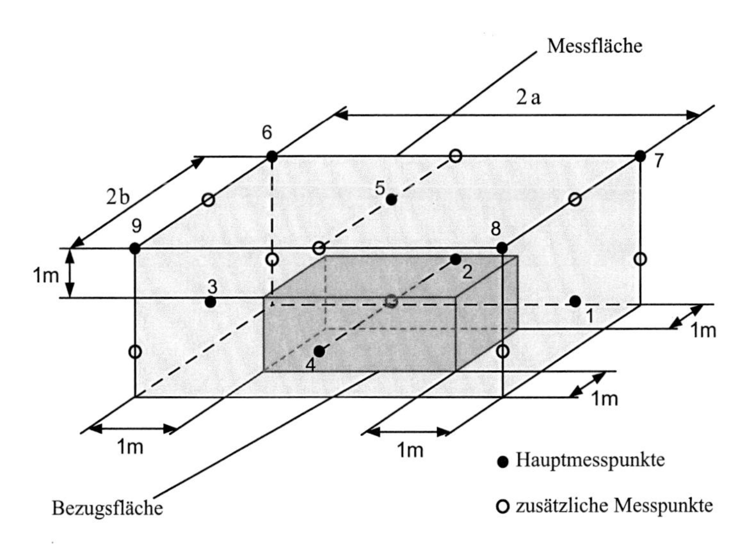

Abb. 9.2 Mess- oder Hüllfläche mit Anordnung von Messpunkten für eine quaderförmige Schallquelle

$$\mathrm{L_S} = 10 \cdot \lg\left(2 \cdot 2\mathrm{b} \cdot \mathrm{c} + 2 \cdot 2\mathrm{a} \cdot \mathrm{c} + 2\mathrm{a} \cdot 2\mathrm{b}\right)\ \mathrm{dB} \tag{9.17}$$

Besitzt die Schallquelle eine längliche, zylindrische Form wie etwa ein Getriebemotor, so ist als Hüllfläche im Halbraum eine Halbzylinderfläche zweckmäßig (Abb. 9.3).

Beachtet man, dass die Schallabstrahlung im Wesentlichen senkrecht zur Längsachse $a - a$ erfolgt, so ist nach Abb. 9.3 die Hüllfläche im Halbraum

$$S = \frac{1}{2}\left(2\frac{b+c}{2} \cdot \pi \cdot 2a\right) \tag{9.18}$$

ihr Messflächenmaß:

$$L_S = 10 \cdot \lg\left(\pi \cdot a(b+c)\right) \quad dB \tag{9.19}$$

Bei verhältnismäßig gleichmäßiger Abstrahlung kann es auch genügen, eine Rundummessung auf einem sog. Messpfad durchzuführen. Der Messpfad ist dann ein geschlossenes Rechteck oder ein geschlossener Kreis.

Weisen die auf der Hüllfläche gemessenen Schalldruckpegel stärkere Unterschiede auf, dann ist die Schallabstrahlung gerichtet. Die zugehörige Richtcharakteristik ist durch das Richtmaß $\mathrm{D_I}$ wie folgt definiert [1]:

$$D_{Ii} = L_{p_i} - \overline{L}_p \quad dB \tag{9.20}$$

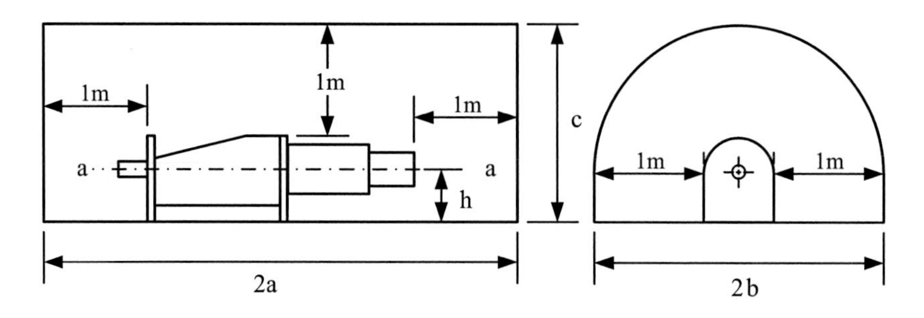

Abb. 9.3 Mess- oder Hüllfläche für eine zylinderförmige Schallquelle

$$D_{A_i} = L_{pA_i} - \overline{L}_{pA} \quad dB(A) \tag{9.21}$$

L_{pi}, L_{pAi} fremdgeräuschkorrigierter Schalldruckpegel am Messpunkt i
$\overline{L}_p, \overline{L}_{pA}$ energetisch gemittelter Wert der fremdgeräuschkorrigierten Schalldruckpegel aller Messpunkte

Eine stärkere zeitliche Schwankung gegenüber einer stationären bzw. quasi-stationären Geräuschabstrahlung ist zu berücksichtigen. In den Messnormen zur Schallleistungsbestimmung ist festgelegt, dass die Messdauer mindestens 30 s betragen muss, wenn auch Frequenzanteile unterhalb von 160 Hz interessieren. Es wird üblicherweise mit der Zeitbewertung „Fast" gemessen. Sofern für eine Maschine eine maschinenspezifische Geräuschmessnorm existiert, wird die Messung nach dieser Norm durchgeführt; hier wird für bestimmte Maschinenarten auch die Anwendung der Zeitbewertung „Slow" sowie eine bestimmte Anordnung der Messpunkte vorgeschrieben.

Bei impulsartigen Schwankungen (<1 s) wird mit dem Schallpegelmesser zusätzlich an einer oder mehreren Mikrofonpositionen in der Stellung „Impuls" der Pegel L_{pA_I} gemessen und mit dem Mittlungspegel L_{pAeq} verglichen.

Beträgt die Differenz $\Delta L_i = L_{pA_I} - L_{pA} > 3\ dB$, so liegt eine Impulshaltigkeit in der Schallleistungsabgabe vor, die dann auch in Form dieser Pegeldifferenz anzugeben ist.

Korrektur zur Berücksichtigung eines Fremdgeräusches

Zusammen mit dem Geräusch der zu beurteilenden Schallquelle kann ein nicht zu eliminierendes Fremd- oder Störgeräusch den Messwert beeinflussen. Dann muss der Messflächenschalldruckpegel $\overline{L}_p$, der dann als $\overline{L}_p'$ bezeichnet wird, störpegelbereinigt werden, falls nach Abschalten des Prüflings der Störpegel $\overline{L}_p''$ um weniger als 10 dB unter dem gemessenen Schalldruckpegel $\overline{L}_p'$ liegt.

Dies geschieht dadurch, dass vom gemessenen Schalldruckpegel $\overline{L}_p'$ der Korrekturpegel ΔL_K abgezogen wird. Es ist dann:

$$\overline{L}_p = \overline{L}_p{}' - K_1 \tag{9.22}$$

$$K_1 = -10 \cdot lg\left(1 - 10^{-0,1 \cdot \Delta L}\right)\ dB \qquad mit \qquad \Delta L = \overline{L}_p{}' - \overline{L}_p{}'' \tag{9.23}$$

$\overline{L}_p{}'$ über die Messfläche energetisch gemittelter Schalldruckpegel (Maschine + Fremdgeräusch),

$\overline{L}_p{}''$ über die Messfläche energetisch gemittelter Fremdgeräuschpegel (bei ausgeschalteter Maschine).

Der Korrekturpegel K_1 lässt sich auch nach Gl. (2.265) bzw. Abb. 2.75 ermitteln. Hierbei wird anstelle $L_1 - L_2$ der Pegelunterschied $\overline{L}_p{}' - \overline{L}_p{}''$ eingesetzt. Die Korrektur erfolgt in gleicher Weise unabhängig davon, ob linear, A-bewertet oder in Frequenzbändern gemessen wird.

Unterliegt die Geräuschabstrahlung einer gewissen Richtwirkung oder sollen isolierte Einzelschallereignisse beurteilt werden, kann es nötig sein, besonders für Messpunkte am Arbeitsplatz für jeden einzelnen Messpunkt i getrennt die Fremdgeräuschkorrektur $K_{1,i}$ unter Verwendung von $\Delta L_i = \overline{L}_{p_i}{}' - \overline{L}_{p_i}{}''$ zu bestimmen. Es ist dann:

$$\overline{L}_{p_i} = \overline{L}_{p_i}{}' - K_{1_i}$$

mit

$$K_{1,i} = -10 \cdot lg\left(1 - 10^{-0,1 \cdot \Delta L_i}\right)\ dB$$

9.2.2 Messung in geschlossenen Räumen

Stationäre und bedingt mobile Schallquellen, insbesondere geräuschabstrahlende Maschinen, haben ihren Standort meist in geschlossenen Räumen. Ihre Schallabstrahlung ist daher i. Allg. nicht mit den idealen Schallfeldern des vollkommenen Diffus- oder Freifeldes verknüpft. Da sie auch in der Regel nicht in den entsprechenden Messräumen untergebracht werden können, muss die Schallleistung bzw. der Schallleistungspegel vor Ort, d. h. in nicht idealen Schallfeldern ermittelt werden.

In akustisch nicht genau definierten geschlossenen Räumen [16] baut sich um den Prüfling i. Allg. ein semi-diffuses Schallfeld auf. Grundlage für die Ermittlung des Schallleistungspegels bleibt das Hüllflächenverfahren nach Abschn. 9.2.1 [10, 12]. Bedingt durch immer vorhandene Reflexionen in geschlossenen Räumen sind die ermittelten Schallleistungspegel nach 9.2.1 unter Semi-Diffus- bzw. Diffusfeldbedingungen grundsätzlich höher als der tatsächliche Wert. Der tatsächlich abgestrahlte Schallleistungspegel wird dann durch Abzug eines sog. Raumkorrekturbeiwertes K_2 wie folgt berechnet [12]:

$$L_W = \overline{L}_p + L_S \quad dB \tag{9.24}$$

$$\overline{L}_p = \overline{L}_p{}' + K_0 - K_1 - K_2 \quad dB \tag{9.25}$$

$\overline{L}_p$ Messflächenschalldruckpegel
$\overline{L}_p{}'$ über die Messfläche energetisch gemittelter Schalldruckpegel beim Vorhandensein eines Störpegels
L_S Messflächenmaß nach Gl. (9.7)
K_0 Korrekturpegel des Umgebungseinflusses s. Gl. (2.258). Für die Genauigkeitsklassen 2 und 3, also Räume mit höheren Reflexionen, wird $K_0 = 0$ gesetzt. Für die Genauigkeitsklasse 1, akustisches Freifeld oder Freifeld über reflektierender Ebene, soll K_0 berücksichtigt werden. Weitere Einzelheiten hierzu sowie die Definitionen der Genauigkeitsklassen sind in [1, 2, 10–12] angegeben.
K_1 Korrekturpegel des Fremdgeräuscheinflusses, der in der Regel auch frequenzabhängig ist, nach Gl. (9.23).

Die Umgebungskorrektur K_2 berücksichtigt das akustische Umfeld des Prüflings und ist außerdem frequenzabhängig. Aus diesem Grunde lässt sich der Schallleistungspegel korrekterweise nur in Frequenzbändern angeben. Es ist also beispielsweise:

$$L_{W_{f_m}} = \overline{L}'_{p_{f_m}} + L_S + K_0 - K_{1_{f_m}} - K_{2f_m} \quad dB \tag{9.26}$$

Der A-Schallleistungspegel wird hieraus mit Hilfe der Gl. (2.278) und (2.279) ermittelt. Die Gl. (9.26) stellt eine allgemeinere Beziehung für das Hüllflächenverfahren dar. Die Umgebungskorrektur K_2 kann je nach verwendetem Messraum wie folgt berechnet werden:

- vollkommenes Freifeld, Genauigkeits-klasse 1 nach [1, 11]

$$K_2 = 0 \quad dB \tag{9.27}$$

- vollkommenes Diffusfeld

$$K_2 = 10\, lg\left(4 \cdot S/A_{ges}\right) \, dB \tag{9.28}$$

- Messräume mit halhalliger Struktur (siehe Abb. 9.4), Genauigkeitsklasse 2 und 3 nach [10, 12]

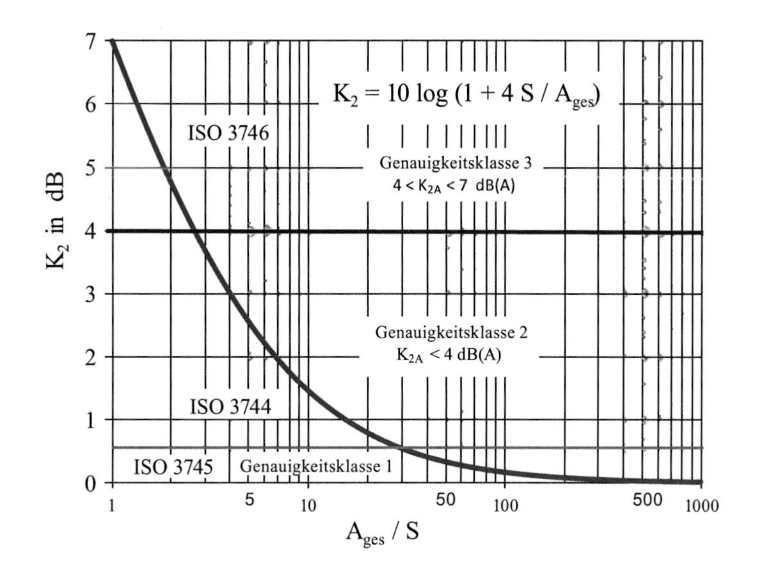

Abb. 9.4 Raumkorrekturbeiwert K_2 in Abhängigkeit vom Verhältnis A_{ges}/S

$$K_2 \approx 10 \cdot \lg(1 + \frac{4 \cdot S}{A_{ges}}) \quad dB \tag{9.29}$$

bzw.

$$K_2 \approx 10 \cdot \lg(1 + 24,5 \cdot \frac{T_S \cdot S}{V}) \quad dB \tag{9.30}$$

Hierbei sind:

S Hüllfläche, Messfläche in m^2,
A_{ges} äquivalente Absorptionsfläche des Messraumes in m^2,
V Raumvolumen in m^3,
T_S Nachhallzeit des Messraumes in s.

Die Frequenzabhängigkeit der Umgebungskorrektur K_2 wird durch die Frequenzabhängigkeit der äquivalenten Absorptionsfläche, bzw. der Nachhallzeit des Messraumes bestimmt.

Die Umgebungskorrektur K_2 kann auch mit Hilfe einer Bezugsschallquelle nach der Methode des absoluten Vergleichtests [1, 15] bestimmt werden. Hierbei wird nach dem Hüllflächenverfahren der störpegelbereinigte Hüllflächenschalldruckpegel $\overline{L}_p$ für den Prüfling bestimmt. Den gesuchten Schallleistungspegel erhält man entsprechend der Gl. (9.24):

$$L_W = \overline{L}_p + (L_S - K_2) \ \ dB \tag{9.31}$$

Anschließend wird anstelle des Prüflings die Bezugsschallquelle (mit bekanntem Schallleistungsspektrum) installiert. Auf der gleichen Hüllfläche wird dann der störpegelbereinigte Messflächenschalldruckpegel $\overline{L}_{p_V}$ der Bezugsschallquelle ermittelt. Der Schall-leistungspegel der Bezugsschallquelle lässt sich dann wie folgt berechnen:

$$L_{W_V} = \overline{L}_{p_V} + (L_S - K_2) \ \ dB \tag{9.32}$$

Die Pegelgrößen in der Klammer stellen die gleichen Größen dar wie in Gl. (9.31). Da andererseits neben $\overline{L}_{p_V}$ auch L_{W_V} der Bezugsschallquelle bekannt ist, lässt sich der Pegelwert dieser Klammer angeben:

$$(L_S - K_2) = L_{W_V} - \overline{L}_{p_V} \tag{9.33}$$

Nach Einsetzen in Gl. (9.31) erhält man schließlich für den gesuchten Schallleistungspegel des Prüflings:

$$L_W = L_{W_V} + \left(\overline{L}_p - \overline{L}_{p_V}\right) \ \ dB \tag{9.34}$$

Hiermit ist eine sehr einfache und übersichtliche Beziehung gefunden, die den großen Vorteil besitzt, dass sie keinerlei Korrekturpegel mehr enthält, auch nicht die Umgebungskorrektur K_2. Interessiert man sich aber doch für K_2, so findet man mittels der Bezugsschallquelle:

$$K_2 = \left(\overline{L}_{p_V} - L_{W_V}\right) + L_S \ \ dB \tag{9.35}$$

Stellt man den Schallleistungspegel der Bezugsschallquelle so ein, dass $\overline{L}_p = \overline{L}_{p_V}$ wird, dann ist:

$$L_W = L_{W_v} \ \ dB \tag{9.36}$$

und kann direkt an der Bezugsschallquelle abgelesen werden.

Naturgemäß sind die so gefundenen Pegelgrößen für L_W und K_2 ebenfalls frequenzabhängig und sind vorzugsweise in Frequenzbändern anzugeben:

$$L_{W_{f_m}} = L_{W_{V_{f_m}}} + \left(\overline{L}_{p_{f_m}} - \overline{L}_{p_{V_{f_m}}}\right) \ \ dB \tag{9.37}$$

Die Messflächenschalldruckpegel $\overline{L}_p$ und $\overline{L}_{p_V}$ müssen, falls erforderlich, störpegelbereinigt bestimmt werden (s. Abschn. 9.2.1). Der A-Schallleistungspegel lässt sich wiederum mit Hilfe der Gln. (2.278) und (2.279) ermitteln. Da der Schallleistungspegel die wesentliche Größe bei der Beurteilung von Maschinengeräuschen darstellt, sind in DIN 45635, Teil 1 [1] die Mess- und Auswertebedingungen für das Hüllflächenverfahren festgelegt. Die in DIN 45635-1 beschriebenen Rahmenverfahren sind inzwischen zum Großteil in der europäischen Normung aufgegangen und in der nationalen Normung neu umgesetzt worden [2–12]. Viele der Folgeblätter zu DIN 45635, in denen maschinenspezifische Richtlinien definiert sind, wurden bereits durch harmonisierte europäische oder internationale Normen ersetzt. Häufig sind Festlegungen für die Ermittlung akustischer Kennwerte von Maschinen in Regelwerken getroffen, die sich mit Sicherheitsanforderungen an Maschinen befassen, so für Verpackungsmaschinen beispielsweise in verschiedenen Folgeteilen der Normenreihe DIN EN 415.

9.3 Ermittlung des Schallleistungspegels nach dem Hallraumverfahren

Die Ermittlung des Schallleistungspegels erfolgt hierbei durch Messung im Diffusfeld, d. h. in einem Hallraum, wie er im Abschn. 8.14.2 beschrieben wurde. Dabei wird außerhalb des Hallradius r_H der Schalldruckpegel L_H des sich im Hallraum aufbauenden Diffusfeldes gemessen. Die Messung erfolgt zweckmäßigerweise auf einem geschlossenen Messpfad rund um die Schallquelle. Aus den einzelnen Messwerten L_{H_i} errechnet sich dann der räumliche Mittelwert $\overline{L}_H$ zu:

$$\overline{L}_H = L_\Sigma - 10 \cdot \lg n = 10 \cdot \lg \sum\nolimits_{i=1}^{n} 10^{\frac{L_{H_i}}{10}} - 10 \lg n \quad dB. \tag{9.38}$$

Eine Messung der Richtwirkung der Schallquelle ist wegen der mehrfachen Reflexionen des Hallraumes nicht möglich.

Erfüllt der Messraum nur geringere akustische Anforderungen, so muss man die Ermittlung der Schallleistung auf breitbandige und stationäre Geräusche beschränken. In Abhängigkeit des Messraumes, der Genauigkeitsklasse, des Frequenzspektrums der Quelle sowie der Quellengröße ist das Hallraumverfahren zur Bestimmung der Schallleistung in DIN EN ISO 3741 [2], DIN EN ISO 3743-1 [8] sowie in DIN EN ISO 3743-2 [9] genormt.

Grundlage für die Berechnung der Schallleistung P_Q bzw. des Schallleistungspegels L_W aus der Messgröße $\overline{L}_H$ sind die in Abschn. 8.8 angegebenen Beziehungen des Diffusfeldes. Danach ist:

$$L_W = \overline{L}_H + 10 \cdot \lg \frac{A_{ges}}{S_0} - 6 + K_0 \quad dB \tag{9.39}$$

Für die genauere Ermittlung des Schallleistungspegels müssen die nach Gl. (9.39) gerechneten Werte wie folgt korrigiert werden [15]:

$$L_W = \overline{L}_H + 10 \cdot \lg \frac{A_{ges}}{S_0} - 6 + K_{00} + K_{01} \quad dB \tag{9.40}$$

Hierbei ist eine Verbesserung vor allem durch Hinzufügen des sog. Waterhouse-Terms K_{01} erreicht worden. Er berücksichtigt die Tatsache, dass sich im Bereich der Wände nur ein unvollständiges Hallfeld ausbildet. Die Korrekturgrößen K_{00} und K_{01} lassen sich wie folgt berechnen:

$$K_{00} = 10 \cdot \lg \frac{B}{1000} \tag{9.41}$$

$$K_{01} = 10 \cdot \lg \left(1 + \frac{S_H \cdot c}{8 \cdot V_H \cdot f_m}\right) \quad dB \tag{9.42}$$

Hierbei sind:

S_H Oberfläche des Hallraumes in m^2
V_H Volumen des Hallraumes in m^3
c Schallgeschwindigkeit der Hallraumluft während der Messung in m/s
f_m Mittenfrequenz des betrachteten Frequenzbandes
B barometrischer Druck in mbar

Führt man anstelle der äquivalenten Absorptionsfläche des Hallraumes A_{ges} die handlichere Nachhallzeit T_S ein, so ergibt sich mit Gl. (8.123) für die Gl. (9.40)

$$L_W = \overline{L}_H + 10 \cdot \lg \frac{V}{V_0} - 10 \cdot \lg \frac{T_S}{T_0} - 14 + K_{00} + K_{01} \quad dB \tag{9.43}$$

$$V_0 = 1\,m^3; \; T_0 = 1\,s$$

Nun sind in beiden Beziehungen (9.40) und (9.43) für L_W die Größen A_{ges} und T_S, aber auch die Korrekturgröße K_{01} frequenzabhängig. Daraus folgt, dass man den Schallleistungspegel nach dem Hallraumverfahren nur in Frequenzbändern ermitteln kann. Es ist also beispielsweise:

$$L_{W_{f_m}} = \overline{L}_{H_{f_m}} + 10 \cdot \lg \frac{V}{V_0} - 10 \cdot \lg \frac{T_{S_{f_m}}}{T_0} - 14 + K_{00} + K_{01_{f_m}} \quad dB \tag{9.44}$$

Dieses Leistungsspektrum kennzeichnet ausführlich die Schallemission des Prüflings. Man kann aber auch wiederum mit Hilfe der Gl. (2.278) und (2.279) den A-bewerteten Schallleistungspegel L_{W_A} berechnen, um zu einer Einwert-Darstellung zu gelangen.

9.4 Emissions-Schalldruckpegel am Arbeitsplatz

Als Einzahlangabe zur Quantifizierung der gesamten Geräuschabstrahlung einer Maschine ist der Schallleistungspegel der geeignete Wert.

Es gibt jedoch eine Reihe von Maschinenarten, bei denen sich der Schallleistungspegel bisher nicht als Haupt-Emissionskenngröße durchsetzen konnte [17]. Gerade bei großen Maschinen interessiert den an der Maschine tätigen Arbeitnehmer weniger die Gesamtschallleistung als vielmehr der Schalldruckpegel bzw. der Beurteilungspegel, dem er an seinem Arbeitsplatz ausgesetzt ist. Da es sich hierbei jedoch um Immissionswerte handelt, die vom Betriebszustand der Maschine, von Fremdgeräuschen anderer Maschinen und insbesondere von den herrschenden Umgebungsbedingungen abhängig sind, wurde neben dem Schallleistungspegel mit dem Emissions-Schalldruckpegel am Arbeitsplatz eine weitere Emissionskenngröße eingeführt [3–7].

Diese Kenngröße wird wie der Schallleistungspegel in bezug auf Fremdgeräusche und Umgebungseinflüsse korrigiert und entweder für den Arbeitsplatz oder einen festgelegten Ort angegeben. In Abhängigkeit der Genauigkeitsklasse des Verfahrens und der Umgebungsbedingungen kann der Emissions-Schalldruckpegel nach verschiedenen Verfahren bestimmt werden [3–7].

In DIN EN ISO 11204 [7] wird neben K_2 eine sog. punktbezogene Umgebungskorrektur K_3 definiert:

K_3 ist ein Korrekturterm zur Berücksichtigung des Einflusses von reflektiertem Schall auf den Emissions-Schalldruckpegel an einem für die zu untersuchende Maschine festgelegten Ort (z. B. einen Arbeitsplatz). K_3 hängt sowohl von der Frequenz als auch vom Ort ab und wird in Dezibel angegeben. Im Fall der A-Bewertung wird sie mit K_{3A} bezeichnet.

Durch Einführung von K_3 wurde dem Sachverhalt Rechnung getragen, dass die Umgebungskorrektur K_2 in den Fällen, in denen die Maschine nicht völlig ungerichtet abstrahlt, eigentlich falsch ist [17].

K_2 ist ein Term zur Berücksichtigung des Einflusses von reflektiertem oder absorbiertem Schall auf den Messflächenschalldruckpegel und gilt somit auf der gesamten Hüllfläche. De facto treten allerdings insbesondere bei großen Maschinen oder teilweise geöffneten Schallschutzkapseln relativ stark differierende energieäquivalente Messflächenschalldruckpegel an den jeweiligen Messpositionen auf. Den Emissions-Schalldruckpegel an einem Arbeitsplatz vor einem lärmbestimmenden Teilaggregat der Maschine mit K_2 zu bestimmen, würde zu einem zu niedrigen Emissionswert führen.

Zur Ermittlung des Schallleistungspegels wird auch weiterhin die Umgebungskorrektur K_2 benutzt, da mit dem Schallleistungspegel die Schallemission der gesamten Maschine beschrieben werden soll und daher auch die Umgebung nur im Mittel um die Maschine herum berücksichtigt werden muss.

Der Emissions-Schalldruckpegel für Frequenzbänder, z. B. in Terzbänder $L_{p,\mathrm{Terz}}$, oder A-Bewertung L_{pA}, wird gemäß [7] wie folgt bestimmt:

$$L_{p,Terz} = L'_{p,Terz} - K_{1,Terz} - K_{3,Terz} \text{ dB} \tag{9.45}$$

$$L_{pA} = L'_{pA} - K_{1A} - K_{3A} \text{ dB(A)} \tag{9.46}$$

Mit

$L'_{p,Terz}, L'_{pA}$ energieäquivalenter Terzband- bzw. A-bewerteter Schalldruckpegel an einem festgelegten Ort (bei Vorhandensein von Fremdgeräusch)

$K_{1,Terz}, K_{1A}$ Terzband- und A-bewertete Fremdgeräuschkorrektur, vgl. Abschn. 9.2 (Gl. 9.23) (ΔL wird hier für den festgelegten Ort bestimmt)

$K_{3,Terz}, K_{3A}$ Terzband- und A-bewertete punktbezogene Umgebungskorrektur

$K_{3,Terz}$ kann gemäß [7] aus $K_{2,Terz}$ oder aus der äquivalenten Absorptionsfläche des Prüfraumes bestimmt werden:

$$K_{3,\text{Terz}} = -10 \cdot \lg\left[1 - \left(1 - 10^{-0,1 \cdot K_{2,\text{Terz}}}\right) \cdot 10^{-0,1 \cdot D^*_{\text{Iop,Terz}}}\right] \text{dB(A)} \tag{9.47}$$

bzw.

$$K_{3,Terz} = -10 \cdot \lg\left[1 - \frac{1}{1 + \frac{A}{4 \cdot S}} \cdot 10^{-0,1 \cdot D^*_{Iop,Terz}}\right] \tag{9.48}$$

$$D^*_{Iop,Terz} = L^*_{p,Terz} - \overline{L^*_{p,Terz}} \tag{9.49}$$

$D^*_{Iop,\ Terz}$ Arbeitsplatz-Scheinrichtwirkungsmaß

$L^*_{p,Terz}$ der am Arbeitsplatz gemessene Terz-Schalldruckpegel, korrigiert bezüglich des Fremdgeräuschs, jedoch unkorrigiert bezüglich des Umgebungseinflusses.

$\overline{L^*_{p,\text{Terz}}}$ der über die Bezugsmessfläche gemittelte Terz-Schalldruckpegel, korrigiert bezüglich des Fremdgeräuschs, jedoch unkorrigiert bezüglich des Umgebungseinflusses.

Hieraus folgt, dass in der Praxis zusätzlich zur Messung am interessierenden Arbeitsplatz auch der Messflächen-Schalldruckpegel auf einer Hüllfläche um die untersuchte Maschine ermittelt werden muss.

In den Gl. (9.47 und 9.48) muss der festgelegte Ort nicht auf der Mess- oder Hüllfläche S der Maschine liegen, auf die sich der Pegelmittelwert $\overline{L^*_{p,Terz}}$ bezieht.

Mit der Gl. (9.45) lässt sich mit Hilfe der Gl. (2.279) bzw. Tab. 2.10 der Emissions-Schalldruckpegel L_{pA} wie folgt bestimmen:

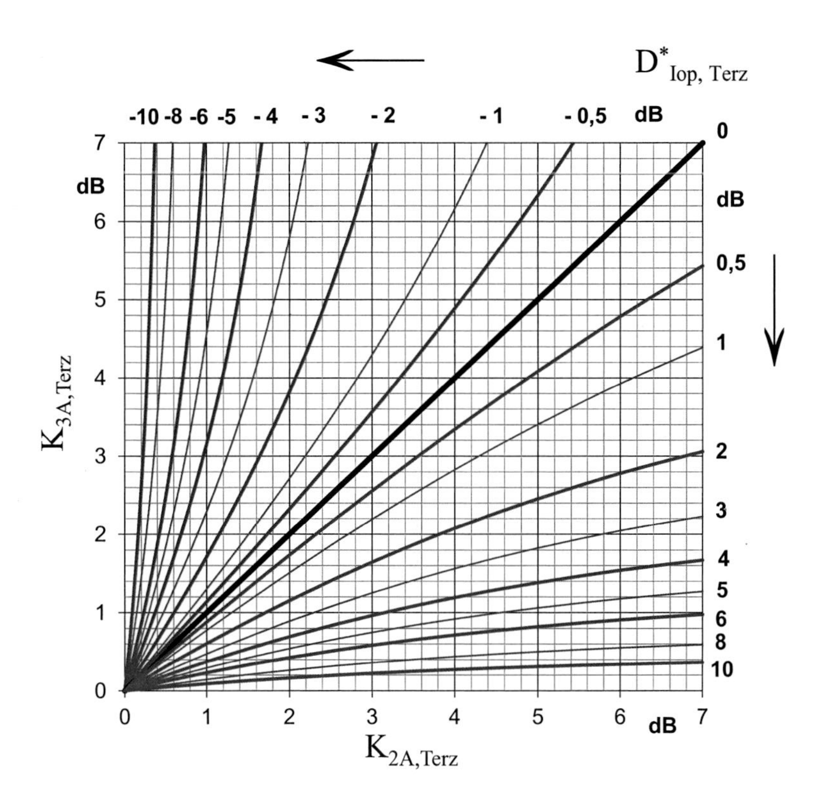

Abb. 9.5 Graphische Dargestellung der Gl. (9.47)

$$L_{pA} = 10 \cdot lg\, \Sigma\, 10^{\frac{L_{p,Terz}+\Delta L_{A,Terz}}{10}}\ \text{dB(A)} \tag{9.50}$$

Aus dem Gesamtwert der Gl. (9.45) mit und ohne $K_{3,\text{Terz}}$ kann man die A-bewertete punktbezogene Umgebungskorrektur K_{3A} bestimmen:

$$K_{3A} = 10 \cdot lg\, \Sigma\, 10^{\frac{L'_{p,Terz}-K_{1,Terz}+\Delta L_{A,Terz}}{10}} - 10 \cdot lg\, \Sigma\, 10^{\frac{L'_{p,Terz}-K_{1,Terz}-K_{3,Terz}+\Delta L_{A,Terz}}{10}}\ \text{dB(A)} \tag{9.51}$$

In Abb. 9.5 ist die Gl. (9.47) graphisch dargestellt.

Hieraus folgt, dass für $L_{PA}* = \overline{L_{pA}}^*$ die Umgebungskorrekturen K_2 und K_3 gleich sind.

Bei der Ermittlung von L_{pA} darf K_{3A} nicht größer als 7 dB(A) werden. Errechnet sich für K_{3A} ein Wert größer 7 dB(A), ist eine Ermittlung des Emissions-Schalldruckpegels in dieser Messumgebung nach [7] nicht möglich.

In DIN EN ISO 11202 [5] wird ein Verfahren zur Abschätzung der punktbezogenen Umgebungskorrektur angegeben. Hierdurch vermindert sich der Messaufwand für die Ermittlung des Emissions-Schalldruckpegels am Arbeitsplatz deutlich, da keine Ermittlung des Messflächen-Schalldruckpegels um die gesamte Maschine herum erforderlich ist –

allerdings auf Kosten der Genauigkeit; die Messunsicherheit des nach [5] ermittelten Emissions-Schalldruckpegels liegt bei ca. 5 dB(A)!

9.5 Übungen

Übung 9.5.1

Der Hersteller einer Maschine hat einen Emissionsschalldruckpegel am Arbeitsplatz von $L_{pA} = 80$ dB(A) garantiert. Zur Überprüfung wurden in der Aufstellungshalle der Maschine folgende Messungen durchgeführt:

- A- Oktav-Schalldruckpegel *) auf der Hüllfläche der Maschine in 1,0 m Abstand an fünf Messpunkten ($L_{pA1} - L_{pA5}$)
- A-Oktav-Schalldruckpegel in 1 m Abstand am Arbeitsplatz ($L_{pA}{}'_{,\,\mathrm{Okt,\ Arbeitsplatz}}$)

*) *Für die normgerechte Ermittlung des Emissions-Schalldruckpegels sollen Messungen in Terzbändern durchgeführt werden.*

In der untenstehender Tabelle sind die Messdaten, einschließlich der mittleren Oktav-Nachhallzeiten, gemessen auf der Hüllfläche, zusammengestellt:

Aufstellungshalle: $L_H \times B_H \times H_H = 22 \text{ m} \times 14 \text{ m} \times 5 \text{ m}$
Maschine: $L_M \times B_M \times H_M = 1{,}8 \text{ m} \times 1{,}4 \text{ m} \times 1{,}6 \text{ m}$

f_m in Hz	63	125	250	500	1000	2000	4000	8000	
L_{pA1}	61,0	61,9	69,5	71,4	69,5	62,7	63,7	58,7	dB(A)
L_{pA2}	64,2	66,5	74,6	75,2	74,6	67,4	68,4	58,8	dB(A)
L_{pA3}	64,3	64,5	72,4	74,4	72,4	65,3	66,3	62,2	dB(A)
L_{pA4}	69,0	69,9	78,4	77,5	76,7	70,8	71,9	64,7	dB(A)
L_{pA5}	68,7	67,8	76,1	78,2	76,1	68,7	69,8	61,5	dB(A)
Nachhallzeit	1,8	1,7	1,6	1,6	1,4	1,3	1,1	1,0	s
$L'_{pA,Okt,Arbeitsplatz}$	68,0	69,8	78,7	79,6	76,2	69,2	67,3	60,5	dB(A)

a) Überprüfen Sie, ob die Herstellerangaben erfüllt sind (Einfluss des Störpegels soll vernachlässigt werden).

b) Bestimmen Sie aus den Messdaten die A-Pegelerhöhungen auf der Hüllfläche (K_{2A}) und am Arbeitsplatz (K_{3A}), die durch Raumreflexionen verursacht werden.

Übung 9.5.2

Ein Maschinenhersteller hat folgende Emissionskennwerte garantiert:

1. A-Schallleistungspegel $L_{WA} \leq 103$ dB(A)
2. Emissionsschalldruckpegel L_{pA} am Arbeitsplatz in 1,5 m Abstand ≤ 80 dB(A)

Zur Überprüfung wurden in der Aufstellungshalle der Maschine, orientiert an DIN EN ISO 3744 und 11204, der Schalldruckpegel am Arbeitsplatz (L_{pA}') sowie die Schalldruckpegel auf der Hüllfläche der Maschine an insgesamt 5 Messstellen ($L_{pA,i}'$) in 1,5 m Abstand, bei Vorhandensein von Störpegeln, gemessen.

Die Messdaten, einschließlich der mittleren Störpegel $\overline{L_{pA}''}$ und den mittleren Nachhallzeiten auf der Hüllfläche, sind in der unten angegebenen Tabelle zusammengestellt.

Aufstellungshalle: $L_H \times B_H \times H_H = 24\ m \times 15\ m \times 5{,}5\ m$
Maschine: $L_M \times B_M \times H_M = 2{,}2\ m \times 1{,}8\ m \times 1{,}6\ m$

f_m in Hz	63	125	250	500	1000	2000	4000	8000	Summe	
$L_{pA}'_{,Arbeitsplatz}$	69,8	71,3	80,1	82,2	81,5	72,3	73,4	70,8	86,8	dB(A)
L_{pA1}'	71,0	73,5	82,5	84,8	82,5	74,5	75,7	73,0	88,9	dB(A)
L_{pA2}'	68,0	71,4	80,2	82,4	80,2	72,4	73,5	70,0	86,6	dB(A)
L_{pA3}'	72,0	72,8	81,8	84,0	81,8	73,8	74,9	71,0	88,2	dB(A)
L_{pA4}'	70,0	72,1	81,0	83,2	81,0	73,1	74,2	68,0	87,3	dB(A)
L_{pA5}'	68,0	69,3	77,8	80,0	77,8	70,3	71,3	69,0	84,3	dB(A)
$\overline{L_{pA}''}$	66,0	68,0	76,0	74,0	74,0	68,0	64,0	63,0	80,5	dB(A)
Nachhallzeit	1,7	1,6	1,4	1,3	1,0	0,8	0,7	0,6	-	s

a) Überprüfen Sie, ob die Herstellerangaben erfüllt sind.
b) Wie groß ist K_{2A} und nach welcher Genauigkeitsklasse erfolgten die Messungen für die Schallleistungsbestimmung?
c) Wie groß wären die mittleren A-Oktav- und A-Gesamtschalldruckpegel in 1 m Abstand der Maschine, wenn man die Maschine im Freien ohne Störpegel ($K_1 = 0$) aufstellen würde?

Literatur

1. DIN 45635-1: Geräuschmessung an Maschinen; Luftschallemission, Hüllflächen-Verfahren; Rahmenverfahren für 3 Genauigkeitsklassen (1984)
2. DIN EN ISO 3741: Akustik – Bestimmung der Schallleistungs- und Schallenergiepegel von Geräuschquellen aus Schalldruckmessungen; Hallraumverfahren der Genauigkeitsklasse 1 (ISO 3741:2010) (2011)
3. DIN EN ISO 11200: Akustik – Geräuschabstrahlung von Maschinen und Geräten – Leitlinien zur Anwendung der Grundnormen zur Bestimmung von Emissions-Schalldruckpegeln am Arbeitsplatz und an anderen festgelegten Orten (ISO 11200:1995, einschl. Cor 1:1997) (2010)
4. DIN EN ISO 11201: Akustik – Geräuschabstrahlung von Maschinen und Geräten – Bestimmung von Emissions-Schalldruckpegeln am Arbeitsplatz und an anderen festgelegten Orten in einem im Wesentlichen freien Schallfeld über einer reflektierenden Ebene mit vernachlässigbaren Umgebungskorrekturen (ISO 11201:2010) (2010)

5. DIN EN ISO 11202: Akustik – Geräuschabstrahlung von Maschinen und Geräten – Bestimmung von Emissions-Schalldruckpegeln am Arbeitsplatz und an anderen festgelegten Orten unter Anwendung angenäherter Umgebungskorrekturen (ISO 11202:2010) (2010)
6. DIN EN ISO 11203: Akustik – Geräuschabstrahlung von Maschinen und Geräten – Bestimmung von Emissions-Schalldruckpegeln am Arbeitsplatz und an anderen festgelegten Orten aus dem Schallleistungspegel (ISO 11203:1995) (2010)
7. DIN EN ISO 11204: Akustik – Geräuschabstrahlung von Maschinen und Geräten – Bestimmung von Emissions-Schalldruckpegeln am Arbeitsplatz und an anderen festgelegten Orten unter Anwendung exakter Umgebungskorrekturen (ISO 11204:2010) (2010)
8. DIN EN ISO 3743-1: Akustik – Bestimmung der Schallleistungs- und Schallenergiepegel von Geräuschquellen aus Schalldruckmessungen – Verfahren der Genauigkeitsklasse 2 für kleine, transportable Quellen in Hallfeldern; Teil 1: Vergleichsverfahren in einem Prüfraum mit schallharten Wänden (ISO 3743-1:2010) (2011)
9. DIN EN ISO 3743-2: Akustik, Bestimmung der Schallleistungspegel von Geräuschquellen aus Schalldruckmessungen – Verfahren der Genauigkeitsklasse 2 für kleine, transportable Quellen in Hallfeldern, Teil 2: Verfahren für Sonder-Hallräume (ISO 3743-2:1994) (2009)
10. DIN EN ISO 3744: Akustik – Bestimmung der Schallleistungs- und Schallenergiepegel von Geräuschquellen aus Schalldruckmessungen – Hüllflächenverfahren der Genauigkeitsklasse 2 für ein im Wesentlichen freies Schallfeld über einer reflektierenden Ebene (ISO 3744:2010) (2011)
11. DIN EN ISO 3745: Akustik – Bestimmung der Schallleistungs- und Schallenergiepegel von Geräuschquellen aus Schalldruckmessungen – Verfahren der Genauigkeitsklasse 1 für reflexionsarme Räume und Halbräume (ISO 3745:2012) (2017–10)
12. DIN EN ISO 3746: Akustik – Bestimmung der Schallleistungs- und Schallenergiepegel von Geräuschquellen aus Schalldruckmessungen; Hüllflächenverfahren der Genauigkeitsklasse 3 über einer reflektierenden Ebene (ISO 3746:2010) (2011)
13. DIN EN ISO 9614-1: Akustik – Bestimmung der Schallleistungspegel von Geräuschquellen durch Schallintensitätsmessungen; Teil 1: Messungen an diskreten Punkten (ISO 9614-1:1993) (2009)
14. DIN EN ISO 9614-2: Akustik – Bestimmung der Schallleistungspegel von Geräuschquellen durch Schallintensitätsmessungen; Teil 2: Messung mit kontinuierlicher Abtastung (ISO 9614-2:1996) (1996)
15. Heckl, M., Müller, H.A.: Taschenbuch der Technischen Akustik, 2. Aufl. Springer, Berlin (1994)
16. Hübner, G.: Analyse der Unsicherheiten bei der Bestimmung der Schallleistung von Maschinen unter besonderer Berücksichtigung von Umgebungseinflüssen realer Räume. VDI-Bericht Nr. 335 (1979)
17. Probst, W.: Ein neues Verfahren zur Ermittlung der Raumkorrektur für den Emissions-Schalldruckpegel am Arbeitsplatz. VDI-Berichte Nr. 1213 (1995)

Rohrleitungsgeräusche 10

10.1 Einleitung

In Rohrleitungssystemen werden Gase (Luft, Erdgas), Dämpfe (Wasserdampf), Flüssigkeiten (Wasser) transportiert. Die Rohrsysteme bestehen aus der Leitung selbst mit geraden und gekrümmten Teilabschnitten sowie aus Übergangs-, Verzweigungs- und Umlenkungsstücken. Außerdem können die Rohrsysteme Armaturen und Stellglieder, wie Absperr- und Entspannungsorgane, Mess- und Regelgeräte, beinhalten, die auch in die Rohrleitung eingebaut sein können [14].

In solchen fluiddurchströmten Rohrleitungssystemen entstehen Geräusche, die im strömenden Medium selbst als Fluidschall und in der Rohrwand als Körperschall weitergeleitet werden. Als weitere Geräuschquelle bei durchströmten Rohrleitungen sind die in und an der turbulenten Grenzschicht entstehenden Fluid- und Körperschallgeräusche zu nennen. Diese Geräusche werden als Grundgeräusche entlang der ganzen Leitung erzeugt. Diesem Grundgeräusch können sich örtlich erzeugte Geräusche vor allem als Fluidschall, in geringerem Maße auch als Körperschall, überlagern.

Die Geräuschentstehung bei durchströmten Rohrsystemen wird in erster Linie durch Wirbelablösung beim An- und Umströmen von Einbauten aller Art oder durch Verwirbelung an scharfen Innenkanten und Vorsprüngen, an schroffen Übergängen, an Umlenkungen und Verzweigungen verursacht. Des weiteren können Geräusche durch expandierende Freistrahlen in Rohrsystemen vor allem durch einen kurzzeitigen Zerfall von Wirbeln verschiedener Größe, z. B. in Entspannungsorganen, verursacht werden [8]. Schließlich wird beim freien Austritt des strömenden Mediums aus der Leitung Fluidschall, in geringerem Maße auch Körperschall, erzeugt. Alle bisher genannten Geräusche sind bei höheren Reynolds-Zahlen, wie sie in der Regel bei technischen Strömungen vorhanden sind, breitbandig. Im Gegensatz dazu können in der Rohrleitung örtlich auch schmalbandige Geräuschanteile erzeugt werden, wenn beispielsweise in akustisch engen Blindstücken

G. R. Sinambari, S. Sentpali, *Ingenieurakustik*,
https://doi.org/10.1007/978-3-658-27289-0_10

($d \ll \lambda$) eine Längs-Eigenschwingung oder in verhältnismäßig breiten Rechteckkanälen eine der Längs- oder Quer-Eigenschwingungen angeregt wird [9]. Schmalbandige Geräusche können auch entstehen, wenn Teile von Einbauten, die mechanische Schwingungen ausführen können, in Resonanz versetzt werden [3, 7].

Die örtlich verursachten Geräusche werden von ihrem Entstehungsort aus, im Allgemeinen in beiden Richtungen weitergeleitet, im strömenden Medium mit der Schallgeschwindigkeit des Fluids, in der Rohrwand mit der Körperschallgeschwindigkeit. Falls jedoch am Entstehungsort des Geräusches im Fluid örtlich die Schallgeschwindigkeit erreicht wird, wie beispielsweise im engsten Querschnitt der Entspannungsorgane, erfolgt die Weiterleitung im Wesentlichen nur in Richtung der Strömung. Schließlich kann auch Fluid- und Körperschall in das Rohrleitungssystem von externen, dem System zugeordneten Schallquellen eingeleitet werden, etwa von Ventilatoren, Verdichtern, Pumpen, Turbinen. Auch diese Geräusche werden dann als Fluid- und Körperschall weitergeleitet. Es ist noch anzumerken, dass bei vielen Rohrleitungsgeräuschen in der Regel der Anteil der Körperschallerzeugung und -weiterleitung geringer ist als der Anteil der Erzeugung und Weiterleitung von Fluidschall. Es ist auch die Wechselwirkung zwischen Schallausbreitung im Medium und der Rohrwand gering und kann in den meisten Fällen vernachlässigt werden. Im Folgenden wird daher nur noch der Fluidschall, und zwar speziell der Luftschall, behandelt.

Das entlang der ganzen Leitung verteilte Grundgeräusch (Grenzschichtgeräusch) wird auch entlang der ganzen Rohrwand in der Umgebung der Leitung abgestrahlt.[1] Die örtlich erzeugten Geräusche werden einerseits am Entstehungsort abgestrahlt, andererseits in dem angeschlossenen Rohrsystem weitergeleitet und können dann neben der unmittelbar anschließenden Leitung auch weiter abgelegene Leitungsabschnitte und Einbauten zu Schallabstrahlung in ihrer Umgebung anregen. In Extremfällen kann es sogar zu einer so starken mechanischen Schwingungsanregung kommen, dass die Dauerfestigkeit der angeregten Rohrabschnitte gefährdet wird [3].

10.2 Mathematische Behandlung der Rohrströmung

Um alle diese Begriffe und auch die zwischen ihnen bestehenden Zusammenhänge besser erläutern zu können, bedarf es zunächst eines kürzeren theoretischen Abrisses der Schallausbreitung in Rohrleitungen. Die Rohrleitung sei unendlich lang, das Fluid in der Leitung sei ungedämpft, der Querschnitt zunächst ein Rechteck. Die zugehörige partielle Differenzialgleichung (s. Abschn. 2.2.2, Gl. (2.16)) lautet:

[1] In diesem Kapitel werden im Wesentlichen die Weiterleitung und Abstrahlung solcher Geräusche behandelt, die dem Grundgeräusch überlagert sind. Bezüglich der Entstehungsmechanismen örtlich erzeugter Geräusche wird hier nur auf die Literatur [4, 6, 12, 15, 20] hingewiesen.

$$\Delta\underline{\phi} = \frac{1}{c^2}\frac{\partial^2\underline{\phi}}{\partial t^2} \tag{10.1}$$

Mit Hilfe des Bernoulli-Ansatzes für das räumliche Geschwindigkeitspotenzial $\underline{\phi}\,(x,\,y,z,t)$

$$\underline{\phi} = \widehat{\phi}\,(x,\,y,z)\cdot e^{j\,\omega\,t} \tag{10.2}$$

gewinnt man die partielle Differenzialgleichung

$$\Delta\widehat{\phi}\,(x,\,y,z) + k^2\,\widehat{\phi}\,(x,\,y,z) = 0 \tag{10.3}$$

Diese zeitunabhängige Funktion lässt sich an die Schallausbreitung in der Längsrichtung der Leitung durch den Ansatz [10, 16]

$$\widehat{\phi}\,(x,\,y,z) = \widehat{\phi}_x\,(\,y,z)\cdot e^{-j\,k'\,x} \tag{10.4}$$

anpassen.

Dieser Ansatz entspricht der Schallausbreitung in x-Richtung mit der Wellenzahl $k' = \omega/c' \neq k$ bzw. der Phasengeschwindigkeit $c' \neq c$ und der Querverteilungsfunktion $\widehat{\phi}_x(x,z)$ des Geschwindigkeitspotenzials über das Rechteck a-b (Abb. 10.1).

Setzt man Gl. (10.4) in Gl. (10.3) ein, so erhält man die partielle Differenzialgleichung:

$$\frac{\partial^2\widehat{\phi}_x(\,y,z)}{\partial y^2} + \frac{\partial^2\widehat{\phi}_x(\,y,z)}{\partial z^2} + \gamma^2\widehat{\phi}_x(\,y,z) = 0 \tag{10.5}$$

mit

$$\gamma^2 = \gamma_n{}^2 + \gamma_p{}^2 \tag{10.6}$$

Die Lösungen der Gl. (10.5) werden für den Rechteck-Querschnitt durch den Separationsansatz:

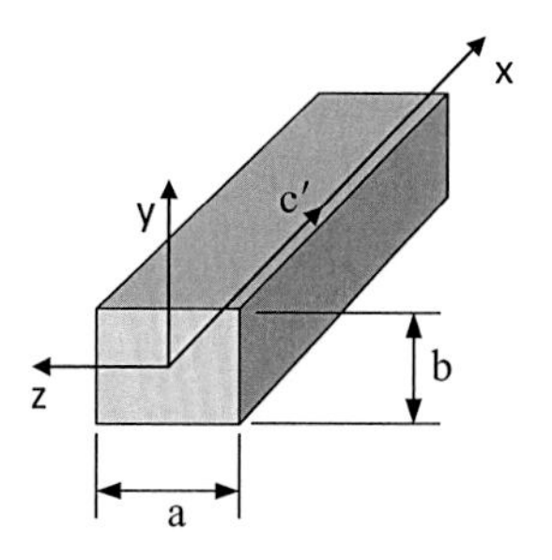

Abb. 10.1 Rechteckkanal

$$\widehat{\phi}_x(y, z) = \widehat{\phi}_o \cos(\gamma_n \cdot y) \cdot \cos(\gamma_p \cdot z) \tag{10.6a}$$

bzw.

$$\widehat{\phi}_x(y, z) = \widehat{\phi}_o \sin(\gamma_n \cdot y) \cdot \sin(\gamma_p \cdot z) \tag{10.6b}$$

gewonnen. Hierin sind γ_n, γ_p die Eigenwerte der Differenzialgleichung, die zu den Eigenfunktionen $\widehat{\varphi}_x(y, z)$ gehören; n, p werden auch Moden genannt. Für den Rechteckquerschnitt ist:

$$\gamma_n = \frac{\pi \cdot n}{a} \tag{10.7a}$$

$$\gamma_p = \frac{\pi \cdot p}{b} \tag{10.7b}$$

n, p = 0, 1, 2, 3, … .

Ein entsprechender Rechengang lässt sich in Zylinderkoordinaten r, φ, x für eine kreiszylinderförmige Rohrleitung (Abb. 10.2) durchführen.

Mit dem Ansatz

$$\widehat{\phi}\,(r, \varphi, x) = \widehat{\phi}_x(r, \varphi) \cdot e^{-jk'x} \tag{10.8}$$

erhält man für die Funktion $\widehat{\varphi}_x(r, \varphi)$ der Querverteilung die Lösung [10, 15]:

$$\widehat{\phi}_x(r, \varphi) = \widehat{\phi}_o \cdot \cos(n \cdot \varphi) \cdot J_n(\gamma_{n,p} \cdot r) \tag{10.9}$$

Sie ist aufgebaut auf der Besselschen Funktion J_n der n-ten Ordnung mit dem Argument $(\gamma_{n,\,p} \cdot r)$, wo die $\gamma_{n,\,p}$ wiederum die Eigenwerte der Differenzialgleichung sind. Sie gehören zu den Eigenfunktionen $\widehat{\phi}_x(r, \varphi)$. Wesentlich ist die Berechnung der Eigenwerte $\gamma_{n,\,p}$, denn über $\gamma_{n,\,p}$ findet man durch die Beziehung (10.6) die für die Schallausbreitung in der Längsrichtung x wichtige Phasengeschwindigkeit c′. Man erhält:

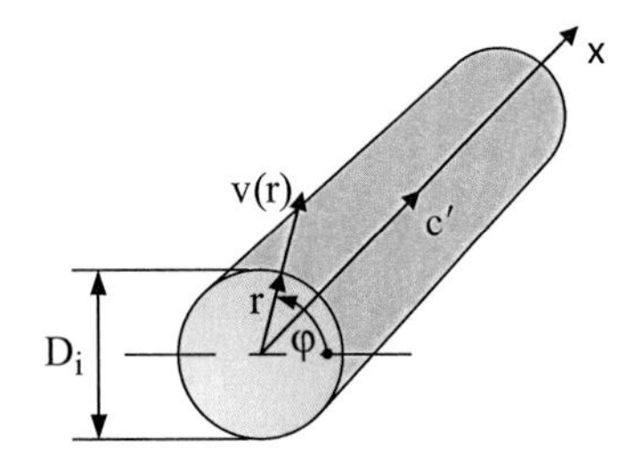

Abb. 10.2 Kreiszylinderförmige Rohrleitung

$$c'_{n,p} = \frac{c}{\sqrt{1 - \frac{\overset{n,p}{\gamma}}{(\omega/c)^2}}} \tag{10.10}$$

Die zugehörige Wellenzahl lautet dann:

$$k'_{n,p} = k \cdot \sqrt{1 - \frac{\gamma_{n,p}^2}{k^2}} \tag{10.11}$$

Aus beiden Ausdrücken erkennt man vor allem, dass für $\omega/c < \gamma_{n,p}$ die Größen $k'_{n,p}$ und $c'_{n,p}$ imaginär werden. Daraus lässt sich die sogenannte Grenzfrequenz $f_{g_{n,p}}$ wie folgt ableiten:

$$f_{g_{n,p}} = \frac{c}{2\pi} \gamma_{n,p} \tag{10.12}$$

Bevor auf die physikalische Bedeutung der Grenzfrequenz näher eingegangen wird, müssen die hierzu benötigten Eigenwerte ermittelt werden. Diese gewinnt man durch die Erfüllung homogener Randbedingungen an der Rohrströmung. Diese Randbedingungen lassen sich in zwei extremen Fällen zusammenfassen:

a) die schallharte Rohrwand, z. B. eine Stahlrohrleitung,
b) die schallweiche Rohrwand, z. B. ein weicher Gummischlauch.

a) ***Die schallharte Rohrleitung***

Bei ihr ist die Radialgeschwindigkeit v_r am Innenradius $r = R_i = D_i/2$ der Rohrwand gleich null. Diese Geschwindigkeit v_r erhält man bekanntlich aus dem Geschwindigkeitspotenzial ϕ (r, φ, x) durch Differenzieren nach r. Es ist:

$$v_r = \left(\frac{\partial \phi}{\partial r}\right)_{r=R_i} = 0 \tag{10.13}$$

Mit der Randbedingung $v_r = 0$ erhält man mit der Gl. (10.9) die Bestimmungsgleichung für die Eigenwerte $\gamma_{n,\,p}$:

$$J'_n\left(\gamma_{n,p} \cdot R_i\right) = 0 \tag{10.14}$$

Der Index n entspricht der Anzahl der Knotendurchmesser, der Index p der Anzahl der Knotenkreise der Mode n, p. Für die 0-Mode ist $\gamma_{n,p} = 0$. Damit ist $c' = c$, also gleich der Phasengeschwindigkeit des nicht begrenzten Fluids. Die Querverteilung enthält keine

Knotenlinie und -kreise, $J'(0) = 1$. Im Rohr breitet sich für den ganzen Frequenzbereich eine ebene, ungedämpfte Welle mit der konstanten Phasengeschwindigkeit c aus. Diese Mode ist dominierend im Rohr mit schallharter Wandbegrenzung.

Für die 1,0-Mode ist:

$$\gamma_{1,0} = \frac{0{,}586\,\pi}{R_i} \tag{10.15}$$

$$k'_{1,0} = k\sqrt{1 - \left(\frac{0{,}586 \cdot c}{D_i \cdot f}\right)^2} \tag{10.16}$$

$$c'_{1,0} = \frac{c}{\sqrt{1 - \left(\frac{0{,}586 \cdot c}{D_i \cdot f}\right)^2}} \tag{10.17}$$

Man erkennt hieraus, dass die zur 1,0-Mode gehörende Grenzfrequenz die Größe

$$f_{g_{1,0}} = \frac{0{,}586 \cdot c}{D_i} \tag{10.18}$$

besitzt. Unterhalb dieser Grenzfrequenz sind die Größen $k'_{1,0}$ und $c'_{1,0}$ rein imaginär. Imaginäre Größen bedeuten hier, dass die Wellenmode 1,0 entsprechend der jetzt reellen Funktion $e^{-k' \cdot x}$ gedämpft ist [17]; die Dämpfungskonstante beträgt

$$\alpha'_{L1,0} = k'_{1,0} = k\sqrt{\left(\frac{0{,}586 \cdot c}{D_i \cdot f}\right)^2 - 1} \tag{10.19}$$

Man erkennt, dass die Dämpfung um so größer ist, je kleiner die Frequenz f wird. Daraus folgt, dass unterhalb der Grenzfrequenz $f_{g_{1,0}}$ die Wellenmode nur noch wenig in Erscheinung tritt, um so weniger, je mehr die Frequenzen absinken. Dagegen kann sich oberhalb dieser Grenzfrequenz die Mode ungedämpft ausbreiten, jedoch ist das zugehörige Schallfeld nicht mehr eben, auch liegt für seine Ausbreitungsgeschwindigkeit Frequenzdispersion vor.

Für ein Rohr mit Rechteckquerschnitt ist:

$$f_{g_{1,0}} = \frac{0{,}5 \cdot c}{a_i} \tag{10.20}$$

Hierbei ist a_i die größere Rechteckseite.

Für höhere Moden sind analoge Grenzfrequenzen berechenbar, deren Betrag mit steigenden Indizes der Moden zunimmt. In gleicher Weise, wie bei der 1,0-Mode gezeigt wurde, nehmen auch die Dämpfungen bei den Eigenfrequenzen unterhalb der jeweiligen Grenzfrequenz zu. Die Wirksamkeit der höheren Moden wird immer geringer, ihre Ausbreitung weicht von der ebenen Ausbreitung immer stärker ab.

Bei einem breitbandigen Geräusch in einer glatten, starren Rohrleitung spielt vor allem die erste Grenzfrequenz $f_{g_{1,0}}$ eine wesentliche Rolle. Bei Frequenzen unterhalb dieser Grenzfrequenz breitet sich ein nahezu ebenes Wellenfeld aus, das bei höheren Frequenzen durch Interferenzen infolge der Wandreflexionen zunehmend gestört wird. Liegt also wie bei einem Stahlrohr mit kleinerem Durchmesser D_i die Grenzfrequenz $f_{g_{1,0}}$ hoch – für $D_i = 50$ mm beträgt sie bereits ca. 4000 Hz –, so erfolgt die Schallausbreitung im Wesentlichen in ebenen Längswellen. Ist umgekehrt die Grenzfrequenz klein, z. B. wie bei einem Stahlrohr größeren Durchmessers – für $D_i = 200$ mm beträgt sie nur noch ca. 1000 Hz –, so sind an der Schallausbreitung neben ebenen Wellen auch höhere Moden beteiligt.

Diese Sachverhalte lassen sich noch etwas deutlicher ausdrücken, wenn man statt der Frequenz f die Wellenlänge λ einführt. Aus der Bedingung

$$f \leq f_{g_{1,0}}$$

folgt dann für die Wellenlängen:

$\lambda \geq 1{,}71 \cdot D_i = \lambda_{g_{1,0}}$ Rohre mit Kreisquerschnitt

$\lambda \geq 2 \cdot a_i = \lambda_{g_{1,0}}$ Rechteckrohr

Hieraus folgt, dass für Wellenlängen $\lambda > 1{,}71\ D_i$ bzw. $\lambda > 2a_i$ die Ausbreitung im Wesentlichen in ebenen Wellen erfolgt. Man spricht in diesem Falle von akustisch engen Rohren. Im Falle $\lambda < 1{,}71\ D_i$ bzw. $\lambda < 2a_i$ beteiligen sich an der Ausbreitung neben ebenen Wellen noch solche, bei denen der Schalldruck auch in radialer Richtung vom Ort abhängt. Durch verstärkte Reflexionen an der Rohrwand nimmt schließlich die Ausbreitung immer mehr diffusen Charakter an. In Tab. 10.1 ist das Verhältnis λ/D_i für die verschiedenen Moden einer zylindrischen Rohrleitung zusammengestellt [15]. Der dimensionslose Ausdruck λ/D_i entspricht auch dem Kehrwert der Helmholtzzahl He [20].

Tab. 10.1 λ/D_i-Werte für verschiedene Moden einer zylindrischen Rohrleitung

Mode n, p	λ / D_i
0 0	∞
1 0	1,706
2 0	1,029
0 1	0,820
1 1	0,589
2 1	0,468
0 2	0,448
1 2	0,368
2 2	0,315
0 3	0,309
1 3	0,268
2 3	0,239
0 4	0,235
1 4	0,211
2 4	0,192

b) ***Die schallweiche Rohrleitung***

Bei ihr geht der Wechseldruck an der Wand ($r = R_i$) gegen null. Den Wechseldruck erhält man bekanntlich aus dem Geschwindigkeitspotenzial ϕ (r, φ, x, t) durch Differenzieren nach der Zeit. Es ist:

$$\underline{p}(r) = -\rho \frac{\partial \phi}{\partial t} = -j\omega \widehat{\phi}_0 \cdot cos(n\ \varphi)\ J_n(\gamma_{n,p} \cdot r) \cdot e^{-j\,k'x} \cdot e^{j\,\omega\,t} \qquad (10.21)$$

Die Randbedingung $p\ (R_i) = 0$ wird demnach erfüllt, wenn die Besselfunktion für das Argument $(\gamma_{n,\,p} \cdot R_i)$ verschwindet. Man erhält also mit

$$J_n(\gamma_{n,p} \cdot R_i) = 0 \qquad (10.22)$$

wiederum eine Bedingungsgleichung zur Berechnung der Eigenwerte $\gamma_{n,p}$. Die 0,0-Mode existiert nicht und somit auch keine Ausbreitung ebener Wellen. Die wichtigste Mode ist die 0,1-Mode, zu der auch die niedrigste Grenzfrequenz gehört. Sie hat die Größe:

$$f_{g_{0,1}} = 0{,}765 \frac{c}{D_i} \tag{10.23}$$

Die höheren Moden führen auch zu höheren Grenzfrequenzen. Daraus folgt, dass das schallweich begrenzte Rohr für alle Moden Hochpass-Filterwirkung besitzt und sich daher auch als akustisches Sperrelement verwenden lässt. Die Wirkung beginnt ab $f > 0{,}765 \cdot c/D_i$. Bei einer Schallgeschwindigkeit von 340 m/s entspricht dies einer normierten Wellenlänge $\lambda/D_i < 1{,}31$.

10.3 Innere Schallleistung

Im Folgenden wird die Betrachtung auf die schallhart begrenzte Rohrleitung beschränkt. Die darin stattfindende Schallweiterleitung und Abstrahlung haben ihre Ursache in der inneren Schallleistung P_{Q_i} bzw. dem zugehörigen Schallleistungspegel L_{W_i}

$$L_{W_i} = 10\ lg \frac{P_{Q_i}}{P_0} \quad dB \tag{10.24}$$

$$\left(P_0 = 10^{-12} W\right)$$

des Grundgeräusches und aller eingangs dieses Kapitels genannten örtlichen Störquellen. Zur Ermittlung dieser Leistungsgrößen liegen verschiedene Theorien oder auch experimentelle Untersuchungen vor, auf die aber hier nicht näher eingegangen werden soll. Für die praktische Handhabung ist es oft zweckmäßiger, die innere Schallleistung durch Messung des zugehörigen, inneren Schalldruckpegels

$$L_{p_i} = 20\ lg \frac{\widetilde{p}_i}{p_0} \quad dB \tag{10.25}$$

zu ermitteln. Hierbei ist $\widetilde{p}_i$ der Effektivwert des Schalldrucks innerhalb der Rohrleitung. Der innere Schallleistungspegel lässt sich dann wie folgt angeben [12, 15]:

$$L_{W_i} = L_{p_i} + 10\ lg \frac{A_S}{A_0} + K_{0i} - K_D \quad dB \tag{10.26}$$

oder in Frequenzbändern, z. B. Terzen:

$$L_{W_{iTz}} = L_{p_{iTz}} + 10\ lg \frac{A_S}{A_0} + K_{0_i} - K_{D_{Tz}} \quad dB \tag{10.27}$$

Die Gl. (10.26) und (10.27) sind in ihrem Aufbau den Gl. (8.19) und (8.22) (Schallleistungsbestimmung in geschlossenen Räumen) ähnlich. Bei schallharter Begrenzung sind die Durchtrittsfläche und die Absorptionsfläche innerhalb der Rohrleitung identisch. A_S ist die Durchtrittsfläche senkrecht zur Schallausbreitungsrichtung. Sie ist in Abb. 10.3 für verschiedene Schallausbreitungsmöglichkeiten angegeben.

$K_{0_i} = -10\ lg(Z_i/Z_0)$ ist ein Korrekturglied für den Fall, dass die Impedanz des im Rohr befindlichen Mediums $Z_i = \rho_i \cdot c_i$ nicht gleich der Bezugsimpedanz $Z_0 = 400\ \mathrm{Ns/m^3}$

Abb. 10.3 Schallausbreitungsmöglichkeiten in einer Rohrleitung für verschiedene Strömungsgeschwindigkeiten

Schallausbreitungsrichtung

a) P_{Qi}, L_{Wi}, w, L_{pi}, D_i

Geräusch entsteht entlang der ganzen Leitung

$\frac{w}{c} << 1 \qquad A_s = 2 \cdot \frac{\pi}{4} \cdot D_i^2$

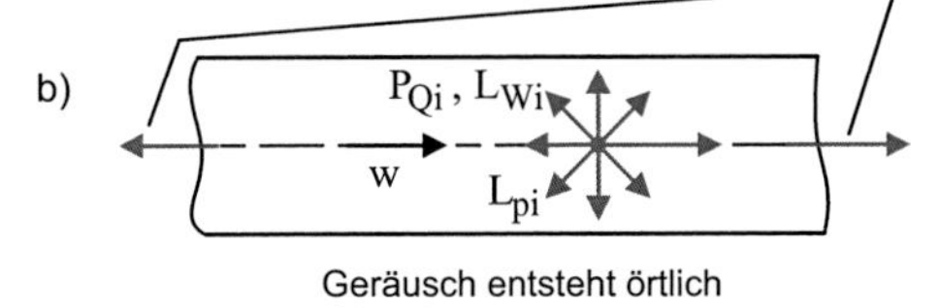

Geräusch entsteht örtlich

$\frac{w}{c} << 1 \qquad A_s = 2 \cdot \frac{\pi}{4} \cdot D_i^2$

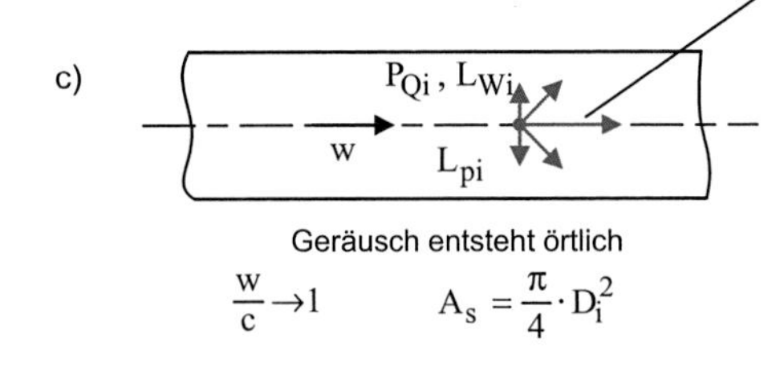

$\frac{w}{c} \to 1 \qquad A_s = \frac{\pi}{4} \cdot D_i^2$

ist. Die Pegelgrößen K_D bzw. $K_{D_{Tz}}$ hängen vom Charakter des Schallfeldes im Rohr ab. Im rein ebenen Feld ist $K_D = 0$ dB, im rein diffusen Feld ist $K_D = 6$ dB.[2]

Mit $\frac{\lambda}{D_i} = \frac{c}{D_i \cdot f}$ lässt sich K_D wie folgt berechnen [19]:

$$K_D = 8 \cdot \left(1 - \frac{c}{D_i \cdot f}\right) dB \; (0 \leq K_D \leq 6 \; dB)$$

Die Art des Schallfeldes lässt sich entsprechend den Ausführungen von Abschn. 10.2 am besten durch den Parameter λ/D_i. darstellen (Abb. 10.4). Wie bereits gezeigt, ist das Schallfeld bis zur ersten Grenzfrequenz $f_{g_{1,0}}$ eben (schallharte Begrenzung).

Experimentelle Untersuchungen [15] haben gezeigt, dass erst oberhalb der Frequenz $f_{g_{2,0}}$, d. h. $\lambda/D_i \leq 1$, das Schallfeld so weit vom ebenen Schallfeld abweicht, dass eine

[2]Für das reine Diffusfeld entspricht K_D, ähnlich wie bei der Schallausbreitung in geschlossenen Räumen, der Umgebungskorrektur $K_2 = 10\lg\left(4S/\overline{A}_{ges.}\right)$. Für $A = A_S = \overline{A}_{ges.}$ ist $K_D = 10 \cdot \lg 4 = 6$ dB.

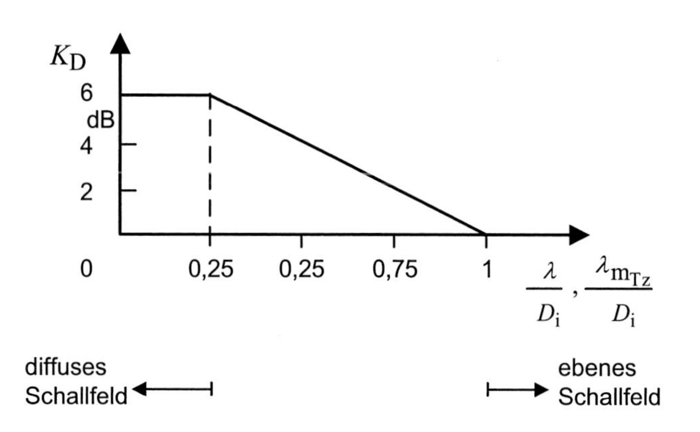

Abb. 10.4 Pegelgröße K_D in Abhängigkeit vom Verhältnis λ/D_i

messbare Erhöhung des Druckpegels infolge Querreflexionen zustande kommt. Mit steigender Frequenz nimmt die Anzahl der Moden, die sich im Rohr ausbilden können, stark zu, so dass das Schallfeld immer mehr vom ebenen Wellenfeld abweicht. Bei genügender Anzahl von Reflexionen hat das Schallfeld im Rohr überwiegend diffusen Charakter. Es wird angenommen, dass das Schallfeld im Rohr ab $\lambda/D_i \leq 0{,}25$ diffus ist. Für den Übergangsbereich $0{,}25 < \lambda/D_i < 1$ ist das Schallfeld nicht eindeutig definiert. Einfachheitshalber wird für diesen Bereich eine lineare Pegelerhöhung zwischen 0 dB und 6 dB vorausgesetzt. Das Korrekturglied K_D ist in Abb. 10.4 in Abhängigkeit vom Verhältnis der Wellenlänge der im Rohr vorhandenen Frequenzen zum Rohrinnendurchmesser D_i dargestellt [11, 12, 15, 19]. Arbeitet man mit Frequenzbändern (z. B. Terzen), dann kann die Wellenlänge aus der Mittenfrequenz des interessierenden Frequenzbandes berechnet werden.

Beispiel:

Für eine luftgefüllte Stahlrohrleitung, ∅ $D_i = 200$ mm, $c = 340$ m/s ergibt sich z. B.:

a) für die Terz mit $f_m = 500$ Hz $\lambda/D_i = 2{,}27$ und $K_D = 0$ dB,
b) für die Terz mit $f_m = 2000$ Hz ist $\lambda/D_i = 0{,}57$ und $K_D \approx 3{,}5$ dB.

10.4 Dämmung der Rohrwand

Das im Innern der zylindrischen Rohrleitung sich aufbauende stationäre Schallfeld wird durch die Zylinderwand gegen die umgebende Luft gedämmt. Gesucht ist das zugehörige Luftschalldämmmaß R:

$$R = 10\ lg \frac{P_e}{P_d} \quad dB \tag{10.28}$$

Hierin sind:

Abb. 10.5 Ringelement

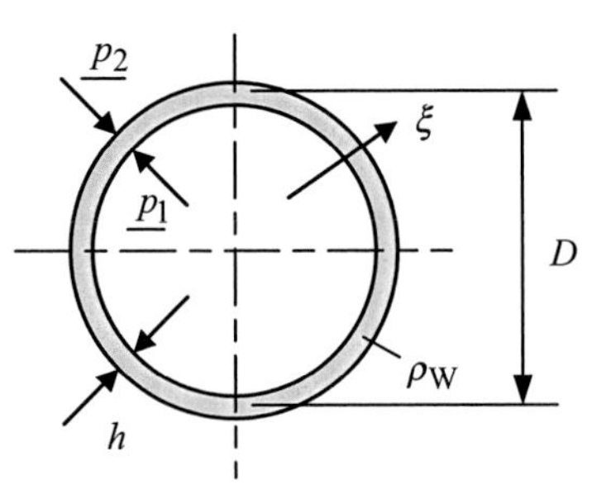

P_e die auf die Rohrinnenwand auftreffende Schallleistung,
P_d die zur Abstrahlung gelangende Luftschallleistung oder die äußere Schallleistung.

Dieses Luftschalldämmmaß kann i. Allg. nicht dem einer ebenen Wandplatte gleichen Materials und gleicher Wanddicke gleichgesetzt werden. Es ist grundsätzlich kleiner, da die durch die Krümmung der Zylinderwand bedingte Dehnsteife der Trägheit der Wand entgegenwirkt.

Zunächst wird ein Ringelement gleichen Materials vom mittleren Durchmesser D und der Wanddicke h betrachtet, an dem innen der Druck p_1 und außen der Druck p_2 angreift (Abb. 10.5). Sind die beiden Drücke statischer Natur, so lässt sich die zugehörige radiale Verschiebung wie folgt angeben:

$$\xi = \frac{\sigma}{E}\frac{D}{2} = \frac{p_1 - p_2}{4E}\frac{D^2}{\mathrm{h}} \tag{10.29}$$

Im Falle einer periodischen Anregung sind diesen Druckwirkungen die radial gerichteten Massenkräfte $-\rho_W \cdot \mathrm{h} \cdot \ddot{\xi}$ hinzuzufügen. Man erhält dann unter Vernachlässigung der Dämpfung für ξ folgende inhomogene Differenzialgleichung:

$$\left(\underline{p_1} - \underline{p_2}\right) + \left(-\rho_W \cdot h \cdot \ddot{\underline{\xi}}\right) = \frac{4E\mathrm{h}}{D_2} \cdot \underline{\xi}$$

bzw.

$$-\rho_W \cdot h \cdot \ddot{\underline{\xi}} + \frac{4E\mathrm{h}}{D_2} \cdot \underline{\xi} = \underline{p_1} - \underline{p_2} \tag{10.30}$$

Im Falle einer harmonischen Anregung $(\widehat{p}_1 - \widehat{p}_2) \cdot e^{j\,\omega\,t}$ ergibt sich für ξ die Lösung:

$$\underline{\xi} = \widehat{\xi} \cdot e^{j\,\omega\,t}$$

mit

$$\widehat{\xi} = \frac{\widehat{p}_1 - \widehat{p}_2}{\frac{4Eh}{D_2} - \rho_W \cdot h \cdot \omega^2} = \frac{\widehat{p}_1 - \widehat{p}_2}{m''} \cdot \frac{1}{\omega_R^2 - \omega^2}. \tag{10.31}$$

Hierin sind m'' die Massenbelegung des Ringes und ω_R die sog. Ringdehnkreisfrequenz [13].

$$\omega_R = 2\pi\, f_R = \frac{\sqrt{\frac{E}{\rho_W}}}{D/2} = \frac{c_{De}}{D/2} \tag{10.32}$$

f_R ist die zugehörige, bereits im Abschn. 2.1.1.3 angeführte Ringdehnfrequenz. Sie ist eine Eigenfrequenz des Ringes. Hierbei ist der Ringumfang $D \cdot \pi$ gerade gleich der Wellenlänge λ_{De} der Dehnwelle. Für Stahl ist $f_R = 5150/(\pi \cdot D)$. Sie ist i. Allg. hoch und erreicht für D = 200 mm ca. 8200 Hz.

Erfolgt die Anregung des Ringes mit $\omega = \omega_R$, so liegt ein Resonanzfall vor, bei dem die Amplituden $\widehat{\xi}$ entsprechend groß werden, wie auch aus der Gl. (10.31) zu erkennen ist (wegen nichtberücksichtigter Dämpfung geht dort für $\omega = \omega_R \Rightarrow \widehat{\xi} \rightarrow \infty$).

Denkt man sich einen mit Luft gefüllten Hohlzylinder im Bereich der Ringdehnfrequenz ($\lambda \approx 0{,}2$ D) als eine Schar lose nebeneinander liegender Ringe gleicher Größe, dann kann man die Ergebnisse für die Ringdehnfrequenz auch auf den dünnwandigen Hohlzylinder übertragen. Das heißt, auch beim Zylinder muss man bei einer Anregung durch ein im Innern wirksames Schallfeld im Bereich der Ringdehnfrequenz f_R mit überhöhten Schwingungen am Zylindermantel rechnen. Dies führt zu einem Einbruch in der Dämmung der Zylinderwand bei der Ringdehnfrequenz.

Bei hohen Frequenzen $f > f_R$ nähert sich die Zylinderschale in ihrem Dämmungsverhalten immer mehr einer ebenen Platte unter der Wirkung eines diffusen Schallfeldes. Dies kommt daher, dass einerseits bei hohen Frequenzen das Schallfeld im Rohr mehr diffusen Charakter annimmt (s. Abschn. 10.3), und andererseits ist in diesem Frequenzbereich die Biegewellenlänge der Rohrwand klein gegen den Krümmungsradius D/2.[3]

Bei Wellenlängen, die im Vergleich zum Zylinderdurchmesser D_i groß sind, liegt der andere Extremfall der Anregung vor. Wie bereits gezeigt, nähert sich für $\lambda > 1{,}72\ D_i$ das Schallfeld mehr einem ebenen Feld, dessen Wellenfronten sich senkrecht zur Zylinderachse bewegen. In diesem Fall kann die Dämmwirkung im Wesentlichen nur durch die Dehnsteife des Zylinders erfolgen.

[3]Die Biegewellenlänge der Rohrwand lässt sich mit Hilfe der Gl. (2.64) und (10.32) wie folgt angeben: $\lambda_B \approx 2{,}39 \cdot \sqrt{h \cdot D \cdot f_R / f}$.

Für $f = 2\ f_R$, D = 300 mm, h = 5 mm ist $\lambda_B \approx 65$ mm < D/2 = 150 mm.

Es sei hier erwähnt, dass bei tiefen Frequenzen ($\lambda > 2\ D_i$) das Schalldämmmaß der Rohrwand, entgegengesetzt zu dem sonst üblichen Frequenzverhalten, mit abnehmender Frequenz zunimmt. Die Bestimmung der absoluten Größe von R ist in diesem niedrigen Frequenzbereich problematisch und noch stärkeren Schwankungen unterworfen, da u. a. auch die Wirkung der Schallquelle selbst sowie ihrer Schwingungsformen das Schalldämmmaß beeinflussen können.

Es bleibt noch ein mittlerer Frequenzbereich, etwa zwischen $f = c/(2\ D_i)$ an der unteren und $f = 2 \cdot c_{De}/(\pi \cdot D_i)$ an der oberen Grenze. Die Berechnung des Schalldämmmaßes in diesem Bereich ist schwierig und wurde von Cremer und Heckl [1, 5, 6] durchgeführt. In diesem Bereich sind die höheren Moden des Schallfeldes für die Beurteilung der Schalldämmung maßgebend.

In jeder dieser Moden ist die Ausbreitungsgeschwindigkeit frequenzabhängig (Dispersion). Sie treten daher in eine Wechselwirkung mit dem Zylindermantel, die vergleichbar mit dem Koinzidenzeffekt an ebenen Platten ist. Die entsprechenden Trennimpedanzen sind stark frequenzabhängig. Sie besitzen an einigen Stellen, den sog. Durchlassfrequenzen f_{D_n}, Nullstellen. Das bedeutet, dass die Dämmwerte entsprechende Einbrüche bei diesen Frequenzen erfahren. Die Durchlassfrequenzen lassen sich wie folgt berechnen [6, 19]:

$$f_{D_n} = \frac{X_n \cdot c}{\pi \cdot D_i} \tag{10.33}$$

mit

n	1	2	3	4	5	6
X_n	1,84	3,05	3,83	4,70	5,33	6,71

In Abb. 10.6 sind für luftgefüllte zylindrische Stahlrohre Zahlenwerte von f_{D_1}, f_R in Abhängigkeit vom Durchmesser angegeben. Abb. 10.7 zeigt den prinzipiellen Verlauf des

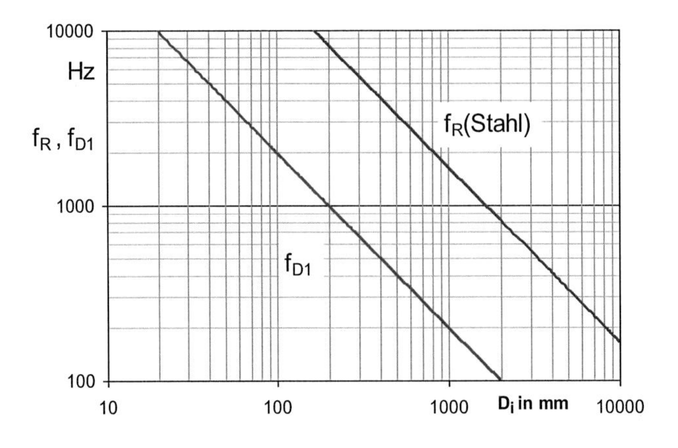

Abb. 10.6 Durchlassfrequenz f_{D_1} und Ringdehnfrequenz f_R in Abhängigkeit vom Rohrdurchmesser D_i

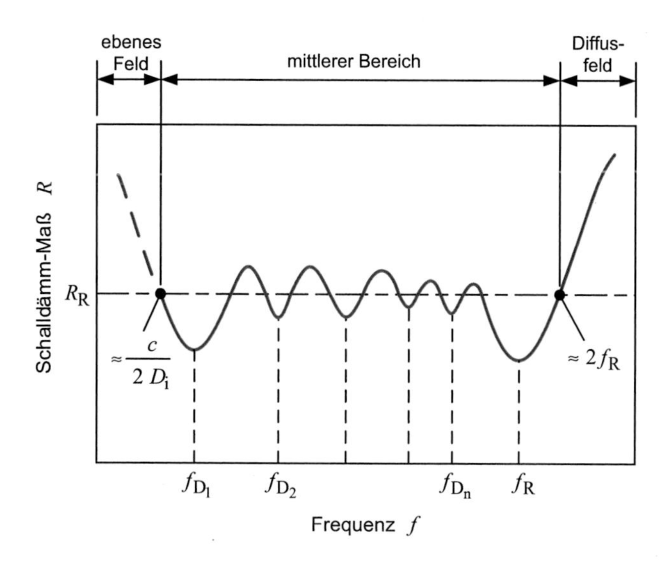

Abb. 10.7 Prinzipieller Verlauf des Schalldämmmaßes von zylindrischen, gasgefüllten Schalen

Schalldämmmaßes in schmalbandiger Darstellung [19]. Die im Diagramm eingezeichneten Durchlassfrequenzen f_{D_n} treten dann nicht in Erscheinung, wenn das zu dämmende Geräusch breitbandig ist. Wenn dagegen im Schallfeld des Rohres ausgeprägte schmalbandige Anteile vorhanden sind, werden sie für die Dämmung relevant. Falls sie in der Nähe der Durchlassfrequenzen liegen, insbesondere von f_{D_1} und f_R, muß mit entsprechend starken Einbrüchen gerechnet werden. Das Schalldämmmaß R_R für den mittleren Frequenzbereich bei dünnwandigen Rohren lässt sich nach Heckl wie folgt angeben [6]:

$$R_R = 9 + 10\ lg \frac{c_{De} \cdot m''}{(\rho_i \cdot c_i) \cdot D_i}\quad dB \tag{10.34}$$

Das nach Gl. (10.34) berechnete Schalldämmmaß kann in erster Linie für eine frequenzunabhängige Überschlagsrechnung des Schalldämmmaßes zugrunde gelegt werden. In Abb. 10.8 ist das mittlere Schalldämmmaß nach der Gl. (10.34) für luftgefüllte Stahlrohre in Abhängigkeit vom Rohrdurchmesser und von der Wanddicke dargestellt. Für genauere Rechnungen benötigt man das frequenzabhängige Schalldämmmaß.

In Abb. 10.9 ist das normierte Schalldämmmaß $R - 10\ lg \frac{c_{De} \cdot m''}{(\rho_i \cdot c_i) \cdot D_i}$ Funktion der normierten Frequenz f/f_R bei breitbrandiger Anregung angegeben.

Diese Ergebnisse sind vor allem auf experimentelle Untersuchungen (Messungen in Terz- und Oktavbandbreite) bei Luft und Erdgas zurückzuführen. Die Berechnungsformel für das frequenzabhängige Schalldämmmaß lautet [2, 15]:

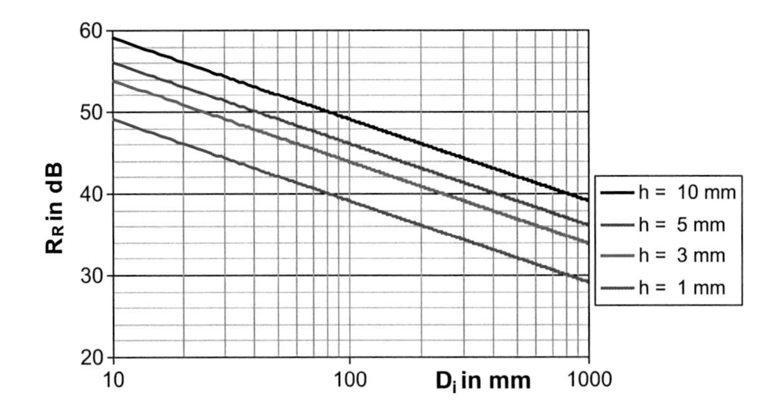

Abb. 10.8 Mittleres Schalldämmmaß R_R in Abhängigkeit vom Rohrdurchmesser D_i für verschiedene Wanddicken h

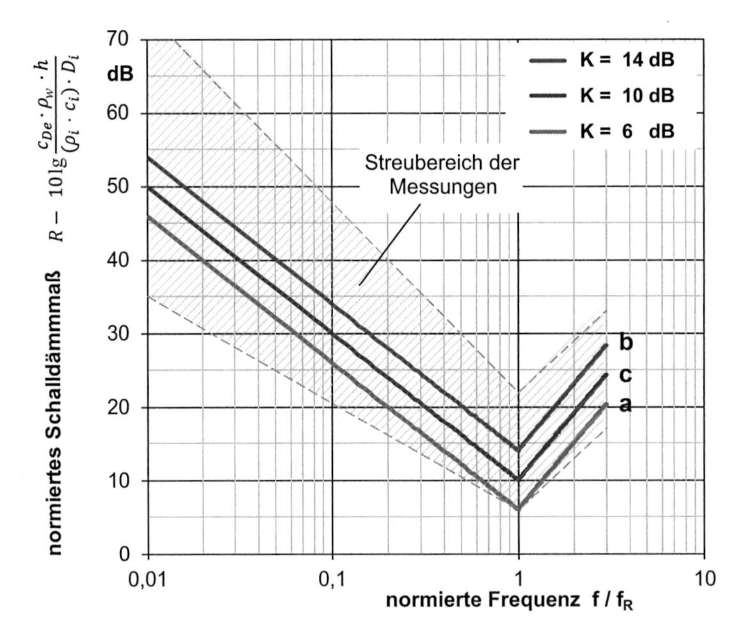

Abb. 10.9 Normiertes Schall-dämmmaß nach Gl. (10.35) als Funktion der normierten Frequenz f/f_R. a) [2] b) [15] c) [19]

$$\left.\begin{aligned} R_f &= 10\ lg\frac{c_{De}\cdot\rho_w\cdot h}{(c_i\cdot\rho_i)\cdot D_i}+K_f+K\quad dB \\ K_f &= -20\ lg\frac{f}{f_R}\quad dB\quad (f\leq f_R) \\ K_f &= 30\ lg\frac{f}{f_R}\quad dB\quad (f\geq f_R) \end{aligned}\right\} \tag{10.35}$$

Über die Größe K liegen keine gesicherten Werte vor. Die vorliegenden Ergebnisse[4] deuten darauf hin, dass die Größe K keine Konstante darstellt und höchstwahrscheinlich eine Funktion der Rohrabmessungen, insbesondere des Rohrdurchmessers, ist. In der VDI-Richtlinie 3733 [19] wird für die praktische Anwendung eine mittlere Größe von K = 10 dB empfohlen.

10.5 Schallweiterleitung in der Rohrleitung

Die örtlich erzeugten inneren Geräusche P_{Q_i} in der Rohrleitung werden sowohl örtlich abgestrahlt als auch weitergeleitet. Die örtliche Abstrahlung wird maßgeblich durch die örtlich vorhandene Dämmung (s. Abb. 10.8 und 10.9) beeinflusst.

Bei den üblicherweise großen Zahlenwerten der Dämmung wird i. Allg. nur ein sehr kleiner Anteil von P_{Q_i} abgestrahlt. Der wesentliche Anteil von P_{Q_i} wird weitergleitet. Näherungsweise kann hierfür die ganze Leistung P_{Q_i} in Ansatz gebracht werden. Diese Weiterleitung von Schallleistung in Rohrsystemen ist, wie jede Schallausbreitung, gedämpft. Die Dämpfung geschieht an geraden Rohrstrecken (konstanter Querschnitt), an eingebauten Formelementen wie Umleitungen, Querschnittsänderungen, an Rohrverzweigungen und an Austrittsöffnungen.

Bei den geraden Rohrstrecken erfolgt die Dämpfung durch Dissipation und Querdämmung an der Rohrwand. An Umlenkungen, Querschnittsänderungen und Austrittsöffnungen ist in erster Linie die Reflexion für die Dämpfung verantwortlich, es handelt sich also um eine Längsdämmung. An den Rohrverzweigungen wird die innere Schallleistung aufgeteilt. Die Dämpfung wird durch das Verhältnis der inneren Schallleistungen ausgedrückt. Man versteht unter der Dämpfung der Schallleistung zwischen zwei Querschnitten A_I und A_{II} (Abb. 10.10) der Rohrleitung die Pegeldifferenz:

$$\Delta L_{W_{I-II}} = 10\ lg \frac{P_{Q_{iI}}}{P_{Q_{iII}}}\ \text{dB} \tag{10.36}$$

$$\Delta L_{W_{I-II}} = L_{W_{i_I}} - L_{W_{i_{II}}}\ \text{dB} \tag{10.37}$$

Setzt man voraus, dass die Schallfelder an den Stellen I und II gleich sind, so kann man die Gl. (10.36) wie folgt umschreiben:

[4]Nach [2] ist K = 6 dB,
Nach [15] ist K = 14 dB.

Abb. 10.10 Rohrerweiterung

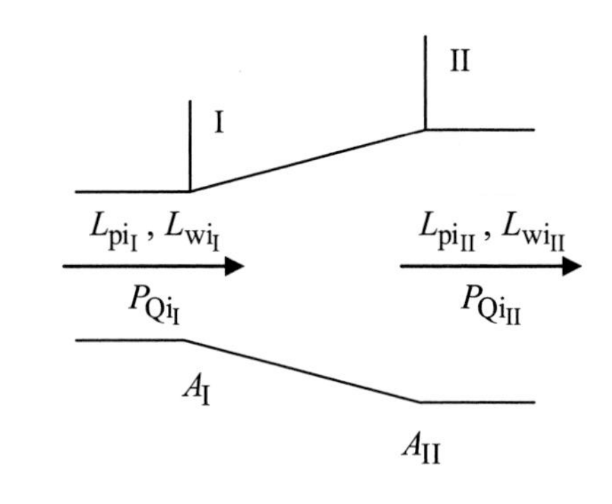

$$\Delta L_{W_{I-II}} = 10\ lg \frac{A_I \cdot I_{i_I}}{A_{II} \cdot I_{i_{II}}} \quad = \quad 10\ lg \frac{p_{i\,I}^2}{p_{i\,II}^2} + 10\ lg \frac{A_I}{A_{II}} \quad dB \tag{10.38}$$

$$= \Delta L_{p_{i_{I-II}}} + 10\ lgm \quad dB$$

$\Delta L_{p_{i_{I-II}}} = L_{p_{i_I}} - L_{p_{i_{II}}}$ dB innere Schalldruckpegeldifferenz zwischen zwei Querschnitten I und II,

$m = \frac{A_I}{A_{II}}$ Querschnittsverhältnis.

10.5.1 Dämpfung in geraden Rohrstrecken

a) ***Dissipative Dämpfung***

Auch in einer geraden Rohrstrecke führt die dissipative Dämpfung zu einer Umwandlung von mechanischer Energie in Wärme. Diese Dämpfung kann durch Einbau von schallschluckendem Material, wie es beispielsweise in Absorptionsschalldämpfern geschieht, vergrößert werden. Für mittlere Frequenzen lässt sich in guter Näherung die Dämpfung wie folgt berechnen [4, 13]:

$$\Delta L_W \approx 1{,}5 \cdot \overline{\alpha} \cdot \frac{U}{A} \quad \frac{dB}{m} \tag{10.39}$$

Hierin sind:

$\overline{\alpha}$ der mittlere Absorptionsgrad der Kanalauskleidung,
U der schallabsorbierende Umfang in m,
A der freie Kanalquerschnitt in m^2

Man erreicht je nach Querschnittsgröße und Frequenzbereich Dämpfungswerte in der Größenordnung von 10 bis 20 dB/m. Bei tiefen Frequenzen können sich auch größere Dämpfungswerte als Gl. (10.39) einstellen, wenn bei dünnen, biegeweichen Wänden (Wanddicke < 1 mm) durch Kopplung zwischen Schallwellen und Wandschwingungen im Resonanzfall dem Medium verstärkt Energie entzogen wird.

Im Folgenden werden biegesteife Rohre, insbesondere Stahlrohre (konstanter Querschnitt), mit verhältnismäßig glatter Oberfläche des Rohrinnern behandelt. Die Ausbreitungsdämpfung in solchen Rohren ist vernachlässigbar. Es werden demzufolge auch wesentlich kleinere Dämpfungspegel zu erwarten sein. Sie haben ihre Ursache in der Zähigkeit und Art des Mediums sowie in den im Rohr vorhandenen Turbulenzen. Diese Einflüsse wirken sich vor allem in der Wandnähe aus. Wesentliche Parameter sind die Zähigkeit des Mediums, der Rohrdurchmesser D_i, die Rauigkeit der Wand, die Frequenz f und die Machzahl Ma, deren Einfluss jedoch für kleinere Machzahlen, wie sie üblicherweise bei technischen Strömungen vorkommen, zu vernachlässigen ist. Der Abfall der Amplitude $\widehat{p}_i(x)$ des Schalldrucks mit der Entfernung lässt sich im Medium mit Dämpfung wie folgt beschreiben:

$$\widehat{p}_i(x) = \widehat{p}_{i_o} \cdot e^{-\alpha^* \cdot \Delta x} \tag{10.40}$$

$\widehat{p}_{io}$ die Ausgangsamplitude,
α^* die Dämpfungszahl, bzw. der Dämpfungskoeffizient.

Aus der Gl. (10.40) folgt dann für die Schallintensität:

$$\widehat{I}_i(x) = \widehat{I}_{i_o} \cdot e^{-\frac{2 \cdot (\alpha^* \cdot D_i)}{D_i} \cdot \Delta x} \tag{10.41}$$

Daraus ergibt sich für den konstanten Querschnitt die auf die Länge $\Delta x = 1$ m bezogene dissipative Pegelabnahme, die spezifische Rohrdämpfung (siehe Gl. (10.38)) [8, 12]:

$$\Delta L^*_{W_\alpha} = 8{,}69 \frac{(\alpha^* \cdot D_i)}{D_i} = \frac{(\alpha \cdot D_i)}{D_i} \quad \frac{dB}{m} \qquad mit \quad \alpha^* = \frac{\alpha}{20 \cdot lg(e)} \tag{10.42}$$

In Gl. (10.42) ist der Ausdruck ($\alpha \cdot D_i$) für kleine Machzahlen (Ma < 0,2) unabhängig von D_i [19].

Für akustisch enge Rohre ($f < f_{g1,0}$):

$$\left.\begin{aligned} \alpha \cdot D_i &= \frac{17{,}37}{c} \cdot \sqrt{\frac{\pi \cdot f \cdot \eta'}{\rho}} \; dB \\ \eta' &= \eta \left[1 + \frac{\kappa - 1}{\sqrt{\kappa}} \cdot \sqrt{\frac{\nu}{c_P \cdot \eta}} \right]^2 \; Ns/m2 \end{aligned}\right\} \tag{10.43}$$

Hierin sind:

c Schallgeschwindigkeit in m/s
ρ Dichte in kg/m³
κ Isentropenexponent
η dyn. Zähigkeit in Ns/m²
ν Wärmeleitfähigkeit in W/mK
c_P spez. Wärmekapazität in J/kgK

Für Gase, die sich ähnlich wie ideale Gase verhalten:

$$\alpha \cdot D_i = 4{,}9 \cdot 10^{-4} \cdot \sqrt{\frac{10^5 \cdot f}{p}} \cdot \sqrt[4]{\frac{T}{293}} \cdot (1 + 11 \cdot Ma) \; dB \tag{10.44}$$

Hierin sind:

T Temperatur in K
p stat. Druck in N/m^2
f Frequenz in Hz
Ma Machzahl

Die in den Gl. (10.43) u. (10.44) angegebenen Bezeichnungen beziehen sich auf das Medium im Rohr!

In Abb. 10.11 ist ($\alpha \cdot D_i$) für ein glattes Rohr über der Frequenz f – für verschiedene Machzahlen nach Gl. (10.44) sowie nach Gl. (10.43) für Luft, s. Tab. 5.1 ($\nu = 0{,}026$ W/mK; $c_P = 1010$ J/kgK; $\eta = 17{,}8 \cdot 10^{-6}$ N/sm^2)- aufgetragen. Hieraus ist zu erkennen, dass mit zunehmender Frequenz und Geschwindigkeit die Dämpfung zunimmt. Bei Ma $= 0$ sind die Werte nach den Gl. (10.43) und (10.44) identisch. In Abb. 10.12 ist für die Machzahl Ma $= 0{,}1$ der Frequenzgang der spezifischen Dämpfung $\Delta L^*_{W_\alpha}$ exemplarisch

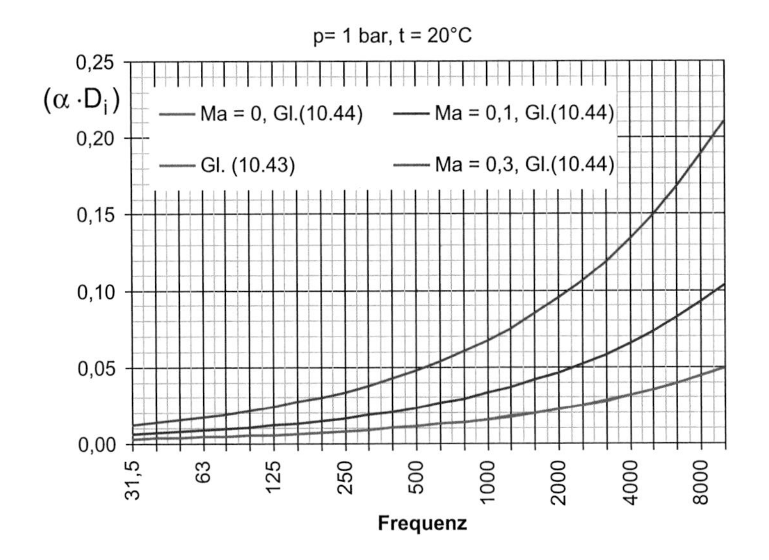

Abb. 10.11 Dämpf-ungsgröße ($\alpha \cdot D_i$) für Luft in Abhängigkeit von der Frequenz für kleine (Ma < 0,3) und glatte Rohre [14]

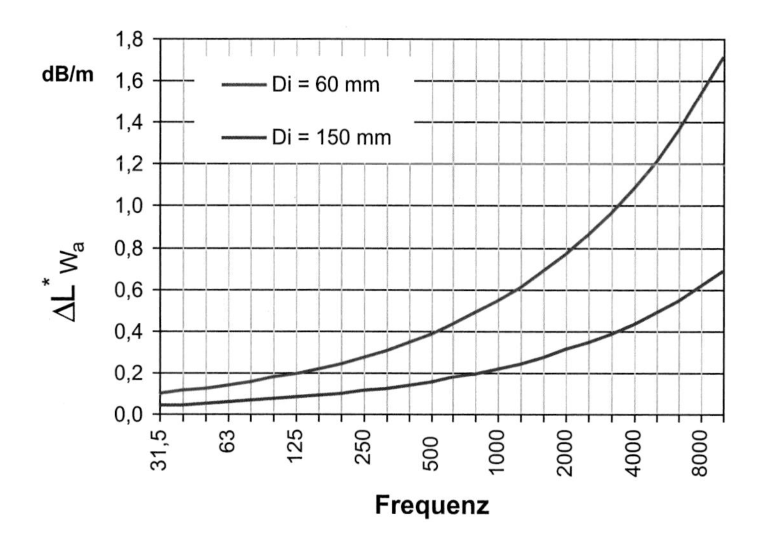

Abb. 10.12 Spezifische Dämpfung $\Delta L^*_{W_a}$ für Luft in Abhängigkeit von der Frequenz (Ma = 0,1; glattes Rohr) [14]

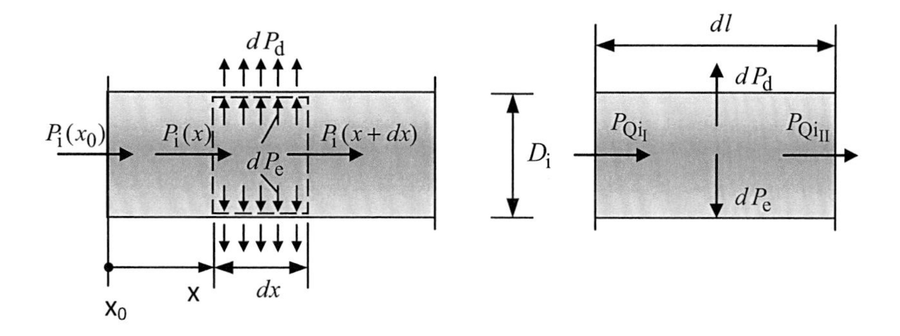

Abb. 10.13 Unvollständige Dämmung an einer Rohrwand

für zwei Durchmesser $D_i = 60$ mm und $D_i = 150$ mm dargestellt. Man erkennt, dass die Pegel bei tiefen Frequenzen kleine Werte aufweisen. Sie werden größer mit zunehmender Frequenz und abnehmendem Durchmesser.

b) ***Dämpfung durch Querdämmung***

Die Pegelminderung durch unvollständige Dämmung an der Rohrwand lässt sich an dem geraden Rohrelement dx wie folgt abschätzen (Abb. 10.13):

$$P_i(x) - P_i(x + dx) = dP_d \qquad (10.45)$$

$$-\frac{\partial P_i(x)}{\partial x}dx = dP_e \cdot 10^{-\frac{R}{10}} \tag{10.46}$$

Unter der Annahme, dass die Schallintensität innerhalb der Länge dx konstant ist, ergibt sich für die innere Schallleistung an einer beliebigen Stelle [15]:

$$P_i(x) = P_i(x_o) \cdot e^{-\frac{4}{D_i} \cdot 10^{-\frac{R}{10}} \cdot x} \tag{10.47}$$

Die spezifische Dämpfung (Scheindämpfung) infolge Querdämmung lässt sich dann wie folgt angeben:

$$\Delta L^*_{W_R} = 17{,}37 \frac{1}{D_i} \cdot 10^{-\frac{R}{10}} \quad \frac{dB}{m} \tag{10.48}$$

Die infolge Querdämmung verursachte Pegelminderung ist im Vergleich zu der dissipativen Dämpfung grundsätzlich klein und kann für biegesteife Rohrleitungen vernachlässigt werden. So sind beispielsweise für ein Stahlrohr mit einem Durchmesser $D_i = 150$ mm und der Wanddicke $h = 3$ mm die mittlere Rohrdämmung $R_R \approx 42$ dB (siehe Abb. 10.8) und die spezifische Dämpfung $\Delta L^*_{W_R} \approx 0{,}0077$ dB/m. Dies kann im Vergleich zur dissipativen Dämpfung, siehe Abb. 10.12, vernachlässigt werden.

10.5.2 Dämpfung (Dämmung) an Formelementen

Die Dämpfung an Querschnittsprüngen der Rohrleitung ist gleichbedeutend mit einer Längsdämmung, charakterisiert durch das Schalldämmmaß R_L des Querschnittssprunges. In folgenden Ableitungen wird vorausgesetzt, dass die Störung sich am Querschnittssprung von A_1 nach A_2 fortpflanzt. Das Querschnittsverhältnis $A_1/A_2 = m$ ist im Falle einer Querschnittsverengung > 1, im Falle einer Erweiterung < 1 (Abb. 10.14).

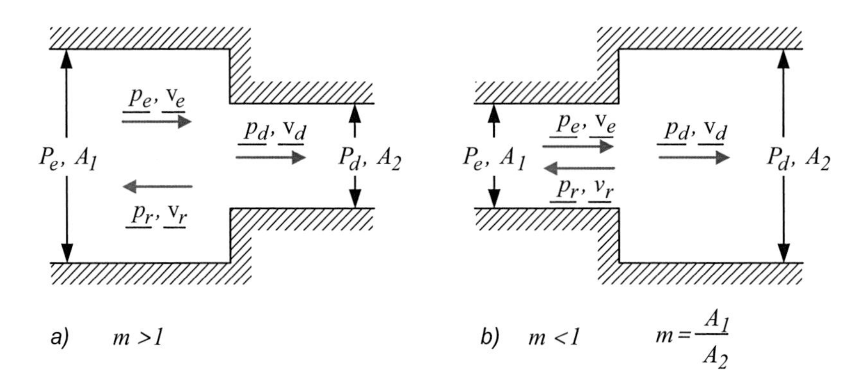

Abb. 10.14 Pegelminderung an **a**) Querschnittsverengung **b**) Querschnittserweiterung

An beiden Querschnittsänderungen sind wie bei der Dämmung an einer ebenen Wand (vgl. Abschn. 8.3) einfallender (e), reflektierter (r) und durchgelassener (d) Schall zu betrachten.

Das Schalldämmmaß ist dann definiert:

$$R_L = 10\frac{P_e}{P_d} \;=\; 10\ lg\frac{I_e \cdot A_1}{I_d \cdot A_2} \;\approx\; 10\ lg\left[\left(\frac{\widehat{p}_e}{\widehat{p}_d}\right)^2 \cdot m\right] \tag{10.49}$$

Das Verhältnis der Druckamplituden $\widehat{p}_e/\widehat{p}_d$ in der Gl. (10.49) wird, unter der Voraussetzung des ebenen Wellenfeldes $(\widehat{v} = \widehat{p}/\rho \cdot c)$ und die Erfüllung der Bedingung des Kräftegleichgewichtes und der Kontinuität am Querschnittssprung wie folgt bestimmt:

$(\widehat{p}_e + \widehat{p}_r) \cdot A_2 = \widehat{p}_d \cdot A_2$ bzw. $\widehat{p}_e + \widehat{p}_r = \widehat{p}_d$ Kräftegleichgewicht
$(\widehat{v}_e - \widehat{v}_r) \cdot A_1 = \widehat{v}_d \cdot A_2 \;\Rightarrow\; \widehat{p}_r = \widehat{p}_e - \frac{\widehat{p}_d}{m}$ Kontinuität

$$\frac{\widehat{p}_e}{\widehat{p}_d} = \frac{1}{2}\frac{m+1}{m} \tag{10.50}$$

Hierbei wurde auch angernommen, dass in beiden Querschnitten die Dichte ρ und die Schallgeschwindigkeit konstant sind und sich nicht ändern !

Mit der Gl. (10.50) folgt aus der Gl. (10.49):

$$R_L = 10\ lg\frac{(m+1)^2}{4m} \tag{10.51}$$

m > 1 Querschnittsverengung,
m < 1 Querschnittserweiterung.

Der so gefundene Ausdruck für R_L darf nur dann verwendet werden, wenn λ groß gegen die Querabmessung der Rohrleitung (ebenes Wellenfeld) ist, d. h., wenn sich der Luftschall in der Leitung im unteren Frequenzbereich ausbreitet. Dies gilt vor allem bei der Querschnittserweiterung. Die auftretende dissipative Dämpfung an den Querschnittsänderungen, besonders bei hohen Strömungsgeschwindigkeiten, müssen gesondert berücksichtigt werden. Die Beziehungen für die dämmende Wirkung bei plötzlichen Querschnittsänderungen können auch auf die allmählichen Querschnittsänderungen, insbesondere solche durch konische Übergänge, übertragen werden. Voraussetzung hierzu ist, dass die Wellenlänge λ groß gegen die Länge *l* des Übergangsstückes ist (siehe Abb. 10.15). Akustisch wirkt sich in diesem Falle, d. h. im unteren Frequenzbereich, der allmähliche Übergang wie eine plötzliche Querschnittsänderung aus, so dass das abgeleitete Ergebnis für Gl. (10.51) übernommen werden kann. Ist dagegen λ klein gegen *l*, so ist an dem allmählichen Übergang die Dämmung zu vernachlässigen.

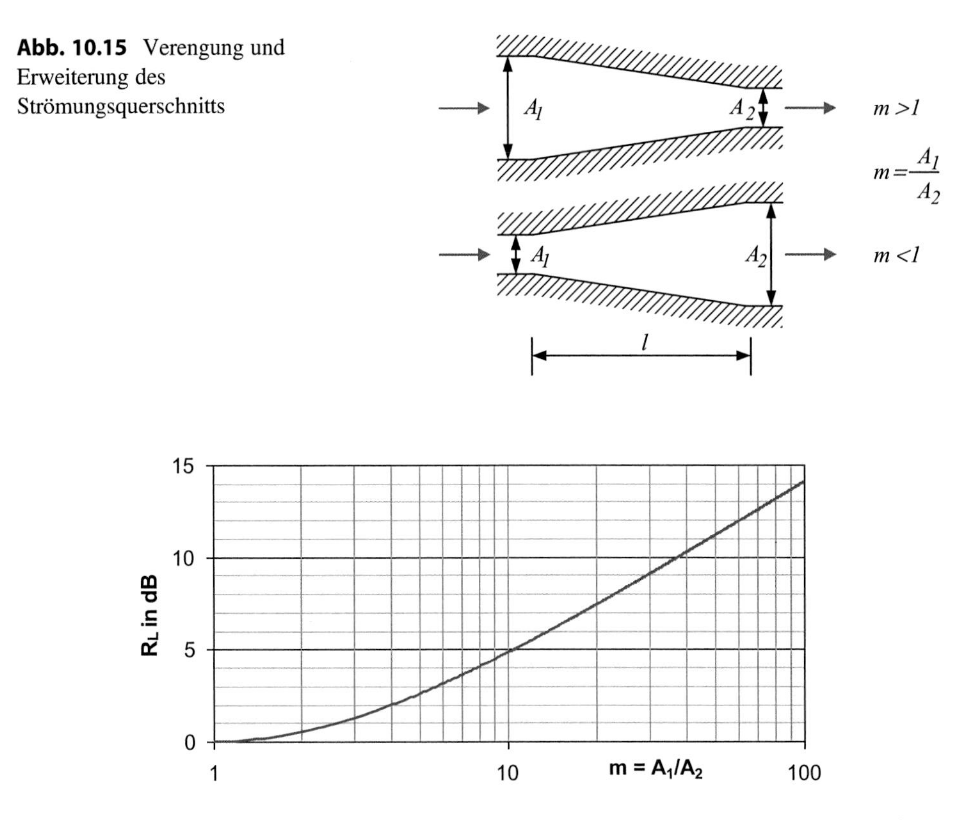

Abb. 10.15 Verengung und Erweiterung des Strömungsquerschnitts

Abb. 10.16 Schalldämmmaß R_L (Längsdämmung) in Abhängigkeit von $m = A_1/A_2$ bzw. $1/m = A_2/A_1$

Abschließend werden in Abb. 10.16 Zahlenwerte für das Schalldämmmaß R_L an Querschnittssprüngen in Abhängigkeit von m bzw. 1/m graphisch dargestellt [18].

10.5.3 Dämpfung (Dämmung) an der Austrittsöffnung

An der Austrittsöffnung einer Rohrleitung tritt, ähnlich wie an einer plötzlichen Querschnittserweiterung, eine Dämpfung durch Reflexion, die sog. Mündungsreflexion, in Erscheinung. Für den Fall, dass die Wellenlängen λ im Rohr größer sind als der Rohrdurchmesser D_i, sind die Reflexionen stärker, im anderen Falle schwächer. Im ersten Fall ($\lambda > D_i$) wird dann die Abstrahlung in den Austrittsraum gut durch einen Kugelstrahler 0. Ordnung gleichen Schallflusses (Produkt aus Schallschnelle und Fläche) wiedergegeben (Abb. 10.17). Bekanntlich ist seine Abstrahlung gering, wenn $\pi \cdot d_o/\lambda << 1$ ist (s. Abschn. 3.3.1). Dagegen ist die Dämpfung durch Reflexion groß. Am Mündungsquerschnitt gilt wiederum:

Abb. 10.17 Schallabstrahlung an einer Austrittsöffnung

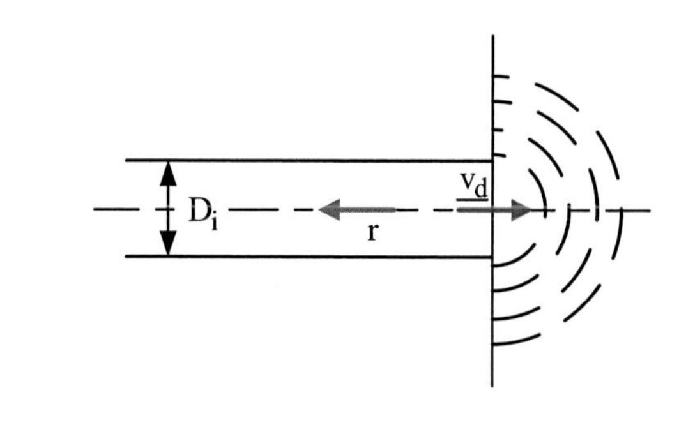

$$\underline{p}_e + \underline{p}_r = \underline{p}_d$$
$$\underline{v}_e - \underline{v}_r = \underline{v}_d$$

oder

$$\underline{p}_d = \underline{p}_e(1 + r)$$

$$\underline{v}_d = \underline{v}_e(1 - r)$$
$$\frac{\underline{p}_d}{\underline{v}_d} = \frac{\underline{p}_e}{\underline{v}_e}\left(\frac{1 + r}{1 - r}\right) \tag{10.52}$$

Hierbei ist $\underline{p}_e/\underline{v}_e = Z$ die (reelle) Schallkennimpedanz $(\rho \cdot c)$ des Fluids in der Leitung (ebene Welle). Setzt man das Verhältnis von Schallschnelle $\underline{v}_d$ und Schalldruck $\underline{p}_d$ an der Austrittsöffnung der Leitung gleich dem von Schallschnelle $\underline{v}_S$ und Schalldruck $\underline{p}_S$ des Kugelstrahlers 0. Ordnung an seiner Kugeloberfläche, dann gilt:

$$\frac{\underline{p}_d}{\underline{v}_d} = \frac{\underline{p}_S}{\underline{v}_S} \tag{10.53}$$

Dieses Verhältnis ist aber mit der Feldimpedanz $\underline{Z}_S$ des Kugelstrahlers identisch. Sie ist komplex und besitzt nach der Gl. (3.60) die Größe:

$$\underline{Z}_S = \frac{\underline{p}_S}{\underline{v}_S} = j\,(\rho\,c)\,\frac{\frac{\pi\,d_0}{\lambda}}{1 + j\frac{\pi\,d_0}{\lambda}}$$

Der Schallaustritt unterliegt demnach einer plötzlichen Impedanzänderung von Z nach $\underline{Z}_S$. Aufgrund dieser Änderung, d. h. einer Fehlanpassung am Mündungsquerschnitt, erfolgt nach dem Anpassungsgesetz (vgl. Abschn. 8.2) eine Reflexion mit dem Reflexionsfaktor:

$$\underline{r} = \frac{\frac{\underline{Z}}{Z} - 1}{\frac{\underline{Z}_S}{Z} + 1}$$

Durch Einsetzen von $\underline{Z}_S$ und Z ergibt sich hieraus der komplexe Reflexionsfaktor

$$\underline{r} = -\frac{1}{1 + j\frac{\pi\, d_0}{\lambda}} \tag{10.54}$$

In diesem Ausdruck ist noch der Durchmesser d_0 des Kugelstrahlers unbekannt. Er lässt sich durch Gleichsetzen des Schallflusses am Mündungsquerschnitt und an der Kugeloberfläche berechnen. Es ist also:

$$A \cdot \underline{v}_e = \Omega \frac{d_o^2}{4} \cdot \underline{v}_S$$

Setzt man noch $\underline{v}_e$ gleich $\underline{v}_S$, so ergibt sich dann:

$$d_o = \sqrt{\frac{4\,A}{\Omega}} \tag{10.55}$$

Hierbei ist $\Omega = 4\,\pi$ bei Austritt in einer Raummitte, $\Omega = 2\,\pi$ bei Austritt in einer Wandmitte und $\Omega = \pi$ bei Austritt in einer Raumkante (Abb. 10.18).

Mit (10.55) folgt aus der Gl. (10.54):

$$\underline{r} = -\frac{1}{1 + j\frac{2\pi}{\sqrt{\Omega}}\frac{\sqrt{4\,A}}{\lambda}} \tag{10.56}$$

bzw.

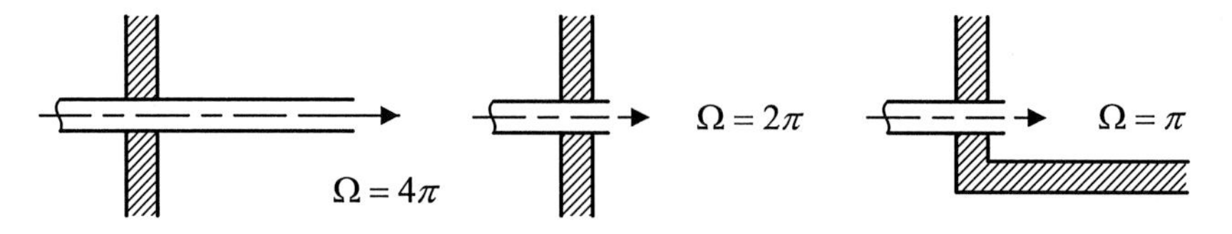

Abb. 10.18 Ω für verschiedene Durchgänge der Rohrleitung in einem Raum

$$|\underline{r}| = \frac{1}{\sqrt{1 + \frac{4\pi^2}{\Omega}\frac{4\,A}{\lambda^2}}} \tag{10.57}$$

Nach Abschn. 8.3, Gl. (8.29) und (8.32), erhält man für $Z_1 = Z_2$, den Betrag des Schalldämmmaßes:

$$R_L = 10\ lg\frac{1}{1 - |\underline{r}|^2} \ = \ 10\ lg\left(1 + \frac{1}{\frac{4\pi^2}{\Omega}\frac{4\,A}{\lambda^2}}\right) dB \tag{10.58}$$

Für $\Omega = 2 \cdot \pi$ ist [18]:

$$R_L = \ 10\ lg\left(1 + \frac{c^2}{8\pi \cdot f^2} \cdot \frac{1}{A}\right) \quad dB \tag{10.59}$$

Für kreisförmige Querschnitte $A = \pi \cdot D_i^2/4$ und sehr kleine Werte von D_i/λ, also tiefe Frequenzen, erhält man für R_L in guter Näherung:

$$R_L \approx -20\ lg\frac{D_i}{\lambda} + 10\ lg\Omega - 21 \quad dB \tag{10.60}$$

Es handelt sich also hierbei um eine über lg (D_i/λ) fallende Gerade mit einem Abfall von 6 dB bei Verdoppelung von D_i/λ. Beim Übergang von $\Omega = \pi$ nach $\Omega = 2\,\pi$ und nach $4\,\pi$ verschiebt sich die Gerade um jeweils 3 dB nach oben. In Abb. 10.19 ist das allgemeine Schalldämmmaß R_L nach Gl. (10.58) über D_i/λ mit Ω als Parameter aufgetragen. Die mit steigendem D_i/λ fallenden Funktionskurven nähern sich für kleine D_i/λ asymptotisch den Geraden nach Gl. (10.60).

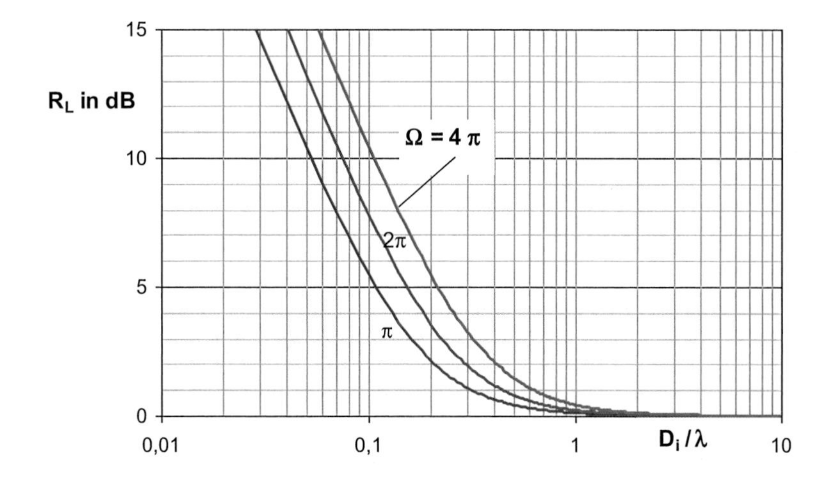

Abb. 10.19 Schalldämmmaß R_L der Austrittsöffnung in Abhängigkeit von D_i/λ mit Ω als Parameter

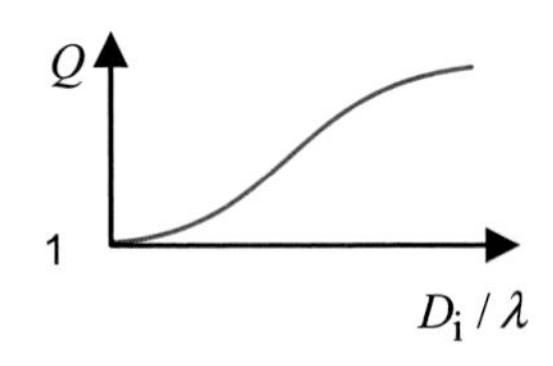

Abb. 10.20 Qualitativer Verlauf des Richtungsfaktors Q in Abhängigkeit von D_i/λ

Hieraus ist, wie zu erwarten war, gut zu erkennen, dass sich bei kleinem Durchmesser-/ Wellenlängenverhältnis eine große Dämpfung einstellt, die dann allerdings mit steigender Frequenz rasch kleiner wird und für $D_i/\lambda = 1$ kleiner 1 dB ist. Diese Eigenschaft beim Schallaustritt aus einer Mündung, die aus der Praxis wohl bekannt ist, wird also gut durch einen Kugelstrahler beschrieben. Eine genauere, vor allem einen größeren D_i/λ-Bereich erfassende Berechnung bringt daher nur noch kleinere Korrekturen.

Dagegen kann sich eine stärkere Richtcharakteristik beim Austritt der Schallwellen in den Raum bemerkbar machen, wenn die Frequenzen höher werden, so dass die Wellenlängen mit D_i vergleichbar sind. Für niedrigere Frequenzen erfolgt die Abstrahlung ungerichtet als Kugelwellen. Es lässt sich dann ein Richtungsfaktor Q einführen, der das Verhältnis der tatsächlichen Schallintensität zur Schallintensität des Kugelstrahlers gleicher Leistung in dem betreffenden Raumpunkt angibt, wobei $Q > 1$ ist. Ein qualitativer Verlauf von Q über D_i/λ ist in Abb. 10.20 angegeben. Weitere Angaben über den Richtungsfaktor befinden sich in [18].

10.5.4 Dämpfung (Aufteilung) an Rohrverzweigungen

Dämpfung an Rohrverzweigungen geschieht im Wesentlichen durch Aufteilung der inneren Schallleistung in die abgehenden Äste proportional zu deren Querschnittsflächen. Danach hat die Dämpfung z. B. im Ast A_{a_1} die Größe (Abb. 10.21):

$$\Delta L_{W_{e-a_1}} = 10\ lg \frac{P_{Q_e}}{P_{Q_{a_1}}} \quad dB \tag{10.61}$$

Zu ihrer Berechnung stehen zwei Gleichungen zur Verfügung.

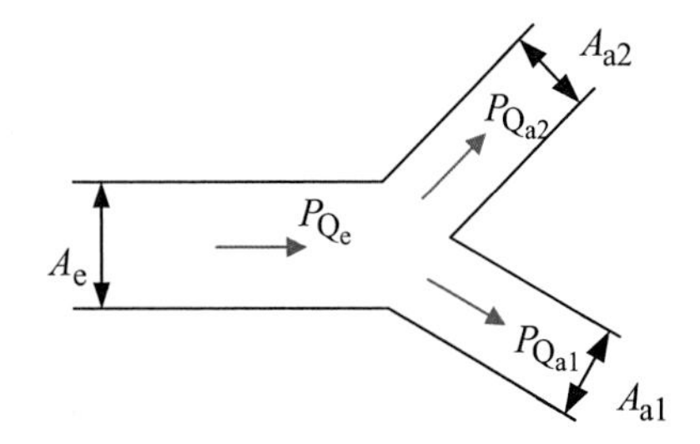

Abb. 10.21 Rohrabzweigung

$$P_{Q_e} = P_{Q_{a_1}} + P_{Q_{a_2}}$$

und wegen I = konst.

$$\frac{P_{Q_{a_1}}}{P_{Q_{a_2}}} = \frac{A_{a_1}}{A_{a_2}}$$

Hiermit erhält man:

$$\Delta L_{W_{e-a_1}} = 10\ lg\left(1 + \frac{A_{a_2}}{A_{a_1}}\right)\quad dB \tag{10.62}$$

$$\Delta L_{W_{e-a_2}} = 10\ lg\left(1 + \frac{A_{a_1}}{A_{a_2}}\right)\quad dB \tag{10.63}$$

Für eine allgemeine Abzweigung folgt daraus:

$$\Delta L_{W_{e-a_k}} = 10\ lg\frac{\sum A_{a_i}}{A_{a_k}}\quad dB \tag{10.64}$$

Für den Sonderfall der Durchgangsabzweigung (Abb. 10.22a) ergibt sich:

$$\Delta L_{W_{e-a_1}} = 10\ lg\left(1 + \frac{A_e}{A_{a_1}}\right)\quad dB \tag{10.65}$$

$$\Delta L_{W_{e-a_2}} = 10\ lg\left(1 + \frac{A_{a_1}}{A_e}\right)\quad dB \tag{10.66}$$

und für den weiteren Sonderfall $A_{a_1} << A_e$ wird:

$$\Delta L_{W_{e-a_1}} \approx 10\ lg\frac{A_e}{A_{a_1}}\quad dB \tag{10.67}$$

In diesem Ausdruck muss man, besonders bei hohen Frequenzen, noch zusätzlich den Einfluss der Reflexion berücksichtigen (s. Tab. 10.2).

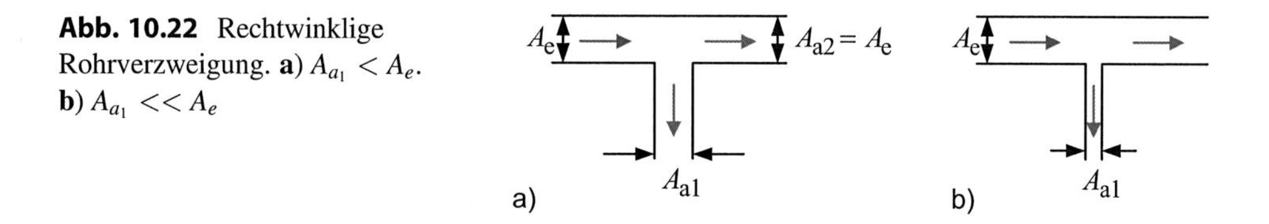

Abb. 10.22 Rechtwinklige Rohrverzweigung. **a)** $A_{a_1} < A_e$. **b)** $A_{a_1} << A_e$

Tab. 10.2 Zusammenstellung der Pegelminderungen an verschiedenen Formelementen

Formelement	Einfluss von λ, f	$\Delta L_{W_{e-a}}$ dB	$\Delta L_{\widetilde{p}_{e-a}}$ dB
D_i, a, e	λ/D_i		
	>2,8	0	0
	1,4–2,8	1	1
	0,7–1,4	2	2
	<0,7	3	3
A_e A_a $\left(m = \frac{A_e}{A_a}\right)$	kein Einfluss	$10\ lg \frac{(m+1)^2}{4m}$	$10\ lg \frac{(m+1)^2}{4m^2}$
A_e D_e A_a $\left(m = \frac{A_e}{A_a}\right)$	$\lambda > D_e$	$10\ lg \frac{(m+1)^2}{4m}$	$10\ lg \frac{(m+1)^2}{4m^2}$
	$\lambda < D_e$	≈ 0	≈ 0
l, A_e A_a, A_e A_a $\left(m = \frac{A_e}{A_a}\right)$	$\lambda > 1$	$10\ lg \frac{(m+1)^2}{4m}$	$10\ lg \frac{(m+1)^2}{4m}$
A_e, A_{a_2}, A_{a_1}	kein Einfluss	↘ $10\ lg\left(1 + \frac{A_{a_1}}{A_{a_2}}\right)$ ↗ $10\ lg\left(1 + \frac{A_{a_1}}{A_{a_2}}\right)$	↘ ↗ $10\ lg 1 + \frac{\Sigma A_{a_i}}{A_e}$
A_e, A_a	kein Einfluss	↓ $10\ lg\left(1 + \frac{A_e}{A_a}\right)$ → $10\ lg\left(1 + \frac{A_a}{A_e}\right)$	↓ → $10\ lg\left(1 + \frac{A_a}{A_e}\right)$
A_e, A_a, $A_a \ll A_e$	125 Hz	→ ≈ 0	→ ≈ 0
	200 Hz	↓ $\approx 10\ lg \frac{A_e}{A_a}$	↓ 0
		$\approx 10\ lg \frac{A_e}{A_a}$	
	500 Hz	$10\ lg \frac{A_e}{A_a} + 2$	0
	1000 Hz	$10\ lg \frac{A_e}{A_a} + 3$	2

Die Ergebnisse der Dämpfung $\Delta L_{W_{e-a}}$ von Formelementen sind zur besseren Übersicht in der Tab. 10.2 zusammengestellt [8, 19]. Zusätzlich sind die zu diesen Dämpfungen gehörenden Schalldruckpegeländerungen $\Delta L_{p_{e-a}}$ mit angegeben. Es kann nützlich sein, diese zu kennen, da sie im Falle von Querschnittsänderungen nicht mehr mit den Dämpfungspegeln $\Delta L_{W_{e-a}}$ übereinstimmen.

10.6 Schallabstrahlung an der Rohrwand, äußere Schallleistung

Die äußere Schallleistung P_d bzw. der zugehörige Schallleistungspegel L_{W_a} einer Rohrleitung von der Länge l sind Ausgangsgrößen für die Geräuschabstrahlung der Leitung in ihrer unmittelbaren Umgebung. Die äußere Schallleistung hängt vor allem von der inneren Schallleistung P_{Q_i} und der Dämmung R der Rohrwand ab. Da wegen der Dämpfung in der Strömung längs der Rohrlänge l die innere Schallleistung abnimmt, wird vereinfachend mit einer mittleren, inneren Schallleistung und damit auch mit einer mittleren, äußeren Schallleistung gerechnet. Beide Mittelwerte werden an der halben Rohrlänge festgestellt.

Die nachfolgend durchgeführte Berechnung ist daher eine Näherung. Der Fehler ist klein bei kleinen Rohrlängen l und üblicher Dämpfung in der Leitung. Aus

$$P_d = P_e \cdot 10^{-R/10} \text{ und } \frac{P_e}{P_{Q_i}} = \frac{\pi \cdot D_i \cdot l}{\pi \cdot D_i^2/4} \text{ (Abb. 10.23)}$$

folgt:

$$L_{W_{a_l}} = 10\ lg \frac{P_d}{P_o} = 10\ lg \frac{P_{Q_i}}{P_o} - R + 10\ lg \frac{l}{D_i} + 10\ lg4 \quad dB$$

oder

$$L_{W_{a_l}} = L_{W_{i_m}} - R + 10\ lg \frac{l}{D_i} + 6 \quad dB \tag{10.68}$$

Berücksichtigt man die Dämpfung längs der Rohrlänge (Gl. (10.42) und (10.46)), muss die Gl. (10.68) wie folgt korrigiert werden [15]:

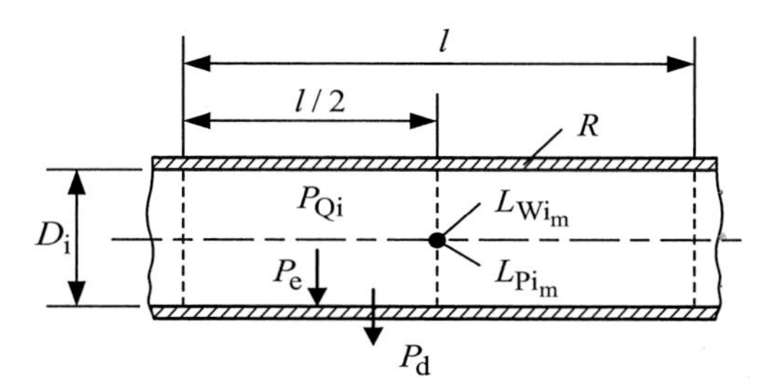

Abb. 10.23 Schemaskizze für die Bestimmung des äußeren Schallleistungspegels an einem Rohrleitungsstück der Länge l

$$L_{W_{a_l}} = L_{W_{i_m}} - R + 10\ lg\frac{l}{D_i} + 6 + K_\alpha \quad dB \tag{10.69}$$

Für das Frequenzspektrum, z. B. Terzspektrum, des äußeren Schallleistungspegels ergibt sich dann bei der Mittenfrequenz f_m

$$L_{W_{a_l\,f_m}} = L_{W_{i_m\,f_m}} - R_{f_m} + 10\ lg\frac{l}{D_i} + 6 + K_{\alpha\,f_m} \quad dB \tag{10.70}$$

mit dem Korrekturglied zur Berücksichtigung nichtlinearer Schallleistungsabnahme innerhalb der Rohrleitungslänge l bei der Mittenfrequenz f_m

$$K_{\alpha\,f_m} = 10 \cdot \lg\frac{\sinh(B)}{B} \quad dB \tag{10.71}$$

$$B = \frac{l}{D_i}\left(2 \cdot 10^{-\frac{R}{10}} + \frac{\alpha \cdot D_i}{8{,}69}\right) \tag{10.72}$$

K_α ist in vielen praktischen Fällen (besonders bei Stahlrohrleitungen mit $l/D_i < 100$) sehr klein und kann vernachlässigt werden.

Für eine einfache Handhabung kann man die Differenz zwischen $L_{W_{i_m}} - L_{W_{a_l}}$ aus der Gl. (10.70) bzw. das Korrekturglied K_α dem Nomogramm in Abb. 10.24 entnehmen [19]. Bezieht man den äußeren Schallleistungspegel auf den inneren Schalldruckpegel $L_{p_{i_m}}$, so ergibt sich mit den Gl. (10.26) bzw. (10.27):

$$\left.\begin{aligned} L_{W_{a_l}} &= L_{p_{i_m}} - R + 10\ lg\frac{A_S}{A_0} + 10\ lg\frac{4 \cdot l}{D_i} + K_\alpha + K_{0_i} - K_D \quad dB \\ &\quad bzw. \\ L_{W_{a_{Tz}}} &= L_{p_{i_m\,f_m}} - R_{f_m} + 10\ lg\frac{A_S}{A_0} + 10\ lg\frac{4 \cdot l}{D_i} + K_{\alpha\,f_m} + K_{0_i} - K_{D\,f_m} \quad dB \end{aligned}\right\} \tag{10.73}$$

A_S Durchtrittsfläche senkrecht zur Schallausbreitungsrichtung (s. Abb. 10.3),

$$K_{0,i} = -10 \cdot \lg\frac{\rho_i \cdot c_i}{\rho_0 \cdot c_0} \quad (\rho_0 \cdot c_0 = 400\ NS/m3) \tag{10.74}$$

Benötigt man noch die auf l bezogene äußere Schallleistung bzw. den zugehörigen Schallleistungspegel $L_{Wa}{}'$, so wird:

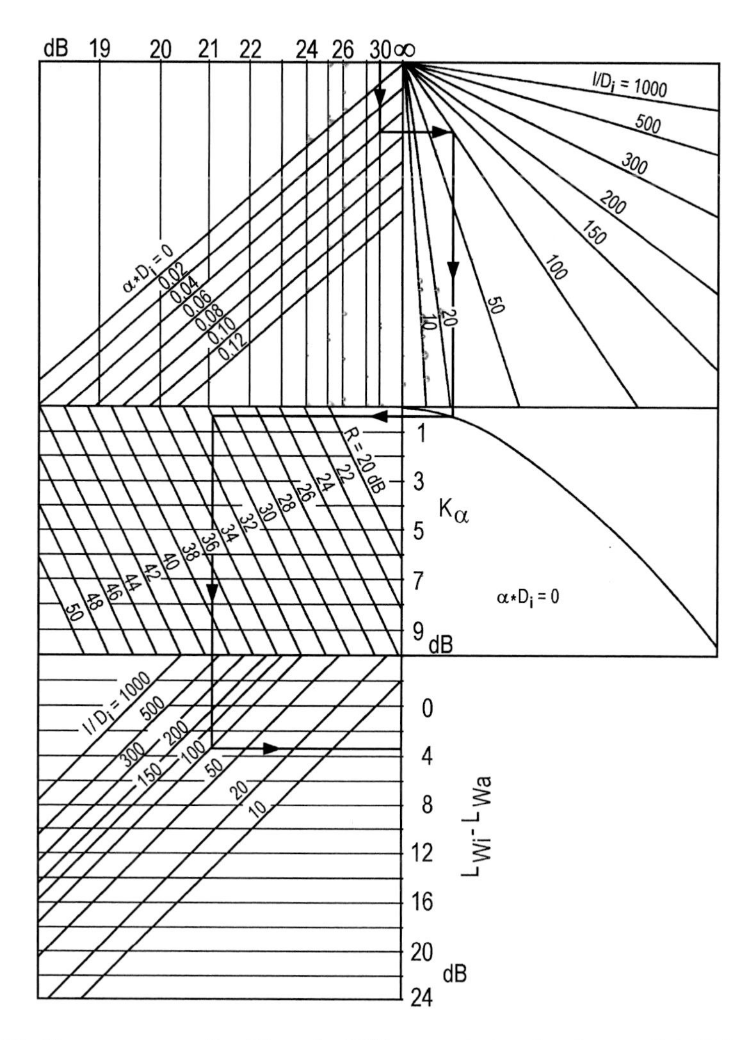

Abb. 10.24 Nomogramm zur Ermittlung der Differenz zwischen dem inneren Schallleistungspegel $L_{W_{i_m}}$ und dem äußeren Schallleistungspegel $L_{W_{a_l}}$ unter Berücksichtigung der inneren Dämpfung

$$L_{Wa}{}' = L_{W_{i_m}} - R + 10\ lg\frac{l}{D_i} + 6\quad dB, \tag{10.75}$$

$$L_{Wa}{}' = L_{p_{i_m}} - R + 10\ lg\frac{A_S}{A_0} + 10\ lg\frac{l}{D_i} + K_{0_i} - K_D + K_\alpha + 6\quad dB \tag{10.76}$$

Mit Hilfe der Pegelgrößen L_{W_a} und $L_{W'_a}$ kann auch der Immissionspegel im Aufstellungsraum der Rohrleitung berechnet werden. Hierzu muss man die akustischen Eigenschaften des Aufstellungsraumes zusammen mit dem besonderen Abstrahlverhalten der

Rohrleitungen (Linienstrahler) berücksichtigen, z. B. freie Schallausbreitung (s. Abschn. 7.2) oder Diffus- bzw. Semi-Diffusfeld (s. Abschn. 8.12 und 8.13).

10.7 Rechenbeispiel

In einer Versorgungsleitung (Abb. 10.25) wird ein komprimierter Luftstrom in einem Druckregelgerät von 1 bar Überdruck auf 20 mbar entspannt. Die mittlere Strömungsgeschwindigkeit w_1 in der Niederdruckleitung beträgt ca. 15 m/s; die Temperatur $t = 8\ °C$. Das Entspannungsorgan verursacht örtlich einen hohen Geräuschpegel, dessen Schalldruckspektrum L_{p_i} durch Messung in Punkt ① in der Strömung ermittelt worden ist. Diese Störung pflanzt sich im angeschlossenen Rohrsystem fort. Gesucht wird der A-bewertete Luftschalldruckpegel L_{A_R} der im Raum R durch Schallabstrahlung an einer nachgeschalteten Abzweigleitung, Durchmesser 60 mm, hervorgerufen wird. Hierzu ist es erforderlich, dass die Rechnungen in Frequenzbändern, z. B. Oktaven, durchgeführt werden. Der im Folgenden angegebene Index f charakterisiert die Mittenfrequenz des interessierenden Frequenzbandes.

Für die bessere Überschaubarkeit empfiehlt es sich, die Rechnungen in folgenden Schritten vorzunehmen:

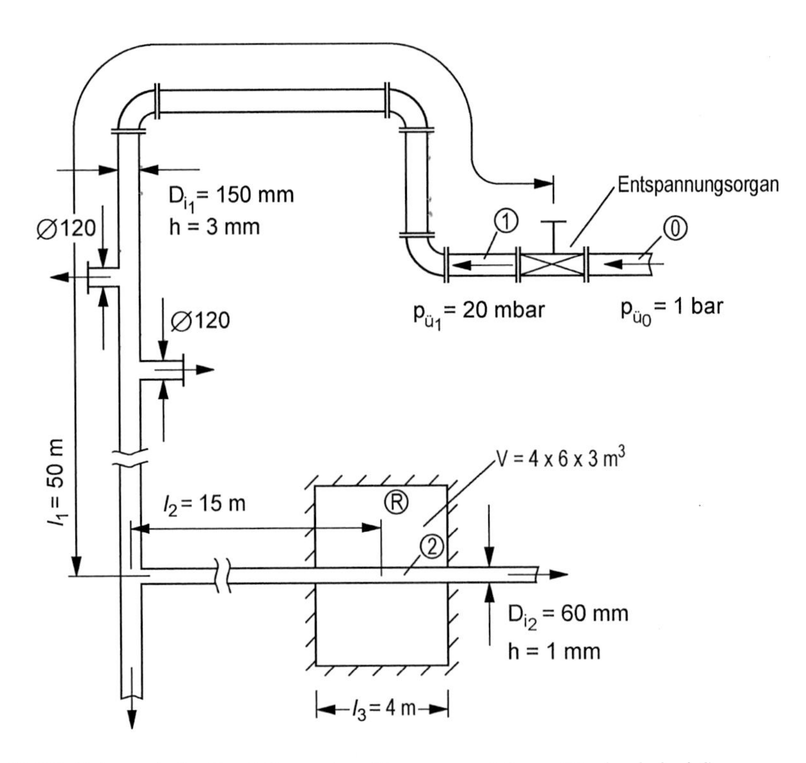

Abb. 10.25 Schematische Darstellung einer Versorgungsleitung (Rechenbeispiel)

Schritt I
Als Erstes wird der innere Schallleistungspegel L_{W_i} an der Stelle ① der Störung bzw. dessen Frequenzband ermittelt, siehe Gl. (10.26). Es ist:

$$L_{W_{i_f}}① = L_{p_{i_f}}① + 10\ lg \frac{\frac{\pi}{4} \cdot D_i^2}{A_0} - K_{D_f} \quad dB \tag{10.77}$$

Hierin sind:

$L_{pi,\,f}$ innerer Schalldruckpegel an der Stelle ① bei der Mittenfrequenz f; in der Regel kann dieser durch Messungen ermittelt werden,
$\boldsymbol{K_{D_f}}$ Korrekturgröße nach Abb. 10.4.

Bei der Berechnung des inneren Schallleistungspegels wird angenommen, dass die entstehenden Geräusche bei der Entspannung sich nur in Richtung der Strömung fortpflanzen, d. h. $A_S = \pi/4 \cdot D_i^2$ (s. Abb. 10.3c). Weiterhin wird vorausgesetzt, dass $\rho_i \cdot c_i \approx \rho_a \cdot c_a \approx \rho_0 \cdot c_0$ ist, d. h. $K_{0_i} \approx K_{0_a} \approx 0$.

Schritt II
Hierbei wird das Frequenzspektrum des inneren Schallleistungspegels $L_{W_{i_f}}②$ in der Leitungsmitte des Raumes R berechnet:

$$L_{W_{i_{mf}}}② = L_{W_{i_f}}① - \sum \Delta L_{W_{Krüm.f}} - \sum \Delta L_{W_{Verzweig.\,f}} - \left(\Delta L^*_{W_a} + \Delta L^*_{W_R}\right)_f \cdot l_1 \tag{10.78}$$

$$-\left(\Delta L^*_{W_a} + \Delta L^*_{W_R}\right)_f \cdot l_2 \quad dB$$

$$= L_{W_{i_f}}① - \Delta L_{W_i}① - ②$$

Hierbei sind:

$\sum \Delta L_{W_{Krüm.\,f}}$ Summe der Schallleistungspegelminderungen an den Krümmern bei der Mittenfrequenz f

Dies kann aus Tab. 10.2 in Abhängigkeit von λ/D_i entnommen werden. Es muss hier noch erwähnt werden, dass bei mehreren Krümmern, die unmittelbar hintereinander geschaltet sind, maximal eine Pegelminderung von ca. 5 dB erreicht werden kann [19].

$\sum \Delta L_{W_{Verzweig.}\ f}$ Summe der Schallleistungspegelminderungen an den Ab- bzw. Verzweigungen bei der Mittenfrequenz f.

Dies kann ebenfalls nach der Tab. 10.2 bzw. Abschn. 10.5.2 berechnet werden.

$\left(\Delta L^*_{W_\alpha} + \Delta L^*_{W_R}\right)_f \cdot l$ Pegelminderung bei der Mittenfrequenz f an geraden Rohrstücken der Länge l, sowohl durch dissipative Dämpfung als auch durch unvollständige Dämmung an der Rohrwand.

Siehe hierzu Abschn. 10.5.1 (Gl. (10.42) und (10.48)). Wegen hoher Dämmwerte der Stahlrohre kann einfachheitshalber für die Berechnung von ΔL^*_{WR} das Schalldämmmaß R durch den frequenzunabhängigen Mittelwert R_R (Gl. (10.34), bzw. Abb. 10.8) ersetzt werden.

Schritt III

Hierbei wird das Frequenzspektrum des äußeren Schallleistungspegels $L_{W_{a_l}}$② im Raum R berechnet. Es ist:

$$L_{W_{a_{l_f}}} ② = L_{W_{im_f}} ② - R_f + 10\ lg \frac{l_3}{D_{i_2}} + K_{\alpha_f} + 6\ \ dB. \qquad (10.79)$$

Hierbei sind:

$L_{W_{im_f}}$② der innere Schallleistungspegel in der Mitte der Rohrleitung im Raum R, berechnet nach Schritt II

R_f frequenzabhängiges Schalldämmmaß nach Gl. (10.35) bzw. Abb. 10.9. Für die Berechnung wird hier K = 10 dB angenommen.

K_{α_f} Korrekturgröße, siehe Nomogramm in Abb. 10.24.

Für das hier vorliegende Rechenbeispiel ($D_{i_2} = 60\ mm,\ \ l_3/D_{i_2} = 66{,}7\ und\ \ R > 40\ dB$) ist.

$$K_{\alpha_f} \approx 0$$

Schritt IV

Berechnung des A-bewerteten Luftschallpegels im Raum R. Es wird ein diffuses Schallfeld vorausgesetzt, bei dem das Frequenzband der Nachhallzeit bekannt ist. Damit ergibt sich (s. Gl. (8.133)):

$$L_{A_R} = 10\ lg \sum 10^{\frac{L_{PR_f} - \Delta L_f}{10}} \qquad (10.80)$$

$$L_{p_{R_f}} = L_{W_{a_{l_f}}} + 10\ lg\frac{T_f}{T_o} - 10\ lg\frac{V}{V_o} + 14\quad dB \tag{10.81}$$

Hierin sind.

L_{A_R} A-bewerteter Luftschallpegel im Raum R nach Gl. (6.12), bzw. (6.13)
ΔL_f frequenzabhängige Dämpfungswerte der A-Bewertung. (s. Tab. 6.2)
$L_{p_{R_f}}$ frequenzabhängiges Spektrum des Luftschallpegels im Raum R außerhalb des Hallradius,
T_f frequenzabhängige Nachhallzeit, die in der Regel durch Messungen ermittelt werden muss,
V Raumvolumen.

In Tab. 10.3 sind die Zahlenwerte des Rechenbeispiels von Abb. 10.25 zusammengestellt. Einfachheitshalber sind die Rechnungen in Oktavschritten durchgeführt worden. Für schmalbandige Rechnungen empfiehlt es sich, einen Computer einzusetzen.

10.8 Übungen

Übung 10.8.1

Der innere Oktavschalldruckpegel am Pumpenausgang einer Hydraulikpumpe wurde durch Messungen ermittelt und ist in untenstehender Tabelle zusammengestellt.

Betriebsdaten:

$K_{Öl} = 1{,}5 \cdot 10^9\ N/m^2$ $\dot{V} = 25\ \ l/min$
$\rho_{Öl} = 900\ kg/m^3$ $d_i = 15\ mm$
$E_W = 2{,}1 \cdot 10^{11}\ N/m^2$ $h = 1{,}5\ mm$
$\rho_W = 7850\ kg/m^3$ $K = 10\ dB$
$\mu = 0{,}3$
$K_\alpha = 0$

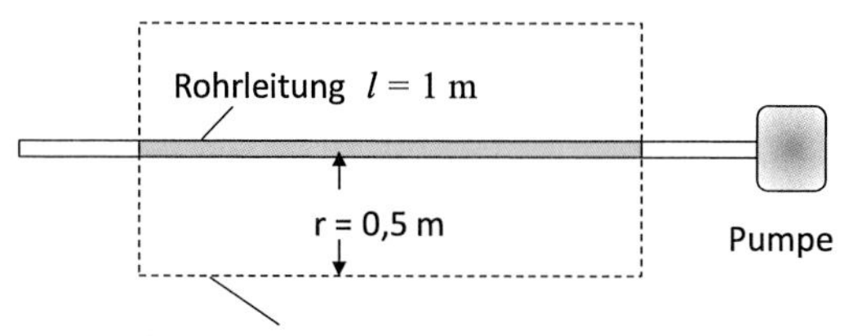

f_m	63	125	250	500	1000	2000	4000	8000	Hz
$L_{pi,fm}$	175	178	180	179	175	164	161	156	dB

Tab. 10.3 Zusammenstellung der Ergebnisse des Rechenbeispiels (Abb. 10.25)

Größe	Einh.	Zahlenwerte in Oktavbändern, Bemerkungen							Bemerkungen
Frequenz	Hz	125	250	500	1000	2000	4000	8000	
$\lambda = \frac{340}{f}$	m	2,72	1,36	0,68	0,34	0,17	0,08	0,04	
L_{p_i}①	dB	125	127	133	142	144	138	135	Messung
$10\ lg\frac{\pi \cdot D_{i_1}^2}{4}$	dB	−17,5	−17,5	−17,5	−17,5	−17,5	−17,5	−17,5	D_{i_1}= 150 mm
λ / D_{i_1}	-	18,13	9,07	4,53	2,27	1,13	0,53	0,27	
K_D	dB	0	0	0	0	0	3,8	5,8	
L_{W_i}①	dB	107,5	109,5	115,5	124,5	126,5	116,7	111,7	Gl. (10.77)
$(\alpha \cdot D_i) \cdot 10^3$	dB	8,5	10,5	16,7	25,2	39,6	59,5	85,5	Abb. 10.11
$\frac{(\alpha \cdot D_i)}{D_{i_1}} \cdot l_1$	dB	2,8	3,5	5,6	8,4	13,2	19,8	28,5	$l_1 = 50$ m
$\frac{(\alpha \cdot D_i)}{D_{i_2}} \cdot l_2$	dB	2,1	2,6	4,2	6,3	9,9	14,9	21,4	$l_2 = 15\ m$ $D_{i_2} = 60\ mm$
$\frac{17{,}37}{D_{i_1}} \cdot 10^{-\frac{R_R}{10}} \cdot l_1$	dB	0,4	0,4	0,4	0,4	0,4	0,4	0,4	$R_R \approx 42$ dB
$\frac{17{,}37}{D_{i_2}} \cdot 10^{-\frac{R_R}{10}} \cdot l_2$	dB	0,3	0,3	0,3	0,3	0,3	0,3	0,3	$R_R \approx 42$ dB
$\sum \Delta L_{Krüm.}$	dB	0	0	0	3	5	5	5	Tab. 10.2
$\sum \Delta L_{Verzweig.\ ,\ f}$	dB	5,1	5,1	5,1	5,1	5,1	5,1	5,1	Ø 120 mm, Tab. 10.2
$\sum \Delta L_{Verzweig.\ ,\ f}$	dB	5,4	5,4	5,4	5,4	5,4	5,4	5,4	Ø 60 mm, Tab. 10.2
ΔL_{W_i} ① − ②	dB	16,1	17,3	21,0	28,9	39,3	50,9	66,1	Gl. (10.78)
$L_{W_{im}}$②	dB	91,4	92,2	94,5	95,6	87,2	65,8	45,6	Gl. (10.78)
$10\ lg\frac{l_3}{D_{i_2}} + 6$	dB	24,2	24,2	24,2	24,2	24,2	24,2	24,2	$l_3 = 4$ m
$R_f = 42{,}2 - 20\ lg\frac{f}{f_R}$	dB	89,0	83,0	77,0	71,0	65,0	59,0	53,0	$f_R \approx 27.300$ Hz Gl. (10.35)
K_α	dB	≈ 0	≈ 0	≈ 0	≈ 0	≈ 0	≈ 0	≈ 0	Abb. 10.24
$L_{W_{a_l}}$②	dB	26,6	33,4	41,7	48,8	46,4	31,0	16,8	Gl. (10.79)
T_f	s	1,8	1,6	1,5	1,5	1,3	1,2	1,0	Messung
$10\ lg\ (T_f/T_0)$	dB	2,6	2,0	1,8	1,8	1,1	0,8	0	
$14 - 10\ lg\ (V/V_0)$	dB	−4,6	−4,6	−4,6	−4,6	−4,6	−4,6	−4,6	$V = 4 \cdot 6 \cdot 3 = 72\ m^3$
L_{p_R}	dB	24,6	30,8	38,9	46,0	42,9	27,2	12,2	Gl. (10.81)
$\Delta L_{A_{Okt}}$	dB	−16,1	−8,6	−3,2	0	1,2	1,0	−1,1	A-Bewertung
$L_{p_R}(A)$	dB(A)	8,5	22,2	35,7	46,0	44,1	28,2	11,1	
L_{A_R}	dB(A)	**48,5**							Gl. (10.80)

a) Bestimmung der äußeren A-Schallleistungspegel des 1 m langen Abschnitts der Druckleitung.
b) Ermitteln Sie in 0,5 m Entfernung den A-Schalldruckpegel unter Freifeldbedingungen ($K_0 = 0$), verursacht durch die Schallabstrahlung der 1 m langen Druckleitung.

Übung 10.8.2

Die Lärmentwicklung in einer Fertigungshalle mit den Abmessungen 24 m × 16 m × 5 m ($L_H \times B_H \times H_H$) wird durch eine Maschine und eine längs durch den Raum verlaufende Kanalleitung eines Ventilators (l = 24 m; d = 0,3 m) verursacht. Folgende akustische Kennwerte sind gegeben bzw. wurden durch Messungen ermittelt, s. Tabelle:

- A-Oktav-Schallleistungspegel Maschine,
- A-Oktav-Schalleistungspegel innerhalb des Kanals, inklusive Strömungsgeräusche,
- Mittlere Oktav- Nachhallzeiten innerhalb der Fertigungshalle.

f_m in Hz	63	125	250	500	1000	2000	4000	8000	Summe	
$L_{WA,\,Maschine}$	68,6	70,5	78,3	86,4	80,2	76,0	73,4	66,9	88,4	dB(A)
$L_{WAi,fm,Kanal}$	74	92	98	102	96	88	80	73	104,5	dB(A)
T_S	1,8	1,7	1,7	1,3	1,2	1,1	1,0	0,8	-	s

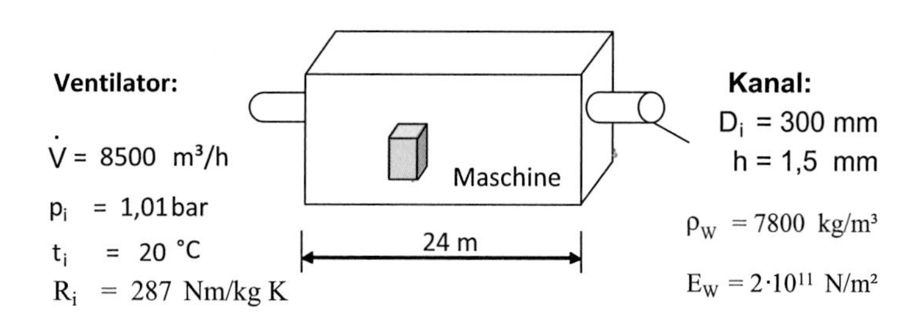

a) Bestimmen Sie die mittleren A-Oktav- und A-Gesamtschalldruckpegel innerhalb der Fertigungshalle:
   a1) wenn nur die Maschine allein in Betrieb ist (Ventilator außer Betrieb),
   a2) wenn nur der Ventilator in Betrieb ist (Maschine außer Betrieb),
   a3) wenn sowohl die Maschine als auch der Ventilator in Betrieb sind.

b) Bestimmen Sie die allein durch Strömungsgeschwindigkeit im Kanal erzeugten inneren A-Oktav- und A-Gesamtschallleistungspegel und erläutern Sie die Unterschiede zu den gemessenen Werten im Kanal.

Hinweis:

- Das Schallfeld innerhalb der Fertigungshalle soll als diffus angenommen werden.
- Der Schallleistungspegel innerhalb des Kanals soll als konstant betrachtet werden.
- Das Schalldämmmaß des Kanals soll nach Gl. (10.34) für dünnwandige Rohre berechnet werden.
- Die Impedanz der Luft innerhalb der Fertigungshalle beträgt: $Z_{Luft} = 410$ Ns/m³.

Literatur

1. Cremer, L.: Theorie der Luftschalldämmung zylindrischer Schalen. Acoustica **5**, 245–256 (1955)
2. Fritz, K.R., Stübner, B.: Schalldämmung und Abstrahlgrad von gasgefüllten Stahlrohren. Fortschritte der Akustik. VDE, Berlin (1980)
3. Haus der Technik (Hrsg): Akustische und schwingungstechnische Probleme im Anlagenbau. Tagungsband zur Veranstaltung Nr. F-30-753-134-8 im Haus der Technik, Essen am 29. und 30. September 1998 (1998)
4. Heckl, M., Müller, H.A.: Taschenbuch der Technischen Akustik, 2. Aufl. Springer, Berlin (1994)
5. Heckl, M.: Schallabstrahlung und Schalldämmung von Zylinderschalen. Dissertation, TU Berlin (1957)
6. Heckl, M.: Strömungsgeräusche. Fortschr. Ber. VDI-Z. Reihe 7, Nr. 20. VDI (1969)
7. Henn, H., Rosenberg, H., Fallen, M., Sinambari, G.R.: Schwingungsuntersuchungen an der Erdgasübernahmestation Ramstein. Forschungsber. Universität Kaiserslautern (1979)
8. Henn, H., Rosenberg, H., Sinambari, G.R.: Akustische und gasdynamische Schwingungen in Gasdruck-Regelgeräten, ihre Entstehung und Fortpflanzung. gwf-gas/erdgas, Heft 6 (1979)
9. Max, S.: Geräuschentwicklung am Rohrbündelwärmetauscher des Kraftwerks Rauxel – Ur-sachenanalyse anhand von Modellversuchen. Diplomarbeit FH Bingen, Fachbereich Umweltschutz (1996)
10. Morse, P.M., Ingard, K.U.: Theoretical Acoustics. Princeton University Press, Princeton (1986)
11. Rosenberg, H., Sinambari, G.R.: Geräuschmechanismen und Lärmminderungsmöglichkeiten bei gasdurchströmten Komponenten und Systemen, insbesondere bei der Gasentspannung. VDI-Bericht Nr. 389 (1981)
12. Rosenberg, H., Henn, H., Sinambari, G.R., Fallen, M., Mischler, W.: Akustische und schwingungstechnische Vorgänge bei der Gasentspannung. DVGW-Schriftenreihe, Gas Nr. 32. ZfGW, Frankfurt (1982)
13. Schmidt, H.: Schalltechnisches Taschenbuch: Schwingungskompendium, 5. Aufl. VDI, Düsseldorf (1996)
14. Sinambari, Gh. R., Thorn, U.: Akustische Auslegung von Rohrleitungssystemen, systematische Vorgehensweise bei der Planung und Lärmminderung – mathematische Grundlagen. workshop zur VDI-Richtlinie 3733 „Geräusche bei Rohrleitungen/Noise at pipes“ (1996)
15. Sinambari, Gh. R.: Ausströmgeräusche von Düsen und Ringdüsen in angeschlossenen Rohrleitungen, ihre Entstehung, Fortpflanzung und Abstrahlung. Dissertation, Uni. Kaiserslautern (1981)
16. Strutt, J.W., Rayleigh, L.: The theory of sound. Nachdruck, New York (1945)
17. Veit, I.: Flüssigkeitsschall. Vogel, Würzburg (1979)
18. VDI 2081: Geräuscherzeugung und Lärmminderung in Raumlufttechnischen Anlagen (1983)
19. VDI 3733: Geräusche bei Rohrleitungen (1996)
20. Weidemann, J.: Beitrag zur Analyse der Beziehungen zwischen den akustischen und strömungstechnischen Parametern am Beispiel geometrisch ähnlicher Radialventilator-Laufräder. DLR-Forschungsbericht, 71–12 (1971)

Schalldämpfer in Rohrleitungen 11

Im ersten Teil des Kapitels werden die grundlegenden Mechanismen als Phänomene vorgestellt. Daran anschließend erfolgt eine Einführung in das Verfahren zur Berechnung von Reflektionsschalldämpfern in Kanälen. Dabei werden auch Berechnungsbeispiele vorgeführt, die jeweils für die gleiche Frequenz und Impedanz durchgeführt werden.

Um die Beschreibung des Schallfelds mittels Transfermatrizen zu verstehen, ist ein tieferes Verständnis des Wellenfelds im Rohr gefordert. Dabei werden Sachverhalte, wie die Entstehung stehender Wellen, aus vorangegangenen Kapiteln aufgegriffen und in einer Notation und Detaillierung dargestellt, wie es für den weiteren Verlauf des Kapitels notwendig ist. Die Formeln für das ebene akustische Feld wurden vereinfacht, wo es ohne Einschränkung der Aussagekraft möglich war.

11.1 Anwendung von Schalldämpfern

Schalldämpfer sollen die ungestörte Ausbreitung von Schallwellen in Kanälen oder Rohrleitungen unterbinden. Dabei unterscheidet man zwischen Absorptions- und Reflektionsschalldämpfern. Diese Unterscheidung ist ungenau, weil viele Absorptionsschalldämpfer auch stark reflektieren und auch in Reflektionsschalldämpfern Absorption stattfinden kann. Typische Bauweisen, wie sie beispielsweise bei Abgasanlagen für Verbrennungsmotoren Anwendung finden sind in Abb. 11.1 und 11.2 skizziert.

Wellen mit hohen Frequenzen und entsprechend kleinen Wellenlängen eignen sich gut für Absorption. Die Welle kann oft mehrere Wellenlängen, mindestens jedoch eine Viertel Wellenlänge tief ins Absorptionsmaterial eindringen, so dass sich das Schnellemaximum der Welle im Absorber befindet. Dann kann ein Teil der kinetischen Energie des Schallfelds in dissipative Energie gewandelt werden. Dieser dissipative Anteil wird als Wärme abgeführt. Die Leistung der Schallwelle verringert sich entsprechend. Der

G. R. Sinambari, S. Sentpali, *Ingenieurakustik*,
https://doi.org/10.1007/978-3-658-27289-0_11

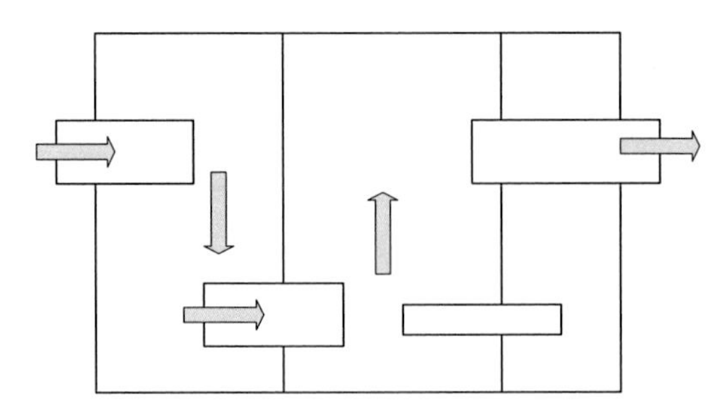

Abb. 11.1 Reflektionsschalldämpfer mit zwei durchströmten und einer nicht durchströmten Kammer

Tab. 11.1 Schallfelder in einer Rohrleitung aus der Transfermatrix abgeleitet

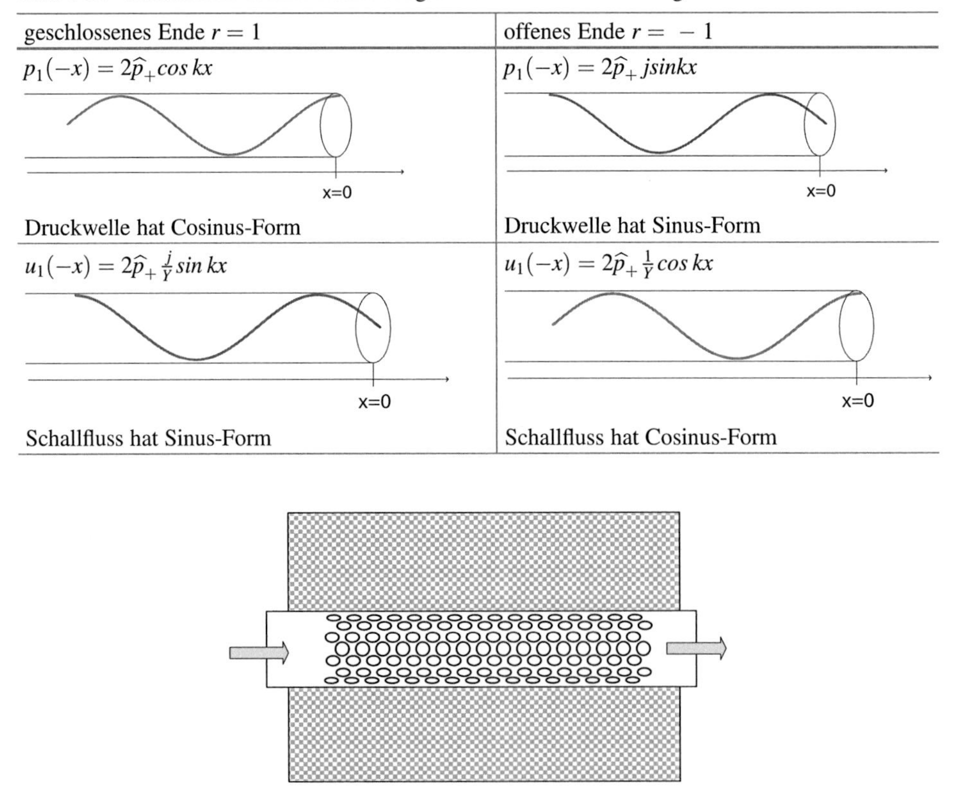

geschlossenes Ende $r = 1$	offenes Ende $r = -1$
$p_1(-x) = 2\widehat{p}_+ cos\, kx$	$p_1(-x) = 2\widehat{p}_+ jsinkx$
x=0	x=0
Druckwelle hat Cosinus-Form	Druckwelle hat Sinus-Form
$u_1(-x) = 2\widehat{p}_+ \frac{j}{Y} sin\, kx$	$u_1(-x) = 2\widehat{p}_+ \frac{1}{Y} cos\, kx$
x=0	x=0
Schallfluss hat Sinus-Form	Schallfluss hat Cosinus-Form

Abb. 11.2 Absorptionsschalldämpfer, gerader Durchgang eines Rohrs mit Perforation durch ein mit Absorptionsmaterial gefülltes Volumen

Temperaturanstieg ist dabei vernachlässigbar, da 120 dB Schallleistungspegel 1 Watt Wärmeleistung entsprechen würden.

Tiefe Frequenzen mit langen Wellenlängen würden extrem große und damit sehr teure Absorptionsschalldämpfer benötigen. Dagegen werden tiefe Frequenzen im Gegensatz zu

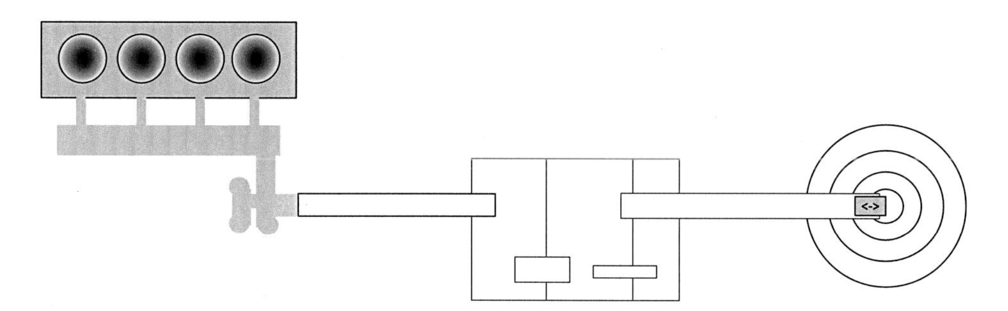

Abb. 11.3 Schallquelle (Motor). Übertragungssystem (Schalldämpfer + Rohre). Abstrahlung

hohen an Querschnittssprüngen reflektiert. Diese Reflektion kann durch Wellenüberlagerung und destruktive Interferenz zur Pegelreduktion in Reflektionsschalldämpfern genutzt werden.

Wie in Abschn. 10.2 beschrieben, kann sich „tieffrequenter" Schall in Rohren und Kanälen nur als ebene Welle ausbreiten. Ab einer gewissen durchmesserabhängigen Frequenz können höhere Moden auftreten. Für den Fall tiefer Frequenzen und ebener Wellen ist es auf einfache Weise möglich, exakte Lösungen der Wellengleichung für ein Rohrleitungssystem mit Schalldämpfer zu finden. Für höhere Frequenzen wird die modale Dichte so hoch, dass eine Berechnung für jede Eigenfrequenz nicht mehr möglich ist. Hier sind dann statistische Ansätze wie in Abschn. 10.5 beschrieben anzuwenden. In diesen Fällen wird nur die Leistung einzelner Frequenzbänder betrachtet und die durchschnittliche Wirkung von Schalldämpfern, Rohrbögen, Querschnittssprüngen etc. angegeben. Diese Verfahren stellen für höhere Frequenzen die einzig sinnvolle Möglichkeit dar, die Schallvorgänge zu berechnen. Auf Grund der hohen modalen Dichte sind diese Verfahren aber auch ausreichend gut.

Im Folgenden wird beschrieben, wie im tieffrequenten Bereich das Mündungsgeräusch eines Systems bestehend aus einer Schallquelle und einer Rohrleitung mit Schalldämpfern berechnet werden kann. Dabei ist es wesentlich zu verstehen, dass das Geräusch von der Wechselwirkung dreier Mechanismen – der Schallquelle, des Übertragungssystems und der Abstrahlung – geprägt wird (siehe Abb. 11.3). Gerade die Wirkung des Übertragungssystems hängt stärker von den Eigenschaften der Schallquelle ab, als man vermuten könnte.

11.2 Reflektion als Wirkprinzip von Schalldämpfern

11.2.1 Reflektion am offenen Rohrende

Das offene Rohrende kann als Grundtyp des Querschnittssprungs betrachtet werden. In Abschn. 10.5.3 wurde das offene Ende detailliert beschrieben. Hier noch einmal eine Zusammenfassung der Phänomene.

Erreicht eine tieffrequente Schallwelle mit der Amplitude p_+ einen Querschnittssprung am Rohrende, kommt es zum Druckausgleich mit der nahen Umgebung. Der Druckausgleich wird beschrieben durch die Addition mit einer negativen Druckwelle p_- am Ort des Rohrendes. Der sich in der Summe ergebende Druck am Rohrende p_ε wird sehr klein und aus den Stetigkeitsbedingungen muss folgen

$$p_+(t) + p_-(t) = p_\varepsilon(t) \approx 0 \to p_-(t) \approx -p_+(t)$$

Der Druckausgleich wurde durch den schwankenden Druck Drucks p_- beschrieben. Diese zur Beschreibung der Vorgänge am Rohrende eingeführte Randbedingung verändert die spezielle Lösung der Wellengleichung so, dass eine zweite Welle vom Rohrende aus nach links wandert. Die vom Rohrende ins Rohr zurücklaufende Lösung nennt man die reflektierte Welle.

In der Rohrleitung stellt sich dies folgendermaßen dar. Eine ebene Schallwelle $p_+(x,t)$ läuft von links nach rechts auf das Rohrende (Position $x = x_0$) zu.

Dort wird die Schallwelle reflektiert. Die Reflektion erfolgt mit umgekehrtem Vorzeichen.

$$p_-(x_0, t) = -p_+(x_0, t)$$

Die reflektierte Schallwelle läuft nun von rechts nach links. Die Überlagerung von beiden ergibt bei annähernd gleichen Amplituden eine stehende Welle in der Rohrleitung – siehe auch 10.5.3.

11.2.2 Abstrahlung am Rohrende

Man stelle sich vor, dass beispielsweise 95 % der Schalldruckamplitude reflektiert wird. Die nicht reflektierten 5 % kann man trotzdem nicht vernachlässigen. Der verbleibende Druck $p_\varepsilon(t)$ ist Ausgangspunkt einer kugelförmigen Schallwelle (Abb. 11.4).

Deren Leistung ist sehr viel schwächer als die der Schallwelle im davor liegenden Kanal. Der Unterschied in dB beträgt in unserem Beispiel $\Delta L = 20\ lg\ (5/100) = -26\ dB$. Da in Kanälen aber Schallleistungen von 130 dB und mehr gängige Größen sind, können auch die 5 % der Amplitude, die nicht reflektiert werden, sehr starke Schallquellen darstellen.

11.2.3 Durchgang hoher Frequenzen

Die hochfrequente Schallwelle in einem Rohr mit im Verhältnis zur Wellenlänge großem Durchmesser hat natürlich auch das Bestreben zum Druckausgleich am offenen Ende.

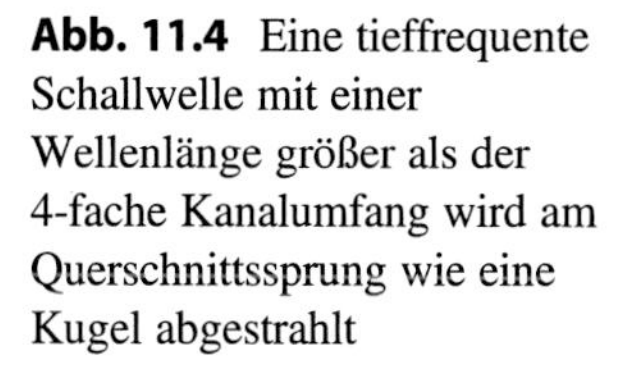

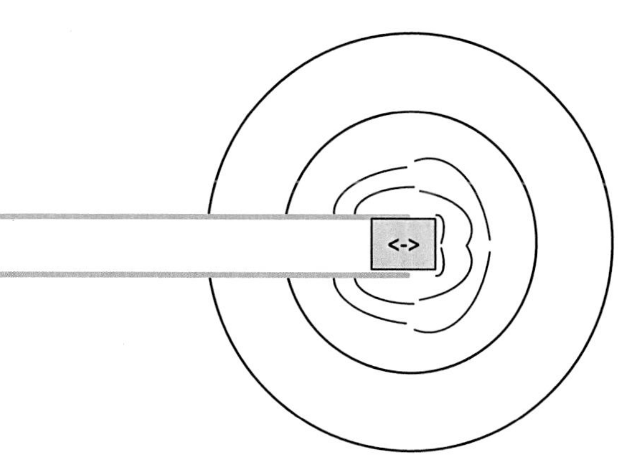

Abb. 11.4 Eine tieffrequente Schallwelle mit einer Wellenlänge größer als der 4-fache Kanalumfang wird am Querschnittssprung wie eine Kugel abgestrahlt

Bekanntermaßen legt eine Schallwelle in einer Zeitperiode T genau eine Wellenlänge λ ($T = 1/f = \lambda/c$) an Distanz zurück. Ist der Rohrdurchmesser aber deutlich größer als eine Wellenlänge, kann eine ausgedehnte, ebene Wellenfront sich nicht innerhalb einer Zeitperiode mit der Umgebung austauschen und in eine Kugelwelle umformen.

Es findet bei hohen Frequenzen – Wellenlängen $\ll$ Rohrdurchmesser – kein Druckausgleich mehr statt. $p_{-}(t)$ ist nun vernachlässigbar klein. Sobald zwei Wellenlängen oder mehr in den Kanal quer hineinpassen, kann man näherungsweise sagen, dass der Schall als Strahl unreflektiert den Querschnittssprung passiert. Dazwischen gelten für die Schallabstrahlung an kreisförmigen Öffnungen die Betrachtungen für den Kolbenstrahler – Abschn. 3.3.4 (Abb. 11.5).

Damit ergibt sich folgender Sachverhalt: niedrige Frequenzen, für die in Leitungssystemen nur die ebene Wellenausbreitung zulässig ist, können reflektiert werden. Hohe Frequenzen, für die gleichzeitig auch höhere Rohrleitungsmoden zulässig sind, werden kaum oder gar nicht reflektiert. Dabei hängt die Grenze von der Dimension der Rohrleitung ab.

Reflektionsschalldämpfer können also nur in Kanälen mit relativ kleinen Durchmessern ($d < 300$ mm) und dort nur für Frequenzen unterhalb der Grenzfrequenz für ebene Wellenausbreitung eingesetzt werden. Dabei gilt folgende Regel: ***Die stärkste Reflektion findet immer am offenen Ende zur Atmosphäre hin statt.*** Diese Mündungsreflektion „tiefer Frequenzen" bestimmt wesentlich das ganze Geschehen.[1]

In großen ($d > 1000$ mm) und sehr großen Kanälen von Kraftwerken und Lüftungsanlagen können nur Absorptionsschalldämpfer oder Schalldämpfer mit Kanalunterteilungen eingesetzt werden.

[1] Blechblasinstrumente nutzen übrigens diesen Effekt zur Tonerzeugung. Tiefe Frequenzen werden am Mündungstrichter einer Trompete reflektiert. Es bildet sich eine stehende Welle im Instrument – der natürliche Grundton. Die Obertöne des Grundtons haben nun Frequenzen, die hoch genug sind, um den Trichter zu passieren und gerichtet abgestrahlt zu werden. Dabei gilt: je größer der Trichter, desto tiefer liegt die Grenze zwischen Reflektion und Abstrahlung.

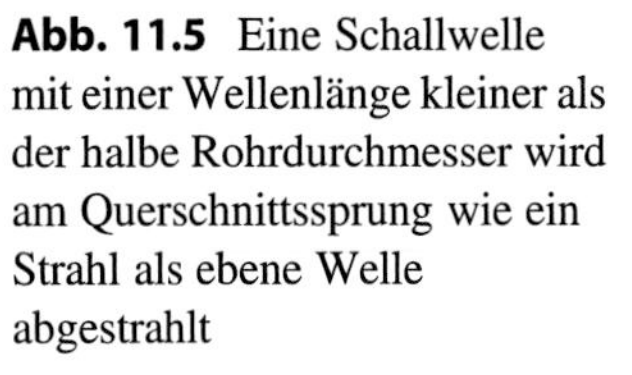

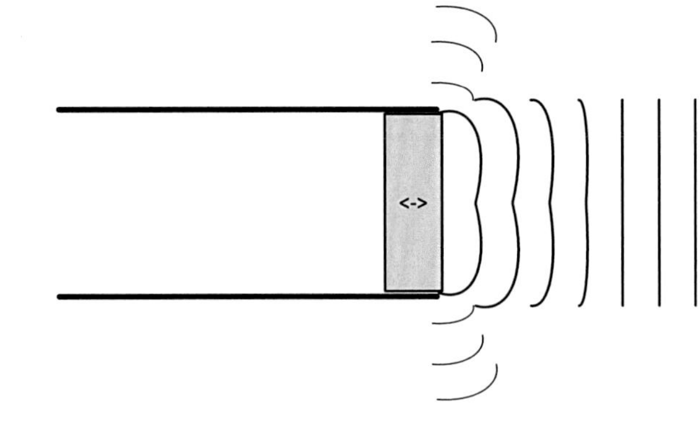

Abb. 11.5 Eine Schallwelle mit einer Wellenlänge kleiner als der halbe Rohrdurchmesser wird am Querschnittssprung wie ein Strahl als ebene Welle abgestrahlt

11.2.4 Stehende Wellen in Rohrleitungen

Da die Rohrleitung eine endliche Länge besitzt, trifft auch die am rechten Rand reflektierte Welle früher oder später auf eine Randbedingung. Das wäre nun der linke Rand. Dort wird die Welle wieder nach rechts reflektiert und ändert erneut die Richtung. Diese Welle läuft in Richtung der ursprünglichen Welle und wird zu dieser addiert – siehe auch Abschn. 2.2 und 3.2.1.4.

Je nach Art und Vorzeichen der Reflektionen an den Rändern ergeben sich verschiedene Formen stehender Wellen.

A: der Reflexionsfaktor links und rechts ist gleich.

B: die Reflexionsfaktor links und rechts haben unterschiedliche Vorzeichen.

Beispiel zu A: Am linken Rand sei ein offenes Ende wie auch am rechten Rand. Der Schall wird rechts und links mit Vorzeichenumkehr reflektiert, hat also als nach doppelter Reflektion wieder das ursprüngliche Vorzeichen.

Es bilden sich Resonanzen, wenn Vielfache einer halben Wellenlänge längs in eine solche Leitung passen. Im Rohr laufen die Schallwellen im Resonanzfall hin und her. Da sie am Rohrende aber immer phasengleich ankommen und sich überlagern, werden trotz Reflektion sehr hohe Pegel abgestrahlt. Das offene Rohrende ist typisch bei Axialventilatoren und anderen Gebläsen.

Beispiel zu B: Am linken Ende ist das Rohr verschlossen. Der Schall wird „hart" reflektiert. Das Vorzeichen wird nicht getauscht. Die phasengleiche Überlagerung der vor- und rückwärtslaufenden Wellen bildet sich bei folgenden Rohrlängen aus: $\frac{1}{4}\lambda$, $\frac{3}{4}\lambda$ usw. Die schallharte Reflektion ist typisch für Kolbenmaschinen.

11.2.5 Wirkung von Reflektionsschalldämpfern

Tritt an der Mündung eines Rohrleitungssystems tieffrequenter Schall aus, kann dieser durch die geschickte Platzierung einer Reflektionsstelle im Rohrleitungssystem reduziert werden. Dabei handelt es sich um ein mit Querschnittsänderungen verbundenes Volumen.

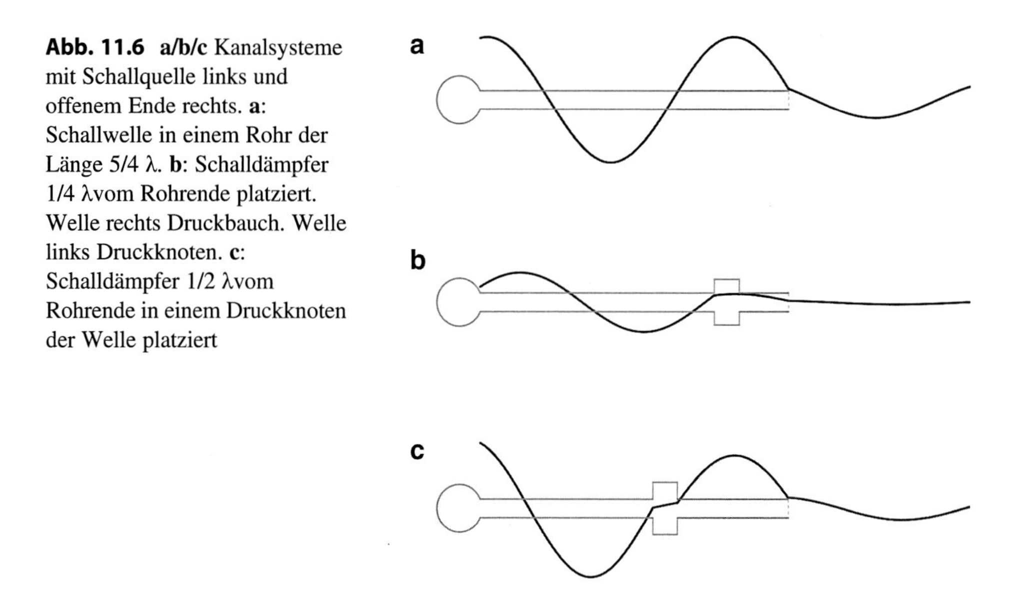

Abb. 11.6 a/b/c Kanalsysteme mit Schallquelle links und offenem Ende rechts. **a**: Schallwelle in einem Rohr der Länge 5/4 λ. **b**: Schalldämpfer 1/4 λvom Rohrende platziert. Welle rechts Druckbauch. Welle links Druckknoten. **c**: Schalldämpfer 1/2 λvom Rohrende in einem Druckknoten der Welle platziert

Dieses kann leer oder mit Einbauten oder mit Absorptionsmaterial gefüllt sein. Durchmesser und Länge des Volumens sollen deutlich größer als ein Rohrdurchmesser sein – Faktor 2 oder mehr. Das Volumen wirkt tieffrequent in erster Näherung immer als Reflektionsschalldämpfer – siehe 11.5.1. Die Wirkung eines solchen Schalldämpfers lässt sich gut quantitativ vorhersagen. Sie hängt neben der Volumengröße in erster Linie von der Einbauposition ab.

Abb. 11.6a zeigt das Schallfeld in einem Rohr, in das 5/4 der Wellenlänge λ passen. Mit einer entsprechenden Schallquelle bildet sich in diesem Rohr eine Resonanz aus. Wird ein Schalldämpfervolumen in den Druckbauch vor der Mündung platziert (Abb. 11.6b), verändert sich das Schallfeld drastisch.

Das hängt unter anderem mit den Eigenschaften der Schallquelle zusammen. Aus einer Position mit Druckbauch im Rohr wird eine Position für einen Druckknoten. Das gesamte Schallfeld im Rohr ändert sich. In diesem Zusammenhang wird auch weniger Schall an der Mündung abgestrahlt. Man erkennt in Abb. 11.6b, dass die Welle am linken Rand des Schalldämpfers einen Knoten hat. Der rechte Rand stellt aber das Maximum – Druckbauch – für die durchgelassene Schallwelle dar. Dementsprechend wird nur sehr wenig durchgelassen.

Wird ein Schalldämpfer in einem Druckknoten platziert, verändert sich das Schallfeld kaum und der Schalldämpfer hat fast keinen schallreduzierenden Effekt (Abb. 11.6c) Der Schalldruck ist klein auf beiden Seiten des Schalldämpfers, wird aber nach dem Schalldämpfer wieder größer.

Es ergibt sich damit folgendes Bild: ein Schalldämpfer vor einer Kanalmündung wirkt dann am besten, wenn er in einem Druckbauch der stehenden Welle platziert wird. Ein Schalldämpfer in einem Druckknoten hat nur eine geringe Wirkung für diese Frequenz.

Anders ist die Situation bei einem Absorptionsschalldämpfer. Zum einen ist ein solcher Schalldämpfer nicht mehr klein in Bezug auf die Wellenlänge. Weiterhin wird ein Teil der eintretenden Schallwelle absorbiert. Dieser absorbierte Anteil fehlt dann an der später reflektierten Schallwelle. Da die Reflektion geschwächt ist, kann sich auch keine ausgeprägte, stehende Welle ausbilden. Dementsprechend ist der Absorptionsschalldämpfer, sobald er nennenswert Schall absorbiert (Dämpfung > 10 dB) im Gegensatz zum Reflektionsschalldämpfer unempfindlich gegenüber der Einbauposition.

11.3 Berechnung von Reflexionsschalldämpfern

11.3.1 Schallfelder in einer Rohrleitung

Betrachtet man die Ausbreitung der Schallwelle ohne Dämpfung und nur für die Ausbreitung mit schallharten Rohrwänden, kann man die wesentlichen Tatsachen einfach und ohne große Einschränkungen darstellen. Eine detaillierte Darstellung mit Dämpfung findet man in [1].

Wie in Kap. 2 stellt $\omega = \frac{2\pi}{T}$ die Kreisfrequenz und $k = \frac{2\pi}{\lambda}$ die Wellenzahl dar. Dabei sind ω und k durch die Schallgeschwindigkeit $c = \omega/k$ miteinander verbunden.

Eine Rohrleitung habe ein Länge L und die über die Länge konstante Querschnittsfläche S. Für eine Frequenz f unterhalb der Grenzfrequenz für ebene Wellenausbreitung hat die Wellengleichung zwei unabhängige Lösungen für die Ausbreitung des Schalldrucks im Rohr.

$$p_+(x,t) = \widehat{p}_+ e^{j(\omega t - kx)} \qquad p_-(x,t) = \widehat{p}_- e^{j(\omega t + kx)}$$

Löst man die Wellengleichung für die Schallschnelle, erhält man:

$$\mathrm{v}_+(x,t) = \widehat{\mathrm{v}}_+ e^{j(\omega t - kx)} \qquad \mathrm{v}_-(x,t) = \widehat{\mathrm{v}}_- e^{j(\omega t + kx)}$$

Im Folgenden soll nur der Zeitpunkt t = 0 betrachtet werden. Alle anderen Zeitpunkte ergeben sich durch Multiplikation mit $e^{j\omega t}$.

Die Impedanz für die ebene vorwärtslaufende Welle ist nach Gl. (2.96):

$$Z_+(x) = \frac{p_+(x)}{\mathrm{v}_+(x)} = +\rho c \tag{11.1}$$

Es handelt sich um eine von Ort unabhängige Größe. Für die rückwärtslaufende Welle gilt wegen der entgegengesetzten Wellenausbreitung:

$$Z_-(x) = \frac{p_-(x)}{\mathrm{v}_-(x)} = \rho(-c) = -\rho c \tag{11.2}$$

Betrachtet man anstelle der vor- und rückwärts laufenden Wellen das Schallfeld im Rohr, das sich als Summe ergibt, ist die Impedanz eine vom Ort in der Rohrleitung abhängig Größe mit hohen Werten an Druckbäuchen und Nulldurchgängen bei Druckknoten.

$$Z_{Total}(x) = \frac{p_+(x) + p_-(x)}{\mathrm{v}_+(x) + \mathrm{v}_-(x)} = \rho c \frac{\widehat{p}_+ e^{j(-kx)} + \widehat{p}_- e^{j(+kx)}}{\widehat{p}_+ e^{j(-kx)} - \widehat{p}_- e^{j(+kx)}} \tag{11.3}$$

11.3.2 Schallschnelle und Schallfluss

Anstelle der Schallschnelle benutzt man zur Beschreibung ebener Schallfelder in Rohrleitungen besser die Größe Schallfluss. Der Schallfluss entspricht der Schallschnelle multipliziert mit der Querschnittsfläche S des jeweiligen Rohres. Der Schallfluss entspricht dem pro Volumeneinheit verschobenen Volumen der Schallwelle (Volumenpulsation). Abgekürzt wird der Schallfluss durch u.

$$u = \mathrm{v}S$$

Der Schallfluss der vorwärtslaufenden Schallwelle u_+ ist mit dem dazugehörigen Schalldruck über die für dieses Rohr **charakteristische Impedanz** Y gekoppelt. Diese hängt ab vom Rohrquerschnitt, dem Medium und der aktuellen Temperatur.

$$Y = \frac{p_+}{u_+} = \frac{p_+}{\mathrm{v}_+ S} = \frac{\rho c}{S} \tag{11.4}$$

Die charakteristische Impedanz eines Rohres entspricht also der spezifischen Impedanz des Medium ρc dividiert durch die Querschnittsfläche S des jeweiligen Rohres. Für die rückwärtslaufende Welle gilt analog,

$$\frac{p_-}{u_-} = -\frac{\rho c}{S} = -Y$$

da sich die Ausbreitungsrichtung gedreht hat. Im Folgenden wird die charakteristische Impedanz auch flächenbezogene Impedanz genannt.

11.3.3 Beschreibung des Schallfelds im Rohr als Transfermatrix

Bisher wurde das ebene Schallfeld im Rohr als Summe zweier Wellen $p_+(x, t)$ und $p_-(x, t)$ beschrieben. Diese entsprachen einer vorwärtslaufenden und einer rückwärtslaufenden Welle. Beides sind Lösungen der Wellengleichung für das Rohr.

Ein Nachteil dieser Lösungen ist aber, dass diese Werte nicht getrennt voneinander gemessen werden können, sondern immer als Summe vorliegen.

Bekanntermaßen ist jede Linearkombination von Lösungen ebenfalls eine Lösung der Wellengleichung. Die spezielle Lösung eines gegebenen Problems wird durch Randbedingungen definiert. Daher wird nun eine Linearkombination aus vorwärts und rückwärtslaufender Welle gebildet, die eine später vorgegebene Randbedingung erfüllen soll.

Für den messbaren Schalldruck an einer beliebigen Stelle x zum Zeitpunkt t in einem Rohr gilt:

$$p(x,t) = \widehat{p}_+ e^{j(\omega t - kx)} + \widehat{p}_- e^{j(\omega t + kx)}$$

Anstelle der Schallschnelle betrachtet man nun den Schallfluss. Es gilt:

$$u(x,t) = \frac{\widehat{p}_+}{Y} e^{j(\omega t - kx)} - \frac{\widehat{p}_-}{Y} e^{j(\omega t + kx)}$$

Ohne Beschränkung der Allgemeinheit wird die Zeitdimension wieder weggelassen.

Gegeben sei ein Rohr der Länge L (Abb. 11.7). Man lege den linken Rand auf $x = -L$ und den rechten Rand auf $x = 0$.

Die Welle in einem Rohr wird gebildet als Linearkombination der allgemeinen Lösungen der Wellengleichung.

Am rechten Rand soll gelten

$$p(x = 0) = \widehat{p}_+ + \widehat{p}_- \tag{11.5}$$

$$u(x = 0) = \frac{\widehat{p}_+}{Y} - \frac{\widehat{p}_-}{Y} \tag{11.6}$$

Dann gilt am linken Rand $x = -L$

$$p(x = -L) = \widehat{p}_+ e^{jkL} + \widehat{p}_- e^{-jkL}$$

$$u(x = -L) = \frac{\widehat{p}_+}{Y} e^{jkL} - \frac{\widehat{p}_-}{Y} e^{-jkL}$$

Einsetzen von $e^{jkL} = \cos kL + j \sin kL$, Ausnützen der Symmetrien und Sortieren der Terme liefert die Form:

$$p(-L) = (\widehat{p}_+ + \widehat{p}_-) \cos kL + j(\widehat{p}_+ - \widehat{p}_-) \sin kL$$

Abb. 11.7 Ein Rohr der Länge L mit rechtem Rand an der Position x = 0 und linker Rand x = −L

$$u(-L) = +\frac{j}{Y}(\widehat{p}_+ + \widehat{p}_-)sin\,kL + \frac{(\widehat{p}_+ - \widehat{p}_-)}{Y}cos\,kL$$

Nun werden noch Gl. (11.5) und (11.6) eingesetzt und man erhält das folgende lineare Gleichungssystem:

$$p(-L) = p(0)cos\,kL + u(0)jY\,sin\,kL$$

$$u(-L) = p(0)\frac{j}{Y}sin\,kL + u(0)cos\,kL$$

Bezeichnet man die Werte am linken Rand mit dem Index „l" und die Werte rechts mit „r" und schreibt das Gleichungssystem als Matrixgleichung, erhält man die Gleichung mit der Transfermatrix für ein gerades Rohr mit schallharten Wänden ohne Strömung.

$$\begin{pmatrix} p_1 \\ u_1 \end{pmatrix} = \begin{pmatrix} cos\,kL & jY\,sin\,kL \\ \frac{j}{Y}sin\,kL & cos\,kL \end{pmatrix}\begin{pmatrix} p_r \\ u_r \end{pmatrix} \tag{11.7}$$

Diese Transfermatrix verbindet den messbaren Schalldruck und Schallfluss vom linken Rand des Rohres mit Schalldruck und Schallfluss am rechten Rand des Rohres.

Man schreibt per Konvention den Rohreingang links und den Rohrausgang rechts. In den meisten Fällen benutzt man die Transfermatrix, um die Vorgänge an der linken Seite aus Messungen an der rechten Seite zu bestimmen.˙ Gl. (11.7) verknüpft die Größen für Schalldruck und Schallschnelle der beiden Ränder, ohne eine Aussage über vorwärts- oder rückwärtslaufende Wellen zu machen. Es wird eigentlich überhaupt keine Aussage über das Schallfeld zwischen den beiden Rändern gemacht. Die Gleichung gilt nicht nur für den Zeitpunkt t = 0. Es muss nur auf beiden Seiten des Rohrs die gleiche Zeit gelten.

Die Determinante der Matrix in Gl. (11.7) ist 1. Das gilt für alle Systeme, in denen keine Leistung verloren geht oder erzeugt wird.

11.3.3.1 Beispiel

Eine mögliche Randbedingung für die Linearkombination der Lösungen der Wellengleichung lautet $\widehat{p}_- = r\widehat{p}_+$ – siehe auch Abschn. 3.2.1.4. Die rückwärtslaufende Welle resultiert aus einer Reflektion der vorwärtslaufenden Welle. Damit ergibt sich, falls die Reflektionsstelle am rechten Rand des Rohres an der Stelle x = 0 liegt:

$$p(0) = \widehat{p}_{+}(1 + r)$$

$$u(0) = \frac{\widehat{p}_{+}}{Y}(1 - r)$$

Damit lassen sich Druck und Schallfluss für beliebige Positionen im Rohr berechnen.

$$\begin{pmatrix} p_1(-x) \\ u_1(-x) \end{pmatrix} = \begin{pmatrix} \cos kx & jY \sin kx \\ \frac{j}{Y} \sin kx & \cos kx \end{pmatrix} \begin{pmatrix} \widehat{p}_{+}(1 + r) \\ \frac{\widehat{p}_{+}}{Y}(1 - r) \end{pmatrix}$$

Interessant sind natürlich die Fälle totaler Reflektion $r = 1$ und $r = -1$.

Die Transfermatrix liefert die gleichen Ergebnisse, wie die Betrachtung der vorwärts- und rückwärtslaufenden Wellen, allerdings auf eine andere Art und Weise.

11.3.4 Schallleistung im Rohr ohne Strömung

Die im Rohrquerschnitt transportierte Schallleistung der ebenen Welle lässt sich als zeitlicher Mittelwert des Produkts aus Schalldruck und Schallfluss berechnen.

Betrachten wir der Einfachheit halber den Fall x = 0 und nutzen aus, dass die rückwärtslaufende Welle und die vorwärtslaufende durch den Faktor r gekoppelt sind. Das kann die Reflektion an der Mündung sein. Das gilt aber auch für jeden Punkt in der Rohrleitung, wenn r die entsprechende Dämpfung und Phasenverschiebung enthält.

$$P = \frac{1}{T} \int_0^T p_{+}(t)\,(1 + r)\frac{p_{+}(t)}{Y}(1 - r)dt = \frac{\widetilde{p}_{+}^2}{Y}\left(1 - r^2\right) \qquad (11.8)$$

Man vergleiche Gl. (11.8) mit Gl. (10.26) für den tieffrequenten Fall $K_D = 0$. Die Pegel zur Gl. (11.8) stimmen mit Gl. (10.26) überein, wenn die reflektierte Welle vernachlässigt werden kann. Ansonsten reduziert sich die transportierte Leistung um den reflektierten Anteil. Benötigt man die innere Schallleistung in einer Rohrleitung, um damit die Übertragung durch die Wandflächen zu berechnen, liefert Gl. (10.26) die richtigen Werte, da auch der reaktive Anteil die Struktur anregen wird. Gl. (11.8) beschreibt dagegen die transportierte Leistung im Schallfeld.

11.3.5 Überlagerung von Strömung im Rohr

Eine Rohrströmung beeinflusst die vorwärts- und rückwärtslaufenden Schallwellen natürlich unterschiedlich. Die Strömung soll mit einer mittleren Geschwindigkeit u_m in positiver x-Richtung laufen.

Die erste Lösung der Wellengleichung im mitbewegten Koordinatensystem lautet

$$p_+(x',t) = \widehat{p}_+ e^{j(\omega t - kx')}$$

Man ersetzt $x' = x + u_m t$ und erhält für das ruhende Koordinatensystem

$$p_+(x,t) = \widehat{p}_+ e^{j(\omega t - ku_m t - kx)} = \widehat{p}_+ e^{j(\omega(1-u_m/c)t - kx)}$$

Die zur Strömung gehörende Machzahl wird durch $Ma = u_m/c$ abgekürzt. Bei gleicher Wellenzahl reduziert sich die Frequenz der vorwärtslaufenden Welle um den Faktor (1 – Ma) Die Frequenz der rückwärtslaufenden Welle würde sich um den Faktor (1 + Ma) erhöhen. Daraus folgt aber auch: Bei gleicher Frequenz reduziert oder erhöht sich die Wellenzahl – und die damit verbundenen Wellenlänge – um die inversen Faktoren.

Für den Schalldruck und die Schallschnelle an einer beliebigen Stelle x in einem Rohr gilt dann:

$$p(x) = \widehat{p}_+ e^{(-jkx/(1-Ma))} + \widehat{p}_- e^{(jkx/1+Ma)}$$

$$u(x) = \frac{1}{Y}\left(\widehat{p}_+ e^{(-jkx/(1-Ma))} - \widehat{p}_- e^{(jkx/(1+Ma))}\right)$$

Betrachtet man wieder ein Rohr der Länge L mit x = 0 am rechten Rand. Dann gilt dort am linken Rohrende

$$p(x=-L) = \widehat{p}_+ e^{j\frac{kL}{1-Ma}} + \widehat{p}_- e^{-j\frac{kL}{1+Ma}}$$

$$u(x=-L) = \frac{\widehat{p}_+}{Y} e^{j\frac{kL}{1-Ma}} - \frac{\widehat{p}_-}{Y} e^{-j\frac{kL}{1+Ma}}$$

Durch Erweitern der Brüche mit den Faktoren (1 + Ma) bzw. (1 – Ma) ergibt sich:

$$p(x=-L) = e^{j\frac{kLMa}{1-Ma^2}}\left(\widehat{p}_+ e^{j\frac{kL}{1-Ma^2}} + \widehat{p}_- e^{-j\frac{kL}{1-Ma^2}}\right)$$

$$u(x=-L) = \frac{1}{Y} e^{\frac{jkLMa}{1-Ma^2}}\left(\widehat{p}_+ e^{j\frac{kL}{1-Ma^2}} - \widehat{p}_- e^{-j\frac{kL}{1-Ma^2}}\right)$$

Alle Wellenzahlen in diesem Gleichungssystem werden durch den gleichen Faktor geteilt. Man kürzt daher ab.

$$k_c = \frac{k}{1 - Ma^2} \tag{11.9}$$

Mit Hilfe dieser um die Strömungseinflüsse korrigierten Wellenzahl [1] ändert sich die Transfermatrix im ruhenden Koordinatensystem in:

$$\begin{pmatrix} p_1 \\ u_1 \end{pmatrix} = e^{jk_cLMa} \begin{pmatrix} \cos k_cL & jY \sin k_cL \\ \frac{j}{Y} \sin k_cL & \cos k_cL \end{pmatrix} \begin{pmatrix} p_r \\ u_r \end{pmatrix} \tag{11.10}$$

Die Transfermatrix des Rohrs mit Strömung entspricht also der des Rohres ohne Strömung, wobei k durch den Ausdruck k_c ersetzt wird. Außerdem wird die ganze Matrix mit einer komplexen Zahl mit Betrag eins multipliziert, was einer Phasenverschiebung der Ergebnisgrößen entspricht. Diese Phasenverschiebung hat eine untergeordnete Bedeutung, da sie auf beide Zustandsgrößen gleichzeitig wirkt und bei der abschließenden Leistungsberechnung herausgemittelt wird.

11.3.6 Schallleistung im Rohr mit Strömung

Wird dem Schallfeld eine Strömung überlagert, erhöht sich die Leistung der vorwärtslaufenden Welle um den Faktor $(1 + Ma)^2$, während die Rückwärtswelle um den Faktor $(1 - Ma)^2$ reduziert wird. Ersetzt man die Schalldrücke durch ihre Effektivwerte, ergibt sich dann die Schallleistung im Rohr mit Strömung zu:

$$P = \frac{1}{Y}\left(\widetilde{p}_+^2 (1 + Ma)^2 - \widetilde{p}_-^2 (1 - Ma)^2\right)$$

Mit $p_- = rp_+$ und $p = p_+(1 + r)$ ergibt sich

$$P = \frac{1}{Y}\left(\frac{\widetilde{p}}{1 + r}\right)^2 \left((1 + Ma)^2 - r^2(1 - Ma)^2\right)$$

Speziell am Druckbauch gilt:

$$P = \frac{1}{Y}\left(\frac{\widetilde{p}}{1 + |r|}\right)^2 \left((1 + Ma)^2 - r^2(1 - Ma)^2\right) \tag{11.11}$$

11.3.7 Beschreibung eines Rohrleitungssystems durch Transfermatrizen

Ein sehr einfaches System bestehe aus einem Rohr, einem leeren Rohr als Schalldämpfer und aus einem weiteren Rohr. Zweckmäßigerweise sollte sich der Rohrdurchmesser des mittleren Rohrs deutlich (Faktor >2) von den umgebenden Rohren unterscheiden (Abb. 11.8).

Die einzelnen Rohrstücke haben die Längen l_i sowie die die unterschiedlichen Querschnittsflächen charakterisierenden flächenbezogenen Impedanzen Y_i. Die Größen des rechten Rands werden mit dem Index „a" für Ausgang, die des linken Rands mit „e" für Eingang bezeichnet.

Mit Gl. (11.7) lässt sich die Transfermatrix für jedes einzelne Rohrstück bestimmen:

$$\begin{pmatrix} p_3 \\ u_3 \end{pmatrix} = \begin{pmatrix} \cos kl_3 & jY_3 \sin kl_3 \\ \dfrac{j}{Y_3 \sin kl_3} & \cos kl_3 \end{pmatrix} \begin{pmatrix} p_a \\ u_a \end{pmatrix} \quad \text{Rechtes Rohr} \tag{11.12}$$

$$\begin{pmatrix} p_2 \\ u_2 \end{pmatrix} = \begin{pmatrix} \cos kl_2 & jY_2 \sin kl_2 \\ \dfrac{j}{Y_2} \sin kl_2 & \cos kl_2 \end{pmatrix} \begin{pmatrix} p_3 \\ u_3 \end{pmatrix} \quad \text{Mittleres Rohr} \tag{11.13}$$

$$\begin{pmatrix} p_e \\ u_e \end{pmatrix} = \begin{pmatrix} \cos kl_1 & jY_1 \sin kl_1 \\ \dfrac{j}{Y_1} \sin kl_1 & \cos kl_1 \end{pmatrix} \begin{pmatrix} p_2 \\ u_2 \end{pmatrix} \quad \text{Linkes Rohr} \tag{11.14}$$

Man kann aber $\begin{pmatrix} p_2 \\ u_2 \end{pmatrix}$ in Gl. (11.14) durch Gl. (11.13) und $\begin{pmatrix} p_3 \\ u_3 \end{pmatrix}$ in Gl. (11.13) durch Gl. (11.12) ersetzen. Man erhält dann ein Gleichungssystem für drei aneinandergekoppelte Rohrstücke.

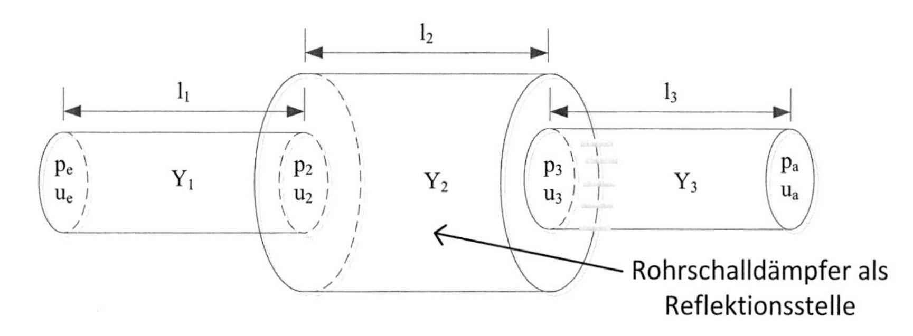

Abb. 11.8 System aus drei Rohren mit unterschiedlichen Durchmessern und damit verbundenen Y. Das mittlere Rohr wirkt als Reflektionsschalldämpfer

$$\begin{pmatrix} p_e \\ u_e \end{pmatrix} = \begin{pmatrix} \cos kl_1 & jY_1 \sin kl_1 \\ \frac{j}{Y_1} \sin kl_1 & \cos kl_1 \end{pmatrix} \begin{pmatrix} \cos kl_2 & jY_2 \sin kl_2 \\ \frac{j}{Y_2} \sin kl_2 & \cos kl_2 \end{pmatrix} \times \begin{pmatrix} \cos kl_3 & jY_3 \sin kl_3 \\ \frac{j}{Y_3} \sin kl_3 & \cos kl_3 \end{pmatrix} \begin{pmatrix} p_a \\ u_a \end{pmatrix} \quad (11.15)$$

Gl. (11.15) beschreibt das gesamte Übertragungssystem für Wellen beliebiger Wellenlänge. Das Produkt der Matrizen ergibt wieder eine Matrix. Diese soll abgekürzt werden mit den Parametern (A, B, C, D).

$$\begin{pmatrix} A & B \\ C & D \end{pmatrix} = \begin{pmatrix} \cos kl_1 & jY_1 \sin kl_1 \\ \frac{j}{Y_1} \sin kl_1 & \cos kl_1 \end{pmatrix} \begin{pmatrix} \cos kl_2 & jY_2 \sin kl_2 \\ \frac{j}{Y_2} \sin kl_2 & \cos kl_2 \end{pmatrix} \times \begin{pmatrix} \cos kl_3 & jY_3 \sin kl_3 \\ \frac{j}{Y_3} \sin kl_3 & \cos kl_3 \end{pmatrix}$$

Die Matrix (A, B, C, D) kürzt das Ergebnis der Multiplikation ab. Sie soll im Folgenden als Repräsentation eines beliebigen Rohrleitungssystems auch mit mehr als drei Produktermen verstanden werden. Es versteht sich von selbst, dass jedes Rohrleitungssystem einen eigenen frequenzabhängigen Datensatz (A, B, C, D) besitzt, der nur für dieses System gilt.

$$\begin{pmatrix} p_e \\ u_e \end{pmatrix} = \begin{pmatrix} A & B \\ C & D \end{pmatrix} \begin{pmatrix} p_a \\ u_a \end{pmatrix} \quad (11.15)$$

11.3.8 Abstrahlungsimpedanz

Die Transfermatrizen beschreiben Rohrleitungssysteme als Gleichungssysteme, die Schalldruck und Schallfluss von Eingangs- und Ausgangsseite verknüpfen.

Um quantitative Aussagen machen zu können, werden weitere Randbedingungen benötigt. Die erste betrifft den rechten Rand des Systems, den Ort der Abstrahlung.

11.3.8.1 Ohne überlagerte Strömung im Rohr

Das rechte Ende im obigen Beispiel sei offen zur Atmosphäre. Die ankommende Schallwelle wird, wie in Abschn. 10.5.3 beschrieben, reflektiert. Die flächenbezogene Impedanz am Rohrende erhält man durch die Division von Gl. (10.52) durch die Querschnittsfläche.

$$Y_r = \frac{p_a}{u_a} = \frac{Z_r}{S} = \frac{\rho c}{S}\frac{1+r}{1-r} \tag{11.16}$$

Ersetzt man den Reflektionskoeffizient durch Gl. (10.54), erhält man für Y_r

$$Y_r = \frac{4\rho c}{\pi\, d^2}\left(\frac{k^2d^2}{16+k^2d^2} + j\frac{4kd}{16+k^2d^2}\right)$$

11.3.8.2 Bei überlagerter Strömung im Rohr

Ist dem Schallfeld noch eine Rohrströmung überlagert, treten zwei besondere Effekte auf.

Der Reflektionsfaktor kann einen Betrag **größer 1** haben, ohne das Gesetz der Energieerhaltung zu verletzen, da nach Gl. (11.11) die rückwärtslaufende Welle bei gleicher Amplitude weniger Leistung transportiert. Für sehr kleine Machzahlen Ma und kleine kd ergibt sich folgende durch Experimente validierte Beziehung [2, 3].

$$|r| = (1 + V_{St}Ma)\left(1 - \frac{1}{8}k^2d^2\right) \tag{11.17}$$

V_{St} ist ein empirischer von der Strouhalzahl abhängiger Verstärkungsfaktor. Dabei soll gelten:

$V_{St} = \frac{k^2d^2}{12Ma^2}$ für $\frac{kd}{Ma} < 2$
$V_{St} = \frac{kd}{3Ma} - \frac{1}{3}$ für $2 < \frac{kd}{Ma} < 3{,}6$
$V_{St} = \frac{8}{9}$ für $\frac{kd}{Ma} > 3{,}6$

Beispiel

Frequenz	f:	50 Hz
Schallgeschwindigkeit	c:	331 m/s
Dichte	ρ:	1,21 kg/m^3
Machzahl	Ma:	0,025
Rohrdurchmesser	d:	71,4 mm

Mit diesen Eingabedaten ergibt Gl. (11.17) einen Reflektionsfaktor mit Betrag $|r| =$ 1,01366.

Abb. 11.9.a zeigt den mit Hilfe von $|r|$berechneten Faktor $((1 + Ma)^2 - r^2(1 - Ma)^2)$ aus Gl. (11.11) als Maß für die durchgelassene Schallleistung für verschiedene Machzahlen und Frequenzen.

Setzt man diese Werte in Gl. (11.11) ein, ergibt sich für die nicht reflektierte Schallleistung bezogen auf den Druckbauch vor der Mündung:

$$P = \frac{1}{Y}\left(\frac{\tilde{p}}{2{,}014}\right)^2\left((1{,}025)^2 - 1{,}014^2 0{,}975^2\right) = \frac{\tilde{p}^2}{Y}\frac{0{,}073}{2{,}014^2} = 0{,}018\frac{\tilde{p}^2}{Y}W$$

Es werden also nur ca. 2 % der Schallleistung nicht reflektiert und stehen zur Abstrahlung zur Verfügung. Die Abstrahlungsimpedanz lässt sich unter Vernachlässigung der komplexen Phase mit obiger Dichte und $S = \pi d^2/4$ wie folgt berechnen:

$$Y_r = \frac{\rho c}{S}\frac{1-|r|}{1+|r|} = -678{,}5\frac{kg}{m^4 s}$$

Tritt aber wie in diesem Fall mit dem Schall auch eine turbulente Strömung an der Mündung aus, wird nur ein Teil der nicht reflektierten Schallleistung auch abgestrahlt. Ein großer Anteil geht im Wirbelfeld des Freistrahls verloren. Bechert führte daher einen Faktor W_r/W_t ein, um den Anteil der abgestrahlten Schallleistung (radiated) von der durchgelassenen nicht reflektierten Schallleistung (transmitted) zu unterscheiden [4]. Dieser Ausdruck darf aber nur angewendet werden, wenn ein turbulentes Strömungsfeld vorliegt und er Werte kleiner 1 liefert.

$$\frac{W_r}{W_t} = \left(\frac{1}{4\,Ma} + \frac{1}{3}Ma\right)\frac{k^2 d^2}{4} \tag{11.18}$$

Speziell für große Wellenlängen kann dieser Mechanismus zu einer weiteren Pegelabnahme führen. Abb. 11.9.b zeigt exemplarisch das Verhältnis W_r/W_t für verschiedene Machzahlen und die damit verbundene Pegelreduktion für das Rohr aus obigem Beispiel. Für 50 Hz und Ma = 0,025 nimmt W_r/W_t den Wert 0,0115 an.

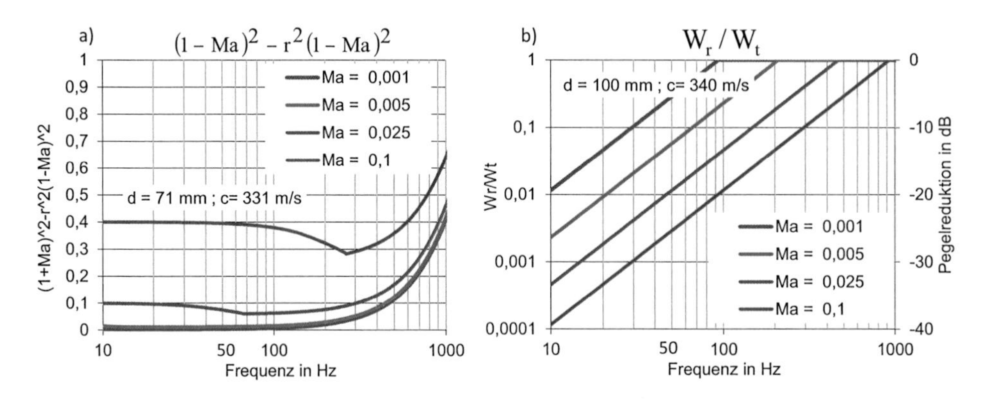

Abb. 11.9 **a** Auf 1 normierte Differenz der Schallleistung der vorwärtslaufenden Welle und der rückwärtslaufenden Welle für verschiedene Frequenzen und Machzahlen. Diese Größe ist ein Maß für die durchgelassene – nicht reflektierte – Schallleistung. **b** Verhältnis abgestrahlter Leistung zur durchgelassenen Leistung W_r/W_t und die damit verbundene Pegelreduktion für verschiedene Machzahlen

Fasst man die beiden Effekte, Reflektion und turbulente Strömung an der Mündung zusammen, wird nur ein Bruchteil der inneren Schallleistung an der Mündung abgestrahlt. Im obigen Beispiel ergibt sich ein Faktor 0,0002 bzw. eine Pegelreduktion der Schallleistung von 37 dB.

Da W_r/W_t nur bei tiefen Frequenzen zum Tragen kommt, die auf Grund der A-Bewertung wenig ins Gewicht fallen, wird es oft vernachlässigt. Wie in Abschn. 5.2 beschrieben, steigt das Strömungsrauschen in hoher Potenz mit der Machzahl an. Daher ist es nicht praktikabel, die Machzahl zu erhöhen, um tieffrequente Pegel zu verringern.

11.3.9 Anwendung der Abstrahlungsimpedanz

Kennt man Y_r aus Gl. (11.16), kann man in Gl. (11.15-a) u_a durch p_a/Y_r ersetzen. Für p_e und u_e ergibt sich:

$$\begin{pmatrix} p_e \\ u_e \end{pmatrix} = \begin{pmatrix} A & B \\ C & D \end{pmatrix} \begin{pmatrix} p_a \\ p_a/Y_r \end{pmatrix} = \begin{pmatrix} A & B \\ C & D \end{pmatrix} \begin{pmatrix} Y_r u_a \\ u_a \end{pmatrix}$$

und daraus folgt:

$$\frac{p_e}{p_a} = A + \frac{B}{Y_r} \tag{11.19}$$

$$\frac{u_e}{u_a} = CY_r + D \tag{11.20}$$

Gl. (11.19) beschreibt das Verhältnis von p_e/p_a als homogene lineare Abbildung. Wir nennen diese Gleichung Übertragungsfunktion (transfer function) des Rohrleitungssystems für den Schalldruck. Gl. (11.20) heißt entsprechend Übertragungsfunktion des Schallflusses.

Die Übertragungsfunktion ist nicht nur von der Transfermatrix des entsprechenden Systems abhängig, sondern auch von der Abstrahlungsimpedanz. Dementsprechend ist es richtig, Übertragungsfunktionen möglichst auf speziellen Prüfständen mit bekannter Reflektion oder reflektionsfrei ($Y_r \approx Y$) zu messen.

Die Gleichungen beschreiben ein beliebiges Übertragungssystem wie unser System Rohr-Box-Rohr. Die Gleichungen sagen aber über den Schalldruck an der Mündung p_a nicht mehr aus, als dass er in einem bestimmten Verhältnis zum Schalldruck am linken Rand p_e steht.

Die zweite Randbedingung, die benötigt wird, um eine quantitative Aussage zu treffen, betrifft das Schallfeld an der Schallquelle.

11.3.10 Eingangsimpedanz

Die flächenbezogene Impedanz des Rohrleitungssystems am Ort der Schallquelle wird als Eingangsimpedanz Y_e bezeichnet. Y_e lässt sich bei bekannter Abstrahlungsimpedanz und bekannter Matrix des Rohrleitungssystems aus Gl. (11.19) und (11.20) berechnen.

$$Y_e = \frac{p_e}{u_e} = \frac{AY_r + B}{CY_r + D} \tag{11.21}$$

11.3.11 Schallquelle

Man kann die akustischen Vorgänge in einer Rohrleitung nicht beschreiben, ohne eine Aussage über die Schallquelle zu machen. Ohne Einschränkung der Allgemeinheit wird diese in der Beschreibung auf die linke Grenze des Modells gelegt. Die Reflektionseigenschaften des linken Rands sind nun eine Eigenschaft der Schallquelle. So werden die rückwärtslaufenden Schallwellen am Zylinderkopf eines PKW schallhart reflektiert. Das bedeutet, dass der Zylinderkopf eine sehr hohe Impedanz hat. Andere Schallquellen – z. B. Axialgebläse – reflektieren weniger, besitzen entsprechend Impedanzen näher bei der charakteristischen Impedanz des angeschlossenen Rohres Y.

Eine lineare Schallquelle kann vollständig beschrieben werden durch ihre flächenbezogene Impedanz Y_q, die die Reflektion beschreibt, und durch den Schalldruckp_q, den sie erzeugen würde, wenn man ein Rohr mit viel zu kleinem Durchmesser (charakteristische Rohrimpedanz gegen Unendlich) anschließen würde. Das bedeutet aber, dass der messbare Schalldruck an der Schallquelle immer kleiner als der die Quelle charakterisierende Schalldruck $p_q$ist. p_q ist ähnlich wie die Schallleistung nicht direkt messbar, kann aus Messwerten aber berechnet werden.

Ohne auf den Themenbereich elektroakustische Analogie näher einzugehen, wird in den Abb. 11.10 das Gesamtsystem aus Schallquelle, Schalldämpferanlage und abstrahlende Mündung als Schaltkreis dargestellt. Die Schallquelle entspricht einer Spannungsquelle mit Innenwiderstand Y_q. p_q steht für deren potenziellen Schalldruck. Das Übertragungssystem wird durch die Matrix (A, B, C, D) beschrieben. Am Eingang herrscht der Schalldruck p_e verbunden mit dem Schallfluss u_e. Am Ausgang wird abgestrahlt. Die Abstrahlungsimpedanz Y_r bestimmt das Verhältnis von p_a und u_a.

Da am Ort der Quelle die Impedanzen von Quelle und Rohrleitungssystem in Serie geschaltet werden, ist der Schallfluss überall in der Schleife gleich. Der Schalldruck der Quelle verteilt sich sowohl auf die innere Impedanz der Quelle als auch auf die Eingangsimpedanz des Rohrleitungssystems. Man erhält damit für den Schalldruck am Eingang des Übertragungssystems den Ausdruck:

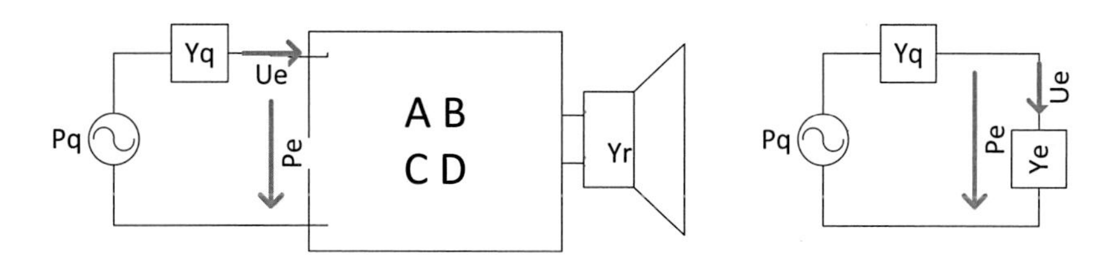

Abb. 11.10 **a** Schallquelle. Übertragung. Abstrahlung. **b** Übertragung und Abstrahlung können durch die Lastimpedanz Z_e. ersetzt werden

$$p_e = p_q \frac{Y_e}{Y_q + Y_e} \tag{11.22}$$

11.3.12 Mündungsgeräusch

Mit diesen beiden Randbedingungen wird die Berechnung des Mündungsgeräuschs für eine Schallquelle mit einem angeschlossenen Leitungssystem möglich.

Mit Hilfe des Eingangsschalldruck aus Gl. (11.22), der Übertragungsfunktion Gl. (11.19) und der Eingangsimpedanz Y_e Gl. (11.21) kann der Schalldruck am Ausgang des Systems berechnet werden.

$$p_a = p_q \frac{1}{Y_q + Y_e} \frac{1}{C + \frac{D}{Y_r}} = \frac{p_q Y_r}{Y_r Y_q C + Y_q D + Y_r A + B} \tag{11.23}$$

Für die Schallleistung im Rohr mit Strömung gilt Gl. (11.11). Durch Einsetzen von Gl. (11.18) und Gl. (11.23) in Gl. (11.11) erhält man für die am Ausgangsquerschnitt S abgestrahlte Schallleistung:

$$P = \frac{1}{4Y} \left(\frac{p_q (Y + Y_r)}{Y_r Y_q C + Y_q D + Y_r A + B} \right)^2 \left((1 + Ma)^2 - r^2 (1 - Ma)^2 \right) \frac{W_r}{W_t} \; W \tag{11.24}$$

Gl. (11.24) berechnet die an der Mündung abgestrahlte Leistung in Abhängigkeit des Schalldrucks und der Impedanz der Quelle, des Übertragungssystems (A, B, C, D), des Reflektionsfaktors, der Abstrahlungsimpedanz und der Machzahl. Damit sind relativ genaue Prognosen des abgestrahlten Geräuschs im Falle ebener Wellen möglich. Diese Prognosen stimmen allerdings nur für die jeweilige Konstellation genau. Der Schalldämpfer kann mit Gl. (11.24) spezifisch für eine Schallquelle optimiert werden. Seine Performance bei anderen Schallquellen ist dann unter Umständen viel schwächer.

Kennt man die Eigenschaften der Schallquelle nicht, kann Gl. (11.24) nicht angewendet werden. In gewissen Grenzen ist es aber möglich, die Schallquelleneigenschaften durch Erfahrungswerte abzuschätzen.

Standardmäßig gibt leider kein Schalldämpferhersteller in seinen Katalogen die Parameter (A, B, C, D) der Übertragungsmatrix an. Angegeben werden dagegen häufig die in Abschn. 11.4 aufgeführten Größen.

11.4 Schalldämpferkenngrößen

11.4.1 Einfügedämpfung

Die Einfügedämpfung (IL für insertion loss) beschreibt den Unterschied der abgestrahlten Schallleistung mit und ohne Schalldämpfer.

$$IL = 10 \; log \frac{P_{mit}}{P_{ohne}} \quad dB$$

Einsetzen von Gl. (11.24) ergibt

$$IL = 20 \; log \frac{Y_r Y_q C_{ohne} + Y_q D_{ohne} + Y_r A_{ohne} + B_{ohne}}{Y_r Y_q C_{mit} + Y_q D_{mit} + Y_r A_{mit} B_{mit}} \quad dB$$

Die Einfügedämpfung ist nicht allein eine Eigenschaft des Übertragungssystems (A, B, C, D). Die Abstrahlungsimpedanz und die Impedanz der Schallquelle spielen eine wesentliche Rolle.

Dementsprechend muss eine Messung der Einfügedämpfung unter genau definierten Bedingungen stattfinden. Die DIN EN ISO 7235:2010-01 beschreibt einen Prüfstand und eine Prüfprozedur zur Vermessung von Schalldämpfern mit Strömung [5]. DIN EN ISO 11691:2010-01 beschreibt ein Verfahren zur Messung im Labor ohne Strömung [6].

Die durch solche Messungen gewonnenen Pegelwerte lassen sich allerdings nur bedingt verwenden. Für die Auslegung tieffrequenter Schalldämpfer für Schallquellen mit abweichenden Quellenimpedanzen sind sie irreführend.

Die Einfügedämpfung ist dagegen gut geeignet für die Beschreibung von Absorptionsschalldämpfer, die in Rohrleitungssysteme ohne ausgeprägte Resonanzen bzw. stehende Wellen eingebaut werden sollen.

11.4.2 Durchgangsdämpfung

Durchgangsdämpfung (TL für transmission loss) beschreibt das Verhältnis der Schallintensität vor einem Bauteil zur Intensität danach.

$$TL = 10\ log\frac{p_a u_a S_e}{p_e u_e S_a}\quad dB$$

Einsetzen von Gl. (11.19) und (11.20) liefert gleiche Querschnittsflächen vor und nach dem dem Bauteil, vorausgesetzt:

$$TL = -10\ log\left(ACY_r + BC + AD + \frac{BD}{Y_r}\right)\quad dB$$

TL ist zwar wie IL abhängig von der Impedanz am Rohrende aber nicht von der Impedanz der Quelle. Die Durchgangsdämpfung lässt sich zwar, wie gesehen leicht berechnen. Sie zu messen ist jedoch nicht so einfach, da die Schallintensität im Rohr vor und nach dem Schalldämpfer gemessen werden muss. Dafür ist die Aussagekraft höher als beim IL. Es ist jedoch zu bedenken, dass ein guter Reflektionsschalldämpfer durch Reflektion die Intensität vor dem Schalldämpfer reduziert, was auch auf TL wirkt. Daher können Schalldämpfer mit gleichem TL unterschiedlich wirken.

11.5 Wirkung einzelner Schalldämpferbauteile

Im folgenden Abschnitt werden exemplarisch drei Schalldämpferbestandteile vorgestellt und ihre Wirkungsweise erklärt.

11.5.1 Kurze Expansionskammer

Gegeben sei der Fall eines im Verhältnis zur Wellenlänge kurzen Rohres, bei dem Länge und Durchmesser ähnlich sind. Alternativ zur Transfermatrix aus Gl. (11.7) lässt sich ein solches kompaktes Volumen auch als parallelgeschaltete Impedanz Y_{ex} beschreiben [1].

$$\begin{pmatrix} p_1 \\ u_1 \end{pmatrix} = \begin{pmatrix} 1 & 0 \\ \frac{1}{Y_{ex}} & 1 \end{pmatrix} \begin{pmatrix} p_r \\ u_r \end{pmatrix} = \begin{pmatrix} 1 & 0 \\ \frac{j\omega}{\rho c^2} V & 1 \end{pmatrix} \begin{pmatrix} p_r \\ u_r \end{pmatrix} \tag{11.25}$$

mit

$$Y_{ex} = \frac{\rho c^2}{j\omega V} = \frac{\rho c}{jkV} \tag{11.26}$$

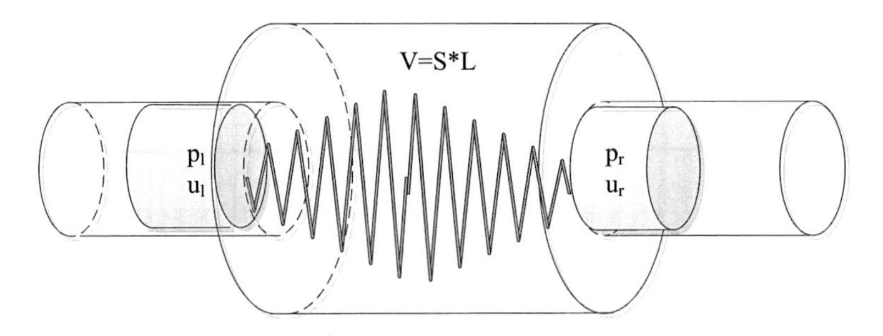

Abb. 11.11 Ein kompakter Schalldämpfer wirkt wie eine Feder ohne Masse auf die auf beiden Seiten die gleiche Kraft, der gleiche Druck wirkt

Aus Gl. (11.25) folgt, dass für Schalldämpferboxen, die kurz gegen die Wellenlänge sind ($l << \lambda$) nur das Gesamtvolumen der Box von Bedeutung ist, nicht jedoch die äußere Form (Abb. 11.11).

Man kann sich vorstellen, dass das Volumen wie eine masselose Feder wirkt, die von der Luftbewegung der benachbarten Rohre zusammengedrückt wird. Links und rechts der Feder herrscht die gleiche Kraft. Am linken und am rechten Rand des Schalldämpfers herrscht der gleiche Schalldruck. Die Schallschnellen können jedoch sehr unterschiedlich sein.

Wenn man sagt, dass die Schallreflexion an Querschnittssprüngen stattfindet, bedeutet das, dass nicht die Querschnittsänderung an sich die Reflexion beeinflusst, sondern dass einzig das SD-Volumen eine Rolle spielt. Kurze SD mit großem Durchmesser sind nicht besser als längere mit kleinerem Durchmesser solange sowohl Durchmesser als auch Länge viel kleiner als die Wellenlänge sind.

Abb. 11.12 zeigt das Ersatzschaltbild für ein kompaktes Volumen in einer Rohrleitung. Die Impedanz Y_{ex} ist rein imaginär. Das heißt es wird keine Schallenergie umgewandelt. Die Leistung wird nur im Volumen zwischengespeichert und phasenverschoben wieder abgegeben – reflektiert. Je nach Umgebung kann dabei das resultierende Geräusch stärker oder schwächer werden. Es geht jedoch in dieser Näherung ohne Dämpfungsterme nichts verloren.

11.5.1.1 Rechenbeispiel

Für eine Frequenz von 50 Hz bei c = 331 m/s und ρc = 400 kg/m²/s lautet die Transfermatrix für ein Volumen mit 0,02 m³ Inhalt:

$$T = \begin{pmatrix} 1 & 0 \\ \frac{j\omega}{\rho c^2} V & 1 \end{pmatrix} = \begin{pmatrix} 1 & 0 \\ j4{,}74 \times 10^{-5} \frac{m^4 s}{kg} & 1 \end{pmatrix}$$

Man erkennt leicht, auch diese Matrix hat den Wert 1 als Determinante.

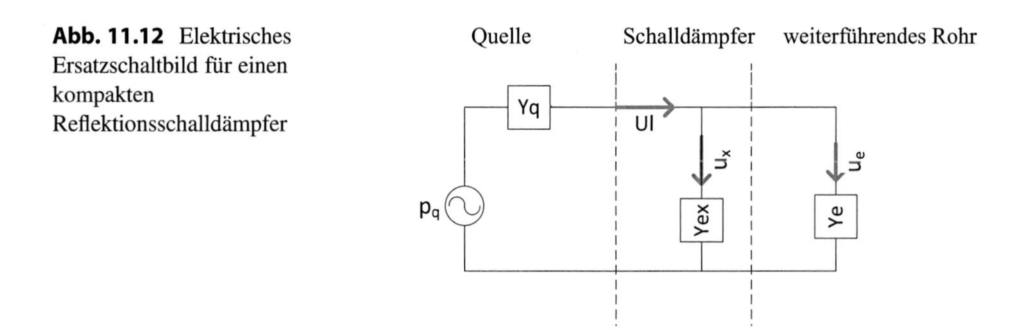

Abb. 11.12 Elektrisches Ersatzschaltbild für einen kompakten Reflektionsschalldämpfer

11.5.1.2 Wirkung eines Volumens im Rohrleitungssystem – Druckbauch

Ein Reflexionsschalldämpfer sei ein Viertel einer Wellenlänge von der Mündung entfernt (Abb. 11.6b). Man muss das Schallfeld von der Mündung aus betrachten. ¼-Wellenlänge von der Mündung entfernt befindet sich ein Druckbauch. Das heißt die vom Schalldämpfer ausgehende Druckwelle ist am rechten Schalldämpferrand maximal. Die Schallflusswelle u_r an dieser Position verschwindet und kann gleich Null gesetzt werden.

Gl. (11.25) beschreibt die Vorgänge am Schalldämpfer. Man berechnet mit Gl. (11.25) den Schalldruck und den Schallfluss vor dem Schalldämpfer.

$$\begin{pmatrix} p_1 \\ u_1 \end{pmatrix} = \begin{pmatrix} 1 & 0 \\ \frac{j\omega}{\rho c^2} V & 1 \end{pmatrix} \begin{pmatrix} p_r \\ 0 \end{pmatrix}$$

Und erhält

$$p_1 = p_r$$

$$u_1 = p_r \frac{j\omega}{\rho c^2} V$$

Während u_r gar nicht existiert hat, gibt es am linken Rand ein deutlich von Null abweichendes u_1. Das Volumen hat also einen Effekt. Es ändert nicht den Druck, sondern den Schallfluss. Man könnte sagen: der Schallfluss dringt in das Volumen ein, kann es aber nicht passieren. Er wird im Volumen gepuffert und phasenverschoben an das linke Rohr zurückgegeben.

11.5.1.3 Wirkung eines Volumens im Rohrleitungssystem – Druckknoten

Eine halbe Wellenlänge von der Mündung entfernt befindet sich ein Druckknoten (Abb. 11.6c). Die Welle zwischen Schalldämpfer und Mündung hat am rechten Schalldämpferrand einen verschwindenden Druck p_r.

Gl. (11.25) liefert für den Fall $p_r \approx 0$

$$p_1 = p_r \approx 0$$

$$u_1 = u_r$$

Während am Druckbauch die Schalldämpfer-Box einen Unterschied zwischen den Schalldrücken und Schnellen links und rechts verursacht, ist die Wirkung am Druckknoten minimal. Der Term mit dem Volumen in der Transfermatrix wird mit Null multipliziert.

Die Schalldämpferbox ist nahezu wirkungslos und kann ohne Änderung für die betrachtete Frequenz vergrößert, verkleinert oder weggelassen werden. Diese Konstellation tritt relativ häufig auf, bei Schalldämpfern für drehzahlvariable Maschinen. Dort können bei einzelnen Frequenzen Probleme auftreten, die sich nicht durch Vergrößern der Schalldämpfer mindern lassen. Allein ein Verschieben des Schalldämpfers könnte die Lage verbessern, wenn der Bauraum zur Verfügung steht.

11.5.2 Der Helmholtzresonator

Der Helmholtzresonator (HHR) ist ein Schwingsystem für Schallschwingungen, mit einer schmalbandigen Resonanz – siehe Abschn. 8.6.2 und Abb. 11.13. Er besteht aus einem Volumen V und einem Hals der Querschnittsfläche S mit Länge L. Man kann ihn mit den Differenzialgleichungen des linearen harmonischen Oszillators beschreiben. Mit der homogenen Differenzialgleichung kann die Eigenfrequenz des Resonators berechnet werden. Die Antwort des Resonators auf Schallwellen beliebiger Frequenz berechnet die dazu passende inhomogene Differenzialgleichung.

Die Eigenfrequenz ω_0 berechnet sich laut Gl. (8.101)

$$\omega_0 = c\sqrt{\frac{S}{VL}}$$

Addiert man zur homogenen Differenzialgleichung die Wirkung des äußeren Drucks, erhält man die inhomogene Differenzialgleichung, die noch um einen geschwindigkeitsabhängigen Dämpfungsterm ergänzt wird. Analog zur Vorgehensweise in Abschn. 2.4.2 – gedämpfter Einmassenschwinger – leitet man eine flächenbezogene Eingangsimpedanz für den Helmholtzresonator vergleichbar mit Gl. (2.103) her.

$$Y_h(\omega) = \frac{p_h(\omega)}{u_h(\omega)} = \frac{\rho \cdot L}{S \cdot \eta} \cdot \omega_0 \cdot \left[j(\eta^2 - 1) + 2\vartheta\eta \right] \quad (11.27)$$

$\eta = \omega/\omega_0$ Frequenzverhältnis

ϑ Dämpfungsgrad, VDI 2061 [7]

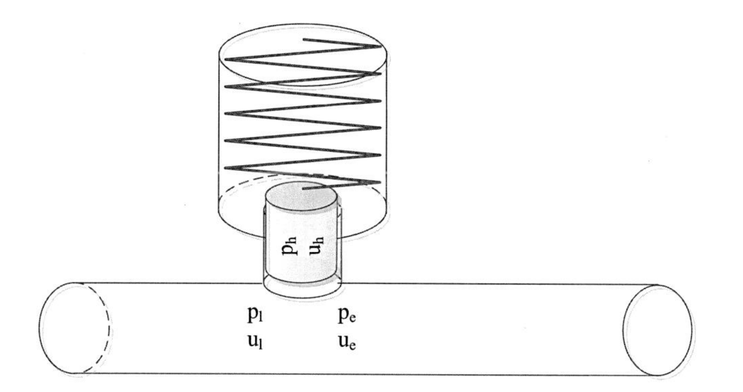

Abb. 11.13 Helmholtzresonator an einer Rohrleitung

$Y_h(\omega)$ ist eine komplexe Zahl. Nur im Resonanzfall $\omega = \omega_o$ – wobei ω_o die Eigenfrequenz nach Gl. (8.101) ist – verschwindet der imaginäre Anteil und $Y_h(\omega_0)$ wird reell. Der Dämpfungsgrad ϑ hängt sowohl von der Bauteilgeometrie als auch von den umgebenden Strömungsverhältnissen ab. Er ist im Einzelfall experimentell zu bestimmen. Er kann ohne großen Fehler auf Null gesetzt werden, wenn ω deutlich von ω_0 verschieden ist.

Für kleine Frequenzen weit unterhalb der Resonanzfrequenz wirkt ein HHR wie ein gleich großes Volumen, obwohl sein Volumen über den Hals angeschlossen ist. Anders bei Frequenzen in der Nähe der Resonanzfrequenz.

11.5.2.1 Der Helmholtzresonator im Schalldämpfer

Ein HHR sei an ein Rohrsystem oder an ein anderes Schalldämpferbauteil angeschlossen. Wir betrachten drei Teilsysteme, die sich berühren.

1. Das „linke" Rohr, das über die Schalldämpferanlage mit der Schallquelle verbunden ist.
2. Das „rechte" Rohr ist mit der Mündung verbunden – Kennzeichnung mit Index „e" für Eingang des weiteren Rohrleitungssystems
3. Der Helmholtzresonatoreingang ist mit dem Volumen verbunden.

Das Grenzgebiet zwischen den Teilsystemen ist sehr klein gegenüber den Wellenlängen. Deshalb kann der Schalldruck dort nicht variieren, sondern ist überall gleich.

$$p_1 = p_h = p_e$$

Der Schallfluss bleibt erhalten, teilt sich jedoch in zwei Äste auf.

$$u_1 = u_h + u_e$$

Der Schallfluss in den Resonator ergibt sich aus der Eingangsimpedanz des Resonators Gl. (11.27).

$$u_h = \frac{p_h}{Y_h} bzw. \frac{p_e}{Y_h}$$

Das führt zum Gleichungssystem

$$\begin{pmatrix} p_1 \\ u_1 \end{pmatrix} = \begin{pmatrix} 1 & 0 \\ \frac{1}{Y_h} & 1 \end{pmatrix} \begin{pmatrix} p_e \\ u_e \end{pmatrix} \tag{11.28}$$

Diese Matrix berechnet den HHR eingebaut zwischen zwei anderen Bauteilen.

11.5.2.2 Arbeitsweise eines Helmholtzresonators

Man kann das gesamte System vor dem HHR als akustische Quelle mit Innenwiderstand Yq beschreiben. Ebenso kann das System nach dem HHR durch seinen Eingangswiderstand Ye beschrieben werden. Damit ergibt sich eine Schaltung dreier Impedanzen (Abb. 11.14).

Der Schallfluss der Quelle teilt sich in zwei Teilströme auf. Einer fließt im HHR und einer dringt weiter in das Rohrleitungssystem ein und gelangt eventuell bis zur Mündung.

Für die Leistungsaufnahme des restlichen Rohrleitungssystems ergibt sich

$$P_e = \frac{p_1^2}{Y_e}$$

und für die Leistungsaufnahme des HHR

$$P_h = \frac{p_1^2}{Y_h}$$

Der HHR verringert die Abgabe von Leistung in das Rohrleitungssystem nur, wenn seine charakteristische Impedanz klein ist gegenüber der charakteristischen Eingangsimpedanz der anderen Rohre.

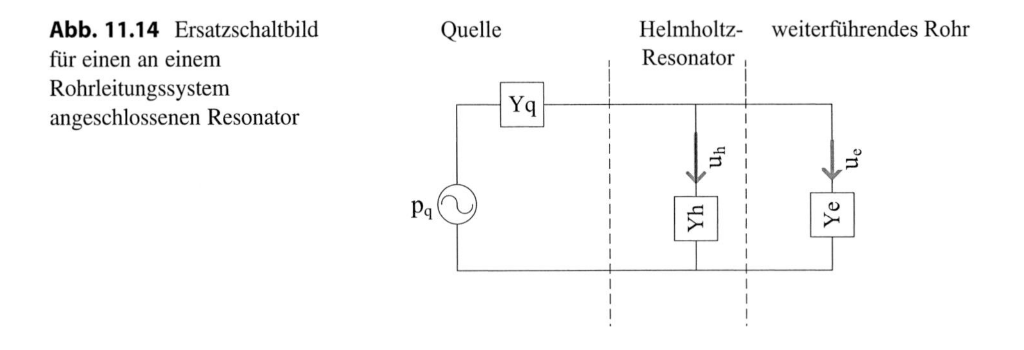

Abb. 11.14 Ersatzschaltbild für einen an einem Rohrleitungssystem angeschlossenen Resonator

Daher ist es wichtig, eine geeignete Position für den HHR zu finden. Wenn ein Schalldämpfer nicht funktioniert, weil er in einem Druckknoten platziert ist, wird dort für diese Problemfrequenz auch kein Resonator funktionieren. Da Y_h im Resonanzfall sehr kleine Werte annimmt, kann im Gegensatz zur Expansionskammer eine Verschiebung auch um nur den Bruchteil einer Wellenlänge die Wirkung deutlich verbessern.

11.5.3 Der λ/4-Resonator

Der λ/4-Resonator (L4R) entspricht einem Rohr der Länge „L", von dem ein Ende schallhart verschlossen ist. Es wirkt wie der Helmholtzresonator als parallelgeschaltete Impedanz, unterscheidet sich aber durch die Bedingung, dass die Dimension nicht mehr klein im Vergleich zur Wellenlänge sein soll (s. Abb. 11.15 und 11.16). Die Schallwelle dringt in das Rohr ein und breitet sich darin als Welle aus.

Wie berechnet man die charkateristische Eingangsimpedanz des L4R? Natürlich kann man Transfermatrizen auch auf verschlossene Rohre anwenden, um Druck und Schnelle an den Enden miteinander zu verknüpfen. Da rechts die Schallschnelle verschwindet, wird es sogar besonders einfach.

$$\begin{pmatrix} p_{L4R} \\ u_{L4R} \end{pmatrix} = \begin{pmatrix} \cos kL & \frac{j\rho c}{S} \sin kL \\ \frac{jS}{\rho c} \sin kL & \cos kL \end{pmatrix} \begin{pmatrix} p_{geschlossenesEnde} \\ 0 \end{pmatrix}$$

Der Druck am geschlossenen Ende kürzt sich heraus. Man erhält für die Eingangsimpedanz:

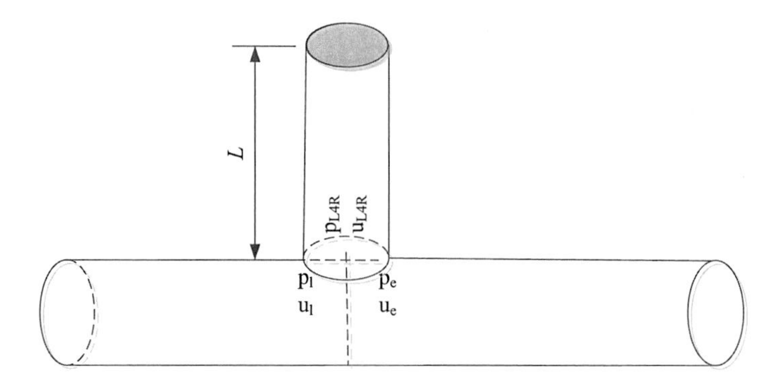

Abb. 11.15 L4R an einem Rohr angeschlossen

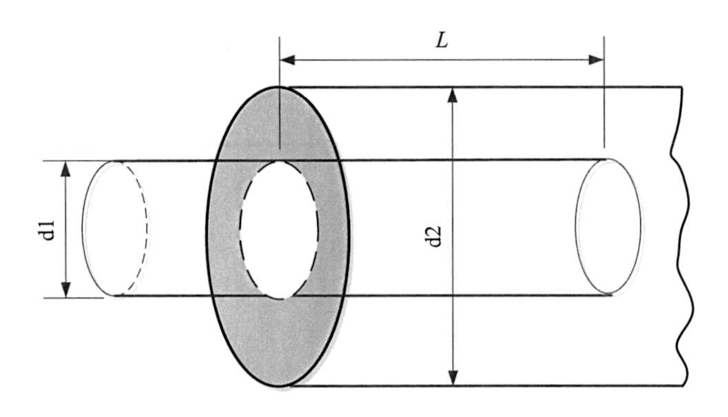

Abb. 11.16 In einen runden Schalldämpfer ragt ein Rohr ein. Der so entstandene Hohlraum kann als L4R berechnet werden, wobei für die Querschnittsfläche des L4R gilt. $S = \frac{\pi}{4}\left(d_2^2 - d_1^2\right)$

$$Y_{LAR} = \frac{p_{LAR}}{u_{LAR}} = -j\frac{\rho c}{S} cot\, kL = -j\frac{\rho c}{S} cot\frac{\omega}{c} L$$

Auch diese Impedanz ist rein imaginär. Schallenergie wird also wieder nur zwischengespeichert und nicht umgewandelt. Die Transfermatrix des L4R lautet:

$$\begin{pmatrix} p_1 \\ u_1 \end{pmatrix} = \begin{pmatrix} 1 & 0 \\ \frac{1}{Y_{LAR}} = \frac{jS}{\rho c} tan(kL) & 1 \end{pmatrix} \begin{pmatrix} p_e \\ u_e \end{pmatrix}$$

Wenn der Tangens nach unendlich geht, bildet sich wie beim Helmholtzresonator ein Kurzschluss. Ist die Eingangsimpedanz groß, ist das Rohr wirkungslos.

11.6 Rechenbeispiel

11.6.1 Zerlegung eines Reflektionsschalldämpfers in einzelne Bauteile

Reflektionsschalldämpfer lassen sich in eine Reihe dieser Bauteile zerlegen, um mit den vorgestellten Tranfermatrizen berechnet zu werden. Dazu folgendes Beispiel: ein realer Schalldämpfer besitzt drei Kammern (Abb. 11.17). Weiterhin sind vier Rohre verbaut. Das Abgas strömt durch das Rohr „1" in die Kammer „2" von dort durch das nächste Rohr „3" in Kammer „4". An diese Kammer ist über ein kurzes Rohrstück „5a" ein Resonatorvolumen „5b" angeschlossen. Das Abgas verlässt die Kammer „4" über das Rohrstück „6".

Tab. 11.2 listet die Elemente des Schalldämpfers auf. Beispielhaft wurden Geometriedaten und Zahlenwerte für die Beispielfrequenz 50 Hz angegeben. Die Dichte im Beispiel soll 1.21 kg/m^3 betragen. Die Schallgeschwindigkeit 331 m/s. Die Rohre 1, 3 und 6 haben

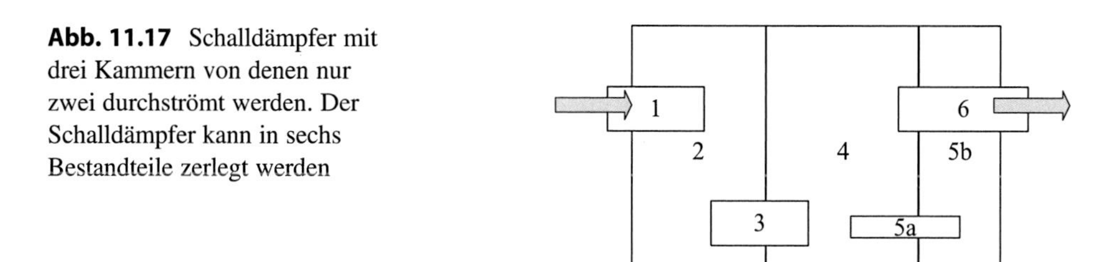

Abb. 11.17 Schalldämpfer mit drei Kammern von denen nur zwei durchströmt werden. Der Schalldämpfer kann in sechs Bestandteile zerlegt werden

Tab. 11.2 Zerlegung eines Schalldämpfers in Einzelteile und Darstellung als Transfermatrizen

Nr.	Bezeichnung	Matrix
1	Eingangsrohr $S_1 = 0{,}004\text{m}^2$ $L_1 = 0{,}2\text{m}$	$T_1 = \begin{pmatrix} \cos kL_1 & j\frac{\rho c}{S_1}\sin kL_1 \\ \frac{jS_1}{\rho c}\sin kL_1 & \cos kL_1 \end{pmatrix} = \begin{pmatrix} 0{,}982 & 0{,}19j10^5\frac{kg}{m^4s} \\ 0{,}19j10^{-5}\frac{m^4s}{kg} & 0{,}982 \end{pmatrix}$
2	1. Kammer $V_2 = 0{,}01\text{m}^3$	$T_2 = \begin{pmatrix} 1 & 0 \\ \frac{jV_2}{\rho c}k & 1 \end{pmatrix} = \begin{pmatrix} 1 & 0 \\ 2{,}37j10^{-5}\frac{m^4s}{kg} & 1 \end{pmatrix}$
3	Verbindungsrohr $S_3 = 0{,}004\text{m}^2$ $L_3 = 0{,}2\text{m}$	$T_3 = \begin{pmatrix} \cos k\,L_3 & j\frac{\rho c}{S_3}\sin k\,L_3 \\ \frac{jS_3}{\rho c}\sin k\,L_3 & \cos k\,L_3 \end{pmatrix} = \begin{pmatrix} 0{,}982 & 0{,}19j10^5\frac{kg}{m^4s} \\ 0{,}19j10^{-5}\frac{m^4s}{kg} & 0{,}982 \end{pmatrix}$
4	2. Kammer $V_4 = 0{,}02\text{m}^3$	$T_4 = \begin{pmatrix} 1 & 0 \\ \frac{jV_4}{\rho c}k & 1 \end{pmatrix} = \begin{pmatrix} 1 & 0 \\ 4{,}74j10^{-5}\frac{m^4s}{kg} & 1 \end{pmatrix}$
5	Helmholtzresonator $S_5 = 0{,}00125\ \text{m}^2$; $d_5 = 0{,}04\text{m}$ $L_5 = 0{,}2\ \text{m}$ $V_5 = 0{,}005\ \text{m}^3$	$T_5 = \begin{pmatrix} 1 & 0 \\ \frac{1}{Y_h} & 1 \end{pmatrix} = \begin{pmatrix} 1 & 0 \\ \frac{j}{24020}\frac{m^4s}{kg} & 1 \end{pmatrix}$
6	Ausgangsrohr $S_6 = 0{,}004\text{m}^2$ $L_6 = 0{,}4\text{m}$	$T_6 = \begin{pmatrix} \cos k\,L_6 & j\frac{\rho c}{S_6}\sin k\,L_6 \\ \frac{jS_6}{\rho c}\sin k\,L_6 & \cos k\,L_6 \end{pmatrix} = \begin{pmatrix} 0{,}93 & 0{,}37j10^5\frac{kg}{m^4s} \\ 0{,}37j10^{-5}\frac{m^4s}{kg} & 0{,}93 \end{pmatrix}$

den gleichen Durchmesser 71,4 mm und damit die Querschnittsfläche 0,004 m^2. Damit ergibt sich:

$$Y_{1,3,6} = \frac{\rho c}{S_{1,3,6}} = 10^5\,\frac{kg}{m^4 s}$$

11.6.2 Berechnung des Mündungsgeräuschs

Die einzelnen Transfermatrizen hängen von der Wellenzahl k bzw. von der Frequenz ab. Eine Berechnung der abgestrahlten Schallleistung kann daher nur jeweils für eine

Frequenz schmalbandig erfolgen. Besteht das Geräusch aus mehreren Frequenzen, sind deren Anteile nach der Berechnung zu addieren.

In einem Beispiel soll das Geräusch die Frequenz 50 Hz besitzen. Damit ergibt sich für die Wellenlänge bei 331 m/s ca. 6,6 m. Man erhält für k:

$$k = \frac{2\pi}{\lambda} = 2\pi \frac{f}{c} = 0{,}95\ m^{-1}$$

Die sechs Elemente des Schalldämpfers lassen sich jeweils als Transfermatrix beschreiben. Der Schalldämpfer wird durch eine neue Transfermatrix beschrieben, die sich als Produkt der sechs Matrizen ergibt. Für das obere Beispiel mit 50 Hz ergibt sich

$$T = \begin{pmatrix} A & B \\ C & D \end{pmatrix} = T_1 T_2 T_3 T_4 T_5 T_6 = \begin{pmatrix} -2{,}01 & -0{,}5\ j10^5 \frac{kg}{m^4 s} \\ 6{,}7 j10^{-5} \frac{m^4 s}{kg} & -2{,}14 \end{pmatrix}$$

Auch diese Matrix hat die Determinante 1, da alle Dämpfungseffekte auf dem Rechenweg vernachlässigt wurden. Das heißt, dass keine Energie im System „verbraucht" wird. Es wird nur die Wirkleistung ins System aufgenommen, die auch abgegeben wird. Das ist das Wesentliche an Reflektionssystemen. Die Aufnahme und Weiterleitung von Leistung wird blockiert.

Mit diesen Werten kann nun die bei 50 Hz abgestrahlte Schallleistung berechnet werden. Dazu werden noch folgende Daten benötigt.

Machzahl Ma = 0,025; Schalldruck der Quelle $p_q = 1000$ Pa (Schalldruckpegel 154 dB)

Charakteristische Impedanz der Quelle $Y_q = Y = 10^5$ kg/m^{4}s

Charakteristische Abstrahlungsimpedanz aus obiger Rechnung $Y_r = -678$ kg/m^{4}s

Setzt man diese Werte in Gl. (11.24) ein, erhält man als abgestrahlte Leistung nur $P = 0{,}0003\ W$. Dies entspricht allerdings einem Schallleistungspegel von 85 dB. Berechnet man das obige Beispiel unter Berücksichtigung von Dämpfung und Strömungseffekte erhält man übrigens auf 1 dB genau das gleiche Ergebnis.

Mit einem geeigneten Rechnerprogramm kann nacheinander auf die Weise für jede Frequenz ein Teilschallleistungspegel berechnet und so die Gesamtschallleistung der Abstrahlung bestimmt werden.

11.7 Anwendung von Absorptionsschalldämpfern

Wenn im Rohrleitungssystem höhere Moden auftreten, ist es nicht mehr praktikabel, das Schallfeld wie oben beschrieben zu berechnen. Die Anzahl der Moden nimmt dann so schnell zu, dass eine statistische Beschreibung der Wirkung von Bauteilen für Frequenzen eines Frequenzbereichs möglich wird. In diesen Fällen kann man die im Schallfeld transportierte Leistung für einzelne Oktaven oder Terzen betrachten. Voraussetzung ist nur, dass die Dichte der Eigenfrequenzen in den Terzen konstant und hoch genug ist, damit sich starke und schwache Resonanzen in ihrer Wirkung egalisieren.

Für solche Fälle ist der Einsatz von Absorptionsschalldämpfern die erste Wahl. Absorptionsschalldämpfer werden nach drei Kriterien ausgewählt: Druckverlust, Einfügungsdämpfung und Eigengeräusche [8]. Der Druckverlust steht in direktem Bezug zum Energieverbrauch und damit den Betriebskosten des Schalldämpfers. Daher soll der Druckverlust in der Regel sehr klein sein. Die Einfügungsdämpfung beschreibt beim Absorptionsschalldämpfer in Rohrleitungssystemen ohne stehende Wellen viel präziser die voraussichtliche Wirkung auf das abgestrahlte Geräusch als es beim Reflektionsschalldämpfer möglich ist. Eine hohe Einfügungsdämpfung ist entweder mit einem hohen Bauteilaufwand oder aber mit einem erhöhten Druckverlust verbunden.

Die Eigengeräusche im Schalldämpfer entstehen durch die Dipolkräfte, die die umströmten Oberflächen auf das Fluid ausüben. Dabei steigen die Eigengeräusche mit der sechsten Potenz der Strömungsgeschwindigkeit. Zu hohe Eigengeräusche führen dazu, dass die Einfügungsdämpfung evtl. nicht ausgeschöpft werden kann.

Eine günstige Strömungsführung reduziert die Eigengeräusche, erhöht aber den Bauteilaufwand. Ein größerer Strömungsquerschnitt reduziert die Eigengeräusche ebenfalls und wirkt sich günstig auf den Druckverlust aus. Wenn nicht gleichzeitig der gesamte Schalldämpfer vergrößert und mit mehr Absorption ausgestattet wird, reduziert sich aber die Einfügungsdämpfung drastisch. Die Zielgrößen Druckverlust, Einfügungsdämpfung, und Eigengeräusch stehen also im Wettbewerb zueinander und bestimmen die Größe und die Kosten des Systems.

Man unterscheidet zwei Bauformen von Absorptionsschalldämpfern. Rohr- und Kulissenschalldämpfer. Die einfach zu bauenden runden Rohrschalldämpfer können mit einem Kern ausgestattet werden, der verhindert, dass Schall mittig als Strahl durchtritt. Rohrschalldämpfer sind im Durchmesser trotzdem beschränkt. Ihre Konstruktion wird sonst sehr aufwändig oder es tritt starke Durchstrahlung hoher Frequenzen auf. Rechteckige Kulissenschalldämpfer dagegen lassen sich modular in beliebiger Größe aufbauen [9].

Für die Auslegung von Rohr- oder Kulissenschalldämpfern werden einfache Auslegungsregeln benutzt. Das ist hier die adäquate, zielführende Vorgehensweise, weil der jeweilige Absorptionsgrad des im Schalldämpfer eingesetzten Dämpfungsmaterials, z. B. wegen Herstellungsschwankungen, gar nicht genauer bekannt ist. Auch ist die Wirksamkeit eines Schalldämpfers von nicht vermessenen Eigenschaften des Einbauorts im Kanal abhängig und die Emissionsdaten der jeweiligen Strömungsmaschine liegen auch nicht präzise vor [10].

Es gibt Kataloge und Datenbanken mit den technischen Daten von Absorptionsschalldämpfern, die immer dann angewendet werden können, wenn tieffrequente Geräusch und stehende Wellen im Rohrsystem keine dominierende Rolle spielen.

11.8 Übungen

Übung 11.8.1

Bestimmen Sie die charakteristische (spezifische) Impedanz Y und den akustischen Schallfluss bei einem Schalldruckpegel von 94 dB in einer Rohrleitung. Folgende Daten sind bekannt:

Schallgeschwindigkeit	c:	331 m/s
Dichte	ρ:	1,21 kg/m^3
Rohrdurchmesser	d:	71,4 mm, Querschnittsfläche S: 0,004 m^2

Übung 11.8.2

In einer zur Atmosphäre offenen Rohrleitung (Durchmesser von 100 mm) wird verbrauchte Luft mit überwiegendem Stickstoffanteil befördert. Die Strömungsgeschwindigkeit beträgt 10 m/s. Die Fluidtemperatur beträgt 0 °C. Bestimmen Sie den Betrag des Reflexionsfaktors am offenen Ende bei einer Pulsationsfrequenz des Verdichters von 150 Hz. Begründen Sie den Wert des Reflexionsfaktors.

Übung 11.8.3

Ein Helmholtzresonator ist auszulegen. Folgende Daten sind bekannt:

Schallgeschwindigkeit	c:	331 m/s	
Dichte	ρ:	1,21 kg/m^3	
Frequenz	f:	50 Hz	
Länge Resonatorhals	L:	0,2 m	
Durchmesser Hals:	d:	0,040 m	Querschnittsfläche Hals S: 0,00125 m^2
Volumen	V:	0,005 m^3	

a) Berechnen Sie die Resonanzfrequenz des Resonators.
b) Wie groß ist die charakteristische Eingangsimpedanz des Resonators?
c) Stellen Sie die Transfermatrix auf.

Literatur

1. Munjal, M.L., Mechel, F.P.: Muffler acoustics. In: Mechel, F.P. (Hrsg.) Formulas of Acoustics. Springer, Heidelberg (2008)
2. Cargill, A.M.: Low frequency acoustic radiation from a jet pipe – a second order theory. J. Sound Vib. **83**(3), 339–354 (1982)
3. Peters, M.C.A.M., Hirschberg, A., Wijnands, A.J., Reihnen, A.P.J.: Damping and reflection coefficient measurements for an open pipe at low mach and low helmholtz numbers. J. Fluid Mech. **256**, 499–534 (1993)

4. Bechert, D.W.: Sound Absorption caused by vorticity shedding, demonstrated with a jet flow. J. Sound Vib. **70**, 389–405 (1980)
5. DIN EN ISO 7235:2010-01 Akustik – Labormessungen an Schalldämpfern in Kanälen – Einfügungsdämpfung, Strömungsgeräusch und Gesamtdruckverlust
6. DIN EN ISO 11691:2010-01 Akustik – Messung des Einfügungsdämpfungsmaßes von Schalldämpfern in Kanälen ohne Strömung – Laborverfahren der Genauigkeitsklasse 3
7. VDI-2062, Bl. 1: Schwingungsisolierung, Begriffe und Methoden (2011)
8. Kingsbury, H.F.: Noise sources and propagation in ducted air distribution systems. In: Crocker, M.J. (Hrsg.) Handbook of Noise and Vibration Control. Wiley, New York (2008)
9. Sinambari, G.R.: Konstruktionsakustik, primäre und sekundäre Lärmminderung. Springer Vieweg, Wiesbaden (2017)
10. Fuchs, H.V.: Schalldämpfer in Strömungskanälen. In: Fuchs, H.V. (Hrsg.) Schallabsorber und Schalldämpfer, S. 497–575. Springer, Heidelberg (2010)

Lösungen 12

12.1 Lösungen Kapitel 2

Übung 2.9.1

a)

a1)

ϑ	320	°C		
$T = 273+\vartheta$	593	K	y_i	κ_i
M_{H2O}	18	kg/kmol	0,32	1,33
M_{O2}	32	kg/kmol	0,08	1,4
M_{N2}	28	kg/kmol	0,48	1,4
M_{CO2}	44	kg/kmol	0,12	1,33
		Summe	1,00	-
R_m	8314,51	Nm/kmol·K		

$R_i = R_m / M_i$

R_{H2O}	461,9	Nm/kgK	
R_{O2}	259,8	Nm/kgK	
R_{N2}	296,9	Nm/kgK	
R_{CO2}	189,0	Nm/kgK	
$R_{Rauchgas}$	333,8	Nm/kgK	Gl. (2.42)
$\kappa_{Rauchgas}$	1,361	-	Gl. (2.43)
$c_{Rauchgas}$	519,0	m/s	Gl. (2.41)

Hinweis:
Die Molmassen lassen sich aus den abgerundeten Atomgewichts- bzw. Ordnungszahlen der Elemente im Periodensystem berechnen [4], Kap. 2.

G. R. Sinambari, S. Sentpali, *Ingenieurakustik*,
https://doi.org/10.1007/978-3-658-27289-0_12

a2)

$$r_i = y_i \cdot \frac{M_{Rauc\,hgas}}{M_i}$$

$M_{Rauchgas} = R_m / R_{Rauchgas}$	24,91	kg/kmol
r_{H2O}	0,44	-
r_{O2}	0,06	-
r_{N2}	0,43	-
r_{CO2}	0,07	-
Summe	1,00	-

b)

b1)

K_{wasser}	2,10E+09	N/m²	
ρ_{wasser}	950	kg/m³	
c_{Wasser}	1486,8	m/s	Gl. (2.51)

b2)

$K_{Öl}$	1,61E+09	N/m²	
$\rho_{Öl}$	890	kg/m³	
$c_{Öl}$	1345,0	m/s	Gl. (2.51)

c)

c1)

E_{Stahl}	2,10E+11	N/m²	
ρ_{Stahl}	7850	kg/m³	
μ_{Stahl}	0,3	-	
$c_{D,Stahl}$	5421,9	m/s	Gl. (2.54)

c2)

E_{Beton}	2,60E+10	N/m²	
ρ_{Beton}	2600	kg/m³	
μ_{Beton}	0,3	-	
$c_{D,Beton}$	3315,0	m/s	Gl. (2.54)

c3), h1

f	1000	Hz	
h1	0,001	m	
$m''_{h1} = \rho_{Stahl} \cdot h_1$	7,85	kg/m²	
B'_{h1}	19,23	Nm	Gl. (2.63)
$c_{B,Stahl,(h1)}$	99,2	m/s	Gl. (2.61)

c3), h2

f	1000	Hz	
h_2	0,01	m	
$m''_{h2} = \rho_{Stahl} \cdot h_2$	78,5	kg/m²	
B'_{h2}	19230,8	Nm	Gl. (2.63)
$c_{B,Stahl,(h1)}$	313,6	m/s	Gl. (2.61), oder (2.62)
$\lambda_{B,\,h1}$	0,314	m	Gl. (2.64)
$\lambda_{B,\,h2}$	0,099	m	Gl. (2.64)

Übung 2.9.2

a)

$\hat{y}_1 = \hat{y}_2 = \hat{y}$; $\omega_1 \approx \omega_2$; $\varphi_1 = \varphi_2 = \varphi$

$$y_{res} = 2 \cdot \hat{y} \cdot \cos\left(\frac{\omega_1 + \omega_2}{2} \cdot t + \varphi\right) \cdot \cos\left(\frac{\omega_1 - \omega_2}{2} \cdot t\right) \qquad \text{Gl.(2.86)}$$

n_1	1545	U/min	
n_2	1500	U/min	
f_1	25,75	Hz	$\omega_1 = 2 \cdot \pi \cdot f_1$
f2	25	Hz	$\omega_2 = 2 \cdot \pi \cdot f_2$
f_{neu}	25,375	Hz	Gl. (2.87)
f_S	0,75	Hz	Gl. (2.88)

b)

t in s	$\frac{y_{res}}{\hat{y}}$
0	2
0,001	1,975
0,002	1,899
0,003	1,776
.	.
.	.
.	.
2,997	1,358
2,998	1,269
2,999	1,149
3	1

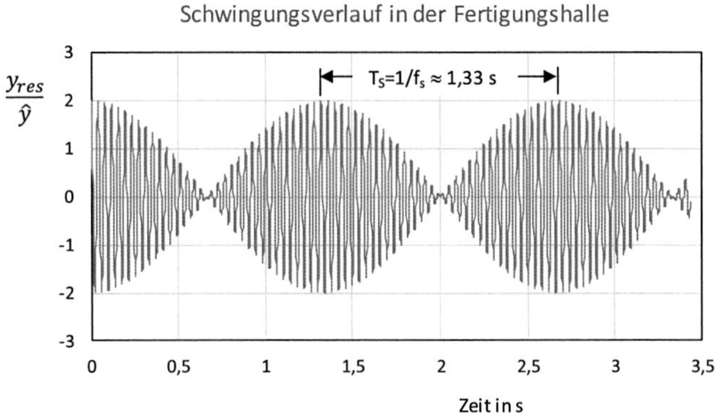

$$\frac{y_{res}}{\hat{y}} = 2 \cdot \cos(2 \cdot \pi \cdot f_{neu} \cdot t) \cdot \cos(\pi \cdot f_S \cdot t) \quad ; \; \varphi = 0 \quad \text{Gl. (2.89)}$$

c) Das Schwingungsverhalten, das als „Schwebung"bezeichnet wird, kann sowohl bei Erschütterungen als auch beim Luftschall auftreten. Zur Vermeidung der Schwebung, sollen die Maschinen möglichst mit gleicher Drehzahl (Drehzahlschwankungen <1 ‰!) arbeiten. Durch Änderung des Aufstellungsortes kann auch das Auftreten von Schwebungen, u. a. durch Änderung des Übertragungsverhaltens, z. B. Veränderung der Amplitude und Phasenlage, vermieden bzw. verringert werden.

Übung 2.9.3

a)

$m_{Maschine}$	8000,0	kg		
Ferderelemente	6,0	-		
m_1	1333,3	kg		
k_1	1,20E+06	N/m		
ϑ_1 (Dämpfung)	0,030	-		
f_{10}	4,77	Hz	Gl. (2.154)	Eigenfrequenz des Einmassenschwingers !
n_1	750	1/min		
n_2	1800	1/min		
$f_{n1} = n_1/60$	12,5	Hz		
$f_{n2} = n_2/60$	30,0	Hz		
η_1	2,62	-	Gl. (2.153)	
η_2	6,28	-	Gl. (2.153)	
$\lvert\alpha(f_{n1})\rvert$	0,173		Gl. (2.156)	
$I(f_{n1}) = 1 - \lvert\alpha(f_{n1})\rvert$	0,827	-	Gl. (2.185)	Der Isolierwirkungsgrad beträgt ca. 83 % !
$\lvert\alpha(f_{n2})\rvert$	0,028	-	Gl. (2.156)	
$I(f_{n2}) = 1 - \lvert\alpha(f_{n2})\rvert$	0,972	-	Gl. (2.185)	Der Isolierwirkungsgrad beträgt ca. 97 % !

b)

f_{20}	16,6	Hz	gemessen	
m_2	1200,0	kg	gemessen	
k_2	1,31E+07	N/m	Gl. (2.150)	
ϑ_2	0,010	-	gemessen	
μ	1,11	-	Gl. (2.161)	
f_1	4,6	Hz	Gl. (2.169)	1. Eigenfrequenz des Zweimassenschwingers !
f_2	17,4	Hz	Gl. (2.170)	2. Eigenfrequenz des Zweimassenschwingers !
n_{f1}	273,2	1/min	kritische Drehzahl, z.B. beim Hochfahren !	
n_{f2}	1044,3	1/min	kritische Drehzahl, während des Betriebs !	
$\eta_{2,f1}$	0,27	-	Gl. (2.162)	
$\eta_{2,f2}$	1,05	-	Gl. (2.162)	
$\eta_{1,f1}$	0,95	-	Gl. (2.153)	
$\eta_{1,f2}$	3,65	-	Gl. (2.153)	
A_{f1}	0,9096	-	Gl. (2.163)	
B_{f1}	0,0005	-	Gl. (2.164)	
A_{f2}	12,77	-	Gl. (2.163)	
B_{f2}	2,48	-	Gl. (2.164)	
$\lvert\alpha(f_{nf1})\rvert$	17,3	-	Gl. (2.159)	Schwingungsüberhöhung beim Hochfahren, n ≈ 275 1/min !
$\lvert\alpha(f_{nf2})\rvert$	2,5	-	Gl. (2.159)	Schwingungsüberhöhung bei der Drehzahl n ≈ 1035 1/min !

c)

	f in Hz	n in 1/min	η1	η2	A	B	b) ; Gl. (2.159)	a) ; Gl. (2.156)
	0,01	0,6	0,0021	0,0006	1,000	0,000	1,000	1,000
	0,25	15,0	0,0524	0,0151	1,000	0,000	1,003	1,003
	0,50	30,0	0,1047	0,0301	0,999	0,000	1,011	1,011
	0,75	45,0	0,1571	0,0452	0,998	0,000	1,025	1,025
	1,00	60,0	0,2094	0,0602	0,996	0,000	1,046	1,046
	1,25	75,0	0,2618	0,0753	0,994	0,000	1,074	1,074
	.	.	.	.	.	.	.	.
f_1	4,59	275,6	1,0	0,3	0,908	0,001	16,3	10,6
	.	.	.	.	.	.	.	.
	.	.	.	.	.	.	.	.
	.	.	.	.	.	.	.	.
f_2	17,26	1035,4	3,6141	1,0395	14,963	3,600	2,270	0,085
	.	.	.	.	.	.	.	.
	.	.	.	.	.	.	.	.
	32,76	1965,4	6,8605	1,9733	2,495	0,020	0,061	0,023
	33,01	1980,4	6,9128	1,9883	2,487	0,020	0,059	0,023
	33,26	1995,4	6,9652	2,0034	2,480	0,020	0,058	0,023
	33,33	2000,0	6,9813	2,0080	2,477	0,020	0,058	0,023

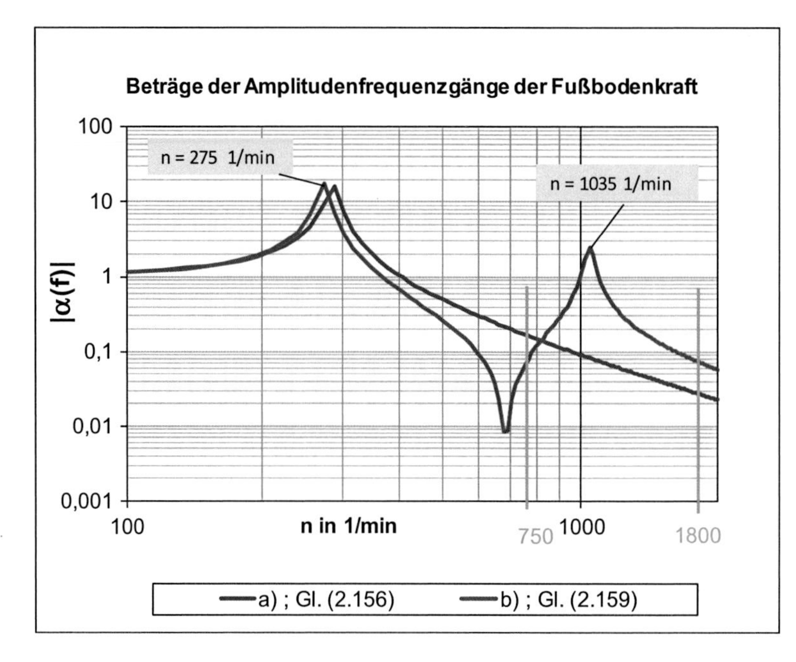

Durch die Berücksichtigung der endlichen Impedanz des Fundaments, 200 mm-Betondecke, tritt eine 2. Eigenfrequenz der Isolierung auf (Zweimassenschwinger !). Dadurch bedingt können, vor allem bei der 2. Eigenfrequenz, erhöhte Schwingungen im Drehzahlbereich der Maschine auftreten (rote Kurve !). Der geplante Aufstellungsort der Kältemaschine im 1. OG ist für die Schwingungsisolierung nicht geeignet !

Die Schwingungsüberhöhungen bei ca. 275 1/min treten nur beim Hochfahren der Maschine auf. Diese Überhöhung wird auch bei sehr hoher Fundamentimpedanz, blaue Kurve, auftreten.

Übung 2.9.4

a)

n	1350	1/min	
z	11	-	
$T = \frac{60}{n \cdot z}$	0,00404	s	Gl. (2.244)
$f_0 = \frac{1}{T}$	247,5	Hz	
$t_{St} = 0,1 \times T$	0,000404	s	
$1 / t_{St}$	2475	Hz	

Erregerfrequenzen

i	0	1	2	3	4	5	6	7	8	9	10	-	
f_i	247,5	495,0	742,5	990,0	1237,5	1485,0	1732,5	1980,0	2227,5	2475,0	2722,5	Hz	Gl. (2.247)

b)

Frequenzspektrum des Einzelimpulses :

$$\frac{|F(f)|}{J_S} = \left|\frac{\sin(\pi \cdot f \cdot t_{St})}{\pi \cdot f \cdot t_{St}}\right| \quad \text{Gl. (2.241)}$$

Linienspektrum der Zahnradpumpe, verursacht durch Aufeinderschlagen der Zähne:

$$\frac{|F_i(f)| \cdot T}{2 \cdot J_S} = \left|\frac{\sin(\pi \cdot fi \cdot t_{St})}{\pi \cdot fi \cdot t_{St}}\right| \quad \text{Gl. (2.241) und (2.245)}$$

Zahlenbeispiele:

$f = f_0 = 247{,}5$ Hz ⇒ $$\frac{|F(247{,}5)|}{J_S} = \frac{|F_i(247{,}5)| \cdot T}{2 \cdot J_S} = \left|\frac{\sin(\pi \cdot 247{,}5 \cdot 0{,}000404)}{\pi \cdot 247{,}5 \cdot 0{,}000404}\right| \approx 0{,}984$$

$f = 5 \cdot f_0 = 1237{,}5$ ⇒ $$\frac{|F(1237{,}5)|}{J_S} = \frac{|F_i(1237{,}5)| \cdot T}{2 \cdot J_S} = \left|\frac{\sin(\pi \cdot 1237{,}5 \cdot 0{,}000404)}{\pi \cdot 1237{,}5 \cdot 0{,}000404}\right| \approx 0{,}637$$

Nachfolgend sind die zeitlichen und spektralen Verläufe der Impulse dargestellt. Zum besseren Verständnis sind die Erregerfrequenzen als orange Linien markiert. Die Hüllkurve entspricht dem Frequenzspektrum des Einzelimpulses, Gl. (2.241) und das Linienspektrum, Gl. (2.245), wird hierbei durch intermittierende Rechteckimpulse verursacht.

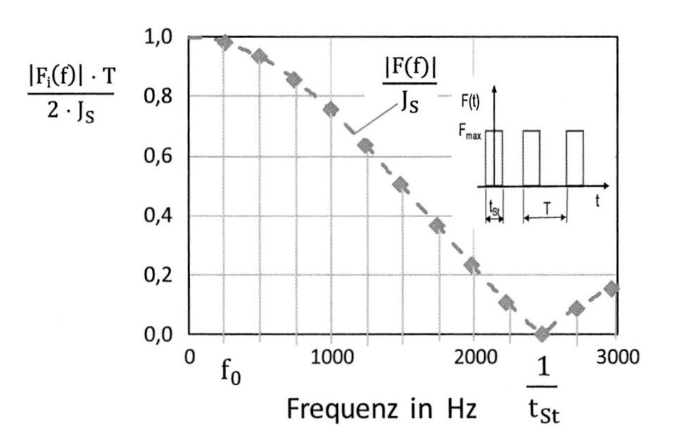

Hieraus ist zu erkennen, dass bei konstanter Drehzahl durch intermittierende Impulse, die durch aufeinanderschlagende Zähne verursacht werden, tonale Erregerfrequenzen f_i entstehen.

$$f_i = \frac{n \cdot z}{60} \cdot (i + 1)\ \text{Hz} \qquad ;i = 0,1,2,3\ldots$$

Für i = 0, erhält man die Grund- bzw. Zahneingriffsfrequenz:

$$f_0 = \frac{n \cdot z}{60} = 247{,}5 \text{ Hz}$$

Bei der Übereinstimmung der Erregerfrequenzen mit den Eigenfrequenzen der angeschlossenen Strukturen, kann, vor allem durch Resonanzschwingungen, erhebliche Schwingungs- und/oder Geräuschentwicklung verursacht werden. In Einzelfällen können die Resonanzschwingungen, je nach Dämpfung, auch zum Bruch der Bauteile führen.

Wie aus dem Diagramm auch zu erkennen ist, nimmt die Amplitude der Erregerfrequenzen mit zunehmender Frequenz ab. Die Grundfrequenz und die ersten 5 bis 8 Harmonischen der Grundfrequenz, sind für die Schwingungsanregung als kritisch zu betrachten. Bei den höheren Frequenzen ist, bedingt durch die Höhe der Eigenfrequenzdichte der Bauteile, die Möglichkeit der Resonanzanregung geringer.

Übung 2.9.5

Oktav- und Gesamtschalldruckpegel des Ventilators lässt sich wie folgt bestimmen:

Oktavmittenfrequenz f_m	63	125	250	500	1000	2000	4000	8000	16000	Summe, Gl.(2.262)	Hz	
$L_{p,\text{Ventilator eingeschaltet}}$ (L_G)	67	71	68	77	78	72	70	68	56	82,3	dB	
$L_{p,\text{Ventilator ausgeschaltet}}$ (L_F)	65	67	59	72	71	61	65	66	53	76,6	dB	
$\Delta L = L_G - L_F$	2	4	9	5	7	11	5	2	3	-	dB	
ΔL_K	>3	2,2	0,6	1,7	1,0	0,4	1,7	>3	> 3	-	dB	Gl. (2.268)
$L_{p,\text{ Ventilator}}$ (L_M)	64,0	68,8	67,4	75,3	77,0	71,6	68,3	65,0	53,0	81,0	dB	Gl. (2.267)

Bei den Oktaven, bei denen ΔL_K rechnerisch, Gl. (2.267), größere Werte als 3 dB ergeben, ist eine Korrektur nicht möglich, da der Störpegel, beim abgeschalteten Ventilator, größer ist als der Messwert, der nur vom Ventilator verursacht wird !

Da im vorliegenden Fall die Oktavpegel, bei den Mittenfrequenzen 63,8000 und 16.000 Hz, keinen Einfluss auf den Gesamtpegel haben, wurde für die weitere Berechnung näherungsweise der Einfluss des Störpegels mit $\Delta L_K = 3$ dB berücksichtigt.

Übung 2.9.6

			T_i in h	
L_{pA1}	83	dB(A)	3,0	h
L_{pA2}	88	dB(A)	1,5	h
L_{pA3}	65	dB(A)	1,0	h
L_{pA4}	89	dB(A)	1,5	h
	Einwirkzeit $T_e = \sum T_j$		7,0	h

$L_{Aeq,\,Te}$	**85,9**	**dB(A)**	Gl.(2.281)
T_0	**8**	**h**	
$L_{Ex,\,8h}$	**85,3**	**dB(A)**	Gl.(2.280)
$L_{Ex,\,8h}$	**85**	**dB(A)**	Es wird auf volle dB auf- oder abgerundet !

b)

Tag:

j	Zeit	T_j h	$L_{aeq,j}$ dB(A)	K_R dB	K_T dB	K_I dB
				s. Erläuterungen zur Gl. (2.283)		
	06.00 – 07.00 Uhr	1	43	6	0	0
1	07.00 – 11.00 Uhr	4	55	0	3	0
2	11.00 – 13.00 Uhr	2	50	0	3	0
3	13.00 – 18.00 Uhr	5	54	0	3	3
4	18.00 – 20.00 Uhr	2	48	0	3	0
5	20.00 – 22.00 Uhr	2	44	6	3	0
	Summe	16				

$L_{r,Tag}$	57,1	57	dB(A)	Gl. (2.283) > 55 dB(A) nicht eingehalten

Nacht

j	Zeit	T_j h	$L_{aeq,j}$ dB(A)	K_R dB	K_T dB	K_I dB
				s. Erläuterungen zur Gl. (2.283)		
6	22.00 – 24.00 Uhr	2	39	0	0	0
7	24.00 – 06.00 Uhr	6	38	0	0	0
	Summe	8				

$L_{r,Nacht}$	39	dB(A) *)	< 40 dB(A) eingehalten

*) Volle Nachtstunde mit dem höchsten Beurteilungspegel !

12.2 Lösungen Kapitel 3

Übung 3.4.1

a)

f_m in Hz	63	125	250	500	1000	2000	4000	8000	Summe		
$L_{WL,Öff(1)}$	36,8	45,8	55,2	64,9	81,0	82,6	91,6	76,4	**92,6**	dB(A)	
$L_{WL,Öff(2)}$	37,0	48,9	49,2	67,5	83,5	85,9	92,6	79,6	**94,0**	dB(A)	
$L_{WL,ges.}$	**39,9**	**50,6**	**56,2**	**69,4**	**85,4**	**87,6**	**95,1**	**81,3**	**96,3**	**dB(A)**	Gl. (3.2)

b)

f_m in Hz	63	125	250	500	1000	2000	4000	8000	Summe		
$L_{WK,Pl(1)}$	67,0	93,6	64,3	62,6	61,1	55,4	53,0	34,2	**93,6**	dB(A)	
$L_{WK,Pl(2)}$	71,2	78,0	67,0	76,9	59,3	56,5	41,1	32,0	**81,2**	dB(A)	
$L_{WK,Pl(3)}$	72,6	80,5	71,8	96,0	68,0	59,0	45,2	40,3	**96,2**	dB(A)	
$L_{WK,ges.}$	**75,6**	**93,9**	**73,6**	**96,1**	**69,3**	**62**	**53,9**	**41,7**	**98,2**	**dB(A)**	Gl. (3.3)

c)

f_m in Hz	63	125	250	500	1000	2000	4000	8000	Summe		
$L_{WL,ges.}$	39,9	50,6	56,2	69,4	85,4	87,6	95,1	81,3	96,3	dB(A)	Gl. (3.2)
$L_{WK,ges.}$	75,6	93,9	73,6	96,1	69,3	62	53,9	41,7	98,2	dB(A)	Gl. (3.3)
L_{Wges}	**75,6**	**93,9**	**73,7**	**96,1**	**85,5**	**87,6**	**95,1**	**81,3**	**100,4**	dB(A)	Gl. (3.1)

d)

f_m in Hz	63	125	250	500	1000	2000	4000	8000	Summe		
L_{Wges}	**69,5**	**93,5**	**75,9**	**94,3**	**84,0**	**88,9**	**94,8**	**78,5**	**99,6**	**dB(A)**	gemessen
L_{Wges}	**75,6**	**93,9**	**73,7**	**96,1**	**85,5**	**87,6**	**95,1**	**81,3**	**100,4**	**dB(A)**	Gl. (3.1)
ΔL_W	-6,1	-0,4	2,2	-1,8	-1,5	1,3	-0,3	-2,8	-0,8	dB	

Die geforderte Genauigkeit von 1 dB bei dem A-Gesamtschallleistungspegel und bei den Teilschallleistungspegeln in Frequenzbändern von ±2–5 dB sind eingehalten. Lediglich bei 63 Hz ist die Differenz höher als die geforderte Genauigkeit von ±5 dB. Da aber der Wert von 75,6 dB(A) bei 63 Hz keinen Einfluss auf den Gesamtpegel von 99,6 dB(A) hat, sind die Messdaten trotzdem für eine schalltechnische Schwachstellenanalyse und Lokalisierung der Hauptgeräuschquellen geeignet, weitere Einzelheiten hierzu s. [5], Kap. 3.

e)

f_m in Hz	63	125	250	500	1000	2000	4000	8000	Summe		
$L_{WL,ges.}$	**39,9**	**50,6**	**56,2**	**69,4**	**85,4**	**87,6**	**95,1**	**81,3**	**96,3**	**dB(A)**	Gl. (3.2)
$L_{WK,ges.}$	**75,6**	**93,9**	**73,6**	**96,1**	**69,3**	**62**	**53,9**	**41,7**	**98,2**	**dB(A)**	Gl. (3.3)
Lwges	69,5	93,5	75,9	94,3	84,0	88,9	94,8	78,5	99,6	dB(A)	gemessen

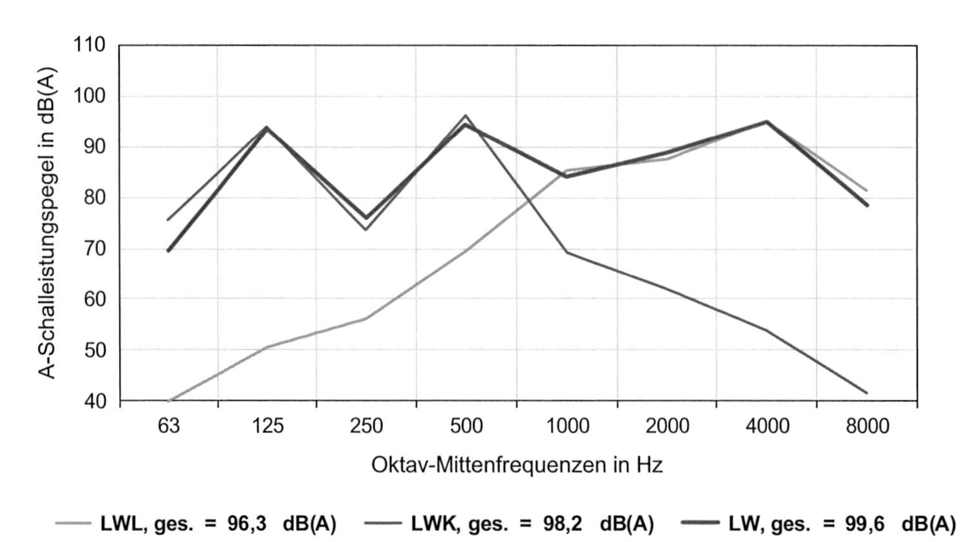

Wie aus dem Diagramm leicht zu erkennen ist, wird die Gesamtschallleistung der Maschine bei den Frequenzen f > 1000 Hz durch die Schallabstrahlung der Öffnungen (Luftschallabstrahlung) bestimmt. Bei den Frequenzen f < 1000 Hz wird die Gesamtgeräuschentwicklung maßgebend durch Körperschallabstrahlung beeinflusst. Besonders kritische Frequenzen bei dem Luftschall liegen im Oktavband von 4000 Hz, bei der Körperschallabstrahlung in den Oktavbändern 125 und 500 Hz. Für die genaue Ermittlung der Frequenzen, die für die Gesamtgeräuschentwicklung maßgebend sind, müssen weitergehende Analysen durchgeführt werden, z. B. Terz- bzw. Schmalbandanalysen. Diese Informationen sind entscheidend für die Erarbeitung von geeigneten primären bzw. konstruktiven Maßnahmen [5], Kap. 3.

Übung 3.4.2

a)

l	2,4	m				
$m' = \rho \cdot A$	83,2	kg/m				
J_b	1,126E-04	m^4				
E	2,10E+11	N/m²				
n	0	1	2	3	-	
α_n	4,730	7,853	10,996	14,137	-	Tab. 3.1, Fall a
f_n	**329,6**	**908,4**	**1781,1**	**2943,9**	**Hz**	Gl. (3.9)

b)

l	2,4	m				
$m' = \rho \cdot A$	83,2	kg/m				
J_b	1,126E-04	m^4				
E	2,10E+11	N/m²				
n	0	1	2	3	-	
α_n	3,142	6,283	9,425	12,566	-	Tab. 3.1, Fall d
f_n	**145,4**	**581,5**	**1308,4**	**2326,1**	**Hz**	Gl. (3.9)

c) Die berechneten Eigenfrequenzen[1] sind besonders dann kritisch, wenn auf dem Träger Maschinen, z. B. Pumpen, Elektromotoren, Transformatoren, gelagert werden, die Erregerfrequenzen im Bereich der Eigenfrequenzen erzeugen. Bei der Übereinstimmung der Eigenfrequenzen mit Erregerfrequenzen können, durch Resonanzschwingungen, erhöhte Geräusch- und Schwingungsentwicklung auftreten. Bei den üblichen Dämpfungen in der Praxis besteht bei den Erregerfrequenzen, mit einer Abweichung von kleiner als 10 % der Eigenfrequenzen die Möglichkeit der Resonanzanregung.

[1]Solche Berechnungen dienen als Orientierung. Für eine genaue Berechnung müssen natürlich das Gewicht und die Lage der Befestigung der Maschine auf dem Träger berücksichtigt werden. Die genauen Eigenfrequenzen lassen sich am besten im Stillstand der Maschine durch Anschlagversuche bestimmen.

Die Genauigkeit der Ergebnisse hängt im Wesentlichen von Einspannbedingungen. Üblicherweise werden solche Träger fest eingespannt, sodass die Ergebnisse nach a) eher an den tatsächlichen Verhältnissen liegen. Im Zweifelsfall sollen die Ergebnisse durch Messungen, z. B. Anschlagversuche, überprüft bzw. bestätigt werden.

Übung 3.4.3

l	0,16	m			
ρ	2700	kg/m³			
A	1,80E-05	m²			
J_b	3,000E-10	m^4			
E	7,00E+10	N/m²			
n	0	1	2	-	
α_n	1,875	4,694	7,855	-	Tab. 3.1, Fall b
f_n	**454,3**	**2847,5**	**7973,8**	**Hz**	Gl. (3.9)

Hinweis Durch die Umströmung solcher Messstützen in geschlossenen Leitungen können tonale Frequenzkomponenten, z. B. durch Wirbelablösung (s. Kap. 5) entstehen. Besonders kritisch ist, wenn die strömungsbedingten Erregerfrequenzen mit den Eigenfrequenzen der Messstützen übereinstimmen (Resonanzanregung). Die Resonanzschwingungen können auch zum Bruch der Messstützen führen.

Übung 3.4.4

a)

$\rho_{Öl}$	920	kg/m³					
$K_{öl}$	2,10E+09	N/m²					
$c_{Öl}$	1510,8	m/s	Gl. (2.51)				
	f_0	f_1	f_2	f_3	f_4		
	247,5	495,0	742,5	990,0	1237,5	Hz	
$l_{\lambda/2} = \frac{c}{2 \cdot f}$	3,05	1,53	1,02	0,76	0,61	m	Gl. (3.20) , bzw. (3.21) für n = 0

b)

d_i	0,016	m			
h	1,6	mm			
d_a	0,0192	m			
A	8,85E-05	m²			
J_b	3,45E-09	m^4			
ρ	8750	kg/m³			
E	2,10E+11	N/m²			
l	1,1	m			
n	0	1	2	3	-
α_n	4,730	7,853	10,996	14,137	-	Tab. 3.1, Fall a
f_n	**90,1**	**248,3**	**486,8**	**804,7**	**Hz**	Gl. (3.9)

c) Bei den stehenden Hohlraumwellen besteht bei den Leitungslängen, die man als beidseitig hart abgeschlossen betrachten kann, z. B. zwischen Pumpenausgang und einem 90°-Krümmer, die Möglichkeit der Resonanzanregung, wenn die Rohrleitungslängen mit den berechneten Längen nach a) übereinstimmen. Hierbei sind Abweichungen von ±5 % noch als kritisch einzustufen.

Bei den Biegewellen können mit hoher Wahrscheinlichkeit die Rohleitungsstücke zwischen zwei Einspannstellen zu Resonanzschwingungen bei der Grundfrequenz, $f_0 = 247{,}5$ Hz und der 1. Harmonischen der Grundfrequenz $f_1 = 495$ Hz angeregt werden. Hierzu ist zu empfehlen, nach Möglichkeit die Abstände der Stützstellen zu variieren und auf die Erregerfrequenzen anzupassen. Die Biegeeigenfrequenzen sollen mindestens 10 % von den Erregerfrequenzen abweichen.

Übung 3.4.5

a)

$L_1 = l_{x1}$	0,39	m	
$B_1 = l_{y1}$	0,36	m	
$L_2 = l_{x2}$	0,66	m	
$B_2 = l_{y2}$	0,55	m	
S_1	0,1404	m²	Abstrahlfläche der Platte 1
S_2	0,363	m²	Abstrahlfläche der Platte 2
L_{S1}	-8,5	dB	Gl.(3.46)
L_{S2}	-4,4	dB	Gl.(3.46)
a_0	1,00E-06	m/s²	
v_0	5,00E-08	m/s	
h	0,01	m	
E	2,10E+11	N/m²	
ρ	7850	kg/m³	
μ	0,3	-	
c	340	m/s	Schallgeschwindigkeit in der Luft
B'	1,92E+04	Nm	Gl. (3.34)
$m'' = \rho \cdot h$	78,5	kg/m²	
f_g	1175,5	Hz	Gl. (3.136)
U_1	1,5	m	Umfang der Platte 1
U_2	2,42	m	Umfang der Platte 2
σ'^*_1	-6,55		Gl. (3.141)
σ'^*_2	-8,60		Gl. (3.141)

f_m in Hz	63	125	250	500	1000	2000	4000	8000	Summe		
									Gl. (2.262)		
$L_{a,Okt}$ (1)	98	108	132	148	126	94	91	86	148,1	dB	
$L_{a,Okt}$ (2)	102	106	149	124	109	92	88	81	149,0	dB	
ΔL_{Okt}	-26,2	-16,1	-8,6	-3,2	0,0	1,2	1,0	-1,1	-	dB	Tabelle 2.10
$L_{aA,Okt}$ (1)	71,8	91,9	123,4	144,8	126,0	95,2	92,0	84,9	144,9	dB(A)	$L_{a,Okt}$ (1) + ΔL_{Okt}
$L_{aA,Okt}$ (2)	75,8	89,9	140,4	120,8	109,0	93,2	89,0	79,9	140,5	dB(A)	$L_{a,Okt}$ (1) + ΔL_{Okt}
$L_{vA,Okt}$ (1)	45,9	60,0	85,5	100,9	76,1	39,2	30,0	16,9	101,0	dB(A)	Gl. (3.48)
$L_{vA,Okt}$ (2)	49,9	58,0	102,5	76,9	59,1	37,2	27,0	11,9	102,5	dB(A)	Gl. (3.48)
σ'_1	-11,4	-9,9	-8,4	-6,9	-1,5	0,0	0,0	0,0	-	dB	Gl. (3.141)
σ'_2	-13,4	-12,0	-10,5	-8,9	-2,0	0,0	0,0	0,0	-	dB	Gl. (3.141)
$L_{WKA,Okt}$ (1)	25,9	41,6	68,6	85,5	66,0	30,7	21,5	8,4	85,6	dB(A)	Gl. (3.48), (3.49)
$L_{WKA,Okt}$ (2)	32,0	41,7	87,6	63,5	52,7	32,8	22,6	7,5	87,7	dB(A)	Gl. (3.48), (3.49)
									Gl. (3.47)		

L_{WKA} (1) =	**85,6**	dB(A)	
L_{WKA} (2) =	**87,7**	dB(A)	
$L_{WK,1+2}$	**89,8**	dB(A)	Gl. (3.47)

Unter der Berücksichtigung, dass die berechneten Abstrahlmaße (σ') Näherungswerte sind, zeigen die Ergebnisse, dass die Körperschallabstrahlung der Platten (1) und (2), $L_{WK,1+2}$ = 89,8 dB(A), für die Gesamtgeräuschentwicklung des Getriebes, LWA = 91,6 dB(A), maßgebend sind.

b)

Platte (1):

f_1	644,1	Hz	GL. (3.39)
f_2	1249,5	Hz	GL. (3.39)

Platte (2):

f_1	254,2	Hz	GL. (3.39)
f_2	460,0	Hz	GL. (3.39)

Hinweis Der Grad der Einspannung der Plattenfelder bei den Großgetrieben, wie sie in der Praxis vorkommen, liegt üblicherweise bei ca. 80 bis 90 %. Das heißt, die so berechneten Eigenfrequenzen (100 %-Einspannung) sind geringfügig höher als die tatsächlichen Eigenfrequenzen.

c)

Berechnung der Erregerfrequenzen:

$$f_0 = \frac{1}{T} = \frac{n \cdot z}{60} \quad \text{Gl. (2.244)}$$

1. Stufe

z_1	21	-
n_1	900	1/min
f_{01}	315,0	Hz
$2 \cdot f_{01}$	**630,0**	**Hz**
$3 \cdot f_{01}$	945,0	Hz

kritische Eigenfrequenz

f_1, Platte (1)	**644,1**	**Hz**

2. Stufe

z_1	30	-
n_1	500	1/min
f_{02}	**250,0**	**Hz**
$2 \cdot f_{02}$	500,0	Hz
$3 \cdot f_{02}$	750,0	Hz

kritische Eigenfrequenz

f_1, Platte (2)	**254,2**	**Hz**

Berechnung der Eckfrequenzen von den Oktaven, bei denen der höchste Beschleunigungspegel gemessen wurde:

Die Ergebnisse deuten darauf hin, dass die Platten zu Resonanzschwingungen angeregt werden. Die Platte (1) wird sehr wahrscheinlich durch die 1. Harmonische der Zahneingriffsfrequenz ($2 \cdot f_{01}$) der 1. Stufe und die Platte (2) sehr wahrscheinlich durch die Zahneingriffsfrequenz (f_{02}) der 2. Stufe, angeregt. Die deutlichen Pegelerhöhungen in den Frequenzbändern 500 Hz und 250 Hz bestätigen auch, dass bei den Platten (1) und (2) im Wesentlichen die o. a. Eigenfrequenzen angeregt werden.

Die Eigen- und Erregerfrequenzen der Platte (1) liegen im Oktavband $f_m = 500$ Hz, bei dem auch der höchste Beschleunigungspegel von 148 dB gemessen wurde.

Die Eigen- und Erregerfrequenzen der Platte (2) liegen im Oktavband $f_m = 250$ Hz, bei dem auch der höchste Beschleunigungspegel von 149 dB gemessen wurde.

Hinweis *Bei den üblichen Dämpfungen, wie sie bei solchen Getrieben vorkommen, können Plattenfelder zu Resonanzschwingungen angeregt werden, wenn die Erregerfrequenzen auch ca. ±10 % von den Eigenfrequenzen abweichen!*

12.3 Lösungen Kapitel 4

Übung 4.2.1

a)

$\Delta\varphi$	1,5	°	
c	340	m/s	
f_u	50	Hz	Gl. (2.22)
$\lambda_{50\text{ Hz}}$	6,8	m	
$\Delta r \geq \lambda \cdot \Delta\varphi/360°$	28,3	mm	Gl. (4.7)
f_o	5000	Hz	
$\lambda_{5000\text{ Hz}}$	0,068	m	Gl. (2.22)
$\Delta r \leq \lambda/6$	11,3	mm	

Hieraus folgt, dass für die Schallintensitätsmessungen im Frequenzbereich 50–5000 Hz zwei Mikrofonabstände notwendig sind.

Die Forderung $\Delta\varphi \geq 1{,}5°$ bedeutet, dass der Mikrofonabstand > 28,3 mm sein muss. Orientiert an den üblichen Mikrofonabständen in der Praxis (120 mm, 50 mm und 12 mm), sollte man einen Mikrofonabstand von 50 mm wählen. Die obere Frequenzgrenze für $\Delta r = 50$ mm $= 0{,}05$ m beträgt:

$$f_{o,\Delta r=50\ mm} = \frac{340\ m/s}{6 \cdot 0{,}05\ m} = 1133\ Hz$$

Die Forderung $\Delta r \leq \lambda/6$ bedeutet, dass der Mikrofonabstand <11,3 mm sein muss. Hierfür könnte man den Mikrofonabstand von 12 mm, obwohl geringfügig größer ist als 11,3 mm, wählen. Die untere Frequenzgrenze für $\Delta r = 12$ mm $= 0{,}012$ m beträgt:

$$f_{u,\Delta r=12\ mm} = \frac{340\frac{m}{s} \cdot 1{,}5^{\circ}}{360^{\circ} \cdot 0{,}012} = 118\ Hz$$

Das heißt, für die Messungen zwischen 50 bis 1000 Hz sollte man den Mikrofonabstand $\Delta r = 50$ mm wählen. Für die Messungen zwischen 1000 bis 5000 Hz sollte man den Mikrofonabstand $\Delta r = 12$ mm wählen.

b) Für die Messungen an diskreten Punkten wird die Gesamtoberfläche der Maschine in geeignete Teilflächen unterteilt, z. B. vier Seitenflächen und die Dachfläche. Je nach gewünschter Genauigkeit und Detailinformationen, werden die Teilflächen in Rasterflächen unterteilt, z. B. 5 × 5 oder 10 × 10 cm, s. Abb. 4.15. Mit dem Messpunkt in der Mitte einer Rasterfläche erhält man die mittlere Schallintensität der Rasterfläche. Die Schallleistung der Teilflächen erhält man dann durch Pegeladdition nach Gl. (4.10).

Die Messungen durch kontinuierliche Abtastung erfolgten analog, lediglich die Unterteilung in Rasterflächen entfällt. Die Teilflächen werden dann mit der Schallintensitätssonde gleichmäßig in konstantem Abstand von der Maschine auf sog. Messpfaden, abgetastet, s. Abb. 4.17. Das Ergebnis ist die räumlich und zeitlich gemittelte Schallintensität der Teilfläche.

c) Der Vorteil der Messungen an diskreten Punkten liegt darin, dass man die Schallverteilung über die Teilfläche ermitteln bzw. durch Schallintensitätskartierung anschaulich darstellen kann. Durch die Richtcharakteristik der Schallintensitätssonden kann man auch die Hauptgeräuschquellen lokalisieren. Der Nachteil des Verfahrens ist der hohe Messaufwand und die große Datenmenge, die dabei entstehen.

Der Vorteil der kontinuierlichen Abtastung ist der deutlich geringere Messaufwand. Der Nachteil des Verfahrens besteht darin, dass man die Schallverteilung über die Teilfläche nicht angeben kann. Diese Information geht durch die automatische Mittelwertbildung verloren.

In der Praxis verwendet man die kontinuierliche Abtastung für die grobe Beschreibung der Schallabstrahlung einer Maschine. Durch die Messungen an diskreten Punkten erhält man genauere bzw. Detailinformationen über die Schallabstrahlung einer Teilfläche der Maschine.

Übung 4.2.2

a)

L	0,3	m
B	0,3	m
S_1	0,09	m²
L_{S1}	-10,5	dB

Gl. (4.9)

f_m in Hz	63	125	250	500	1000	2000	4000	8000	$L_{IA,i,ges.}$	$L_{WA,i}$	
$L_{IA,Okt,1}$	46	53	56	69	66	61	58	44	71,6	61,1	dB(A)
$L_{IA,Okt,2}$	45	54	55	68	67	60	59	43	71,4	60,9	dB(A)
$L_{IA,Okt,3}$	45	52	53	68	65	62	58	46	70,8	60,4	dB(A)
$L_{IA,Okt,4}$	42	53	53	68	66	59	59	45	70,9	60,5	dB(A)
$L_{IA,Okt,5}$	48	56	54	78	76	64	61	45	80,3	69,9	dB(A)
$L_{IA,Okt,6}$	53	55	52	69	66	58	57	44	71,4	60,9	dB(A)
$L_{IA,Okt,7}$	45	51	57	68	64	58	56	52	70,3	59,8	dB(A)
$L_{IA,Okt,8}$	44	51	56	69	65	59	57	44	71,1	60,7	dB(A)
$L_{IA,Okt,9}$	43	50	55	69	63	55	54	46	70,4	59,9	dB(A)
									Summe	72,7	dB(A) Gl. (4.10)

b)

f_m in Hz	63	125	250	500	1000	2000	4000	8000	Summe		
$L_{IA,Okt,Platte}$	56,6	62,7	64,4	80,8	78,3	69,8	67,6	56,0	83,2	dB(A)	Gl. (4.10)
$L_{WA,Okt,Platte}$	46,2	52,3	53,9	70,3	67,8	59,3	57,1	45,5	72,7	dB(A)	Gl. (4.10)

c) Am Messpunkt 5 wurde der höchste Schalleistungspegel, 69,9 dB(A), gemessen, der für die Gesamtschallleistungspegel von 72,7 dB(A) maßgebend ist. Der Messpunkt 5 kennzeichnet die Schallabstrahlung der Plattenmitte, Rasterfläche 5. Die Ergebnisse deuten darauf hin, dass die Platte sehr wahrscheinlich in ihrer Grundeigenfrequenz angeregt wurde, s. Abb. 3.12.

Die Gesamtschallleistung der Platte wird auch maßgebend von den Oktavbändern 500 Hz und 1000 Hz bestimmt. Die kritische Eigenfrequenz der Platte liegt sehr wahrscheinlich im Oktavband 500 Hz.

Übung 4.2.3

a)

L	0,3	m
B	0,3	m
S_1	0,09	m²
L_{S1}	-10,5	dB
a_0	1,00E-06	m/s²
v_0	5,00E-08	m/s
h	0,004	m
E	2,10E+11	N/m²
ρ	7850	kg/m³
μ	0,3	-
m_A	0,016	kg

f_m in Hz	63	125	250	500	1000	2000	4000	8000		
$L_{aA,1}'$	93	104	115	137	132	115	127	123	dB(A)	
$L_{aA,2}'$	92	103	114	136	131	114	126	122	dB(A)	
$L_{aA,3}'$	94	105	116	138	133	116	128	124	dB(A)	
$L_{aA,4}'$	91	102	113	135	130	113	125	121	dB(A)	
$L_{aA,5}'$	105	114	123	138	144	139	136	132	dB(A)	
$L_{aA,6}'$	90	108	112	134	132	112	129	120	dB(A)	
$L_{aA,7}'$	91	102	113	135	130	113	125	121	dB(A)	
$L_{aA,8}'$	89	100	111	133	128	111	123	119	dB(A)	
$L_{aA,9}'$	92	103	114	136	131	114	126	122	dB(A)	
$\overline{L_{aA}'}$	96,9	107,0	116,4	136,1	136,0	129,6	129,2	124,9	dB(A)	Gl. (2.269)
$\overline{L_{vA}'}$	70,9	75,1	78,5	92,1	86,0	73,6	67,2	56,9	dB(A)	Gl. (4.13)
$\overline{L_{aA,5}''}$	81	85	98	113	112	110	122	115	dB(A)	
$\overline{L_{vA,5}''}$	55,1	53,1	60,1	69,1	62,1	54,0	60,0	47,0	dB(A)	Gl. (4.13)
$\overline{L_{vA}'} - \overline{L_{vA\,5'}'}$	15,9	22,0	18,4	23,1	24,0	19,6	7,2	9,9	dB	Gl. (4.20)
K_v	0,1	0,0	0,1	0,0	0,0	0,0	0,9	0,5	dB	Gl. (4.20)
K_m	0,0	0,0	0,0	0,0	0,0	0,1	0,3	1,1	dB	Gl. (4.19)
$\overline{L_{vA}}$	70,8	75,1	78,4	92,1	86,0	73,5	66,0	55,3	dB(A)	Gl. (4.21)
$L_{WA\ Okt} = \overline{L_{vA,Okt}'} + L_S$	60,4	64,6	67,9	81,7	75,5	63,0	55,6	44,8	dB(A)	Gl. (3.48), σ′ = 0
L_{WA}	82,9	dB(A)	Gl. 4.10)							

b)

f_m in Hz	63	125	250	500	1000	2000	4000	8000	dB(A)	
$L_{WA,Okt\text{-Übung 4.2.2-b)}}$	46,2	52,3	53,9	70,3	67,8	59,3	57,1	45,5	dB(A)	
$\sigma' = L_{WA,Okt\text{-Übung 4.2.2-b)}} - L_{WA,Okt,\ b)}$	-14,2	-12,4	-14,0	-11,3	-7,7	-3,7	1,6	0,7	dB	gemessen

c)

Berechnuzng des Abstrahlmaßes nach Gl. (3.141):

c	340	m/s							
B'	1,23E+03	Nm	Gl. (3.34)						
m" = ρ · h	31,4	kg/m²							
f_g	2938,7	Hz	Gl. (3.136)						
U_1	1,2	m							
σ'*	-9,6	dB	Gl. (3.141						
f_m in Hz	63	125	250	500	1000	2000	4000	8000	dB(A)
$\sigma'_{theoretisch}$ (Gl. (3.141)	-16,4	-14,9	-13,4	-11,9	-10,4	-5,3	0,0	0,0	dB
$L_{WA,Okt} = \overline{L_{vA,Okt}'} + L_S + \sigma'_{gemessen}$	46,2	52,3	53,9	70,3	67,8	59,3	57,1	45,5	dB(A)
L_{WA} mit $\sigma'_{gemessen}$	72,7	dB(A)	Gl. 4.10)						

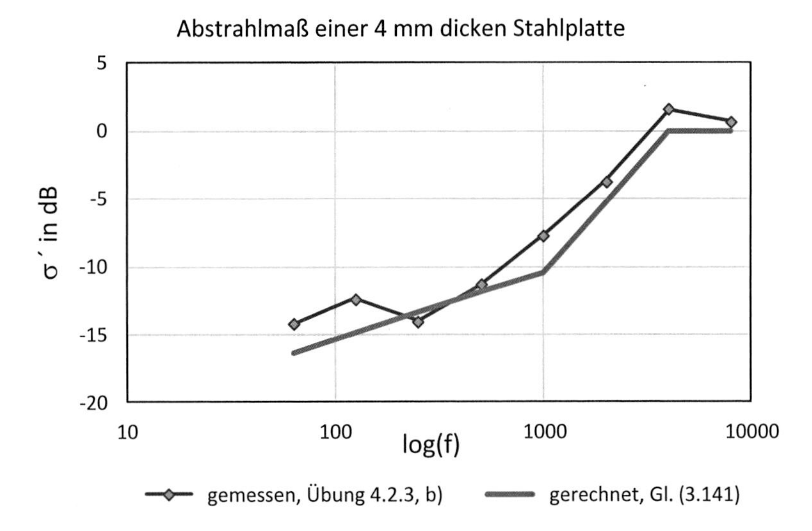

Die relativ gute Übereinstimmung deutet darauf hin, dass die Gl. (3.141) für die Abschätzung des Abstrahlmaßes in guter Näherung geeignet ist. Der gemessene Gesamtschallleistungspegel (72,7 dB(A)) liegt ca. 0,8 dB(A) höher als der berechnete Wert (71,5 dB(A)).

12.4 Lösungen Kapitel 5

Übung 5.4.1

Laut dem Diagramm in Abb. 5.13 ergibt sich das Maximum bei einer Strouhalzahl von 0,2. Aus Gl. 5.41 ergibt sich demnach dann die Frequenz des Pfeiftones zu

$$f_{Antenne} = 0{,}2 \cdot u / d_{Antenne}$$

u in km/h	50	100	150
u in m/s	13,9	27,8	41,7
$f_{Antenne}$ in Hz	556	1112	1668

Übung 5.4.2

p	1,0E+05	N/m²								
t	20	°C								
t	293	K								
R	287	Nm/kg K								
κ	1,4	-								
c	343	m/s	Gl. (5.48)							
d	1,20E-02	m								
S	1,13E-04	m²								
u = c	343	m/s								
$L_{W,ges}$	114,2	dB	Gl. (5.50)							
f_m	63	125	250	500	1000	2000	4000	8000	Hz	
$S_{t,fm}$	0,002	0,004	0,009	0,017	0,035	0,070	0,140	0,280	1/m	Gl. (5.41)
$\Delta L_{W,fm}$	-39,5	-38,7	-33,9	-26,6	-18,5	-11,0	-5,9	-3,7	dB	GL. (5.43), (5.44)
ΔL_A	-26,2	-16,1	-8,6	-3,2	0,0	1,2	1,0	-1,1	dB	Tab. 2.10
$L_{WA,fm}$ *)	**48,5**	**59,5**	**71,8**	**84,4**	**95,8**	**104,4**	**109,4**	**109,4**	**dB(A)**	
L_{WA}	**113,1**	**dB(A)**	Gl. (2.262)							

*) $L_{WA,fm} = L_{W,ges} + \Delta L_{W,fm} + \Delta L_A$

Übung 5.4.3

p	6,0E+05	N/m²								
t	15	°C								
t	288	K								
$\dot{V}$	25000	m³/h								
$\dot{V}$	6,944	m³/s								
R	400	Nm/kg K								
κ	1,33	-								
d	0,55	m								
S	0,238	m²								
w	29,2	m/s								
K	3,3	dB	Gl. (5.54)							
L_{wi}	88,9	dB	Gl. (5.54)							
f_m	63	125	250	500	1000	2000	4000	8000	Hz	
f_m/w	2,2	4,3	8,6	17,1	34,2	68,4	136,8	273,7	1/m	
ΔL_W	-5,0	-5,0	-5,0	-7,1	-11,8	-16,4	-21,1	-25,8	dB	Abb. 5.13
ΔL_A	-26,2	-16,1	-8,6	-3,2	0,0	1,2	1,0	-1,1	dB	Tab. 2.10
$L_{WA,fm}$ *)	**57,7**	**67,8**	**75,3**	**78,6**	**77,1**	**73,7**	**68,8**	**62,0**	**dB(A)**	
L_{WA}	**82,9**	**dB(A)**	.Gl. (2.262)							

*) $L_{WA,fm} = L_{WI} + \Delta L_W + \Delta L_A$

Bemerkung
Wie aus den Ergebnissen der Übungsbeispiele zu erkennen ist, wird der A-Schalleistungspegel der Freistrahlgeräusche, z. B. Ausblasgeräusche von Flugzeugtriebwerke, durch hohe Frequenzen und der Grenzschichtgeräusche, z. B. Rohrströmung, durch tiefere Frequenzen bestimmt.

Übung 5.4.4

a) Die Impulsstärke J_S des Halbcosinus-Impulses ist bei $F_{Max} = 10\ N$ ergibt sich nach Gl. 2.239 mit $F(t) = F_{Max} \cdot \cos\left(\frac{\pi \cdot t}{t_{St}}\right)$ zu

$$J_S = \frac{2}{\pi} \cdot F_{Max} \cdot t_{St} = \frac{2}{\pi} \cdot 10\ N \cdot \frac{5}{100} s \approx 0{,}318\ Ns$$

b) Bei gleicher Impulsstärke ergibt sich der äquivalenten Rechteck-Impulses ebenfalls nach Gl. 2.239 mit $F(t) = F_{Max} = konst.$ im Intervall $[0, t_{St}]$ zu

$$F_{Max} = \frac{J_s}{t_{St}} = \frac{1Ns}{\pi \cdot 0.05s} \approx 6{,}37\ N$$

c) Da der Impuls mit 5 Hz wiederholt wird, entsteht ein Linienspektrum mit ganzzahlig Vielfachen von $\Delta f = 5\ Hz$. Die Periodenzeit T der Wiederholung des Impulses (Zeitintervall) ergibt sich zu

$$T = \frac{1}{\Delta f} = 0{,}2\ s$$

Analog zur Gl. 2.246 ergibt sich beim intermittierenden Rechteckimpulsen ebenfalls die diskrete Amplitudenverteilung F_i aus der Spektralfunktion (Amplitudendichte) des Einzelimpulses multipliziert mit $\frac{2}{T} = 2 \cdot \Delta f$

$$|F_i(f)| = |F(f)| \cdot \frac{2}{T} = J_S \cdot \left|\frac{\sin(\pi \cdot f_i \cdot t_{St})}{\pi \cdot f_i \cdot t_{St}}\right| \cdot \frac{2}{T}$$

Die Amplituden haben die diskreten Frequenzen $f_i = (i + 1)/T$ (Gl. 2.247).

Die Nullstellen für einen Halbcosinus würden bei ganzzahlig Vielfachen von $1{,}5/t_{St}$ liegen. Beim Rechteckimpuls sind diese kleiner und liegen bei

$$f_{n-te\ Nullstelle} = n \cdot \frac{1}{t_{St}} = n \cdot \frac{100}{5s} = n \cdot 20\ Hz; n = 1{,}2{,}3 \ldots$$

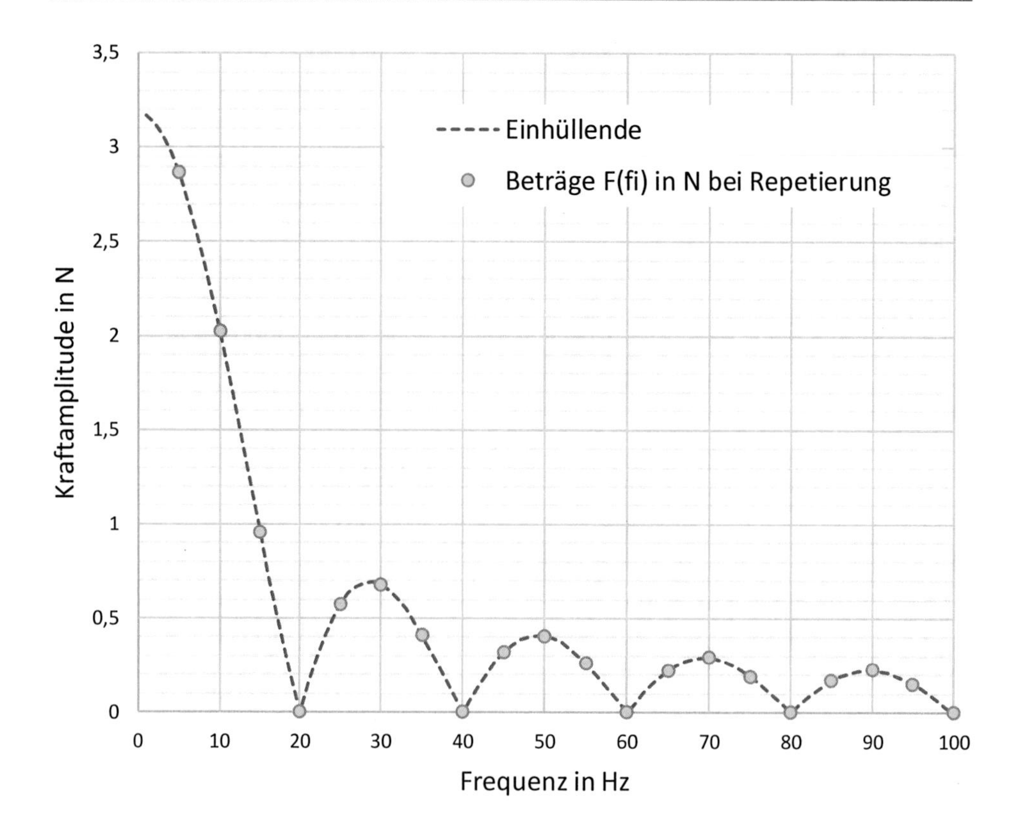

d) Eine sehr große Baustahlplatte kann in guter Näherung als unendlich ausgedehnt betrachtet werden. Hierbei werden zunächst auch die Eigenwerte nicht berücksichtigt, welche lokale Minima und Maxima auf der Oberfläche entstehen lassen würden. Da in der Mitte punktförmig angeregt wird gilt

$$B' = \frac{E\,h^3}{(1-\mu^2)12} = \frac{215\,x10^9\,\frac{N}{m^2}\;0{,}003^3 m^3}{\left(1-0{,}28^2\right)\,12} = 525\;Nm\;(Abb.2.28)$$

$$Z_e = 8\sqrt{B'\cdot\rho\cdot h} = 890\frac{Ns}{m}\;(2.126)$$

$$F_i(30\;Hz) = J_s\cdot\left|\frac{\sin(\pi\;f\;t_{St})}{\pi\;f\;t_{st}}\right|\cdot\frac{2}{\mathrm{T}} = 0{,}68\;N\;(siehe\;(c))$$

$$\mathrm{v}_i(30\;Hz) = \frac{F_i(30\;Hz)}{Z_e} = 7{,}64\;x10^{-4}\frac{m}{s}\;(2.101)$$

e) Der Körperschallbeschleunigungspegel des Rechteckimpulses ergibt sich aus dem Effektivwert für „Reintöne" bei 30 Hz mit $a_0 = 10^{-6}\ m/s^2$ analog der Gl. 2.211 zu

$$a_{eff}(f) = \frac{\widehat{a}}{\sqrt{2}} = \frac{\omega\, v_e}{\sqrt{2}} = 0{,}102\ m/s^2$$

$$L_a = 20\,\lg\frac{a_{eff}}{a_0} = 100{,}2\ dB\ (2.259)$$

Übung 5.4.5

a) Aus dem Diagramm kann die Resonanzfrequenz der stehenden λ/2 Dehnwelle ermittelt werden. Diese liegt ungefähr bei 570 Hz.

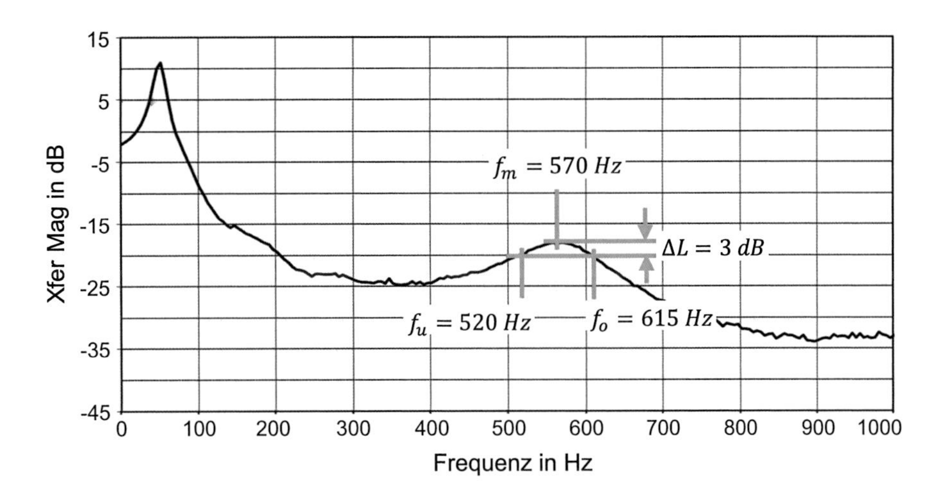

b) Aus der Halbwertsbreite (Tab. 5.2) ergibt sich der Verlustfaktor zu

$$\eta = \frac{\Delta f}{f_m} = \frac{615 - 520}{570} = \mathbf{0{,}17}$$

c) Die Dehnwellengeschwindigkeit ergibt sich aus der Reflexionsbedingung und der Schlauchlänge von 25 cm. Da die Enden mit vollreflektierenden (r = 1) Sperrmassen versehen sind kommt es zu einer $\frac{\lambda}{2}$ Kontinuumsschwingungen. Es gilt dann

$$c = \lambda \cdot f = 2L \cdot f_{\frac{\lambda}{2}} = 0{,}5\ m \cdot 570\ Hz = 285 \frac{m}{s}\ (2.22)$$

d) Für die Dehnwellengeschwindigkeit gilt

$$c_{DW} = \sqrt{\frac{E}{\rho}} \rightarrow E = c_{DW}^2 \cdot \rho = 285^2 \frac{m^2}{s^2} \cdot \frac{1480\ kg}{m^3} \approx 120\ MPa\ (5.19)$$

$$E = E + j\eta E = 120\ MPa + j\,20{,}4\ MPa\ (5.18)$$

e) Die Kennimpedanz für die Dehnwelle eines einseitig unendlichen Balkens (Schlauchs) ist nach Gl. 2.107

$$Z_{0,\infty} = \rho \cdot c_{DW} \cdot A = 1480 \frac{kg}{m^3} \cdot 285 \frac{m}{s} \cdot \frac{\pi \cdot (0{,}02^2 - 0{,}01^2)}{4} m^2 \approx 99\ \frac{kg}{s}$$

f) Für die stehende Dehnwelle muss der Reflexionsfaktor bei 570 Hz an den Schlauchenden $r \approx 1$ sein. Erreicht wird das mit Sperrmassen, deren dynamische Massen mindestens 10- bis 30-mal größer sind als die dynamische Masse des Schlauches.

Für die dynamische Masse bei 570 Hz gilt

$$m_{dyn,\lambda/2} = \frac{|Z_{0,\infty}|}{\omega_{\lambda/2}} = \frac{99\ kg/s}{2\pi \cdot 570\ 1/s} = 0{,}03\ kg\ (2.128)$$

Werden 3 kg als Sperrmassen gewählt ergibt sich analog Gl. 8.15

$$|r| = \frac{3\ kg - 0{,}03\ kg}{3\ kg + 0{,}03\ kg} = 0{,}98 \approx 1$$

Übung 5.4.6

Ein frei hängender Stahl aus Baustahl mit kreisförmigem Querschnitt (Dichte 7850 kg/m^3, Durchmesser 20 mm, E-Modul $2{,}1 \times 10^{11}$ N/m^2, Länge 0,5 m) wird von einer Seite in Längsrichtung kraftangeregt. Die Amplitudenverteilung im Frequenzspektrum ist konstant 1N (weißes Rauschen).

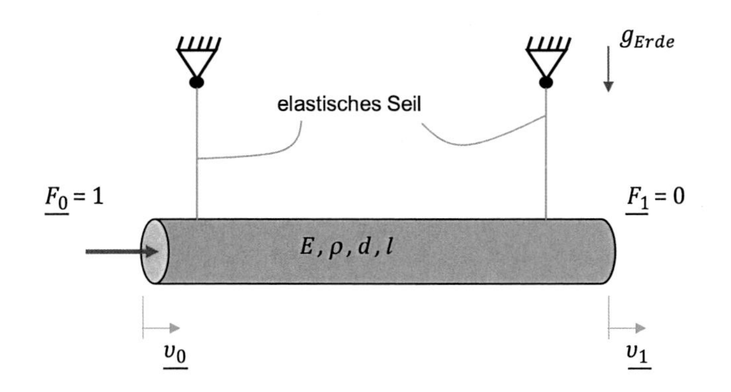

a) Die Dehnwellengeschwindigkeit ergibt sich aus Gl. 5.19

$$c_{DW} = \sqrt{\frac{E}{\rho}} = \sqrt{\frac{2{,}1 \cdot 10^{11}}{7850} \frac{N/m^2}{kg/m^3}} = 5172\, m/s$$

b) Die spezifische Eingangsimpedanz in Längsrichtung für einen halbseitig unendlich langen Stab ergibt sich mit dem Querschnitt $A = \pi \frac{d^2}{4} = \pi \cdot 10^{-4}\, m^2$

$$Z_{e,\infty} = \rho \cdot c_{DW} \cdot A = 7850 \frac{kg}{m^3} \cdot 5172 \frac{m}{s} \cdot \pi \cdot 10^{-4}\, m^2 = 12755 \frac{kg}{s} \quad (2.107)$$

c) Da die Kräfte am Eingang und Ende des Stabes gegeben sind, lässt sich die Admittanzmatrix H aus den Elementen der Transfermatrix T und der Wellenzahl $k = \frac{\omega}{C_{De}}$ aufstellen.

$$T_n = \begin{pmatrix} t_{11} & t_{12} \\ t_{21} & t_{22} \end{pmatrix} = \begin{pmatrix} \cos(k \cdot l) & \mathrm{j}\, Z_{e,\infty} \sin(k \cdot l) \\ \mathrm{j}\, \dfrac{\sin(k \cdot l)}{Z_{e,\infty}} & \cos(k \cdot l) \end{pmatrix} \quad (5.27)$$

Die Determinante aus der Transfermatrix ist

$$\det(T) = \cos^2(k \cdot l) - j^2 \cdot \sin^2(k \cdot l) = 1$$

$$H = \begin{pmatrix} \dfrac{t_{22}}{t_{12}} & \dfrac{\det(T)}{t_{12}} \\ \dfrac{1}{t_{12}} & \dfrac{-t_{11}}{t_{12}} \end{pmatrix} = \frac{-j}{Z_{e,\infty}} \begin{pmatrix} \dfrac{\cos(k \cdot l)}{\sin(k \cdot l)} & \dfrac{1}{\sin(k \cdot l)} \\ \dfrac{1}{\sin(k \cdot l)} & \dfrac{-\cos(k \cdot l)}{\sin(k \cdot l)} \end{pmatrix} \quad (5.32)$$

d) Allgemein ergibt sich die Schnelle am Eingang nach Gl. 5.31 zu

$$v_0 = h_{11} \cdot F_0 + h_{12} \cdot F_1$$

Da aber hier $F_1 = 0$ ist, ist h_{11} die Eingangsadmittanz bei „freiem“ Abschluss.

$$h_{11} = \left.\frac{v_0}{F_0}\right| \text{für } F_1 = 0$$

$$h_{11} = \frac{\cos(k \cdot l)}{j\, Z_{e,\infty} \sin(k \cdot l)} = \frac{-j}{Z_{e,\infty} \cdot \tan(k \cdot l)}$$

Schnelle und Kraft sind um $-90°$ Phasenverschoben (−j). Die Beträge sind:

f_m *in Hz*	125	250	500	1000	2000	4000	8000
$k \cdot l = \frac{2\pi\ f_m}{c_{De}} \cdot l$	0,076	0,152	0,304	0,607	1,215	2,43	4,859
$\lvert h_{11}\rvert$ *in* $10^{-6}\,\frac{m}{Ns}$	1030	512	250	112	29	90	11

e) In der Eigenfrequenz der $\lambda/2$ -Mode (1. stehende Dehnwelle) ist die ungedämpfte Admittanz $h_{11} = \infty$. Das heißt, der Nenner von h_{11} muss Null sein. Dies wird erreicht für sin $(k \cdot l) = 0$ für $k \cdot l = \pi$. Für die Eigenfrequenz der erste stehende $\frac{\lambda}{2}$ −Dehnwelle folgt dann

$$f_{\lambda/2} = \frac{c}{2 \cdot l} = \frac{5172\ m/s}{2 \cdot 0{,}5\ m} = 5172\ Hz$$

Übung 5.4.7

a) Aus Abb. 5.29 folgt für den Kompressionsmodul bei 50 bar Öldruck und 50 °C Öltemperatur und bei 1 % Gasanteil $K_{Oül}(50\ bar, 50^{\circ} C) = 1200\ MPa$. Die Schallgeschwindigkeit der Druckpulsation im Schlauch ergibt sich aus (5.65) zu

$$c_{Fl} = \sqrt{\frac{K_{Fl}}{\rho_0 \left(1 + \frac{K_{Fl}}{E_S} \cdot \frac{d_i}{h}\right)}} = \sqrt{\frac{1200 \cdot 10^6\ Pa}{810\ kg/m^3 \cdot \left(1 + 12 \cdot \frac{10{,}5}{3{,}5}\right)}} = 200{,}1\ m/s$$

b) Bei unendlich (sehr langer) Rohrleitung ist der Reflexionsfaktor an beiden Enden $|r| = 1$ und die Eigenfrequenz der $\lambda/2$ -Mode (1. stehende Druckwelle) ergibt sich aus (2.22) zu

$$f = \frac{c}{\lambda} = f_{\frac{\lambda}{2}} = \frac{\mathrm{c}}{2 \cdot l} = \frac{200\,\mathrm{m/s}}{1\,m} = 200{,}1\;Hz$$

12.5 Lösungen Kapitel 6

Übung 6.5.1

a) Hinweis: Eine exakte Berechnung des Lautstärkepegel aus dem Schalldruckpegel ist nicht möglich! Aus den Normalkurven gleicher Lautstärkepegel (Isophonen im Abb. 6.9) lassen sich die Lautstärkepegel näherungsweise aus den Schalldruckpegeln abschätzen:

Frequenz in Hz	63	500	1000	2000	4000	8000
L_N in phone	35	68	70	70	72	58

b) Analog kann man auch die Schalldruckpegel aus den Lautstärkepegeln ermittel:

Frequenz in Hz	125	315	1250
L_N in phone	97	92	93

Übung 6.5.2

a) Aus Abb. 6.9 folgt ein Lautstärkepegel von $L_N = 60$ phone bei 50 Hz.
b) Die Lautheitsempfindung beträgt (siehe auch Abb. 6.7)

$$N = 2^{\frac{L_N - 40}{10}} = 2^{\frac{60-40}{10}} = 4\;sone$$

c) Die Lautheit beträgt bei subjektiver Verdopplung 8 sone.
d) Der Lautstärkepegel nimmt um 10 phone zu auf 70 phone, da die größer als 40 phone bzw. 1 sone. Alternativ gilt auch Gl. 6.7

$$L_N = 40 + \frac{10 \cdot \lg(N)}{\lg(2)} = 40 + \frac{10 \cdot \lg(8)}{\lg(2)} = 70\;phone$$

Der Schalldruckpegel ergibt sich wieder aus den Isophonen zu ca. 95 dB bei 50 Hz.

12.6 Lösungen Kapitel 7

Übung 7.6.1

a)

l	40,0	m	
d	0,3	m	
r = d/2 + 1m	1,15	m	Messabstand von der Rohrachse

f_m	63,0	125	250	500	1000	2000	4000	8000	Summe		
$L_{IA,Okt-1m}$	63,0	65	71	68	76	84	69	67	85,2	dB(A)	
$L_{WA',Okt}$	71,6	73,6	79,6	76,6	84,6	92,6	77,6	75,6	93,7	dB(A)	Gl. (7.17)
$L_{WA,Okt}$	87,6	89,6	95,6	92,6	100,6	108,6	93,6	91,6	109,8	dB(A)	Gl. (7.12)

b) Die Genauigkeit von $\leq 0,1$ dB bedeutet, dass das Schallquellen-Korrekturmaß $K_{QL} \leq 0,1$, nach Gl. (7.25), sein soll. Die Berechnung von K_{QL} für die Symmetrieebene erfolgt nach der Gl. (7.26). Die gesuchte Entfernung $s_{\perp}$ lässt sich nicht nach Gl. (7.26) analytisch berechnen und kann z. B. mit Hilfe einer Ecxel-Tabelle, näherungsweise ermittelt werden.

l	40,0	m	
$s_{\perp} = s_m \approx$	75,0	m	
K_{QL}	-0,1	dB	Gl. (7.26) , Abb. 7.8

c) Es ist zu empfehlen, sich für die Schallausbreitungsberechnungen zuvor ein geeignetes Koordinatensystem festzulegen. Dadurch lassen sich die räumlichen Entfernungen relativ einfach, s. Gl. (7.44), berechnen. Für diese Übungsaufgabe liegt der Koordinatenursprung in der Mitte der Rohrleitung auf dem Boden (z = 0, s. Skizze).

c)

$x_{s\perp}$	65,0	m	
$y_{s\perp}$	-50,0	m	
$z_{s\perp}$	8,0	m	
x_M	0,0	m	
y_M	0,0	m	
z_M	5,0	m	
s_m	82,0	m	Gl. (7.44)
D_Ω	3	dB	Gl. (7.10), Schallabstrahlung im Halbraum
K_0	0	dB	$\rho \cdot c = \rho_0 \cdot c_0$
A	0	dB	Keine Dämpfungseffekte, s. Gl. (7.58)

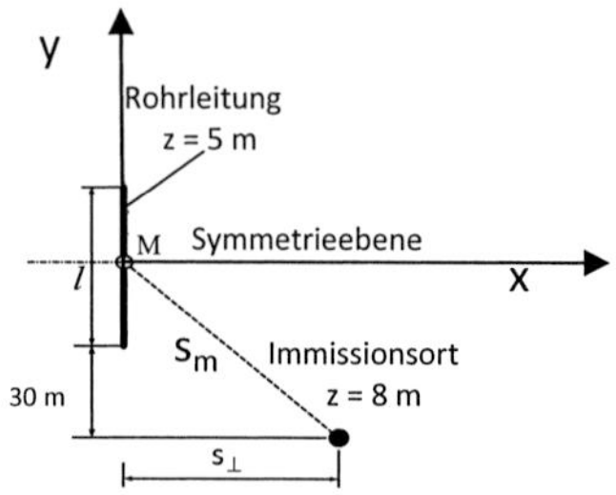

y

Rohrleitung
z = 5 m
M Symmetrieebene
x
l
s_m Immissionsort
z = 8 m
30 m
$s_{\perp}$

f_m in Hz	63,0	125	250	500	1000	2000	4000	8000		
$L_{s,Okt}$	41,3	43,3	49,3	46,3	54,3	62,3	47,3	45,3	dB(A)	Gl. (7.24),(7.10)
$L_{s,A}$	63,5	dB(A)	Gl. (2.262)							
$L_{s,A,\,zulässig}$	50,0	dB(A)								
ΔL	13,5	dB(A)								

Für die Entfernung $s_m = 82$ m, ist $K_Q \approx 0$, s. b)!

Für die Einhaltung des zulässigen Immissionsrichtwertes von 50 dB(A) am Immissionsort muss die Rohrleitung, bezogen auf das Frequenzspektrum des Luftschalls, um 13,5 dB(A) gedämmt bzw. isoliert werden.

Übung 7.6.2

Damit man die Flächenschallquellen, z. B. das Gewerbegebiet, als Punktschallquelle betrachten kann, muss die größte Ausdehnung der Flächenschallquelle, im vorliegenden Fall die Diagonale „D" der Fläche, kleiner sein als die halbe Entfernung $D \leq s_m$, s. Abb. 7.11 und 7.12 sowie [3], Kap. 7.

Hinweis Für diese Berechnung wird der Höhenunterschied zwischen dem Gewerbegebiet und dem Immissionsort vernachlässigt.

a)

L_G	810,0	m	
B_G	400,0	m	
s	920,0	m	
D	903,4	m	
l	1325,0	m	
d_m	1340,0	m	
$d_m/2$	670,0	m	$d_m/2 < D$

Unterteilung notwendig !

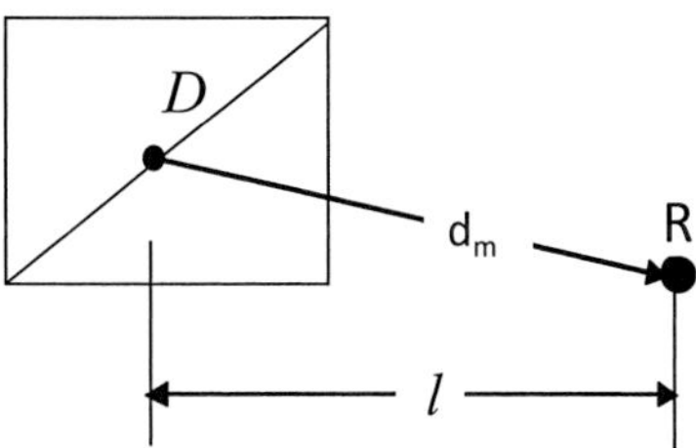

Das Gewerbegebiet wird in zwei Teilflächen unterteilt.
Nachweis für die nächstgelegene Teilfläche zum Immissionsort:

l_1	1122,5	m	
d_{m1}	1140,2	m	
D_1	569,2	m	
$d_{m1}/2$	570,1	m	$d_{m1}/2 > D_1$

keine weitere Unterteilung notwendig !

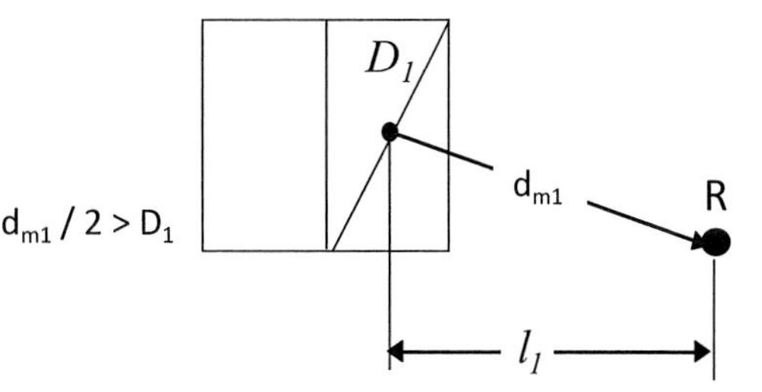

b) Berechnung des Immissionspegels nach dem Überschlägigen Berechnungsverfahren (DIN EN ISO 9613-2):

$$L_{AT}\ (DW) = L_{WA} + D_C - A_{500\ Hz}\ dB(A) \qquad Gl.(7.62)$$

Koordinaten in m:	x	y	z
S_1	607,5	200	0,50
S_2	202,5	200	0,50
Immissionsort R	1730,0	0	3,50

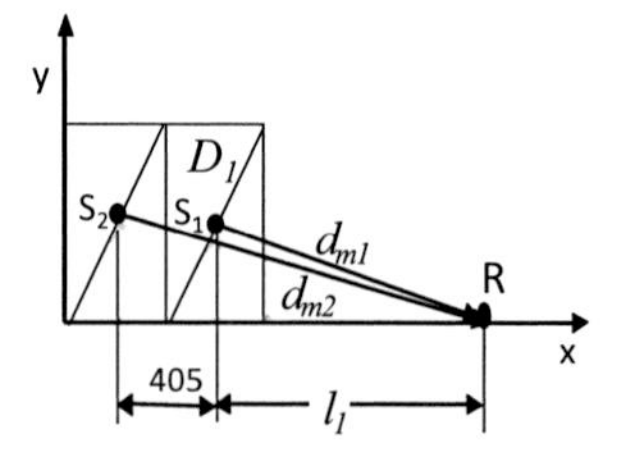

	Tag	Nacht		
Lw"	**75**	**55**	dB(A)	
$S_1 = S_2$	162000	162000	m²	
$L_{W1} = L_{W2}$	**127,1**	**107,1**	dB(A)	
D_I	0	0	dB	Keine Richtwirkung !
D_Ω	3	3	dB	Halbraum !
D_C	3,0	3,0	dB	Gl. (7.63)
d_{m1}	1140,2	1140,2	m	Gl. (7.44)
d_{m2}	1540,5	1540,5	m	Gl. (7.44)
A_{div1}	72,1	72,1	dB	Gl. (7.35)
A_{div2}	74,8	74,8	dB	Gl. (7.35)
$A_{atm1,500\ Hz}$	2,2	2,2	dB	Gl. (7.36)
$A_{atm2,500\ Hz}$	2,9	2,9	dB	Gl. (7.36)
$h_m = (z_S + z_R)/2$	2,0	2,0	m	s. Abb. 7.16
A_{gr1}	4,7	4,7	dB	Gl. (7.38)
A_{gr2}	4,8	4,8	dB	Gl. (7.38)
$A_{1,500\ Hz}$	79,0	79,0	dB	Gl. (7.58) , $A_{bar} = A_{misc} = 0$
$A_{2,500\ Hz}$	82,4	82,4	dB	Gl. (7.58) , $A_{bar} = A_{misc} = 0$
$L_{AT,1}(DW)$	51,0	31,0	dB(A)	Gl. (7.62)
$L_{AT,2}(DW)$	47,7	27,7	dB(A)	Gl. (7.62)
$L_{AT}(DW)$	**52,7**	**32,7**	**dB(A)**	Gl. (2.262)

K_R	6,0	dB	
T_r	16	h	Beurteilungszeit für den Tag (6.00-22.00 Uhr)
T_R	3,0	h	Ruhezeiten (6.00-7.00 Uhr und 20.00-22.00 Uhr)
$K_T = K_I$	0,0	dB	Keine Ton- und Impulshaltigkeit !
$L_{r,Tag}$	**54,6**	dB(A)	Gl. (2.283)
$L_{r,Nacht}$	**32,7**	dB(A)	Für die Nacht werden keine Ruhezeitzuschläge berücksichtigt !

Beurteilung:

	Tag	Nacht	
L_r	55	33	dB(A) *)
Immissionsrichtwerte	50	35	dB(A)

Tag nicht eingehalten ; Nacht eingehalten

*) Für die Beurteilung werden die gerechneten Werte auf volle dB auf- bzw. abgerundet !

a) Ohne Schallschutzwand

	Koordinaten in m		
	x	y	z
Immissionsort (R)	185	0	2
Maschine (S)	0	0	2

h_s	2	m	s. Abb. 7.15
h_r	2	m	"
$d_p = d$	185	m	"
$G_s = G_m = G_r$	0	-	Harter Boden
q	0,351	-	$d_p > 30 \cdot (h_s + h_r)$, s. Tab. 7.2

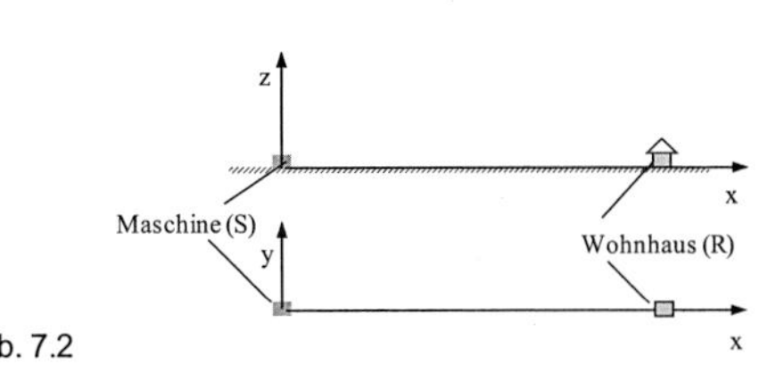

f_m in Hz	63	125	250	500	1000	2000	4000	8000		
$L_{WA,Okt}$	74	84	92	85	91	88	82	79	dB(A)	
D_Ω	0,0								dB	s. Hinweis zur Abb. 7.16 ,[3]
D_C	0,0								dB	Gl. (7.57), $D_I = 0$
A_{div}	56,3								dB	Gl. (7.35)
α	0,1	0,4	1	1,9	3,7	9,7	32,8	117	dB/km	s. Tab. 7.1
A_{atm}	0,0	0,1	0,2	0,4	0,7	1,8	6,1	21,6	dB	Gl. (7.36)
$A_{S,fm}$	-1,5	-1,5	-1,5	-1,5	-1,5	-1,5	-1,5	-1,5	dB	s. Tab. 7.2
$A_{m,fm}$	-1,1	-1,1	-1,1	-1,1	-1,1	-1,1	-1,1	-1,1	dB	"
$A_{r,fm}$	-1,5	-1,5	-1,5	-1,5	-1,5	-1,5	-1,5	-1,5	dB	"
Agr,f	-4,1	-4,1	-4,1	-4,1	-4,1	-4,1	-4,1	-4,1	dB	Gl. (7.37)
A	52,3	52,4	52,5	52,6	53,0	54,1	58,4	73,9	dB	Gl. (7.58), $A_{bar} = A_{misc} = 0$
$L_{AT,fm}$(DW), ohne Schirm	21,7	31,6	39,5	32,4	38,0	33,9	23,6	5,1	dB(A)	

L_{AT}(DW), ohne Schirm	**43,3**	dB(A)	Gl. (2.262)

b) **Mit Schallschutzwand**

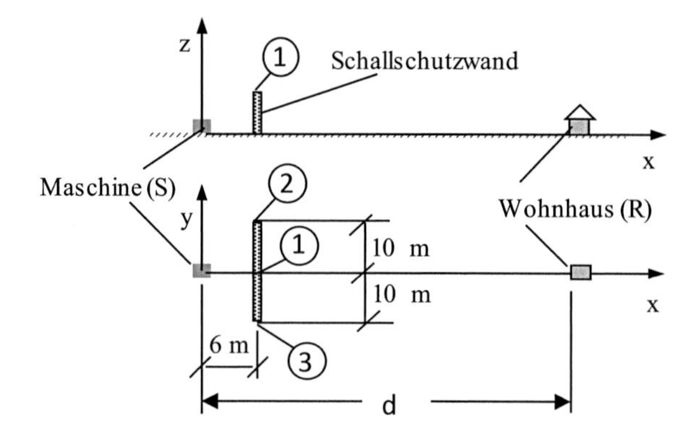

Koordinaten:

	x	y	z	d	d_{Ss} Gl. (7.44)	d_{SR}	z Gl. (7.43)	K_{met} Gl. (7.48)
Maschine (S)	0	0	2	-	-	-	-	-
Immissionsort (R)	185	0	2	-	-	-	-	-
Schirmweg 1	6	0,0	3,6	185,0	6,2	179,0	0,22	0,71
Schirmweg 2	6	10,0	2,00	185,0	11,7	179,3	5,94	1,00
Schirmweg 3	6	-10,0	2,00	185,0	11,7	179,3	5,94	1,00

c1	3	-	Gl. (7.46)							
c2	20	-	Gl. (7.46)							
c3	1	-	Gl. (7.46)							
c	340	m/s								
f	63	125	250	500	1000	2000	4000	8000	Hz	
$\lambda = c / f$	5,40	2,72	1,36	0,68	0,34	0,17	0,09	0,04	m	
D_{z1}	5,5	6,2	7,2	8,8	10,8	13,2	15,9	18,8	dB	Gl. (7.46)
$A_{bar1} = D_{z1} - A_{gr}$	9,6	10,2	11,3	12,8	14,9	17,3	20,0	20,0	dB	Gl. (7.49)
$A_{bar2} = D_{z2}$	14,0	16,7	19,6	20,0	20,0	20,0	20,0	20,0	dB	Gl. (7.46)
$A_{bar3} = D_{z3}$	14,0	16,7	19,6	20,0	20,0	20,0	20,0	20,0	dB	Gl. (7.46)
ΔA_{bar}	2,4	1,6	1,1	1,4	2,1	3,2	4,8	4,8	dB	Gl. (7.55)
$L_{AT,fm}$(DW), mit Schirm	14,5	23,0	29,4	20,9	25,2	19,8	8,4	-10,2	dB(A)	Gl. (7.54)
L_{AT}(DW), mit Schirm	**32,2**	dB(A)	Gl. (2.262)							

c)

Beurteilung nach TA-Lärm

K_R	6,0	dB	Ruhezeitzuschalag
Tr	16	h	Beurteilungszeit für den Tag (6.00-22.00 Uhr)
T_R	3,0	h	Ruhezeiten (6.00-7.00 Uhr und 20.00-22.00 Uhr)
K_T	3,0	dB	Tonhaltigkeit für den Tag und die Nacht
K_I	0,0	dB	Impulshaltigkeit

ohne Schallschirm

L_{AT}(DW), ohne Schirm	**43,3**	dB(A)	a)		
$L_{r,\,Tag}$	**48**	dB(A)	Gl. (2.283)	< 50 dB(A)	eingehalten !
$L_{r,Nacht} = L_{AT}(DW) + K_T$	**46**	dB(A) *)		> 35 dB(A)	nicht eingehalten !

mit Schallschirm

L_{AT}(DW), mit Schirm	**32,2**	dB(A)	b)		
$L_{r,\,Tag}$	**37**	dB(A)	Gl. (2.283)	< 50 dB(A)	eingehalten !
$L_{r,Nacht} = L_{AT}(DW) + K_T$	**35**	dB(A) *)		= 35 dB(A)	eingehalten !

∗Für die Nacht werden keine Ruhezeitzuschläge berücksichtigt !

d)

$\Delta L_{Okt.} = L_{AT,fm}$ (DW), ohne Schirm − $L_{AT,fm}$ (DW), mit Schirm

$\Delta L_A = L_{AT}$(DW), ohne Schirm - L_{AT}(DW), mit Schirm

f	63	125	250	500	1000	2000	4000	8000	Hz
$\Delta L_{Okt.}$	**7,2**	**8,6**	**10,1**	**11,4**	**12,8**	**14,1**	**15,2**	**15,2**	**dB**
ΔL_A	**11,1**	dB(A)							

12.7 Lösungen Kapitel 8

Übung 8.15.1

a)

l_x	4,5	m
l_y	3,6	m
l_z	2,4	m
c	340	m/s
n	620	1/min
z	9	-

Erregerfrequenzen:

$f_{e,0}$	93,0	Hz	**Gl. (5.39), Drehklang bzw. Grundfrequenz des Ventilators**
$f_{e,1}$	186,0	Hz	1. Harmonische der Grundfrequenz
$f_{e,2}$	279,0	Hz	2. Harmonische der Grundfrequenz
$f_{e,3}$	372,0	Hz	3. Harmonische der Grundfrequenz

Eigenfrequenzen des Raumes

$f_{1,0,0}$	37,8	Hz	Gl. (8,5), $n_x = 1$, $n_y = 0$, $n_z = 0$
$f_{2,0,0}$	75,6	Hz	Gl. (8,5), $n_x = 2$, $n_y = 0$, $n_z = 0$
$f_{3,0,0}$	113,3	Hz	Gl. (8,5), $n_x = 3$, $n_y = 0$, $n_z = 0$
$f_{0,1,0}$	47,2	Hz	Gl. (8,5), $n_x = 0$, $n_y = 1$, $n_z = 0$
$f_{0,2,0}$	94,4	Hz	Gl. (8,5), $n_x = 0$, $n_y = 2$, $n_z = 0$
$f_{0,3,0}$	141,7	Hz	Gl. (8,5), $n_x = 0$, $n_y = 3$, $n_z = 0$
$f_{0,0,1}$	70,8	Hz	Gl. (8,5), $n_x = 0$, $n_y = 0$, $n_z = 1$
$f_{0,0,2}$	141,7	Hz	Gl. (8,5), $n_x = 0$, $n_y = 0$, $n_z = 2$
$f_{1,1,0}$	60,5	Hz	Gl. (8,5), $n_x = 1$, $n_y = 1$, $n_z = 0$
$f_{1,2,0}$	101,7	Hz	Gl. (8,5), $n_x = 1$, $n_y = 2$, $n_z = 0$
$f_{2,2,0}$	120,9	Hz	Gl. (8,5), $n_x = 2$, $n_y = 2$, $n_z = 0$
$f_{1,1,1}$	93,1	Hz	**Gl. (8,5), $n_x = 1$, $n_y = 1$, $n_z = 1$**
$f_{1,2,1}$	124,0	Hz	Gl. (8,5), $n_x = 1$, $n_y = 2$, $n_z = 1$

Mit hoher Wahrscheinlichkeit wird die Geräuschbelästigung durch Resonanzanregung, (Übereinstimmung des Drehklangs des Ventilators mit der Raumeigenfrequenz $f_{1,1,1}$) verursacht. Durch die stehenden Wellen im Raum ist der Schalldruckpegel an bestimmten Orten im Raum (Schwingungsbäuche) deutlich höher. Dies wird auch durch Empfindungen, dass die Geräuschbelästigung nur an bestimmten Punkten im Raum wahrgenommen wird, bestätigt.

b) Als mögliche Maßnahmen kämen verschiedenen Möglichkeiten in Frage:
   1. Änderung der Drehzahl des Ventilators, zur Vermeidung der Resonanzanregung
   2. Einhausung des Ventilators mit mindestens 10 dB Pegelminderung bei 93 Hz
   3. Verlagerung des Ventilators innerhalb der Firma
   4. Sofern Rohrleitungen für die Geräuschentwicklung des Ventilators verantwortlich sind, Einbau eines Schalldämpfers und/oder Isolierung der Rohrleitungen, vor allem bei 93 Hz.

Übung 8.15.2

a)

m''_{Ziegel}	103,5	kg/m²	
m''_{Gips}	14,0	kg/m²	
m''_{W}	12,3	kg/m²	Gl. (8.74)
s´	4,00E+06	N/m³	
f_0	90,6	Hz	Gl. (8.81)

b)

Z	410	Ns/m³	
c	340	m/s	
E_{ziegel}	3,00E+09	N/m²	
d	0,115	m	
B´	417822,8	Nm	Gl. (2.63)
ϑ_D	0,06	-	

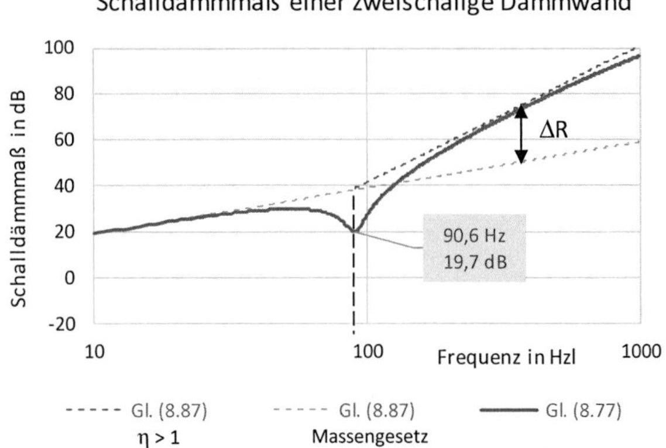

	Gl. (8.87) $\eta > 1$	Gl. (8.87) Massengesetz	$\eta = f/f_0$	Gl. (8.76)	Gl. (8.77), Gl. (8.76)
f in Hz	dB	dB	-	-	dB
10	-	19,1	0,110	1,012	19,0
11	-	19,9	0,121	1,015	19,8
12	-	20,7	0,132	1,018	20,5
13	-	21,4	0,143	1,021	21,2
14	-	22,0	0,154	1,024	21,8
.	.	.	.	.	.
.	.	.	.	.	.

	Gl. (8.87) $\eta > 1$	Gl. (8.87) Massengesetz	$\eta = f/f_0$	Gl. (8.76)	Gl. (8.77), Gl. (8.76)	
f in Hz	dB	dB	-	-	dB	
88	-	38,0	0,971	7,750	20,2	
89	-	38,1	0,982	8,174	19,8	
90	-	38,2	0,993	8,393	19,7	
90,6	38,2	38,2	1,000	8,397	19,7	Eigenfrequenz
91	38,3	38,3	1,004	8,343	19,8	
92	38,6	38,4	1,015	8,029	20,3	
93	38,9	38,5	1,026	7,524	20,9	
94	39,2	38,6	1,037	6,925	21,7	
95	39,5	38,6	1,048	6,311	22,6	
96	39,7	38,7	1,059	5,729	23,6	
97	40,0	38,8	1,070	5,202	24,5	
98	40,3	38,9	1,081	4,734	25,4	
99	40,5	39,0	1,092	4,325	26,3	
.	.	.	.	.	.	
.	.	.	.	.	.	
992	100,6	59,0	10,944	0,014	96,2	
993	100,6	59,0	10,955	0,014	96,2	
994	100,6	59,0	10,966	0,014	96,2	
995	100,7	59,0	10,977	0,014	96,2	
996	100,7	59,1	10,988	0,014	96,2	
997	100,7	59,1	10,999	0,014	96,3	
998	100,7	59,1	11,010	0,014	96,3	
999	100,8	59,1	11,021	0,014	96,3	
1000	100,8	59,1	11,032	0,014	96,3	

Wie aus dem Diagramm zu erkennen ist, wird durch die Vorsatzschale nur im Frequenzbereich oberhalb der Eigenfrequenz ($f > f_0$) eine Verbesserung des Schalldämmmaßes erreicht.

Bei den Frequenzen $f < f_0$ hat die Vorsatzschale kaum Einfluss auf das Schalldämmmaß. Im Bereich der Eigenfrequenz ($f \approx f_0$) ist das Schalldämmmaß mit der Vorsatzschale grundsätzlich niedriger als das Schalldämmmaß des Ziegelmauerwerks alleine. Durch die Dämpfung des Dämmmaterials wird vor allem der Einbruch des Schalldämmmaßes im Resonanzbereich begrenzt.

Bei höheren Frequenzen kann das Schalldämmmaß durch die sog. Dickenresonanzen vermindert werden, liegt aber höher als das Schalldämmmaß des Ziegelmauerwerks alleine (Massengesetz s. Abb. 8.26).

Im vorliegenden Beispiel beträgt die Grundeigenfrequenz, verursacht durch den Abstand der Vorsatzschale, s. Gl. (8.88):

$$f_{0,D} = 340\ \mathrm{m/s}/2 \cdot 0{,}05\ \mathrm{m} = 3400\ \mathrm{Hz}$$

Die Dickenresonanzen liegen bei f_0 und die Harmonischen der Grundfrequenz:

$$f_{n,D} = (n+1) \cdot f_{0,D}\ \mathrm{Hz} \quad ; \quad n = 1,2,3,\ldots$$

Übung 8.15.3

a)

L	14	m									
B	6	m									
H	4	m									
V	336	m³									
K_0	0	dB									
ΔL_A	5	dB(A)									
f_m in Hz	63	125	250	500	1000	2000	4000	8000	Summe		
$L_{WA,\ Maschine}$	62	78	83	**99**	94	89	85	76	100,7	dB(A)	
T_{fm}	1,8	1,7	1,7	1,5	1,3	1,1	1,0	0,8	-	s	
$\bar{A}_1$	30,4	32,2	32,2	36,5	42,1	49,8	54,8	68,5	-	m²	Gl. (8.130)

b)

f_m in Hz	63	125	250	500	1000	2000	4000	8000	Summe		
$L_{H,fm,1}$	**53,2**	**68,9**	**73,9**	89,4	**83,8**	**78,0**	**73,6**	**63,6**	**90,9**	**dB(A)**	Gl. (8.113)
$\Delta\bar{A}$	65,8	69,7	69,7	78,9	91,1	107,7	118,4	148,0	-	m²	Gl. (8.117)
α_{fm}	0,15	0,34	0,78	0,84	1,00	1,00	0,96	0,94	-	-	
$\Delta A_{theoretisch} = \Delta\bar{A}/\alpha_{fm}$	438,6	204,9	89,3	94,0	91,1	107,7	123,4	157,5	-	m²	Gl. (8.104)*)
$\Delta A_{tatsächlich}$, geschätzt				95,0					-	m²	*)
$\Delta\bar{A}_{tatsächlich}$	14,25	32,3	74,1	79,8	95	95	91,2	89,3	-	m²	Gl. (8.104)*)
$\bar{A}_2 = \bar{A}_1 + \Delta\bar{A}_{tatsächlich}$	44,7	64,5	106,3	116,3	137,1	144,8	146,0	157,8	-	m²	*)
$L_{H,fm,2}$	51,5	65,9	68,7	84,3	78,6	73,4	69,4	60,0	85,9	**dB(A)**	*)
					Kontrolle !			ΔL	**5,0**	**dB(A)**	*)

*) Die theoretisch erforderliche Fläche der Akustikplatten lässt sich nach Gl. (8.104) frequenzabhängig berechnen. Um die gewünschte Pegelminderung ΔL zu erreichen, müssen in erster Linie die Schalldruckpegel bei den Frequenzen reduziert werden, die

die höchsten Pegel aufweisen. In diesem Beispiel sind vor allem die Frequenzen 500 bis 2000 Hz.

Hierzu wird, orientiert an der erforderlichen Fläche für den höchsten A-Schalldruckpegel ($L_{pA,500\ Hz} = 89{,}4$ dB(A)), die erforderliche Fläche der Akustikplatten geschätzt. Damit lassen sich dann die zusätzlich erforderlichen äquivalenten Absorptionsflächen frequenzabhängig berechnen. Mit der neuen Oktav-Absorptionsfläche der Werkhalle kann dann der verminderte A-Oktavschalldruckpegel in der Werkhalle berechnet werden. Aus der Differenz von L_{pA} mit und ohne Akustikplatten wird die erreichte Pegelminderung kontrolliert und nötigenfalls die geschätzte Fläche der Akustikplatten geändert.

c)

f_m	63	125	250	500	1000	2000	4000	8000	Hz	
$\bar{A}_2$	44,7	64,5	106,3	116,3	137,1	144,8	146,0	157,8	m²	
r_H	0,9	1,1	1,5	1,5	1,7	1,7	1,7	1,8	m	Gl. (8.118)

Für r > r_H (der Hallradius) ist das Schallfeld in der Werkhalle diffus, d. h. die Pegelminderungen lassen sich frequenzabhängig ab den berechneten r_H -Werten nachweisen. Die Gesamtpegelminderung ΔL_{pA} in dB(A) kann in guter Näherung in ca. 1,5 m ($r_{H,500\ HZ}$) von der Maschine nachgewiesen werden.

Übung 8.15.4

a)

	x	y	z	R_W
	m	m	m	dB(A)
Immissionsort	25	84	3	-
Vorderwand	16	0	3,5	55
Seitenwand-links	0	-8,5	3,5	55
Seitenwand-rechts	32	-8,5	3,5	55
Rückwand	16	-17	3,5	55
Dach	16	-8,5	7	45
Tor, geschlossen	32	-8,5	2,5	24
Fenster 1, geschlossen	5	0	4,5	28
Fenster 2, geschlossen	27	0	4,5	28
Fenster 3, geschlossen	5	-17	4,5	28
Fenster 4, geschlossen	27	-17	4,5	28

Teilflächen	Vorderwand	Seitenwand - links	Seitenwand - recht	Rückwand	Dach	Fenster 1	Fenster 2	Fenster 3	Fenster 4	Tor		
Fläche A_W	212	119	99	212	544	6	6	6	6	20	m²	
Entfernung r	84,5	95,8	92,8	101,4	93,0	86,4	84,0	103,0	101,0	92,8	m	Gl. (7.44)
R_W	55	55	55	55	45	28	28	28	28	24	dB	
D_Ω *)	6	6	6	6	3	6	6	6	6	6	dB	
D_z *)	0	5	5	25	5	0	0	25	25	5	dB	
$L_{A1,Tag}$	94	94	94	94	94	94	94	94	94	94	dB(A)	
$L_{A1,Nacht}$	85	85	85	85	85	85	85	85	85	85	dB(A)	
$L_{Ai,Tag}$	12,7	4,1	3,6	-13,9	18,0	24,1	24,3	-2,5	-2,3	27,7	dB(A)	Gl. (8.150)
$L_{Ai,Nacht}$	3,7	-4,9	-5,4	-22,9	9,0	15,1	15,3	-11,5	-11,3	18,7	dB(A)	Gl. (8.150)
$L_{A,Tag}$	30,8	dB(A)	Gl. (2.262)									
$L_{A,Nacht}$	21,8	dB(A)	Gl. (2.262)									
$L_{r,Tag}$	33	dB(A) , Gl. (2.282)		< 55 eingehalten								
$L_{r,Nacht}$	22	dB(A)		< 45 eingehalten								

b)

Teilflächen	Vorderwand	Seitenwand - links	Seitenwand - recht	Rückwand	Dach	Fenster 1	Fenster 2	Fenster 3	Fenster 4	Tor		
Fläche A_W	212	119	99	212	544	6	6	6	6	20	m²	
Entfernung r	84,5	95,8	92,8	101,4	93,0	86,4	84,0	103,0	101,0	92,8	m	Gl. (7.44)
R_W	55	55	55	55	45	0	0	0	0	0	dB	
D_Ω *)	6	6	6	6	3	6	6	6	6	6	dB	
D_z *)	0	5	5	25	5	0	0	25	25	5	dB	
$L_{A1,Tag}$	94	94	94	94	94	94	94	94	94	94	dB(A)	
$L_{A1,Nacht}$	85	85	85	85	85	85	85	85	85	85	dB(A)	
$L_{Ai,Tag}$	12,7	4,1	3,6	-13,9	18,0	52,1	52,3	25,5	25,7	51,7	dB(A)	Gl. (8.150)
$L_{Ai,Nacht}$	3,7	-4,9	-5,4	-22,9	9,0	43,1	43,3	16,5	16,7	42,7	dB(A)	Gl. (8.150)
$L_{A,Tag}$	56,8	dB(A)	Gl. (2.262)									
$L_{A,Nacht}$	47,8	dB(A)	Gl. (2.262)									
$L_{r,Tag}$	59	dB(A) , Gl. (2.282)		> 55 nicht eingehalten								
$L_{r,Nacht}$	48	dB(A)		> 45 nicht eingehalten								

*) Siehe die Erläuterungen zur Gl. (8.150) !

c) Wie aus der Tabelle nach b) leicht zu erkennen ist, wird der Immissionspegel maßgebend durch die Schallabstrahlung der Fenster 1 und 2 sowie das Tor bestimmt.

Als kurzfristige Maßnahme sollten die Fenster 1 und 2 am Tag und in der Nacht geschlossen werden. Dadurch werden die Immissionsrichtwerte eingehalten:

Teilflächen	Vorderwand	Seitenwand - links	Seitenwand - recht	Rückwand	Dach	Fenster 1	Fenster 2	Fenster 3	Fenster 4	Tor		
	Ergebnisse nach a)							Ergebnisse nach b)				
$L_{Ai,Tag}$	12,7	4,1	3,6	-13,9	18,0	24,1	24,3	25,5	25,7	51,7	dB(A)	Gl. (8.150)
$L_{Ai,Nacht}$	3,7	-4,9	-5,4	-22,9	9,0	15,1	15,3	16,5	16,7	42,7	dB(A)	Gl. (8.150)
$L_{A,Tag}$	51,7	dB(A)	Gl. (2.262)									
$L_{A,Nacht}$	42,7	dB(A)	Gl. (2.262)									
$L_{r,Tag}$	54	dB(A) , Gl. (2.282)		< 55 eingehalten								
$L_{r,Nacht}$	43	dB(A)		< 45 eingehalten								

Als langfristige Maßnahme sollte der innere Hallenpegel z. B. durch primäre oder sekundäre Maßnahmen an der Maschine reduziert werden, siehe u. a. die Ausführungen in [31], Kap. 8.

Die primären Maßnahmen können z. B. durch konstruktive Maßnahmen in Zusammenarbeit mit dem Maschinenhersteller erreicht werden. Die sekundären Maßnahmen, können z. B. durch Einhausung der Maschine (Schallschutzkapsel) realisiert werden.

Die erforderlichen Pegelminderungen lassen sich einfach aus der Differenz zwischen berechneten Beurteilungspegeln und Immissionsrichtwerten nach b) bestimmen:

$$\Delta L_{Tag} = 59 - 55 = 4 \text{ dB(A)}$$
$$\Delta L_{Tag} = 48 - 45 = 3 \text{ dB(A)}$$

12.8 Lösungen Kapitel 9

Übung 9.5.1

a)

	L	B	H	
Maschine:	1,8	1,4	1,6	m
Halle:	22,0	14,0	5,0	m

d = Messabstand	1,0	m	
2·a	3,8	m	
2·b	3,4	m	
c	2,6	m	
S	50,4	m²	Gl. (9.17)
$L_S = 10 \cdot \lg(S/S_0)$	17,0	dB	
V	1540	m³	
K_1	0	dB	

f_m in Hz	63	125	250	500	1000	2000	4000	8000		
L_{pA1}	61,0	61,9	69,5	71,4	69,5	62,7	63,7	58,7	dB(A)	
L_{pA2}	64,2	66,5	74,6	75,2	74,6	67,4	68,4	58,8	dB(A)	
L_{pA3}	64,3	64,5	72,4	74,4	72,4	65,3	66,3	62,2	dB(A)	
L_{pA4}	69,0	69,9	78,4	77,5	76,7	70,8	71,9	64,7	dB(A)	
L_{pA5}	68,7	67,8	76,1	78,2	76,1	68,7	69,8	61,5	dB(A)	
Nachhallzeit	1,8	1,7	1,6	1,6	1,4	1,3	1,1	1,0	s	
$L'_{pA,Okt,Arbeitsplatz}$	68,0	69,8	78,7	79,6	76,2	69,2	67,3	60,5	dB(A)	
$L'_{pA,\,Arbeitsplatz}$	**83,8**	dB(A)	Gl. (2.262)							
A	139,5	147,7	156,9	156,9	179,3	193,1	228,2	251,0	m²	Gl. (8.130)
$\overline{L}'_{pA,Okt,Hüllfläche}$	66,5	66,9	75,2	75,9	74,5	67,8	68,9	61,8	dB(A)	Gl. (2.269)
$\overline{L}'_{pA,Hüllfläche}$	**81,0**	dB(A)	Gl. (2.262)							
$L'_{pA,Okt,Arbeitsplatz} - \overline{L}'_{pA,Okt,Hüllfläche}$	1,5	2,9	3,5	3,7	1,7	1,4	-1,6	-1,3	dB(A)	Gl. (9.49)
$K_{3,Okt}$	2,3	1,5	1,3	1,2	1,9	2,0	4,8	4,0	dB	Gl. (9.48)
$L_{pA,Okt,Arbeitsplatz} = L'_{pA,Okt,\,Arbeitsplatz} - K_{3,Okt}$	65,7	68,2	77,4	78,4	74,3	67,2	62,5	56,5	dB(A)	Gl. (9.45)
$L_{pA,\,Arbeitsplatz}$	82,3	dB(A)	Gl. (2.262)							

82,3 > 80 dB(A) Die Herstellerangaben sind nicht erfüllt !

b)

f_m in Hz	63	125	250	500	1000	2000	4000	8000		
$K_{2,Okt}$	3,9	3,7	3,6	3,6	3,3	3,1	2,7	2,6	dB	Gl. (9.29)
$L_{pA,Okt,\,Hüllfläche} = \overline{L}'_{pA,Okt,Hüllfläche} - K_{2,Okt}$	62,6	63,2	71,6	72,4	71,3	64,7	66,1	59,2	dB(A)	
$L_{pA,Hüllfläche}$	**77,5**	dB(A)	Gl. (2.262)							
$K_{2A} = \overline{L}'_{pA,Okt,Hüllfläche} - L_{pA,Hüllfläche}$	**3,4**	dB(A)	Genauigkeitsklasse 2, s. Abb. 9.4							

$K_{3A} = L'_{pA,Arbeitsplatz} - L_{pA,\,Arbeitsplatz}$	**1,5**	dB(A)

Übung 9.5.2

a)

	L	B	H	
Maschine:	2,2	1,8	1,6	m
Halle:	24,0	15,0	5,5	m

d = Messabstand	1,5	m	
2·a	5,2	m	
2·b	4,8	m	
c	3,1	m	
S	87,0	m²	Gl. (9.17)
$L_S = 10 \cdot \lg(S/S_0)$	19,4	dB	
V	1980	m³	

f_m in Hz	63	125	250	500	1000	2000	4000	8000	Summe (Gl. (2.262))		
$L_{pA}'{}_{,Arbeitsplatz}$	69,8	71,3	80,1	82,2	81,5	72,3	73,4	70,8	86,8	dB(A)	
L_{pA1}'	71,0	73,5	82,5	84,8	82,5	74,5	75,7	73,0	88,9	dB(A)	
L_{pA2}'	68,0	71,4	80,2	82,4	80,2	72,4	73,5	70,0	86,6	dB(A)	
L_{pA3}'	72,0	72,8	81,8	84,0	81,8	73,8	74,9	71,0	88,2	dB(A)	
L_{pA4}'	70,0	72,1	81,0	83,2	81,0	73,1	74,2	68,0	87,3	dB(A)	
L_{pA5}'	68,0	69,3	77,8	80,0	77,8	70,3	71,3	69,0	84,3	dB(A)	
$\overline{L_{pA}''}$	66,0	68,0	76,0	74,0	74,0	68,0	64,0	63,0	80,5	dB(A)	
Nachhallzeit	1,7	1,6	1,4	1,3	1,0	0,8	0,7	0,6	-	s	
A	189,8	201,7	230,5	248,3	322,7	403,4	461,1	537,9	-	m²	Gl.(8.130)
$K_{2,Okt}$	4,5	4,4	4,0	3,8	3,2	2,7	2,4	2,2	-	dB	Gl. (9.29) bzw. (9.30)
$\overline{\overline{L_{pA}}}'$	70,1	72,1	80,9	83,2	80,9	73,0	74,2	70,6	87,3	dB(A)	Gl. (2.269)
ΔL	4,1	4,1	4,9	9,2	6,9	5,0	10,2	7,6	-	dB	Gl. (9.23)
$K_{1,Okt}$	2,1	2,2	1,7	0,6	1,0	1,6	0,4	0,8	-	dB	Gl. (9.23)
$L_{wA,Okt}$	82,8	85,0	94,6	98,2	96,2	88,1	90,7	86,9	102,2	dB(A)	Gl. (9.26)
L_{WA}	102,2	dB(A)	< 103 dB(A) die Herstellerangabe ist erfüllt !								

$\Delta L_{Arbeitsplatz}$	3,8	3,3	4,1	8,2	7,5	4,3	9,4	7,8	-	dB	Gl. (9.23)
$K_{1,\,Arbeitsplatz}$	2,3	2,7	2,2	0,7	0,9	2,0	0,5	0,8	-	dB	Gl. (9.23)
$L_{pA}'{}_{,Arbeitsploatz} - \overline{L_{pA}}'$	-0,3	-0,7	-0,9	-1,0	0,6	-0,8	-0,8	0,3	-	dB	Gl. (9.49)
$K_{3,Okt}$	5,1	6,0	5,7	5,7	2,6	3,5	3,1	2,0	-	dB	Gl. (9.47)
$L_{pA}'{}_{Arbeitsplatz} - K_{3,Okt} - K_{1,Okt}$	62,3	62,6	72,2	75,8	78,0	66,8	69,7	68,0	81,5	dB(A)	Gl. (9.46)
$L_{pA,Arbeitspaltz}$	81,5	dB(A)	**> 80 dB(A) die Herstellerangabe ist nicht erfüllt !**								

b)

f_m in Hz	63	125	250	500	1000	2000	4000	8000	Summe (Gl. (2.262))
$L_{wA,Okt}$ ohne $K_{2,Okt}$	87,3	89,3	98,6	102,0	99,3	90,8	93,1	89,1	105,7
K_{2A}= 105,7 - 102,6	3,5	dB(A)	Genauigkeitsklasse 2, s. Abb. 9.4						

c)

	L	B	H	
Maschine:	2,2	1,8	1,6	m
d = Messabstand	1,0	m		
2·a	4,2	m		
2·b	3,8	m		
c	2,6	m		
S	57,6	m²	Gl. (9.17)	
$L_S = 10 \cdot \lg (S/S_0)$	17,6	dB		

fm in Hz	63	125	250	500	1000	2000	4000	8000	Summe (Gl. (2.262))		
$L_{wA,Okt}$	82,8	85,0	94,6	98,2	96,2	88,1	90,7	86,9	102,2	dB(A)	a)
1m-$L_{pA,Okt\ in\ Freien}$	65,2	67,4	77,0	80,6	78,6	70,5	73,1	69,3	84,6	dB(A)	Gl. (9.26) und (9.27)
1m-$L_{pA,in\ Freien}$	84,6	dB(A)	$K_1 = K_2 = 0$!								

12.9 Lösungen Kapitel 10

Übung 10.8.1

a)

$\dot{V}$	25,00	l/min	
$\dot{V}$	4,167E-04	m³/s	
d_i	0,015	m	
$S = A_S$	1,767E-04	m²	
Ls	-37,5	dB	
$\rho_{Öl} = \rho_i$	900	kg/m³	
$K_{Öl}$	1,50E+09	N/m²	
$c_{Öl} = c_i$	1291	m/s	Gl. (2.51)
f_g	50435	Hz	Gl. (10.18)
K_D	0	dB	$\lambda/d_i > 1$, Abb. 10.4
E_W	2,10E+11	N/m²	
ρ_W	7850	kg/m³	
μ	0,3	-	
c_{De}	5421,9	m/s	Gl. (3.10)
h	1,50E-03	m	
K_{0i}	-35	dB	Gl. (10.74)
f_R	115057	Hz	Gl. (10.32)
K	10	dB	
K_α	0	dB	
l	1,0	m	

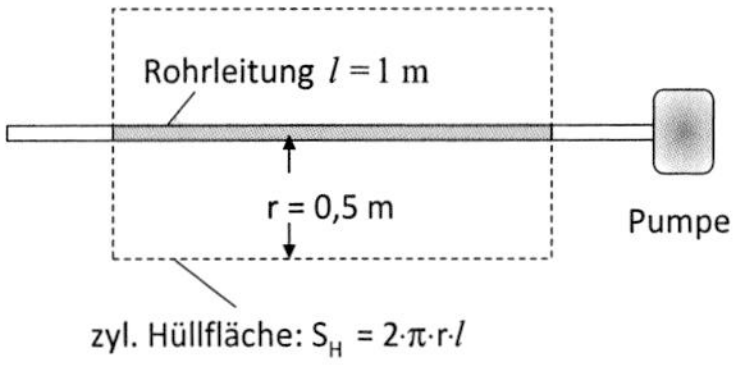

Rohrleitung $l = 1$ m
r = 0,5 m
Pumpe
zyl. Hüllfläche: $S_H = 2 \cdot \pi \cdot r \cdot l$

f_m	63	125	250	500	1000	2000	4000	8000	Hz	
$L_{pi,fm}$	175	178	180	179	175	164	161	156	dB	
$L_{wi,fm}$	103	106	108	107	103	92	89	84	dB	Gl. (10.27)
K_{fm}	65	59	53	47	41	35	29	23	dB	Gl. (10.35)
R_{fm}	75	69	63	57	51	45	39	33	dB	Gl. (10.35)
$L_{Wa,fm}$	52	61	69	74	76	71	74	75	dB	Gl. (10.70)
ΔL_{fm}	-26,2	-16,1	-8,6	-3,2	0,0	1,2	1,0	-1,1	dB	Tabelle (2.10)
$L_{WAa,fm} = L_{Wa,fm} + \Delta_{Lfm}$	25,6	44,7	60,2	70,6	75,9	72,1	74,9	73,8	dB(A)	
L_{WAa}	**80,9**	**dB(A)**	Gl. (2.262)							

b)

r	0,5	m								
$S_H = 2 \cdot \pi \cdot r \cdot l$	3,1	m²								
L_{SH}	5,0	dB								
f_m	63	125	250	500	1000	2000	4000	8000	Hz	
$L_{pAa,fm}$	20,7	39,7	55,2	65,7	70,9	67,1	69,9	68,9	dB(A)	Gl. (9.15)
L_{pAa}	**75,9**	**dB(A)**	Gl. (2.262)							

Übung 10.8.2

a1) Maschine

L=	24	m	
B=	16	m	
H=	5	m	
V	1920	m²	
$Z_{luft} = \rho_{Luft} \cdot c_{Luft}$	410	Ns/m³	
K_0	-0,1	dB	Gl. (2.258)

f_m in Hz	63	125	250	500	1000	2000	4000	8000	Summe	Hz	
$L_{WA,\,Maschine}$	68,6	70,5	78,3	86,4	80,2	76,0	73,4	66,9	88,4	dB(A)	
T_S	1,8	1,7	1,7	1,3	1,2	1,1	1,0	0,8	-	s	
A_{ges}	173,9	184,1	184,1	240,7	260,8	284,5	313,0	391,2	-	m²	Gl. (8.130)
$L_{pA,fm,M} = L_{H,fm},M$	52,3	54,0	61,8	68,7	62,1	57,6	54,6	47,1	70,7	dB(A)	Gl. (9.40)

$L_{pA,M} = L_{HA,M}$	70,7	dB(A)	Gl.(2.262)

a2) Kanal

l	24	m	
D_i	0,3	m	
A_S	0,071	m²	
t_i	20	°C	
T_i	293	K	
p_i	1,01E+05	N/m²	
R_i	287	Nm/kgK	
$\rho_i = p_i / R_i \cdot T_i$	1,20	kg/m³	
$\dot{V}$	8500	m³/h	
$\dot{V}$	2,36	m³/s	
w	33,40	m/s	
κ	1,4	-	
c_i	343,1	m/s	
$Ma = c_i / w$	0,097	-	
E_W	2,10E+11	N/m²	
ρ_W	7800	kg/m³	
h	0,0012	m	
$m'' = \rho_W \cdot h$	9,36	kg/m²	
μ	0,3	-	
c_{De}	5439,3	m/s	Gl. (3.10)

fm	63	125	250	500	1000	2000	4000	8000	Summe	dB(A)	
$L_{WAi,fm,K}$	74	92	98	102	96	88	80	73	104,5	dB(A)	
R	35	35	35	35	35	35	35	35	-	dB	Gl. (10.34)
$\alpha \cdot D_i$	0,008	0,011	0,016	0,023	0,032	0,045	0,064	0,090	-	dB	Gl.(10.44)
B	0,123	0,153	0,196	0,257	0,343	0,465	0,637	0,880	-	-	Gl. (10.72)
$K\alpha$	0,01	0,02	0,03	0,05	0,08	0,16	0,29	0,55	-	dB	Gl.(10.71)
$L_{WAa,l,fm}$	63,9	81,9	87,9	91,9	86,0	78,0	70,2	63,4	94,5	dB(A)	Gl. (10.70)
$L_{pA,fm,K} = L_{H,fm,K}$	47,6	65,4	71,4	74,2	67,9	59,6	51,3	43,6	77,1	dB(A)	Gl. (9.40)

$L_{pA,K} = L_{HA,K}$	77,1	dB(A)	Gl.(2.262)

a3) Maschine + Kanal

$L_{pA,fm,M} + L_{pA,fm,K}$	53,6	65,7	71,8	75,3	68,9	61,7	56,2	48,7	78,0	dB(A)	Gl.(2.262)

$L_{pA,M} + L_{pA,K}$	78,0	dB(A)	Gl.(2.262)

b)

p_{sta}	101000	N/m²	
T	293	K	
$\dot{V}$	8500	m³/h	
R	287	Nm/kg K	
d	0,3	m	
S	0,071	m²	
u = w	33,4	m/s	
K	2,7	dB	Gl. (5.46)
$L_{wi,Strömung}$	81,8	dB	Gl. (5.46)

Frequenz	63	125	250	500	1000	2000	4000	8000	Summe	dB(A)	
f_m/u	1,9	3,7	7,5	15,0	29,9	59,9	119,8	239,5	-	1/m	
$\Delta L_{W,fm}$	-5,0	-5,0	-5,0	-6,2	-10,9	-15,5	-20,2	-24,9	-	dB	Abb. 5.13
ΔL_{fm}	-26,2	-16,1	-8,6	-3,2	0,0	1,2	1,0	-1,1	-	dB	Tab. 2.10
$L_{WA,fm,Strömung}$ *)	50,6	60,7	68,2	72,4	70,9	67,4	62,6	55,8	76,6	dB(A)	
$L_{WA,Strömung}$	76,6	dB(A)	Gl.(2.262)								

$L_{WAi,fm,K}$	74,0	92,0	98,0	102,0	96,0	88,0	80,0	73,0	104,5	dB(A)
ΔL	23,4	31,3	29,8	29,6	25,1	20,6	17,4	17,2	-	dB

*) $L_{WA,fm,Strömung} = L_{Wi,Strömung} + \Delta L_{W,fm} + \Delta L_{fm}$

Die Ergebnisse zeigen, dass der gemessene innere Schallleistungspegel im Kanal fast ausschließlich durch den Ventilator verursacht wird. Die Differenz zwischen gemessenem inneren Schallleistungspegel und reinen Strömungsgeräuschen ist in allen Oktaven deutlich größer als 10 dB. Daher haben die Strömungsgeräusche keinen Einfluss auf die Messwerte

12.10 Lösungen Kapitel 11

Lösung 11.8.1

Aus Gl. 11.4 folgt für die charakteristische Impedanz der Rohrleitung

$$Y = \frac{\rho c}{S} = 1{,}21 \frac{kg}{m^3} 331 \frac{m}{s} \frac{1}{0{,}004 m^2} \approx 10^5 \frac{kg}{m^4 s}$$

Aus dem Schalldruckpegel und des Bezugsschalldruckes $p_0 = 20 \cdot 10^{-6}\, Pa$ folgt der folgt der effektive Schalldruck

$$\widetilde{p} = p_0 \cdot 10^{\frac{Lp}{20}} = 20 \cdot 10^{-6}\, Pa \cdot 10^{\frac{94}{20}} \approx 1\, Pa$$

Zu einem Schalldruck von 1 Pa in dieser Rohrleitung korrespondiert damit ein Schallfluss von

$$u = p\frac{S}{\rho c} = 1\frac{kgm}{s^2m^2}10^{-5}\frac{m^4s}{kg} = 10^{-5}\frac{m^3}{s}$$

Der Zahlenwert des Schallfluss‘ ist wesentlich kleiner als der Zahlenwert des Schalldrucks. Das kann u. U. zu numerischen Problemen bei der Berechnung führen. Entsprechend vorsichtig muss man verfahren.

Lösung 11.8.2
Aus Tab. 5.5 folgt für Stickstoff die Schallgeschwindigkeit von 335 m/s.

Die Machzahl ergibt sich zu

$$Ma = \frac{u_m}{c_{N2}} = \frac{10}{335} = 0{,}03$$

Die Wellenzahl ist

$$k = \frac{2\pi f}{c_{N2}} = \frac{2\pi\ 150\ 1/s}{335\ m/s} = 2{,}81\ 1/m$$

Es gilt

$$\frac{kd}{Ma} = \frac{2{,}81\frac{1}{m}\cdot 0{,}1\ m}{0{,}03} = 9{,}4 > 3{,}6 \rightarrow (Kap.11.3.8.2)\ V_{St} = \frac{8}{9}$$

Der Betrag des Reflexionsfaktors nach Gl. (11.17) ist

$$|r| = (1 + V_{St}\cdot Ma)\left(1 - \frac{1}{8}k^2d^2\right) = \left(1 + \frac{8}{9}\cdot 0{,}03\right)\cdot\left(1 - \frac{1}{8}\cdot\frac{2{,}81^2}{m^2}\cdot 0{,}1^2m^2\right) \approx 1{,}02$$

Der Reflexionsfaktor ist hier größer 1. Das Gesetz der Energieerhaltung wird nicht verletzt, da der Reflexionsfaktor ein Amplitudenverhältnis von Feldgrößen ist und kein Verhältnis von Energien, Intensitäten oder Leistungen. Die Leistung der rückwärtslaufend Welle reduziert sich um den Faktor $(1 - Ma)^2$. Nach Gl. (11.11) ergibt sich für die rückwärtslaufende Welle bei gleicher Amplitude weniger transportierte Leistung.

Lösung 11.8.3

a) Berechnung der Resonanzfrequenz folgt nach Gl. (8.101)

$$\omega_0 = c\sqrt{\frac{S}{VL}} = 2\,\pi\,59{,}1\;Hz; \quad f_0 = 59{,}1\;Hz$$

b) Berechnung der Eingangsimpedanz nach Gl. (11.27) für 50 Hz ohne Dämpfung ($\vartheta = 0$) ergibt

$$Y_h(\omega) = \frac{p_h(\omega)}{u_h(\omega)} = \frac{\rho \cdot L}{S \cdot \eta} \cdot \omega_0 \cdot j(\eta^2 - 1) = \frac{\rho}{2\pi f}\frac{L}{S}\left(-j\,4\pi^2\left(f_0^2 - f^2\right)\right)$$

$$= \frac{1{,}21\;kgs}{50\;m^3}\frac{0{,}2m}{0{,}00125m^2}\left(-j\,2\pi\left((59,1)^2 - 50^2\right)s^{-2}\right) \approx -j\,24 \cdot 10^3\,\frac{kg}{m^4 s}$$

c) Damit ergibt sich für die Transfermatrix nach Gl. (11.28) zu

$$T = \begin{pmatrix} 1 & 0 \\ \frac{1}{Y_h} & 1 \end{pmatrix} = \begin{pmatrix} 1 & 0 \\ j\frac{1}{24 \cdot 10^3}\frac{m^4 s}{kg} & 1 \end{pmatrix} = \begin{pmatrix} 1 & 0 \\ j\,4{,}2 \times 10^{-5}\,\frac{m^4 s}{kg} & 1 \end{pmatrix}$$

Vergleicht man diese Transfermatrix mit der des Volumens von 20 Litern (Abschn. 11.5.1.1), erkennt man, dass der kleine Resonator bei dieser Frequenz wie ein vielfach größeres Volumen wirken kann.

Stichwortverzeichnis

G. R. Sinambari, S. Sentpali, *Ingenieurakustik*,
https://doi.org/10.1007/978-3-658-27289-0

Z